SolidWorks从入门到精通

郑贞平　主编

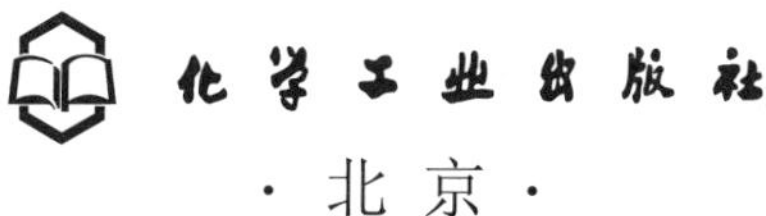

内容简介

《SolidWorks 从入门到精通》以 SolidWorks 2018 为平台，按照“内容系统全面、实例实用并工程化”的编写原则，介绍了 SolidWorks 的基本命令、功能、操作及设计技巧。全书内容共分 13 章，包括 SolidWorks 2018 入门及基本操作、草图绘制、实体建模特征、零件设计技术、曲线曲面特征的创建与编辑、机械标准件设计、钣金结构件设计、焊接设计、装配体、工程图、高级草图、高级装配设计和渲染与输出。

本书图文并茂，结合大量工程设计实例循序渐进地进行讲解，同时配合上机练习，帮助读者拓展思维，举一反三。本书附赠同步教学视频、课件及练习文件，帮助读者更好地学习专业知识。

本书可供使用 SolidWorks 的技术人员学习，也可供大中专院校相关专业的师生学习使用。

图书在版编目（CIP）数据

SolidWorks 从入门到精通 / 郑贞平主编. —北京：化学工业出版社，2020.10
ISBN 978-7-122-37458-5

Ⅰ. ①S… Ⅱ. ①郑… Ⅲ. ①计算机辅助设计-应用软件 Ⅳ. ①TP391.72

中国版本图书馆 CIP 数据核字（2020）第 140060 号

责任编辑：万忻欣　李军亮　　文字编辑：陈　喆
责任校对：王鹏飞　　装帧设计：王晓宇

出版发行：化学工业出版社（北京市东城区青年湖南街 13 号　邮政编码 100011）
印　　装：大厂聚鑫印刷有限责任公司
787mm×1092mm　1/16　印张 31　字数 803 千字　　2021 年 1 月北京第 1 版第 1 次印刷

购书咨询：010-64518888　　售后服务：010-64518899
网　　址：http://www.cip.com.cn
凡购买本书，如有缺损质量问题，本社销售中心负责调换。

定　　价：**89.80** 元

前言

随着计算机技术在各个领域中的应用，三维设计技术普及化是必然的趋势。三维 CAD 系统设计的零部件不仅所见即所得，而且由于全相关，零件、装配和工程图中的修改可以实现牵一发而动全身；并且可以对零部件进行质量属性评测、装配干涉检查、空间运动仿真、应力应变评价、可加工性分析等一系列的仿真，极大地提高了设计水平和效率。

三维设计技术涉及的内容十分广泛，软件命令繁多，如何合理组织和编排其核心内容是图书要解决的首要问题。《SolidWorks 从入门到精通》以 SolidWorks 2018 为平台，本着 CAD/CAE/CAM 一体化的思路组织内容，按照"内容系统全面、实例实用并工程化"的原则编写，重在培养读者利用现代设计工具进行机械设计的创新能力，使读者真正做到知其然又知其所以然，从本质上提高三维软件的应用能力。本书的主要特色如下。

（1）内容系统全面——注重"知识系统"，力求做到"融会贯通"。本书按照产品设计需求归纳通用方法和常用命令，不仅使读者通过学习能把草图、建模、装配和工程图等设计顺利连接起来，还指导读者学习设计方法，注重 SolidWorks 软件的工程应用。

（2）实例实用并工程化——注重"因用而学"，力求做到"举一反三"。帮助读者在设计原理指导下完成工程实例的设计实践，并进一步理解和掌握 SolidWorks 的应用技能，从而更好地解决工程实际问题。

（3）扫码看视频——注重"讲解专业"，力求做到"轻松学习"。本书录制了多个教学视频，使读者采取全新方式高效地学习 SolidWorks，观看视频，模仿操作。视频内容丰富，难度循序渐进，读者通过反复观看视频及练习，能迅速掌握 SolidWorks。

本书的编者长期从事 SolidWorks 的专业设计和教学，数年来承担了数个自动化项目，参与 SolidWorks 的教学和培训工作，积累了丰富的实践经验。本书就像一位机械专业设计师，将设计项目时的思路、流程、方法、技巧和操作步骤面对面地与学员交流，是广大读者快速掌握 SolidWorks 的实用指导书。

本书主要针对使用 SolidWorks 的广大用户，适合作为大中专院校机电一体化、模具设计与制造和机械制造与自动化等专业的教材，并可作为大中专院校计算机辅助设计课程的指导教材和 CAD 软件设计的培训教材。

本书由郑贞平（无锡职业技术学院）主编，参加编写的还有刘摇摇（无锡雪浪环境科技股份有限公司）、吴俊（无锡雪浪环境科技股份有限公司）、陈平（无锡职业技术学院）、朱耀武（无锡职业技术学院）、倪磊、华吉、朱为智和陈玲英等企业工程师和高校老师。

由于编写人员水平有限、时间仓促，书中难免有不足之处，望广大用户不吝赐教，编写人员特此深表谢意。

PPT 文件

练习源文件

文件下载方法：用手机扫描二维码，选择在浏览器中打开，或将扫码后手机浏览器中的地址复制到电脑的浏览器中，即可进行访问下载。

编　者

目录

第1章 SolidWorks 2018 入门及基本操作

001

第2章 草图绘制

030

第3章
实体建模特征

第 6 章

第 7 章 钣金结构件设计

第 8 章
焊接设计
297

第 9 章
装配体
337

第1章 SolidWorks 2018 入门及基本操作

SolidWorks 是一个在 Windows 环境下进行机械设计的软件，是一个以设计功能为主的 CAD/CAE/CAM 软件，其界面操作完全使用 Windows 风格，具有人性化的操作界面，因而具备使用简单、操作方便的特点。

由于 SolidWorks 简单易用，并且具有强大的辅助分析功能，已广泛应用于各个行业中，如机械设计、工业设计、电装设计、消费品产品及通信器材设计、汽车制造设计、航空航天的飞行器设计等行业中。可以根据需要方便地进行零部件设计、装配体设计、钣金设计、焊件设计及模具设计等。

本章主要讲解 SolidWorks 2018 的基础，主要介绍该软件的基本概念和常用术语、操作界面、特征管理器和命令管理器，是用户使用 SolidWorks 必须要掌握的基础知识，是熟练使用该软件进行产品设计的前提。

1.1 SolidWorks 2018 概述和基本概念

SolidWorks 2018 软件在用户界面、模型的布景及外观、草图绘制、特征、零件、装配体、配置、运算实例、工程图、出样图、尺寸和公差 COSMOSWorks 及其他模拟分析功能等方面功能更加强大，使用更加人性化，缩短了产品设计的时间，提高了产品设计的效率。

1.1.1 SolidWorks 2018 概述

达索公司推出的 SolidWorks 2018 在创新性、方便性以及界面的人性化等方面都得到了增强，性能和质量得以大幅度的完善，同时开发了更多 SolidWorks 新设计功能，使产品开发流程发生了根本性的变革；它还支持全球性的协作和连接，增强了项目的广泛合作，大大缩短了产品设计的时间，提高了产品设计的效率。

SolidWorks 2018 在用户界面、草图绘制、特征、成本、零件、装配体、SolidWorks Enterprise PDM、Simulation、运动算例、工程图、出样图、钣金设计、输出和输入以及网络协同等方面都得到了增强，比原来的版本至少增强了 250 个用户功能，使用户可以更方便地使用该软件。本节将介绍 SolidWorks 2018 的一些基本知识。

1.1.2 启动和退出 SolidWorks 2018

（1）启动 SolidWorks 2018

启动 SolidWorks 软件

SolidWorks 2018 安装完成后，即可启动该软件。在 Windows 操作环境下，选择【开始】|【SOLIDWORKS 2018】|【SOLIDWORKS 2018】|命令，或者双击桌面上 SolidWorks 2018 的快捷方式图标，或者双击 SolidWorks 文件，即可启动该软件。SolidWorks 2018 的启动界面如图 1-1 所示。

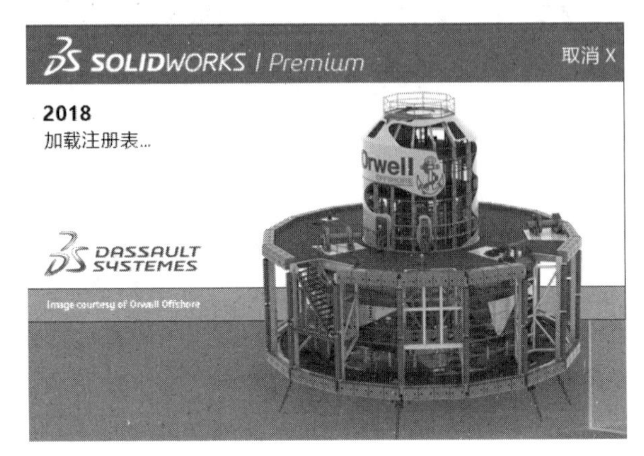

图 1-1　SolidWorks 2018 的启动界面

启动界面消失后，系统进入 SolidWorks 2018 的初始界面，初始界面中只有几个菜单栏和【标准】工具栏，如图 1-2 所示，用户可在设计过程中根据自己的需要打开其他工具栏。

图 1-2　SolidWorks 2018 的初始界面

（2）退出 SolidWorks 2018

文件保存完成后，用户可以退出 SolidWorks 2018 系统。选择【文件】|【退出】菜单命令，或者单击操作界面右上角的【退出】按钮×，可退出 SolidWorks。

如果在操作过程中不小心执行了退出命令，或者对文件进行了编辑但没有保存文件而执行退出命令，系统会弹出如图 1-3 所示的提示框。如果要保存对文件的修改并退出 SolidWorks

系统，则单击提示框中的【全部保存（S）】按钮。如果不保存对文件的修改并退出 SolidWorks 系统，则单击提示框中的【不保存（N）】按钮。如果不对该文件进行任何操作并且不退出 SolidWorks 系统，则单击提示框中的【取消】按钮，返回原来的操作界面。

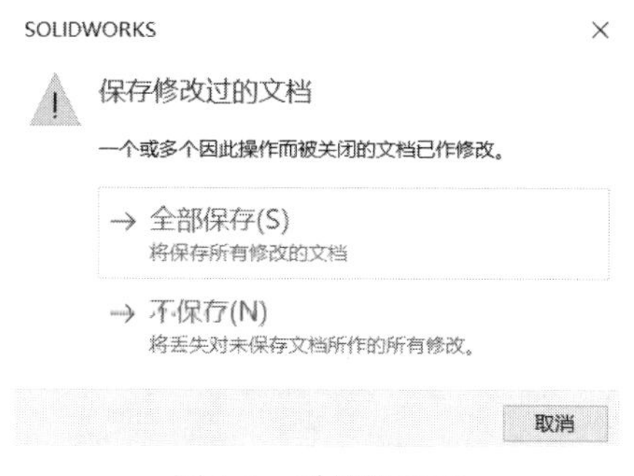

图 1-3　系统提示框

1.1.3 新建文件

SolidWorks
文件操作

创建新文件时，需要选择创建文件的类型。选择【文件】|【新建】菜单命令，或单击工具栏上的【新建】按钮，系统弹出如图 1-4 所示的【新建 SOLIDWORKS 文件】对话框。不同类型的文件，其工作环境是不同的，SolidWorks 提供了不同类型文件的默认工作环境，对应不同文件模板。在该对话框中有三个选项，分别是零件、装配体及工程图。单击对话框中需要创建文件类型的选项，然后单击【确定】按钮，就可以建立需要的文件，并进入默认的工作环境。

在 SolidWorks 2018 中，【新建 SOLIDWORKS 文件】对话框有两个界面可供选择，一个是新手界面对话框；另一个是高级界面对话框，单击【新建 SOLIDWORKS 文件】对话框的【高级】按钮，【新建 SOLIDWORKS 文件】对话框变成如图 1-5 所示情形，单击图 1-5 所示的对话框中的【新手】按钮，【新建 SOLIDWORKS 文件】会返回如图 1-4 所示的新手界面。

新手界面对话框较简单，它提供了零件、装配体和工程图文档的说明。高级界面对话框在各个标签上显示模板图标，当选择某一文件类型时，模板预览出现在预览框中。在该界面中，用户可以保存模板并添加自己的标签，也可以选择 Tutorial 标签来访问指导教程模板。

图 1-4　新手界面【新建 SOLIDWORKS 文件】对话框

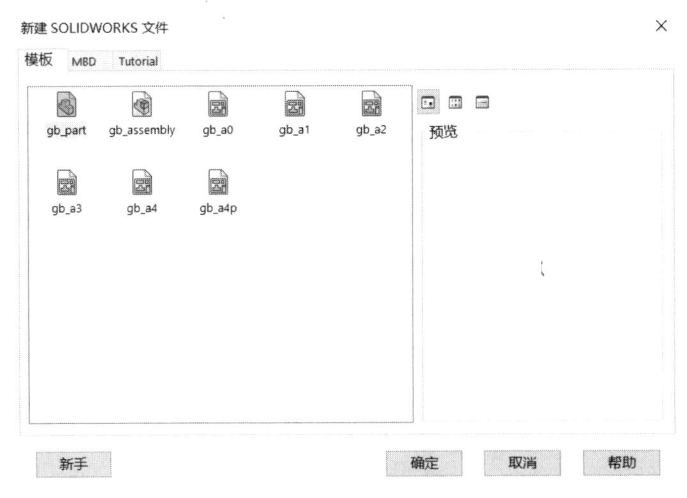

图 1-5　高级界面【新建 SOLIDWORKS 文件】对话框

1.1.4 打开文件

打开已存储的 SolidWorks 文件，对其进行相应的编辑和操作。选择【文件】|【打开】菜单命令，或单击工具栏上的【打开】按钮，系统弹出如图 1-6 所示的【打开】对话框。

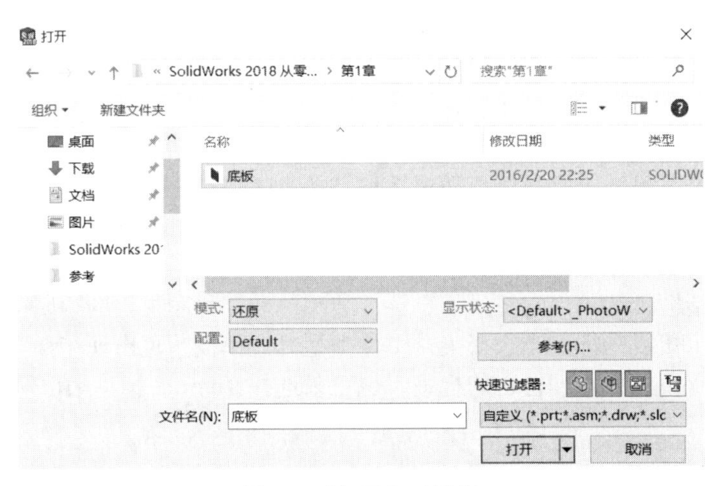

图 1-6　【打开】对话框

【打开】对话框中的属性设置如下。

①【文件名】。输入打开文件的文件名，或者单击文件列表中所需要的文件，文件名称会自动显示在文件名文本框中。

②【下拉箭头】（位于【打开】按钮右侧）。单击该按钮，会出现一个下拉列表，其有【打开】和【以只读打开】两个选项。选择【打开】选项直接打开文件；选择【以只读打开】选项则以只读方式打开选择的文件，同时允许另一用户有文件写入访问权。

③【参考】。单击【参考】按钮可显示当前所选装配体或工程图参考的文件清单，文件清单在【编辑参考的文件位置】对话框中显示，如图 1-7 所示。

④【打开】对话框中的文件【类型】下拉列表用于选择显示文件的类型，显示的文件类型并不限于 SolidWorks 类型的文件，如图 1-8 所示。默认的选项是【SOLIDWORKS 文件

（*.sldprt；*.sldasm；*.slddrw）】。如果在对话框中选择了其他类型的文件，SolidWorks 软件还可以调用其他软件所形成的图形，用户可对其进行编辑。

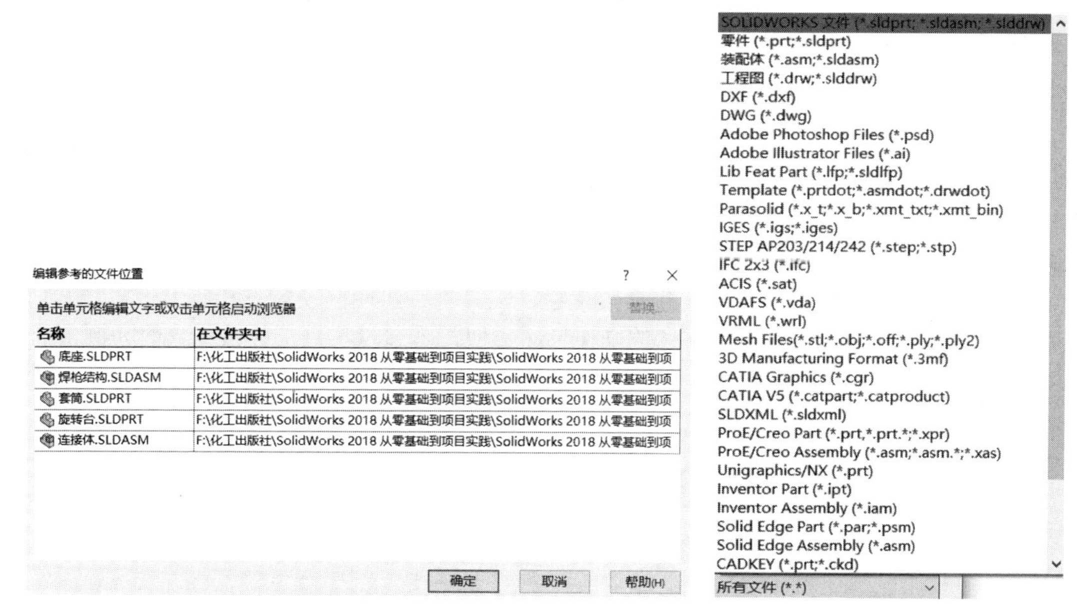

图 1-7 【编辑参考的文件位置】对话框

图 1-8 文件类型列表

单击需要的文件，并根据实际情况进行设置，然后单击【打开】对话框中的【打开】按钮，就可以打开选择的文件，在操作界面中对其进行相应的编辑和其他操作。

1.1.5 保存文件

文件只有保存起来，才能在需要时打开该文件对其进行相应的编辑和操作。选择【文件】|【保存】菜单命令，或单击【标准】工具栏上的【保存】按钮，即可保存文件。新建文件初次保存时，系统弹出如图 1-9 所示的【另存为】对话框；如果不是初次保存，按上述操作即可直接保存文件。

选择【文件】|【另保存】菜单命令，系统弹出如图 1-9 所示的【另存为】对话框。这时可以另存为其他格式的文件或者其他名称的文件。

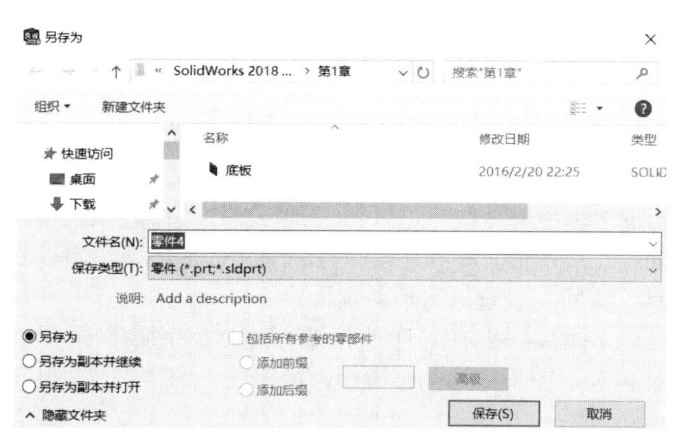

图 1-9 【另存为】对话框

【另存为】对话框中的各项功能如下。

①【文件名】。在该文本框中可输入自行命名的文件名，也可以使用默认的文件名。

②【保存类型】。用于选择所保存文件的类型。通常情况下，在不同的工作模式下，系统会自动设置文件的保存类型。保存类型并不限于 SolidWorks 类型的文件，如*.sldprt、*.sldasm 和*.slddrw，还可以保存为其他类型的文件，方便其他软件对其调用并进行编辑。

1.2 SolidWorks 2018 操作界面

SolidWorks
操作界面

SolidWorks 2018 的操作界面是用户对创建文件进行操作的基础。图 1-10 所示为一个零件文件的操作界面，包括菜单栏、工具栏、绘图区及状态栏等。装配体文件和工程图文件与零件文件的操作界面类似，本节以零件文件操作界面为例，介绍 SolidWorks 2018 的操作界面。

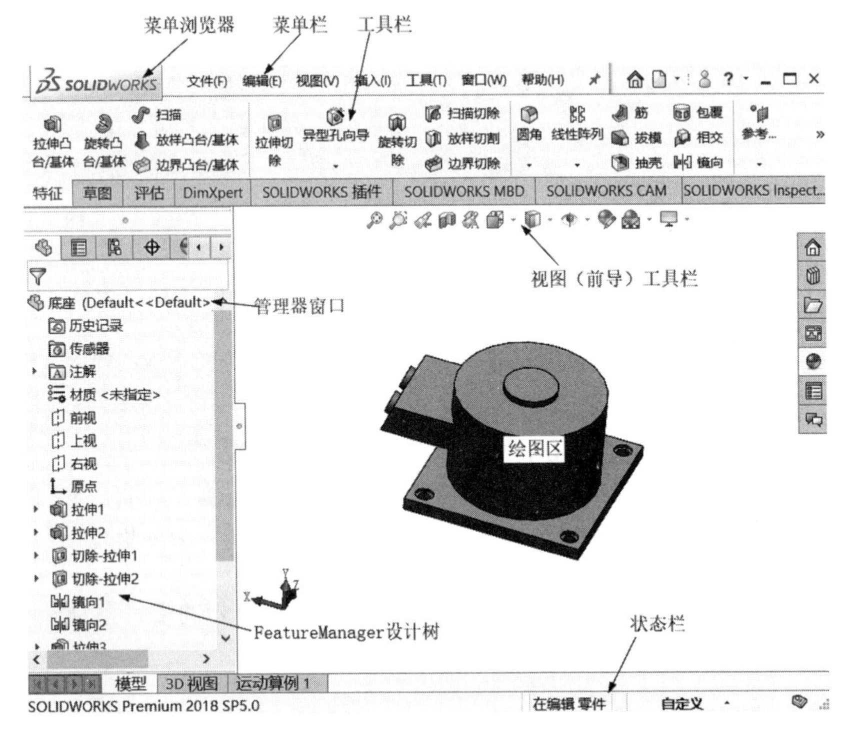

图 1-10　SolidWorks 2018 零件文件操作界面

在 SolidWorks 2018 的操作界面中，菜单栏包括所有的操作命令，工具栏一般显示常用的按钮，可以根据用户需要进行相应的设置。

CommandManager（命令管理器）可以将工具栏按钮集中起来使用，从而为绘图窗口节省空间。FeatureManager（特征管理器）设计树记录文件的创建环境以及每一步骤的操作，对于不同类型的文件，其特征管理区有所差别。

绘图区是用户绘图的区域，文件的所有草图及特征生成都在该区域中完成，FeatureManager 设计树和绘图窗口为动态链接，可在任一窗格中选择特征、草图、工程视图和构造几何体。

状态栏显示编辑文件目前的操作状态。特征管理器中的注解、材质和基准面是系统默认的，可根据实际情况对其进行修改。

SolidWorks 中最著名的技术就是其特征管理器（FeatureManager），该技术已经成为Windows 平台三维 CAD 软件的标准。此项技术一经推出，便震撼了整个 CAD 界，SolidWorks也借此摆脱了配角的宿命，一跃成为企业赖以生存的主流设计工具。设计树就是这项技术最直接的体现，对于不同的操作类型（零件设计、工程图、装配图），其内容是不同的，但基本上都真实地记录了用户所做的每一步操作（如添加一个特征、加入一个视图或插入一个零件等）。通过对设计树的管理，可以方便地对三维模型进行修改和设计。

1.2.1 菜单栏

系统默认情况下，SolidWorks 2018 的菜单栏是隐藏的，将鼠标指针移动到 SolidWorks 徽标上或者单击它，菜单栏就会出现，将菜单栏中的图标改为打开状态，菜单栏就可以保持可见，如图 1-11 所示。SolidWorks 2018 菜单栏中包括【文件】【编辑】【视图】【插入】【工具】【窗口】和【帮助】等菜单，单击可以将其打开并执行相应的命令。

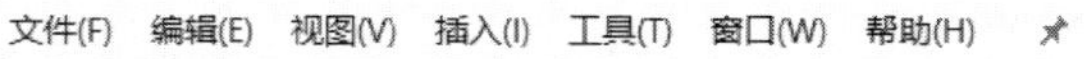

文件(F) 编辑(E) 视图(V) 插入(I) 工具(T) 窗口(W) 帮助(H)

图 1-11 菜单栏

下面对 SolidWorks 2018 中的各菜单分别进行介绍。

①【文件】菜单。【文件】菜单包括【新建】【打开】【保存】【另存为】【关闭】【从零件制作工程图】【从零件制作装配体】【打印预览】【属性】【打印】和【退出】等命令，如图 1-12 所示。

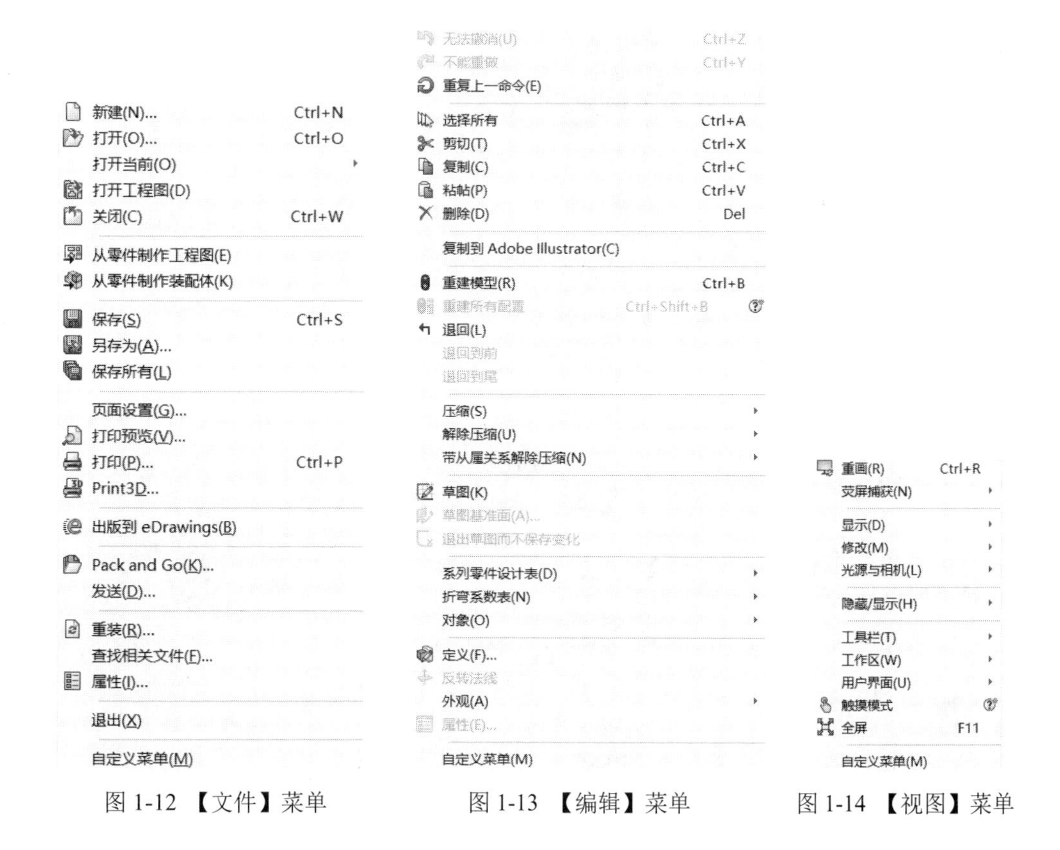

图 1-12 【文件】菜单　　图 1-13 【编辑】菜单　　图 1-14 【视图】菜单

②【编辑】菜单。【编辑】菜单包括【剪切】【复制】【粘贴】【删除】【压缩】【退回】【草图】【解除压缩】【对象】【定义】【外观】和【自定义菜单】等命令，如图 1-13 所示。

③【视图】菜单。【视图】菜单包括【重画】【显示】【修改】【光源与相机】【隐藏/显示】【工具栏】【工作区】【用户界面】和【全屏】等命令和子菜单，如图 1-14 所示。

④【插入】菜单。【插入】菜单包括【凸台/基体】【切除】【特征】【阵列/镜向】【扣合特征】【曲面】【参考几何体】【钣金】和【焊件】等命令和子菜单，如图 1-15 所示。这些命令也可通过【特征】工具栏中相应的功能按钮来实现。

⑤【工具】菜单。【工具】菜单包括多种命令，如【草图工具】【几何分析】【宏】【评估】【对称检查】和【选择】等，如图 1-16 所示。

⑥【窗口】菜单。【窗口】菜单包括【视口】【新建窗口】【层叠】和【关闭所有】等命令，如图 1-17 所示。

⑦【帮助】菜单。【帮助】菜单如图 1-18 所示，可提供各种信息查询，例如，【SOLIDWORKS 帮助】命令可展开 SolidWorks 软件提供的在线帮助文件，【API 帮助】命令可展开 SolidWorks 软件提供的 API（应用程序界面）在线帮助文件，这些均为用户学习中文版 SolidWorks 2018 提供参考。

图 1-15 【插入】菜单　　图 1-16 【工具】菜单　　图 1-17 【窗口】菜单

1.2.2 管理器窗格

管理器窗格包括【Feature Manager（特征管理器）设计树】、【Property Manager（属性管理器）】、【Configuration Manager（配置管理器）】、【DimXpert Manager（公差分析管理器）】、【Display Manager（外观管理器）】、【SolidWorks CAM 特征树】、【SolidWorks CAM 操作树】、【SolidWorks CAM 刀具树】和【SolidWorks Inspection】9 个选项卡，其中【特征管理器设计树】和【属性管理器】使用比较普遍，下面将进行详细介绍。

（1）【Feature Manager（特征管理器）设计树】

【Feature Manager（特征管理器）设计树】提供激活的零件、装配体或者工程图的大纲视图，可以更方便地查看模型或装配体如何构造，或者查看工程图中的不同图纸和视图，如图 1-19 所示。

Feature Manager 设计树在图形区域左侧窗格中的特征管理器设计树标签上，特征管理器设计树和图形区域为动态链接，可在任一窗格中选取特征、草图、工程视图和构造几何体。Feature Manager 设计树是按照零件和装配体建模的先后顺序，以树状形式记录特征，可以通过该设计树了解零件建模和装配体装配的顺序，以及其他特征数据。在 Property Manager 设计树中包含 3 个基准面，分别是前视基准面、上视基准面和右视基准面。这 3 个基准面是系统自带的，用户可以直接在其上绘制草图。

图 1-18 【帮助】菜单

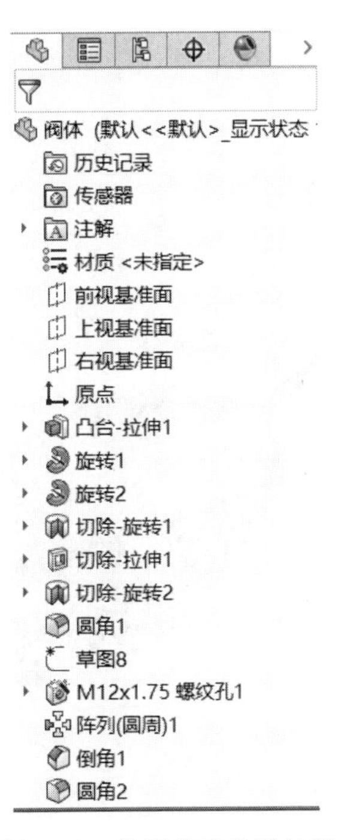

图 1-19 特征管理器设计树

图 1-20 属性管理器

（2）【Property Manager（属性管理器）】

当用户在创建或者编辑特征时，出现相应的 Property Manager（属性管理器），图 1-20 所示为属性管理器。属性管理器可显示草图、零件或特征的属性。

在属性管理器中一般包含✓【确定】、×【取消】、【帮助】、【细节预览】等按钮。【信息】选项组用于引导用户下一步的操作，常列举出实施下一步操作的各种方法。选项组框包含一组相关参数的设置，带有组标题(如【方向 1】等)，单击⌃或者⌄箭头按钮，可以扩展或者折叠选项组。选择框用于处于活动状态时，显示为蓝色。在其中选取任一项目时，所选项在绘图窗口中高亮显示。若要删除所选项目，用鼠标右键单击该项目，在弹出的快捷菜单中选择【删除】命令(针对某一项目)或者选择【消除选择】命令(针对所有项目)。分隔条可控制属性管理器窗格的显示，将属性管理器与绘图窗口分开。如果将其来回拖动，则分隔条在属性管理器显示的最佳宽度处捕捉到位。当用户生成新文件时，分隔条在最佳宽度处打开。用户可以拖动分隔条以调整属性管理器的宽度。

1.2.3 SolidWorks 的按键操作

鼠标按键的操作方式和键盘快捷键的定义方式，都是在学习每套 CAD/CAM 软件前必须弄清楚的基本内容。

（1）基本鼠标按键操作

三键鼠标各按键的作用如图 1-21 所示。

左键：可以选择功能选项或者操作对象。

右键：显示快捷菜单。

中键：只能在图形区使用，一般用于旋转、平移和缩放。在零件图和装配体的环境下，按住鼠标中键不放，移动鼠标就可以实现旋转；在零件图和装配体的环境下，先按住 Ctrl 键，然后按住鼠标中键不放，移动鼠标就可以实现平移；在工程图的环境下，按住鼠标中键，就可以实现平移；先按住 Shift 键，然后按住鼠标中键移动鼠标就可以实现缩放，如果是带滚轮的鼠标，直接转动滚轮就可以实现缩放。

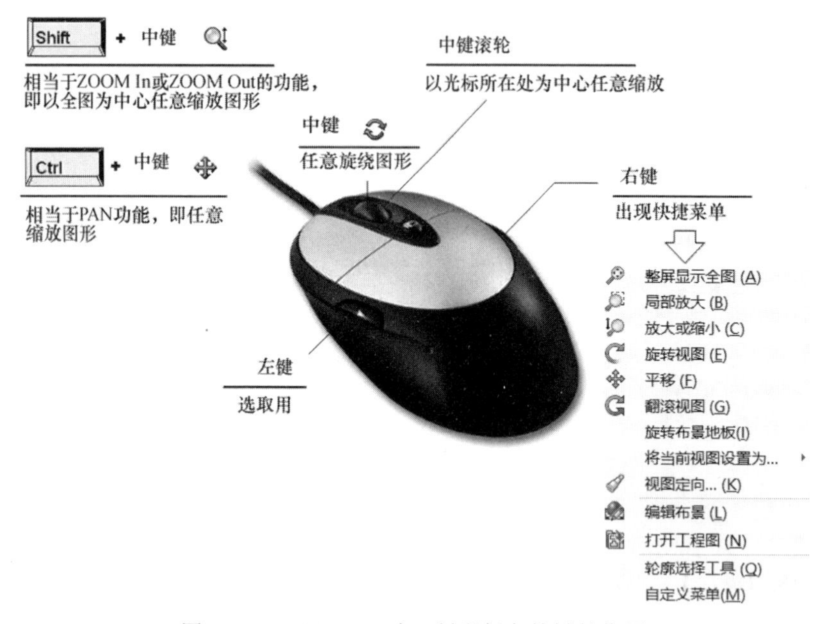

图 1-21　SolidWorks 中三键鼠标各按键的作用

（2）键盘快捷键功能

SolidWorks 中的快捷键分为加速键和快捷键。

① 加速键。大部分菜单项和对话框中都有加速键，由带下划线的字母表示。这些键无法自定义。

如想为菜单或在对话框中显示带下划线的字母，可按 Alt 键。

若想访问菜单，可按 Alt 再加上有下划线的字母。例如，按 Alt+F 组合键即可显示文件菜单。

若想执行命令，在显示菜单后，继续按住 Alt 键，再按带下划线的字母，如按 Alt+F 组合键，然后按 C 键关闭活动文档。

加速键可多次使用。继续按住该键可循环通过所有可能情形。

② 快捷键。键盘快捷键为组合键，如在菜单右边所示，这些键可自定义。

用户可以从【自定义】对话框的键盘标签中打印或复制快捷键列表。一些常用的快捷键如表 1-1 所示。

表 1-1　常用的快捷键

操作	快捷键
放大	Shift+Z
缩小	Z
整屏显示全图	F
视图定向菜单	空格键
重复上一命令	Enter
重建模型	Ctrl+B
绘屏幕	Ctrl+R
撤销	Ctrl+Z

1.2.4 视图操作

（1）视图定向

可旋转并缩放的模型或工程图为预定视图。从【标准视图】（对于模型有正视于、前视、后视、等轴测等；对于工程图有全图纸）工具栏中单击或将自己命名的视图增加到清单中。【标准视图】工具栏如图 1-22 所示，【方向】工具栏如图 1-23 所示。

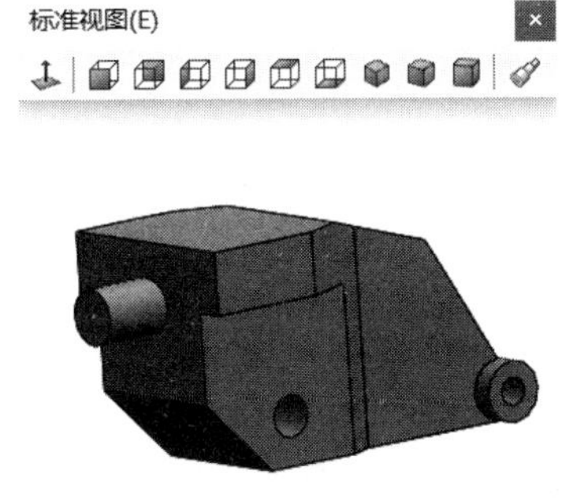

图 1-22 【标准视图】工具栏

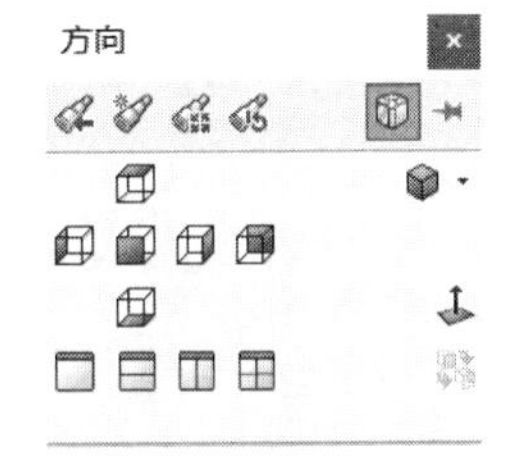

图 1-23 【方向】工具栏

（2）上一视图

当一次或多次切换模型视图之后，可以将模型或工程图恢复到先前的视图。可以撤销最近 10 次的视图更改。通过单击【标准视图】工具栏中的【上一视图】按钮，即可完成操作。

（3）透视图

显示模型的透视图。透视图是眼睛正常看到的视图，平行线在远处的消失点交汇，可以在一个模型透视图的工程图中生成【命名视图】。

（4）局部放大

通过拖动边界框而对选择的区域进行放大。

（5）整屏显示全图

调整放大/缩小的范围可看到整个模型、装配体或工程图纸。

（6）放大选取范围

放大所选取的模型、装配体或工程图中的一部分。

（7）平移视图

在文件窗口中平移零件、装配体或工程图。

（8）旋转视图

在零件和装配体文档中旋转模型视图。

1.2.5 窗口和显示

（1）文档窗口

① 在 SolidWorks 中，每一个零件、装配体和工程图都是一个文档，而且每一个文档都显示在一个单独的窗口中。

② 绘图区用于显示模型和工程图。绘图区可以同时打开多个零件、装配体和工程图文档窗口。

（2）层叠显示窗口

用户可以将所有激活的 SolidWorks 文件，按重叠方式显示出每个文件的窗口。选择【窗口】|【层叠】菜单命令，层叠显示窗口如图 1-24 所示。

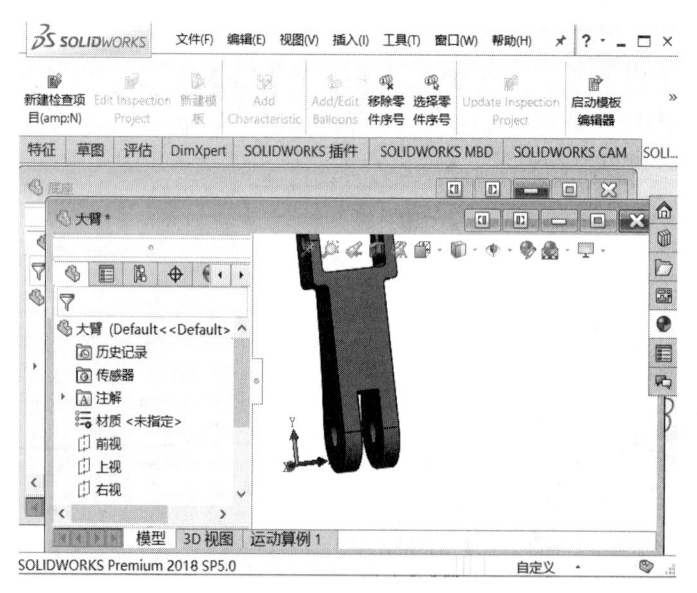

图 1-24　层叠显示窗口

（3）横向平铺显示窗口

用户可以将所有激活的 SolidWorks 文件，按横向平铺方式显示出每个文件窗口。选择【窗口】|【横向平铺】菜单命令，横向平铺显示窗口如图 1-25 所示。

图 1-25　横向平铺显示窗口

（4）纵向平铺显示窗口

用户可以将所有激活的 SolidWorks 文件，按纵向平铺方式显示出每个文件窗口。选择【窗口】|【纵向平铺】菜单命令，纵向平铺显示窗口如图 1-26 所示。

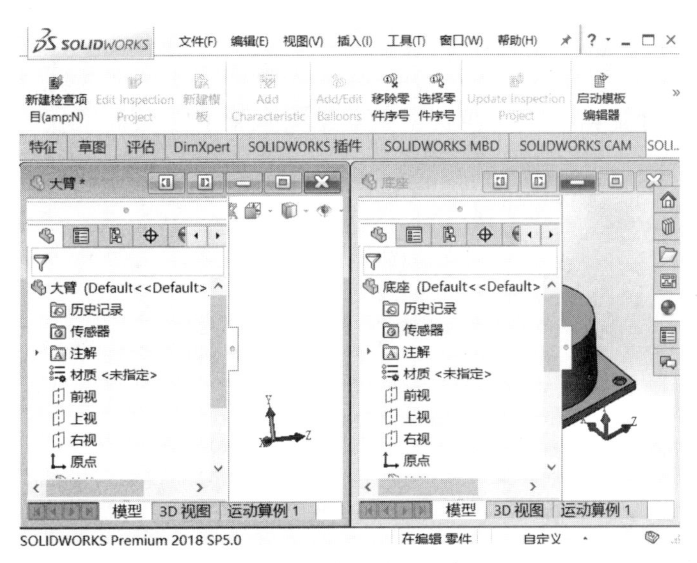

图 1-26　纵向平铺显示窗口

1.2.6　鼠标笔势支持

从 2010 版开始，SolidWorks 已经可以使用【鼠标笔势】来辅助快速操作，其作用类似键盘的快捷方式。只要了解本节所述的命令对应关系，即可顺利运用。

要激活鼠标笔势，请按以下步骤操作。

选择菜单栏中的【自定义】菜单命令，如图 1-27 所示。系统弹出如图 1-28 所示的【自定义】对话框和如图 1-29 所示的【鼠标笔势指南】对话框，进入【鼠标笔势】选项卡，然后进入不同的模块，在图 1-28 命令中单击某个命令并拖曳至如图 1-29 所示的【鼠标笔势指南】对话框中的相应位置即可。

图 1-27　选择【自定义】菜单命令　　　　图 1-28 【自定义】对话框

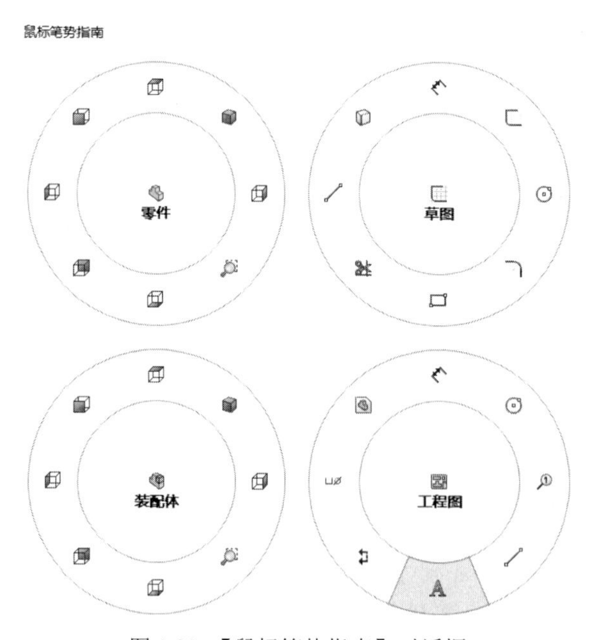

图 1-29 【鼠标笔势指南】对话框

因此，可以将常用的命令设置到鼠标笔势中，以提高操作效率。但这个功能是一个需要熟练使用后才能发挥功效的操作，完全视用户的喜好而定。

1.3 窗口界面设置

在使用软件前，用户可以根据实际需要设置适合自己的 SolidWorks 2018 系统环境，以提高工作的效率。SolidWorks 2018 软件同其他软件一样，可以显示或者隐藏工具栏、添加或者删除工具栏中的命令按钮、设置零件、装配体和工程图的操作界面。

1.3.1 工具栏简介

SolidWorks 工具栏设置

根据设计功能需要，SolidWorks 有较多的工具栏，由于图形区域限制，不能也不需要在一个操作中显示所有的工具栏，SolidWorks 系统默认的是比较常用的工具栏。在建模过程中，用户可以根据需要显示或者隐藏部分工具栏。常用设置工具栏的方法有两种，下面将分别介绍。

（1）利用菜单命令设置工具栏

利用菜单命令设置工具栏的操作方法如下。

① 选择【工具】|【自定义】菜单命令；或者把鼠标指针移至某一工具栏，然后单击鼠标右键，在系统弹出的快捷菜单中选择【自定义】命令，如图 1-30 所示，此时系统弹出如图 1-28 所示的【自定义】对话框。

快捷菜单中选项较多，【自定义】选项需要单击快捷菜单中向下的箭头才能显示出来。

CommandManager
使用带有文本的大按钮
自定义(C)...
2D 到 3D(2)
DimXpert
MotionManager

图 1-30　快捷菜单

② 单击【自定义】对话框中的【工具栏】标签，此时会显示 SolidWorks 2018 系统所有的工具栏，可以根据实际需要勾选相应工具栏。

③ 单击【自定义】对话框中的【确定】按钮，确认所选择的工具栏设置，则会在系统工作界面上显示选择的工具栏。

如果某些工具栏在设计中不需要，为了节省图形绘制空间，要隐藏已经显示的工具栏，单击已经勾选的工具栏，则取消工具栏的勾选，然后单击【自定义】对话框中的【确定】按钮，此时操作界面上会隐藏取消勾选的工具栏。

（2）利用鼠标右键命令设置工具栏

利用鼠标右键命令设置工具栏的操作方法如下。

① 在操作界面的工具栏中单击鼠标右键，系统出现设置工具栏的快捷菜单，如图 1-30 所示。

② 如果要显示某一工具栏，单击需要显示的工具栏，工具栏名称前面的按钮会凹进，则操作界面上显示选择的工具栏。

③ 如果要隐藏某一工具栏，单击已经显示的工具栏，工具栏名称前面的按钮会凸起，则操作界面上隐藏选择的工具栏。

隐藏工具栏还有一个更直接的方法，即将界面中需要隐藏的工具栏，用鼠标指针将其拖到绘图区域中，此时工具栏以标题栏的方式显示。单击工具栏右上角的【关闭】按钮×，则会在操作界面中隐藏该工具栏。

1.3.2 工具栏命令按钮

工具栏中系统默认的命令按钮，并不是所有的命令按钮，有时候在绘制图形时，上面没有需要的命令按钮，用户可以根据需要添加或者隐藏命令按钮。

添加或隐藏工具栏中命令按钮的操作方法如下。

① 选择【工具】|【自定义】菜单命令，或者把鼠标指针移至某一工具栏，然后单击鼠标右键，在系统弹出的快捷菜单中选择【自定义】选项，系统弹出如图 1-31 所示的【自定义】对话框。

② 单击【自定义】对话框中的【命令】标签，此时出现如图 1-31 所示对话框，可进行命令按钮设置。

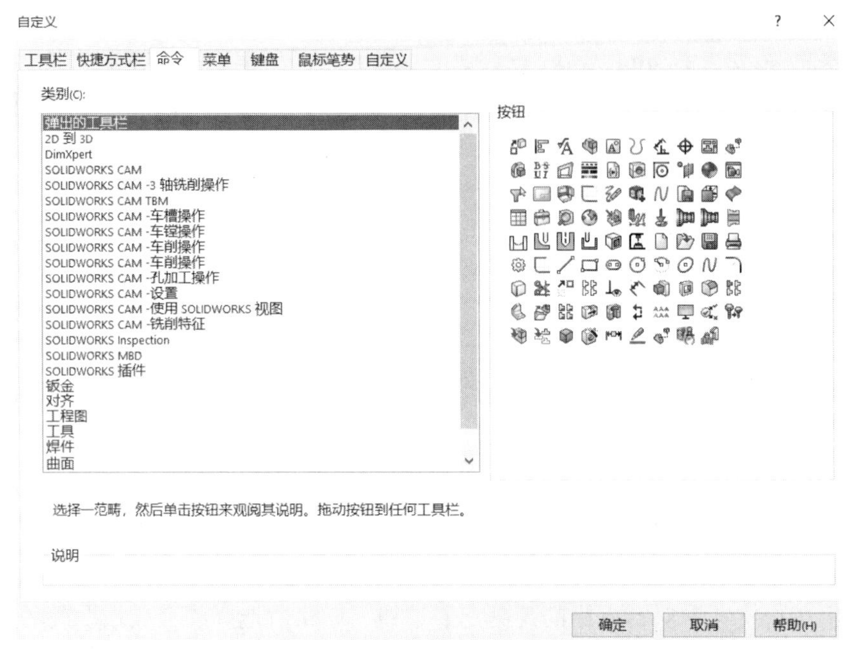

图 1-31　命令按钮设置界面

③ 在左侧【类别】列表框中选择添加或隐藏命令所在的工具栏，此时会在右侧【按钮】列表框中出现该工具栏中所有的命令按钮。

④ 添加命令按钮时，在【按钮】列表框中，用鼠标指针单击要增加的命令按钮，按住鼠标左键拖动该按钮到要放置的工具栏上，然后松开鼠标左键。单击【自定义】对话框中的【确定】按钮，工具栏上显示添加的命令按钮。

⑤ 隐藏暂时不需要的命令按钮时，单击【自定义】对话框的【命令】标签，然后把要隐藏的按钮用鼠标左键拖动到绘图区域中，单击【自定义】对话框中的【确定】按钮，就可以隐藏该工具栏中的命令按钮。

1.3.3 快捷键的设置

SolidWorks 提供了更多方式来执行操作命令，除使用菜单和工具栏中命令按钮执行操作命令外，用户还可以通过设置快捷键来执行操作命令。

快捷键设置的具体操作方法如下。

① 选择【工具】|【自定义】菜单命令，或者把鼠标指针移至某一工具栏，然后单击鼠标右键，在系统弹出的快捷菜单中选择【自定义】选项，系统弹出如图 1-31 所示的【自定义】对话框。

② 单击【自定义】对话框中的【键盘】标签，此时出现如图 1-32 所示的快捷键设置界面。

图 1-32　快捷键设置界面

③ 在【类别】一栏的下拉菜单中选择要设置快捷键的菜单项，然后在【命令】选项中单击要设置快捷键的命令，最后输入快捷键，则在【快捷键】一栏中显示设置的快捷键。

④ 如果要移除快捷键，按照上述方式选择要删除的命令，单击【自定义】对话框中的【移除快捷键】按钮，则删除设置的快捷键；如果要恢复系统默认的快捷键设置，单击【自定义】对话框中的【重设到默认】按钮，则取消自行设置的快捷键，恢复到系统默认设置。

⑤ 单击【自定义】对话框中的【确定】按钮，完成快捷键的设置。

1.3.4 常用工具栏

（1）【标准】工具栏

【标准】工具栏如图 1-33 所示，其使用方法与 Windows 中的工具栏相同。

图 1-33 【标准】工具栏

新建：创建新文件。

打开：打开已经存在的文件。

从零件/装配体制作工程图：生成当前零件或装配体的新工程图。

关闭：关闭激活的文档。

从零件/装配体制作装配体：生成当前零件或装配体的新装配体。

保存：保存激活文件。

另存为：以新名称保存激活的文档，也可以保存其他格式的文件。

保存所有：保存所有打开的文档。
打印预览：在打印前显示文件全页概况。
打印：打开【打印】对话框，打印激活的文档。
发布到 eDrawings：在 SolidWorks eDrawings 中发布活动文件。
重建模型：重建零件、装配体或工程图。
切换选择过滤器工具栏：切换到过滤器工具栏的显示。
选择按钮：用来选取草图实体、边线、顶点和零部件等。
编辑外观：在模型中编辑实体的外观。

(2)【视图】工具栏

【视图】工具栏如图 1-34 所示。

图 1-34 【视图】工具栏

视图定向：显示一对话框来选取标准或用户定义的视图。
整屏显示全图：缩放模型以符合窗口的大小。
局部放大：将选定的部分放大到屏幕区域。
放大或缩小：按住鼠标左键上下移动光标来放大或缩小视图。
旋转视图：按住鼠标左键，拖动鼠标来旋转视图。
平移视图：按住鼠标左键，拖动图形的位置。
线架图：显示模型的所有边线。
带边线上色：以其边线显示模型的上色视图。
剖面视图：使用一个或多个横断面基准面生成零件或装配体的剖切。
斑马条纹：显示斑马条纹，可以看到以标准显示很难看到的面中更改。
观阅基准面：控制基准面显示的状态（注：此处“观阅”相当于“查看”）。
观阅基准轴：控制基准轴显示的状态。
观阅原点：控制原点显示的状态。
观阅坐标系：控制坐标系显示的状态。
观阅草图几何关系：控制草图几何关系显示的状态。

(3)【草图绘制】工具栏

【草图绘制】工具栏如图 1-35 所示，该工具栏包含了与草图绘制有关的大部分功能，里面的工具按钮很多，在这里只介绍一部分比较常用的功能。

图 1-35 【草图绘制】工具栏

草图绘制：绘制新草图，或者编辑现有草图。
智能尺寸：为一个或多个实体生成尺寸。
直线：绘制直线。

矩形：绘制一个矩形。

多边形：绘制多边形，在绘制多边形后可以更改边侧数。

圆：绘制圆，选取圆心然后拖动鼠标来设定其半径。

圆心/起点/终点画弧：绘制中心点圆弧，设定中心点，拖动鼠标来放置圆弧的起点，然后设定其程度和方向。

椭圆：绘制一完整椭圆，选取椭圆中心然后拖动鼠标来设定长轴和短轴。

样条曲线：绘制样条曲线，单击该按钮添加形成曲线的样条曲线点。

点：绘制点。

中心线：绘制中心线，使用中心线生成对称草图实体、旋转特征或作为改造几何线。

文字：绘制文字，可在面、边线及草图实体上绘制文字。

绘制圆角：在两条相邻线顶点处添加切圆，从而生成圆弧。

绘制倒角：在两个草图实体的交叉点添加一倒角。

等距实体：通过一指定距离等距面、边线、曲线或草图实体来添加草图实体。

转换实体引用：将模型上所选的边线或草图实体转换为草图实体。

裁剪实体：裁剪或延伸一草图实体以使之与另一实体重合或删除一草图实体。

移动实体：移动草图实体和注解。

旋转实体：旋转草图实体和注解。

复制实体：复制草图实体和注解。

镜向实体：沿中心线镜向所选的实体（注意：在系统界面中如出现“镜向”一词，含义与“镜像”相同）。

线性草图阵列：添加草图实体的线性阵列。

圆周草图阵列：添加草图实体的圆周阵列。

（4）【尺寸/几何关系】工具栏

【尺寸/几何关系】工具栏如图 1-36 所示，该工具栏用于标注各种控制尺寸以及在各个对象之间添加相对约束关系，这里简要说明各按钮的作用。

尺寸/几何关系(R)

图 1-36 【尺寸/几何关系】工具栏

智能尺寸：为一个或多个实体生成尺寸。

水平尺寸：在所选实体之间生成水平尺寸。

竖直尺寸：在所选实体之间生成垂直尺寸。

尺寸链：从工程图或草图的横、纵轴生成一组尺寸。

水平尺寸链：从第一个所选实体水平测量而在工程图或草图中生成水平尺寸链。

竖直尺寸链：从第一个所选实体水平测量而在工程图或草图中生成垂直尺寸链。

自动插入尺寸：在草图和模型的边线之间生成适合定义草图的自动尺寸。

添加几何关系：控制带约束(如同轴心或竖直)的实体的大小或位置。

自动几何关系：打开或关闭自动添加几何关系。

显示/删除几何关系：显示和删除几何关系。

搜寻相等关系：在草图上搜寻具有等长或等半径的实体。在等长或等半径的草图实体之间设定相等的几何关系。

(5)【参考几何体】工具栏

【参考几何体】工具栏如图 1-37 所示，用于提供生成与使用参考几何体的工具。

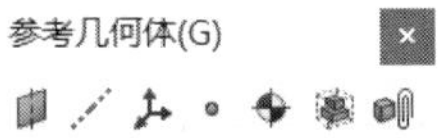

参考几何体(G)

图 1-37 【参考几何体】工具栏

基准面：添加一参考基准面。

基准轴：添加一参考轴。

坐标系：为零件或装配体定义一坐标系。

点：添加一参考点。

配合参考：为使用 SmartMate 的自动配合功能指定作为参考的实体。

(6)【特征】工具栏

【特征】工具栏如图 1-38 所示，提供生成模型特征的工具，其中命令功能很多，特征包括多实体零件功能，可在同一零件文件中包括单独的拉伸、旋转、放样或扫描特征。

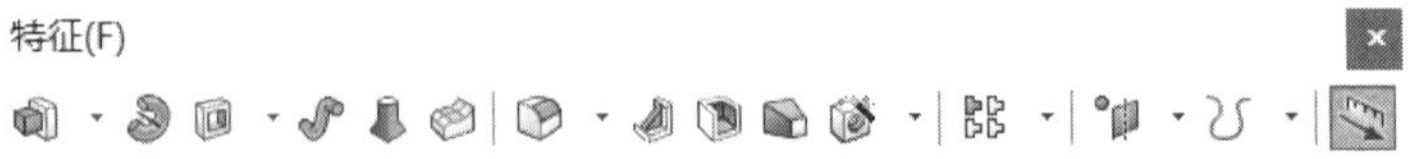

特征(F)

图 1-38 【特征】工具栏

拉伸凸台/基体：以一个或两个方向拉伸一草图或绘制的草图轮廓来生成实体。

旋转凸台/基体：绕轴心旋转一草图或所选草图轮廓来生成一实体特征。

扫描：沿开环或闭合路径通过扫描闭合轮廓来生成实体特征。

放样凸台/基体：在两个或多个轮廓之间添加材质来生成实体特征。

拉伸切除：以一个或两个方向拉伸所绘制的轮廓来切除一实体模型。

旋转切除：通过绕轴心旋转绘制的轮廓来切除实体模型。

扫描切除：沿开环或闭合路径通过扫描闭合轮廓来切除实体模型。

放样切除：在两个或多个轮廓之间通过移除材质来切除实体模型。

圆角：沿实体或曲面特征中的一条或多条边线来生成圆形内部面或外部面。

倒角：沿边线、一串切边或顶点生成一倾斜的边线。

筋：给实体添加薄壁支撑。

抽壳：从实体移除材料来生成一个薄壁特征。

简单直孔：在平面上生成圆柱孔。

异型孔向导：用预先定义的剖面插入孔。

孔系列：在装配体系列零件中插入孔。

弯曲：弯曲实体和曲面实体。

线性阵列：以一个或两个线性方向阵列特征、面及实体。

圆周阵列：绕轴心阵列特征、面及实体。

镜向：绕面或基准面镜向特征、面及实体。

移动/复制实体：移动、复制并旋转实体和曲面实体。

(7)【工程图】工具栏

【工程图】工具栏如图 1-39 所示，用于提供对齐尺寸及生成工程视图的工具。

一般来说，工程图包含几个由模型建立的视图，也可以由现有的视图建立视图。例如，剖面视图是由现有的工程视图所生成的，这一过程是由工程图工具栏来实现。

图 1-39 【工程图】工具栏

模型视图：根据现有零件或装配体添加正交或命名视图。
投影视图：从一个已经存在的视图展开新视图而添加一投影视图。
辅助视图：从一线性实体(边线、草图实体等)通过展开一新视图而添加一视图。
剖面视图：以剖面线切割父视图来添加一剖面视图。
局部视图：添加一局部视图来显示一视图的某部分，通常放大比例。
相对视图：添加一个由两个正交面或基准面及其各自方向所定义的相对视图。
标准三视图：添加 3 个标准、正交视图。视图的方向可以为第一角或第三角。
断开的剖视图：将一断开的剖视图添加到一显露模型内部细节的视图上。
断裂视图：给所选视图生成断裂视图。
剪裁视图：剪裁现有视图以便只显示视图的一部分。
交替位置视图：添加一显示模型配置置于模型另一配置之上的视图。
空白视图：添加一常用来包含草图实体的空白视图。
预定义视图：添加以后以模型增值的预定义正交、投影或命名视图。
更新视图：更新所选视图到当前参考模型的状态。

(8)【装配体】工具栏

【装配体】工具栏如图 1-40 所示，用于控制零部件的管理、移动及其配合，插入智能扣件。

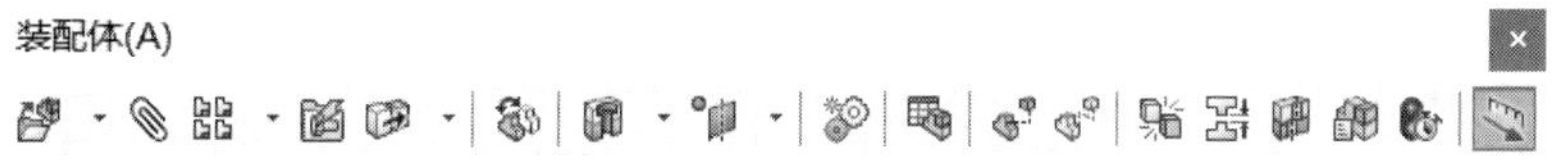

图 1-40 【装配体】工具栏

插入零部件：添加一个现有零件或子装配体到装配体。
新零件：生成一个新零件并插入装配体中。
新装配体：生成新装配体并插入当前的装配体中。
大型装配体模式：为此文件切换大型装配体模式。
隐藏零部件：隐藏零部件。
显示零部件：显示零部件
更改透明度：在 0～75%之间切换零部件的透明度。
改变压缩状态：压缩或还原零部件。压缩的零部件不在内存中装入或不可见。
编辑零部件：编辑零部件或子装配体和主装配体之间的状态。
无外部参考：外部参考在生成或编辑关联特征时不会生成。
智能扣件：使用 SolidWorks Toolbox 标准件库将扣件添加到装配体中。
制作智能零部件：随相关联的零部件/特征定义智能零部件。
配合：定位两个零部件，使之相互配合。
移动零部件：在由其配合所定义的自由度内移动零部件。

旋转零部件：在由其配合所定义的自由度内旋转零部件。

替换零部件：以零件或子装配体替换零部件。

替换配合实体：替换所选零部件或整个配合组的配合实体。

爆炸视图：将零部件分离成爆炸视图。

爆炸直线草图：添加或编辑显示爆炸的零部件之间几何关系的 3D 草图。

干涉检查：检查零部件之间的任何干涉。

装配体透明度：设定除在关联装配体中正被编辑的零部件以外的零部件透明度。

1.4 系统属性设置

用户可以根据使用习惯或绘图标准对 SolidWorks 进行必要的设置。例如，在【系统选项】对话框的【文档属性】选项卡中将尺寸的绘图标准设置为 GB 后，在随后的设计工作中就会全部按照中华人民共和国标准来标注尺寸。

要设置系统的属性，可选择【工具】|【选项】菜单命令，系统弹出如图 1-41 所示的【系统选项】对话框。该对话框由【系统选项】和【文档属性】两个选项卡组成，强调了系统选项和文档属性之间的不同。

①【系统选项】选项卡：在该选项卡中设置的内容都将保存在注册表中，它不是文件的一部分。因此，这些更改会影响当前和将来的所有文件。

②【文档属性】选项卡：在该选项卡中设置的内容仅应用于当前文件。

每个选项卡下都包括多个项目，并以目录树的形式显示在选项卡的左侧。单击其中一个项目时，该项目的相关选项就会出现在选项卡右侧。

图 1-41 【系统选项】对话框

1.4.1 系统选项设置

选择【工具】|【选项】命令，系统弹出如图 1-41 所示的【系统选项】对话框。下面介绍几个常用项目的设定。

（1）【普通】项目的设定

① 启动时打开上次所使用的文档：如果希望在打开 SolidWorks 时自动打开最近使用的文件，在右侧下拉列表中选择【总是】；否则，选择【从不】。

② 输入尺寸值：如果选中该复选框，当对一个新的尺寸进行标注后，会自动显示尺寸值修改框；否则，必须双击标注尺寸才会显示修改框。建议选中该复选框。

③ 每选择一个命令仅一次有效：选中该复选框后，当每次使用草图绘制或者尺寸标注工具进行操作之后，系统会自动取消其选择状态，从而避免该命令的连续执行。双击某工具可使其保持为选择状态以继续使用。

④ 采用上色面高亮显示：选中该复选框后，当使用选择工具选取面时，系统会将该面用单色显示（默认为绿色）；否则，系统会将面的边线用蓝色虚线高亮显示。

⑤ 在资源管理器中显示缩略图：在建立装配体文件时，如果选中该复选框，则在 Windows 资源管理器中会显示每个 SolidWorks 零件或装配体文件的缩略图，而不是图标。该缩略图将以文件保存时的模型视图为基础，并使用 16 色的调色板（如果其中没有模型使用的颜色，则用相似的颜色代替）。此外，该缩略图也可以在【打开】对话框中使用。

⑥ 为尺寸使用系统分隔符：选中该复选框后，系统将用默认的系统小数点分隔符来显示小数数值。如果要使用不同于系统默认的小数分隔符，则应取消选中该复选框，此时其右侧的文本框便被激活，可以在其中输入作为小数分隔符的符号。

⑦ 使用英文菜单：作为全球装机量最大的微机三维 CAD 软件之一，SolidWorks 支持多种语言（如中文、俄文、西班牙文等）。如果在安装 SolidWorks 时已指定使用其他语言，通过选中此复选框可以改为英文版本。

⑧ 激活确认角落：选中该复选框后，当进行某些需要确认的操作时，在图形窗口的右上角将会显示确认角落。

⑨ 自动显示 Property Manager：选中该复选框后，在对特征进行编辑时，系统将自动显示该特征的属性管理器。例如，选择一个草图特征进行编辑，则所选草图特征的属性管理器将自动出现。

（2）【工程图】项目的设定

SolidWorks 是一个基于造型的三维机械设计软件，其基本设计思路是“实体造型—虚拟装配—二维图纸”。

SolidWorks 2018 推出了更加简便的二维转换工具，可以在保留原有数据的基础上，让用户方便地将二维图纸转换到 SolidWorks 的环境中，从而完成详细的工程图。此外，利用其独有的快速制图功能，可迅速生成与三维零件和装配体暂时脱开的二维工程图，但依然保持与三维的全相关性。这样的功能使得从三维到二维的瓶颈问题得以彻底解决。

下面介绍【工程图】项目中的常用选项，如图 1-42 所示。

① 自动缩放新工程视图比例：选中此复选框后，当插入零件或装配体的标准三视图到工程图时，将会调整三视图的比例以配合工程图纸的大小，而不管已选的图纸大小。

② 拖动工程视图时显示内容：选中此复选框后，在拖动视图时会显示模型的具体内容；否则，在拖动时将只显示视图边界。

③ 显示新的局部视图图标为圆：选中该复选框后，新的局部视图轮廓显示为圆。取消选中此复选框时，显示为草图轮廓。这样做可以提高系统的显示性能。

④ 选取隐藏的实体：选中该复选框后，用户可以选择隐藏实体的切边和边线。当光标经过隐藏的边线时，边线将以双点画线显示。

图 1-42 【系统选项】对话框中的【工程图】项目中的常用选项

⑤ 在工程图中显示参考几何体名称：选中该复选框后，当将参考几何实体输入工程图中时，它们的名称将在工程图中显示出来。

⑥ 生成视图时自动隐藏零部件：选中该复选框后，当生成新的视图时，装配体的任何隐藏零部件将自动列举在【工程视图属性】对话框的【隐藏/显示零部件】选项卡中。

⑦ 显示草图圆弧中心点：选中该复选框后，将在工程图中显示模型中草图圆弧的中心点。

⑧ 显示草图实体点：选中该复选框后，草图中的实体点将在工程图中一同显示。

⑨ 局部视图比例缩：局部视图比例是指局部视图相对于原工程图的比例，可在其右侧的文本框中指定该比例。

(3)【草图】项目的设定

在 SolidWorks 中所有的零件都是建立在草图基础上的，大部分特征也都是由二维草图绘制开始的。增强草图的功能有利于提高对零件的编辑能力，所以能够熟练地使用草图绘制工具绘制草图至关重要。

下面介绍【草图】项目中的常用选项，如图 1-43 所示。

① 使用完全定义草图：所谓完全定义草图，是指草图中所有的直线和曲线及其位置均由尺寸、几何关系或两者的组合说明。选中该复选框后，草图用来生成特征之前必须是完全定义的。

② 在零件/装配体草图中显示圆弧中心点：选中该复选框后，草图中所有圆弧的圆心点都将显示在草图中。

③ 在零件/装配体草图中显示实体点：选中该复选框后，草图中实体的端点将以实心圆点的形式显示。

实心圆点的颜色反映了草图中该实体的状态：黑色表示该实体是完全定义的；蓝色表示该实体是欠定义的，即草图中实体的一些尺寸或几何关系未定义，可以随意改变；红色表示该实体是过定义的，即草图中的实体中有些尺寸、几何关系或两者处于冲突中或是多余的。

图 1-43 【系统选项】对话框中的【草图】项目中的常用选项

④ 提示关闭草图：选中该复选框后，当利用具有开环轮廓的草图来生成凸台时，如果此草图可以用模型的边线来封闭，系统就会显示【封闭草图到模型边线】对话框。单击【是】按钮，即可用模型的边线来封闭草图轮廓，同时还可选择封闭草图的方向。

⑤ 打开新零件时直接打开草图：选中该复选框后，新建零件时可以直接使用草图绘制区域和草图绘制工具。

⑥ 尺寸随拖动/移动修改：选中该复选框后，可以通过拖动草图中的实体来修改尺寸值。拖动完成后，尺寸会自动更新。生成几何关系时，要求其中至少有一个项目是草图实体。其他项目可以是草图实体或边线、面、顶点、原点、基准面、轴或其他草图的曲线投影到草图基准面上形成的直线或圆弧。

⑦ 上色时显示基准面：选中该复选框后，如果在上色模式下编辑草图，会显示网格线，基准面看起来也上了色。

⑧ 过定义尺寸：该选项组中有两个复选框，分别介绍如下。

提示设定从动状态：所谓从动尺寸，是指该尺寸是由其他尺寸或条件所驱动的，不能被修改。选中此复选框后，当添加一个过定义尺寸到草图时，会弹出如图 1-44 所示的【将尺寸设为从动】对话框，询问是否将该尺寸设置为从动。

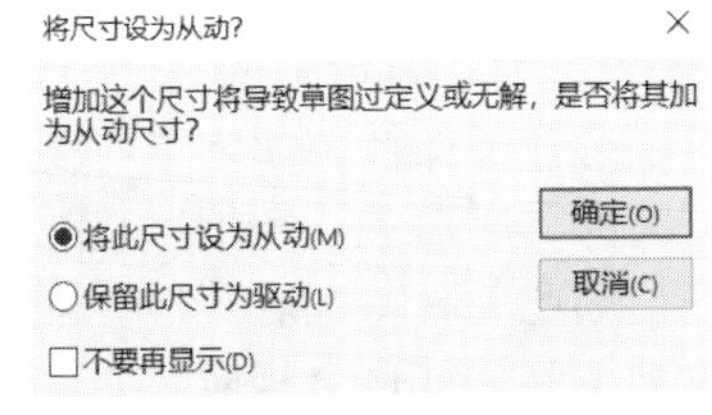

图 1-44 【将尺寸设为从动】对话框

默认为从动：选中该复选框后，当添加一个过定义尺寸到草图时，该尺寸会被默认为从动。

⑨ 以 3d 在虚拟交点之间所测量的直线长度：从虚拟交点处测量直线长度，而不是三维草图中的端点。

⑩ 激活样条曲线相切和曲率控标：为相切和曲率显示样条曲线控标。

⑪ 默认显示样条曲线控制多边：显示空间中用于操纵对象形状的一系列控制点以操纵样条曲线的形状。

⑫ 拖动时的幻影图象：在拖动草图时显示草图实体原有位置的幻影图像。

⑬ 显示曲率梳形图边界曲线：显示曲率表达时梳形图上的模型边界曲线。

⑭ 在生成实体时启用荧屏上数字输入：生成实体操作时可以在屏幕上进行数字输入操作。

（4）【显示】项目的设定

任何一个零件的轮廓都是一个复杂的闭合边线回路，在 SolidWorks 的操作中离不开对边线的操作。该项目就是为边线显示和边线选择设定系统的默认值。

下面介绍【显示/选择】项目中的常用选项，如图 1-45 所示。

① 隐藏边线显示为：该组单选按钮只有在隐藏线变暗模式下才有效。选中【实线】单选按钮，则将零件或装配体中的隐藏线以实线显示。所谓“虚线”模式，是指以浅灰色线显示视图中不可见的边线，而可见的边线仍正常显示。

② 零件/装配体上的相切边线显示：该组单选按钮用来控制在消除隐藏线和隐藏线变暗模式下，模型切边的显示状态。

图 1-45 【系统选项】对话框中的【显示/选择】项目中的常用选项

③ 在带边线上色模式下的边线显示：该组单选按钮用来控制在上色模式下，模型边线的显示状态。

④ 关联编辑中的装配体透明度：该下拉列表用来设置在关联编辑中装配体的透明度，可以选择【保持装配体透明度】或【强制装配体透明度】选项，其右边的滑块用来设置透明度的值。所谓关联是指在装配体中，在零部件中生成一个参考其他零部件几何特征的关联特征，则此关联特征对其他零部件进行了外部参考。如果改变了参考零部件的几何特征，则相关的关联特征也会相应改变。

⑤ 高亮显示所有图形区域中选中特征的边线：选中该复选框后，当单击模型特征时，所选特征的所有边线会以高亮显示。

⑥ 图形视区中动态高亮显示：选中该复选框后，当移动光标经过草图、模型或工程图时，系统将以高亮度显示模型的边线、面及顶点。

⑦ 以不同的颜色显示曲面的开环边线：选中该复选框后，系统将以不同的颜色显示曲面的开环边线，这样可以更容易地区分曲面开环边线和任何相切边线或侧影轮廓边线。

⑧ 显示上色基准面：选中该复选框后，系统将显示上色基准面。

⑨ 显示参考三重轴：选中该复选框后，将在图形区域中显示参考三重轴。

1.4.2 文档属性设置

【文档属性】选项卡仅在文件打开时可用，在其中设置的内容仅应用于当前文件。对于新建文件，如果没有特别指定该文档属性，将采用建立该文件时所用模板的默认设置（如网格线、边线显示、单位等）。

选择【工具】|【选项】菜单命令，系统弹出的【系统选项】对话框，单击【文档属性】选项卡，对话框如图 1-46 所示。

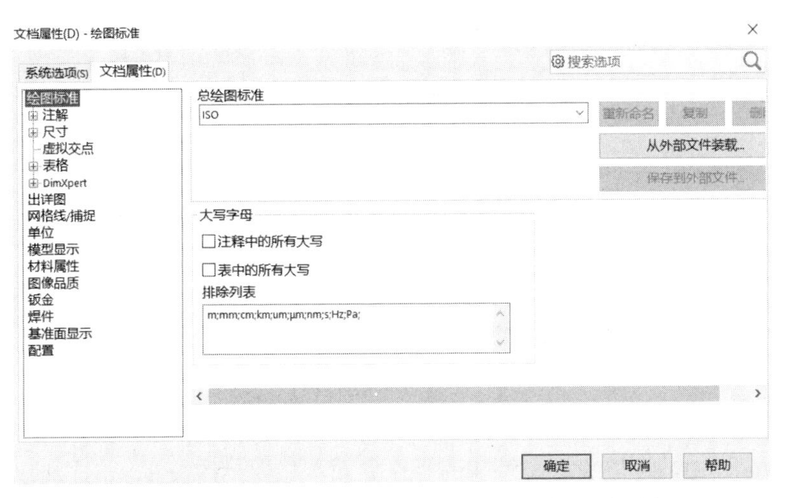

图 1-46 【系统选项】对话框中的【文档属性】选项卡

其中的项目以目录树的形式显示在选项卡的左侧。单击其中一个项目时，该项目的相关选项就会出现在右侧。下面介绍两个常用项目的设定。

(1)【尺寸】项目的设定

单击【尺寸】项目后，该项目的相关选项就会出现在选项卡的右侧。

① 主要精度。该选项组用于设置主要尺寸、角度尺寸以及替换单位的尺寸精度和公差值。

② 水平折线。在工程图中，如果尺寸界线彼此交叉，需要穿越其他尺寸界线时，即可折断尺寸界线。

③ 添加默认括号。选中该复选框后，将添加默认括号并在括号中显示工程图的参考尺寸。

④ 置中于延伸线之间。选中该复选框后，标注的尺寸文字将被置于尺寸界线的中间位置。

⑤ 箭头。该选项组用来指定标注尺寸中箭头的显示状态。

⑥ 等距距离。该选项组用来设置标准尺寸间的距离。其中，【距离上一尺寸】是指与前一个标准尺寸间的距离；【距离模型】是指模型与基准尺寸第一个尺寸之间的距离。【基准尺寸】属于参考尺寸，用户不能更改其数值或者使用其数值来驱动模型。

(2)【单位】项目的设定

【单位】项目主要用来指定激活的零件、装配体或工程图文件所使用的线性单位类型和角度单位类型，如图 1-47 所示。

① 单位系统。该选项组用来设置文件的单位系统。如果选中【自定义】单选按钮，则可激活其余的选项。

② 双尺寸长度。用来指定系统的第 2 种长度单位。

③ 角度。用来设置角度单位的类型，其中可选择的单位有度、度/分、度/分/秒或弧度。只有在选择单位为度或弧度时，才可以选择【小数】位数。

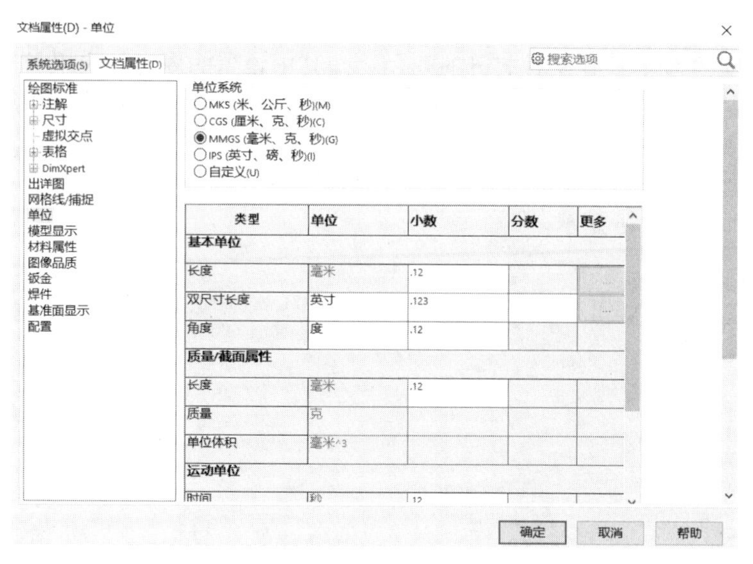

图 1-47 【系统选项】对话框中【单位】项目选项

1.4.3 背景

在 SolidWorks 中，可以设置个性化的操作界面，主要是改变视图的背景。

设置背景的操作方法如下。

① 选择【工具】|【选项】菜单命令，系统弹出【系统选项】对话框，系统默认选择为打开对话框中的【系统选项】选项卡。

② 在【系统选项】对话框中的【系统选项】选项卡中选择【颜色】选项，如图 1-48 所示。在右侧【颜色方案设置】列表框中选择【视区背景】选项，然后单击右侧的【编辑】按钮。

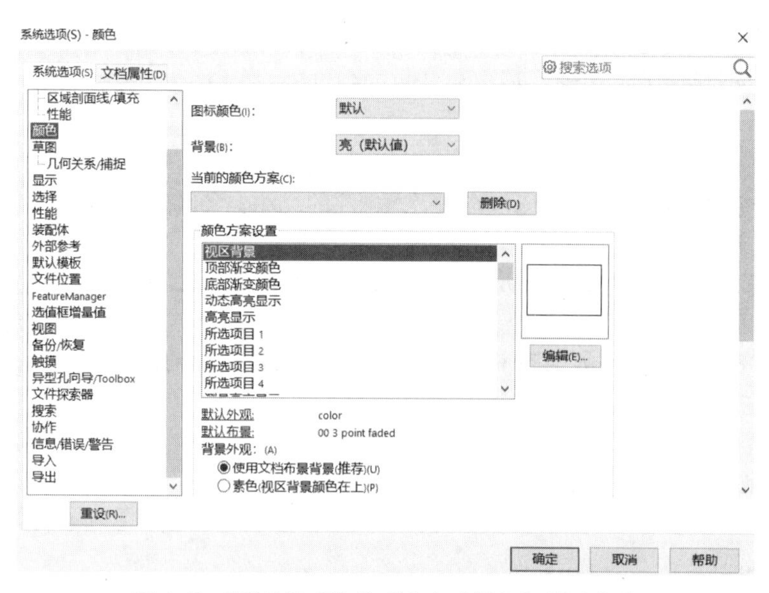

图 1-48 【系统选项】选项卡中【颜色】项目选项

③ 此时系统弹出如图 1-49 所示的【颜色】对话框，根据需要选择需要设置的颜色，然后单击【确定】按钮,为视区背景设置合适的颜色。

④ 单击【系统选项】对话框中的【确定】按钮，完成背景颜色设置。

设置其他颜色时，如工程图背景、特征、实体、标注及注解等，可以参考上面的步骤进行，这样根据显示的颜色就可以判断图形处于什么样的编辑状态中。

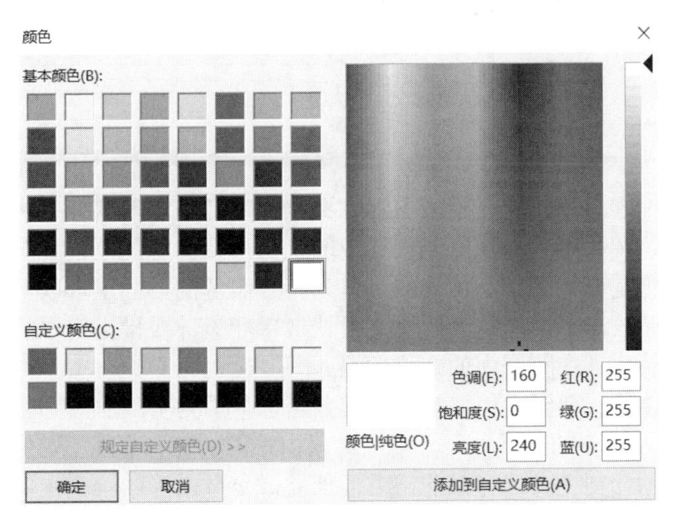

图 1-49 【颜色】对话框

1.5 上机练习

(1) 问答题

① 如何使用 SolidWorks 2018 新建文件？

② 如何使用 SolidWorks 2018 保存文件？

③ 如何自定义常用的工具栏？

④ SolidWorks 2016 有哪些主要功能模块？

⑤ 简述 SolidWorks 2016 设计界面上主要组成及用途。

(2) 操作题

① 启动 SolidWorks 2018，新建一个零件文件，并保存。

② 启动 SolidWorks 2018，新建一个工程图文件，按照国标设置相关选项和参数，并保存。

第2章　草图绘制

草图绘制是三维零件建模的开始，灵活掌握绘图技巧是全面掌握三维设计的基础。草图实体是由点、直线、圆弧等基本几何元素构成的几何形状。草图包括草图实体、几何关系和尺寸标注等信息，它是和特征紧密相关的，是为特征服务的，甚至可以为装配体或工程图服务。草图绘制相对比较简单，但是为了提高设计效率和设计质量，用户需要灵活掌握草图的先后绘制顺序，以及原点在草图中的定位关系。

SolidWorks 软件的特征创建相当多的一部分是以草图为基础的，因此草图是造型的关键，是 SolidWorks 中比较重要的工具之一。草图对象由草图的点、直线、圆弧等元素构成，运用 SolidWorks 中的草图绘制工具，可以非常方便地完成复杂图形的绘制操作，还可以进行参数化的编辑。

本章将综合应用草图绘制实体、草图工具、尺寸标注、几何关系等命令完成二维图形的绘图，掌握草图设计的一般步骤和应用技巧。

2.1　草图绘制基本知识

在使用草图绘制命令前，首先要了解草图绘制的基本概念，以更好地掌握草图绘制和草图编辑的方法。本节主要介绍草图的基本操作、认识草图绘制工具栏、熟悉绘制草图时光标的显示状态。

2.1.1　草图基本概念

草图有 2D 草图和 3D 草图之分。2D 草图是在一个平面上进行绘制的，在绘制 2D 草图时必须确定一个绘图平面；而 3D 草图是位于空间上的点、线的组合。3D 草图一般用于特定的工作场合，本书中除非特别注明，“草图”一词均指 2D 草图。

（1）草图基准面

2D 草图必须绘制在一个平面上，绘制平面可以使用以下几种方法（图 2-1）。

① 三个默认的基准面（前视基准面、右视基准面或上视基准面），如图 2-1（a）所示。

② 用户建立的参考基准面，如图 2-1（b）所示。

③ 模型中的平面表面，如图 2-1（c）所示。

（2）草图的构成

在草图中一般包含以下几类信息。

① 草图实体。由线条构成的基本形状。草图中的线段、圆弧等元素均可以称为草图实体。

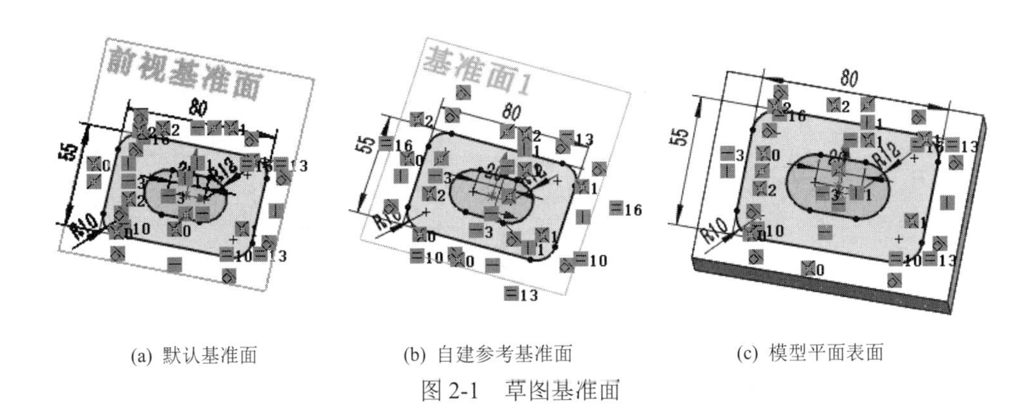

图 2-1　草图基准面

② 几何关系。表明草图实体或草图实体之间的关系，例如两条直线的【水平】、两条直线的【竖直】、圆心和矩形中心与原点【重合】。

③ 尺寸。标注草图实体大小或位置的数值，如矩形长 120、宽 80 和圆直径 58。草图的构成示意图如图 2-2 所示。

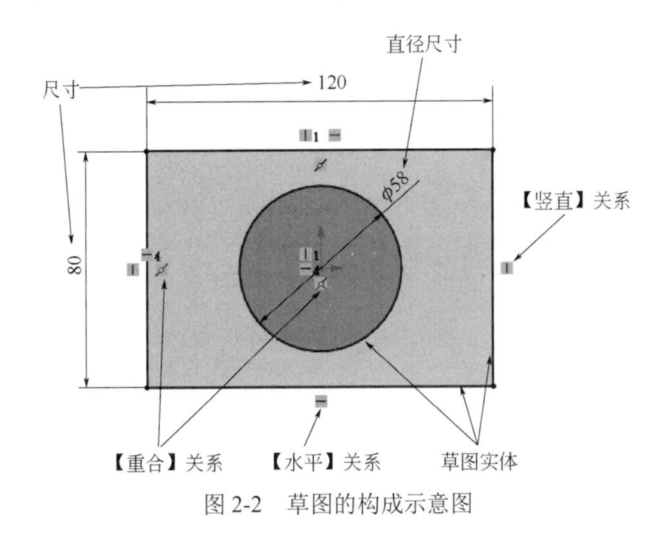

图 2-2　草图的构成示意图

（3）草图的定义状态

一般而言，草图可以处于欠定义、完全定义或过定义状态。

① 欠定义。草图中某些元素的尺寸或几何关系没有定义。欠定义的元素使用蓝色表示。拖动欠定义的元素，可以改变它们的大小或位置。在 FeatureManager 设计树中，草图名称的前面为【(-)】，如图 2-3 所示。

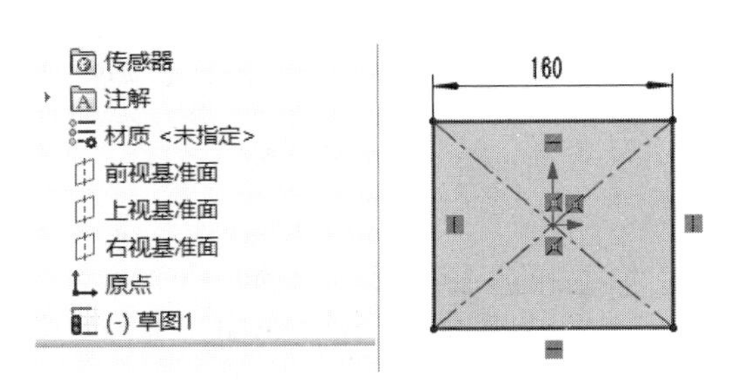

图 2-3　欠定义草图

② 完全定义。草图中所有元素均已通过尺寸或几何关系进行了约束，完全定义的草图中的所有元素均使用黑色表示，用户不能拖动完全定义草图实体来改变大小。在 FeatureManager 设计树中，草图名称前面无符号标识，如图 2-4 所示。

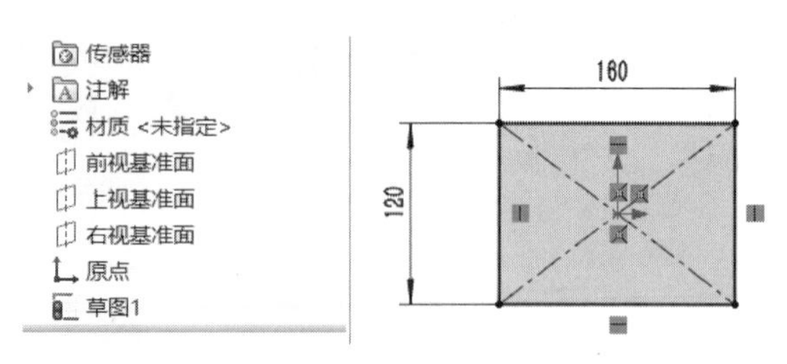

图 2-4　完全定义草图

③ 过定义。草图中的某些元素的尺寸或几何关系过多，从而导致对一个元素有多种冲突的约束，过定义的草图元素使用红色表示。在 FeatureManager 设计树中，草图名称的前面为【(+)】，如图 2-5 所示。

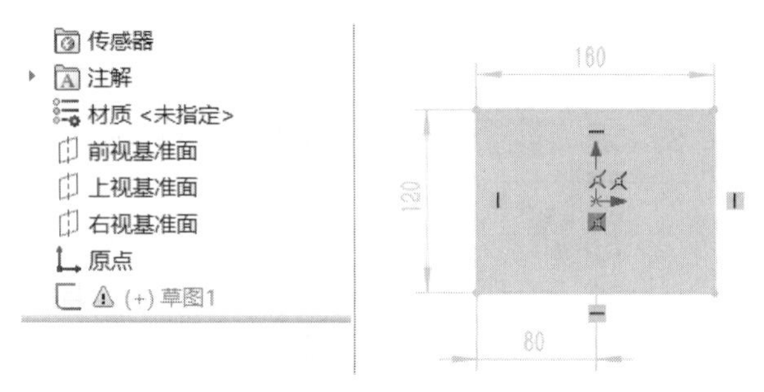

图 2-5　过定义草图

2.1.2 进入草图绘制状态

草图必须绘制在平面上，这个平面既可以是基准面，也可以是三维模型上的平面。初始进入草图绘制状态时，系统默认有三个基准面：前视基准面、右视基准面和上视基准面，如图 2-6 所示。由于没有其他平面，因此零件的初始草图绘制是从系统默认的基准面开始的。

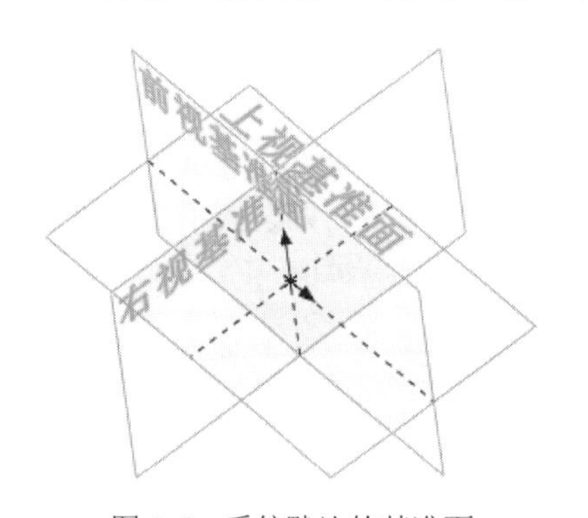

图 2-6　系统默认的基准面

常用的【草图】工具栏如图 2-7 所示，工具栏中有绘制草图命令按钮、编辑草图命令按钮及其他草图命令按钮。

当草图处于激活状态时，在图形区域底部的状态栏中会显示出有关草图状态的帮助信息，状态栏如图 2-8 所示。

在激活的草图中，草图原点显示为红色。使用草图原点，可以帮助了解所绘制的草图的坐标。零件中的每个草图都有自己的原点，所以在一个零件中通常有多个草图原点。当草图打开时，不能关闭其原点的显示。草图原点和零件原点（以灰色显示）并非同一点，也不是同一个概念。不能将尺寸标注到草图原点，或者为草图原点添加几何关系，只能向零件原点添加尺寸和几何关系。

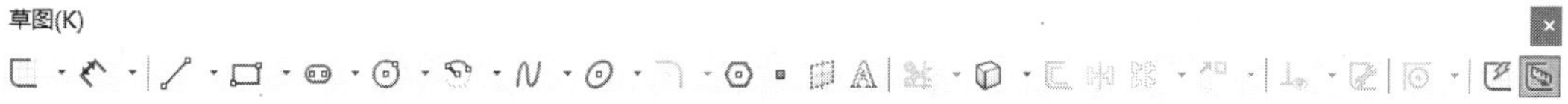

草图(K)

图 2-7 【草图】工具栏

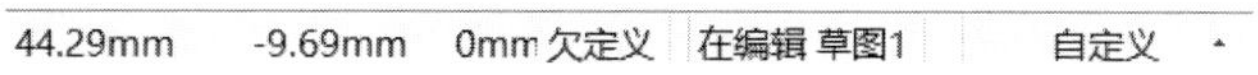

44.29mm -9.69mm 0mm 欠定义 在编辑 草图1 自定义

图 2-8 状态栏

绘制草图既可以先指定绘制草图所在的平面，也可以先选择草图绘制实体，具体根据实际情况灵活运用。下面将分别介绍常用的两种进入草图绘制状态的操作方法。

（1）先指定草图所在平面方式进入草图绘制状态的操作方法

① 在【特征管理器设计树】中选取要绘制草图的基准面，即前视基准面、右视基准面或上视基准面中的一个面。

② 单击【标准视图】工具栏中的【正视于】按钮，使基准面旋转到正视于绘图者方向。

③ 单击【草图】工具栏中的【草图绘制】按钮，或者单击【草图】工具栏上要绘制的草图实体，进入草图绘制状态。

在新建零件的初始草图绘制时，基准面以正视于绘图者方向显示，在绘制中，基准面并不都以正视于绘图者方向显示，需要在【标准视图】工具栏中使用合适的命令按钮选择合适的基准面方向。

（2）先选择草图绘制实体方式进入草图绘制状态的操作方法

① 选择【插入】|【草图绘制】菜单命令，或者单击【草图】工具栏中的【草图绘制】按钮，或者直接单击【草图】工具栏上要绘制的草图实体命令按钮，此时可以单击【标准视图】工具栏中的【等轴测】按钮，以等轴测方向显示基准面，便于观察，确定选择哪个基准面作为草图平面。

② 选取绘图区域中三个基准面之一作为合适的绘制图形的平面，进入草图绘制状态。

2.1.3 退出草图绘制状态

零件是由多个特征组成的，有些特征需要由一个草图生成，有些需要多个草图生成，如扫描实体、放样实体等。因此草图绘制后，既可立即建立特征，也可以退出草图绘制状态再绘制其他草图，然后再建立特征。退出草图绘制状态的方法主要有以下几种，在实际使用中要灵活运用。

（1）菜单方式

草图绘制后，选择【插入】|【退出草图】菜单命令，如图 2-9 所示，退出草图绘制状态，或者单击【标准】工具栏中的【重建模型】按钮，退出草图绘制状态。

（2）工具栏命令按钮方式

单击【草图】工具栏中的【退出草图】按钮，退出草图绘制状态。

（3）右键快捷菜单方式

在绘图区域单击鼠标右键，系统弹出如图 2-10 所示的快捷菜单，在其中单击【退出草图】按钮，即退出草图绘制状态。

（4）绘图区域退出图标方式

在进入草图绘制状态的过程中，在绘图区域右上角会出现如图 2-11 所示的草图提示图标。单击上面的图标，确认绘制的草图并退出草图绘制状态。如果单击下面的图标，则系统会提示是否丢弃对草图所作的更改，系统提示框如图 2-12 所示，然后根据设计需要单击系统提示框中的选项，并退出草图绘制状态。

图 2-9　菜单方式退出草图绘制状态

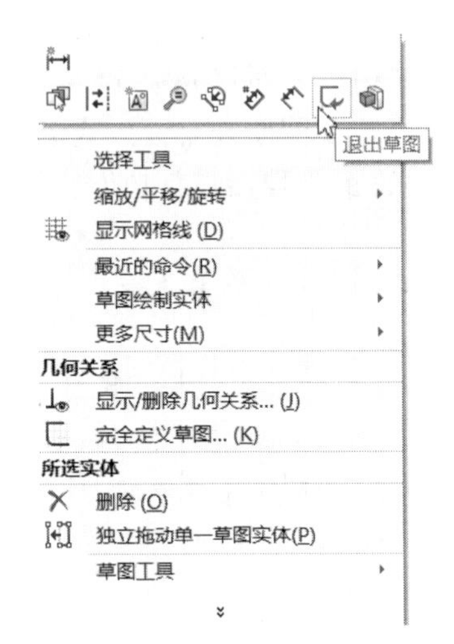

图 2-10　右键快捷菜单方式退出草图绘制状态

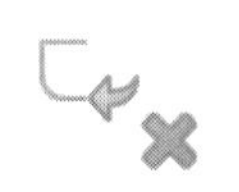

图 2-11　草图提示图标

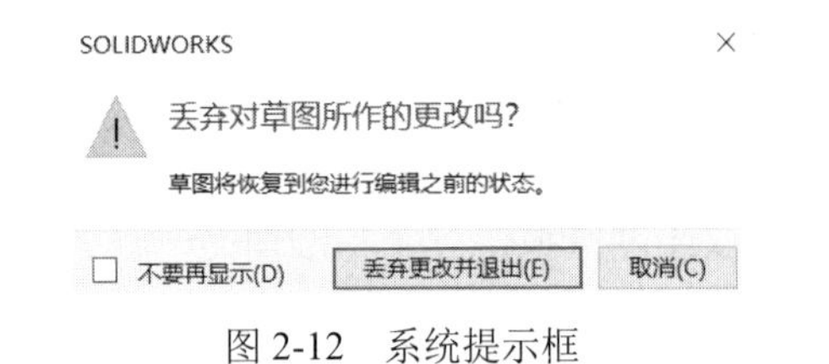

图 2-12　系统提示框

2.1.4 草图绘制工具

常用的草图绘制工具显示在【草图】工具栏中，没有显示的草图绘制工具按钮可以按照第 1 章介绍的方法进行设置。草图绘制工具栏主要包括草图绘制命令按钮、实体绘制工具命令按钮、标注几何关系命令按钮和草图编辑工具命令按钮，下面将分别介绍。

（1）草图绘制命令按钮

【草图绘制】|【退出草图】按钮：选择进入或者退出草图绘制状态。

【移动实体】按钮：在草图和工程图中，选取一个或多个草图实体并将之移动，该操作不生成几何关系。

【旋转实体】按钮：在草图和工程图中，选取一个或多个草图实体并将之旋转，该操作不生成几何关系。

【缩放实体比例】按钮：在草图和工程图中，选取一个或多个草图实体并将之按比例缩放，该操作不生成几何关系。

【复制实体】按钮：在草图和工程图中，选取一个或多个草图实体并将之复制，该操作不生成几何关系。

（2）**实体绘制工具命令按钮**

【直线】按钮：以起点、终点方式绘制一条直线，绘制的直线可以作为构造线使用。

【边角矩形】按钮：绘制标准矩形草图，通常以对角线的起点和终点方式绘制一个矩形，其一边为水平或竖直。

【中心矩形】按钮：在中心点绘制矩形草图。

【3 点边角矩形】按钮：以所选的角度绘制矩形草图。

【3 点中心矩形】按钮：以所选的角度绘制带有中心点的矩形草图。

【平行四边形】按钮：可绘制一个标准的平行四边形，即生成边不为水平或竖直的平行四边形及矩形。

【多边形】按钮：绘制边数在 3~40 之间的等边多边形。

【圆】按钮：绘制中心圆，先指定圆心，然后拖动指针鼠标确定的距离为半径的方式绘制的圆为中心圆。

【周边圆】按钮：绘制周边圆，是指以指定圆周上点的方式绘制的圆。

【圆心/起/终点画弧】按钮：以顺序指定圆心、起点以及终点的方式绘制一个圆弧。

【切线弧】按钮：绘制一条与草图实体相切的弧线，绘制的圆弧可以根据草图实体自动确认是法向相切还是径向相切。

【3 点圆弧】按钮：以顺序指定起点、终点及中点的方式绘制一个圆弧。

【椭圆】按钮：该命令用于绘制一个完整的椭圆，以顺序指定圆心，然后指定长短轴的方式绘制。

【部分椭圆】按钮：该命令用于绘制一部分椭圆，以先指定中心点，然后指定起点及终点的方式绘制。

【抛物线】按钮：该命令用于绘制一条抛物线，以先指定焦点，然后拖动鼠标指针确定焦距，再指定起点和终点的方式绘制。

【样条曲线】按钮：该命令用于绘制一条样条曲线，以不同路径上的两点或者多点绘制，绘制的样条曲线可以在指定端点处相切。

【方程式驱动的曲线】按钮：该命令用于以数学方程式方式绘制一条样条曲线。

【点】按钮：该命令用于绘制一个点，该点可以绘制在草图或者工程图中。

【中心线】按钮：该命令用于绘制一条中心线，中心线可以在草图或者工程图中绘制。

【文字】按钮：在任何连续曲线或边线组中，包括零件面上由直线、圆弧或样条曲线组成的圆或轮廓之上绘制草图文字，然后拉伸或者切除生成文字实体。

（3）**标注几何关系命令按钮**

【智能尺寸】按钮：自动识别尺寸类型并标注。

【水平尺寸】按钮：设定水平尺寸。

【竖直尺寸】按钮：设定竖直尺寸。

【尺寸链】按钮：设定配套的尺寸链条。

【水平尺寸链】按钮：设定配套的水平尺寸链条。

【竖直尺寸链】按钮：设定配套的竖直尺寸链条。

（4）**草图编辑工具命令按钮**

【绘制圆角】按钮：执行该命令将两个草图实体的交叉处剪裁掉角部，从而生成一个切线弧，即形成圆角，此命令在 2D 和 3D 草图中均可使用。

【绘制倒角】按钮：执行该命令将两个草图实体交叉处按照一定角度和距离剪裁，并用直线相连，即形成倒角，此命令在 2D 和 3D 草图中均可使用。

【等距实体】按钮：按给定的距离和方向将一个或多个草图实体等距生成相同的草图实体，草图实体可以是线、弧、环等实体。

【转换实体引用】按钮：通过将边线、环、面、曲线、外部草图轮廓线、一组边线或一组草图曲线投影到草图基准面上生成草图实体。

【交叉曲线】按钮：该命令将在基准面和曲面或模型面、两个曲面、曲面和模型面、基准面和整个零件、曲面和整个零件的交叉处生成草图曲线。可以按照与使用任何草图曲线相同的方式使用生成的草图交叉曲线。

【剪裁实体】按钮：根据所选择的剪裁类型，剪裁或者延伸草图实体，该命令可为 2D 草图以及在 3D 基准面上的 2D 草图所使用。

【延伸实体】按钮：执行该命令可以将草图实体包括直线、中心线或者圆弧的长度，延伸至与另一个草图实体相遇。

【镜向实体】按钮：将选取的草图实体以一条中心线为对称轴生成对称的草图实体。

【线性草图阵列】按钮：将选取的草图实体沿一个轴或同时沿两个轴生成线性草图排列，选取的草图可以是多个草图实体。

【圆周草图阵列】按钮：生成草图实体的圆周排列。

【修复草图】按钮：该命令用来移动、旋转或者按比例缩放整个草图实体。

2.1.5 设置草图绘制环境

（1）设置草图的系统选项

选择【工具】|【选项】菜单命令，系统弹出【系统选项】对话框。选择【草图】选项并进行设置，具体选项含义见第 1 章的相关内容，完成设置后单击【确定】按钮。

（2）【草图设置】菜单

选择【工具】|【草图设置】菜单命令，系统弹出如图 2-13 所示的【草图设置】子菜单，在此菜单中可以使用草图的各种设定。

①【自动添加几何关系】。在添加草图实体时自动建立几何关系。

②【自动求解】。在生成零件时自动计算求解草图几何体。

③【激活捕捉】。可以激活快速捕捉功能。

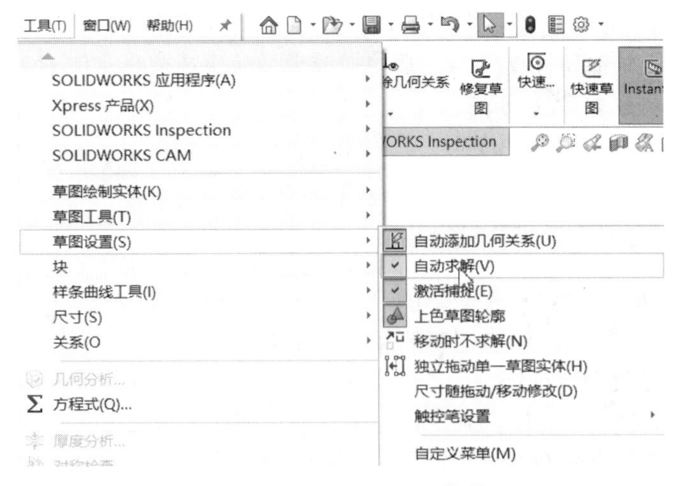

图 2-13 【草图设置】子菜单

④【移动时不求解】。可以在不解出尺寸或者几何关系的情况下，在草图中移动草图实体。

⑤【独立拖动单一草图实体】。在拖动时可以从其他实体中独立拖动单一草图实体。

⑥【尺寸随拖动/移动修改】。拖动草图实体或者在【移动】或【复制】的属性设置中将其移动以覆盖尺寸。

（3）草图网格线和捕捉

当草图或者工程图处于激活状态时，可以选取在当前的草图或者工程图上显示草图网格线。由于 SolidWorks 是参变量式设计，所以草图网格线和捕捉功能并不像 AutoCAD 那么重要，在大多数情况下不需要使用该功能。

2.1.6 光标

在 SolidWorks 中，绘制草图实体或者编辑草图实体时，光标会根据所选择的命令，在绘图时变为相应的形状。而且 SolidWorks 软件提供了自动判断绘图位置的功能，在执行命令时，自动寻找端点、中心点、圆心、交点、中点等，这样提高了鼠标定位的准确性和快速性，提高了绘制图形的效率。

执行不同命令时，光标会在不同草图实体及特征实体上显示不同的类型，光标既可以在草图实体上形成，也可以在特征实体上形成。在特征实体上的光标，只能在绘图平面的实体边缘产生。

下面为常见的光标类型。

【点】光标：执行绘制点命令时光标的显示。

【线】光标：执行绘制直线或者中心线命令时光标的显示。

【圆弧】光标：执行绘制圆弧命令时光标的显示。

【圆】光标：执行绘制圆命令时光标的显示。

【椭圆】光标：执行绘制椭圆命令时光标的显示。

【抛物线】光标：执行绘制抛物线命令时光标的显示。

【样条曲线】光标：执行绘制样条曲线命令时光标的显示。

【矩形】光标：执行绘制矩形命令时光标的显示。

【多边形】光标：执行绘制多边形命令时光标的显示。

【草图文字】光标：执行绘制草图文字命令时光标的显示。

【剪裁草图实体】光标：执行剪裁草图实体命令时光标的显示。

【延伸草图实体】光标：执行延伸草图实体命令时光标的显示。

【标注尺寸】光标：执行标注尺寸命令时光标的显示。

【圆周阵列草图】光标：执行圆周阵列草图命令时光标的显示。

【线性阵列草图】光标：执行线性阵列命令时光标的显示。

2.2 绘制草图命令

绘制草图是指先绘制出大概的二维轮廓，然后再添加相应的约束，进而通过拉伸、旋转或扫描等操作，生成与草图对象相关联的实体模型。绘制草图是本章的重要内容，也是创建实体模型的基础和关键。在参数化建模时，灵活地应用绘制草图功能，会给设计带来很大的方便。

第 2.1 节介绍了草图绘制命令按钮及基本概念，本节将介绍草图绘制命令的使用方法。在 SolidWorks 建模过程中，大部分特征都需要先建立草图实体然后再执行特征命令，因此本节的学习非常重要。

2.2.1 直线

单击【草图】工具栏中的【直线】按钮，或选择【工具】|【草图绘制实体】|【直线】菜单命令，系统弹出如图 2-14 所示的【插入线条】属性管理器。下面具体介绍各项参数的设置。

（1）【方向】选项组

①【按绘制原样】。以指定的点绘制直线，选中该单选按钮绘制直线时，光标附近出现任意直线图标符号。

②【水平】。以指定的长度在水平方向绘制直线，选中该单选按钮绘制直线时，光标附近出现水平直线图标符号。

③【竖直】。以指定的长度在竖直方向绘制直线，选中该单选按钮绘制直线时，光标附近出现竖直直线图标符号。

④【角度】。以指定的角度和长度方式绘制直线，选中该单选按钮绘制直线时，光标附近出现角度直线图标符号。

除【按绘制原样】单选按钮外的所有选项均在【插入线条】属性管理器中显示【参数】和【额外参数】选项组，如图 2-15 所示。

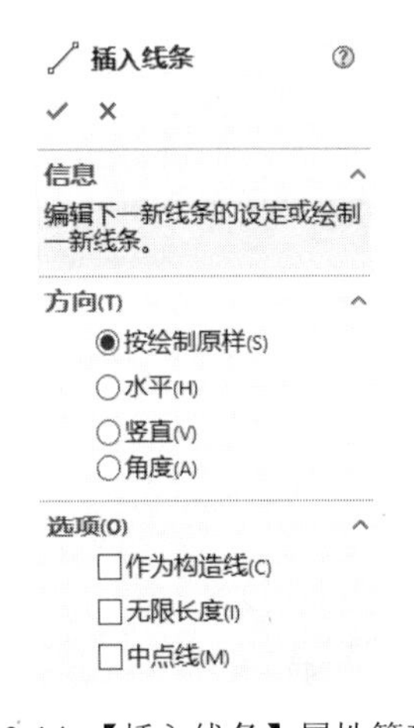

图 2-14 【插入线条】属性管理器

图 2-15 【参数】和【额外参数】选项组

（2）【选项】选项组

①【作为构造线】。绘制为构造线。

②【无限长度】。绘制无限长度的直线。

（3）【参数】设置组

①【长度】。设置一个数值作为直线的长度。

②【角度】。设置一个数值作为直线的角度。

直线通常有两种绘制方式，即拖动式和单击式。拖动式是在绘制直线的起点，按住鼠标左键开始拖动鼠标指针，直到直线终点放开；单击式是在绘制直线的起点单击，然后在直线终点单击。

（4）【额外参数】选项组

【开始 X 坐标】：开始点的 X 坐标。

【开始 Y 坐标】：开始点的 Y 坐标。

【结束 X 坐标】：结束点的 X 坐标。

【结束 Y 坐标】：结束点的 Y 坐标。

【Delta X】ΔX：开始点和结束点的 X 坐标之间的偏移。

【Delta Y】ΔY：开始点和结束点的 Y 坐标之间的偏移。

2.2.2 绘制中心线

单击【草图】工具栏中的【中心线】按钮，或选择【工具】|【草图绘制实体】|【中心线】菜单命令，系统弹出如图 2-16 所示的【插入线条】属性管理器。对比图 2-14 所示的属性管理器，就会发现，中心线各参数的设置与直线相同，只是在【选项】选项组中将启用【作为构造线】复选框作为默认选项。

2.2.3 绘制中点线

单击【草图】工具栏中的【中点线】按钮，或选择【工具】|【草图绘制实体】|【中点线】菜单命令，系统弹出如图 2-17 所示的【插入线条】属性管理器。对比图 2-14 所示的属性管理器，就会发现，中点线各参数的设置与直线相同，只是在【选项】选项组中将启用【中点线】复选框作为默认选项。

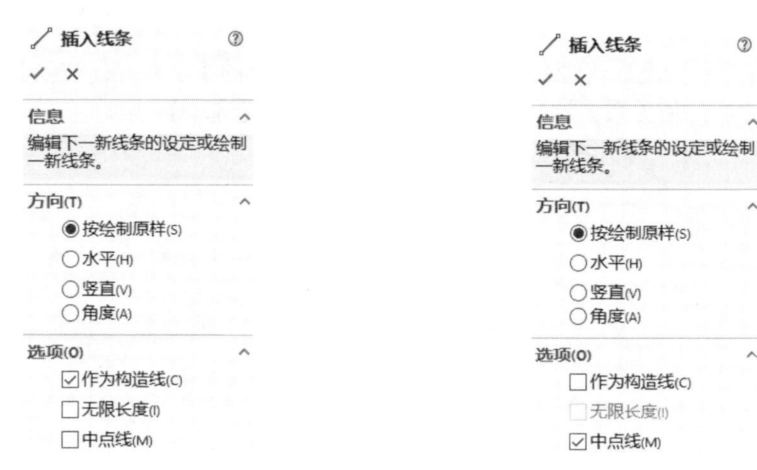

图 2-16 【插入线条】属性管理器（1）　　图 2-17 【插入线条】属性管理器（2）

2.2.4 矩形

单击【草图】工具栏中的【边角矩形】按钮或【中心矩形】按钮或【3 点边角矩形】按钮或【3 点中心矩形】按钮或【平行四边形】按钮，也可以选择【工具】|【草图绘制实体】|【边角矩形】或【中心矩形】或【3 点边角矩形】或【3 点中心矩形】或【平行四边形】菜单命令，系统弹出如图 2-18 所示的【矩形】属性管理器。类型有 5 种，分别是【边角矩形】【中心矩形】【3 点边角矩形】【3 点中心矩形】和【平行四边形】。执行任意一个绘制矩形命令后，【矩形】属性管理器如图 2-18 所示，当执行中心矩形或 3 点中心矩形命令，并选中【从中点】单选按钮时，属性管理器中会出现如图 2-19 所示的【中心点】选项组。

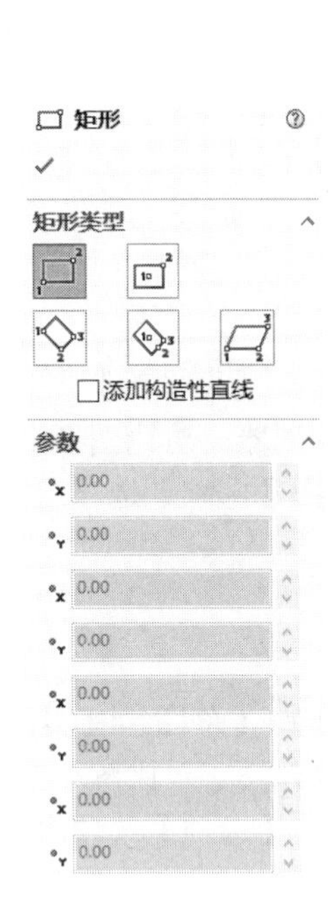

图 2-18 【矩形】属性管理器

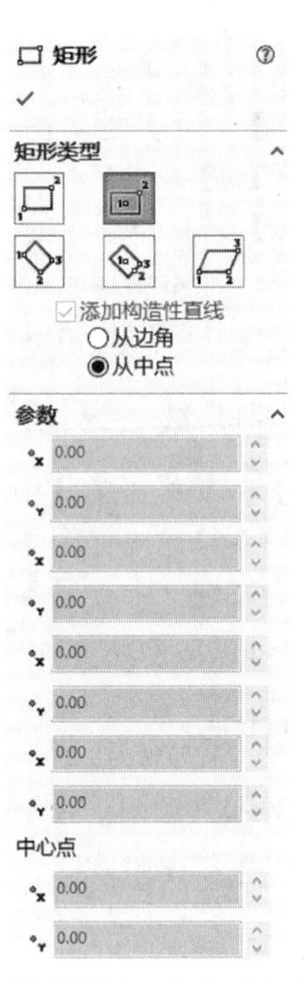

图 2-19 【矩形】属性管理中的【中心点】选项组

矩形绘制完毕后，属性管理器中会出现如图 2-20 所示的【现有几何关系】选项组、如图 2-21 所示的【添加几何关系】选项组、如图 2-22 所示的【选项】选项组和如图 2-23 所示的【参数】选项组。下面具体介绍各参数的设置。

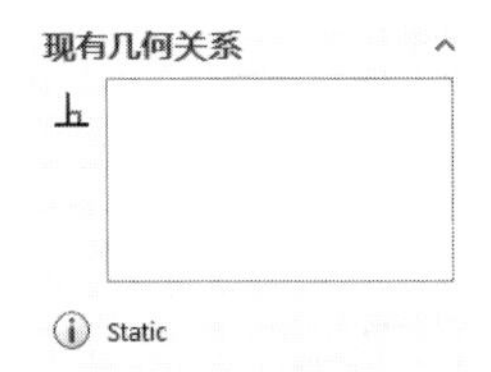

图 2-20 【现有几何关系】选项组

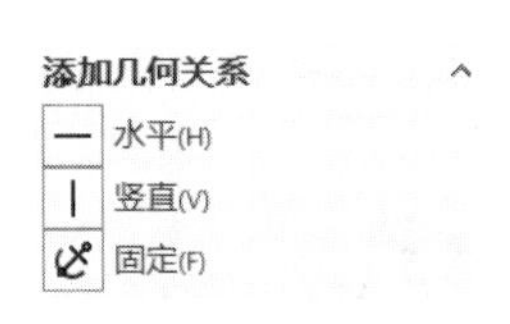

图 2-21 【添加几何关系】选项组

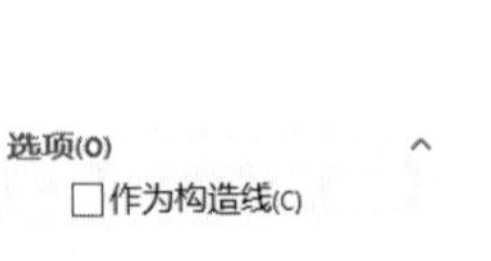

图 2-22 【选项】选项组

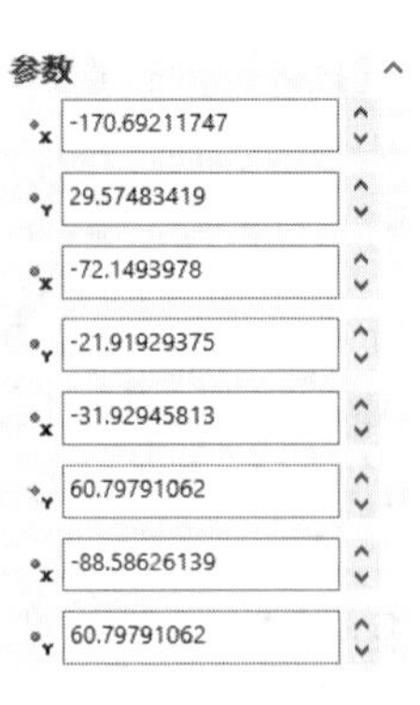

图 2-23 【参数】选项组

（1）【矩形类型】选项组

① 边角矩形。用于绘制标准矩形草图。

② 中心矩形。绘制一个包括中心点的矩形草图。

③ 3 点边角矩形。以所选的角度绘制一个矩形草图。

④ 3 点中心矩形。以所选的角度绘制带有中心点的矩形草图。

⑤ 平行四边形。绘制标准平行四边形草图。

（2）【中心点】选项组

① 。在后面的微调框中输入点的 *X* 坐标。

② 。在后面的微调框中输入点的 *Y* 坐标。

（3）【现有几何关系】选项组

① 。显示草图绘制过程中自动推理或使用添加几何关系命令手工生成的几何关系，当在选择框中选择一个几何关系时，在图形区域中的标注被高亮显示。

② 。显示所选草图实体的状态，通常有静态、欠定义、完全定义等。

（4）【添加几何关系】选项组

① 。选取一条或多条直线，或两个或多个点，所选取的直线会变成水平，点会水平对齐。

② 。选取一条或多条直线，或两个或多个点，所选取的直线会变成竖直，点会竖直对齐。

③ 。使矩形的位置固定。

（5）【选项】选项组

启用【作为构造线】复选框，生成的矩形将作为构造线，取消启用该复选框将为草图实体。

（6）【参数】选项组

X、*Y* 坐标成组出现用于设置绘制矩形的 4 个点的坐标。

（7）绘制矩形的操作方法

① 选择【工具】|【草图绘制实体】|【矩形】菜单命令，或者单击【草图】工具栏中的【边角矩形】按钮，此时光标变为形状。

② 在系统弹出的【矩形】属性管理器的【矩形类型】选项组中选择绘制矩形的类型。

③ 在绘图区域中根据选择的矩形类型绘制矩形。

④ 单击【矩形】属性管理器中的【确定】按钮，完成矩形的绘制。

2.2.5 槽口

键槽是指轴或轮毂上的凹槽，其通过与相应的键配合，使轴生产转向。通常情况下，轴上的键槽由铣刀铣出，轮毂上的键槽由插刀插出。在机械设计中，键槽按外形可分为平底槽、半圆槽和楔形槽等。

在 SolidWorks 中，为了方便绘制键槽的投影轮廓，系统专门提供了 4 种槽口绘制的工具，如表 2-1 所示。

表 2-1 槽口绘制工具

槽口工具类型	槽口属性
直槽口	以两个端点为参照，绘制直槽口
中心点直槽口	以中心点为参照，绘制直槽口
三点圆弧槽口	在圆弧上以 3 个点为参照，绘制圆弧槽口
中心点圆弧槽口	以圆弧半径的中心点和两个端点为参照，绘制圆弧槽口

单击【草图】工具栏中的【直槽口】按钮或【中心点直槽口】按钮或【三点圆弧槽口】按钮或【中心点圆弧槽口】按钮，也可以选择【工具】|【草图绘制实体】|【直槽口】或【中心点直槽口】或【三点圆弧槽口】、【中心点圆弧槽口】菜单命令，系统弹出如图2-24所示的【槽口】属性管理器。

（1）绘制槽口

现以常用的【直槽口】工具为例，介绍其具体操作方法。单击【草图】工具栏中的【直槽口】按钮，系统弹出如图 2-24 所示的【槽口】属性管理器。其中，直槽口长度参数的设置方式有两种：单击【中心到中心】按钮，系统将以两个中心之间的长度作为直槽口的长度尺寸；单击【总长度】按钮，系统将以槽口的总长度作为直槽口的长度尺寸。

指定完长度参数的设置方式后，在绘图区中依次单击确定直槽口的长度尺寸，然后竖直移动鼠标指针至合适位置单击，确定直槽口的宽度尺寸，即可完成直槽口的绘制，效果如图2-25所示。

（2）修改槽口属性

在草图中选择绘制后的直槽口轮廓，系统弹出如图2-26所示的【槽口】属性管理器，用户可以根据需要对其属性参数进行相应的修改。其中，在【添加几何关系】选项组中，如单击【固定槽口】按钮，系统将默认槽口的大小和位置是固定的；【参数】选项组中，用于修改直槽口的中心位置和长宽尺寸。

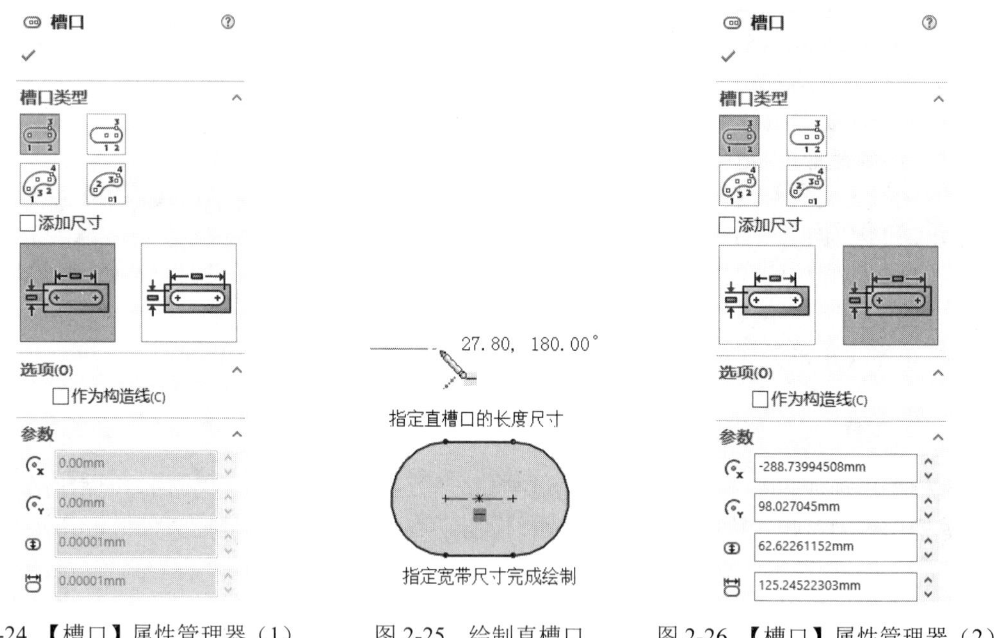

图2-24 【槽口】属性管理器（1）　　图2-25 绘制直槽口　　图2-26 【槽口】属性管理器（2）

2.2.6 圆

在草图绘制状态下，单击【草图】工具栏中的【圆】按钮，或选择【工具】|【草图绘制实体】|【圆】菜单命令；或选择【工具】|【草图绘制实体】|【周边圆】菜单命令，或者单击【草图】工具栏中的【周边圆】按钮，系统弹出如图2-27所示的【圆】属性管理器。圆的绘制方式有中心圆和周边圆两种，当以某一种方式绘制圆以后，【圆】属性管理器如图2-28所示。下面具体介绍各项参数的设置。

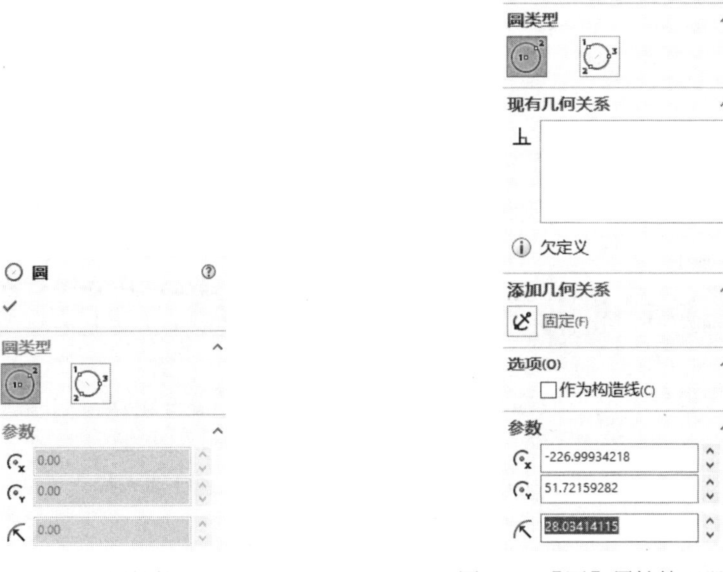

图 2-27 【圆】属性管理器（1）　　　　图 2-28 【圆】属性管理器（2）

（1）【圆类型】选项组

① 圆。绘制基于中心的圆，即通过圆心和圆上的一点绘制圆。

② 周边圆。绘制基于周边的圆，即通过不在一条直线上的三点绘制圆。

（2）其他选项组

其他选项组和参数组可以参考直线进行设置，主要说明如下。

在图形区域中选取绘制的圆，在属性管理器中弹出【圆】的属性设置，可以编辑其属性，如图 2-28 所示。

①【现有几何关系】选项组。可以显示现有的几何关系以及所选草图实体的状态信息。

②【添加几何关系】选项组。可以将新的几何关系添加到所选的草图实体圆中。

③【选项】选项组。可以启用【作为构造线】复选框，将实体圆转换为构造几何体的圆。

④【参数】选项组。设置圆心的位置坐标和圆的半径尺寸。

【X 坐标置中】：设置圆心 X 坐标。

【Y 坐标置中】：设置圆心 Y 坐标。

【半径】：设置圆的半径。

（3）绘制中心圆的操作方法

① 在草图绘制状态下，选择【工具】|【草图绘制实体】|【圆】菜单命令，或者单击【草图】工具栏中的【圆】按钮，开始绘制圆。

② 在【圆类型】选项组中，单击【圆】按钮，在绘图区域中合适的位置单击鼠标左键确定圆的圆心，如图 2-29 所示。

③ 移动鼠标指针拖出一个圆，然后单击鼠标左键，确定圆的半径，如图 2-30 所示。

④ 单击【圆】属性管理器中的【确定】按钮✓，完成圆的绘制，绘制的圆如图 2-31 所示。

（4）绘制周边圆的操作方法

① 在【圆类型】选项组中，单击【周边圆】按钮，在绘图区域中合适的位置单击鼠标左键确定圆上一点。

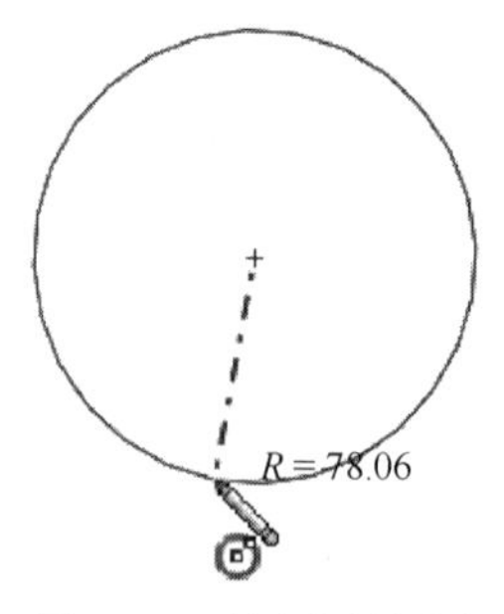

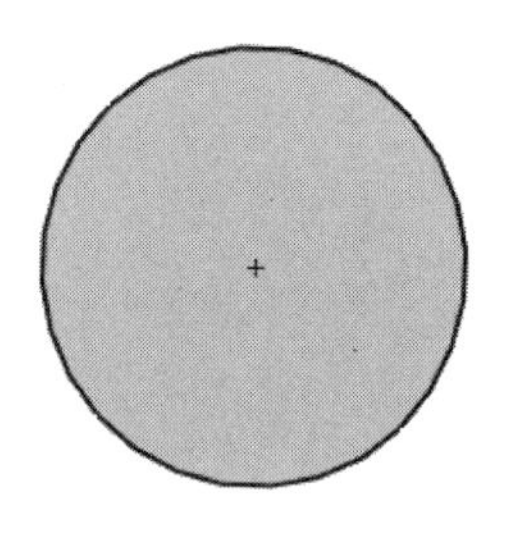

图 2-29　绘制圆心　　图 2-30　绘制圆的半径　　图 2-31　绘制的圆

② 按住鼠标左键不放拖动到绘图区域中合适的位置，单击鼠标左键确定周边上的另一点。

③ 继续按住鼠标左键不放拖动到绘图区域中另一个合适的位置，单击鼠标左键确定周边上的第三点。

④ 单击【圆】属性管理器中的【确定】按钮✓，完成圆的绘制。

2.2.7 圆弧

单击【草图】工具栏中的【圆心/起/终点画弧】按钮或【切线弧】按钮或【3 点圆弧】按钮，也可以选择【工具】|【草图绘制实体】|【圆心/起/终点画弧】或【切线弧】或【3 点圆弧】菜单命令，系统弹出如图 2-32 所示的【圆弧】属性管理器。以基于圆心/起/终点画弧方式绘制圆弧，【圆弧】属性管理器如图 2-33 所示。下面具体介绍各参数的设置。

图 2-32 【圆弧】属性管理器（1）

图 2-33 【圆弧】属性管理器（2）

（1）【圆弧类型】选项组

① 。基于圆心/起/终点画弧方式绘制圆弧。

② 。基于切线弧方式绘制圆弧。

③ 。基于三点圆弧方式绘制圆弧。

（2）其他选项组

其他选项组和参数组可以参考前面介绍的方式进行设置，主要说明如下。

基于圆心/起/终点方式绘制圆弧的方法是先指定圆弧的圆心，然后按住鼠标左键不放顺序拖动到指定的圆弧的起点和终点，确定圆弧的大小和方向。绘制圆心/起/终点画弧的操作方法如下。

① 在草图绘制状态下，选择【工具】|【草图绘制实体】|【圆心/起/终点画弧】菜单命令，或者单击【草图】工具栏中的【圆心/起/终点画弧】按钮，开始绘制圆弧。

② 在绘图区域单击鼠标左键确定圆弧的圆心，如图 2-34 所示。

③ 在绘图区域合适的位置，单击鼠标左键确定圆弧的起点，如图 2-35 所示。

④ 在绘图区域合适的位置，单击鼠标左键确定圆弧的终点，如图 2-36 所示。

⑤ 单击【圆弧】属性管理器中的【确定】按钮✓，完成圆弧的绘制。

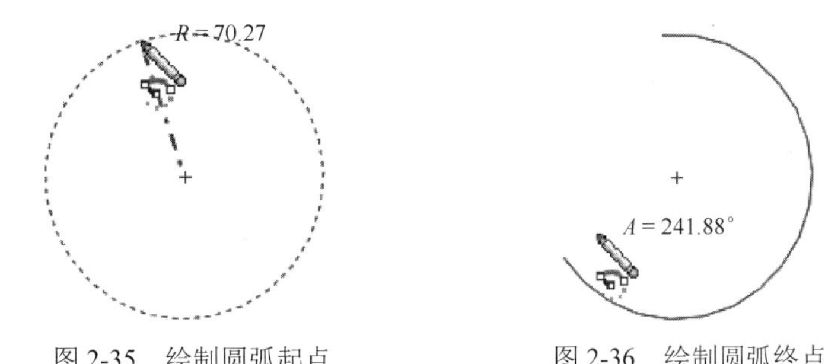

图 2-34　绘制圆弧圆心　　图 2-35　绘制圆弧起点　　图 2-36　绘制圆弧终点

（3）绘制切线弧

切线弧是指基于切线方式绘制圆弧，生成一条与草图实体（直线、圆弧、椭圆和样条曲线等）相切的弧线。绘制切线弧的操作方法如下。

① 在草图绘制状态下，选择【工具】|【草图绘制实体】|【切线弧】菜单命令，或者单击【草图】工具栏中的【切线弧】按钮，开始绘制切线弧，此时光标变为形状。

② 在已经存在草图实体的端点处，单击鼠标左键，选取图 2-37 中直线的右端为切线弧的起点。

③ 按住鼠标左键不放拖动到绘图区域中合适的位置确定切线弧的终点，单击鼠标左键确认，绘制的切线弧如图 2-37 所示。

④ 单击【圆弧】属性管理器中的【确定】按钮✓，完成切线弧的绘制。

绘制切线弧时，SolidWorks 可以通过鼠标指针的移动来推理用户是需要切线弧还是法线弧，共有 4 个目的区，具有如图 2-38 所示的 8 种可能结果。沿相切方向移动鼠标指针将生成切线弧；沿垂直方向移动鼠标指针将生成法线弧。可以通过返回端点，然后向新的方向移动鼠标指针的方法在切线弧和法线弧之间进行切换。

（4）绘制三点圆弧

三点圆弧是通过起点、终点与中点的方式绘制的圆弧。绘制三点圆弧的操作方法如下。

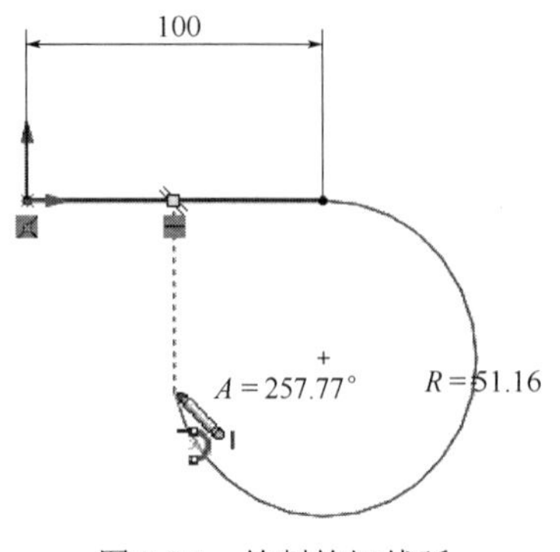

图 2-37　绘制的切线弧

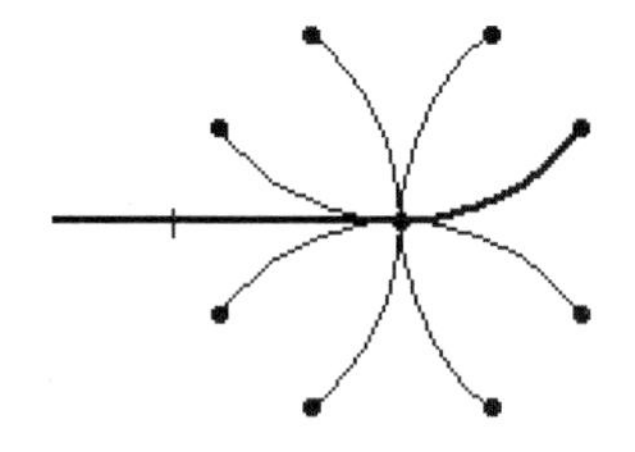

图 2-38　切线弧 8 种可能的结果

① 在草图绘制状态下，选择【工具】|【草图绘制实体】|【3 点圆弧】菜单命令，或者单击【草图】工具栏中的【3 点圆弧】按钮，开始绘制圆弧，此时光标变为形状。

② 在绘图区域单击鼠标左键，确定圆弧的起点，如图 2-39 所示。

③ 拖动鼠标指针到绘图区域中合适的位置，单击鼠标左键以确认圆弧终点的位置，如图 2-40 所示。

④ 拖动鼠标指针到绘图区域中合适的位置，单击鼠标左键以确认圆弧中点的位置，如图 2-41 所示。

⑤ 单击【圆弧】属性管理器中的【确定】按钮✓，完成三点圆弧的绘制。

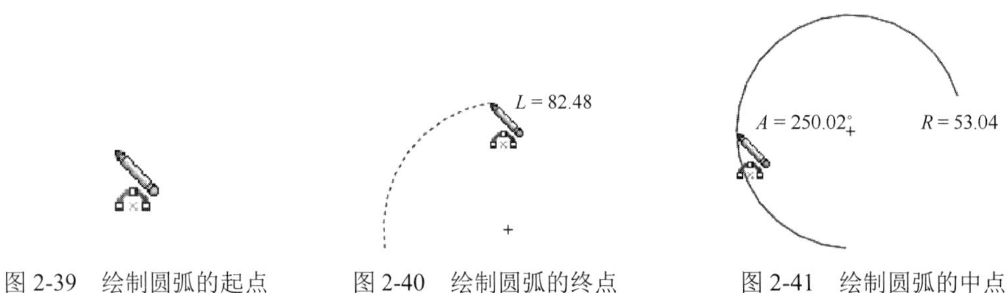

图 2-39　绘制圆弧的起点　　图 2-40　绘制圆弧的终点　　图 2-41　绘制圆弧的中点

2.2.8 多边形

多边形命令用于绘制数量为 3~40 之间的等边多边形，单击【草图】工具栏中的【多边形】按钮，或选择【工具】|【草图绘制实体】|【多边形】菜单命令，系统弹出如图 2-42 所示的【多边形】属性管理器。下面具体介绍各项参数的设置。

（1）【选项】选项组

【作为构造线】。启用该复选框，生成的多边形将作为构造线，取消启用该复选框将为草图实体。

（2）【参数】选项组

① 【边数】。在后面的微调框中输入多边形的边数，通常为 3~40。

② 【内切圆】。以内切圆方式生成多边形，在多边形内显示内切圆以定义多边形的大小，内切圆为构造几何线。

③ 【外接圆】。以外接圆方式生成多边形，在多边形外显示外接圆以定义多边形的大小，外接圆为构造几何线。

④ 【X 坐标置中】。显示多边形中心的 *X* 坐标，可以在微调框中对其进行修改。

⑤ 【Y 坐标置中】。显示多边形中心的 Y 坐标，可以在微调框中对其进行修改。

⑥ 【圆直径】。显示内切圆或外接圆的直径，可以在微调框中对其进行修改。

⑦ 【角度】。显示多边形的旋转角度，可以在微调框中对其进行修改。

⑧【新多边形】。单击【新多边形】按钮，可以绘制另外一个多边形。

（3）绘制多边形的操作方法

① 在草图绘制状态下，选择【工具】|【草图绘制实体】|【多边形】菜单命令，或者单击【草图】工具栏中的【多边形】按钮，此时光标变为形状。

② 在【多边形】属性管理器中【参数】选项组中，设置多边形的边数，选择是内切圆模式还是外接圆模式。

③ 在绘图区域单击鼠标左键，确定多边形的中心，按住鼠标左键不放拖动，在合适的位置单击鼠标左键，确定多边形的形状。

④ 在【参数】选项组中，设置多边形的圆心、圆直径及选择角度。

⑤ 如果继续绘制另一个多边形，单击属性管理器中的【新多边形】按钮，然后重复上述步骤即可绘制一个新的多边形。

⑥ 单击【多边形】属性管理器中的【确定】按钮✓，完成多边形的绘制。

图 2-43 所示为绘制的一个多边形。绘制多边形的方式比较灵活，既可先在【多边形】属性管理器中设置多边形的属性，再绘制多边形；也可以先按照默认的设置绘制好多边形，再修改多边形的属性。

图 2-42 【多边形】属性管理器

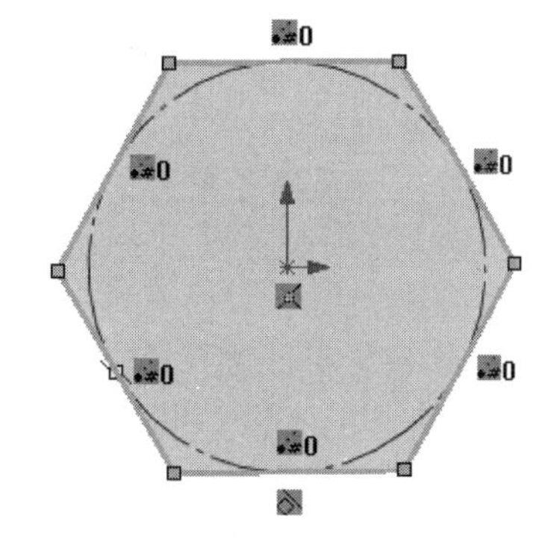

图 2-43 绘制的多边形

2.2.9 样条曲线

SolidWorks 提供了强大的样条曲线绘制功能，样条曲线至少需要两个点，并且可以在端点上指定相切。单击【草图】工具栏中的【样条曲线】按钮，或选择【工具】|【草图绘制实体】|【样条曲线】菜单命令，此时光标变为形状。在图形区单击，确定样条曲线的起始点；然后移动鼠标，在绘图区合适的位置单击，确定样条曲线的第二点；重复移动鼠标指针，取得样条曲线上的其他点；按 Esc 键或双击或者单击鼠标右键退出样条曲线的绘制，图 2-44 所示为绘制样条曲线的基本过程。样条曲线绘制完成后，可以对样条曲线进行编辑和修改，单击已绘制的样条曲线，系统弹出如图 2-45 所示的【样条曲线】属性管理器。在【参数】选项组中可以实现对样条曲线的各种参数的修改，如样条曲线上点的增加和删除等。

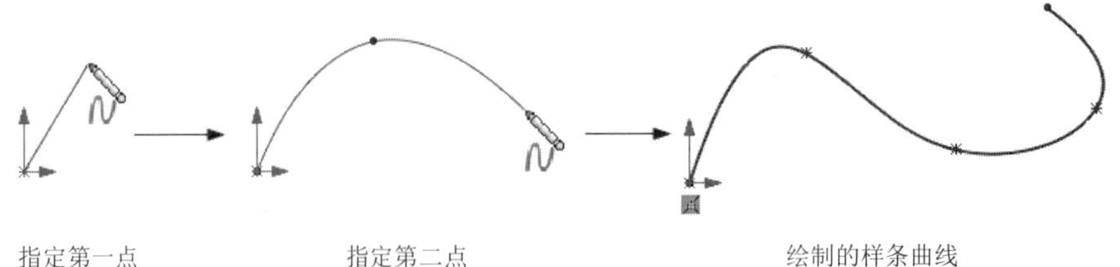

图 2-44　绘制样条曲线的基本过程

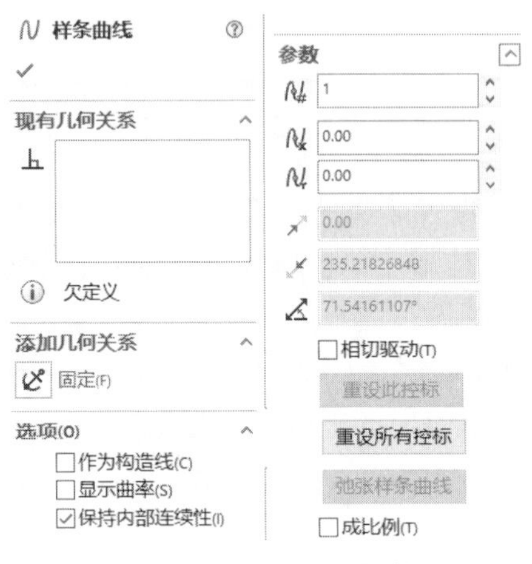

图 2-45　【样条曲线】属性管理器

2.2.10 椭圆/部分椭圆

椭圆是由中心点、长轴长度与短轴长度确定的，三者缺一不可。单击【草图】工具栏中的【椭圆】按钮，或选择【工具】|【草图绘制实体】|【椭圆(长短轴)】命令，即可绘制椭圆。

绘制椭圆的操作方法如下。

① 在草图绘制状态下，选择【工具】|【草图绘制实体】|【椭圆(长短轴)】菜单命令，或者单击【草图】工具栏中的【椭圆】按钮，此时光标变为形状。

② 在绘图区域合适的位置单击鼠标左键，确定椭圆的中心。

③ 按住鼠标左键不放拖动，在鼠标指针附近会显示椭圆的长半轴 R 和短半轴 r。在图中合适的位置单击鼠标左键，确定椭圆的长半轴 R。

④ 继续按住鼠标左键不放拖动鼠标，在图中合适的位置单击鼠标左键，确定椭圆的短半轴 r，此时系统弹出如图 2-46 所示的【椭圆】属性管理器。

⑤ 在【椭圆】属性管理器中，根据设计需要对其中心坐标以及长半轴和短半轴的大小进行修改。

⑥ 单击【椭圆】属性管理器中的【确定】按钮✓，完成椭圆的绘制。

【椭圆】属性管理器中各个参数不再加以介绍，可以参考前面命令中的参数。椭圆绘制完毕后，按住鼠标左键不放，拖动椭圆的中心和 4 个特征点，如图 2-47 所示绘制椭圆，可以改变椭圆的形状。当然通过【椭圆】属性管理器可以精确地修改椭圆的位置和长、短半轴。

部分椭圆即椭圆弧的绘制过程与椭圆相似，绘制过程为先确定圆心，然后绘制长半轴，再绘制短半轴，最后确定椭圆弧。

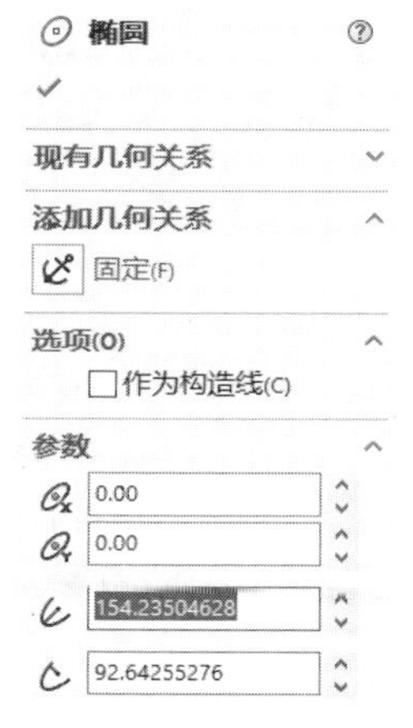

图 2-46 【椭圆】属性管理器

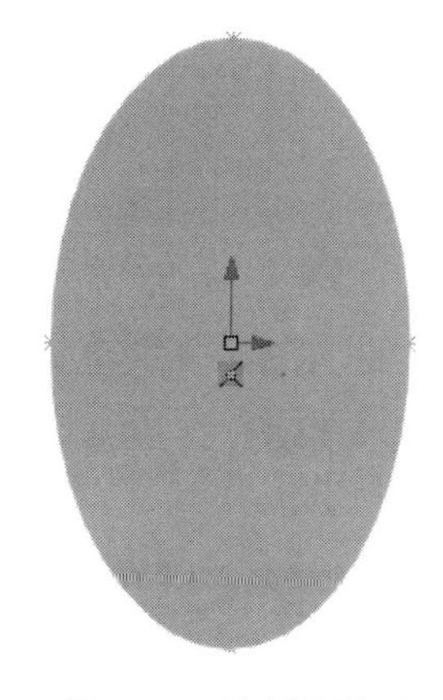

图 2-47 绘制的椭圆

2.2.11 绘制抛物线

单击【草图】工具栏中的【抛物线】按钮，或选择【工具】|【草图绘制实体】|【抛物线】菜单命令，即可绘制抛物线。

绘制抛物线的操作方法如下。

① 在草图绘制状态下，选择【工具】|【草图绘制实体】|【抛物线】菜单命令，或者单击【草图】工具栏中的【抛物线】按钮，此时光标变为形状。

② 在绘图区域中合适的位置单击鼠标左键，确定抛物线的焦点。

③ 按住鼠标左键不放拖动鼠标，在图中合适的位置单击鼠标左键，确定抛物线的焦距。

④ 继续按住鼠标左键不放拖动鼠标，在图中合适的位置单击鼠标左键，确定抛物线的起点。

⑤ 继续按住鼠标左键不放拖动鼠标，在图中合适的位置单击鼠标左键，确定抛物线的终点，此时系统弹出如图 2-48 所示的【抛物线】属性管理器，根据设计需要修改属性管理器中抛物线的参数。

图 2-48 【抛物线】属性管理器

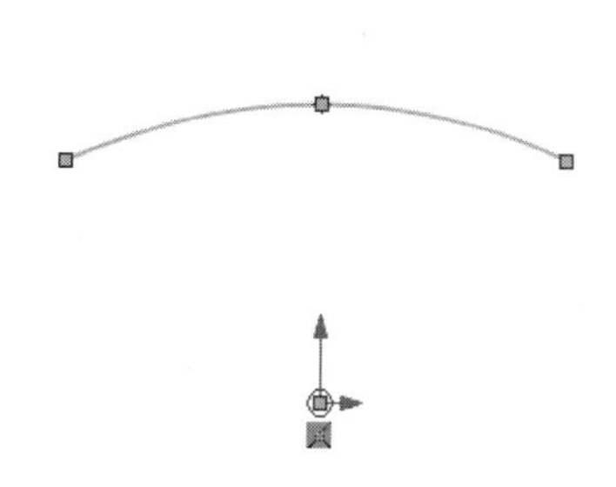

图 2-49 绘制的抛物线

⑥ 单击【抛物线】属性管理器中的【确定】按钮✓，完成抛物线的绘制。

图 2-49 所示为绘制的抛物线。抛物线由焦点、焦距、起点及终点构成，【抛物线】属性管理器参数对应为各点的坐标，可以根据设计需要对其进行修改。

2.2.12 文字

草图文字可以添加在任何连续曲线或边线组中，包括由直线、圆弧或样条曲线组成的圆或轮廓，可以执行拉伸或者剪切操作，文字可以插入。单击【草图】工具栏中的【文字】按钮，或选择【工具】|【草图绘制实体】|【文本】菜单命令，系统弹出如图 2-50 所示的【草图文字】属性管理器，即可绘制草图文字。下面具体介绍各项参数的设置。

（1）【曲线】选项组

【选择边线、曲线、草图及草图段】：选取边线、曲线、草图及草图段。所选实体的名称显示在【曲线】选择框中，绘制的草图文字将沿实体出现。

（2）【文字】选项组

①【文字】文本框。在【文字】文本框中输入文字，文字在图形区域中沿所选实体出现。如果没有选取实体，文字在原点开始且水平出现。

②【样式】。【样式】样式有 4 种，即【加粗】B（将输入的文字加粗）、【斜体】I（将输入的文字以斜体方式显示）、【旋转】（将选择的文字以设定的角度旋转）和【链接到属性】（将添加或编辑自定义属性）。

③【对齐】。【对齐】样式有 4 种，即【左对齐】、【居中】、【右对齐】和【两端对齐】，对齐只可用于沿曲线、边线或草图线段的文字。

④【反转】。【反转】样式有 4 种，即【竖直反转】、【竖直反转】（返回)、【水平反转】和【水平反转】（返回），其中竖直反转只可用于沿曲线、边线或草图线段的文字。

⑤【宽度因子】。按指定的百分比均匀加宽每个字符。

⑥【间距】。按指定的百分比更改每个字符之间的间距。

⑦【使用文档字体】。启用该复选框用于使用文档字体，取消启用该复选框可以使用另一种字体。

⑧【字体】。单击【字体】按钮以打开【选择字体】对话框，根据需要可以设置字体样式和大小。

（3）绘制草图文字的操作方法

① 选择【工具】|【草图绘制实体】|【文本】菜单命令，或者单击【草图】工具栏中的【文字】按钮，此时光标变为形状，系统弹出如图 2-50 所示的【草图文字】属性管理器。

② 在绘图区域中选取一条边线、曲线、草图或草图线段，作为绘制文字草图的定位线，此时所选取的边线出现在【草图文字】属性管理器中的【曲线】选择框中。

③ 在【草图文字】属性管理器中的【文字】文本框中输入要添加的文字。此时，添加的文字出现在绘图区域曲线上。

④ 如果系统默认的字体不满足设计需要，取消启用【草图文字】属性管理器中的【使用文档字体】复选框，然后单击【字体】按钮，在系统弹出的【选择字体】对话框中设置字体的属性。

⑤ 设置好字体属性后，单击【选择字体】对话框中的【确定】按钮，然后单击【草图文字】属性管理器中的【确定】按钮✓，完成草图文字的绘制。图 2-51 所示为绘制的草图文字。

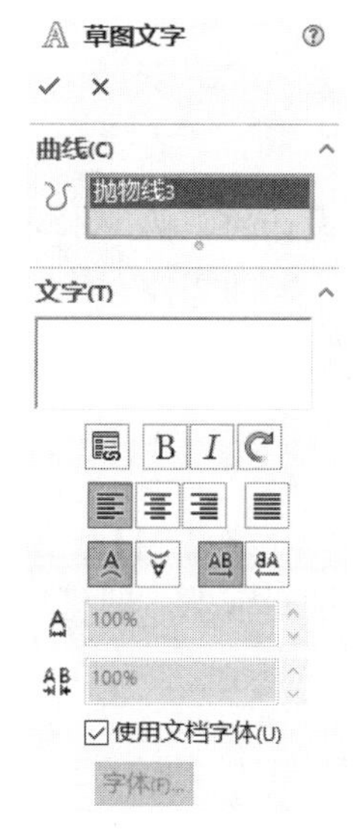

图 2-50 【草图文字】属性管理器

图 2-51 绘制的草图文字

2.2.13 绘制点

点在模型中只起参考作用，而不影响三维建模的外形，执行点命令后，在绘图区域中的任何位置都可以绘制点。

单击【草图】工具栏中的【点】按钮▪，或选择【工具】|【草图绘制实体】|【点】菜单命令，单击确定位置后，系统弹出如图 2-52 所示的【点】属性管理器。下面具体介绍一下各参数的设置。

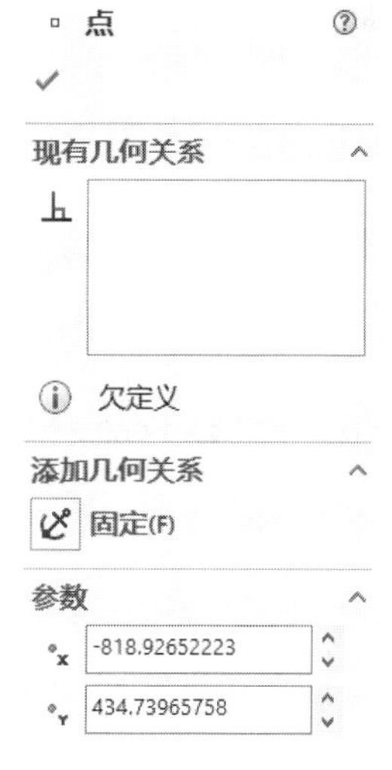

图 2-52 【点】属性管理器

（1）现有几何关系

① 几何关系⊥。显示草图绘制过程中自动推理或使用添加几何关系命令手工生成的几何关系，当在选择框中选择一个几何关系时，在图形区域中的标注被高亮显示。

② 信息ⓘ。显示所选草图实体的状态，通常有欠定义、完全定义等。

（2）添加几何关系

选择框中显示的是可以添加的几何关系，单击需要的选项即可添加，点常用的几何关系为固定几何关系。

（3）参数

① ${}^{\circ}{}_{X}$。在后面的微调框中输入点的 X 坐标。

② ${}^{\circ}{}_{Y}$。在后面的微调框中输入点的 Y 坐标。

（4）绘制点命令的操作方法

① 选择合适的基准面，利用前面介绍的命令进入草图绘制状态。

② 选择【工具】|【草图绘制实体】|【点】菜单命令，或者单击【草图】工具栏中的【点】按钮▪，光标形状变为【点】光标。

③ 在绘图区域需要绘制点的位置单击鼠标左键，确认绘制点的位置，此时绘制点命令继续处于激活位置，可以继续绘制点。

2.3 草图工具命令（编辑草图）

草图绘制完毕后，需要对草图进一步进行编辑以符合设计的需要，本节介绍常用的草图编辑工具，如绘制圆角、绘制倒角、草图剪裁、草图延伸、镜向实体、移动草图、线性草图阵列、圆周草图阵列、等距实体、转换实体引用等。

2.3.1 绘制圆角

选择【工具】|【草图工具】|【圆角】菜单命令，或者单击【草图】工具栏中的【绘制圆角】按钮，系统弹出如图 2-53 所示的【绘制圆角】属性管理器，即可绘制圆角。下面具体介绍各项参数的设置。

（1）【圆角参数】选项组

①【圆角半径】。指定绘制圆角的半径。

②【保持拐角处约束条件】。如果顶点具有尺寸或几何关系，启用该复选框，将保留虚拟交点。如果取消启用该复选框，且如果顶点具有尺寸或几何关系，将会询问用户是否想在生成圆角时删除这些几何关系，系统提示框如图 2-54 所示。

③【标注每个圆角的尺寸】。启用该复选框，在每次单击【确定】按钮✓，完成圆角绘制的同时标注圆角的尺寸。

图 2-53 【绘制圆角】属性管理器　　图 2-54 系统提示框

（2）绘制圆角的操作方法

① 在草图编辑状态下，选择【工具】|【草图工具】|【圆角】菜单命令，或者单击【草图】工具栏中的【绘制圆角】按钮，系统弹出【绘制圆角】属性管理器。

② 在【绘制圆角】属性管理器中，设置圆角的半径、拐角处约束条件。

③ 单击鼠标左键选取图 2-55 中的直线 1 和 2、直线 3 和 4。

图 2-55 绘制前的草图　　图 2-56 绘制后的草图

④ 单击【绘制圆角】属性管理器中的【确定】按钮，完成圆角的绘制，绘制后的草图如图 2-56 所示。

2.3.2 绘制倒角

绘制倒角命令是将倒角应用到相邻的草图实体中，此工具在 2D 和 3D 草图中均可使用。选择【工具】|【草图工具】|【倒角】菜单命令，或者单击【草图】工具栏中的【绘制倒角】按钮，系统弹出如图 2-57 所示的选中【距离-距离】单选按钮的【绘制倒角】属性管理器，或如图 2-58 所示的选中【角度距离】单选按钮的【绘制倒角】属性管理器，即可绘制倒角。下面具体介绍各项参数的设置。

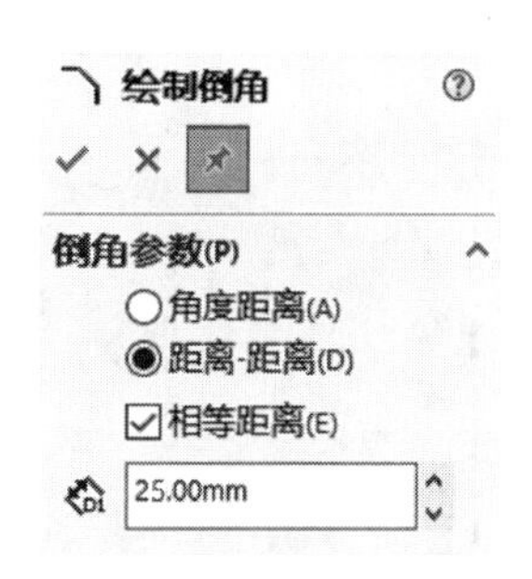

图 2-57 【绘制倒角】属性管理器（1）

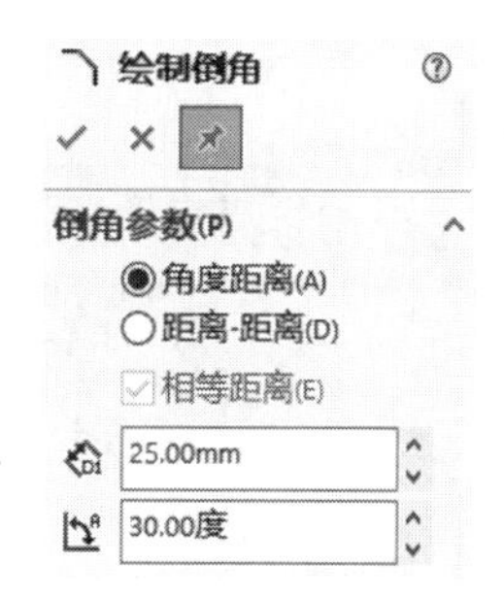

图 2-58 【绘制倒角】属性管理器（2）

（1）【倒角参数】选项组

①【角度距离】。以【角度距离】方式设置绘制的倒角。

②【距离-距离】。以【距离-距离】方式设置绘制的倒角。

③【相等距离】。只有当选择【距离-距离】单选按钮时，【相等距离】复选框才被激活。选择该复选框，将设置的值应用到两个草图实体中，取消启用该复选框，将为两个草图实体分别设置数值。

④【距离 1】。设置第一个所选草图实体的距离。

⑤【方向 1 角度】。设置从第一个草图实体到第二个草图实体夹角的距离。

⑥【距离 2】。设置第二个所选草图实体的距离。

（2）绘制倒角的操作方法

① 在草图编辑状态下，选择【工具】|【草图工具】|【倒角】菜单命令，或者单击【草图】工具栏中的【绘制倒角】按钮，此时系统弹出如图 2-57 所示的【绘制倒角】属性管理器。

② 设置绘制倒角的方式，本节采用系统默认的【距离-距离】倒角方式，在【距离 1】微调框中输入数值“25.00mm”，在【距离 2】微调框中输入数值“35.00mm”。

③ 先单击图 2-59 中的直线 1，再单击直线 2。

④ 单击【绘制倒角】属性管理器中的【确定】按钮，完成倒角的绘制，绘制倒角后的图形如图 2-60 所示。

图 2-60 是以【距离-距离】方式绘制的倒角，还可以启用【相等距离】复选框，以【距离 1】微调框中的数值设置倒角。图 2-61 是以【相等距离】方式设置的倒角，图 2-62 是以【角度距离】方式设置的倒角。

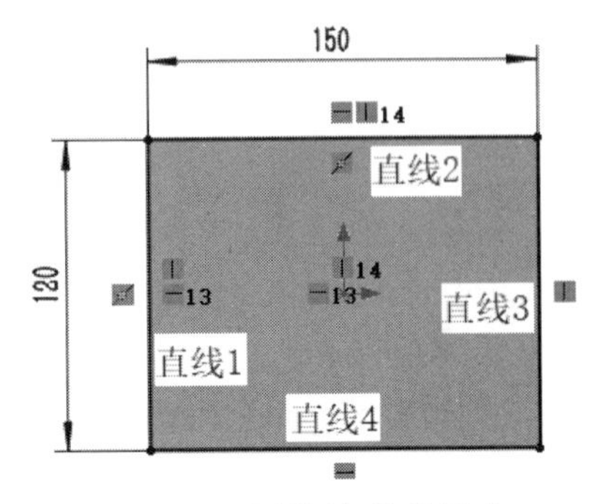

图 2-59　绘制倒角前的图形

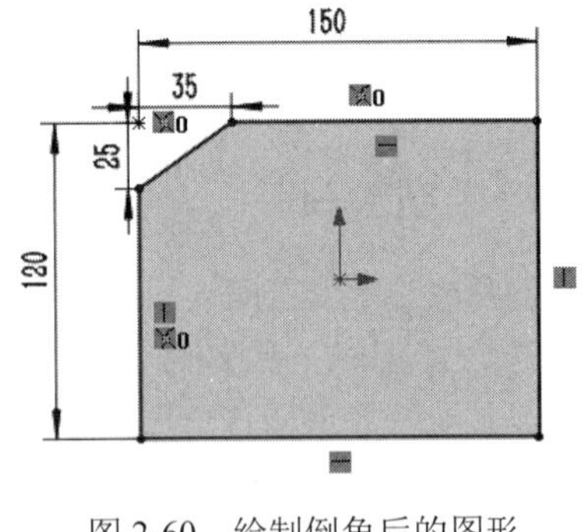

图 2-60　绘制倒角后的图形

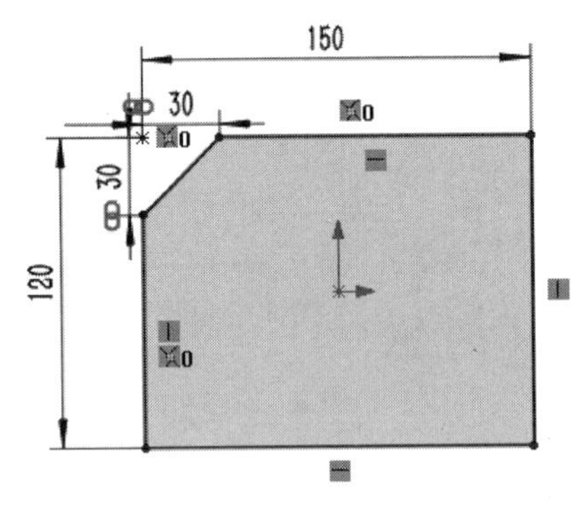

图 2-61 【相等距离】方式设置的倒角

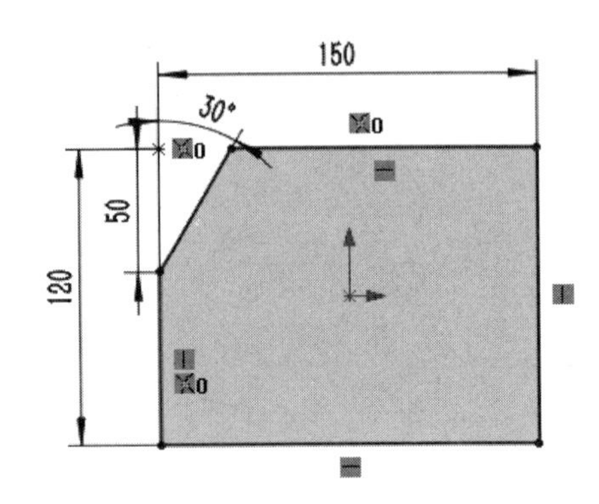

图 2-62 【角度距离】方式设置的倒角

2.3.3 草图剪裁

剪裁草图实体命令是比较常用的草图编辑命令，剪裁类型可以为 2D 草图以及在 3D 基准面上的 2D 草图。选择【工具】|【草图工具】|【剪裁】菜单命令，或者单击【草图】工具栏中的【剪裁实体】按钮，系统弹出如图 2-63 所示的【剪裁】属性管理器。下面具体介绍各参数的设置。

（1）【信息】选项组

选取两个边界实体或一个面，然后选取要剪裁的实体。此选项移除边界内的实体部分。剪裁操作的提示信息，用于选取要剪裁的实体。

（2）【选项】选项组

①【强劲剪裁】。通过将鼠标指针拖过每个草图实体来剪裁多个相邻的草图实体。

②【边角】。剪裁两个草图实体，直到它们在虚拟边角处相交。

③【在内剪除】。选取两个边界实体，剪裁位于两个边界实体内的草图实体。

④【在外剪除】。选取两个边界实体，剪裁位于两个边界实体外的草图实体。

⑤【剪裁到最近端】。将一草图实体剪裁到最近交叉实体端。

（3）剪裁草图实体命令的操作方法

① 在草图编辑状态下，选择【工具】|【草图工具】|【剪裁】菜单命令，或者单击【草图】工具栏中的【剪裁实体】按钮，系统弹出如图 2-63 所示的【剪裁】属性管理器。

② 设置剪裁模式，在【选项】选项组中，选择【剪裁到最近端】模式。

③ 选取需要剪裁的草图实体，单击鼠标左键选取图 2-64 中圆弧右侧外的直线段，剪裁后的图形如图 2-65 所示。

④ 单击【剪裁】属性管理器中的【确定】按钮✓，完成剪裁草图实体。

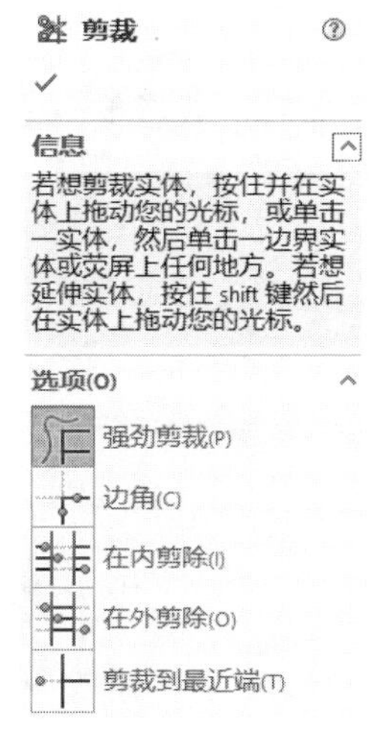

图 2-63 【剪裁】属性管理器

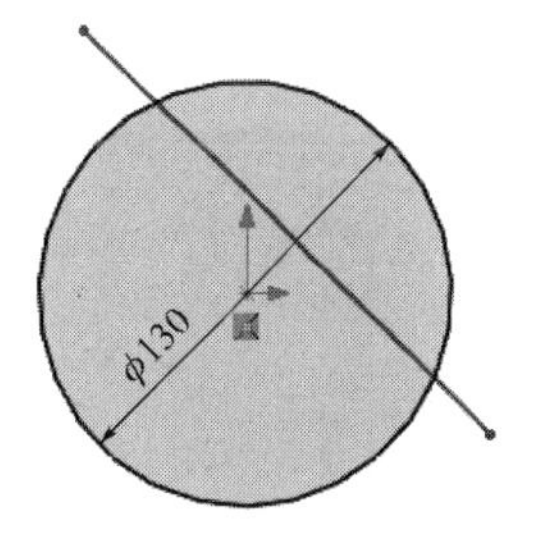

图 2-64 剪裁前的图形

2.3.4 草图延伸

延伸草图实体命令可以将一草图实体延伸至另一个草图实体。选择【工具】|【草图工具】|【延伸】菜单命令，或者单击【草图】工具栏中的【延伸实体】按钮，执行延伸草图实体命令。

延伸草图实体的操作方法如下。

① 在草图编辑状态下，选择【工具】|【草图工具】|【延伸】菜单命令，或者单击【草图】工具栏中的【延伸实体】按钮，此时光标变为形状。

② 单击鼠标左键选取图 2-66 中左侧水平直线，将其延伸，草图延伸后的图形如图 2-67 所示。

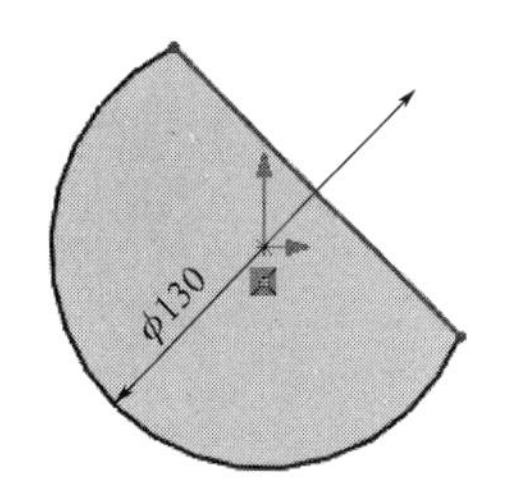

图 2-65 剪裁后的图形

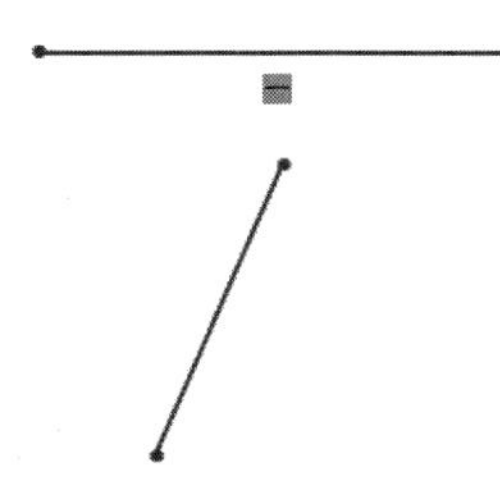

图 2-66 草图延伸前的图形

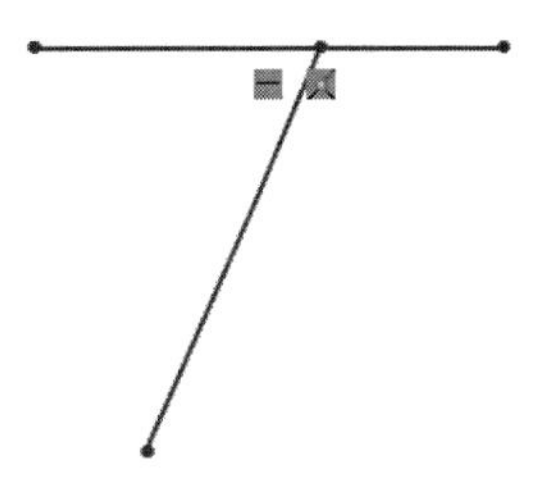

图 2-67 草图延伸后的图形

延伸草图实体时，如果两个方向都可以延伸，而实际需要单一方向延伸时，单击延伸方向一侧的实体部分即可实现延伸，在执行该命令过程中，实体延伸的结果预览会以红色显示。如果预览以错误方向延伸，则将鼠标指针移到直线或圆弧实体的另一侧上延伸。

2.3.5 转换实体引用

转换实体引用是通过已有模型或者草图，将其边线、环、面、曲线、外部草图轮廓线、一组边线或一组草图曲线投影到草图基准面上，生成新的草图。使用该命令时，如果引用的实体发生更改，那么转换的草图实体也会相应改变。

转换实体引用的操作方法如下。

① 单击如图 2-68 所示前视基准面，然后单击【草图】工具栏中的【草图绘制】按钮，进入草图绘制状态。

② 选择【工具】|【草图工具】|【转换实体引用】菜单命令，或者单击【草图】工具栏中的【转换实体引用】按钮，系统弹出如图 2-69 所示的【转换实体引用】属性管理器。

③ 选取表面的四边缘和孔的边缘。

④ 单击【转换实体引用】属性管理器中的【确定】按钮，完成转换实体引用。执行转换实体引用命令，转换实体引用后的图形如图 2-70 所示。

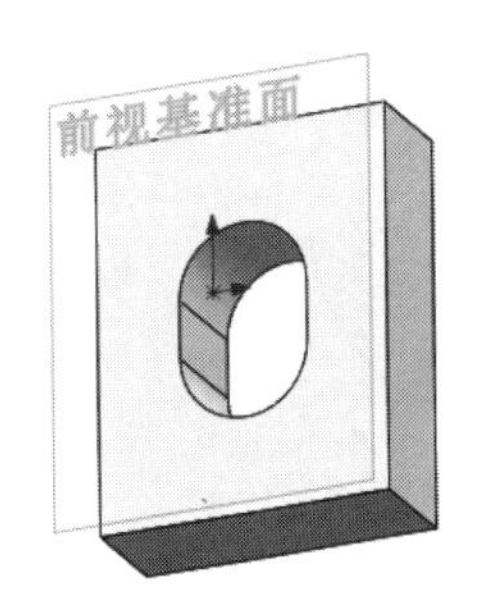

图 2-68 转换实体引用前的图形

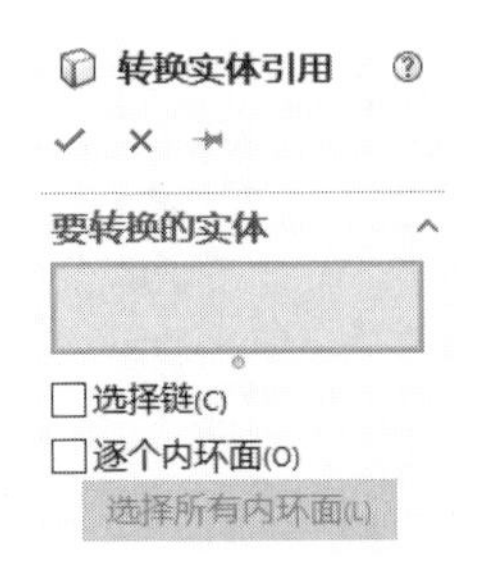

图 2-69 【转换实体引用】属性管理器

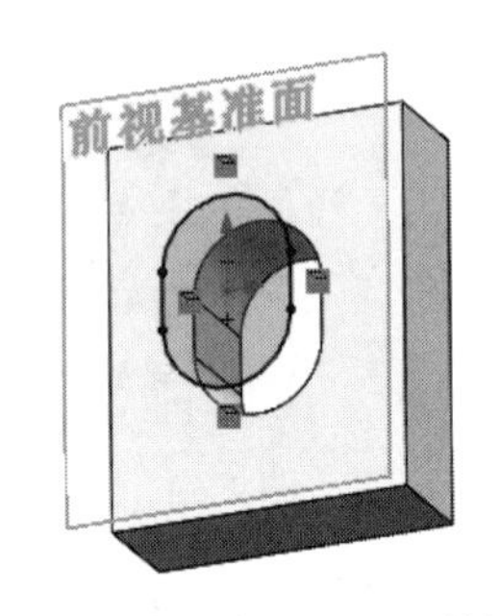

图 2-70 转换实体引用后的图形

2.3.6 等距实体

等距实体命令是按指定的距离等距一个或者多个草图实体、所选模型边线或模型面。例如样条曲线、圆弧、模型边线组、环之类的草图实体。选择【工具】|【草图工具】|【等距实体】菜单命令，或者单击【草图】工具栏中的【等距实体】按钮，系统弹出如图 2-71 所示的【等距实体】属性管理器。下面具体介绍各参数的设置。

（1）【参数】设置组

①【等距距离】。设定数值以特定距离来等距草图实体。

②【添加尺寸】。为等距的草图添加等距距离的尺寸标注。

③【反向】。启用【反向】复选框更改单向等距实体的方向，取消启用该复选框则按默认的方向进行。

④【选择链】。生成所有连续草图实体的等距。

⑤【双向】。在绘图区域中双向生成等距实体。

⑥【基本几何体】。将原有草图实体转换到构造几何体。

⑦【偏移几何体】。将偏移的草图实体转换到构造几何体。

⑧【顶端加盖】。在启用【双向】复选框后此功能有效，在草图实体的顶部添加一个顶盖来封闭原有草图实体，可以使用圆弧或直线为延伸顶盖类型。

（2）等距实体的操作方法

① 在草图绘制状态下，选择【工具】|【草图工具】|【等距实体】菜单命令，或者单击【草图】工具栏中的【等距实体】按钮，系统弹出【等距实体】属性管理器。

② 在绘图区域中选取如图 2-72 所示的图形，在【等距距离】微调框中输入数值“16.00mm”，启用【添加尺寸】和【双向】复选框，其他按照默认设置。

③ 单击【等距实体】属性管理器中的【确定】按钮，完成等距实体的绘制，等距实体后的图形如图 2-73 所示。

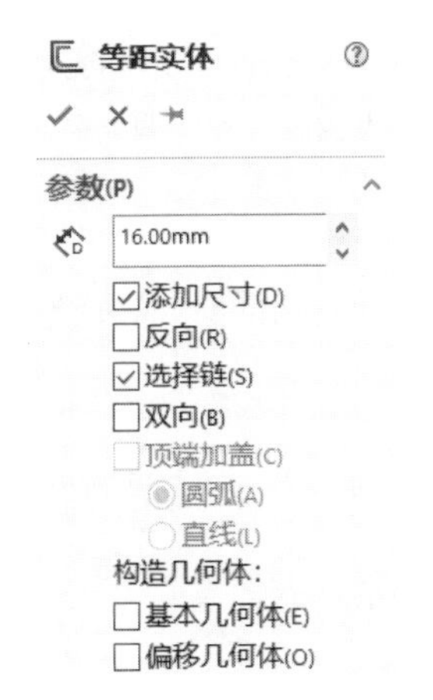

图 2-71 【等距实体】属性管理器

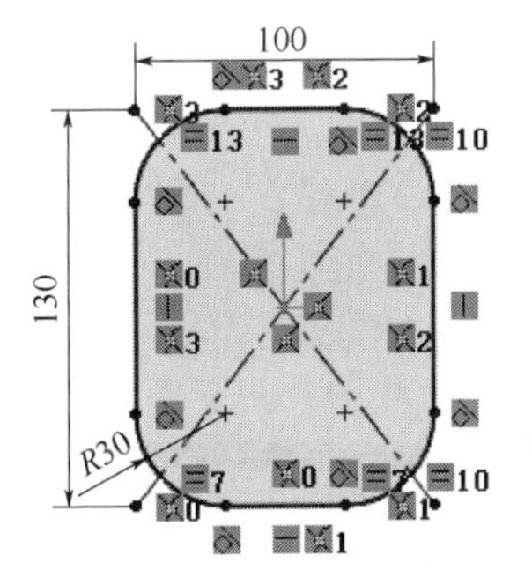

图 2-72　等距实体前的图形

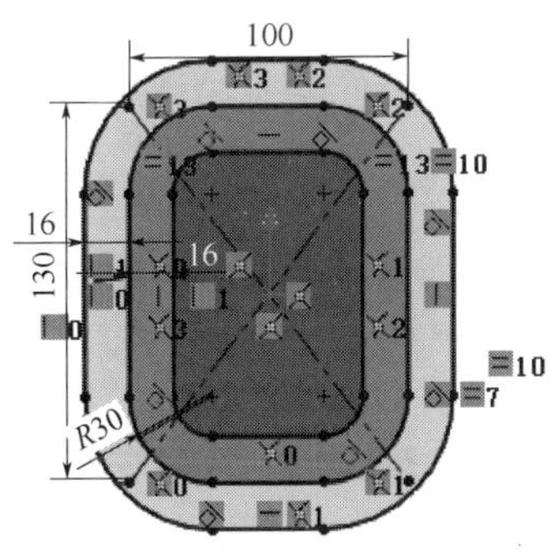

图 2-73　等距实体后的图形

在草图状态下，双击等距距离的尺寸，即可修改等距数值，如果是在双向等距中，修改单个数值就可以修改双向等距尺寸。

2.3.7 分割草图

分割草图是将一连续的草图实体分割为两个草图实体。反之，也可以删除一个分割点，将两个草图实体合并成一个单一草图实体。可以通过分割点来分割一个圆、完整椭圆或闭合样条曲线。选择【工具】|【草图工具】|【分割实体】命令，或者单击【草图】工具栏中的【分割实体】按钮，系统弹出如图 2-74 所示的【分割实体】属性管理器，执行分割草图实体命令。

分割草图实体的操作方法如下。

① 在草图编辑状态下，选择【工具】|【草图工具】|【分割实体】命令，或者单击【草图】工具栏中的【分割实体】按钮，此时光标变为形状，进入分割草图实体命令状态。

② 确定添加分割点的位置，在如图 2-75 所示的圆中的两个不同位置单击鼠标左键，添加两个分割点，将圆弧分为两部分，显示结果如图 2-76 所示。

③ 按 Esc 键退出分割实体状态。

在草图编辑状态下，如果欲将两个草图实体合并为一个草图实体，选择分割点，然后按 Delete 键即可删除分割点。

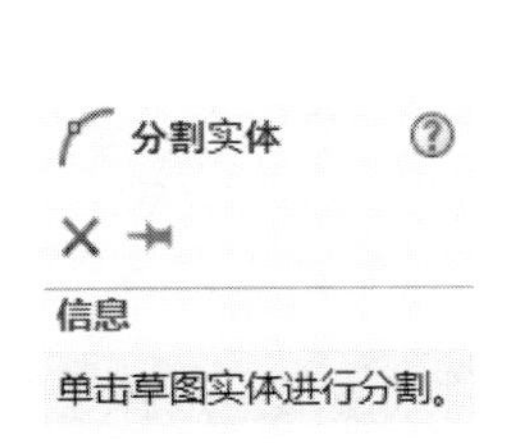

图 2-74 【分割实体】属性管理器

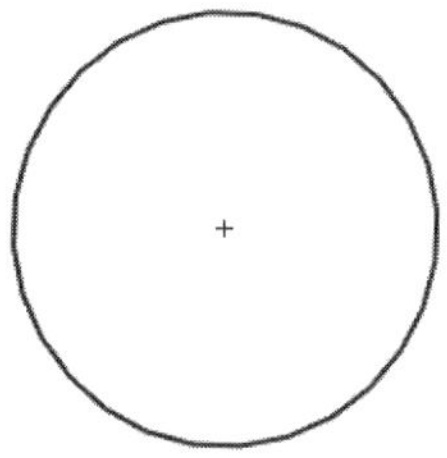

图 2-75　添加分割点前的图形

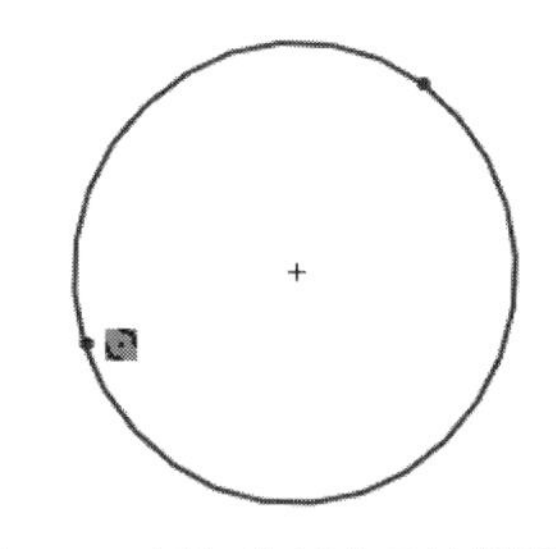

图 2-76　添加分割点后的图形

2.3.8 镜向实体

镜向草图命令适用于绘制对称的图形，镜向的对象为 2D 草图或在 3D 草图基准面上所生

成的 2D 草图。选择【工具】|【草图工具】|【镜向】菜单命令，或者单击【草图】工具栏中的【镜向实体】按钮，系统弹出如图 2-77 所示的【镜向】属性管理器，下面具体介绍各项参数的设置。

(1)【信息】选项组

“选择要镜向的实体及镜向所绕的线条、线性模型边线、平面或平面的面”：提示选取镜向的实体及镜向点以及是否复制原镜向实体。

(2)【选项】选项组

①【要镜向的实体】。选取要镜向的草图实体，所选择的实体出现在【要镜向的实体】选择框中。

②【复制】。启用该复选框可以保留原始草图实体并镜向草图实体，取消启用该复选框，则先删除原始草图实体再镜向草图实体。

③【镜向点】。选取边线或直线作为镜向点，所选取的对象出现在【镜向点】选择框中。

(3) 镜向草图实体命令操作步骤

① 在草图编辑状态下，选择【工具】|【草图工具】|【镜向】菜单命令，或者单击【草图】工具栏中的【镜向实体】按钮，系统弹出【镜向】属性管理器。

② 单击属性管理器中【要镜向的实体】选择框，然后在绘图区域中框选图 2-78 中的椭圆图形，作为要镜向的原始草图。

③ 单击属性管理器中【镜向点】选择框，然后在绘图区域中选取图 2-78 中的水平中心线，作为镜向点。

④ 单击【镜向】属性管理器中的【确定】按钮✓，草图实体镜向完毕，镜向后的图形如图 2-79 所示。

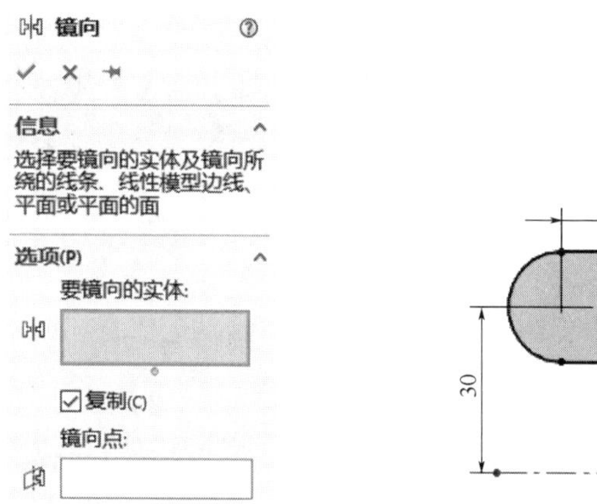

图 2-77 【镜向】属性管理器

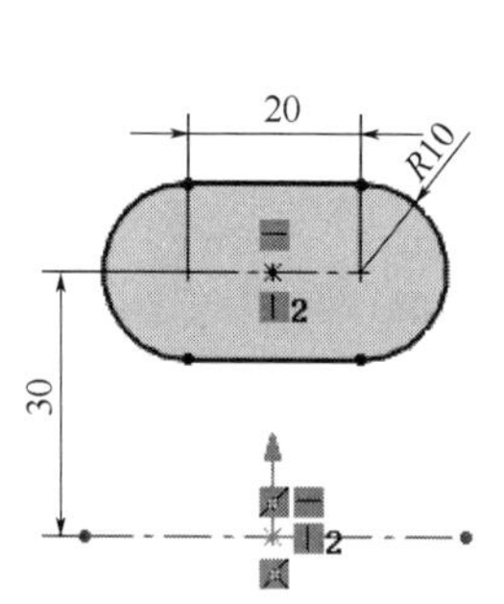

图 2-78 镜向前的图形

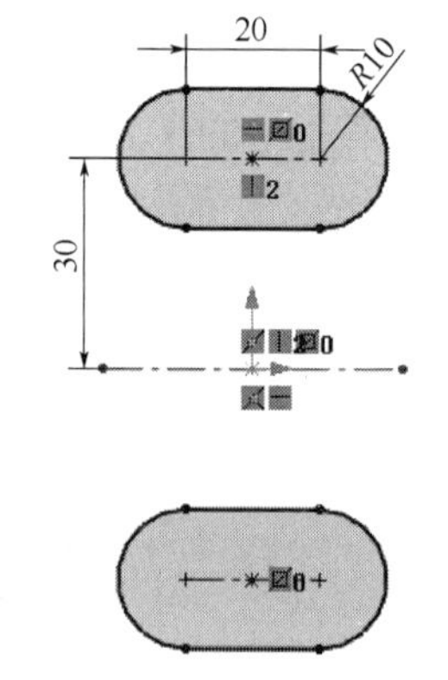

图 2-79 镜向后的图形

2.3.9 线性草图阵列

线性草图阵列就是将草图实体沿一个或者两个轴复制生成多个排列图形。选择【工具】|【草图工具】|【线性阵列】菜单命令，或者单击【草图】工具栏中的【线性草图阵列】按钮，系统弹出如图 2-80 所示的【线性阵列】属性管理器，下面具体介绍各项参数的设置。

(1)【方向 1】选项组

①【反向】。单击以反方向进行线性阵列。

②【间距】。设置阵列草图实体的间距。

③【标注 X 间距】和【标注 Y 间距】。启用该复选框，阵列后的草图实体将自动标注 *X* 或 *Y* 方向的阵列尺寸。

④【数量】。设置阵列草图实体的数量。

⑤【角度】。设置阵列草图实体的角度。

(2)【方向 2】选项组

【方向 2】选项组中各参数与【方向 1】设置相同，用来设置方向 2 的各个参数，启用【在轴之间标注角度】复选框，将自动标注方向 1 和方向 2 的尺寸，取消启用该复选框则不标注。

(3) 线性阵列草图实体的操作方法

① 在草图编辑状态下，选择【工具】|【草图工具】|【线性阵列】菜单命令，或者单击【草图】工具栏中的【线性阵列草图实体】按钮，系统弹出【线性阵列】属性管理器。

② 在【线性阵列】属性管理器中的【要阵列的实体】选择框中选取图 2-81 中的图形，【方向 1】选项组中的【间距】输入“40mm”，【数量】输入“5”；【方向 2】选项组中的【间距】输入“50mm”，【数量】输入“3”。此时绘图区域中图形预览如图 2-82 所示。

③ 单击【线性阵列】属性管理器中的【确定】按钮✔，线性阵列草图实体后的图形如图 2-83 所示。

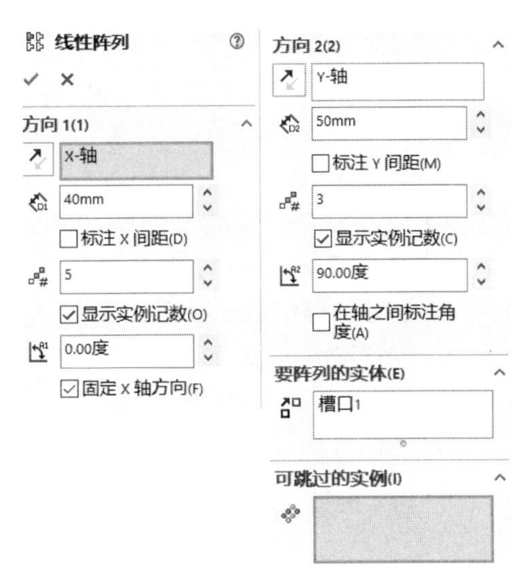

图 2-80 【线性阵列】属性管理器

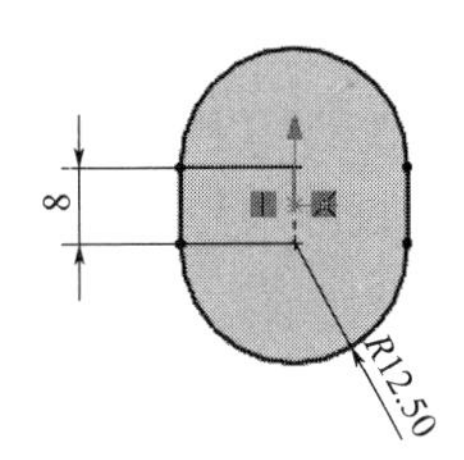

图 2-81 线性阵列草图实体前的图形

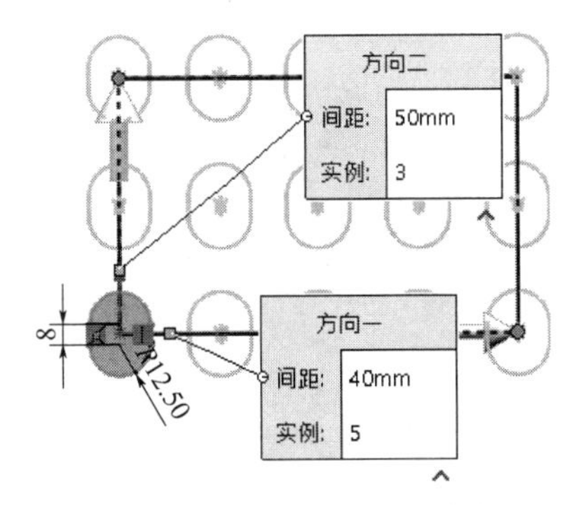

图 2-82 预览的线性阵列草图实体图形

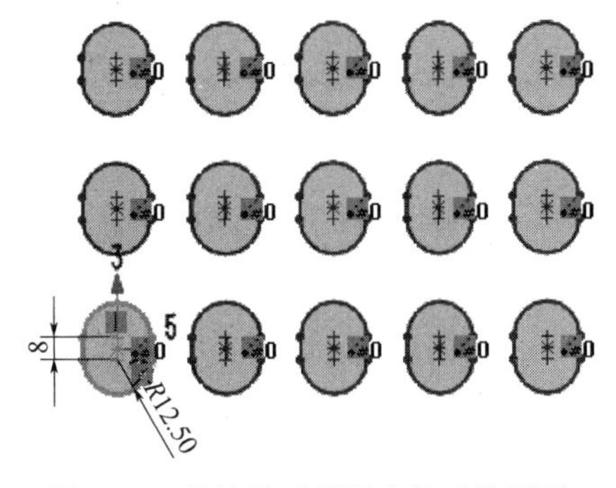

图 2-83 线性阵列草图实体后的图形

2.3.10 圆周草图阵列

圆周草图阵列就是将草图实体沿一个指定大小的圆弧进行环状阵列。选择【工具】|【草图工具】|【圆周阵列】菜单命令，或者单击【草图】工具栏中的【圆周草图阵列】按钮，系统弹出如图 2-84 所示的【圆周阵列】属性管理器。下面具体介绍各参数的设置。

（1）【参数】选项组

①【反向】。单击以反方向进行圆周阵列。

②【中心 X】。设置阵列中心的 X 坐标。

③【中心 Y】。设置阵列中心的 Y 坐标。

④【实例数】。设置圆周阵列草图实体的数量。

⑤【角度】。设置圆周阵列包括的总角度。

⑥【半径】。设置圆周阵列的半径。

⑦【圆弧角度】。设置从所选实体的中心到阵列的中心点或顶点所测量的夹角。

⑧【等间距】。设置以相等间距阵列草图实体。

（2）【要阵列的实体】选项组

在图形区域中选取要阵列的实体，所选取的草图实体会出现在【要阵列的实体】选择框中。

（3）【可跳过的实例】选项组

在图形区域中选取不想包括在阵列图形中的草图实体，所选取的草图实体会出现在【可跳过的实例】选择框中。

（4）圆周阵列草图实体的操作方法

① 在草图编辑状态下，选择【工具】|【草图工具】|【圆周阵列】菜单命令，或者单击【草图】工具栏中的【圆周草图阵列】按钮，此时系统弹出【圆周阵列】属性管理器。

② 在【圆周阵列】属性管理器中的【要阵列的实体】选择框中选取图 2-85 中圆上的图形，在【参数】选项组中的【中心 X】和【中心 Y】微调框中输入原点的坐标值，【数量】微调框中输入数值“8”，【圆弧角度】微调框中输入数值“270.00 度”。

③ 单击【圆周阵列】属性管理器中的【确定】按钮✓，圆周阵列后的图形如图 2-86 所示。

图 2-84 【圆周阵列】属性管理器

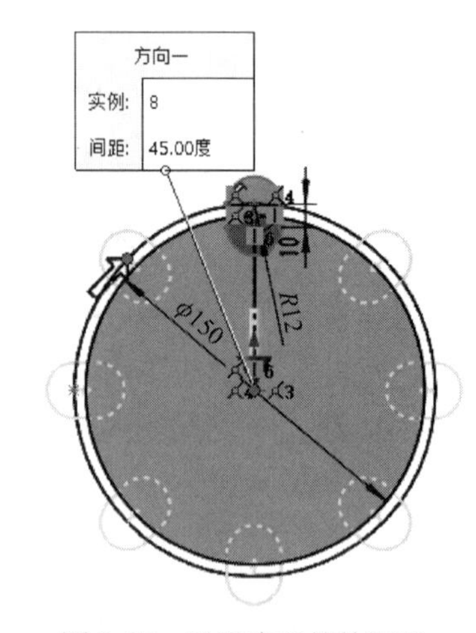

图 2-85 圆周阵列前的图形

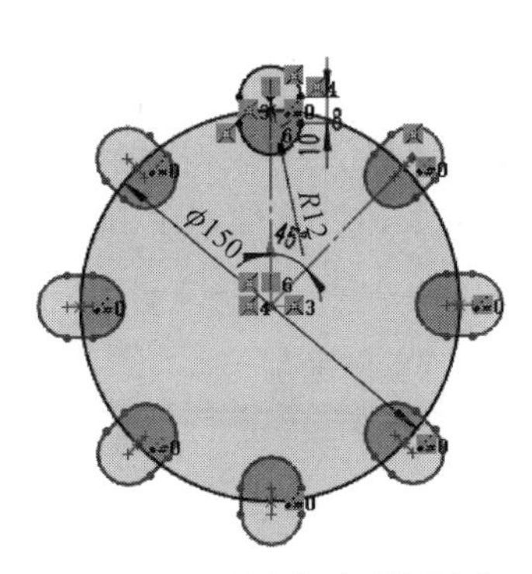

图 2-86　圆周阵列后的图形

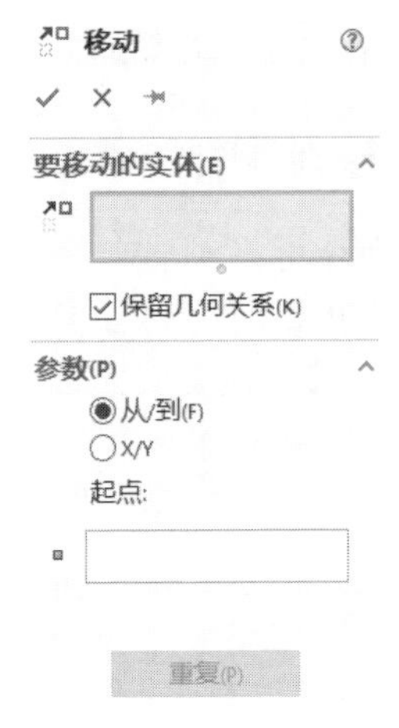

图 2-87　【移动】属性管理器

2.3.11 移动草图

移动草图命令可将一个或者多个草图实体进行移动。选择【工具】|【草图工具】|【移动】菜单命令，或者单击【草图】工具栏中的【移动实体】按钮，系统弹出如图 2-87 所示的【移动】属性管理器。【要移动的实体】选择框用于选取要移动的草图实体，【参数】选项组中的【从/到(F)】单选按钮用于指定移动的开始点和目标点，是一个相对参数。如果在【参数】选项组中选择【X/Y】单选按钮，【移动】属性管理器则如图 2-88 所示，在其中输入相应的参数，即可将设定的数值生成相应的目标。

图 2-88　【移动】属性管理器

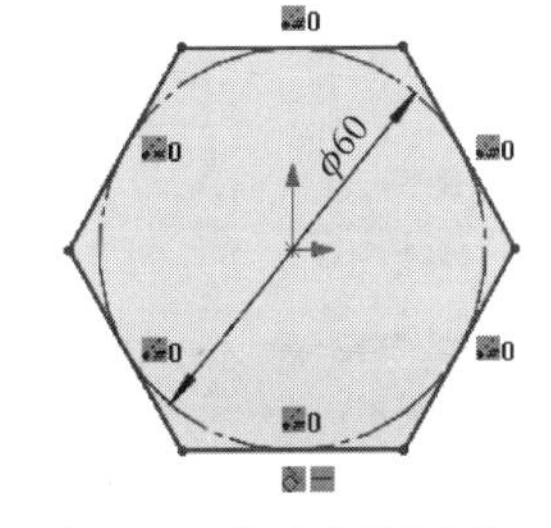

图 2-89　移动前的图形

移动草图实体的操作方法：

① 在草图编辑状态下，选择【工具】|【草图工具】|【移动】菜单命令，或者单击【草图】工具栏中的【移动实体】按钮，此时系统弹出【移动】属性管理器。

② 在【移动】属性管理器中的【要移动的实体】选择框中选取图 2-89 中的图形，在【参数】选项组中选中【从/到(F)】单选按钮，【起点】选择框中选取绘图区域的原点，然后把图形拖至所需的放置位置。

③ 单击【移动】属性管理器中的【确定】按钮✓，移动后的图形如图 2-90 所示。

2.3.12 复制草图

复制草图命令可将一个或者多个草图实体进行复制。选择【工具】|【草图工具】|【复制】菜单命令，或者单击【草图】工具栏中的【复制实体】按钮，系统弹出如图 2-91 所示的【复制】属性管理器。【复制】属性管理器中的参数与【移动】属性管理器中的参数意义相同，在此不再赘述。

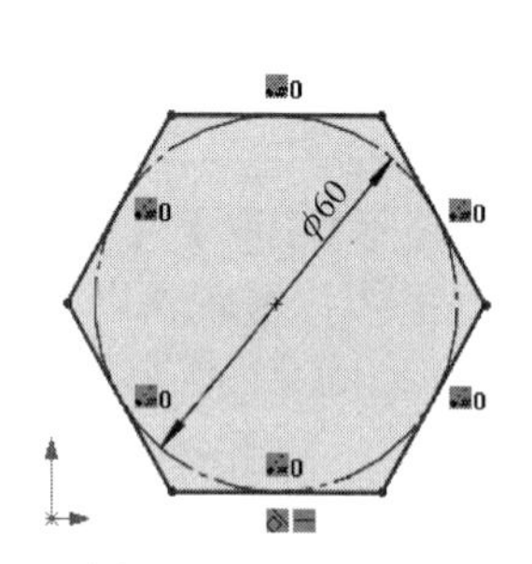

图 2-90 移动后的图形

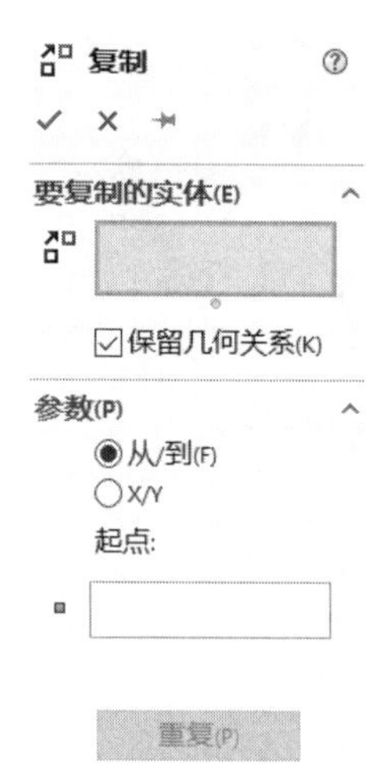

图 2-91 【复制】属性管理器

2.3.13 旋转草图

旋转草图命令可通过选择旋转中心及要旋转的度数来旋转草图实体。选择【工具】|【草图工具】|【旋转】菜单命令，或者单击【草图】工具栏中的【旋转实体】按钮，系统弹出如图 2-92 所示的【旋转】属性管理器。【要旋转的实体】选择框用于选取要旋转的草图实体，【参数】选项组中的【旋转中心】选择框用于选取旋转中心点，【角度】微调框中可输入旋转的角度。

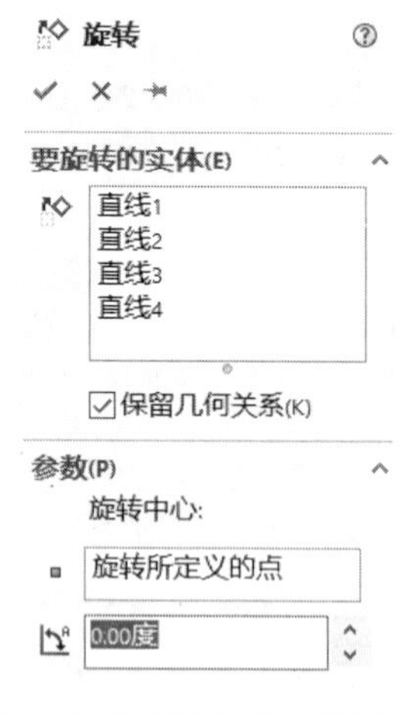

图 2-92 【旋转】属性管理器

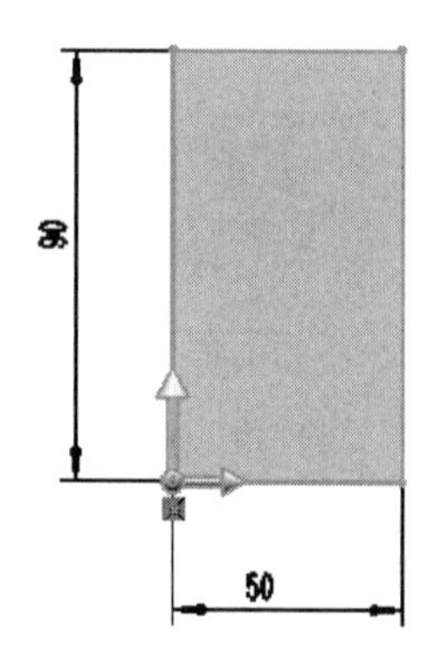

图 2-93 旋转前的图形

旋转草图实体的操作方法：

① 在草图编辑状态下，选择【工具】|【草图工具】|【旋转】菜单命令，或者单击【草图】工具栏中的【旋转实体】按钮，此时系统弹出【旋转】属性管理器。

② 单击【要旋转的实体】选择框，在图形区中选取如图 2-93 所示的矩形，在【旋转中心】选择框中选取原点，在【角度】微调框中输入“−30.00 度”。

③ 单击【旋转】属性管理器中的【确定】按钮✓，旋转后的图形如图 2-94 所示。

2.3.14 缩放草图

缩放比例命令可通过基准点和比例因子来对草图实体进行缩放，也可以根据需要在保留缩放对象的基础上缩放草图。选择【工具】|【草图工具】|【缩放比例】菜单命令，或者单击【草图】工具栏中的【缩放实体比例】按钮，系统弹出如图 2-95 所示的【比例】属性管理器。【要缩放比例的实体】选择框用于选取要缩放的草图实体，【参数】选项组中的【比例缩放点】选择框中可选取比例缩放基准点，【比例因子】微调框中可输入缩放的比例。

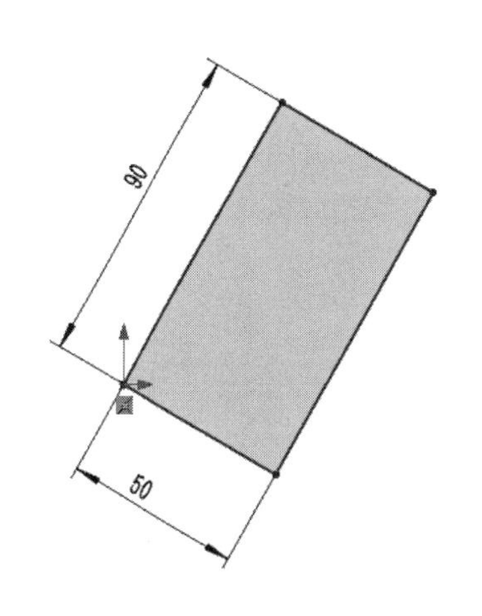

图 2-94 旋转后的图形

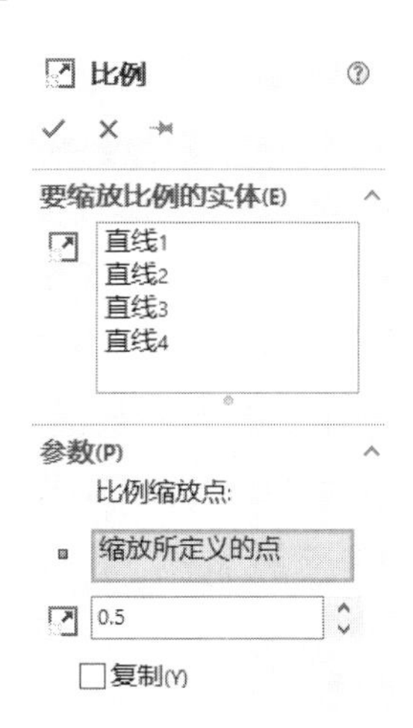

图 2-95 【比例】属性管理器

缩放草图实体的操作方法：

① 在草图编辑状态下，选择【工具】|【草图工具】|【缩放比例】菜单命令，或者单击【草图】工具栏中的【缩放实体比例】按钮，此时系统弹出【比例】属性管理器。

② 单击【要缩放比例的实体】选择框，在图形区中选取如图 2-93 所示的矩形，在【比例缩放点】选择框中选取原点，在【比例因子】微调框中输入“0.5”，选中【复制】复选框。

③ 单击【比例】属性管理器中的【确定】按钮✓，缩放比例后的图形如图 2-96 所示。

2.3.15 伸展草图

伸展实体命令可通过基准点和坐标点对草图实体进行伸展。选择【工具】|【草图工具】|【伸展实体】菜单命令，或者单击【草图】工具栏中的【伸展实体】按钮，系统弹出如图 2-97 所示的【伸展】属性管理器。【要绘制的实体】选择框用于选取要伸展的草图实体。

伸展草图实体的操作方法：

① 在草图编辑状态下，选择【工具】|【草图工具】|【伸展实体】菜单命令，或者单击【草图】工具栏中的【伸展实体】按钮，此时系统弹出【伸展】属性管理器。

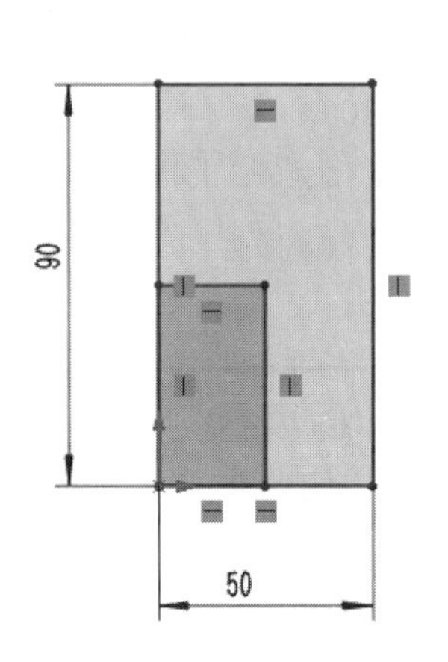

图 2-96　缩放比例后的图形

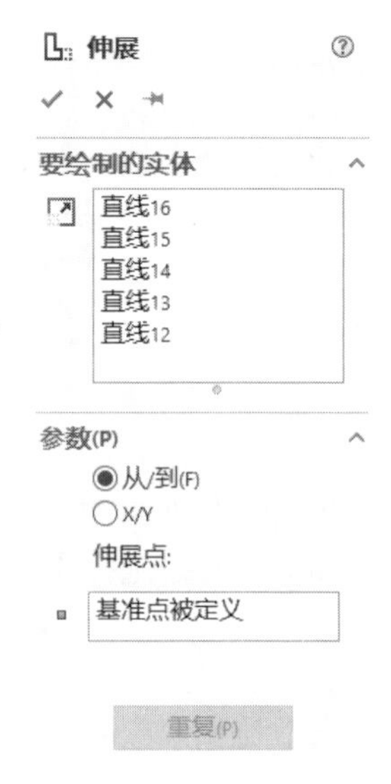

图 2-97　【伸展】属性管理器

② 单击【要绘制的实体】选择框，在图形区中选取如图 2-98 所示的 5 条直线，在【参数】选项组中选择【X/Y】单选按钮，选取如图 2-98 所示的左上端点为【伸展点】，然后拖动一伸展的草图实体，当拖动至所需位置时，放开鼠标左键，实体伸展到放置位置并关闭【伸展】属性管理器，伸展后的图形如图 2-99 所示。

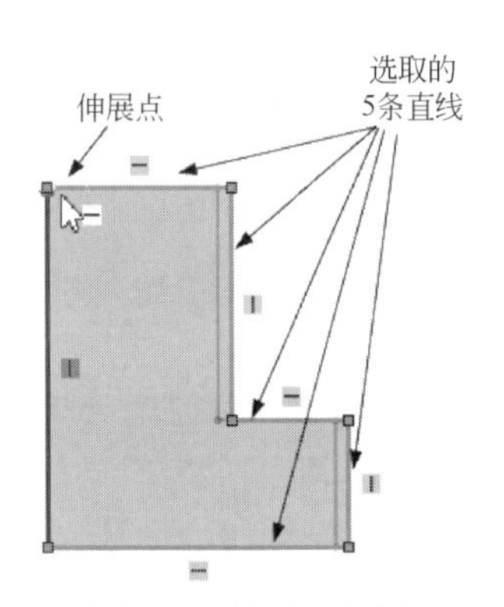

图 2-98　伸展前的图形

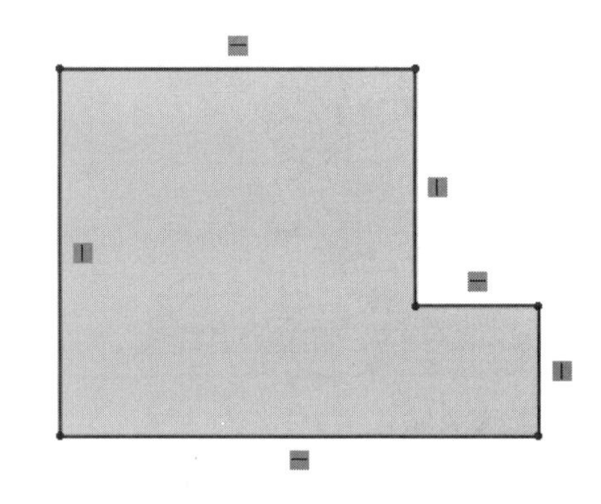

图 2-99　伸展后的图形

2.4 草图几何关系

几何关系是草图实体之间或草图实体与基准面、基准轴、边线或点之间的几何约束。掌握好草图捕捉、快速捕捉、添加/删除几何关系等功能，在绘图时可省去许多不必要的操作，提高绘图效率。

草图几何关系是指各几何元素或几何元素与基准面、轴线、边线或端点之间的相对位置关系。

2.4.1 草图几何关系概述

添加草图几何关系就是添加草图约束，约束的概念就是指一个图形在某一点位置上被固定，使其不能运动。约束可分为几何约束和尺寸约束。

① 几何约束也称位置约束，有了位置上的约束，就可以使草图上的图形与坐标轴或图形之间有相对的位置关系，如同心圆、两直线平行、直线与坐标轴平行等。

② 尺寸约束就是设置图形的大小、长短，如圆的直径、直线的长度等。

在使用草图约束时，草图上会自动显示自由度和约束的符号，就像线段等的端点处出现一些互相垂直的黄色箭头，它就表示了哪些自由度没有被限制，而没有出现黄色箭头，就表示此对象已被约束，当草图对象全部被约束后，自由度的符号会完全消失。

几何关系用来确定几何体的空间位置和相互之间的关系。在绘制草图时利用几何关系可以更容易控制草图的形状，以表达设计者的意图。几何关系和捕捉是相对应的，表 2-2 详细列出了常用的几何关系及使用结果。

表 2-2 常用的几何关系及使用结果

添加几何关系	选择	结果
水平	一条或多条直线，或两个或多个点	直线会变成水平，而点会水平对齐
竖直	一条或多条直线，或两个或多个点	直线会变成竖直，而点会竖直对齐
共线	两条或多条直线	直线位于同一条无限长的直线上
垂直	两条直线	两条直线相互垂直
平行	两条或多条直线	直线会保持平行
相等	两条或多条直线，或两个或多个圆弧	直线长度或圆弧半径保持相等
对称	一条中心线和两个点、直线、圆弧或椭圆	项目会保持与中心线等距离，并位于与中心线垂直的一条直线上
相切	一个圆弧、椭圆或样条曲线，与一直线或圆弧	两个项目保持相切
同心	两个或多个圆弧，或一个点和一个圆弧	圆或圆弧共用相同的圆心
全等	两个或多个圆弧	项目会共用相同的圆心和半径
重合	点和一条直线、圆弧或椭圆	点位于直线、圆弧或椭圆上
中点	一个点和一条直线	点保持位于线段的中点
交叉点	两条直线和一个点	点保持位于两条直线的交叉点处
穿透	一个草图点和一个基准轴、边线、直线或样条曲线	草图点与基准轴、边线或直线在草图基准面上穿透的位置重合
固定	任何项目	固定项目的大小和位置。圆弧或椭圆线段的端点可以自由地沿不可见的圆或椭圆移动，并且圆弧或椭圆的端点可以随意沿着下面的圆或圆弧移动

2.4.2 自动添加几何关系

自动添加几何关系是指在绘图过程中，系统会根据几何元素的相对位置，自动赋予几何意义，不需要另行添加几何关系。例如，在绘制一条水平直线时，系统就会将【水平】的几何关系自动添加给该直线。

自动添加几何关系的方法：选择下拉菜单【工具】|【选项】菜单命令，系统弹出【系统选项】对话框，选择【几何关系/捕捉】选项，并选中【自动几何关系】复选框，如图 2-100 所示。

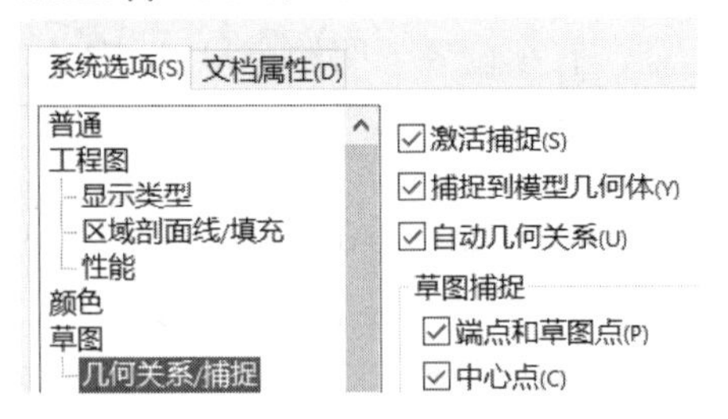

图 2-100 【系统选项】对话框

当系统处于自动添加几何关系的状态时，会将绘图时光标提示的几何关系自动添加给所绘图线，如图 2-101 所示。

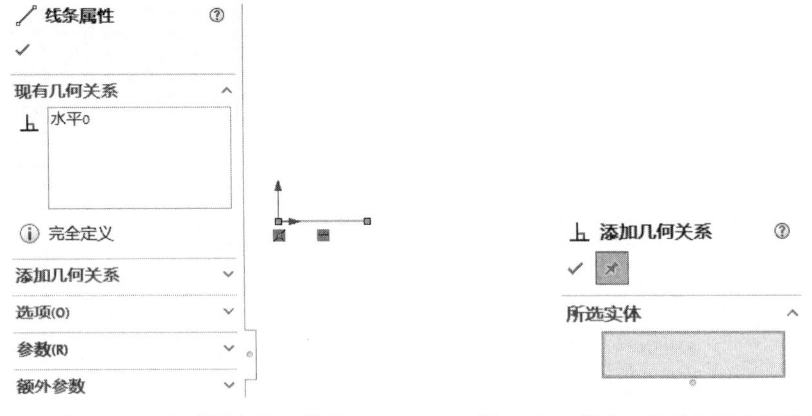

图 2-101 自动添加几何关系　　图 2-102 【添加几何关系】属性管理器

2.4.3 添加几何关系

【添加几何关系】命令用于为草图实体之间添加诸如平行或共线之类的几何关系。选择【工具】|【几何关系】|【添加】菜单命令或者单击【草图】工具栏上的【添加几何关系】按钮⊥，系统弹出如图 2-102 所示的【添加几何关系】属性管理器。所选取的实体会在【所选实体】选择框中显示；如果发现选错或者多选了实体，可以将之移除，在【所选实体】选择框中单击鼠标右键，在弹出的快捷菜单中选择【取消选择】或者【删除】命令。【信息栏】ⓘ显示所选实体的状态（完全定义或者欠定义等）。在【添加几何关系】选项组中单击要添加的几何关系类型，这时添加的几何关系类型就会显示在【现有几何关系】选择框中；如果要删除已经添加的几何关系，可以在【现有几何关系】选择框中选取已添加的几何关系，单击鼠标右键，在弹出的快捷菜单中选择【删除】命令即可。表 2-3 列举了常用的几何约束关系。

表 2-3　常用的几何约束关系

几何约束关系	加入前	加入后的结果
将端点重合在线上		

续表

几何约束关系	加入前	加入后的结果
合并两个端点	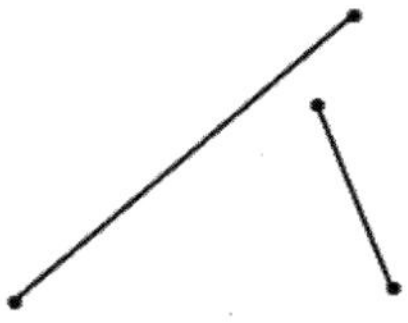	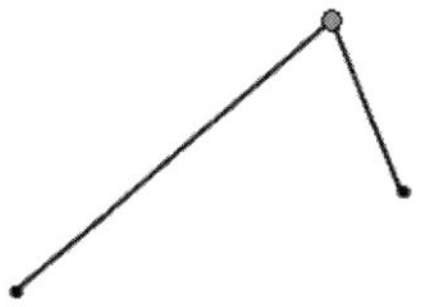
使两条线平行	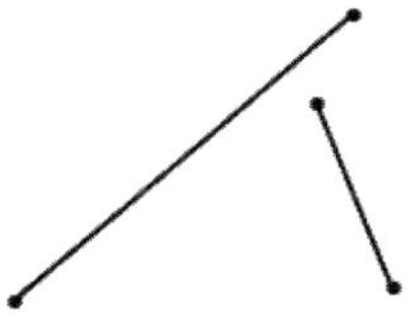	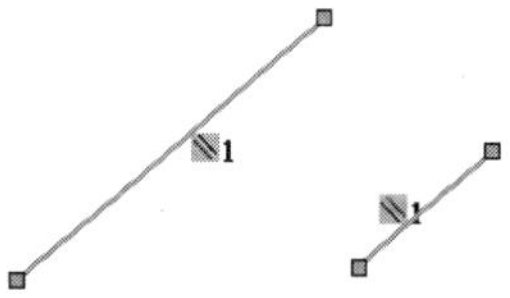
使两条线垂直	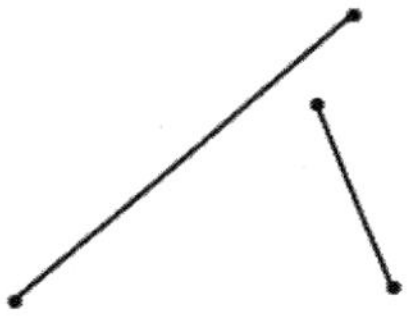	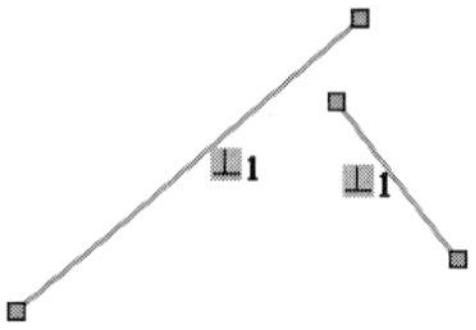
使两条线共线	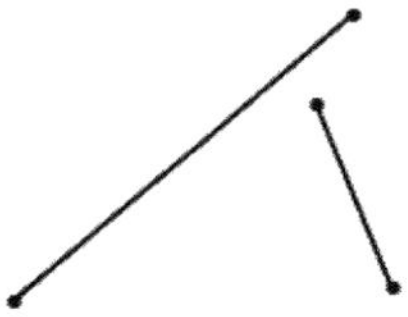	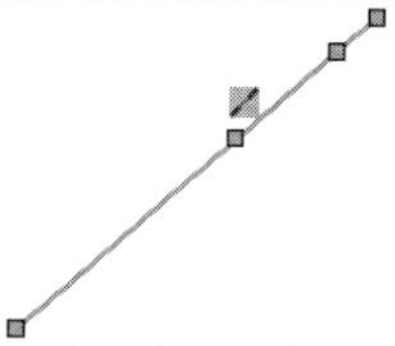
使一条或者多条线变成水平线	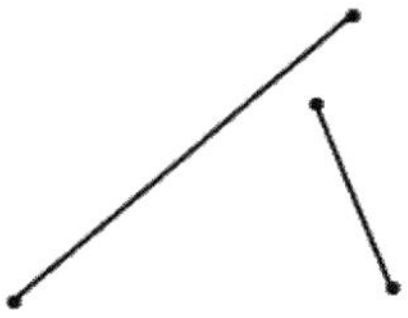	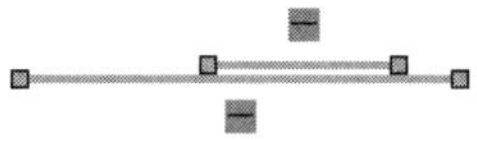
使一条或者多条线变成竖线	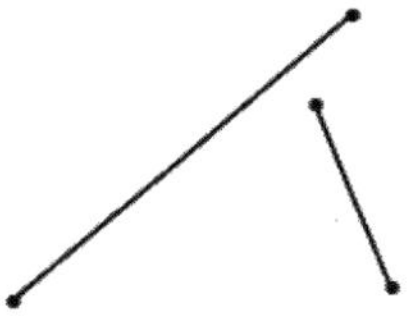	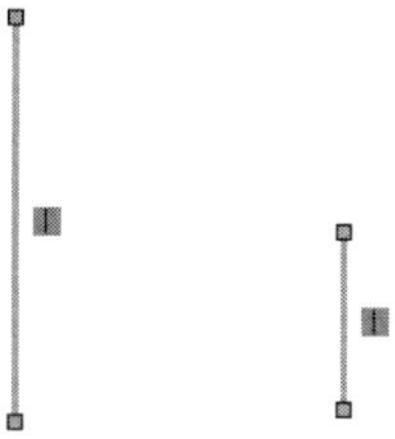
使两个端点位于同一垂直高度	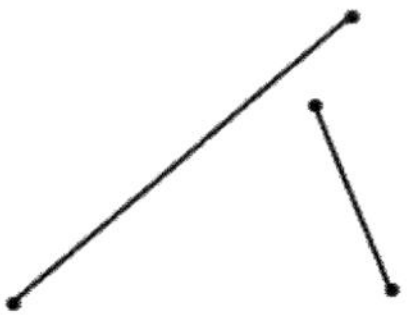	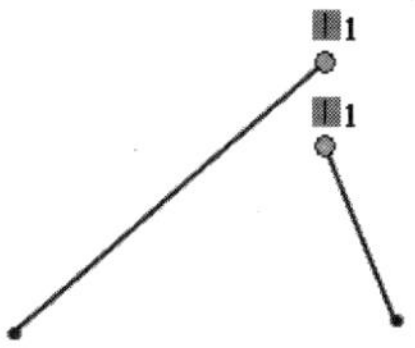
使两条线等长	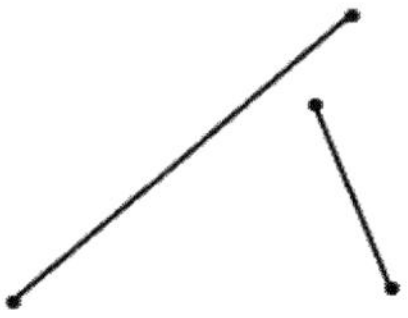	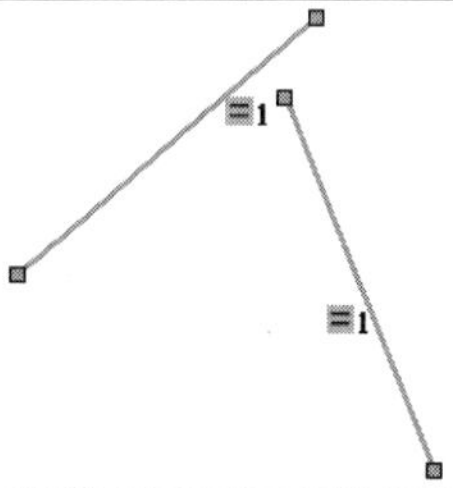

续表

几何约束关系	加入前	加入后的结果
置于线段的中点	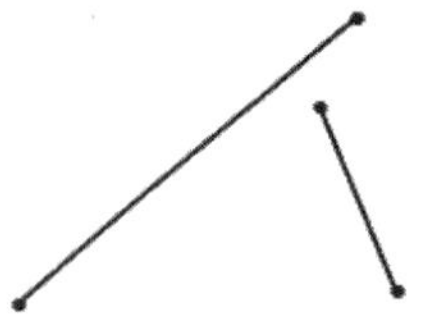	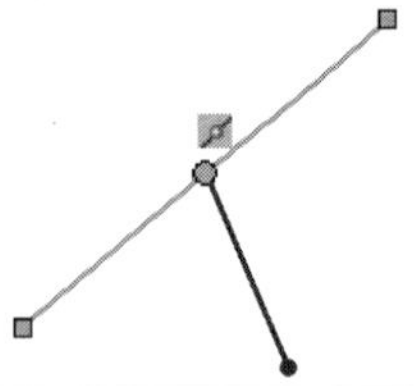
使两圆或者圆弧等径	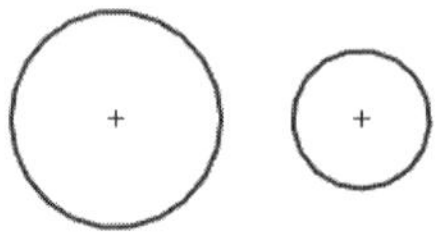	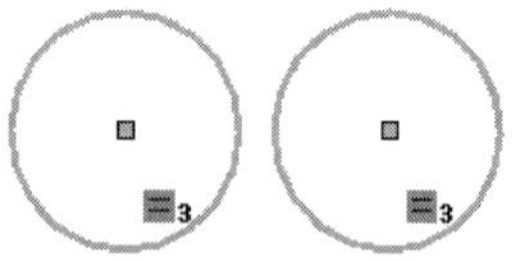
使两圆或者圆弧相切	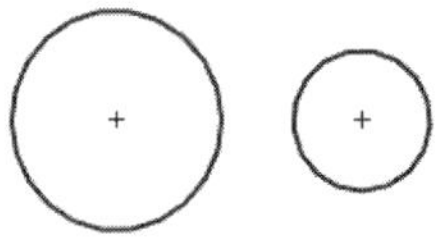	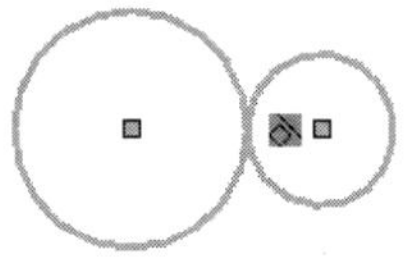
使两圆或者圆弧同心	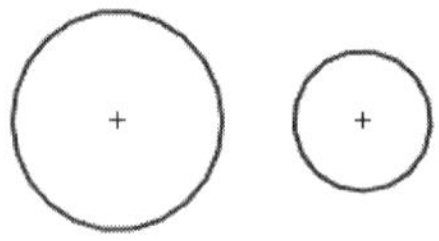	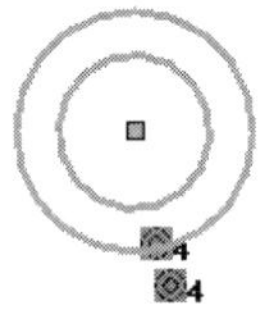
直线与圆或者圆弧相切	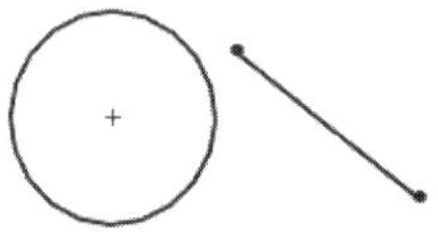	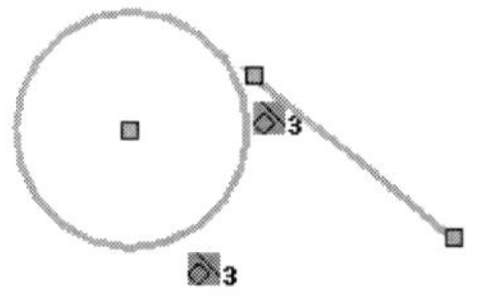
交叉	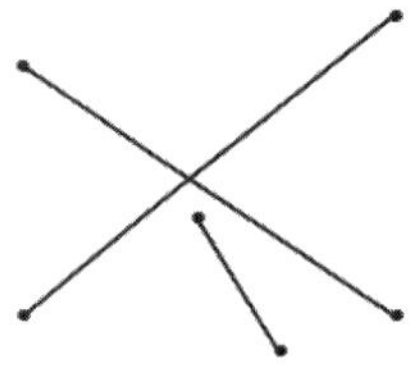	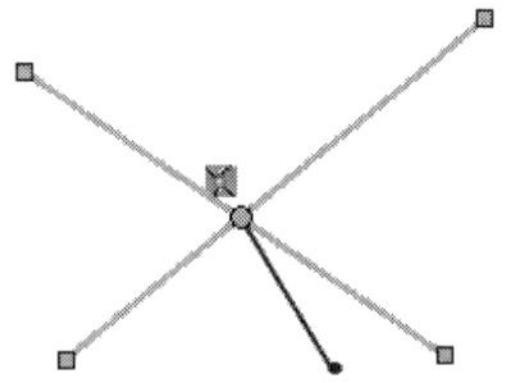
穿透		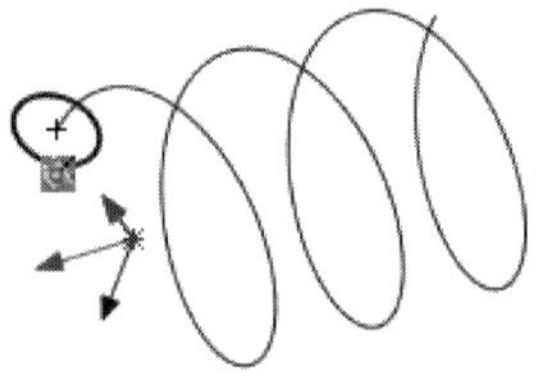

2.4.4 显示/删除几何关系

用户可通过以下两种方法显示/删除所选实体的几何关系。

第一种方法是单击需显示几何关系的实体，在其属性管理器中有【现有几何关系】选择框，从中可看到实体对应的几何关系，如果需要删除几何关系，选取需要删除的几何关系，单击鼠标右键，在弹出的快捷菜单中选择【删除】命令，即可删除，如图 2-103 所示。

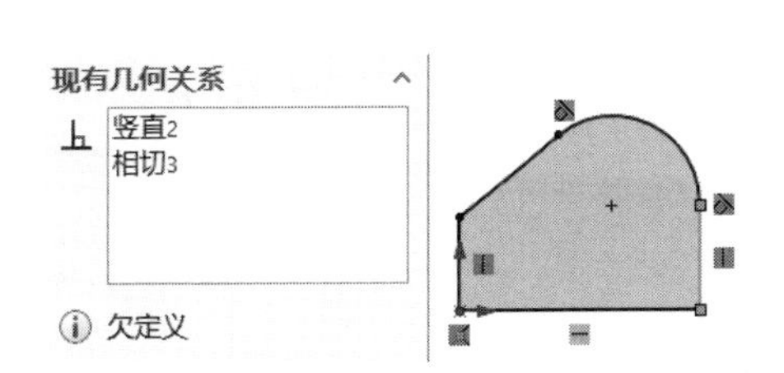

图 2-103 【现有几何关系】选择框

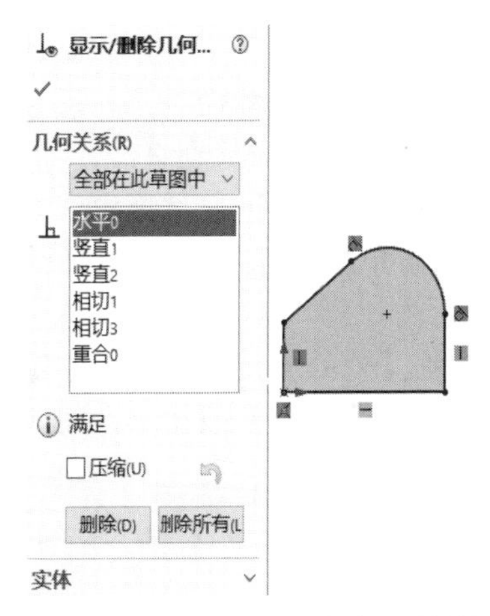

图 2-104 【显示/删除几何关系】属性管理器

第二种方法是选择【工具】|【几何关系】|【显示/删除】菜单命令或者单击【草图】工具栏上的【显示/删除几何关系】按钮，系统弹出如图 2-104 所示的【显示/删除几何关系】属性管理器。当草图中没有实体被选中，则属性管理器中【几何关系】为【全部在此草图中】，即显示草图中所有的几何关系，如图 2-104 所示。选取需显示或删除几何关系的实体，则在【现有几何关系】选择框中会显示该实体的所有几何关系，单击各几何关系，图形区将以绿色显示对应关系的实体，如果需要删除几何关系，在【现有几何关系】选择框中选取相应的几何关系，单击鼠标右键，在弹出的快捷菜单中选择【删除】命令，即可删除；如果需删除所有的几何关系，选择快捷菜单中的【删除所有】命令。

2.5 草图尺寸标注

SolidWorks 是一种尺寸驱动式系统，用户可以指定尺寸及各实体间的几何关系，更改尺寸将改变零件的尺寸和形状。SolidWorks 中的尺寸标注是一种参数式的软件；即图形的形状或各部分间的相对位置与所标注的尺寸相关联，若想改变图形的形状大小或各部分间的相对位置，只要改变所标注的尺寸就可完成。

SolidWorks 的尺寸标注是动态预览的，因此当选定尺寸间的元素时，尺寸会依据放置位置来确定尺寸标注的类型。在标注尺寸时，可以在特征管理器设计树中修改尺寸的公差形式、公差值、尺寸箭头的符号及尺寸文本。

SolidWorks 的尺寸包括两大类：驱动尺寸和从动尺寸。

驱动尺寸是指能够改变几何体形状或大小的尺寸，改变尺寸的数值将引起几何体的变化。从动尺寸是指尺寸的数值是由几何体来确定的，不能用来改变几何体的大小。

2.5.1 尺寸标注

选择【工具】|【标注尺寸】|【智能尺寸】菜单命令或单击【草图】工具栏上的【智能尺寸】按钮，光标变为形状，进行尺寸标注，按 Esc 键或者再次单击【草图】工具栏上的【智能尺寸】按钮，可退出尺寸标注。

（1）线性尺寸的标注

线性尺寸一般分为水平尺寸、垂直尺寸或平行尺寸 3 种。线性水平尺寸的标注如图 2-105

所示。

① 启动标注尺寸命令后，移动鼠标指针到需标注尺寸的直线位置附近，当光标形状变为时，表示系统捕捉到直线，如图2-105（a）所示，单击鼠标左键。

② 移动鼠标指针，将拖出线性尺寸，当尺寸成为如图 2-105（b）所示的水平尺寸时，在合适位置单击鼠标左键，确定所标注尺寸的位置，同时出现【修改】尺寸对话框，图2-105（c）所示。

③ 在【修改】尺寸对话框中输入尺寸数值。

④ 单击【确定】按钮✓，完成该线性尺寸的标注，结果如图2-105（d）所示。

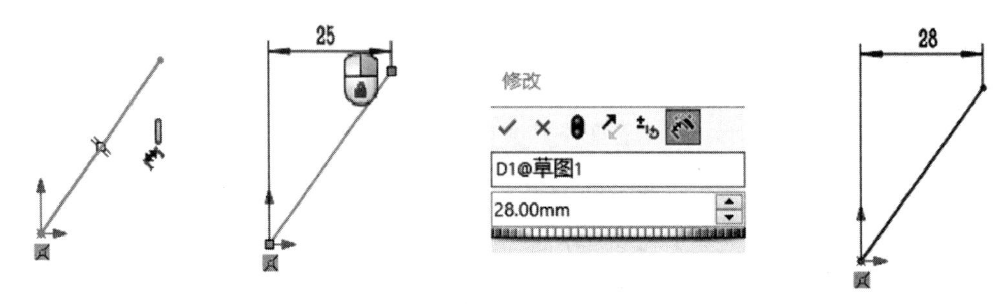

（a）选取直线　（b）单击后拖出线性尺寸　（c）单击确定尺寸位置，出现对话框　（d）标注水平尺寸

图2-105　线性水平尺寸的标注

当需标注垂直尺寸或平行尺寸时，只要在选取直线后，移动鼠标指针拖出垂直或平行尺寸即可，如图2-106所示。

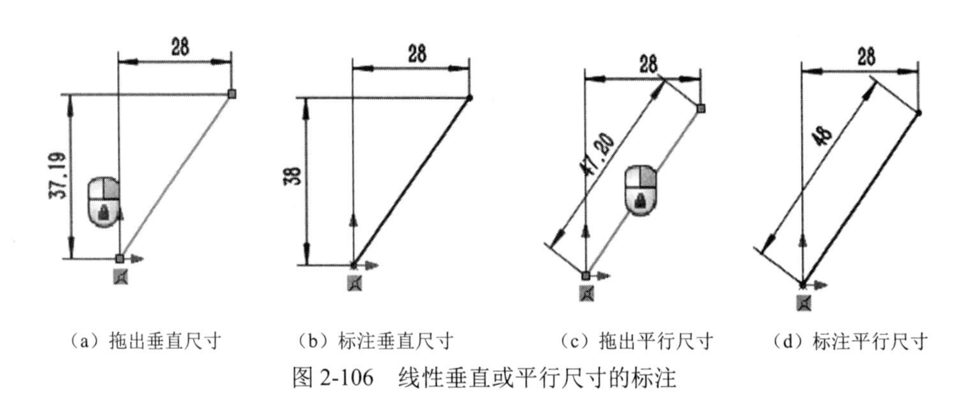

（a）拖出垂直尺寸　（b）标注垂直尺寸　（c）拖出平行尺寸　（d）标注平行尺寸

图2-106　线性垂直或平行尺寸的标注

（2）角度尺寸的标注

角度尺寸分为两种：一种是两直线间的角度尺寸；另一种是直线与点间的角度尺寸。

① 启动标注尺寸命令后，移动鼠标指针，分别单击需标注角度尺寸的两条边。

② 移动鼠标指针，将拖出角度尺寸，鼠标指针位置不同，将得到不同的标注形式，如图2-107所示。

③ 单击鼠标指针，将确定角度尺寸的位置，同时出现【修改】尺寸对话框。

④ 在【修改】尺寸对话框中输入尺寸数值。

⑤ 单击【确定】按钮✓，完成该角度尺寸的标注，如图2-107所示。

当需标注直线与点的角度时，不同的选取顺序，会导致尺寸标注形式的不同，一般的选取顺序是直线一端点—直线另一个端点—圆心点，如图2-108所示。

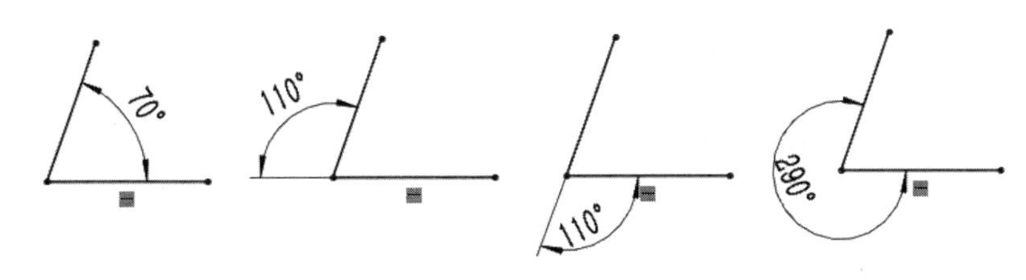

图 2-107　角度尺寸的标注

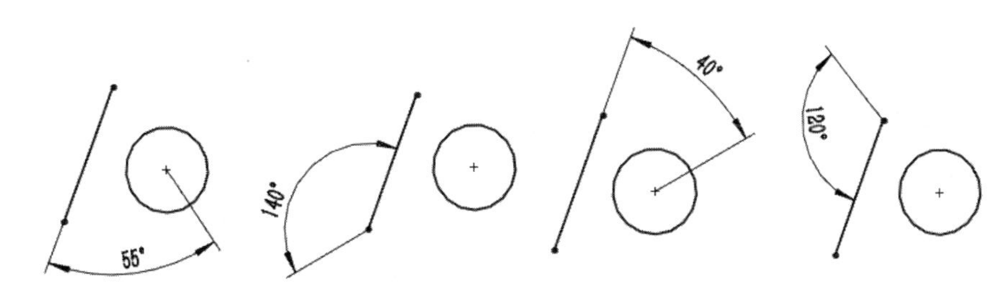

图 2-108　直线与点间角度尺寸标注

（3）圆弧尺寸的标注

圆弧的标注分为圆弧半径的标注、圆弧弧长的标注和圆弧对应弦长的线性尺寸标注。

① 圆弧半径的标注（图 2-109）。直接单击圆弧，如图 2-109（a）所示，拖出半径尺寸后，在合适位置放置尺寸，如图 2-109（b）所示，单击鼠标左键出现【修改】尺寸对话框，在【修改】尺寸对话框中输入尺寸数值，单击【确定】按钮✔，完成该圆弧半径尺寸的标注，如图 2-109（c）所示。

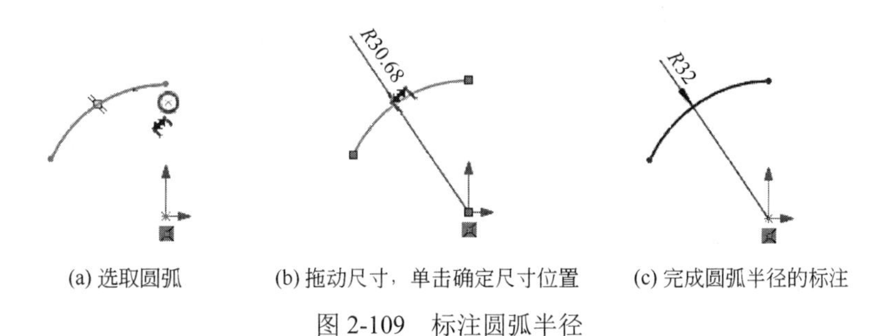

图 2-109　标注圆弧半径

② 圆弧弧长的标注（图 2-110）。分别选取圆弧的两个端点，如图 2-110（a）所示，再选取圆弧，如图 2-110（b）所示，此时，拖出的尺寸即为圆弧弧长。在合适位置单击鼠标左

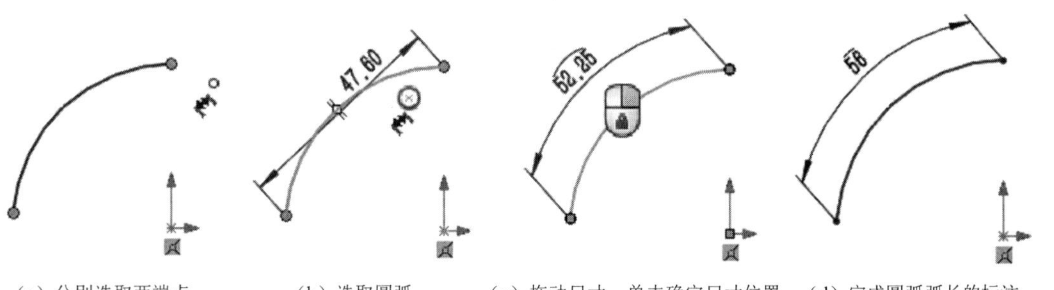

图 2-110　标注圆弧弧长

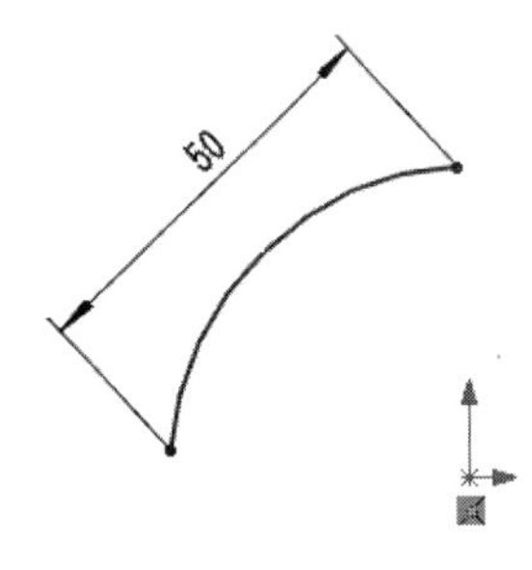

图 2-111 标注圆弧对应弦长的线性尺寸

键，确定尺寸的位置，如图 2-110（c）所示，单击鼠标左键出现【修改】尺寸对话框，在【修改】尺寸对话框中输入尺寸数值，单击【确定】按钮✔，完成该圆弧弧长尺寸的标注，如图 2-110（d）所示。

③ 圆弧对应弦长的线性尺寸标注（图 2-111）。分别选取圆弧的两个端点，拖出的尺寸即为圆弧对应弦长的线性尺寸，出现【修改】尺寸对话框，在【修改】尺寸对话框中输入尺寸数值，单击【确定】按钮✔，完成该圆弧对应弦长尺寸的标注，如图 2-111 所示。

（4）圆尺寸的标注

① 启动标注尺寸命令后，移动鼠标指针，单击需标注直径尺寸的圆。

② 移动鼠标指针，将拖出直径尺寸，鼠标指针位置的不同，将得到不同的标注形式。

③ 单击鼠标左键，将确定直径尺寸的位置，同时出现【修改】尺寸对话框。

④ 在【修改】尺寸对话框中输入尺寸数值。

⑤ 单击【确定】按钮✔，完成该圆尺寸的标注，如图 2-112 所示。

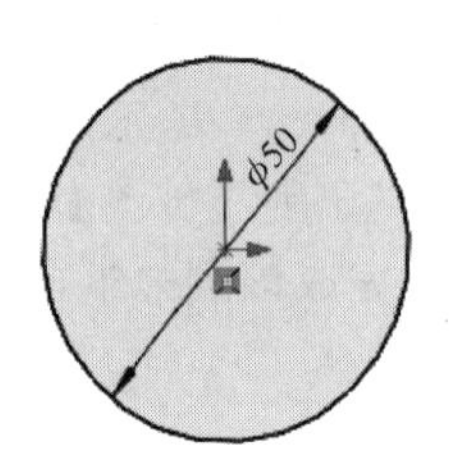

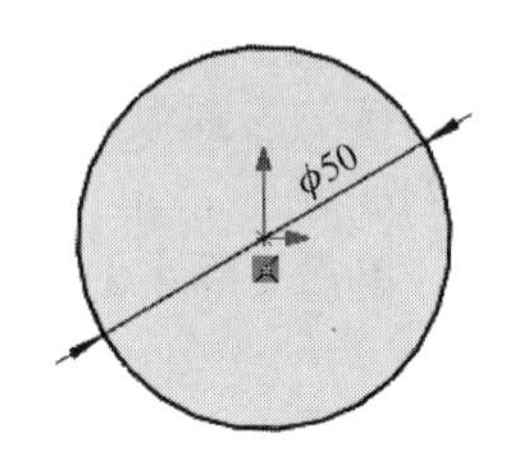

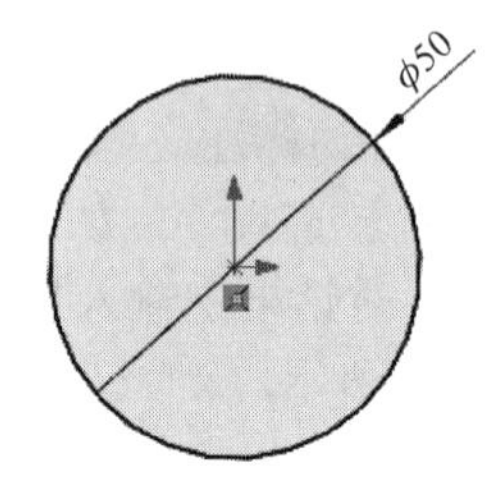

图 2-112 圆尺寸标注的三种形式

（5）中心距尺寸的标注

① 中心距尺寸的标注如图 2-113 所示。启动标注尺寸命令后，移动鼠标指针，单击需标注中心距尺寸的圆，如图 2-113（a）所示。

② 移动鼠标指针，将拖出中心距尺寸，如图 2-113（b）所示。

③ 单击鼠标左键，将确定角度尺寸的位置，同时出现【修改】尺寸对话框。

④ 在【修改】尺寸对话框中输入尺寸数值。

⑤ 单击【确定】按钮✔，完成该中心距尺寸的标注，如图 2-113（c）所示。

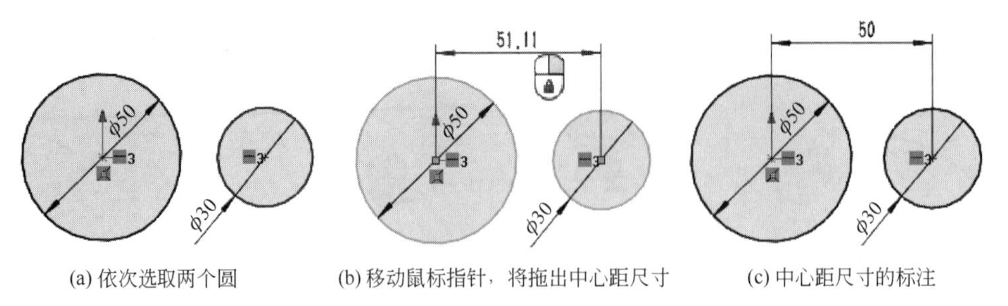

图 2-113 中心距尺寸的标注

（6）同心圆之间标注尺寸并显示延伸线

① 启动标注尺寸命令后，移动鼠标指针，单击一同心圆，然后单击第二个同心圆。

② 若想显示延伸线，先单击鼠标右键，然后滑动鼠标中间滚轮。

③ 单击以放置尺寸，如图 2-114 所示。

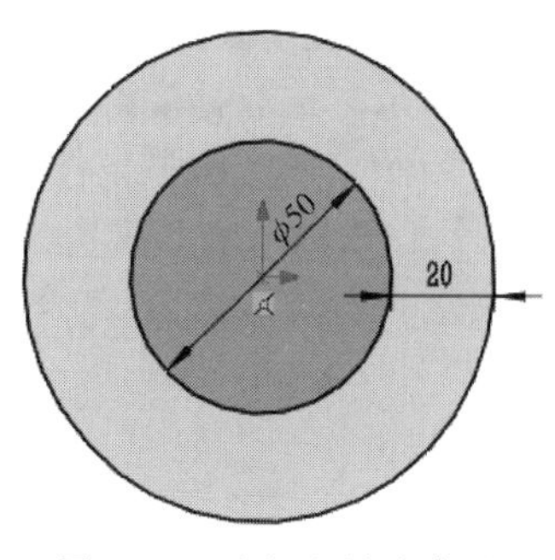

图 2-114　同心圆之间标注尺寸并显示延伸线

2.5.2 尺寸修改

在绘制草图过程中，为了得到需要的图形，常常需要修改尺寸（图 2-115）。

（1）修改尺寸数值

在草图绘制状态下，移动鼠标指针至需修改数值的尺寸附近，当尺寸被高亮显示，且光标形状为时，如图 2-115（a）所示，双击鼠标左键，出现【修改】尺寸对话框，在【修改】尺寸对话框中输入尺寸数值，如图 2-115（b）所示，单击【确定】按钮，完成尺寸的修改，如图 2-115（c）所示。

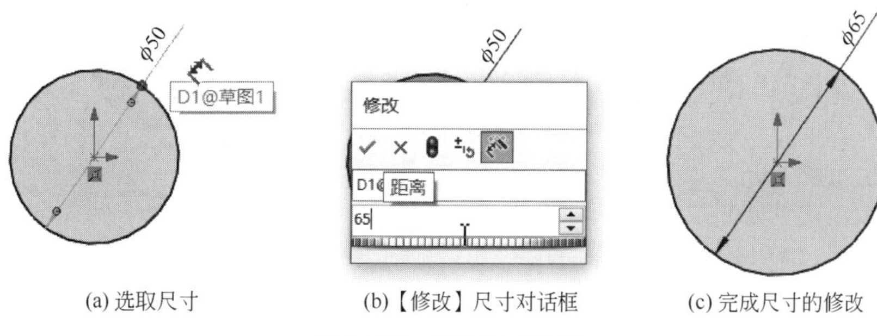

(a) 选取尺寸　(b)【修改】尺寸对话框　(c) 完成尺寸的修改

图 2-115　修改尺寸数值

（2）修改尺寸属性

① 对于大半径尺寸，可缩短其尺寸线（图 2-116），具体操作步骤如下：选取标注好的尺寸，在【尺寸】属性管理器中单击【引线】标签，【尺寸】属性管理器变成如图 2-116（a）所示情形。单击【尺寸线打折】按钮，单击【确定】按钮，结果如图 2-116（b）所示。

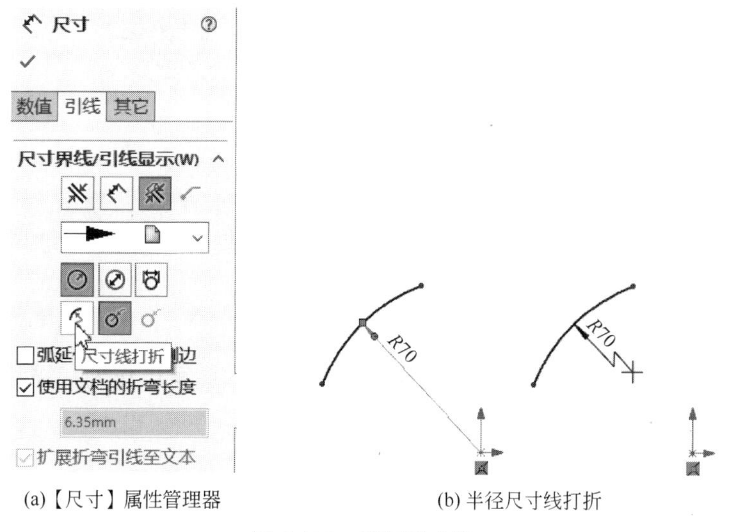

(a)【尺寸】属性管理器　(b) 半径尺寸线打折

图 2-116　缩短尺寸线

② 标注两圆的距离（图 2-117），具体操作步骤如下：选取两圆，标注中心距，如图 2-117（a）所示，选取标注好的尺寸，在【尺寸】属性管理器中进入【引线】选项卡，如图 2-117（b）所示。在【圆弧条件】选项组中【第一圆弧条件】选择【最小】，【第二圆弧条件】选择【最小】，如图 2-117（b）所示，标注最小距离；【第一圆弧条件】选择【最大】，【第二圆弧条件】选择【最大】，如图 2-117（c）所示，标注最大距离。

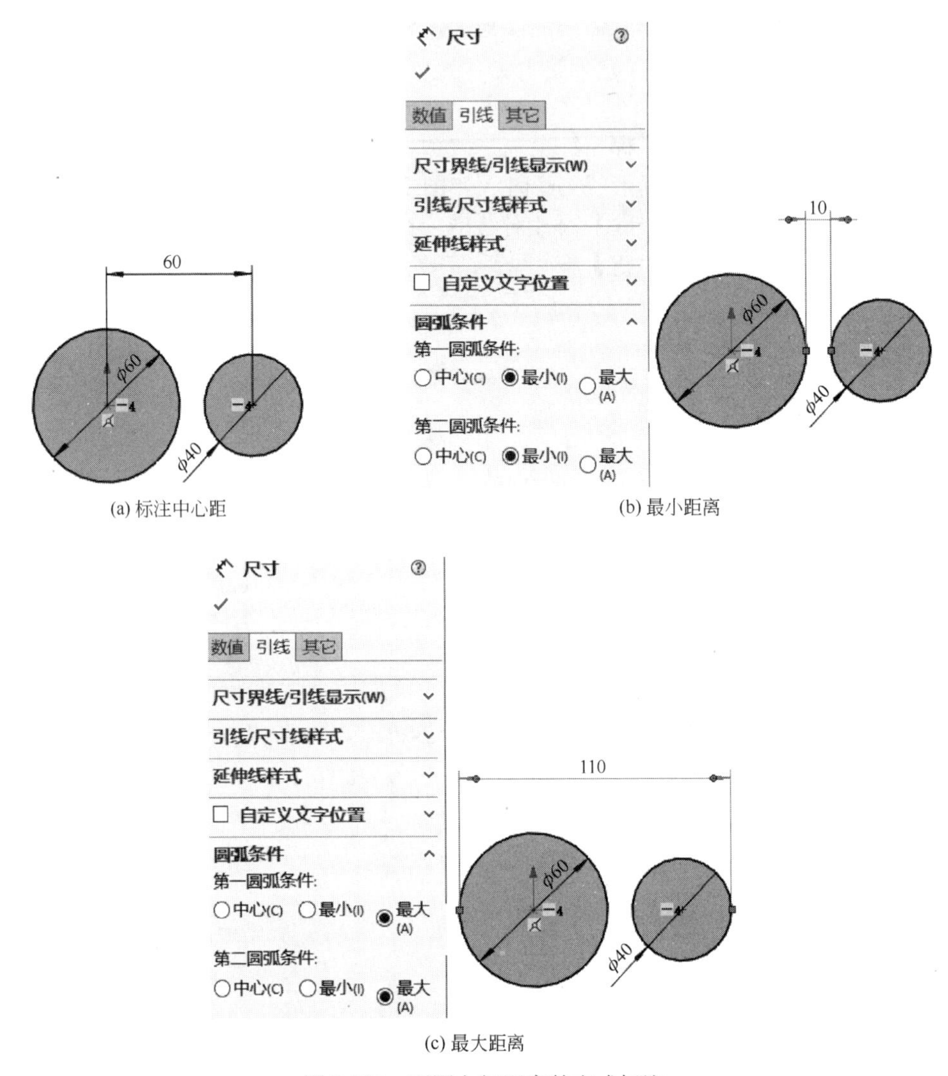

(a) 标注中心距

(b) 最小距离

(c) 最大距离

图 2-117　两圆之间距离的方式标注

2.6 3D 草图

3D 草图由系列直线、圆弧以及样条曲线构成。3D 草图可以作为扫描路径，也可以用作放样或者扫描的引导线、放样的中心线等。

2.6.1 3D 草图简介

选择【插入】|【3D 草图】菜单命令或者单击【草图】工具栏中的【3D 草图】按钮3D，

开始绘制 3D 草图。

（1）3D 草图坐标系

生成 3D 草图时，在默认情况下，通常是相对于模型中默认的坐标系进行绘制的。如果要切换到另外两个默认基准面中的一个，则单击所需的草图绘制工具，然后按 Tab 键，当前的草图基准面的原点显示出来。如果要改变 3D 草图的坐标系，则单击所需的草图绘制工具，按住 Ctrl 键，然后单击一个基准面、一个平面或者一个用户定义的坐标系。如果选取一个基取准面或者平面，3D 草图基准面将进行旋转，使 *X*、*Y* 草图基准面与所选项目对正。如果选择一个坐标系，3D 草图基准面将进行旋转，使 *X*、*Y* 草图基准面与该坐标系的 *X*、*Y* 基准面平行。在开始 3D 草图绘制前，将视图方向改为【等轴测】，因为在此方向中 *X*、*Y*、*Z* 方向均可见，可以更方便地生成 3D 草图。

（2）空间控标

当使用 3D 草图绘图时，一个图形化的助手可以帮助定位方向，此助手被称为空间控标。在所选基准面上定义直线或者样条曲线的第一个点时，空间控标就会显示出来。使用空间控标可以提示当前绘图的坐标，如图 2-118 所示。

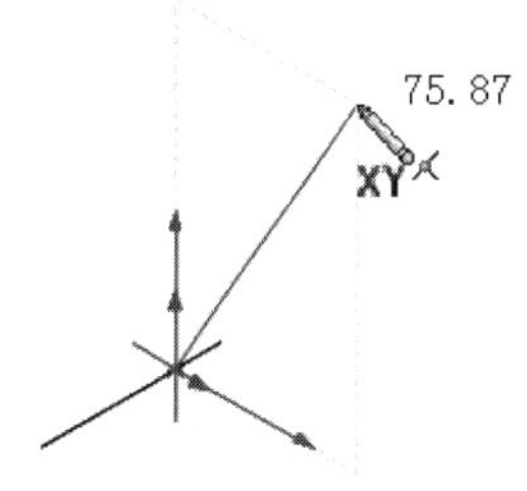

图 2-118　空间控标

（3）3D 草图的尺寸标注

使用 3D 草图时，先按照近似长度绘制直线，然后再按照精确尺寸进行标注。选取两个点、一条直线或者两条平行线，可以添加一个长度尺寸。选取三个点或者两条直线，可以添加一个角度尺寸。

（4）直线捕捉

在 3D 草图中绘制直线时，可以使直线捕捉到零件中现有的几何体，如模型表面或者顶点及草图点。如果沿一个主要坐标方向绘制直线，则不会激活捕捉功能；如果在一个平面上绘制直线，且系统推理捕捉到一个空间点，则会显示一个暂时的 3D 图形框以指示不在平面上的捕捉。

2.6.2 绘制 3D 草图

3D 草图

（1）3D 直线

当绘制直线时，直线捕捉到的一个主要方向即（*X*、*Y*、*Z*）将分别被约束为水平、竖直或者沿 *Z* 轴方向【相对于当前的坐标系为 3D 草图添加几何关系】，但并不一定要求沿着这 3 个主要方向之一绘制直线，可以在当前基准面中与一个主要方向成一任意角度进行绘制。如果直线端点捕捉到现有的几何模型，可以在基准面之外进行绘制。

一般是相对于模型中的默认坐标系进行绘制。如果需要转换到其他两个默认基准面，则选择草图绘制工具，然后按 Tab 键，当前草图基准面的原点将显示出来。

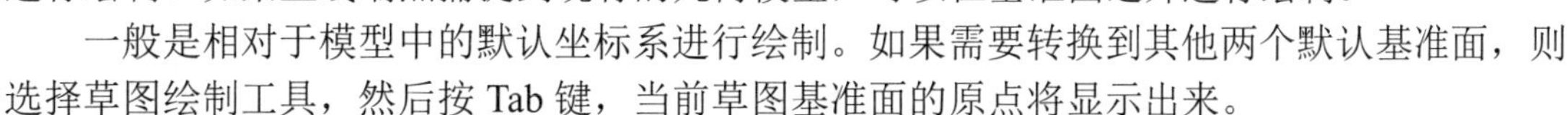

① 选择【插入】|【3D 草图】菜单命令或者单击【草图】工具栏中的【3D 草图】按钮，进入 3D 草图绘制状态。

② 单击【草图】工具栏中的【直线】按钮，在属性管理器中弹出【插入线条】的属性设置。在图形区域中单击鼠标左键开始绘制直线，此时出现空间控标，帮助在不同的基准面上绘制草图（如果想改变基准面，按 Tab 键）。

③ 拖动鼠标指针至直线段的终点处。

④ 如果要继续绘制直线，可以选取线段的终点，然后按 Tab 键转换到另一个基准面。

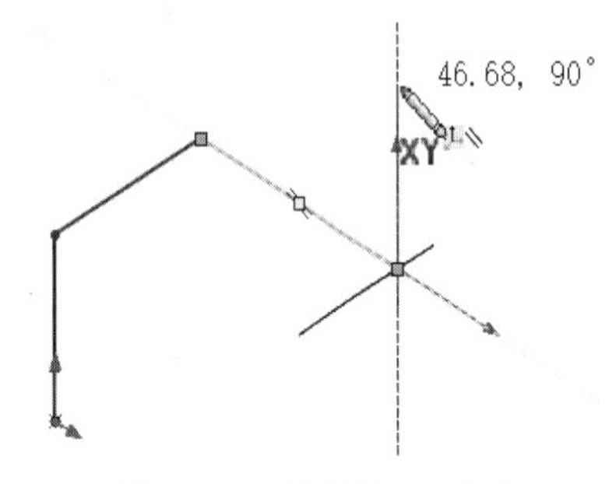

图 2-119　绘制的 3D 直线

⑤ 拖动鼠标指针直至出现第 2 段直线，然后释放鼠标左键，绘制的 3D 直线如图 2-119 所示。

（2）3D 圆角

3D 圆角的操作方法和基本过程如下。

① 选择【插入】|【3D 草图】菜单命令或者单击【草图】工具栏中的【3D 草图】按钮，进入 3D 草图绘制状态。

② 选择【工具】|【草图工具】|【圆角】菜单命令或者单击【草图】工具栏中的【绘制圆角】按钮，系统弹出如图 2-120 所示的【绘制圆角】属性管理器。在【圆角参数】选项组中，设置【半径】的数值。

③ 选取两条相交的线段或者选取其交叉点，单击【确定】按钮，即可绘制出圆角，如图 2-121 所示。

图 2-120 【绘制圆角】属性管理器

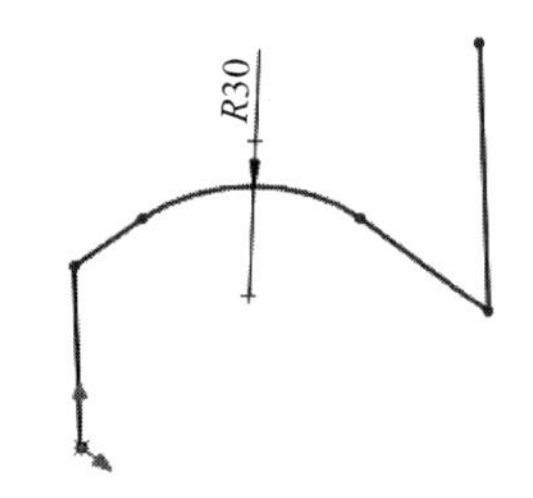

图 2-121　绘制的圆角

（3）3D 样条曲线

3D 样条曲线的操作方法和基本过程如下。

① 选择【插入】|【3D 草图】菜单命令或者单击【草图】工具栏中的【3D 草图】按钮，进入 3D 草图绘制状态。

② 选择【工具】|【草图绘制实体】|【样条曲线】菜单命令或者单击【草图】工具栏中的【样条曲线】按钮。

③ 在图形区域中单击鼠标左键以放置第一个点，然后依次放置各点，直至完成样条曲线的绘制。当选取已绘制的样条曲线或者单击已绘制的样条曲线，系统弹出如图 2-122 所示的【样条曲线】属性管理器，它比二维的【样条曲线】的属性设置多了【Z 坐标】参数。

④ 每次单击鼠标左键时，都会出现空间控标来帮助在不同的基准面上绘制草图。

⑤ 重复前面的步骤，直到完成 3D 样条曲线的绘制。

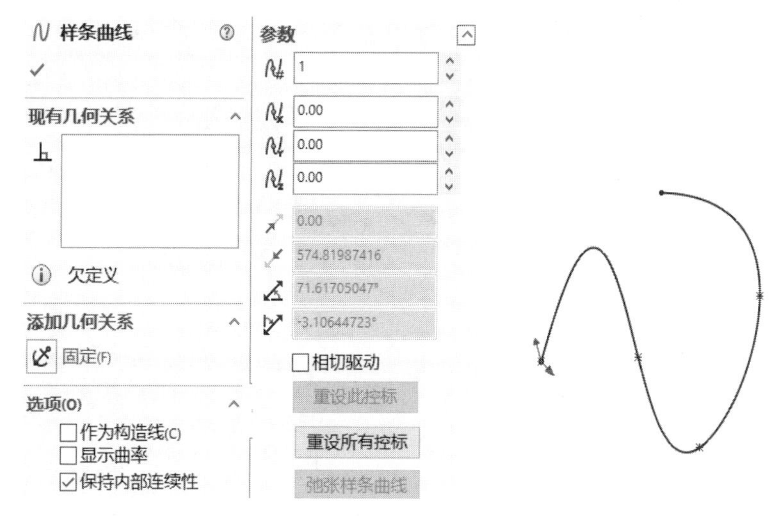

图 2-122 【样条曲线】属性管理器和绘制的样条曲线

（4）3D 草图点

3D 草图点的操作方法和基本步骤如下。

① 选择【插入】|【3D 草图】菜单命令或者单击【草图】工具栏中的【3D 草图】按钮，进入 3D 草图绘制状态。

② 选择【工具】|【草图绘制实体】|【点】菜单命令或者单击【草图】工具栏中的【点】按钮。

③ 在图形区域中单击鼠标左键以放置点，系统弹出如图 2-123 所示的【点】属性管理器，它比二维的【点】的属性设置多了【Z 坐标】参数。

④【点】命令保持激活，可以继续插入点。

如果需要改变【点】的属性，可以在 3D 草图中选取一个点，然后在【点】的属性设置中编辑其属性。

2.6.3 3D 草图实例

3D 草图实例 1

（1）实例 1

① 选择【开始】|【SOLIDWORKS 2018】| SolidWorks 2018 命令，或者双击桌面上的 SolidWorks 2018 的快捷方式图标，启动 SolidWorks 2018 软件。

② 选择【文件】|【新建】命令，或单击【标准】工具栏上的【新建】按钮，打开【新建 SolidWorks 文件】对话框。选择【零件】选项，单击【确定】按钮，进入绘图界面。

③ 单击【标准】工具栏中的【保存】按钮，弹出【另存为】对话框，选择合适的保存位置，在【文件名】文本框中输入名称为“3D 草图实例 1”，即可单击【保存】按钮，进行保存。

④ 选择【插入】|【3D 草图】菜单命令或者单击【草图】工具栏中的【3D 草图】按钮，进入 3D 草图绘制状态。

⑤ 单击【草图】工具栏中的【直线】按钮，系统弹出【插入线条】属性管理器。按 Tab 键，在图形区域中单击鼠标左键开始绘制直线 1；再绘制直线 2；按 Tab 键，绘制直线 3；按 Tab 键，绘制直线 4，绘制直线 5；按 Tab 键，绘制直线 6，结果如图 2-124 所示。

图 2-123 【点】属性管理器

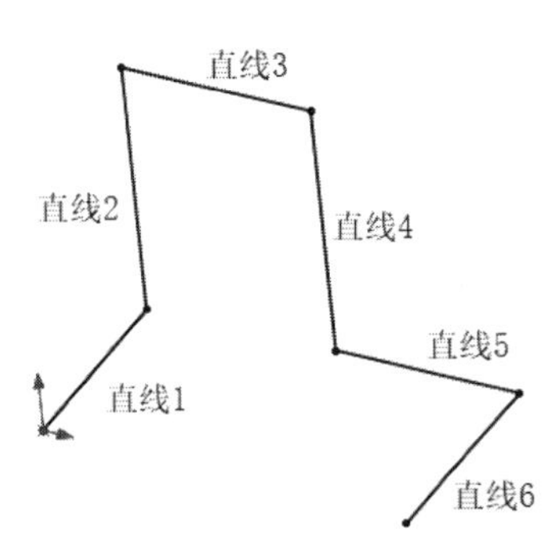

图 2-124 绘制的直线

⑥ 选择【工具】|【标注尺寸】|【智能尺寸】菜单命令或单击【草图】工具栏上的【智能尺寸】按钮，光标变为形状，进行尺寸标注。分别标注直线 1 长度为 90，直线 2 长度为 110，直线 3 长度为 100，直线 4 长度为 110，直线 5 长度为 80，直线 6 长度为 100，结果如图 2-125 所示。

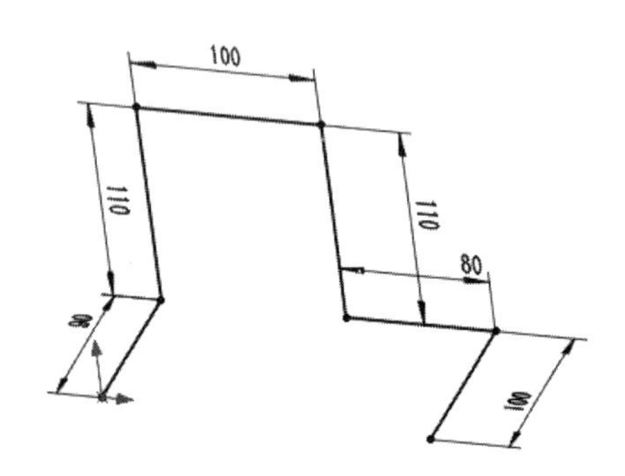

图 2-125 标注尺寸后的 3D 草图

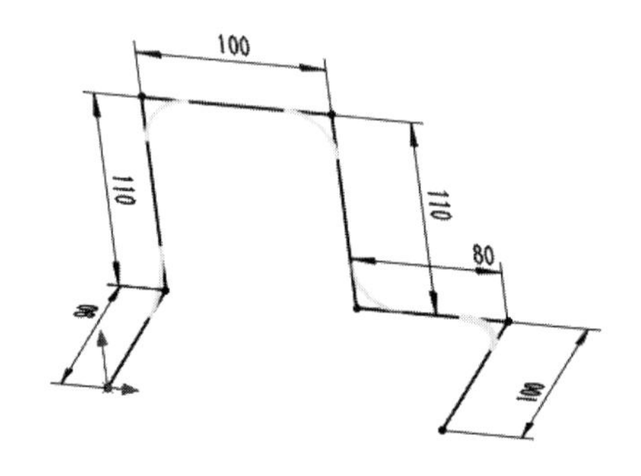

图 2-126 选取要倒圆的交叉点

⑦ 选择【工具】|【草图工具】|【圆角】菜单命令或者单击【草图】工具栏中的【绘制圆角】按钮，系统弹出【绘制圆角】属性管理器。在【圆角参数】选项组中，设置【半径】的数值为“25.00mm”。依次选取两条相交的线段或者选取其交叉点，如图 2-126 所示。单击【确定】按钮✓，即可绘制出圆角，如图 2-127 所示。

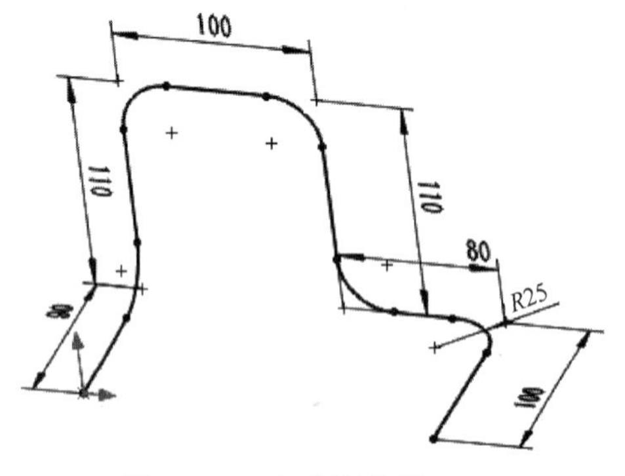

图 2-127 3D 草图实例 1

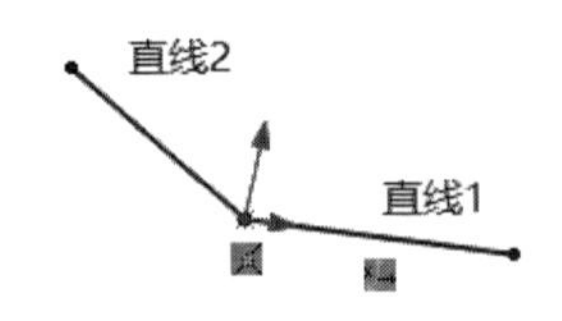

图 2-128 绘制的两条直线

（2）实例 2

3D 草图实例 2

① 选择【开始】|【SOLIDWORKS 2018】| SolidWorks 2018 命令，或者双击桌面上的 SolidWorks 2018 的快捷方式图标，启动 SolidWorks 2018 软件。

② 选择【文件】|【新建】命令，或单击【标准】工具栏上的【新建】按钮，打开【新建 SolidWorks 文件】对话框。选择【零件】选项，单击【确定】按钮，进入绘图界面。

③ 单击【标准】工具栏中的【保存】按钮，弹出【另存为】对话框，选择合适的保存位置，在【文件名】文本框中输入名称为“3D 草图实例 2”，即可单击【保存】按钮，进行保存。

④ 选择【插入】|【3D 草图】菜单命令或者单击【草图】工具栏中的【3D 草图】按钮，进入 3D 草图绘制状态。

⑤ 单击【草图】工具栏中的【直线】按钮，系统弹出【插入线条】属性管理器。在图形区域中单击鼠标左键开始绘制直线 1 和直线 2，结果如图 2-128 所示。

⑥ 选择【工具】|【草图绘制实体】|【切线弧】菜单命令，或者单击【草图】工具栏中的【切线弧】按钮，开始绘制切线弧，此时光标变为形状。选取图 2-128 中直线 2 上端点为切线弧的起点，按 Tab 键，按住鼠标左键不放拖动到绘图区域中合适的位置确定切线弧的终点，单击鼠标左键确认，绘制如图 2-129 所示的圆弧 1。

⑦ 单击【草图】工具栏中的【直线】按钮，系统弹出【插入线条】属性管理器，绘制直线 3 和直线 4（如果想改变基准面，按 Tab 键），结果如图 2-130 所示。

⑧ 选择【工具】|【草图绘制实体】|【切线弧】菜单命令，或者单击【草图】工具栏中的【切线弧】按钮，选取图 2-128 中直线 1 右端点为切线弧的起点绘制如图 2-131 所示的圆弧 2（如果想改变基准面，按 Tab 键）。

⑨ 采用与步骤⑦和⑧相同的方法绘制直线 5、圆弧 3 和直线 6，结果如图 2-132 所示。

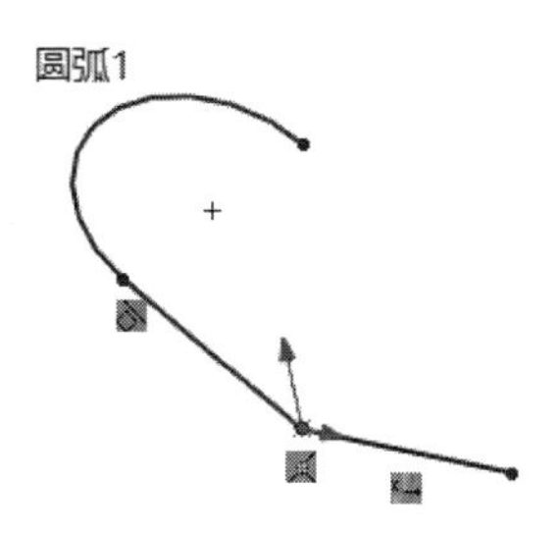

图 2-129　绘制圆弧 1

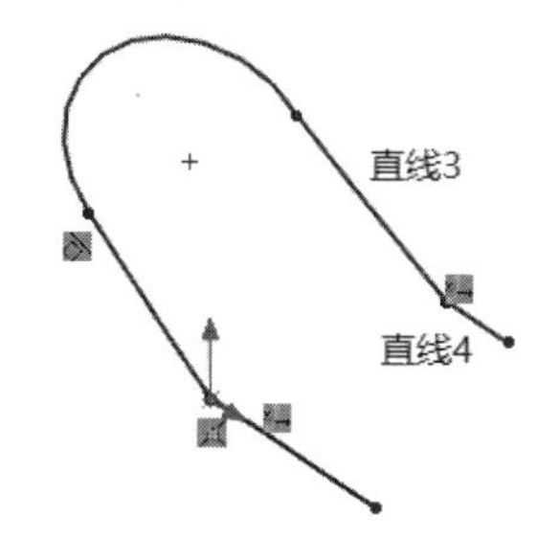

图 2-130　绘制的两条直线

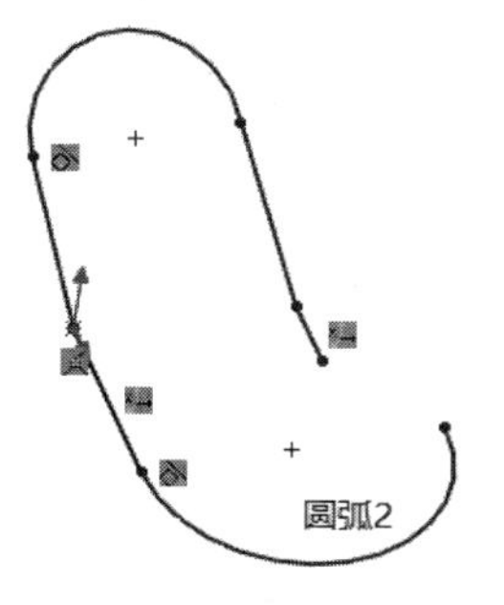

图 2-131　绘制圆弧 2

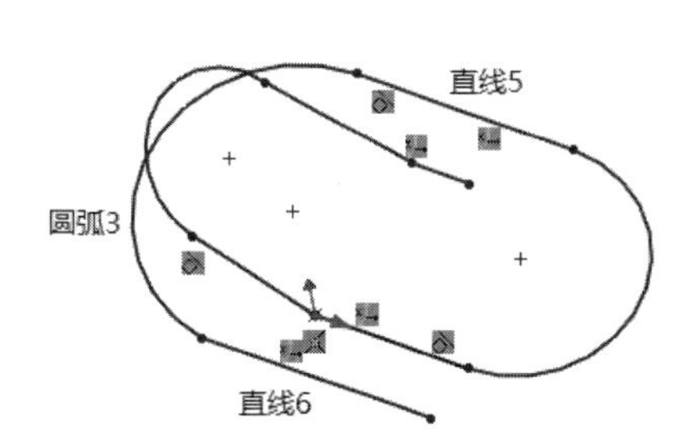

图 2-132　绘制直线和圆弧

⑩ 单击【草图】工具栏中的【添加几何关系】按钮，系统弹出【添加几何关系】属性管理器，选取直线4、直线5和直线6，单击【添加几何关系】属性管理器中的【添加几何关系】选项组下的【沿x】按钮；选取圆弧3和直线6，单击【添加几何关系】属性管理器中的【添加几何关系】选项组下的【相切】按钮；选取圆弧2和直线3，单击【添加几何关系】属性管理器中的【添加几何关系】选项组下的【相切】按钮；选取圆弧1和直线3，单击【添加几何关系】属性管理器中的【添加几何关系】选项组下的【相切】按钮；采用相同的方法约束直线2和直线3【相等】并【平行】，约束直线2和直线的右端点【沿z】，约束圆弧1两个端点【沿z】，约束圆弧3两个端点【沿z】。

⑪ 选择【工具】|【标注尺寸】|【智能尺寸】菜单命令或单击【草图】工具栏上的【智能尺寸】按钮，光标变为形状，进行尺寸标注。标注直线1长度为80，标注直线2长度为10，标注直线1和直线2的角度为165°，标注圆弧1半径为10，标注直线4长度为40，标注直线6长度为50，标注直线1和直线6的距离为6，标注直线4和直线5的距离为6，标注直线5长度为100，标注圆弧3半径为16，结果如图2-133所示。

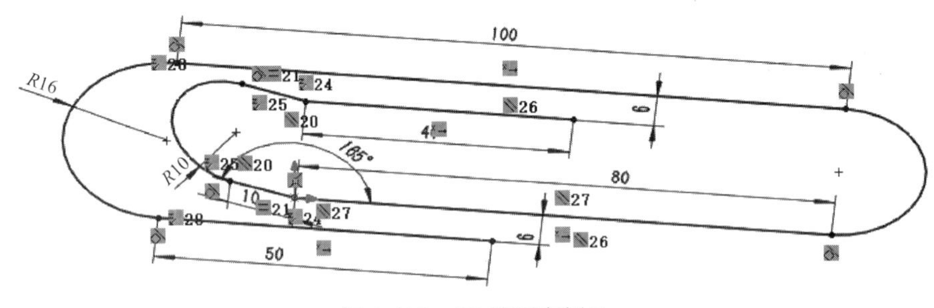

图2-133　3D草图实例2

2.7 草图绘制实例

2.7.1 实例1

草图绘制实例1

本实例介绍了一个草图的绘制过程，草图如图2-134所示，下面进行详细介绍。

① 新建并保存文件。新建保存文件过程与2.6.3节实例1的过程基本相同，这里不再详述，该实例保存文件名为“草图实例1”。

② 单击【草图】工具栏中的【草图绘制】按钮，系统弹出【编辑草图】属性管理器。提示需要选取一个基准面作为草图平面，在绘图区选取“前视基准面”，如图2-135所示，系统进入草图环境。

③ 单击【草图】工具栏中的【直线】按钮，绘制一段直线，如图2-136所示。

④ 单击【草图】工具栏中的【切线弧】按钮，依次绘制5段相连并相切的圆弧，如图2-137所示。

⑤ 单击【草图】工具栏中的【添加几何关系】按钮，系统弹出【添加几何关系】属性管理器，选取直线和原点，单击【添加几何关系】属性管理器中的【添加几何关系】选项组下的【中点】按钮；分别选取如图2-137所示的最后一段圆弧和直线，单击【添加几何关系】属性管理器中的【添加几何关系】选项组下的【相切】按钮；分别选取如图2-137所示最大圆弧的圆心和原点，单击【添加几何关系】属性管理器中的【添加几何关系】选项组下的【竖直】按钮｜；分别选取如图2-137所示直线两端的圆弧，单击【添加几何关系】

属性管理器中的【添加几何关系】选项组下的【相等】按钮＝；分别选取如图 2-137 所示中间的两段圆弧，单击【添加几何关系】属性管理器中的【添加几何关系】选项组下的【相等】按钮＝，结果如图 2-138 所示。

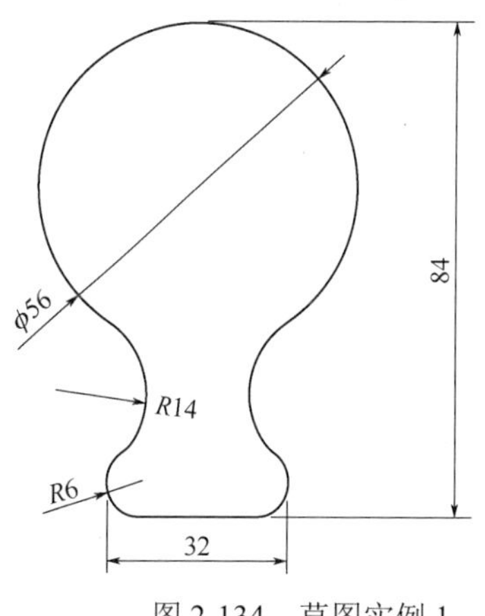

图 2-134　草图实例 1

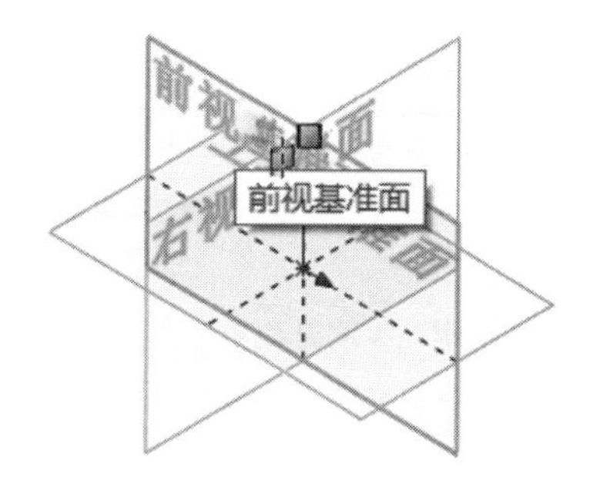

图 2-135　选取“前视基准面”

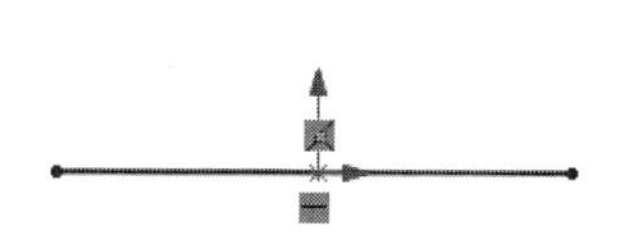

图 2-136　绘制的直线

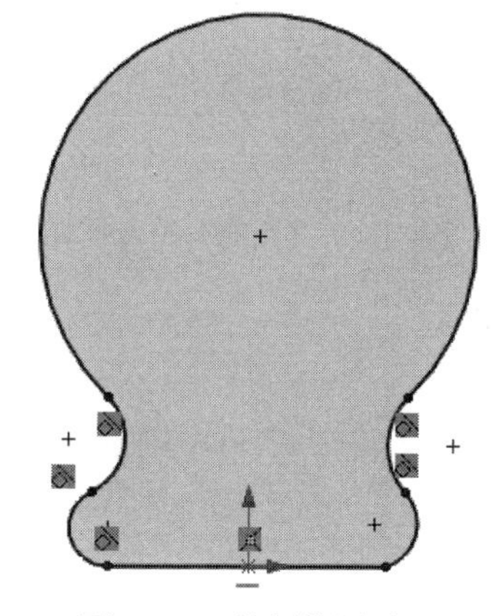

图 2-137　绘制的圆弧

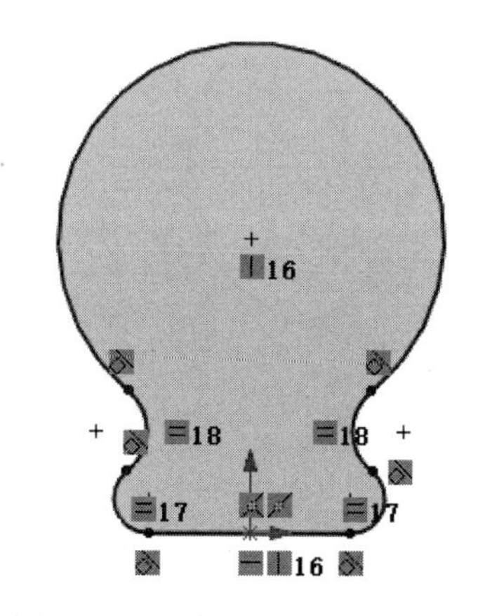

图 2-138　添加几何关系后的草图

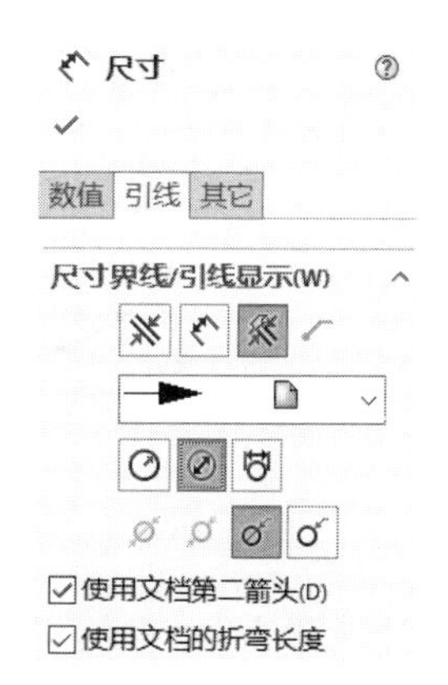

图 2-139　【尺寸】属性管理器

⑥ 单击【草图】工具栏中的【智能尺寸】按钮，系统弹出【尺寸】属性管理器。选取与直线相连的一段圆弧，在弹出的【修改】尺寸对话框修改尺寸数值为“6.00mm”；选取

中间的一段小圆弧，在弹出的【修改】尺寸对话框修改尺寸数值为“14.00mm”；选取半径最大的那段圆弧，在弹出的【修改】尺寸对话框中单击✓按钮，进入【尺寸】属性管理器中的【引线】选项卡，单击【直径】按钮，如图 2-139 所示，进入【尺寸】属性管理器中的【数值】选项卡，在【数值】微调框中输入“56.00mm”，如图 2-140 所示；按住 Shift 键，然后选取直径 56 的圆弧和直线，在弹出的【修改】尺寸对话框中修改尺寸数值为“84.00mm”；按住 Shift 键，然后选取直线两端的两段圆弧，在弹出的【修改】尺寸对话框修改尺寸数值为“32.00mm”，结果如图 2-141 所示。

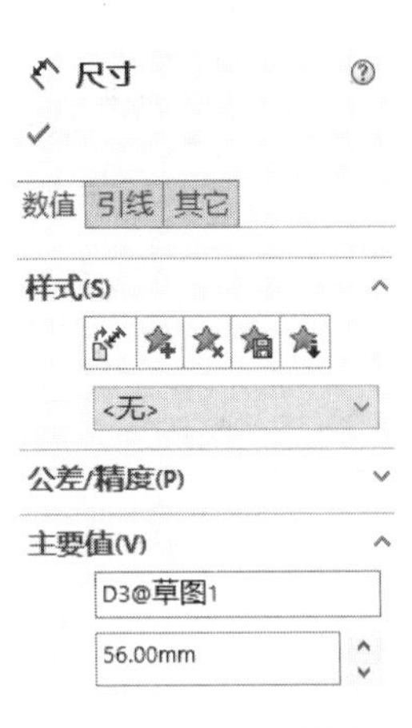

图 2-140 【尺寸】属性管理器

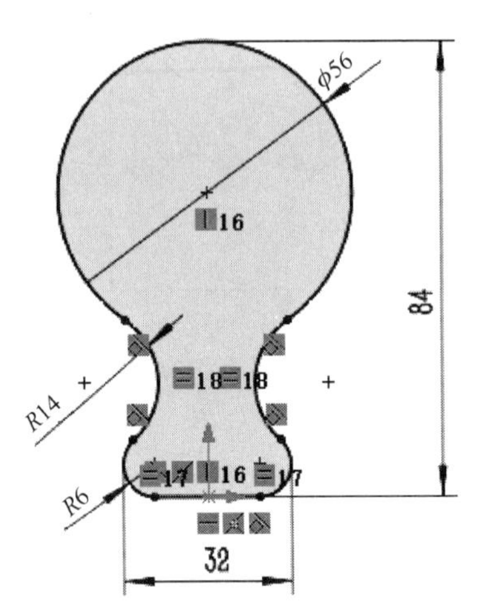

图 2-141 标注尺寸后的草图

2.7.2 实例 2

草图绘制实例 2

本实例介绍了一个草图的绘制过程，草图如图 2-142 所示，下面进行详细的介绍。

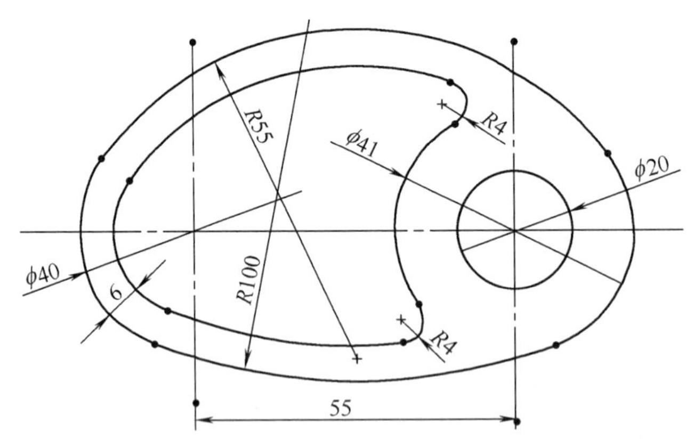

图 2-142 草图实例 2

① 新建并保存文件。新建并保存文件过程与 2.6.3 节实例 1 的过程基本相同，这里不再详述，该实例保存文件名为“草图实例 2”。

② 单击【草图】工具栏中的【草图绘制】按钮，系统弹出【编辑草图】属性管理器。提示需要选取一个基准面作为草图平面，在绘图区选取“前视基准面”，系统进入草图环境。

③ 单击【草图】工具栏中的【圆】按钮，或选择【工具】|【草图绘制实体】|【圆】

菜单命令，绘制如图 2-143 所示的 3 个圆。

④ 单击【草图】工具栏中的【添加几何关系】按钮，系统弹出【添加几何关系】属性管理器，选取圆 3 的圆心和原点，单击【添加几何关系】属性管理器中的【添加几何关系】选项组下的【水平】按钮。

⑤ 单击【草图】工具栏中的【智能尺寸】按钮，系统弹出【尺寸】属性管理器。选取圆 1，在弹出的【修改】尺寸对话框修改尺寸数值为“20.00mm”；选取圆 2，在弹出的【修改】尺寸对话框修改尺寸数值为“41.00mm”；选取圆 3，在弹出的【修改】尺寸对话框修改尺寸数值为“40.00mm”；选取圆 1 和圆 3，在弹出的【修改】尺寸对话框修改尺寸数值为“55.00mm”，结果如图 2-144 所示。

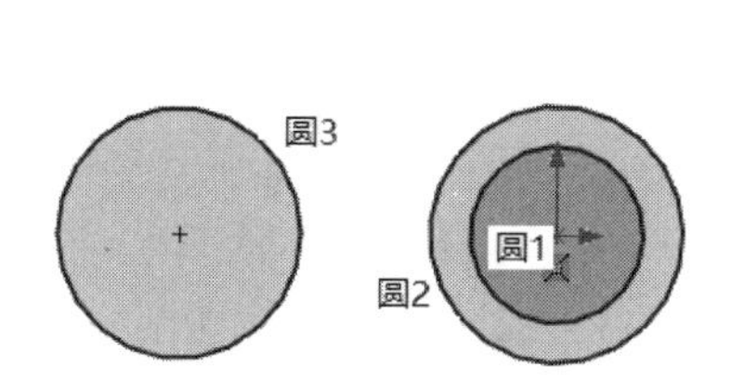

图 2-143　绘制 3 个圆

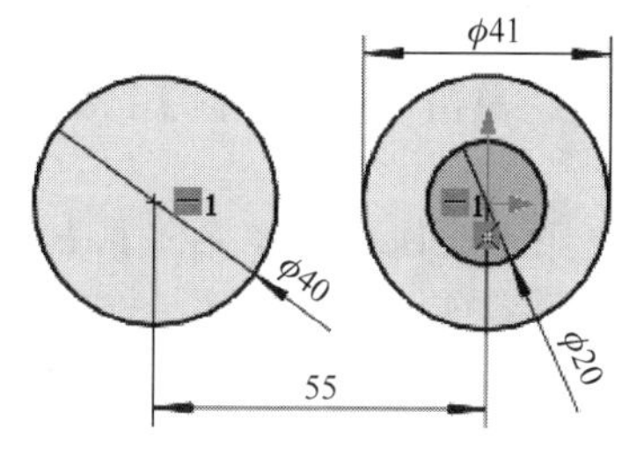

图 2-144　标注尺寸后的草图

⑥ 单击【草图】工具栏中的【三点圆弧】按钮，或者选择【工具】|【草图绘制实体】|【3 点圆弧】菜单命令，系统弹出【圆弧】属性管理器。绘制圆弧 1 和圆弧 2，结果如图 2-145 所示。

⑦ 单击【草图】工具栏中的【添加几何关系】按钮，系统弹出【添加几何关系】属性管理器。添加两段圆弧分别与相交的圆相切。

⑧ 单击【草图】工具栏中的【智能尺寸】按钮，系统弹出【尺寸】属性管理器。标注圆弧 1 半径为 55，标注圆弧 2 半径为 100，结果如图 2-146 所示。

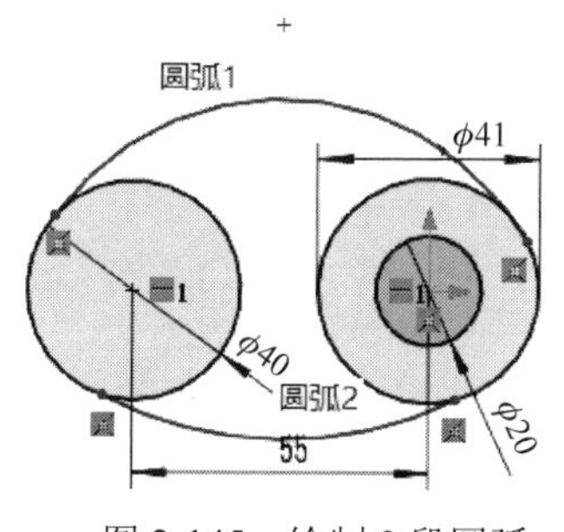

图 2-145　绘制 2 段圆弧

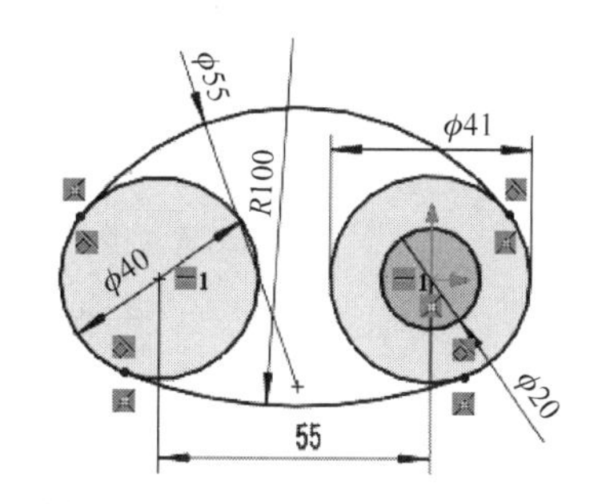

图 2-146　标注圆弧尺寸后的草图

⑨ 单击【草图】工具栏中的【剪裁实体】按钮，系统弹出【剪裁】属性管理器。在【选项】选项组中单击【强劲剪裁】按钮，然后在绘图区选取需要删除的线条，结果如图 2-147 所示。

⑩ 选择【工具】|【草图工具】|【等距实体】菜单命令，或者单击【草图】工具栏中的【等距实体】按钮，系统弹出【等距实体】属性管理器。在【等距实体】属性管理器中的【等距距离】微调框中输入“6.00mm”，然后选取草图左侧的 3 段圆弧，单击【确定】按钮，结果如图 2-148 所示。

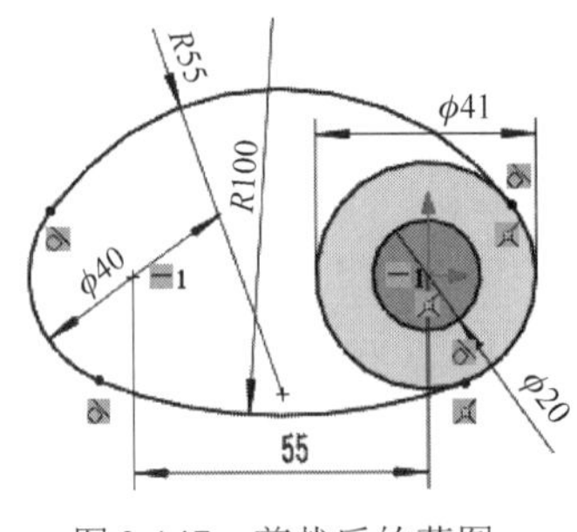

图 2-147　剪裁后的草图

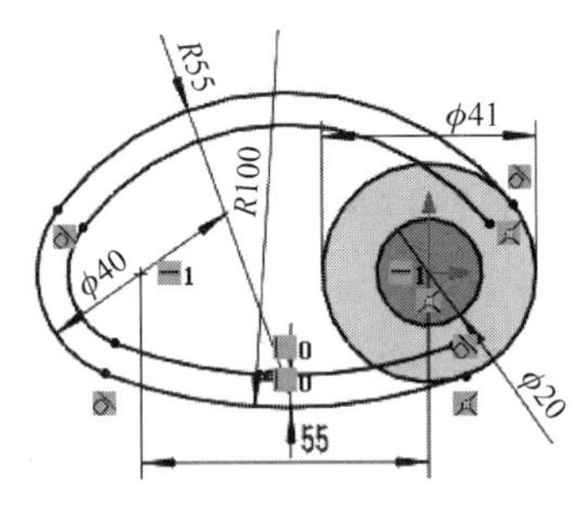

图 2-148　等距实体后的草图

⑪ 单击【草图】工具栏中的【剪裁实体】按钮，系统弹出【剪裁】属性管理器。【选项】选项组中单击【强劲剪裁】按钮，然后在绘图区选取需要删除的线条，结果如图 2-149 所示。

⑫ 选择【工具】|【草图工具】|【圆角】菜单命令或者单击【草图】工具栏中的【绘制圆角】按钮，系统弹出【绘制圆角】属性管理器。在【圆角参数】选项组中，设置【半径】的数值为“4.00mm”，依次选取两条相交的线段或者选取其交叉点，如图 2-150 所示。单击【确定】按钮，即可绘制出圆角，绘制的圆角如图 2-151 所示。

⑬ 单击绘图区右上方的【退出】按钮，退出草绘。

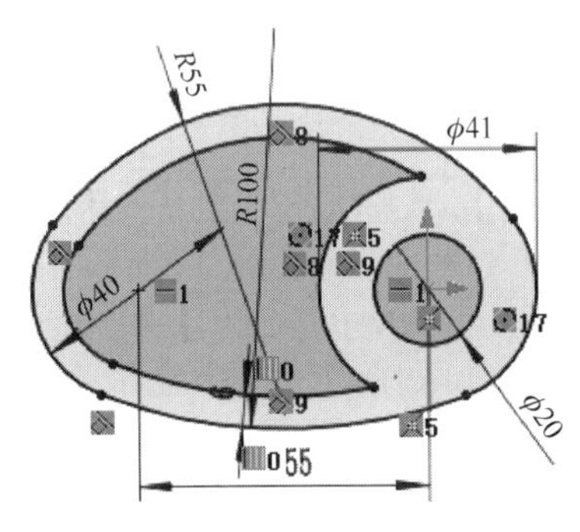

图 2-149　剪裁后的草图

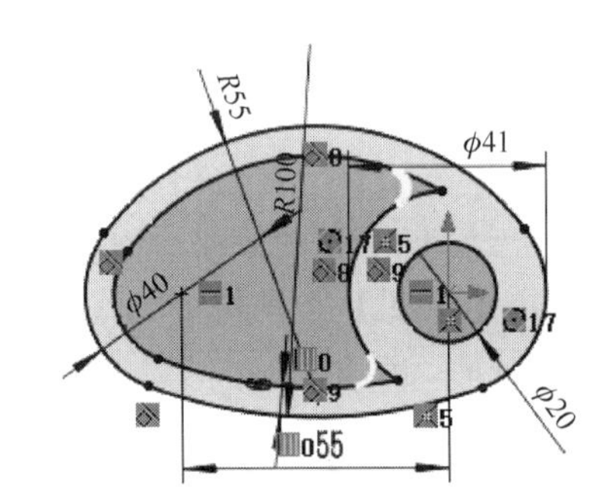

图 2-150　选取交叉点

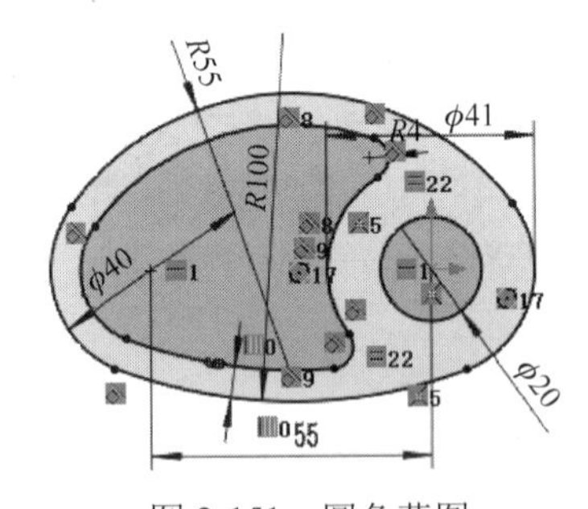

图 2-151　圆角草图

草图绘制实例 3

2.7.3 实例 3

本实例介绍了一个草图的绘制过程，草图如图 2-152 所示，下面进行详细的介绍。

① 新建并保持文件。新建保存文件过程与 2.6.3 节实例 1 的过程基本相同，这里不再详述，该实例保存文件名为“草图实例 3”。

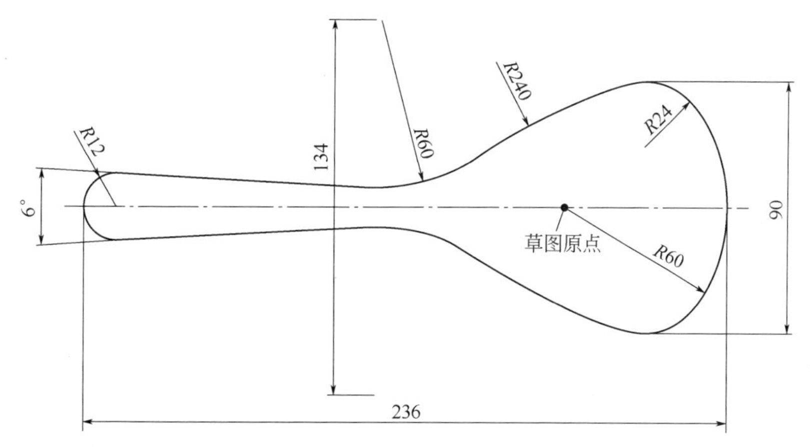

图 2-152　草图实例 3

② 单击【草图】工具栏中的【草图绘制】按钮，系统弹出【编辑草图】属性管理器。提示需要选取一个基准面作为草图平面，在绘图区选取“前视基准面”，系统进入草图环境。

③ 单击【草图】工具栏中的【圆】按钮，或选择【工具】|【草图绘制实体】|【圆】菜单命令；绘制如图 2-153 所示的 2 个圆。

④ 单击【草图】工具栏中的【添加几何关系】按钮，系统弹出【添加几何关系】属性管理器，选取左边圆的圆心和原点，单击【添加几何关系】属性管理器中的【添加几何关系】选项组下的【水平】按钮。

⑤ 单击【草图】工具栏中的【智能尺寸】按钮，系统弹出【尺寸】属性管理器。按图 2-154 所示标注尺寸。

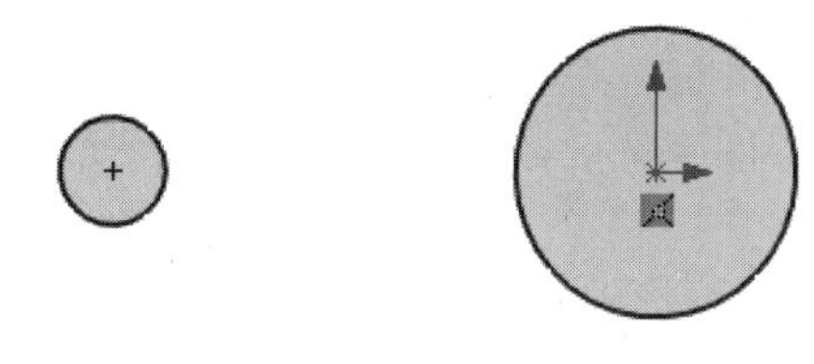

图 2-153　绘制 2 个圆

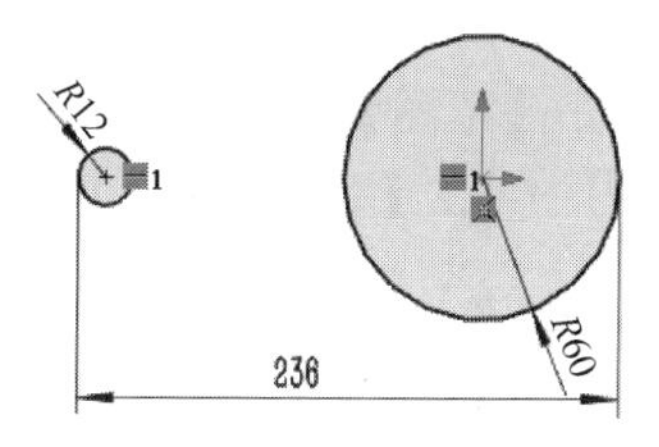

图 2-154　标注尺寸后的草图

⑥ 单击【草图】工具栏中的【中心线】按钮，在绘图区中心绘制一段中心线，如图 2-155 所示。

⑦ 单击【草图】工具栏中的【直线】按钮，绘制一条直线，如图 2-156 所示；单击【草图】工具栏【智能尺寸】按钮，分别单击中心线和这条直线，标注夹角为“3°”，如图 2-156 所示。

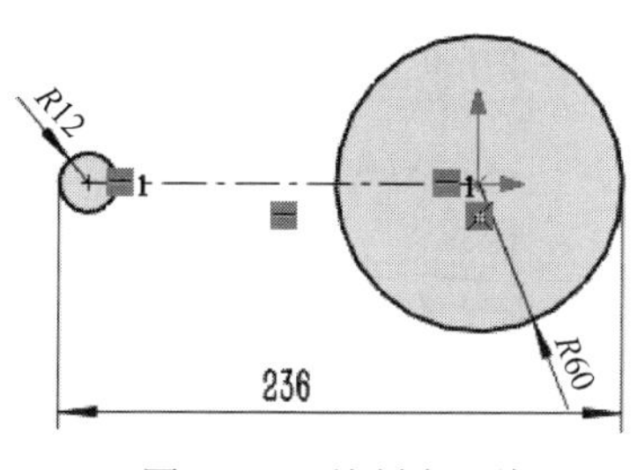

图 2-155　绘制中心线

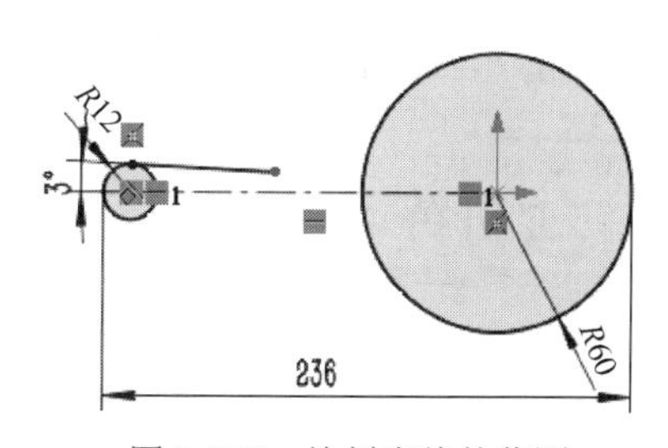

图 2-156　绘制直线的草图

⑧ 单击【草图】工具栏中的【切线弧】按钮，依次绘制 3 段相连并相切的圆弧，如图 2-157 所示。

⑨ 单击【草图】工具栏中的【添加几何关系】按钮，系统弹出【添加几何关系】属性管理器，选取最后一段圆弧和半径 60 的圆，单击【添加几何关系】属性管理器中的【添加几何关系】选项组下的【相切】按钮。

⑩ 单击【草图】工具栏中的【智能尺寸】按钮，系统弹出【尺寸】属性管理器。按图 2-158 所示标注尺寸。

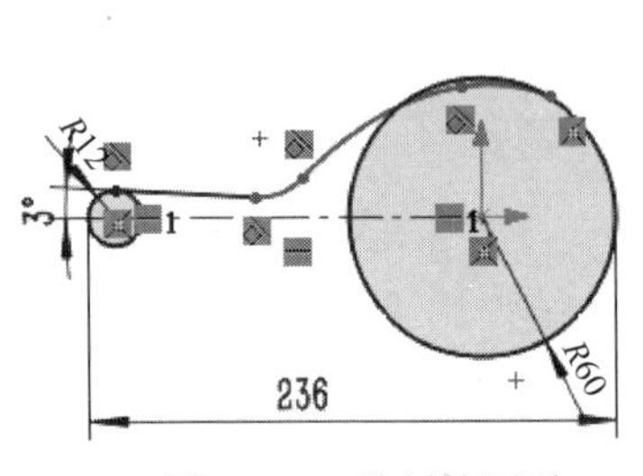

图 2-157　绘制的圆弧

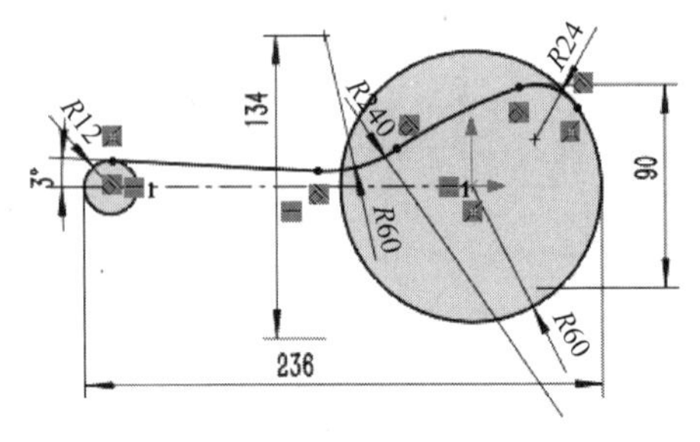

图 2-158　标注尺寸

⑪ 在草图编辑状态下，选择【工具】|【草图工具】|【镜向】菜单命令，或者单击【草图】工具栏中的【镜向实体】按钮，系统弹出【镜向】属性管理器。单击属性管理器中【要镜向的实体】选择框，然后在绘图区域中框选图 2-158 中的 1 段直线和 3 段圆弧，作为要镜向的原始草图；单击属性管理器中【镜向点】选择框，然后在绘图区域中选取图 2-158 中的水平中心线，作为镜向点；单击【镜向】属性管理器中的【确定】按钮，草图实体镜向完毕，镜向后的草图如图 2-159 所示。

⑫ 单击【草图】工具栏中的【剪裁实体】按钮，系统弹出【剪裁】属性管理器。【选项】选项组中单击【强劲剪裁】按钮，然后在绘图区选取需要删除的线条，结果如图 2-160 所示。

⑬ 单击绘图区右上方的【退出】按钮，退出草绘。

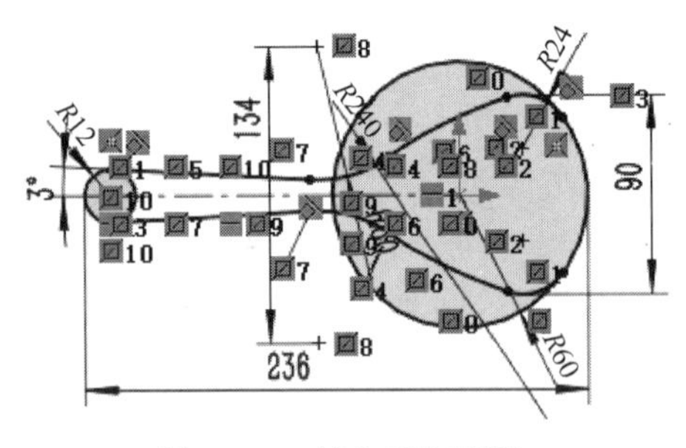

图 2-159　镜向后的草图

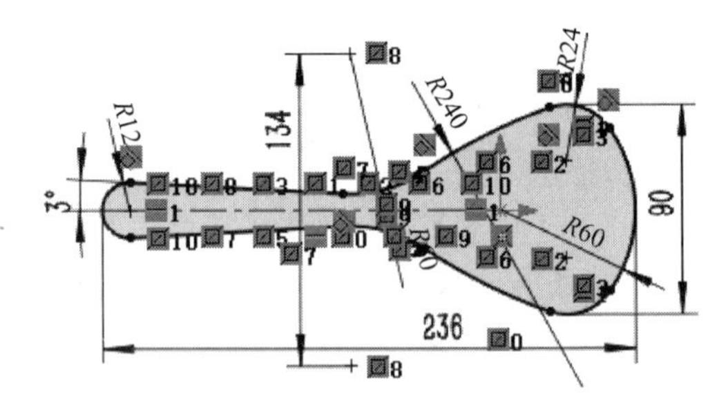

图 2-160　剪裁后的草图

2.8 上机练习

绘制如图 2-161～图 2-169 所示的草图，并标注尺寸。

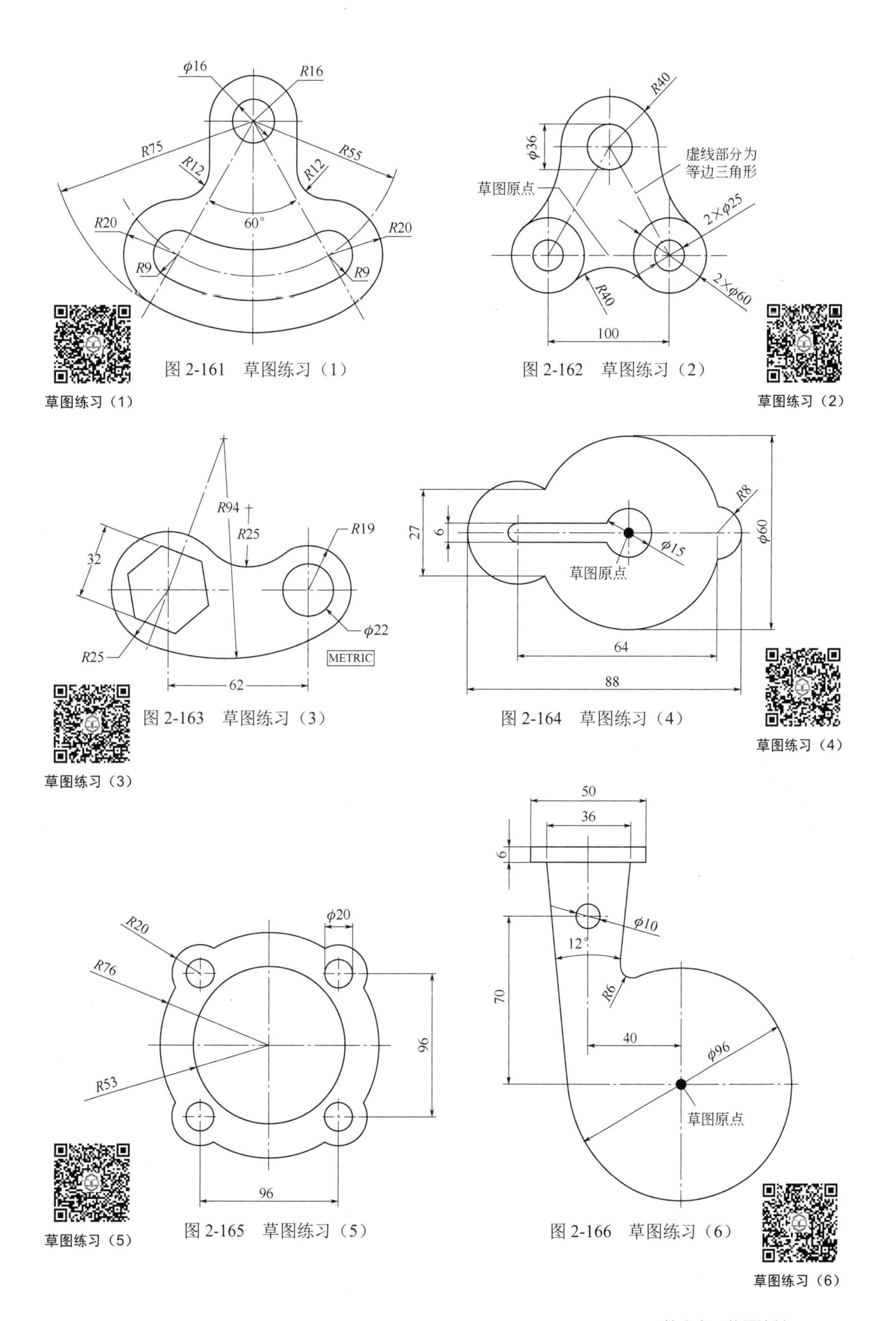

图 2-161　草图练习（1）

图 2-162　草图练习（2）

图 2-163　草图练习（3）

图 2-164　草图练习（4）

图 2-165　草图练习（5）

图 2-166　草图练习（6）

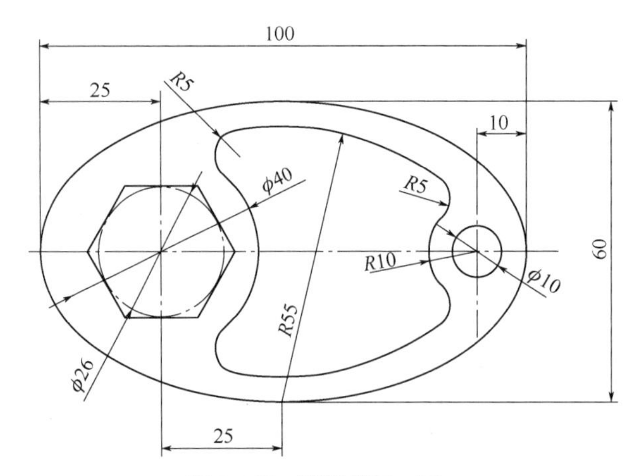

草图练习（7）

图 2-167　草图练习（7）

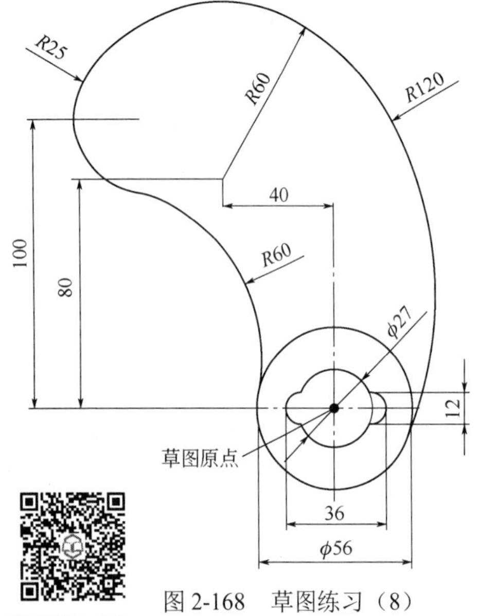

草图练习（8）

图 2-168　草图练习（8）

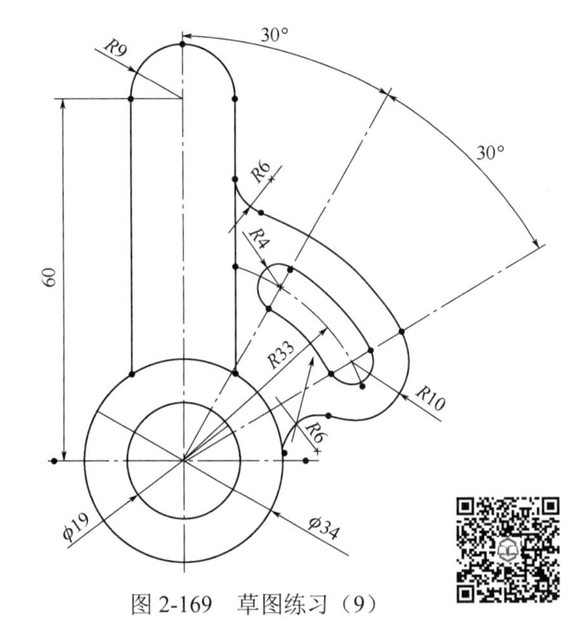

图 2-169　草图练习（9）

草图练习（9）

第3章 实体建模特征

本章介绍 SolidWorks 2018 实体基础特征建模和编辑特征建模操作。零件的建模过程，实质上是许多简单特征之间的叠加、切割或相交等方式的操作过程。按照零件特征的创建顺序，可以把构成零件的特征分为基础特征和附加特征。

特征是各种单独的基本形状，当将其组合起来时就形成各种零件。有些特征是由草图生成的，有些特征在选择适当的工具或菜单命令后定义所需的尺寸或特性时生成。

特征工具栏提供生成模型特征的工具。由于特征按钮相当多，所以并非所有的特征工具都被包含在默认的特征工具栏中。可以新增或移除按钮来自定义此工具栏，以符合设计者的工作方式与要求。

3.1 参考几何体

参考几何体是 SolidWorks 中的重要概念，又被称为基准特征，是创建模型的参考基准。参考几何体工具按钮集中在【参考几何体】工具栏中，主要有【点】、【基准轴】、【基准面】、【坐标系】4 种基本参考几何体类型。

3.1.1 参考基准面

在【特征管理器设计树】中默认提供前视、上视以及右视基准面，除默认的基准面外，可以生成参考基准面。参考基准面用来绘制草图和为特征生成几何体。

（1）参考基准面的属性设置

单击【参考几何体】工具栏中的【基准面】按钮或者选择【插入】|【参考几何体】|【基准面】菜单命令，系统弹出如图 3-1 所示的【基准面】属性管理器。

在【第一参考】选项组中，选择需要生成的基准面类型及项目。

① 【平行】。通过模型的表面生成一个基准面，如图 3-2 所示。

② 【重合】。通过一个点、线和面生成基准面。

③ 【两面夹角】。通过一条边线（或者轴线、草图线等）与一个面（或者基准面）成一定夹角生成基准面，如图 3-3 所示。

④ 【偏移距离】。在平行于一个面(或基准面)指定距离处生成等距基准面。首先选取一个平面(或基准面)，然后设置【距离】数值，如图 3-4 所示。

⑤【反转等距】。选中此复选框，在相反的方向生成基准面。

⑥ 【垂直】。可生成垂直于一条边线、轴线或者平面的基准面。

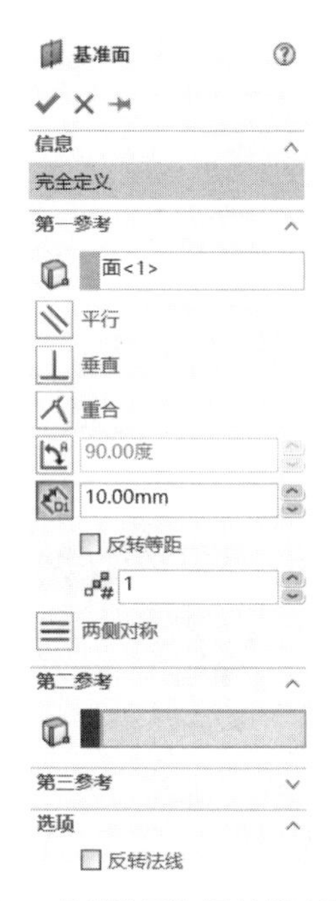

图 3-1 【基准面】属性管理器

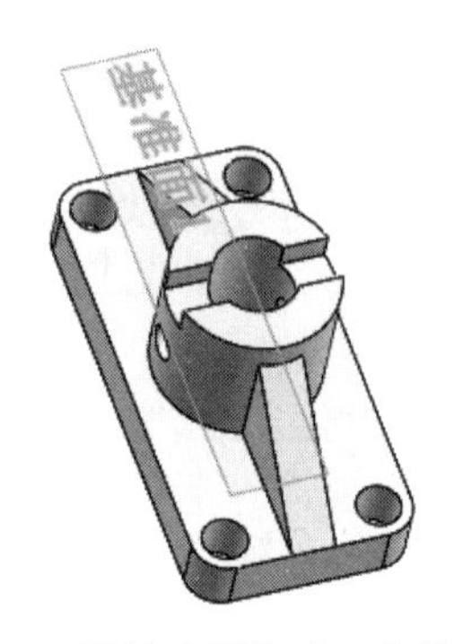

图 3-2 通过表面生成一个基准面

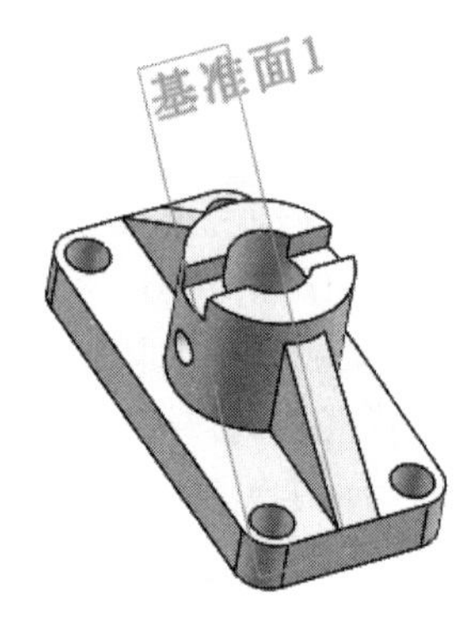

图 3-3 两面夹角生成基准面

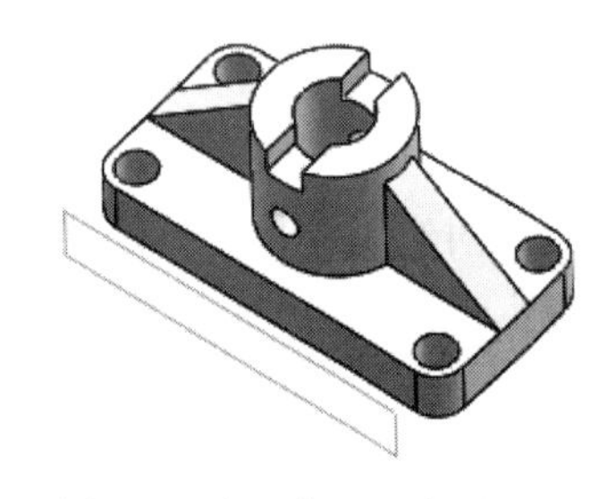

图 3-4 生成偏移距离基准面

（2）修改参考基准面

双击基准面，显示等距距离或角度。双击尺寸或角度数值，在弹出的【修改】尺对话框中输入新的数值，如图 3-5 所示；也可在【特征管理器设计树】中选取需要编辑的基准面，单击鼠标右键，在弹出的菜单中选择【编辑特征】命令，系统弹出如图 3-1 所示的【基准面】属性管理器。在【基准面】属性管理器中的相关的选项组中输入新数值以定义基准面，然后单击【确定】按钮✔。

利用基准面控标和边线，可以进行以下操作。

① 拖动边角或者边线控标以调整基准面的大小。

② 拖动基准面的边线以移动基准面。

③ 通过在绘图窗口中选择基准面以复制基准面，然后按住键盘上的 Ctrl 键并使用边线将基准面拖动至新的位置，生成一个等距基准面，如图 3-6 所示。

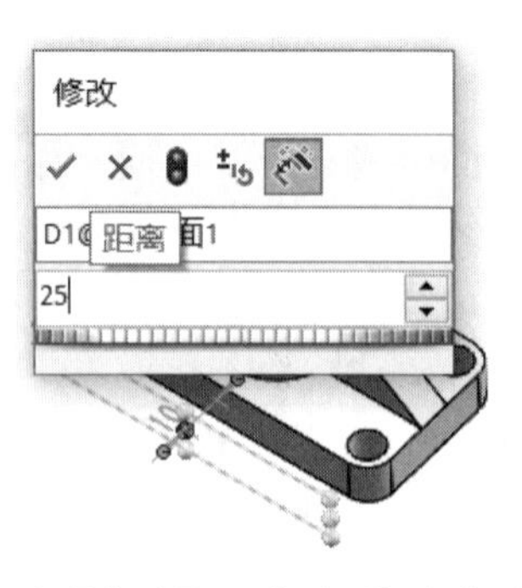

图 3-5 在【修改】尺寸对话框中修改距离值

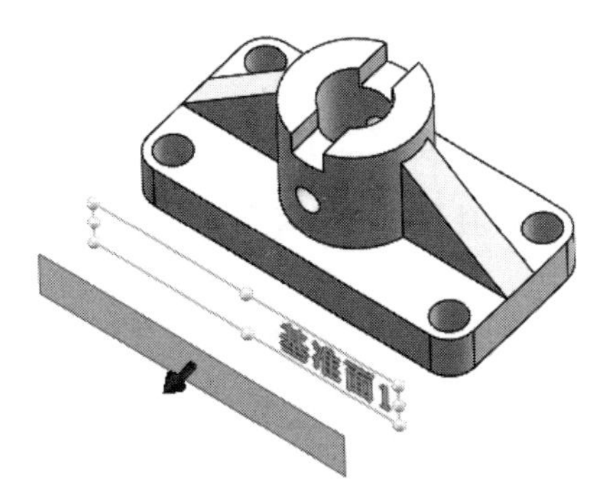

图 3-6　生成等距基准面

3.1.2 参考基准轴

参考基准轴是参考几何体中的重要组成部分。在生成草图几何体或圆周阵列时常使用参考基准轴。参考基准轴的用途较多，概括起来有以下三项。

① 参考基准轴作为中心线。基准轴可作为圆柱体、圆孔、回转体的中心线。通常情况下，拉伸一个草图绘制的圆得到一个圆柱体，或通过旋转得到一个回转体时，SolidWorks 会自动生成一个临时轴，但在生成圆角特征时，系统不会自动生成临时轴。

② 作为参考轴，辅助生成圆周阵列等特征。

③ 基准轴作为同轴度特征的参考轴。当两个均包含基准轴的零件需要生成同轴度特征时，可选择各个零件的基准轴作为几何约束条件，使两个基准轴在同一轴上。

（1）临时轴

每一个圆柱和圆锥面都有一条轴线。临时轴是由模型中的圆锥和圆柱隐含生成的，临轴常被设置为基准轴。

用户可以设置隐藏或显示所有临时轴。选择【视图】|【隐藏/显示】|【临时轴】菜单命令，如图 3-7 所示，表示临时轴可见，绘图窗口显示如图 3-8 所示。

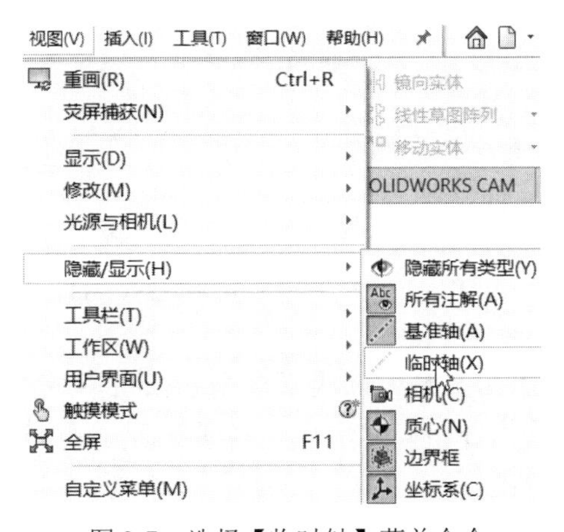

图 3-7　选择【临时轴】菜单命令

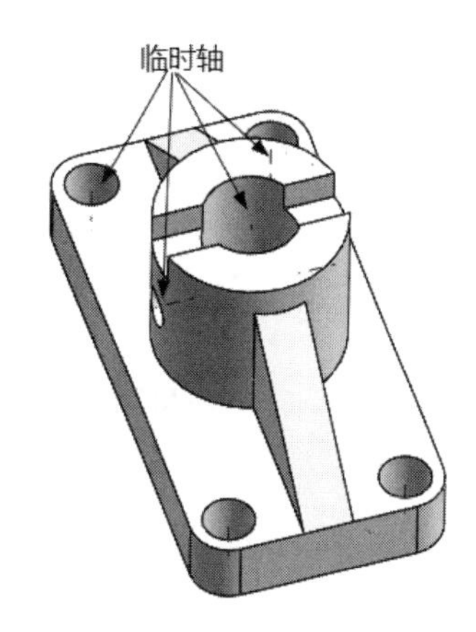

图 3-8　显示临时轴

（2）参考基准轴的属性设置

单击【参考几何体】工具栏中的【基准轴】按钮 或者选择【插入】|【参考几何体】|【基准轴】菜单命令，系统弹出如图 3-9 所示的【基准轴】属性管理器。

在【选择】选项组中选取以生成不同类型的基准轴。

① 【一直线/边线/轴】。选取一条草图直线或边线作为基准轴，或双击并选择临时轴作为基准轴。

② 【两平面】。选取两个平面，利用两个面的交叉线作为基准轴。

③ 【两点/顶点】。选取两个顶点、点或者中点之间的连线作为基准轴。

④ 【圆柱/圆锥面】。选取一个圆柱或者圆锥面，利用其轴线作为基准轴。

⑤ 【点和面/基准面】。选取一个平面（或者基准面），然后选取一个顶点（或者点、中点等），由此所生成的轴通过所选取的顶点（或者点、中点等）并垂直于所选的平面（或者基准面）。

属性设置完成后，检查【参考实体】选择框中列出的项目是否正确。

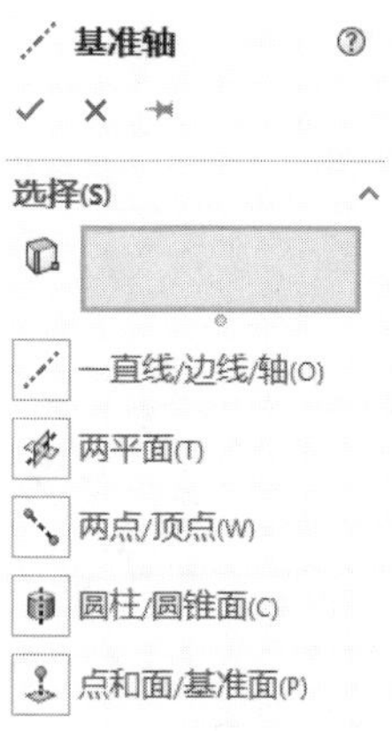

图 3-9 【基准轴】属性管理器

（3）显示参考基准轴

选择【视图】|【基准轴】菜单命令，可以看到菜单命令左侧的按钮下沉，如图 3-7 所示，表示基准轴可见（再次选择该命令，该按钮恢复，即关闭基准轴的显示）。

3.1.3 参考坐标系

SolidWorks 使用带原点的坐标系，零件文件包含原有原点。当用户选取基准面或者打开一个草图并选取某一面时，将生成一个新的原点，与基准面或者这个面对齐。原点可用作草图实体的定位点，有助于定向轴心透视图。三维视图引导可使用户快速定向到零件和装配体文件中的 *X*、*Y*、*Z* 轴方向。

（1）原点

零件原点显示为蓝色，代表零件的(0, 0, 0)坐标。当草图处于激活状态时，草图原点显示为红色，代表草图的(0, 0, 0)坐标。可以将尺寸标注和几何关系添加到零件原点中，但不能添加到草图原点中。

① 。蓝色，表示零件原点，每个零件文件中均有一个零件原点。

② 。红色，表示草图原点，每个新草图中均有一个草图原点。

③ 。表示装配体原点。

④ 。表示零件和装配体文件中的视图引导。

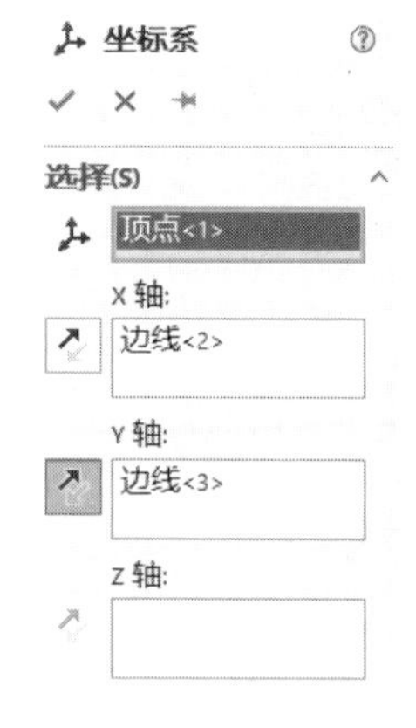

图 3-10 【坐标系】属性管理器

（2）参考坐标系的属性设置

可定义零件或装配体的坐标系，并将此坐标系与测量和质量特性工具一起使用，也可将 SolidWorks 文件导出为 IGES、STL、ACIS、STEP、Parasolid、VDA 等格式。

单击【参考几何体】工具栏中的【坐标系】按钮或选择【插入】|【参考几何体】|【坐标系】菜单命令，系统弹出如图 3-10 所示的【坐标系】属性管理器。

① 【原点】。定义原点。单击其选择框，在绘图窗口中选取零件或者装配体中的一个顶点、点、中点或者默认的原点。

②【X 轴】【Y 轴】【Z 轴】（此处为与软件界面统一，使用英文大写正体，下同）。定义各轴。单击其选择框，在绘图窗口中按照以下方法之一定义所选轴的方向。单击顶点、点或者中点，则轴与所选点对齐。单击线性边线或者草图直线，则轴与所选的边线或者直线平行。单击非线性边线或者草图实体，则轴与所选实

体上选择的位置对齐。单击平面，则轴与所选面的垂直方向对齐。

③ 【反转 X/Y 轴方向】按钮。反转轴的方向。坐标系定义完成之后，单击【确定】按钮。

（3）修改和显示参考坐标系

① 将参考坐标系平移到新的位置。

在【特征管理器设计树】中，用鼠标右键单击已生成的坐标系的按钮，在弹出的快捷菜单中单击【编辑特征】按钮，系统弹出如图 3-10 所示的【坐标系】属性管理器。在【选择】选项组中，单击【原点】选择框，在绘图窗口中单击想将原点平移到的点或者顶点处，单击【确定】按钮，原点被移动到指定的位置上。

② 切换参考坐标系的显示。

要切换坐标系的显示，可以选择【视图】|【隐藏/显示】|【基准轴】菜单命令（菜单命令左侧的按钮下沉，表示坐标系可见）。

3.1.4 参考点

SolidWorks 可生成多种类型的参考点用作构造对象，还可在彼此间已指定距离分割的曲线上生成指定数量的参考点。通过选择【视图】|【点】菜单命令，切换参考点的显示。

参考点的属性设置：单击【参考几何体】工具栏中的【点】按钮或者选择【插入】|【参考几何体】|【点】菜单命令，系统弹出如图 3-11 所示的【点】属性管理器。

在【选择】选项组中，单击【参考实体】选择框，在绘图窗口中选取用于生成点的实体；选择要生成的点的类型，可单击【圆弧中心】、【面中心】、【交叉点】、【投影】、【在点上】等按钮。

单击【沿曲线距离或多个参考点】按钮，可沿边线、曲线或草图线段生成一组参考点，输入距离或百分比数值(如果数值对于生成所指定的参考点数太大，会出现信息提示要求设置较小的数值)。

①【距离】。按照设置的距离生成参考点数。

②【百分比】。按照设置的百分比生成参考点数。

③【均匀分布】。在实体上均匀分布的参考点数。

④ 【参考点数】。设置沿所选实体生成的参考点数。

属性设置完成后，单击【确定】按钮，生成参考点，如图 3-12 所示。

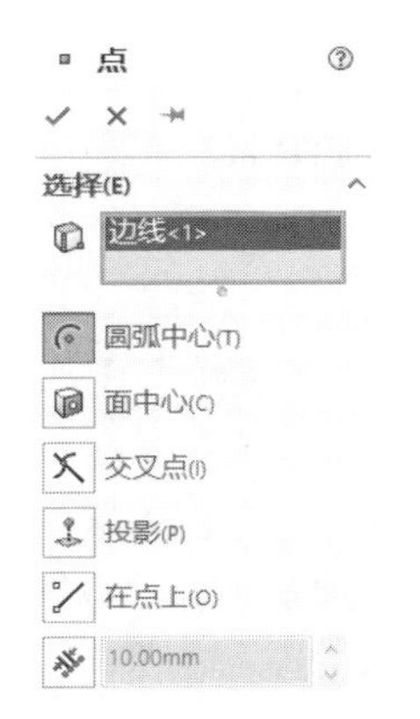

图 3-11 【点】属性管理器

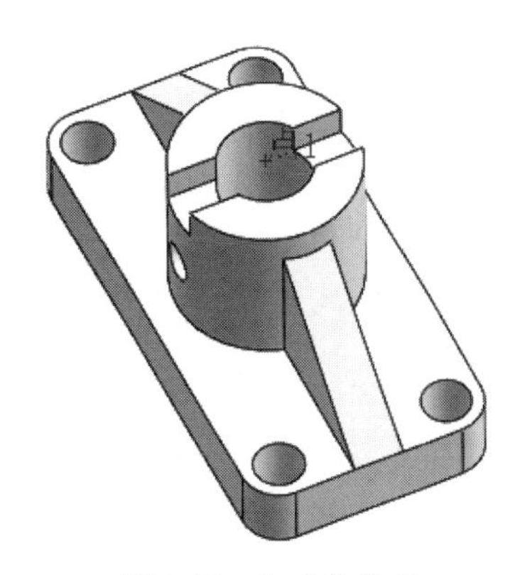

图 3-12 生成参考点

3.1.5 参考几何体实例

参考几何体实例

下面结合现有模型，介绍生成参考几何体的具体方法。零件阀盖的模型如图 3-13 所示。

（1）生成参考点

启动 SolidWorks 2018 中文版，选择【文件】|【打开】菜单命令，系统弹出【打开】对话框，在本书配套光盘中选择“第 3 章\参考几何体 1.SLDPRT”，单击【打开】按钮，在图形区域中显示出模型，如图 3-12 所示。

选择【插入】|【参考几何体】|【点】菜单命令，系统弹出【点】属性管理器。选取如图 3-13 所示的上圆弧边缘，单击【确定】按钮✓，生成参考点，如图 3-12 所示。

（2）创建参考坐标系

① 生成坐标系。选择【插入】|【参考几何体】|【坐标系】菜单命令，系统弹出【坐标系】属性管理器。

② 在图形区域选取前面创建的参考点，则点的名称显示在【原点】选择框中，如图 3-14 所示。

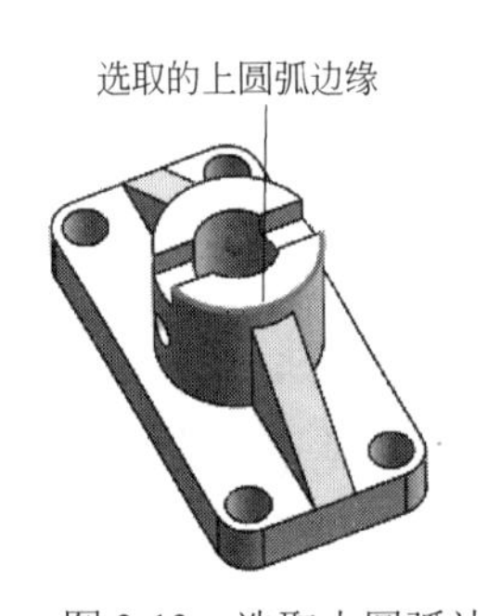

图 3-13 选取上圆弧边缘

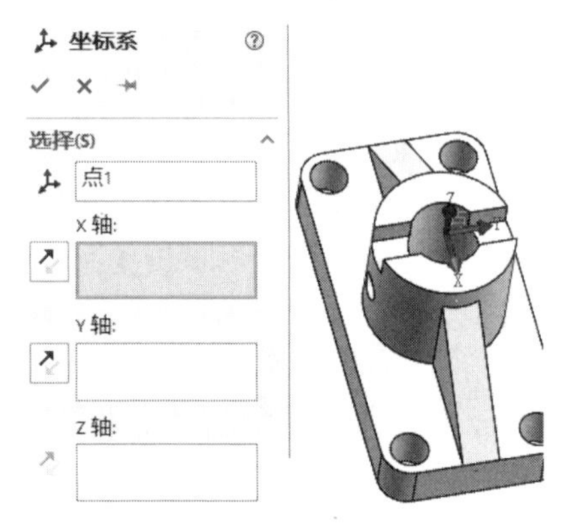

图 3-14 定义原点

③ 单击【X 轴】【Y 轴】【Z 轴】选择框，在图形区域中选取线性边线，指示所选轴的方向与所选的边线平行，如图 3-15 所示，单击【确定】按钮✓，生成坐标系 1。

（3）生成参考基准轴

① 选择【插入】|【参考几何体】|【基准轴】菜单命令，系统弹出【基准轴】属性管理器。

② 单击【圆柱/圆锥面】按钮，选取如图 3-16 所示的内圆柱面，检查【参考实体】选择框中列出的项目，单击【确定】按钮✓，生成基准轴 1。

（4）生成参考基准面

① 选择【插入】|【参考几何体】|【基准面】菜单命令，系统弹出【基准面】属性管理器。

② 选取如图 3-17 所示的上表面，单击【两面夹角】按钮，在图形区域中选取模型的上侧面及其上边线，在【参考实体】选择框中显示出选择的项目名称，设置【角度】数值为“45.00 度”，如图 3-17 所示；选取如图 3-17 所示的实体边缘，在图形区域中显示出新的基准面的预览，单击【确定】按钮✓，生成基准面 1。

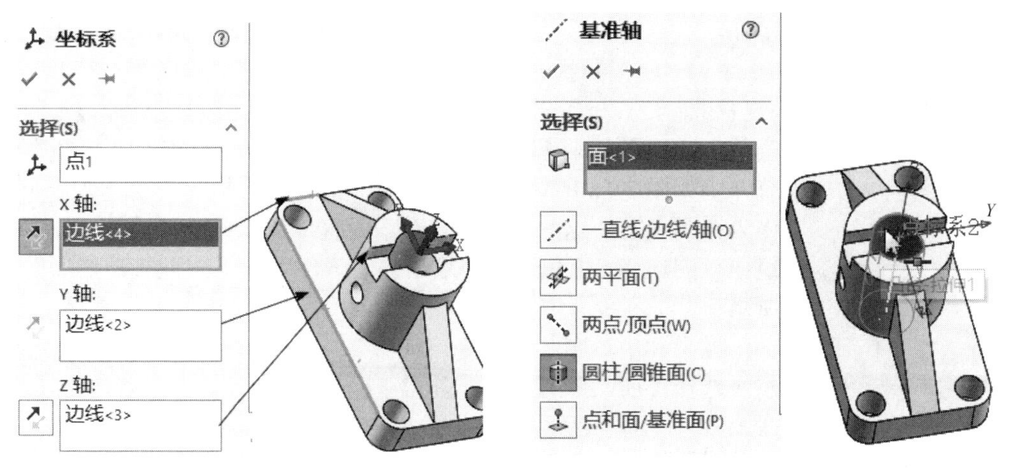

图 3-15　定义各轴方向　　　　图 3-16　选择内圆柱面

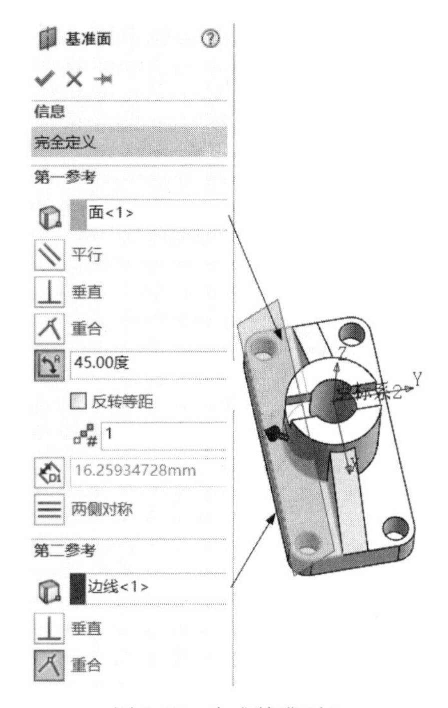

图 3-17　生成基准面 1

3.2 基体特征和除料特征

在 SolidWorks 中，特征建模一般分为基础特征建模和附加特征建模两类。基础特征建模是三维实体最基本的生成方式，是单一的命令操作，可以构成三维实体的基本造型。基础特征建模相当于二维草图中的基本单元，是最基本的三维实体绘制方式。基础特征建模主要包括拉伸特征、拉伸切除特征、旋转特征、旋转切除特征、扫描特征与放样特征等。

3.2.1 拉伸凸台/基体

拉伸

拉伸特征是由截面轮廓草图经过拉伸而成，它适合于构造等截面的实体特征。

（1）拉伸属性

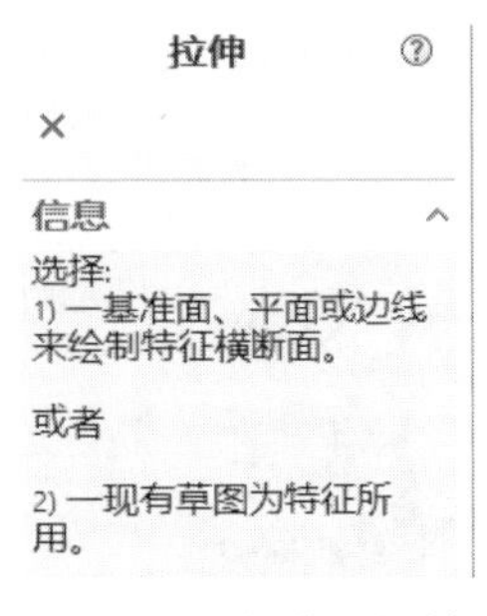

拉伸
信息
选择:
1) 一基准面、平面或边线来绘制特征横断面。
或者
2) 一现有草图为特征所用。

图 3-18 【拉伸】属性管理器

如果事先没有绘制好草图，选择【插入】|【凸台/基体】|【拉伸】菜单命令或者单击【特征】工具栏中的【拉伸凸台/基体】按钮，系统弹出如图 3-18 所示的【拉伸】属性管理器，提示需要选取一个平面作为草图平面，这时，选取一个平面直接进入草图环境，绘制草图后退出草图环境，退出草图环境后的【凸台-拉伸】属性管理器如图 3-19 所示。

如果利用草图绘制命令绘制需要拉伸的草图，并将其处于激活状态。选择【插入】|【凸台/基体】|【拉伸】菜单命令或者单击【特征】工具栏中的【拉伸凸台/基体】按钮，系统弹出如图 3-19 所示的【凸台-拉伸】属性管理器。

在介绍如何生成拉伸特征之前，先来介绍【凸台-拉伸】属性管理器中各选项含义。

①【从(F)】选项组。利用【从(F)】选项组中的下拉列表中的选项可以设定拉伸特征的开始条件（图 3-20），选择不同选项拉伸后的结果如图 3-21 所示，这些条件包括如下几种。

【草图基准面】选项：从草图所在的基准面开始拉伸。

【曲面/面/基准面】选项：从这些实体之一开始拉伸。拉伸时要为【曲面/面/基准面】选取有效的实体。

【顶点】选项：从顶点选项中选取的顶点开始拉伸。

【等距】选项：从与当前草图基准面等距的基准面开始拉伸。这时需要在【输入等距值】中设定等距距离。

图 3-19 【凸台-拉伸】属性管理器

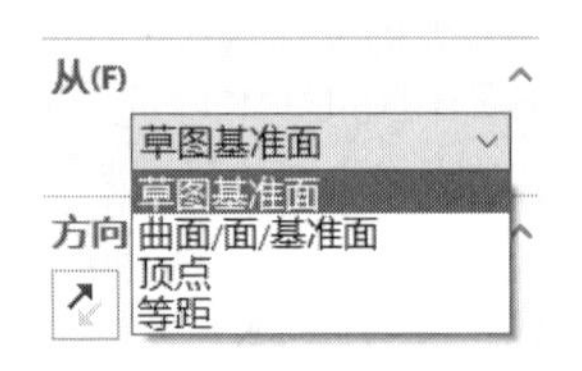

图 3-20 【从(F)】选项组

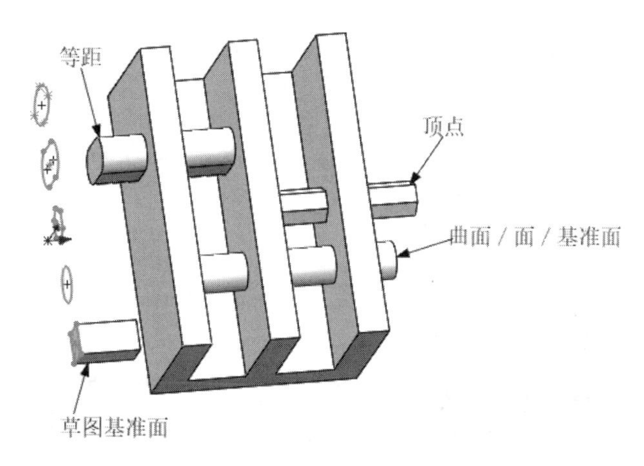

图 3-21 【从(F)】选项组选择不同选项拉伸后的结果

②【方向 1】选项组。【方向 1】选项组如图 3-22 所示，其各选项的含义如下。

【终止条件】选项：决定特征延伸的方式，并设定终止条件类型。根据需要，单击【反向】按钮 以与预览中所示方向相反的方向延伸特征。

【给定深度】：在微调框中输入给定深度，从草图的基准面以指定的距离延伸特征。

【完全贯穿】选项：从草图的基准面拉伸特征直到贯穿所有现有的几何体。

【成形到下一面】选项：从草图的基准面拉伸特征到下一面，以生成特征（下一面必须在同一零件上）。

选择【终止条件】为【给定深度】【完全贯穿】及【成形到下一面】选项后的图形效果如图 3-23 所示。

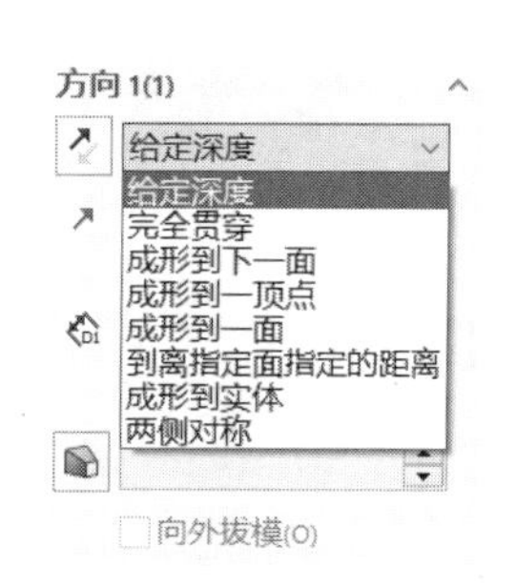

图 3-22 【方向 1】选项组

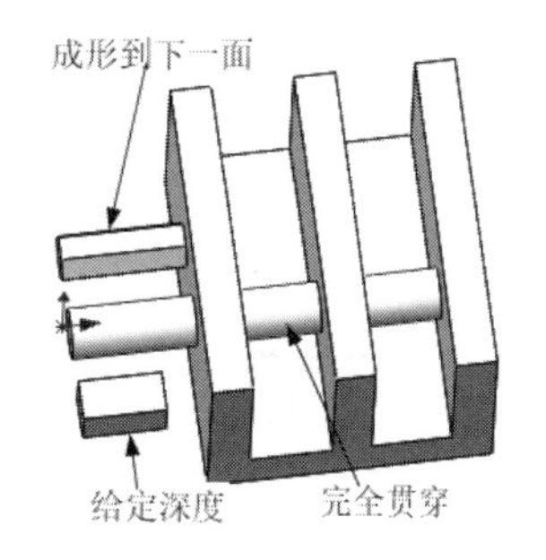

图 3-23 不同终止条件效果（1）

【成形到一顶点】选项：在图形区域中选取一个顶点作为顶点，从草图基准面拉伸特征到一个平面，这个平面平行于草图基准面且穿越指定的顶点。

【成形到一面】选项：在图形区域中选取一个要延伸到的面或基准面作为面/基准面，从草图的基准面拉伸特征到所选的曲面以生成特征。

【到离指定面指定的距离】选项：在图形区域中选取一个面或基准面作为面/基准面，然后在 微调框中输入等距距离。选取转化曲面以使拉伸结束在参考曲面转化处，而非实际的等距。必要时，选择反向等距以便以反方向等距移动。

选择【终止条件】为【成形到一顶点】【成形到一面】及【到离指定面指定的距离】选项后的图形效果如图 3-24 所示。

【成形到实体】选项：在图形区域选取要拉伸的实体作为实体/曲面实体。在装配件中拉伸时可以使用【成形到实体】选项，以延伸草图到所选的实体。

【两侧对称】选项：在微调框中输入设定深度，从草图基准面向两个方向对称拉伸特征。

【终止条件】选择【成形到实体】和【两侧对称】选项后的图形效果如图 3-25 所示。

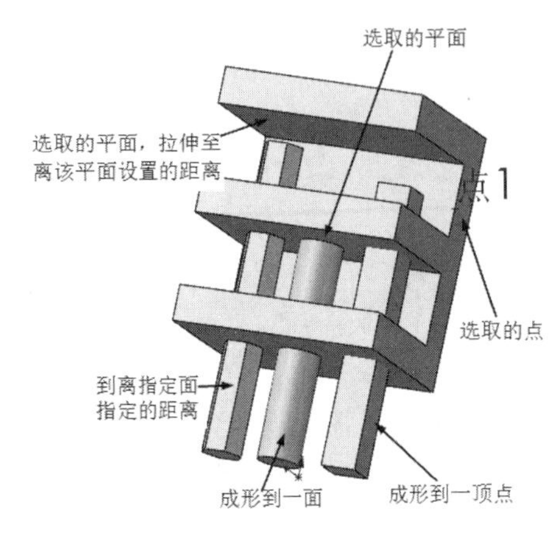

图 3-24　不同终止条件效果（2）

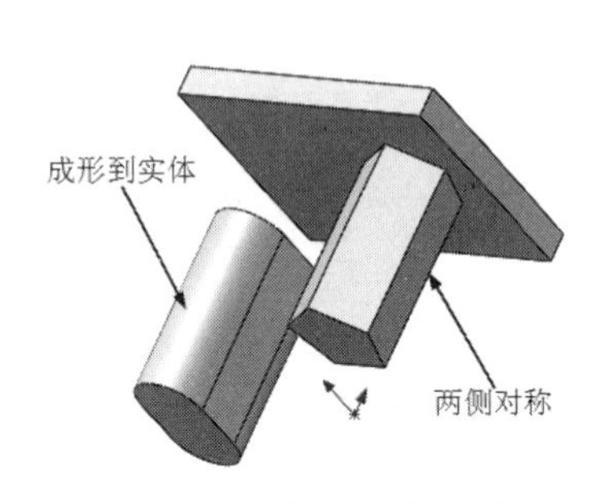

图 3-25　不同终止条件效果（3）

【拉伸方向】按钮：在图形区域中选取方向向量以垂直于草图轮廓的方向拉伸草图。

【反侧切除】选项：该选项仅限于【拉伸切除】（图中并未出现）特征，表示移除轮廓外的所有材质，默认情况下，材料从轮廓内部移除，如图 3-26 所示。

【与厚度相等】选项：该选项仅限于钣金零件（图中并未出现），表示自动将拉伸凸台的深度链接到基体特征的厚度。

【拔模开/关】按钮：新增拔模到拉伸特征。使用时要设定拔模角度，根据需要，选择向外拔模。拔模效果如图 3-27 所示。

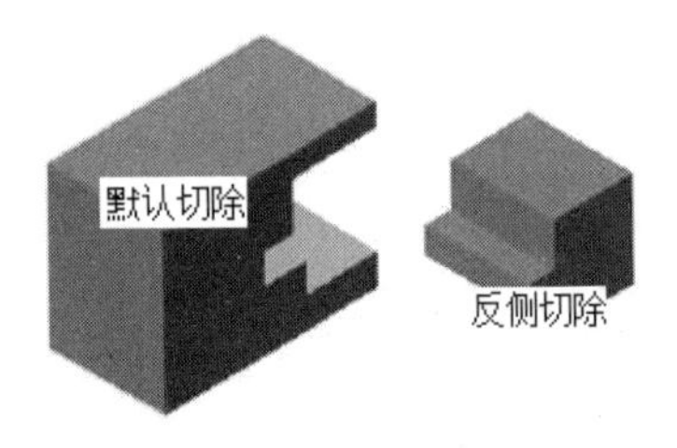

图 3-26　默认切除与反侧切除效果

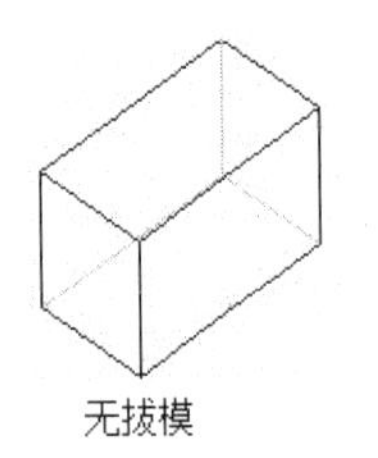

图 3-27　拔模效果

③【方向 2】选项组。设定【方向 2】选项组下的各选项以同时从草图基准面往两个方向拉伸，这些选项和【方向 1】选项组基本相同，这里不再赘述。

④【所选轮廓】选项组。所选轮廓允许使用部分草图来生成拉伸特征。在图形区域中选取草图轮廓和模型边线将显示在【所选轮廓】选项组中。

（2）拉伸

要生成拉伸特征，可以采用下面的步骤。

① 利用草图绘制命令生成将要拉伸的草图，并将其处于激活状态。

② 选择【插入】|【凸台/基体】|【拉伸】菜单命令或者单击【特征】工具栏中的【拉伸凸台/基体】按钮，系统弹出【凸台-拉伸】属性管理器。

③ 在【方向 1】选项组中按下面的步骤操作。

a. 在【终止条件】下拉列表中选择拉伸的终止条件。

b. 在右面的图形区域中检查预览。如果需要，单击【反向】按钮，向另一个方向拉伸。

c. 在微调框中输入拉伸的深度。

d. 如果要给特征添加一个拔模，单击【拔模开/关】按钮，然后输入拔模角度。

④ 根据需要，选择【方向 2】选项组将拉伸应用到第二个方向，方法同上。

⑤ 单击【确定】按钮，即可完成基体/凸台的生成。

（3）拉伸薄壁特征

SolidWorks 可以对闭环和开环草图进行薄壁拉伸，如图 3-28 所示。所不同的是，如果草图本身是一个开环图形，则拉伸凸台/基体工具只能将其拉伸为薄壁；如果草图是一个闭环图形，则既可以选择将其拉伸为薄壁特征，也可以选择将其拉伸为实体特征。创建拉伸薄壁特征的操作步骤如下。

① 单击【标准】工具栏中的【新建】按钮，新建一个模型文件，并进入零件绘图区域。

② 绘制一个如图 3-29 所示的草图。

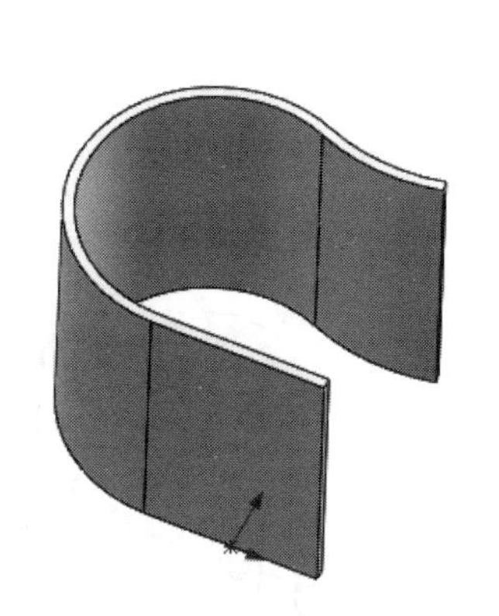

图 3-28　薄壁零件模型

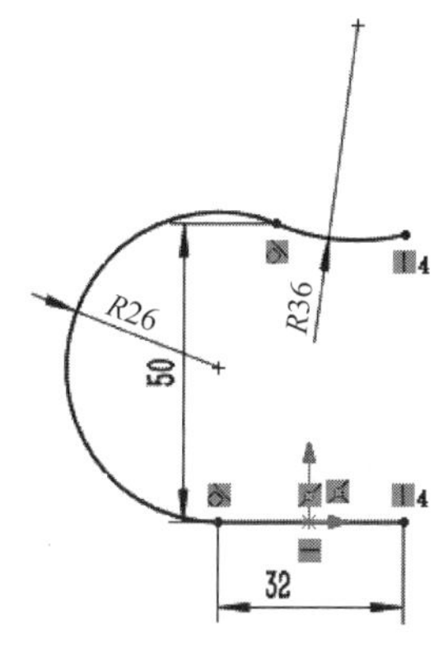

图 3-29　绘制的草图

③ 选择【插入】|【凸台/基体】|【拉伸】菜单命令或者单击【特征】工具栏中的【拉伸凸台/基体】按钮，系统弹出【凸台-拉伸】属性管理器。

④ 在弹出的【凸台-拉伸】属性管理器中选择【薄壁特征】复选框，选取步骤②绘制的图 3-29 所示的草图。如果草图截面是封闭的，【凸台-拉伸】属性管理器如图 3-30 所示；如果草图截面是开放的，【拉伸-薄壁】属性管理器如图 3-31 所示。

⑤ 在【反向】按钮右侧的【拉伸类型】下拉列表中选择拉伸薄壁特征的方式。

a. 单向：使用指定的壁厚向一个方向拉伸草图。

b. 两侧对称：在草图的两侧各以指定壁厚的一半向两个方向拉伸草图。

c. 双向：在草图的两侧各使用不同的壁厚向两个方向拉伸草图。

⑥ 在【厚度】微调框中输入薄壁的厚度。

⑦ 默认情况下，壁厚加在草图轮廓的外侧。单击【反向】按钮，可以将壁厚加在草图轮廓的内侧。

⑧ 对于薄壁特征基体拉伸，还可以指定以下附加选项。如果生成的是一个闭环的轮廓草图，可以选择【顶端加盖】复选框，此时将为特征的顶端加上封盖，形成一个中空的零件，如图 3-32 所示。如果生成的是一个开环的轮廓草图，可以选择【自动加圆角】复选框，此时自动在每一个具有相交夹角的边线上生成圆角，如图 3-33 所示。

⑨ 单击【确定】按钮✓，完成拉伸薄壁特征的创建。

图 3-30 【凸台-拉伸】属性管理器

图 3-31 【拉伸-薄壁】属性管理器

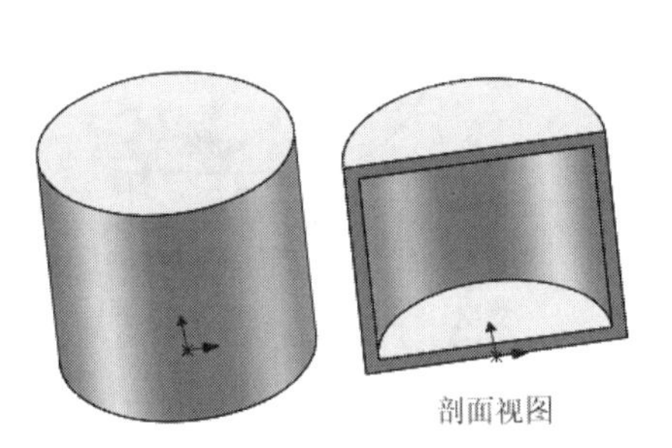

图 3-32 顶端加盖的模型

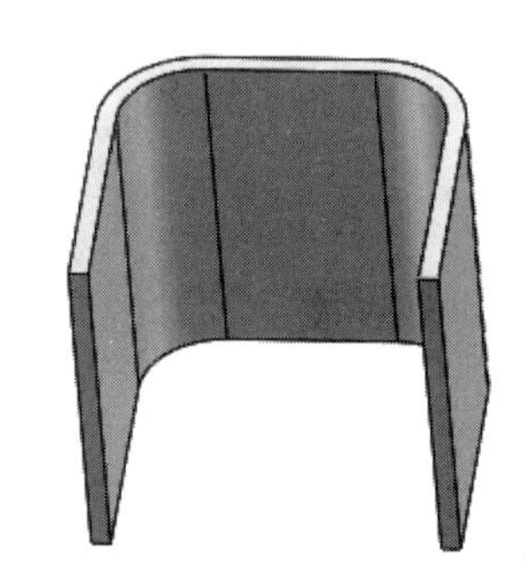

图 3-33 自动加圆角的模型

3.2.2 拉伸切除特征

拉伸切除

（1）拉伸切除特征

拉伸切除特征与拉伸凸台/基体特征的操作过程基本相同，与拉伸凸台/基体相比，拉伸切除是减材料，要生成切除拉伸特征，【切除-拉伸】属性管理器中的各个选项与【凸台-拉伸】属性管理器中的各个选项设置相同，这里不再详细介绍。拉伸切除特征可按下面的步骤操作。

① 利用草图绘制命令生成草图，并将其处于激活状态。

② 选择【插入】|【切除】|【拉伸】菜单命令或者单击【特征】工具栏中的【拉伸切除】按钮，系统弹出【切除-拉伸】属性管理器。

③ 在【方向 1 】选项组中按下面的步骤操作

a．在【终止条件】下拉列表中选择拉伸的终止条件。

b．在右面的图形区域中检查预览。如有必要，单击【反向】按钮，向另一个方向拉伸。

c．在微调框中输入拉伸的深度。

d．如果选择【反侧切除】复选框，则将生成反侧切除特征。

e．如果要给特征添加一个拔模，单击【拔模开/关】按钮，然后输入拔模角度。

④ 根据需要，在【方向 2】选项组中将拉伸应用到第二个方向，方法同上。

⑤ 单击【确定】按钮，即可完成拉伸切除的生成。

利用拉伸切除特征生成的零件效果如图 3-34 所示。

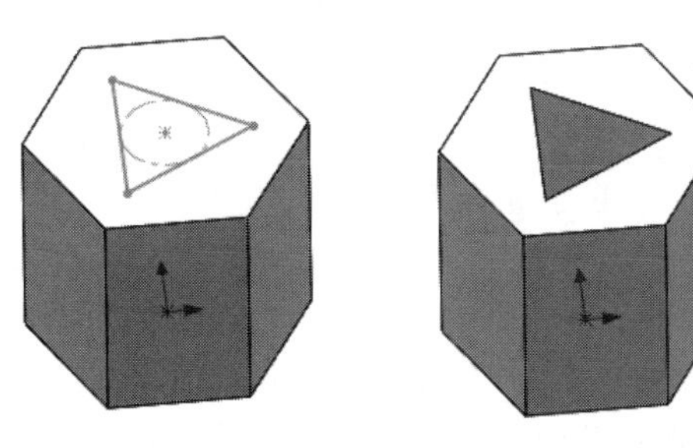

图 3-34　拉伸切除效果

（2）拉伸实例

拉伸实例

创建如图 3-35 所示的图形模型，该零件模型的创建过程中使用拉伸凸台/基体和拉伸切除功能，具体操作步骤如下。

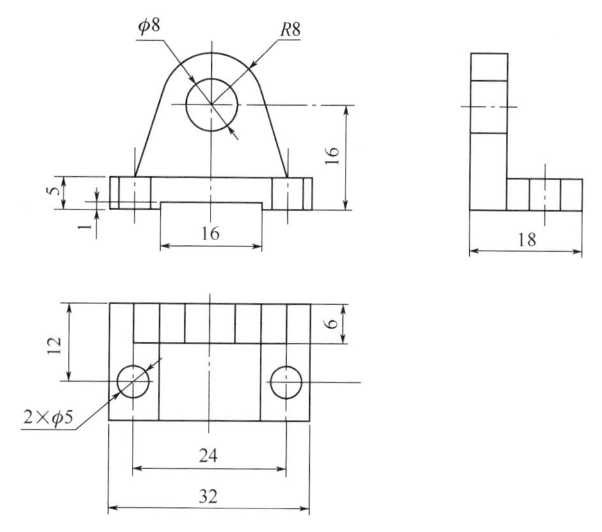

图 3-35　拉伸实例

① 启动 SolidWorks 2018 中文版，选择【文件】|【新建】|【零件】菜单命令，确定进入零件设计状态。

② 单击【标准】工具栏中的【保存】按钮，弹出【另存为】对话框，选择合适的保存位置，在【文件名】文本框中输入名称为“拉伸实例 1”，即可单击【保存】按钮，进行保存。

③ 在特征管理器中选取【前视基准面】，单击【特征】工具栏中的【拉伸凸台/基体】按钮，进入草图绘制环境，开始绘制草图。

④ 单击【草图】工具栏中的【中心矩形】按钮或选择【工具】|【草图绘制实体】|

【中心矩形】菜单命令，系统弹出【矩形】属性管理器，绘制一个如图 3-36 所示的矩形。

⑤ 单击【草图】工具栏中的【圆】按钮，或选择【工具】|【草图绘制实体】|【圆】菜单命令；绘制如图 3-36 所示的 2 个圆。

⑥ 单击【草图】工具栏中的【中心线】按钮，在绘图区中心绘制一段中心线，如图 3-36 所示。

⑦ 单击【草图】工具栏中的【添加几何关系】按钮，系统弹出【添加几何关系】属性管理器，选取两个圆，单击【添加几何关系】属性管理器中的【添加几何关系】选项组下的【相等】按钮=；选取中心线，单击【添加几何关系】属性管理器中的【添加几何关系】选项组下的【水平】按钮—。选取中心线的中点和原点，单击【添加几何关系】属性管理器中的【添加几何关系】选项组下的【竖直】按钮|。

⑧ 单击【草图】工具栏中的【智能尺寸】按钮，系统弹出【尺寸】属性管理器。选取矩形的长边，在弹出的【修改】尺寸对话框修改尺寸数值为“32.00mm”；选取矩形的短边，在弹出的【修改】尺寸对话框修改尺寸数值为“18.00mm”；选取其中一个圆，在弹出的【修改】尺寸对话框修改尺寸数值为“5.00mm”；选取中心线，在弹出的【修改】尺寸对话框修改尺寸数值为“24.00mm”；选取中心线和矩形的上边线，在弹出的【修改】尺寸对话框修改尺寸数值为“12.00mm”，结果如图 3-37 所示。

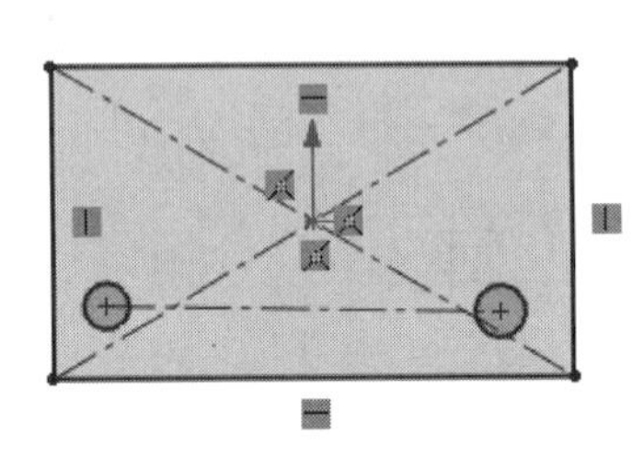

图 3-36　绘制的草图（1）

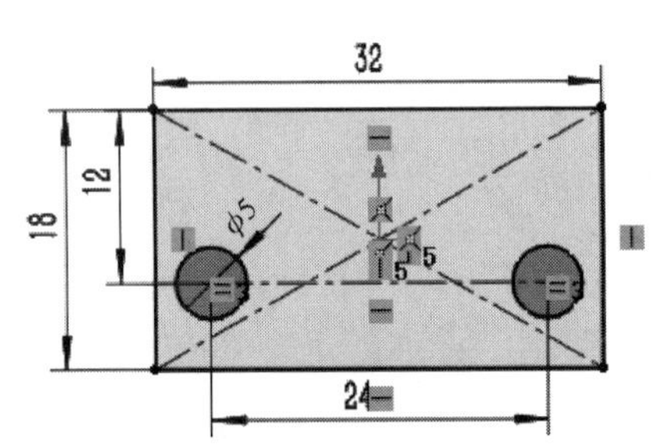

图 3-37　添加几何关系和尺寸后的草图

⑨ 单击按钮，退出草图环境，系统返回【凸台-拉伸】属性管理器。

⑩ 按照图 3-38 所示设置各选项，【方向 1】选项组中的【终止条件】下拉列表中选择【给定深度】，【深度】微调框中输入“5.00mm”，单击【确定】按钮✓，结果如图 3-39 所示。

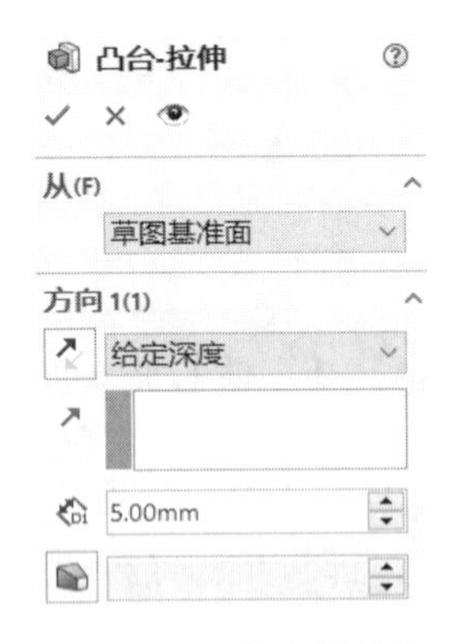

图 3-38　【凸台-拉伸】属性管理器

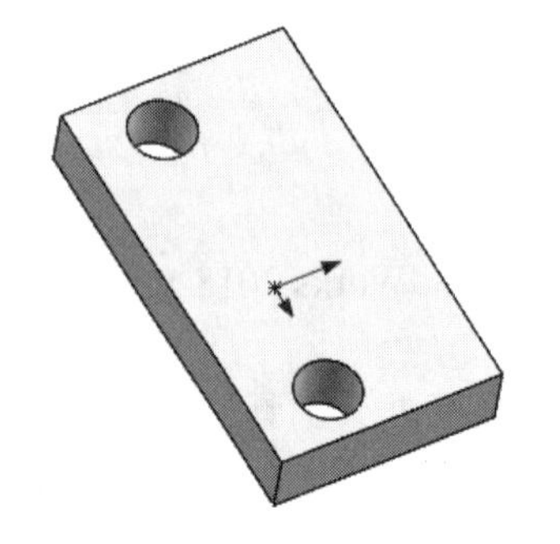

图 3-39　拉伸后的模型

⑪ 选取如图 3-40 所示的模型上表面，单击【特征】工具栏中的【凸台-拉伸】按钮，进入草图绘制，单击【标准视图】工具栏中的【正视于】按钮，绘制如图 3-41 所示的草

图（草图的绘制过程不再详述），单击按钮，退出草图环境，系统返回【凸台-拉伸】属性管理器。

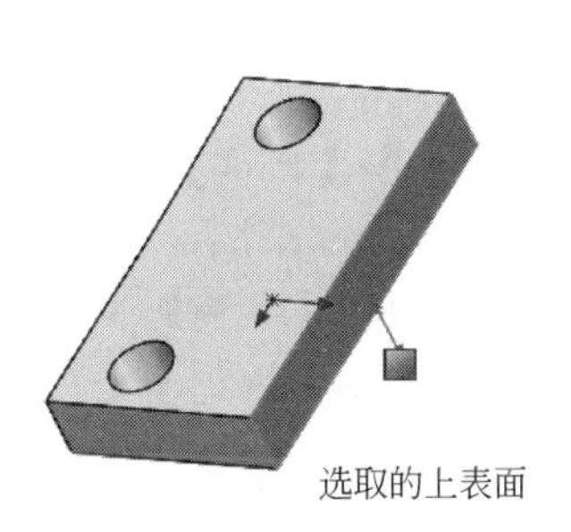

图 3-40　选取的上表面

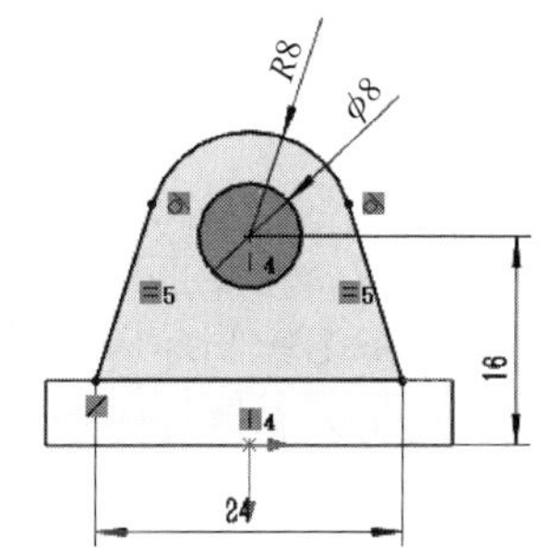

图 3-41　绘制的草图（2）

⑫ 在【凸台-拉伸】属性管理器中设置各参数，单击【方向 1】选项组中的【反向】按钮，【终止条件】选择【给定深度】，【深度】微调框中输入“6.00mm”，单击【确定】按钮，结果如图 3-42 所示。

⑬ 选取如图 3-43 所示的下表面，单击【特征】工具栏中的【拉伸切除】按钮，系统弹出【拉伸】属性管理器。系统进入草图环境，单击【标准视图】工具栏中的【正视于】按钮。绘制如图 3-44 所示的草图，单击按钮，退出草图环境。

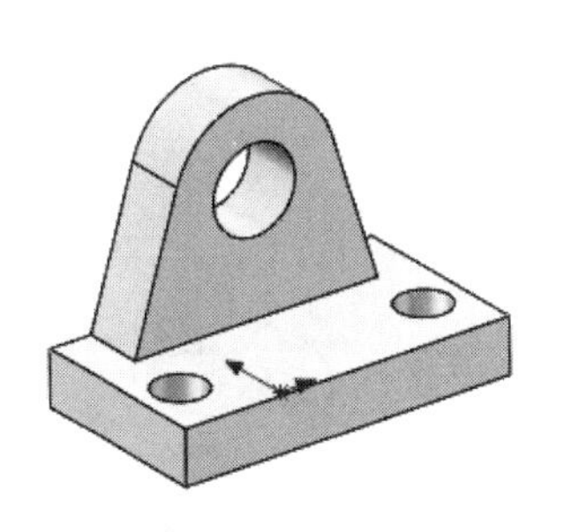
图 3-42　拉伸后的模型

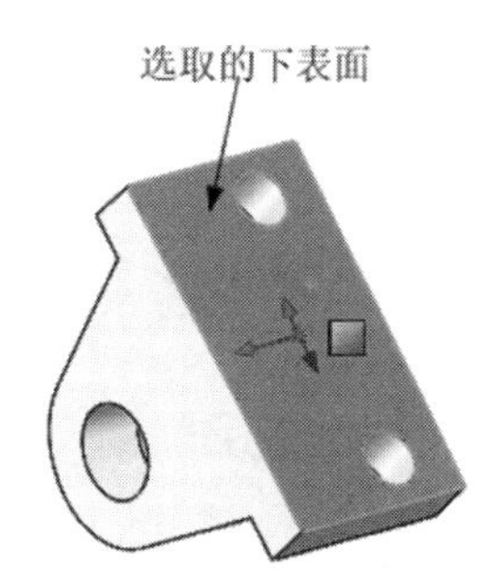

图 3-43　选取的下表面

⑭ 在【切除-拉伸】属性管理器中设置相关参数，【终止条件】选择【给定深度】，【深度】微调框中输入“1.00mm”，单击【确定】按钮，完成拉伸切除功能，结果如图 3-45 所示。

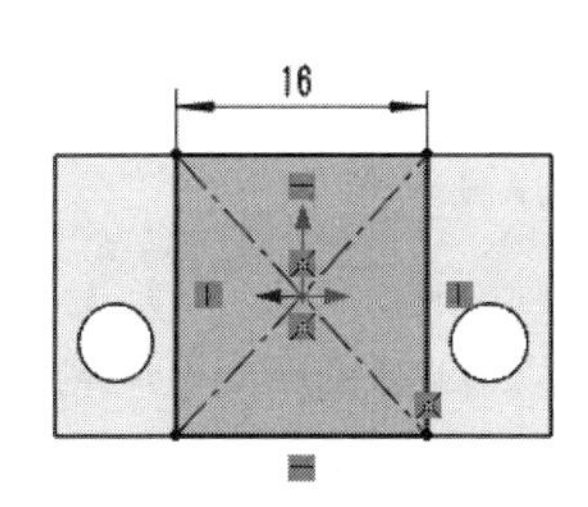

图 3-44 绘制的草图（3）

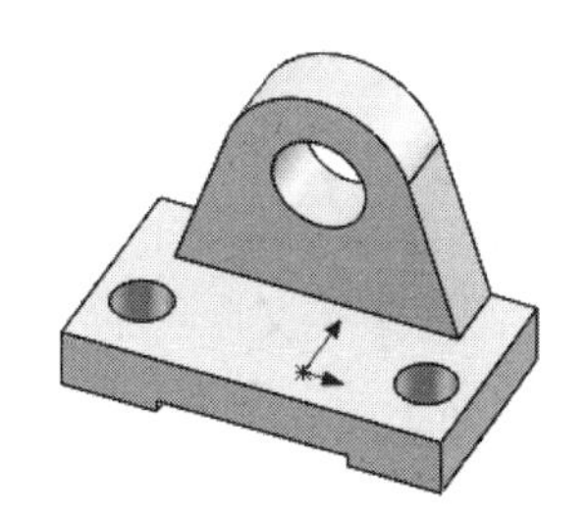
图 3-45　最终的模型

3.2.3 旋转凸台/基体

旋转特征是由特征截面绕中心线旋转面生成的一类特征，它适于构造回转体零件。旋转特征可以是实体、薄壁特征或曲面。

实体旋转特征的草图可以包含一个或者多个闭环的非相交轮廓。对于包含多个轮廓的基本旋转特征，其中一个轮廓必须包含所有其他轮廓。如果草图包含一条以上的中心线，则选取一条中心线作为旋转轴。

（1）旋转属性

选择【插入】|【凸台/基体】|【旋转】菜单命令或者单击【特征】工具栏中的【旋转凸台/基体】按钮，选取一个平面或者基准面作为草图平面，利用草图绘制工具绘制一条中心线和旋转轮廓，退出草图绘制环境，系统弹出如图 3-46 所示的【旋转】属性管理器。

旋转特征是在【旋转】属性管理器中设定的，【旋转】属性管理器中各选项的含义如下。

（2）旋转参数

【旋转轴】选择框：选取一特征旋转所绕的轴。根据所生成的旋转特征的类型，此旋转轴可能为中心线、直线或一边线。

【方向 1】选项组：从草图基准面定义旋转方向。根据需要，单击【反向】按钮来反转旋转方向。选择选项有【给定深度】【成形到一顶点】【成形到一面】【到离指定面指定的距离和两侧对称】，这些选项的含义参照本章的【拉伸】特征中的相关内容。

【角度】微调框：定义旋转所包罗的角度。默认的角度为 360°。角度以顺时针从所选草图测量。

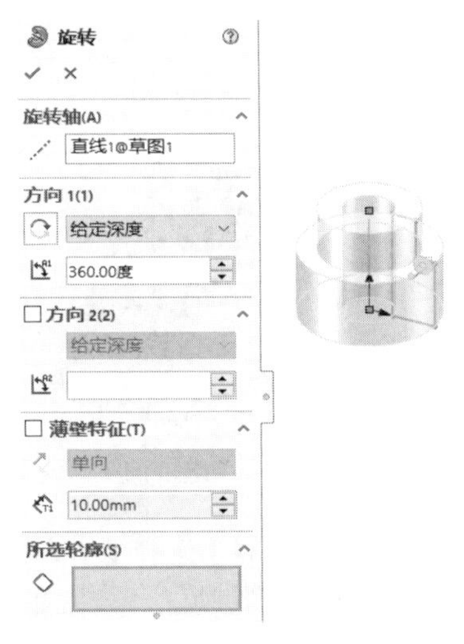

图 3-46 【旋转】属性管理器

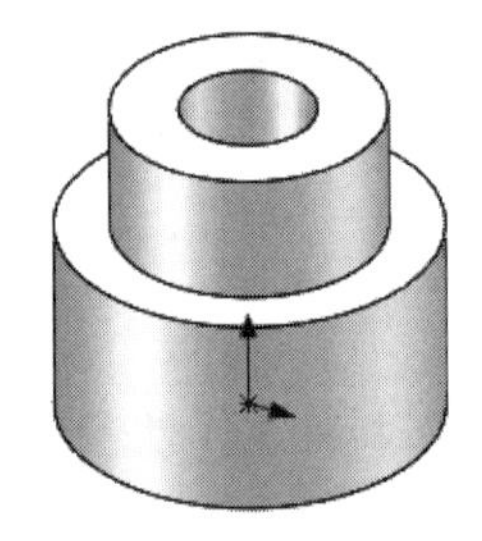

图 3-47 旋转生成实体特征

（3）【薄壁特征】选项组

选择【薄壁特征】复选框可以设定下列选项。

【类型】选项：用来定义厚度的方向。选择以下选项之一。

单向：从草图以单一方向添加薄壁体积。根据需要，单击【反向】按钮来反转薄壁体积添加的方向。

两侧对称：通过使用草图为中心，在草图两侧均等应用薄壁体积来添加薄壁体积。

双向：在草图两侧添加薄壁体积。【方向 1】厚度从草图向外添加薄壁体积，【方向 2】厚度从草图向内添加薄壁体积。

【方向 1 厚度】微调框：为单向和两侧对称薄壁特征旋转设定薄壁体积厚度。

（4）【所选轮廓】选项组

当使用多轮廓生成旋转时使用此选项组。光标变为形状，将光标指在图形区域中位置上时，单击图形区域中的位置来生成旋转的预览，这时草图的区域出现在【所选轮廓】选择框◇中。用户可以选择任何区域组合来生成单一或多实体零件。

利用旋转命令生成的实体特征如图 3-47 所示。

薄壁或曲面旋转特征的草图只能包含一个开环的或闭环的相交轮廓，轮廓不能与中心线交叉。如果草图包含一条以上的中心线，则选取一条中心线作为旋转轴。

(5) 旋转凸台/基体

如要生成旋转的基体、凸台特征，可按下面的步骤进行。

① 利用草图绘制工具绘制一条中心线和旋转轮廓。

② 选择【插入】|【凸台/基体】|【旋转】菜单命令或者单击【特征】工具栏中的【旋转凸台/基体】按钮，系统弹出如图 3-46 所示的【旋转】属性管理器。

③ 同时会在图形区域中显示生成的旋转特征。

④ 在【旋转】属性管理器中的【方向 1】选项组的下拉列表中选择旋转类型。

⑤ 在【角度】微调框中指定旋转角度。

⑥ 如果准备生成薄壁旋转，则选中【薄壁特征】复选框，设置相关选项。

⑦ 单击【确定】按钮✓，即可生成旋转的基体、凸台特征，如图 3-47 所示。

(6) 旋转切除

与旋转凸台/基体特征不同的是，旋转切除特征用来生成切除特征。要生成旋转切除特征，可按下面的步骤进行。

① 选取模型面上的一张草图轮廓和一条中心线。

② 选择【插入】|【切除】|【旋转】菜单命令或者单击【特征】工具栏中的【旋转切除】按钮，系统弹出【切除-旋转】属性管理器。

③ 此时在右面的图形区域中显示生成的切除旋转特征。

④ 在【切除-旋转】属性管理器中的【方向 1】选项组的下拉列表中选择旋转类型。

⑤ 在【角度】微调框中指定旋转角度。

⑥ 如果准备生成薄壁旋转，则选中【薄壁特征】复选框，设置相关选项。

⑦ 单击【确定】按钮✓，即可生成旋转切除特征。

利用旋转切除特征生成的几种零件效果如图 3-48 所示。

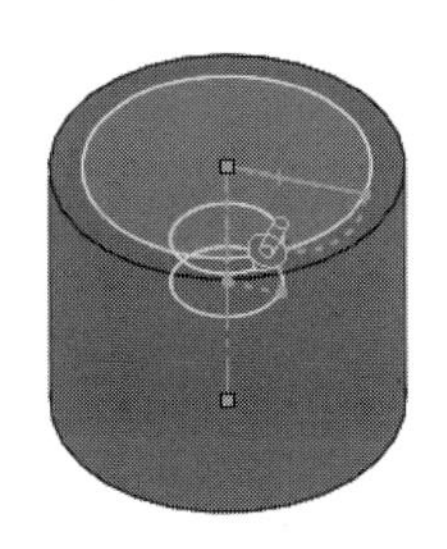
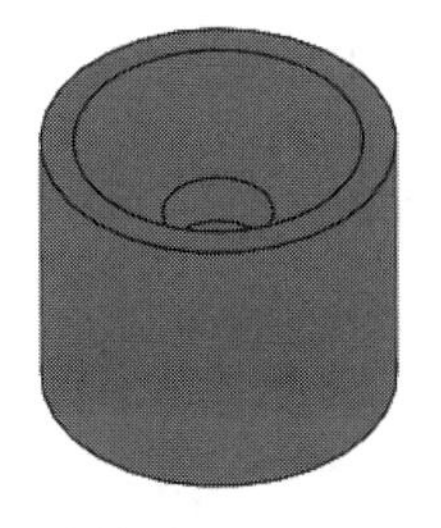

图 3-48　旋转切除效果

旋转实例

(7) 旋转实例

创建如图 3-49 所示的阀芯二维工程图，创建阀芯零件模型的基本步骤如下。

① 启动 SolidWorks 2018 软件。单击工具栏中的【新建】按钮，系统弹出【新建 SOLIDWORKS 文件】对话框，在【模板】选项卡中选择【零件】选项，单击【确定】按钮。

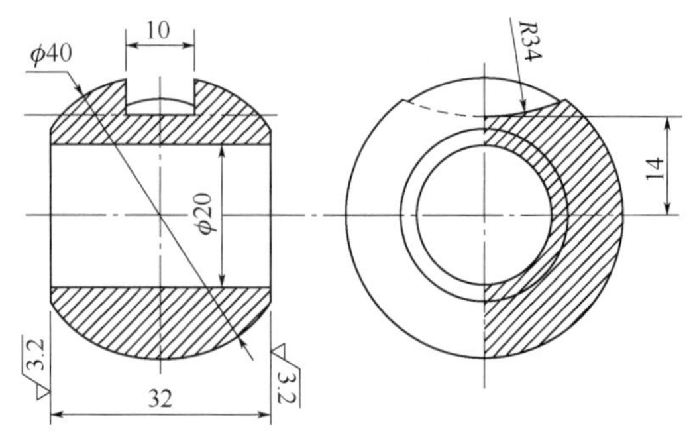

图 3-49　阀芯二维工程图

② 选择【特征管理器设计树】中的【前视基准面】选项，使其成为草图绘制平面。单击【标准视图】工具栏中的【正视于】按钮，然后单击【草图】工具栏中的【草图绘制】按钮，进入草图绘制模式。

③ 绘制一个如图 3-50 所示的草图，单击按钮，退出草图环境。

④ 单击【特征】工具栏中的【旋转凸台/基体】按钮，在绘图区选取上述绘制的草图，系统弹出如图 3-51 所示的【旋转】属性管理器。【旋转】属性管理器的设置如图 3-51 所示，单击【确定】按钮✓，完成基体旋转操作，结果如图 3-52 所示。

⑤ 单击【特征】工具栏中的【拉伸切除】按钮，系统弹出【拉伸】属性管理器。

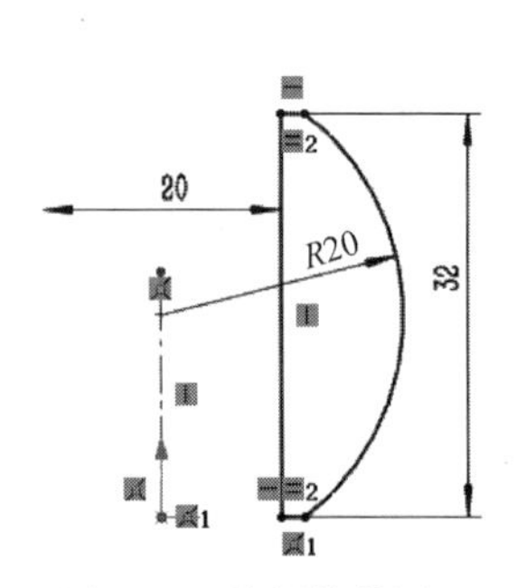

图 3-50　绘制的草图（1）

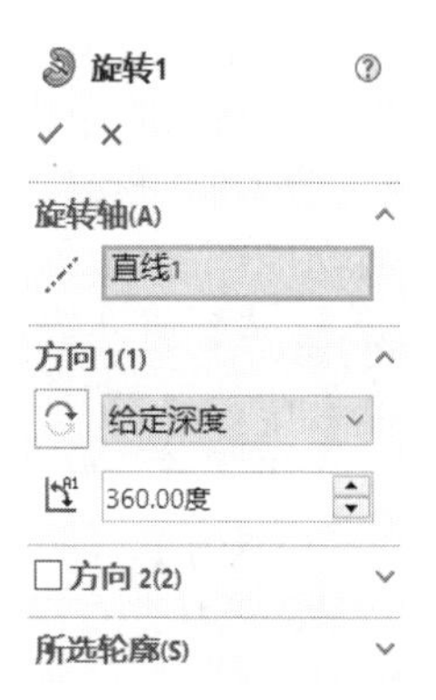

图 3-51　【旋转】属性管理器

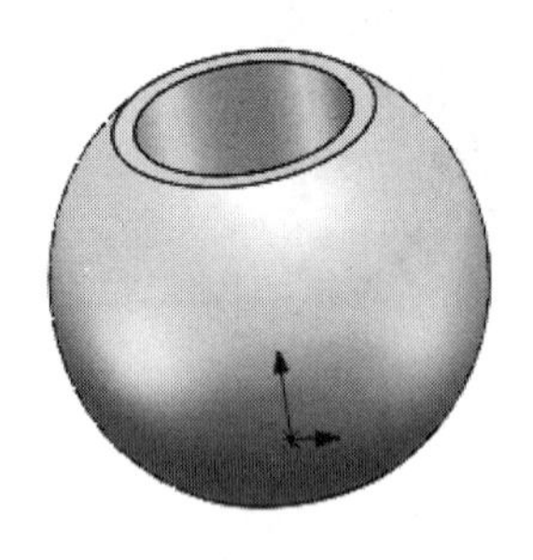

图 3-52　旋转后的模型

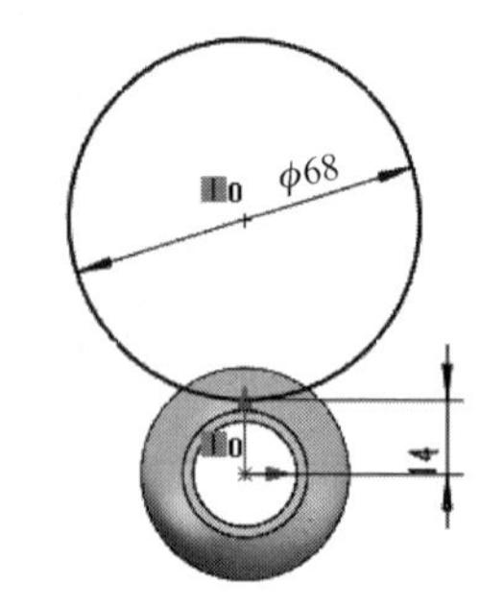

图 3-53　绘制的草图（2）

⑥ 选取“上视基准面”，系统进入草图环境，单击【标准视图】工具栏中的【正视于】按钮。绘制如图 3-53 所示的草图，单击按钮，退出草图环境。在【切除-拉伸】属性管理器中设置相关参数，在【从】选项组中选择【等距】选项，在微调框中输入“11.00mm”；

单击【方向 1】选项组中的【反向】按钮，确定拉伸切除的方向，【终止条件】选择【给定深度】，【深度】微调框中输入“10.00mm”，如图 3-54 所示，单击【确定】按钮✓，完成拉伸切除功能，结果如图 3-55 所示。

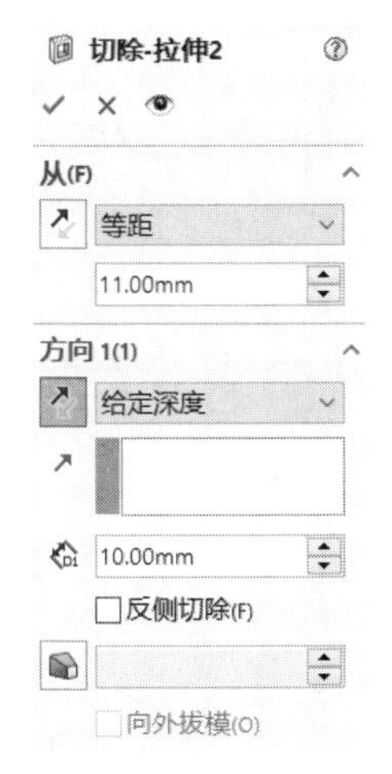

图 3-54 【切除-拉伸】属性管理器

图 3-55 拉伸切除后的模型

3.2.4 扫描

扫描特征是指由二维草绘平面沿一个平面或空间轨迹线扫描而成的一类特征。沿着一条路径移动轮廓（截面）可以生成基体、凸台、切除或曲面。

SolidWorks 的扫描特征遵循以下规则。

① 扫描路径可以为开环或闭环。

② 路径可以是一张草图中包含的一组草图曲线、一条曲线或一组模型边线。

③ 路径的起点必须位于轮廓的基准面上。

④ 对于【凸台/基体扫描】特征，轮廓必须是闭环的；对于曲面扫描特征，则轮廓可以是闭环的，也可以是开环的。

⑤ 不论是截面、路径或所形成的实体，都不能出现自相交叉的情况。

（1）凸台/基体扫描

首先在一个基准面上绘制一个闭环的非相交轮廓。然后使用草图、现有的模型边线或曲线生成轮廓将遵循的路径，选择【插入】|【凸台/基体】|【扫描】菜单命令或者单击【特征】工具栏中的【扫描】按钮，系统弹出如图 3-56 所示的【扫描】属性管理器。扫描特征都是在【扫描】属性管理器中设定的，下面介绍【扫描】属性管理器中各选项含义。

①【轮廓和路径】选项组

【轮廓】选择框：设定用来生成扫描的草图轮廓（截面）。扫描时应在图形区域中或特征管理器中选取草图轮廓。基体或凸台扫描特征的轮廓应为闭环，而曲面扫描特征的轮廓可为开环或闭环。

【路径】选择框：设定轮廓扫描的路径。扫描时应在图形区域或特征管理器中选取路径草图。路径可以是开环或闭合、包含在草图中的一组绘制的曲线、一条曲线或一组模型边线，路径的起点必须位于轮廓的基准面上。

不论是截面、路径或所形成的实体，都不能自相交叉。

②【引导线】选项组

【引导线】选择框⊂：在轮廓沿路径扫描时加以引导。使用时需要在图形区域选择引导线。

【上移】⇧或【下移】⇩按钮：用来调整引导线的顺序。选择一引导线⊂并调整轮廓顺序。

【合并平滑的面】复选框：消除以改进带引导线扫描的性能，并在引导线或路径不是曲率连续的所有点处分割扫描。

【显示截面】选项👁：显示扫描的截面。使用时可以单击箭头按钮按截面数观看轮廓。

③【选项】选项组。【选项】选项组如图 3-57 所示。

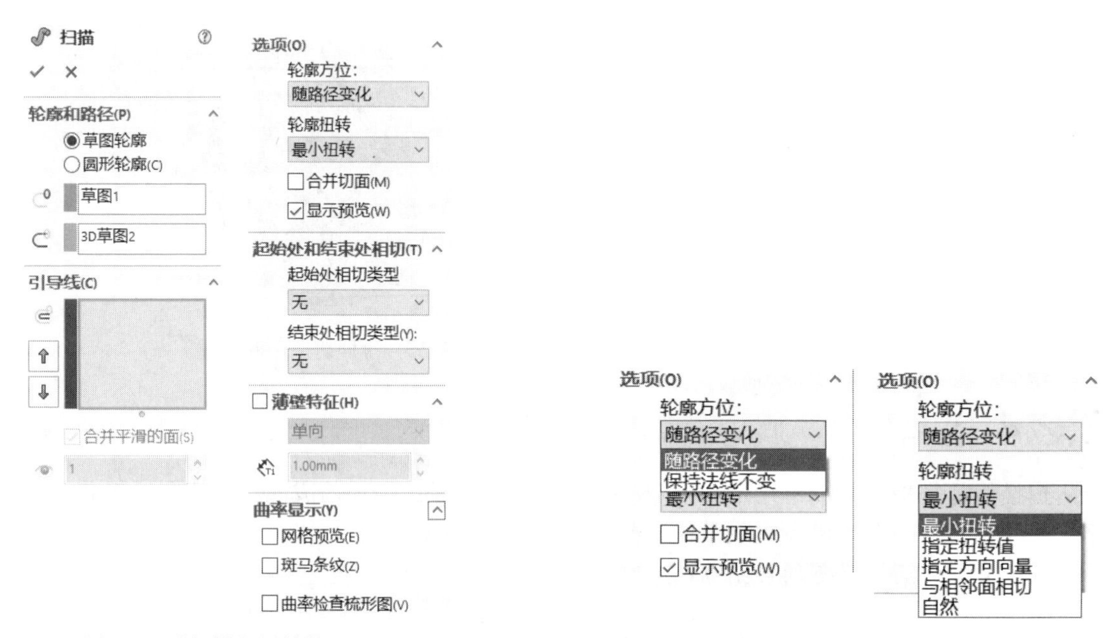

图 3-56 【扫描】属性管理器　　　　图 3-57 【扫描】属性管理器中的【选项】选项组

【轮廓方位】：用来控制轮廓在沿路径扫描时的方向。【轮廓方位】效果如图 3-58 所示，包含以下选项。

【随路径变化】：按截面相对于路径仍时刻处于同一角度扫描。

【保持法线不变】：扫描时截面时刻与开始截面平行。

【轮廓扭转】：在【随路径变化】于方向 1 扭转类型中被选择时可用。当路径上出现少许波动和不均匀波动，使轮廓不能对齐时，可以将轮廓稳定下来，包含以下选项。

【自然】：无沿路径扭曲。

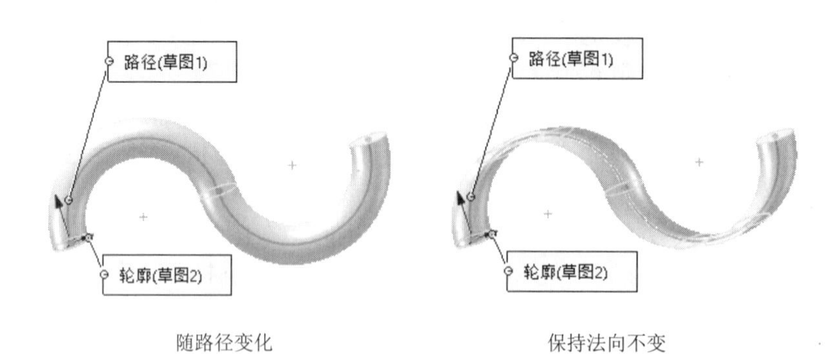

图 3-58 【轮廓方位】效果

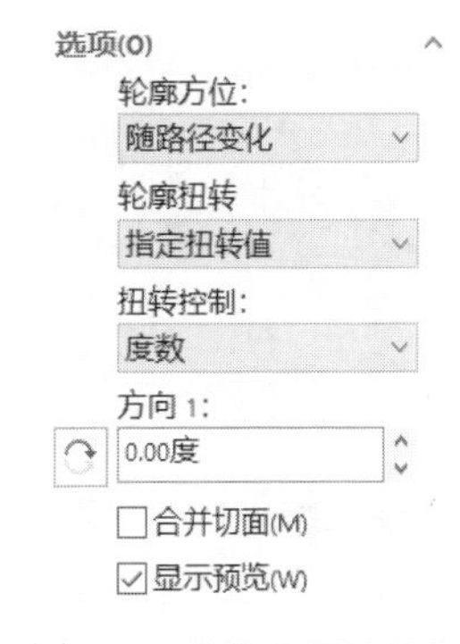

图 3-59 【指定扭转值】参数设置

【指定扭转值】：用于在沿路径扭曲时，可以指定预定的扭转数值，需要设置的参数如图 3-59 所示。【扭转控制】下拉列表中有【度数】【弧度】和【圈数】等三个选项，用于扭转定义，分别设置度数、弧度和圈数。

【指定方向向量】：用于在沿路径扭曲时，可以定义扭转的方向向量。

【与相邻面相切】：用于在沿路径扭曲时，指定与相邻面相切。

【合并切面】复选框：如果扫描轮廓具有相切线段，可使所产生的扫描中的相应曲面相切。保持相切的面可以是基准面、圆柱面或锥面。扫描时其他相邻面被合并，轮廓被近似处理。而且草图圆弧可以转换为样条曲线。

【显示预览】复选框：显示扫描的上色预览。消除选择以只显示轮廓和路径。

④【起始处和结束处相切】选项组。【起始处和结束处相切】选项组如图 3-60 所示，各选项的含义如下。

a.【起始处相切类型】下拉列表中含有以下选项。

【无】：没有应用相切。

【路径相切】：垂直于开始点沿路径而生成扫描。

b.【结束处相切类型】下拉列表中含有以下选项。

【无】：没有应用相切。

【路径相切】：垂直于结束点沿路径而生成扫描。

⑤【薄壁特征】选项组。【薄壁特征】选项组如图 3-61 所示，各选项的含义如下。

【薄壁特征】：设定薄壁特征扫描的类型，包括以下选项。

【单向】：使用【厚度】值以单一方向从轮廓生成薄壁特征。根据需要，单击【反向】按钮。

【两侧对称】：以两个方向应用同一【厚度】值而从轮廓以双向生成薄壁特征。

【双向】：从轮廓以双向生成薄壁特征。为【方向 1 厚度】和【方向 2 厚度】设定单独数值。

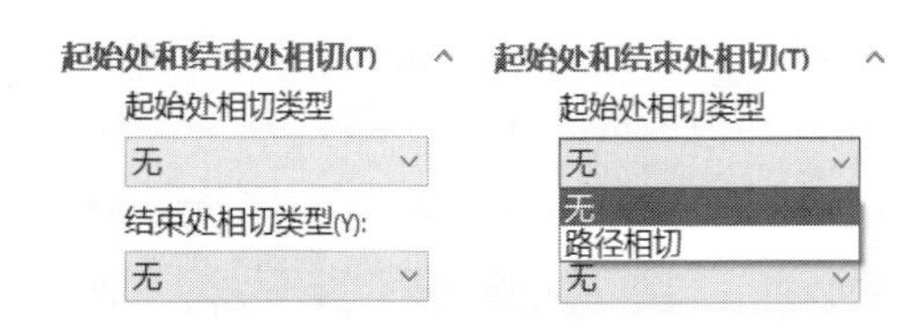

图 3-60 【扫描】属性管理器中的【起始处和结束处相切】选项组

图 3-61 【扫描】属性管理器中的【薄壁特征】选项组

选择薄壁特征以生成一薄壁特征扫描。使用实体特征扫描与使用薄壁特征扫描的对比如图 3-62 所示。

凸台/基体扫描特征属于叠加特征，要生成凸台/基体扫描特征，可按下面的步骤操作。

a. 在一个基准面上绘制一个闭环的非相交轮廓。

b. 使用草图、现有的模型边线或曲线生成轮廓将遵循的路径。

c. 选择【插入】|【凸台/基体】|【扫描】菜单命令或者单击【特征】工具栏中的【扫

描】按钮。

使用实体特征扫描　　使用薄壁特征扫描

图 3-62　特征扫描

d. 系统弹出【扫描】属性管理器，同时在右面的图形区域中显示生成的扫描特征。

e. 单击【轮廓】按钮，然后在图形区域中选择轮廓草图。

f. 单击【路径】按钮，然后在图形区域中选择路径草图。如果预先选择了轮廓草图或路径草图，则草图将显示在对应的属性管理器设计树方框内。

g. 在【轮廓方位】下拉列表中，选择【随路径变化】或【保持法线不变】选项。

h. 如果要生成薄壁特征扫描，则选中【薄壁特征】复选框，激活【薄壁】选项，选择薄壁类型并设置薄壁厚度。

i. 单击【确定】按钮，即可完成凸台/基体扫描特征的生成。

(2) 引导线扫描

SolidWorks 不仅可以生成等截面的扫描，还可以生成随着路径变化截面也发生变化的扫描——引导线扫描。使用引导线扫描生成的零件如图 3-63 所示。

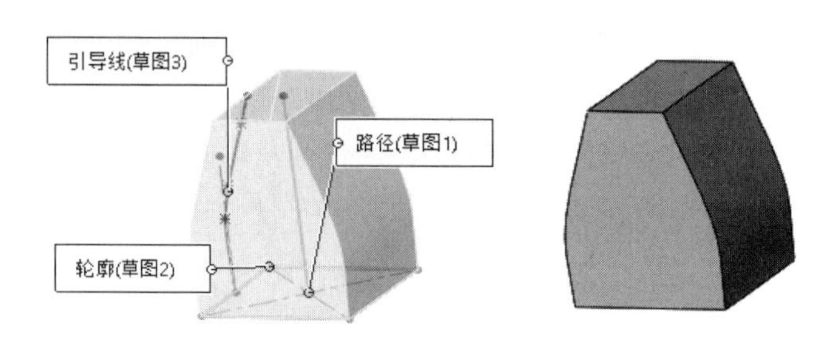

图 3-63　引导线扫描生成的零件

在利用引导线扫描特征之前，应该注意以下几点。

① 先生成扫描路径和引导线，然后再生成截面轮廓。

② 引导线必须要和轮廓相交于一点，作为扫描曲面的顶点。

③ 最好在截面草图上添加引导线的点和截面相交处之间的穿透关系。

如果要利用引导线生成扫描特征，可按下面的步骤进行。

① 生成引导线。可以使用任何草图曲线、模型边线或曲线作为引导线。

② 生成扫描路径。可以使用任何草图曲线、模型边线或曲线作为扫描路径。

③ 绘制扫描轮廓。

④ 在轮廓草图中的引导线与轮廓相交处添加穿透几何关系。穿透几何关系将使截面沿着路径改变大小、形状或者均改变。截面受曲线的约束，但曲线不受截面的约束。

⑤ 选择【插入】|【凸台/基体】|【扫描】菜单命令或者单击【特征】工具栏中的【扫描】

按钮。

⑥ 系统弹出【扫描】属性管理器，同时在右面的图形区域中显示生成的基体或凸台扫描特征。

⑦ 在【轮廓和路径】选项组中，执行如下操作。

a. 单击【轮廓】按钮，然后在图形区域中选择轮廓草图。

b. 单击【路径】按钮，然后在图形域中选择路径草图。如果选择了【显示预览】复选框，此时在图形区域中将显示不随引导线变化截面的扫描特征。

⑧ 在【引导线】选项中设置如下选项。

a. 单击【引导线】按钮，随后在图形区域中选择引导线。此时在图形区域中将显示随着引导线变化截面的扫描特征。

b. 如果存在多条引导线，可以单击【上移】按钮或【下移】按钮来改变使用引导线的顺序。

c. 单击【显示截面】按钮，然后单击微调框箭头来根据截面数量查看并修正轮廓。

⑨ 在【选项】选项组中的【轮廓扭转】下拉列表中选择以下选项：【随路径和第一引导线变化】和【随路径和第二引导线变化】等。

【随路径和第一引导线变化】：扫描时选择该选项，扫描将随着第一条引导线变化。

【随路径和第二引导线变化】：扫描时如果引导线不只一条，选择该选项，扫描将随着第二条引导线同时变化。

⑩ 在【起始处和结束处相切】选项中可以设置起始或结束处的相切选项。

⑪ 单击【确定】按钮，完成引导线扫描。

扫描路径和引导线的长度可能不同，如果引导线比扫描路径长，扫描将使用扫描路径的长度；如果引导线比扫描路径短，扫描将使用最短的引导线的长度。

（3）扫描实例

创建如图 3-64 所示的三维模型，创建该零件模型的基本步骤如下。

扫描实例

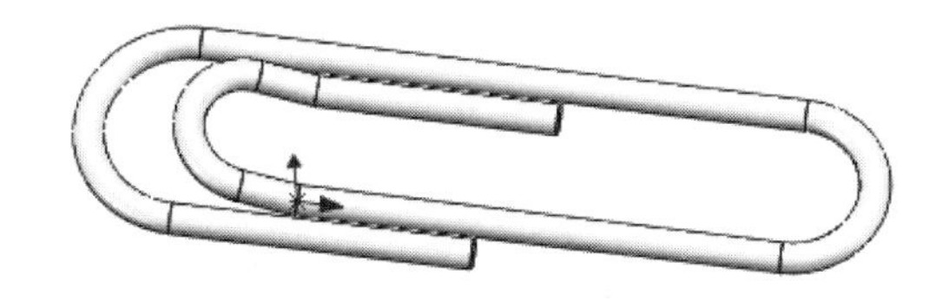

图 3-64　扫描实例

① 打开本书的练习文件第 3 章中的“扫描实例”文件。

② 选择【插入】|【参考几何体】|【基准面】菜单命令，系统弹出如图 3-65 所示的【基准面】属性管理器。选取如图 3-65 所示的【右视基准面】，在图形区域中选取如图 3-65 所示的草图 1 上的端点，在【参考实体】选择框中显示出选择的项目名称，在图形区域中显示出新的基准面的预览，单击【确定】按钮，生成基准面 1。

③ 单击【草图】工具栏中的【草图绘制】按钮，系统弹出【编辑草图】属性管理器。选取步骤②创建的基准面 1，系统进入草图环境，单击【标准视图】工具栏中的【正视于】按钮。绘制如图 3-66 所示的草图，单击按钮，退出草图环境。

④ 选择【插入】|【凸台/基体】|【扫描】菜单命令或者单击【特征】工具栏中的【扫描】按钮，系统弹出【扫描】属性管理器。单击【轮廓】按钮，然后在图形区域中选取步骤③绘制的草图 2；单击【路径】按钮，然后在图形域中选取草图 1。如果选择了【显示预

览】复选框，此时在图形区域中将显示不随引导线变化截面的扫描特征。

⑤ 单击【确定】按钮✓，完成引导线扫描，结果如图 3-64 所示。

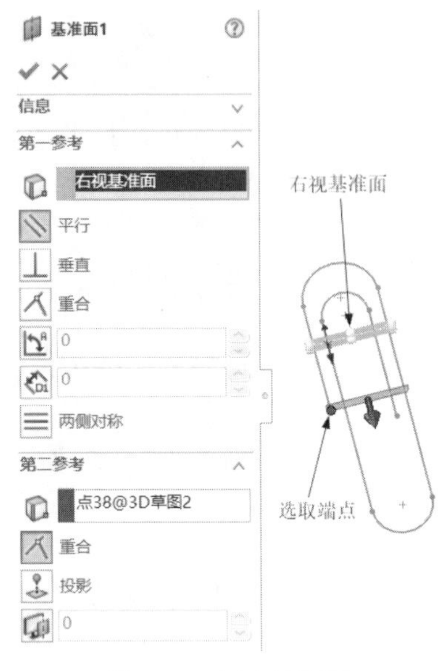

图 3-65　创建基准面 1

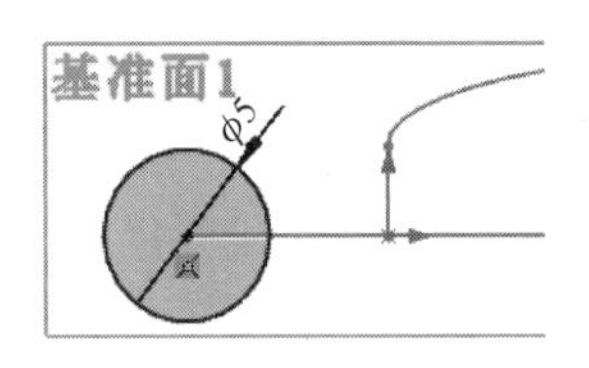

图 3-66　绘制的草图

3.2.5 放样凸台/基体

所谓放样是指由多个剖面或轮廓形成的基体、凸台或切除，通过在轮廓之间进行过渡来生成特征。

放样特征需要连接多个面上的轮廓，这些面既可以平行也可以相交。要确定这些平面，就必须用到基准面。

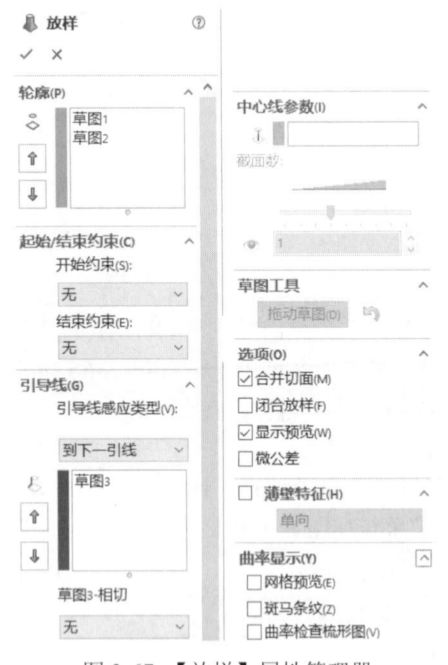

图 3-67　【放样】属性管理器

（1）放样属性

生成一个模型面或模型边线的空间轮廓，然后建立一个新的基准面，用来放置另一个草图轮廓。选择【插入】|【凸台/基体】|【放样】菜单命令或者单击【特征】工具栏中的【放样凸台/基体】按钮，系统弹出如图 3-67 所示的【放样】属性管理器。

放样特征都是在【放样】属性管理器中设定的，下面介绍【放样】属性管理器中各选项的含义。

①【轮廓】选项组。【轮廓】选项组如图 3-67 所示，其各选项的含义如下。

【轮廓】按钮：决定用来生成放样的轮廓。选取要连接的草图轮廓、面或边线。放样根据轮廓选择的顺序而生成。对于每个轮廓，都需要选取想要放样路径经过的点。

【上移】按钮⇧或【下移】按钮⇩：调整轮廓的顺序。放样时选取一轮廓并调整轮廓顺序。如果放样预览显示不理想的放样，重新选取或组序草图以在轮廓上连接不同的点。

②【起始/结束约束】选项组。【起始/结束约束】选项组各选项的含义如下。

【开始约束】和【结束约束】：应用约束以控制开始和结束轮廓的相切，包括以下选项。

【无】：没有应用相切约束。

【方向向量】：根据用于方向向量的所选实体而应用相切约束。使用时选择一【方向向量】↗，然后设定【拔模角度】和【起始或结束处相切长度】。

【垂直于轮廓】：应用垂直于开始或结束轮廓的相切约束。使用时设定【拔模角度】和【起始或结束处相切长度】。

【与面相切】：放样在起始处和终止处与现有几何的相邻相切。此选项只有在放样附加在现有的几何时才可以使用。

【下一个面】选项：该选项在【起始或结束约束】选择【与面相切】或【与面的曲率】时可用，表示在可用的面之间切换放样。

【应用到所有】复选框：显示一个为整个轮廓控制所有约束的控标。

表 3-1 所示是放样相切选项样例。

表 3-1　放样相切选项样例

表中样例是从右侧轮廓生成的。起始轮廓是已有几何的转换面，而选定的模型边线就是方向向量			
起始处相切：无 结束处相切：无		起始处相切：无 结束处相切：垂直于轮廓	
起始处相切：垂直于轮廓 结束处相切：无		起始处相切：垂直于轮廓 结束处相切：垂直于轮廓	
起始处相切：所有的面 结束处相切：无		起始处相切：所有的面 结束处相切：垂直于轮廓	
起始处相切：方向向量 结束处相切：无		起始处相切：方向向量 结束处相切：垂直于轮廓	

③【引导线】选项组。【引导线】选项组如图 3-68 所示，各选项的含义如下。

【引导线】选项：选择引导线来控制放样。

如果在选择引导线时遇到引导线无效错误信息，在图形区域中用鼠标右键单击，选择开始轮廓选择，然后选择引导线。

【引导线感应类型】：控制引导线对放样的影响力，包括如下选项。

【到下一引线】：只将引导线延伸到下一引导线。

【到下一尖角】：只将引导线延伸到下一尖角。

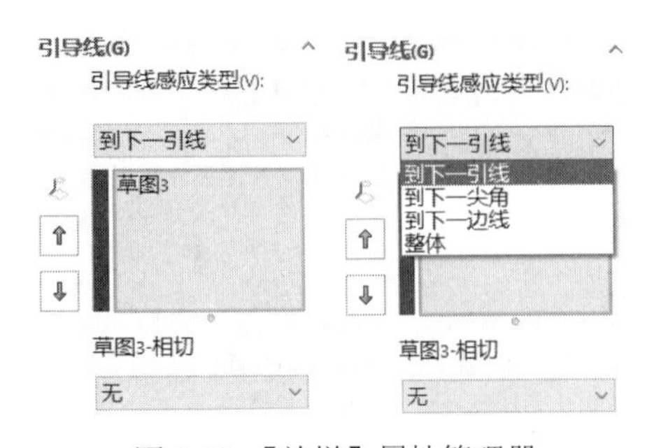

图 3-68 【放样】属性管理器中的【引导线】选项组

【到下一边线】：只将引导线延伸到下一边线。

【整体】：将引导线影响力延伸到整个放样。

【上移】按钮⇧、【下移】按钮⇩：调整引导线的顺序。

④【中心线参数】选项组。【中心线参数】选项组如图 3-67 所示，其各选项的含义如下。

【中心线】选择框：使用中心线引导放样形状，在图形区域中选择一草图，其中心线可与引导线共存。

【截面数】选项：在轮廓之间并绕中心线添加截面，移动滑杆可以调整截面数。

【显示截面】按钮：显示放样截面。单击箭头来显示截面，也可输入一截面数，然后单击【显示截面】按钮以跳到此截面。

⑤【选项】选项组。【选项】选项组如图 3-67 所示，其各选项的含义如下。

【合并切面】复选框：如果对应的线段相切，则使在所生成的放样中的曲面保持相切，结果如图 3-69 所示。

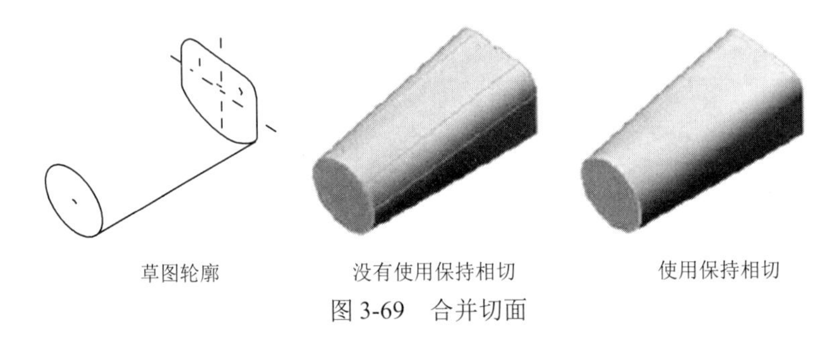

图 3-69 合并切面

如果相对应的放样线段相切，可选择【合并切面】复选框以使生成的放样中相应的曲面保持相切。保持相切的面可以是基准面、圆柱面或锥面，其他相邻的面被合并，截面被近似处理。

【闭合放样】复选框：沿放样方向生成一闭合实体，如图 3-70 所示。此复选框会自动连接最后一个和第一个草图。

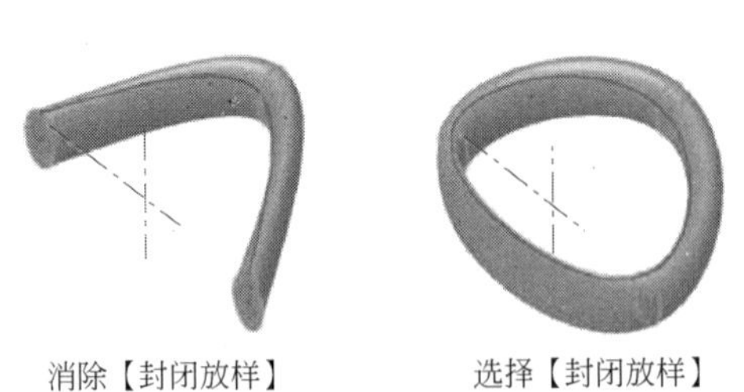

图 3-70 封闭放样选择与否的上色预览

（2）凸台放样

通过使用空间中两个或两个以上的不同面轮廓，可以生成最基本的放样特征。要生成空间轮廓的放样特征，可按下面的步骤操作。

① 至少生成一个空间轮廓，空间轮廓可以是模型面或模型边线。

② 建立一个新的基准面，用来放置另一个草图轮廓，基准面间不一定要平行，在新建的基准面上绘制要放样的轮廓。

③ 选择【插入】|【凸台/基体】|【放样】菜单命令或者单击【特征】工具栏中的【放样凸台/基体】按钮，系统弹出如图 3-67 所示的【放样】属性管理器。

④ 单击每个轮廓上相应的点，以按顺序选择空间轮廓和其他轮廓的面，此时被选择轮廓显示在【轮廓】选择框中，在后面的图形区域中显示生成的放样特征。

⑤ 单击【上移】按钮或【下移】按钮改变使用轮廓的顺序，此选项只针对两个以上轮廓的放样特征。

⑥ 如果要在放样的开始和结束处控制相切，则设置【起始/结束约束】选项组。

⑦ 如果要生成薄壁放样特征，选中【薄壁特征】复选框，从而激活薄壁选项，选择薄壁类型，并设置薄壁厚度。

⑧ 单击【确定】按钮，即可完成放样。

（3）引导线放样

与生成引导线扫描特征一样，SolidWorks 也可以生成等引导线放样特征。通过使用两个或多个轮廓并使用一条或多条引导线来连接轮廓，也可以生成引导线放样。通过引导线可以帮助控制所生成的中间轮廓。

在利用引导线生成放样特征时，必须注意以下几点。

① 引导线必须与轮廓相交。

② 引导线的数量不受限制。

③ 引导线之间可以相交。

④ 引导线可以是任何草图曲线、模型边线或曲线。

⑤ 引导线可以比生成的放样特征长，放样将终止于最短的引导线的末端。

要生成引导线放样特征，可按下面的步骤进行。

① 绘制一条或多条引导线。绘制草图轮廓，草图轮廓必须与引导线相交。

② 在轮廓所在草图中为引导线和轮廓顶点添加穿透几何关系或重合几何关系。

③ 选择【插入】|【凸台/基体】|【放样】菜单命令或者单击【特征】工具栏中的【放样凸台/基体】按钮，系统弹出如图 3-67 所示的【放样】属性管理器。

④ 单击每个轮廓上相应的点，以按顺序选择空间轮廓和其他轮廓的面，此时被选择轮廓显示在【轮廓】选择框中，在后面的图形区域中显示生成的放样特征。

⑤ 单击【上移】按钮或【下移】按钮改变使用轮廓的顺序，此选项只针对两个以上轮廓的放样特征。

⑥ 在【引导线】选项组中单击引导线选择框，然后在图形区域中选择引导线。此时在图表区域中将显示随着引导线变化的放样特征。如果存在多条引导线，可以单击【上移】按钮或【下移】按钮来改变使用引导线的顺序。

⑦ 通过【起始/结束约束】选项组可以控制草图、面或曲面边线之间的相切量和放样方向。

⑧ 如果要生成薄壁特征，选中【薄壁特征】复选框，从而激活薄壁选项，设置薄壁特征。

⑨ 单击【确定】按钮，即可完成放样。

（4）中心线放样

SolidWorks 还可以生成中心线放样特征。中心线放样是指将一条变化的引导线作为中心线进行的放样，在中心线放样特征中，所有中间截面的草图基准面都与此中心线垂直。中心线放样中的中心线必须与每个闭环轮廓的内部区域相交，而不是像引导线放样那样，引导线必须与每个轮廓线相交。

要生成中心线放样特征，可按下面的步骤进行。

① 生成放样轮廓。

② 绘制曲线或生成曲线作为中心线，该中心线必须与每个轮廓内部区域相交。

③ 选择【插入】|【凸台/基体】|【放样】菜单命令或者单击【特征】工具栏中的【放样凸台/基体】按钮，系统弹出如图3-67所示的【放样】属性管理器。

④ 单击每个轮廓上相应的点，以按顺序选取空间轮廓和其他轮廓的面，此时被选取的轮廓显示在【轮廓】选择框中，在后面的图形区域中显示生成的放样特征。

⑤ 单击【上移】按钮或【下移】按钮改变轮廓的使用顺序，此选项只针对两个以上轮廓的放样特征。

⑥ 在【中心线参数】选项组中单击中心线选择框，然后在图形区域中选取中心线，此时在图形区域中将显示随着中心线变化的放样特征。

⑦ 调整【截面数】滑杆来改变在图形区域显示的预览数。

⑧ 如果要在放样的开始和结束处控制相切，需要设置【起始/结束约束】选项组。

⑨ 如果要生成薄壁特征，选中【薄壁特征】复选框并设置薄壁特征。

⑩ 单击【确定】按钮，即可完成中心线放样。

3.2.6 边界凸台/基体

通过边界工具可以得到高质量、准确的特征，这在创建复杂形状时非常有用，特别是在消费类产品、医疗、航空航天、模具设计等领域。

选择【插入】|【凸台/基体】|【边界】菜单命令或者单击【特征】工具栏中的【边界凸台/基体】按钮，系统弹出如图3-71所示的【边界】属性管理器。

（1）【方向1】选项组

①【曲线】。确定用于以此方向生成边界特征的曲线。选取要连接的草图曲线、面或边线。边界特征根据曲线选择的顺序生成，如图3-72所示。

【上移】：选择曲线调整曲线的顺序。

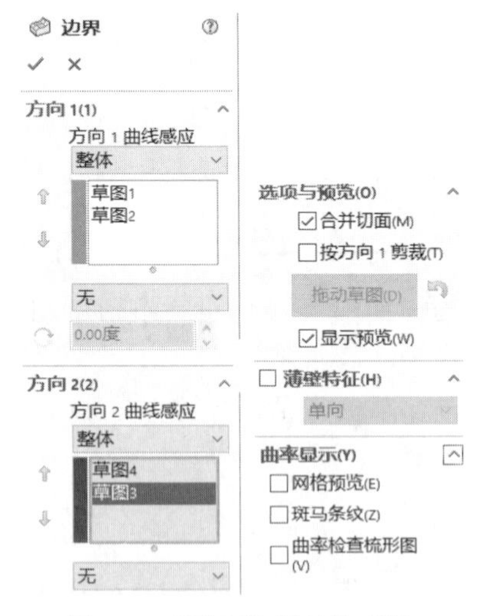

图3-71 【边界】属性管理器

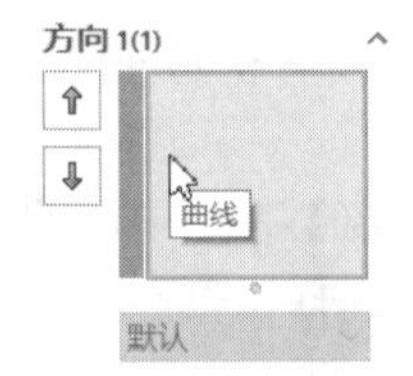

图3-72【方向1】选项组中的【曲线】选择框

【下移】⇩：选择曲线调整曲线的顺序。

②【相切类型】。设置边界特征的相切类型，其选项如图 3-73 所示。

【无】：没有应用相切约束（曲率为零）。

【方向向量】：根据为方向向量所选的实体而应用相切约束。

【默认】：（当在该方向至少有三条曲线时可用）近似在第一个和最后一个轮廓之间用抛物线来过渡。

【垂直于轮廓】：当曲线没有附加边界特征到现有几何体时可用，垂直曲线应用相切约束。

③【对齐】。仅适用于单方向情况，控制 iso 参数的对齐，以控制曲面的流动。【对齐】选项如图 3-74 所示。

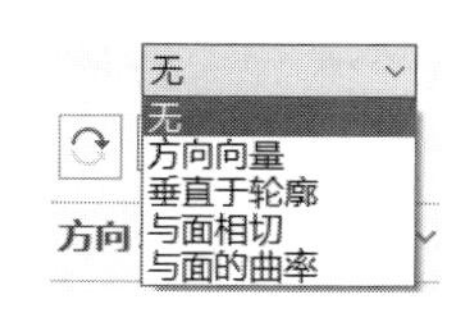

图 3-73 【相切类型】选项

图 3-74【对齐】选项

④【拔模角度】。应用拔模角度到开始或结束曲线。对于单方向边界特征，拔摸角度适用于所有相切类型。对于双方向边界特征，如果连接到具有拔模的现有实体，拔模角度将不可用，因为系统会自动应用相同拔模到相交曲线的边界特征，如图 3-75 所示。

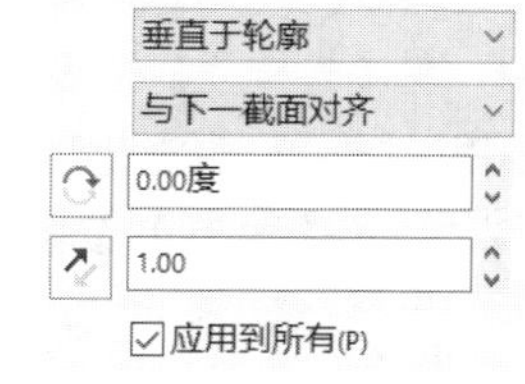

图 3-75 【拔模角度】【相切长度】和【应用到所有】选项

⑤【相切长度】。不适用于为相切类型选择了【无】的任何曲线，控制对边界特征的影响量。相切长度的效果限制到下一部分。

⑥【应用到所有】。仅适用于单方向情况，显示为整个轮廓控制所有约束的控标。取消选择此复选框来显示可允许单个线段控制的多个控标。

(2)【方向 2】选项组

【方向 2】选项组中的参数用法和【方向 1】选项组基本相同。两个方向可以相互交换，无论选择曲线为方向 1 还是方向 2，都可以获得相同的结果，如图 3-71 所示。

(3)【选项与预览】选项组

【选项与预览】选项组属性设置如图 3-71 所示。

①【合并切面】。如果对应的线段相切，则会使所生成的边界特征中的曲面保持相切。

②【闭合曲面】。沿边界特征方向生成一闭合实体。此复选框会自动连接最后一个和第一个草图。

③【拖动草图】。激活拖动模式。在编辑边界特征时，可以从任何已为边界特征定义了轮廓线的 3D 草图中拖动 3D 草图线段、点或基准面，3D 草图在拖动时更新。也可以编辑 3D 草图以使用尺寸标注工具来标注轮廓线的尺寸。边界特征预览在拖动结束时或在编辑 3D 草图尺寸时更新。若想退出拖动模式，再次单击拖动草图或单击属性管理器中的另一个截面。

④【撤销草图拖动】。撤销先前的草图拖动并将预览返回其先前状态。可撤销多个拖动和尺寸编辑。

⑤【显示预览】。对边界进行预览。显示边界特征的上色预览。取消选择此复选框以便只查看曲线。

(4)【曲率显示】选项组

【曲率显示】选项组的属性设置如图 3-76 所示。

①【网格预览】。对边界进行预览。其中,【网格密度】用于调整网格的行数。

②【斑马条纹】。可以查看曲面中标准显示难以分辨的小变化。斑马条纹模仿在光泽表面上反射的长光线条纹。有了斑马条纹,可以方便地查看曲面中小的褶皱或疵点,并且可以检查相邻面是否相连或相切,或具有连续曲率。

③【曲率检查梳形图】。按照不同的方向显示曲率梳形图。

【方向 1】:切换沿方向 1 的曲率检查梳形图显示。

【方向 2】:切换沿方向 2 的曲率检查梳形图显示。

方向 1 和方向 2 至少选择其一。

【比例】:调整曲率检查梳形图的大小。

【密度】:调整曲率检查梳形图的显示行数。

(5)生成边界凸台/基体特征的操作步骤

① 在多个基准面上分别绘制不同的草图,如图 3-77 所示。

② 选择【插入】|【凸台/基体】|【边界】菜单命令或者单击【特征】工具栏中的【边界凸台/基体】按钮,系统弹出如图 3-71 所示的【边界】属性管理器。

③ 在【方向 1】选项组中的【曲线】选择框中选取两个草图(草图 1 和草图 2),【相切类型】选择【无】,【拔模角度】为“0.00 度”。

④ 在【方向 2】选项组中的【曲线】选择框中选取两个草图(草图 3 和草图 4),其他选项使用默认设置,如图 3-71 所示。

⑤ 单击【确定】按钮✓,生成边界凸台特征,如图 3-78 所示。

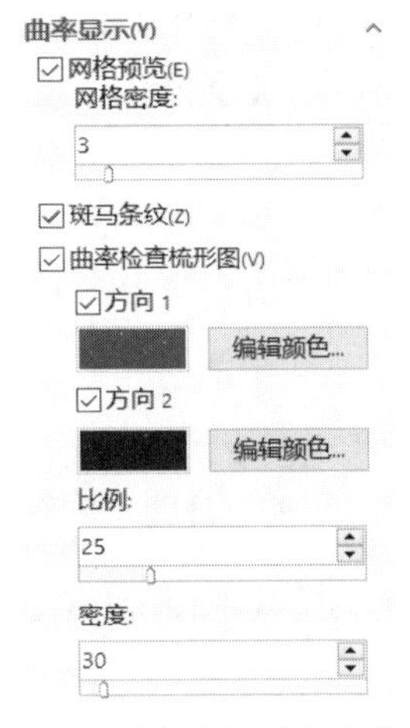

图 3-76 【曲率显示】选项组

图 3-77 绘制的四个草图

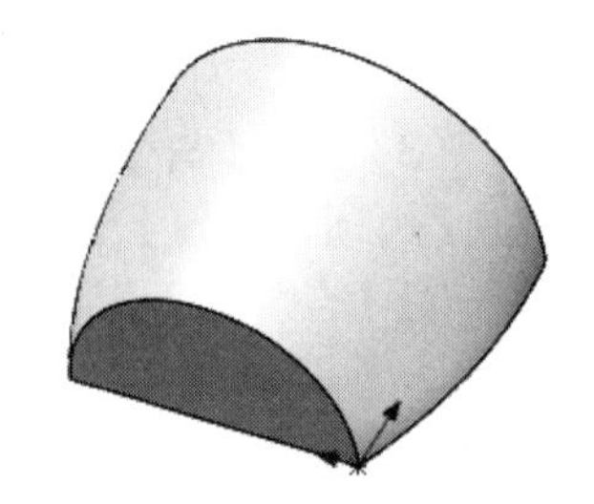

图 3-78 边界凸台

3.2.7 工程应用实例

工程应用实例 1

(1)实例 1

应用扫描特征创建如图 3-79 所示的图纸的模型,创建模型的基本步骤如下。

① 新建文件。启动 SolidWorks 2018 软件。单击工具栏中的【新建】按钮,系统弹出【新建 SOLIDWORKS 文件】对话框,在【模板】选项卡中选择【零件】选项,单击【确定】按钮。

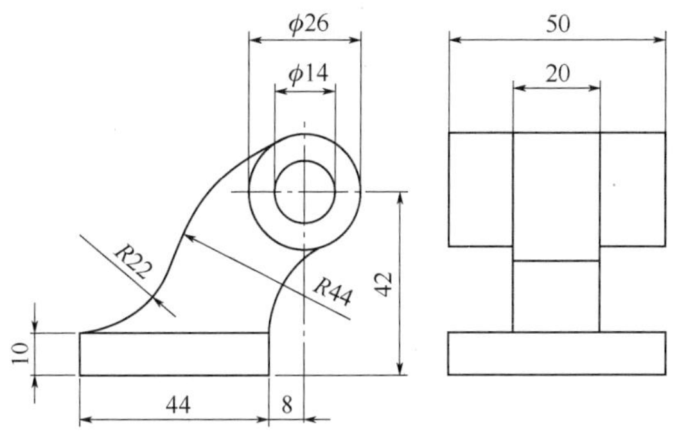

图 3-79　实例 1 图纸

② 拉伸部分模型。单击【特征】工具栏上的【拉伸凸台/基体】按钮，系统弹出【拉伸】属性管理器，在【特征管理器设计树】中选择【前视基准面】，系统进入草图环境，绘制如图 3-80 所示的草图 1，单击按钮，退出草图环境，系统返回【凸台-拉伸 1】属性管理器。在【开始条件】下拉列表中选择【草图基准面】选项，在【终止条件】下拉列表中选择【两侧对称】选项，在【深度】微调框内输入“50.00mm”，如图 3-81 所示，单击【确定】按钮✓。

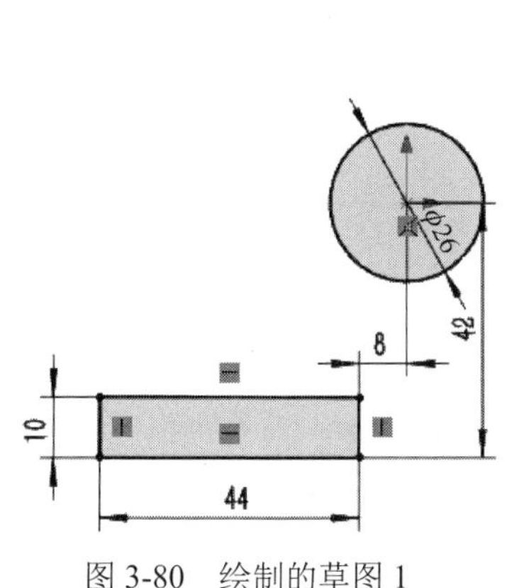

图 3-80　绘制的草图 1

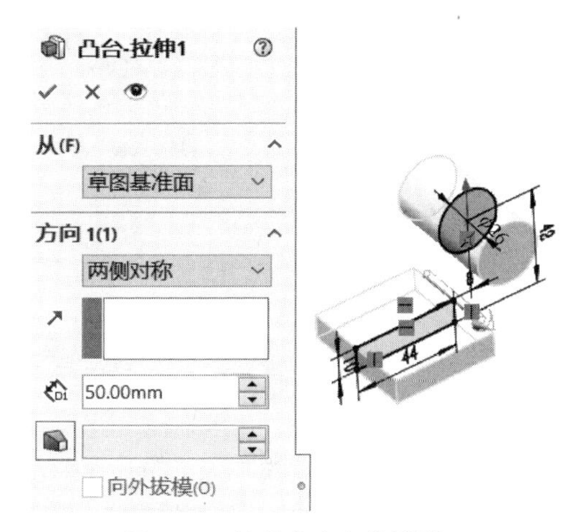

图 3-81　拉伸底座部分模型

③ 绘制草图 2、草图 3 和草图 4。选择【特征管理器设计树】中的【前视基准面】选项，使其成为草图绘制平面；单击【标准视图】工具栏中的【正视于】按钮，然后单击【草图】工具栏中的【草图绘制】按钮，进入草图绘制模式，绘制如图 3-82 所示的草图 2；以同样的方法在“前视基准面”上绘制如图 3-83 所示的草图 3；以同样的方法在长方体的上表面绘制如图 3-84 所示的草图 4，绘制草图 3 时，长方形的短边的中点分别与草图 2（路径）和草图 3（引导线）穿透约束。

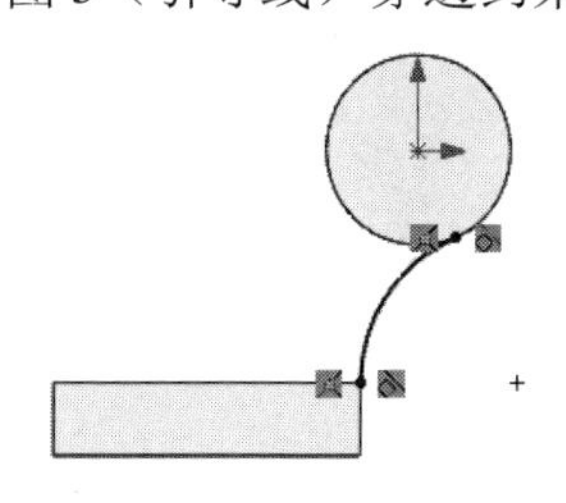
图 3-82　绘制的草图 2

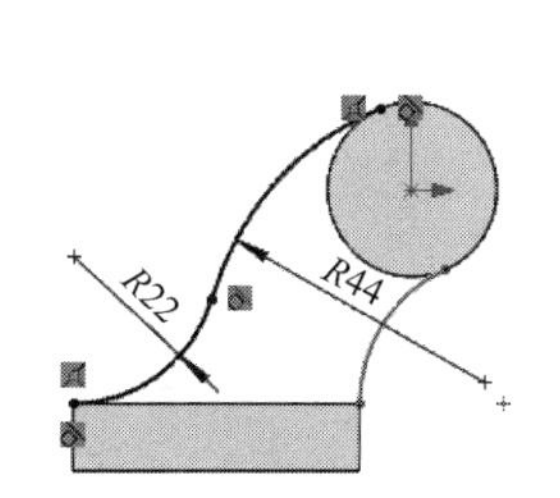

图 3-83　绘制的草图 3

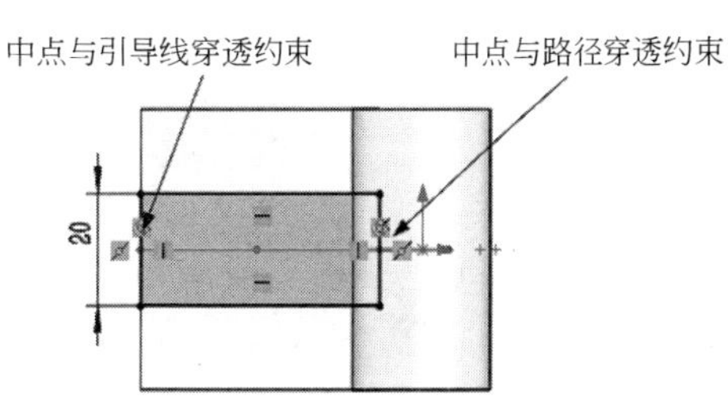

图 3-84　绘制的草图 4

④ 扫描创建模型。选择【插入】|【凸台/基体】|【扫描】菜单命令或者单击【特征】工具栏中的【扫描】按钮，系统弹出如图 3-85 所示的【扫描】属性管理器，单击【轮廓】按钮，然后在图形区域中选取轮廓草图 4；单击【路径】按钮，然后在图形区域中选取路径草图 2；单击【引导线】选项中的【引导线】按钮，然后在图形区域中选取引导线草图 3；在【选项】选项组中的【轮廓方位】下拉列表中选择【随路径变化】，【轮廓扭转】下拉列表中选择【随路径和第一引导线变化】；单击【确定】按钮，结果如图 3-86 所示。

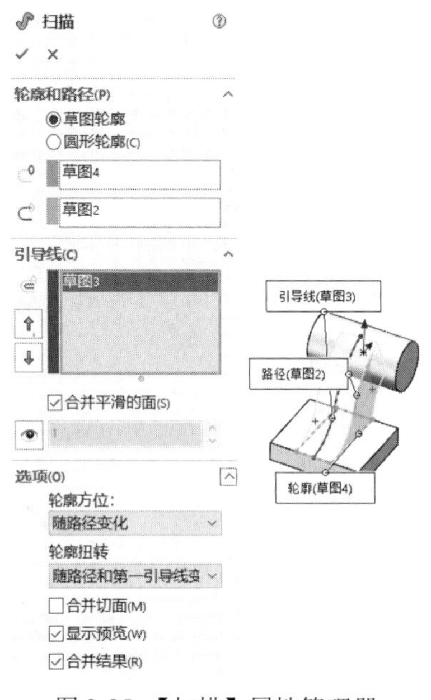

图 3-85 【扫描】属性管理器

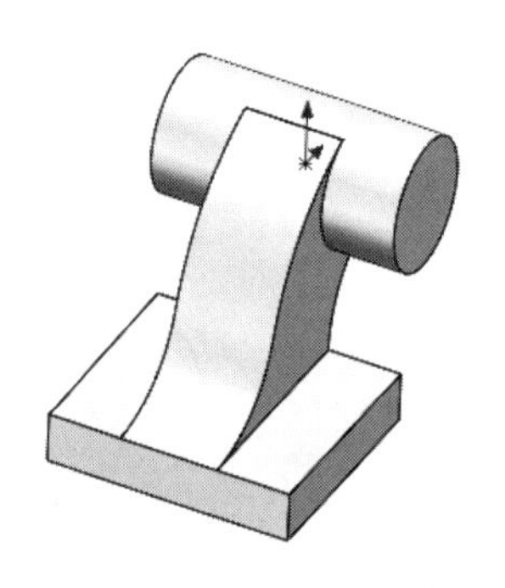

图 3-86 扫描后的模型

⑤ 通过拉伸切除功能添加ϕ14 的孔。单击【特征】工具栏中的【拉伸切除】按钮，系统弹出【拉伸】属性管理器。选取如图 3-87 所示的表面，系统进入草图环境，单击【标准视图】工具栏中的【正视于】按钮。绘制如图 3-88 所示的草图，单击按钮，退出草图环境，系统返回如图 3-89 所示的【切除-拉伸】属性管理器，在【开始条件】下拉列表中选择【草图基准面】选项，在【终止条件】下拉列表中选择【完全贯穿】选项，单击【确定】按钮，结果如图 3-90 所示。

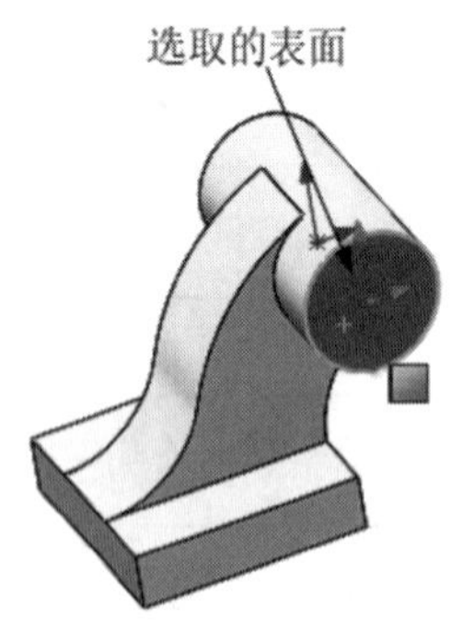

图 3-87 选取的表面

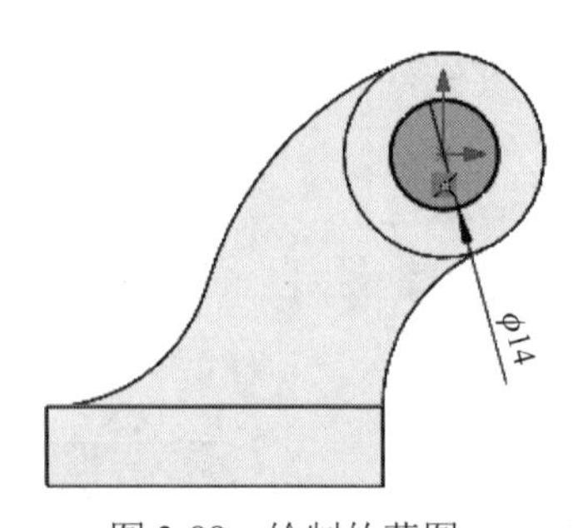

图 3-88 绘制的草图

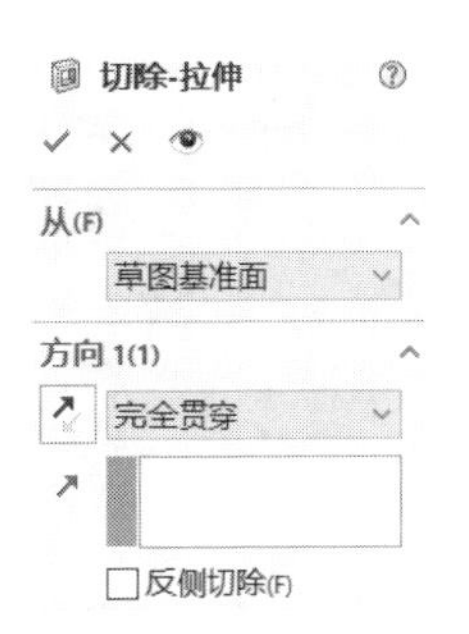

图 3-89 【切除-拉伸】属性管理器

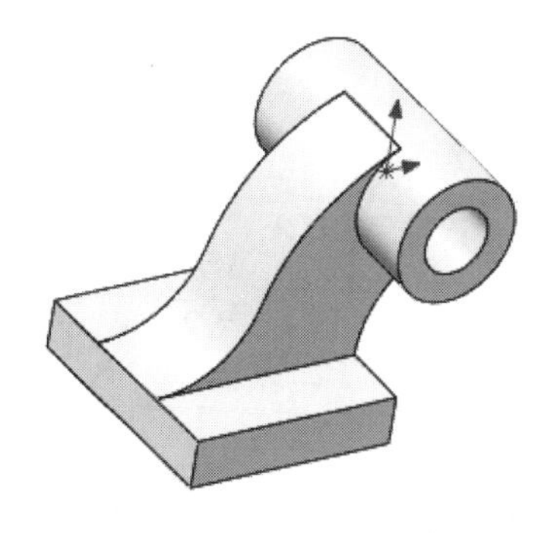

图 3-90 最终的模型

（2）实例 2

工程应用实例 2

应用放样和扫描特征创建如图 3-91 所示的模型，创建模型的基本步骤如下。

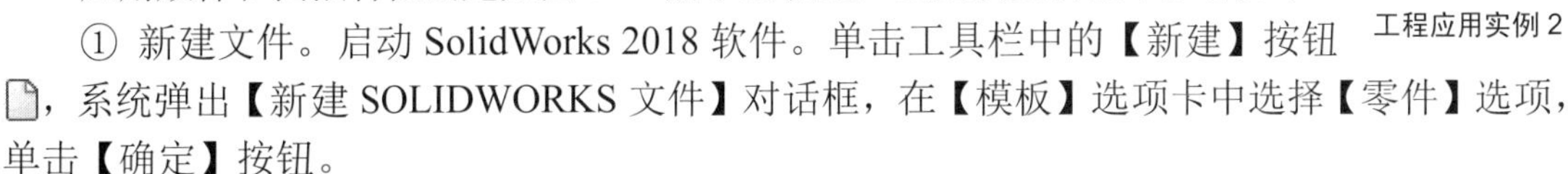

① 新建文件。启动 SolidWorks 2018 软件。单击工具栏中的【新建】按钮，系统弹出【新建 SOLIDWORKS 文件】对话框，在【模板】选项卡中选择【零件】选项，单击【确定】按钮。

图 3-91 实例 2 模型

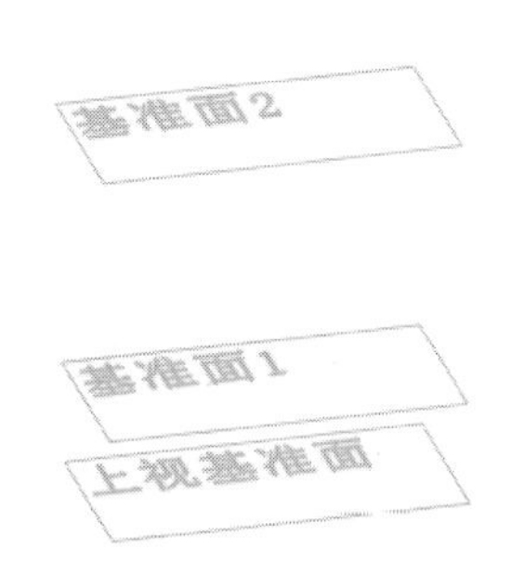

图 3-92 创建的基准面

② 创建基准面。选择【插入】|【参考几何体】|【基准面】菜单命令，系统弹出【基准面】属性管理器。选取【上视基准面】，在【参考实体】选择框中显示出选择的项目名称，在图形区域中显示出新的基准面的预览，在【偏移距离】微调框中输入“50.00mm”，单击【确定】按钮，生成基准面 1。采用相同的方法创建基准面 2，基准面 2 是“上视基准面”偏移 180° 所得，结果如图 3-92 所示。

③ 绘制草图 1、草图 2 和草图 3。选择【特征管理器设计树】中的【上视基准面】选项，使其成为草图绘制平面；单击【标准视图】工具栏中的【正视于】按钮，然后单击【草图】工具栏中的【草图绘制】按钮，进入草图绘制模式，绘制如图 3-93 所示的草图 1；以同样的方法在“基准面 1”上绘制如图 3-94 所示的草图 2；以同样的方法在“基准面 2”上绘制如图 3-95 所示的草图 3，结果如图 3-96 所示。

④ 选择【插入】|【凸台/基体】|【放样】菜单命令或者单击【特征】工具栏中的【放样凸台/基体】按钮，系统弹出如图 3-97 所示的【放样】属性管理器。单击每个轮廓上相应的点，按顺序依次选取草图 1、草图 2 和草图 3，此时被选择轮廓显示在【轮廓】选择框中，在后面的图形区域中显示生成的放样特征，如图 3-97 所示。单击【确定】按钮，结果如图 3-98 所示。

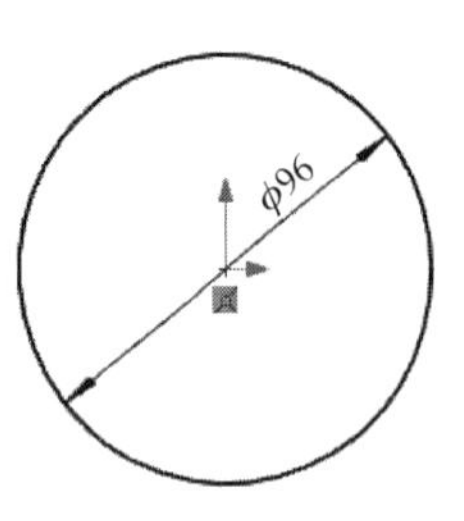

图 3-93　绘制的草图 1

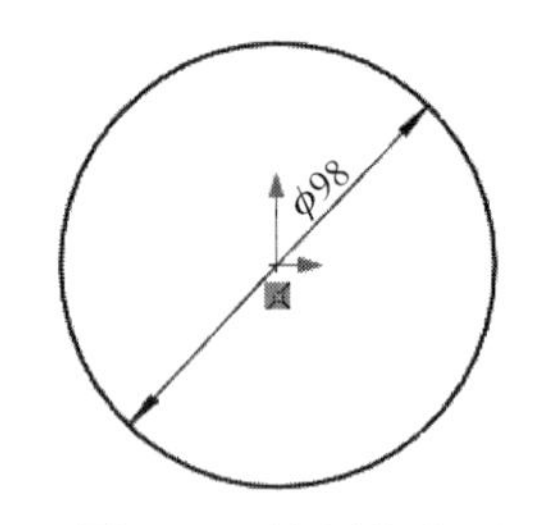

图 3-94　绘制的草图 2

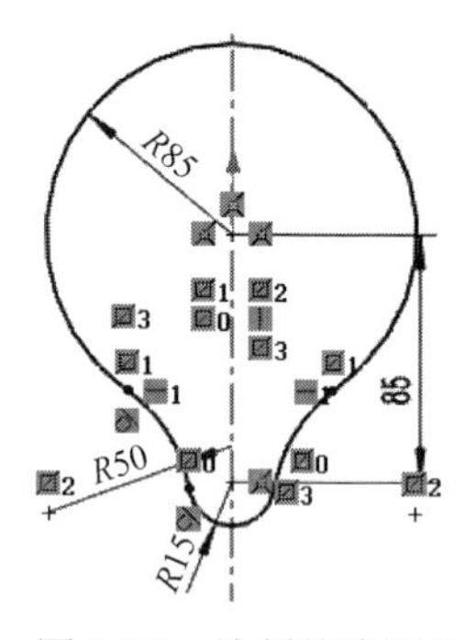

图 3-95　绘制的草图 3

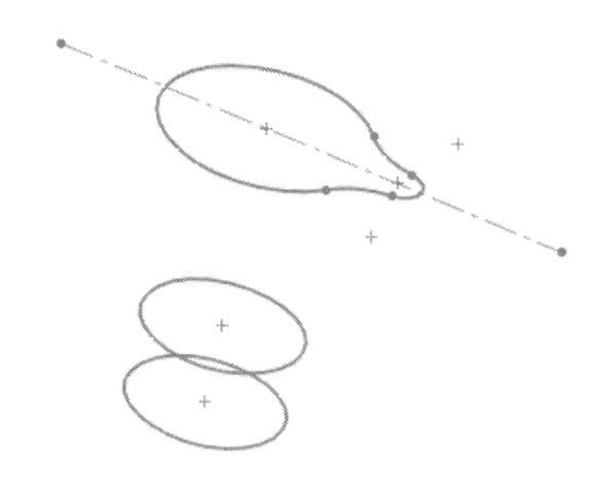

图 3-96　绘制的 3 个草图

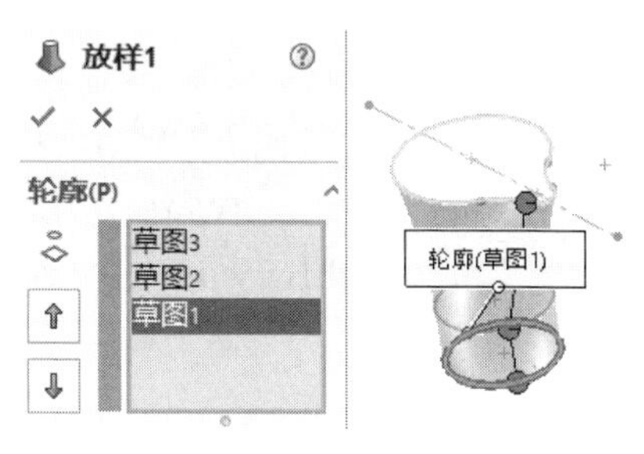

图 3-97　【放样】属性管理器

⑤ 绘制草图 4。选择【特征管理器设计树】中的【右视基准面】选项，使其成为草图绘制平面；单击【标准视图】工具栏中的【正视于】按钮，然后单击【草图】工具栏中的【草图绘制】按钮，进入草图绘制模式，绘制如图 3-99 所示的草图 4。

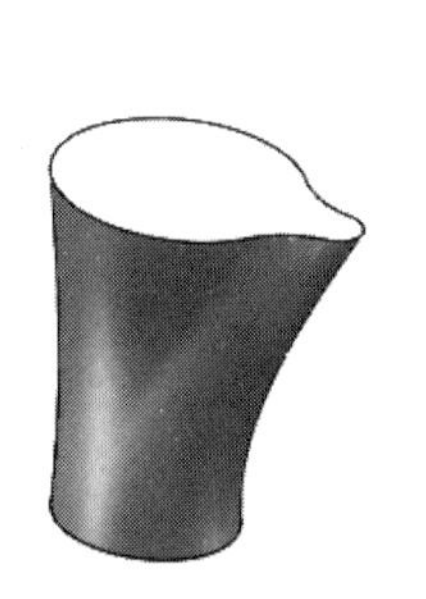

图 3-98　放样所得模型

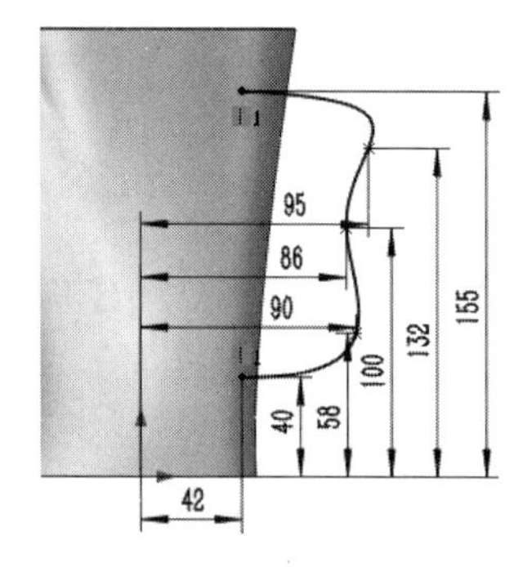

图 3-99　绘制的草图 4

⑥ 创建基准面 3。选择【插入】|【参考几何体】|【基准面】菜单命令，系统弹出【基准面】属性管理器。在【第一参考】选项组中，先选取草图 4 的上端点，然后单击【重合】按钮；在【第二参考】选项组中，先选取草图 4，然后单击【垂直】按钮；在【参考实体】选择框中显示出选择的项目名称，在图形区域中显示出新的基准面的预览，单击【确定】按钮，生成基准面 3，如图 3-100 所示。

⑦ 绘制草图 5。选取步骤⑥创建的基准面 3，使其成为草图绘制平面；单击【标准视图】显示框中的【正视于】按钮，然后单击【草图】工具栏中的【草图绘制】按钮，进入草图绘制模式，绘制如图 3-101 所示的草图 5。

⑧ 扫描创建模型。选择【插入】|【凸台/基体】|【扫描】菜单命令或者单击【特征】工

具栏中的【扫描】按钮，系统弹出【扫描】属性管理器，单击【轮廓】按钮，然后在图形区域中选取轮廓草图 5；单击【路径】按钮，然后在图形区域中选取路径草图 3；单击【确定】按钮，结果如图 3-91 所示。

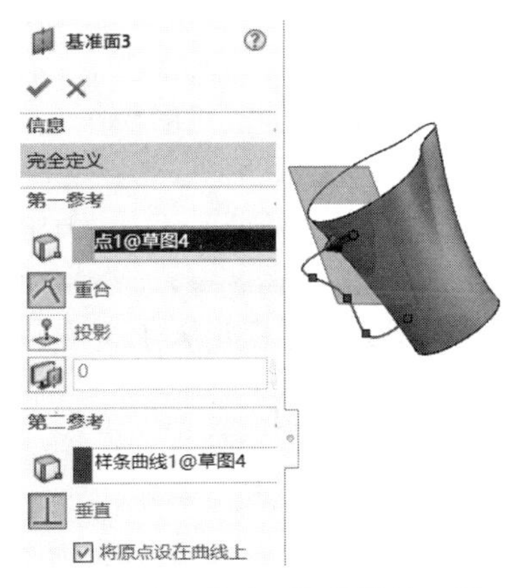

图 3-100 【基准面】属性管理器

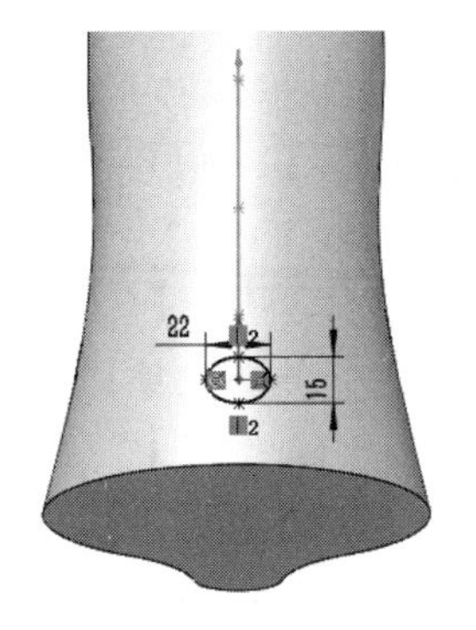

图 3-101 绘制的草图 5

3.3 辅助特征

3.3.1 圆角特征

使用圆角特征可以在零件上生成内圆角或外圆角。圆角特征在零件设计中起着重要作用。大多数情况下，如果能在零件特征上加入圆角，则有助于造型上的变化，或是产生平滑的效果。SolidWorks 2018 可以为一个面上的所有边线、多个面、多个边线或边线环创建圆角特征，在 SolidWorks 2018 中有以下几种圆角特征。

① 等半径圆角。对所选边线以相同的圆角半径进行倒圆角操作。

② 多半径圆角。可以为每条边线选择不同的圆角半径值进行倒圆角操作。

③ 圆形角圆角。通过控制角部边线之间的过渡，消除两条边线汇合处的尖锐接合点。

④ 逆转圆角。可以在混合曲面之间沿着零件边线进入圆角，生成平滑过渡。

⑤ 变半径圆角。可以为边线的每个顶点指定不同的圆角半径。

⑥ 混合面圆角。通过它可以将不相邻的面混合起来。

选择【插入】|【特征】|【圆角】菜单命令或者单击【特征】工具栏中的【圆角】按钮，系统弹出如图 3-102 所示的【圆角】属性管理器。

图 3-102 【圆角】属性管理器

在【圆角类型】选项组中选择一圆角类型，然后设定其他参数选项，选择的圆角类型不同，其后的选项也将做相应的变化，包括以下圆角类型。

① 恒定大小圆角（等半径）。单击该按钮可以生成

整个圆角的长度都有等半径的圆角。

② 变量大小圆角（变半径）。单击该按钮可以生成带变半径值的圆角。

③ 面圆角。单击该按钮可以混合非相邻、非连续的面。

④ 完整圆角。单击该按钮可以生成相切于三个相邻面组（一个或多个面相切）的圆角。

（1）恒定大小圆角

恒定大小圆角特征是指对所选边线以相同的圆角半径进行倒圆角的操作，要生成等半径圆角特征，可按下面的操作步骤进行。

① 选择【插入】|【特征】|【圆角】菜单命令或者单击【特征】工具栏中的【圆角】按钮，系统弹出如图 3-102 所示的【圆角】属性管理器。

② 在出现的【圆角】属性管理器中选择【圆角类型】为【恒定大小圆角】。

③ 设置【要圆角化的项目】选项组中的参数。

【边线、面、特征和环】选择框：在图形区域中选取要圆角处理的实体。

【切线延伸】复选框：将圆角延伸到所有与所选面相切的面。

【完整预览】单选按钮：用来显示所有边线的圆角预览。

【部分预览】单选按钮：只显示一条边线的圆角预览。按 A 键来依次观看每个圆角预览。

【无预览】单选按钮：可提高复杂模型的重建时间。

④ 设置【圆角参数】选项组中的参数。

【半径】微调框：用于设置圆角的半径。

【多半径圆角】复选框：以边线不同的半径值生成圆角。使用不同半径的三条边线可以生成边角，但不能为具有共同边线的面或环指定多个半径。

圆角形式包括【对称】和【非对称】。

【对称】：选择此选项，表示边线圆角两侧对称。

【非对称】：选择此选项，表示边线圆角两侧半径不同。

轮廓形式包括【圆形】【圆锥 Rho】【圆锥半径】和【曲率连续】。

【圆形】：选择此选项，表示边线圆角呈圆形弧面。

【圆锥 Rho】：选择此选项，表示边线圆角弧面呈锥形方程式比例变化。

【圆锥半径】：选择此选项，表示边线圆角弧面呈锥形曲率半径变化。

【曲率连续】：选择此选项，表示圆角弧面沿曲线曲率变化。

⑤ 在如图 3-102 所示的【圆角选项】选项组中选择【保持特征】复选框。

【保持特征】复选框：如果应用一个大到可覆盖特征的圆角半径，则保持切除或凸台特征可见。消除选择保持特征以圆角包罗切除或凸台特征。【保护特征】选项的应用如图 3-103 所示，其中，【保持特征】应用到圆角生成正面凸台和右切除特征的模型如图 3-103（b）所示，【保持特征】应用到所有圆角的模型如图 3-103（c）所示。

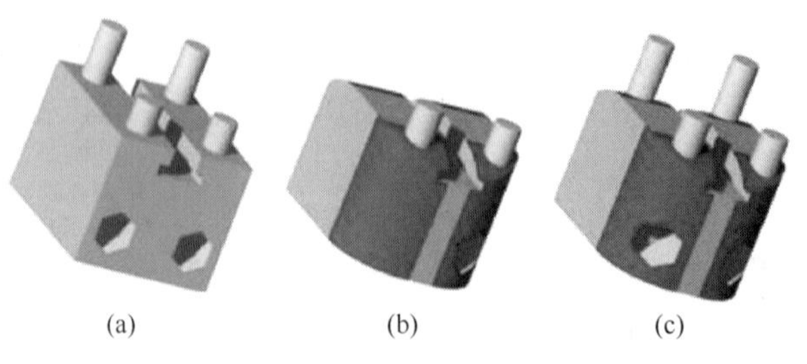

(a) (b) (c)

图 3-103 【保持特征】选项的应用

⑥ 在【圆角选项】选项组中【扩展方式】中选择一种扩展方式。

【扩展方式】用来控制在单一闭合边线（如圆、样条曲线、椭圆）上圆角在与边线汇合时的行为。主要包括以下单选按钮：

【默认】：系统根据集合条件选择【保持边线】或【保持曲面】单选按钮。

【保持边线】：模型边线保持不变，而圆角调整，在许多情况下，圆角的顶总边线中会有沉陷。

【保持曲面】：圆角边线调整为连续和平滑，而模型边线更改以与圆角边线匹配。

⑦ 单击【确定】按钮✓，生成等半径圆角特征，如图 3-104 所示。

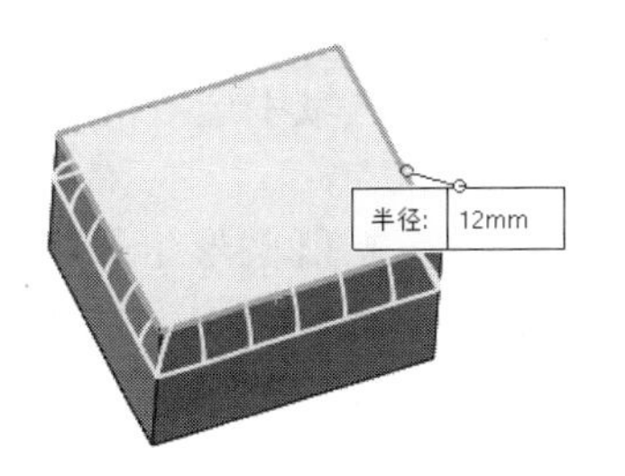

要圆角的边线　　应用等半径圆角

图 3-104　等半径圆角特征

在生成圆角特征时，所给定的圆角半径值应适当，如果圆角半径值太大，所生成的圆角将剪裁模型其他曲面及边线。

（2）多半径圆角

使用多半径圆角特征可以为每条所选边线设置不同的半径值，还可以为具有公共边线的面指定多个半径。

要生成多半径圆角特征，可按下面的操作步骤进行。

① 选择【插入】|【特征】|【圆角】菜单命令或者单击【特征】工具栏中的【圆角】按钮，系统弹出【圆角】属性管理器。

② 在【圆角参数】选项组中选择【多半径圆角】复选框。

③ 单击按钮右边的选择框，然后在右面的图形区域中选取要进行圆角处理的第一条模型边线、面或环。

④ 在图形区域中选取要进行圆角处理的模型其他具有相同圆角半径的边线、面或环。

⑤ 在【圆角参数】选项组中的【半径】微调框中设置圆角的半径。

⑥ 重复步骤④、⑤，对多条模型边线、面或环，指定不同的圆角半径，直到设置完所有要进行圆角处理的边线为止。

⑦ 单击【确定】按钮✓，生成多半径圆角特征，如图 3-105 所示。

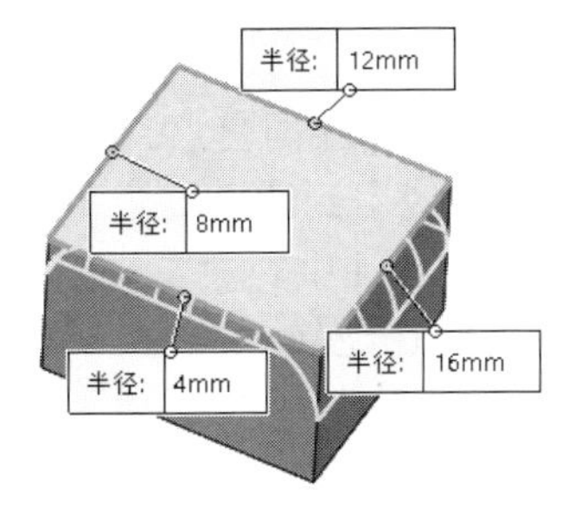

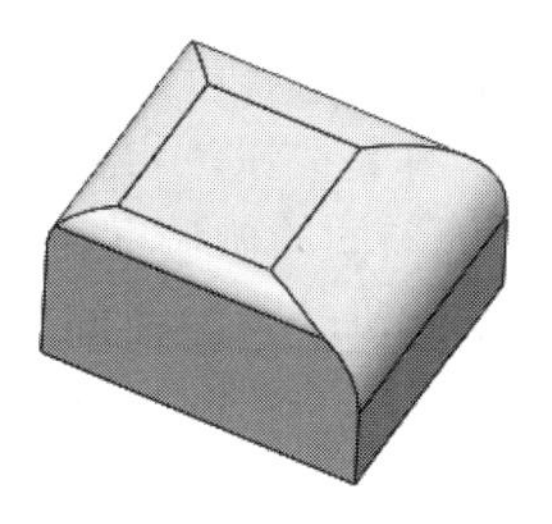

图 3-105　多半径圆角特征

（3）圆形角圆角

使用圆形角圆角特征可以控制角部边线之间的过渡，圆形角圆角将混合邻接的边线，从而消除两条线汇合处的尖锐接合点。

要生成圆形角圆角特征，可按下面的步骤进行操作。

① 选择【插入】|【特征】|【圆角】菜单命令或者单击【特征】工具栏中的【圆角】按钮，系统弹出【圆角】属性管理器。

② 在【圆角】属性管理器中选择【圆角类型】为【等半径】。

③ 在【要圆角化的项目】选项组中取消选择【切线延伸】复选框，在【半径】微调框中设置圆角的半径。

④ 单击按钮右边的选择框，然后在右面的图形区域中选取两个或更多相邻的模型边线、面或环。

⑤ 选中【圆角选项】选项组中的【圆形角】复选框。【圆形角】用来生成带圆形角的等半径圆角，使用时必须选取至少两个相邻边线来圆角化。

⑥ 单击【确定】按钮，生成圆形角圆角特征，如图 3-106 所示。

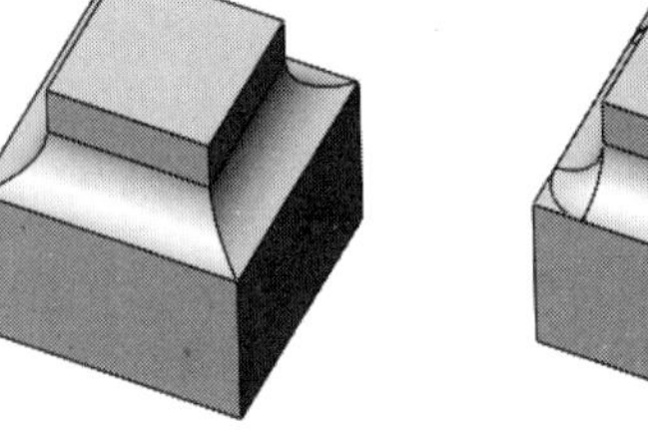

无圆形角应用了等半径圆角　　带圆形角应用了等半径圆角

图 3-106　圆形角圆角特征

（4）逆转圆角

使用逆转圆角特征可以在混合曲面之间沿着零件边线生成圆角，从而形成平滑过渡。如果要生成逆转圆角特征，可按下面的操作步骤进行。

① 生成一个零件，该零件应该包括边线、相交和希望混合的顶点。

② 选择【插入】|【特征】|【圆角】菜单命令或者单击【特征】工具栏中的【圆角】按钮，系统弹出【圆角】属性管理器。

③ 在【圆角类型】选项组中保持默认设置【恒定大小圆角】。

④ 选择【圆角参数】选项组中的【多半径圆角】复选框。

⑤ 取消选择【切线延伸】复选框，单击按钮右边的选择框，然后在右面的图形区域中选取 3 个如图 3-107 所示的边线。

⑥ 在【逆转参数】选项组中的【距离】微调框中设置距离“3.00mm”。

⑦ 单击按钮右边的选择框，然后选取 3 条边线的共同交点。

⑧ 单击【设定所有】按钮，将相等的逆转距离应用到通过每个顶点的所有边线。逆转距离将显示在逆转距离右面的微调框和图形区域内的标注中。

【设定未指定的】按钮：将当前的距离应用到在逆转距离下无指定的距离的所有边线。

【选择所有】按钮：将当前的距离应用到逆转距离下的所有边线。

⑨ 如果要对每一条边线分别设定不同的逆转距离，则进行如下操作。

在微调框中为每一条边线设置逆转距离。

单击按钮右边的选择框，在右面的图形区域中选取拥有多边线的外顶点作为逆转顶点。

在选择框中会显示每条边线的逆转距离。

⑩ 单击【确定】按钮，生成逆转圆角特征，结果如图 3-108 所示。

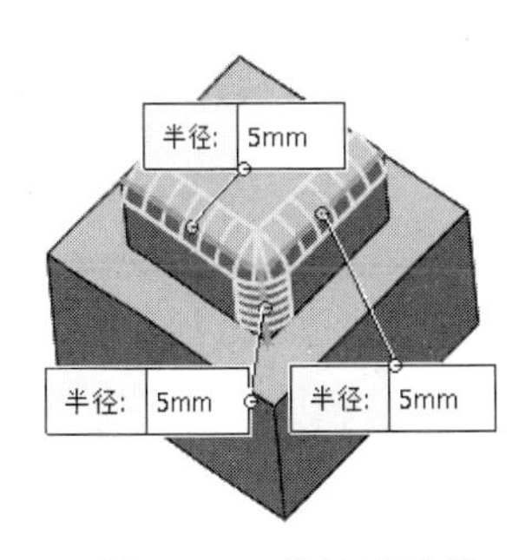

图 3-107　选取的边线

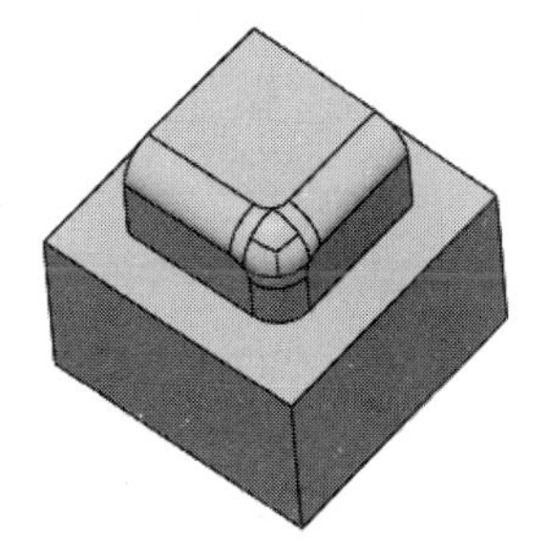
图 3-108　逆转圆角特征

（5）变半径圆角

变半径圆角特征通过对进行圆角处理的边线上的多个点（变半径控制点）指定不同的圆角半径来生成圆角，因而可以制造出另类的效果。如果要生成变半径圆角特征，可按下面的步骤进行操作。

① 选择【插入】|【特征】|【圆角】菜单命令或者单击【特征】工具栏中的【圆角】按钮，系统弹出【圆角】属性管理器。

② 在【圆角类型】选项组中保持默认设置【变量大小圆角】。

③ 单击按钮右边的选择框，然后在右面的图形区域中选取要进行变半径圆角处理的边线。此时在右面的图形区域中系统会默认使用 3 个变半径控制点，分别位于边线的 25%、50%和 75%的等距离处。

④ 在【变半径参数】选项组中按钮右边的选择框中选取变半径控制点，然后在下面的【半径】右侧的微调框中输入圆角半径值。

⑤ 如果要更改变半径控制点的位置，可以通过鼠标指针拖动控制点到新的位置。

⑥ 如果要改变控制点的数量，可以在按钮右侧的微调框中设置控制点的数量。

⑦ 在下面的过渡类型中选择过渡类型。

【平滑过渡】选项：生成一个圆角，当一个圆角边线与一个邻面结合时，圆角半径从一个半径平滑地变化为另一个半径。

【直线过渡】选项：生成一个圆角，圆角半径从一个半径线性变化成另一个半径，但是不与邻近圆角的边线相结合。

⑧ 单击【确定】按钮，生成变半径圆角特征，如图 3-109 所示。

（6）面圆角

混合面圆角特征用来将不相邻的面混合起来。如果要生成混合面圆角特征，可按下面的步骤进行操作。

① 在 SolidWorks 中生成具有两个或多个相邻、不连续面的零件。

② 选择【插入】|【特征】|【圆角】菜单命令或者单击【特征】工具栏中的【圆角】按钮，系统弹出【圆角】属性管理器。

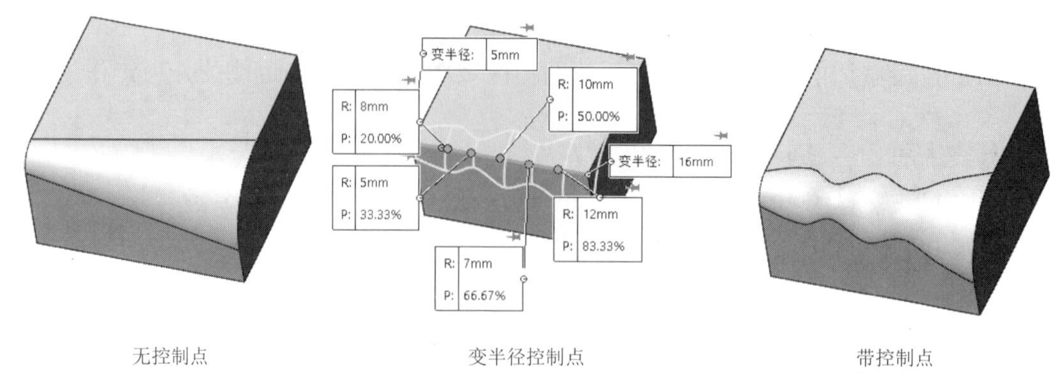

无控制点　　变半径控制点　　带控制点

图 3-109　变半径圆角特征

③ 在【圆角】属性管理器中选择【圆角类型】为【面圆角】，此时的【要圆角化的项目】选项组如图 3-110 所示。

【面组 1】：在图形区域中选取要混合的第一个面或第一组面。

【面组 2】：在图形区域中选取要与面组 1 混合的面。

如果为面组 1 或面组 2 选择一个以上面，则每组面必须平滑连接以使面圆角适当增添到所有面。

④ 在【半径】微调框中设定圆面角半径。

⑤ 选取图形区域中要混合的第一个面或第一组面，所选的面将在第一个按钮右侧的选择框中显示。

⑥ 选取图形区域中要混合的第二个面或第二组面，所选的面将在第二个按钮右侧的选择框中显示。

⑦ 选择【切线延伸】复选框使圆角应用到相切面。

⑧ 如果在【圆角参数】选项组中的【轮廓】选择【曲率连续】，则系统会生成一个平滑曲率来解决相邻曲面之间不连续的问题。

圆角形式包括【对称】【非对称】【弦宽度】和【包络控制线】。

【包络控制线】：选取零件上一边线或面上一投影分割线作为决定面圆角形状的边界。圆角的半径由控制线和要圆角化的边线之间的距离驱动。

【弦宽度】：生成带常量宽度的圆角。

图 3-110　【圆角】属性管理器

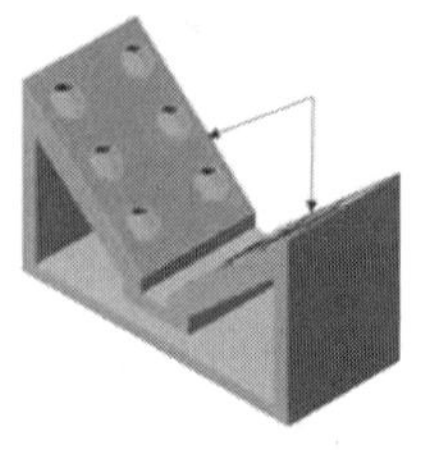

选取的面组 1 和面组 2

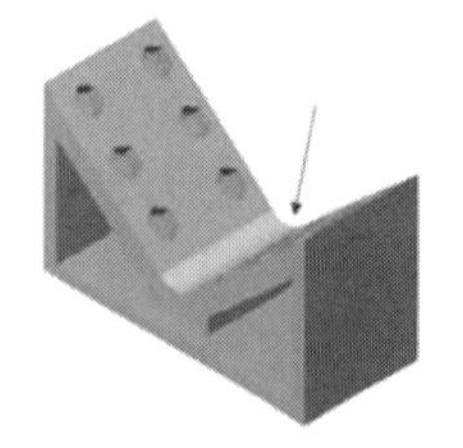

应用了面圆角

图 3-111　混合面圆角特征

⑨ 如果选择【辅助点】选项，则可以在图形区域中通过在插入圆角的附近插入辅助点来定位插入混合面的位置。

提示：在可能不清楚何处发生面混合时，辅助点可以解决模糊选择。在辅助点顶点中单击，然后单击要插入面圆角的边侧上的一个顶点，圆角在靠近辅助点的位置处生成。

⑩ 单击【确定】按钮✓，生成混合面圆角特征。图 3-111 所示为应用混合面圆角特征之后的效果。

此外，通过为圆角设置边界或包络控制线，也可以决定混合面的半径和形状。控制线可以是要生成圆角的零件边线或投影到一个面上的分割线。由于它们的应用非常有限，在这里不再作详细介绍。

3.3.2 倒角特征

在零件设计过程中，通常对锐利的零件边角进行倒角处理，以防止伤人和避免应力集中，便于搬运、装配等。倒角特征是机械加工过程中不可缺少的工艺，倒角特征是对边或角进行倒角。

（1）距离倒角

当需要在零件模型上生成距离倒角特征时，可按如下的操作步骤进行。

① 选择【插入】|【特征】|【倒角】菜单命令或者单击【特征】工具栏中的【倒角】按钮，系统弹出如图 3-112 所示的【倒角】属性管理器。

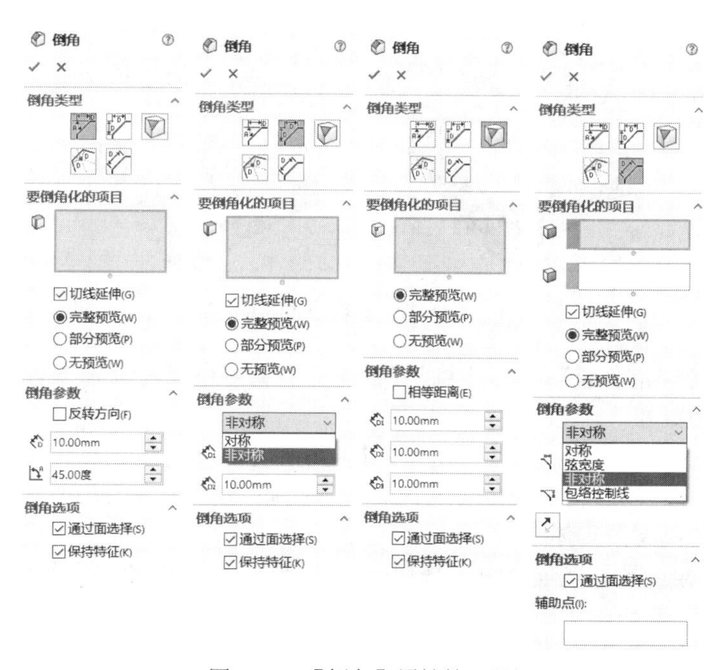

图 3-112 【倒角】属性管理器

② 在【倒角】属性管理器选择倒角类型，确定生成距离倒角的方式：【角度-距离】【距离-距离】【顶点】【等距面】和【面-面】五种。【角度-距离】用于创建倒角距相邻曲面的参照边距离为 D 且与该曲面的夹角为指定角度，用户需要分别指定参照边、D 值和夹角数值；【距离-距离】是在一个曲面距参照 D1、在另一个曲面距参照边 D2 处创建倒角，用户需要分别确定参照边和 D1、D2 的数值；【顶点】在所选顶点每侧输入三个距离值，或单击相等距离并

指定一个数值；【等距面】在各曲面上与参照边相距 D 处创建倒角，用户只需确定参照边和 D 值即可，系统默认选择此选项；【面-面】用于混合非相邻、非连续的面。此倒角类型可创建【对称】【非对称】【包络控制线】和【弦宽度】倒角。

【角度-距离】按钮：单击该按钮后会出现【距离】及【角度】参数项，利用【角度-距离】按钮生成的倒角效果如图 3-113 所示。

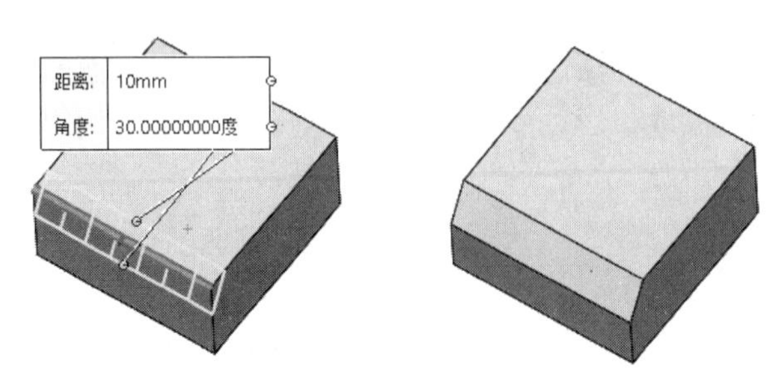

图 3-113　选择【角度-距离】按钮生成倒角

【距离】：应用到第一个所选的草图实体。

【角度】：应用到从第一个草图实体开始的第二个草图实体。

【距离-距离】按钮：单击该按钮后会出现【距离】或【距离 1】及【距离 2】参数项，利用【距离-距离】按钮生成的倒角效果如图 3-114 所示。

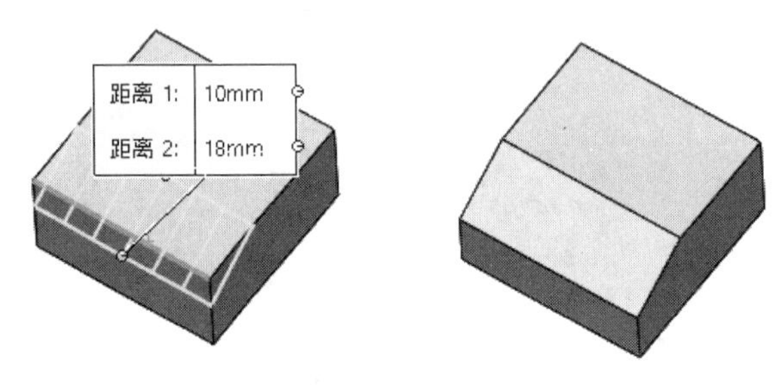

图 3-114　选择【距离-距离】按钮生成倒角

【距离】：【倒角参数】选项组中的【倒角方法】下拉列表中选择【对称】时，该选项表示两边的倒角距离相等。

【距离 1】及【距离 2】：【倒角参数】选项组中的【倒角方法】下拉列表中选择【非对称】时，【距离 1】微调框表示应用到第一个所选的草图实体。【距离 2】微调框表示应用到第二个所选的草图实体。

③ 单击【倒角参数】选项组中按钮右侧的选择框，然后在图形区域中选取实体（边线和面或顶点）。

④ 在下面对应的选项中指定距离或角度值。

⑤ 如果选择【保持特征】复选框，则当应用倒角特征时，会保持零件的其他特征。如果应用一个大到可覆盖特征的倒角半径，选择该选项，则表示保持切除或凸台特征可见；消除选择【保持特征】，以倒角形式包罗切除或凸台特征。

【保持特征】复选框选择与否的效果预览如图 3-115 所示。

⑥ 如果选择【切线延伸】复选框，则表示将倒角延伸到所有与所选面相切的面。

⑦ 确定预览的方式，预览方式各选项在【倒角】属性管理器的下方。

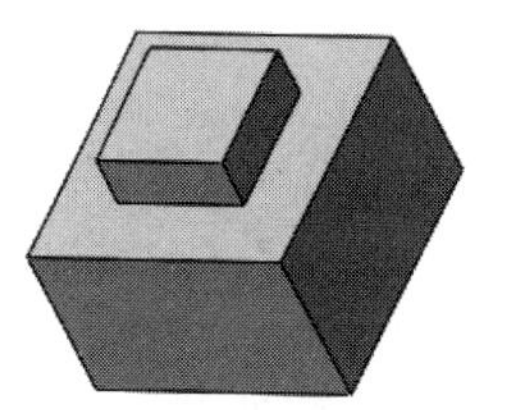

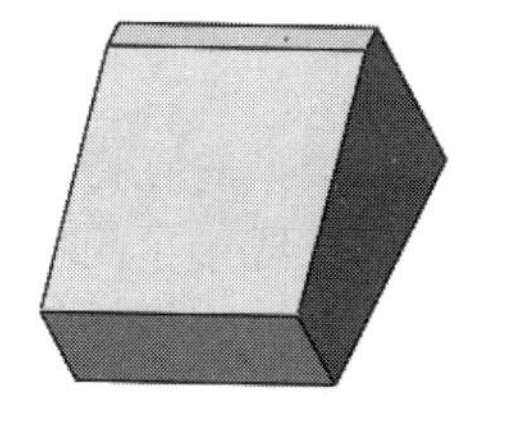

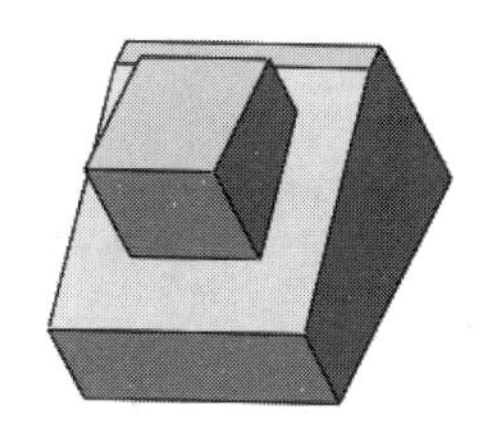

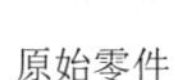

原始零件　　没有选择【保持特征】复选框　　选择【保持特征】复选框

图 3-115　保持特征

【完整预览】：选择该单选按钮表示显示所有边线的倒角预览。

【部分预览】：选择该单选按钮表示只显示一条边线的倒角预览。按 A 键可以依次观看每个倒角预览。

【无预览】：选择该单选按钮可以提高复杂模型的重建时间。

⑧ 单击【确定】按钮✓，即可生成倒角特征。

（2）顶点倒角

当需要在零件模型上生成距离倒角特征时，可按如下的操作步骤进行。

① 选择【插入】|【特征】|【倒角】菜单命令或者单击【特征】工具栏中的【倒角】按钮，系统弹出如图 3-112 所示的【倒角】属性管理器。

② 在【倒角】属性管理器选择【倒角类型】，确定生成【顶点】倒角方式，如图 3-116 所示。该方式表示在所选倒角边线的一侧输入两个距离值，或单击相等距离并指定一个单一数值。

③ 单击【倒角参数】选项组中按钮右侧的选择框，然后在图形区域中选取实体的顶点。

④ 在下面对应的选项中指定【距离 1】、【距离 2】和【距离 3】。

⑤ 如果选择【保持特征】复选框，则当应用倒角特征时，会保持零件的其他特征。消除选择【保持特征】复选框以倒角形式包罗切除或凸台特征。

⑥ 如果选择【切线延伸】复选框，则表示将倒角延伸到所有与所选面相切的面。

⑦ 确定预览的方式：【完整预览】【部分预览】或【无预览】。

⑧ 单击【确定】按钮✓，即可生成倒角特征。采用顶点类型生成倒角的效果如图 3-117 所示。

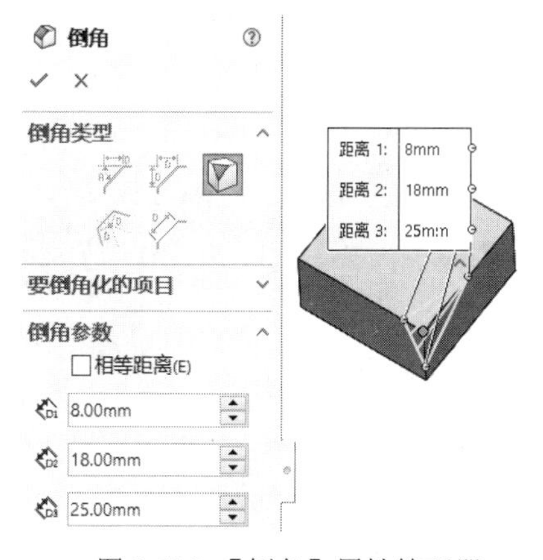

图 3-116 【倒角】属性管理器

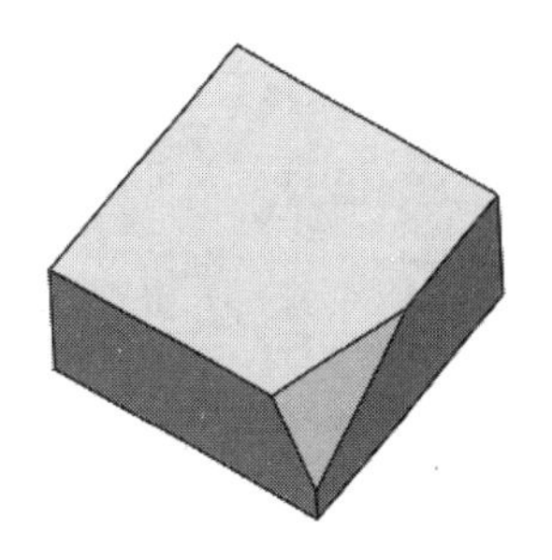

图 3-117　选取顶点类型生成倒角

3.3.3 孔特征

孔特征是指在已有的零件上生成各种类型的孔特征。在 SolidWorks 2018 中孔特征分为简单直孔和异型孔两种。应用简单直孔可以生成一个简单的、不需要其他参数修饰的直孔；使用异型孔向导可以生成多参数、多功能的孔，如机械加工中的螺纹孔、锥形孔等。

如果准备生成不需要其他参数的简单直孔，则选择简单直孔特征，否则可以选择异型孔向导。对于生成简单的直孔而言，简单直孔特征可以提供比异型孔向导更好的性能。

（1）简单直孔

如果要在模型上插入简单直孔特征，其操作步骤如下。

① 选择【插入】|【特征】|【孔】|【简单直孔】菜单命令或者单击【特征】工具栏中的【简单直孔】按钮，系统弹出如图 3-118 所示的【孔】属性管理器。

② 在图形零件中选取要生成简单直孔特征的平面。

③ 此时【孔】属性管理器如图 3-118 所示，并在右面的图形区域中显示生成的孔特征。

④ 利用【从】选项组中的选项为简单直孔特征设定开始条件，其下拉列表中主要包括以下选项。

【草图基准面】选项：从草图所处的同一基准面开始生成简单直孔。

【曲面/面/基准面】选项：从这些实体之一开始生成简单直孔。使用该选项创建孔特征时，需要为【曲面/面/基准面】选取一有效实体。

【顶点】选项：从为【顶点】所选取的顶点开始生成简单直孔。

【等距】选项：在从当前草图基准面等距的基准面上开始生成简单直孔。使用该选项创建孔特征时，需要为输入等距值。

⑤ 在【方向 1】选项组中的第一个下拉列表中选择【终止类型】。终止条件主要包括如下几种。

【给定深度】选项：从草图的基准面拉伸特征到特定距离以生成特征。选择该选项后，需要在下面的【深度】微调框中指定深度。

【完全贯穿】选项：从草图的基准面拉伸特征直到贯穿所有现有的几何体。

【成形到下一面】选项：从草图的基准面拉伸特征到下一面，以生成特征（下一面必须在同一零件上）。

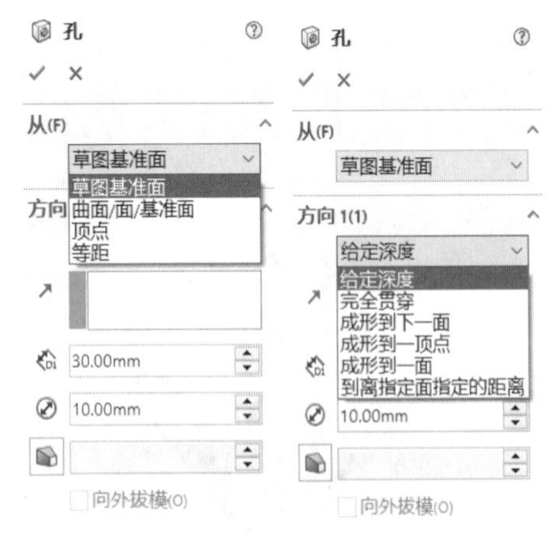

图 3-118 【孔】属性管理器

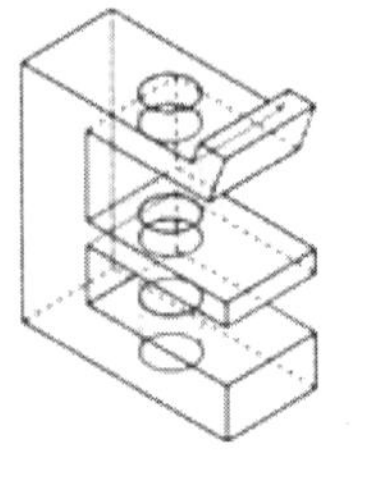

垂直于草图方向拉伸

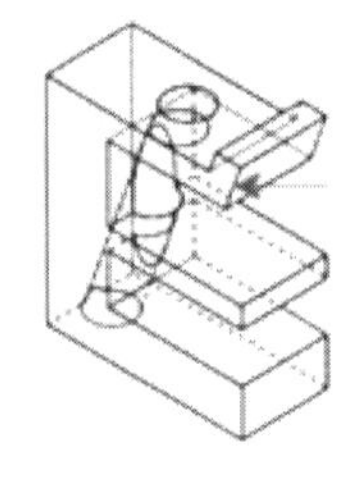

方向向量拉伸

图 3-119 拉伸方向

【成形到一顶点】选项：从草图基准面拉伸特征到一个平面，这个平面平行于草图基准面且穿越指定的顶点。

【成形到一面】选项：从草图的基准面拉伸特征到所选的曲面，以生成特征。

【到离指定面指定的距离】选项：从草图的基准面拉伸特征到距某面（可以是曲面）特定距离的位置以生成特征。选择该项后，需要指定特定的面和距离。

⑥ 利用【拉伸方向】↗选择框设置除垂直于草图轮廓以外的其他方向拉伸孔，如图 3-119 所示。

⑦ 在【方向 1】选项组中的【孔直径】微调框中输入孔的直径，确定孔的大小。

⑧ 如果要给特征添加一个拔模，单击【拔模开/关】按钮，然后输入拔模角度。

⑨ 单击【确定】按钮✓，即可完成简单直孔特征的生成。

虽然在模型上生成了简单的直孔特征，但是上面的操作并不能确定孔在模型面上的位置，还需要进一步对孔进行定位。

⑩ 在模型或特征管理器设计树中，选择孔特征，单击鼠标右键，在弹出的快捷菜单中单击【编辑草图】按钮，如图 3-120 所示。

⑪ 单击【草图】工具栏中的【智能尺寸】按钮，像标注草图尺寸那样对孔进行尺寸定位，此外，还可以在草图中修改孔的直径尺寸，如图 3-121 所示。

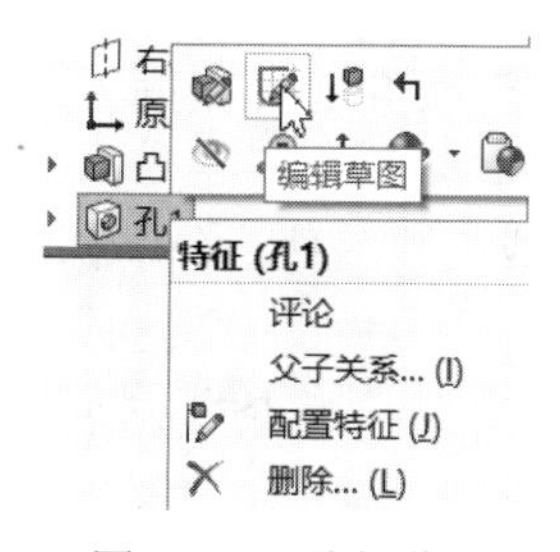

图 3-120　编辑草图

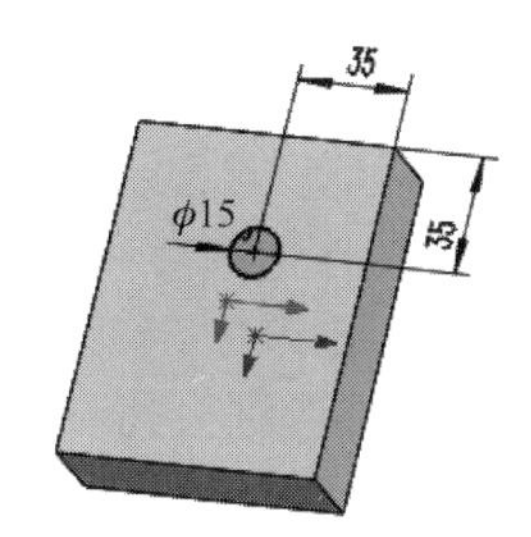

图 3-121　孔的定位

⑫ 单击【草图】工具栏中的【退出草图】按钮或单击按钮，退出草图编辑状态。此时会看到被定位后的孔。

⑬ 如果要更改已经生成的孔的深度、终止类型等，在模型或特征管理器设计树中选择需要编辑的孔特征，然后单击鼠标右键，在弹出的快捷菜单中单击【编辑定义】按钮。

⑭ 在弹出的【孔】属性管理器中进行必要的修改后，单击【确定】按钮✓。

(2) 异型孔

异型孔向导中【孔类型】包括柱形沉头孔、锥形沉头孔、孔、直螺纹孔、锥形螺纹孔、旧制孔，如图 3-122 所示，根据具体的结构和作用不同，分为柱形沉头孔、锥形沉头孔、孔、直螺纹孔、锥形螺纹孔、旧制孔、柱孔槽口、锥孔槽口和槽口 9 种，如表 3-2 所示，根据设计需要可以选定异型孔的类型。

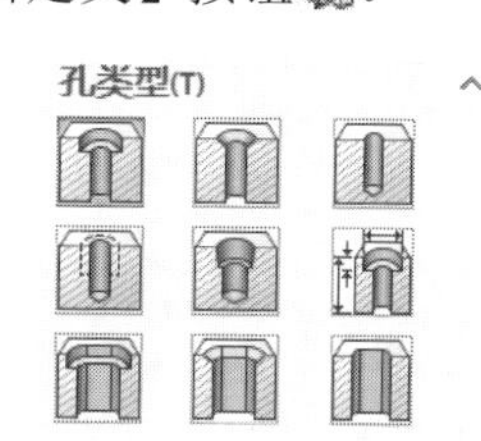

图 3-122　异型孔类型

表 3-2　异型孔种类

柱形沉头孔	锥形沉头孔	孔	直螺纹孔	锥形螺纹孔	旧制孔	柱孔槽口	锥孔槽口	槽口

当使用异型孔向导生成孔时，孔的类型和大小出现在【孔规格】属性管理器。通过使用异型孔向导可以生成基准面上的孔，或者在平面和非平面上生成孔。生成步骤遵循“设定孔类型参数、孔的定位以及确定孔的位置”3 个过程。

【孔规格】属性管理器中有【类型】和【位置】两个选项卡。

【类型】选项卡（默认）：设定各种孔的类型参数。

【位置】选项卡：在平面或非平面上找出异型孔，使用尺寸和其他草图工具来定位孔中心。

① 柱形沉头孔特征。如果要在模型上生成柱形沉头孔特征，操作步骤如下。

a．打开一个零件文件，在零件上选择要生成柱孔特征的平面。

b．选择【插入】|【特征】|【孔】|【向导孔】菜单命令或者单击【特征】工具栏中的【异型向导孔】按钮，系统弹出如图 3-123 所示的【孔规格】属性管理器。

c．单击【孔类型】选项组中的【柱形沉头孔】按钮，此时设置各参数，如选用的【标准】【类型】【大小】【配合】等。

【标准】：在【标准】下拉列表中，可以选择与柱形沉头孔连接的紧固件的标准，如 ISO、AnsiMwtric、JIS 等。

【类型】：在【类型】下拉列表中，可以选择与柱形沉头孔对应紧固件的螺栓类型，如六角凹头、六角螺栓、凹肩螺钉、六角螺钉、平盘头十字切槽等。一旦选择了紧固件的螺栓类型，异型孔向导会立即更新对应参数栏中的项目。

【大小】：在【大小】下拉列表中，可以选择柱形沉头孔对应紧固件的尺寸，如 M5 到 M64 等。

【配合】：用来为扣件选择套合。分为关闭、正常或松弛三种，分别说明柱孔与对应的紧固件配合较紧、正常范围或配合较松散三种情况。

d．根据标准选择柱形沉头孔对应于紧固件的螺栓类型，如 ISO 对应的六角凹头、六角螺栓、凹肩螺钉、六角螺钉、平盘头十字切槽等。

e．根据需要和孔类型在【终止条件】选项组中设置终止条件选项。

利用【终止条件】选项组可以在对应的参数中选择孔的终止条件，这些终止条件主要包括【给定深度】【完全贯穿】【成形到下一面】【成形到一顶点】【成形到一面】【到离指定面指定的距离】。

f．根据需要在如图 3-123 所示的【选项】选项组中设置各参数。

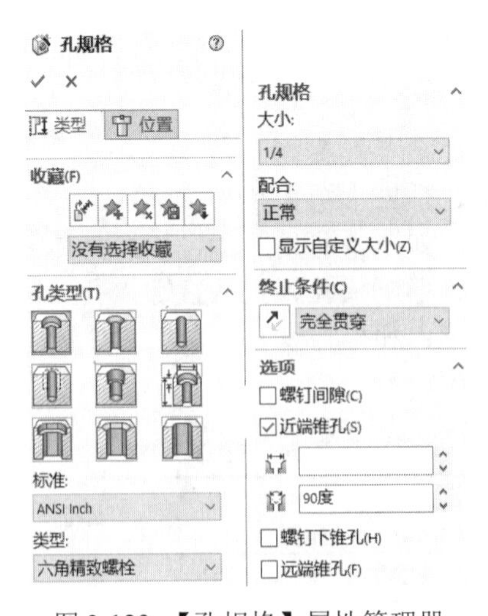

图 3-123 【孔规格】属性管理器

【螺钉间隙】复选框：设定螺钉间隙值，将使用文档单位把该值添加到扣件头之上。

【近端锥孔】复选框：用于设置近端口的直径和角度。

【螺钉下锥孔】复选框：用于设置端口底端的直径和角度。

【远端锥孔】复选框：用于设置远端处的直径和角度。

g．如果想自己确定孔的特征，可以选择【显示自定义大小】复选框，会展开要设置的相关参数，如图 3-124 所示。

h．设置好柱形沉头孔的参数后，进入【位置】选项卡，系统显示如图 3-125 所示的【孔位置】属性管理器。这时旋转一个面作为孔的放置面后进入草图环境，再通过鼠标指针拖动孔的中心到适当的位置，此时光标变为形状。在模型上选择孔的大致位置。

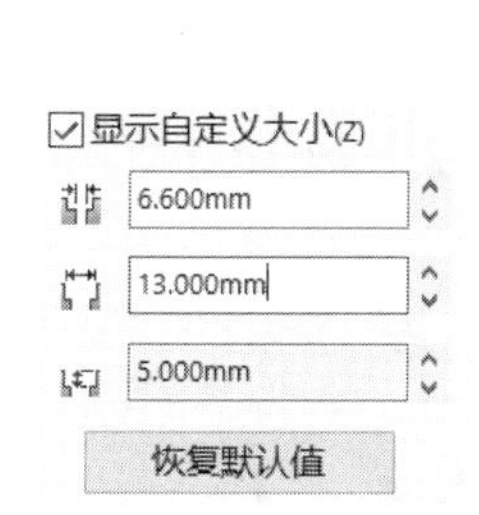

图 3-124 【显示自定义大小】参数

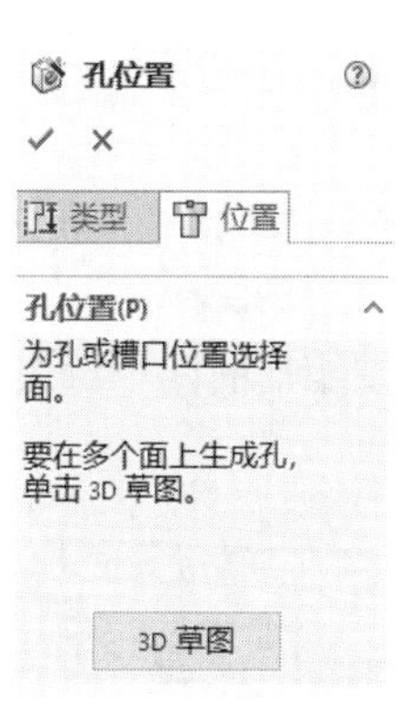

图 3-125 【孔位置】属性管理器

i. 如果需要定义孔在模型上的具体位置，则需要在模型上插入草绘平面，在草图上定位，单击【草图】工具栏中的【智能尺寸】按钮，像标注草图尺寸那样对孔进行尺寸定位。

j．单击【绘制】工具栏上的【点】按钮，将鼠标指针移动到将要定义的孔的位置，此时光标变为形状，按住鼠标指针移动其到想要到达的位置，如图 3-126 所示，重复上述步骤，便可生成指定位置的柱形沉头孔特征。

k．单击【确定】按钮，即可完成孔的生成与定位，如图 3-127 所示。

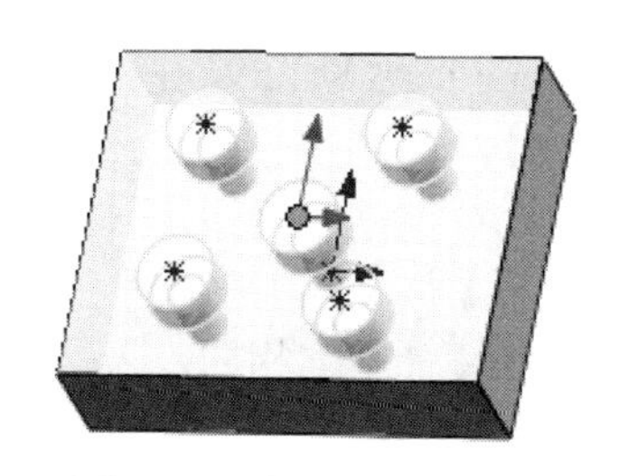
图 3-126 柱形沉头孔位置

图 3-127 生成柱形沉头孔

② 锥形沉头孔。锥孔特征基本与柱孔类似，如果要在模型上生成锥形沉头孔特征，锥形沉头孔的操作步骤与柱形沉头孔的操作步骤基本相同。

③ 孔特征。孔特征操作过程与上述柱孔、锥孔一样。

④ 直螺纹孔特征。如果要在模型上插入螺纹孔特征，可按下面的操作步骤进行。

a．打开一个零件文件，在零件上选择要生成螺纹孔特征的平面。绘制草绘，确定螺纹孔的位置，如图 3-128 所示。

b．选择【插入】|【特征】|【孔】|【向导孔】菜单命令或者单击【特征】工具栏中的【异型向导孔】按钮，系统弹出【孔规格】属性管理器。

c．单击【孔规格】选项组中的【直螺纹孔】按钮，此时在参数栏中对螺纹孔的参数进行设置。

d．根据标准在【孔规格】选项组中的参数栏中选择与螺纹孔连接的紧固件标准，如 ISO、DIN 等。

e．选择螺纹类型，如螺纹孔和底部螺纹孔，并在【大小】下拉列表中选择螺纹的型号。

f．在【终止条件】选项组对应的参数中设置螺纹孔的深度，在【螺纹线】属性对应的参数中设置螺纹线的深度，注意按 ISO 标准，螺纹线的深度要比螺纹孔的深度至少小 4.5mm 以上。

g．在【选项】选项组中【装饰螺纹线】属性对应的参数下选择【带螺纹线标注】或【无螺纹线标注】。

h．设置好螺纹孔参数后，进入【位置】选项卡，选择螺纹孔安装位置，其操作步骤与柱形沉头孔一样，选择步骤：

- 绘制的草图矩形的四个对焦点，对螺纹孔进行定位和生成螺纹孔特征，如图 3-129 所示。

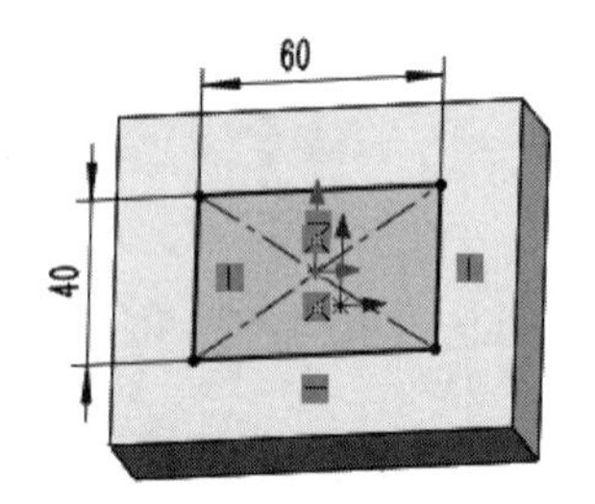

图 3-128　绘制的草图

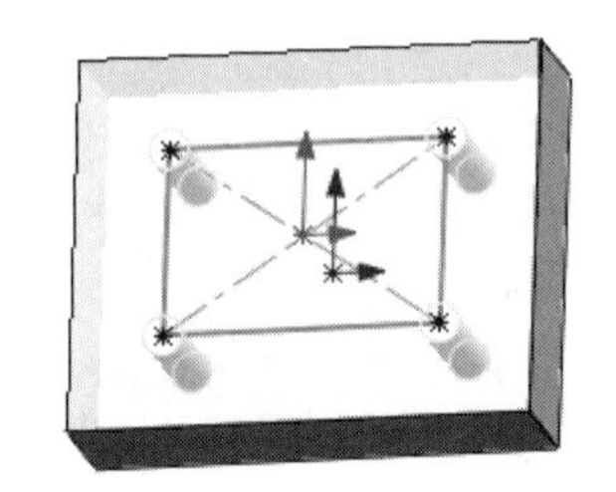

图 3-129　定位螺纹孔

- 设置好各选项后，单击【确定】按钮✓，最终生成的直螺纹孔特征效果如图 3-130 所示。

⑤ 管螺纹孔特征。管螺纹孔特征的参数设置与其生成与螺纹孔相似。

⑥ 旧制孔特征。利用旧制孔选项可以编辑任何在 SolidWorks 2000 之前版本中生成的孔。在该选项卡下，所有信息（包括图形预览）均以原来生成孔时（SolidWorks 2000 之前版本中）的同一格式显示。

⑦ 柱孔槽口。柱孔槽口特征参数设置与柱形沉头孔特征基本相同，只是多了【槽长度】微调框，用于设置槽口长度。

⑧ 锥孔槽口。锥孔槽口特征参数设置与锥形沉头孔特征基本相同，只是多了【槽长度】微调框，用于设置槽口长度。

⑨ 槽口。槽口特征参数设置与孔特征基本相同，只是多了【槽长度】微调框，用于设置槽口长度。

（3）在曲面上生成孔

在 SolidWorks 2018 中可以将异型孔向导应用到非平面，即生成一个与特征成一定角度的孔——在基准面上的孔。

如果要在基准面上生成孔，可按下面的操作步骤进行。

① 选择【插入】|【特征】|【孔】|【向导孔】菜单命令或者单击【特征】工具栏中的【异型向导孔】按钮，系统弹出【孔规格】属性管理器。

② 在【孔规格】属性管理器中设置异型孔的参数。

③ 进入【位置】选项卡，选择要生成孔特征的面或单击【3D 草图】按钮，通过鼠标指针拖动孔的中心到适当的位置，此时光标变为形状。在模型上选择孔的大致位置。

④ 单击【草图】工具栏中的【智能尺寸】按钮，如同标注草图尺寸那样对孔进行尺寸定位。

⑤ 单击【确定】按钮✓，完成孔的生成与定位。最终在曲面上生成的孔特征如图 3-131 所示。

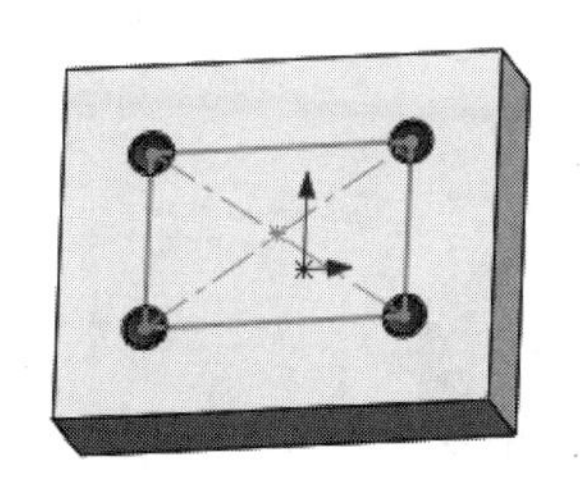

图 3-130　生成直螺纹孔特征

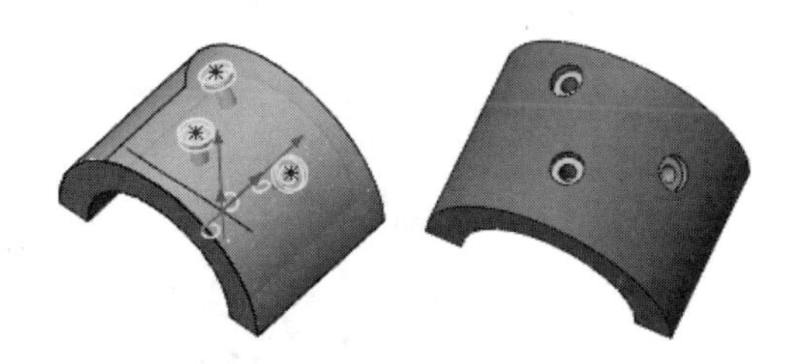

图 3-131　在曲面上生成孔特征

3.3.4 筋特征

筋是零件上增加强度的部分，它是一种从开环或闭环草图轮廓生成的特殊拉伸实体，它在草图轮廓与现有零件之间添加指定方向和厚度的材料。在 SolidWorks 2018 中，筋实际上是由开环的草图轮廓生成的特殊类型的拉伸特征。

使用一个与零件相交的基准面来绘制作为筋特征的草图轮廓，草图轮廓可以是开环也可以是闭环，还可以是多个实体。

选择【插入】|【特征】|【筋】菜单命令或者单击【特征】工具栏中的【筋】按钮，系统弹出如图 3-132 所示的【筋】属性管理器。选取一个草图平面，系统进入草图环境，绘制草图，约束并标注尺寸，退出草图；或者选取一个已经绘制好的草图，这时【筋】属性管理器如图 3-133 所示，同时在右边的图形区域中显示生成的筋特征。筋特征都是在【筋】属性管理器中，下面来介绍该属性管理器中各选项的含义。

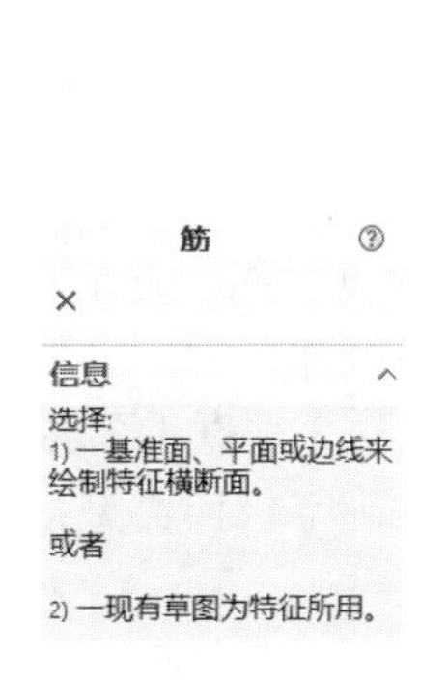

图 3-132 【筋】属性管理器（1）

图 3-133 【筋】属性管理器（2）

(1)【参数】选项组

①【厚度】。添加厚度到所选草图边上，单击以下按钮之一。

【第一边】☰：只添加材料到草图的一边。

【两边】☰：均等添加材料到草图的两边。

【第二边】☰：只添加材料到草图的另一边。

②【筋厚度】。设置筋厚度。

【拉伸方向】：设置筋的拉伸方向，单击以下按钮之一。

【平行于草图】：平行于草图生成筋拉伸。

【垂直于草图】：垂直于草图生成筋拉伸。

③【反转材料方向】复选框。该复选框用于更改拉伸的方向。图 3-134 所示为采用【反转材料方向】后的筋效果。

图 3-134　采用【反转材料方向】后的筋效果

④【拔模打开/关】微调框。添加拔模到筋。设定拔模角度来指定拔模度数。

⑤【向外拔模】选项。该选项在【拔模打开/关】被选择时可使用，表示生成一向外拔模角度。如消除选择，将生成一向内拔模角度。

⑥【类型】选项。用于选择以下类型之一。

【线性】：生成一与草图方向垂直而延伸草图轮廓（直到它们与边界汇合）的筋。

【自然】：生成一延伸草图轮廓的筋，以相同轮廓方程式延续，直到筋与边界汇合。如果草图为圆的圆弧，则使用圆方程式延伸筋，直到与边界汇合。

（2）【所选轮廓】选项组

【所选轮廓】◇选择框：列举用来生成筋特征的草图轮廓。

（3）生成筋

如果要生成筋特征，可以采用下面的操作步骤。

① 使用一个与零件相交的基准面来绘制作为筋特征的草图轮廓，如图 3-135 所示。草图轮廓可以是开环也可以是闭环，还可以是多个实体。

② 选择【插入】|【特征】|【筋】菜单命令或者单击【特征】工具栏中的【筋】按钮，选取步骤①绘制的草图，系统弹出如图 3-133 所示的【筋】属性管理器。同时在右边的图形区域中显示生成的筋特征。

③ 选择一种厚度生成方式，并在【筋厚度】微调框中指定筋的厚度。

④ 对于在平行基准面上生成的开环草图，可以选择拉伸方向。

⑤【拉伸方向】有两个按钮：【平行于草图】按钮和【垂直于草图】按钮。【平行于草图】方向生成筋，可以通过【反转材料方向】复选框确定拉伸类型；【垂直于草图】方向生成筋，需要确定方向和类型。

如果选择【平行于草图】方向生成筋，还需要选择拉伸类型；如果选择方向生成筋，则只有线性拉伸类型。

⑥ 选择【反转材料方向】复选框，可以改变拉伸方向。

⑦ 如果要做拔模处理，单击【拔模开/关】按钮，并输入拔模角度。

⑧ 单击【确定】按钮，即可完成生成筋特征的操作，如图 3-136 所示。

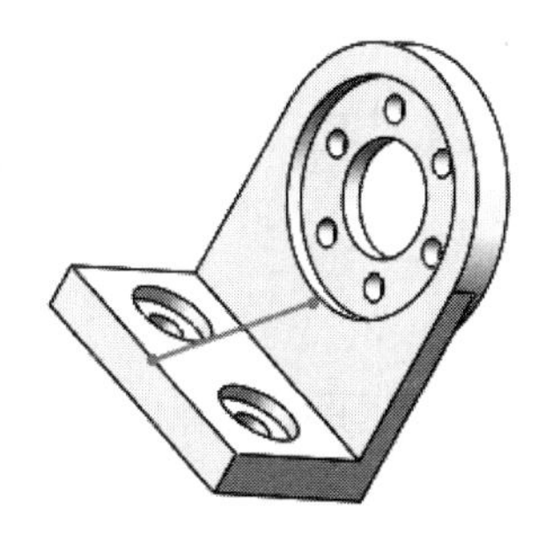

图 3-135　草图轮廓

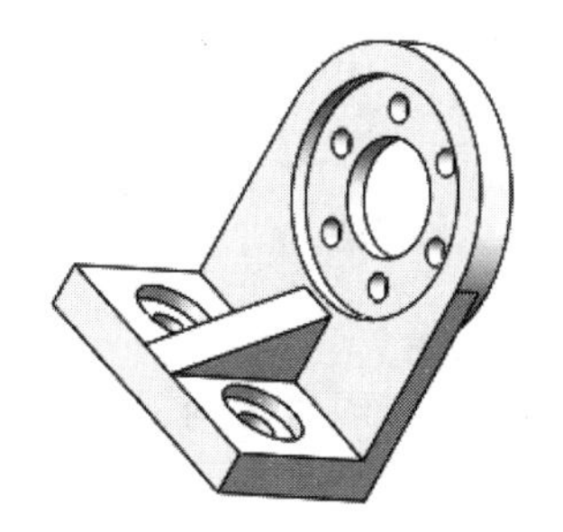

图 3-136　生成筋特征

（4）建模实例

建模实例

创建如图 3-137 所示的图纸的模型，创建模型的基本步骤如下。

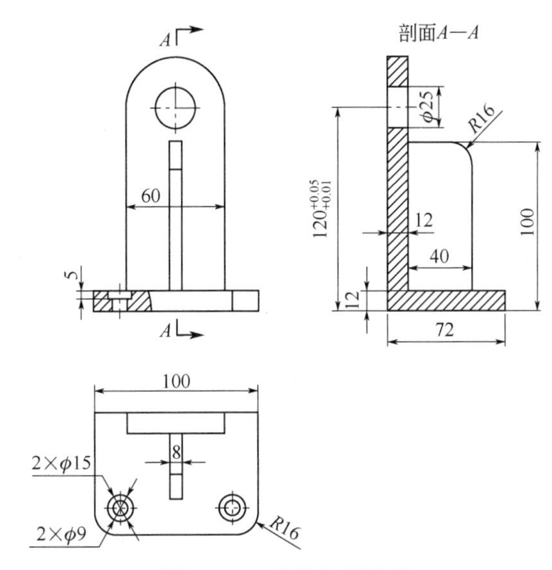

图 3-137　建模实例图形

① 新建文件。启动 SolidWorks 2018 软件。单击工具栏中的【新建】按钮，系统弹出【新建 SOLIDWORKS 文件】对话框，在【模板】选项卡中选择【零件】选项，单击【确定】按钮。

② 拉伸部分模型。单击【特征】工具栏上的【拉伸凸台/基体】按钮，系统弹出【拉伸】属性管理器，在【特征管理器设计树】中选择【前视基准面】，系统进入草图环境，绘制如图 3-138 所示的草图，单击按钮，退出草图环境，系统返回【凸台-拉伸】属性管理器。在【开始条件】下拉列表中选择【草图基准面】选项，在【终止条件】下拉列表中选择【给定深度】选项，在【深度】微调框内输入“12.00mm”，单击【确定】按钮，结果如图 3-139 所示。

③ 选取如图 3-140 所示的模型上表面，单击【特征】工具栏中的【拉伸凸台/基体】按钮，进入草图绘制，单击【标准视图】工具栏中的【正视于】按钮，绘制如图 3-141 所示的草图，单击按钮，退出草图环境，系统返回【凸台-拉伸】属性管理器。在【凸台-拉伸】属性管理器中设置各参数，单击【方向 1】选项组中的【反向】按钮，【终止条件】选择【给定深度】，【深度】微调框中输入“12.00mm”，单击【确定】按钮，结果如图 3-142 所示。

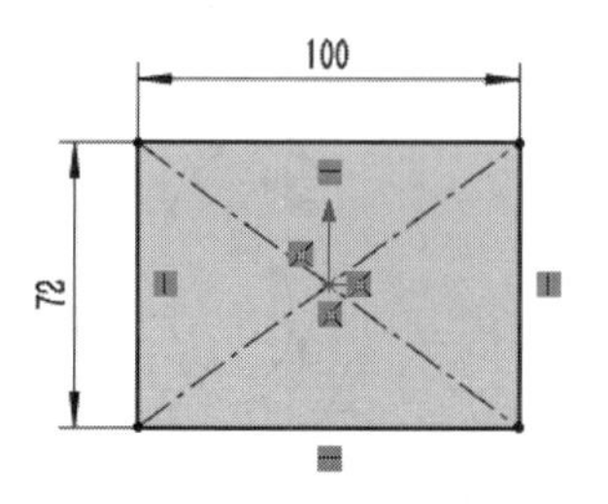

图 3-138　绘制的草图（1）

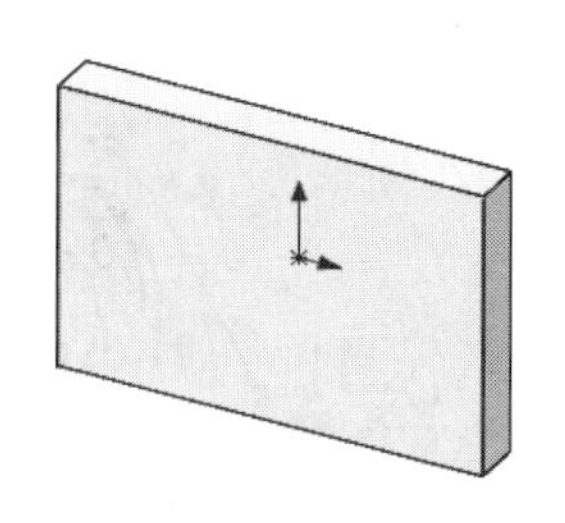

图 3-139　拉伸生成的模型（1）

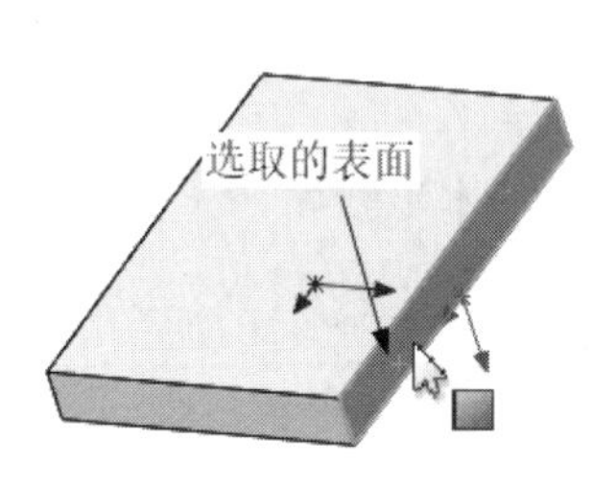

图 3-140　选取的实体表面

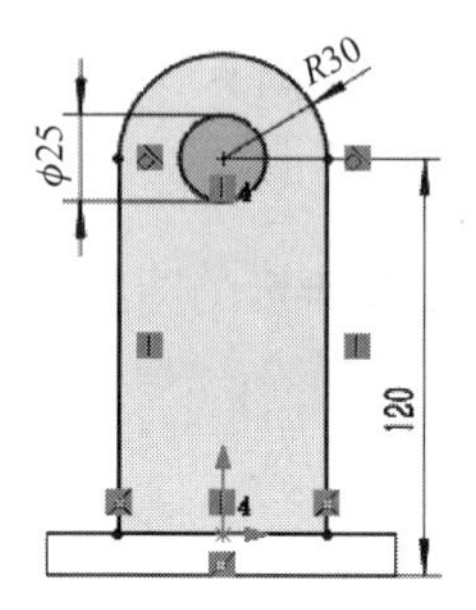

图 3-141　绘制的草图（2）

图 3-142　拉伸生成的模型（2）

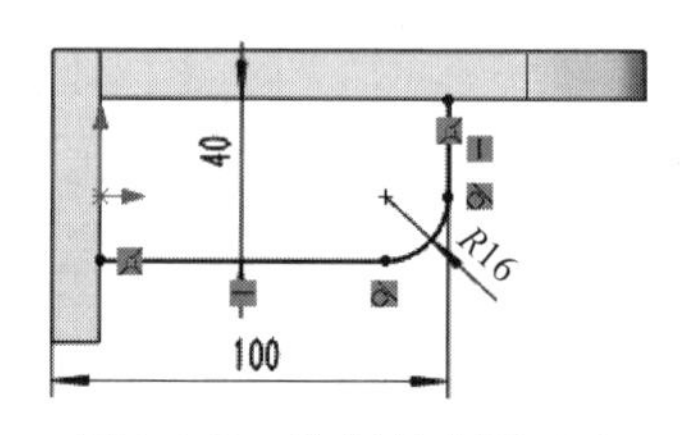

图 3-143　绘制的草图（3）

④ 单击【特征】工具栏中的【筋】按钮，系统弹出【筋】属性管理器。选择【右视基准面】，系统进入草图环境，单击【标准视图】工具栏中的【正视于】按钮，绘制如图 3-143 所示的草图，单击 按钮，退出草图环境，系统返回如图 3-144 所示的【筋】属性管理器。注意观察筋生成的方向，如果方向朝模型外，可以单击如图 3-145 所示的箭头或者勾选【反

图 3-144 【筋】属性管理器

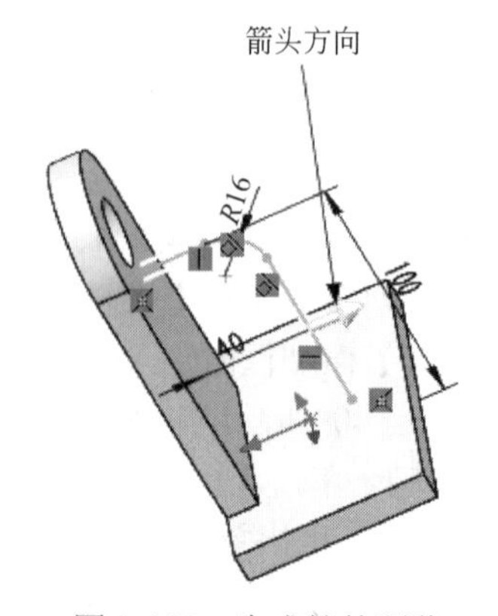

图 3-145　生成筋的预览

转材料方向】复选框，改变筋生成方向；如果方向朝模型方向，就采用默认方向。【筋厚度】微调框中输入“8.00mm”，单击【确定】按钮✓，结果如图 3-146 所示。

⑤ 选择【插入】|【特征】|【圆角】菜单命令或者单击【特征】工具栏中的【圆角】按钮，系统弹出如图 3-147 所示的【圆角】属性管理器。依次选取如图 3-147 所示的 2 条边缘，【半径】微调框中输入“16.00mm”，单击【确定】按钮✓。

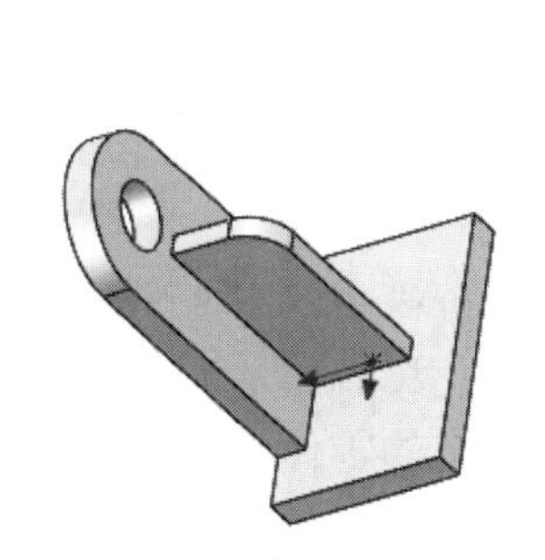

图 3-146　筋特征后的模型

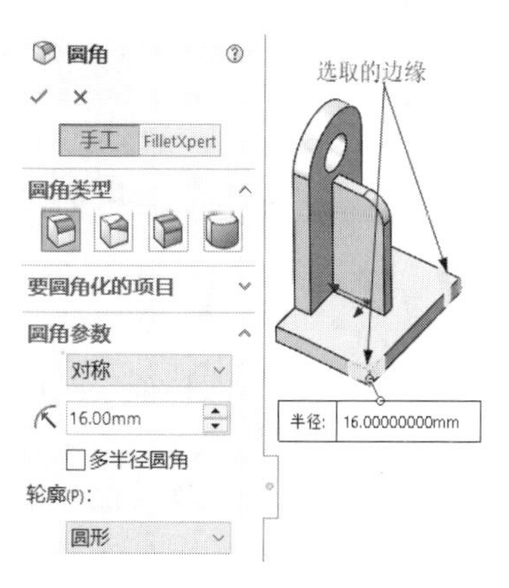

图 3-147　【圆角】属性管理器

⑥ 单击【特征】工具栏中的【异型向导孔】按钮，系统弹出如图 3-148 所示的【孔规格】属性管理器。参照图 3-148 设置各个选项和参数。单击【孔类型】选项组中的【柱形沉头孔】按钮，【标准】下拉列表选择【GB】，【类型】下拉列表选择【六角头螺栓】，【大小】下拉列表选择【M8】，勾选【显示自定义大小】复选框，【通孔直径】微调框中输入“9.000mm”，【柱形沉头孔直径】微调框中输入“15.000mm”，【柱形沉头孔深度】微调框中输入“5.000mm”，【终止条件】选择【完全贯穿】。然后进入【位置】选项卡，再选取如图 3-149 所示的实体表面，系统进入草图环境，在选取的表面上两个不同的位置单击鼠标左键，模型上显示孔的位置，如图 3-150 所示。单击【标准视图】工具栏中的【正视于】按钮，然后约束两个点分别与倒圆的边缘【同心】◎，如图 3-151 所示。单击【确定】按钮✓，结果如图 3-152 所示。

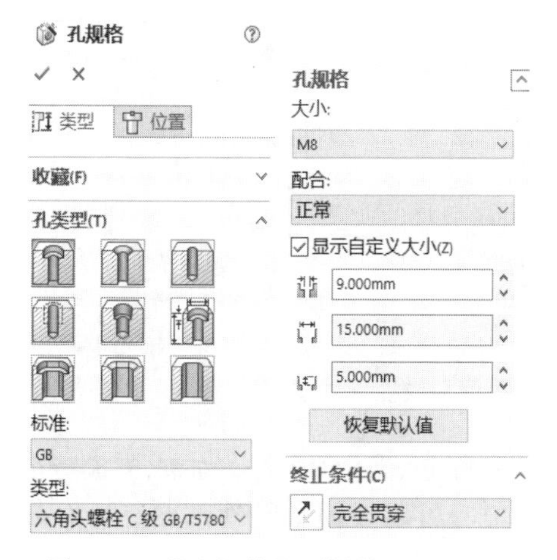

图 3-148　【孔规格】属性管理器

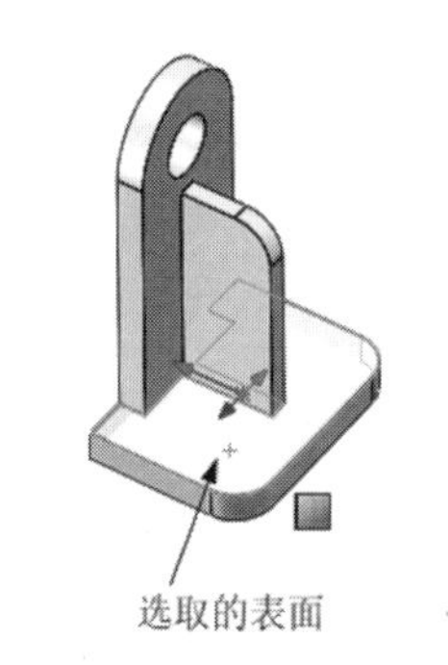

图 3-149　选取的实体表面

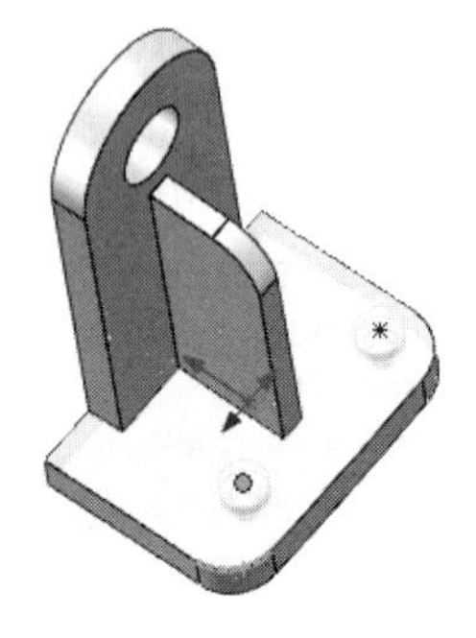

图 3-150　显示孔的位置

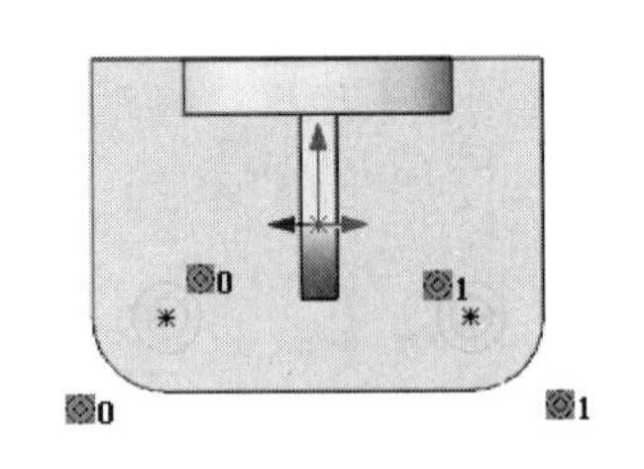

图 3-151　定义孔的位置

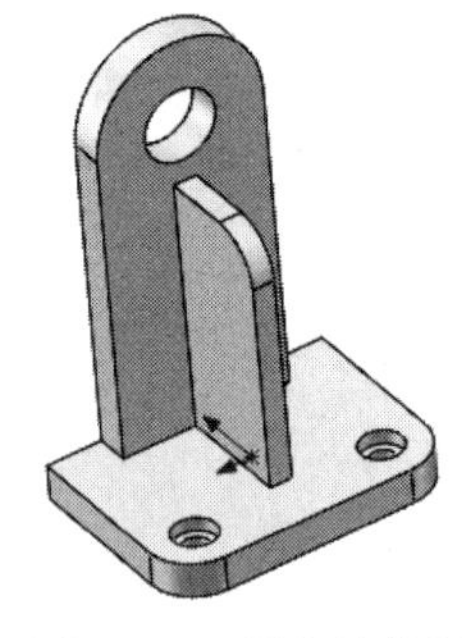

图 3-152　最终的模型

3.3.5 拔模

拔模也是零件模型上常见的特征，是以指定的角度斜削模型中所选的面。经常应用于铸造零件，由于拔模角度的存在，可以使型腔零件更容易脱出模具。

SolidWorks 提供了丰富的拔模功能，用户既可以在现有的零件上插入拔模特征，也可以在拉伸特征的同时进行拔模。

选择【插入】|【特征】|【拔模】菜单命令或者单击【特征】工具栏中的【拔模】按钮，系统弹出如图 3-153 所示的【拔模】属性管理器。

拔模特征是在【拔模】属性管理器中设定的，【拔模】属性管理器因选项的不同而有所变化，如图 3-153 所示，下面来介绍【拔模】属性管理器中各选项的含义。

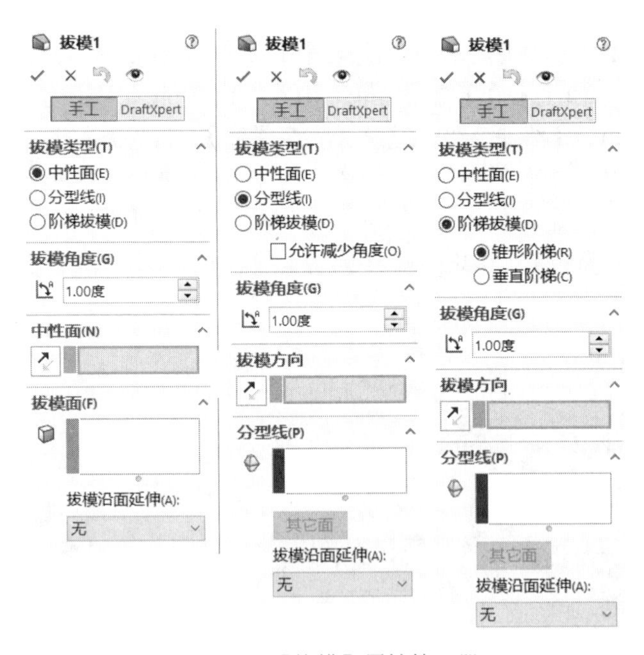

图 3-153　【拔模】属性管理器

①【拔模类型】选项组。SolidWorks 提供了以下三种方法来生成拔模特征。

【中性面】拔模：使用中性面为拔模类型，可以拔模一些外部面、所有外部面、一些内部面、所有内部面、相切的面或内部和外部面组合。

【分型线】拔模：【分型线】单选按钮可以对分型线周围的曲面进行拔模，分型线可以是空间的。

【阶梯拔模】:【阶梯拔模】为【分型线】拔模的变体，阶梯拔模绕用作拔模方向的基准面旋转而生成一个面。

②【拔模角度】选项组

【拔模角度】微调框：在该微调框中可以设定拔模的角度。

③【中性面】选项组。中性面是指在拔模的过程在大小不变的固定面，用于指定拔摸角旋转轴，如果中性面与拔模面相交，则相交处即为旋转轴。

④【拔模面】选项组

【拔模面】选择框：选取的零件表面，在此面上将生成拔模斜度。

【拔模方向】选择框：用于确定拔模角度的方向。

【拔模沿面延伸】: 在【拔模沿面延伸】下拉列表中包含以下选项。

【无】: 只在所选的面上进行拔模。

【沿切面】: 将拔模延伸到所有与所选面相切的面。

【所有面】: 将所有从中性面拉伸的面进行拔模。

【内部的面】: 将所有从中性面拉伸的内部面进行拔模。

【外部的面】: 将所有在中性面旁边的外部面进行拔模。

(1) 生成中性面拔模特征

要在现有的零件上插入拔模特征，从而以特定角度斜削所选原面，可以使用中性面拔模、分型线模和阶梯拔模。

中性面拔模：要使用中性面在模型面上生成一个拔模特征，可按下面的操作步骤进行。

① 选择【插入】|【特征】|【拔模】菜单命令或者单击【特征】工具栏中的【拔模】按钮，系统弹出如图 3-153 所示的【拔模】属性管理器。

② 在【拔模】属性管理器中的【拔模类型】中选择【中性面】单选按钮。

③ 在【拔模角度】微调框中设定拔模角度。

④ 单击【中性面】中的选择框，然后在右边图形区域中选取面或基准面作为中性面。

⑤ 图形区域中的控标会显示拔模的方向，如果要向相反的方向生成拔模，单击【反向】按钮。

⑥ 单击【拔模面】中按钮右侧的选择框，然后在图形区域中选取拔模面。

⑦ 如果要将拔模面延伸到额外的面，从【拔模沿面延伸】下拉列表中选择拔模面的终止方式。

⑧ 单击【确定】按钮，完成中性面拔模特征，如图 3-154 所示。

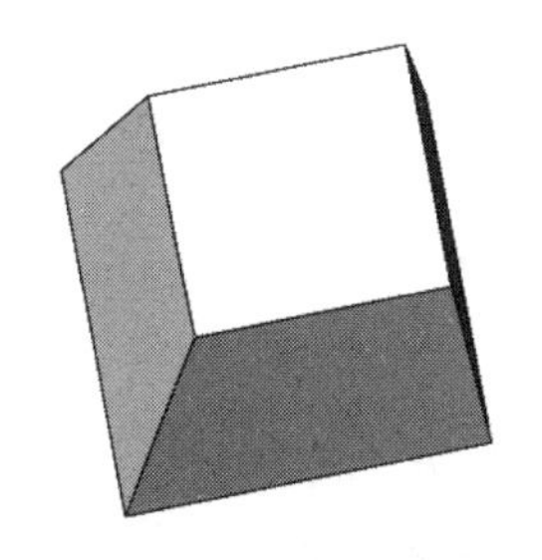

图 3-154　中性面拔模特征

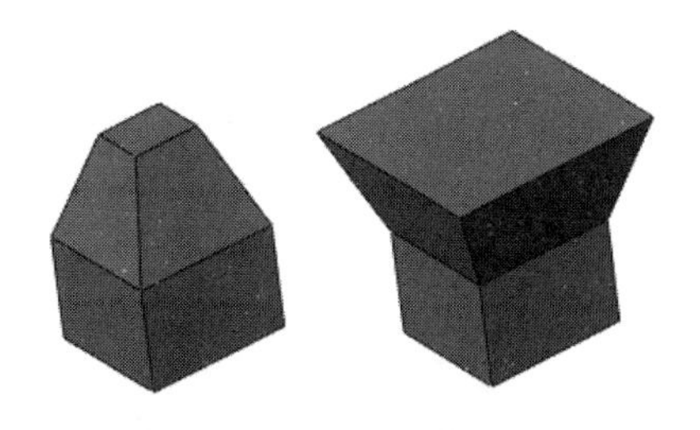

图 3-155　分型线拔模特征

(2) 生成分型线拔模特征

利用分型线拔模可以对分型线周围的曲面进行拔模。要插入分型线拔模特征，可按下面的操作步骤进行。

① 插入一条分割线分离要拔模的面，或者使用现有的模型边线分离要拔模的面。

② 选择【插入】|【特征】|【拔模】命令或者单击【特征】工具栏中的【拔模】按钮，系统弹出如图 3-153 所示的【拔模】属性管理器。

③ 在【拔模】属性管理器中的【拔模类型】中选择【分型线】单选按钮。

④ 在【拔模角度】微调框中设定拔模角度。

⑤ 单击【拔模方向】选择框，然后在图形区域中选取一条边线或一个面来指示拔模方向。

⑥ 如果要向相反的方向生成拔模，单击【反向】按钮。

⑦ 单击【分型线】选项组中按钮右侧的选择框，在图形区域中选取分型线。

⑧ 如果要为分型线的每一线段指定不同的拔模方向，单击【分型线】选项组中按钮右侧的选择框中的边线名称，然后单击【其他面】按钮。

⑨ 在【拔模沿面延伸】下拉列表中选择拔模沿面延伸类型。

⑩ 单击【确定】按钮，完成分型线拔模特征，结果如图 3-155 所示。

（3）生成阶梯拔模特征

除中性面拔模和分型线拔模外，SolidWorks 还提供了阶梯拔模。要插入阶梯拔模特征，可采用下面的操作步骤。

① 绘制要拔模的零件。

② 根据需要建立必要的基准面。

③ 生成所需的分型线。这时分型线必须满足以下条件。

a．在每个拔模面上，至少有一条分型线线段与基准面重合。

b．其他所有分型线线段处于基准面的拔模方向上。

c．任何一条分型线线段都不能与基准面垂直。

④ 选择【插入】|【特征】|【拔模】菜单命令或者单击【特征】工具栏中的【拔模】按钮，系统弹出如图 3-153 所示的【拔模】属性管理器。

⑤ 在【拔模】属性管理器中的【拔模类型】中选择【阶梯拔模】。

⑥ 如果想使曲面与锥形曲面一样生成，选择【锥形阶梯】复选框；如果想使曲面垂直于原主要面，选择【垂直阶梯】复选框。

⑦ 在【拔模角度】微调框中设定拔模角度。

⑧ 单击【拔模方向】选项中的选择框，然后在右侧图形区域中选取一基准面指示拔模方向。

⑨ 如果要向相反的方向生成拔模，单击【反向】按钮。

⑩ 单击【分型线】选项组中按钮右侧的选择框，然后在图形区域中选取分型线。

⑪ 如果要为分型线的每一线段指定不同的拔模方向，在【分型线】选项组中按钮右侧的选择框中选取边线，然后单击【其他面】按钮。

⑫ 在【拔模沿面延伸】下拉列表中选择拔模沿切面延伸类型。

⑬ 单击【确定】按钮，完成阶梯拔模特征，如图 3-156 所示。

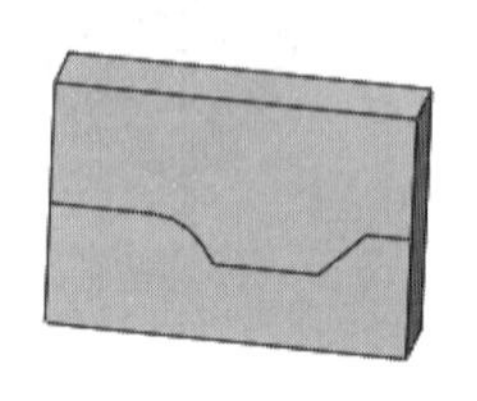
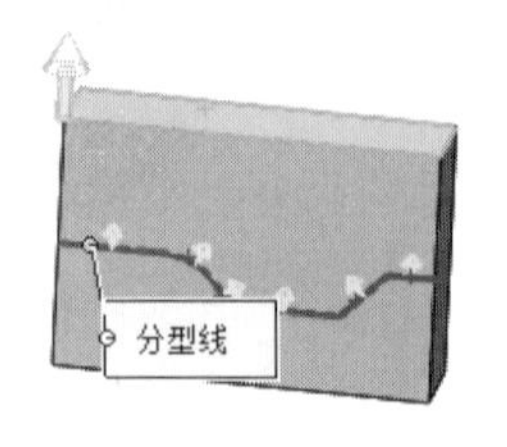

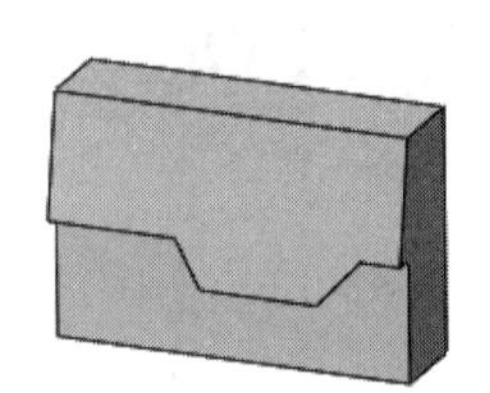

图 3-156 阶梯拔模特征

3.3.6 抽壳

抽壳特征是零件建模中的重要特征，它能使一些复杂工件变得简单化。当在零件的一个面上抽壳时，系统会掏空零件的内部，使所选的表面撇开，在剩余的面上生成薄壁特征。如果没有选择模型上的任何表面，而直接对实体零件进行抽壳操作，则会生成一个闭合、掏空的模型。

（1）等厚度抽壳

如果要生成一个等厚度的抽壳特征，可按下面的步骤进行操作。

① 选择【插入】|【特征】|【抽壳】菜单命令或者单击【特征】工具栏中的【抽壳】按钮，系统弹出如图 3-157 所示的【抽壳】属性管理器。

② 在【抽壳】属性管理器中的【参数】选项组中的【厚度】微调框中指定抽壳的厚度。

③ 单击按钮右侧的选择框，然后从右面的图形区域中选取一个或多个开口面作为要移除的面，此时在选择框中显示所选的开口面。

注意：如果没有选取一个开口面，则系统会生成一个闭合、掏空的模型。

④ 如果选择【壳厚朝外】复选框，则会增加零件外部尺寸，从而生成抽壳。

⑤ 单击【确定】按钮，生成等厚度抽壳特征，如图 3-158 所示。

图 3-157 【抽壳】属性管理器

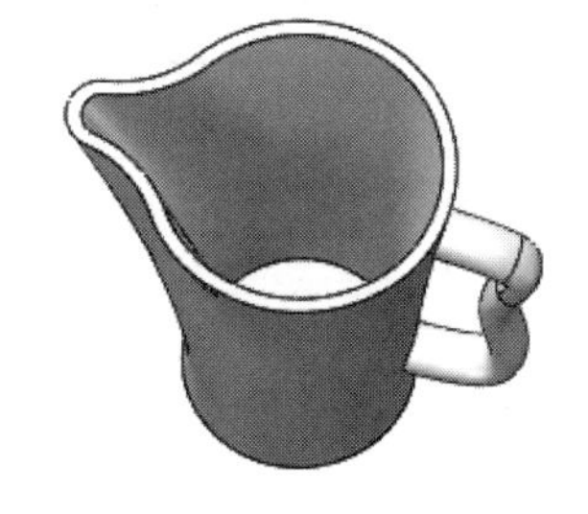

图 3-158 零件等厚度的抽壳特征

注意：如果想在零件上添加圆角，应当在生成抽壳之前对零件进行圆角处理。

（2）多厚度抽壳

如果要生成一个具有多厚度面的抽壳特征，可按下面的步骤进行操作。

① 选择【插入】|【特征】|【抽壳】菜单命令或者单击【特征】工具栏中的【抽壳】按钮，系统弹出如图 3-157 所示的【抽壳】属性管理器。

② 在【抽壳】属性管理器中单击【多厚度设定】选项组中按钮右侧的选择框，激活【多厚度设定】。

③ 在图形区域中选取开口面，该面会在该选择框中显示出来。

④ 在选择框中选取开口面，然后在多【厚度】微调框中输入对应的壁厚。

⑤ 重复步骤④，直到为所有选择的开口面都指定了厚度为止。

⑥ 如果要将壁厚添加到零件外部，需要选择【壳厚朝外】复选框。

⑦ 单击【确定】按钮，即可生成多厚度抽壳特征，如图 3-159 所示。

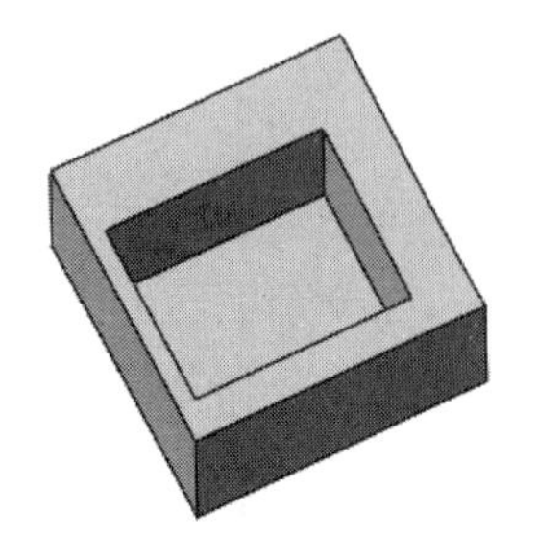

图 3-159　零件多厚度的抽壳特征

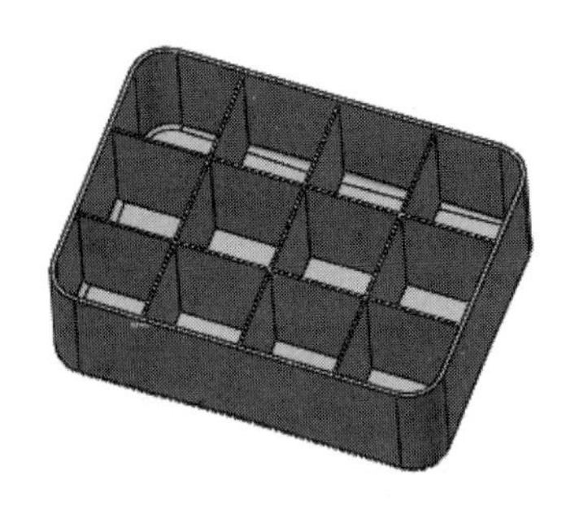

图 3-160　零件物料盒的模型

3.3.7 物料盒建模实例

物料盒建模实例

零件物料盒的模型如图 3-160 所示，从物料盒模型可以看出，要创建该模型，先拉伸一个实体模型，然后倒圆、抽壳和添加筋特征。创建物料盒可按下面的步骤进行操作。

① 单击工具栏中【新建】按钮，新建一个零件文件。

② 选取“前视基准面”，单击【草图绘制】按钮，进入草图绘制，绘制如图 3-161 所示的草图 1。

③ 单击【特征】工具栏中的【拉伸凸台/基体】按钮，在【方向 1】选项组中的【终止条件】下拉列表中选择【给定深度】选项，在【深度】微调框中输入“150.00mm”，单击【确定】按钮，得到如图 3-162 所示的模型。

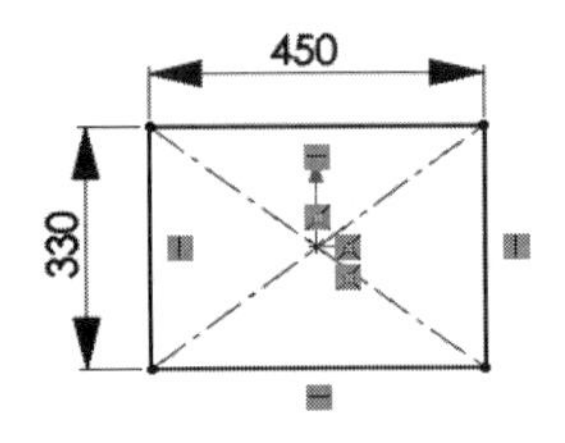

图 3-161　绘制的草图 1

图 3-162　拉伸后的模型

④ 单击【特征】工具栏中的【圆角】按钮，系统弹出【圆角】属性管理器，【圆角类型】选中【等半径】，设置【半径】为“40.00mm”，选取实体的侧边，单击【确定】按钮，完成圆角的创建，模型如图 3-163 所示。

图 3-163　创建等半径圆角

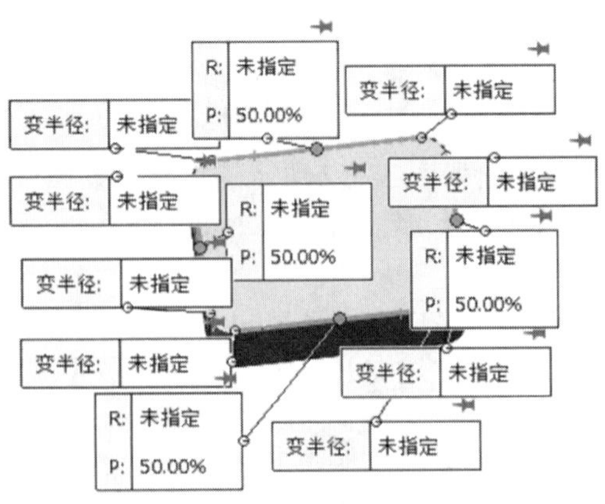

图 3-164　选取实体的四条底边

⑤ 单击【特征】工具栏中的【圆角】按钮，系统弹出【圆角】属性管理器，【圆角类型】选中【变半径】，【变半径参数】选项组中的【实例数】微调框中输入“1”，圆角项目中依次选取如图 3-164 所示实体的四条底边，每选取一条边时，都需要在这条边的中点处单击，以致选取该点可以设置半径值。

⑥ 双击各“变”半径提示框中的“未指定”，输入半径值，如图 3-165 所示设置完毕。单击【确定】按钮，结果如图 3-166 所示。

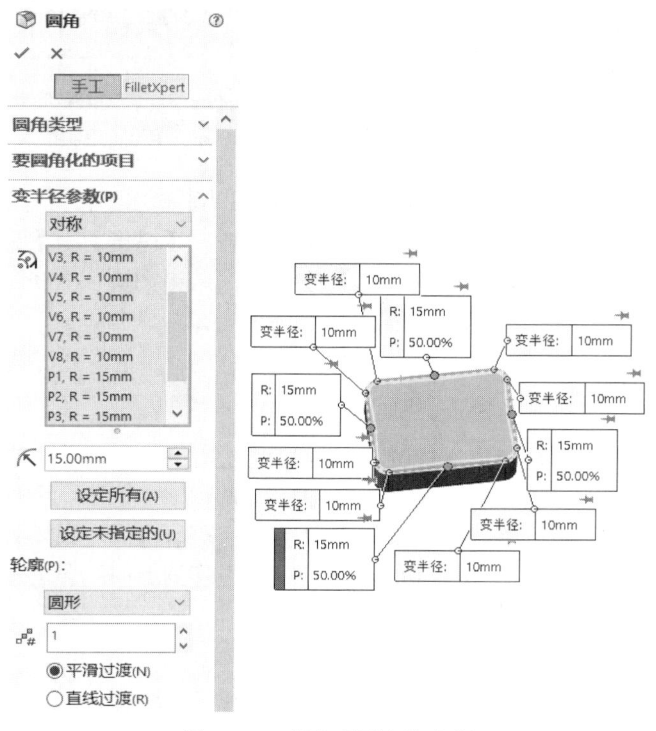

图 3-165 指定【圆角】半径

⑦ 单击【特征】工具栏中的【抽壳】按钮，系统弹出【抽壳】属性管理器。选取如图 3-167 所示的表面为【移出的面】，在【厚度】微调框中输入“5.00mm”，单击【确定】按钮，结果如图 3-168 所示。

图 3-166 创建变半径圆角

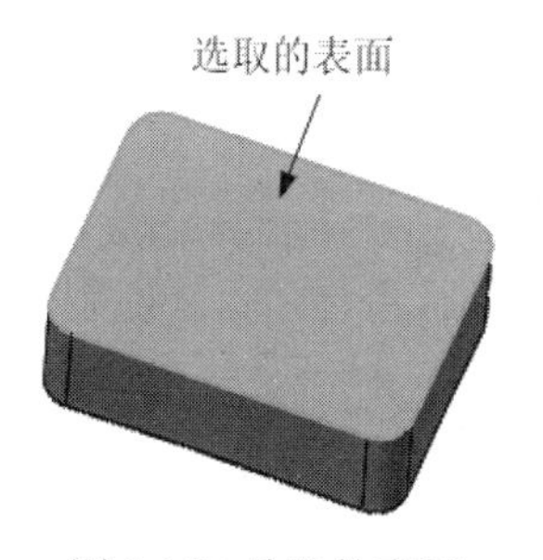

图 3-167 选取的表面

图 3-168 抽壳后的模型

⑧ 单击【参考几何体】工具栏中的【基准面】按钮，系统弹出【基准面】属性管理器，选取上表面，然后在【距离】微调框中输入“10.00mm”，选中【反向】复选框，单击【确定】按钮，创建如图 3-169 所示的基准面 1。

⑨ 选取创建的基准面 1，单击【草图绘制】按钮，进入草图绘制，单击【标准视图】工具栏中的【正视于】按钮，绘制如图 3-170 所示的草图。

图 3-169　创建的基准面 1

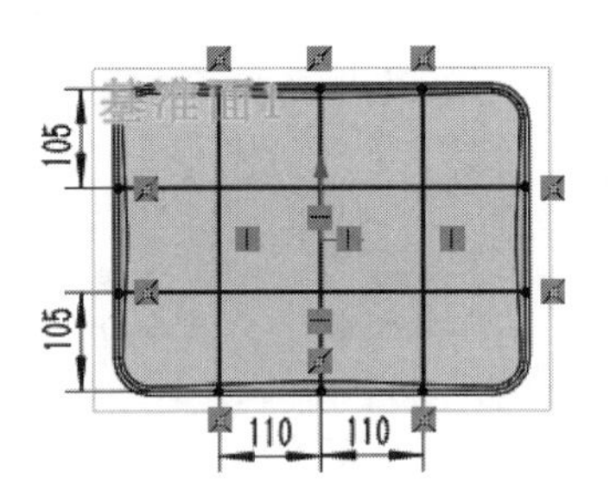

图 3-170　绘制的草图

⑩ 单击【特征】工具栏中的【筋】按钮，选取步骤⑨绘制的草图，系统弹出【筋】属性管理器。在【筋厚度】微调框中输入“3.00mm”，设置【厚度】为【两侧】，设置【拉伸方向】为【垂直于草图】，单击【确定】按钮，结果如图 3-160 所示。

3.4 阵列/镜向

阵列特征用于将任意特征作为原始样本特征，通过指定阵列尺寸产生多个类似的子样本特征。特征阵列完成后，原始样本特征和子样本特征成为一个整体，用户可将它们作为一个特征进行相关操作，如删除、修改等。如果修改了原始样本特征，则阵列中的所有子样本特征也随之更改。SolidWorks 2018 提供了线性阵列、圆周阵列、曲线驱动的阵列、由草图驱动的阵列、由表格驱动的阵列和填充阵列等 6 种阵列。

3.4.1 特征镜向

特征镜向将零件对称面一侧的实体特征镜向到另一侧。不同于草图镜向选取镜向轴，特征镜向需要选取一个镜向平面，镜向平面可以是基准面，也可以是实体平面。

（1）特征镜向的属性设置

选择【插入】|【阵列/镜向】|【镜向】菜单命令或者单击【特征】工具栏中的【镜向】按钮，系统弹出如图 3-171 所示的【镜向】属性管理器。

在【镜向】属性管理器中，各选项的含义如下。

①【镜向面/基准面】选项组

【镜向面/基准面】选择框：选取一个面为镜向对称面，在模型空间拾取零件表面，也可在设计树中选取基准面。

②【要镜向的特征】选项组

【要镜向的特征】选择框：选取要镜向的特征，在模型空间拾取某一个或多个特征，也可在设计树中选取特征。

③【要镜向的面】选项组

【要镜向的面】选择框：拾取要镜向的面，镜向的结果也是生成面或面的组合，不生成实体。

④【要镜向的实体】选项组

【要镜向的实体】：在图形区域中选取要镜向的实体。镜向实体和镜向特征的不同之处在于，镜向实体一次选取的是所有合并的特征组合，不能单独选取某一部分特征。

⑤【选项】选项组

【几何体阵列】复选框：只阵列生成几何外观，不形成特征。复杂的特征复制时，系统会做大量计算，速度缓慢。只阵列几何体使镜向生成速度加快。

【延伸视象属性】复选框：将源实体的外观属性应用到复制体上。

【合并实体】复选框：只有选择【镜向实体】时可用，勾选此复选框，复制体与镜向源将合并为一个实体，但如果复制体与镜向源不相连，则无法完成合并。

【缝合曲面】复选框：只有选择【镜向实体】时可用，勾选此复选框，复制的面将与已有面之间生成缝合连接。

【完整预览】复选框：显示所有特征的镜向预览。

【部分预览】复选框：只显示一个特征的镜向预览。

（2）特征镜向的操作流程

特征镜向的操作步骤如下。

① 选择【插入】|【阵列/镜向】|【镜向】菜单命令或者单击【特征】工具栏中的【镜向】按钮，系统弹出如图 3-171 所示的【镜向】属性管理器。

② 单击【镜向面/基准面】选项组中的按钮右侧的选择框，选取一个平面作为镜向平面。

③ 单击【要镜向的特征】选项组中的按钮右侧的选择框，在模型区或设计树中选取要镜向的特征（选取可以激活要镜向的面或者实体，然后选取面或者实体）。

④ 单击【确定】按钮✔，完成镜向，镜向结果如图 3-172 所示。

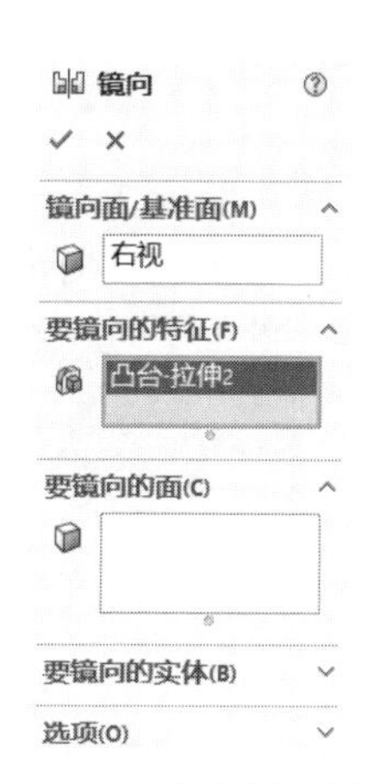

图 3-171 【镜向】属性管理器

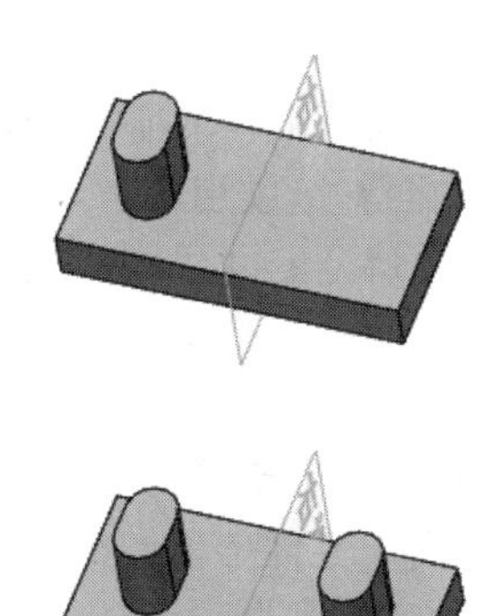

图 3-172 特征镜向

3.4.2 线性阵列

【线性阵列】是在一个方向进行直线阵列操作，或者在两个方向进行（或平行四边形）阵列，【线性阵列】的效果如图 3-173 所示。

选择【插入】|【阵列/镜向】|【线性阵列】菜单命令或者单击【特征】工具栏中的【线性阵列】按钮，系统弹出如图 3-174 所示的【线性阵列】属性管理器。

在【线性阵列】属性管理器中，各选项的含义如下。

（1）【方向 1】和【方向 2】选项组

【方向 1】和【方向 2】选项组如图 3-174 所示。

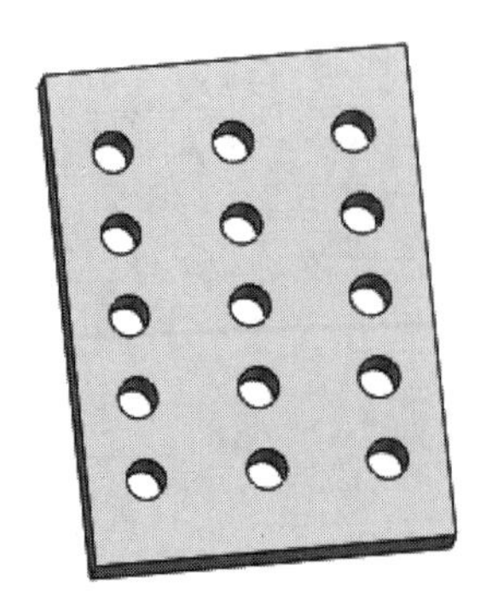

图 3-173 【线性阵列】的效果

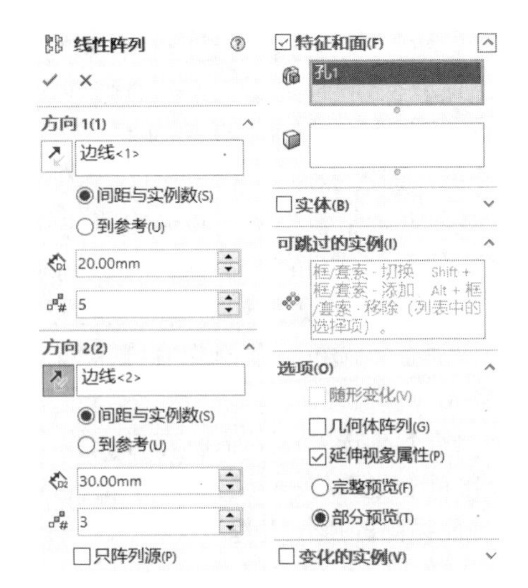

图 3-174 【线性阵列】属性管理器

【方向】：设置阵列方向，可以选取线性边线、直线、轴或者尺寸。

【反向】按钮：改变阵列方向。

和【间距】：设置阵列实例之间的间距。

【实例数】：设置阵列实例数量。

【只阵列源】复选框：只使用阵列源特征，阵列生成的复制体不再阵列，只阵列源的效果。

(2)【要阵列的特征】选项组

可以使用所选择的特征作为源特征以生成线性阵列。

(3)【要阵列的面】选项组

可以使用构成源特征的面生成阵列。在图形区域中选取源特征的所有面，这对于只输入构成特征的面而不是特征本身的模型很有用。当设置【要阵列的面】选项组参数时，阵列必须保持在同一面或者边界内，不能跨越边界。

(4)【要阵列的实体】选项组

可以使用在多实体零件中选取的实体生成线性阵列。

(5)【可跳过的实例】选项组

可以在生成线性阵列时跳过在图形区域中选取阵列实例。

(6)【选项】选项组

【选项】选项组如图 3-174 所示。

【随形变化】复选框：允许重复时阵列更改。

【几何体阵列】复选框：只阵列生成几何外观，不形成特征。

【延伸视象属性】复选框：将 SolidWorks 设置的实体外观效果（如颜色、纹理等）应用到阵列生成的实体上。

3.4.3 圆周阵列

【圆周阵列】是围绕指定的轴线圆周复制源实体特征。【圆周阵列】的效果如图 3-175 所示。

选择【插入】|【阵列/镜向】|【圆周阵列】菜单命令或者单击【特征】工具栏中的【圆周阵列】按钮，系统弹出如图 3-176 所示的【阵列(圆周)】属性管理器。

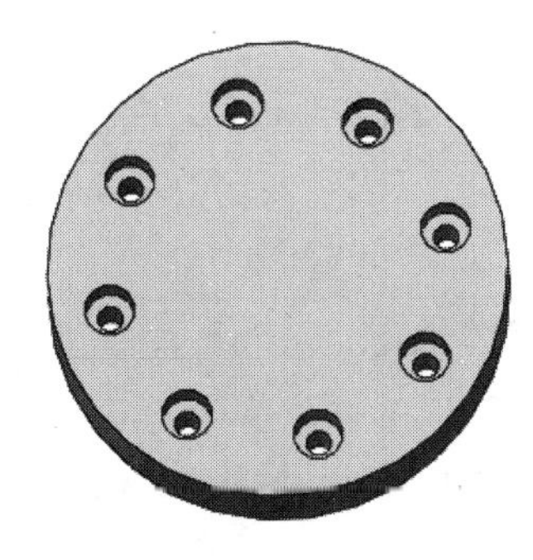

图 3-175 【圆周阵列】的效果

图 3-176 【阵列(圆周)】属性管理器

在【阵列(圆周)】属性管理器中，各选项含义如下。

(1)【参数】选项组

【阵列轴】选项：阵列绕此轴生成。如有必要，单击【反向】按钮来改变圆周阵列的方向。

【角度】微调框：指定每个实例之间的角度。

【阵列个数】微调框：设定源特征的实例数。

【等间距】：系统自动设定总角度为 360°。

(2）其他选项组

其他选项组参数设置与【线性阵列】设置相同，这里不再作介绍。

3.4.4 曲线驱动的阵列

【曲线驱动的阵列】是指特征沿着平面曲线或 3D 曲线进行阵列，所选取的曲线可以是草图线段或模型边界。

选择【插入】|【阵列/镜向】|【曲线驱动的阵列】菜单命令或者单击【特征】工具栏中的【曲线驱动的阵列】按钮，系统弹出如图 3-177 所示的【曲线驱动的阵列】属性管理器。

在【曲线驱动的阵列】属性管理器中，各选项含义如下。

(1)【方向 1】选项组

【方向 1】选项组如图 3-177 所示。

【方向】选取一曲线，也可以在设计树中选取整个草图作为阵列的路径。单击【反向】按钮可以使阵列反向。

【实例数】微调框：设置要复制的实例个数，此数值包含源阵列。

【等间距】复选框：控制每个复制体间距相等，复制体布满整个曲线（图 3-178）。图 3-178（a）所示为取消【等间距】复选框的阵列效果，图 3-178（b）所示则是选择【等间距】复选框的阵列效果。

【间距】：设定每个实体的间距，阵列按指定数量和间距分布，不一定布满整个曲线。只有取消选中【等间距】复选框时，才能设置此项。

【转换曲线】单选按钮：控制每个实体间的距离相等。

【等距曲线】单选按钮：控制每个实体到曲线的距离相等。

【与曲线相切】单选按钮：对齐所选择的与曲线相切每个实例。

【对齐到源】单选按钮：对齐每个实例以与源特征的原有对齐匹配。

【面法线】选择框：（只针对 3D 曲线）选取 3D 曲线所在的面来生成曲线驱动的阵列。

图 3-177 【曲线驱动的阵列】属性管理器

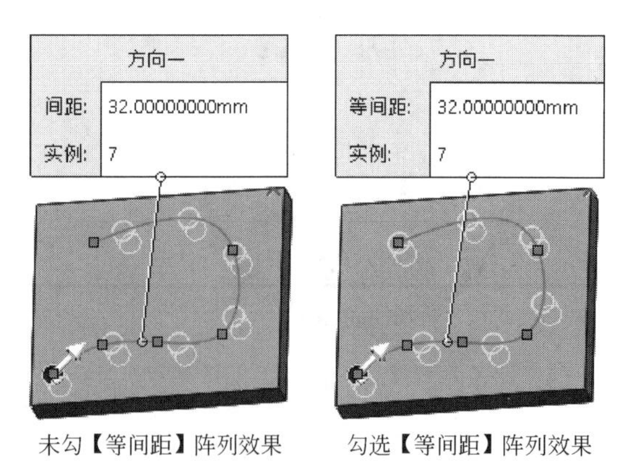

图 3-178 【等间距】复选框应用

（2）其他选项组

其他选项组参数设置不再作介绍。

3.4.5 由草图驱动的阵列

SolidWorks 2018 可以根据草图上的草图点来安排特征的阵列，用户只要控制草图上的草图点，就可以将整个阵列扩散到草图中的每个点。

【由草图驱动的阵列】生成方式与【由表格驱动的阵列】类似，后者由表格输入点的 *X*、*Y* 坐标来定义复制体位置，前者直接绘制草图上的点来定义复制体位置。【由草图驱动的阵列】结果如图 3-179 所示。

选择【插入】|【阵列/镜向】|【草图驱动的阵列】菜单命令或者单击【特征】工具栏中的【由草图驱动的阵列】按钮，系统弹出如图 3-180 所示的【由草图驱动的阵列】属性管理器。

图 3-179 【由草图驱动的阵列】结果

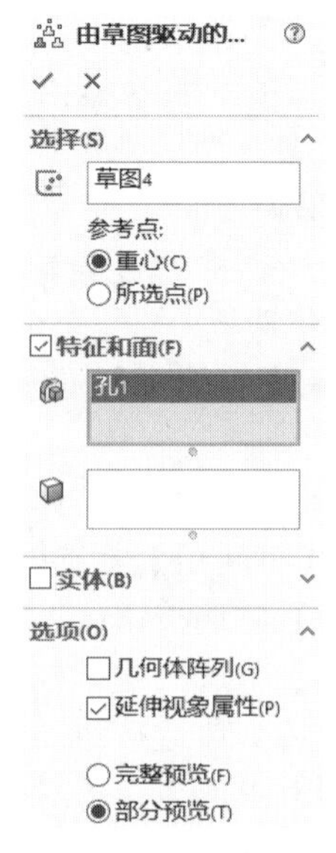

图 3-180 【由草图驱动的阵列】属性管理器

在【由草图驱动的阵列】属性管理器中，各选项的含义如下。

【参考草图】选择框：在设计树中选取草图。

【重心】单选按钮：选取阵列源的重心为参考点，复制体的参考点将与草图点重合。

【所选点】单选按钮：在阵列源上选取一个点作为参考点。

3.4.6 由表格驱动的阵列

由表格驱动的阵列是指添加或检索以前生成的 *X-Y* 坐标，在模型的面上增添源特征。

选择【插入】|【阵列/镜向】|【由表格驱动的阵列】菜单命令或者单击【特征】工具栏中的【由表格驱动的阵列】按钮，系统弹出如图 3-181 所示的【由表格驱动的阵列】对话框。

【参考点】选项组中可以选择【所选点】单选按钮或者【重心】单选按钮。【所选点】用于选择某个点作为参考点，【重心】用于需要阵列的特征（实体）重心为参考点。

【要复制的特征】选择框：选取需要复制的特征。

【要复制的实体】选择框：选取需要复制的实体。

【要复制的面】选择框：选取需要复制的面。

【坐标系】选择框：选择坐标系，该坐标系为阵列的各个位置点坐标的参考坐标系。

点 0 的坐标为源特征的坐标，双击点 1 的“X”和“Y”的文本框，输入要阵列的坐标值，重复此步骤，输入点 2 至点 6 的坐标值，单击【确定】按钮，结果如图 3-182 所示。

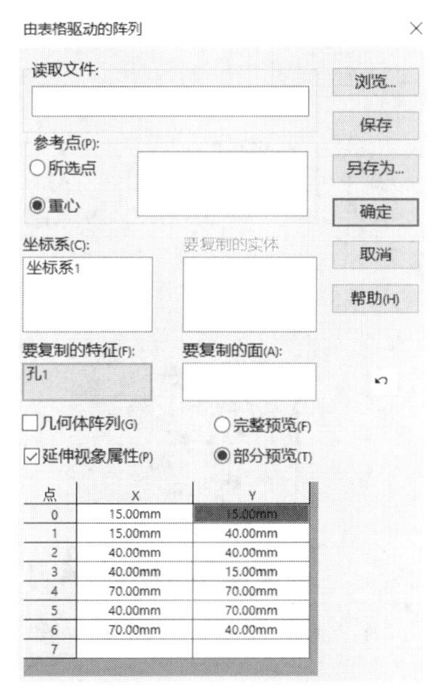

图 3-181 【由表格驱动的阵列】对话框

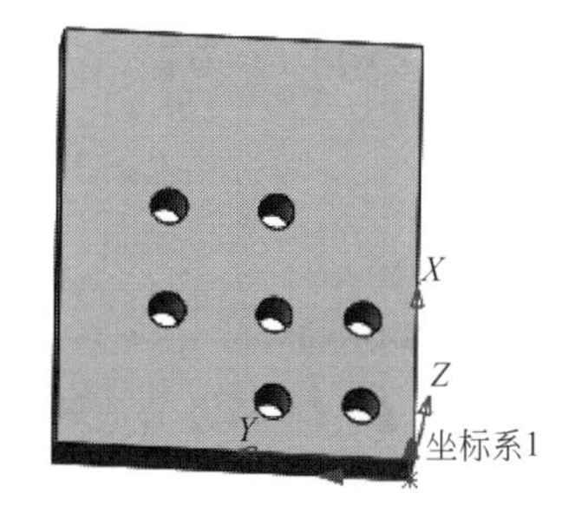

图 3-182 由表格驱动的阵列结果

3.4.7 填充阵列

通过填充阵列特征，可以选取由共有平面的面定义的区域或位于共有平面的面上的草图。该命令可以使用特征阵列或预定义的切割形状来填充定义的区域。

选择【插入】|【阵列/镜向】|【填充阵列】菜单命令或者单击【特征】工具栏中的【填充阵列】按钮，系统弹出如图 3-183 所示的【填充阵列】属性管理器。

在【填充边界】选项组下【选择面或共面上的草图、平面曲线】选择框中选取相应的草图或者曲线。

在【阵列布局】选项组中设置以下参数。

【实例间距】：输入两特征间距值。

【交错断续角度】：输入两特征夹角值。

【边距】：输入填充边界边距值。

【阵列方向】：确定阵列方向。

【穿孔】：为钣金穿孔式阵列生成网格。

【圆周】：生成圆周形阵列。

【方形】：生成方形阵列。

【多边形】：生成多边形阵列。

设置完相关参数后，单击【确定】按钮，结果如图 3-184 所示。

图 3-183 【填充阵列】属性管理器

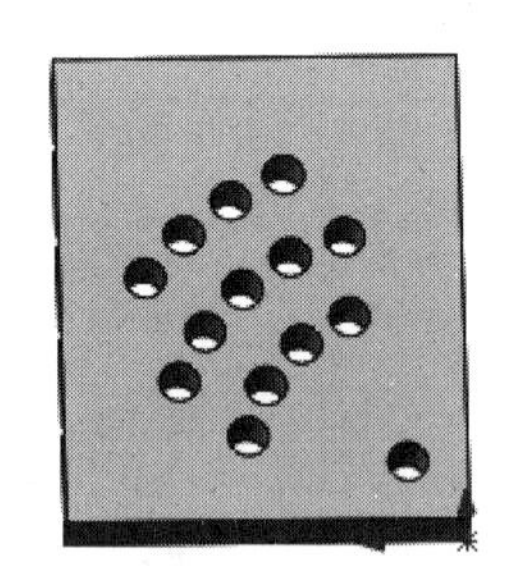

图 3-184　由表格驱动阵列的结果

3.5 阀体建模实例

阀体建模实例

创建如图 3-185 所示的阀体三维模型，创建模型的基本步骤如下。

① 启动 SolidWorks 2018 软件。单击工具栏中的【新建】按钮，系统弹出【新建 SOLIDWORKS 文件】对话框，在【模板】选项卡中选择【零件】选项，单击【确定】按钮。

② 启动 SolidWorks 2018 软件。单击工具栏中的【新建】按钮，系统弹出【新建 SOLIDWORKS 文件】对话框，在【模板】选项卡中选择【零件】选项，单击【确定】按钮。

③ 单击【特征】工具栏中的【旋转凸台/基体】按钮，在【特征管理器设计树】中选择【前视基准面】，系统进入草图环境，绘制如图 3-186 所示的草图，单击按钮，退出草图环境，系统返回如图 3-186 所示的【旋转】属性管理器。属性管理器的设置如图 3-186 所示，单击【确定】按钮✓，完成基体旋转操作，结果如图 3-187 所示。

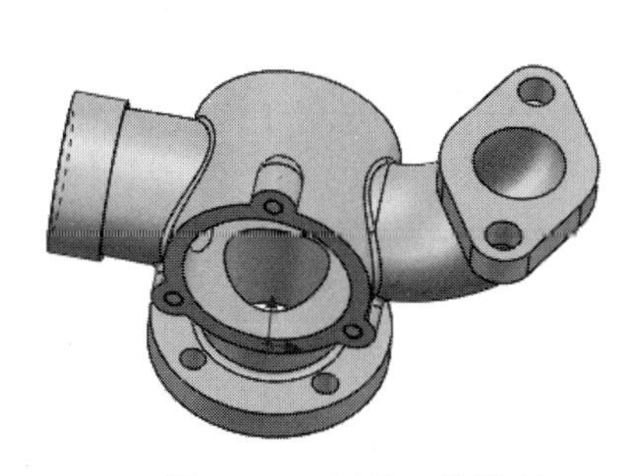

图 3-185　阀体三维模型

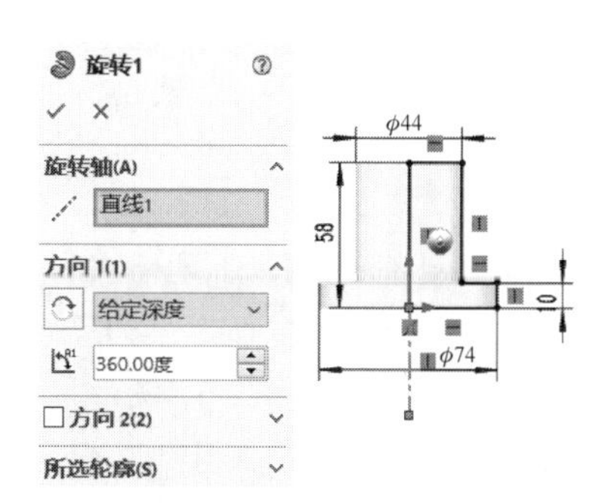

图 3-186 【旋转】属性管理器和绘制的草图

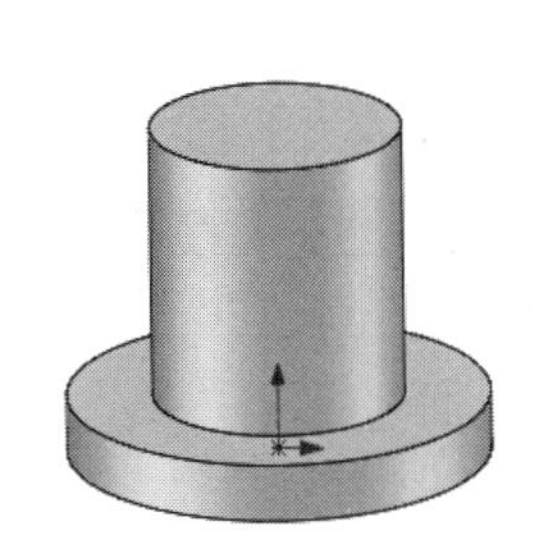

图 3-187　旋转生成的模型

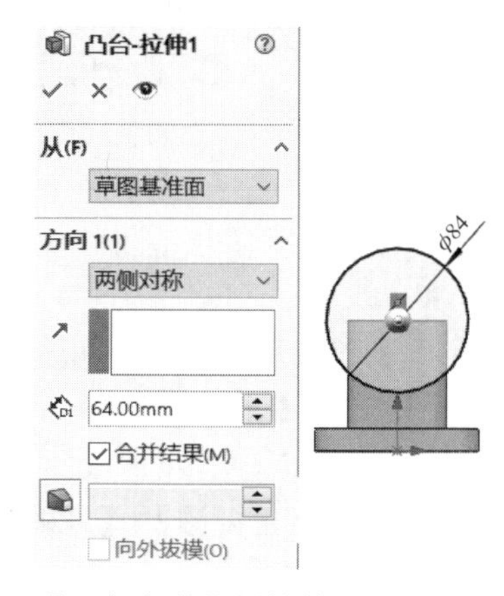

图 3-188 【凸台-拉伸】属性管理器和绘制的草图（1）

④ 单击【特征】工具栏上的【拉伸凸台/基体】按钮，系统弹出【拉伸】属性管理器，在绘图区选择“前视基准面”或者在模型树上选择【前视基准面】，系统进入草图环境，单击【标准视图】工具栏中的【正视于】按钮，绘制如图 3-188 所示的草图，单击按钮，退出草图环境，系统返回【凸台-拉伸】属性管理器。在【开始条件】下拉列表中选择【草图基准面】选项，在【终止条件】下拉列表中选择【两侧对称】，在【深度】微调框内输入“64.00mm”，单击【确定】按钮✓，结果如图 3-189 所示。

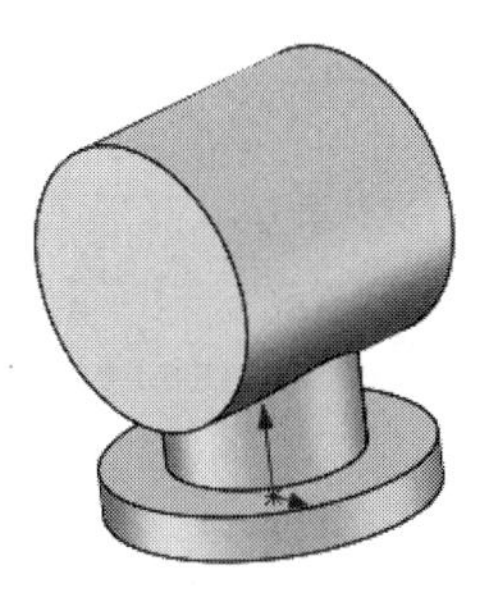

图 3-189　拉伸后的模型（1）

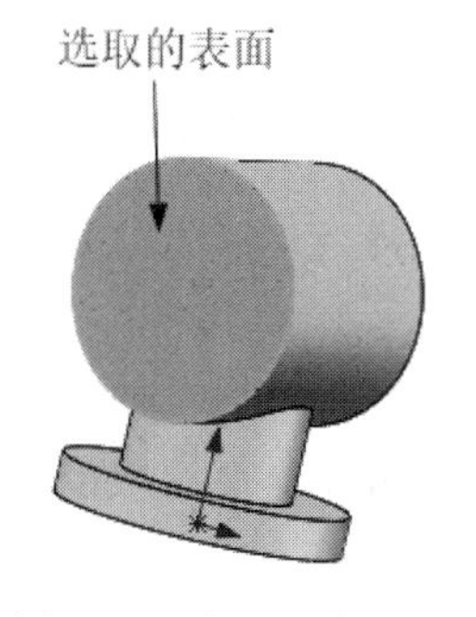

图 3-190 选取的草图平面

⑤ 单击【特征】工具栏上的【拉伸凸台/基体】按钮，系统弹出【拉伸】属性管理器，在绘图区选取如图 3-190 所示的上表面，系统进入草图环境，绘制如图 3-191 所示的草图，单击按钮，退出草图环境，系统返回【凸台-拉伸】属性管理器。在【开始条件】下拉列表中选择【草图基准面】选项，在【终止条件】下拉列表中选择【给定深度】选项，在【深度】微调框内输入“18.00mm”，单击【确定】按钮，结果如图 3-192 所示。

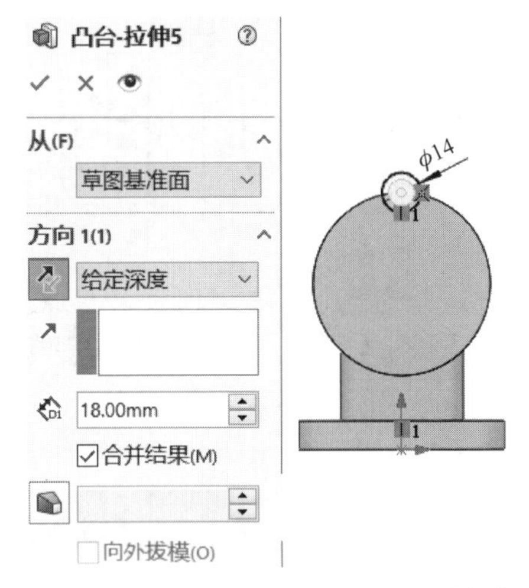

图 3-191 【凸台-拉伸】属性管理器和绘制的草图（2）

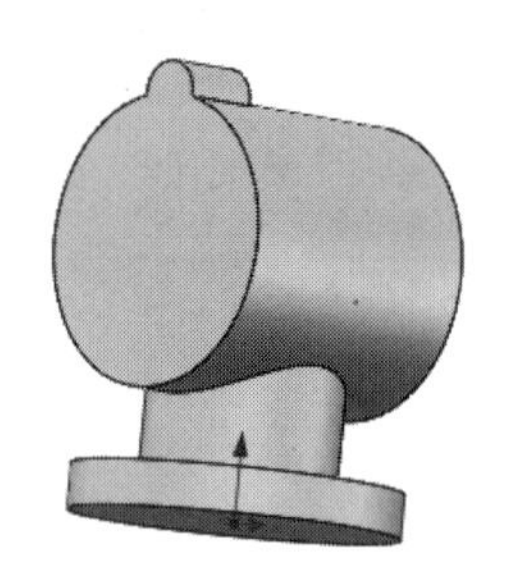

图 3-192 旋转后的模型

⑥ 单击【特征】工具栏中的【圆角】按钮，系统弹出【圆角】属性管理器，【圆角类型】选中【等半径】，设置【半径】为“7.00mm”，选取如图 3-193 所示的实体边缘，单击【确定】按钮，完成圆角的创建。

⑦ 显示临时轴，选择【视图】|【隐藏/显示】|【临时轴】菜单命令，如图 3-194 所示，表示临时轴可见。

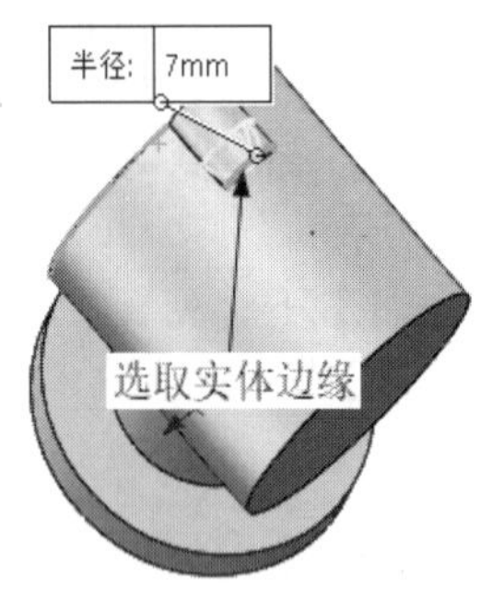

图 3-193 选取实体边缘

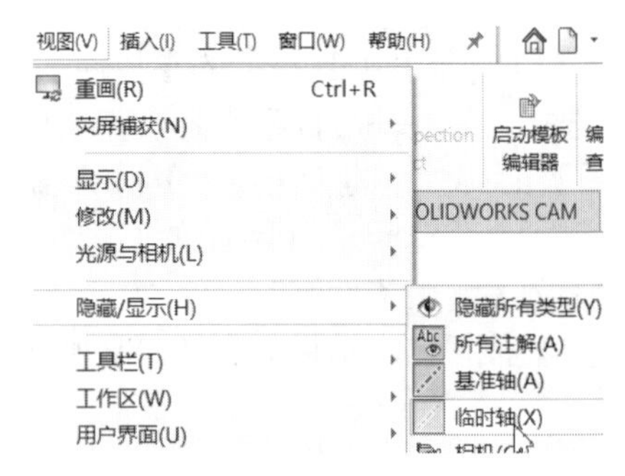

图 3-194 显示临时轴

⑧ 选择【插入】|【阵列/镜向】|【圆周阵列】菜单命令或者单击【特征】工具栏中的【圆周阵列】按钮，系统弹出如图 3-195 所示的【阵列(圆周)】属性管理器。【阵列轴】选取步骤④拉伸圆柱时产生的临时轴，【角度】微调框中输入“120.00 度”，【实例数】微调框中输入“3”；单击【要阵列的特征】选择框，选取步骤⑤拉伸特征和步骤⑥倒圆特征，单击【确定】按钮，完成圆周阵列的创建，结果如图 3-196 所示。

⑨ 参照步骤⑦的操作方法，隐藏临时轴。

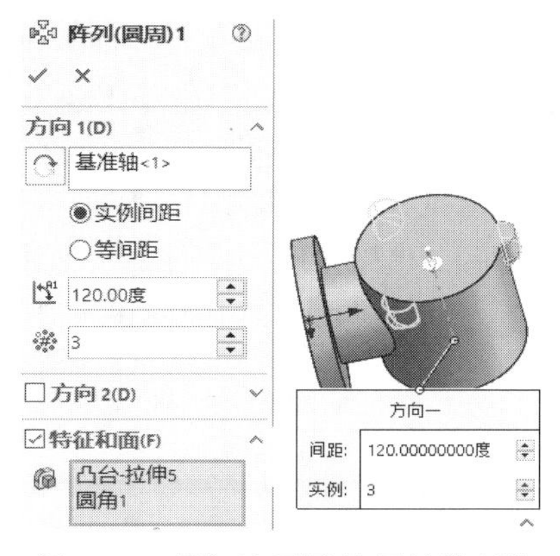

图 3-195 【阵列(圆周)】属性管理器

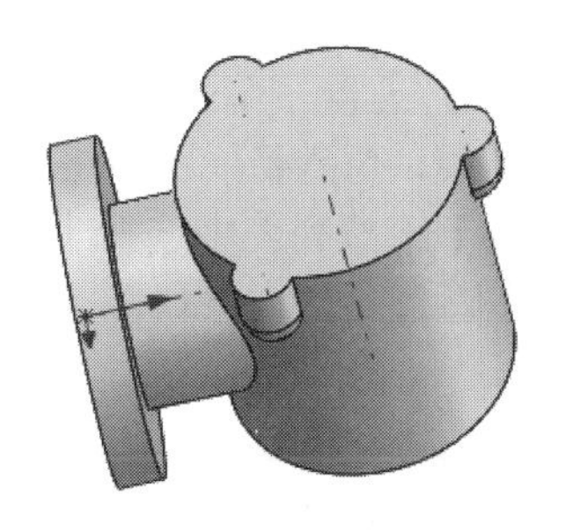

图 3-196 圆周阵列后的模型

⑩ 选取“前视基准面”，系统进入草图环境，单击【标准视图】工具栏中的【正视于】按钮。绘制如图 3-197 所示的草图 3，单击按钮，退出草图环境。

⑪ 选取“右视基准面”，系统进入草图环境，单击【标准视图】工具中的【正视于】按钮。绘制如图 3-198 所示的草图 4，单击按钮，退出草图环境。

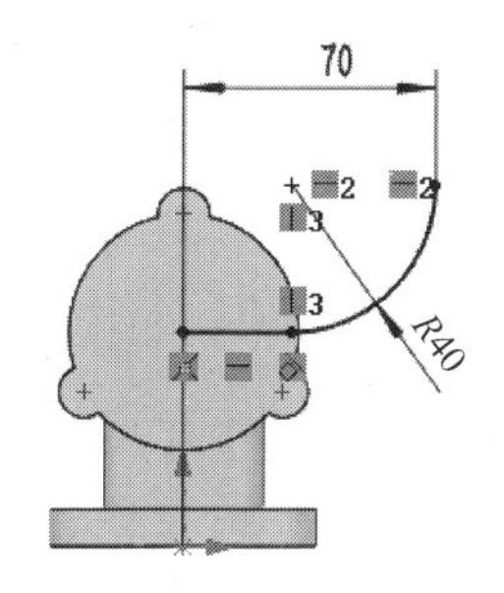

图 3-197 绘制的草图 3

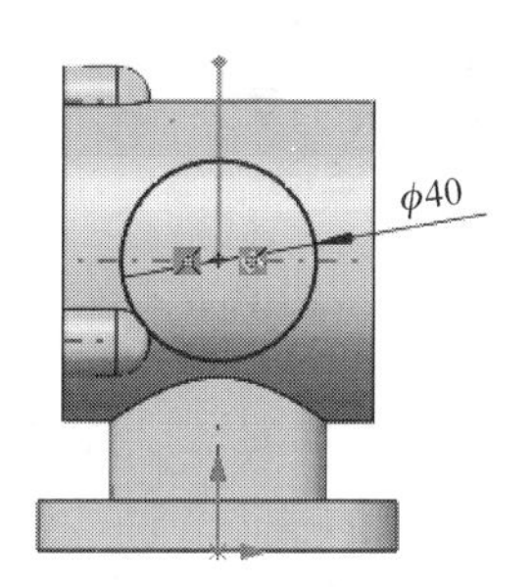

图 3-198 绘制的草图 4

⑫ 选择【插入】|【凸台/基体】|【扫描】菜单命令或者单击【特征】工具栏中的【扫描】按钮，系统弹出如图 3-199 所示的【扫描】属性管理器，单击【轮廓】按钮，然后在图形区域中选取轮廓草图 4；单击【路径】按钮，然后在图形区域中选择路径草图 3；单击【确定】按钮，结果如图 3-200 所示。

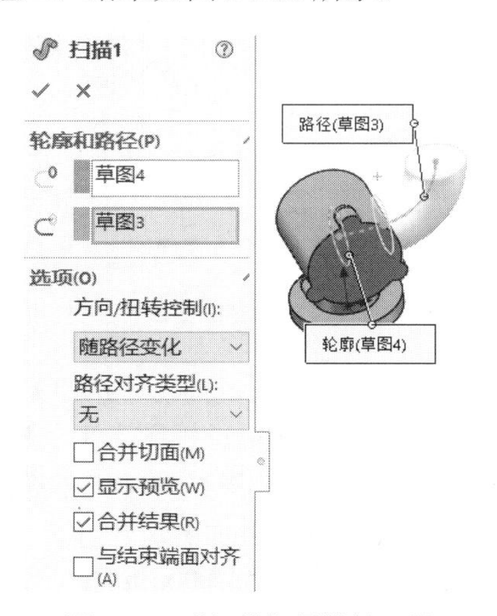

图 3-199 【扫描】属性管理器

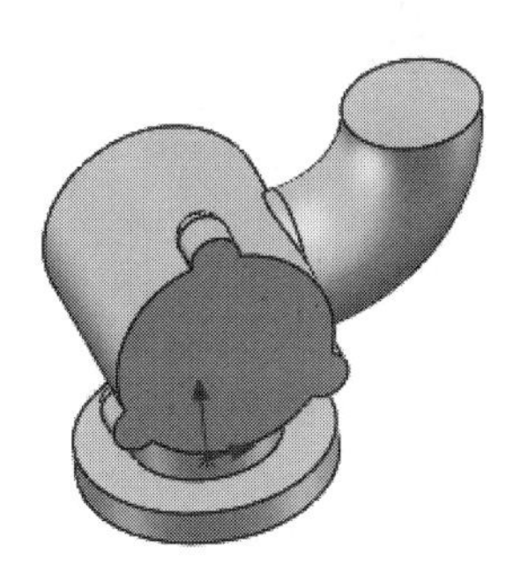

图 3-200 扫描后的模型

⑬ 单击【特征】工具栏上的【拉伸凸台/基体】按钮，系统弹出【拉伸】属性管理器，选取“右视基准面”，系统进入草图环境，单击【标准视图】工具栏中的【正视于】按钮，绘制如图 3-201 所示的草图，单击按钮，退出草图环境，系统返回如图 3-202 所示的【凸台-拉伸】属性管理器。单击【反向】按钮（用户需要观察拉伸方向，如果拉伸方向与所需要的方向相反，则需要单击该按钮），在【开始条件】下拉列表中选择【草图基准面】选项，在【终止条件】下拉列表中选择【给定深度】选项，在【深度】微调框内输入“68.00mm”，单击【确定】按钮，结果如图 3-203 所示。

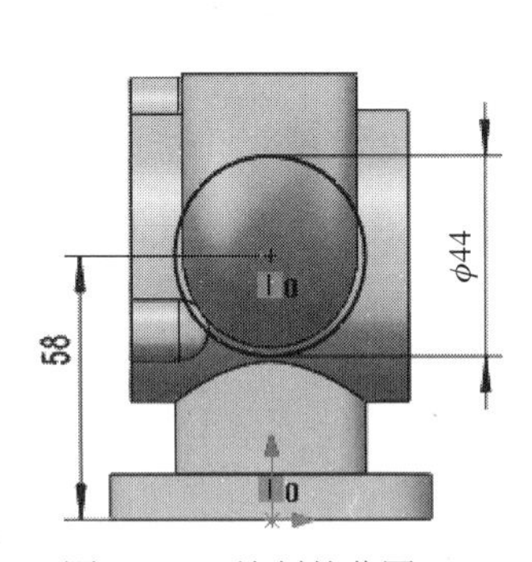

图 3-201　绘制的草图（1）

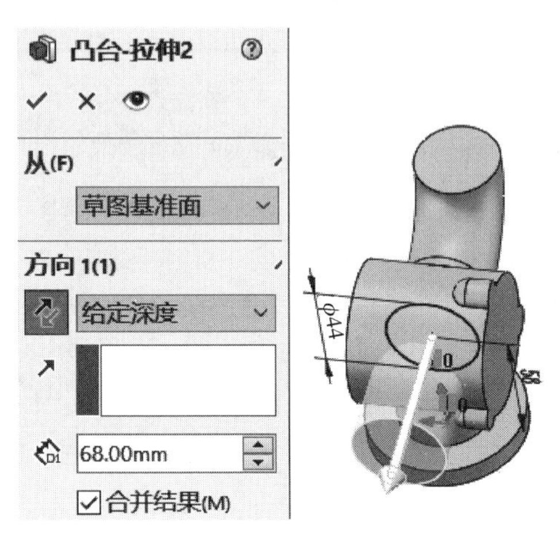

图 3-202　【凸台-拉伸】属性管理器

⑭ 单击【特征】工具栏上的【拉伸凸台/基体】按钮，系统弹出【拉伸】属性管理器，选取如图 3-204 所示的实体表面，系统进入草图环境，单击【标准视图】工具栏中的【正视于】按钮，绘制如图 3-205 所示的草图，单击按钮，退出草图环境，系统返回【凸台-拉伸】属性管理器。在【开始条件】下拉列表中选择【草图基准面】选项，在【终止条件】下拉列表中选择【给定深度】选项，在【深度】微调框内输入“68.00mm”，单击【确定】按钮。

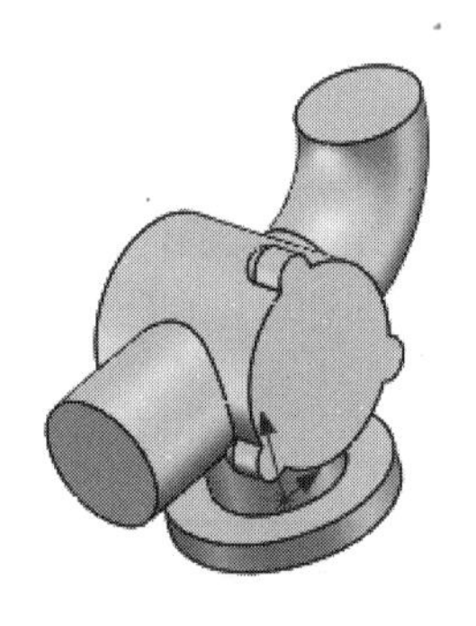

图 3-203　拉伸后的模型（2）

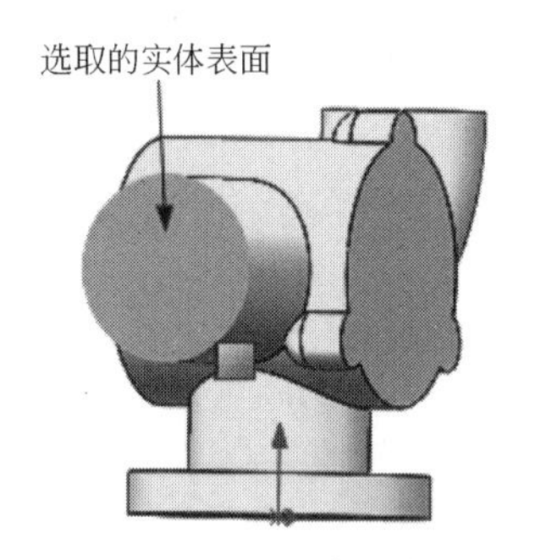

图 3-204　选取的实体表面（1）

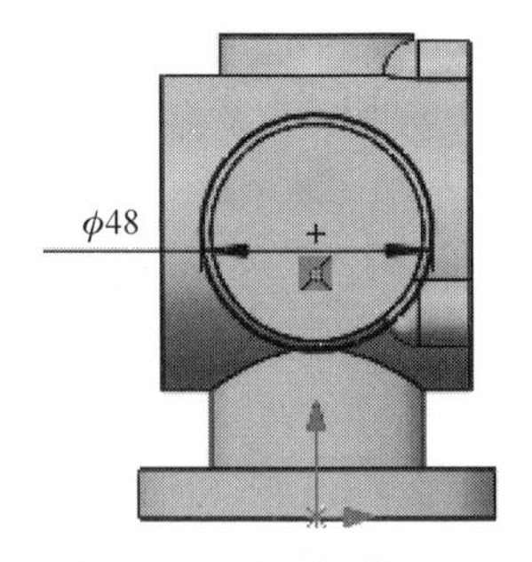

图 3-205　绘制的草图（2）

⑮ 单击【特征】工具栏上的【拉伸凸台/基体】按钮，系统弹出【拉伸】属性管理器，选取如图 3-206 所示的实体表面，系统进入草图环境，单击【标准视图】工具栏中的【正视于】按钮，绘制如图 3-207 所示的草图，单击按钮，退出草图环境，系统返回【凸台-拉伸】属性管理器。在【开始条件】下拉列表中选择【草图基准面】选项，在【终止条件】下拉列表中选择【给定深度】选项，在【深度】微调框内输入“10.00mm”，单击【确定】按钮，结果如图 3-208 所示。

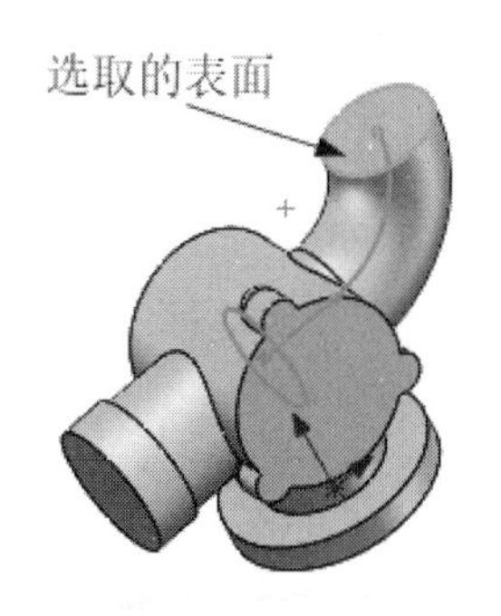

图 3-206　选取的实体表面（2）

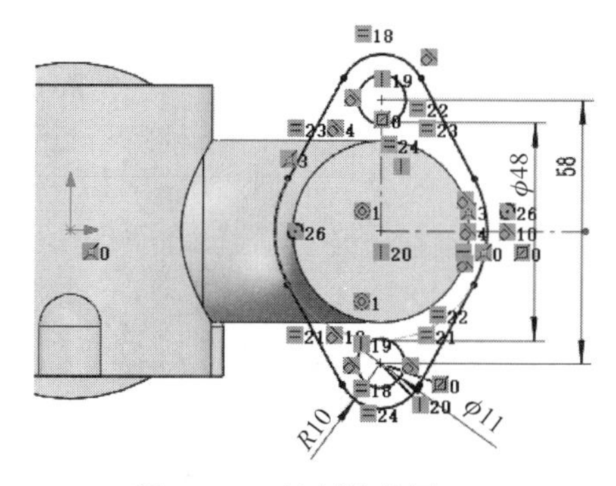

图 3-207　绘制的草图（3）

⑯ 单击【特征】工具栏中的【拉伸切除】按钮，系统弹出【拉伸】属性管理器。选取如图 3-209 所示的表面，系统进入草图环境，单击【标准视图】工具栏中的【正视于】按钮。绘制如图 3-210 所示的草图，单击按钮，退出草图环境，系统返回【切除-拉伸】属性管理器，在【开始条件】下拉列表中选择【草图基准面】选项，在【终止条件】下拉列表中选择【完全贯穿】选项，单击【确定】按钮，结果如图 3-211 所示。

图 3-208　拉伸后的模型（3）

图 3-209　选取的实体表面（3）

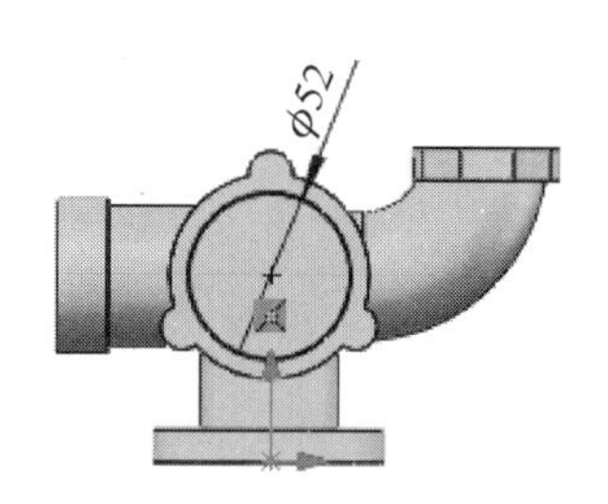

图 3-210　绘制的草图（4）

⑰ 单击【特征】工具栏中的【拉伸切除】按钮，系统弹出【拉伸】属性管理器。选取如图 3-212 所示的表面，系统进入草图环境，单击【标准视图】工具栏中的【正视于】按钮。绘制如图 3-213 所示的草图，单击按钮，退出草图环境，系统返回如图 3-214 所示的【切除-拉伸】属性管理器，在【开始条件】下拉列表中选择【草图基准面】选项，在【终止条件】下拉列表中选择【成形到一面】选项，然后选取如图 3-214 所示的内圆柱面，单击【确定】按钮，结果如图 3-215 所示。

图 3-211　拉伸切除后的模型（1）

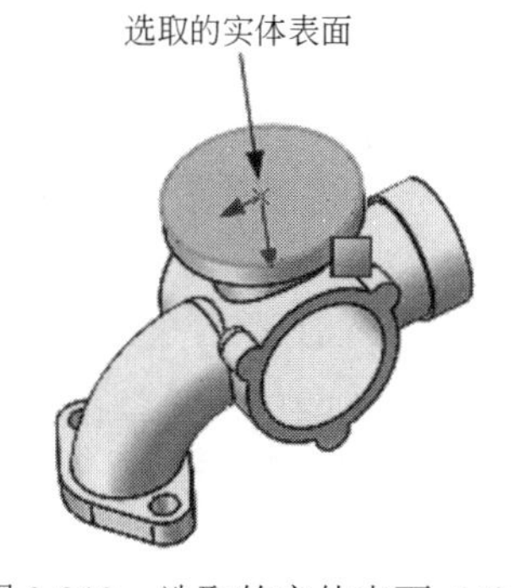

图 3-212　选取的实体表面（4）

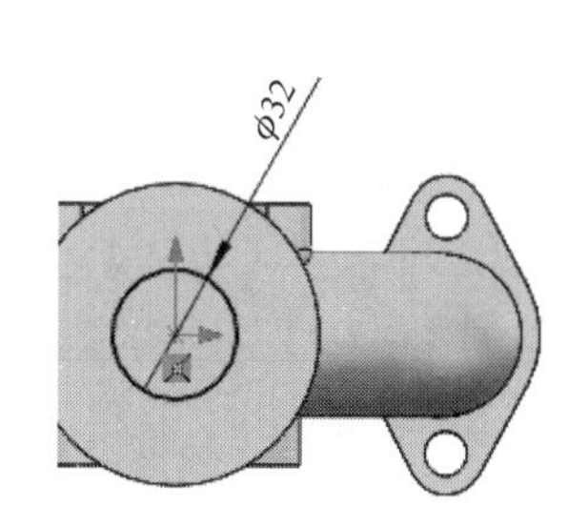

图 3-213　绘制的草图（5）

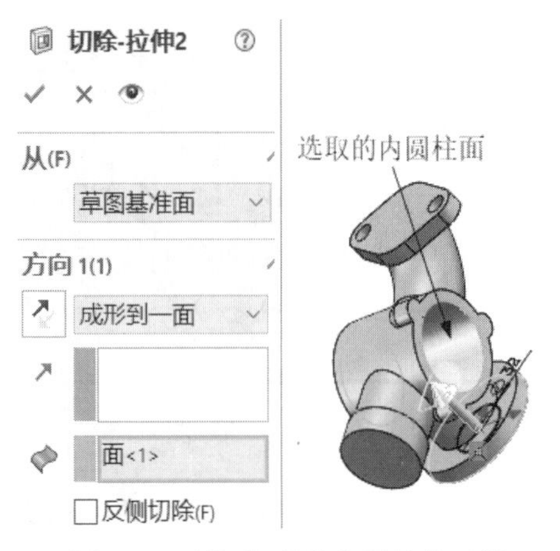

图 3-214 【切除-拉伸】属性管理器

图 3-215 拉伸切除后的模型（2）

⑱ 选取“右视基准面”，系统进入草图环境，单击【标准视图】工具栏中的【正视于】按钮。绘制如图 3-216 所示的草图 12，单击按钮，退出草图环境。

⑲ 选择【插入】|【切除】|【扫描】菜单命令或者单击【特征】工具栏中的【扫描切除】按钮，系统弹出【切除-扫描】属性管理器。单击【轮廓】按钮，然后在图形区域中选取轮廓草图 12；单击【路径】按钮，然后在图形区域中选取路径草图 3（选取草图 3 的过程，可以在设计书上将步骤⑫扫描展开，然后选取草图 3）；单击【确定】按钮，结果如图 3-217 所示。

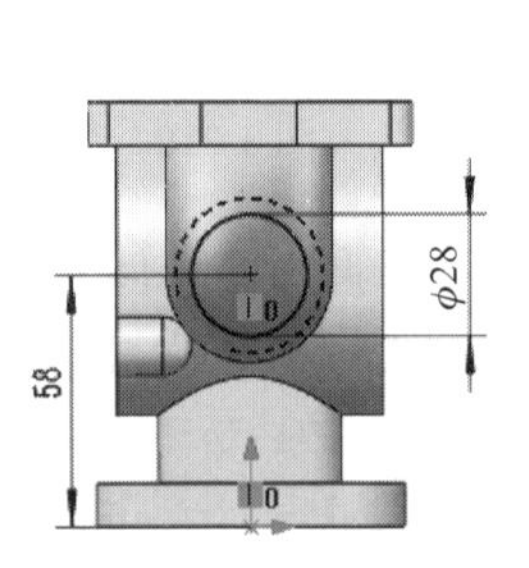

图 3-216 绘制的草图 12

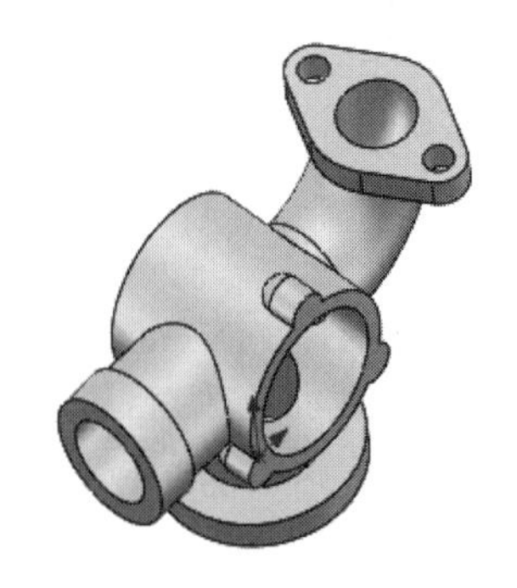

图 3-217 扫描切除后的模型

⑳ 选择【插入】|【注释】|【装饰螺纹线】菜单命令，如图 3-218 所示，系统弹出如图 3-219 所示的【装饰螺纹线】属性管理器。单击【圆形边线】选择框，选取如图 3-220 所示的实体边缘；【标准】下拉列表中选择【GB】，【类型】下拉列表中选择【机械螺纹】，【大小】下拉列表中选择【M36】，【终止条件】下拉列表中选择【给定深度】，【深度】微调框中输入“16.00mm”；单击【确定】按钮。

㉑ 单击【特征】工具栏中的【拉伸切除】按钮，系统弹出【拉伸】属性管理器。选取如图 3-221 所示的表面，系统进入草图环境，单击【标准视图】工具栏中的【正视于】按钮。绘制如图 3-222 所示的草图，单击按钮，退出草图环境，系统返回【切除-拉伸】属性管理器，在【开始条件】下拉列表中选择【草图基准面】选项，在【终止条件】下拉列表中选择【完全贯穿】选项，单击【确定】按钮。

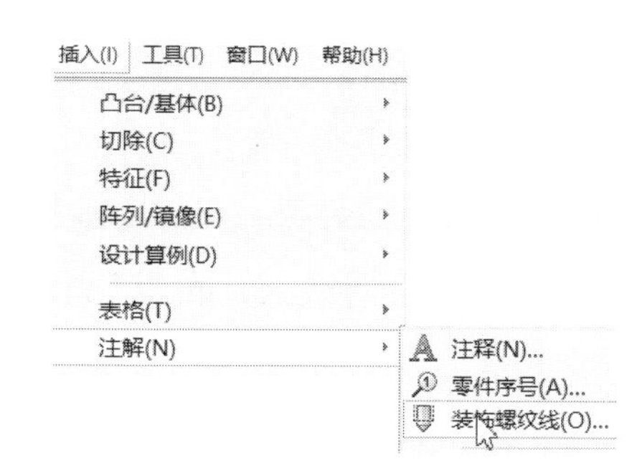

图 3-218 【装饰螺纹线】菜单命令

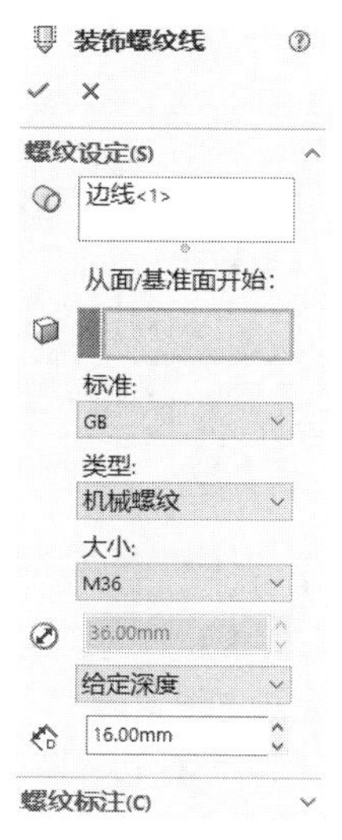

图 3-219 【装饰螺纹线】属性管理器

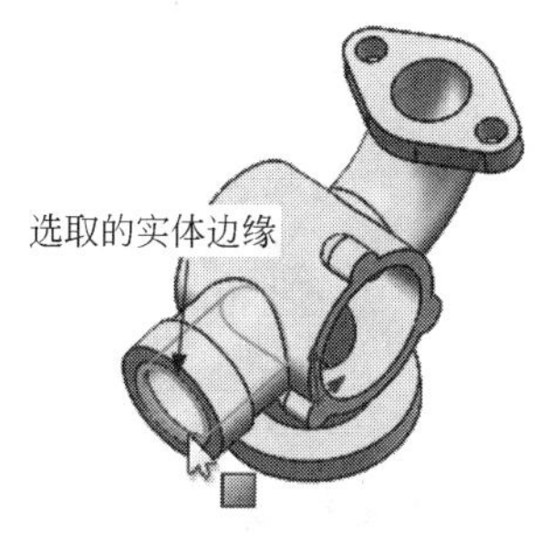

图 3-220 选取的实体边缘（1）

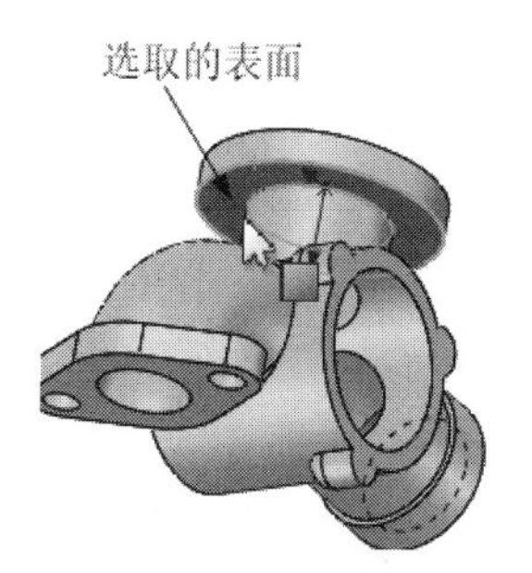

图 3-221 选取的实体表面（5）

㉒ 单击【特征】工具栏中的【异型向导孔】按钮，系统弹出如图 3-223 所示的【孔规格】属性管理器。参照图 3-223 设置各个选项和参数。单击【孔类型】选项组中的【直螺纹孔】按钮，【标准】下拉列表选择【GB】，【类型】下拉列表选择【底部螺纹孔】，【大小】下拉列表选择【M6】，【终止条件】下拉列表选择【给定深度】，【盲孔深度】微调框中输入“15.00mm”，【螺纹线深度】微调框中输入“12.00mm”。然后进入【位置】选项卡，再选取如图 3-224 所示的实体表面，系统进入草图环境，螺纹孔的位置如图 3-225 所示，单击【确定】按钮，结果如图 3-226 所示。

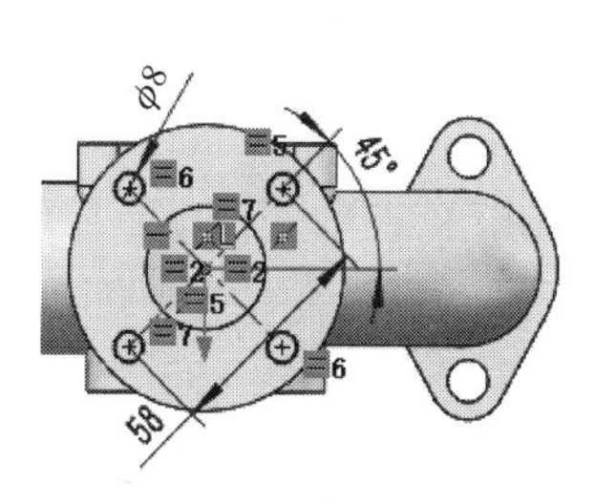

图 3-222 绘制的草图（6）

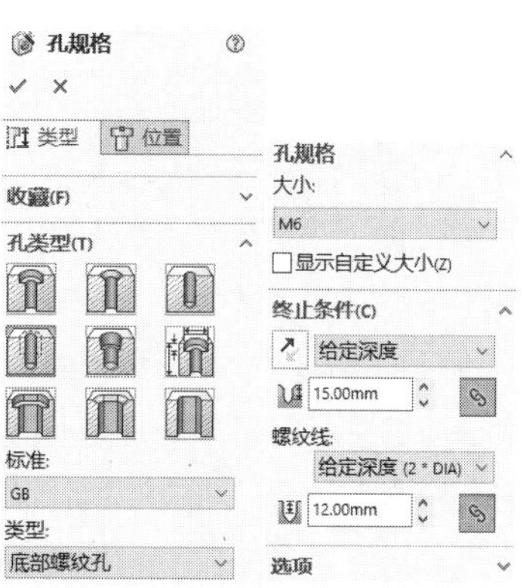

图 3-223 【孔规格】属性管理器

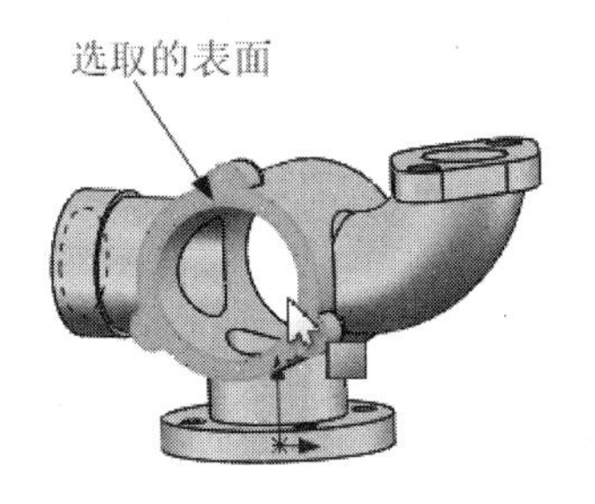

图 3-224　选取的实体表面（6）

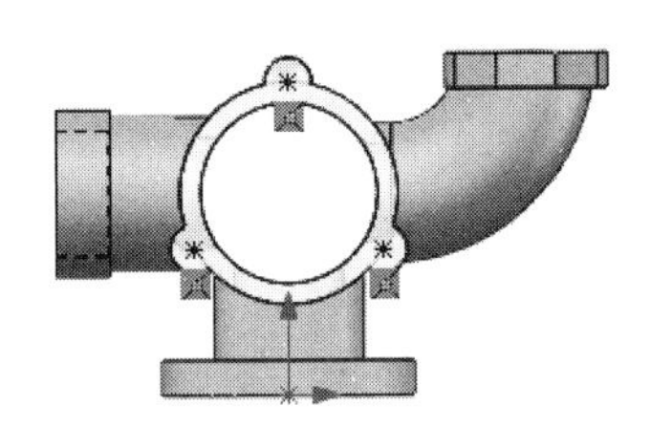

图 3-225　螺纹孔的位置

㉓ 单击【特征】工具栏中的【圆角】按钮，系统弹出【圆角】属性管理器，【圆角类型】选中【等半径】，设置【半径】为 2，选取如图 3-227 所示的实体边缘，单击【确定】按钮，完成圆角的创建。

㉔ 单击【特征】工具栏中的【圆角】按钮，系统弹出【圆角】属性管理器，【圆角类型】选中【等半径】，设置【半径】为 2，选取如图 3-228 所示的实体边缘，单击【确定】按钮，完成圆角的创建。

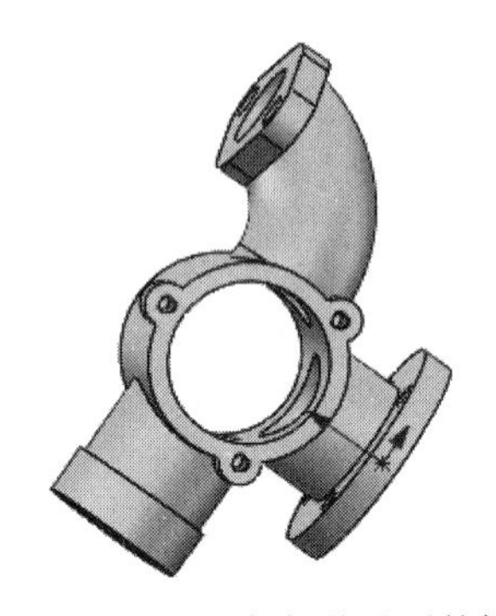

图 3-226　添加螺纹孔后的模型

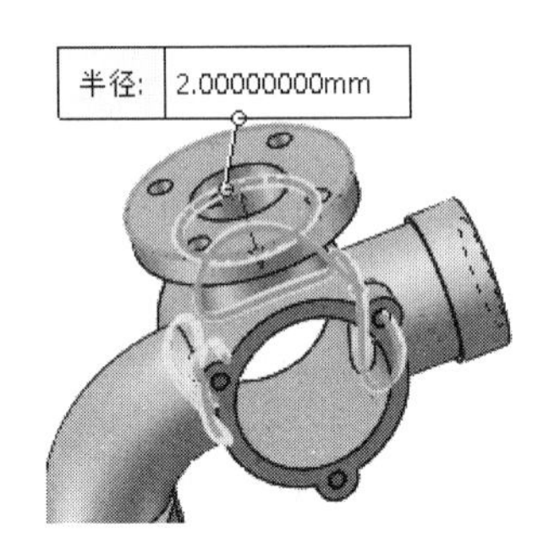

图 3-227 选取的实体边缘（2）

㉕ 单击【特征】工具栏中的【圆角】按钮，系统弹出【圆角】属性管理器，【圆角类型】选中【等半径】，设置【半径】为 1，选取如图 3-229 所示的实体边缘，单击【确定】按钮，结果如图 3-185 所示。

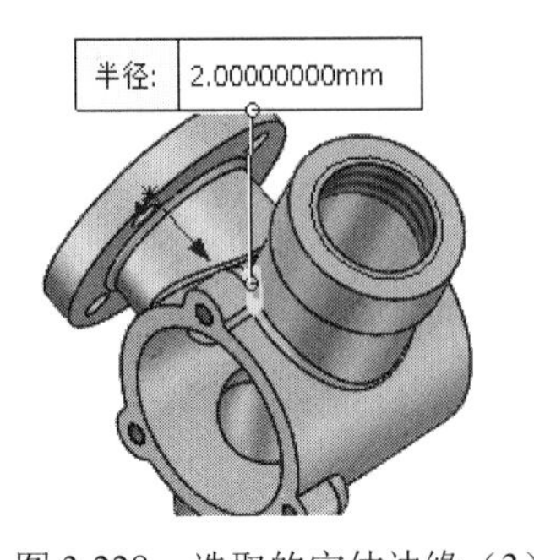

图 3-228　选取的实体边缘（3）

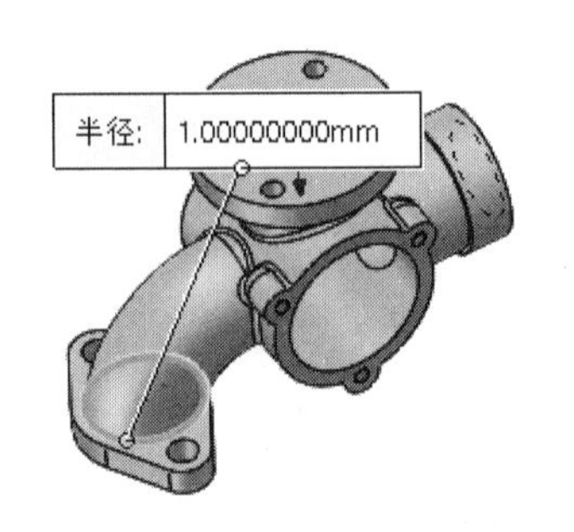

图 3-229　选取的实体边缘（4）

3.6 上机练习

在 SolidWorks 中创建如图 3-230～图 3-235 所示的零件三维模型。

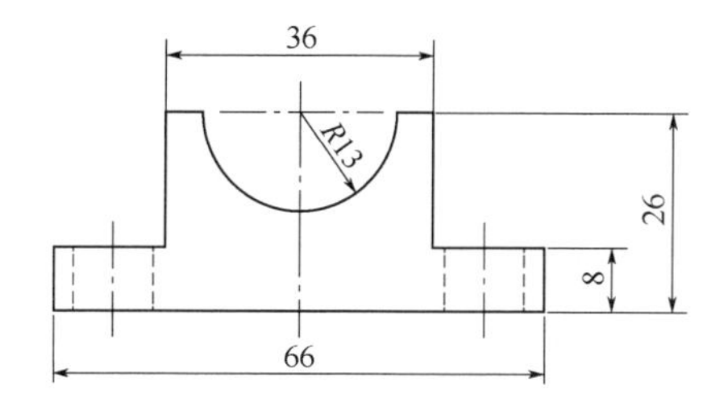

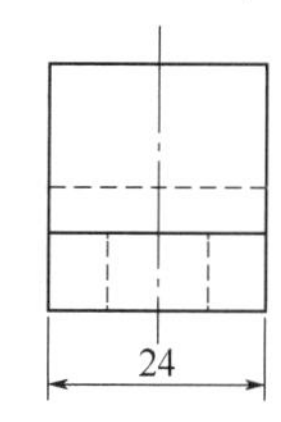

操作题（1）

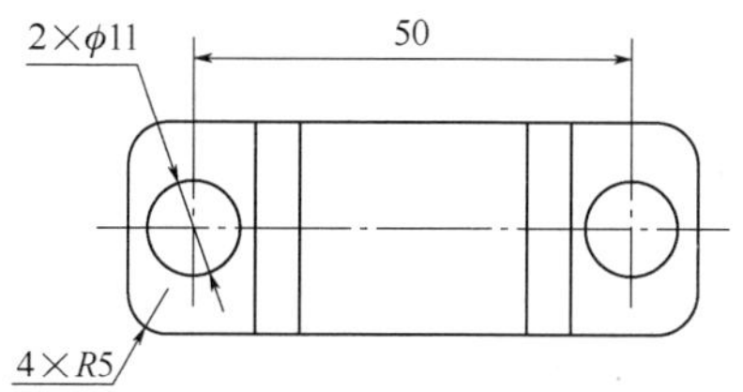

图 3-230　操作题图（1）

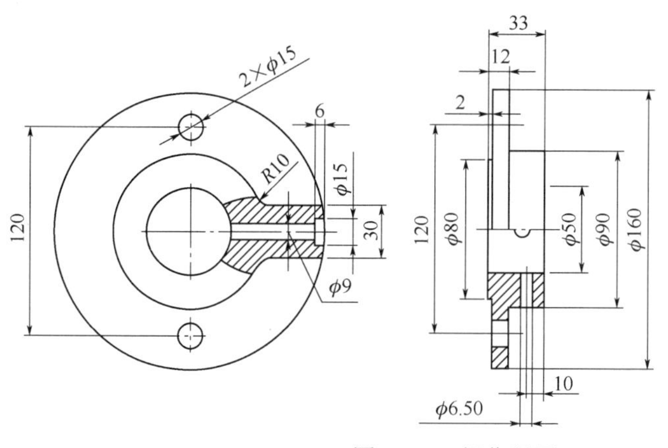

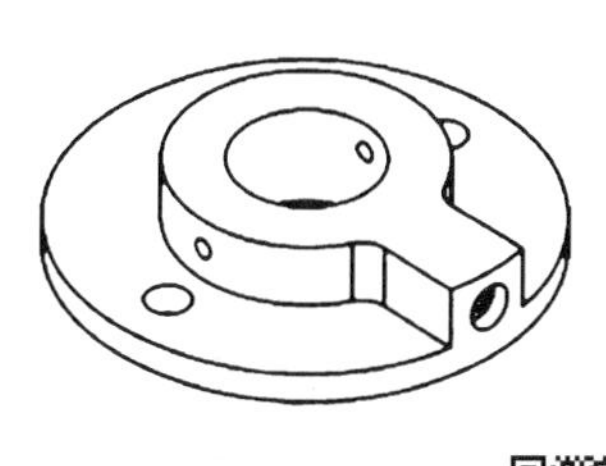

操作题（2）

图 3-231　操作题图（2）

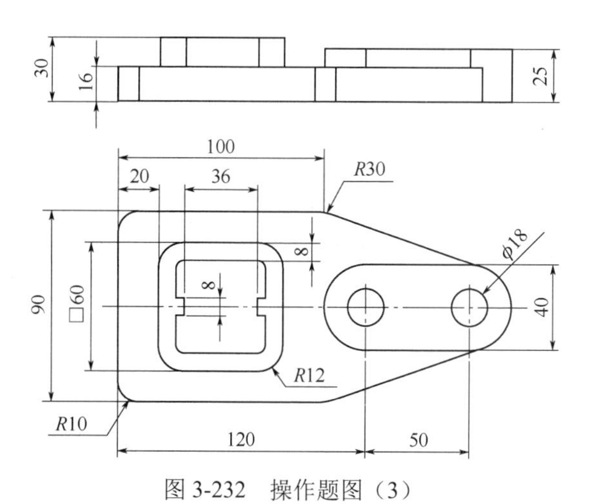

操作题（3）

图 3-232　操作题图（3）

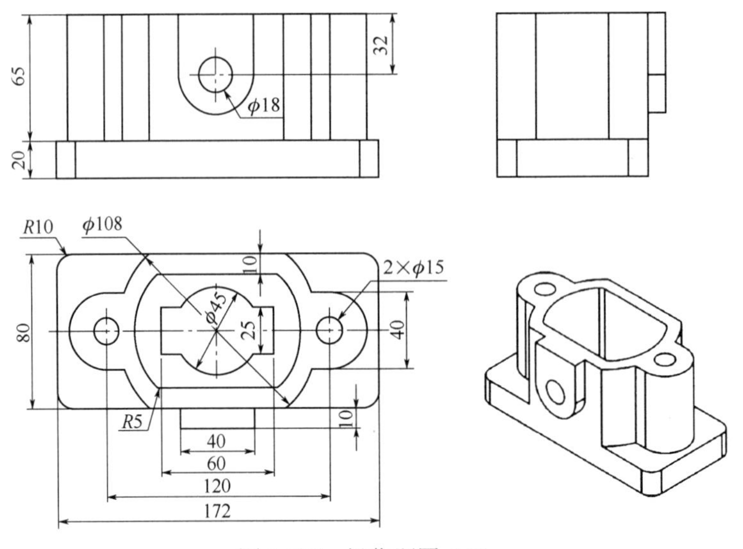

操作题（4）

图 3-233　操作题图（4）

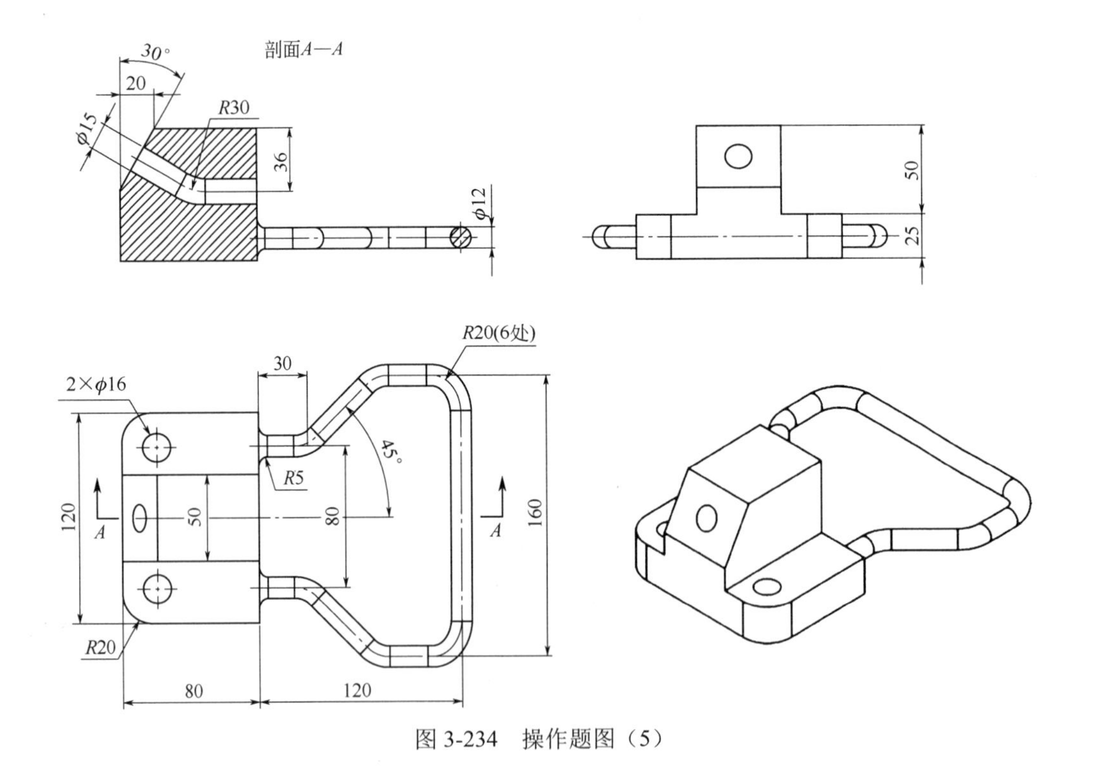

图 3-234　操作题图（5）

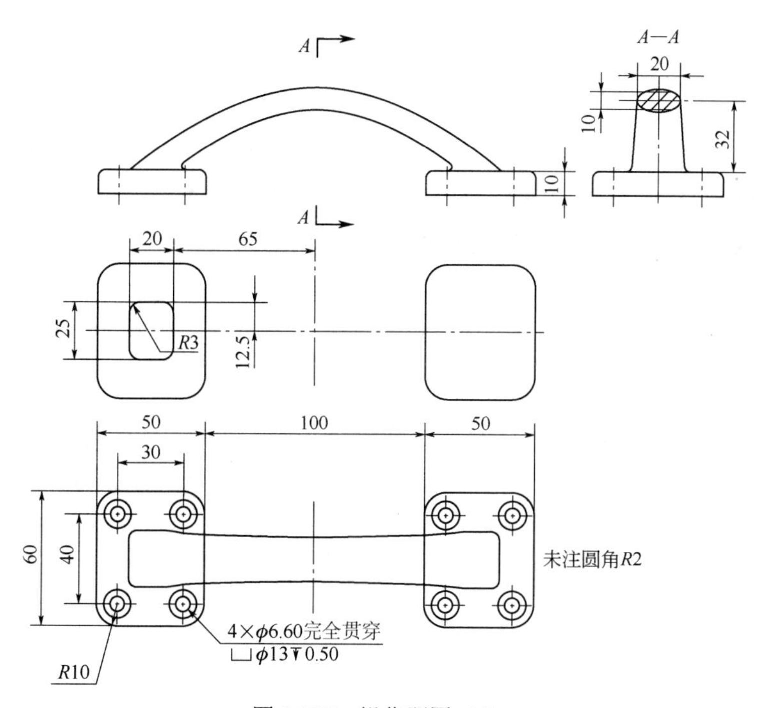
A
A—A
20
10
32
10
A
20
65
25
R3
12.5
50
100
50
30
60
40
未注圆角R2
4×φ6.60完全贯穿
⌴φ13↧0.50
R10

图 3-235　操作题图（6）

第4章 零件设计技术

本章主要介绍了零件设计过程中常用的一些设计技术，如零件的特征管理、体现设计意图的工具——链接数值和方程式。重点讲解了配置以及如何合理地使用配置，对零件系列、产品系列开发与管理有非常重要的意义。配置为产品设计提供了快速有效的设计方法，最大限度地减少了重复设计。同时，由于对配置的操作是在同一文档下进行的，各配置间具有相关性，大大减少了设计的错误。

4.1 零件的特征管理

零件的建模过程，可以认为是特征的建立和特征的管理过程。特征的建立不是特征简单相加，特征间存在父子关系。特征重建时进行的计算以现有的特征为基础，因此特征的先后顺序对模型建立有影响。对特征进行压缩，可以在图形区域不显示，并且重建模型中可以忽略被压缩的特征。

在零件的设计过程中，如果需要查看某特征生成前后的状态，或者在需要的特征状态之间插入新的特征，则可以利用特征退回以及插入特征的操作来实现。

4.1.1 特征退回

特征退回

在特征管理器设计树的最底端有一条黄色的粗线，这是用于零件退回操作的【退回控制棒】。

打开光盘中第 4 章的练习文件“4-1.SLDPRT”，该零件特征管理器设计树和图形区域的模型如图 4-1 所示。

当鼠标指针移动到【退回控制棒】上以后，鼠标指针变成手形状，单击鼠标右键，系统弹出如图 4-2 所示的快捷菜单。选择【退回到前】选项，或者按住鼠标左键。上下拖动【退回控制棒】，可以将零件退回到不同特征之前。移动【退回控制棒】到【切除-拉伸 2】特征前的特征管理器设计树和模型状态，如图 4-3 所示。

当零件处于特征退回状态时，将无法访问该零件的工程图以及基于该零件的装配体，系统将被退回的特征按照压缩状态处理。

4.1.2 插入特征

插入特征

将特征管理器设计树中的【退回控制棒】退回需插入特征的位置，再依据生成特征的方法即可生成新的特征。

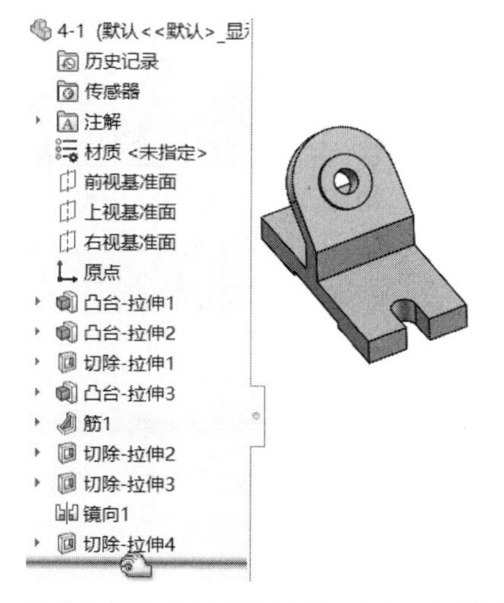

图 4-1　零件的特征管理器设计树和图形区域的模型

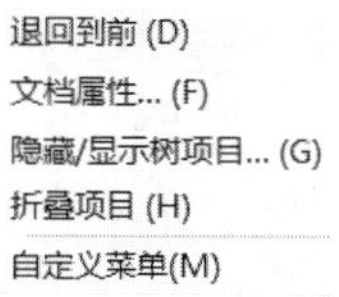

退回到前 (D)
文档属性... (F)
隐藏/显示树项目... (G)
折叠项目 (H)
自定义菜单(M)

图 4-2　快捷菜单

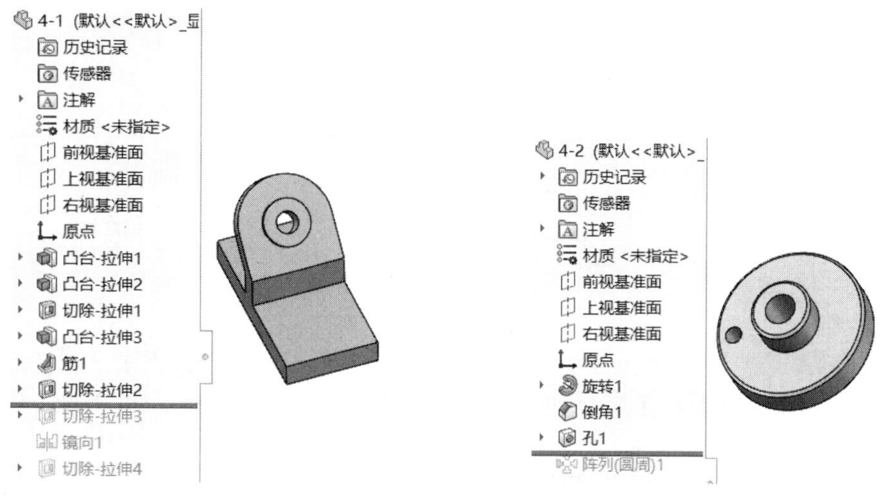

图 4-3　零件特征退回

图 4-4 插入【倒角】特征

现在需要对【4-2】中【孔 1】特征添加一个【倒角】特征（图 4-4），并且需要和【孔 1】同时进行阵列。如果不使用零件退回，新建的倒角特征将位于【阵列(圆周)1】特征之后，编辑【阵列(圆周)1】定义时，不能选择倒角特征。使用零件退回，在【阵列(圆周)1】特征前插入【倒角】特征。具体操作如下。

① 将零件特征退回到【阵列(圆周)1】之前。

② 添加【倒角】特征，则【倒角】特征被插入【孔 1】之后，【阵列(圆周)1】之前。单击【特征】工具栏中的【倒角】按钮，系统弹出【倒角】属性管理器。【距离】中输入“1”，选取孔的边缘，单击【确定】按钮✔。

③ 拖动【退回控制棒】到最后，释放零件退回状态。

④ 在征管理器设计树中选择【阵列(圆周)1】，单击鼠标右键，在弹出的快捷菜单中单击【编辑特征】按钮，系统弹出如图 4-5 所示的【阵列(圆周)1】属性管理器，激活【要阵列的特征】选择框，选择【倒角 2】特征，【倒角】特征被添加到【要阵列的特征】选择框中，保持其他的阵列特征参数，确定阵列特征定义，如图 4-5 所示。

⑤ 修改阵列特征定义后，阵列的内容包括倒角特征。

4.1.3 查看父子关系

查看父子关系

某些特征通常生成于其他现有特征之上。先生成基体拉伸特征，然后生成附加特征（如凸台或切除拉伸）。原始基体拉伸称为父特征；凸台或切除拉伸称为子特征。子特征依赖于父特征而存在。

父特征是其他特征所依赖的现有特征。父/子关系具有以下特点。

① 只能查看父子关系而不能进行编辑。

② 不能将子特征重新排序在其父特征之前。

查看父/子关系具体操作如下。

在特征管理器设计树或图形区域中，选取某个特征，单击鼠标右键，在弹出的快捷菜单中选择【父子关系】命令，系统弹出如图 4-6 所示的【父子关系】对话框，对话框中可查看该特征的父特征和子特征。

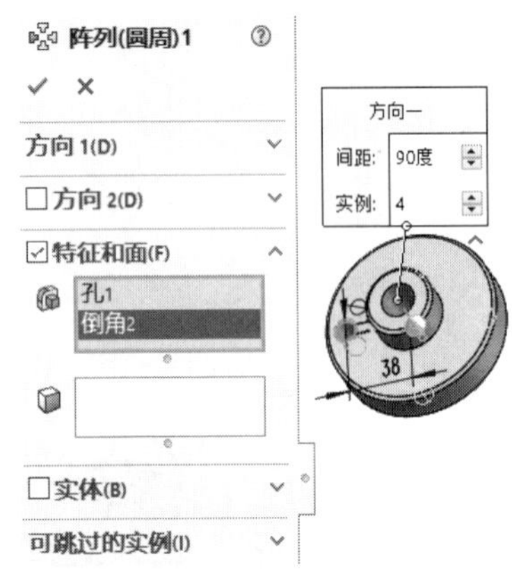

图 4-5 【阵列(圆周)1】属性管理器

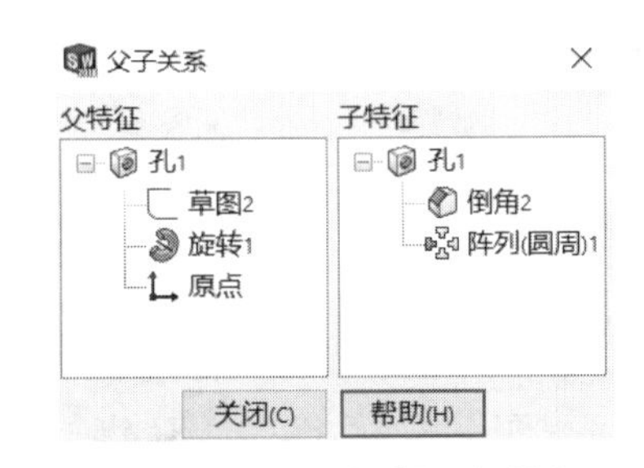

图 4-6 【父子关系】对话框

4.1.4 特征状态的压缩与解除压缩

特征状态压缩与解压

压缩特征不仅可以使特征不显示在图形区域，同时可避免所有可能参与的计算。在模型建立的过程中，可以压缩一些对下一步建模无影响的特征，这可以加快复杂模型的重建速度。

压缩特征可以将其从模型中移除，而不是删除。特征被压缩后，该特征的子特征同时被压缩。被压缩的特征在特征管理器设计树中以灰度显示。

（1）压缩特征

压缩特征的具体操作如下。

① 在特征管理器设计树中选取要压缩的特征，或在绘图区选取要压缩的特征的一个面。

② 单击【特征】工具栏中的【压缩】按钮，或者选择【编辑】|【压缩】菜单命令，或者在特征管理器设计树中，单击鼠标右键，然后在快捷菜单中单击【压缩】按钮。

（2）解除压缩

解除压缩的特征必须从特征管理器设计树中选取已经压缩的特征，而不能从视图中选取该特征的某一个面，因为特征压缩后视图中不显示，解除压缩与压缩特征是相对应的。解除压缩的具体操作如下。

在特征管理器设计树中选取被压缩的特征。

单击【特征】工具栏中的【解除压缩】按钮，或者选择【编辑】|【解除压缩】菜单命令，或者在特征管理器设计树中，使用鼠标右键单击需解除压缩的特征，然后在快捷菜单中单击【解除压缩】按钮。

（3）Instant3D

Instant3D 可以使用户通过拖动控标或标尺来快速生成和编辑模型几何体。动态编辑特征是指系统不需要退回编辑特征的位置，直接对特征进行动态编辑的命令。动态编辑是通过控标移动、旋转来调整拉伸及旋转的大小。通过动态编辑可以编辑草图，也可以编辑特征。

动态编辑特征的具体操作步骤如下。

① 单击【特征】工具栏中的【Instant3D】按钮，开始动态编辑特征操作。

② 单击特征管理器设计树中的【旋转 1】作为要编辑的特征，视图中该特征显示如图 4-7 所示，同时，出现该特征的修改控标。

③ 拖动尺寸 45 的控标，屏幕上出现标尺，如图 4-8 所示，使用屏幕上的标尺可以精确地修改草图。

④ 尺寸修改完成后，单击【特征】工具栏中的【Instant3D】按钮，退出 Instant3D 特征操作。

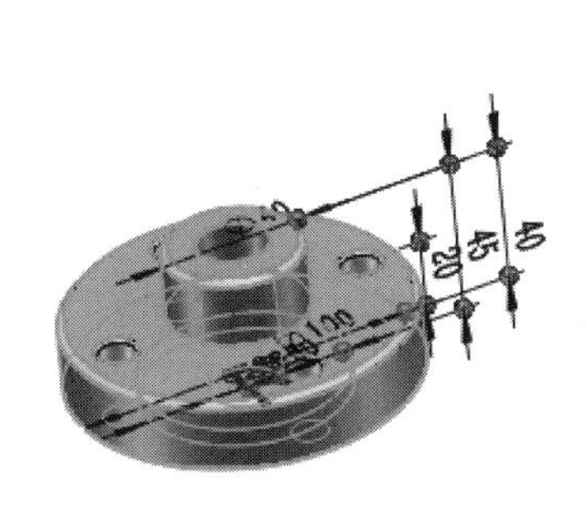

图 4-7　编辑特征

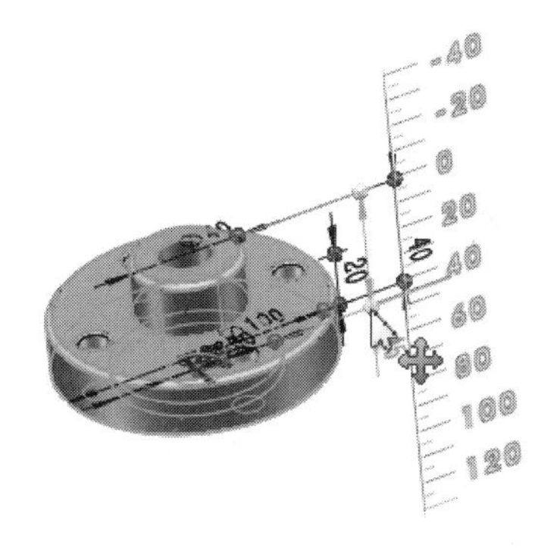

图 4-8　标尺

4.1.5 零件的显示

SolidWorks 为零件模型提供了默认的颜色、材质和光源等，用户可以根据需要设置零件的颜色和透明度等。在装配图中各个零件采用不同的颜色有助于展示零件间的装配关系。

（1）按特征类型指定

通过设置零件文件的属性，可以为零件中不同类型的特征指定不同的颜色。具体操作步骤如下。

① 在特征管理器设计树的空白区域单击鼠标右键，在弹出的快捷菜单中选择【文档属性】命令，系统弹出如图 4-9 所示的【文档属性】对话框。进入【文档属性】选项卡，再选择【模型显示】选项，在【模型/特征颜色】列表框中，选择某一类特征。单击【编辑】按钮，系统弹出【颜色】对话框，指定该类特征的颜色。

② 单击【颜色】对话框中的【确定】按钮，关闭【颜色】对话框，再单击【文档属性】对话框中的【确定】按钮，退出【文档属性】对话框，即可将该类特征全部用指定的颜色显示。

（2）设置零件的透明度

有些零件在装配的外部，这样将遮挡内部的零件结构，因此，设置零件的透明度对于装配关系的表达非常必要。设置零件的透明度具体操作步骤如下。

① 在特征管理器设计树中选取需设置的特征，多选时，按住 Ctrl 键。

② 单击鼠标右键，在弹出的快捷菜单中单击【改变透明度】按钮，即可改变特征模型的透明度。

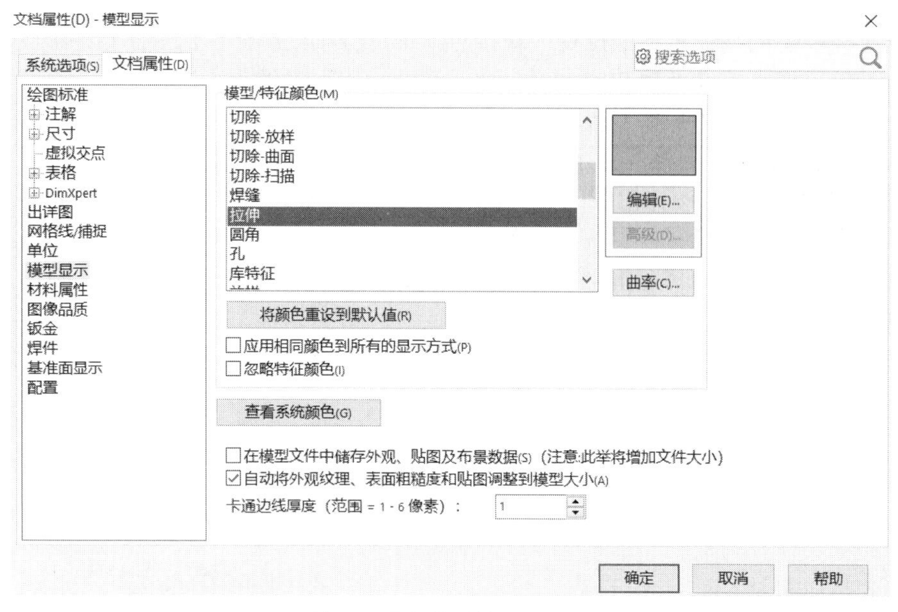

图 4-9 【文档属性】对话框

4.1.6 特征的检查与编辑

在初步完成零件设计后，一般来说需要对设计进行必要的调整和修改，因为设计过程是一个反复的过程，不可能一次成功。因此编辑零件就显得非常重要。SolidWorks 软件不仅具有比较强的实体造型功能，同时也提供了一些方便的编辑功能。

零件中存在的问题发生在零件中的草图或特征中。错误的种类有很多，使用 SolidWorks 提供的一些工具，可以找到并修正零件中出现的问题。

（1）查找模型重建错误

SolidWorks 对于有错误的零件和特征均有明显的提示。常见的重建模型错误如表 4-1 所示。

表 4-1 常见的重建模型错误

图标	说明
	表示模型有错。此图标出现在特征管理设计树顶层的文件名称上，以及包含错误的特征上
	表示特征有错。此图标出现在特征管理设计树中的特征名称上
	表示所指明的节下的警告。此图标出现在特征管理设计树顶层的文件名称上，以及特征管理设计树中其子特征产生此错误的父特征上
	表示特征警告。此图标出现在特征管理设计树中产生此警告的特定特征上

选择草图、特征、零件或装配体名称，单击鼠标右键，然后在弹出的快捷菜单中选择【什么错】命令，系统弹出如图 4-10 所示的【什么错】对话框。

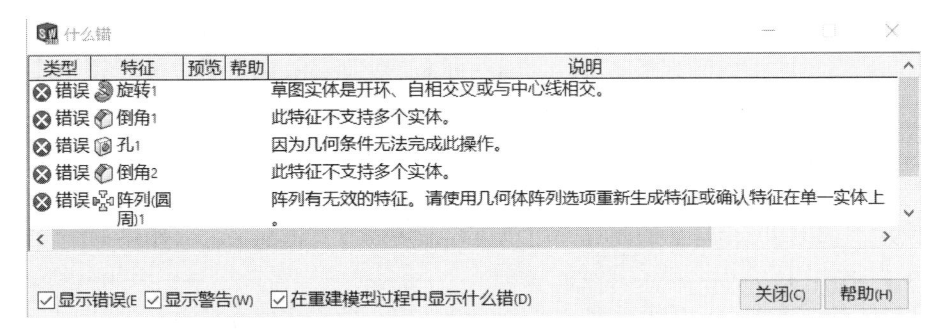
图 4-10 【什么错】对话框

该对话框显示下述列。

①【类型】——错误或警告。

②【特征】——特征的名称及其在特征管理器设计树中的图标。

③【预览】——如果预览图标在列中出现，单击图标观看在图形区域中高亮显示的相应特征。

④【帮助】——如果帮助图标在列中出现，单击图标来访问包含有关错误或特征更多信息的帮助主题。

⑤【说明】——错误或警告的解释。

注意：当第一次发生某错误时，【什么错】对话框会自动出现。

（2）编辑草图

所谓编辑草图，就是在零件设计完成以后，如果认为其中的某个特征不合适，还可以对零件的草图进行编辑和修改。

编辑草图具体操作过程如下。

① 在特征管理器设计树中选中需要进行修改的特征。

② 单击鼠标右键，在弹出的快捷菜单中单击【编辑草图】按钮。

③ 系统自动回到该特征的草图状态，这时就可以根据需要对草图进行编辑和修改。

④ 修改完成以后，单击【标准】工具栏中的【重建模型】按钮即可。

（3）编辑特征

同样可以通过“编辑特征”的方法来修改特征的定义数据。方法和“编辑草图”有些类似。

编辑特征具体操作过程如下。

① 在特征管理器设计树中选中需要进行修改的特征。

② 单击鼠标右键，在弹出的快捷菜单中单击【编辑特征】按钮。或者直接在零件上选取特征并单击鼠标右键，系统弹出类似的快捷菜单，并单击【编辑特征】按钮。

③ 在屏幕的左边会出现与该特征对应的参数定义对话框，根据需要对其中的参数进行修改。

④ 单击属性管理器上部的【确定】按钮✔。

4.2 多实体技术

4.2.1 概述

当一个单独的零件模型中包含有多个连续的实体时就形成了多实体，该零件就是一个多实体零件。大多数情况下，多实体建模技术用于设计包含有一定距离特征的零件，此时可以单独对零件的每一分离实体特征进行建模，最后通过合并或连接实体形成单一的零件。在多实体零件中每一个实体都能单独的进行编辑，每个实体的建立和编辑方法与单实体零件的编辑方法相同。

当零件为多实体零件时，在特征设计树中会包含有一个【实体】文件夹。在该文件夹后括号内的数字表示实体的数量，文件夹下包含了零件的所有实体，实体的名称为系统默认，即添加到实体上最后一个特征的名称，用户可以最后修改实体的名称。如果零件是一个单独的实体，特征设计树中就没有【实体】文件夹。

建立多实体零件最直接的方法是，在特征操作中不选择【合并结果】选项，这样一个零件就可以形成多个实体，但【合并结果】选项对零件的第一个特征无效。

4.2.2 桥接

多实体技术-桥接

桥接是生成连接多个实体的实体，是在多实体环境中经常使用的技术。利用桥接技术来连接两个或多个实体，从而使多个实体合并成单一实体。下面以图 4-11 所示的“底座 1”图纸为例，说明桥接技术在零件建模过程中的应用。

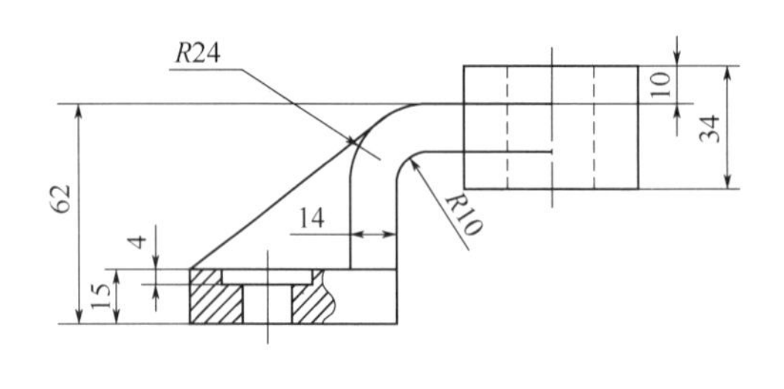

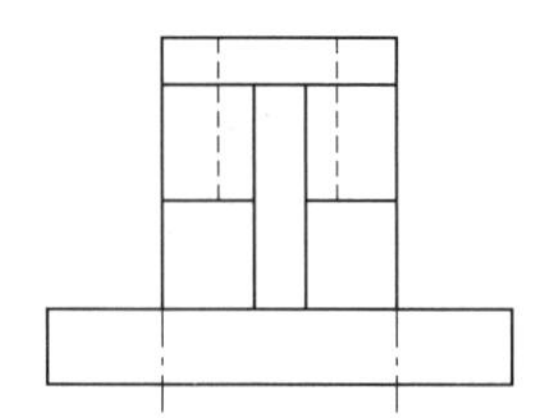

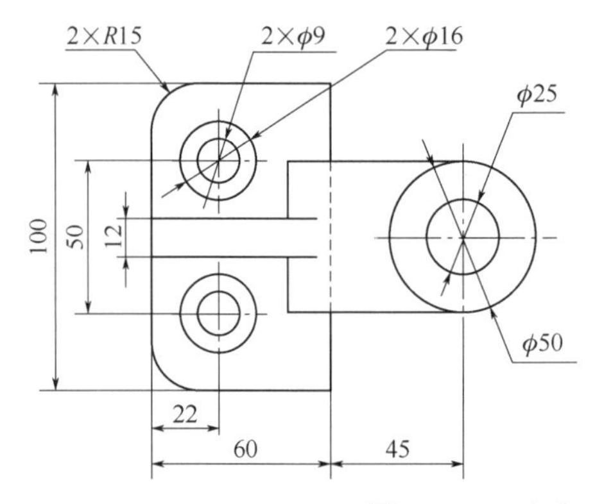

图 4-11 “底座 1”图纸

① 启动软件并新建文件。启动 SolidWorks 2018 软件，单击工具栏中的【新建】按钮，系统弹出【新建 SOLIDWORKS 文件】对话框，在【模板】选项卡中选择【零件】选项，单击【确定】按钮。

② 建立零件的第一个实体。单击【特征】工具栏上的【拉伸凸台/基体】按钮，系统弹出【拉伸】属性管理器，在绘图区选取“前视基准面”或者在模型树上选择【前视基准面】，系统进入草图环境，绘制如图 4-12 所示的草图 1，单击按钮，退出草图环境，系统返回【凸台-拉伸】属性管理器。在【开始条件】下拉列表中选择【草图基准面】选项，在【终止条件】下拉列表中选择【给定深度】，在【深度】微调框内输入“15.00mm”，单击【确定】按钮，结果如图 4-13 所示。

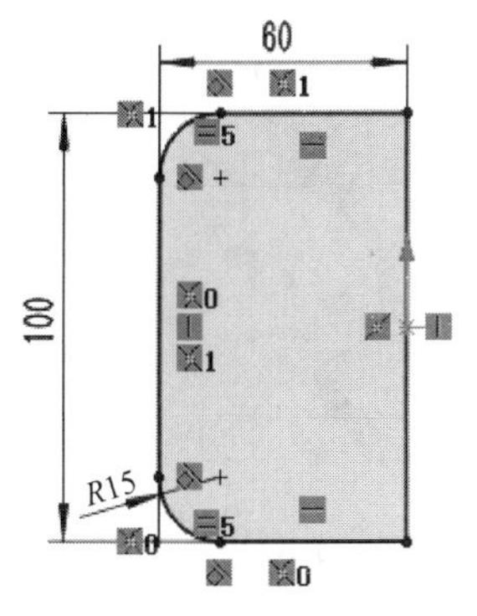

图 4-12　绘制的草图 1

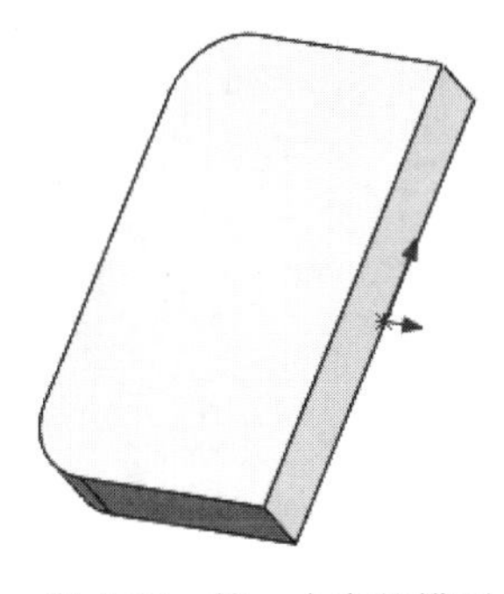

图 4-13　第一个实体模型

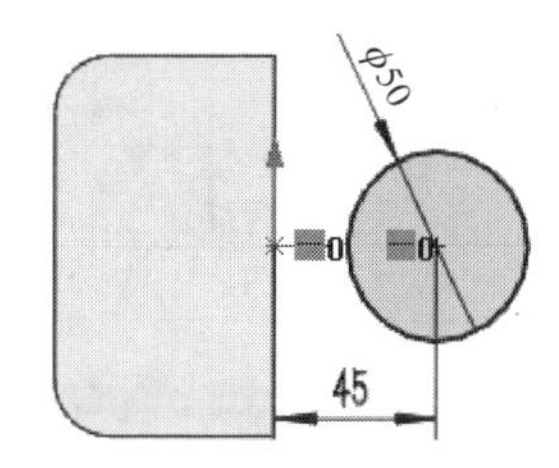

图 4-14　绘制的草图 2

③ 建立零件的第二个实体。单击【特征】工具栏上的【拉伸凸台/基体】按钮，系统弹出【拉伸】属性管理器，在绘图区选取“前视基准面”或者在模型树上选择【前视基准面】，系统进入草图环境，单击【标准视图】工具栏中的【正视于】按钮，绘制如图 4-14 所示的草图 2，单击按钮，退出草图环境，系统返回【凸台-拉伸】属性管理器。在【开始条件】下拉列表中选择【等距】选项，【输入等距值】微调框中输入“38.00mm”；在【终止条件】下拉列表中选择【给定深度】，在【深度】微调框内输入“34.00mm”，如图 4-15 所示，单击【确定】按钮，结果如图 4-16 所示。

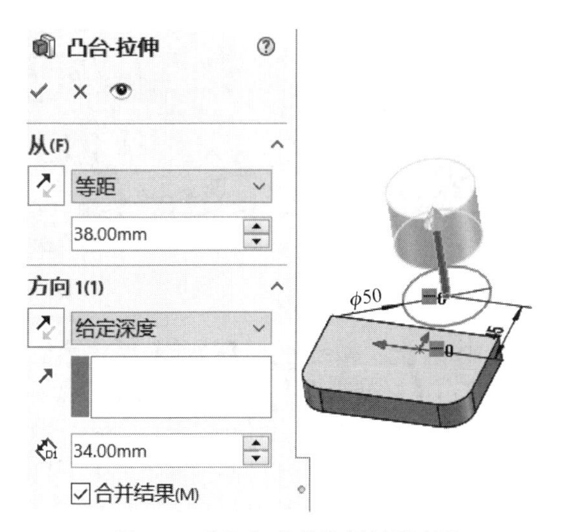

图 4-15 【凸台-拉伸】属性管理器

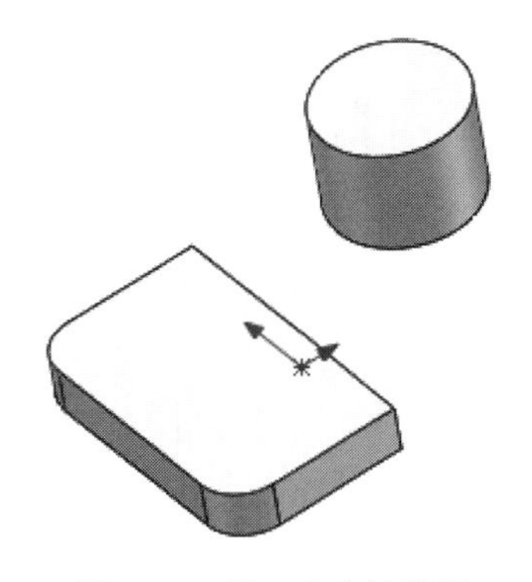

图 4-16　第二个实体模型

④ 建立桥接。单击【特征】工具栏上的【拉伸凸台/基体】按钮，系统弹出【凸台-拉伸】属性管理器，在绘图区选取“上视基准面”或者在模型树上选择【上视基准面】，系统进入草图环境，单击【标准视图】工具栏中的【正视于】按钮，绘制如图 4-17 所示的草图，单击按钮，退出草图环境，系统返回【凸台-拉伸】属性管理器。在【开始条件】下拉列表中选择【草图基准面】选项，在【终止条件】下拉列表中选择【两侧对称】，在【深度】微调框内输入“50.00mm”，单击【确定】按钮，完成拉伸实体的操作。此时 3 个实体合并成一个实体，即该操作桥接了 3 个实体，所以“底座 1”模型就变成了单一实体。特征设计树中的【实体】文件夹也自动隐藏，如图 4-18 所示。

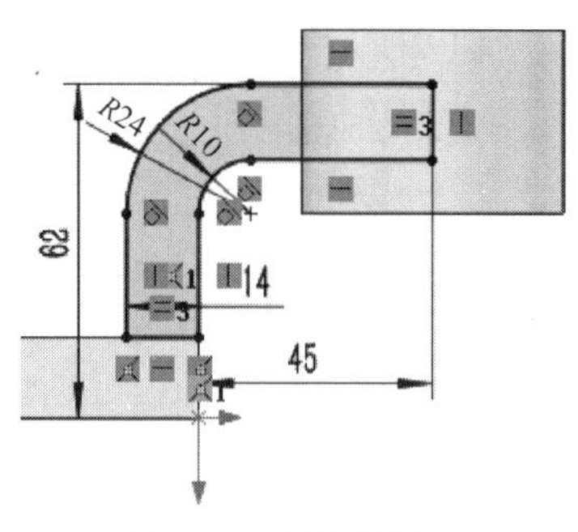

图 4-17　绘制草图（1）

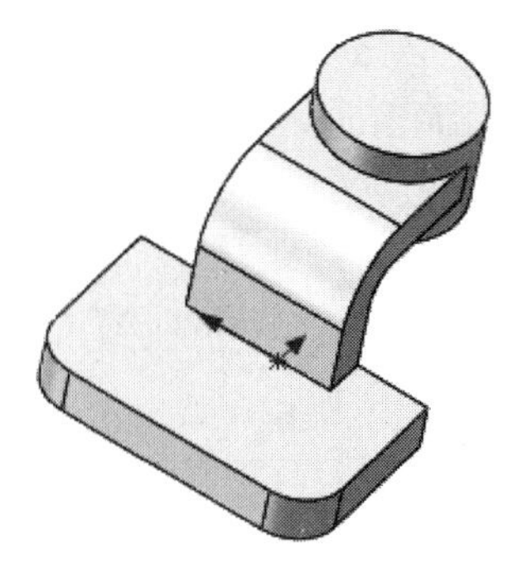
图 4-18　桥接实体后的模型

⑤ 单击【特征】工具栏中的【筋】按钮，系统弹出【筋】属性管理器。选取“上视基准面”，系统进入草图环境，单击【标准视图】工具栏中的【正视于】按钮，绘制如图 4-19 所示的草图，单击按钮，退出草图环境，系统返回【筋】属性管理器。注意观察筋生成的方向，如果方向朝模型外，可以单击如图 4-20 所示的箭头或者勾选【反转材料方向】复选框，改变筋生成方向；如果方向朝模型方向，就采用默认方向。在【筋厚度】微调框中输入“12.00mm”，单击【确定】按钮✓，结果如图 4-21 所示。

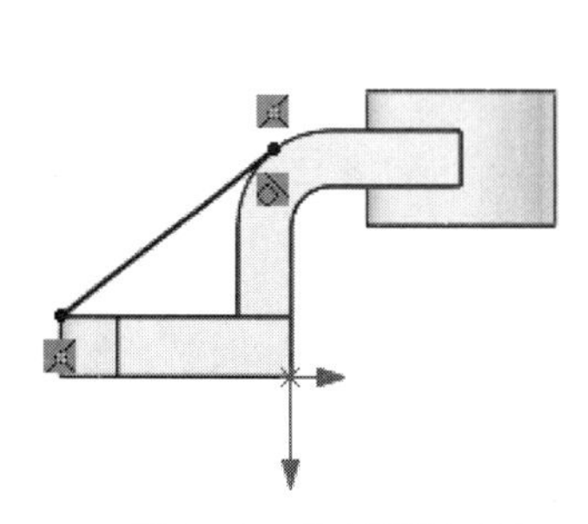
图 4-19　绘制草图（2）

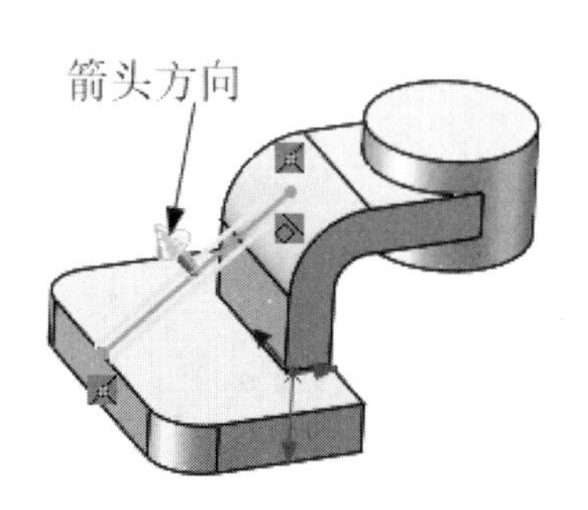

图 4-20　生成筋的预览

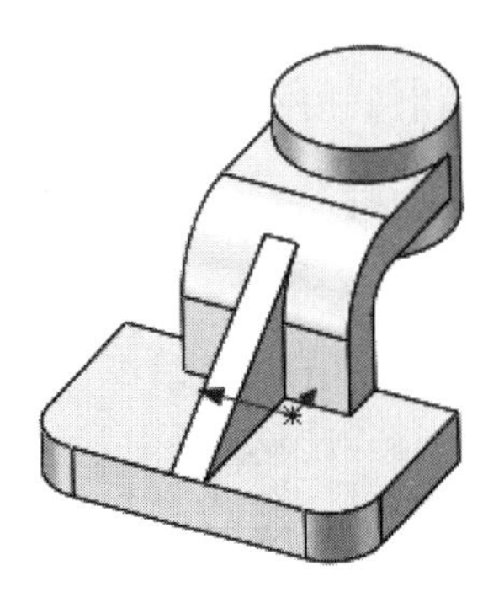
图 4-21　添加筋后的模型

⑥ 单击【特征】工具栏中的【拉伸切除】按钮，系统弹出【拉伸】属性管理器。选取如图 4-22 所示的表面，系统进入草图环境，单击【标准视图】工具栏中的【正视于】按钮。绘制如图 4-23 所示的草图，单击按钮，退出草图环境，系统返回【切除-拉伸】属性管理器，在【开始条件】下拉列表中选择【草图基准面】选项，在【终止条件】下拉列表中选择【完全贯穿】选项，单击【确定】按钮✓，结果如图 4-24 所示。

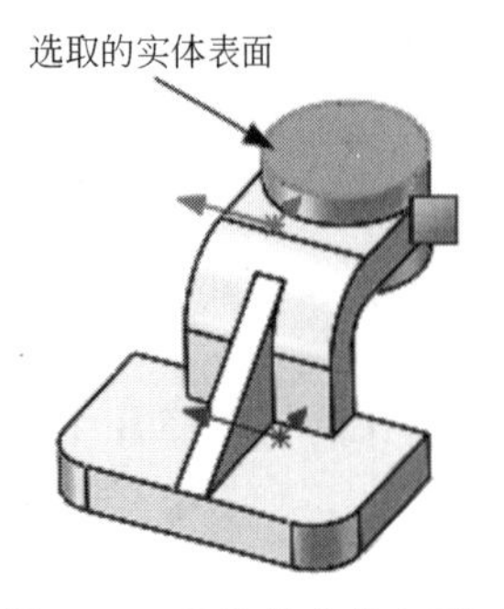

图 4-22　选取的实体表面（1）

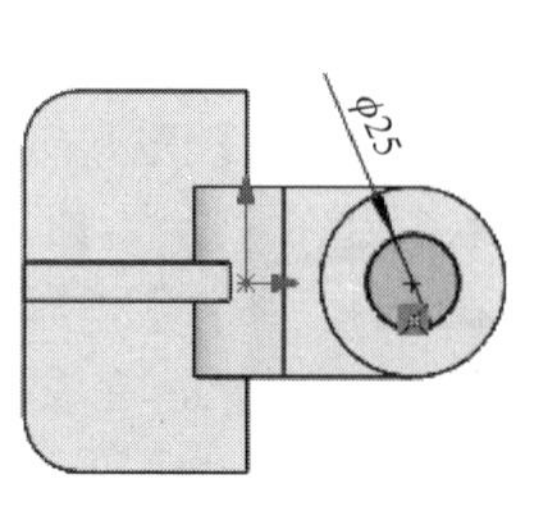

图 4-23　绘制草图（3）

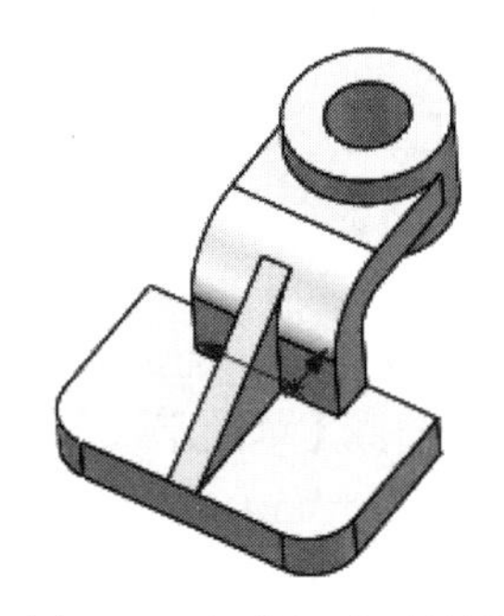
图 4-24　拉伸切除后的模型

⑦ 单击【特征】工具栏中的【异型向导孔】按钮，系统弹出【孔规格】属性管理器。单击【孔类型】选项组中的【柱形沉头孔】按钮，【标准】下拉列表中选择【GB】，【类型】下拉列表中选择【六角头螺栓】，【大小】下拉列表中选择【M8】，勾选【显示自定义大小】复选框，【通孔直径】微调框中输入“9.00mm”，【柱形沉头孔直径】微调框中输入“16.00mm”，【柱形沉头孔深度】微调框中输入“4.00mm”，【终止条件】选择【完全贯穿】。然后进入【位置】选项卡，再选取如图 4-25 所示的模型表面，系统进入草图环境，单击【标准视图】工具栏中的【正视于】按钮，再在选取的表面上两个不同的位置单击鼠标左键，模型上显示孔的位置，按图 4-26 所示的尺寸标注两个孔的位置，单击【确定】按钮，结果如图 4-27 所示。

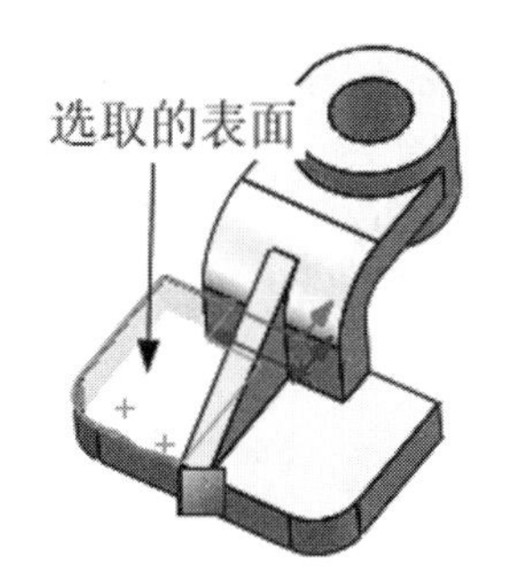

图 4-25　选取的实体表面（2）

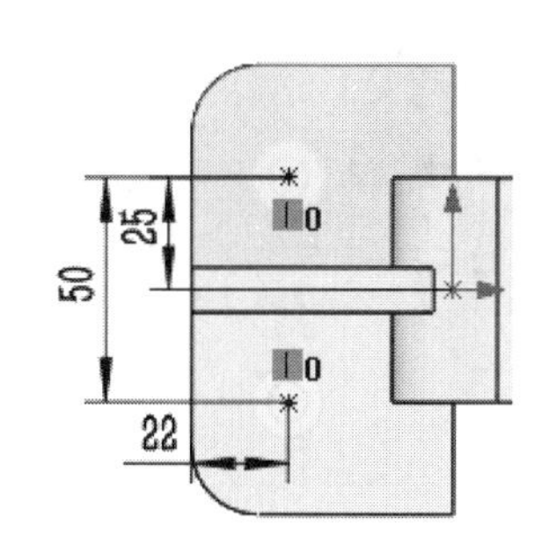

图 4-26　孔的位置

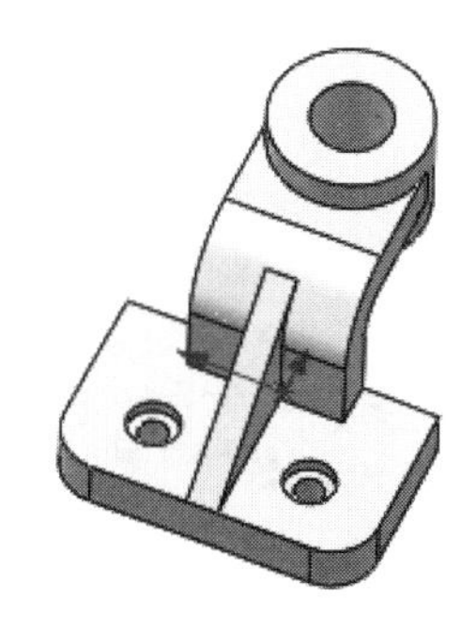

图 4-27　最终模型

4.2.3 局部操作

利用局部操作技术可以单独处理多实体零件的某一个实体，而不影响其他实体。局部操作常用于需要抽壳的零件建模过程中。若在抽壳特征前的其他特征操作中勾选了【合并结果】复选框，那么抽壳特征将影响到零件的所有特征，而有些特征不需要抽壳，这就与设计意图相矛盾。利用多实体局部操作技术可以解决这一矛盾，其方法是在其他特征操作过程中不勾选【合并结果】复选框，抽壳后通过【组合】命令把多个实体合并成一个实体。

下面以图 4-28 所示的模型为例，在建模过程中勾选了【合并结果】复选框，只要对模型两边的两个支板进行抽壳操作时，会发现所有的特征都会被抽壳，图 4-29 所示为实体被抽壳后的模型剖视图。这就与设计意图不符，应进行修改。

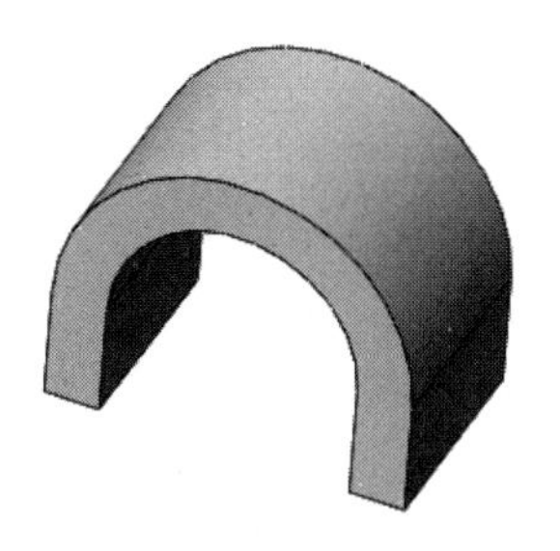

图 4-28　【抽壳】模型

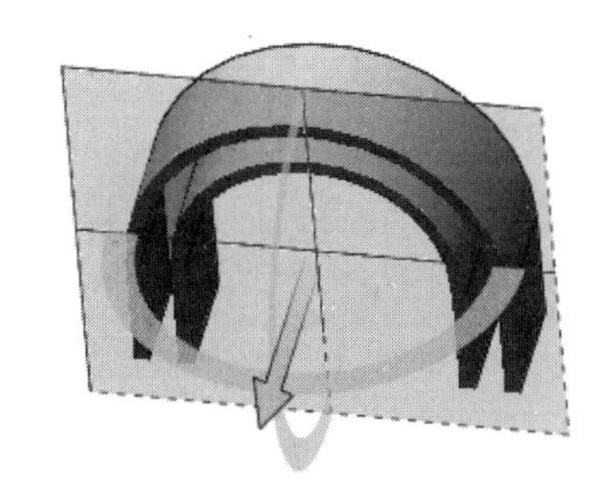

图 4-29　实体被抽壳后的模型剖视图

① 修改模型的每个特征。先抽壳特征，依次选择需要修改的特征，单击鼠标右键，在弹出的快捷菜单中单击【编辑特征】按钮，系统弹出特征属性管理器。此时不勾选【合并结果】复选框，模型变为 3 个独立的实体，如图 4-30 所示。

添加两个支板的抽壳特征，因为两个支板是分别独立的实体，所以要进行两次抽壳操作，结果如图 4-31 所示。

② 选择【插入】|【特征】|【组合】菜单命令，系统弹出如图 4-32 所示的【组合 1】属性管理器。【操作类型】选择【添加】，在图形区中选择 3 个实体为【要组合的实体】，单击【确定】按钮✓，完成 3 个实体的组合操作，模型如图 4-33 所示。

图 4-30　3 个独立的实体

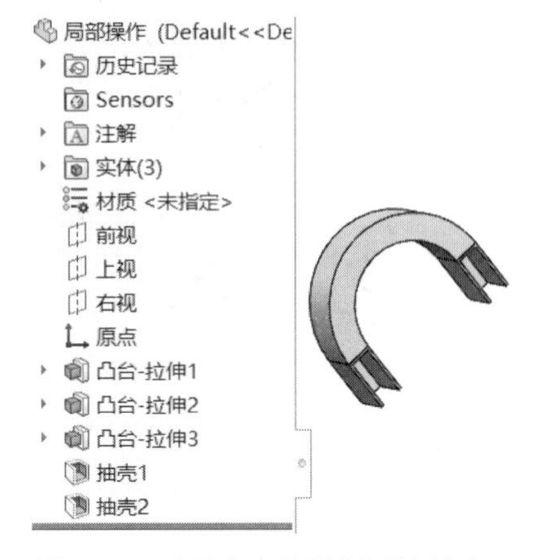

图 4-31　对两个实体进行两次抽壳

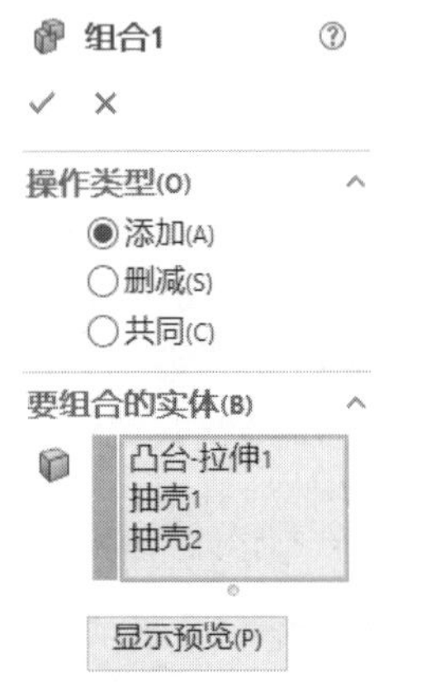

图 4-32　【组合 1】属性管理器

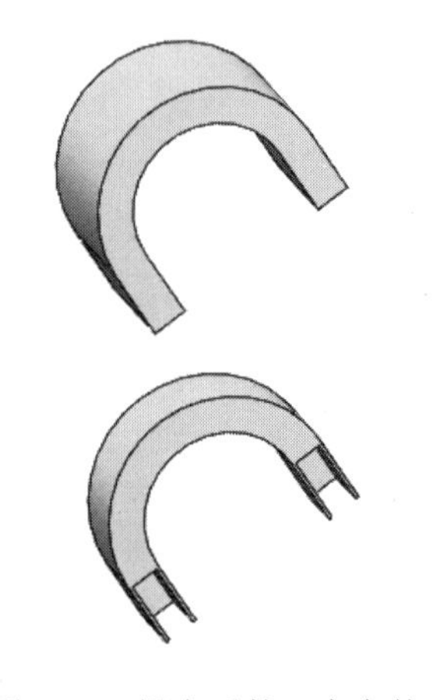

图 4-33　组合后的 3 个实体

4.2.4 组合实体

组合实体

组合实体是利用布尔运算，组合多个实体并保留实体间重合的部分而形成单一的实体。利用【组合】命令把多个实体组合成单一实体时，不同的操作方式可以在多个实体间进行不同形式的组合。【组合】实体命令包括【添加】【删减】和【共同】三种操作类型。

（1）添加

添加是合并多个实体的体积以形成单一实体，组合后模型形状不变。图 4-34 所示的模型是通过两次拉伸生成，拉伸时不勾选【合并结果】复选框，特征设计树中的【实体】文件夹包含有两个独立实体。选择【插入】|【特征】|【组合】菜单命令或单击【特征】工具栏中的【组合】按钮，系统弹出如图 4-35 所示的【组合】属性管理器，【操作类型】选择【添加】，

在图形区中选取两个实体，单击【确定】按钮✓，完成组合实体操作，如图 4-36 所示。此时特征设计树中【实体】文件夹隐藏，说明轴已组合成为单一实体零件。

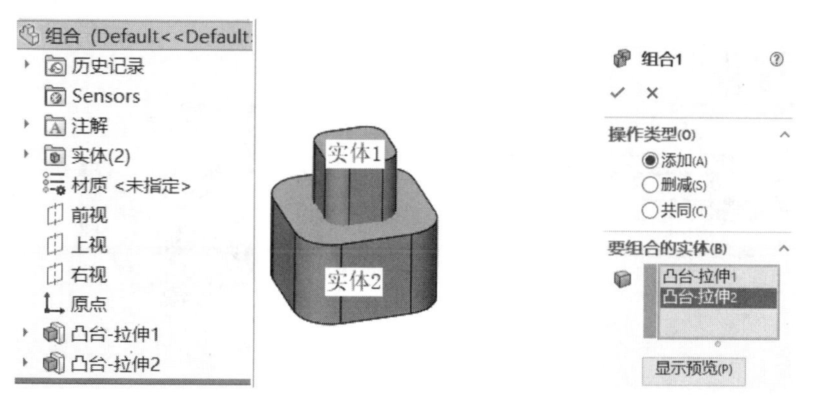

图 4-34　多实体组成的模型　　图 4-35　【组合】属性管理器

（2）删减

删减是在合并多个实体时，指定一个实体为主要实体，其他实体及它们与主要实体重叠的部分都将被删除，从而形成单一实体。使用【拉伸凸台/基体】命令生成两个独立的实体，在生成第二个实体时不勾选【合并结果】复选框。选择菜单栏【插入】|【特征】|【组合】菜单命令或单击【特征】工具栏中的【组合】按钮，系统弹出【组合 1】属性管理器，【操作类型】选择【删减】，【主要实体】选取较大的方体，【减除的实体】选取另外一个实体，单击【确定】按钮✓，完成组合实体操作，如图 4-37 所示。

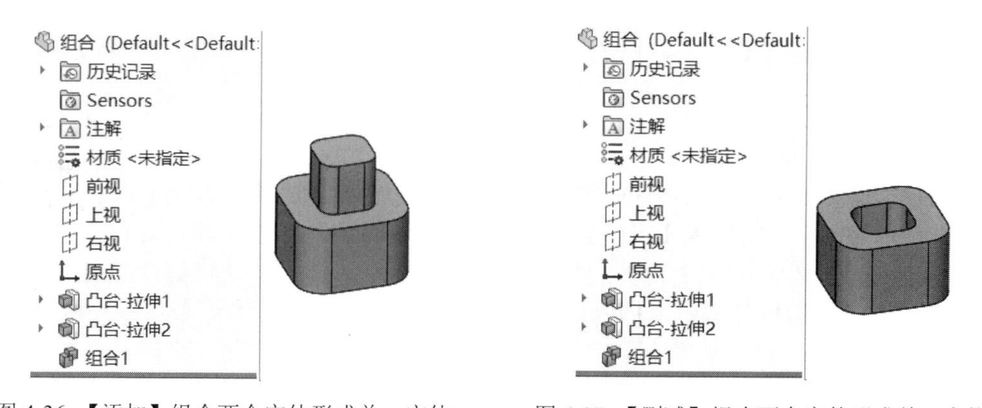

图 4-36　【添加】组合两个实体形成单一实体　　图 4-37　【删减】组合两个实体形成单一实体

（3）共同

共同是在合并多个实体时，保留所选实体中的重叠部分，以形成单一实体，这种组合方式也称为【重合】。此操作类型与【删减】操作类型得到的结果相反。若在属性管理器中选择【操作类型】为【共同】，结果如图 4-38 所示。

在有些零件建模过程中，由于在特征操作过程中勾选了【合并结果】复选框，所以不能完成添加圆角特征，此时可通过多实体的局部操作技术和组合实体技术来解决此问题。如图 4-39 所示，在建模时合并了实体，所以模型为单一实体模型。当为“边线 1”添加圆角时，系统提示出错无法生成有效的圆角。

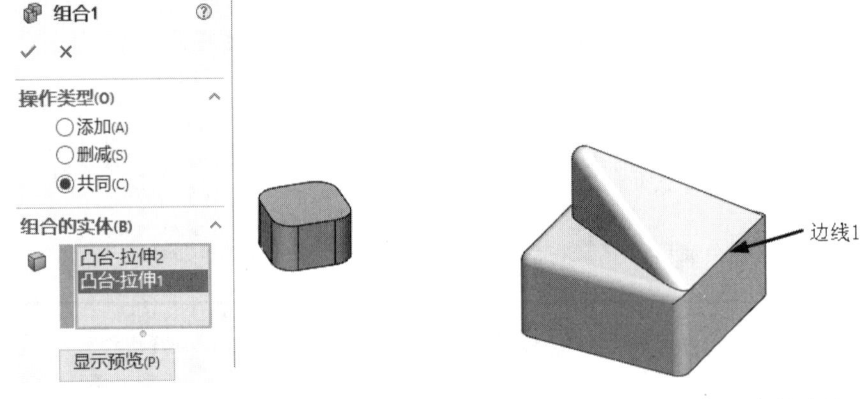

图 4-38 【共同】组合两个实体形成单一实体　　图 4-39 无法添加圆角的边线

修正以上错误的办法：编辑特征并取消【合并结果】，模型成为两个实体，如图 4-40 所示。分别为两个实体添加圆角，如图 4-41 所示。然后再通过【组合】命令合并两个实体，最后添加两个实体交界处的圆角，结果如图 4-42 所示。

图 4-40 编辑特征不合并实体

图 4-41 分别为两个实体添加圆角

图 4-42 添加两个实体交界处的圆角

4.2.5 工具实体

工具实体

工具实体技术是利用插入零件的方法，在当前处于激活状态的零件中插入一个新零件，该新零件将作为【工具】使用，用于添加或删除当前零件的某一部分。工具实体技术常用于生成复杂的零件模型，利用该技术可以将复杂的形状添加到当前的零件模型中。插入的新零件在当前零件中只作为一个实体使用，但它与当前零件之间已存在一个外部关联，只要插入的新零件的源文件模型发生变化，当前的零件模型也会随之改变。

下面以图 4-43 所示的模型为例来介绍工具实体技术的具体操作方法。

① 建立如图 4-43 所示的两个模型。

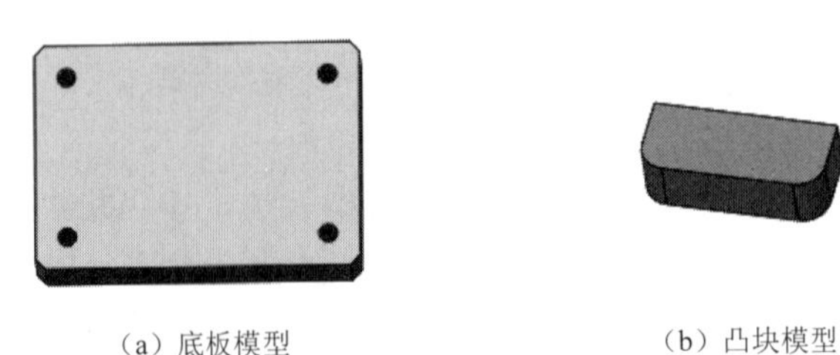

（a）底板模型　　（b）凸块模型

图 4-43 两个零件模型

② 打开练习文件第四章中的“底板”模型零件，选择【插入】|【零件】菜单命令或单击【特征】工具栏中的【插入零件】按钮，系统弹出【打开】对话框。选择已建好的“凸台”模型零件，单击【确定】按钮，系统弹出如图 4-44 所示的【插入零件】属性管理器。在【转移】选项组中勾选必要的复选框，单击【确定】按钮✓，完成插入新零件。可在【插入零件】属性管理器中的【找出零件】选项组中，勾选【以移动/复制特征找出零件】复选框，系统弹出如图 4-45 所示的【找出零件】属性管理器，可以通过【平移/旋转】按钮实现移动和旋转零件模型，也可以单击【约束】按钮对插入的零件模型进行约束。

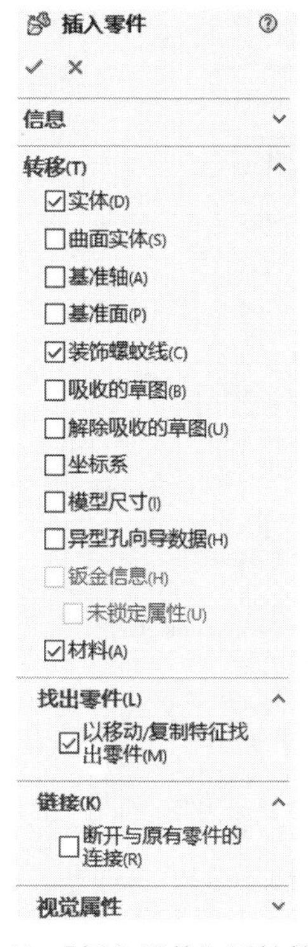

图 4-44 【插入零件】属性管理器

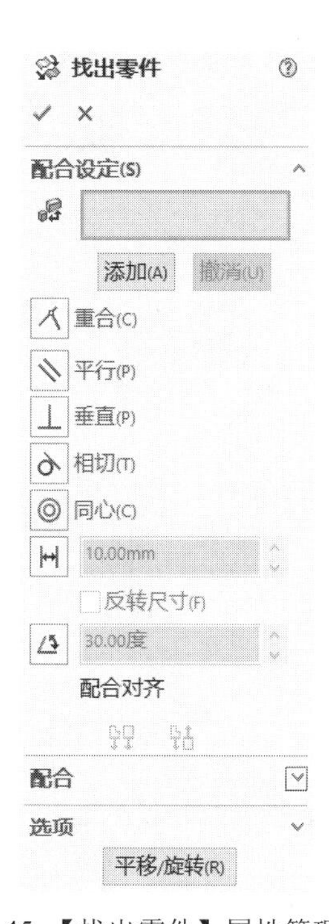

图 4-45 【找出零件】属性管理器

③ 插入的新零件在当前零件中只作为一个实体，可以在当前零件中移动。选择【插入】|【特征】|【移动/复制】菜单命令或单击【特征】工具栏中的【移动/复制实体】按钮，系统弹出如图 4-46 所示的【移动/复制实体】属性管理器，单击图 4-46（a）中的【约束】按钮，【移动/复制实体】属性管理器如图 4-46（b）所示，可以对插入的零件模型重新约束，约束完成后，单击【确定】按钮✓，完成实体的移动。

④ 通过【镜向】命令镜向【凸台】实体，如图 4-47 所示。并用前面讲过的组合实体技术合并 3 个实体，结果如图 4-48 所示。在特征设计树中【凸台】后有图标 ->，说明当前零件中的【凸台】实体与【凸台】源零件存在外部参考关系，只要【凸台】源零件模型发生变化，则当前零件模型将随之改变。

对称造型可以简化有对称关系的零件的建模过程。首先建立对称零件中的部分实体，通过阵列或镜向生成另一部分实体，然后利用组合实体技术将所有的实体组合到一起生成零件。必要时可以多次使用阵列、镜向和合并实体来生成整个零件模型。

(a) (b)

图 4-46 【移动/复制实体】属性管理器

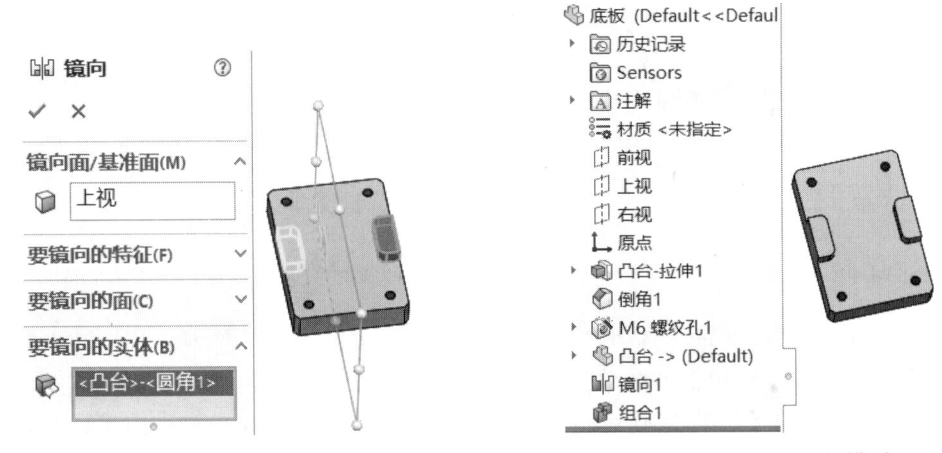

图 4-47 【镜向】属性管理器

图 4-48 组合后的模型

4.2.6 多实体保存为零件和装配体

多实体保存为装配体

在 SolidWorks 中可以将多实体零件中的一个或多个实体保存为独立的零件。当把多实体零件中的实体保存为单独的零件后，可以通过【生成装配体】命令从多实体零件自动生成装配体。SolidWorks 提供了多种工具把多实体零件生成新零件和装配体，这些工具各有特点。这里主要介绍分割零件为多实体，然后保存实体为单独的零件，再生成装配体。这种方法常用于具有上、下盖的零件的设计，下面以“笔筒”为例进行说明。

① 打开“笔筒”模型零件，如图 4-49 所示。

② 选取“上视基准面”作为草图绘制平面，绘制如图4-50所示的草图。

图4-49 “笔筒”模型

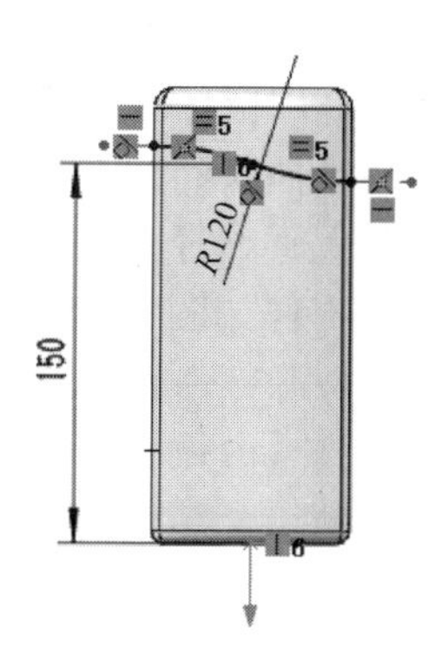

图4-50 绘制的草图

③ 选择【插入】|【特征】|【分割】菜单命令或单击【特征】工具栏中的【分割】按钮，系统弹出如图4-51所示的【SOLIDWORKS】提示对话框。单击【确定】按钮，系统弹出如图4-52所示的【分割】属性管理器。在【剪裁工具】选择框中选取步骤②绘制的“草图2”，单击【切除零件】按钮，此时笔筒被分开。勾选【所产生实体】选项下1、2后的黑框，双击文件下对应的区域，系统弹出【另存为】对话框，设置新零件的名称和保存的路径。单击【确定】按钮✓，完成“笔筒”模型的分割，如图4-53所示。

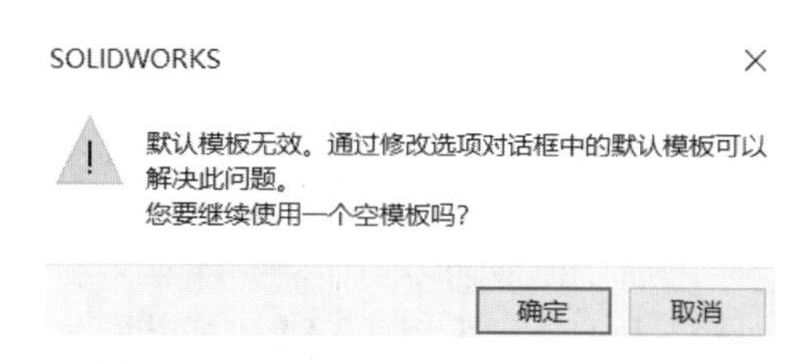

图4-51 【SOLIDWORKS】提示对话框

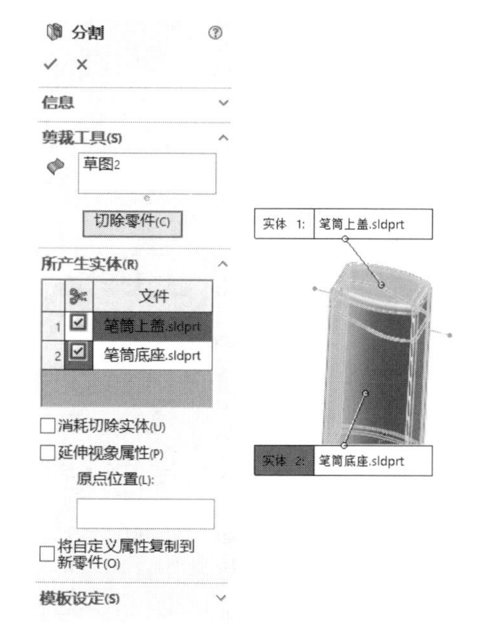

图4-52 【分割】属性管理器

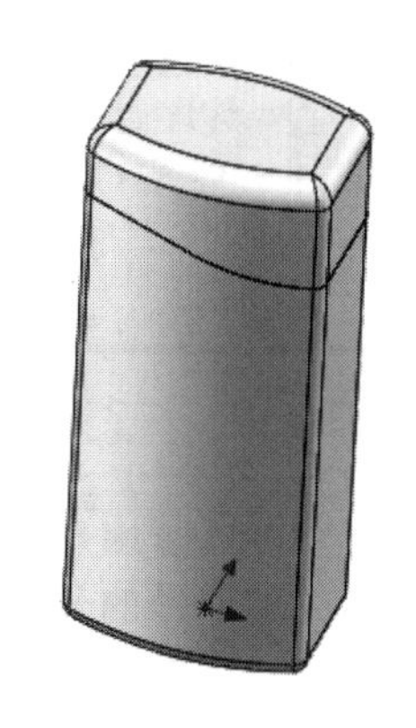

图4-53 分割后的“笔筒”模型

还有一种方法生成新零件，在【分割】属性管理器中只勾选【所产生实体】选项下1、2后的黑框，不指定实体的保存名称和路径，单击【确定】按钮✓，只分割零件，但不保存实体为新零件。然后使用鼠标右键单击特征设计树下【实体】文件夹中的【分割1[1]】，在弹出的快捷菜单中选择【插入到新零件】选项，如图4-54所示。在弹出的【另存为】对话框中设置新零件的名称和保存路径。

生成的两个新零件如图4-55和图4-56所示。在特征设计树中的新零件名称后都有图标 -> ，说明新零件与源零件存在外部参考关系。生成的新零件是源零件在【分割】特征前的状态，因此对源零件【分割】特征以前的特征进行修改时，新零件将发生改变。如果在【分割】以后添加其他特征，这些特征不会传递到新零件上。如果删除【分割】特征后，生成的新零件依然存在，只是它们与源零件的外部参考关系将存在悬空错误。

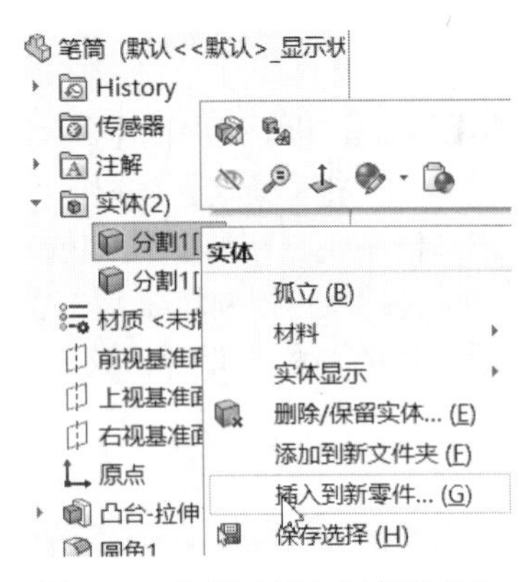

图4-54　选择【插入到新零件】

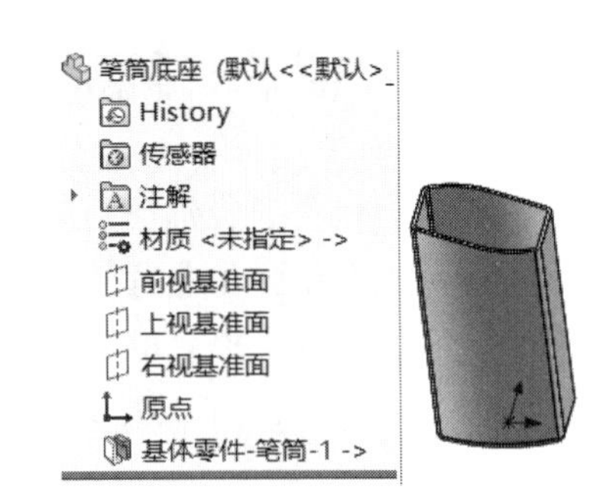

图4-55　“笔筒”底座及特征设计树

通过以上操作完成分割“笔筒”模型为多实体，并保存多实体为新零件，此时可以从多实体零件直接生成装配体。选择【插入】|【特征】|【生成装配体】菜单命令，或者在特征设计树中选择“分割 1”，单击鼠标右键，在弹出的快捷菜单中选择【生成装配体】，系统弹出如图4-57所示的【生成装配体】属性管理器。在图形区特征设计树指定分割特征“分割1”，单击【浏览】按钮，在弹出的【另存为】对话框中设置保存路径和装配体名称，单击【确定】按钮✓，完成生成装配体操作，如图4-58所示。

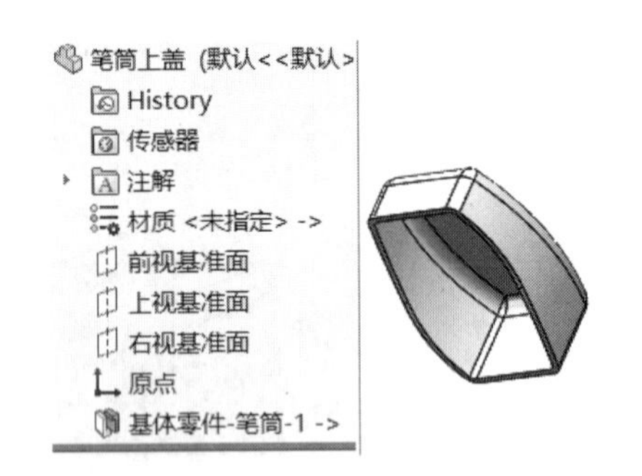

图4-56　“笔筒”上盖及特征设计树

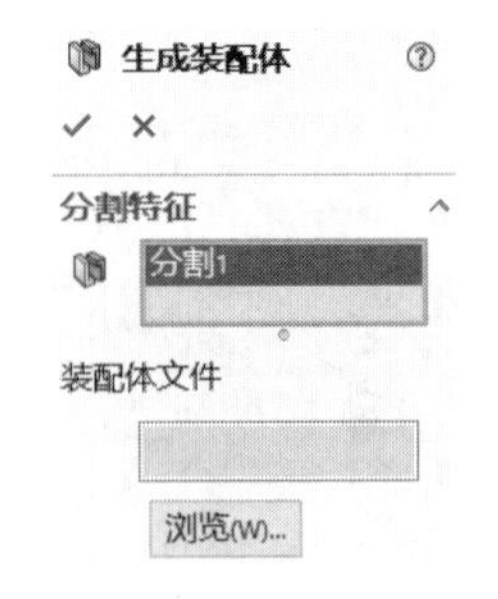

图4-57　【生成装配体】属性管理器

从设计树中可以看出，两零件都处于【固定】状态且没有添加任何配合关系。

到这里完成了零件的分割、保存实体成为新零件及从多实体零件直接生成装配体。如果有必要，可以单独对零件进行其他细节处理。这种设计方法保证了零件的一致性，同时也能方便高效地对零件进行编辑。

4.2.7 装配体保存为多实体

在 SolidWorks 中要遵循一个零件（多实体）只能代表材料明细表中的一个零件号。多实体零件由多个非动态实体所组成，不能代替装配体的使用，如果需要展示实体间的动态运动，则只能使用装配体。移动零部件、动态间隙及碰撞检查等工具只能在装配体中使用。

但是在 SolidWorks 中，可将装配体保存为较小的零件文件，以方便文件的共享，为产品厂家与用户之间的沟通提供了很大的方便。例如某用户需求电动机的三维模型用于自己的产品设计，他关心的只是电动机的外形及其连接表面和方式。若厂家把电动机的装配体模型文件发给用户，则会泄露电动机的内部结构细节。此时厂家可把电动机的装配体文件保存为多实体零件文件，然后再将其发送给用户，即可避免上述情况的出现。且由于文件变小，更容易传输，此多实体零件文件完全可以满足用户的需求。所以把装配体保存为多实体零件在实际设计中非常实用。下面以机床夹具“气动手抓”为例，来说明装配体保存为多实体的过程。

① 打开已经装配好的“气动手抓”装配体文件，如图 4-59 所示。该夹具一共由 6 个零件组成。

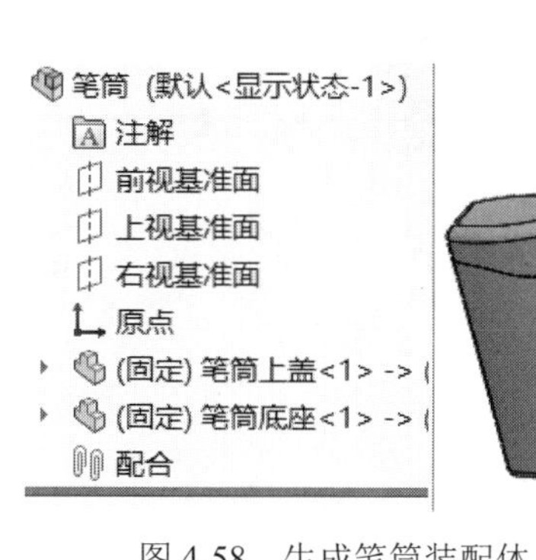

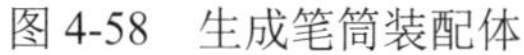

图 4-58　生成笔筒装配体

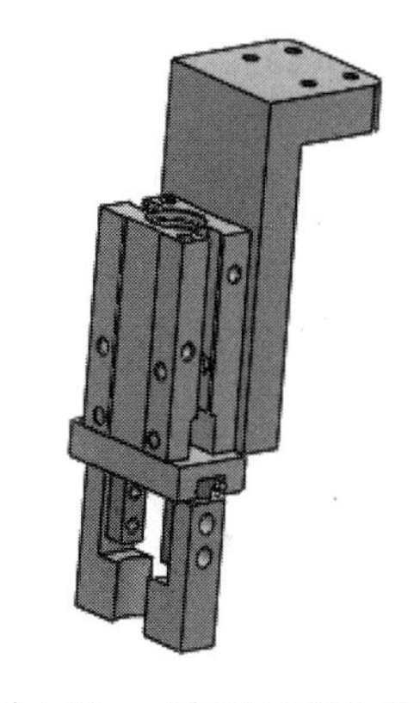

图 4-59　“气动手抓”装配体

② 选择【文件】|【另存为】菜单命令，系统弹出如图 4-60 所示的【另存为】对话框，【文件名】改为【气动手抓(多实体)】，文件的【保存类型】改为【Part(*.prt;*.sldprt)】。在【要保存的几何】选项组中选择【所有零部件】单选按钮。单击【保存】按钮，完成装配体保存为多实体。

“气动手抓”保存为多实体零件后，变为由 6 个实体组成的零件，如图 4-61 所示。特征设计树中多了“实体”文件夹，且实体名称前的图标都变成。此零件文件和一般的零件文件没有本质的区别，只是原来装配体中的零件变为了现在零件中的实体，实体上没有标注尺寸，但是可以像一般的零件文件一样编辑每一个实体，同时也可以把所有的实体合并成为一个实体。

若在【要保存的几何】选项组中选择【外部面】单选按钮，则将该装配体外部可见表面保存为曲面实体，即装配体的外表皮；若在【要保存的几何】选项组中选择【外部零部件】单选按钮，则将该装配体外部可见的零件保存为实体。

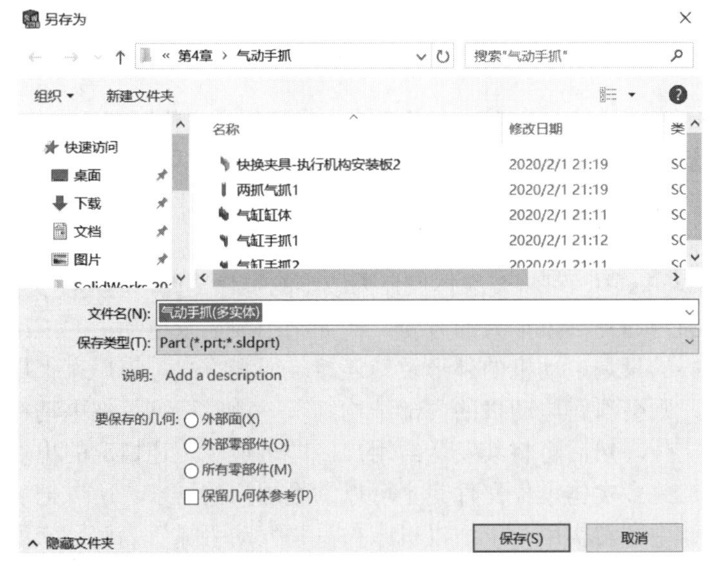

图 4-60 【另存为】对话框

图 4-61 多实体零件状态下的“气动手抓”

4.3 参数化技术

在应用 SolidWorks 进行产品设计的过程中，熟练地掌握 SolidWorks 提供的某些特殊工具和设计方法，有助于提高我们的建模速度和建模的准确性。建模过程中使用链接数值和方程式命令，在修改模型参数时，就可以减少很多不必要的重复操作，而且保证修改参数的准确性。多实体技术在建模中很实用，可以解决在一般建模过程中模型不连续的问题，同时加强了装配体与零件之间的联系。“Top-Down”设计即“自顶向下”的设计方法，“Top-Down”的装配体设计方法是一个比较广泛的课题。应用“Top-Down”的设计方法进行产品设计，可以从整体上把握产品的结构尺寸，更好地体现零件之间的关联性。

4.3.1 链接数值

链接数值

【链接数值】是在模型中为多个尺寸指定相同的名称，而使它们的尺寸值保持一致，当改变它们中的任何一个尺寸值时，其他与之有相同名称的尺寸也发生改变。如在建模过程中，为多个具有相同直径的圆角添加链接数值，只要任意改变一个圆角的直径，它就成为驱动尺寸，驱动其他圆角的直径发生相应的变化，而不需要一一去修改圆角的尺寸，这样提高了设计效率。【链接数值】命令对复杂的零件造型更有帮助，应用此命令可以防止修改尺寸时遗漏尺寸。

注意：添加链接数值的尺寸必须属于同一类型，如圆角尺寸不能和角度尺寸链接。

下面以“底座”模型为例来说明如何建立尺寸之间的链接数值。

① 打开“底座”模型，如图 4-62 所示。

② 选择【视图】|【隐藏/显示】|【尺寸名称】菜单命令，单击特征设计树上的【切除-拉伸 1】，此时在图形区中显示与“切除-拉伸 1”有关的尺寸及尺寸名称，如图 4-63 所示。

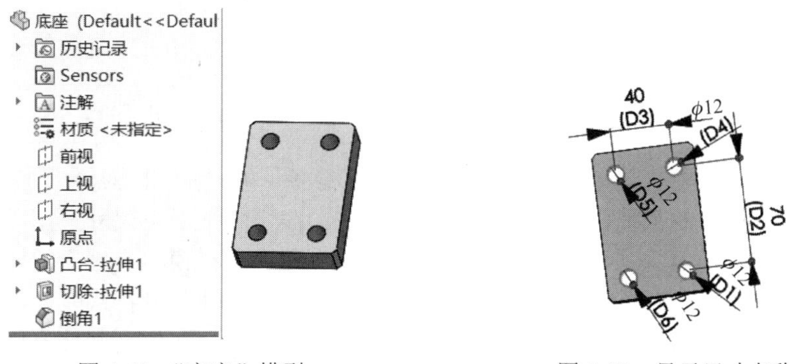

图 4-62 “底座”模型　　　　图 4-63 显示尺寸名称

③ 选择尺寸【ϕ12（D4）】单击鼠标右键或者用鼠标右键单击尺寸【ϕ12（D4）】，在弹出的快捷菜单中选择【链接数值】命令，如图 4-64 所示，系统弹出如图 4-65 所示的【共享数值】对话框。在【名称】中输入“孔直径”，单击【确定】按钮完成添加链接数值。在图形区中此尺寸前出现【链接】符号 ⊂⊃，其名称变为“孔直径”。特征设计树中添加了“Equantions”文件夹，如图 4-66 所示。

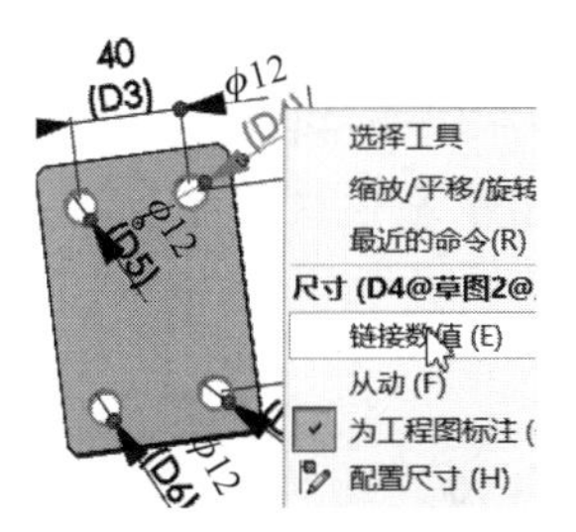

图 4-64 【链接数值】命令

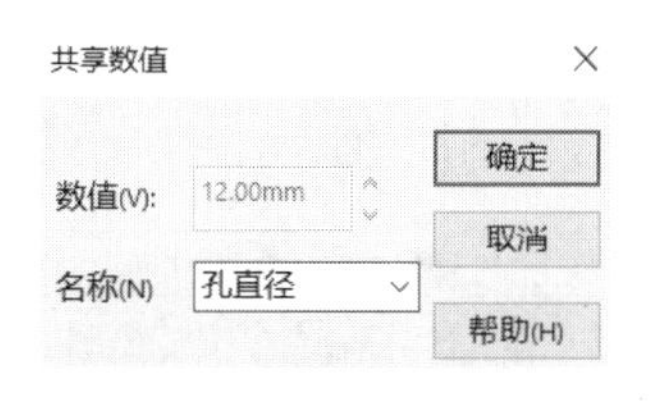

图 4-65 【共享数值】对话框

④ 添加其他孔直径建立链接数值的尺寸。选择尺寸【ϕ12（D1）】单击鼠标右键，在弹出的快捷菜单中选择【链接数值】命令，系统弹出【共享数值】对话框。在【名称】下拉列表中选择【孔直径】，单击【确定】按钮完成添加链接数值。

⑤ 用同样的方法添加尺寸【ϕ12（D5）】和尺寸【ϕ12（D6）】的链接数值，完成链接数值后所链接的尺寸前都出现【链接】符号 ⊂⊃，且添加有链接数值的尺寸的名称也一样，如图 4-67 所示。只要改变它们中的任何一个孔径，然后单击【标准】工具栏中的【重建模型】按钮，该孔径就成为驱动尺寸，驱动另外的孔径发生改变。

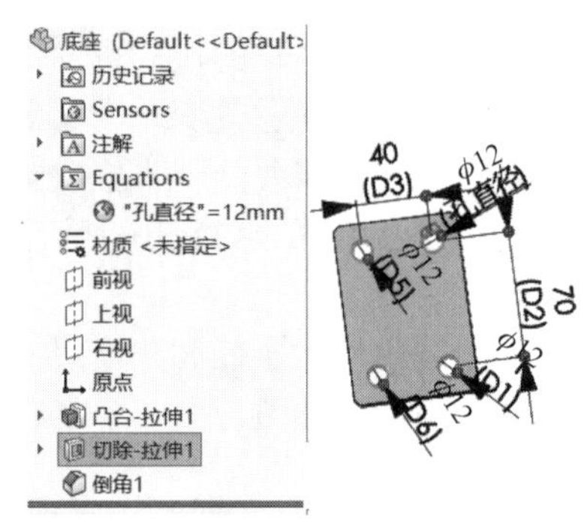

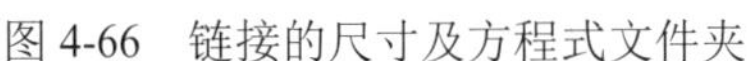
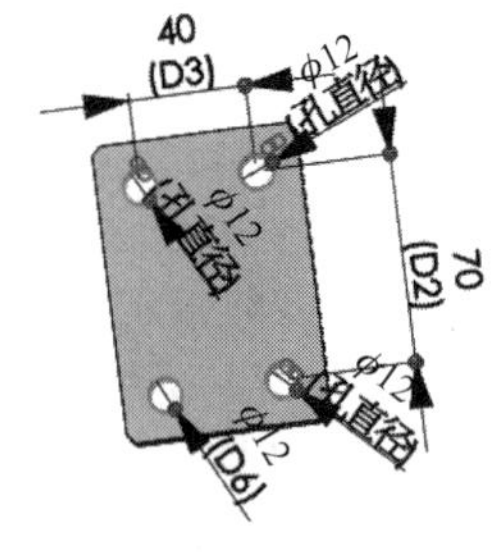

图 4-66 链接的尺寸及方程式文件夹 图 4-67 添加链接数值后的尺寸

在复杂零件的建模过程中，可以参照步骤③④的操作过程添加其他尺寸的链接数值，这样在修改模型尺寸时不用逐个进行修改，提高了建模的速度，且避免遗漏要修改的尺寸。

4.3.2 方程式

方程式

在零件建模过程中，尺寸之间经常会有一定的联系，如上所讲的链接数值，链接的尺寸具有相等的数值，其为一种特殊的情况。在一般情况下尺寸之间可以通过数学操作符和函数来建立逻辑关系，称之为方程式。在模型尺寸之间建立方程式时，可将尺寸或属性名称用作变量。当在装配体中使用方程式时，可以在零件之间或零件与子装配体之间以配合尺寸的方式建立方程式。注意：在模型中被方程式驱动的尺寸无法用编辑尺寸值的方式来修改，只能通过编辑方程式中的驱动尺寸来修改它。

在 SolidWorks 建模中，系统自动为每个尺寸建立一个默认的尺寸名称。这种默认的尺寸名称含义比较模糊，不能清楚地描述模型几何特征的含义，有时系统会使用同样尺寸名称来描述不同的特征。在复杂的零件建模中，不利于设计人员对尺寸的记忆和理解，所以在建模过程中，应该将相关尺寸的名称改为更有逻辑性且能清楚表达特征几何意义的名称。

下面同样以 4.3.1 中的“底座”模型为例，说明在建模过程中方程式的建立步骤及编辑方法。孔的定位尺寸和孔的间距由“底座”的长决定，当修改“方板”的长时，孔的定位尺寸和孔的间距将发生改变，这种关系可以通过方程式来实现。

① 打开已建有链接数值的“底座”模型，在特征设计树中选择【注解】，单击鼠标右键，在弹出的快捷菜单中勾选【显示注解】和【显示特征尺寸】复选框，如图 4-68 所示，图形区模型上出现了所有特征的尺寸。

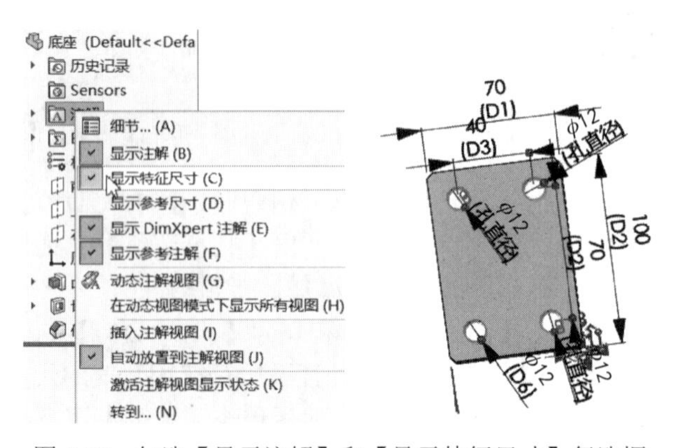

图 4-68 勾选【显示注解】和【显示特征尺寸】复选框

② 修改尺寸的名称，在图形区中单击尺寸【70（D2）】，系统弹出如图 4-69 所示的【尺寸】属性管理器。在【尺寸】属性管理器【主要值】中把尺寸名称【D2@草图 2】改为【长边定位长度@草图 2】，然后单击【确定】按钮✓。应用同样的方法修改另一定位尺寸的名称，结果如图 4-70 所示。

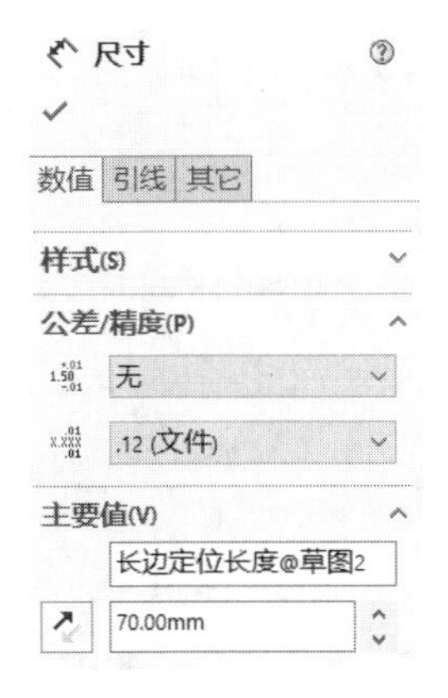

图 4-69 【尺寸】属性管理器

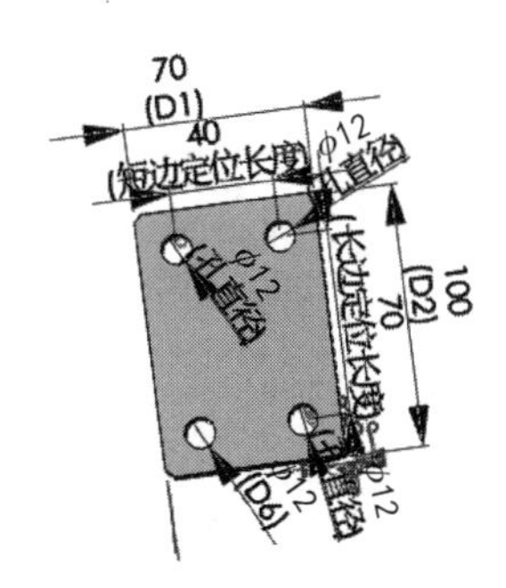

图 4-70 修改尺寸名称

③ 添加方程式有两种方法。

方法一：通过选择【工具】|【方程式】菜单命令，系统弹出如图 4-71 所示的【方程式、整体变量及尺寸】对话框。在【名称】栏下的【方程式】中输入“长边定位长度@草图 2”，在【数值/方程式】栏下的【方程式】中输入“="孔直径@草图 2" *6”，然后单击✓按钮，即完成了长边定位长度的方程式，短边定位长度的方程式的添加方法相同，结果如图 4-71 所示，最后单击【确定】按钮，即可完成所有方程式的添加。

方程式、整体变量、及尺寸

过滤所有栏区

名称	数值/方程式	估算到	评论
−全局变量			
孔直径	= 12.00	12.00mm	
添加整体变量			
−特征			
添加特征压缩			
−方程式			
"长边定位长度@草图2"	= "孔直径@草图2" * 6	72.00mm	
"短边定位长度@草图2"	= "孔直径@草图2" * 3.5	42.00mm	
添加方程式			

确定　取消　输入(I)...　输出(E)...　帮助(H)

□自动重建　角度方程单位 弧度　☑自动求解组序

□链接至外部文件

图 4-71 【方程式、整体变量及尺寸】对话框

方法二：双击需要添加方程式的尺寸，双击长边定位长度尺寸，系统弹出如图 4-72 所示的【修改】尺寸对话框。在【数值】文本框中输入“="孔直径@草图 2"*6”，然后单击后面的✓按钮，【修改】尺寸对话框如图 4-73 所示，再单击【确定】按钮✓。用同样的方法添加另一尺寸的方程式。

添加有方程式的尺寸，在图形区中该尺寸前标有方程式符号Σ，如图 4-74 所示。在本实例中尺寸【孔直径 1】为驱动尺寸，其他尺寸是由方程式控制的从动尺寸，因此它们不能被

直接修改。当双击这些从动尺寸时，系统弹出的【修改】尺寸对话框中的数值不能被修改。修改尺寸【孔直径】并单击【重建模型】按钮，其他尺寸值将发生改变，如图 4-75 所示。

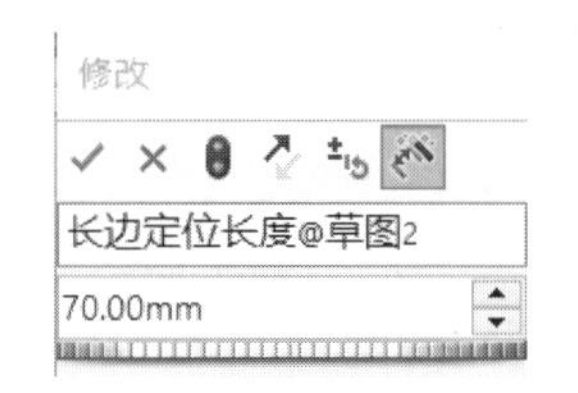

图 4-72 【修改】尺寸对话框（1）

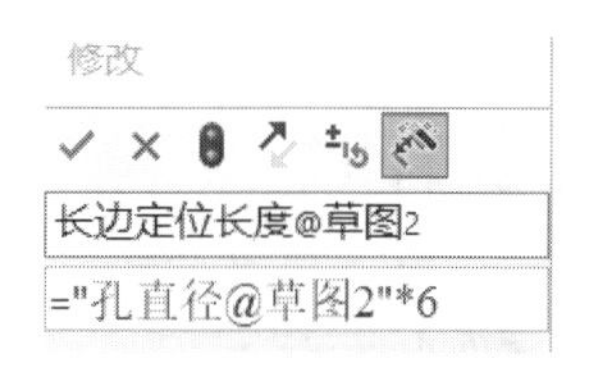

图 4-73 【修改】尺寸对话框（2）

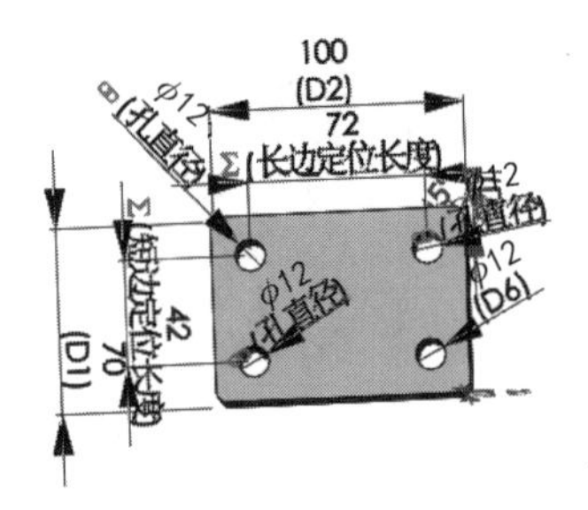

图 4-74 尺寸间的方程式联系

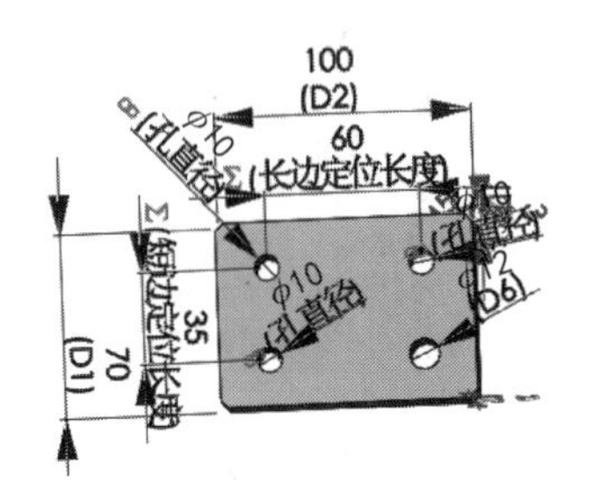

图 4-75 修改尺寸后的模型

4.3.3 全局变量

全局变量通过指定一个相同的全局变量来设定一系列的尺寸相等，这样建立起大量的方程式，其中的尺寸数值都设定为相同的全局变量。更改全局变量的数值，也会更新所有关联的尺寸。用户可以在【方程式、整体变量及尺寸】对话框中创建全局变量，或者在尺寸的【修改】对话框中完成，上面已经详细讲解了。

在方程式中可以添加全局变量或称为整体变量。如果方程式中含有角度尺寸，可以从【方程式、整体变量及尺寸】对话框中的【角度方程单位】下拉列表中选择【角度】或【弧度】作为计量单位。在模型中建立的方程式是按照它们在【方程式、整体变量及尺寸】对话框中的先后顺序依次求解，如果用户修改驱动尺寸后需要两次或多次【重建模型】来更新模型，说明方程式的顺序不对。在为模型尺寸添加方程式时要特别注意，避免方程式循环求解。

在模型中建立方程式时可以为方程式添加备注，用于描述方程式的意图。其方法为在方程式的末尾插入单引号“,”，然后输入备注，单引号之后的内容在计算方程式时被忽略。用户还可以使用备注语法来避免计算方程式，在方程式的开始处插入单引号“,”，这样该方程式将被认为是备注而被忽略。

4.4 零件设计系列化

配置允许用户在一个文件中对零件或装配体生成多个设计变化。配置提供了一种简便有效的方法来管理和开发一组有着不同尺寸或参数的零部件模型。例如对国标 GB/T 5781—2000 中的六角头螺栓，标准中罗列了 M5、M6、M8、…、M64 共 14 种规格。如果不使用配置功能，就要分别建立 14 个文件来管理这一组标准件。如果利用了配置功能，就可以把 14 种规格的六角头螺栓综合到一个文件中，即在一个文件名下生成从 M5 到 M64 共 14 个配置。这样不但节省磁盘空间，更便于文件管理。

生成配置前，要先指定配置名称和属性，然后再根据需要来修改模型以生成不同的设计变化。在 SolidWorks 中可以手动建立配置，也可以使用系列零件设计表建立配置。手动建立配置是根据需要手动修改模型以生成不同的设计变化，而系列零件设计表是在简单易用的 Excel 表中建立和管理配置，而且可以在工程图中显示系列零件设计表。

① 利用配置功能，可以在同一个文件名下实现以下几个方面的应用。

② 利用现有设计参数建立新的设计方案，如结构相似的新零件或装配体模型。

③ 用于建立系列化零件或产品。利用配置可以生成一系列结构形状相似但具体参数不同的零件或装配体模型，尤其适合于企业或国家的零部件标准的建立和管理。

④ 可以分别指定同一零件不同配置的自定义属性，以便应用于不同的装配，如零件名称、材料、成本等。

⑤ 用于零件的工艺过程。如利用配置可以表达零件在机加工的工艺过程中尺寸和形状所发生的变化，即可用配置功能生成机械加工工序简图。

⑥ 用于装配体中零件的不同形态及装配体的不同状态。例如，压簧弹簧在装配中有压缩和伸长两种状态，通过设定不同的螺距，从而生成压缩和伸长的两种配置。又如，对于装配体，可生成两种配置来表达其爆炸状态和非爆炸状态。

⑦ 利用不同的配置为同一零件或装配体指定不同的视像属性，如外观颜色、透明度等。

⑧ 用于生成工程图中的交替位置视图。

4.4.1 配置管理器

配置管理器

配置管理器是用来生成、选择和查看一个零件或装配体文件配置的工具。它和特征管理器设计树、属性管理器、尺寸管理器并列分布在 SolidWorks 窗口左边的控制区，如图 4-76 所示。单击配置管理器标签，可激活配置管理器，每个配置均被单独列出。单击特征管理器设计树标签，单击鼠标右键，在弹出的快捷菜单中选择【添加配置】，如图 4-77 所示，系统弹出如图 4-78 所示的【添加配置】属性管理器。在【配置名称】文本框中输入“A10”，单击【确定】按钮✓。采用相同的方法添加配置“A20”，结果如图 7-79 所示。

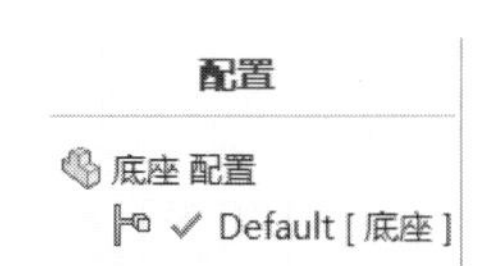

图 4-76 只有默认配置的配置管理器

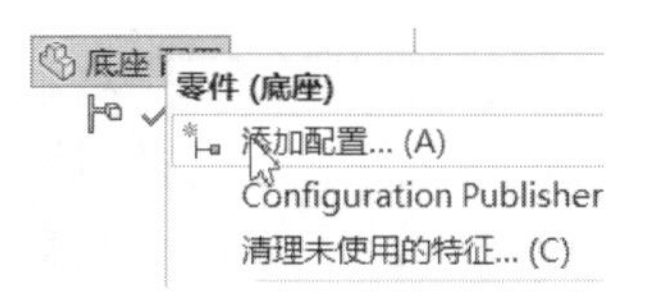

图 4-77 添加了新配置

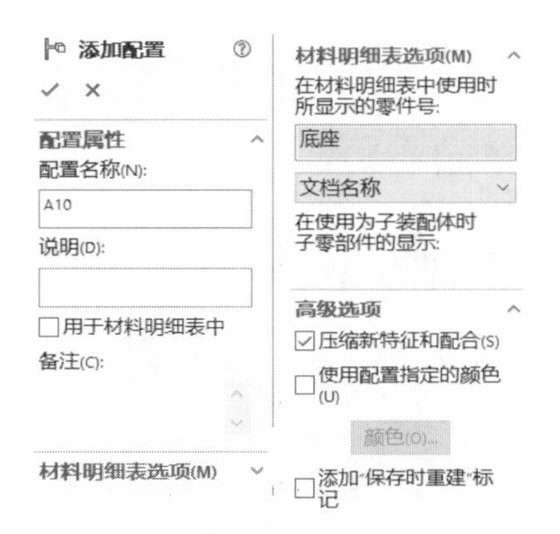

图 4-78 【添加配置】属性管理器

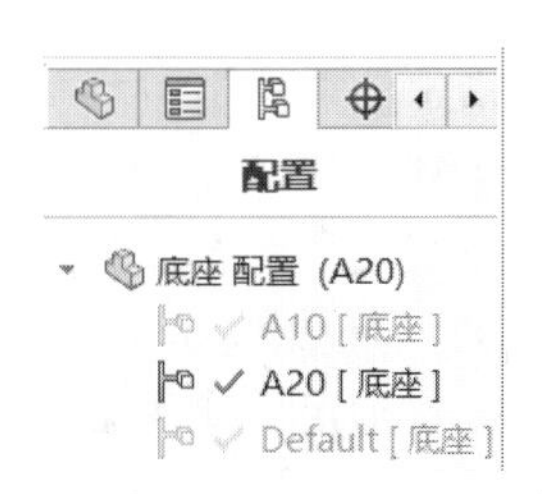

图 4-79 添加了新配置后的配置管理器

图 4-76 所示是只有默认配置时的配置管理器，图 4-79 是添加了新配置后的配置管理器，其含义如下。

① 顶端显示的【底座 配置 (A20)】是底座配置表头，其中括号中的 A20 表示了当前激活的配置名称。如果零件只有默认配置，则没有括号内的内容，如图 4-76 中的配置管理器。

②【底座 配置(A20)】下的分支显示了该零件的所有配置，如图 4-79 中默认配置和名称为 A10 和 A20 的配置。

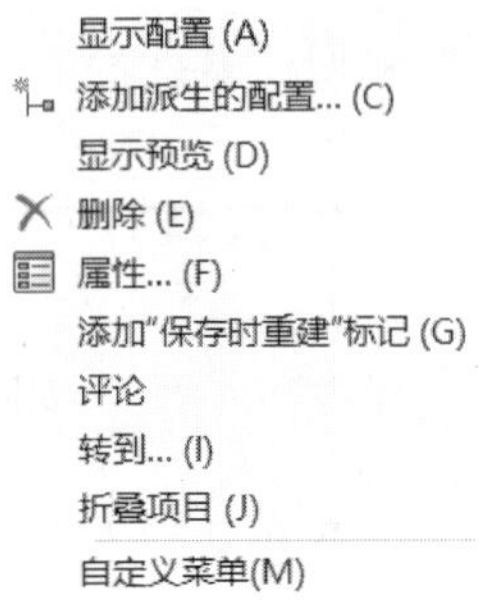

显示配置 (A)
添加派生的配置... (C)
显示预览 (D)
删除 (E)
属性... (F)
添加"保存时重建"标记 (G)
评论
转到... (I)
折叠项目 (J)
自定义菜单(M)

图 4-80　快捷菜单

③ 配置名称的图标如果是亮色显示，表示该配置被激活，如图 4-79 中的"A20"。

④ 双击某一配置名称可以激活该配置。

⑤ 选择非激活状态的配置，单击鼠标右键，系统弹出如图 4-80 所示的快捷菜单，可以【显示配置】【添加派生的配置】【显示预览】【删除】配置或定义配置的【属性】等。

⑥ 根据配置生成方式的不同，在配置管理器中显示不同的图标：手动生成的配置显示为，如图 4-79 中是手动生成的配置。若是通过系列零件设计表生成的配置，则显示为。

4.4.2 手动生成零件配置

当同一种零件有不同的规格时，用户可以把这些不同的规格保存为不同的配置，从而生成不同规格的零件，或生成系列零件。手动生成零件的新配置时，要先指定新配置的名称和属性，然后修改模型，以在新配置中生成不同的设计变化。

（1）指定零件配置名称和属性

指定零件配置名称和属性的操作步骤如下。

① 在配置管理器中，将鼠标指针移到管理器空白位置，单击鼠标右键，在系统弹出的快捷菜单中选择【添加配置】命令，如图 4-77 所示，系统弹出如图 4-78 所示的【添加配置】属性管理器。

a.【配置属性】选项组中，各选项含义如下。

【配置名称】：提示用户输入一个新的配置名称。

【说明】：必要时输入识别配置的说明。

【用于材料明细表中】复选框：在【说明】中输入文字并选择用于材料明细表中后，输入的文字将用作材料明细表中的说明。这些文字优先于任何特定于配置或自定义的属性，但并不会改变这些属性的值。

【备注】：必要时输入关于配置的附加说明信息。

b.【材料明细表选项】选项组中，各选项含义如下。

【文档名称】：材料明细表中的零件号与文档名称相同。

【配置名称】：材料明细表中的零件号与配置名称相同。

【用户指定的名称】：材料明细表中的零件序号是用户自定义的名称。

c.【高级选项】选项组中，各选项含义如下。

【压缩新特征和配合】：勾选此复选框时，添加到其他配置的新特征会在此配置中被压缩。否则，其他配置的新特征会带到此配置中。

【使用配置指定的颜色】：勾选此复选框，可为该配置指定颜色。方法是单击【颜色】按钮，从系统弹出的【颜色】对话框中选择需要的颜色。

② 输入一个配置名称，如“A10”。必要时指定该配置的说明和备注；在【材料明细表选项】选项组中设定显示零件序号的方式，一般显示为文档名称；在【高级选项】选项组中，一般可勾选【压缩新特征和配合】复选框，消除勾选【使用配置指定的颜色】复选框。

③ 单击【添加配置】属性管理器中的【确定】按钮✔，生成新的配置。返回特征管理器设计树中，根据需要编辑零件配置。

配置名称的排序有一定的规则。当添加多个配置时，配置的名称首先以第一位字符或数字进行排序，若第一位字符或数字相同，则按照第二位的字符或数字进行排序，以此类推，具体排序规律如下。

① 若配置名称以数字开头，则配置按照首位数字的大小顺次排列。例如 1××、2××、3××……，但当所添加配置的个数超过 10 时，如 10××、11××，此时 10××、11××将会排在 1××之后，接着才是 2××、3××……。若想按照生成配置的先后顺序进行排列，可把 1××、2××……改为 01××、02××……。

② 若配置名称以英文字母开头，则配置按照 26 个英文字母的先后顺序进行排列。

③ 若配置名称以汉字开头，则配置按照汉字的笔画数由少到多进行排列。

④ 若配置的名称由数字、字母、汉字混合开头，则配置按照数字、字母、汉字的顺序进行排列。

（2）编辑零件配置

编辑零件配置的实质就是修改零件模型形成变体，以在新配置中生成不同的设计变化。编辑配置之前要确保该配置处于激活状态。零件可编辑的配置项目有尺寸（包括草图尺寸和特征尺寸）、压缩状态等，以下分别举例说明。

编辑零件配置-尺寸

① 尺寸。通过改变尺寸数值形成变体，从而可以生成新的配置。这些数值既可以是草图中的尺寸数值，也可以是特征中的尺寸数值。以在圆头平键中生成两个新配置为例，说明其操作步骤。

a. 建立如图 4-81 所示的平键模型。

b. 在配置管理器下，添加两个新的配置，分别命名为【平键 5×5×30】和【平键 8×7×50】，如图 4-82 所示。

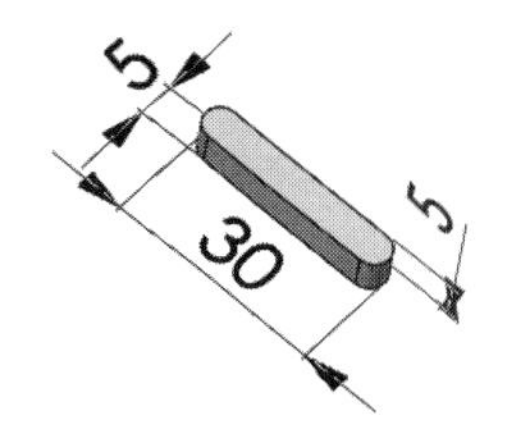

图 4-81　平键模型

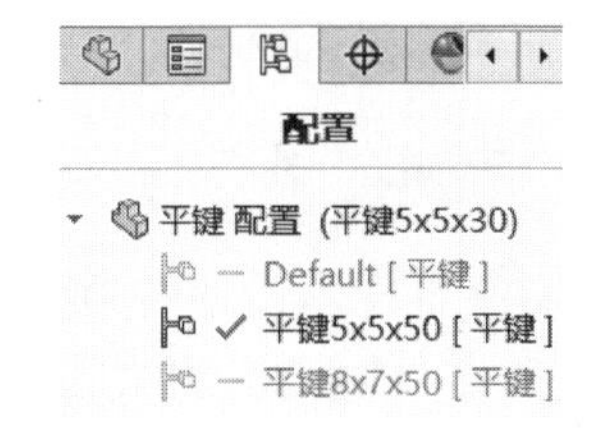

图 4-82　在配置管理器中添加新配置

c. 双击鼠标激活配置【平键 8×7×50】，切换到特征管理器设计树中，编辑模型草图。

d. 双击平键草图中的长度尺寸，系统弹出如图 4-83 所示的【修改】尺寸对话框，把尺寸修改为 50，单击【配置】选项按钮中的小箭头，其中有三个子选项，分别为【此配置】【所有配置】和【指定配置】，如图 4-83 所示，其含义如下。

【此配置】：修改后的尺寸只应用到当前配置。

【所有配置】：修改后的尺寸应用到所有配置。

【指定配置】：用户自己指定修改后的尺寸应用到指定的配置上。

这里选择【此配置】，单击【修改】尺寸对话框中的【确定】按钮✔完成修改。

e. 重复上步操作，把圆头平键宽度方向上的尺寸修改为 8，并选择【此配置】命令。单击按钮完成草图编辑。

f. 在模型中显示特征尺寸，重复第 d. 步操作，把圆头平键高度方向上的尺寸修改为 7。

g. 对【平键 5×5×30】配置不做修改，和默认配置具有相同的模型和尺寸。最终结果如图 4-84 所示。

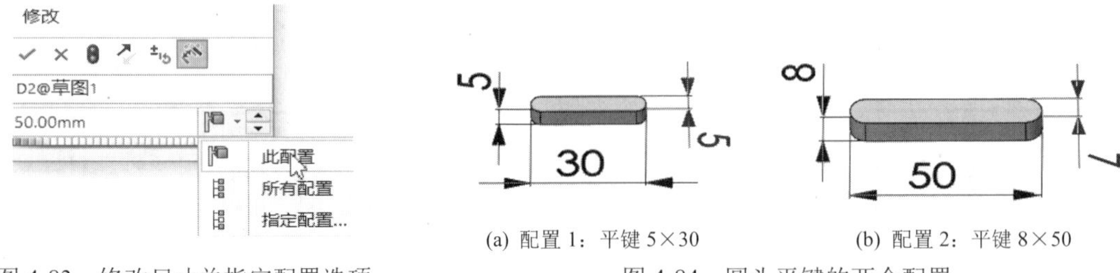

(a) 配置 1：平键 5×30　　(b) 配置 2：平键 8×50

图 4-83　修改尺寸并指定配置选项　　图 4-84　圆头平键的两个配置

编辑零件配置-压缩

② 压缩状态。在零件文件中，可以压缩任何特征来生成新的配置。例如，在零件的机械加工过程中，随着机械加工工序的不断进行，零件的形状和尺寸必然要发生变化。利用配置功能，可对各个工序分别生成相应的配置，最终可在工艺规程中生成零件的工序图，用于指导生产。下面以加工阀盖零件为例，说明其操作步骤。

a. 建立如图 4-85 所示的阀盖零件模型。

b. 在配置管理器下，添加与加工工序对应的配置名称，如图 4-86 所示。激活名称为【毛坯】的配置。

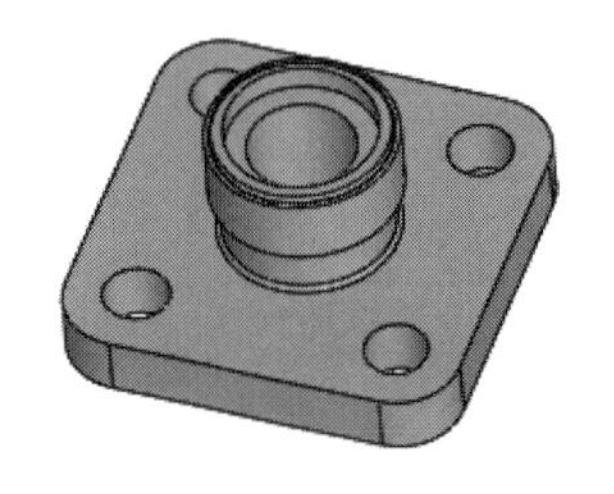

图 4-85　阀盖零件模型

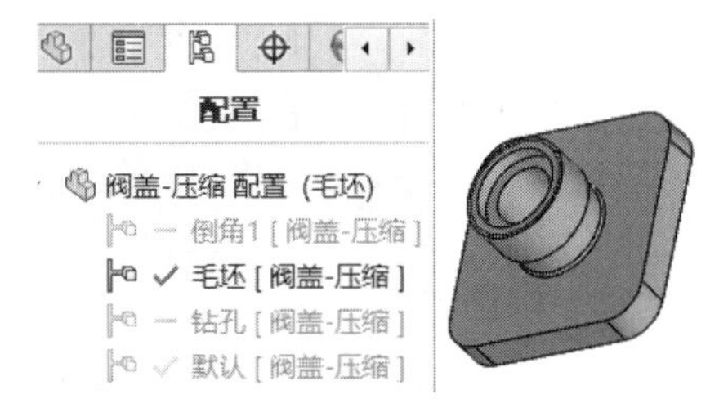

图 4-86　在配置管理器中添加新配置

c. 切换到特征管理器设计树中，压缩【ϕ12.0（12）直径孔 1】【阵列（圆周）1】和【倒角 1】特征，阀盖零件回到原始的毛坯状态，如图 4-86 所示。

d. 在配置管理器下激活名为【钻孔】的配置，切换到特征管理器设计树中，压缩【ϕ12.0（12）直径孔 1】和【阵列（圆周）1】特征，SolidWorks 显示如图 4-87 所示的配置模型。

e. 在配置管理器下激活名为【倒角】的配置，在特征管理器设计树中，压缩【倒角 1】特征，结果如图 4-88 所示。

（3）激活零件配置

单击配置管理器标签，切换到配置管理器。在配置管理器下，选择需要编辑的配置，单击鼠标右键，在弹出的快捷菜单中选择【显示配置】命令即可激活配置。双击配置名称也可以激活配置。

（4）编辑零件配置属性

生成零件配置后，根据需要还可以重新定义配置属性。在配置管理器下，选择需要编辑的配置，单击鼠标右键，在弹出的快捷菜单中选择【属性】命令，系统弹出【配置属性】属性管理器，可根据需要修改配置属性。

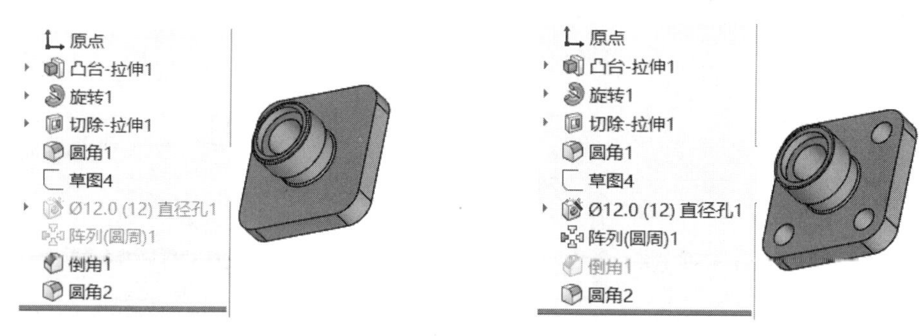

图 4-87　零件【钻孔】配置

图 4-88　零件【倒角】配置

（5）删除零件配置

配置只有处于非激活状态才可以删除，单击配置管理器标签，切换到配置管理器，选择非激活状态的要删除的配置名称，单击鼠标右键，在弹出的快捷菜单中选择【删除】命令即可。

4.5 系列零件设计表

当需要生成很多配置，而且这些配置的参数按一定规律变化时，可以通过在嵌入的Microsoft Excel 工作表中指定参数对配置进行驱动，来构建多个不同配置的零件或装配体，这个工作表称为“系列零件设计表”。工作表中指定的参数有尺寸、公差、特征状态等，在学习系列零件设计表之前，需要对这些参数的格式加以了解。以下是尺寸参数和特征状态参数的格式：D1@草图 1、D2@倒角 1 和$状态@拉伸 1。前两个格式中，D1 或 D2 是尺寸的实际名称，名称的第二部分是尺寸所属的草图名称或特征名称。在表格中输入不同的参数值，可以驱动草图或特征生成多个配置。第三个格式是控制特征（拉伸 1）压缩状态的语法格式，在表格中输入“U”，解压缩特征；输入“S”，压缩特征。例子中的@字符是 SolidWorks 使用的分割符号。

在实际应用中，以上几个例子中的参数名称是不太利于操作的，如【D1@草图 1】，用户在设计过程中很容易忘记【草图 1】是干什么的、【D1】控制的是【草图 1】哪个方向的尺寸等诸如此类的问题。所以在生成系列零件设计表之前，最好能把需要表格驱动的尺寸、草图或特征重新命名为用户容易识别的名称，使各个参数的作用一目了然。

对尺寸重命名的方法是：双击尺寸数值，系统弹出如图 4-89 所示【尺寸】属性管理器，在属性管理器的【主要值】选项组中修改名称。

4.5.1 生成系列零件设计表

生成系列零件设计表

如果要生成系列零件设计表，必须定义要生成配置的名称，指定要控制的参数，并为每个参数分配数值。生成系列零件设计表有两种方法：一是在模型中插入系列零件设计表；二是在 Excel 中生成系列零件设计表。

（1）在模型中插入系列零件设计表

在模型中插入系列零件设计表的操作步骤如下。

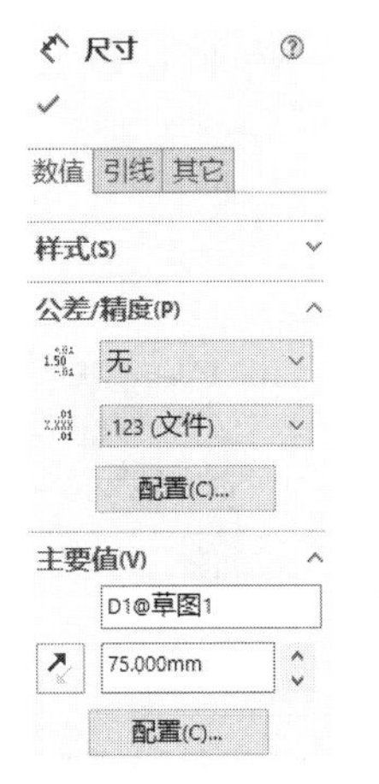

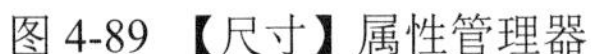
图 4-89 【尺寸】属性管理器

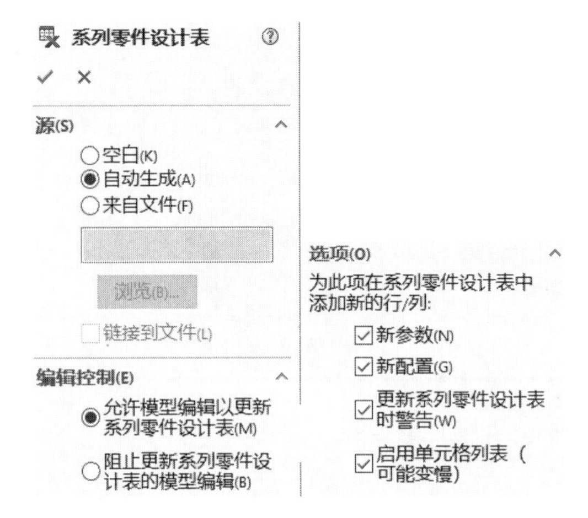

图 4-90 【系列零件设计表】属性管理器

① 在零件或装配体文件中选择【插入】|【表格】|【设计表】命令或单击【工具】工具栏中的【系列零件设计表】按钮，系统弹出如图 4-90 所示的【系列零件设计表】属性管理器，各选项的含义如下。

a.【源】选项组

【空白】：选中该单选按钮，则插入可填入参数的空白系列零件设计表。

【自动生成】：选中该单选按钮，则自动生成新的系列零件设计表，并从零件或装配体装入所有配置的参数及其相关数值。

【来自文件】：选中该单选按钮，单击【浏览】按钮找出已绘制好的表格。若勾选【链接到文件】复选框，则可将表格链接到模型上，在 SolidWorks 以外对表格所做的任何更改都将反映在 SolidWorks 模型内部的表格中。

b.【编辑控制】选项组

【允许模型编辑以更新系列零件设计表】：选中该单选按钮，如果更改模型，则所做的更改将在系列零件设计表中更新。

【阻止更新系列零件设计表的模型编辑】：选中该单选按钮，如果更改将更新系列零件设计表，则不允许更改模型。

c.【选项】选项组

【新参数】：勾选该复选框，如果为模型添加新参数，则将为系列零件设计表添加新的列。

【新配置】：勾选该复选框，如果为模型添加新配置，则将为系列零件设计表添加新的行。

【更新系列零件设计表时警告】：勾选该复选框，警告用户若更改模型中的参数，则系列零件设计表中也将会发生相应的改变。

② 按图 4-90 中的默认选项，单击【确定】按钮✔，系统弹出如图 4-91 所示的【尺寸】对话框。从对话框中选择要配置的尺寸参数，此时会发现从一长串列表中选择重新命名后的尺寸非常容易。

③ 单击【尺寸】对话框中的【确定】按钮，一个嵌入的工作表出现在 SolidWorks 窗口中，如图 4-92 所示，并且 Excel 工具栏会替换 SolidWorks 工具栏。对于此嵌入的工作表，说明如下。

a．单元格 A1 标示生成系列零件设计表的模型名称。

b．A2 保留为 Family 单元格，此单元格决定参数和配置数据从何处开始，且必须保留为空白。

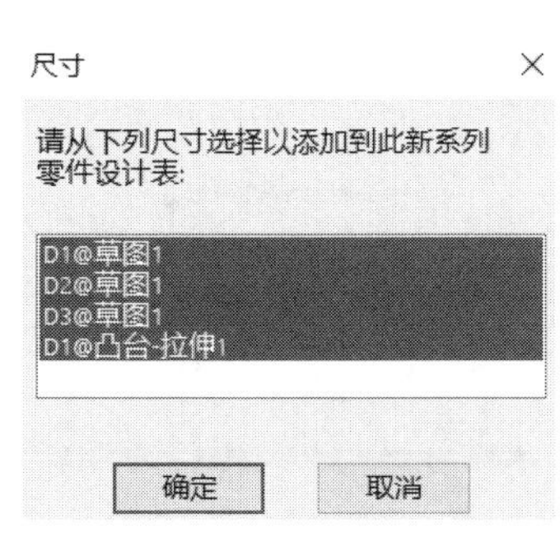

图 4-91 【尺寸】对话框

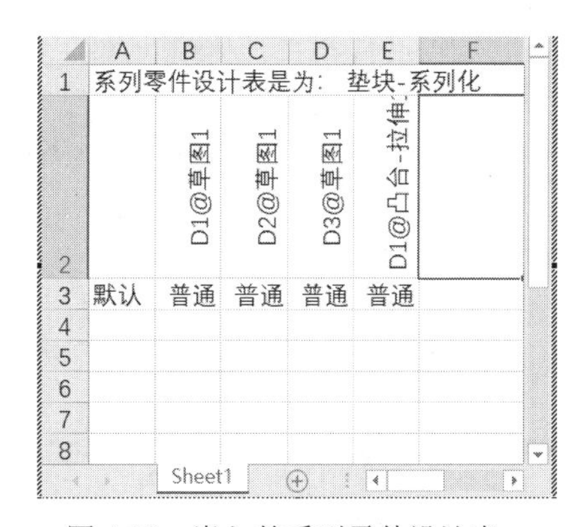

	A	B	C	D	E
1	系列零件设计表是为: 垫块-系列化				
2		D1@草图1	D2@草图1	D3@草图1	D1@凸台-拉伸1
3	默认	普通	普通	普通	普通

图 4-92 嵌入的系列零件设计表

c．单元格下侧的单元格为配置名称，如图 4-93 中的 A3、A4 单元格等。

d．Family 单元格右侧的单元格为参数名称，如图 4-93 图中的 B2、C2 单元格。

④ 在系列零件设计表中添加所需的参数或配置，说明如下。

a．激活对应的单元格，在模型中单击尺寸，该尺寸参数会自动写入表格，如图 4-93 中的 D2 单元格。

b．激活对应的单元格，在模型中双击特征的一个面，该特征压缩状态参数会自动写入表格。

c．在装配体文件中，在零部件的一个面上双击，该零部件的压缩状态参数会自动写入表格。

⑤ 指定完参数后，在系列零件设计表外部区域单击即可关闭表格。此时系统会显示一条信息，其中列出所有生成的配置名称，如图 4-94 所示。

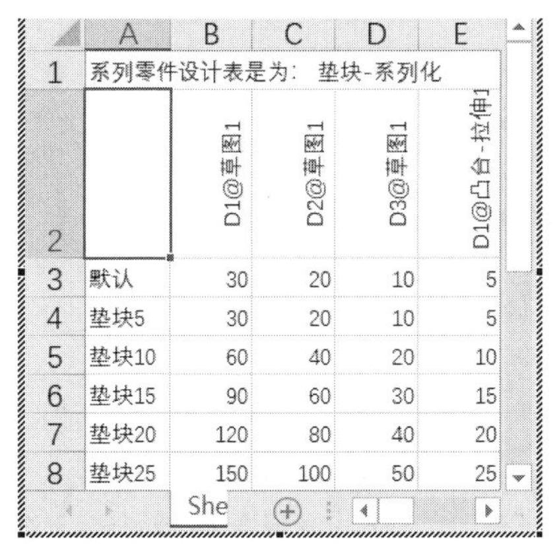

	A	B	C	D	E
1	系列零件设计表是为: 垫块-系列化				
2		D1@草图1	D2@草图1	D3@草图1	D1@凸台-拉伸1
3	默认	30	20	10	5
4	垫块5	30	20	10	5
5	垫块10	60	40	20	10
6	垫块15	90	60	30	15
7	垫块20	120	80	40	20
8	垫块25	150	100	50	25

图 4-93 添加参数后的系列零件设计表

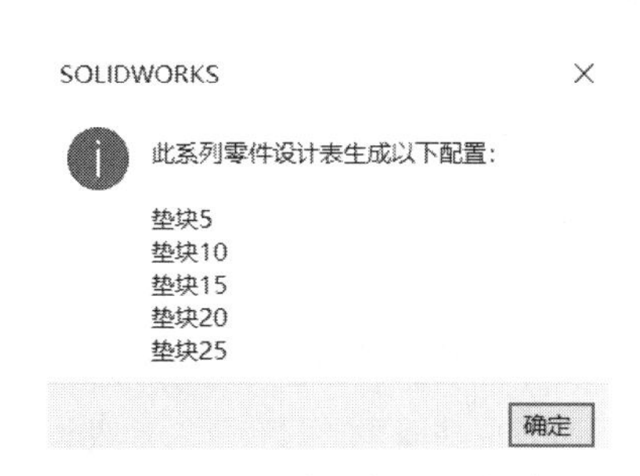

图 4-94 显示生成的配置名称

完成创建后，系列零件设计表图标会出现在配置管理器中，并且显示创建的所有配置，如图 4-95 所示。在配置名称上双击，即可激活由系列零件设计表创建的配置。

（2）在 Excel 中生成系列零件设计表

此种方法自动化程度不高，需要手动写入的地方明显多于自动生成的系列零件设计表，本书不再做介绍。但需要注意的是，在 Excel 中生成的系列零件设计表必须保留 A1 单元格为空白。

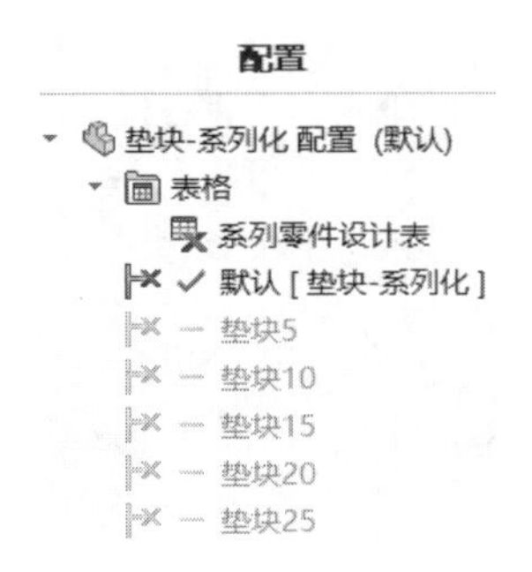

图 4-95　系列零件设计表图标

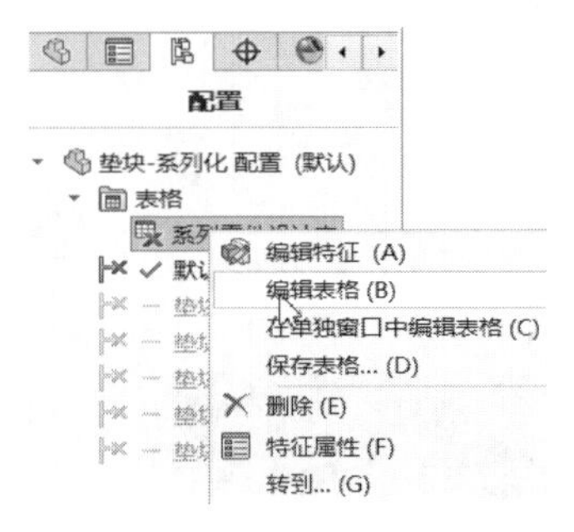

图 4-96　【编辑表格】命令

4.5.2 编辑系列零件设计表

插入系列零件设计表时，有些参数（如零件编号、备注等）无法自动写入，用户可通过再次编辑系列零件设计表来实现自动写入。编辑系列零件设计表的操作步骤如下。

① 在配置管理器中，单击【表格】前的▸，将【表格】展开，选择【系列零件设计表】，单击鼠标右键，在系统弹出的快捷菜单中选择【编辑表格】命令，如图 4-96 所示，系统弹出如图 4-97 所示的【添加行和列】对话框（必须在【系列零件设计表】属性管理器中勾选【新参数】和【新配置】选项才会弹出该对话框），在【参数】选项中列出了所有可配置的参数，如图 4-97 所示。

② 选择需要的参数，同时勾选【再次显示取消选择的项目】便于以后的编辑。单击对话框中的【确定】按钮，选取的参数自动写入系列零件设计表中，如图 4-98 所示。

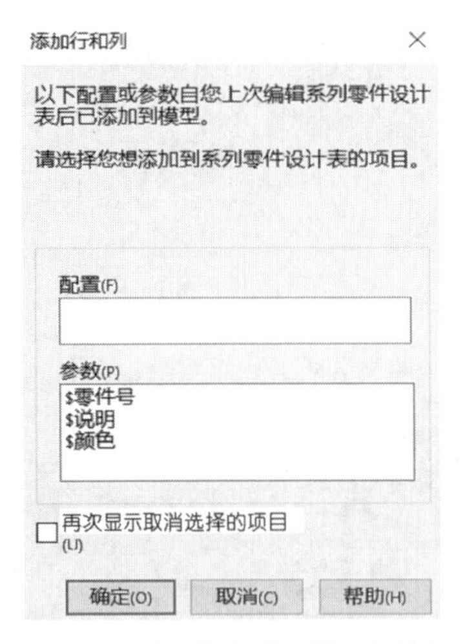

图 4-97 【添加行和列】对话框

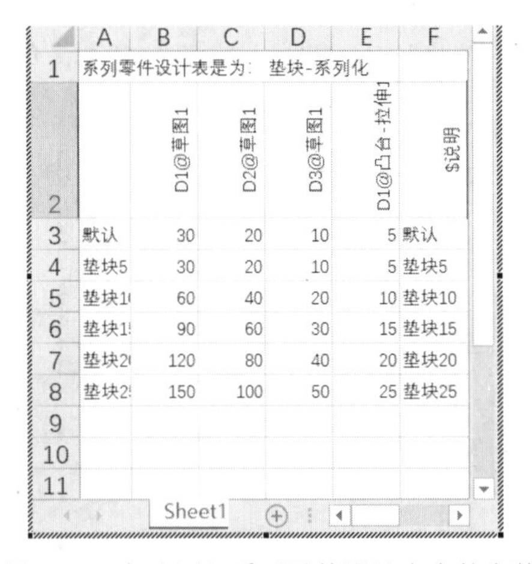

	A	B	C	D	E	F
1	系列零件设计表是为: 垫块-系列化					
2		D1@草图1	D2@草图1	D3@草图1	D1@凸台-拉伸1	$说明
3	默认	30	20	10	5	默认
4	垫块5	30	20	10	5	垫块5
5	垫块1(	60	40	20	10	垫块10
6	垫块1!	90	60	30	15	垫块15
7	垫块2(	120	80	40	20	垫块20
8	垫块2!	150	100	50	25	垫块25
9						
10						
11						

Sheet1

图 4-98　自动写入系列零件设计表中的参数

③ 根据需要添加或修改系列零件设计表中的内容，也可以编辑单元格的格式，使用 Excel 功能来修改字体、对正、边框等。

④ 在表格外单击，即可关闭编辑系列零件设计表窗口。如果在原来的基础上添加了新的配置，系统会再次弹出图 4-94 所示的对话框，显示新添加的配置名称。

4.5.3 系列零件设计表中的参数语法

应用系列零件设计表生成配置的实质是在 Excel 工作表中指定参数，并对指定的参数进行驱动，以生成零件或装配体的多个不同配置，所以掌握这些参数的句法结构是学习系列零件设计表的关键。下面对常用参数的句法结构和使用方法进行介绍。

（1）尺寸

句法格式：尺寸@草图<n>或尺寸@特征。如图 4-98 所示的 B、C、D、E 列。

说明：在零件文件中，可以使用系列零件设计表来控制草图和特征定义中的尺寸。在装配体文件中，可以控制属于装配体特征的尺寸，如配合尺寸、装配特征切除和孔以及零部件阵列等，但不能控制装配体所包含的零部件模型的尺寸。

（2）公差

句法格式：$公差@尺寸@特征。

说明：在零件文件中，可以控制草图和特征定义中尺寸的公差。在装配体文件中，可以控制属于装配体特征的尺寸的公差，如配合、装配体特征切除和孔以及零部件阵列间距，但不能控制装配体所包含的零部件尺寸的公差。在系列零件设计表中输入的公差参数值是与【尺寸】属性管理器中的【公差/精度】选项组对应的。

（3）压缩状态

句法格式：

$状态@特征名称。既可以是零件文件中的特征，也可以是装配体特征。

$状态@零部件<实例>。用于装配体文件中控制零部件的压缩状态。

$状态@方程式数@方程式。用于控制方程式的压缩状态。

$特征@<光源名称>。用于控制光源的压缩状态。

说明：在零件文件中，可以压缩任何特征；在装配体文件中，可以压缩属于装配体的特征，如零部件、配合、装配特征孔和切除以及零部件阵列等。压缩状态的参数值只有 U 和 S 两种，U 代表解除压缩，S 代表压缩特征。如果单元格为空，默认为解除压缩（U）。

（4）说明

句法格式：$说明，如图 4-98 的 F 列。

说明：在表格的单元格中，输入配置的说明。如果将单元格为空，则【配置属性】属性管理器中的【说明】选项为配置名称。

（5）备注

句法格式：$备注。

说明：在表格的单元格中，输入配置的备注。备注是可选的，如果单元格为空白，则【配置属性】属性管理器中的【备注】选项为空。

（6）零件编号

句法格式：$零件编号。

说明：在系列零件设计表中，零件编号参数为材料明细表列中的【零件号】指定一个不同的数值。以下是可与此参数使用的参数值。

$D 或$DOCUMENT：零件编号使用文档名称。

$C 或$CONFIGURATION：零件编号使用配置名称。

任何文字：零件编号使用自定义名称。

空白：零件编号使用配置名称。

如果在一个装配体中使用同一文件的多个配置，则材料明细表会将每个配置的名称作为单独的项目编号列出。如果不想将每个配置单独列在材料明细表中，则为所有配置的零件编号参数分配相同的数值。

（7）自定义属性

句法格式：$属性@属性。

说明：前一个属性是固定格式，后一个属性是自定义属性的名称。在【配置属性】属性管理器中，单击【自定义属性】按钮，系统弹出【摘要信息】对话框。进入【配置特定】选项卡，【属性名称】中列出的属性名称，也可以是用户新添加的属性名称。如果用户想要把自定义属性和模型中某一尺寸关联起来，注意引号不能少，并且扩展名为大写。

（8）零部件配置

句法格式：$配置@零部件<实例>。

说明：此语法仅用于装配体文件中，用于控制装配体文件中的零部件配置。在系列零件设计表单元格中输入零部件配置的名称。

4.5.4 应用配置设计系列零件实例

设计系列零件

以轴类零件为例，介绍应用系列零件设计表建立标准件库的过程。

（1）轴的主要控制尺寸介绍

轴类零件的主要控制尺寸与外形如图 4-99 所示。

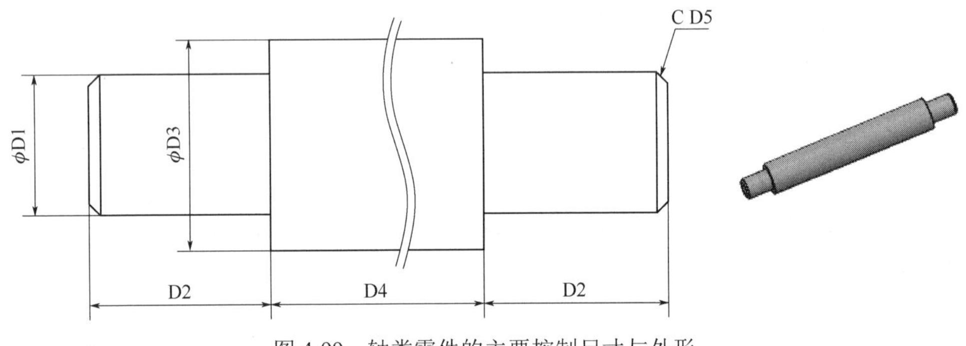

图 4-99　轴类零件的主要控制尺寸与外形

（2）创建模型并修改尺寸名称

① 启动 SolidWorks 2018 软件。单击工具栏中的【新建】按钮，系统弹出【新建 SOLIDWORKS 文件】对话框，在【模板】选项卡中选择【零件】选项，单击【确定】按钮。

② 选择【特征管理器设计树】中的【前视基准面】选项，单击【草图】工具栏中的【草图绘制】按钮，进入草图绘制模式。绘制一个如图 4-100 所示的草图，单击按钮，退出草图环境。

③ 单击【特征】工具栏中的【旋转凸台/基体】按钮，在绘图区选取上述绘制的草图，系统弹出如图 4-101 所示的【旋转】属性管理器。单击【确定】按钮✓，完成基体旋转操作，结果如图 4-101 所示。

④ 选择【插入】|【特征】|【倒角】菜单命令或者单击【特征】工具栏中的【倒角】按钮，系统弹出如图 4-102 所示的【倒角】属性管理器。【倒角类型】单击【距离-距离】按钮，选取如图 4-102 所示的实体边缘，【倒角参数】下拉列表中选择【对称】，【距离】微调框中输入“0.50mm”，单击【确定】按钮✓，完成倒角操作。

⑤ 启动 Excel 软件，新建 Excel 文件，并按图 4-103 所示的表格数据输入 Excel 表格中，保存并命名轴系列。

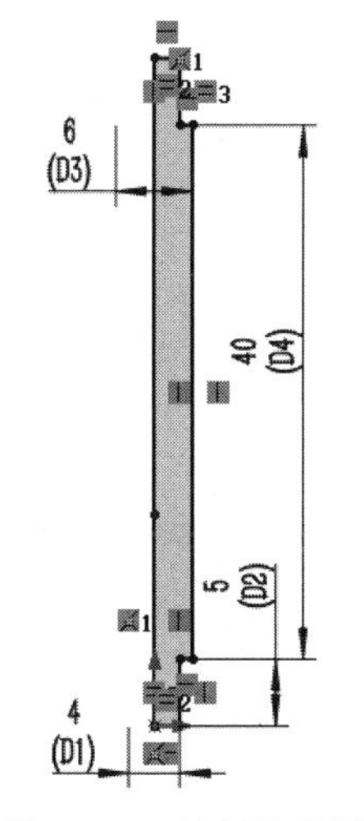

图 4-100　绘制的草图

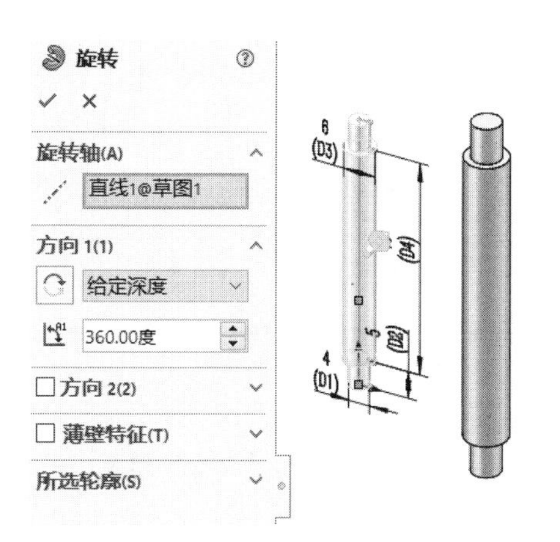

图 4-101　【旋转】属性管理器及旋转所得模型

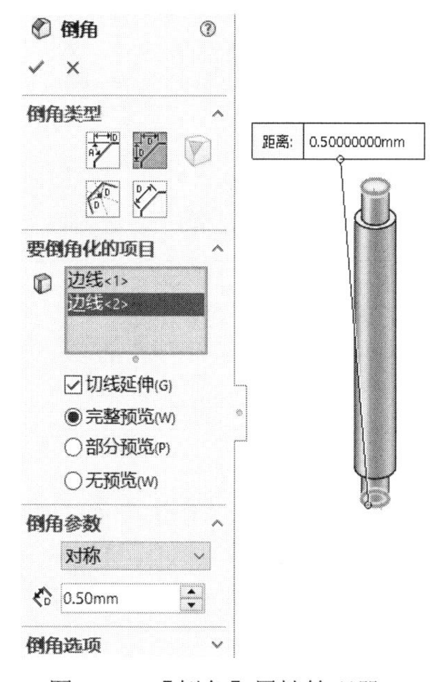

图 4-102　【倒角】属性管理器

	A	B	C	D	E	F	G
1	$属性@零件号	$属性@材料	D1@草图1	D2@草图1	D3@草图1	D4@草图1	D1@倒角1
2	直径4	45	4	5	6	40	0.5
3	直径5	45	5	6	8	50	0.5
4	直径6	45	6	8	10	60	0.5
5	直径7	45	7	10	12	70	0.5
6	直径8	45	8	11	13	80	0.5
7	直径10	45	10	14	15	90	1
8	直径12	45	12	16	18	100	1
9	直径14	45	14	18	20	120	1
10	直径16	45	16	21	22	150	2
11	直径20	45	20	26	28	180	2

图 4-103　Excel 表格

（3）插入系列零件设计表

① 在零件或装配体文件中选择【插入】|【表格】|【设计表】命令或单击【工具】工具栏中的【系列零件设计表】按钮，系统弹出如图 4-104 所示的【系列零件设计表】属性管理器。【源】选项组选择【来自文件】单选按钮，单击【浏览】按钮，系统弹出【打开】对话框。选择上述创建的 Excel 表格，单击【打开】按钮，系统返回【系列零件设计表】属性管理器，单击【确定】按钮✓。

② 单击【系列零件设计表】属性管理器中的【确定】按钮✓，嵌入的工作表出现在窗口中，同时 Excel 工具栏替换 SolidWorks 工具栏，如图 4-105 所示。

③ 在表格外单击完成表格的创建，此时系统弹出如图 4-106 所示的对话框，显示所生成的配置名称，单击【确定】按钮，生成的零件配置如图 4-107 所示。

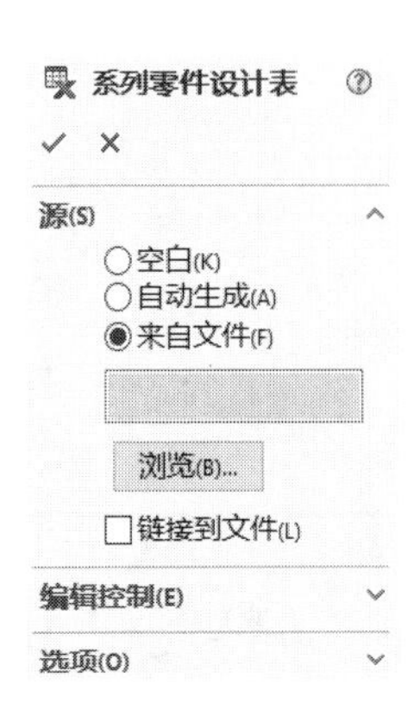

图 4-104 【系列零件设计表】属性管理器

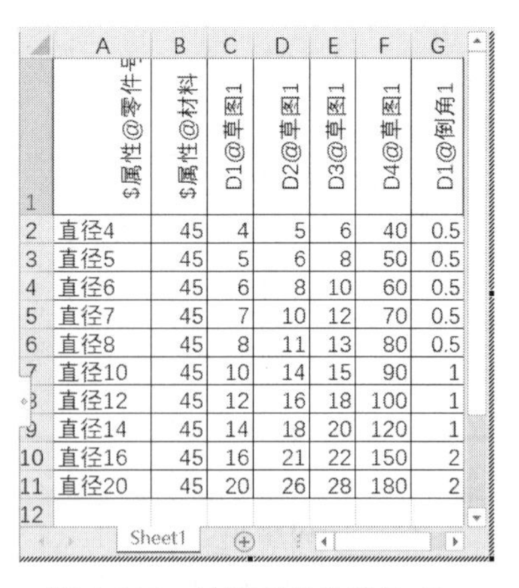

	A	B	C	D	E	F	G
1	$属性@零件号	$属性@材料	D1@草图1	D2@草图1	D3@草图1	D4@草图1	D1@倒角1
2	直径4	45	4	5	6	40	0.5
3	直径5	45	5	6	8	50	0.5
4	直径6	45	6	8	10	60	0.5
5	直径7	45	7	10	12	70	0.5
6	直径8	45	8	11	13	80	0.5
7	直径10	45	10	14	15	90	1
8	直径12	45	12	16	18	100	1
9	直径14	45	14	18	20	120	1
10	直径16	45	16	21	22	150	2
11	直径20	45	20	26	28	180	2
12							

Sheet1

图 4-105 轴系列零件设计表

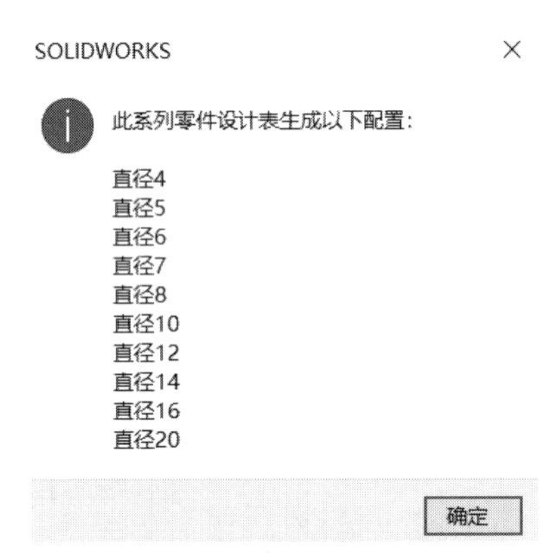

图 4-106 显示生成的配置名称

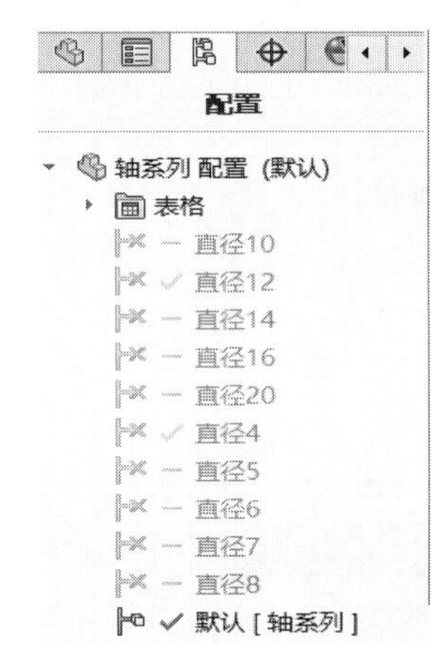

图 4-107 轴系列的配置

（4）将固定衬套添加到设计库中

① 单击窗口右边的【设计库】按钮，选择【Design Library】，单击鼠标右键，在弹出的快捷菜单中选择【新文件夹】命令，如图 4-108 所示，并重新命名新文件夹为“轴系列”。

② 在【特征管理器设计树】中选择【轴系列（默认）】，单击鼠标右键，在弹出的快捷菜单中选择【添加到库】命令，如图 4-109 所示。

图 4-108 【新文件夹】命令

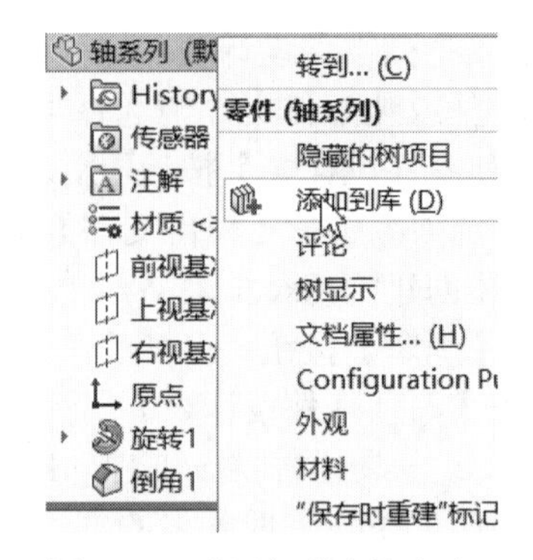

图 4-109 【添加到库】命令

③ 系统弹出如图 4-110 所示的【添加到库】属性管理器。选择建好的【轴系列】文件夹，单击【确定】按钮✓。

（5）从设计库中调用固定衬套

在装配体环境下，单击【设计库】按钮，打开【轴系列】文件夹，如图 4-111 所示，拖动轴系列到绘图区，系统弹出如图 4-112 所示的【选择配置】对话框。选择所需的配置，单击【确定】按钮✓。把轴类零件放置到合适的位置，单击鼠标右键完成操作。

图 4-110 【添加到库】属性管理器

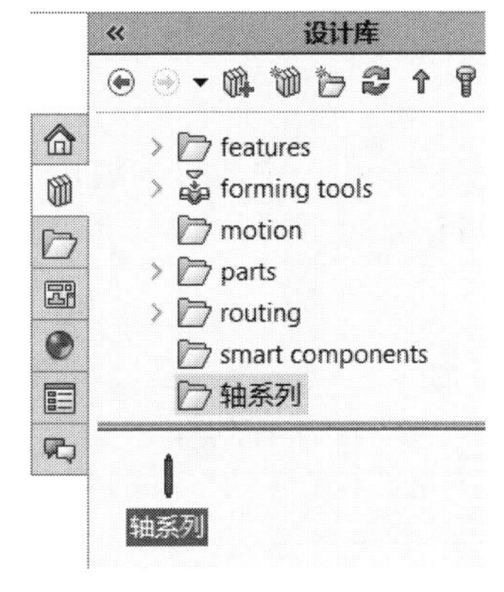

图 4-111 设计库

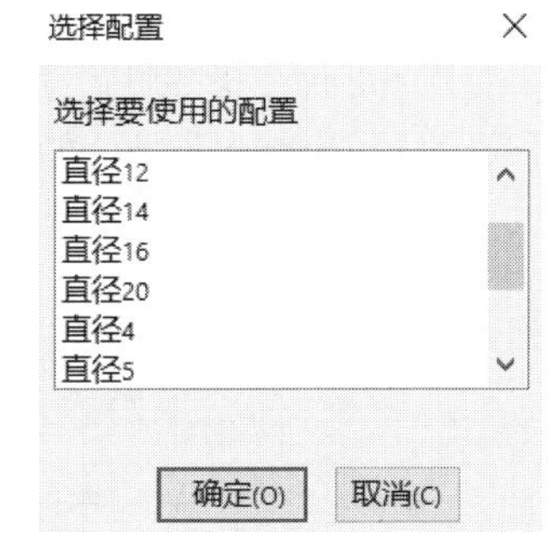

图 4-112 【选择配置】对话框

4.5.5 在工程图中显示系列零件设计表

如果模型文件使用系列零件设计表生成了多个配置，则可以在此模型的工程图中显示该表格，这样一个工程图就可以表示所有的配置。在工程图中编辑系列零件设计表的操作步骤如下。

① 在模型文件的工程图中，选取其中一个工程视图，单击【注释】工具栏中的【系列零件设计表】按钮，或选择【插入】|【表格】|【设计表】菜单命令，系列零件设计表会出现在图纸中，如图 4-113 所示，拖动表格到合适的位置上。

② 双击工程图中的系列零件设计表，设计表在模型文件中被打开，在表格以外的任意地方单击关闭该表格。

③ 选择工程图中的系列零件设计表，单击鼠标右键，在系统弹出的快捷菜单中选择【属性】命令，系统弹出如图 4-114 所示【OLE 对象属性】对话框。在对话框中指定一个宽度或高度值，或指定一个比例值。如果要使表格恢复到原来的大小，可在快捷菜单中选择【恢复原大小】命令。

④ 如果想使用标示（字母或名称）代表尺寸，则在编辑系列零件设计表时在标题行和首个配置所在行之间插入一个新行，并在新行中为每个尺寸输入一个标示。

⑤ 在工程视图中覆盖对应尺寸，修改为所需的标示。

轴系列	$属性@材料	D1@草图1	D2@草图1	D3@草图1	D4@草图1	D1@倒角1
直径4	45	4	5	6	40	0.5
直径5	45	5	6	8	50	0.5
直径6	45	6	8	10	60	0.5
直径7	45	7	10	12	70	0.5
直径8	45	8	11	13	80	0.5
直径10	45	10	14	15	90	1
直径12	45	12	16	18	100	1
直径14	45	14	18	20	120	1
直径16	45	16	21	22	150	2

图 4-113　在工程图中插入系列零件设计表

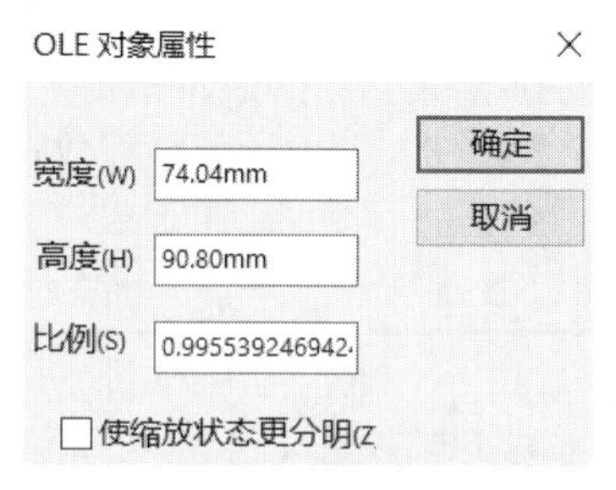

图 4-114　【OLE 对象属性】对话框

4.6 上机练习

① 完成平垫零件的系列设计。查相关手册可知道，平垫的主要控制尺寸有外圆直径 *d*2、内孔直径 *d*1 和厚度 *h*，如图 4-115 所示。

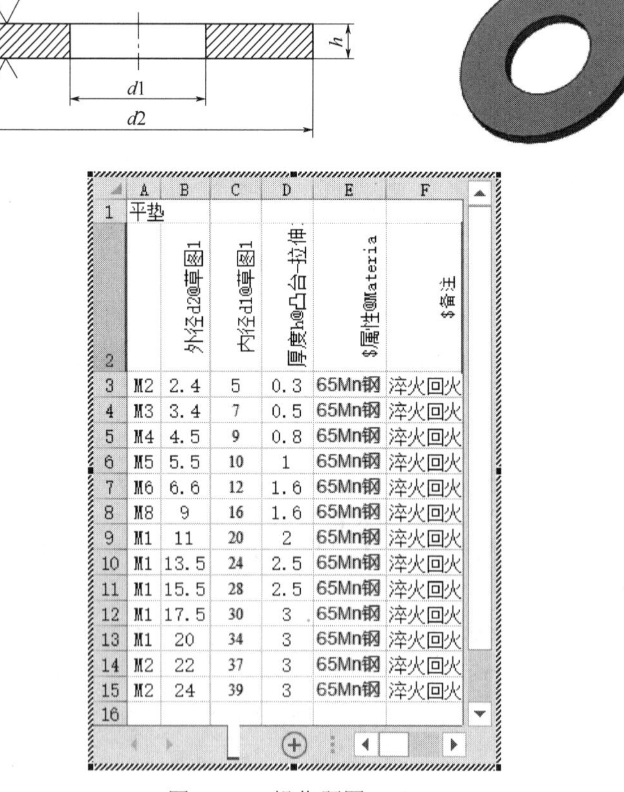

	A	B	C	D	E	F
1	平垫					
2		外径d2@草图1	内径d1@草图1	厚度h@凸台-拉伸	$属性@Materia	$备注
3	M2	2.4	5	0.3	65Mn钢	淬火回火
4	M3	3.4	7	0.5	65Mn钢	淬火回火
5	M4	4.5	9	0.8	65Mn钢	淬火回火
6	M5	5.5	10	1	65Mn钢	淬火回火
7	M6	6.6	12	1.6	65Mn钢	淬火回火
8	M8	9	16	1.6	65Mn钢	淬火回火
9	M1	11	20	2	65Mn钢	淬火回火
10	M1	13.5	24	2.5	65Mn钢	淬火回火
11	M1	15.5	28	2.5	65Mn钢	淬火回火
12	M1	17.5	30	3	65Mn钢	淬火回火
13	M1	20	34	3	65Mn钢	淬火回火
14	M2	22	37	3	65Mn钢	淬火回火
15	M2	24	39	3	65Mn钢	淬火回火
16						

图 4-115　操作题图（1）

② 完成如图 4-116 所示零件的系列设计。

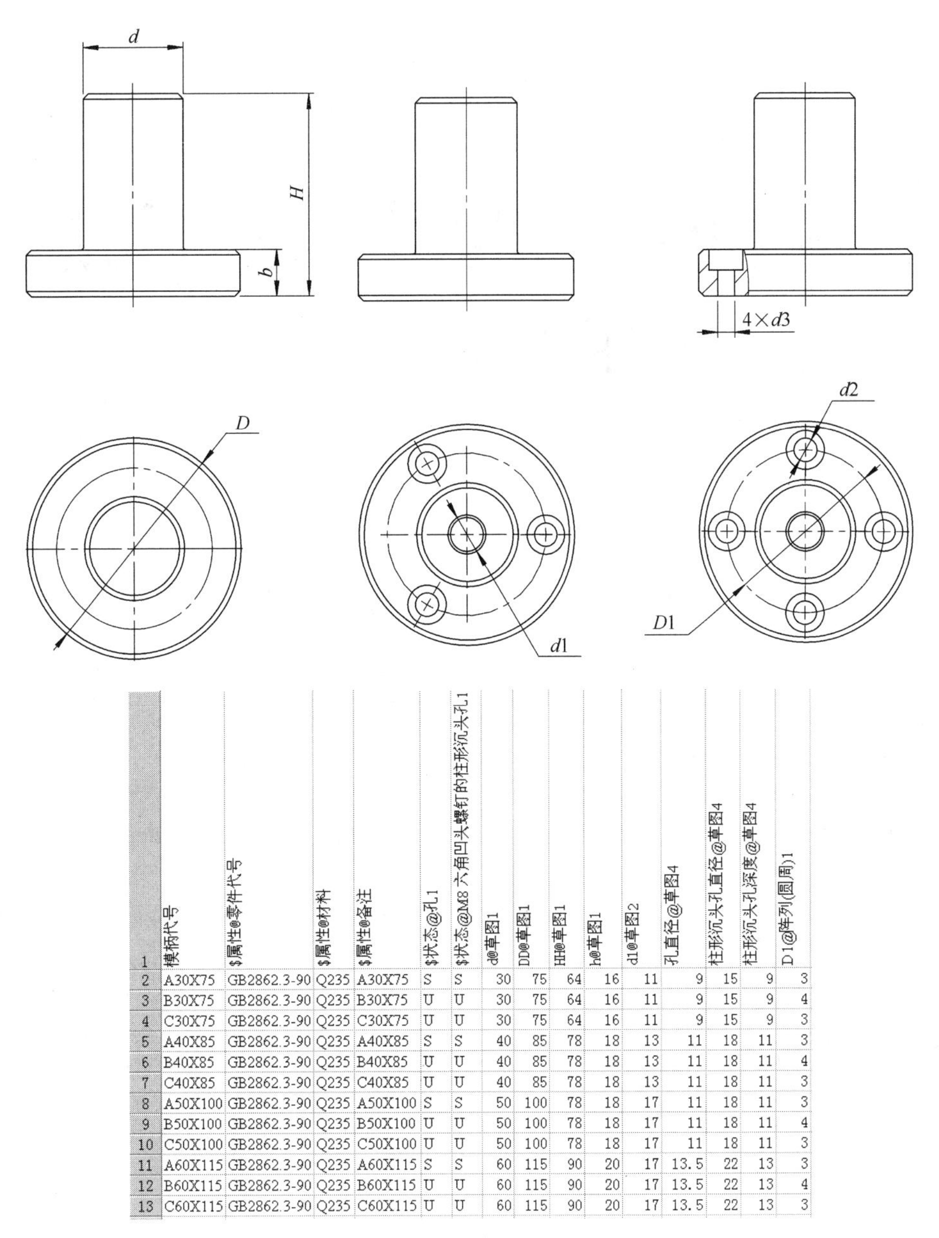

1	模柄代号	$属性@零件代号	$属性@材料	$属性@备注	$状态@孔1	$状态@M8 六角凹头螺钉的柱形沉头孔1	d@草图1	DD@草图1	HH@草图1	h@草图1	d1@草图2	孔直径@草图4	柱形沉头孔直径@草图4	柱形沉头孔深度@草图4	D1@阵列(圆周)1
2	A30X75	GB2862.3-90	Q235	A30X75	S	S	30	75	64	16	11	9	15	9	3
3	B30X75	GB2862.3-90	Q235	B30X75	U	U	30	75	64	16	11	9	15	9	4
4	C30X75	GB2862.3-90	Q235	C30X75	U	U	30	75	64	16	11	9	15	9	3
5	A40X85	GB2862.3-90	Q235	A40X85	S	S	40	85	78	18	13	11	18	11	3
6	B40X85	GB2862.3-90	Q235	B40X85	U	U	40	85	78	18	13	11	18	11	4
7	C40X85	GB2862.3-90	Q235	C40X85	U	U	40	85	78	18	13	11	18	11	3
8	A50X100	GB2862.3-90	Q235	A50X100	S	S	50	100	78	18	17	11	18	11	3
9	B50X100	GB2862.3-90	Q235	B50X100	U	U	50	100	78	18	17	11	18	11	4
10	C50X100	GB2862.3-90	Q235	C50X100	U	U	50	100	78	18	17	11	18	11	3
11	A60X115	GB2862.3-90	Q235	A60X115	S	S	60	115	90	20	17	13.5	22	13	3
12	B60X115	GB2862.3-90	Q235	B60X115	U	U	60	115	90	20	17	13.5	22	13	4
13	C60X115	GB2862.3-90	Q235	C60X115	U	U	60	115	90	20	17	13.5	22	13	3

图 4-116　操作题图（2）

第5章 曲线曲面特征的创建与编辑

随着现代制造业对产品外观和功能要求的提高，曲线曲面造型越来越被广大工业领域的产品设计所引用，这些行业主要包括电子产品外形设计行业、航空航天领域以及汽车零部件业等。

在本章中以介绍曲线、曲面的基本功能为主，其中曲线部分主要介绍常用的几种曲线的生成方法。在 SolidWorks 2018 中，可以使用以下方法来生成 3D 曲线：投影曲线、组合曲线、螺旋线/涡状线、分割线、通过参考点的曲线、通过 *XYZ* 点的曲线等。

曲面是一种可用来生成实体特征的几何体。本章主要介绍在曲面工具栏上常用到的曲面工具，以及对曲面的修改方法，如延伸曲面、剪裁、解除剪裁曲面、圆角曲面、填充曲面、移动/复制缝合曲面等。

在学习曲线造型之前，需要先掌握三维草图绘制的方法，它是生成曲线、曲面造型的基础。

5.1 曲线造型

曲线造型是曲面造型的基础，本节主要介绍常用的几种生成曲线的方法，包括投影曲线、组合曲线、螺旋和涡状线、分割线以及样条曲线等。

5.1.1 投影曲线

投影曲线

将所绘制的曲线投影到曲面上，可以生成一个三维曲线。SolidWorks 2018 有两种方式可以生成投影曲线。

① 是将图曲线投影到模型面上得到曲线（草图到面）。

② 利用两个相交基准面上的曲线草图投影而成曲线（草图到草图）。

选择【插入】|【曲线】|【投影曲线】菜单命令或者单击【曲线】工具栏中的【投影曲线】按钮，系统弹出如图 5-1 所示的【投影曲线】属性管理器。

（1）草图到面

下面首先来介绍利用两个相交基准面上的曲线投影得到曲线。

① 在基准面或模型面上，生成一个包含一条闭环或开环曲线的草图。

② 选择【插入】|【曲线】|【投影曲线】菜单命令或者单击【曲线】工具栏中的【投影

曲线】按钮，系统弹出【投影曲线】属性管理器。

③ 单击【选择】选项组中按钮右侧的选择框，然后在图形区域中选取草图。

④ 单击【选择】选项组中按钮右侧的选择框，然后在图形区域中选取投影的表面。

⑤ 在【投影曲线】属性管理器中会显示要投影曲线和投影面名称，同时在图形区域中显示所得到的投影曲线，如图 5-2 所示。

⑥ 如果投影的方向错误，选择【反向投影】复选框改变投影方向。

图 5-1 【投影曲线】属性管理器

⑦ 单击【确定】按钮✓，生成投影曲线，如图 5-2 所示。

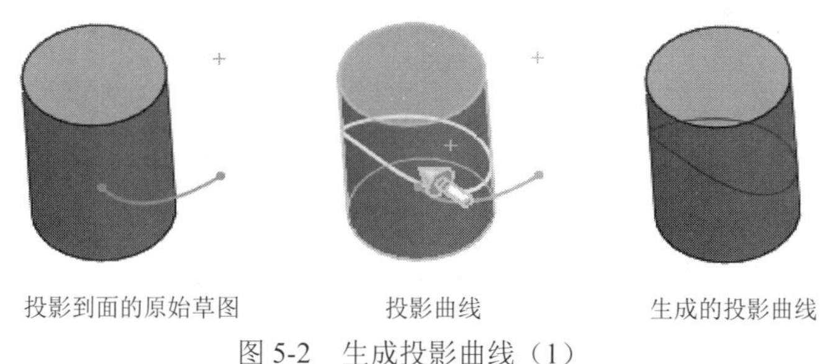

图 5-2 生成投影曲线（1）

（2）草图到草图

此外，SolidWorks 2018 还可以将草图曲线投影到模型面上得到曲线。

① 在两个相交的基准面上各绘制一个草图，这两个草图轮廓所隐含的拉伸曲面必须相交，才能生成投影曲线，完成后关闭每个草图。

② 选择的【插入】|【曲线】|【投影曲线】菜单命令或者单击【曲线】工具栏中的【投影曲线】按钮，系统弹出【投影曲线】属性管理器。

③ 选取绘制的两个草图。

④ 在【投影曲线】属性管理器中的选择框中显示要投影的两个草图名称，同时在图形区域中显示所得到的投影曲线。

⑤ 单击【确定】按钮✓，生成投影曲线，如图 5-3 所示。

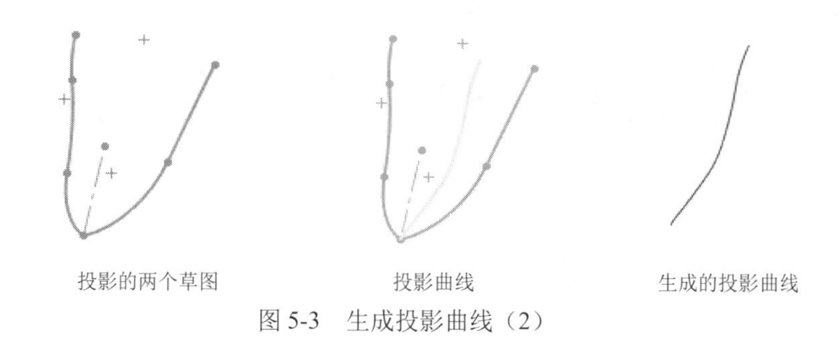

图 5-3 生成投影曲线（2）

5.1.2 分割线

分割线

通过分割线可将草图投影到曲面或平面，它可以将所选的面分割为多个分离的面，也可将草图投影到曲面实体。

如果要生成分割线，其具体操作步骤如下。

① 利用草图绘制工具绘制一条要投影为分割线的线。

② 选择【插入】|【曲线】|【分割线】菜单命令或者单击【曲线】工具栏中的【分割线】按钮，系统弹出如图5-4所示的【分割线】属性管理器。现分别介绍如下。

【投影】：将一条草图直线投影到一表面上。

【轮廓】：在一个圆柱形零件上生成一条分割线。

【交叉点】：以交叉实体、曲面、面、基准面或曲面样条曲线分割面。

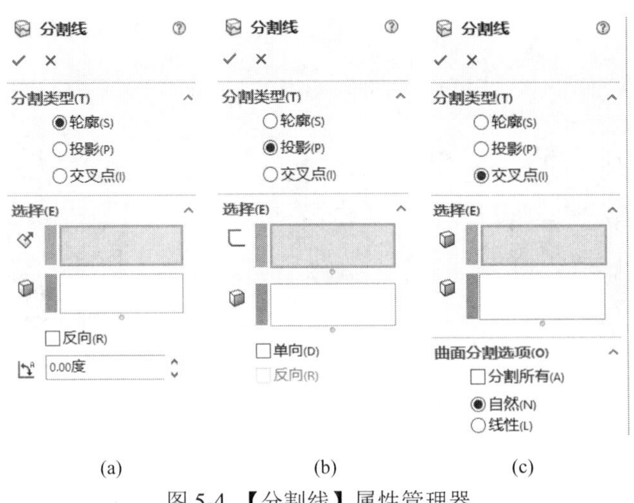

图5-4 【分割线】属性管理器

③ 如果单击【轮廓】单选按钮，会出现如图5-4（a）所示的【选择】选项组，单击【拔模方向】按钮，通过在【分割线】属性管理器或图形区域内可选取一个通过模型轮廓（外边线）投影的基准面。

④ 在【分割实体/面/基准面】下，选取一个或多个要分割的面。面不能是平面，得到效果如图5-5所示。

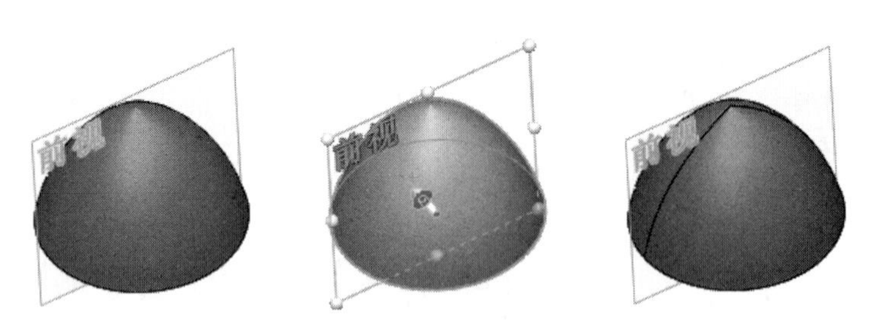

图5-5 生成轮廓分割线

⑤ 选择【反向】复选框，可以相反方向反转拔模方向。设定【角度】值可以从制造角度考虑生成拔模角度（通常用于热压成形包装）。

⑥ 如果单击【投影】单选按钮，会出现如图5-4（b）所示的【选择】选项组，单击【要投影的草图】选择框，然后在图形区域内选取绘制的草图。

⑦ 单击【要分割的面/实体】右侧的选择框，选取一个或多个要分割的面，单面不能是平面。

⑧ 选择【单向】复选框，只以一个方向投影分割线。如果需要，可选择【反向】复选框以反向投影分割线，此时即可生成如图 5-6 所示的投影直线。

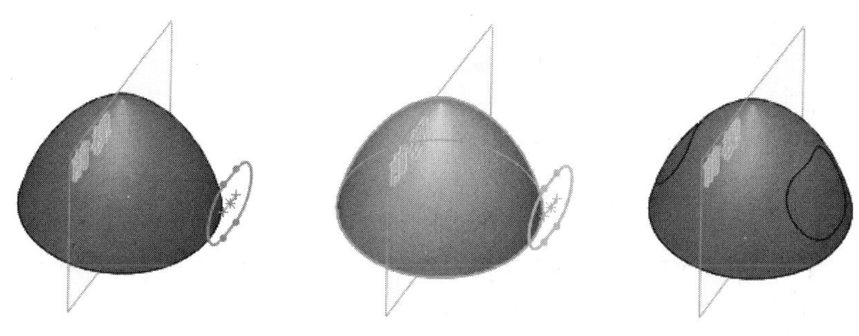

图 5-6　生成投影直线

⑨ 如果单击【交叉点】单选按钮，会出现如图 5-4（c）所示的【选择】选项组和【曲面分割选项】选项组，在【分割实体/面/基准面】中选取分割工具（交叉实体、曲面、面、基准面或曲面样条曲线）。

⑩ 在【要分割的面/实体】中选取要分割的目标面或实体。另外，对【曲面分割选项】说明如下。

【分割所有】复选框：分割穿越曲面上的所有可能区域。

【自然】单选按钮：分割遵循曲面的形状。

【线性】单选按钮：分割遵循线性方向。

⑪ 单击【确定】按钮，即可生成如图 5-7 所示的交叉分割线。

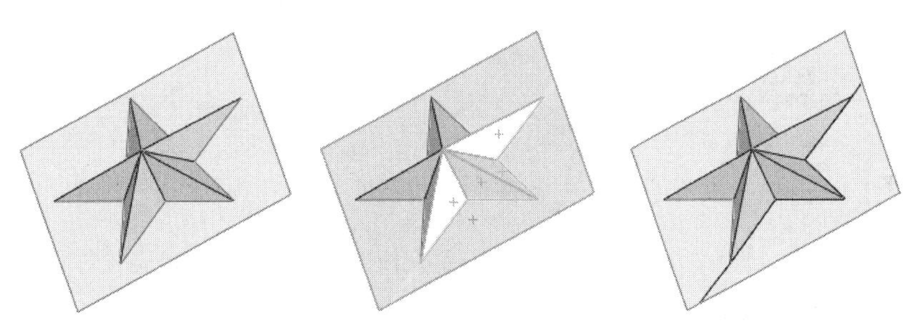

图 5-7　生成交叉分割线

5.1.3 组合曲线

组合曲线就是指将所绘制的曲线、模型边线或者草图几何进行组合，使之成为单一的曲线。使用组合曲线可以作为生成放样或扫描的引导曲线。

SolidWorks 2018 可将多段相互连接的曲线或模型边线组合成为一条曲线。要生成组合曲线，可以采用下面的步骤进行。

① 选择【插入】|【曲线】|【组合曲线】菜单命令或者单击【曲线】工具栏中的【组合曲线】按钮，系统弹出如图 5-8 所示的【组合曲线】属性管理器。

② 在图形区域中选取要组合的曲线、直线或模型边线（这些线段必须连续），则所选项目在【组合曲线】属性管理器中的【要连接的实体】选项组中显示出来。

③ 单击【确定】按钮，即可生成组合曲线。

5.1.4 通过 XYZ 点的曲线

样条曲线在数学上指的是一条连续、可导而且光滑的曲线，既可以是二维的，也可以是三维的。利用三维样条曲线可以生成任何形状的曲线，SolidWorks 2018 中三维样条曲线的生成方式十分丰富。

① 通过自定义样条曲线通过的点生成样条曲线（确定坐标 *X*、*Y*、*Z* 值）。

② 指定模型中的点作为样条曲线通过的点生成样条曲线。

③ 利用点坐标文件生成样条曲线。

穿越自定义点的样条曲线经常应用在逆向工程的曲线生成上，通常逆向工程是先有一个实体模型，由三维向量床 CMM 或以激光扫描仪取得点的资料，每个点包含三个数值，分别代表它的空间坐标（*X*，*Y*，*Z*）。

要想自定义样条曲线通过的点，可采用下面的操作。

① 选择的【插入】|【曲线】|【通过 XYZ 点的曲线】菜单命令或者单击【曲线】工具栏中的【通过 XYZ 点的曲线】按钮，系统弹出如图 5-9 所示的【曲线文件】对话框。

② 在弹出如图 5-9 所示的【曲线文件】对话框中，输入自由点空间坐标，同时在图形区域中可以预览生成的样条曲线。

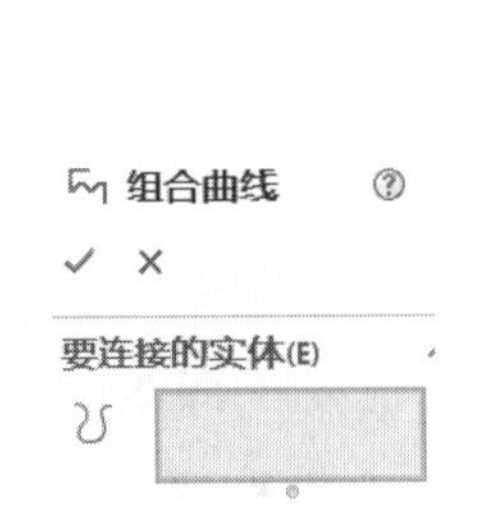

图 5-8 【组合曲线】属性管理器

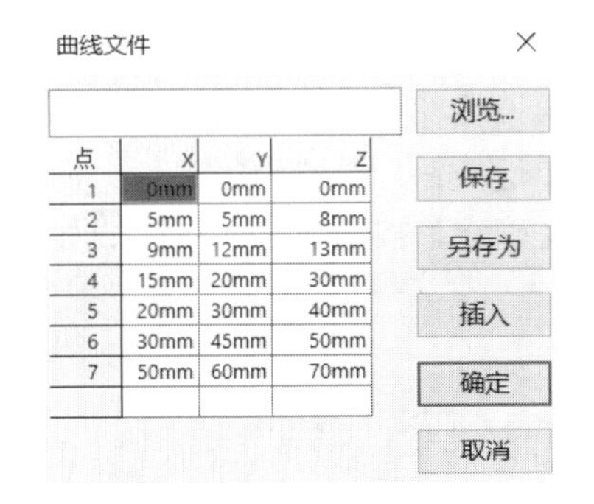

图 5-9 【曲线文件】对话框

③ 当在最后一行的单元格中双击时，系统会自动增加一行。如果要在一行的上面再插入一个新的行，只要单击该行，然后单击【插入】按钮即可。

④ 如果要保存曲线文件，单击【保存】或【另存为】按钮，然后指定文件的名称（扩展名为.sldcrv）即可。

⑤ 单击【确定】按钮✓，即可按输入的坐标位置生成三维样条曲线。

除在【曲线文件】对话框中输入坐标来定义曲线外，SolidWorks 2018 还可以将在文本编辑器、Excel 等应用程序中生成的坐标文件（后缀名为.sldxrv 或.txt），然后导入系统，从而生成样条曲线。

坐标文件应该为 *X*、*Y*、*Z* 三列清单，并用制表符（Tab）或空格分隔。要导入坐标文件以生成样条曲线，可采用下面的操作。

① 选择【插入】|【曲线】|【通过 XYZ 点的曲线】菜单命令或者单击【曲线】工具栏中的【通过 XYZ 点的曲线】按钮，系统弹出如图 5-9 所示的【曲线文件】对话框。

② 在弹出的【曲线文件】对话框中，单击【浏览】按钮来查找坐标文件，然后单击【打开】按钮。

③ 坐标文件显示在【曲线文件】对话框中，同时在右边图形区域中可以预览曲线的效果。

④ 如果对刚刚编辑的曲线不太满意，可以根据需要编辑坐标，直到满意为止。

⑤ 单击【确定】按钮✓，即可生成样条曲线。

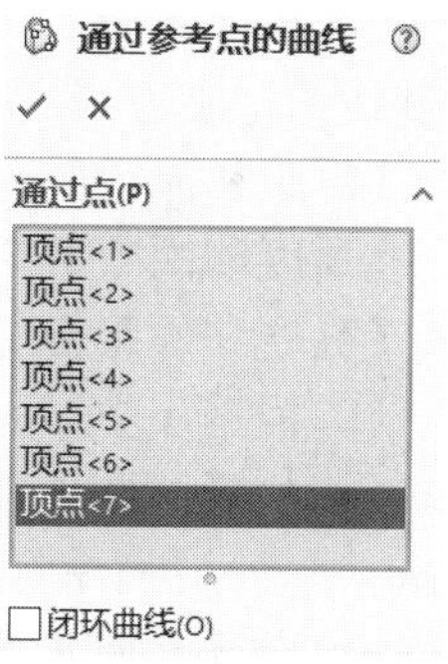

5.1.5 通过参考点的曲线

SolidWorks 2018 还可以指定模型中的点，作为样条曲线通过的点来生成曲线。采用该种方法时，其操作步骤如下。

① 选择【插入】|【曲线】|【通过参考点的曲线】菜单命令或者单击【曲线】工具栏中的【通过参考点的曲线】按钮，系统弹出如图 5-10 所示的【通过参考点的曲线】属性管理器。

图 5-10 【通过参考点的曲线】属性管理器

② 在【通过参考点的曲线】属性管理器中单击【通过点】选项组下的选择框，然后在图形区域按照要生成曲线的次序来选择通过的模型点，此时模型点在该选择框中显示。

③ 如果想要将曲线封闭，选择【闭环曲线】复选框。

④ 单击【确定】按钮✓，即可生成模型点的曲线。

5.1.6 螺旋线和涡状线

螺旋线

螺旋线和涡状线通常用于绘制螺纹、弹簧、蚊香片以及发条等零部件中，在生成这些部件时，可以应用由【螺旋线/涡状线】工具生成的螺旋或涡状曲线作为路径或引导线。

用于生成空间的螺旋线或者涡状线的草图必须只包含一个圆，该圆的直径将控制螺旋线的直径和涡旋线的起始位置。

要生成一条螺旋线，可以采用下面的操作。

① 单击【草图】工具栏中的【二维草图绘制】按钮，打开一个草图并绘制一个圆，此圆的直径控制螺旋线的直径。

② 选择【插入】|【曲线】|【螺旋线/涡状线】菜单命令或者单击【曲线】工具栏中的【螺旋线/涡状线】按钮，系统弹出如图 5-11 所示的【螺旋线/涡状线】属性管理器。

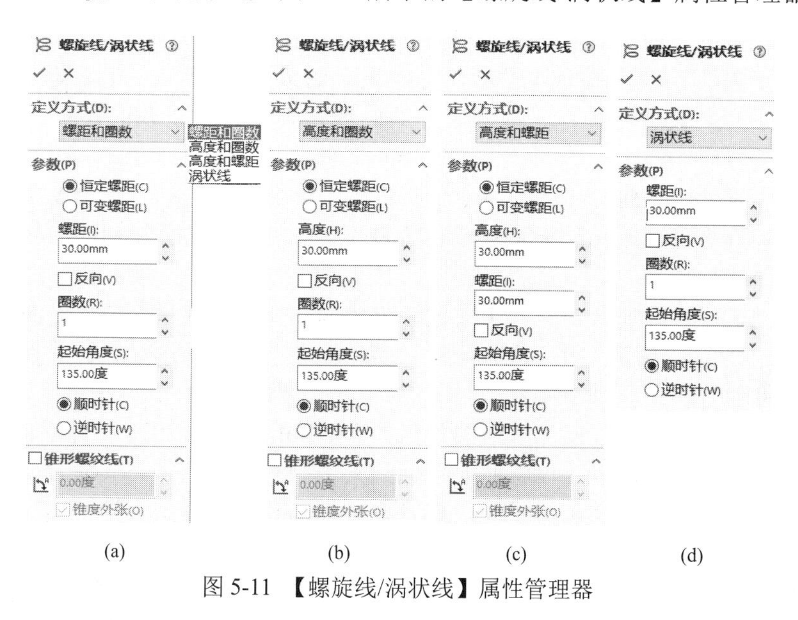

图 5-11 【螺旋线/涡状线】属性管理器

③ 在【螺旋线/涡状线】属性管理器中的【定义方式】选项组中的下拉列表中选择一种螺旋线的定义方式。

【螺距和圈数】：指定螺距和圈数，其参数设置如图 5-11（a）所示。

【高度和圈数】：指定螺旋线的总高度和圈数，其参数设置如图 5-11（b）所示。

【高度和螺距】：指定螺旋线的总高度和螺距，其参数设置如图 5-11（c）所示。

④ 根据步骤③中指定的螺旋线定义方式指定螺旋线的参数。

⑤ 如果要制作锥形螺旋线，则选择【锥形螺纹线】复选框，并指定锥形角度以及锥度方向（向外扩张或向内扩张）。

⑥ 在【起始角度】微调框中指定第一圈的螺旋线的起始角度。

⑦ 如果选择【反向】复选框，则螺旋线将原来的点向另一个方向延伸。

⑧ 单击【顺时针】或【逆时针】单选按钮，以决定螺旋线的旋转方向。

⑨ 单击【确定】按钮✓，即可生成螺旋线，如图 5-12 所示。

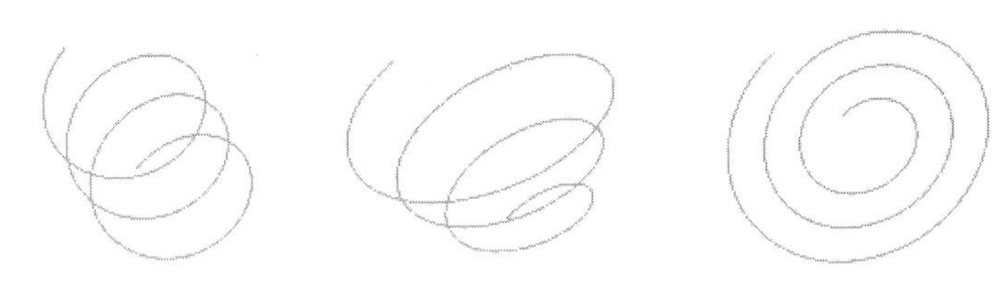

图 5-12 生成螺旋线

5.2 创建曲面

曲面是一种理论上厚度为零、没有质量的几何体，也可以用来生成实体特征。从几何意义上看，曲面模型和实体模型所表达的结果是完全一致的。可以这样认为，一个曲面是一个具有薄壁特征的实体，它拥有形状却没有厚度，它只是一个面的概念，不具有体积。通常情况下可以交替地使用实体和曲面特征。曲面建模的方法与实体建模的方法基本相同，如拉伸、旋转、扫描及放样。由于曲面的特殊性，曲面还有一些特殊的建模方法，如剪裁、解除剪裁、延伸以及缝合等。虽然实体建模快捷高效，但是曲面建模比实体建模具有优势，它比实体建模更灵活，因为曲面建模可以等到设计的最终步骤，再定义曲面之间的边界。此灵活性有助于产品设计者操作平滑和延伸的曲线，生成相对复杂的模型，如汽车挡板、手机外壳等的建模。

高质量的曲线是构建曲面的基础。一个质量高的曲面应该是曲率颜色过渡均匀，斑马纹连续顺滑，没有折曲现象。SolidWorks 可以用曲率、斑马条纹来获得曲面的相关信息，以及评鉴曲线与曲面的品质。

随着现代制造业对外观、功能、实用设计等角度的要求的提高，曲线曲面造型越来越被广大工业领域的产品设计所引用，这些行业主要包括电子产品外形设计行业、航空航天领域以及汽车零部件业等。

曲面是一种可以用来生成实体特征的几何体。在 SolidWorks 2018 中建立曲面后，可以用很多方式对曲面进行延伸，既可以将曲面延伸到某个已有的曲面，与其缝合或延伸到指定的实体表面，也可以输入固定的延伸长度，或者直接拖动其红色箭头手柄，实时地将边界拖到新的位置。

另外，利用 SolidWorks 2018 还可以对曲面进行修剪，可以用实体修剪，也可以用另一个复杂的曲面进行修剪，此外还可以将两个曲面或一个曲面一个实体进行弯曲操作。

在对曲面进行编辑修改时，SolidWorks 2018 将保持其相关性，即当其中一个发生改变时，另一个会同时相应改变。SolidWorks 2018 可以使用下列方法生成多种类型的曲面。

① 从一组闭环边线插入一个平面，该闭环边线位于草图或者基准面上。

② 由草图拉伸、旋转、扫描或放样生成曲面。

③ 从现有的面或曲面等距生成曲面。

④ 从其他应用程序（如 Pro/Engineer、NX、SolidEdge、AutobeskInventor 等）导入曲面文件。

⑤ 由多个曲面组合而成曲面。

曲面实体用来描述相连的零厚度的几何体，如单一曲面、圆角曲面等。一个零件中可以有多个曲面实体。

SolidWorks 2018 提供了专门的【曲面】工具栏来控制曲面的生成和修改。要打开或关闭【曲面】工具栏，只在选择【视图】|【工具栏】|【曲面】菜单命令即可。

曲面工具栏提供了生成和修改曲面的命令，包括拉伸曲面、旋转曲面、扫描曲面、放样曲面、边界曲面、等距曲面、延展曲面、平面区域等曲面的生成命令，以及缝合曲面、延伸曲面、填充曲面、删除面、替换面、剪裁曲面、解除剪裁曲面等曲面的修改命令。常用曲面工具栏如图 5-13 所示，自定义曲面工具栏如图 5-14 所示。

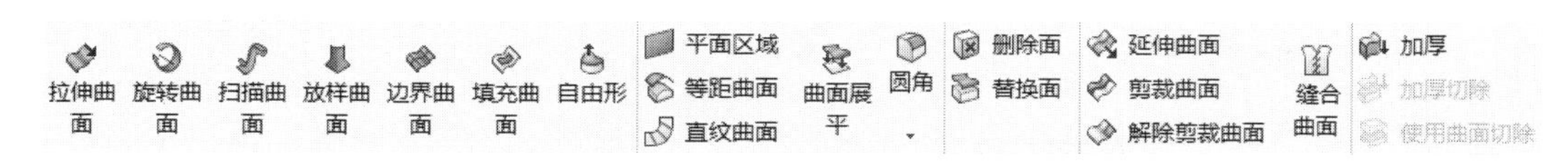

图 5-13　常用曲面工具栏

图 5-14　自定义曲面工具栏

5.2.1 拉伸曲面

拉伸曲面

拉伸曲面是将直线或曲线构成的轮廓拉伸成一个曲面的曲面生成命令。拉伸曲面的造型方法和特征造型中的对应方法相似，不同点在于曲线拉伸操作的草图对象可以封闭也可以不封闭，生成的是曲面而不是实体。

拉伸曲面操作步骤如下。

① 选取“右视基准面”作为草图绘制平面，使用【样条曲线】命令绘制如图 5-15 所示曲面轮廓草图。

② 单击【曲面】工具栏【拉伸曲面】按钮，或者选择菜单栏【插入】|【曲面】|【拉伸曲面】命令，系统弹出如图 5-16 所示的【曲面-拉伸】属性管理器。同时图形区切换为等轴测视图。

③ 设置属性管理器选项。设置拉伸曲面【起始条件】为【草图基准面】，【终止条件】为【给定深度】，在【深度】微调框中输入深度值为“50.00mm”。单击【反向】按钮，可以改变拉伸曲面的方向。单击【确定】按钮，完成拉伸曲面，如图 5-16 所示。

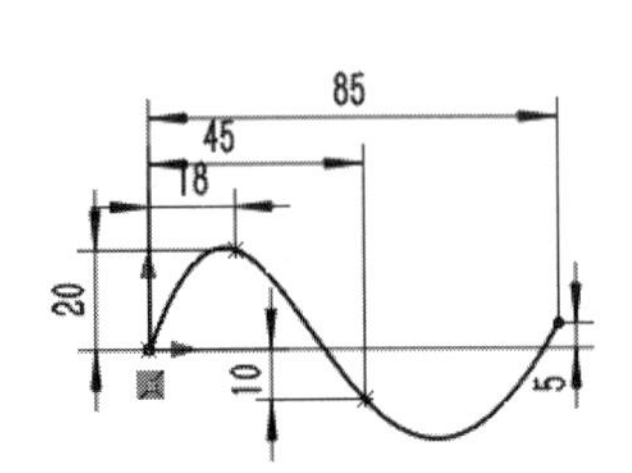

图 5-15　曲面轮廓草图

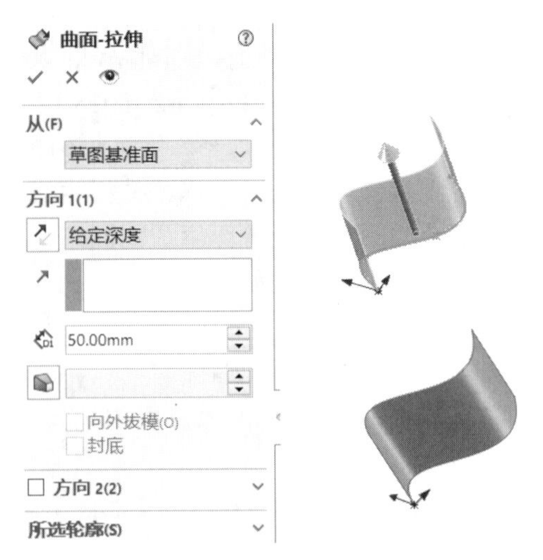

图 5-16 【曲面-拉伸】属性管理器及拉伸曲面过程

对于【给定深度】拉伸类型，步骤③也可以在图形区中通过控标操作完成。图形区中草图绘制平面的两侧各有一个立体实心箭头——控标，当光标移近一个方向箭头时，该箭头会改变颜色，此时单击该箭头并移动鼠标指针或按下鼠标左键并拖动鼠标指针，拉伸曲面结果预览随光标移动而变化，同时在绘图区显示当前拉伸深度，【曲面-拉伸】属性管理器中对应的拉伸深度对话框呈现蓝色，其中的数字随着光标移动而改变，如图 5-17 所示。

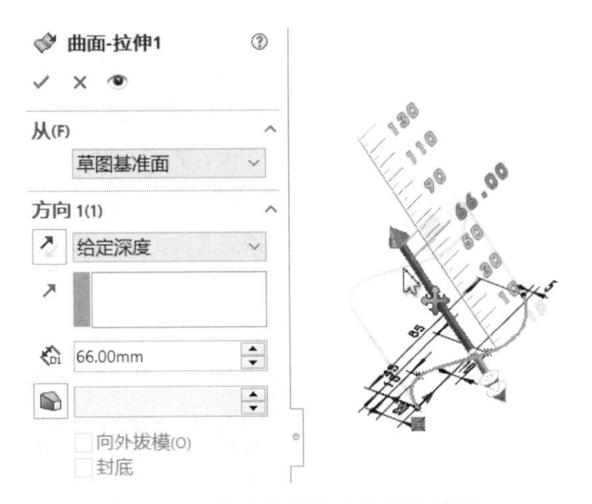

图 5-17　拖动控标拉伸曲面的过程

【曲面-拉伸】属性管理器中的选项与特征中的【拉伸】属性管理器的选项内容基本相同。若是在曲面模型中使用【拉伸曲面】命令，那么【曲面-拉伸】属性管理器中没有【完全贯穿】的终止条件。如果拉伸的曲面需要有拔模角度时可以通过【拔模开/关】来完成。如果需要向外拔模，即拉伸曲面的截面轮廓越来越大，可以勾选【向外拔模】复选框。通过【方向 2】选项组，一个草图可以同时向两个不同的方向拉伸曲面，而且两个方向可以分别设置拉伸选项。

在拉伸曲面过程中可以通过控制草图轮廓上的点来实现曲面形状的动态调节，如图 5-18 所示。

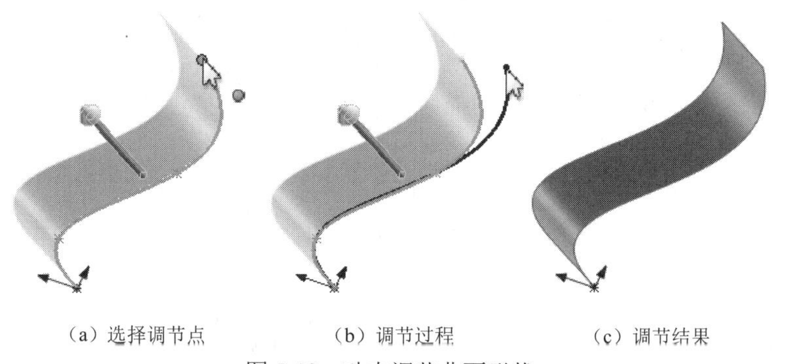

（a）选择调节点　　（b）调节过程　　（c）调节结果

图 5-18　动态调节曲面形状

5.2.2 旋转曲面

旋转曲面

旋转曲面是将直线或曲线构成的曲面轮廓草图围绕一中心线旋转生成曲面的曲面生成命令，它用于回转曲面零件的造型。

旋转曲面的造型方法和特征造型中的对应方法相似，要旋转曲面，下面以一个“瓶子”为例来说明【旋转曲面】的操作步骤。

① 选取“前视基准面”作为草图绘制平面，使用【样条曲线】命令绘制曲面轮廓草图，包含一个轮廓和一条中心线，将中心线作为旋转轴线。

② 单击【曲面】工具栏中的【旋转曲面】按钮，或者选择菜单栏【插入】|【曲面】|【旋转曲面】命令，系统弹出如图 5-19 所示的【曲面-旋转】属性管理器，并在图形区中出现预览。在【旋转参数】下拉列表中选择【旋转轴】和【旋转类型】，在【角度】中指定旋转角度为“360.00 度”。

③ 单击【确定】按钮✓，完成旋转曲面，如图 5-19 所示。

当草图有多个曲面轮廓时，可以单击【曲面-旋转】属性管理器中的【所选轮廓】选择框，这时图形区中的光标变为形状，移动光标选择一个或多个轮廓来旋转生成单面或多面曲面。如图 5-20 所示，选择三个曲面轮廓中的两个轮廓生成多面曲面。

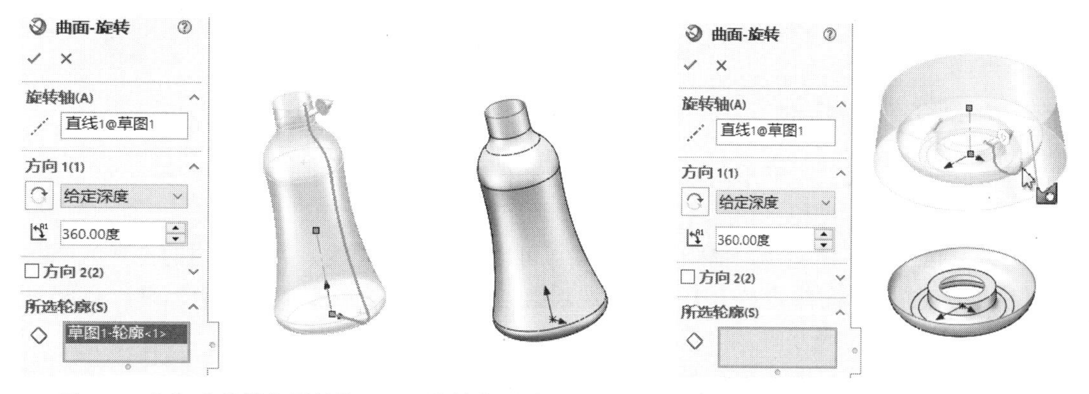

图 5-19 【曲面-旋转】属性管理器及旋转曲面过程　　图 5-20　旋转多面曲面

5.2.3 扫描曲面

扫描曲面是一草图轮廓沿着一草图路径移动来生成曲面的曲面生成命令。扫描曲面的方法同扫描特征的方法十分相似，包括简单扫描和引导线扫描。简单扫描用来生成等轮廓的曲面，曲面由轮廓和路径来控制。应用引导线扫描可以得到不等轮廓的扫描曲面，所得曲面由轮廓、路径及引导线三者控制。其中值得注意的是引导线端点必须贯穿轮廓图元，通常引导线必须与轮廓草图中的点重合，以使扫描可自动推理存在有穿透几何关系。

【扫描曲面】的操作步骤如下。

① 选取“上视基准面”作为草图绘制平面，使用【椭圆】命令绘制 “草图 5”作为扫描轮廓。选取“前视基准面”作为另一草图绘制平面，使用【直线】命令绘制 “草图 2”作为扫描的路径。

② 单击【曲面】工具栏上的【扫描曲面】按钮，或者选择菜单栏【插入】|【曲面】|【扫描曲面】命令，系统弹出如图 5-21 所示的【曲面-扫描】属性管理器。在【轮廓】选择框中选择“草图 1”，在【路径】选择框中选择“3D 草图 1”，绘图区中出现扫描预览。单击【确定】按钮✓，完成扫描曲面操作。

还可以通过引导线扫描曲面，方法是在上述步骤①中多绘制一条曲线即“草图 2”作为引导线，并在“草图 3”与“草图 2”之间添加穿透关系。扫描曲面时在属性管理器【引导线】选项组中选择“草图 2”作为引导线，最后扫描结果如图 5-22 所示。

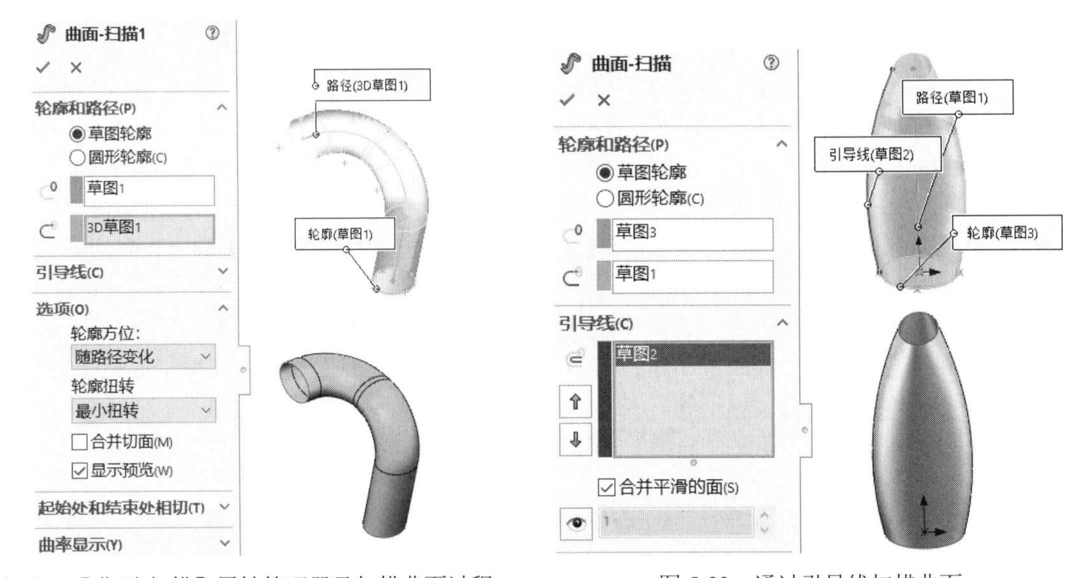

图 5-21 【曲面-扫描】属性管理器及扫描曲面过程　　　　图 5-22 通过引导线扫描曲面

当路径与引导线的长度不同时，扫描长度的确定原则如下。

如果引导线比路径长，扫描将使用路径的长度。

如果引导线比路径短，扫描将使用最短（可以有多条引导线）的引导线的长度。

【曲面-扫描】属性管理器中【选项】选项组中【方向/扭转控制】类型有六种，它们控制轮廓在沿路径扫描时的方向。

【随路径变化】：草图轮廓相对于路径仍时刻处于相同的角度。

【保持法向不变】：草图轮廓时刻与起始轮廓平行。

【随路径和第一引导线变化】：如果引导线不只一条，选择该选项，草图轮廓将随着第一条引导线变化。

【随第一和第二引导线变化】：如果引导线不只一条，选择该选项，草图轮廓将随着第一条和第二条引导线变化。

【指定扭转值】：用于在沿路径扭曲时，可以指定预定的扭转数值。【扭转控制】选项有【度数】【弧度】和【圈数】三个选项，用于扭转定义，分别设置度数、弧度和圈数。

【指定方向向量】：用于在沿路径扭曲时，可以定义扭转的方向向量。

【与相邻面相切】：用于在沿路径扭曲时，指定与相邻面相切。

5.2.4 放样曲面

放样曲面的造型方法和特征造型中的对应方法相似，放样曲面是通过曲线之间进行过渡而生成曲面的方法。

放样曲面是通过两个或多个曲面轮廓之间进行过渡生成曲面的曲面生成命令。【放样曲面】和【扫描曲面】是有区别的：【扫描曲面】是使用单一的曲面轮廓，生成的曲面在每个位置上的轮廓都是相同或者是相似的；【放样曲面】每个位置上的轮廓可以有完全不同的形状。

【放样曲面】的操作步骤如下。

① 为每个曲面轮廓草图建立基准面。图 5-23 所示为建立了两个与“前视基准面”平行且间距为 80 的基准面 1 和基准面 2。

② 在每个基准面上使用草图绘制命令绘制曲面轮廓草图，如果有必要，还可以绘制引导线来控制放样曲面的形状。基准面之间不一定要平行。

③ 单击【曲面】工具栏上的【放样曲面】按钮，或者选择菜单栏【插入】|【曲面】|【放样曲面】命令，系统弹出【曲面-放样】属性管理器如图 5-24 所示。在【轮廓】选择框中依次选取空间轮廓草图，单击和按钮可以改变轮廓的顺序。单击【确定】按钮，完成放样曲面操作。

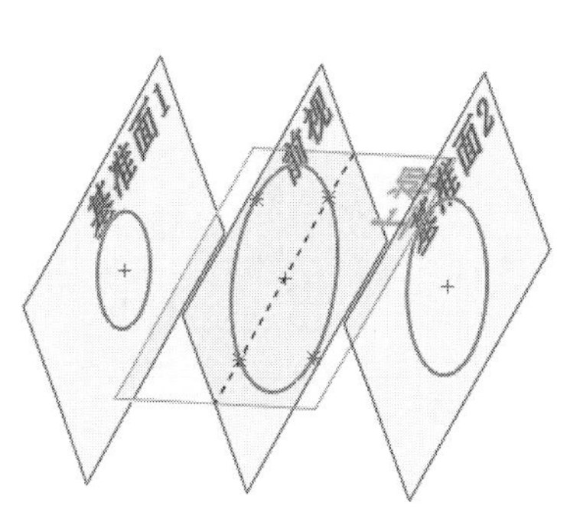

图 5-23　建立基准面

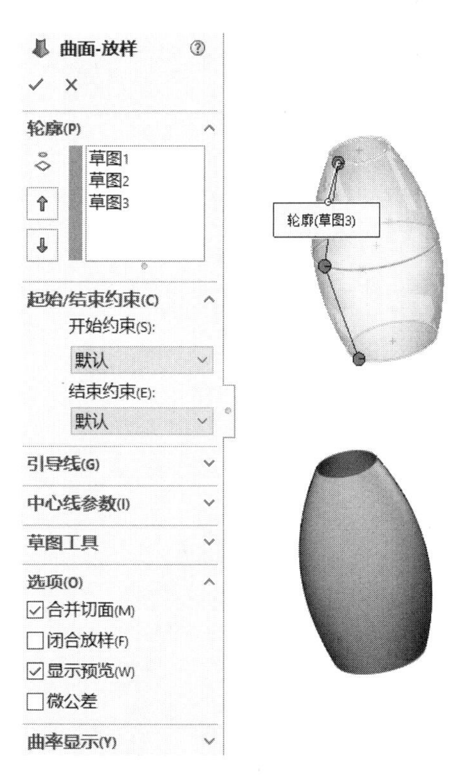

图 5-24 【曲面-放样】属性管理器及放样曲面过程

【曲面-放样】属性管理器中【起始/结束约束】选项组是用约束来控制开始和结束轮廓的相切，包括以下四种。

【默认】：近似在第一个和最后一个轮廓之间刻画的抛物线。该抛物线中的相切驱动放样曲面，在未指定匹配条件时，所产生的放样曲面更具可预测性、更自然。

【无】：不应用相切。

【方向向量】：放样与所选的边线或轴相切，或与所选基准面的法线相切。

【垂直于轮廓】：放样在起始和终止处与轮廓的草图基准面垂直。

5.2.5 边界曲面

边界曲面是过渡生成曲面的曲面生成命令，用于生成在两个方向上相切或曲率连续的曲面。【边界曲面】生成的曲面比【放样曲面】生成的曲面质量更高，在需要高质量曲率连续的曲面的生成中应用此命令，特别是在消费性产品设计、消费类医疗、航空航天、模具等领域中运用更为广泛。

【边界曲面】的操作过程与【放样曲面】的操作过程非常相似，不同之处是【边界曲面】由两个方向的轮廓控制曲面的形状，而【放样曲面】只由一个方向的轮廓控制曲面形状。

【边界曲面】的操作步骤如下。

① 根据曲面的复杂程度，在两个方向上建立多个基准面。如图 5-25 所示，在上视和右视方向上分别建立一个基准面。

② 使用【样条曲线】命令绘制两个方向上的曲面轮廓草图。注意轮廓线必须相交，组成封闭环。

③ 单击【曲面】工具栏上【边界曲面】按钮，或者选择菜单栏【插入】|【曲面】|【边界曲面】命令，系统弹出如图 5-26 所示的【边界-曲面】属性管理器。在【方向 1】选项组中依次选取空间轮廓“草图 1”和“草图 2”；在【方向 2】选项组中依次选取空间轮廓“草图 3”和“草图 4”，单击 ⇧ 和 ⇩ 按钮可以改变轮廓的顺序。两个方向上的【相切类型】都选择【无】，即不应用相切。单击【确定】按钮✓，完成边界曲面操作。

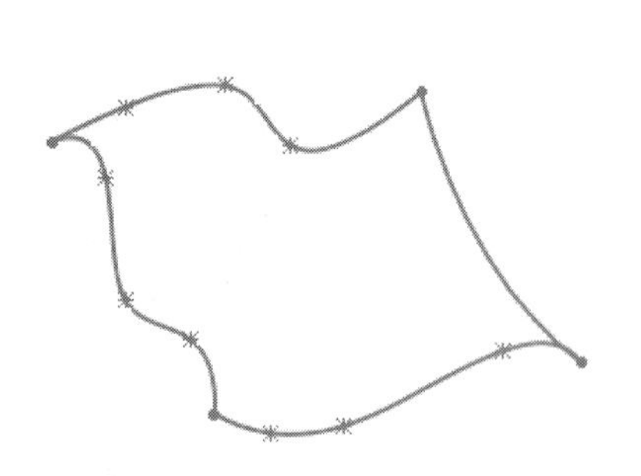

图 5-25 基准面及曲面轮廓草图

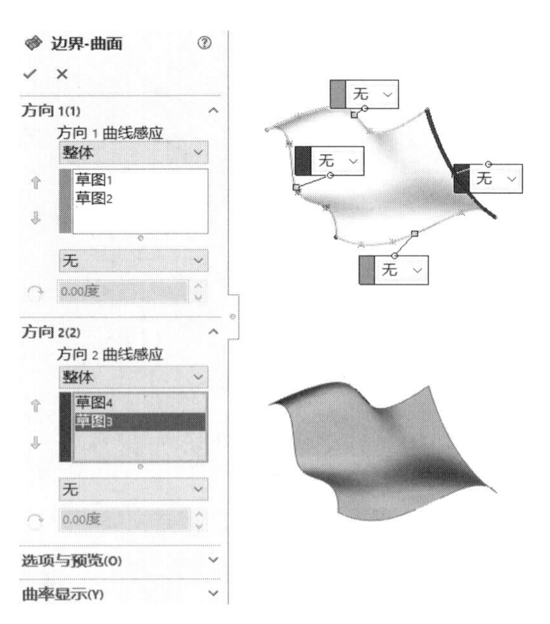

图 5-26 【边界-曲面】属性管理器及曲面生成过程

比较【放样曲面】与【边界曲面】，如图 5-27 所示，其中图 5-27（a）、（b）为在两个方向上使用【放样曲面】命令生成的曲面，图 5-27（c）为使用【边界曲面】命令生成的曲面。

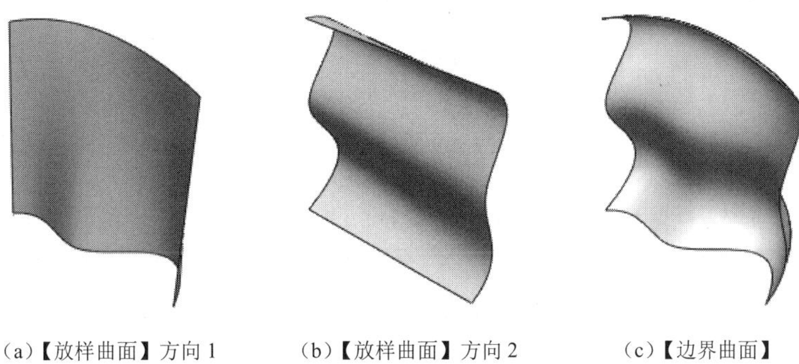

（a）【放样曲面】方向 1　（b）【放样曲面】方向 2　（c）【边界曲面】

图 5-27　比较两种命令生成的曲面

5.2.6 平面区域

平面区域

平面区域是从一个非相交、单一轮廓的闭环草图或基准面上的一组闭环边线插入一个平面的曲面生成方法。

【平面区域】的操作步骤如下。

① 选取“上视基准面”作为草图绘制平面，使用【直线】【圆】和【多边形】等命令绘制一闭环草图，如图 5-28 所示。

② 单击【曲面】工具栏上【平面区域】按钮，或者选择菜单栏【插入】|【曲面】|【平面区域】命令，系统弹出如图 5-29 所示的【平面】属性管理器。单击【边界实体】下的选择框，然后在图形区中选取草图。单击【确定】按钮✓，完成平面的生成。

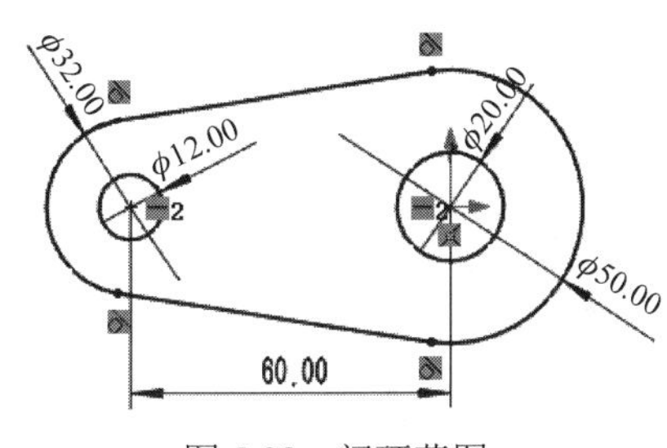

图 5-28　闭环草图

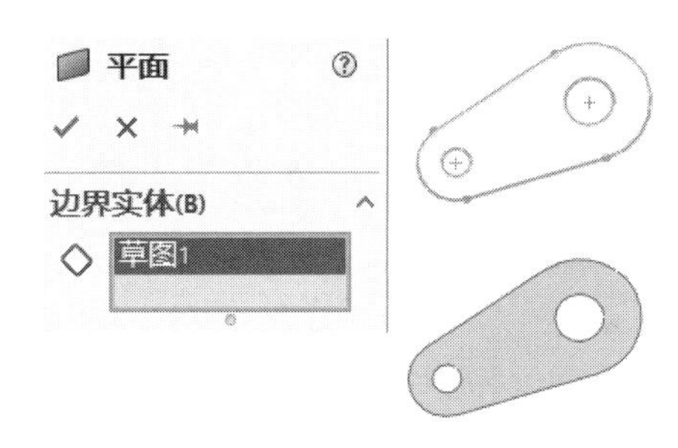

图 5-29　【平面】属性管理器及生成平面过程

生成平面时所选的轮廓草图不能有相交，且必须是闭环的草图。需要在零件或装配体上生成平面区域时，可以选取零件或装配体上的一组闭环边线来生成有边界的平面区域。

至此我们介绍了 8 种常用的曲面生成命令，它们可以单独使用生成简单曲面，也可以组合使用完成复杂曲面模型的建立。下面我们将介绍几种常用的修改和编辑曲面的命令。

5.2.7 等距曲面

等距曲面

等距曲面是利用已存在的曲面等距生成曲面的曲面生成方法。

【等距曲面】的操作步骤如下。

① 运用【旋转曲面】命令生成如图 5-30 所示的曲面。

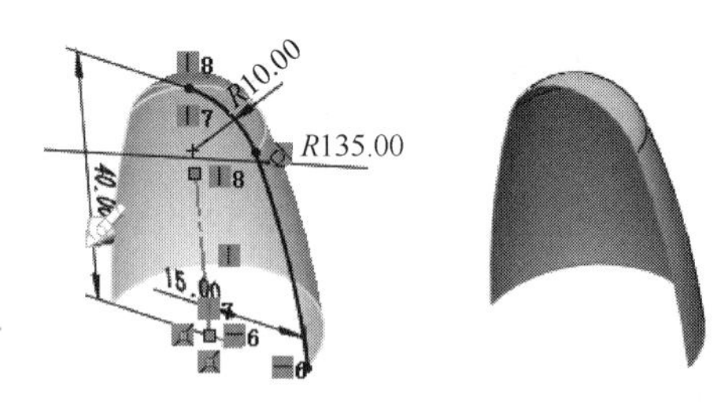

图 5-30 【旋转曲面】预览及结果

② 单击【曲面】工具栏上【等距曲面】按钮，或者选择菜单栏【插入】|【曲面】|【等距曲面】命令，系统弹出如图 5-31 所示的【等距曲面】属性管理器。在图形区中选取要等距的曲面，此时【在要等距的曲面或面】选择框中会出现所选取的面。在【等距距离】微调框中输入“3.00mm”，单击【反转等距方向】按钮可以改变等距的方向。单击【确定】按钮完成等距曲面操作，如图 5-31 所示，其中图 5-31（a）为【等距曲面】属性管理器，图 5-31（b）为正向等距曲面，图 5-31（c）为反向等距曲面。

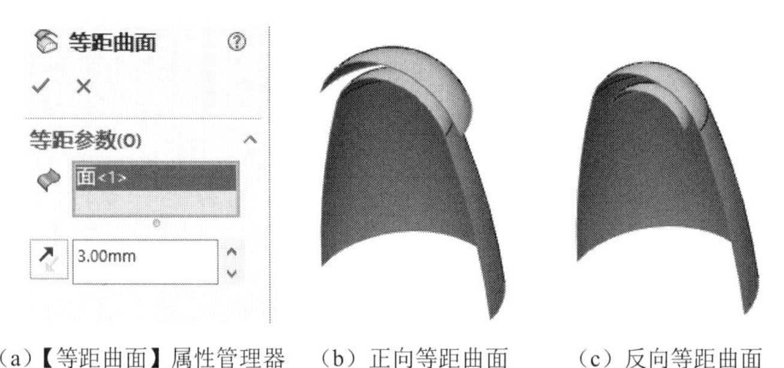

（a）【等距曲面】属性管理器　（b）正向等距曲面　（c）反向等距曲面

图 5-31 【等距曲面】属性管理器及正反向等距曲面

对于实体上的面，也可以通过【等距曲面】命令等距得到曲面，图 5-32 所示为长方体的 5 个面的等距面。

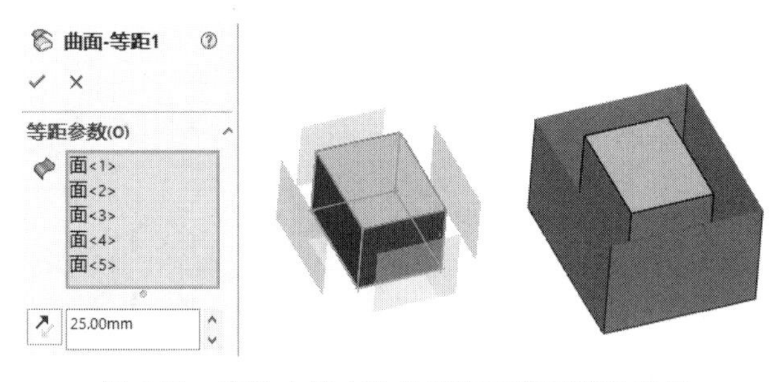

图 5-32 实体上长方体的等距面的预览及结果

5.2.8 延展曲面

延展曲面

延展曲面是指通过选取面的一条或多条边线来延展曲面，或者选取整个面用于在其所有边线上相等的延展整个曲面。

延展曲面在拆模时最常用。当零件进行模塑，生成母模之前，必须先生成模块与分模面，延展曲面就用来生成分模面。通常延展曲面有下面的 4 种方法。

① 按照给定的距离值延展曲面。

② 延展曲面到给定的曲面或模型表面。

③ 延展曲面到给定模型的顶点。

④ 通过延展相切曲线延展曲面。

【延展曲面】的操作步骤如下。

① 运用【旋转曲面】命令生成如图 5-33 所示的曲面。

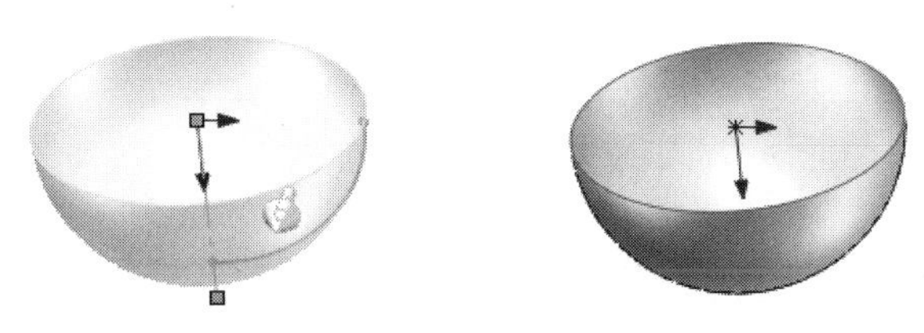

图 5-33 【旋转曲面】预览及结果

② 单击【曲面】工具栏上【延展曲面】按钮，或者选择菜单栏【插入】|【曲面】|【延展曲面】命令，系统弹出如图 5-34 所示的【曲面-延展】属性管理器。

③ 设置【延展参数】。在【延展方向参考】选择框中选取“上视基准面”，这时图形区中出现一垂直于所选参考面的箭头。【要延展的边线】选择框中选取曲面轮廓（圆环），这时图形区中出现一箭头，其方向即为曲面延展的方向，单击【反转延展方向】按钮可以改变延展方向。如果模型有相切面并且希望曲面沿这些面继续延展，此时可选择【沿切面延伸】复选框。【延展距离】微调框中输入“12.00mm”，单击【确定】按钮，完成延展曲面操作，如图 5-34 所示。

当【延展方向参考】选择【右视基准面】，勾选【沿切面延伸】复选框时，延展曲面结果如图 5-35 所示。

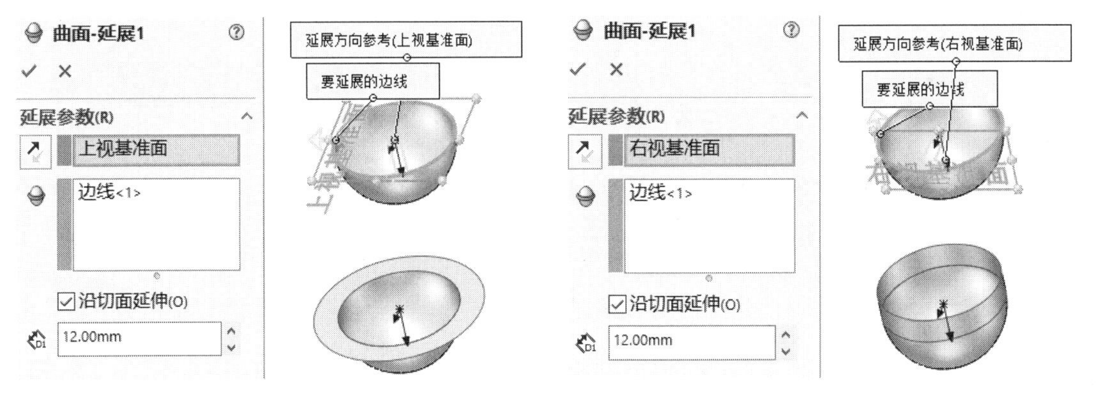

图 5-34 【曲面-延展】属性管理器及延展曲面过程　图 5-35 【延展方向参考】为【右视基准面】的延展曲面

5.2.9 填充曲面

填充曲面

填充曲面是在现有模型边线、草图或曲线定义的边界内，构成不限定边数的曲面修补。使用该命令可以生成用于填充模型中缝隙的曲面，在以下一种或多种情况下可以使用【填充曲面】命令来修补曲面。

① 在打开零件时，用于修补零件上丢失的面。

② 在模具设计中，用于型芯和型腔造型的零件上的孔的填充。

③ 构建用于工业设计应用的曲面。

④ 在实体上填充曲面。

【填充曲面】的操作步骤如下。

① 选择【插入】|【曲面】|【填充曲面】菜单命令或者单击【曲面】工具栏中的【填充曲面】按钮，系统弹出如图 5-36 所示的【曲面填充】属性管理器。

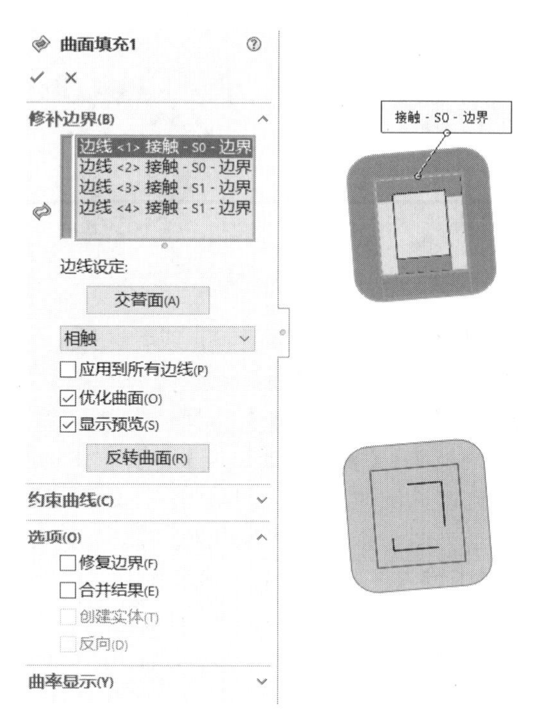

图 5-36 【曲面填充】属性管理器及填充曲面过程

② 设置【曲面填充】属性管理器中的各选项，对各选项的意义将在下面进行讲解。

③ 单击【确定】按钮✓，完成填充曲面操作，如图 5-36 所示。

【曲面填充】属性管理器中常用的各选项功能的介绍如下。

①【修补边界】：选取模型的边线作为修补曲面时边界。其属性和功能为：可使用曲面或实体的边线，也可使用 2D 或 3D 草图作为修补的边界；对于所有草图边界，【曲率控制】类型只可选择【相触】。

②【交替面】：为修补的曲率控制反转边界面。交替面只在实体模型上填充或修补曲面时使用。

③【曲率控制】包括三种类型。在同一修补中可以选用一种或多种曲率控制类型，选用不同的控制类型可以得到不同的修补曲面。

【相触】：在所选边界内生成曲面。

【相切】：在所选边界内生成曲面，但保持修补边线的相切。

【曲率】：在与相邻曲面相交的边界边线上生成与所选曲面的曲率相配的曲面。

④【应用到所有边线】：若勾选了该复选框，在【曲率控制】类型中选择了某一类型，则此控制类型将应用到所有的修补边界上。

⑤【预览网格】：在修补的边界内显示网格线可以直观地查看曲率。只有在选择【显示预览】时才能使用【预览网格】选项。

⑥【约束曲线】：应用该选项组可以对修补的曲面添加控制，它主要用于工业设计应用。可以用草图点或样条曲线等草图实体来生成约束曲线。

⑦【选项】包括四个选项。

【修复边界】：通过自动建立遗失部分或裁剪过大的部分来构造有效边界。

【合并结果】：与元模型或者曲面合并。

【创建实体】：只有当选中【合并结果】选项后才有效，用于曲面合并后创建一个实体。

【反向】：用填充曲面修补实体时，一般情况下会有两种可能的结果，如果填充曲面显示的方向不符合需要，勾选【反向】复选框可改变填充曲面的显示方向。

5.3 编辑曲面

曲面是一种可以用来生成实体特征的几何体，可以用很多方式对曲面进行修改，如可以将曲面延伸到某个已有的曲面，也可以缝合或延伸到指定的实体表面，还可以输入固定的延伸长度，或者直接拖动其红色箭头手柄，实时地将边界拖到新的位置等。

值得一提的是，SolidWorks 2018 在对曲面进行编辑修改时，需要注意保持其相关性。如果其中一个曲面发生改变时，另一个也会同时相应改变。

对曲面的控制包括延伸曲面、圆角曲面、缝合曲面、中面、填充曲面、剪裁曲面、移动/复制实体、移动面、删除面、删除孔、替换面等。这里通过介绍一些常用的功能如延伸曲面等，在掌握其基本操作过程后，读者对于其他修改功能也能灵活运用。

编辑曲面的命令包括【等距曲面】、【延展曲面】、【缝合曲面】、【延伸曲面】、【填充曲面】、【删除面】、【替换面】、【剪裁曲面】和【解除剪裁曲面】等。

5.3.1 延伸曲面

延伸曲面

延伸曲面是通过选取曲面的边线（一条或多条）或面，沿着曲面的切线方向或随曲面的曲率延伸产生附加曲面的曲面编辑命令。

【延伸曲面】的操作步骤如下。

① 通过【拉伸曲面】命令生成如图 5-37 所示的曲面。

② 单击【曲面】工具栏上【延伸曲面】按钮，或者选择菜单栏【插入】|【曲面】|【延伸曲面】命令，系统弹出如图 5-38 所示的【曲面-延伸】属性管理器。单击【拉伸的边线/面】选项组下的选择框，然后在图形区曲面模型上选择“边线<1>”，【终止条件】选择【距离】，并输入距离为“30.00mm”，【延伸类型】选择【同一曲面】。单击【确定】按钮，完成延伸曲面操作，如图 5-38 所示。

图 5-37 要延伸的曲面模型

图 5-38 【曲面-延伸】属性管理器及延伸过程

【曲面-延伸】属性管理器中延伸曲面的【终止条件】包括以下几种。

【距离】：按输入数值延伸曲面。

【成形到某一点】：将曲面延伸到图形区域中所选取的点或顶点。

【成形到某一面】：将曲面延伸到图形区域中所选取的曲面或面。

【延伸类型】包括【同一曲面】和【线性】。

【同一曲面】：沿曲面的几何体延伸曲面。

【线性】：沿边线相切于原有曲面来延伸曲面。

在【曲面-延伸】属性管理器各选项中选择不同的类型，可以得到不同的曲面延伸结果。在延伸【终止条件】不改变的情况下，对图 5-37 所示的曲面进行延伸，当【拉伸的边线/面】选取边线时，按两种【延伸类型】延伸得到的曲面如图 5-39 所示；当【拉伸的边线/面】选取面时，按两种【延伸类型】延伸得到的曲面如图 5-40 所示。

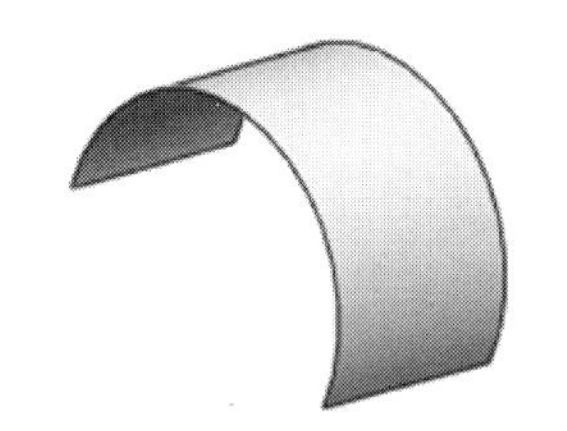

（a）按【同一曲面】延伸

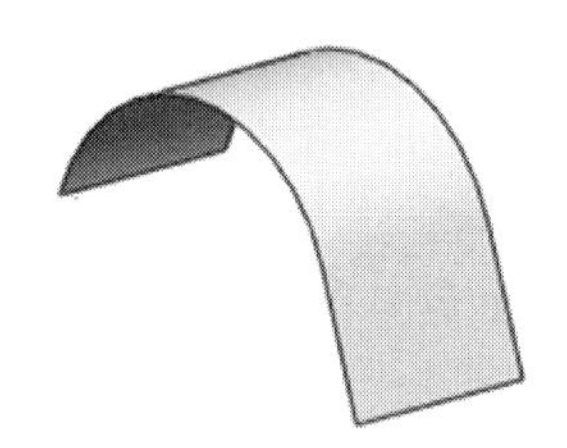

（b）按【线性】延伸

图 5-39　边线延伸曲面

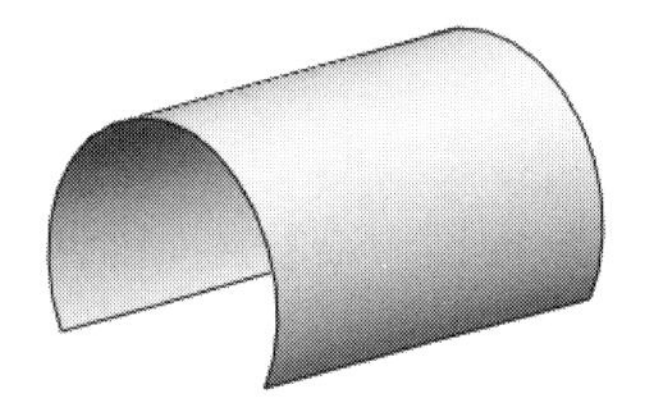

（a）按【同一曲面】延伸

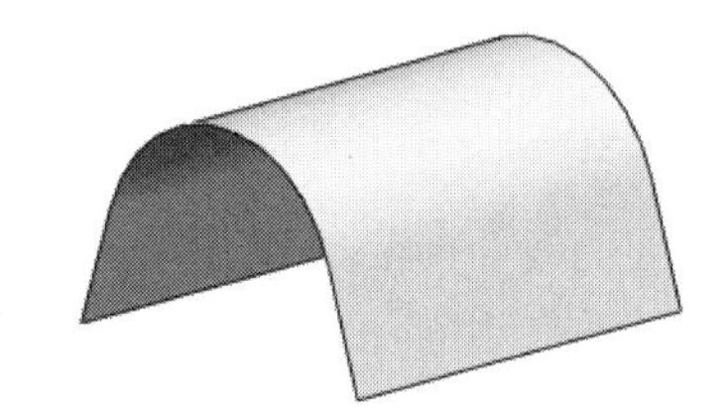

（b）按【线性】延伸

图 5-40　面延伸曲面

5.3.2 剪裁曲面

剪裁曲面和解除剪裁曲面

剪裁曲面是用曲面、基准面或曲线作为剪裁工具剪裁与它们相交的面，两个相交的曲面可以互为剪裁工具相互修裁。

【剪裁曲面】的操作步骤如下。

① 通过【曲面】工具栏上的【拉伸曲面】和【旋转曲面】命令建立如图 5-41 所示的两个相交的曲面模型。

② 单击【曲面】工具栏上【剪裁曲面】按钮，或者选择菜单栏【插入】|【曲面】|【剪裁曲面】命令，系统弹出如图 5-42 所示的【剪裁曲面】属性管理器。在属性管理器中，选择不同的选项可以生成不同的剪裁曲面结果，如图 5-43 所示。在【剪裁类型】中选择【标准】单选按钮，在【选择】中选择【移除选择】单选按钮，其他选项保留为系统默认。单击【确定】按钮✓，完成剪裁曲面操作，如图 5-42 所示。

如果在图 5-42 所示的属性管理器中选择【相互】和【保留选择】两个单选按钮，则剪裁结果如图 5-43（a）所示。若选择【相互】和【移除选择】两个单选按钮，则剪裁结果如图 5-43（b）所示。

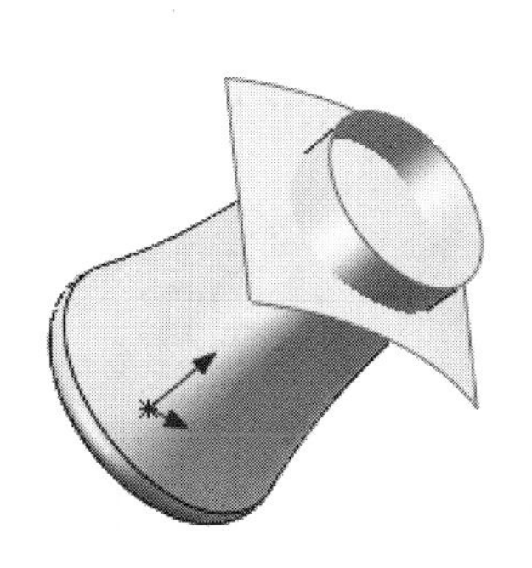

图 5-41　要剪裁的曲面模型

图 5-42　【剪裁曲面】属性管理器及剪裁曲面过程

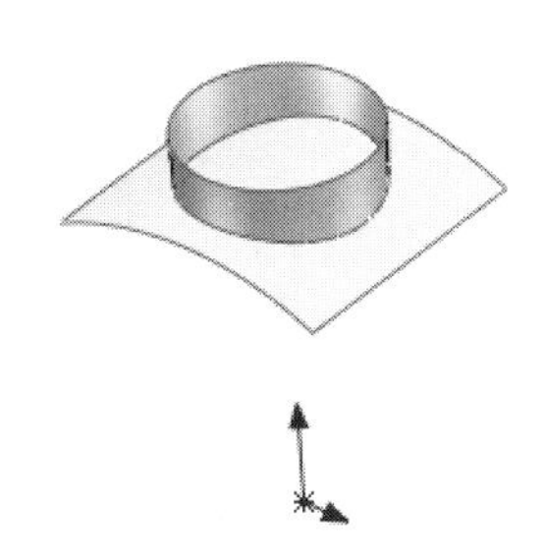

（a）选择【保留选择】

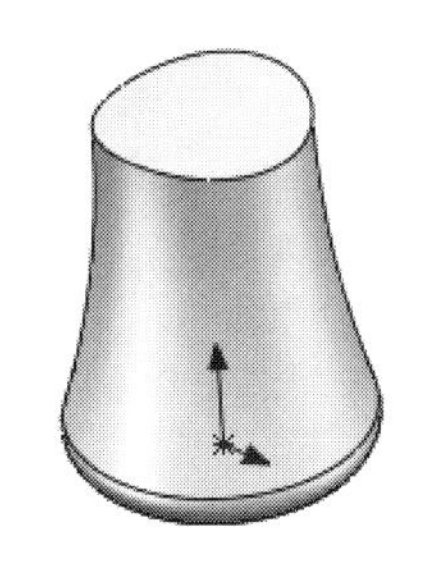

（b）选择【移除选择】

图 5-43　不同的【选择】单选按钮剪裁曲面结果

在【剪裁曲面】属性管理器中各选项的说明。

①【剪裁类型】包括两个单选按钮。

【标准】：使用曲面、基准面或曲线等来剪裁曲面。

【相互】：多个曲面相互作为剪裁工具相互剪裁。

②【选择】：选择不同的【剪裁类型】时会出现不同的选项。

【剪裁工具】：在选择【标准】剪裁类型时可用，在图形区域中选取曲面、基准面或曲线作为剪裁其他曲面的工具。

【曲面】：在选择【相互】剪裁类型时可用。在图形区域中选取多个曲面，让它们相互剪裁。

5.3.3 解除剪裁曲面

解除剪裁曲面是通过延伸现有曲面的自然边界来修补曲面上孔及外部边线，可按所给百分比来延伸曲面的边界，或连接端点来填充曲面。【解除剪裁曲面】是延伸现有曲面，而【填充曲面】则是生成不同的曲面，在多个面之间进行修补、使用约束曲线等。

下面以图 5-42 所示的模型为例介绍【解除剪裁曲面】操作步骤。

① 单击【曲面】工具栏上【解除剪裁曲面】按钮，或者选择菜单栏【插入】|【曲面】|【解除剪裁曲面】命令，系统弹出如图 5-44 所示的【曲面-解除剪裁曲面】属性管理器。

② 单击【选择】选项组的选择框，然后在图形区中选择“边线<1>”，设置延伸百分比为 15%，在【选项】选项组下的【边线解除剪裁类型】中选中【延伸边线】单选按钮，并勾选【与原有合并】复选框。单击【确定】按钮✓，完成解除剪裁曲面操作，如图 5-44 所示。

当【选择】选项组下显示的是面时，【选项】选项组下出现的是【面解除剪裁类型】，如图 5-45 所示。

图 5-44 【曲面-解除剪裁曲面】属性管理器及解除剪裁过程

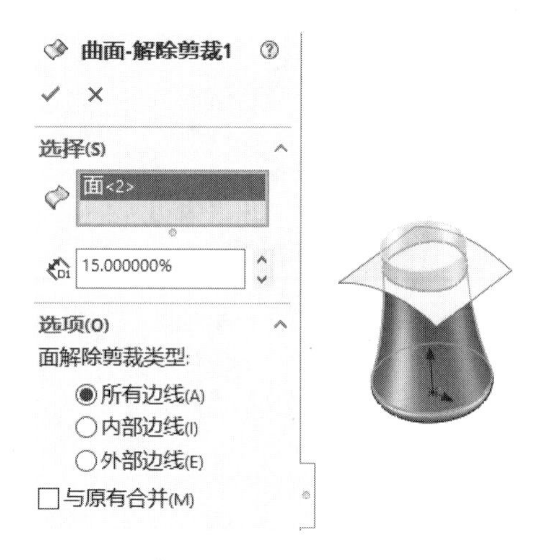

图 5-45 【曲面-解除剪裁】属性管理器中的【面解除剪裁类型】

5.3.4 替换面

替换面

替换面是用新曲面替换曲面模型或实体中的旧面，新曲面不需要与替换的目标面有相同的边界。当替换面时，与替换的目标面相邻的面会自动延伸并剪裁替换面，实现新的面剪裁。

【替换面】可以进行以下操作。

以一曲面替换单一面或一组相连的面。替换面后，如果替换面仍然可见，可用鼠标右键单击，然后选择隐藏。

在一次操作中用一组曲面替换一组以上相连的面，需按替换目标面的顺序选取替换面，可在曲面模型或实体上替换面。

替换实体上的面操作步骤如下。

① 通过常用特征工具栏上的【拉伸凸台/基体】命令生成实体模型，通过常用曲面工具栏上的【拉伸曲面】命令生成一曲面，如图 5-46 所示。

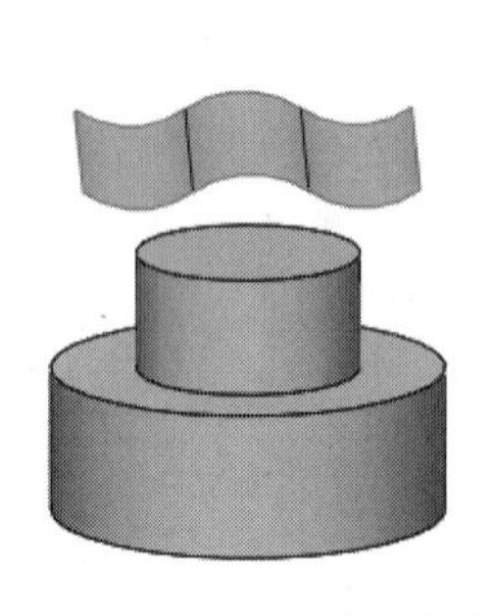

图 5-46 要替换面的实体模型及替换面

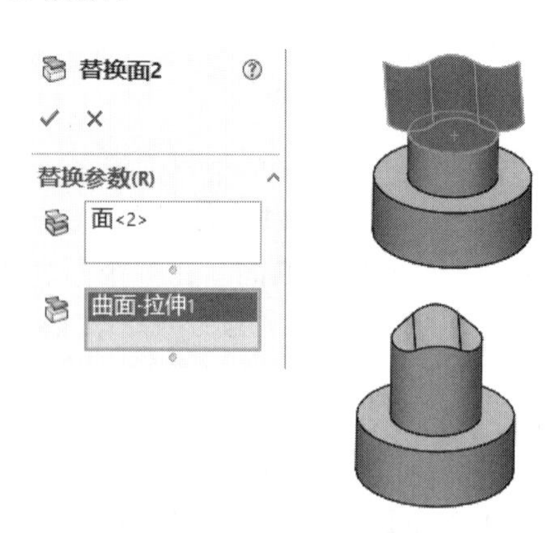

图 5-47 【替换面】属性管理器及替换面过程

② 单击【曲面】工具栏上【替换面】按钮，或者选择菜单栏【插入】|【面】|【替换】命令，系统弹出如图 5-47 所示的【替换面】属性管理器。在图形区中选择【替换的目标面】和【替换曲面】，单击【确定】按钮✓，完成替换面的操作，然后隐藏替换曲面即“曲面-拉伸 1”，如图 5-47 所示。

替换曲面可以是下列几种类型的面。

① 任何类型的曲面特征，如拉伸曲面、放样曲面等。

② 缝合曲面或复杂的输入曲面。

通常情况下替换曲面比被替换的目标面要宽和长。然而，在某些情况下，当替换曲面比被替换的目标面小时，替换曲面将延伸，与被替换面的边界面相连接。

5.3.5 删除面

删除面可以把曲面模型上的某些多余或是不正确的曲面删除，并能自动对曲面模型进行修补或填充。

【删除面】的操作步骤如下。

① 选取“前视基准面”作为草图绘制平面，使用【直线】命令绘制曲面草图轮廓。

② 使用【旋转】和拉伸切除命令创建一个模型，如图 5-48 所示。

③ 单击【曲面】工具栏上【删除面】按钮，或者选择菜单栏【插入】|【面】|【删除】命令，系统弹出如图 5-49 所示的【删除面】属性管理器。单击【选项】选项组下的选择框，然后在图形区中选取要删除的面，在【选项】选项组中选中【删除】单选按钮。单击【确定】按钮✓，完成删除面的操作，如图 5-49 所示。

图 5-48　实体模型

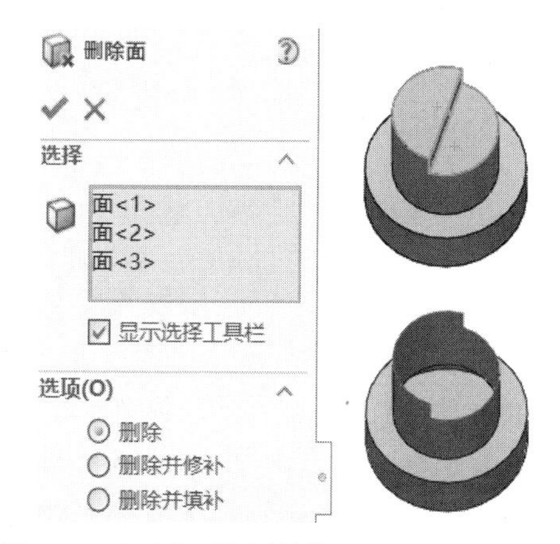

图 5-49　【删除面】属性管理器及删除面过程

【删除面】属性管理器中【选项】选项组中包括三种单选按钮。

【删除】：从曲面模型或从实体上删除一个或多个面来生成曲面。

【删除并修补】：从曲面模型或实体上删除一个面，并自动对曲面模型或实体进行修补和剪裁。

【删除并填补】：删除面并生成单一面，将所有缝隙填补起来。

选择【删除】单选按钮与选择【删除并填补】单选按钮所得结果对比如图 5-50 所示。

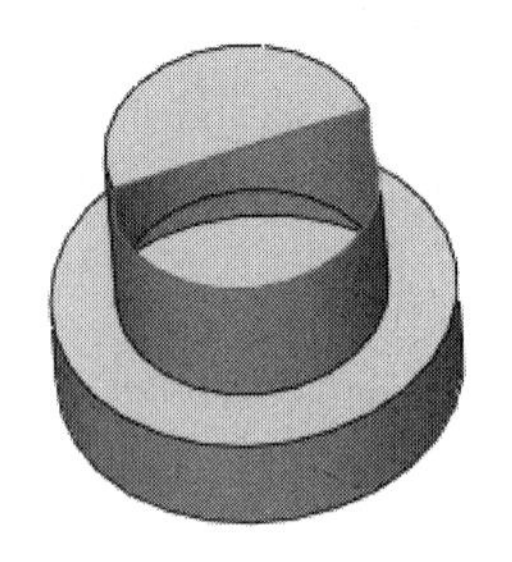

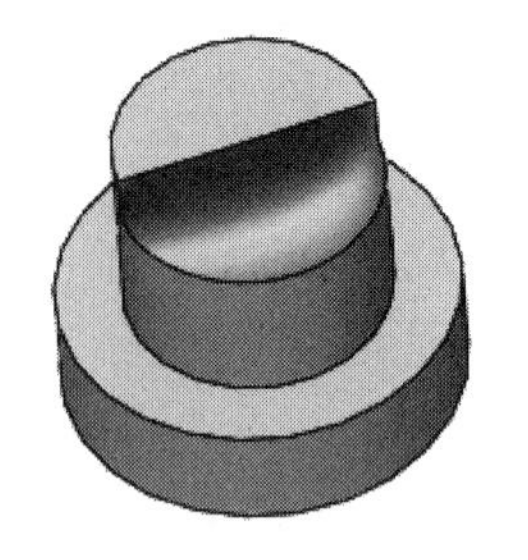

（a）选择【删除】单选按钮　（b）选择【删除并填补】单选按钮

图 5-50 【删除面】的两种结果对比

5.3.6 缝合曲面

缝合曲面最为实用的场合就是在 CAM 系统中，建立三维侧面铣削刀具路径。由于缝合曲面可以将两个或多个曲面组合成一个，刀具路径容易最佳化，减少多余的提刀动作。要缝合的曲面的边线必须相邻并且不重叠。

【缝合曲面】是将两个或多个面和曲面组合成一个曲面的曲面编辑命令。缝合后的曲面不吸收用于生成它们的曲面。空间曲面经过剪裁、拉伸和圆角等操作后，可以自动缝合，而不需要进行缝合曲面操作。

缝合曲面时应该注意以下几点。

① 曲面的边线必须相邻并且不重叠，不必处于同一基准面上。

② 对于要缝合的曲面，可以选取模型的全部面或选取一个或多个相邻曲面。

③ 缝合曲面会吸收用于生成它们的曲面。

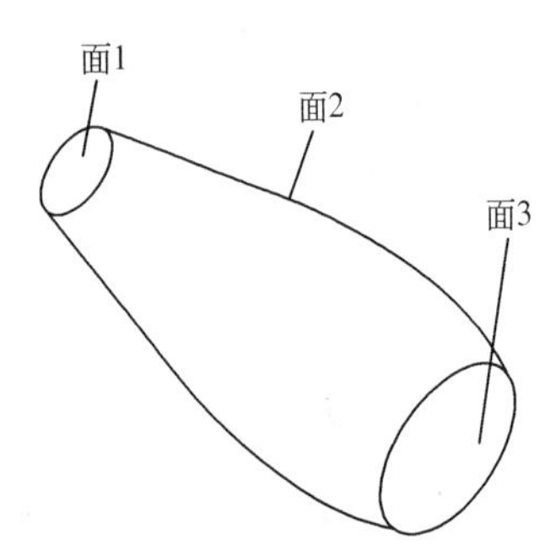

图 5-51 要缝合的曲面模型

④ 曲面经过剪裁和圆角操作后，会自动缝合，而不需要进行缝合曲面操作。

⑤ 如果要缝合不相邻的曲面，可以先延展曲面再缝合。

将多个面和曲面缝合成一个曲面的操作步骤如下。

① 通过【旋转曲面】和【填充曲面】命令生成如图 5-51 所示的由三个面组成的模型。

② 单击【曲面】工具栏上【缝合曲面】按钮，或者选择菜单栏【插入】|【曲面】|【缝合曲面】命令，系统弹出如图 5-52 所示的【曲面-缝合】属性管理器。单击【选择】选项组中按钮右侧的选择框，然后在图形区中选取要缝合到一起的面，勾选【最小调整】复选框。

③ 单击【确定】按钮✓，完成缝合曲面操作，缝合后的曲面模型外观上没有发生改变，但模型上的面已经可以作为一个整体来选择和操作，如图 5-52 所示。

下面对【选择】选项组下【创建实体】【合并实体】和【缝隙控制】进行说明。

【创建实体】：如果想从闭合的曲面生成一实体模型，可以勾选【创建实体】复选框。

【合并实体】：如果想将面与相同的内在几何体进行合并，可以勾选【合并实体】复选框。

【缝隙控制】复选框：勾选该复选框，查看可引发缝隙问题的边线对组，并查看或编辑缝合公差或缝隙范围。

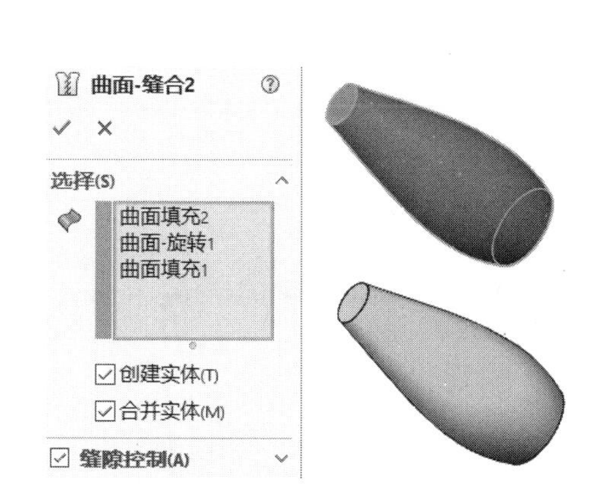

图 5-52 【曲面-缝合】属性管理器及缝合曲面过程

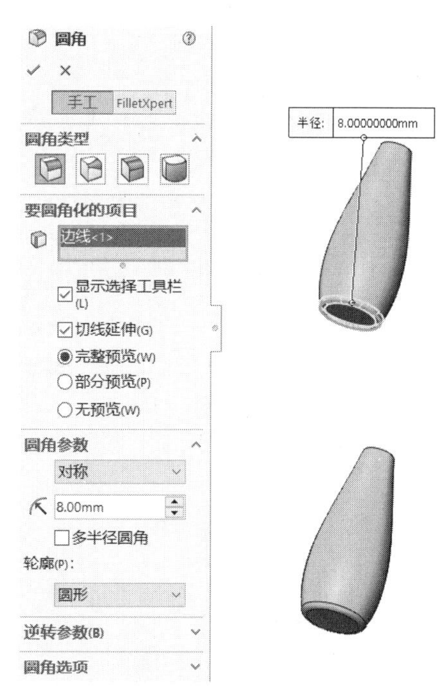

图 5-53 【圆角】属性管理器及结果

5.3.7 圆角曲面

在 SolidWorks 2018 中，对于曲面实体中以一定角度相交的两个相邻面，可以利用系统提供的【圆角】工具使其之间的边线平滑。曲面圆角的生成方法与创建实体圆角特征的原理相同，这里仅以在曲面设计中常用的【圆角】方式为例，介绍创建圆角曲面的具体操作方法。

① 打开一个将要删除面的文件。

② 选择【插入】|【曲面】|【圆角】菜单命令或者单击【曲面】工具栏中的【圆角】按钮，系统弹出如图 5-53 所示的【圆角】属性管理器。

③ 在【圆角类型】选项组中单击【面圆角】按钮。

④ 在绘图区中依次选取要圆角化的曲面对象。

⑤ 设置圆角的半径参数。

⑥ 单击【确定】按钮✓，完成圆角操作，结果如图 5-53 所示。

此外，还可以在不相邻的曲面之间生成圆角曲面特征。在【圆角选项】选项组中选择【剪裁和附加】单选按钮，系统将剪裁圆角的面并将曲面缝合成一个曲面实体；选择【不剪裁或附加】单选按钮，系统将添加新的圆角曲面，但不剪裁面或缝合曲面。

5.3.8 移动/复制曲面

【移动/复制曲面】是指在指定的坐标系中平移、旋转和复制曲面的操作。在 SolidWorks 2018 中【移动/复制曲面】与【移动/复制实体】的特征管理器相同，均以【移动/复制实体】命名，对曲面特征可以像对拉伸特征、旋转特征那样进行移动、复制、旋转等操作。

（1）移动/复制曲面

如果要【移动/复制曲面】，可以采用下面的操作。

① 选择【插入】|【曲面】|【移动/复制】菜单命令，系统弹出如图 5-54 所示的【移

动/复制实体】属性管理器。

提示：该属性管理器中的【配合方式】将在后面的装配体一章中进行介绍。其中【配合对齐】选项中：【同向对齐】表示放置实体以使所选面的法向或轴向量指向相同方向；【反向对齐】表示以所选面的法向或轴向量指向相反方向来放置实体。

② 在【移动/复制实体】属性管理器中单击【平移/旋转】按钮，此时的【移动/复制实体】属性管理器如图 5-55 所示。

图 5-54 【移动/复制实体】属性管理器（1）　　图 5-55 【移动/复制实体】属性管理器（2）

③ 单击【要移动/复制的实体】选项组中按钮右侧的选择框，然后在图形区域或特征管理器设计树中选取要移动/复制的曲面。

④ 如果要复制曲面，则选择【复制】复选框，然后在【份数】微调框中指定复制的数目。

⑤单击【平移】选项组中按钮右侧的选择框，然后在图形区域中选取一条边线来定义平移方向，或者在图形区域中选取两个顶点来定义曲面移动或复制体之间的方向和距离。

⑥ 分别在【Delta X】ΔX、【Delta Y】ΔY、【Delta Z】ΔZ微调框中指定移动的距离或复制体之间的距离，此时在右面的图形区域中可以预览曲面移动或复制的效果。

⑦ 单击【确定】按钮✓，完成曲面的移动/复制，如图 5-56 所示。

（2）旋转/复制曲面

此外还可以【旋转/复制曲面】，如果要【旋转/复制曲面】，可采用下面的操作步骤。

① 选择【插入】|【曲面】|【移动/复制】菜单命令，系统弹出如图 5-54 所示的【移动/复制实体】属性管理器。

② 在【移动/复制实体】属性管理器中单击【平移/旋转】按钮，此时的【实体-移动/复制】属性管理器如图 5-57 所示。

③ 在【实体-移动/复制】属性管理器中单击【要移动/复制的实体】选项组中按钮右侧的选择框，然后在图形区域或特征管理器设计树中选取要旋转/复制的曲面。

④ 如果要复制曲面，则选择【复制】复选框，然后在【份数】微调框中指定复制的数目。

⑤ 单击【旋转】选项组中按钮右侧的选择框，在图形区域中选取一条边线定义旋转方向。

⑥ 在【X 旋转原点】、【Y 旋转原点】、【Z 旋转原点】微调框中指定原点中 *X* 轴、*Y* 轴、*Z* 轴方向移动的距离，然后在【X 旋转角度】【Y 旋转角度】【Z 旋转角度】微调框中指定曲面绕 *X*、*Y*、*Z* 轴旋转的角度，此时右面的图形区域中可以预览曲面复制/旋转的效果。

⑦ 单击【确定】按钮✓，完成曲面的移动/复制，如图 5-57 所示。

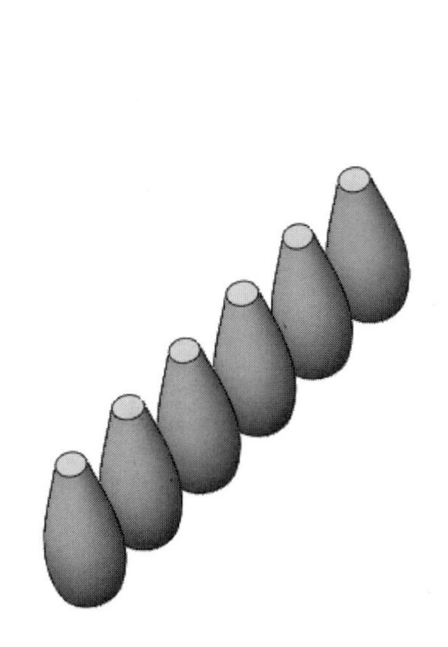

图 5-56　移动/复制曲面的结果

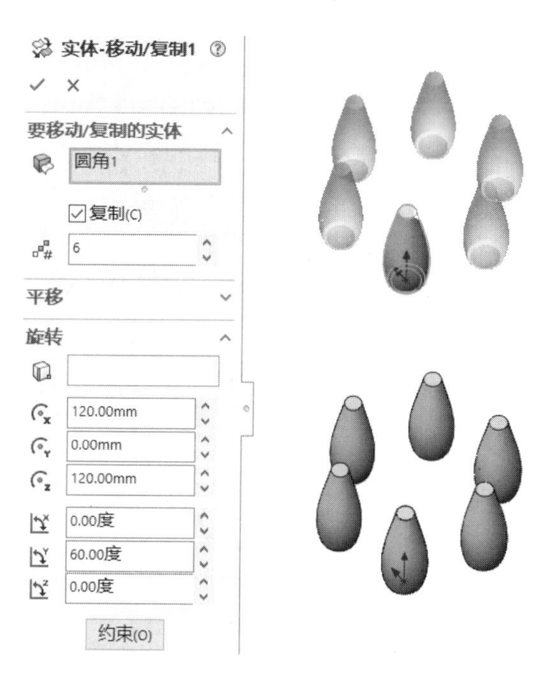

图 5-57 【实体-移动/复制】属性管理器和移动/复制曲面的结果

5.4 曲线和曲面设计实例

前面的小节介绍了曲面的生成与编辑的各种命令，本小节主要通过几个实例的建模过程，说明在建模过程中各种曲线和曲面命令的综合应用。

5.4.1 实例 1——弹簧的创建

实例 1——弹簧的创建

弹簧的模型如图 5-58 所示，下面详细介绍弹簧建模的步骤。

① 启动 SolidWorks 2018 软件。单击工具栏中的【新建】按钮，系统弹出【新建 SOLIDWORKS 文件】对话框，在【模板】选项卡中选择【零件】选项，单击【确定】按钮。

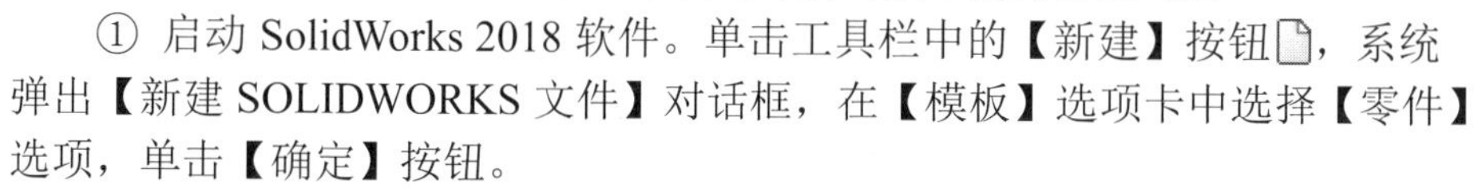

② 绘制草图。选择【特征管理器设计树】中的【前视基准面】作为草图绘制平面，再使用【圆】命令绘制草图，并标注尺寸，圆的圆心与原点重合，如图 5-59 所示，单击按钮，退出草图。

③ 选择【插入】|【曲线】|【螺旋线/涡状线】菜单命令或者单击【曲线】工具栏中的【螺旋线/涡状线】按钮，系统弹出如图 5-60 所示的【螺旋线/涡状线】属性管理器。在【定义方式】下拉列表中选择【螺距和圈数】，在【参数】选项组中选择【恒定螺距】单选按钮，在

【螺距】微调框中输入“20.00mm”，【圈数】微调框中输入“5.5”，【起始角度】微调框中输入“0.00 度”，其他采用默认值，单击【确定】按钮✓，结果如图 5-60 所示。

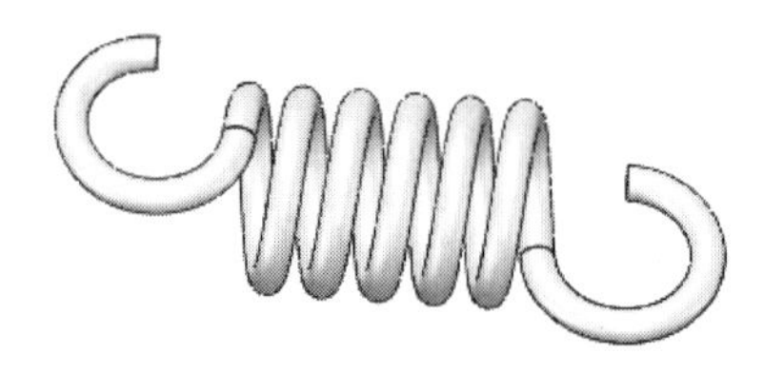

图 5-58　弹簧的模型

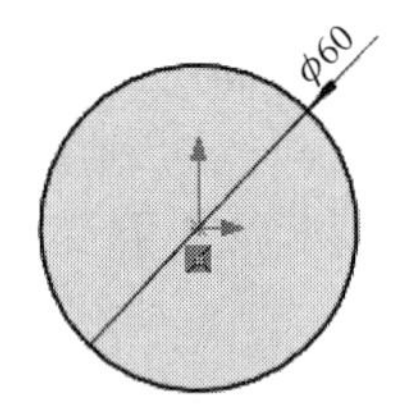

图 5-59　绘制的草图（1）

④ 单击【参考几何体】工具栏中的【基准面】按钮或者选择【插入】|【参考几何体】|【基准面】菜单命令，系统弹出如图 5-61 所示的【基准面】属性管理器。在【第一参考】选项组中按钮右侧的选择框中选择【右视基准面】，【偏移距离】微调框中输入“30.00mm”，其他选项采用默认值，单击【确定】按钮✓，结果如图 5-61 所示。

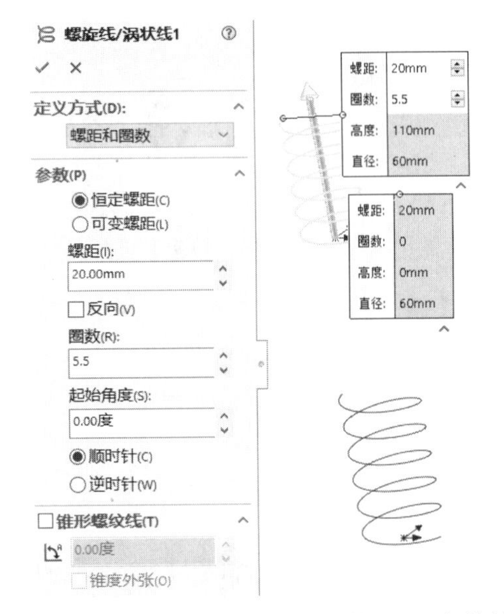

图 5-60　【螺旋线/涡状线】属性管理器及螺旋线

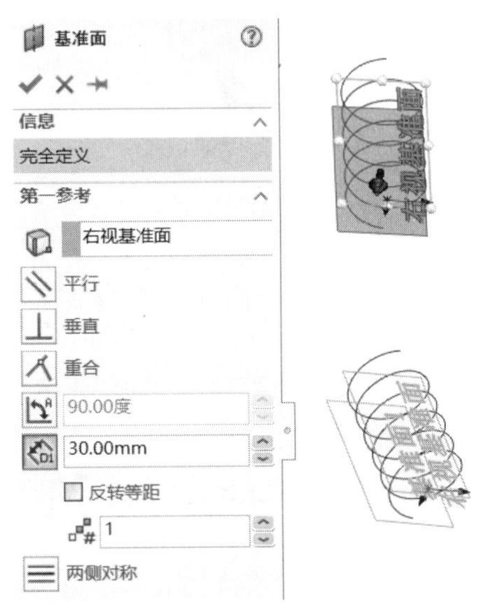

图 5-61　【基准面】属性管理器及创建的基准面

⑤ 采用与步骤④相同的方式创建基准面 2，不同的是偏移方向相反，在【基准面】属性管理器中只需要勾选【反转等距】复选框，结果如图 5-62 所示。

⑥ 选取【特征管理器设计树】中的基准面 1 作为草图绘制平面，绘制如图 5-63 所示的草图。

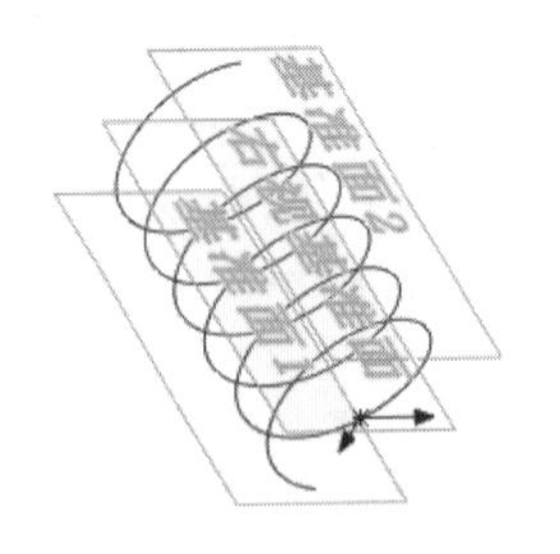

图 5-62　创建的基准面

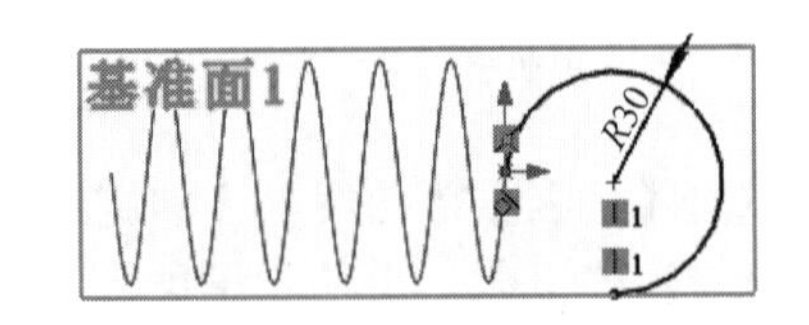

图 5-63　绘制的草图（2）

⑦ 选取【特征管理器设计树】中的基准面2作为草图绘制平面，绘制如图5-64所示的草图。

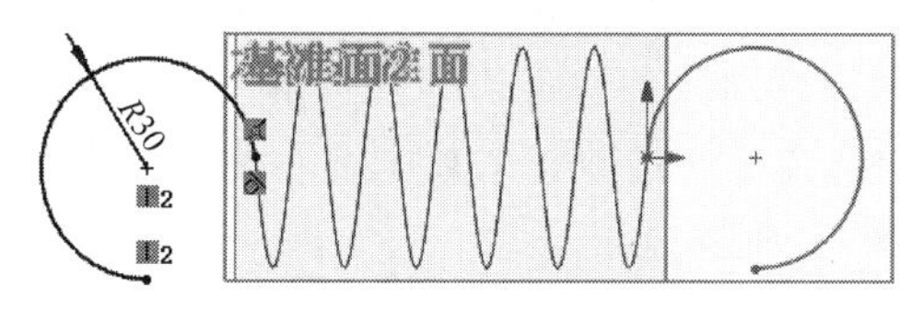

图5-64　绘制的草图（3）

⑧ 选择【插入】|【曲线】|【组合曲线】菜单命令或者单击【曲线】工具栏中的【组合曲线】按钮，系统弹出如图5-65所示的【组合曲线】属性管理器。在图形区域中选取要组合的两段圆弧和螺旋线，则所选项目在【组合曲线】属性管理器中的【要连接的实体】选择框中显示出来，单击【确定】按钮✓，结果如图5-66所示。

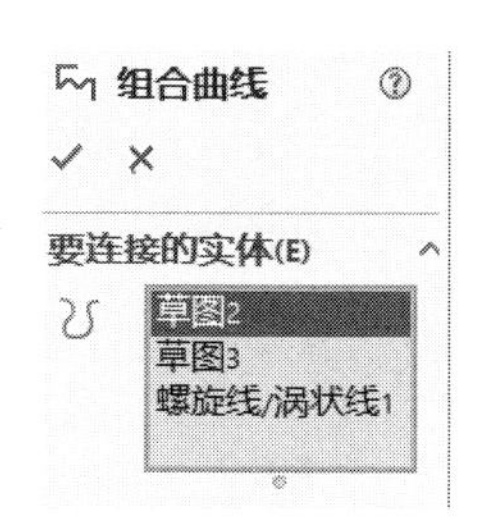

图5-65 【组合曲线】属性管理器

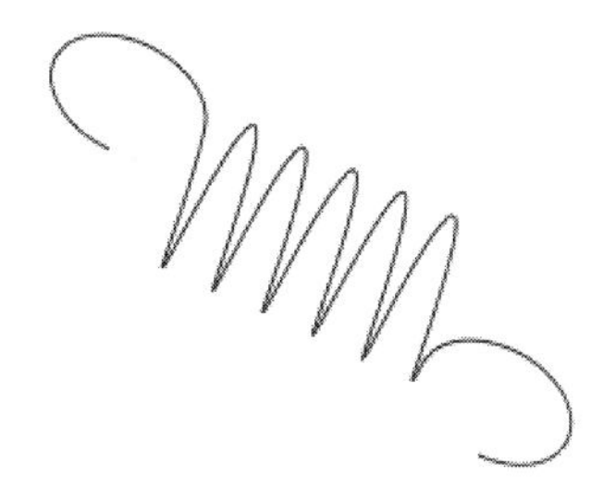

图5-66　组合曲线

⑨ 单击【参考几何体】工具栏中的【基准面】按钮或者选择【插入】|【参考几何体】|【基准面】菜单命令，系统弹出如图5-67所示的【基准面】属性管理器。在【第一参考】选项组中选取步骤⑧生成的组合曲线，单击【垂直】按钮，勾选【将原点设在曲线上】复选框；在【第二参考】选项组中选取如图5-67所示的端点，单击【重合】按钮，其他选项采用默认值，单击【确定】按钮✓，结果如图5-67所示。

⑩ 选取【特征管理器设计树】中的基准面3作为草图绘制平面，绘制如图5-68所示的草图。

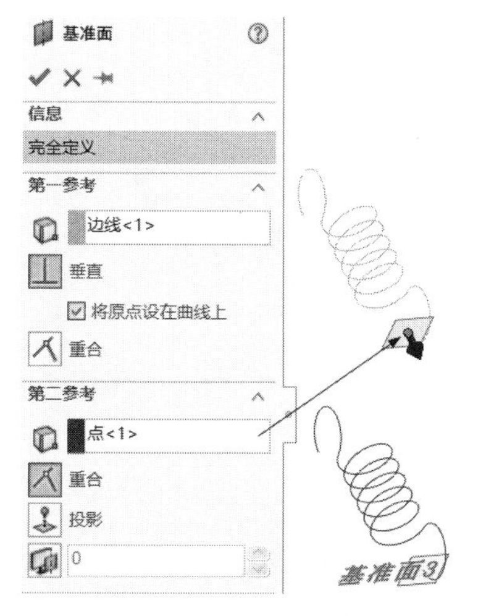

图5-67 【基准面】属性管理器及创建的基准面

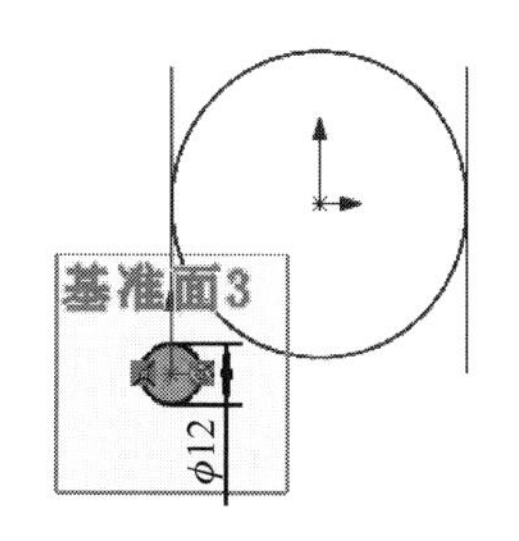

图5-68　绘制的草图（4）

⑪ 选择【插入】|【凸台/基体】|【扫描】菜单命令或者单击【特征】工具栏中的【扫描】按钮，系统弹出如图 5-69 所示的【扫描】属性管理器。单击【轮廓】按钮，然后在图形区域中选取步骤⑩绘制的草图 4；单击【路径】按钮，然后在图形区中选取组合曲线，在【轮廓方位】下拉列表中选择【随路径变化】，其他参数采用默认值，单击【确定】按钮，完成引导线扫描，结果如图 5-69 所示。

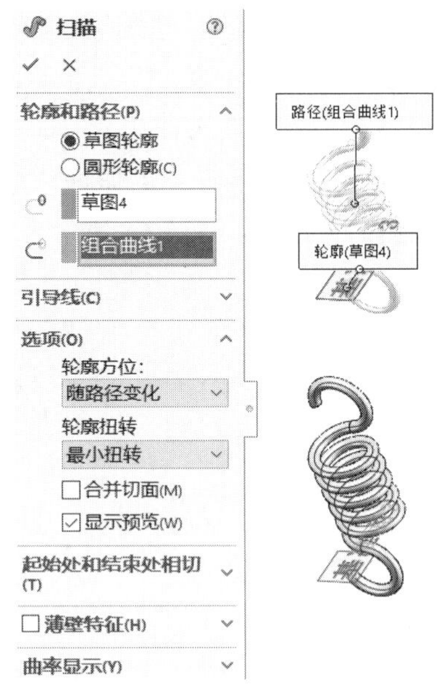

图 5-69 【扫描】属性管理器

⑫ 隐藏基准面、所有曲线和草图，结果如图 5-58 所示。

5.4.2 实例 2——十字形曲面的创建

实例 2——十字形曲面的创建

十字形曲面的模型如图 5-70 所示，下面详细介绍十字形曲面建模的步骤。

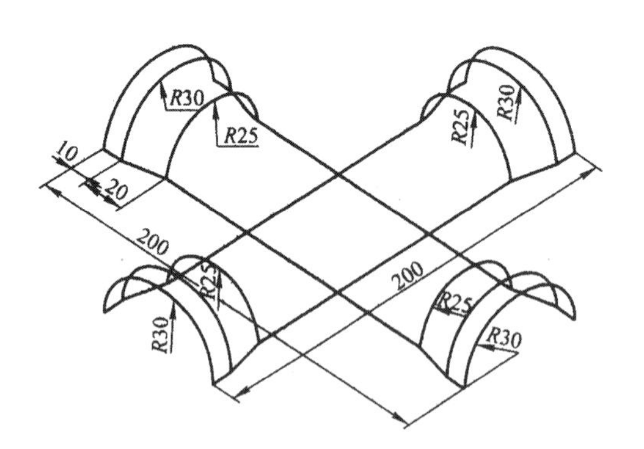

图 5-70 十字形曲面的模型

① 启动 SolidWorks 2018 软件。单击工具栏中的【新建】按钮，系统弹出【新建 SOLIDWORKS 文件】对话框，在【模板】选项卡中选择【零件】选项，单击【确定】按钮。

② 单击【参考几何体】工具栏中的【基准面】按钮或者选择【插入】|【参考几何体】|【基准面】菜单命令，系统弹出【基准面】属性管理器。在【第一参考】选项组中选择【前视

基准面】，在【偏移距离】微调框中输入“90.00mm”，其他选项采用默认值，单击【确定】按钮✓，创建基准面 1，结果如图 5-71 所示。

③ 采用以与步骤②相同的方式创建基准面 2 和基准面 3，其中基准面 2 以前视基准面为准偏移 70，基准面 3 以前视基准面为准反向偏移 90，结果如图 5-72 所示。

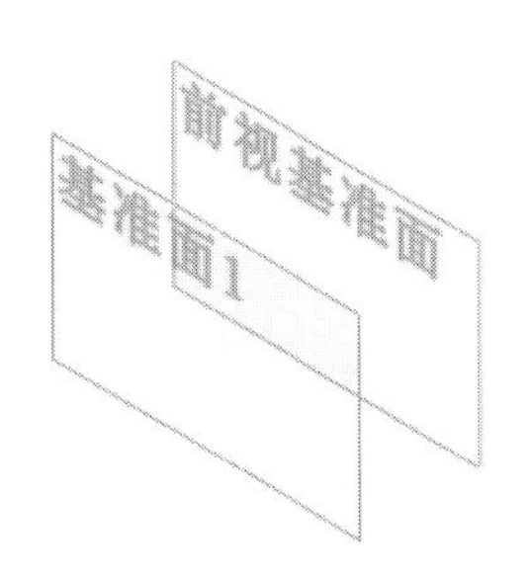

图 5-71　创建基准面 1

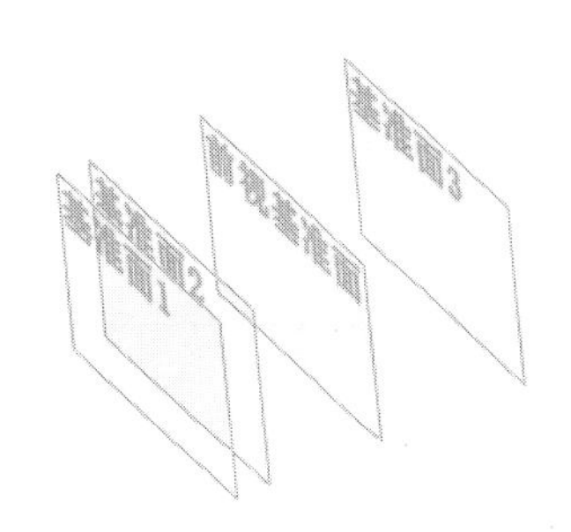

图 5-72　创建的三个基准面

④ 选取【特征管理器设计树】中的基准面 1 作为草图绘制平面，绘制如图 5-73 所示的草图 1。

⑤ 选取【特征管理器设计树】中的基准面 2 作为草图绘制平面，绘制如图 5-74 所示的草图 2。

⑥ 选取【特征管理器设计树】中的基准面 3 作为草图绘制平面，采用【转换实体引用】功能，选取草图 1，生成如图 5-75 所示的草图 3。

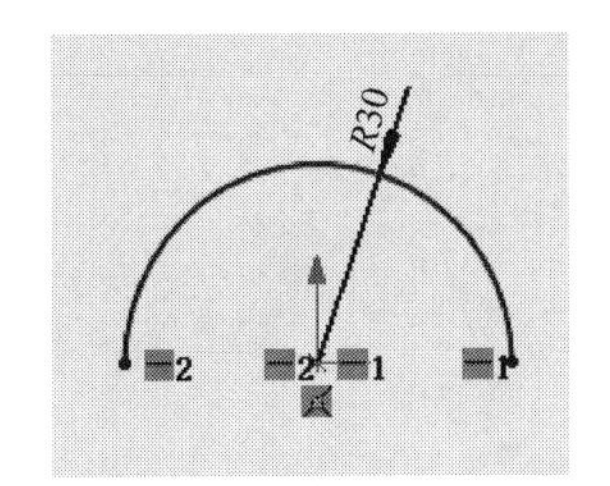

图 5-73 绘制的草图 1

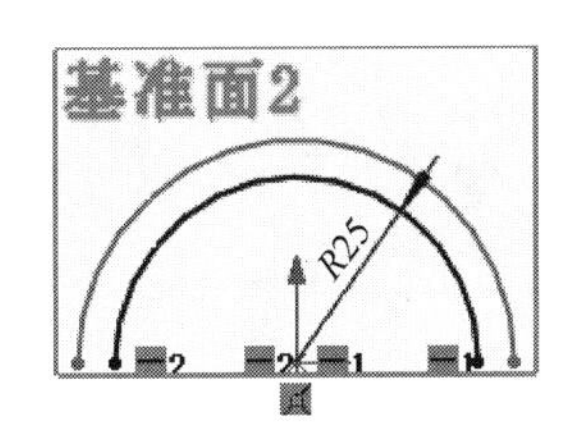

图 5-74　绘制的草图 2

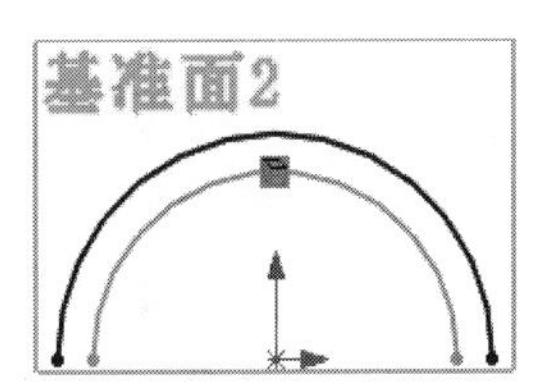

图 5-75　绘制的草图 3

⑦ 拉伸曲面。单击【曲面】工具栏【拉伸曲面】按钮，或者选择菜单栏【插入】|【曲面】|【拉伸曲面】命令，系统弹出如图 5-76 所示【曲面-拉伸】属性管理器，选取草图 2，单击【方向 1】选项组中的【反向】按钮，【终止条件】选择【给定深度】，【深度】微调框中输入“140.00mm”，单击【确定】按钮✓，结果如图 5-76 所示。

⑧ 采用与步骤⑦相同的方式创建两个曲面，一个曲面以草图 1 为准拉伸 20mm，一个曲面以草图 3 为准反向拉伸 20mm，结果如图 5-77 所示。

⑨ 单击【曲面】工具栏上的【放样曲面】按钮，或者选择菜单栏【插入】|【曲面】|【放样曲面】命令，系统弹出如图 5-78 所示的【曲面-放样】属性管理器。在【轮廓】选项组中依次选取如图 5-78 所示的曲面边缘，单击【确定】按钮✓，结果如图 5-78 所示。

⑩ 采用与步骤⑨相同的方法创建另一边的衔接曲面，结果如图 5-79 所示。

⑪ 单击【参考几何体】工具栏中的【基准轴】按钮或者选择【插入】|【参考几何体】|【基准轴】菜单命令，系统弹出如图 5-80 所示的【基准轴】属性管理器。单击【两平面】按钮，然后选取“前视基准面”和“右视基准面”，单击【确定】按钮✓，结果如图 5-80 所示。

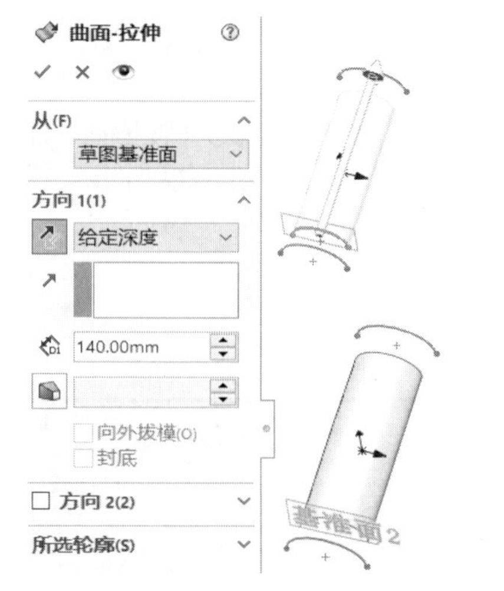

图 5-76 【曲面-拉伸】属性管理器及生成的曲面

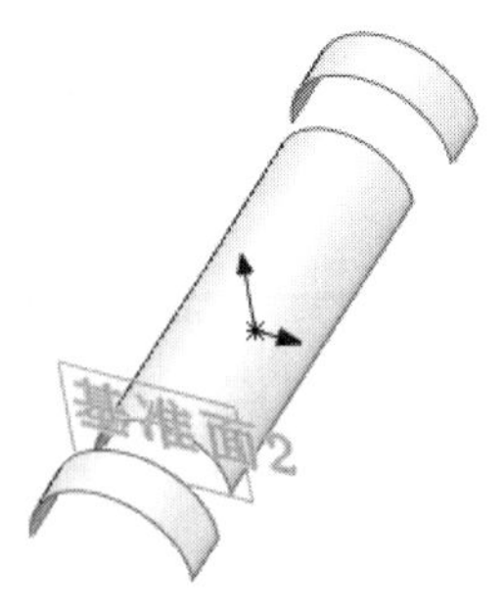

图 5-77 生成的曲面

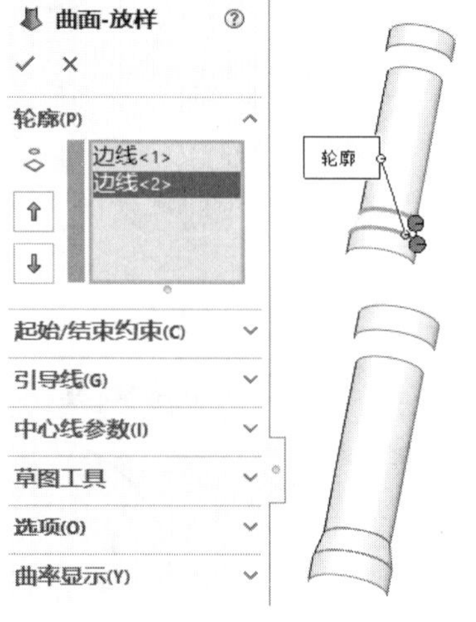

图 5-78 【曲面-放样】属性管理器及生成的曲面

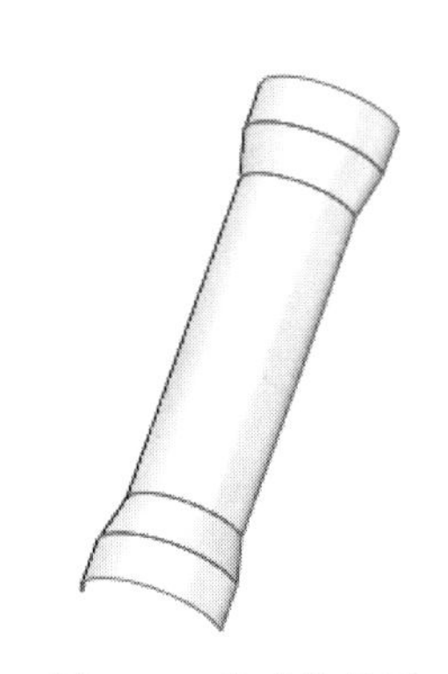

图 5-79 生成的曲面

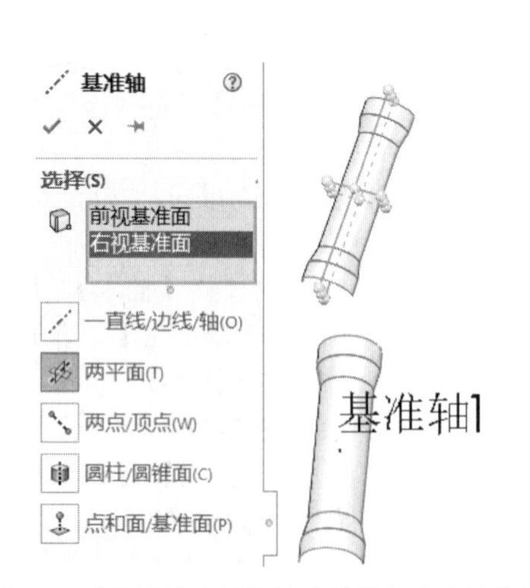

图 5-80 【基准轴】属性管理器及生成的基准轴

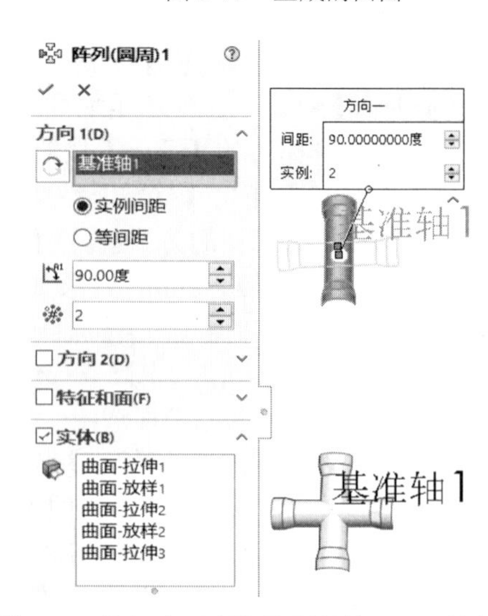

图 5-81 【阵列（圆周）】属性管理器及结果

⑫ 选择【插入】|【阵列/镜向】|【圆周阵列】菜单命令或者单击【特征】工具栏中的【圆周阵列】按钮，系统弹出如图 5-81 所示的【阵列(圆周)】属性管理器。在【阵列轴】选取步骤⑪创建的基准轴 1，【角度】微调框中输入“90.00 度”，【实例数】微调框中输入“2”；单击【实体】选项组中的【要阵列的实体/曲面实体】选择框，选取前面创建的所有曲面，单击【确定】按钮，结果如图 5-81 所示。

⑬ 单击【曲面】工具栏上【剪裁曲面】按钮，或者选择菜单栏【插入】|【曲面】|【剪裁曲面】命令，系统弹出如图 5-82 所示的【剪裁曲面】属性管理器。在【剪裁类型】中选择【标准】单选按钮，【剪裁工具】选取如图 5-82 所示的曲面，在【选择】选项组中选择【保留选择】单选按钮，保留的部分选取如图 5-82 所示的曲面，单击【确定】按钮，完成剪裁曲面操作，结果如图 5-82 所示。

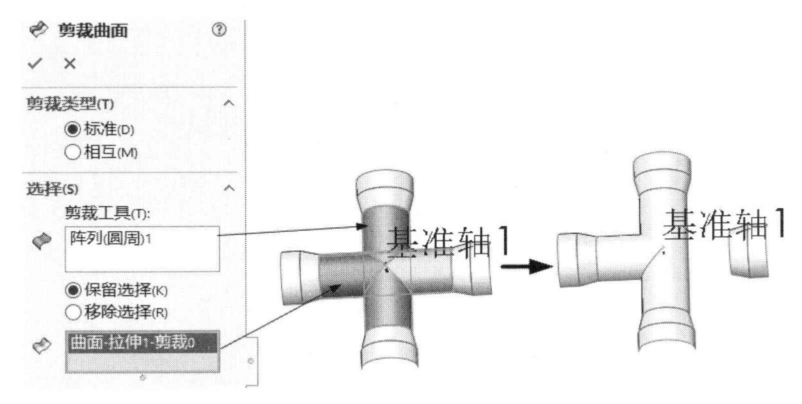

图 5-82 【剪裁曲面】属性管理器及结果

⑭ 采用与步骤⑬相同的方式继续剪裁曲面，剪裁后的结果如图 5-83 所示。

⑮ 在绘图区选取圆周阵列产生的中间的面，单击鼠标右键，在弹出的快捷菜单中单击【隐藏】按钮，如图 5-84 所示，将此曲面隐藏，隐藏后的曲面如图 5-85 所示。

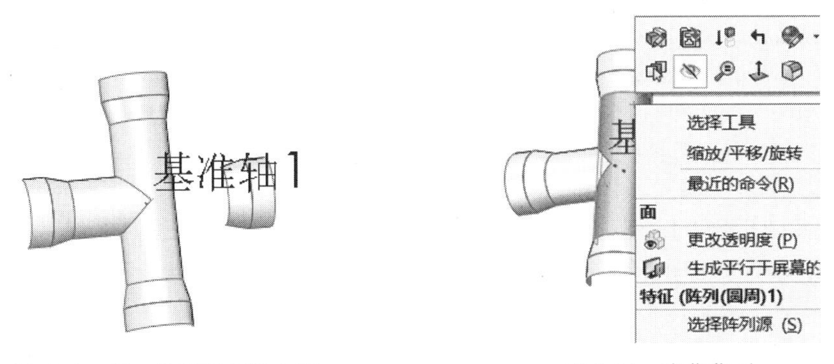

图 5-83 第二次剪裁后的曲面　　　　图 5-84 隐藏曲面

⑯ 采用与步骤⑫相同的方式对曲面进行圆周阵列，阵列中心为基准轴 1，阵列曲面如图 5-86 所示。

⑰ 采用与步骤⑮相同的方法隐藏基准轴 1。

⑱ 单击【曲面】工具栏上【缝合曲面】按钮，或者选择菜单栏【插入】|【曲面】|【缝合曲面】命令，系统弹出如图 5-87 所示的【缝合曲面】属性管理器。在绘图区依次选取所有的曲面，单击【确定】按钮，结果如图 5-87 所示。

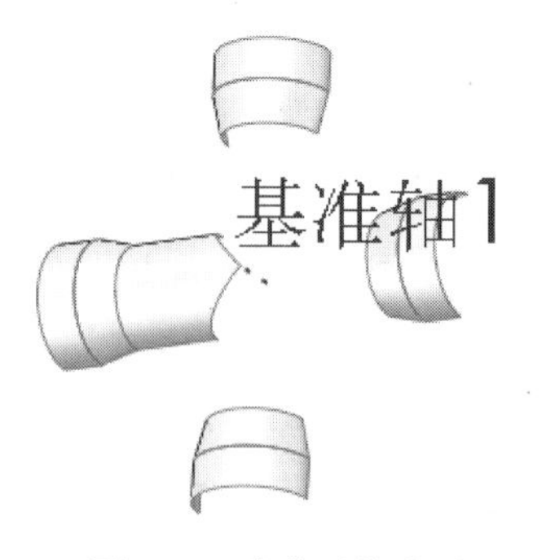

图 5-85　隐藏后的曲面

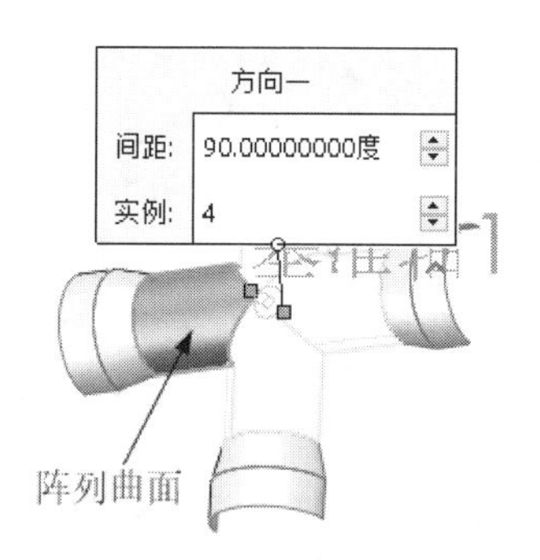

图 5-86　阵列曲面

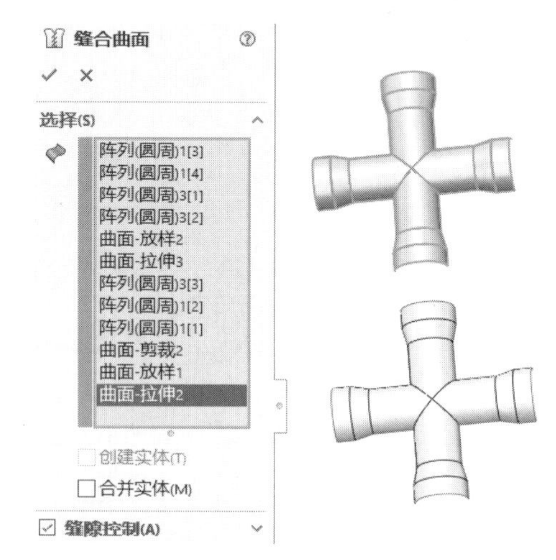

图 5-87 【缝合曲面】属性管理器及结果

5.4.3 实例 3——阀体模型的创建

阀体模型如图 5-88 所示，下面详细介绍阀体建模的步骤。

① 启动 SolidWorks 2018 软件。单击工具栏中的【新建】按钮，系统弹出【新建 SOLIDWORKS 文件】对话框，在【模板】选项卡中选择【零件】选项，单击【确定】按钮。

② 单击【特征】工具栏中的【旋转凸台/基体】按钮，在【特征管理器设计树】中选择【前视基准面】，系统进入草图环境，绘制如图 5-89 所示的草图，单击按钮，退出草图环境，系统返回【旋转】属性管理器。在【角度】微调框中输入“360.00 度”，单击【确定】按钮✓，结果如图 5-90 所示。

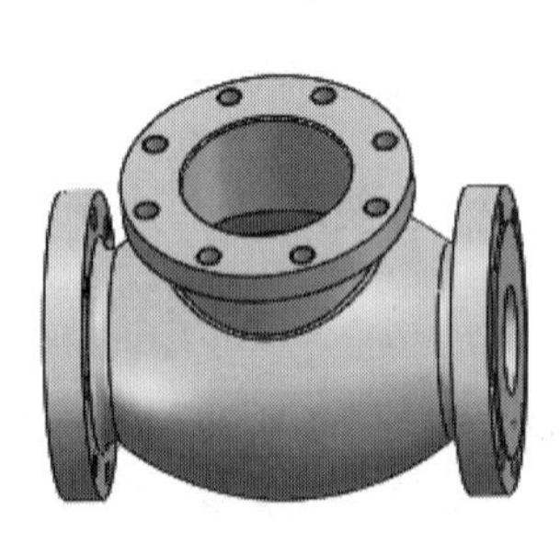

图 5-88　阀体模型

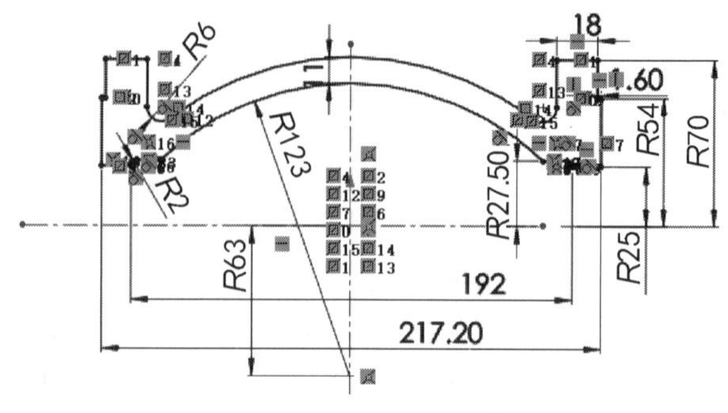

图 5-89　绘制的草图（1）

③ 单击【曲面】工具栏【拉伸曲面】按钮，或者选择菜单栏【插入】|【曲面】|【拉伸曲面】命令，选择“前视基准面”作为草图绘制平面，单击【标准视图】工具栏中的【正视于】按钮，绘制如图 5-91 所示的草图，退出草图，系统返回【曲面-拉伸】属性管理器。设置拉伸曲面【起始条件】为【草图基准面】，【方向 1】选项组中的【终止条件】为【完全贯穿】，【方向 2】选项组中的【终止条件】为【完全贯穿】，单击【确定】按钮✓，结果如图 5-92 所示。

图 5-90　旋转后的模型

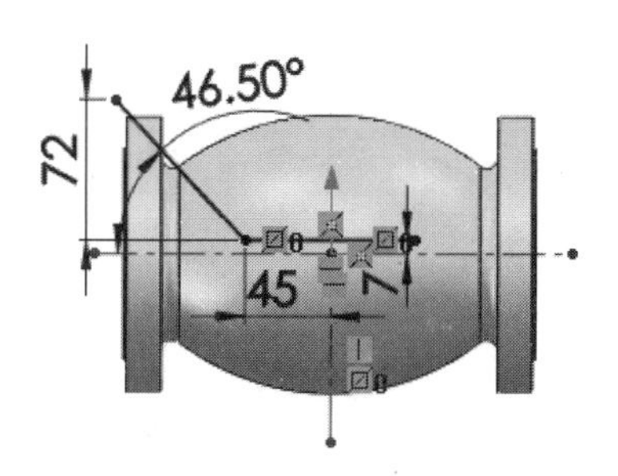

图 5-91　绘制的草图（2）

图 5-92　生成的曲面

图 5-93　【加厚】属性管理器

④ 选择步骤③创建的曲面，选择【插入】|【凸台/基体】|【加厚】菜单命令或者单击【特征】工具栏中的【加厚】按钮，系统弹出如图 5-93 所示的【加厚】属性管理器。在【厚度】方式中单击【加厚侧边 2】按钮，在【厚度】微调框中输入“11.00mm”，勾选【合并结果】复选框，单击【确定】按钮✓，结果如图 5-94 所示。

图 5-94　加厚后的模型（1）

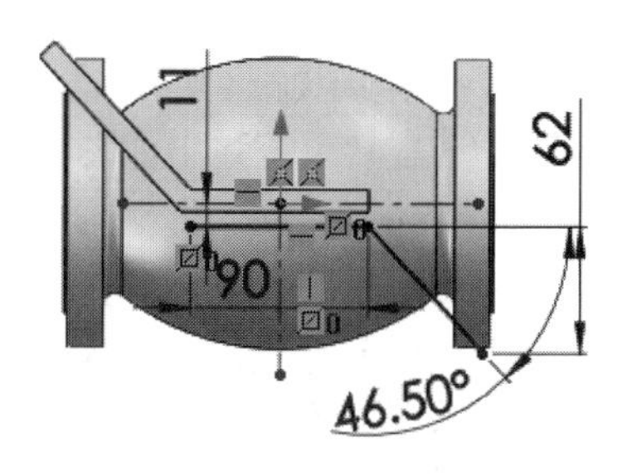

图 5-95　绘制的草图（3）

⑤ 单击【曲面】工具栏【拉伸曲面】按钮，或者选择菜单栏【插入】|【曲面】|【拉伸曲面】命令，选择“前视基准面”作为草图绘制平面，单击【标准视图】工具栏中的【正

视于】按钮，绘制如图 5-95 所示的草图，退出草图，系统返回【曲面-拉伸】属性管理器。设置拉伸曲面【起始条件】为【草图基准面】，【方向 1】选项组中的【终止条件】为【完全贯穿】，【方向 2】选项组中的【终止条件】为【完全贯穿】，单击【确定】按钮。

⑥ 采用与步骤④相同的方式将步骤⑤创建的曲面加厚 11，结果如图 5-96 所示。

⑦ 选取“前视基准面”，单击【视图（前导）】工具栏中的【剖面视图】按钮，如图 5-97 所示，系统弹出【剖面视图】属性管理器，单击【确定】按钮，视图显示剖面视图，如图 5-98 所示。这样做的目的主要是方便选取实体内部的表面。

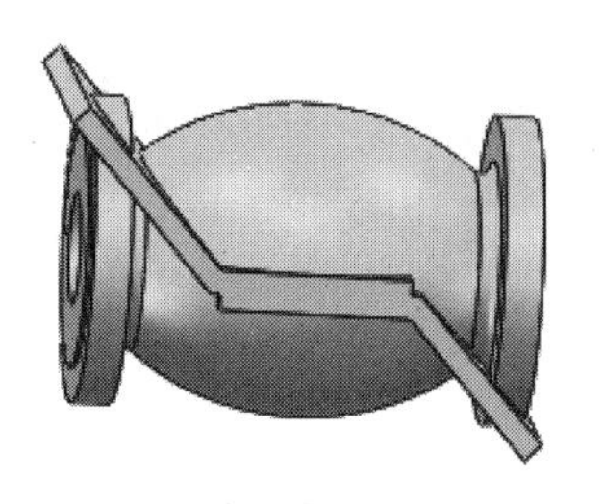

图 5-96　加厚后的模型（2）

图 5-97　单击【剖面视图】按钮

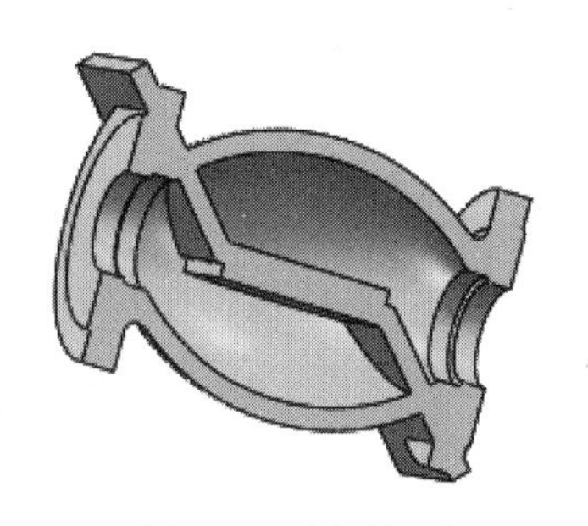

图 5-98　剖面视图

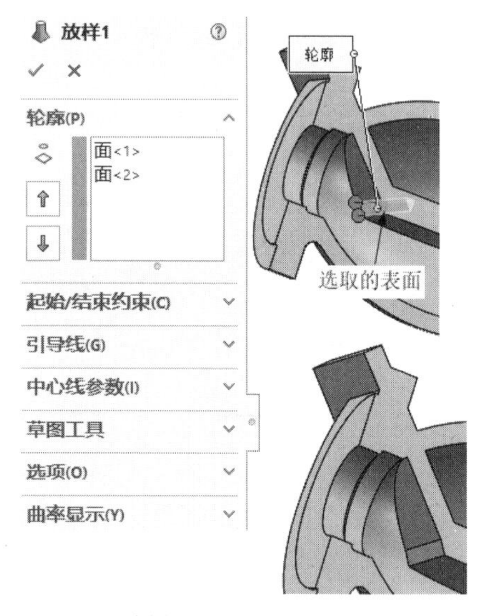

图 5-99 【放样】属性管理器及选取的表面

⑧ 选择【插入】|【凸台/基体】|【放样】菜单命令或者单击【特征】工具栏中的【放样凸台/基体】按钮，系统弹出如图 5-99 所示的【放样】属性管理器。选取如图 5-99 所示的实体上的两个面，其他参数和选项采用默认值，单击【确定】按钮，结果如图 5-99 所示。

⑨ 采用与步骤⑧相同的方法衔接另一边的模型，结果如图 5-100 所示。

⑩ 单击【特征】工具栏中的【圆角】按钮，系统弹出如图 5-101 所示的【圆角】属性管理器，【圆角类型】选中【等半径】，设置【半径】为“8.00mm”，选取如图 5-101 所示的 6 条实体的边缘，单击【确定】按钮。

⑪ 采用与步骤⑧相同的方法倒圆，需要倒圆的 2 条边缘如图 5-102 所示，倒圆半径为 6。

⑫ 采用与步骤⑧相同的方法倒圆，需要倒圆的 2 条边缘如图 5-103 所示，倒圆半径为 8。

⑬ 继续倒圆，此次【圆角类型】选择【面圆角】，【面组 1】选取如图 5-104 所示的

面 1,【面组 2】选取如图 5-105 所示的面 2,【半径】微调框中输入“8.00mm”,单击【确定】按钮✓,结果如图 5-106 所示。

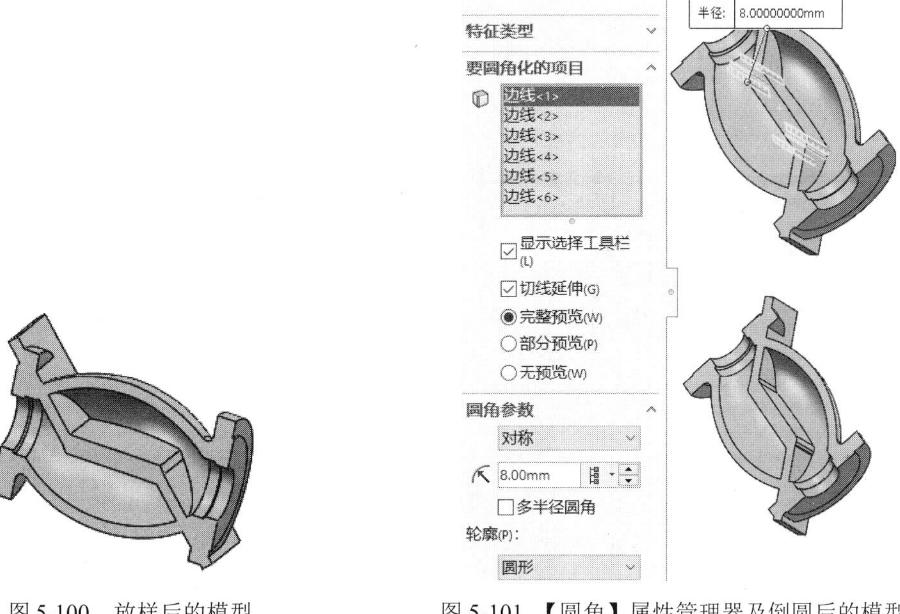

图 5-100　放样后的模型

图 5-101　【圆角】属性管理器及倒圆后的模型

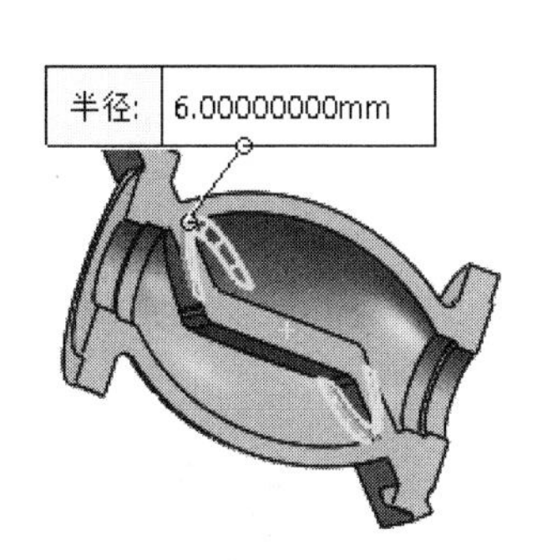

图 5-102　倒圆半径为 6

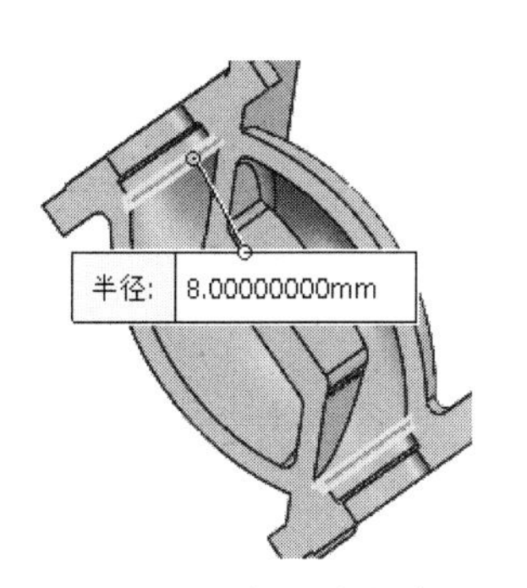

图 5-103　倒圆半径为 8

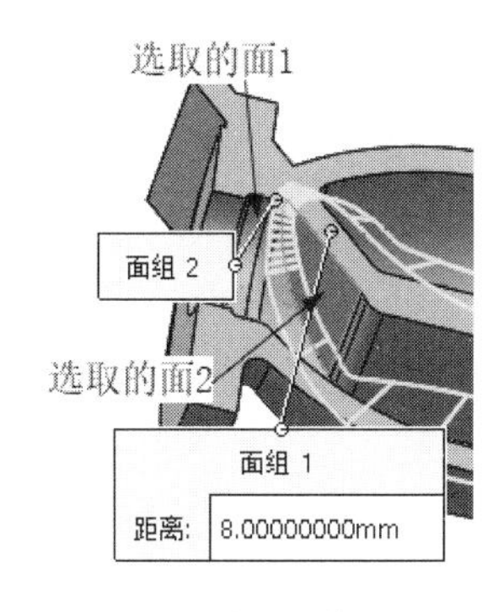

图 5-104　选取的倒圆面(1)

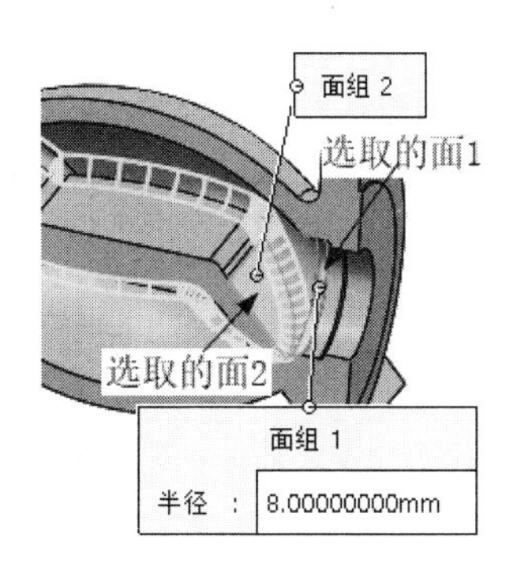

图 5-105　选取的倒圆面(2)

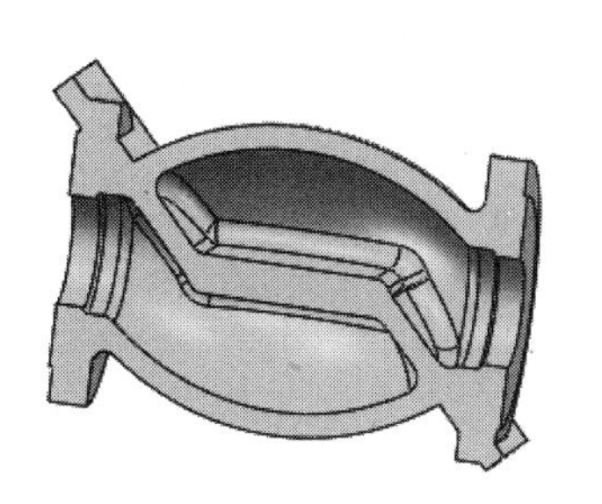

图 5-106　倒圆后的模型

⑭ 单击【特征】工具栏中的【旋转切除】按钮，在【特征管理器设计树】中选择【前视基准面】，系统进入草图环境，绘制如图 5-107 所示的草图，单击按钮，退出草图环境，系统返回【旋转】属性管理器。【角度】微调框中输入“360.00 度”，单击【确定】按钮✓，结果如图 5-108 所示。

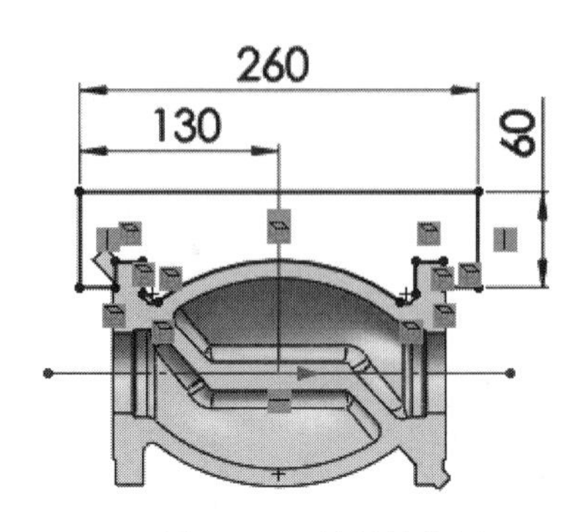

图 5-107 绘制的草图（4）

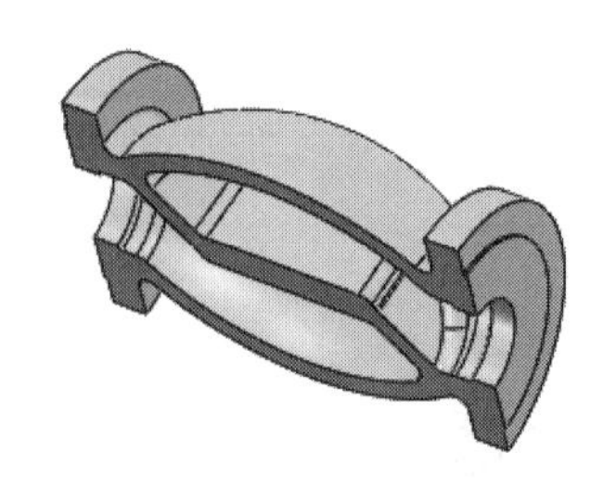

图 5-108 旋转后的模型

⑮ 单击【视图（前导）】工具栏中的【剖面视图】按钮，取消剖面视图显示。

⑯ 单击【特征】工具栏上的【拉伸凸台/基体】按钮，系统弹出【拉伸】属性管理器，在绘图区选取“上视基准面”或者在模型树上选择【上视基准面】，系统进入草图环境，单击【标准视图】工具栏中的【正视于】按钮，绘制如图 5-109 所示的草图，单击按钮，退出草图环境，系统返回如图 5-110 所示的【凸台-拉伸】属性管理器。在【开始条件】下拉列表中选择【等距】选项，在【输入等距值】微调框中输入“85.00mm”，在【终止条件】下拉列表中选择【给定深度】，在【深度】微调框内输入“15.00”，单击【确定】按钮✓，结果如图 5-110 所示。

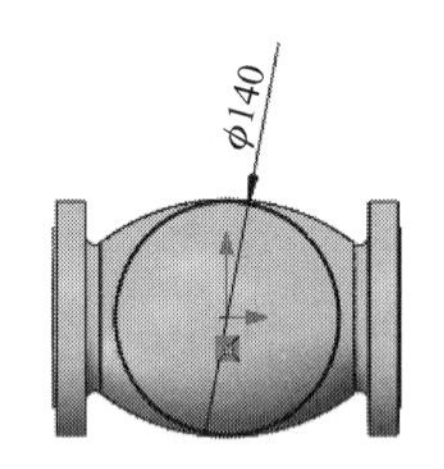

图 5-109 绘制的草图（5）

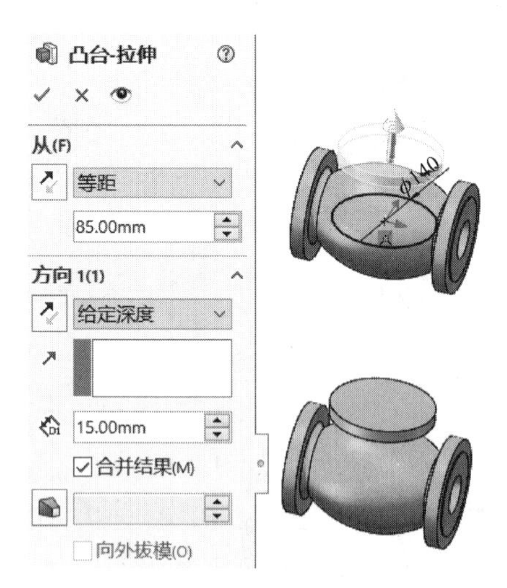

图 5-110 【凸台-拉伸】属性管理器及拉伸后的表面

⑰ 单击【特征】工具栏上的【拉伸凸台/基体】按钮，系统弹出【拉伸】属性管理器，在绘图区选取步骤⑯拉伸实体的上表面，系统进入草图环境，单击【标准视图】工具栏中的【正视于】按钮，绘制如图 5-111 所示的草图，单击按钮，退出草图环境，系统返回如

图 5-112 所示的【凸台-拉伸】属性管理器。在【开始条件】下拉列表中选择【草图基准面】选项，在【终止条件】下拉列表中选择【成形到一面】，然后选取如图 5-112 所示的实体表面，单击【确定】按钮✔，结果如图 5-112 所示。

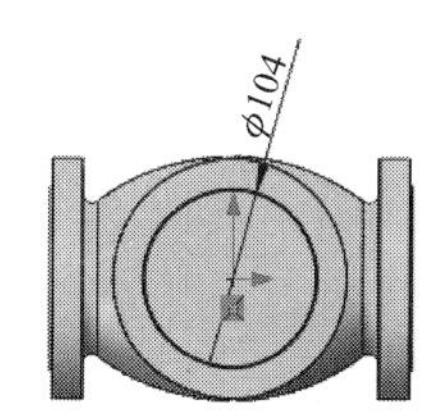

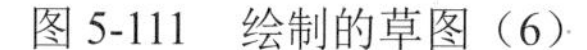

图 5-111　绘制的草图（6）

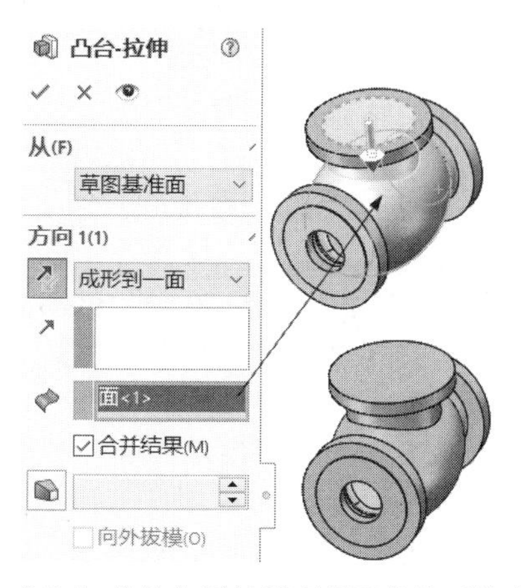

图 5-112　【凸台-拉伸】属性管理器及拉伸后的表面（2）

⑱ 单击【特征】工具栏中的【拉伸切除】按钮，系统弹出【拉伸】属性管理器。在绘图区选取步骤⑯拉伸实体的上表面，系统进入草图环境，单击【标准视图】工具栏中的【正视于】按钮。绘制如图 5-113 所示的草图，单击按钮，退出草图环境，系统返回如图 5-114 所示的【切除-拉伸】属性管理器，在【开始条件】下拉列表中选择【草图基准面】选项，在【终止条件】下拉列表中选择【给定深度】选项，在【深度】微调框中输入“82.50mm”，单击【确定】按钮✔，结果如图 5-114 所示。

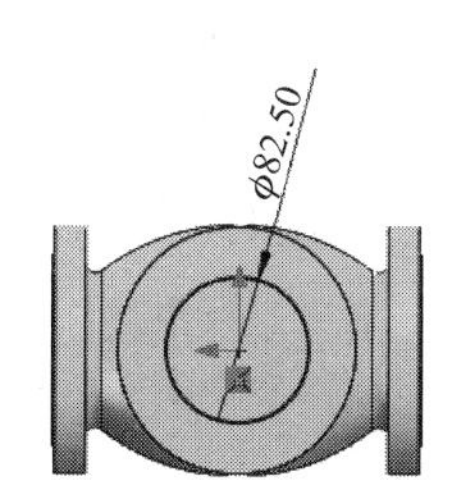

图 5-113　绘制的草图（7）

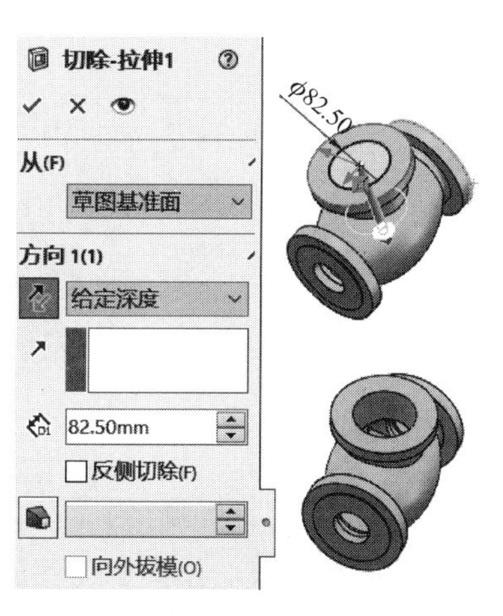

图 5-114　【切除-拉伸】属性管理器及切除后的表面

⑲ 单击【特征】工具栏中的【拉伸切除】按钮，系统弹出【拉伸】属性管理器。在绘图区选取步骤⑯拉伸实体的上表面，系统进入草图环境，单击【标准视图】工具栏中的【正视于】按钮。绘制如图 5-115 所示的草图，单击按钮，退出草图环境，系统返回【切除-拉伸】属性管理器，在【开始条件】下拉列表中选择【草图基准面】选项，在【终止条件】下拉列表中选择【成形到下一面】选项，单击【确定】按钮✔，结果如图 5-116 所示。

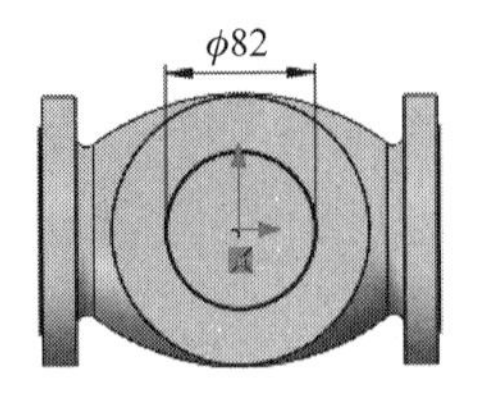

图 5-115　绘制的草图（8）

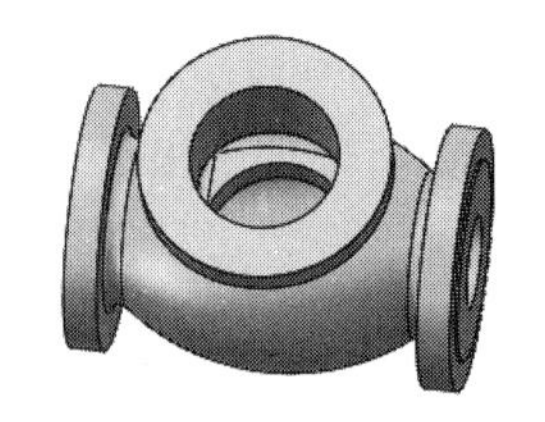

图 5-116　拉伸切除后的模型

⑳ 单击【特征】工具栏中的【异型向导孔】按钮，系统弹出如图 5-117 所示的【孔规格】属性管理器，参照图 5-117 设置各个选项和参数。单击【孔类型】选项组中的【直螺纹孔】按钮，【标准】下拉列表中选择【GB】，【类型】下拉列表中选择【底部螺纹孔】，【大小】下拉列表中选择【M12】，【终止条件】下拉列表中选择【完全贯穿】。然后进入【位置】选项卡，再在绘图区选取步骤⑯拉伸实体的下表面，系统进入草图环境，孔的位置如图 5-118 所示，单击【确定】按钮，结果如图 5-119 所示。

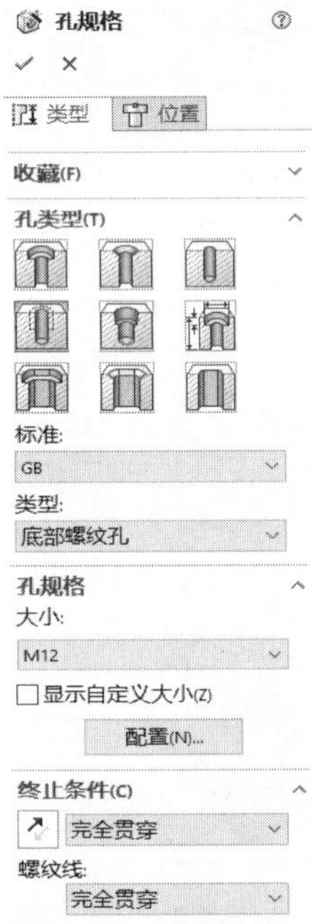

图 5-117　【孔规格】属性管理器

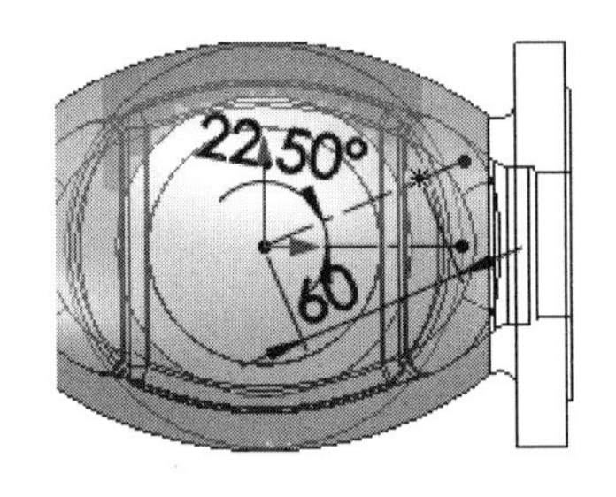

图 5-118　孔的位置

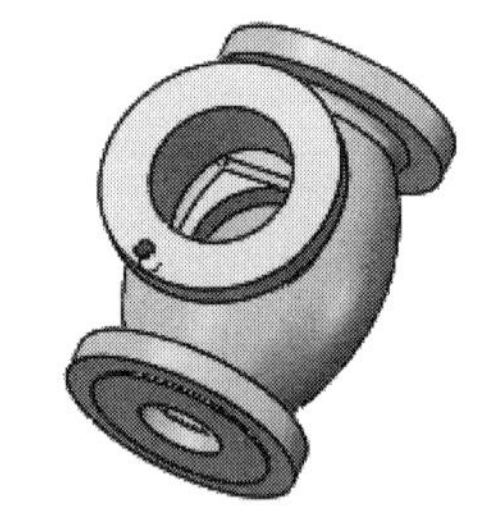

图 5-119　添加螺纹孔后的模型

㉑ 选择【视图】|【隐藏/显示】|【临时轴】菜单命令，显示临时轴。

㉒ 选择【插入】|【阵列/镜向】|【圆周阵列】菜单命令或者单击【特征】工具栏中的【圆周阵列】按钮，系统弹出如图 5-120 所示的【阵列(圆周)】属性管理器。【阵列轴】选取步骤⑯拉伸圆柱时产生的临时轴，选择【等间距】单选按钮，在【角度】微调框中输入“360.00 度”，在【实例数】微调框中输入“8”；单击【要阵列的特征】选择框，选取步骤⑳创建的孔，单击【确定】按钮，完成圆周阵列的创建，结果如图 5-120 所示。

㉓ 选择【插入】|【特征】|【倒角】菜单命令或者单击【特征】工具栏中的【倒角】按钮，系统弹出如图 5-121 所示的【倒角】属性管理器。在【倒角类型】中单击【角度-距离】按钮，选取如图 5-121 所示的实体边缘，在【距离】微调框中输入“2.00mm”，在【角度】微调框中输入“15.00 度”，单击【确定】按钮，结果如图 5-121 所示。

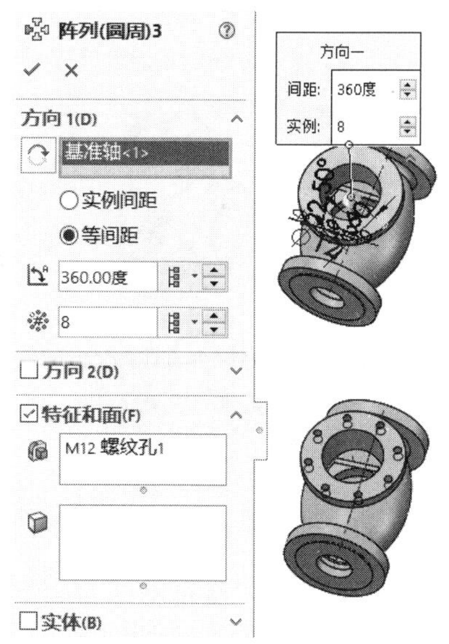
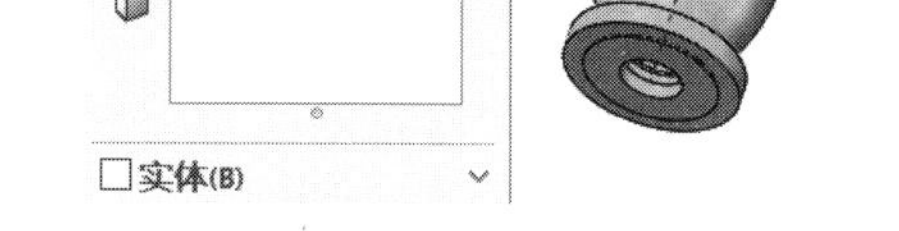

图 5-120 【阵列(圆周)】属性管理器及结果（1）

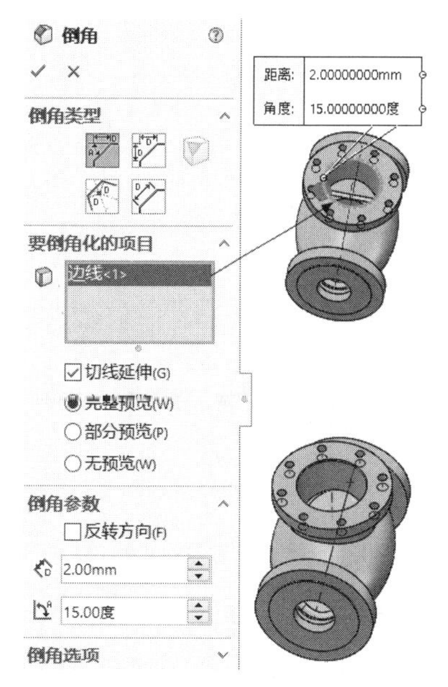

图 5-121 【倒角】属性管理器及结果

㉔ 单击【特征】工具栏中的【拉伸切除】按钮，系统弹出【拉伸】属性管理器。在绘图区选取如图 5-122 所示的表面，系统进入草图环境，单击【标准视图】工具栏中的【正视于】按钮。绘制如图 5-123 所示的草图，单击按钮，退出草图环境，系统返回如图 5-124 所示的【切除-拉伸】属性管理器，在【开始条件】下拉列表中选择【草图基准面】选项，在【终止条件】下拉列表中选择【成形到一面】选项，单击【确定】按钮✔。

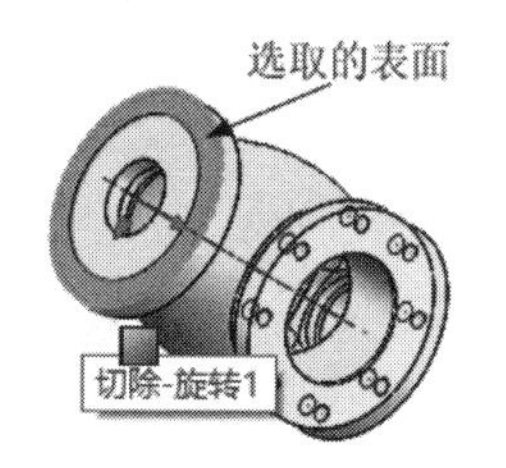

图 5-122　选取的表面（1）

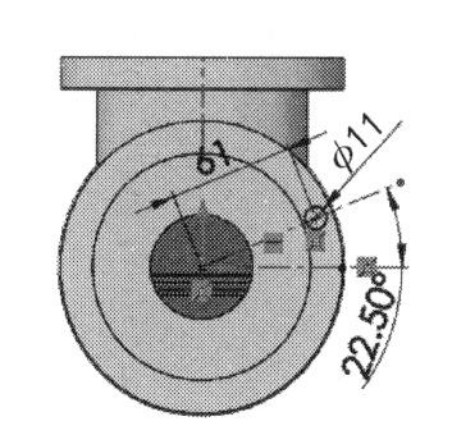

图 5-123　绘制的草图（9）

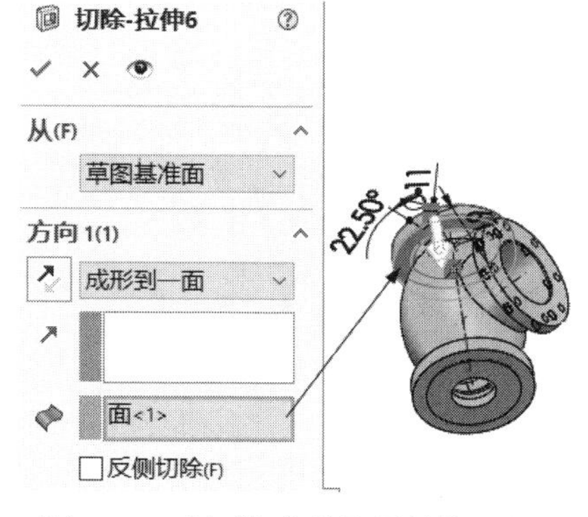

图 5-124 【切除-拉伸】属性管理器

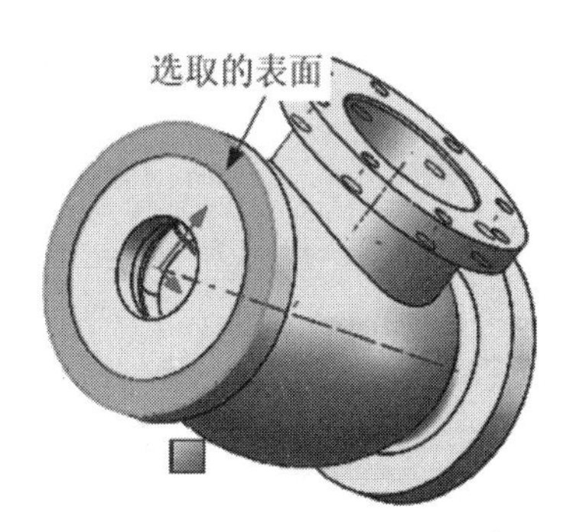

图 5-125　选取的表面（2）

㉕ 采用与步骤㉔相同的方法拉伸切除。草图平面如图 5-125 所示，绘制的草图如图 5-126 所示。

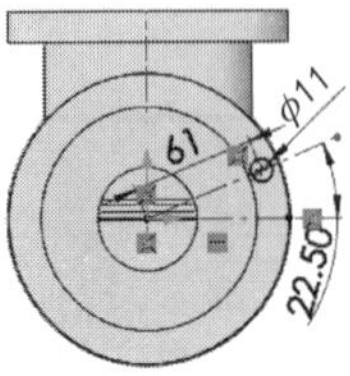

图 5-126　绘制的草图（10）

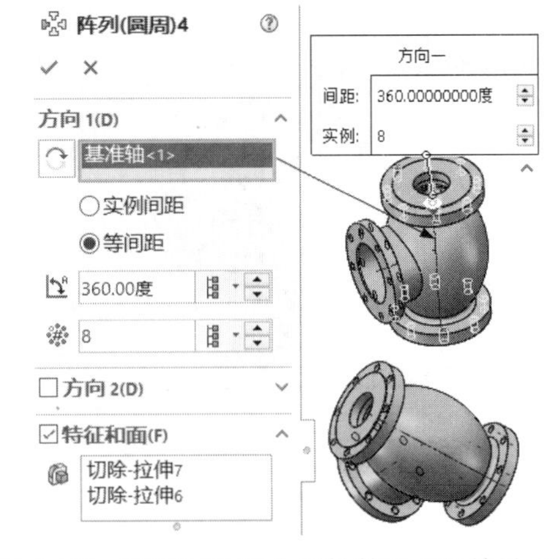

图 5-127　【阵列(圆周)】属性管理器及结果（2）

㉖ 选择【插入】|【阵列/镜向】|【圆周阵列】菜单命令或者单击【特征】工具栏中的【圆周阵列】按钮，系统弹出如图 5-127 所示的【阵列(圆周)】属性管理器。【阵列轴】选取如图 5-127 所示的临时轴，选择【等间距】单选按钮，在【角度】微调框中输入“360.00度”，在【实例数】微调框中输入“8”；单击【要阵列的特征】选择框，选取步骤㉔和步骤㉕创建的孔，单击【确定】按钮，结果如图 5-127 所示。

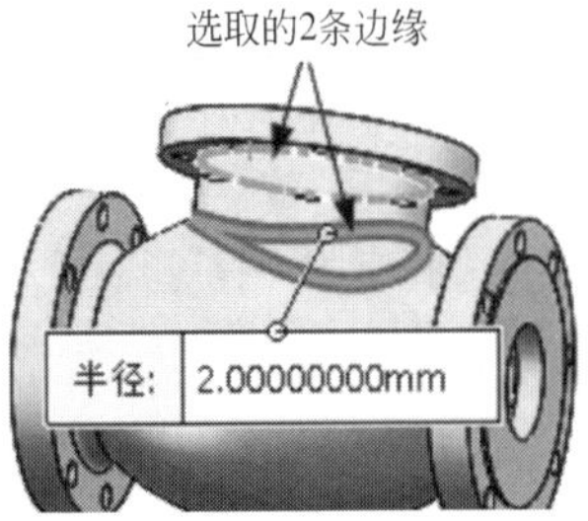

图 5-128　选取的实体边缘

㉗ 选择【视图】|【隐藏/显示】|【临时轴】菜单命令，隐藏临时轴。

㉘ 单击【特征】工具栏中的【圆角】按钮，系统弹出【圆角】属性管理器，【圆角类型】选中【等半径】，设置【半径】为“2.00mm”，选取如图 5-128 所示的 2 条实体的边缘，单击【确定】按钮，结果如图 5-88 所示。

5.5 上机练习

在 SolidWorkS 中创建如图 5-129～图 5-136 所示的零件三维模型。

操作题（1）

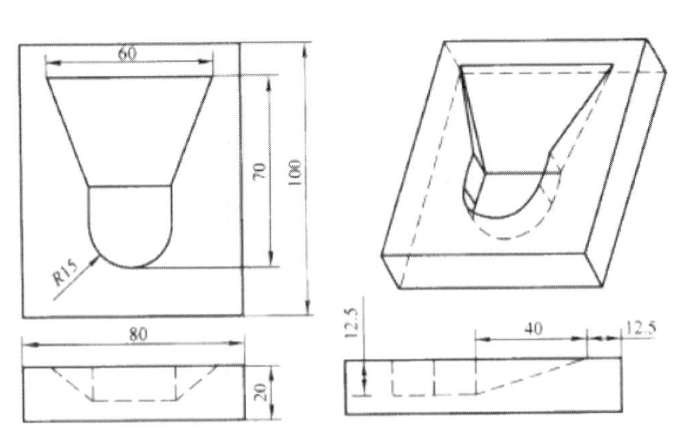

图 5-129　操作题图（1）

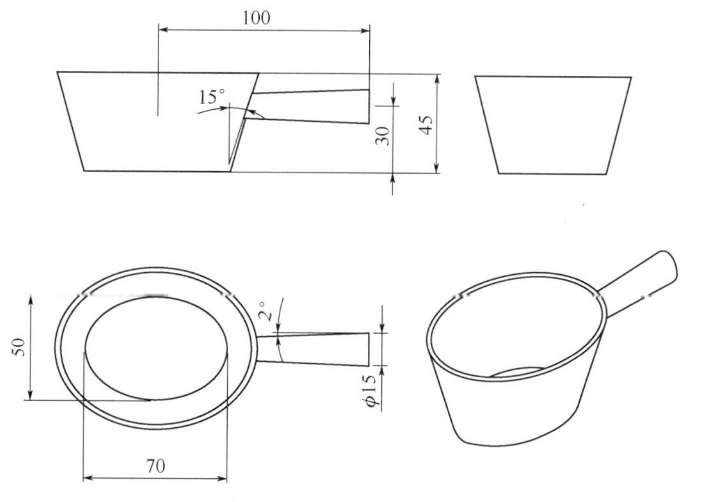

图 5-130　操作题图（2）

操作题（2）

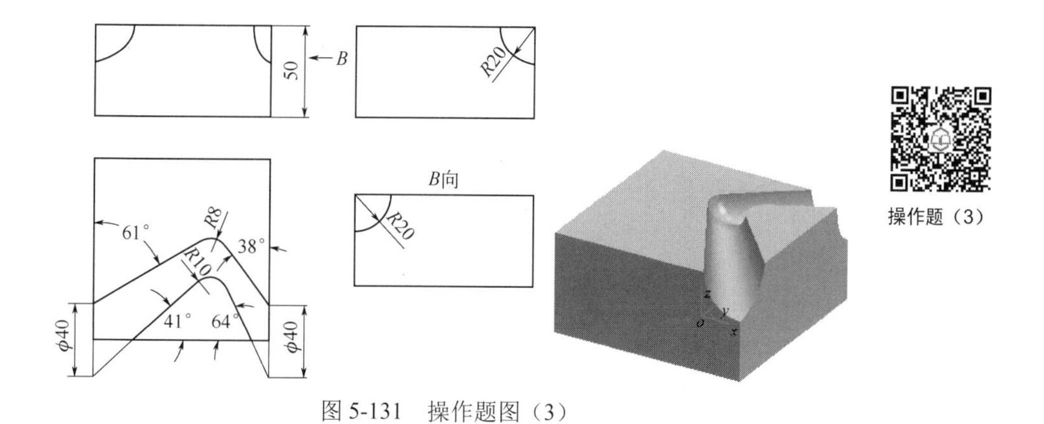

图 5-131　操作题图（3）

操作题（3）

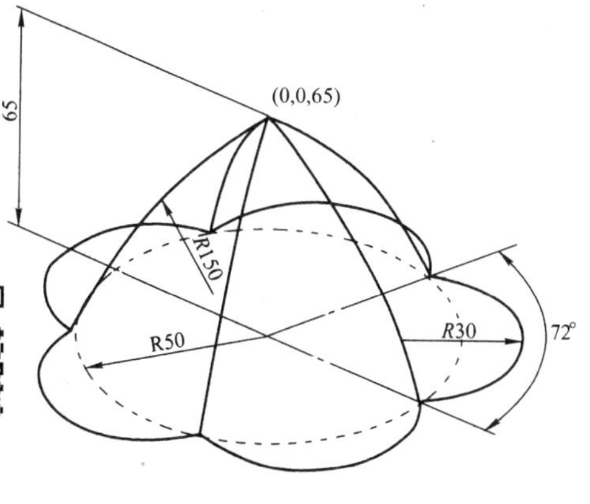

图 5-132　操作题图（4）

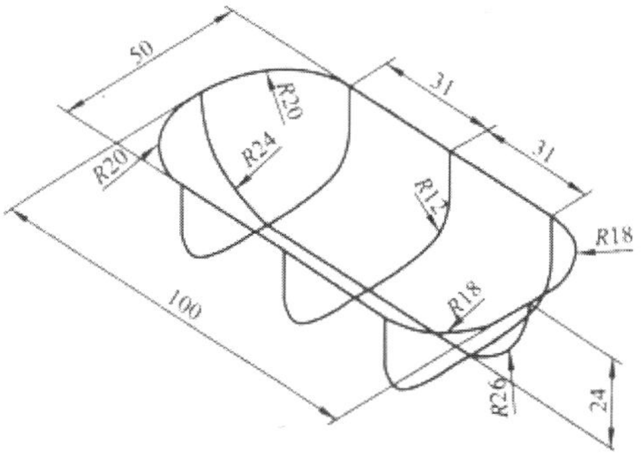

操作题（4）

图 5-133　操作题图（5）

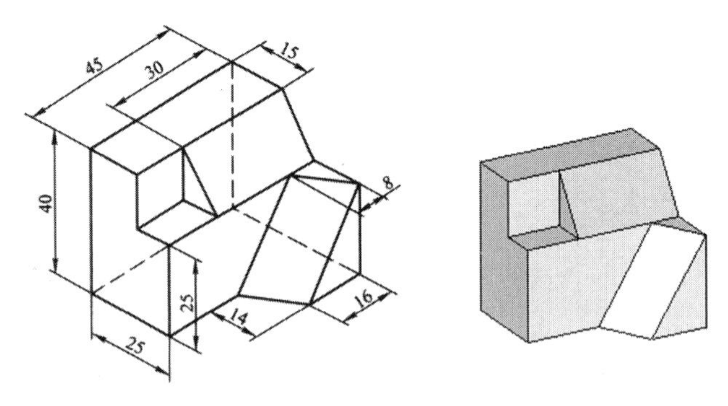

图 5-134　操作题图（6）

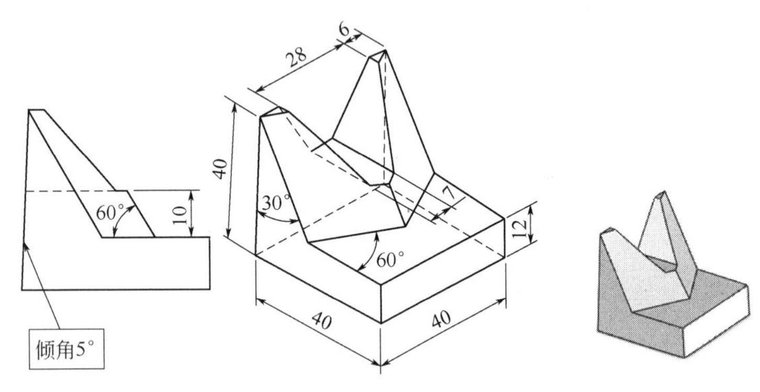

图 5-135　操作题图（7）

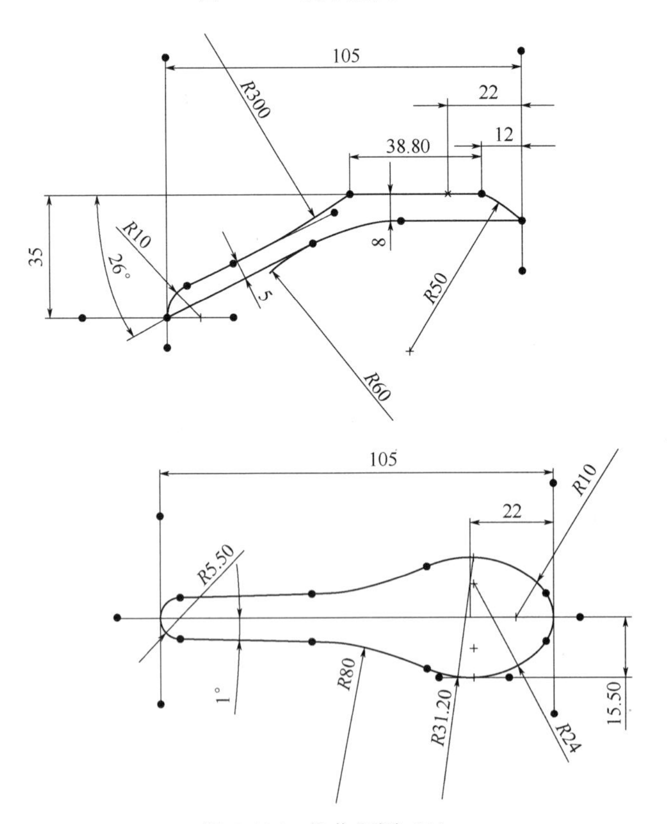

图 5-136　操作题图（8）

第6章　机械标准件设计

SolidWorks Toolbox 插件包括标准零件库（标准件库）、凸轮设计、凹槽设计和其他设计工具。利用 Toolbox 插件可以选择具体的标准和想插入的零件类型，然后将零部件拖动到具体的装配体。也可以自定义 Toolbox 零件库，使之包括一定的标准或最常引用的零件。

本章介绍机械标准件设计，以实例的方式讲解各插件的功能及其工程应用。为了更加方便读者学习，本章内容做成电子版，读者可以通过扫描二维码学习这部分内容。

电子版内容如下：

6.1　SolidWorks 内置机械插件应用

6.1.1　FeatureWorks 插件应用

6.1.2　DimXpert（尺寸专家）的应用

6.1.3　TolAnalyst（公差分析）插件的应用

6.2　SolidWorks 外部插件应用

6.2.1　Gear Trax 插件工作界面

6.2.2　创建直齿圆柱齿轮

6.2.3　创建直齿圆柱齿轮

6.2.4　GearTrax 其他功能

6.3　Toolbox 插件应用

6.3.1　Toolbox 插件的应用

6.3.2　凸轮设计

6.3.3　凹槽设计

6.3.4　钢梁计算器

6.3.5　轴承计算器

6.3.6　结构钢

6.4　SolidWorks 文件转换

6.4.1　利用 SolidWorks Task Scheduler 转换

6.4.2　通过 SolidWorks Task Scheduler 输入、输出文件

6.4.3　通过 SolidWorks 2018 窗口输入、输出文件

6.5　上机练习

教学视频

交互识别

识别特征

生成直齿圆柱齿轮

创建直齿圆锥齿轮

创建链轮

创建同步带带轮

创建蜗轮

凸轮设计

凹槽设计

结构钢设计

第7章 钣金结构件设计

SolidWorks 提供了顶尖的、全相关的钣金设计能力。在 SolidWorks 中可以直接使用各种类型的法兰、薄片等特征，正交切除、角处理以及边线切口等，使钣金操作变得非常容易，可以直接进行按比例放样折弯、圆锥折弯、复杂的平板型式的处理。

SolidWorks 中钣金设计的方式与方法与零件设计的完全一样，用户界面和环境也相同，而且还可以在装配环境下进行关联设计；自动添加与其他相关零部件的关联关系，修改其中一个钣金零件的尺寸，其他与之相关的钣金零件或其他零件会自动进行修改。

因为钣金件通常都是外部围绕件或包容件，需要参考别的零部件的外形和边界，从而设计出相关的钣金件，以达到其他零部件的修改变化会自动影响到钣金件变化的效果。

SolidWorks 的二维工程图可以生成成形的钣金零件工程图，也可以生成展开状态的工程图，还可以把两种工程图放在一张工程图中，同时可以提供加工钣金零件的一些过程数据，生成加工过程中的每个工程图。

本章首先介绍与钣金设计相关的术语，然后介绍钣金零件的生成方法以及钣金特征的编辑。

7.1 钣金基本知识

7.1.1 钣金术语

在 SolidWorks 2018 钣金设计中常用的基本术语有折弯系数、折弯扣除、K-因子等。另外在 SolidWorks 中除直接指定和由 K-因子来确定折弯系数之外，还可以利用折弯系数表来确定。

在折弯系数表中可以指定钣金零件的折弯系数或折弯扣除数值等，折弯系数表还包括折弯半径、折弯角度以及零件厚度的数值。

要学好钣金设计，必须先掌握基本的钣金设计知识，钣金到目前还没有一个比较完整的定义，国外某专业期刊上将其定义为：钣金是针对金属薄板（通常在 6mm 以下）一种综合冷加工工艺，包括剪、冲/切/复合、折、焊接、铆接、拼接、成形等，其最显著的特征是零件壁厚均匀。

钣金设计中相关基本术语包括折弯系数、折弯扣除、K-因子、折弯系数表、规则折弯、滚动折弯、缝止裂槽、边缝、凹槽、分割边、尖角、拉伸壁、切割实体和展开等。

① 折弯系数。零件要生成折弯时，可以指定一个折弯系数给一个钣金折弯，但指定的折弯系数必须介于折弯内侧边线的长度与外侧边线的长度之间。折弯系数可以用钣金原材料的总展开长度减去非折弯长度来计算。

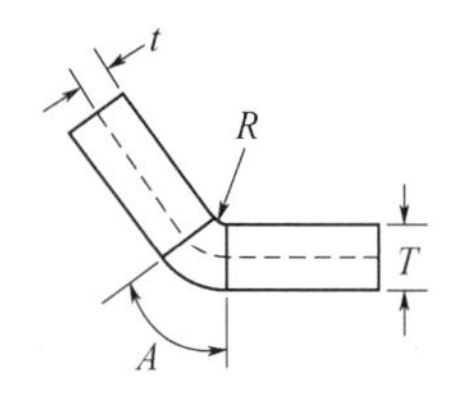

图 7-1　K-因子示意图

② 折弯扣除。当生成折弯时，用户可以通过输入数值来给任何一个钣金折弯指定一个明确的折弯扣除。折弯扣除由虚拟非折弯长度减去钣金原材料的总展开长度来计算。

③ K-因子。K-因子表示钣金中性面的位置，以钣金零件的厚度作为计算基准，如图 7-1 所示。K-因子即为钣金内表面到中性面的距离 t 与钣金厚度 T 的比值，即等于 t/T。

当选择 K-因子作为折弯系数时，可以指定 K-因子折弯系数表。SolidWorks 应用程序随附 Microsoft Excel 格式的 K-因子折弯系数表格。此位于<安装目录>\lang\Chinese- Simplified \Sheetmetal Bend Tables\kfactor base bend table.xls。

④ 折弯系数表。在 SolidWorks 中有两种折弯系数表可供使用：一是带有.btl 扩展名的文本文件；二是嵌入的 Excel 电子表格。

⑤ 规则折弯。在零件的平整部分上创建直的折弯特征，它只包含一个草绘图元，并且不能与其他现有折弯交叉。

⑥ 滚动折弯。创建由草绘图元（显示折弯位置、折弯角度和折弯半径）指定的折弯特征。

⑦ 缝止裂槽。沿壁切割或撕裂钣金件时所采用的方法，有助于在建模时将材料拉伸考虑在内，从而满足设计意图。

⑧ 边缝。沿边切割或撕裂钣金件时所采用的方法，有助于在建模时将材料拉伸考虑在内，从而满足设计意图。

⑨ 凹槽。钣金件曲面或边上的切口。

⑩ 分割边。将一条边一分为二的特征。

⑪ 尖角。钣金件的两条边相交所形成的突出部分，该部分可通过切割或冲孔除掉。

⑫ 拉伸壁。从一条边拉伸到空间的钣金件实体结构。

⑬ 切割实体。从钣金件壁中移除材料的实体部分。

⑭ 展开。将成形钣金件中的折弯展平在零件主体平面内，从而为钣金下料提供指导。

7.1.2 钣金结构设计注意事项

钣金产品设计属于机械产品设计范畴，必须遵守机械设计规则，循序渐进，逐渐完成整个设计过程。

零件结构直接关系到产品的功能、可靠性、可维护性和美观，并影响用户的心理。产品的整机结构设计已经发展成为包含人机工程学、技术美学、机械学、力学、传热学、材料学、表面装饰等专业的综合性学科。钣金结构设计往往需要综合考虑产品应用过程中可能出现的各方面的问题，从而尽量提前考虑将来可能出现的设计缺陷。对其设计中的基本要求包括功能性、可靠性、工艺性、经济性、外观及成本等。

另外，在设计过程中还应该不断完善产品结构的受力状况，提高产品的精度、保证产品寿命以及方便后续的产品维护，从而降低钣金件在产品的寿命范围内出现失效的可能性。钣金结构设计中应该注意如下问题。

① 能否实现预期功能。

② 能否满足强度、刚度要求。

③ 能否满足工艺性、经济性要求。

④ 能否满足整机装配。

⑤ 能否满足整机的电气、EMC（电磁兼容）、冷却、散热要求。

7.1.3 SolidWorks 钣金设计方法

SolidWorks 钣金设计功能强大、简单易学，其操作界面与一般零件设计建模界面一样，设计者使用 SolidWorks 的钣金命令，能在较短时间内完成较为复杂的钣金零件的设计建模。本部分内容将向读者介绍 SolidWorks 软件中的钣金功能模块的特点、系统配置、基本特征，为后续部分做好铺垫，也为后续的钣金高级成形建模打下基础。

使用 SolidWorks 软件进行钣金设计方法有如下两种。

（1）将实体零件生成钣金零件

设计零件实体，然后转换为钣金零件。按照常规的建模方法创建的零件转换成钣金零件，然后将零件展开，以便能够使用钣金零件的特定特征。通过【拉伸】【旋转】【扫描】【放样】等实体特征建模命令设计实体零件，然后通过【钣金】工具栏中的【转换到钣金】按钮，将实体零件换成钣金零件。转换成钣金零件后，用户往往还要根据实际需要对钣金进行修整，例如使用【闭合角】命令对钣金模型边角缝隙进行调整。如图 7-2 所示，零件采用【拉伸】命令生成基体特征，通过【转换到钣金】命令将实体零件转换为钣金。

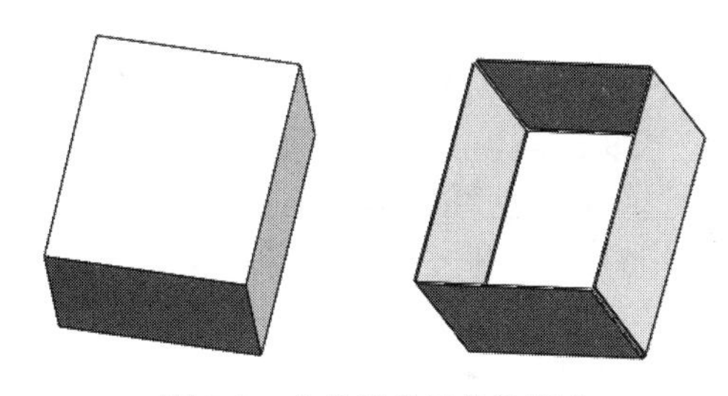

图 7-2 实体零件转换为钣金

单击【转换到钣金】按钮，系统弹出如图 7-3 所示的【转换到钣金】属性管理器。选取实体零件的上表面为【选取固定实体】，输入【钣金厚度】值为 1.50mm，【折弯钣金】为“1.00mm”；在折弯边线中选择该待转换实体零件中所有折弯，可以使用【转换到钣金】属性管理器中提供的【采集所有折弯】按钮选择所有折弯，如图 7-3 所示，单击【确定】按钮，结果如图 7-2 所示。

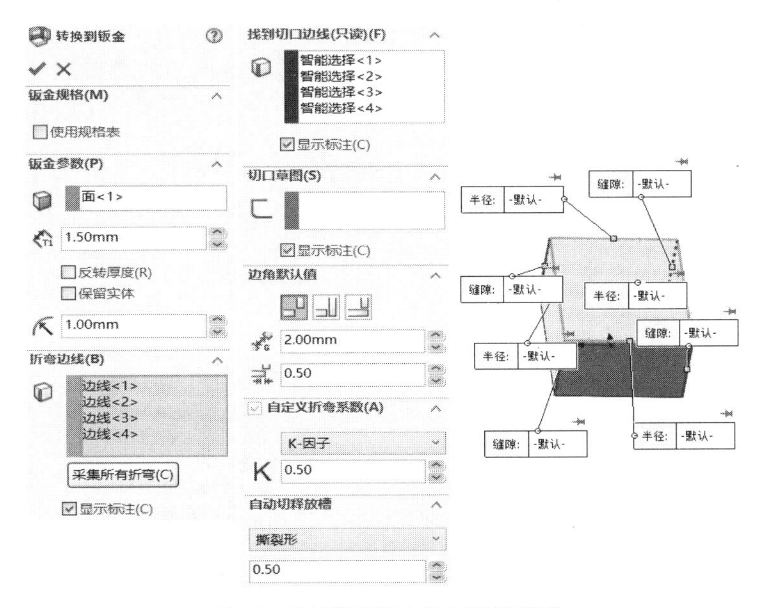

图 7-3 【转换到钣金】属性管理器

（2）通过钣金命令生成钣金零件

使用钣金特征创建钣金零件，直接从钣金零件开始建模，从最初的基体法兰开始，充分利用钣金设计软件的所有功能，钣金特有的工具、命令和选项。对于大多数的钣金零件，都

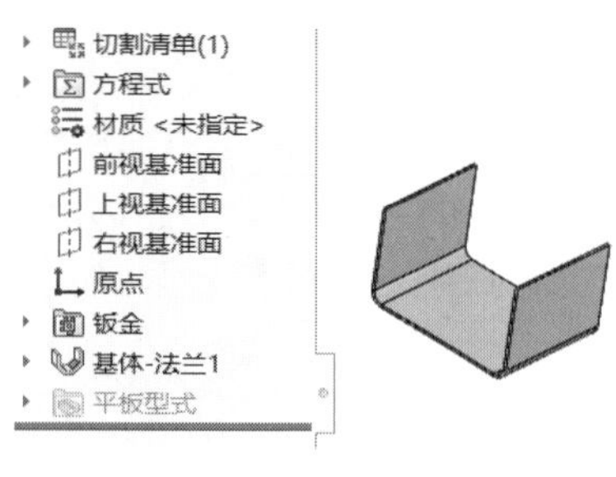

图 7-4 钣金特征管理器

选择这种方法来建模。

这种方法与前面方法的区别在于：一开始建模便利用钣金的【基体法兰】命令，然后利用钣金设计的功能命令和特殊成形工具、选项，一步一步生成最终的钣金零件。

利用(基体法兰/薄片)命令生成一个钣金零件后，钣金特征将出现在如图 7-4 所示特征管理器中。

在该特征管理器中包含三个特征，它们分别代表钣金的三个基本操作。

【钣金】特征：包含了钣金零件的定义。此特征保存了整个零件的默认折弯参数信息，如折弯半径、折弯系数、自动切释放槽（预切槽）比例等。若要编辑默认折弯半径、折弯系数、折弯扣除或默认释放槽类型，使用鼠标右键单击钣金 1，然后选择编辑特征。

【基体-法兰】特征：是此钣金零件的第一个实体特征，包括深度和厚度等信息。

【平板型式】特征：在默认情况下，当零件处于折弯状态时，平板型式特征是被压缩的，将该特征解除压缩即展开钣金零件。在折叠的钣金零件中，平板型式特征应是最后一个特征。

在 FeatureManager 设计树中，当平板型式特征被压缩时，添加到零件的所有新特征均自动插入平板型式特征上方。

在 FeatureManager 设计树中，当平板型式特征解除压缩后，新特征插入平板型式特征下方，并且不在折叠零件中显示。

7.1.4 启用【钣金】特征选项卡

SolidWorks 2018 软件可以通过两种方法实现【钣金】特征选项卡的启用。

（1）用户自定义

选择菜单【工具】|【自定义】命令，系统弹出如图 7-5 所示的【自定义】对话框。勾选【钣金】复选框，单击【确定】按钮，在 SolidWorks 软件功能区调出【钣金】工具条，如图 7-6 所示。

图 7-5 【自定义】对话框

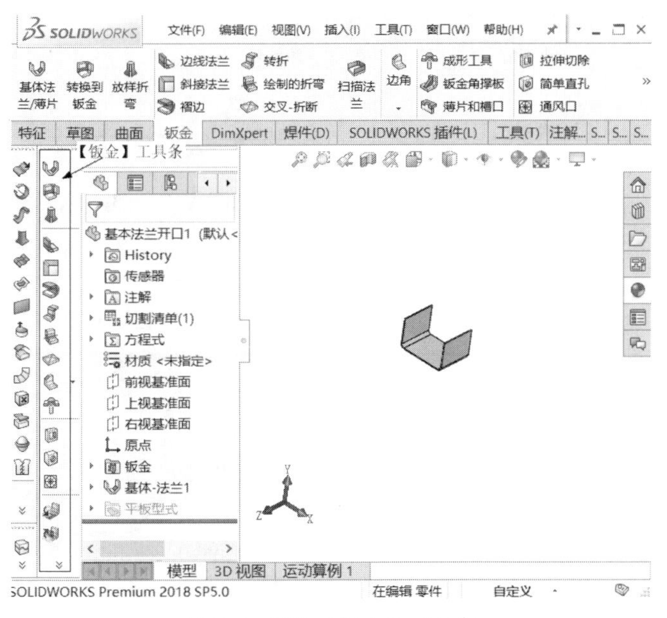

图 7-6　调出【钣金】工具条

（2）添加选项卡

在功能区选项卡中使用鼠标右键单击，在弹出的快捷菜单中勾选【钣金】复选框，钣金设计的功能命令即显示在功能区中，如图 7-7 所示。

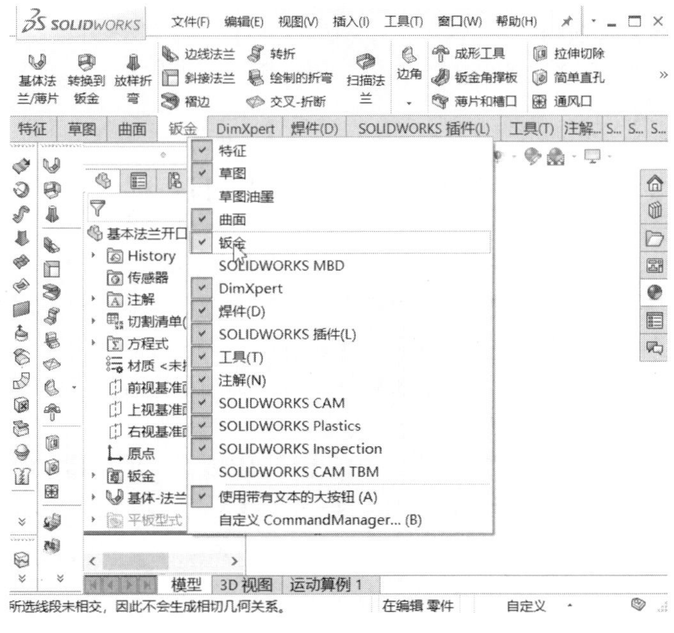

图 7-7　添加【钣金】选项卡

7.1.5 设定选项

在【钣金】属性管理器中可以完成【钣金规格】【折弯参数】【折弯系数】【自动切释放槽】等选项组的设定，【钣金】属性管理器如图 7-8 所示。

图 7-8 【钣金】属性管理器

（1）【钣金规格】选项组

在【钣金规格】选项组中，如果选择【使用规格表】复选框，将预定义生成基体法兰时的规格厚度、允许的折弯半径及 K 因子等。

（2）【折弯参数】选项组

【折弯参数】选项组如图 7-8 所示，在此选项组中可设定固定面或边线、折弯半径以及钣金厚度等参数。

（3）【折弯系数】选项组

在【折弯系数】选项组中有【折弯系数表】【K 因子】【折弯系数】【折弯扣除】以及【折弯计算】五个选项，如图 7-9 所示。

（4）【自动切释放槽】选项组

当生成钣金时，如果选择【自动切释放槽】复选框，系统会自动添加释放槽切割。SolidWorks 支持三种类型的释放槽，如图 7-10 所示。

如果要自动添加【矩形】或【矩圆形】释放槽，必须指定释放槽比例。另外【撕裂形】释放槽是插入和展开零件所需的最小尺寸需求。

如果要自动添加【矩形】释放槽，就必须指定释放槽比例，释放槽比例数值必须在 0.05～2.0 之间。比例值越高，插入折弯的释放槽切除宽度越大，如图 7-11 所示。

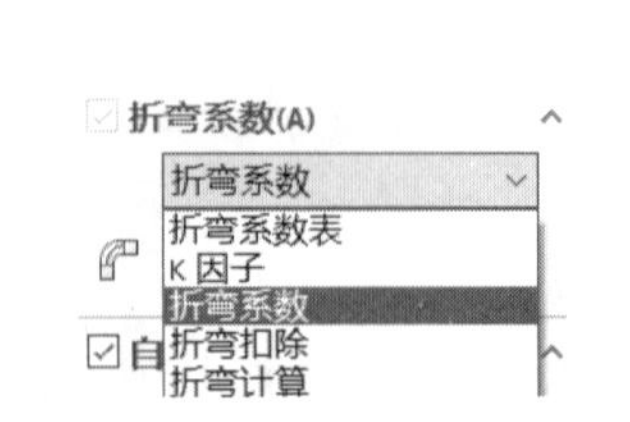

图 7-9 【折弯系数】选项组

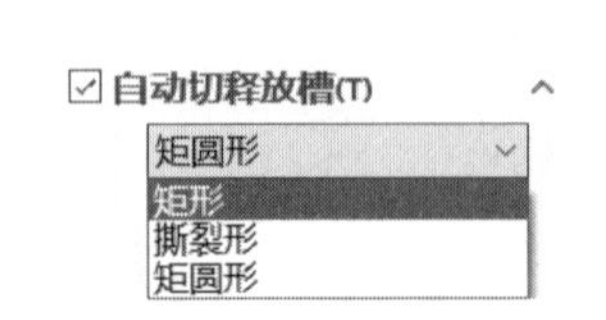

图 7-10 【自动切释放槽】选项

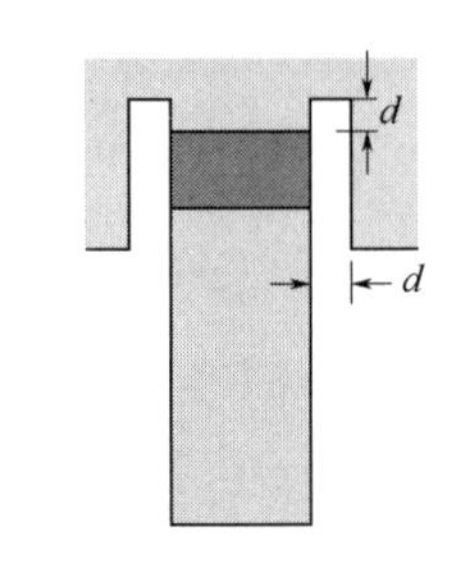

图 7-11 释放槽比例示意图

图中：*d* 代表矩形或矩圆释放槽切除的宽度，深灰颜色区域代表折弯区域，同时也是由矩形或矩圆释放槽切除所延伸经过折弯区域的边上所测量的深度，由以下公式确定：

$$d=释放槽比例\times零件厚度$$

7.2 钣金法兰设计

SolidWorks 提供了一些专门应用于钣金零件建模的特征，包括几种法兰特征(如基体法兰、边线法兰和斜接法兰)、薄片、折叠以及展开工具。提供了成形工具，可以很方便地建立各种钣金形状，也可以很方便地修改或建立成形工具。【钣金】工具栏如图 7-12 所示。

钣金(H)

图 7-12 【钣金】工具栏

7.2.1 基体法兰

基体法兰

基体法兰是钣金零件的基本特征，是钣金零件设计的起点。建立基体法兰特征以后，系统就会将该零件标记为钣金零件。该特征不仅生成了零件最初的实体，而且为以后的钣金特征设置了参数。

基体法兰特征的草图，可以是单一开环、单一闭环或多重封闭轮廓。创建【基体法兰】特征的操作步骤如下。

① 可以先绘制一个草图，然后单击【钣金】工具栏上的【基体法兰/薄片】按钮，或者单击【钣金】选项卡上的【基体法兰/薄片】按钮，或选择下拉菜单【插入】|【钣金】|【基体法兰】命令，系统弹出如图 7-13 所示的【基体法兰】属性管理器。

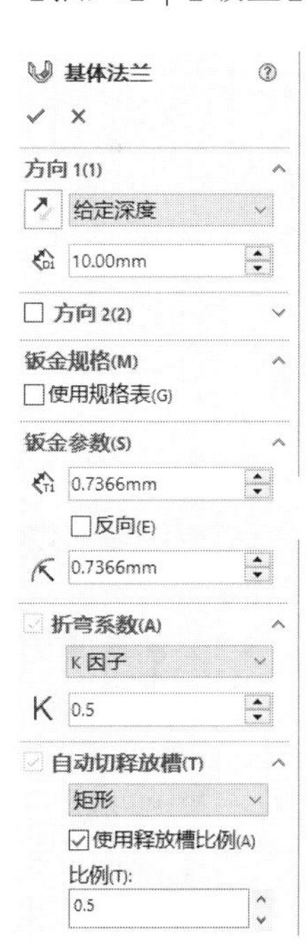

图 7-13 【基体法兰】属性管理器

② 设置相关参数

【方向 1】和【方向 2】选项组：设置【终止条件】和【深度】，用法与拉伸特征的用法相同。

【钣金规格】选项组：设置【钣金规格】。

【钣金参数】选项组：设置【钣金参数】，在【厚度】微调框中输入钣金厚度，在【折弯半径】微调框中输入折弯半径，选中【反向】复选框，反向加厚草图。基体法兰特征的厚度和折弯半径将成为其他钣金特征的默认值。

③ 当相关参数设置好后，单击【确定】按钮✓，生成基体法兰特征。

（1）实例 1

① 启动 SolidWorks 2018 软件。单击工具栏中的【新建】按钮，系统弹出【新建 SOLIDWORKS 文件】对话框，在【模板】选项卡中选择【零件】选项，单击【确定】按钮。

② 选取“前视基准面”作为草图绘制平面，使用【样条曲线】命令绘制如图 7-14 所示草图。

③ 单击【钣金】工具栏上的【基体法兰/薄片】按钮，出现【基

体法兰】属性管理器，在【终止条件】下拉列表中选择【给定深度】选项，在【深度】微调框中输入“60.00mm”，在【厚度】微调框中输入“1.50mm”，在【折弯半径】微调框中输入“5.00mm”，单击【确定】按钮，如图 7-15 所示。

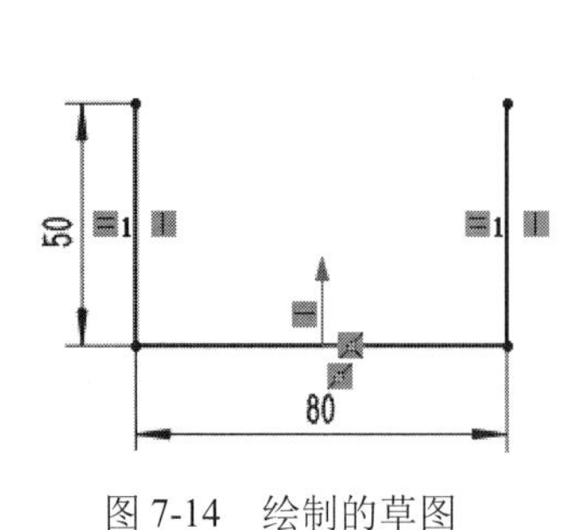

图 7-14　绘制的草图

图 7-15　基体法兰特征

（2）实例 2

① 启动 SolidWorks 2018 软件。单击工具栏中的【新建】按钮，系统弹出【新建 SOLIDWORKS 文件】对话框，在【模板】选项卡中选择【零件】选项，单击【确定】按钮。

② 选取“前视基准面”作为草图绘制平面，使用【样条曲线】命令绘制如图 7-16 所示草图。

③ 单击【钣金】工具栏上的【基体法兰/薄片】按钮，出现【基体法兰】属性管理器，在【厚度】微调框中输入“2.00mm”，单击【确定】按钮，结果如图 7-17 所示。

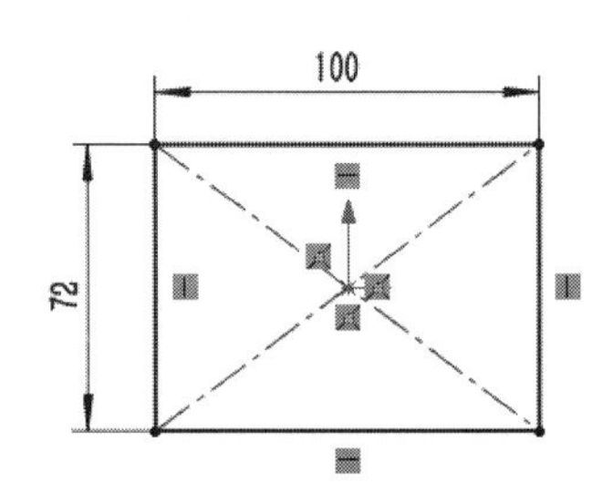

图 7-16　绘制的草图

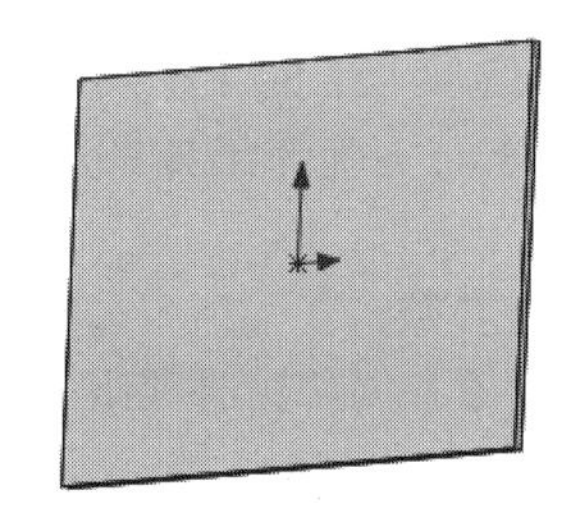

图 7-17　基体法兰特征

7.2.2 边线法兰

边线法兰

边线法兰可以利用钣金零件的边线添加法兰，通过所选边线可以设置法兰的尺寸和方向。

（1）创建【边线法兰】特征的操作步骤

创建【边线法兰】特征的操作步骤如下。

① 单击【钣金】工具栏上的【边线法兰】按钮，或者单击【钣金】选项卡上的【边线法兰】按钮，或选择下拉菜单【插入】|【钣金】|【边线法兰】命令，系统弹出如图 7-18 所示的【边线-法兰】属性管理器。

② 在图形区域选择要放置特征的边线。

③ 在如图 7-18 所示的【法兰参数】选项组中，单击【编辑法兰轮廓】按钮，编辑轮廓的草图。

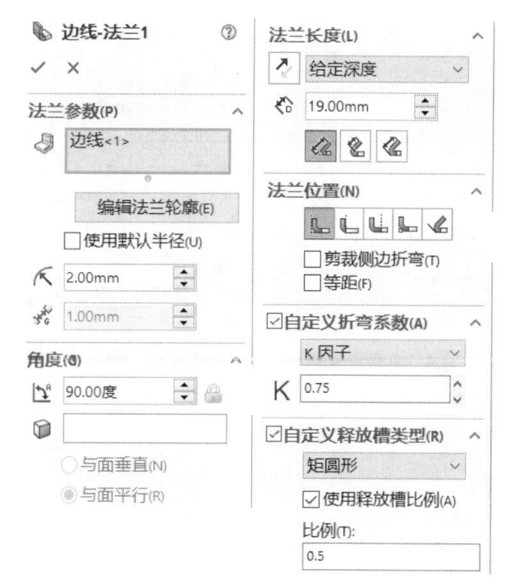

图 7-18 【边线-法兰】属性管理器（1）

④ 若要使用不同的折弯半径（非默认值），应取消选择【使用默认半径】复选框，然后根据需要设置折弯半径。

⑤ 在如图 7-18 所示的【角度】与【法兰长度】选项组中，分别设置法兰角度、长度、终止条件及其相应参数值等。

⑥ 如果选择【给定深度】选项，则必须单击【外部虚拟交点】【内部虚拟交点】或【双弯曲】按钮来决定长度开始测量的位置。

⑦ 在如图 7-18 所示【法兰位置】选项组中设置法兰位置时，将折弯位置设置为【材料在内】【材料在外】【折弯在外】【虚拟交点的折弯】或【与折弯相切】。

⑧ 要移除邻近折弯的多余材料，可选择【剪裁侧边折弯】复选框。

⑨ 如果要从钣金体等距排列法兰，选择【等距】复选框，然后设定等距终止条件及其相应参数。

⑩ 选择并设置【自定义折弯系数】和【自定义释放槽类型】选项组下的相应参数。

⑪ 单击【确定】按钮✓，生成边线法兰特征。

使用边线法兰特征时，所选边线必须为线形，且系统会自动将厚度链接为钣金零件的厚度，轮廓的一条草图直线必须位于所选边线上。

（2）新建边线法兰特征

① 新建一个 SolidWorks 文件，并创建一个如图 7-19 所示的基体法兰。

② 单击【钣金】工具栏上的【边线法兰】按钮，或者单击【钣金】选项卡上的【边线法兰】按钮，或选择下拉菜单【插入】|【钣金】|【边线法兰】命令，系统弹出如图 7-20 所示的【边线-法兰】属性管理器。

③ 激活【选择边线】选择框，在图形区选取如图 7-20 所示的边线，取消选中【使用默认半径】复选框，在【半径】微调框中输入“3.00mm”，在【法兰角度】微调框中输入“60.00度”，在【长度终止条件】下拉列表中选择【给定深度】选项，在【长度】微调框中输入“50.00mm”，在【法兰位置】选项组中单击【材料在外】按钮，如图 7-20 所示，单击【确定】按钮✓，生成边线法兰特征，如图 7-20 所示。

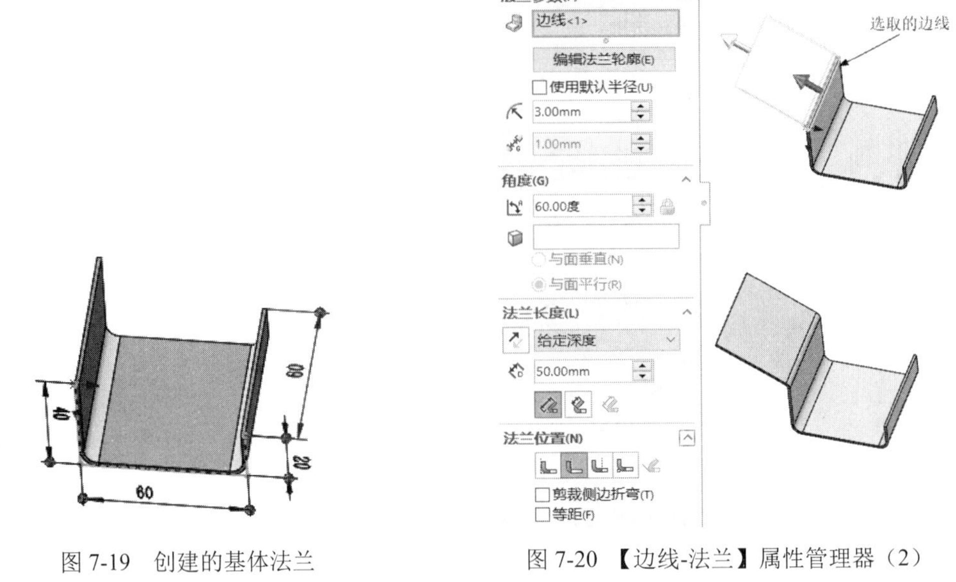

图 7-19　创建的基体法兰　　　　图 7-20　【边线-法兰】属性管理器（2）

（3）编辑边线法兰

编辑边线法兰

① 打开练习文件“编辑边线法兰.SLDPRT”，钣金模型如图 7-21 所示。在【特征管理器设计树】中选择【边线-法兰】，单击鼠标右键，在快捷菜单中单击【编辑草图】按钮，如图 7-22 所示。

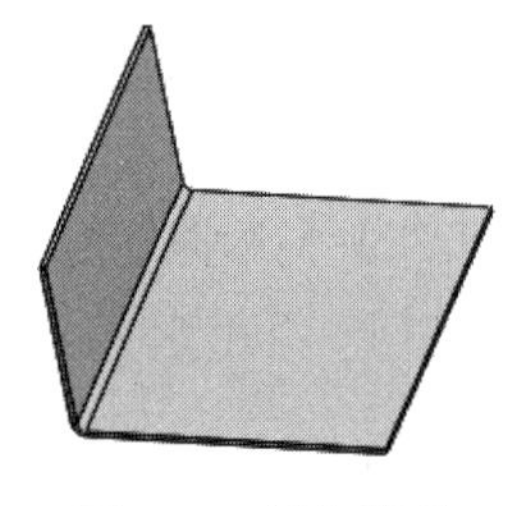

图 7-21　钣金模型

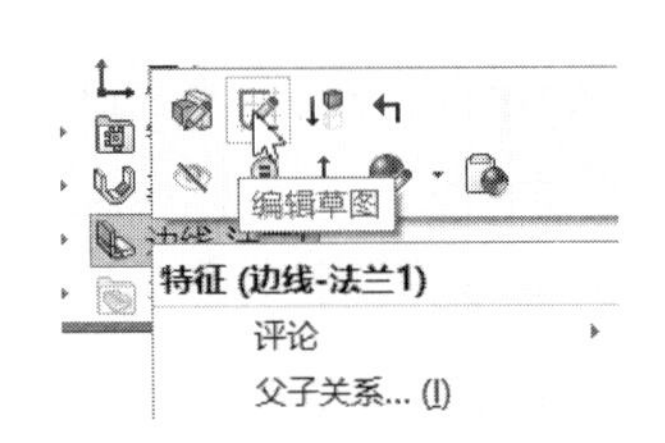

图 7-22　【编辑草图】按钮

② 单击【标准视图】工具栏中的【正视于】按钮，编辑草图，得到如图 7-23 所示的草图，单击【标准】工具栏上的【重新建模】按钮，生成编辑边线法兰特征，结果如图 7-24 所示。

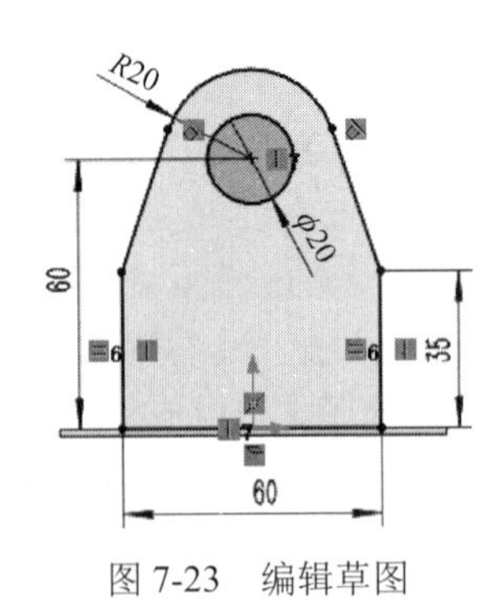

图 7-23　编辑草图

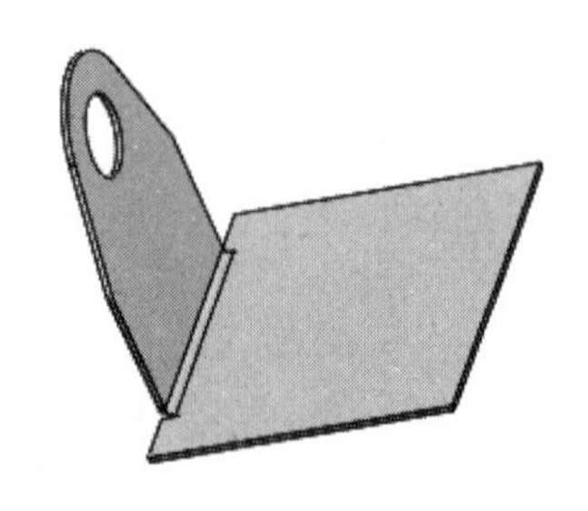

图 7-24　生成编辑边线法兰特征

③ 边线法兰添加多条边线，在【特征管理器设计树】中选择【边线-法兰】，单击鼠标右键，在快捷菜单中单击【编辑特征】按钮，如图 7-25 所示，系统弹出【边线-法兰】属性管理器。在图形区按 Ctrl 键选取如图 7-26 所示的“边线 2”和“边线 3”，单击【确定】按钮✓，生成边线法兰特征，如图 7-27 所示。

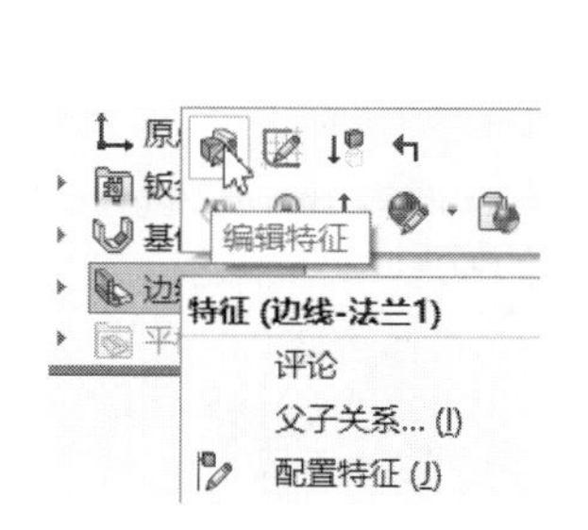

图 7-25 【编辑特征】按钮

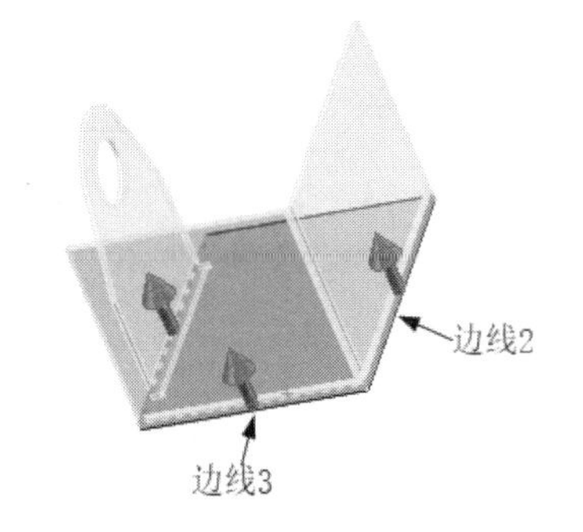

图 7-26 选取的“边线 2”和“边线 3”

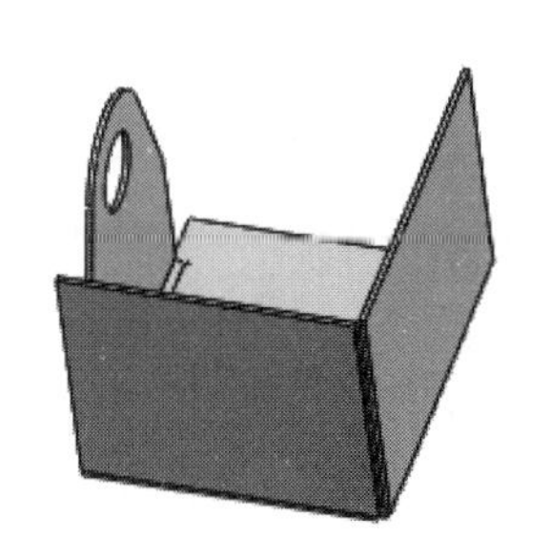

图 7-27 生成边线法兰特征

7.2.3 斜接法兰

斜接法兰

斜接法兰用来生成一段或多段相互连接的法兰并自动生成必要的切口，通过设置法兰位置可以设置法兰在模型的外面或里面。斜接法兰特征可将一系列法兰添加到钣金零件的一条或多条边线上。

斜接法兰的草图必须遵循以下条件：运用斜接法兰特征时斜接法兰的草图可以包括直线或圆弧，也可以包括一个以上的连续直线，草图基准面必须垂直于生成斜接法兰的第一条边线。

如果要生成斜接法兰特征，其操作步骤如下。

① 在钣金零件中生成一个符合标准的草图，草图基准面需要垂直于第一条边线，绘制如图 7-28 所示的草图。

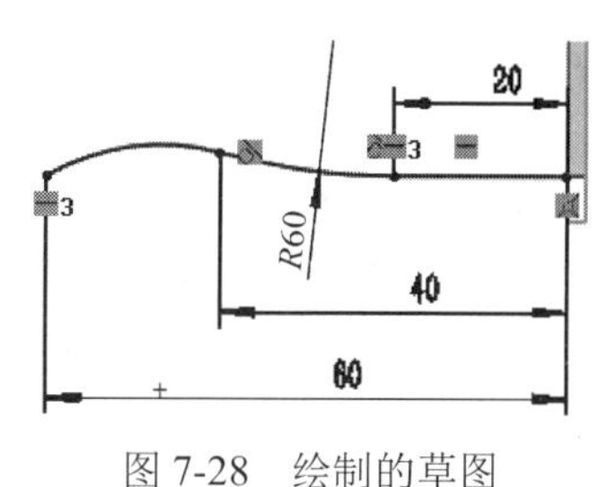

图 7-28 绘制的草图

② 选取步骤①绘制的草图，单击【钣金】工具栏上的【斜接法兰】按钮，或者单击【钣金】选项卡上的【斜接法兰】按钮，或选择下拉菜单【插入】|【钣金】|【斜接法兰】命令，系统弹出如图 7-29 所示的【斜接法兰】属性管理器。

③ 系统会选定斜接法兰特征的第一条边线，且图形区域中将出现斜接法兰的预览，在图形区域选取要斜接的边线，如图 7-29 所示。

④ 若要选择与所选边线相切的所有边线，单击所选边线中点处出现的【延伸】图标，如图 7-30 所示。

⑤ 在如图 7-29 所示【斜接参数】选项组中，若要使用不同的折弯半径（而非默认值），需取消选择【使用默认半径】复选框，然后根据需要设置折弯半径。

⑥ 将法兰位置设置为【材料在内】【材料在外】或【折弯在外】。

⑦ 要移除邻近折弯的多余材料，选择【剪裁侧边折弯】复选框。若要使用默认间隙以外的间隙，将间隙距离设置到所需的距离。

⑧ 根据需要在【启始/结束处等距】选项组中为部分斜接法兰指定等距距离。如果要使斜接法兰跨越模型的整个边线，将【启始/结束处等距】选项组的数值设置为零，此处输入“20.00mm”。

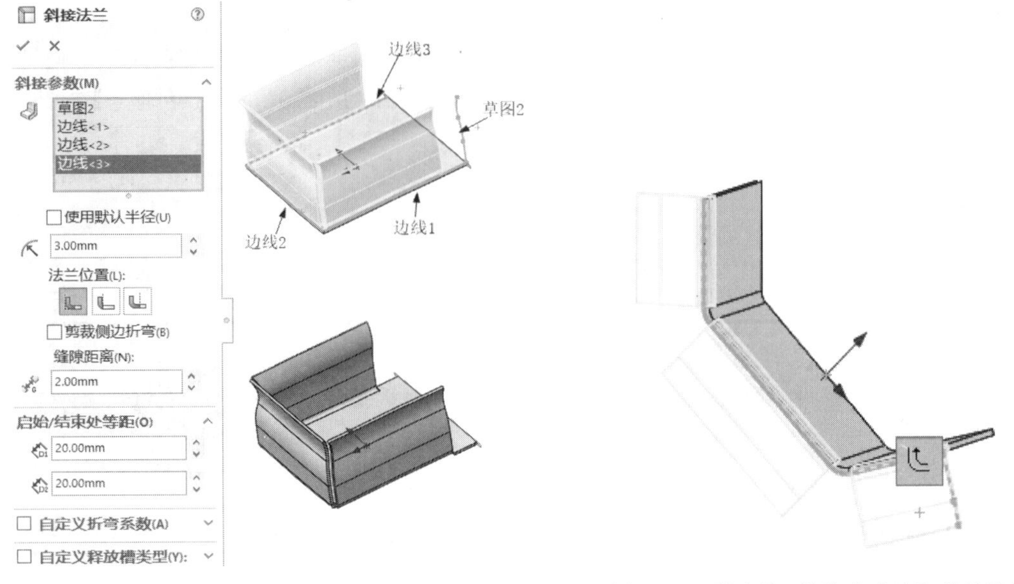

图 7-29 【斜接法兰】属性管理器　　　　图 7-30　通过【延伸】方式选取其他边线

⑨ 选择【矩形】【撕裂形】或【矩圆形】释放槽。如果选择了【矩形】或【矩圆形】释放槽，应设定释放槽比例，或消除选择使用释放槽比例，然后为【释放槽宽度】和【释放槽深度】设定一数值。

⑩ 单击【确定】按钮✓，即可生成如图 7-29 所示的斜接法兰。

如果使用圆弧生成斜接法兰，圆弧不能与厚度边线相切。圆弧可与长边线相切，或通过在圆弧和厚度边线之间放置一小的草图直线。

7.2.4 添加薄片特征

添加薄片特征

薄片特征用于垂直于钣金零件厚度方向的草图，为钣金零件中添加凸缘。

创建【薄片】特征的操作步骤如下。

① 打开练习文件“添加薄片特征.SLDPRT”，钣金模型如图 7-31 所示。

② 单击【钣金】工具栏上的【基体法兰/薄片】按钮，或者单击【钣金】选项卡上的【基体法兰/薄片】按钮，或选择下拉菜单【插入】|【钣金】|【基体法兰】命令，选择钣金模型正面的上表面，系统进入草图环境，绘制如图 7-32 所示的草图，退出草图环境，系统弹出如图 7-33 所示的【基体法兰】属性管理器。

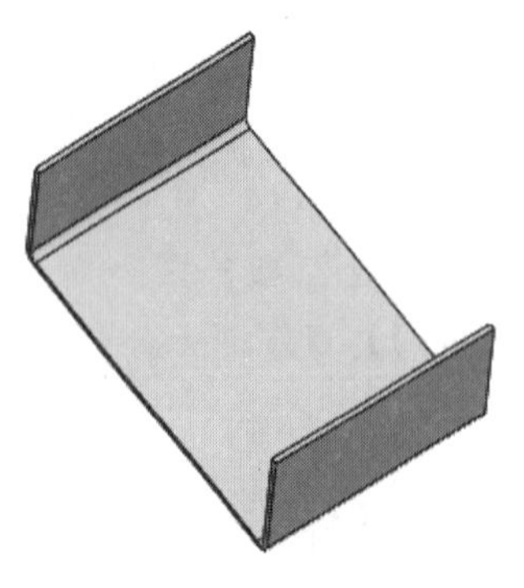

图 7-31　钣金模型

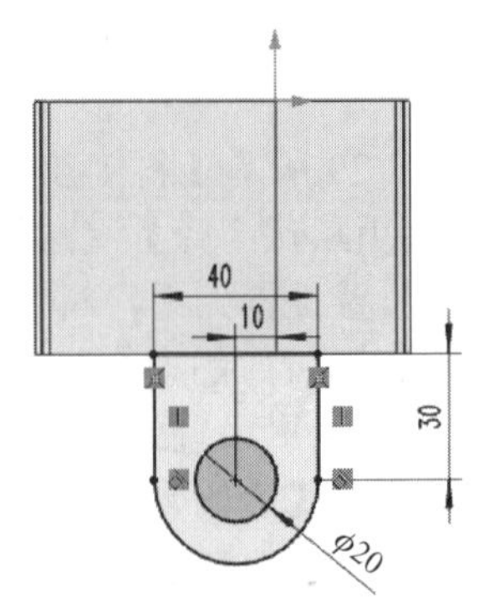

图 7-32　绘制的草图

③ 选择【合并结果】复选框，单击【确定】按钮✓，结果如图 7-34 所示。

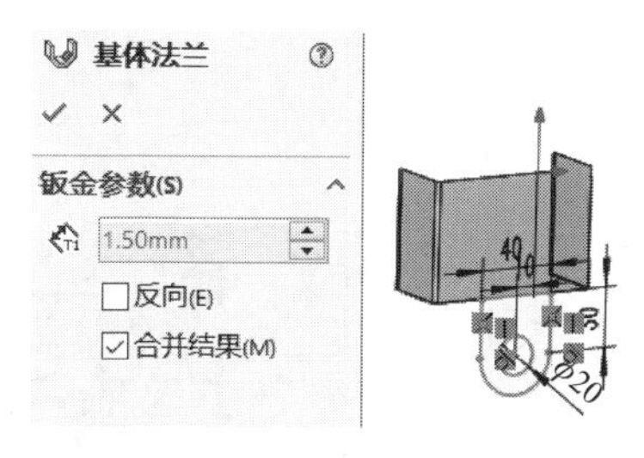

图 7-33 【基体法兰】属性管理器

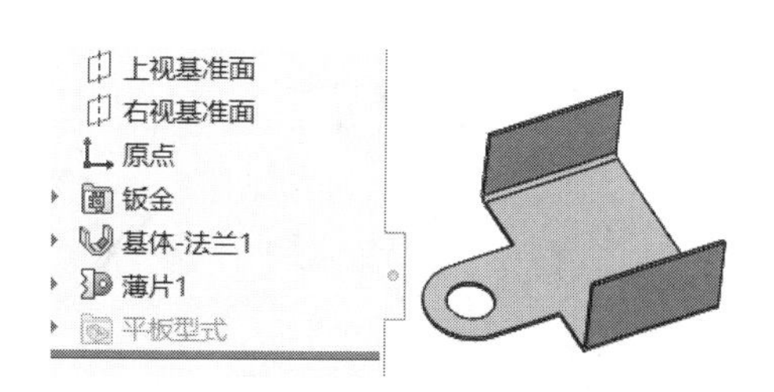

图 7-34 添加薄片特征后的模型

7.2.5 切除

切除

用户可以在钣金零件的【折叠】【展开】状态下建立切除特征，以移除零件的材料。

（1）在折叠状态下的切除

在折叠状态下，可以随时在零件的任何表面上建立切除，在零件的折叠状态下建立的切除特征将会在零件的展开状态显示。

打开练习文件“钣金切除-拉伸 1. SLDPRT”，在图形区选取草图基准面，绘制如图 7-35 所示的草图，单击【钣金】工具栏上的【切除-拉伸】按钮，系统弹出如图 7-36 所示的【切除-拉伸】属性管理器，勾选【与厚度相等】复选框，单击【确定】按钮✓，完成切除，如图 7-36 所示。

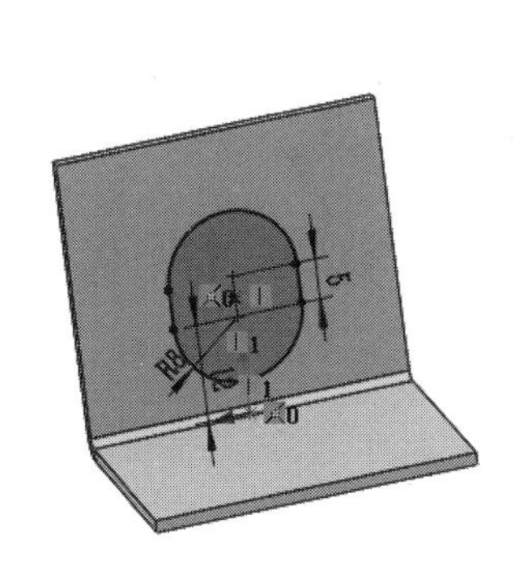
图 7-35 绘制的草图（1）

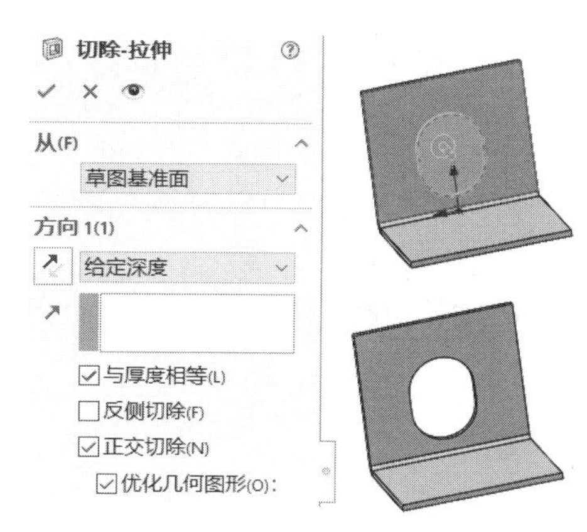

图 7-36 【切除-拉伸】属性管理器

（2）通过钣金折弯的切除

用户可以通过折弯线生成切除。

① 打开练习文件“钣金切除-拉伸 2.SLDPRT”。单击【钣金】工具栏上的【展开】按钮，系统弹出如图 7-37 所示的【展开】属性管理器，激活【固定面】选择框，在图形区选取如图 7-37 所示的固定面，单击【收集所有折弯】按钮，选取零件中所有合适的折弯。单击【确定】按钮✓，所选的折弯展开，结果如图 7-38 所示。

② 在图形区选择前端面，绘制如图 7-39 所示的草图，单击【钣金】工具栏上的【拉伸切除】按钮，系统弹出【切除-拉伸】属性管理器，勾选【与厚度相等】复选框，单击【确定】按钮✓，完成切除，结果如图 7-40 所示。

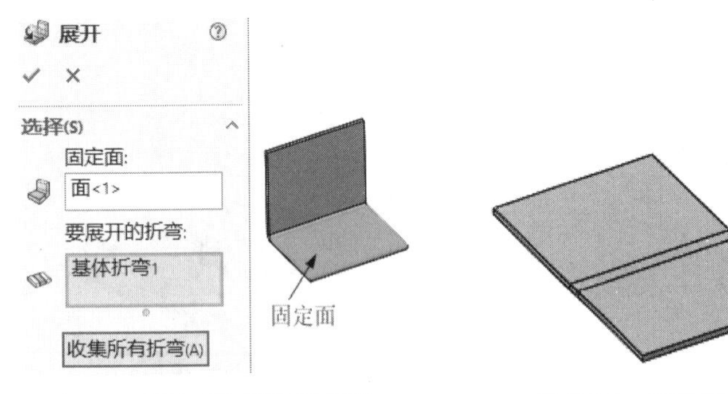

图 7-37 【展开】属性管理器　　图 7-38 展开钣金

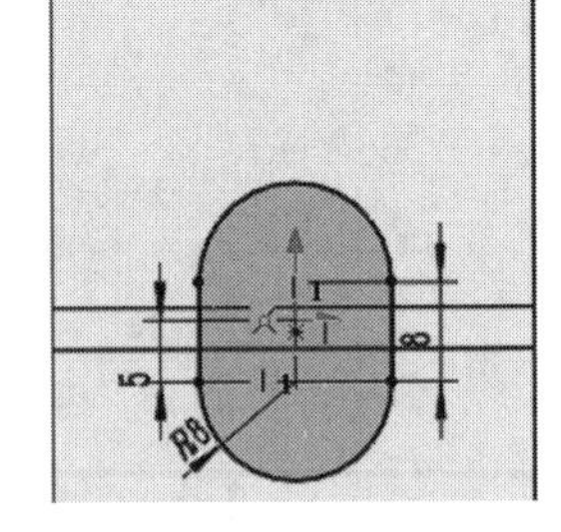

图 7-39 绘制的草图（2）

③ 单击【钣金】工具栏上的【折叠】按钮，系统弹出如图 7-41 所示的【折叠】属性管理器，激活【固定面】选择框，在图形区选取如图 7-41 所示的固定面，单击【收集所有折弯】按钮，选取零件中所有合适的折弯。单击【确定】按钮✓，所选的折弯折叠，如图 7-41 所示。

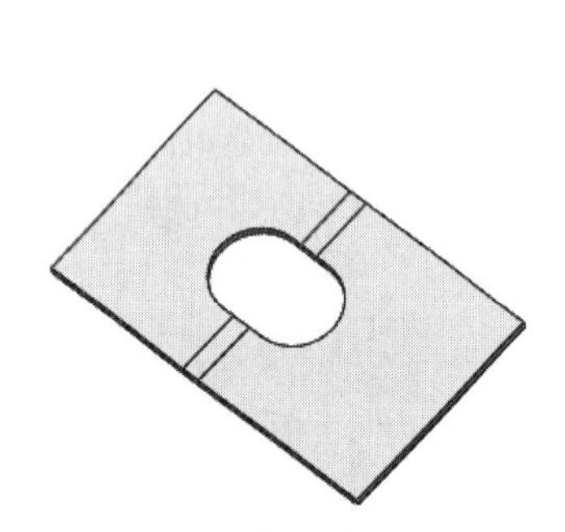

图 7-40 拉伸切除后的模型

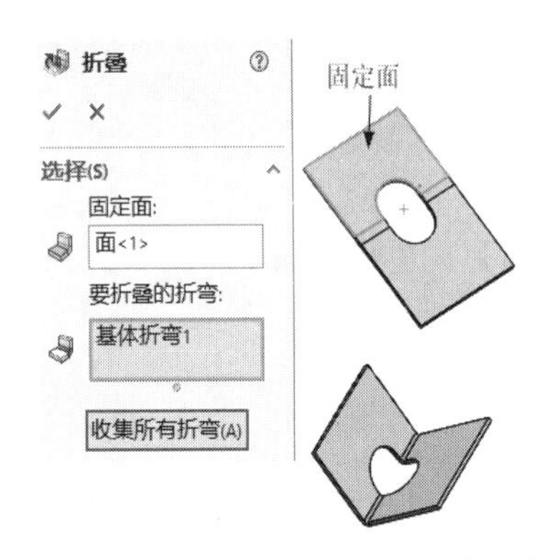

图 7-41 【折叠】属性管理器及通过钣金折弯的切除

7.3 折弯钣金体设计

7.3.1 褶边

褶边

在使用褶边工具时，所选边线必须为直线，而斜接边角被自动添加到交叉褶边上，如果选择多个要添加褶边的边线，则这些边线必须在同一个面上。

褶边工具可将褶边添加到钣金零件的所选边线上。如果要生成褶边特征，其操作步骤如下。

① 打开“褶边 1.SLDPRT”文件，单击【钣金】工具栏上的【褶边】按钮，或者单击【钣金】选项卡上的【褶边】按钮，或选择下拉菜单【插入】|【钣金】|【褶边】命令，系统弹出如图 7-42 所示的【褶边】属性管理器。

② 在图形区域中，选取想加褶边的边线，则所选边线出现在【边线】选项组的选择框中。

③ 在【边线】选项组中，单击【材料在内】按钮或【折弯在外】按钮，也可以单击【反向】按钮，选择褶边在相反的方向。

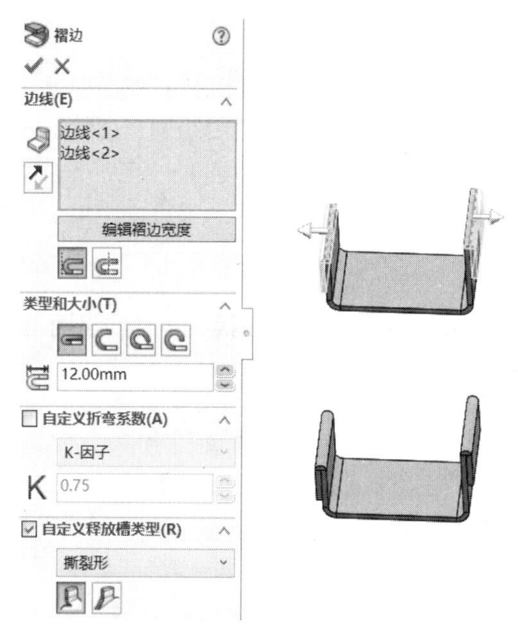

图 7-42 【褶边】属性管理器及褶边后的模型

④ 在如图 7-42 所示【类型和大小】选项组中，若选择褶边类型为【闭合】，则在其下方显示【长度】按钮及对应微调框；若选择褶边类型为【打开】，则显示【长度】和【缝隙距离】按钮及对应的微调框；若选择褶边类型为【撕裂形】，则显示【角度】和【半径】按钮及对应的微调框；若选择褶边类型为【滚轧】，则也显示【角度】和【半径】按钮及对应的微调框。

选择不同的类型后，下方显示的按钮也不相同：【长度】（只对于闭合和打开褶边）、【缝隙距离】（只对于开环褶边）、【角度】（只对于撕裂形和滚轧褶边）、【半径】（只对于撕裂形和滚轧褶边）。不同的褶边类型生成的钣金如图 7-43 所示。

图 7-43 不同的褶边类型生成的钣金

⑤ 在斜接缝隙下，如果有交叉褶边，需要设定切口缝隙，斜接边角被自动添加到交叉褶边上，用户可以设定这些褶边之间的缝隙。

⑥ 如要使用默认折弯系数以外的其他项目，选择【自定义折弯系数】，然后设定一折弯系数类型和数值。

⑦ 单击【确定】按钮✓，图 7-43 所示为不同的褶边类型生成的钣金。

7.3.2 折弯

如果需要在钣金零件上添加折弯，首先要在创建折弯的面上绘制一条草图线来定义折弯。该折弯类型被称为草图折弯。使用绘制折弯特征在钣金零件处于折叠状态时将折弯线添加到零件中，可将折弯线的尺寸标注到其他折叠的几何体中。

绘制折弯特征时，草图中只允许是直线，在每个草图中可添加一条以上的直线，但折弯线长度不一定非得与正折弯的面的长度相同。

生成绘制折弯特征的操作步骤如下。

① 打开“绘制的折弯 1.SLDPRT”文件，在钣金零件的平面上绘制如图 7-44 所示的一条直线。此外还可在生成草图前选择绘制的折弯特征，当选取绘制的折弯特征时，选取一草图基准面，系统进入草图环境，绘制直线后退出草图环境。

② 单击【钣金】工具栏上的【绘制的折弯】按钮，或者单击【钣金】选项卡上的【绘制的折弯】按钮，或选择下拉菜单【插入】|【钣金】|【绘制的折弯】命令，系统弹出如图 7-45 所示的【绘制的折弯】属性管理器。

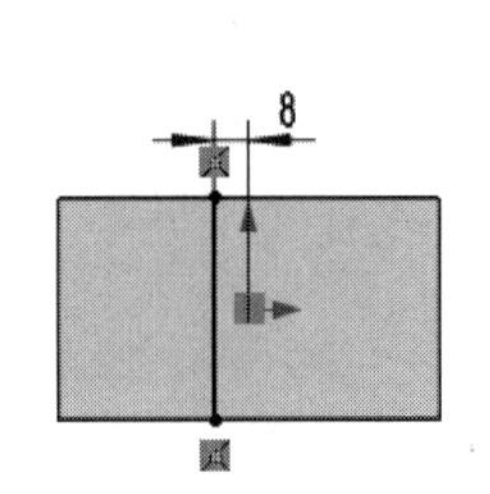

图 7-44　绘制的草图直线

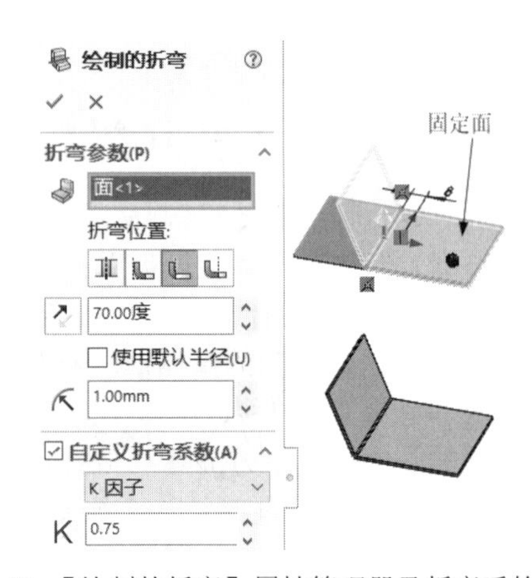

图 7-45　【绘制的折弯】属性管理器及折弯后的模型

③ 选取一个不因折弯而移动的面作为固定面。

④ 单击【折弯中心线】按钮、【材料在内】按钮、【材料在外】按钮或【折弯在外】按钮选择折弯位置。

⑤ 设定折弯角度，如有必要，可单击【反向】按钮。

⑥ 如果使用默认折弯半径以外的选择，可取消选择【使用默认半径】复选框，设定所需的【折弯半径】。

⑦ 如要使用默认折弯系数以外的其他项目，选择【自定义折弯系数】，然后设定一折弯系数类型和数值。

⑧ 单击【确定】按钮，生成如图 7-45 所示绘制折弯后的模型。

7.3.3 转折

转折特征是通过从草图线生成两个折弯而将材料添加到钣金零件上。

草图必须只包含一根直线；直线不需要是水平和垂直直线；折弯线长度不一定非得与正在折弯的面的长度相同。

如果要在钣金零件上生成转折特征，其操作步骤如下。

① 在想生成转折的钣金零件的面上绘制一直线。打开“转折 1.SLDPRT”文件，在钣金零件的平面上绘制如图 7-46 所示的一条直线。此外还可在生成草图前选择绘制的折弯特征，当选择绘制的折弯特征时，选取一草图基准面，系统进入草图环境，绘制直线后退出草图环境。

② 单击【钣金】工具栏上的【转折】按钮，或者单击【钣金】选项卡上的【转折】按钮，或选择下拉菜单【插入】|【钣金】|【转折】命令，系统弹出如图 7-47 所示的【转折】属性管理器。

③ 在图形区域中，为【固定面】选取一个面。

④ 在如图 7-47 所示【选择】选项组中，如要编辑折弯半径，取消选择【使用默认半径】复选框，然后在【折弯半径】中输入新的值。

⑤ 在如图 7-47 所示的【转折等距】选项组中的【终止条件】中选择一项目，并为【等距距离】设定一数值。

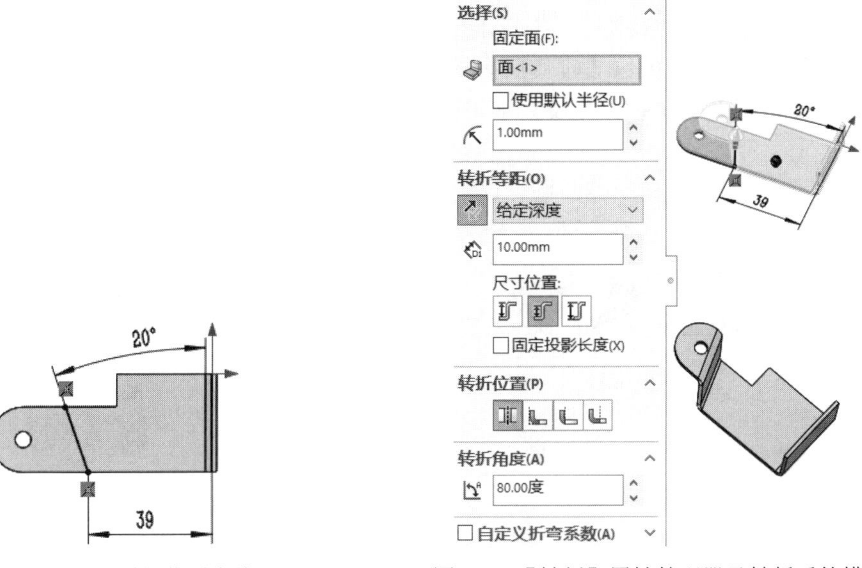

图 7-46　绘制的草图直线　　　　图 7-47 【转折】属性管理器及转折后的模型

⑥ 选择【尺寸位置】:【尺寸位置】有【外部等距】、【内部等距】或【总尺寸】三种类型。如果想使转折的面保持相同长度，选择【固定投影长度】复选框。

⑦ 在【转折位置】下，单击【折弯中心线】按钮、【材料在内】按钮、【材料在外】按钮或【折弯在外】按钮。为【转折角度】设定一数值。

⑧ 如要使用默认折弯系数以外的其他项目，选择【自定义折弯系数】，然后设定一折弯系数类型和数值。

⑨ 单击【确定】按钮，即可生成转折，图 7-47 所示为钣金零件生成的转折。

7.3.4 展开和折叠

展开和折叠

使用【展开】和【折叠】工具可在钣金零件中展开和折叠一个、多个或所有折弯。此组合在沿折弯上添加切除时很有用。首先，添加一展开特征来展开折弯。然后，添加切除特征。最后，添加一折叠特征将折弯返回其折叠状态。

（1）利用展开特征展开钣金

使用展开特征可在钣金零件中展开一个、多个或所有折弯。具体操作步骤如下。

① 打开“展开 1.SLDPRT”文件，单击【钣金】工具栏上的【展开】按钮，或者单击【钣金】选项卡上的【展开】按钮，或选择下拉菜单【插入】|【钣金】|【展开】命令，系统弹出如图 7-48 所示的【展开】属性管理器。

② 激活【固定面】选择框，在图形区选取如图 7-48 所示的固定面，选取一个或多个折弯作为要展开的折弯，或单击【收集所有折弯】按钮来选择零件中所有合适的折弯。

③ 单击【确定】按钮✓，即展开选定的折弯，如图 7-48 所示。

（2）利用折叠特征折叠钣金

使用折叠特征可在钣金零件中折叠一个、多个或所有折弯。此组合在沿折弯上添加切除时很有用。具体操作步骤如下。

① 打开“折叠 1.SLDPRT”文件，单击【钣金】工具栏上的【折叠】按钮，或者单击【钣金】选项卡上的【折叠】按钮，或选择下拉菜单【插入】|【钣金】|【折叠】命令，系统弹出如图 7-49 所示的【折叠】属性管理器。

② 激活【固定面】选择框，在图形区选取如图 7-49 所示的固定面，选取一个或多个折弯作为要展开的折弯，或单击【收集所有折弯】按钮来选择零件中所有合适的折弯。

③ 单击【确定】按钮✓，即展开选定的折弯，如图 7-49 所示。

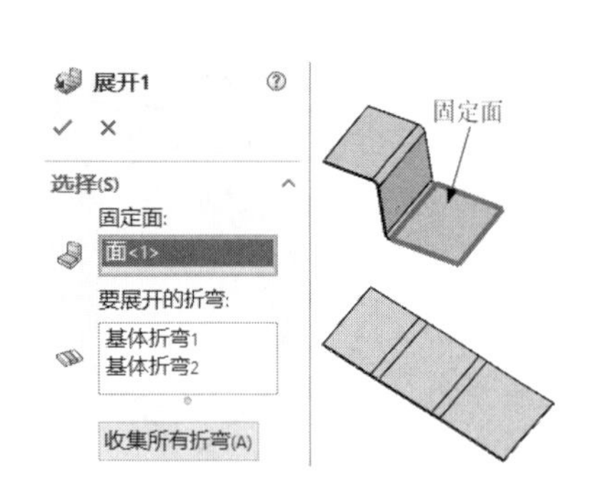

图 7-48 【展开】属性管理器及展开后的模型

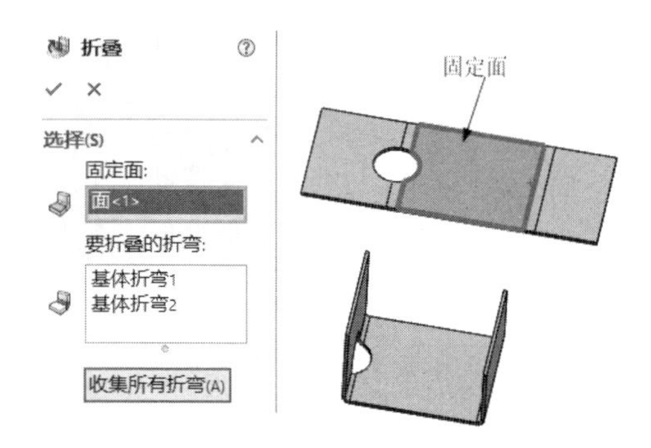

图 7-49 【折叠】属性管理器及折叠后的模型

7.3.5 放样折弯

在钣金零件中可以生成放样的折弯。放样的折弯同放样特征一样，使用由放样连接的两个草图。基体法兰特征不能与放样的折弯特征一起使用，且放样的折弯不能被镜向。

放样折弯必须满足以下几个条件：草图中只能包含开环轮廓；轮廓中的缝隙以展开状态下的精度来对齐；草图中不能包含尖角；只允许在两个轮廓间进行放样；不支持引导线；不支持中心线；放样折弯生成的零件在展开状态下可以显示折弯区域的折弯线。这种情况下，该特征还必须具有如下限制：草图必须平行；草图轮廓中必须有相同数量的直线和曲线单元。

如果要生成放样的折弯，其操作步骤如下。

① 生成两个单独的开环轮廓草图。

两个草图必须符合下列准则：草图必须为开环轮廓；轮廓开口应同向对齐，以使平板型式更精确；草图不能有尖锐边线。

② 单击【钣金】工具栏上的【放样折弯】按钮，或者单击【钣金】选项卡上的【放样折弯】按钮，或选择下拉菜单【插入】|【钣金】|【放样折弯】命令，系统弹出如图 7-50 所示的【放样折弯】属性管理器。

③ 在图形区域中选取两个草图，确认选取想要放样路径经过的点，查看路径预览。

④ 如有必要，单击【上移】按钮或【下移】按钮来调整轮廓的顺序，或重新选取草图将不同的点连接在轮廓上。

⑤ 为钣金零件设定厚度，如有必要，可选择【反向】复选框。

⑥ 单击【确定】按钮，生成放样的折弯如图 7-50 所示。

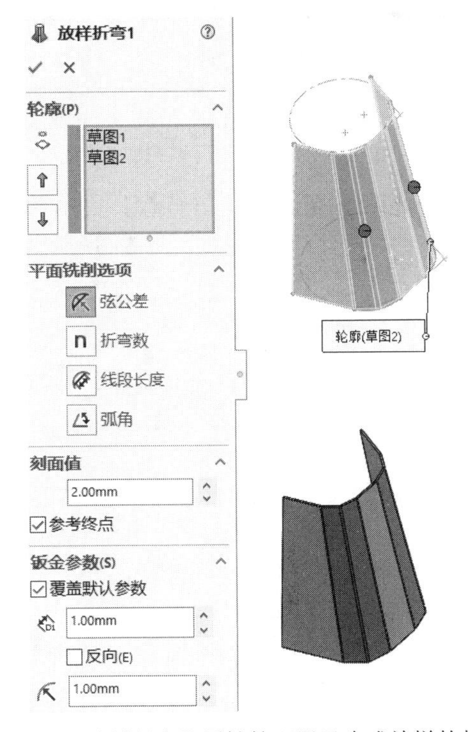

图 7-50 【放样折弯】属性管理器及生成放样的折弯

7.4 钣金操作

7.4.1 切口特征

切口特征是生成一个沿所选模型边线的切口特征，可以采用以下方法生成切口特征。

① 沿所选内部或外部模型边线生成。

② 从线性草图实体生成。

③ 通过组合模型边线和单一线性草图实体生成。

切口特征虽然通常用在钣金零件中，但可将切口特征添加到任何零件。如果要生成切口特征，其操作步骤如下。

① 生成一个具有相邻平面且厚度一致的零件，这些相邻平面形成一条或多条线性边线或一组连续的线性边线。

② 利用草图绘制工具来绘制通过平面的单一线性实体（在顶点开始并在顶点结束），如

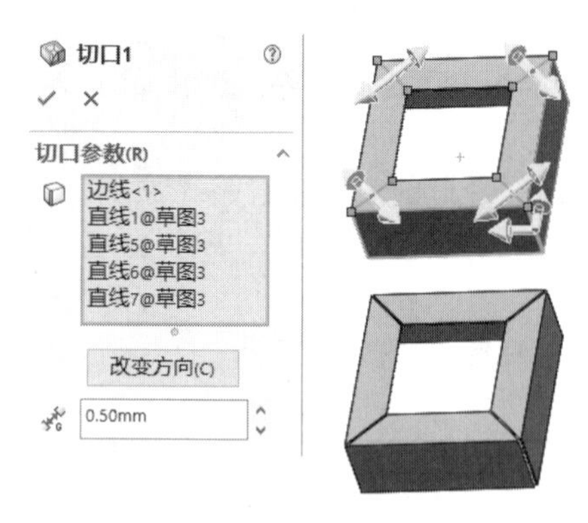

图 7-51 【切口】属性管理器及切口后的模型

图 7-51 所示。

③ 单击【钣金】工具栏上的【切口】按钮，或者单击【钣金】选项卡上的【切口】按钮，或选择下拉菜单【插入】|【钣金】|【切口】命令，系统弹出如图 7-51 所示的【切口】属性管理器。

④ 在【切口参数】下面选取刚刚绘制的线性草图实体，如图 7-51 所示。

⑤ 如只要在一个方向插入一个切口，单击在【要切口的边线】下列举的边线名称，然后单击【改变方向】按钮。

根据默认，在两个方向插入切口。在每次单击【改变方向】按钮时，切口方向都切换到一个方向，接着是另一方向，然后返回两个方向。

⑥ 如果要更改缝隙距离，需要在更改【切口缝隙】微调框中输入缝隙距离数值。

⑦ 单击【确定】按钮✓，生成切口特征，如图 7-51 所示。

7.4.2 边角剪裁

边角剪裁

在 SolidWorks 中生成法兰、钣金成形之后，还需要对钣金进行边角修剪、切除孔等修剪操作。钣金修剪命令包括拉伸和切除简单直孔、边角剪裁、断开边角、闭合角、通风口等。

【边角剪裁】只能在钣金处于【平板型式】状态下创建，压缩平板型式之后，【边角剪裁】特征也随之压缩。

如果要在钣金零件上生成边角剪裁，其操作步骤如下。

① 在 SolidWorks 2018 中生成钣金零件。

② 单击【钣金】工具栏上的【边角剪裁】按钮，或者单击【钣金】选项卡上的【边角剪裁】按钮，或选择下拉菜单【插入】|【钣金】|【边角剪裁】命令，系统弹出如图 7-52 所示的【断开边角】属性管理器。

③ 在图形区域中，选取需要断开的边角边线或法兰面，此时在图形区域中显示断开边角的预览。

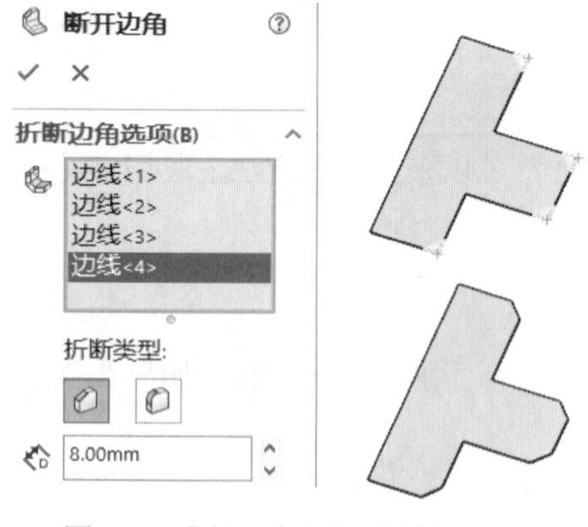

图 7-52 【断开边角】属性管理器及【折断类型】选择【倒角】时的模型

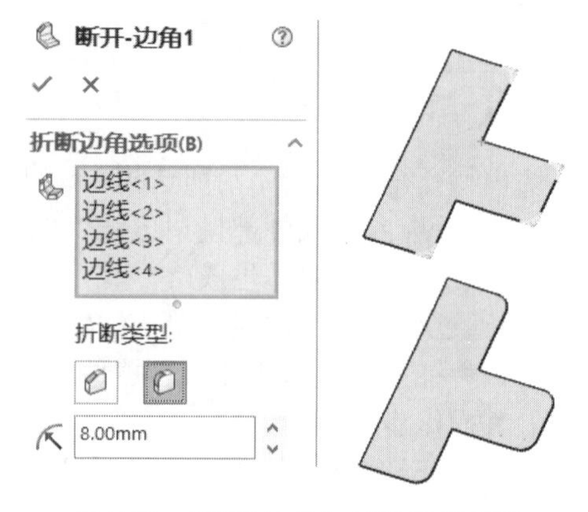

图 7-53 【断开边角】属性管理器及【折断类型】选择【圆角】时的模型

④ 选择【折断类型】为【倒角】或【圆角】，选择【倒角】时设定【距离】的数值，选择【圆角】时设定【半径】的数值。

⑤ 单击【确定】按钮，所选的边角被断开，如图 7-52 所示。

图 7-53 所示为【折断类型】选择【圆角】时的模型。

7.4.3 闭合角

使用闭合角特征工具可以在钣金法兰之间添加闭合角，即钣金特征之间添加材料。通过闭合角特征工具可以完成以下功能：通过选取面来为钣金零件同时闭合多个边角；关闭非垂直边角；调整缝隙距离，即由边界角特征所添加的两个材料截面之间的距离；重叠/欠重叠比率（指重叠的材料与欠重叠材料之间的比率）。

闭合角特征包括以下功能。

① 通过为想闭合的所有边角选取面来同时闭合多个边角。

② 关闭非垂直边角。

③ 将闭合边角应用到带有 90°以外折弯的法兰。

④ 调整缝隙距离。由边界角特征所添加的两个材料截面之间的距离。

⑤ 调整重叠/欠重叠比率。重叠的材料与欠重叠材料之间的比率。数值 1 表示重叠和欠重叠相等。

⑥ 闭合或打开折弯区域。

如果要闭合一个角，其操作步骤如下。

① 用基体法兰和斜接法兰生成一钣金零件。

② 单击【钣金】工具栏上的【闭合角】按钮，或者单击【钣金】选项卡上的【闭合角】按钮，或选择下拉菜单【插入】|【钣金】|【闭合角】命令，系统弹出如图 7-54 所示的【闭合角】属性管理器。

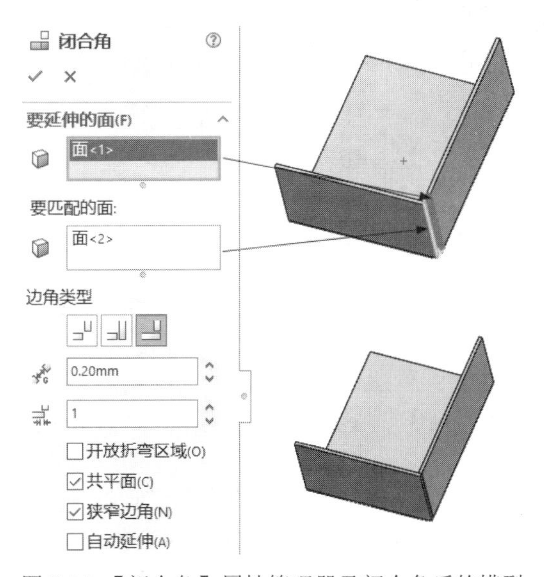

图 7-54 【闭合角】属性管理器及闭合角后的模型

③ 选择【要延伸的面】和【要匹配的面】。

④ 选择【对接】、【重叠】或【欠重叠】等边角类型。

⑤ 在【缝隙距离】中设定一数值，【重叠/欠重叠比率】设定一数值。

⑥ 单击【确定】按钮✓，则面被延伸以闭合角，图 7-54 所示为钣金零件生成的闭合角。

7.4.4 通风口

通风口

通风口特征可以在钣金零件上根据所绘制的草图快速生成通风口。在生成通风口特征之前与生成其他钣金特征相似，也要首先绘制生成通风口的草图。通风口特征创建取决于草图尺寸和形状以及各个参数的设置。

如果创建一个通风口，其操作步骤如下。

① 打开“通风口.SLDPRT”文件，利用草图绘制工具在钣金零件的表面绘制如图 7-55 所示的草图。

② 单击【钣金】工具栏上的【通风口】按钮，或者单击【钣金】选项卡上的【通风口】按钮，或选择下拉菜单【插入】|【钣金】|【通风口】命令，系统弹出如图 7-56 所示的【通风口】属性管理器。

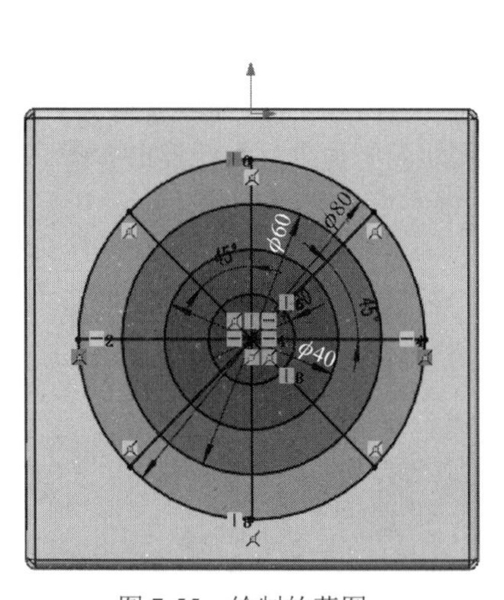

图 7-55 绘制的草图

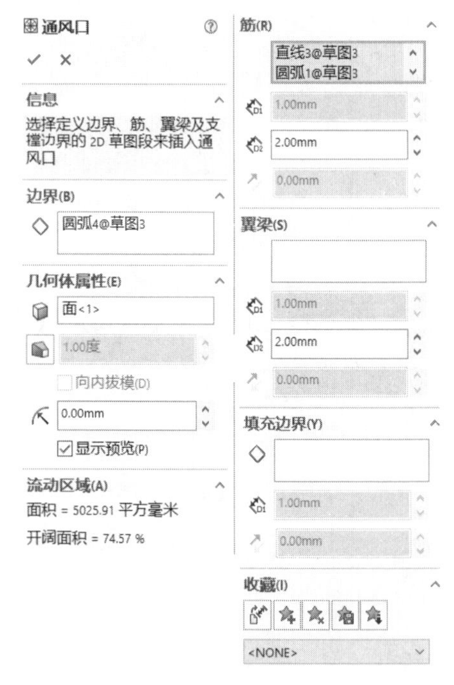

图 7-56 【通风口】属性管理器

③ 选取草图的最大直径的圆草图作为通风口的边界轮廓，如图 7-57 所示。同时，在【几何体属性】选项组中的【放置面】选择框中自动输入绘制草图的基准面作为放置通风口的表面。

④ 在【圆角的半径】微调框中输入相应的圆角半径数值，此处输入数值“0.00mm”。该值将应用于边界、筋、翼梁和填充边界之间的所有相交处产生的圆角。

⑤ 在【筋】列表框中选取通风口草图中的四条直线作为筋轮廓，如图 7-57 所示，在【输入筋的宽度】微调框中输入数值“2.00mm”。

⑥ 在【翼梁】选择框中选取通风口草图中的两个同心圆作为翼梁轮廓，如图 7-58 所示，在【输入翼梁的宽度】微调框中输入数值“2.00mm”。

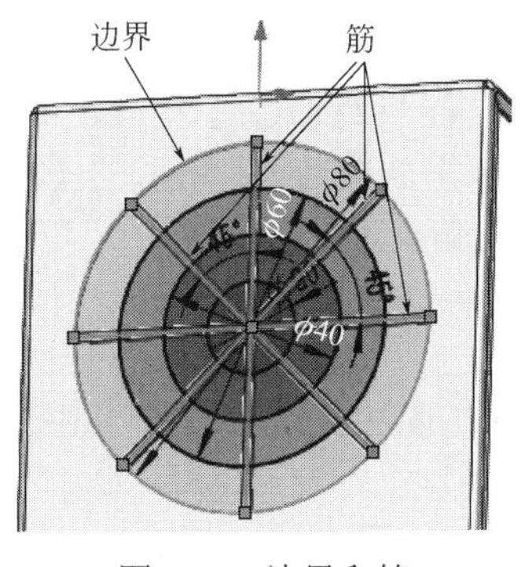

图 7-57　边界和筋

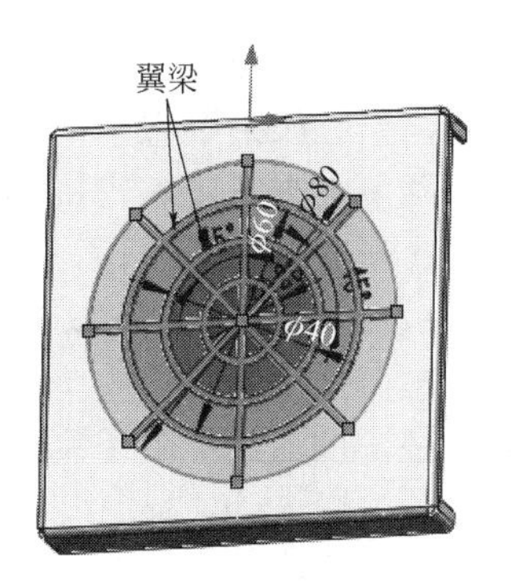

图 7-58　翼梁

⑦ 在【填充边界】选择框中选取通风口草图中的最小圆作为填充边界轮廓，如图 7-59 所示，最后单击【确定】按钮✓，结果如图 7-60 所示。

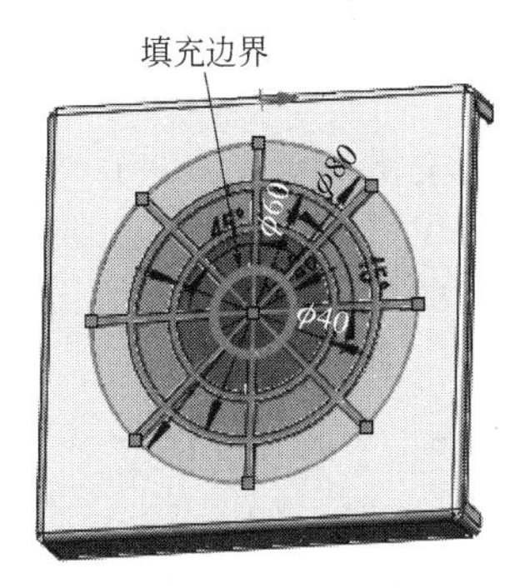

图 7-59　填充边界

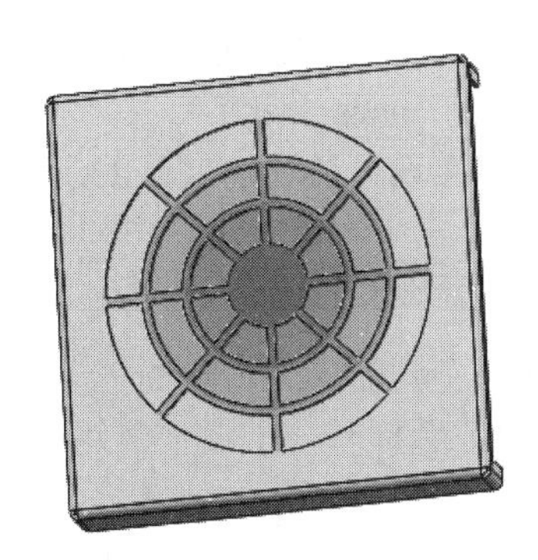

图 7-60　生成通风口后的模型

7.4.5 整个钣金零件展开

整个钣金零件展开

要展开整个零件，如果钣金零件的【特征管理器设计树】中的【平板型式 1】特征存在，选择【平板型式 1】特征，单击鼠标右键，在弹出的快捷菜单中单击【解除压缩】按钮，如图 7-61 所示。

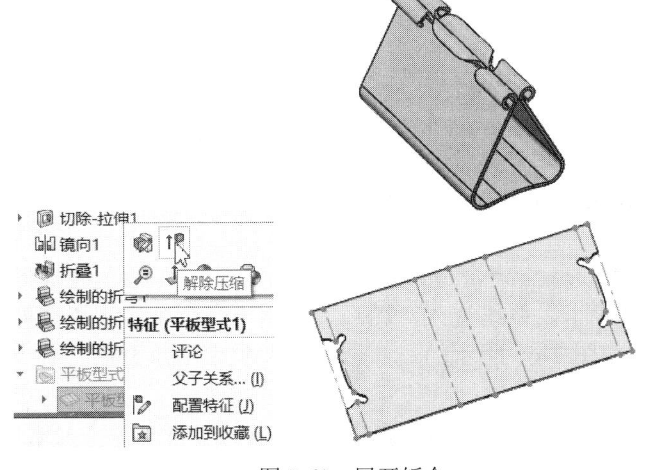

图 7-61　展开钣金

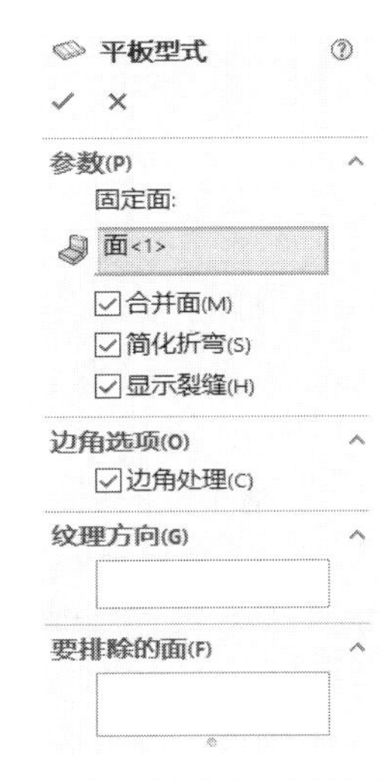

图 7-62　【平板型式】属性管理器

使用此方法展开整个零件时，应使用边角处理工具以生成干净、展开的钣金零件，避免在制造过程中出错。如果不想应用边角处理工具，选择【平板型式 1】特征，单击鼠标右键，在弹出的快捷菜单中单击【编辑特征】按钮，系统弹出如图 7-62 所示的【平板型式】属性管理器，在【平板型式】属性管理器中取消选择【边角处理】复选框。

要将整个钣金零件折叠，可以使用鼠标右键单击钣金零件【特征管理器设计树】中的【平板型式】特征，在弹出的菜单中单击【压缩】按钮。

展开和折叠可以通过单击【钣金】工具栏上的【展平】按钮，或者单击【钣金】选项卡上的【展平】按钮实现。

7.5 钣金成形工具

利用 SolidWorks 软件中的钣金成形工具可以生成各种钣金成形特征，软件系统中已有的成形工具有 5 种，分别是 embosses（凸起）、extruded flanges（冲孔）、louvers（百叶窗板）、ribs（压筋）和 lances（切开）。

用户可以在设计过程中自己创建新的成形工具或者对已有的成形工具进行修改。

7.5.1 使用成形工具

成形工具的使用

使用成形工具的操作步骤如下。

① 创建或者打开一个钣金零件文件。然后浏览到【设计库】中包含成形工具的文件夹。单击软件右侧【任务窗格】中的【设计库】按钮，如图 7-63 所示，【设计库】展开，在【设计库】中按照路径 Design Library 下的 forming tools 可以找到 5 种成形工具的文件夹，在每一个文件夹中都有若干种成形工具，如图 7-64 所示。

图 7-63　展开【设计库】

② 在【设计库】中选择相应的工具。选择 embosses（凸起）工具中的【drafted rectangular emboss】成形图标，按下鼠标左键，将其拖入钣金零件需要放置成形特征的表面，如图 7-64 所示。

③ 随意拖放的成形特征可能位置并不一定合适，系统弹出如图 7-65 所示的【成形工具特征】属性管理器。进入【位置】选项卡，系统进入草图环境，用户可以单击【草图】选项卡中的【智能尺寸】按钮，标注如图 7-66 所示的尺寸，然后单击【确定】按钮，结果如图 7-67 所示。

使用成形工具时，成形工具默认情况下是向下行进，即形成的特征方向是【凹】，如果要使其方向变为【凸】，可单击【成形工具特征】属性管理器中的【反转工具】按钮。

如果需要修改成形工具特征的外形尺寸，在【成形工具特征】属性管理器中【链接】选项组（图 7-68），取消选择【链接到成形工具】复选框，然后在【特征管理器设计树】中双击成形工具特征，成形特征工具显示外形尺寸，这时可以修改外形尺寸，然后单击【标准】工具栏上的【重建】按钮，结果如图 7-69 所示。

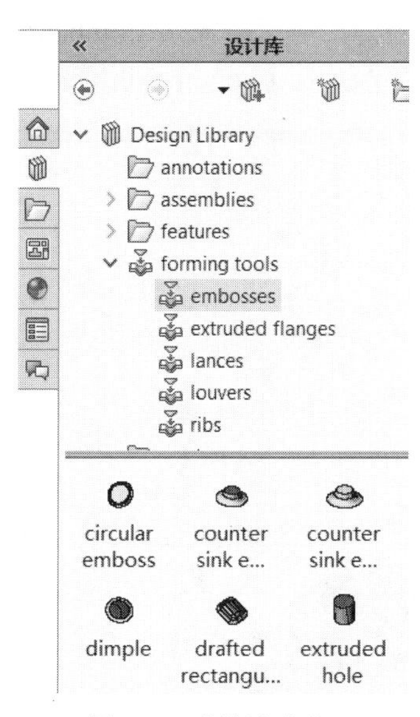

图 7-64 【设计库】

图 7-65 【成形工具特征】属性管理器

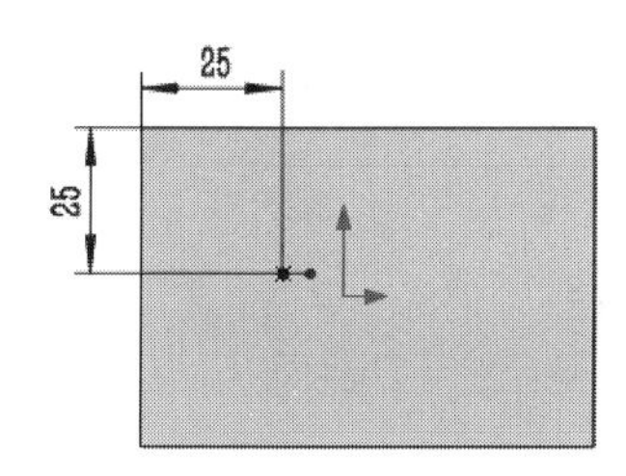

图 7-66 成形工具特征位置

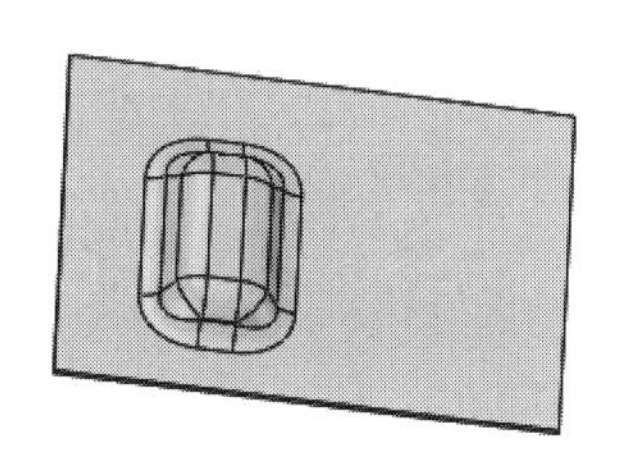

图 7-67 成形工具特征后的模型

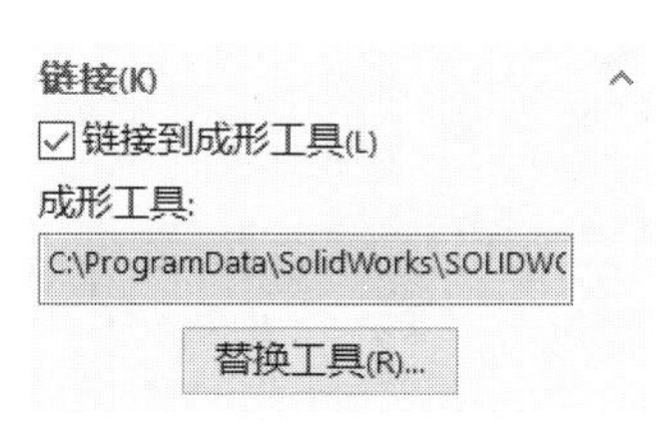

图 7-68 【链接】选项组

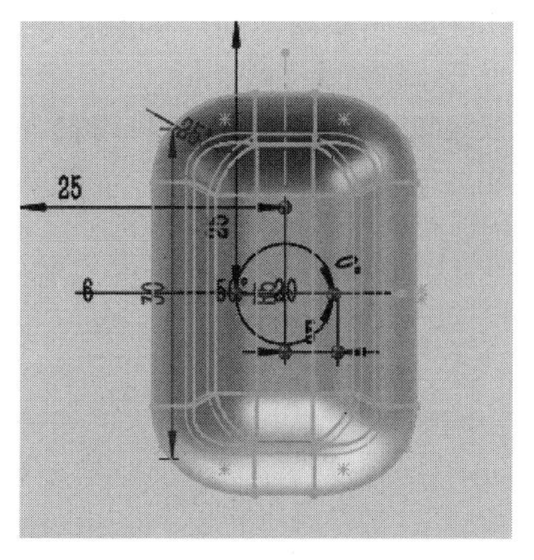

图 7-69 成形特征工具外形尺寸

7.5.2 修改成形工具

修改成形工具

SolidWorks 软件自带的成形工具形成的特征，在尺寸上不能满足用户使用要求时，用户可以自行进行修改。修改成形工具的操作步骤如下。

① 浏览【设计库】中包含成形工具的文件夹。单击软件右侧【任务窗格】中的【设计库】按钮,【设计库】展开，在【设计库】中按照路径 Design Library 下的 forming tools 找到需要修改的成形工具，鼠标双击成形工具图标，例如，用鼠标双击【embosses】（凸起）工具中的【counter sink emboss】成形按钮，系统将会进入【counter sink emboss】成形特征的设计界面，如图 7-70 所示。

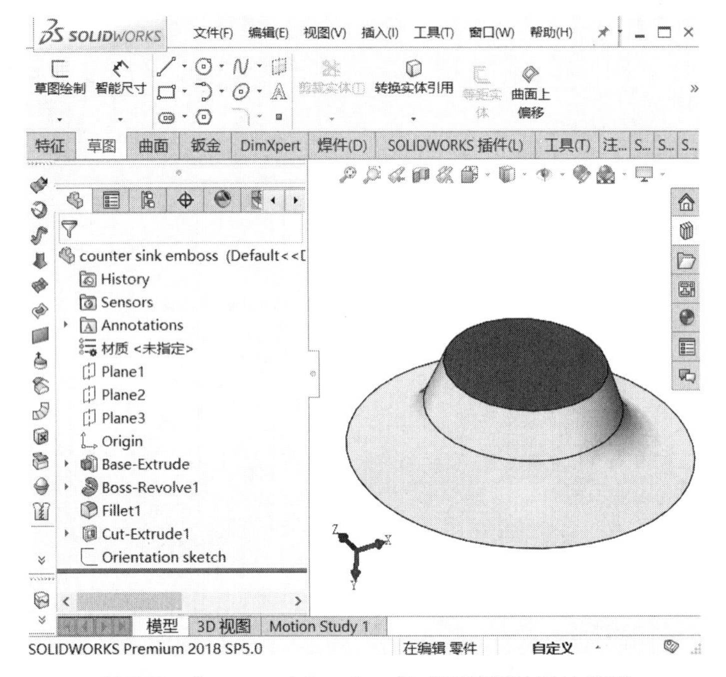

图 7-70 【counter sink emboss】成形特征的设计界面

② 在左侧的【特征管理器设计树】中选择【Boss-Revolve1】特征，单击鼠标右键，在弹出的快捷菜单中单击【编辑草图】按钮，如图 7-71 所示。

③ 用鼠标双击草图中的尺寸 12，将其数值更改为“15”，然后单击【退出草图】按钮，成形特征的尺寸将变大。

④ 在左侧的【特征管理器设计树】中选择【Fillet1】特征，单击鼠标右键，在弹出的快捷菜单中单击【编辑特征】按钮，如图 7-72 所示。

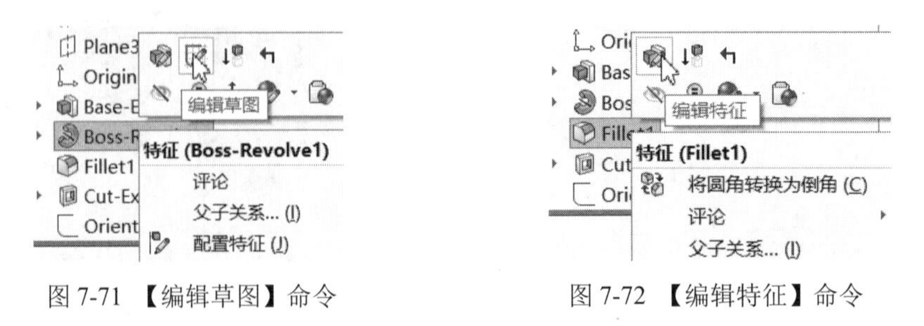

图 7-71 【编辑草图】命令　　图 7-72 【编辑特征】命令

⑤ 在【Fillet】属性管理器中更改圆角半径数值为“6”，单击【确定】按钮✓。

⑥ 选择【文件】|【另保存】菜单命令将成形工具保存。

7.5.3 创建新的成形工具

创建成形工具

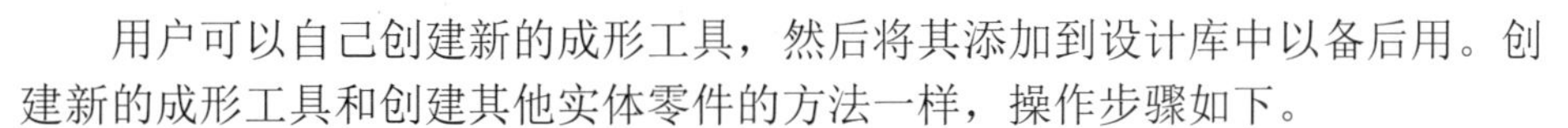

用户可以自己创建新的成形工具，然后将其添加到设计库中以备后用。创建新的成形工具和创建其他实体零件的方法一样，操作步骤如下。

① 启动 SolidWorks 2018 软件。单击工具栏中的【新建】按钮，系统弹出【新建 SOLIDWORKS 文件】对话框，在【模板】选项卡中选择【零件】选项，单击【确定】按钮。

② 拉伸底部模型。单击【特征】工具栏上的【拉伸凸台/基体】按钮，系统弹出【拉伸】属性管理器，在【特征管理器设计树】中选择【前视基准面】，系统进入草图环境，绘制如图 7-73 所示的草图，单击按钮，退出草图环境，系统返回【凸台-拉伸】属性管理器。在【开始条件】下拉列表中选择【草图基准面】选项，在【终止条件】下拉列表中选择【给定深度】选项，在【深度】微调框内输入“5.00mm”，单击【确定】按钮✓，结果如图 7-74 所示。

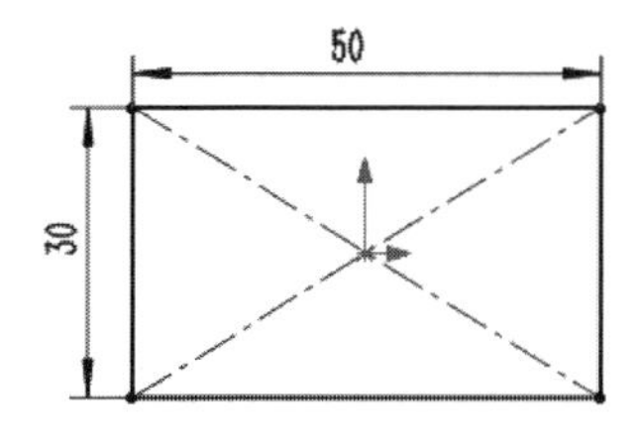

图 7-73 绘制的草图（1）

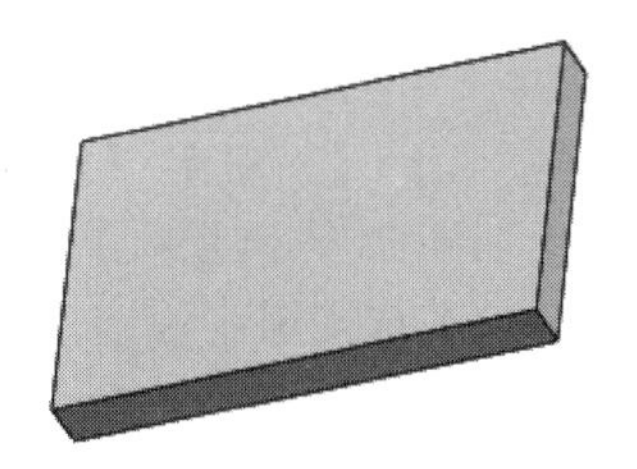
图 7-74 拉伸生成的模型

③ 拉伸上部凸台模型。单击【特征】工具栏上的【拉伸凸台/基体】按钮，系统弹出【拉伸】属性管理器，在【特征管理器设计树】中选取步骤②生成的模型上表面，系统进入草图环境，单击【标准视图】工具栏中的【正视于】按钮，绘制如图 7-75 所示的草图，单击按钮，退出草图环境，系统返回【凸台-拉伸】属性管理器。在【开始条件】下拉列表中选择【草图基准面】选项，在【终止条件】下拉列表中选择【给定深度】选项，在【深度】微调框内输入“6.00mm”，单击【确定】按钮✓，结果如图 7-76 所示。

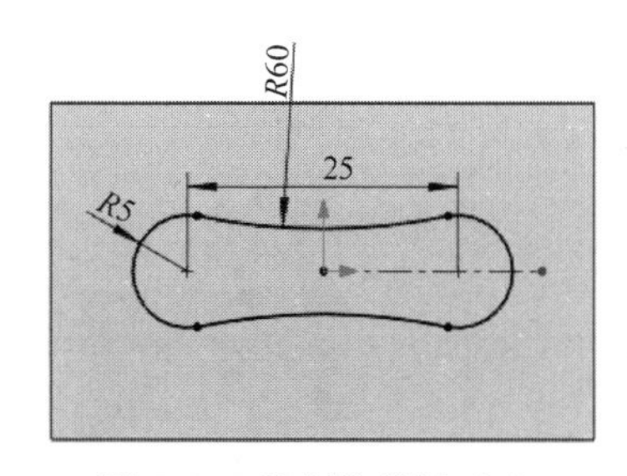

图 7-75 绘制的草图（2）

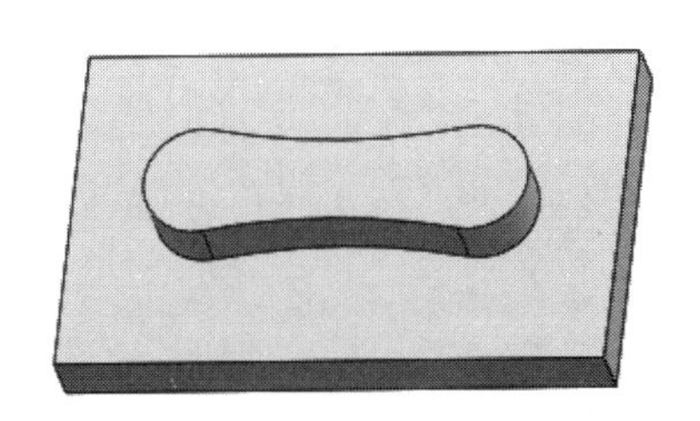
图 7-76 拉伸生成的模型（2）

④ 选择【插入】|【特征】|【拔模】菜单命令或者单击【特征】工具栏中的【拔模】按钮，系统弹出如图 7-77 所示的【拔模】属性管理器。【中性面】选项组选取如图 7-77 所示的底部上表面，【拔模面】选项组选取如图 7-77 所示的步骤③拉伸的 4 个侧面，【拔模角度】微调框中输入“15.00 度”，单击【确定】按钮✓，结果如图 7-77 所示。

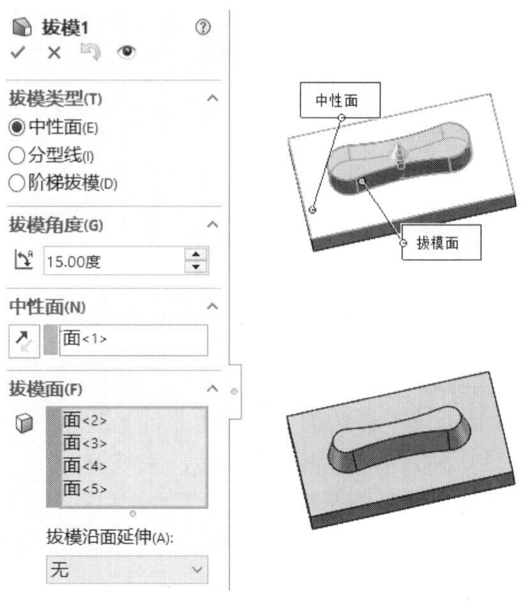

图 7-77 【拔模】属性管理器及拔模后的模型

⑤ 选择【插入】|【特征】|【圆角】菜单命令或者单击【特征】工具栏中的【圆角】按钮，系统弹出如图 7-78 所示的【圆角】属性管理器。选择【圆角类型】为【恒定大小圆角】；在【圆角参数】选项组中勾选【多半径圆角】复选框；选取如图 7-78 所示的顶部边缘，在【半径】微调框中输入“1.50mm”，按 Enter 键；选取如图 7-78 所示的凸台底部边缘，在【半径】微调框中输入“3.00mm”，按 Enter 键；单击【确定】按钮，结果如图 7-78 所示。

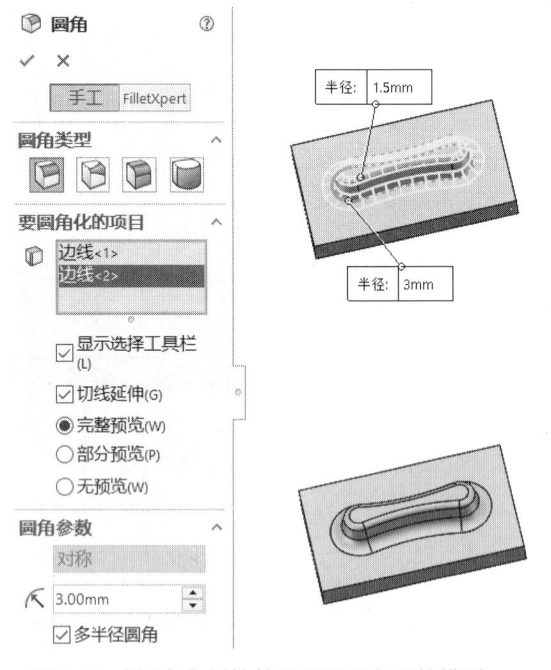

图 7-78 【圆角】属性管理器及圆角后的模型

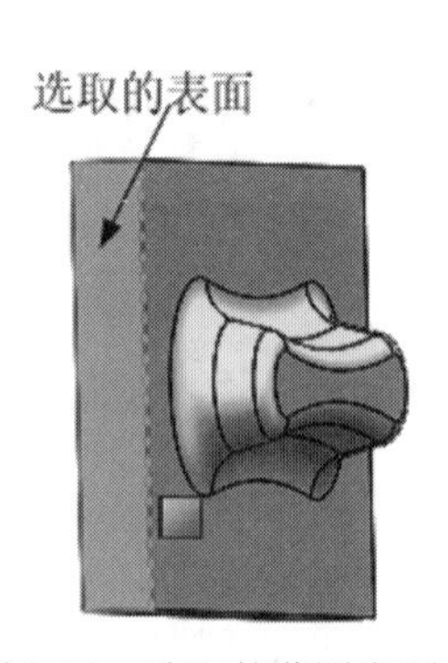

图 7-79 选取的草图表面

⑥ 单击【特征】工具栏中的【拉伸切除】按钮，系统弹出【拉伸】属性管理器。选取如图 7-79 所示的表面，系统进入草图环境，单击【标准视图】工具栏中的【正视于】按钮，单击【草图】选项卡中的【转换实体引用】按钮，系统弹出如图 7-80 所示的【转换实体引用】属性管理器，选取如果 7-80 所示的表面，单击【确定】按钮✔，得到如图 7-81 所示的草图，单击按钮，退出草图环境，系统返回【切除-拉伸】属性管理器，在【开始条件】下拉列表中选择【草图基准面】选项，在【终止条件】下拉列表中选择【完全贯穿】选项，单击【确定】按钮✔，结果如图 7-82 所示。

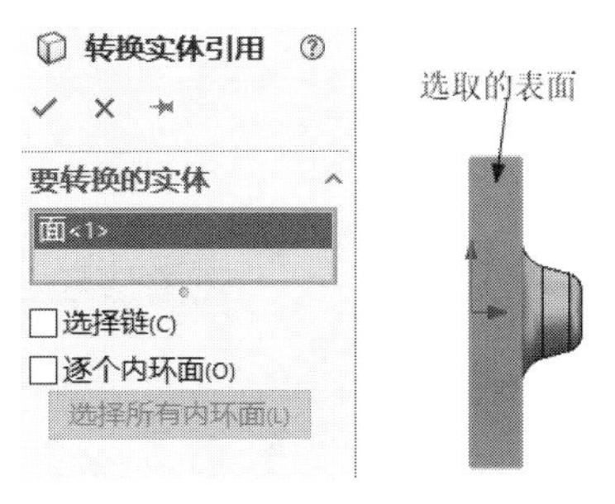

图 7-80 【转换实体引用】属性管理器

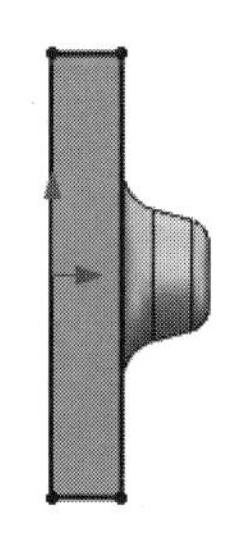

图 7-81 绘制的草图（3）

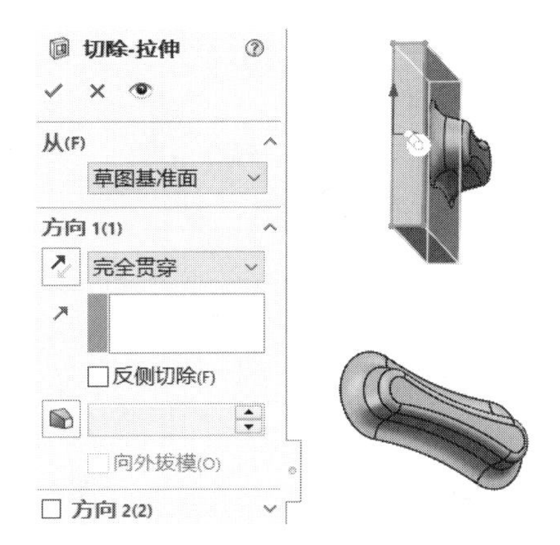

图 7-82 【切除-拉伸】属性管理器和拉伸切除后的模型

⑦ 单击【钣金】工具栏上的【成形工具】按钮，或者单击【钣金】选项卡上的【成形工具】按钮，或选择下拉菜单【插入】|【钣金】|【成形工具】命令，系统弹出如图 7-83 所示的【成形工具】属性管理器。【停止面】选项组选取如图 7-83 所示的表面，单击【确定】按钮✔，结果如图 7-84 所示。

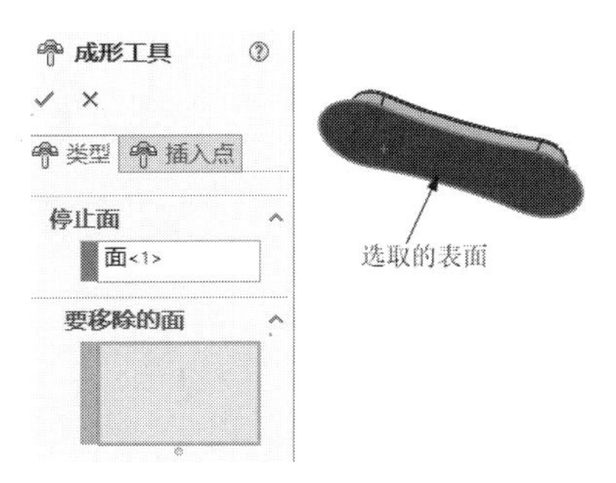

图 7-83 【成形工具】属性管理器

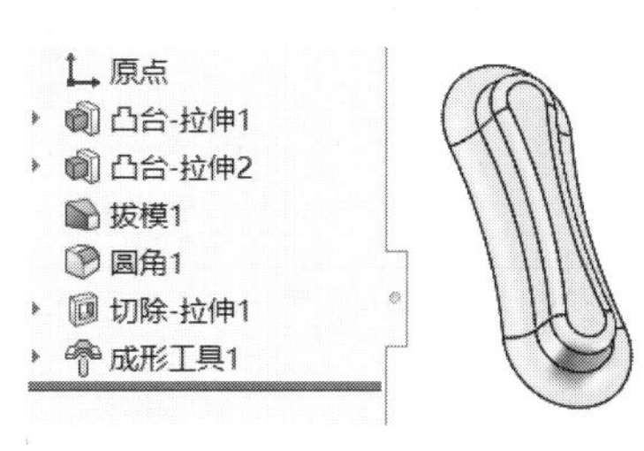

图 7-84 成形工具后的设计树

⑧ 首先将零件文件保存，然后在操作界面左边成形工具零件的【特征管理器设计树】中，选取零件名称，单击鼠标右键，在弹出的快捷菜单中选择【添加到库】命令，如图 7-85 所示，系统弹出如图 7-86 所示的【添加到库】属性管理器。在【添加到库】属性管理器中选择保存路径 Design Library\forming tools\ embosses\，【文件名称】文本框中输入“异型凸台”，如图 7-86 所示，单击【确定】按钮✔，可以把新生成的成形工具保存在设计库中。如图 7-87 所示，【设计库】Design Library\forming tools\ embosses\中的【异型凸台】为添加的成形工具。

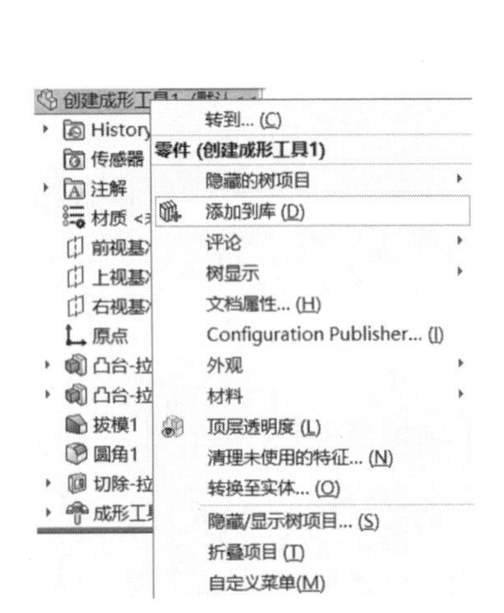

图 7-85 【添加到库】命令

图 7-86 【添加到库】属性管理器

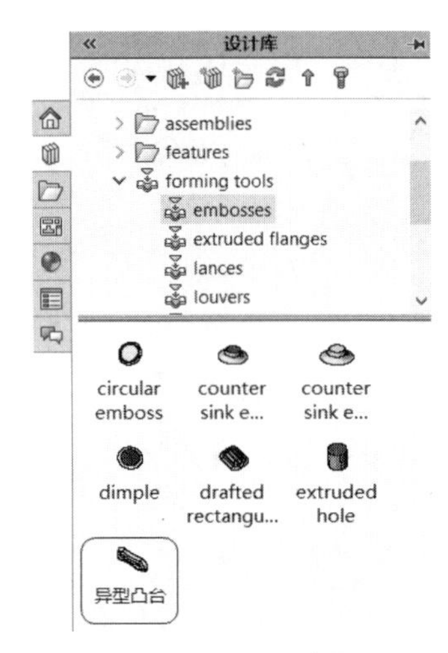

图 7-87 【设计库】

7.6 工程应用综合实例

工程应用综合实例 1

7.6.1 实例 1

工程应用综合实例 1 的模型如图 7-88 所示，下面详细介绍该实例建模的操作步骤。

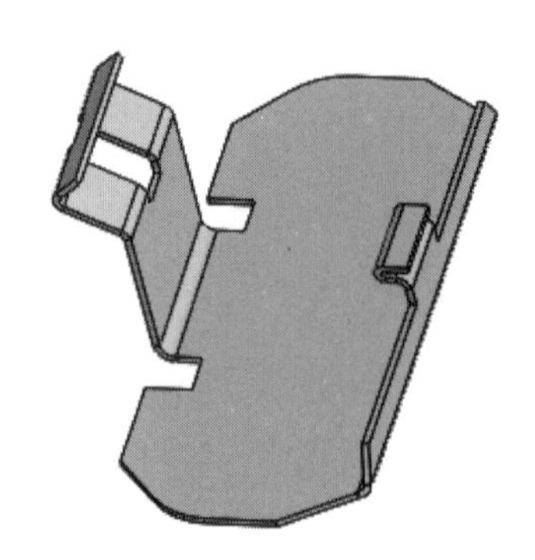

图 7-88 工程应用综合实例 1 的模型

① 启动 SolidWorks 2018 软件。单击工具栏中的【新建】按钮，系统弹出【新建 SOLIDWORKS 文件】对话框，在【模板】选项卡中选择【零件】选项，单击【确定】按钮。

② 选择【特征管理器设计树】中的【前视基准面】作为草图绘制平面，绘制如图 7-89 所示的草图。

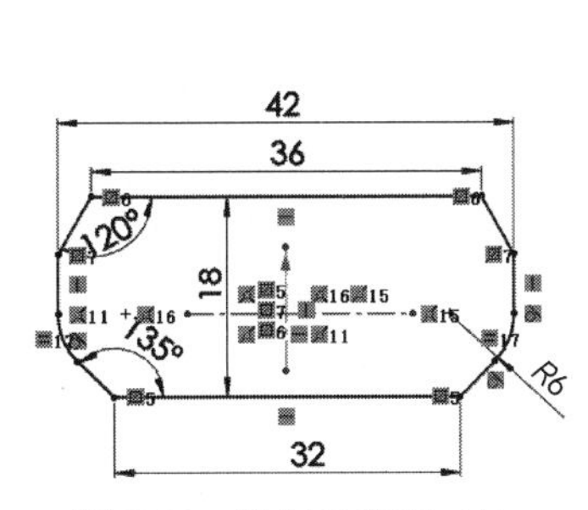

图 7-89 绘制的草图（1）

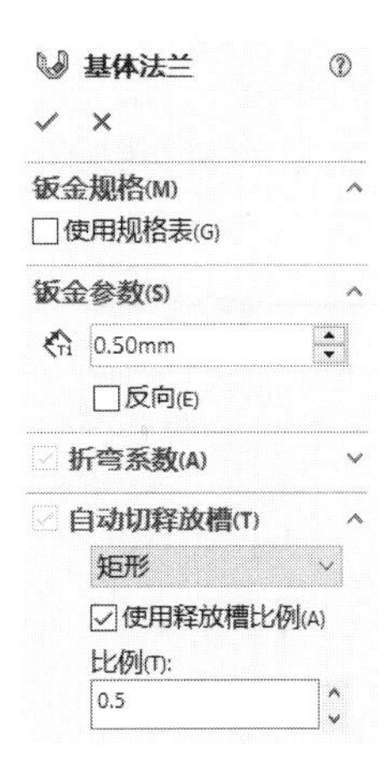

图 7-90 【基体法兰】属性管理器

③ 选择步骤②绘制的草图，然后单击【钣金】工具栏上的【基体法兰】按钮，或者单击【钣金】选项卡上的【基体法兰/薄片】按钮，或选择下拉菜单【插入】|【钣金】|【基体法兰】命令，系统弹出如图 7-90 所示的【基体法兰】属性管理器。【方向 1 厚度】微调框中输入“0.50mm”，单击【确定】按钮，结果如图 7-91 所示。

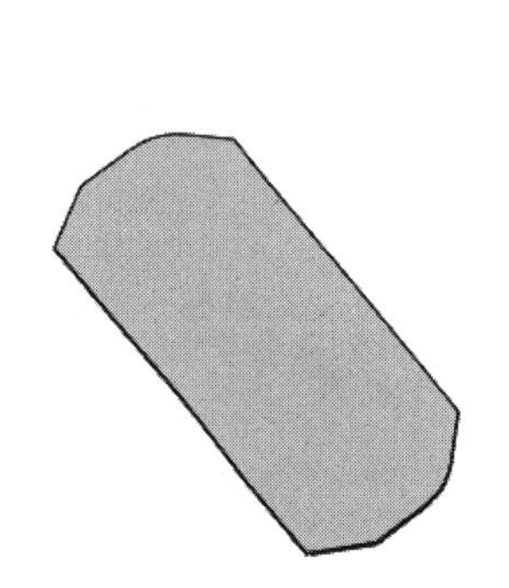

图 7-91 生成的钣金模型

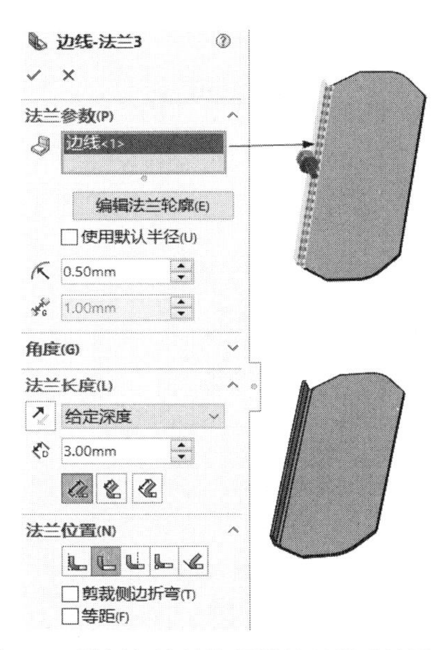

图 7-92 【边线-法兰】属性管理器及结果（1）

④ 单击【钣金】工具栏上的【边线法兰】按钮，或者单击【钣金】选项卡上的【边线法兰】按钮，或选择下拉菜单【插入】|【钣金】|【边线法兰】命令，系统弹出如图 7-92 所示的【边线-法兰】属性管理器。激活【选择边线】选择框，在图形区选取如图 7-92 所示的边线，取消选中【使用默认半径】复选框，【半径】微调框中输入“0.50mm”，在【长度终

止条件】下拉列表中选择【给定深度】选项，在【长度】微调框中输入“3.00mm”，在【法兰位置】选项组中单击【材料在外】按钮，如图 7-92 所示，单击【确定】按钮✓，生成边线法兰特征如图 7-92 所示。

⑤ 在【特征管理器设计树】中选择【边线-法兰】，单击鼠标右键，在快捷菜单中单击【编辑草图】按钮，如图 7-93 所示。单击【标准视图】工具栏中的【正视于】按钮，编辑草图，得到如图 7-94 所示的草图，单击【标准】工具栏上的【重新建模】按钮，生成编辑边线法兰特征，结果如图 7-95 所示。

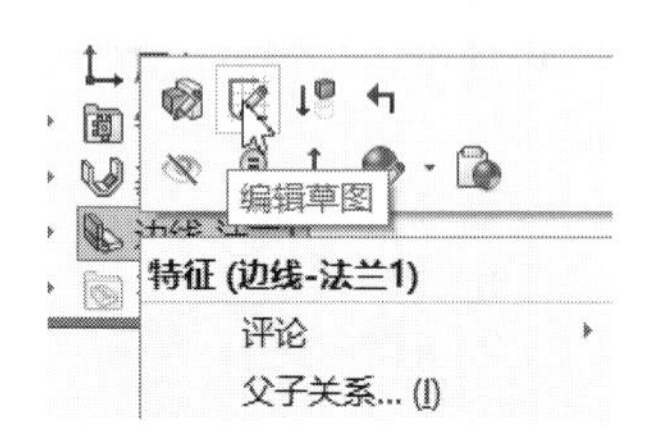

图 7-93 【编辑草图】命令

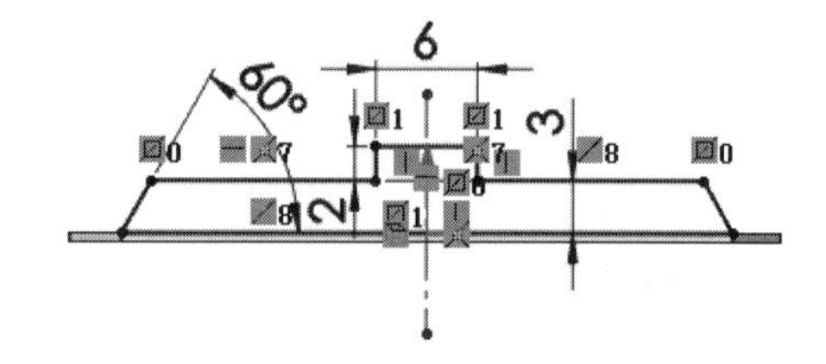

图 7-94 编辑后的草图

⑥ 单击【钣金】工具栏上的【边线法兰】按钮，系统弹出如图 7-96 所示的【边线-法兰】属性管理器。激活【选择边线】选择框，在图形区选取如图 7-96 所示的边线，取消选中【使用默认半径】复选框，【半径】微调框中输入“0.50mm”，在【长度终止条件】下拉列表中选择【给定深度】选项，在【长度】微调框中输入“2.50mm”，在【法兰位置】选项组中单击【材料在外】按钮，单击【确定】按钮✓，生成边线法兰特征，如图 7-96 所示。

图 7-95 生成编辑边线法兰特征

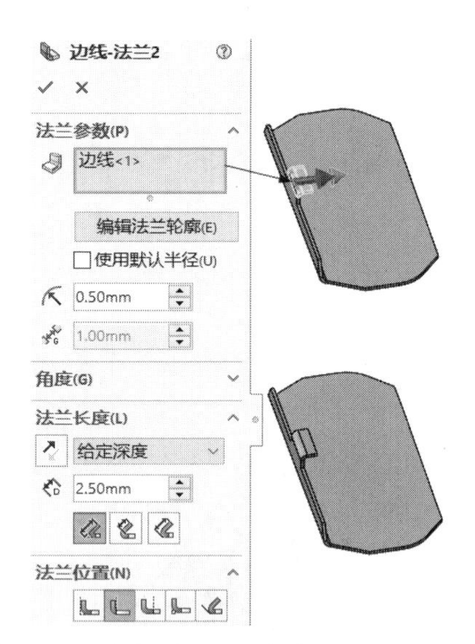

图 7-96 【边线-法兰】属性管理器及结果（2）

⑦ 单击【钣金】工具栏上的【褶边】按钮，或者单击【钣金】选项卡上的【褶边】按钮，或选择下拉菜单【插入】|【钣金】|【褶边】命令，系统弹出如图 7-97 所示的【褶边】属性管理器。在图形区选取如图 7-97 所示的边线，单击【边线】选项组中的【材料在内】按钮，【类型和大小】选项组中的【褶边类型】单击【打开】按钮，在【长度】微调框中输入“2.50mm”，【缝隙距离】微调框中输入“0.50mm”，单击【确定】按钮✓，生成【边线-法兰】特征，如图 7-97 所示。

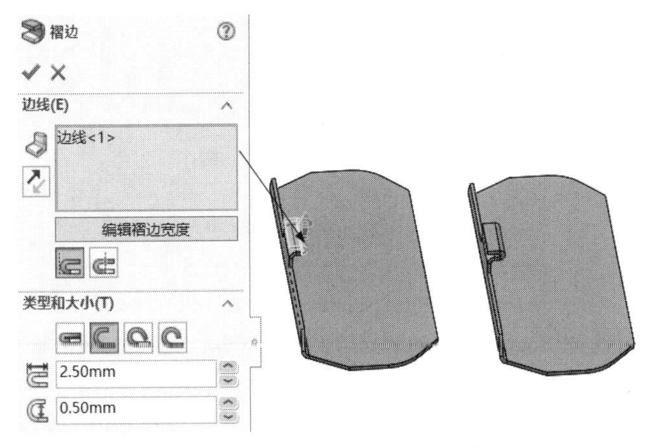

图 7-97 【褶边】属性管理器及结果

⑧ 单击【参考几何体】工具栏中的【基准面】按钮或者选择【插入】|【参考几何体】|【基准面】菜单命令，系统弹出如图 7-98 所示【基准面】属性管理器。【第一参考】选项组中选取如图 7-98 所示的实体边缘，单击【垂直】按钮；【第二参考】选项组中选取如图 7-98 所示的顶点，单击【重合】按钮；单击【确定】按钮，创建基准面 1。

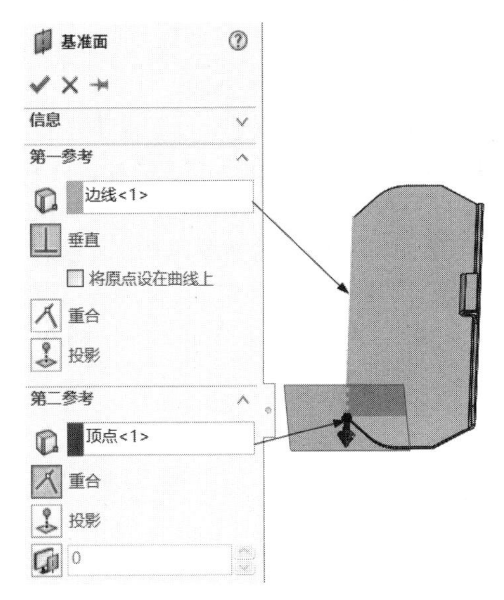

图 7-98 【基准面】属性管理器及结果

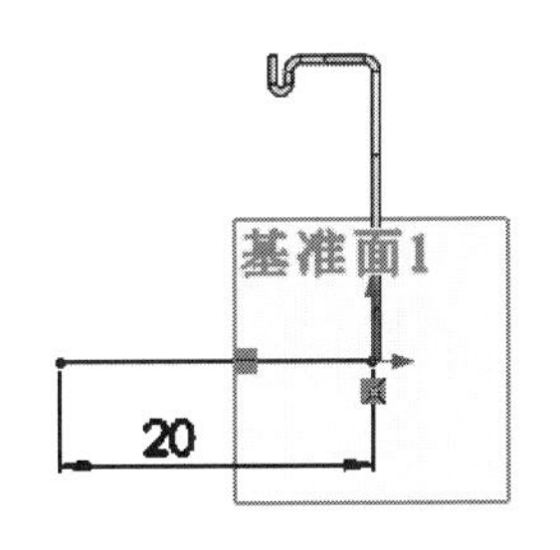

图 7-99 绘制的草图（2）

⑨ 单击【钣金】工具栏上的【斜接法兰】按钮，或者单击【钣金】选项卡上的【斜接法兰】按钮，或选择下拉菜单【插入】|【钣金】|【斜接法兰】命令，然后选取步骤⑧创建的基准面 1，系统进入草图环境，单击【标准视图】工具栏中的【正视于】按钮，绘制如图 7-99 所示的草图，单击按钮，退出草图，系统弹出如图 7-100 所示的【斜接法兰】属性管理器。在【法兰位置】选项组单击【材料在内】按钮；取消勾选【剪裁侧边折弯】复选框，【缝隙距离】微调框中输入“0.25mm”；【开始等距距离】微调框中输入“10.00mm”，【结束等距距离】微调框中输入“10.00mm”；单击【确定】按钮，即可生成如图 7-100 所示的斜接法兰。

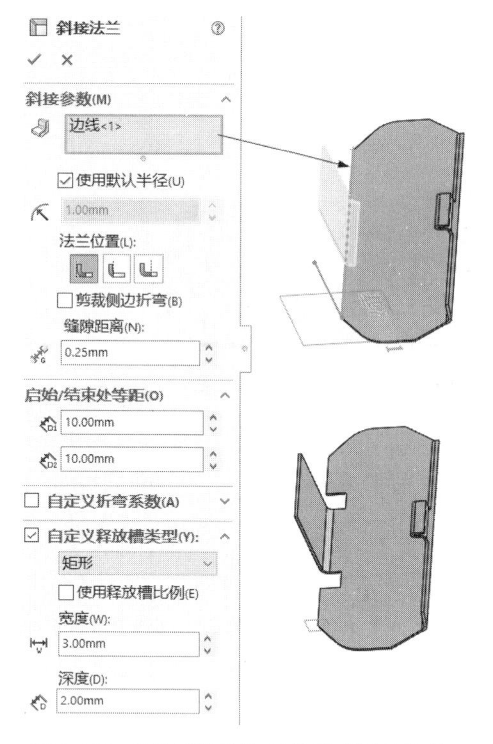

图 7-100 【斜接法兰】属性管理器及结果

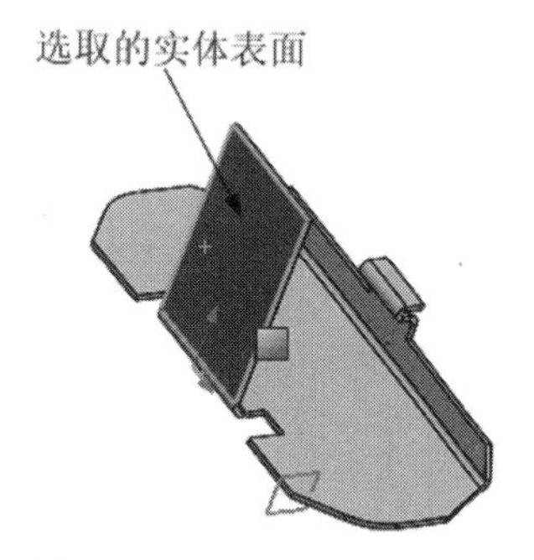

图 7-101 选取的实体表面

⑩ 单击【钣金】工具栏上的【绘制的折弯】按钮，或者单击【钣金】选项卡上的【绘制的折弯】按钮，或选择下拉菜单【插入】|【钣金】|【绘制的折弯】命令，选取如图 7-101 所示的实体表面，系统进入草图环境，单击【标准视图】工具栏中的【正视于】按钮，绘制如图 7-102 所示的草图，单击按钮，退出草图，系统弹出如图 7-103 所示的【绘制的折弯】属性管理器。【折弯位置】选项组中单击【折弯中心线】按钮，【折弯角度】微调框中输入“60.00 度”，取消勾选【使用默认半径】复选框，【折弯半径】微调框中输入“0.50mm”，单击【确定】按钮，结果如图 7-103 所示。

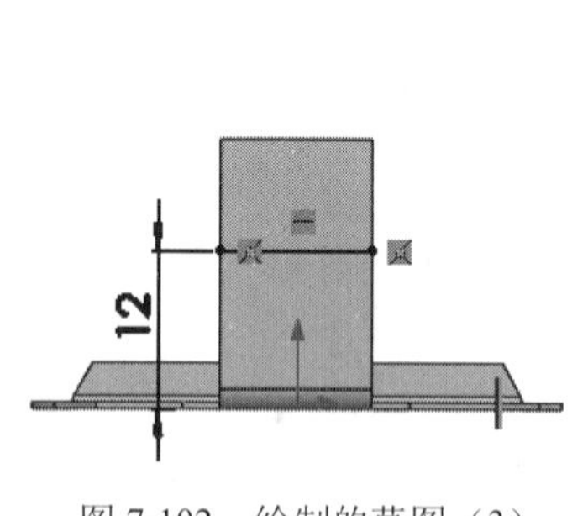

图 7-102 绘制的草图（3）

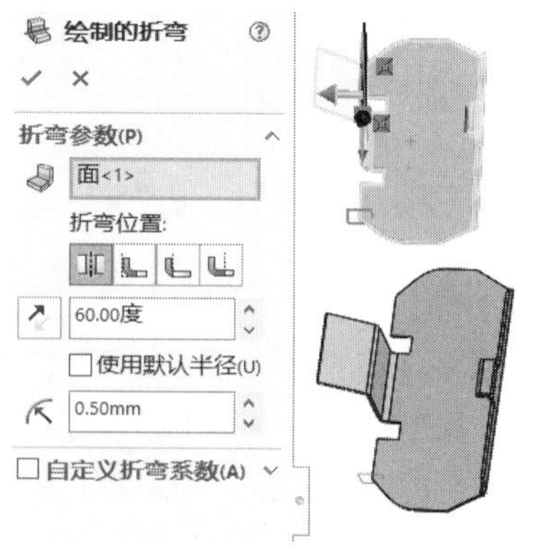

图 7-103 【绘制的折弯】属性管理器及结果

⑪ 采用与步骤⑩相同的方法创建绘制的折弯。选取如图 7-104 所示的草图平面，绘制如图 7-105 所示的草图，【折弯角度】微调框中输入“110.00 度”，其他选项设置与步骤⑩相同，结果如图 7-106 所示。

选取的草图平面

图 7-104　选取的草图平面（1）

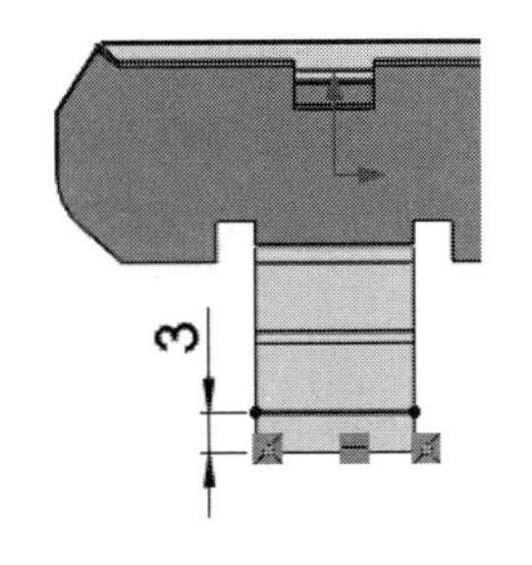

图 7-105　绘制的草图（4）

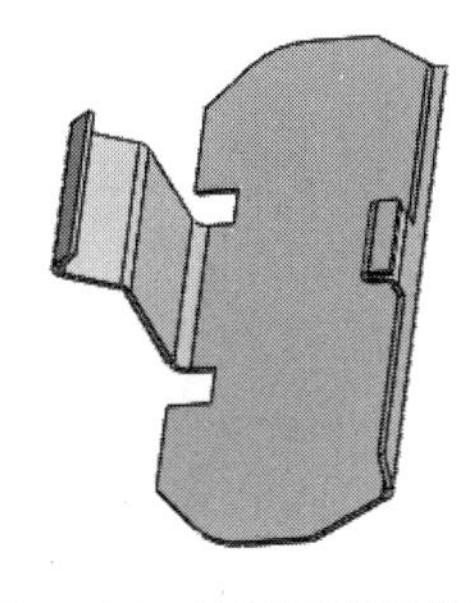

图 7-106　绘制折弯后的结果

⑫ 单击【钣金】工具栏上的【展开】按钮，或者单击【钣金】选项卡上的【展开】按钮，或选择下拉菜单【插入】|【钣金】|【展开】命令，系统弹出如图 7-107 所示的【展开】属性管理器。激活【固定面】选择框，在图形区选取如图 7-107 所示的固定面，选取一个或多个折弯作为要展开的折弯，或单击【收集所有折弯】按钮来选取零件中所有合适的折弯。单击【确定】按钮✓，如图 7-107 所示。

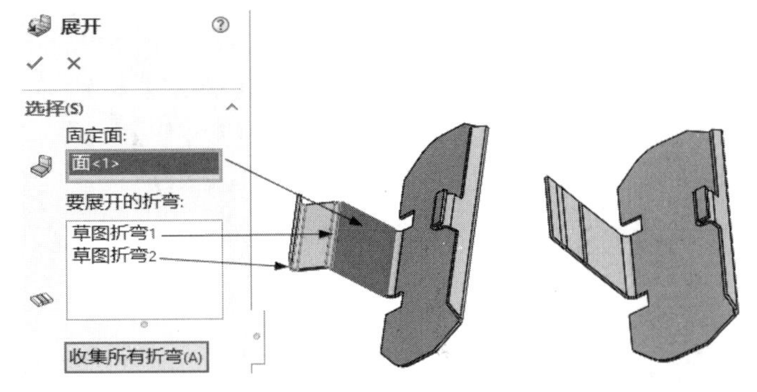

图 7-107　【展开】属性管理器及结果

⑬ 单击【钣金】工具栏上的【拉伸切除】按钮，在图形区选取如图 7-108 所示的实体表面，绘制如图 7-109 所示的草图，系统弹出【切除-拉伸】属性管理器，勾选【与厚度相等】复选框，单击【确定】按钮✓，完成切除，如图 7-110 所示。

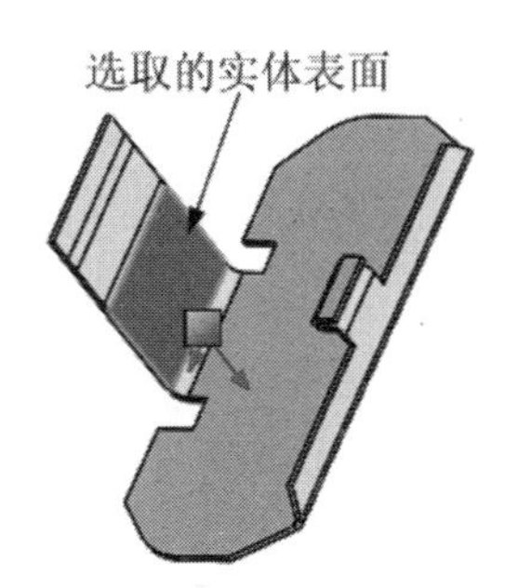

图 7-108　选取的草图平面（2）

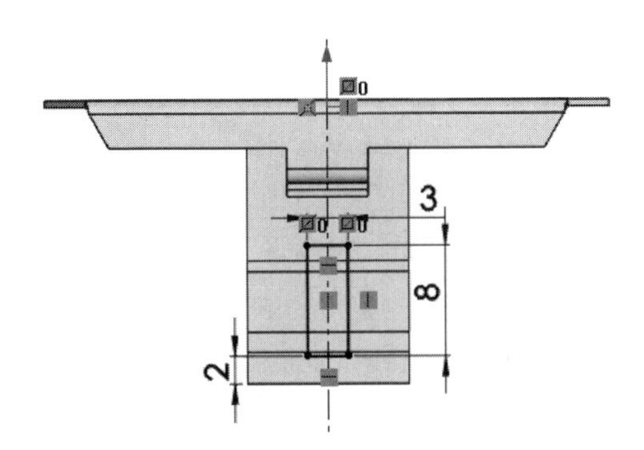

图 7-109　绘制的草图（5）

⑭ 单击【钣金】工具栏上的【折叠】按钮，系统弹出如图 7-111 所示的【折叠】属性管理器，激活【固定面】选择框会自动选取如图 7-111 所示的固定面，单击【收集所有折弯】

按钮，单击【确定】按钮✓，所选的折弯折叠，如图 7-88 所示。

图 7-110　拉伸切除后的模型

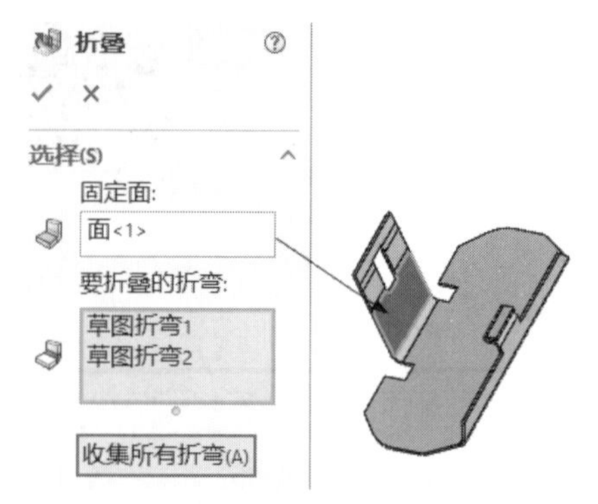

图 7-111　【折叠】属性管理器

7.6.2 实例 2

工程应用综合实例 2

工程应用综合实例 2 的模型如图 7-112 所示，下面详细介绍该实例建模的操作步骤。

① 启动 SolidWorks 2018 软件。单击工具栏中的【新建】按钮，系统弹出【新建 SOLIDWORKS 文件】对话框，在【模板】选项卡中选择【零件】选项，单击【确定】按钮。

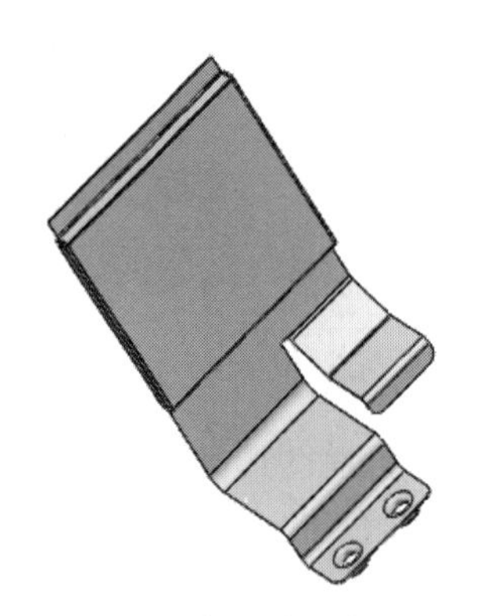

图 7-112　工程应用综合实例 2 的模型

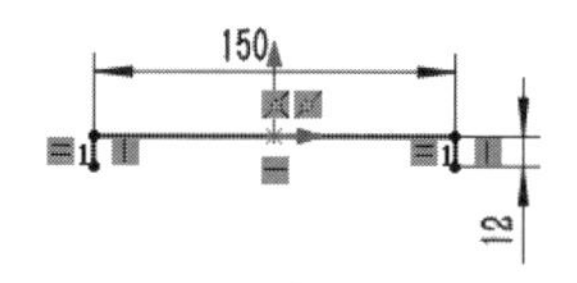

图 7-113　绘制的草图（1）

② 单击【钣金】工具栏上的【基体法兰/薄片】按钮，在【特征管理器设计树】中选择【上视基准面】，系统进入草图环境，绘制如图 7-113 所示的草图，单击按钮，退出草图环境，系统弹出【基体法兰】属性管理器。在【终止条件】下拉列表中选择【两侧对称】选项，在【深度】微调框内输入“150.00mm”，在【厚度】微调框内输入“1.00mm”，在【折弯半径】微调框内输入“1.00mm”，单击【确定】按钮✓，结果如图 7-114 所示。

③ 单击【特征】工具栏上的【拉伸凸台/基体】按钮，系统弹出【拉伸】属性管理器，在绘图区选取如图 7-115 所示的实体表面，系统进入草图环境，单击【标准视图】工具栏中的【正视于】按钮，绘制如图 7-116 所示的草图，单击按钮，退出草图环境，系统返回如图 7-117 所示的【凸台-拉伸】属性管理器。在【开始条件】下拉列表中选择【草图基准面】选项，在【终止条件】下拉列表中选择【成形到一面】，单击【反向】按钮，选取如图 7-117 所示的实体表面，单击【确定】按钮✓，结果如图 7-117 所示。

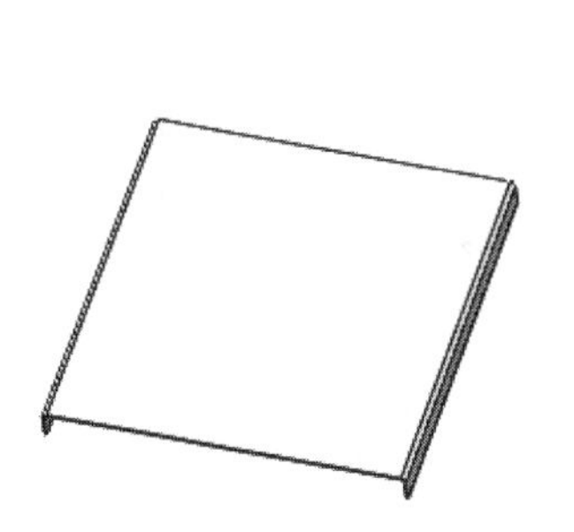

图 7-114　生成的钣金模型

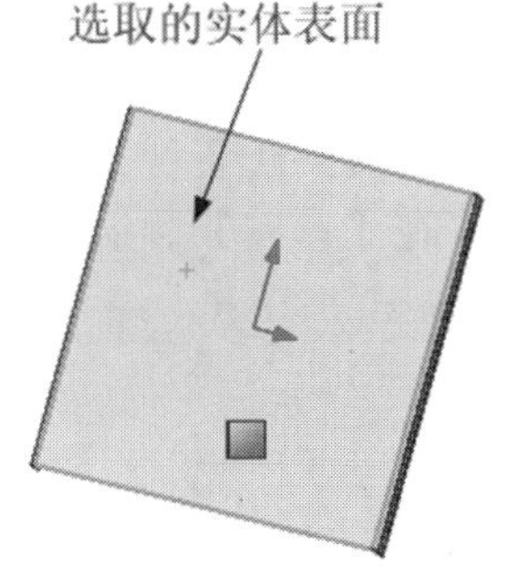

图 7-115　选取的实体表面（1）

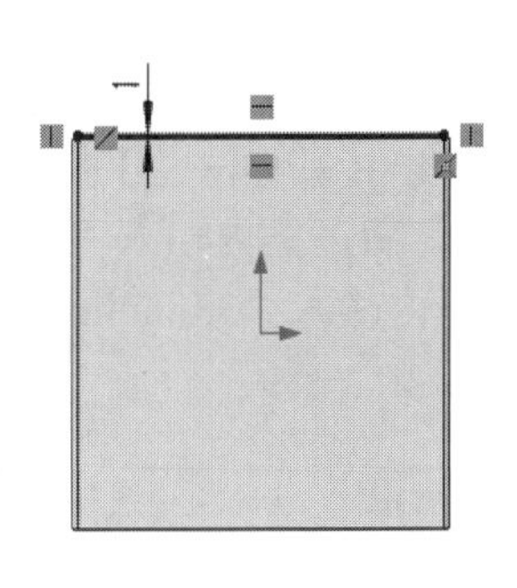

图 7-116　绘制的草图（2）

④ 单击【特征】工具栏中的【圆角】按钮，系统弹出【圆角】属性管理器，【圆角类型】选中【等半径】，设置【半径】为 2，选取如图 7-118 所示的实体边缘，单击【确定】按钮✓。

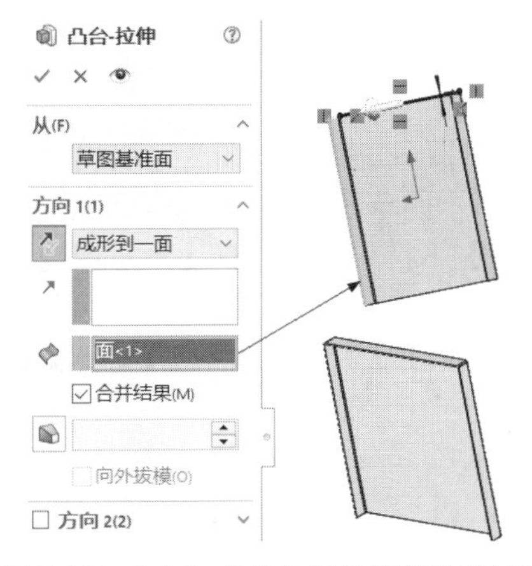

图 7-117 【凸台-拉伸】属性管理器及结果

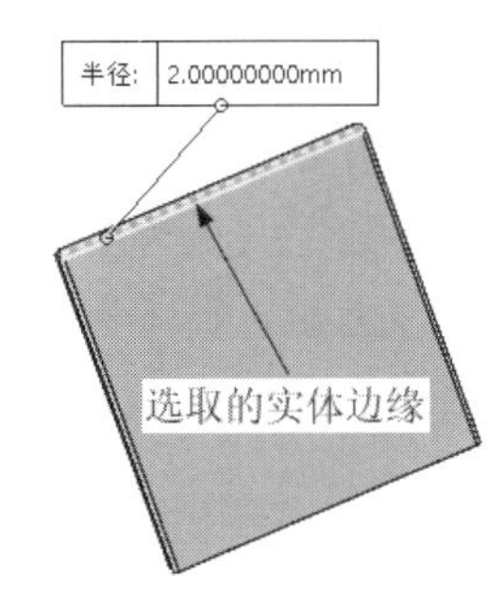

图 7-118　选取的实体边缘

⑤ 单击【钣金】工具栏上的【基体法兰/薄片】按钮，在绘图区选取如图 7-119 所示的实体表面，系统进入草图环境，绘制如图 7-120 所示的草图，单击按钮，退出草图环境，系统弹出【基体法兰】属性管理器。在【终止条件】下拉列表中选择【给定深度】选项，单击【反向】按钮，在【深度】微调框内输入“146.00mm”，在【厚度】微调框内输入“1.00mm”，勾选【反向】复选框，在【折弯半径】微调框内输入“1.00mm”，单击【确定】按钮✓，结果如图 7-121 所示。

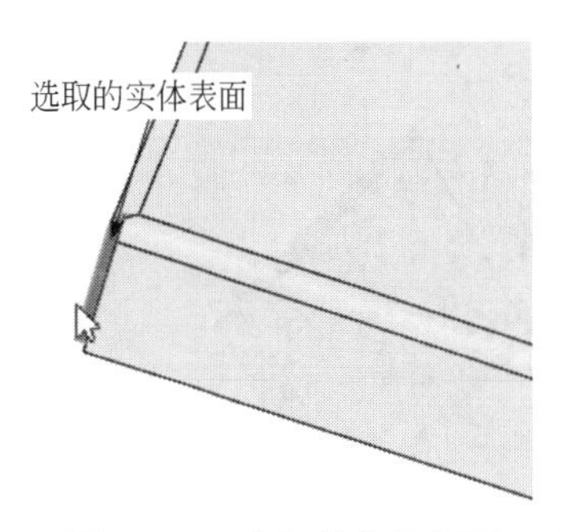

图 7-119　选取的实体表面（2）

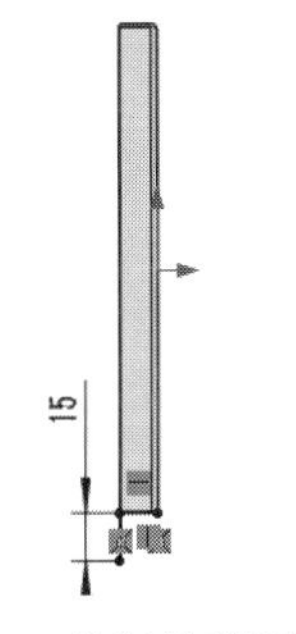

图 7-120　绘制的草图（3）

图 7-121　步骤⑤后的模型

⑥ 单击【钣金】工具栏上的【基体法兰/薄片】按钮，在绘图区选取如图 7-122 所示的实体表面，系统进入草图环境，绘制如图 7-123 所示的草图，单击按钮，退出草图环境，系统弹出【基体法兰】属性管理器。在【终止条件】下拉列表中选择【给定深度】选项，在【深度】微调框内输入“55.00mm”，在【厚度】微调框内输入“1.00mm”，在【折弯半径】微调框内输入“3.00mm”，单击【确定】按钮，结果如图 7-124 所示。

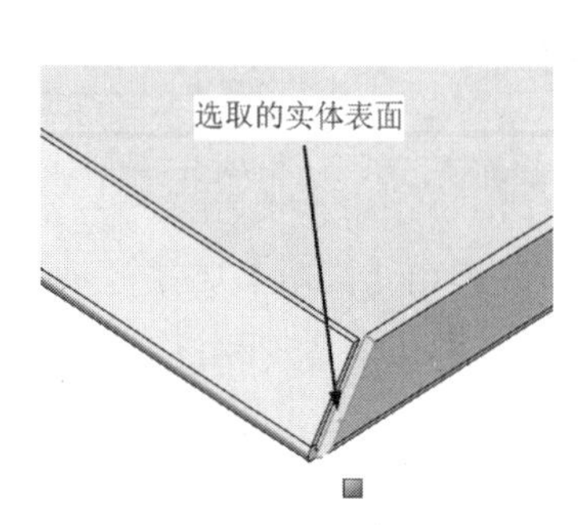

图 7-122　选取的实体表面（3）

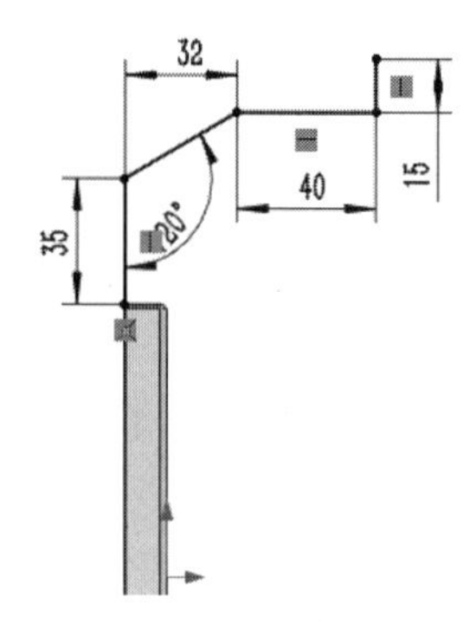

图 7-123　绘制的草图（4）

⑦ 单击【钣金】工具栏上的【基体法兰/薄片】按钮，在绘图区选取如图 7-125 所示的实体表面，系统进入草图环境，绘制如图 7-126 所示的草图，单击按钮，退出草图环境，系统弹出【基体法兰】属性管理器。在【终止条件】下拉列表中选择【给定深度】选项，单击【反向】按钮，在【深度】微调框内输入“91.00mm”，在【厚度】微调框内输入“1.00mm”，勾选【反向】复选框，在【折弯半径】微调框内输入“10.00mm”，单击【确定】按钮，结果如图 7-127 所示。

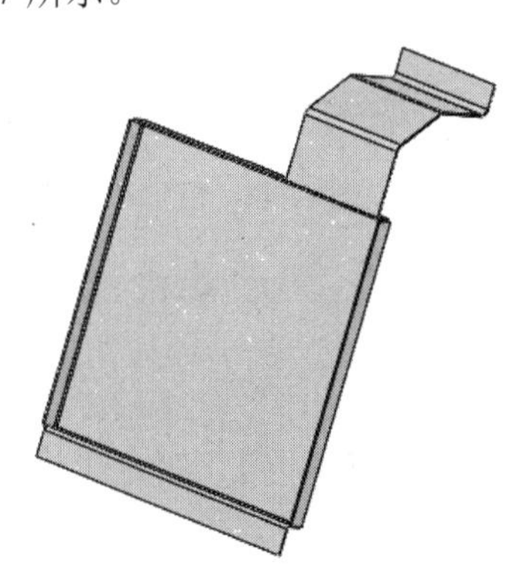

图 7-124　步骤⑥后的模型

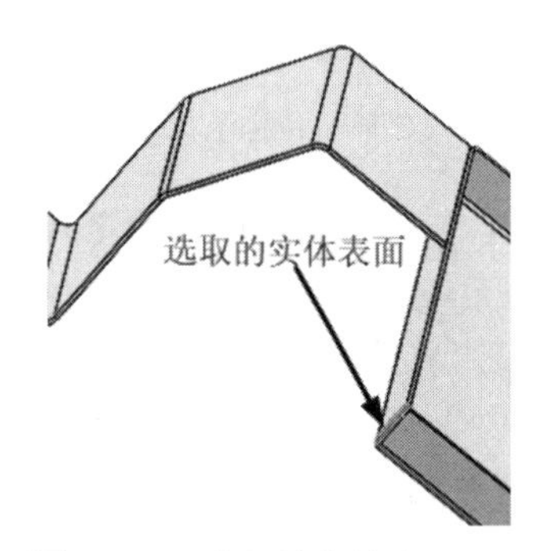

图 7-125　选取的实体表面（4）

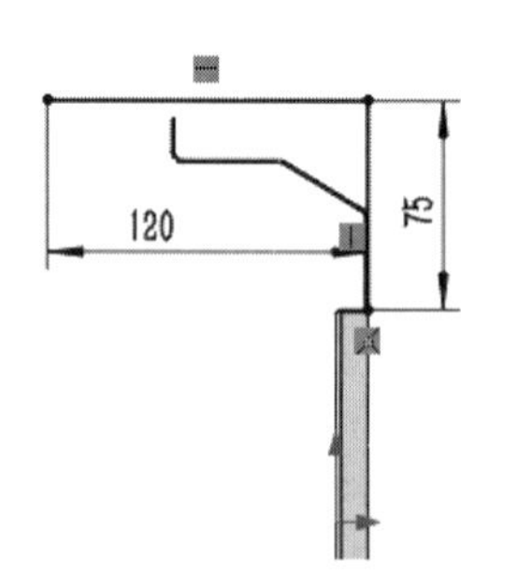

图 7-126　绘制的草图（5）

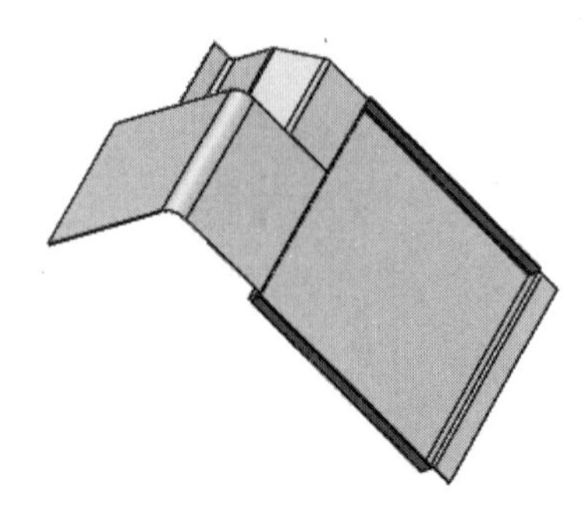

图 7-127　步骤⑦后的模型

⑧ 单击【特征】工具栏中的【拉伸切除】按钮，系统弹出【拉伸】属性管理器。选取如图 7-128 所示的表面，系统进入草图环境，单击【标准视图】工具栏中的【正视于】按钮。绘制如图 7-129 所示的草图，单击按钮，退出草图环境，系统返回【切除-拉伸】属性管理器，在【开始条件】下拉列表中选择【草图基准面】选项，在【终止条件】下拉列表中选择【完全贯穿】选项，单击【确定】按钮。

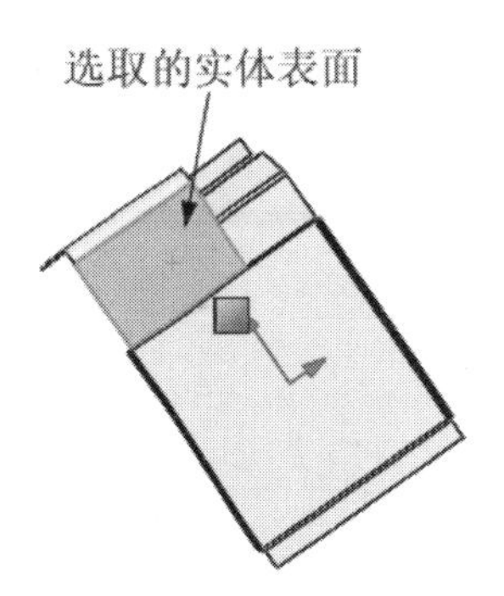

图 7-128　选取的实体表面（5）

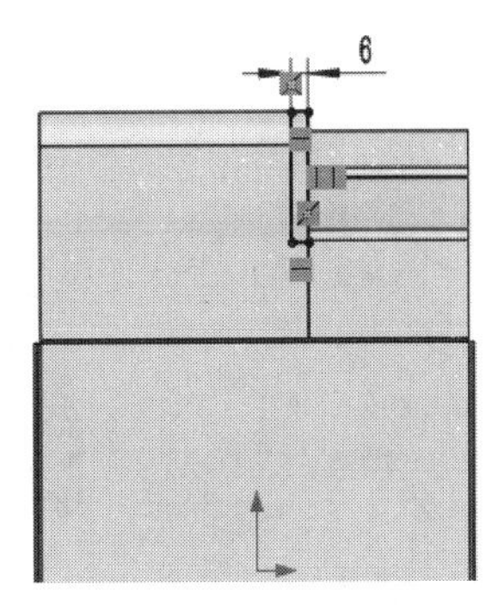

图 7-129　绘制的草图（6）

⑨ 单击【钣金】工具栏上的【转折】按钮，或者单击【钣金】选项卡上的【转折】按钮，或选择下拉菜单【插入】|【钣金】|【转折】命令，在图形区选取如图 7-130 所示的实体表面，系统进入草图环境，绘制如图 7-131 所示的草图，单击按钮，退出草图环境，系统弹出如图 7-132 所示的【转折】属性管理器。在图形区选取如图 7-128 所示的实体表面为固定面；取消选择【使用默认半径】复选框，在【折弯半径】微调框中输入“5.00mm”；【转折等距】选项组中的【终止条件】中选择【给定深度】,【等距距离】微调框中输入“28.00mm”，在【尺寸位置】选项组中单击【外部等距】按钮；在【转折位置】选项组中单击【折弯中心线】按钮，【转折角度】微调框中输入“90.00 度”，单击【确定】按钮，结果如图 7-132 所示。

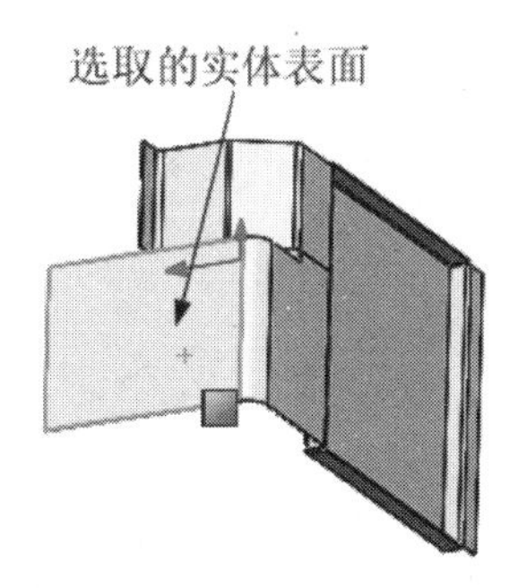

图 7-130　选取的实体表面（6）

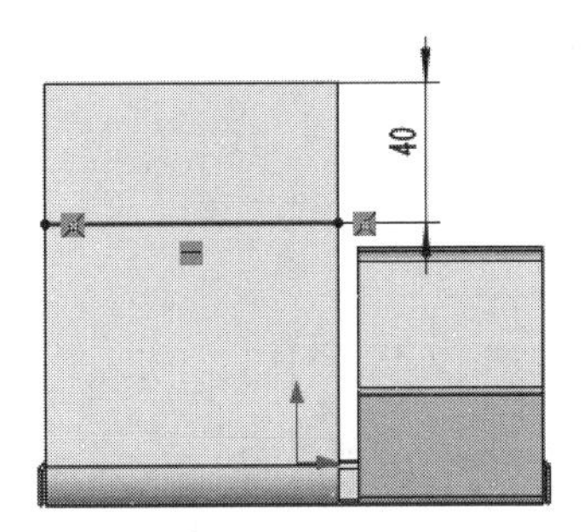

图 7-131　绘制的草图（7）

⑩ 单击【特征】工具栏中的【拉伸切除】按钮，系统弹出【拉伸】属性管理器。选取如图 7-133 所示的表面，系统进入草图环境，单击【标准视图】工具栏中的【正视于】按钮，绘制如图 7-134 所示的草图，单击按钮，退出草图环境，系统返回【切除-拉伸】属性管理器，在【开始条件】下拉列表中选择【草图基准面】选项，在【终止条件】下拉列表中选择【完全贯穿】选项，单击【确定】按钮。

⑪ 单击【钣金】工具栏上的【褶边】按钮，或者单击【钣金】选项卡上的【褶边】按钮，或选择下拉菜单【插入】|【钣金】|【褶边】命令，系统弹出如图 7-135 所示的【褶

边】属性管理器。在图形区选取如图 7-135 所示的边线，单击【边线】选项组中的【材料在内】按钮，【类型和大小】选项组中的【褶边类型】单击【打开】按钮，在【长度】微调框中输入“5.00mm”，【缝隙距离】微调框中输入“6.00mm”，单击【确定】按钮✓，结果如图 7-135 所示。

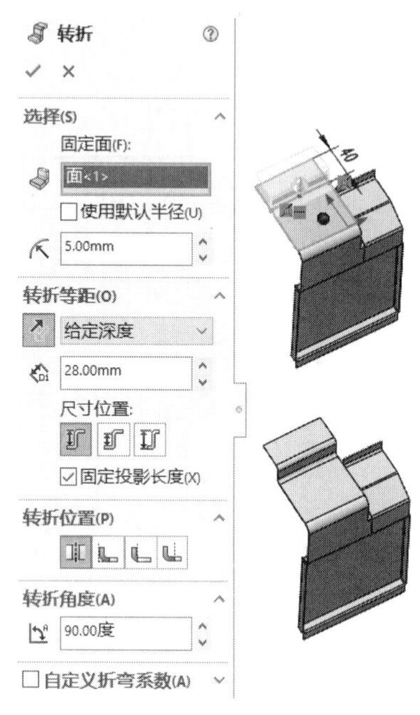

图 7-132 【转折】属性管理器及结果

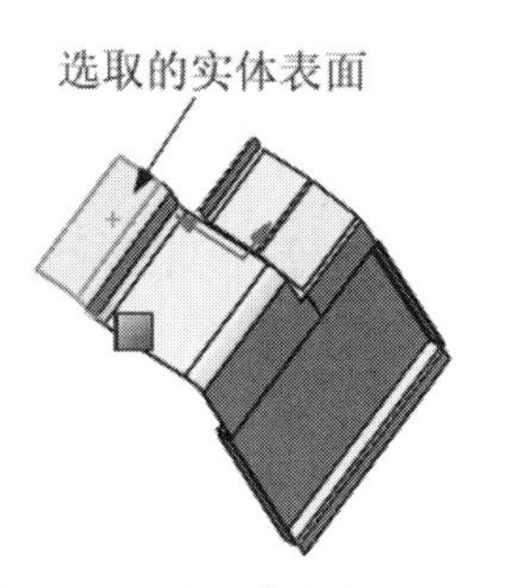

图 7-133 选取的实体表面（7）

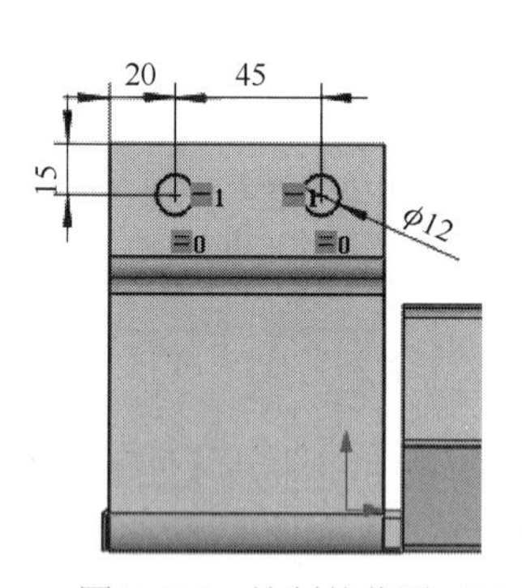

图 7-134 绘制的草图（8）

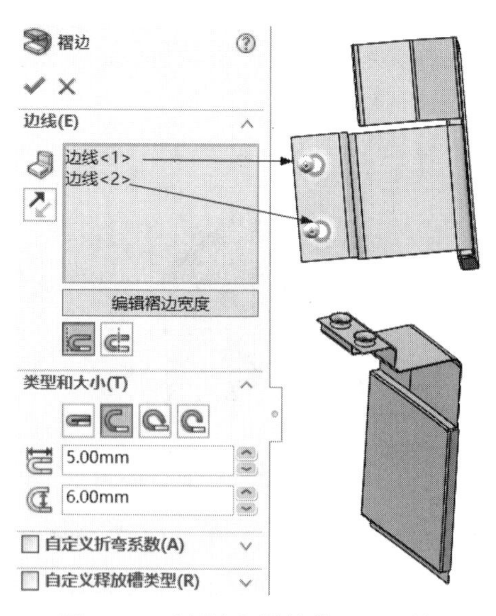

图 7-135 【褶边】属性管理器及结果

⑫ 选择下拉菜单【插入】|【特征】|【输入】命令，系统弹出如图 7-136 所示的【组合】属性管理器。【操作类型】选项组选择【添加】单选按钮，在绘图区选取如图 7-136 所示的实体模型为要组合的实体，单击【确定】按钮✓。

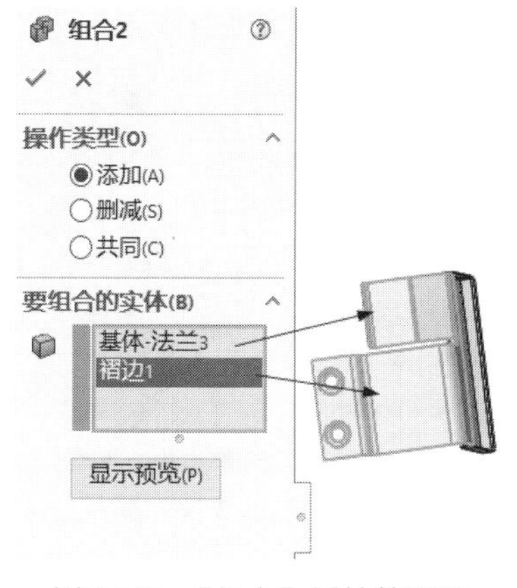

图 7-136 【组合】属性管理器

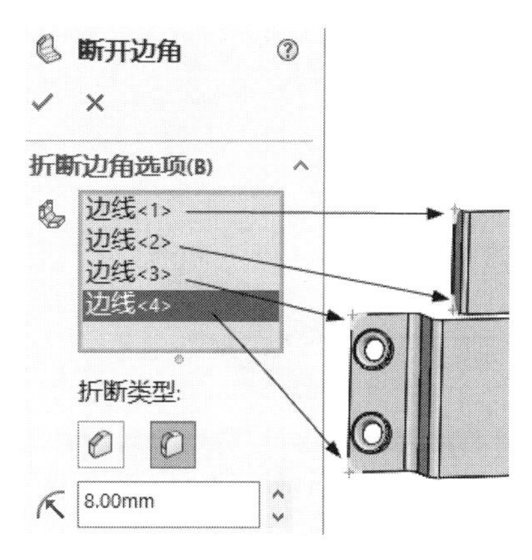

图 7-137 【断开边角】属性管理器

⑬ 单击【钣金】工具栏上的【边角剪裁】按钮，或者单击【钣金】选项卡上的【边角剪裁】按钮，或选择下拉菜单【插入】|【钣金】|【边角剪裁】命令，系统弹出如图 7-137 所示的【断开边角】属性管理器。选取如图 7-137 所示的实体边缘，【折断类型】选择【圆角】，【半径】微调框中输入“8.00mm”，单击【确定】按钮。

7.6.3 实例 3

工程应用综合实例 3

工程应用综合实例 3 的模型如图 7-138 所示，下面详细介绍该实例建模的操作步骤。

① 启动 SolidWorks 2018 软件。单击工具栏中的【新建】按钮，系统弹出【新建 SOLIDWORKS 文件】对话框，在【模板】选项卡中选择【零件】选项，单击【确定】按钮。

② 单击【钣金】工具栏上的【基体法兰/薄片】按钮，在【特征管理器设计树】中选择【前视基准面】，系统进入草图环境，绘制如图 7-139 所示的草图，单击按钮，退出草图环境，系统弹出【基体法兰】属性管理器。在【终止条件】下拉列表中选择【两侧对称】选项，在【深度】微调框内输入“150.00mm”，在【厚度】微调框内输入“1.50mm”，在【折弯半径】微调框内输入“2.00mm”，单击【确定】按钮，结果如图 7-140 所示。

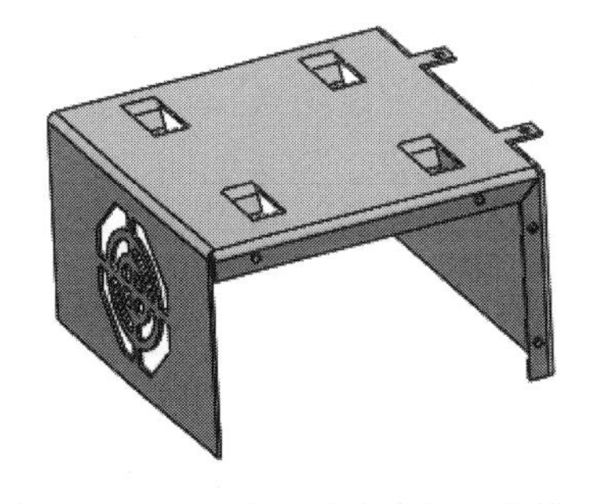
图 7-138 工程应用综合实例 3 的模型

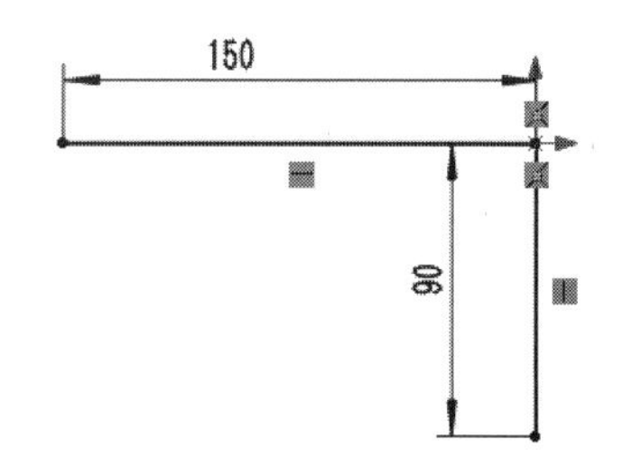

图 7-139 绘制的草图（1）

③ 单击【钣金】工具栏上的【展开】按钮，系统弹出如图 7-141 所示的【展开】属性管理器。激活【固定面】选择框，在图形区选取如图 7-141 所示的固定面，选取一个或多个折弯作为要展开的折弯，或单击【收集所有折弯】按钮来选择零件中所有合适的折弯。单击【确定】按钮，如图 7-141 所示。

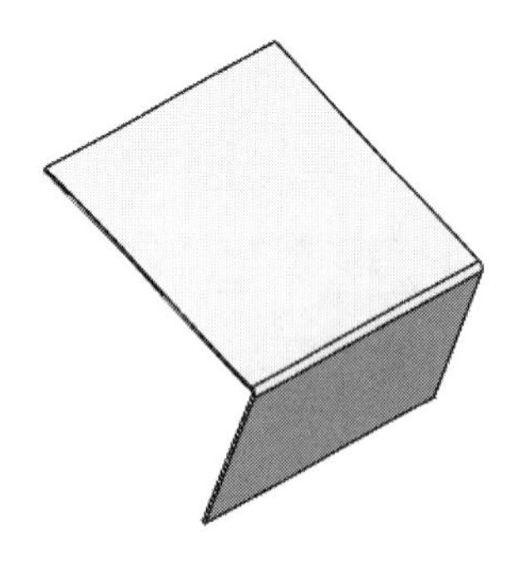

图 7-140　生成的钣金模型

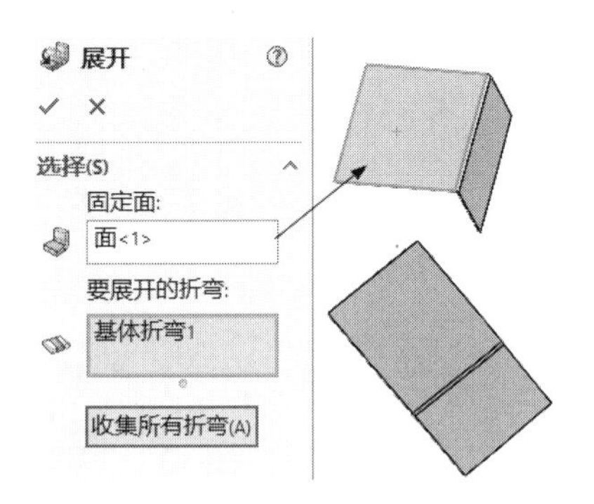

图 7-141 【展开】属性管理器及结果

④ 单击【钣金】工具栏上的【拉伸切除】按钮，在图形区选取实体的上表面，绘制如图 7-142 所示的草图，系统弹出【切除-拉伸】属性管理器，勾选【与厚度相等】复选框，单击【确定】按钮✓，完成切除，如图 7-143 所示。

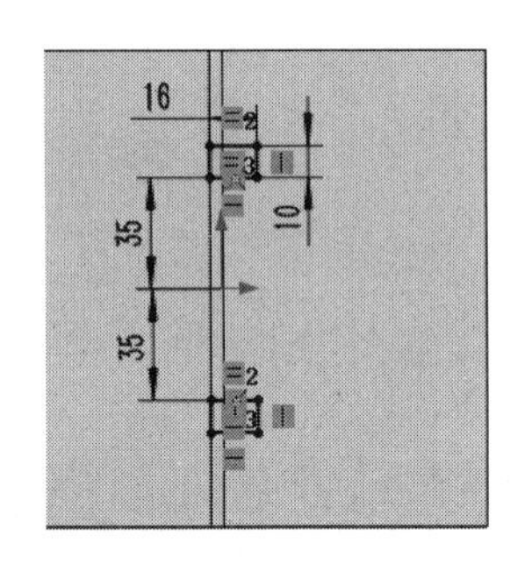

图 7-142　绘制的草图（2）

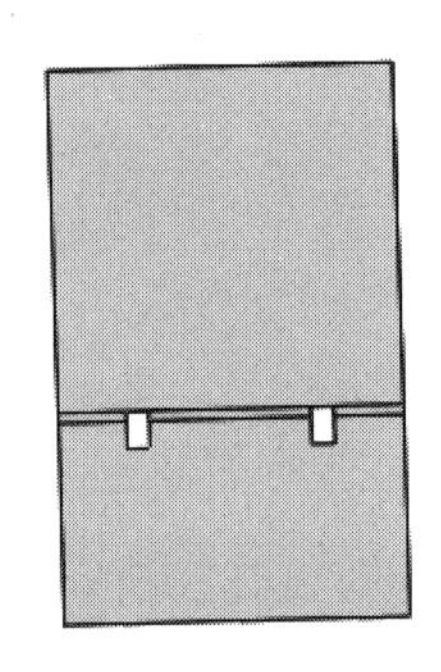

图 7-143　拉伸切除后的模型

⑤ 单击【钣金】工具栏上的【折叠】按钮，系统弹出如图 7-144 所示的【折叠】属性管理器，激活【固定面】选择框会自动选取如图 7-144 所示的固定面，单击【收集所有折弯】按钮。单击【确定】按钮✓，所选的折弯折叠，如图 7-144 所示。

⑥ 单击【钣金】工具栏上的【基体法兰/薄片】按钮，在绘图区选取如图 7-145 所示的实体表面，系统进入草图环境，单击【标准视图】工具栏中的【正视于】按钮，绘制如图 7-146 所示的草图，单击按钮，退出草图环境，系统弹出如图 7-147 所示的【基体法兰】属性管理器。勾选【合并结果】复选框，单击【确定】按钮✓，结果如图 7-147 所示。

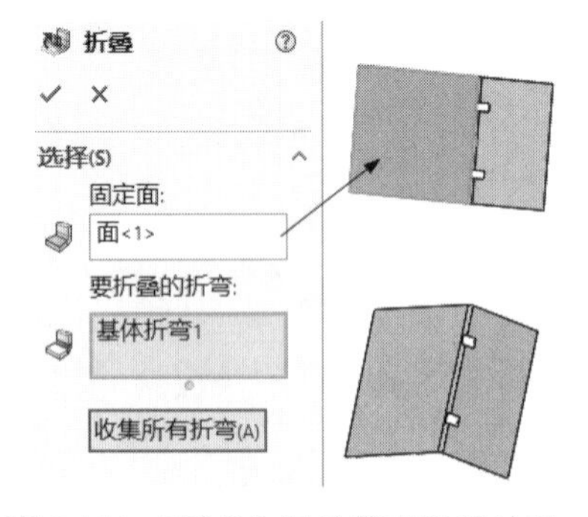

图 7-144 【折叠】属性管理器及结果

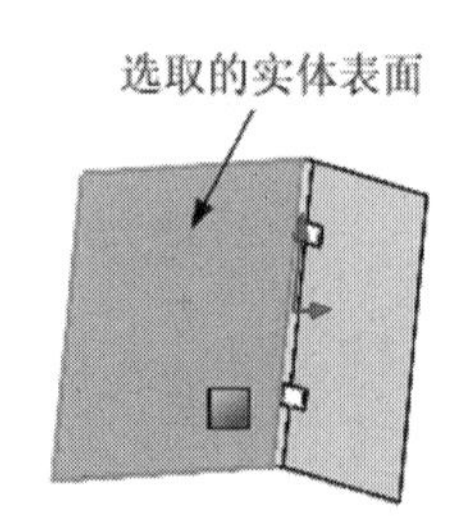

图 7-145　选取的实体表面（1）

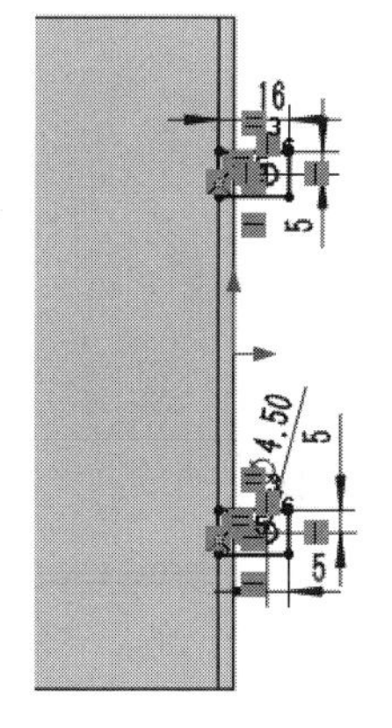

图 7-146　绘制的草图（3）

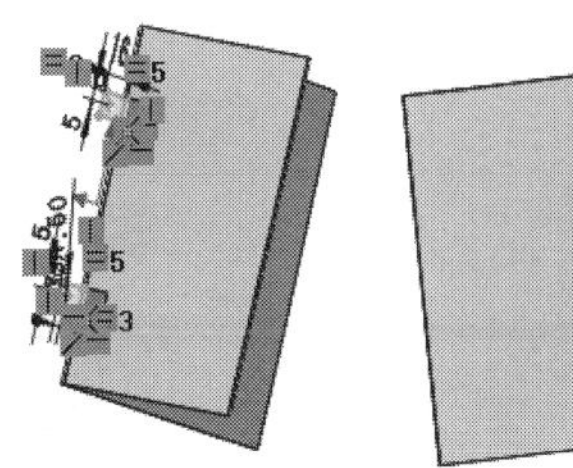

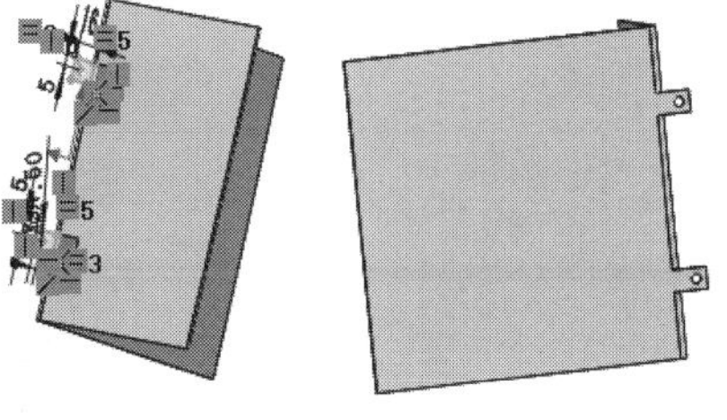

图 7-147　【基体法兰】属性管理器及结果

⑦ 单击【钣金】工具栏上的【斜接法兰】按钮，选取如图 7-148 所示的实体表面，系统进入草图环境，单击【标准视图】工具栏中的【正视于】按钮，绘制如图 7-149 所示的草图，单击按钮，退出草图，系统弹出如图 7-150 所示的【斜接法兰】属性管理器。在【法兰位置】选项组中单击【材料在内】按钮；勾选【剪裁侧边折弯】复选框，【缝隙距离】微调框中输入“0.50mm”；在图形区域单击延伸符号，系统将自动选择相切的边线，斜接法兰延续到整个链接的外轮廓上，如图 7-150 所示。单击【确定】按钮，即可生成如图 7-150 所示的斜接法兰。

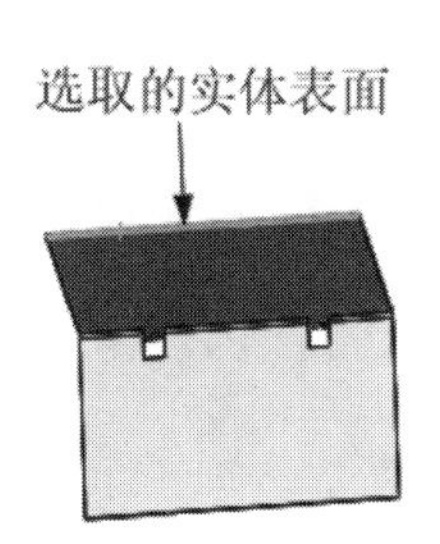

图 7-148　选取的实体表面（2）

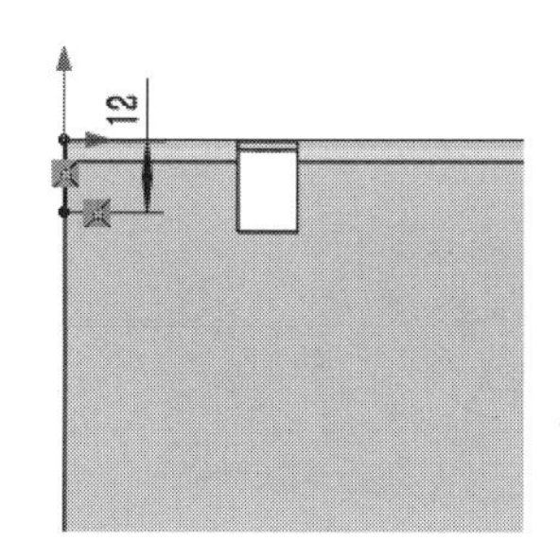

图 7-149　绘制的草图（4）

⑧ 单击【钣金】工具栏上的【边线法兰】按钮，系统弹出如图 7-151 所示的【边线-法兰】属性管理器。激活【选择边线】选择框，在图形区选取如图 7-151 所示的边线，勾选【使用默认半径】复选框，在【长度终止条件】下拉列表中选择【成形到一顶点】选项，选取如图 7-151 所示的顶点，在【法兰位置】选项组中单击【材料在外】按钮，单击【确定】按钮，结果如图 7-151 所示。

⑨ 在绘图区选取如图 7-152 所示的实体表面。单击【草图】工具栏中的【草图绘制】按钮，进入草图绘制模式，单击【标准视图】工具栏中的【正视于】按钮，绘制一个如图 7-153 所示的草图，单击按钮，退出草图环境。

⑩ 单击【钣金】工具栏上的【通风口】按钮，或者单击【钣金】选项卡上的【通风口】按钮，或选择下拉菜单【插入】|【钣金】|【通风口】命令，系统弹出如图 7-154 所示的【通风口】属性管理器。选取步骤⑨绘制的草图中的八边形作为通风口的边界轮廓，如图 7-154 所示；在【圆角的半径】微调框中输入“2.00mm”，在【筋】选择框中选取通风口草图中的两个圆弧，如图 7-154 所示，在【输入筋的宽度】微调框中输入数值“4.00mm”；在【翼

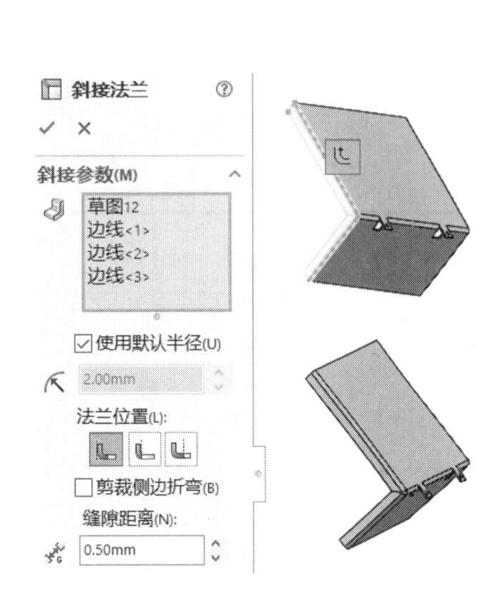

图 7-150 【斜接法兰】属性管理器及结果

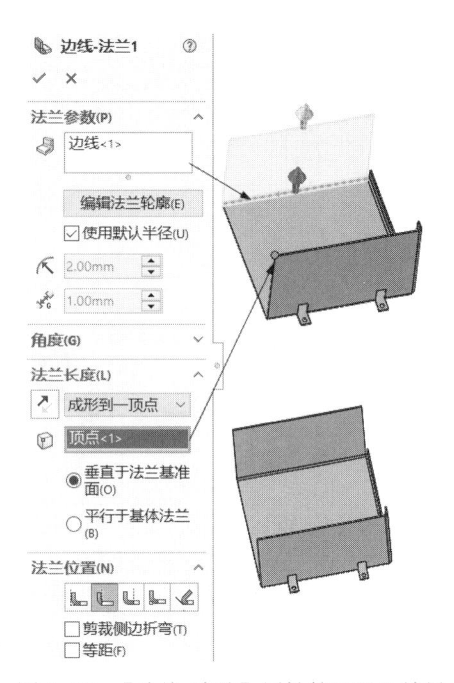

图 7-151 【边线-法兰】属性管理器及结果

图 7-152 选取的实体表面（3）

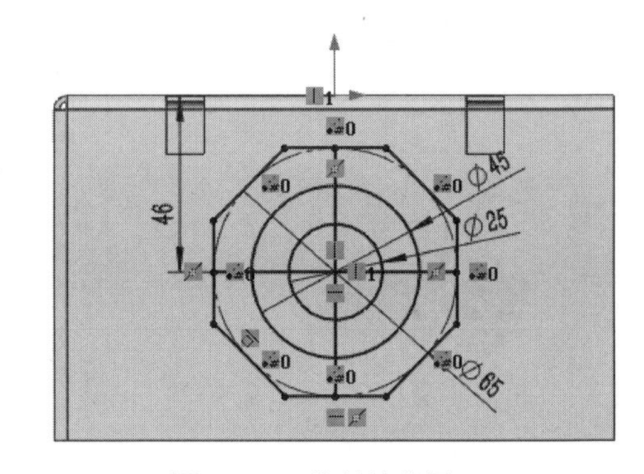

图 7-153 绘制的草图（5）

梁】列表框中选取通风口草图中的两根直线作为翼梁轮廓，如图 7-154 所示。在【输入翼梁的宽度】微调框中输入数值“4.00mm”；单击【确定】按钮✓，结果如图 7-154 所示。

⑪ 单击软件右侧【任务窗格】中的【设计库】按钮，【设计库】展开，在【设计库】中按照路径 Design Library\ forming tools\lances\下的成形工具，选择【bridge lance】成形工具，按下鼠标左键，将其拖入钣金零件需要成形特征如图 7-155 所示的放置表面，系统弹出如图 7-156 所示的【成形工具特征】属性管理器。【成形工具的旋转角度】微调框中输入“90.00度”，取消选择【链接到成形工具】复选框；进入【位置】选项卡，系统进入草图环境，单击【标准视图】工具栏中的【正视于】按钮，标注如图 7-157 所示的尺寸，然后单击【确定】按钮✓，结果如图 7-156 所示。

⑫ 在【特征管理器设计树】中双击成形工具特征，成形特征工具显示外形尺寸，如图 7-158 所示，这时可以修改外形尺寸，依次双击需要修改的尺寸，然后在弹出的【修改】对话框中修改尺寸，按照如图 7-159 所示的尺寸进行修改，修改后单击【标准】工具栏上的【重建】按钮。

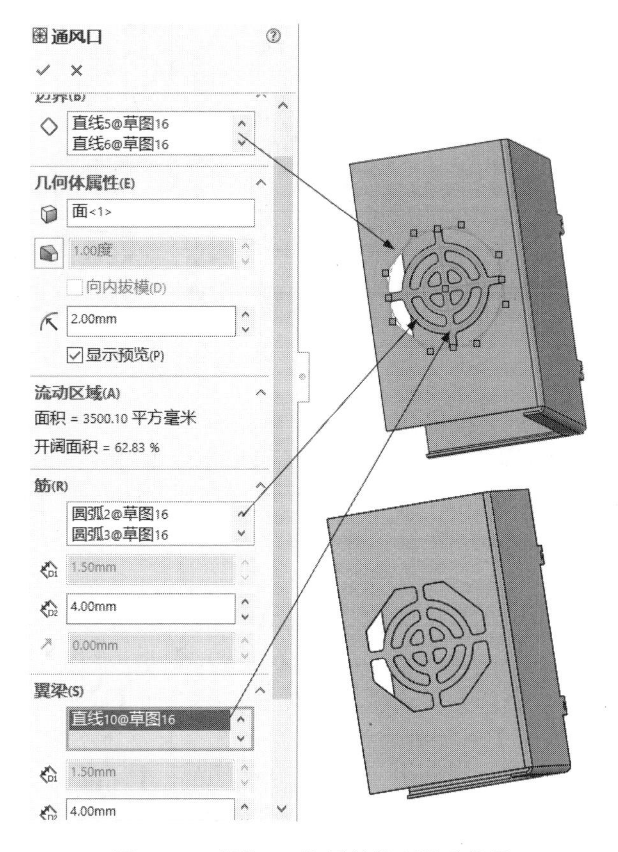

图 7-154 【通风口】属性管理器及结果

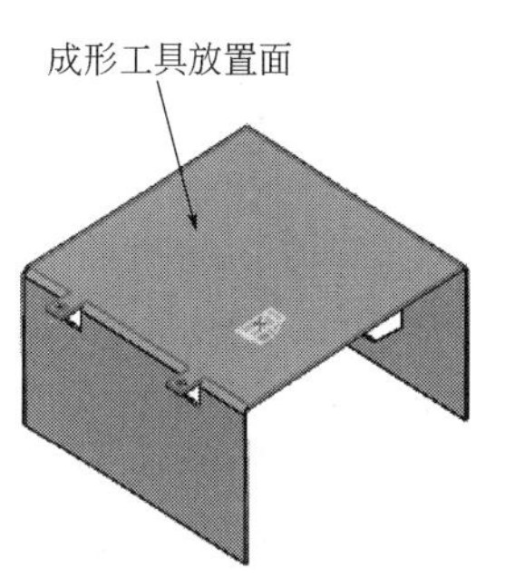

图 7-155 成形工具放置面

图 7-156 【成形工具特征】属性管理器及结果

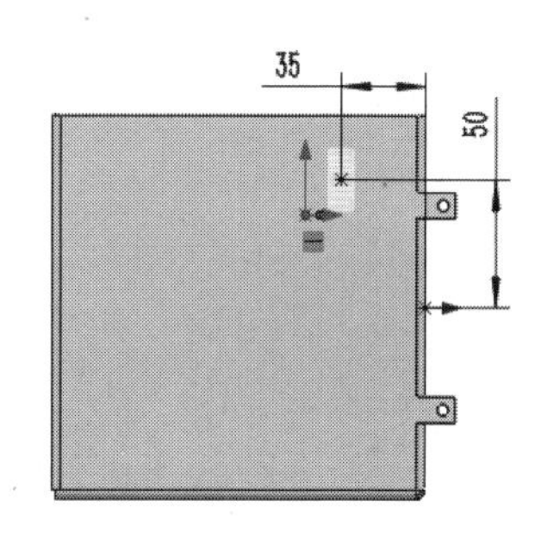

图 7-157 成形工具特征位置

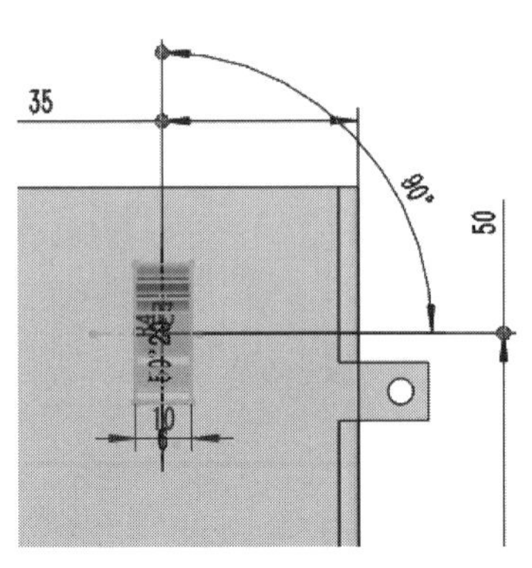

图 7-158　修改前的尺寸

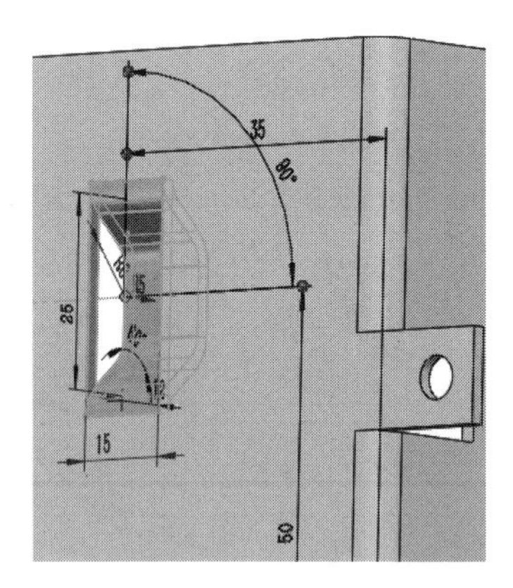

图 7-159　修改后的尺寸

⑬ 单击【特征】工具栏中的【线性阵列】按钮，系统弹出如图 7-160 所示的【线性阵列】属性管理器。【方向 1】选取如图 7-160 所示的实体边缘，【间距】微调框中输入“80.00mm”，【实例数】微调框中输入“2”；【方向 2】选取如图 7-160 所示的实体边缘，【间距】微调框中输入“90.00mm”，【实例数】微调框中输入“2”；选择步骤⑪创建的成形工具特征，单击【确定】按钮✓，结果如图 7-160 所示。

⑭ 单击【特征】工具栏中的【异型向导孔】按钮，系统弹出如图 7-161 所示的【孔规格】属性管理器。参照图 7-161 设置各个选项和参数。单击【孔类型】选项组中的【直螺纹孔】按钮，【标准】下拉列表中选择【GB】，【类型】下拉列表中选择【底部螺纹孔】，【大小】下拉列表中选择【M4】，【终止条件】下拉列表选择【完全贯穿】。然后进入【位置】选项卡，再选取如图 7-162 所示的实体表面，系统进入草图环境，单击【标准视图】工具栏中的【正视于】按钮，孔的位置如图 7-163 所示，单击【确定】按钮✓，结果如图 7-138 所示。

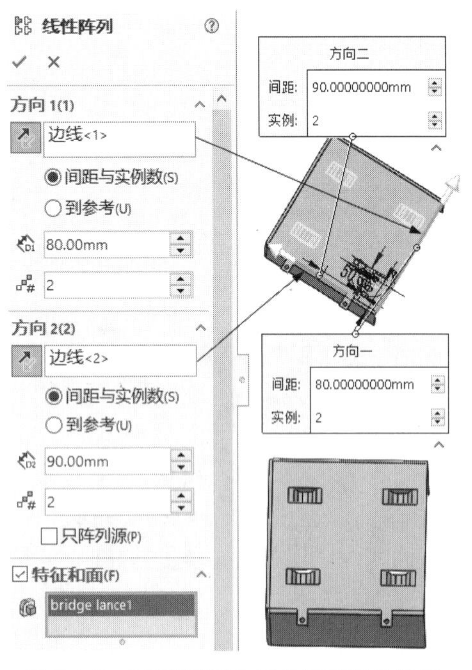

图 7-160　【线性阵列】属性管理器及结果

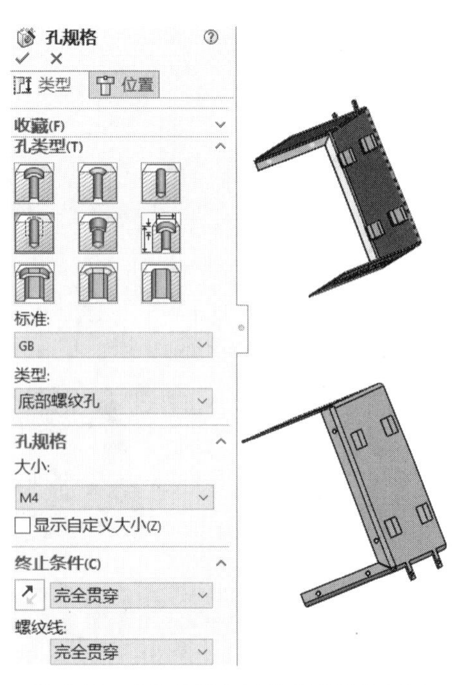

图 7-161　【孔规格】属性管理器及结果

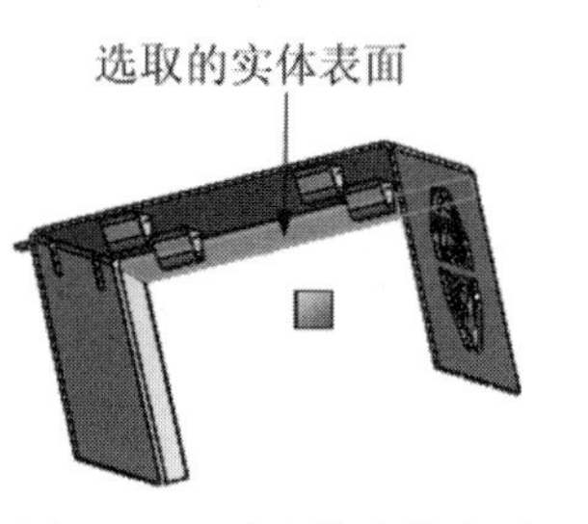

图 7-162　选取的实体表面（4）

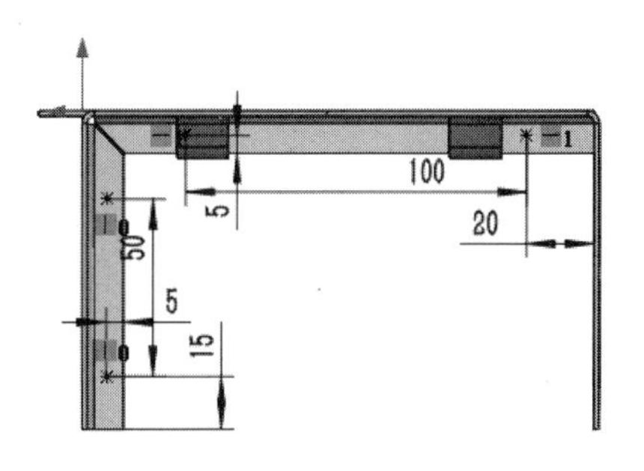

图 7-163　螺纹孔的位置

7.7 上机练习

在 SolidWorks 中创建如图 7-164 至图 7-167 所示的钣金零件三维模型。

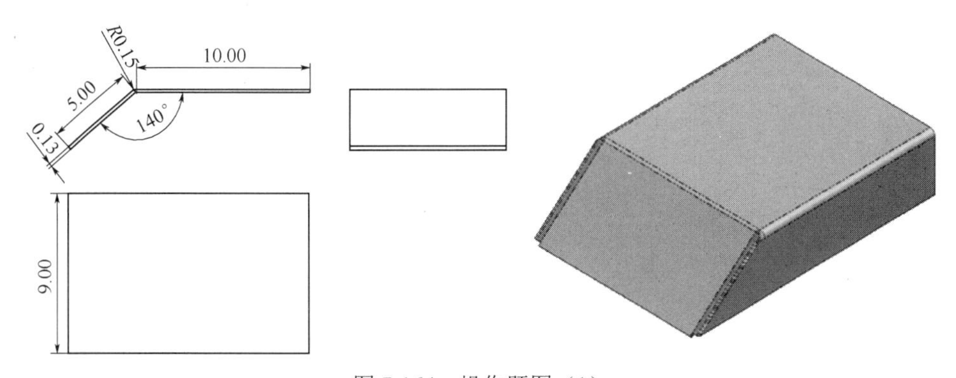

图 7-164　操作题图（1）

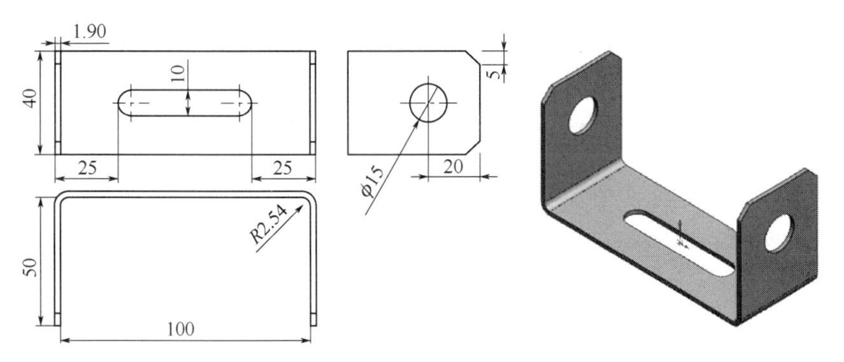

图 7-165　操作题图（2）

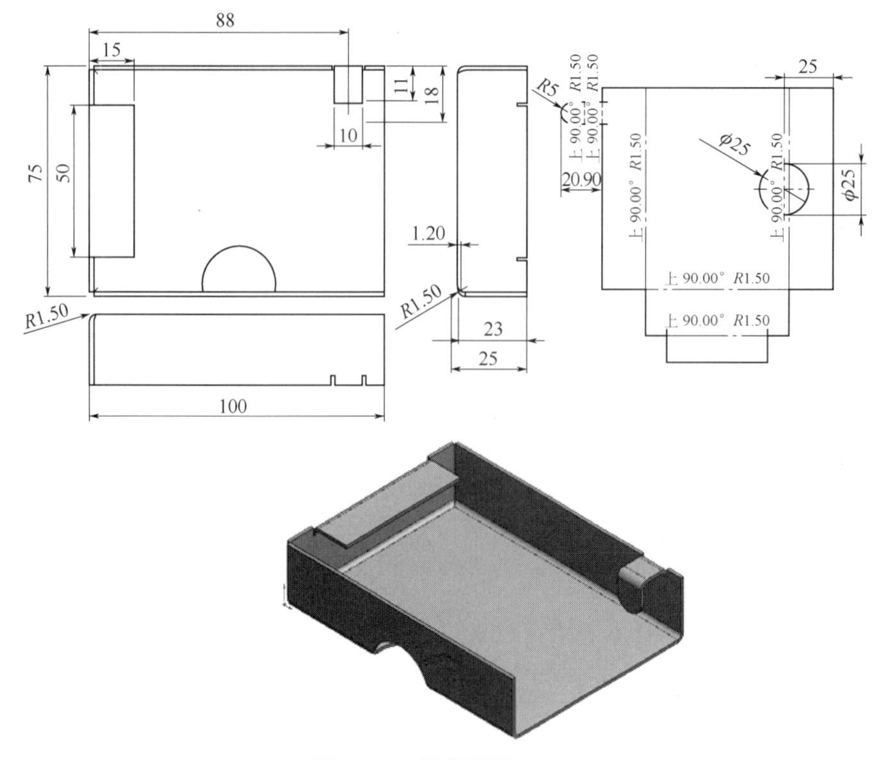

图 7-166　操作题图（3）

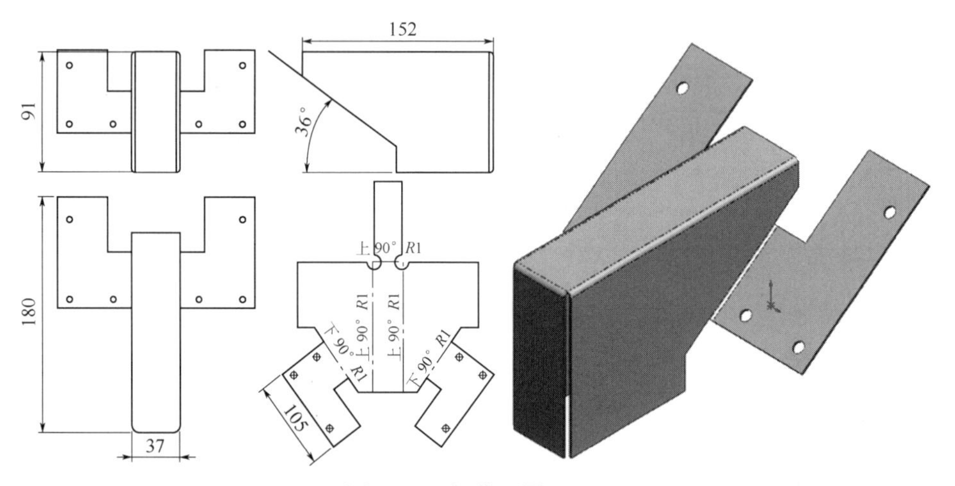

图 7-167　操作题图（4）

第8章 焊接设计

焊件是一个装配体，但很多情况下焊接零件在材料明细表中作为单独的零件来处理，因此应该将一个焊件零件作为一个多实体零件来建模。

使用 SolidWorks 软件的【焊件】功能进行焊接零件设计时，执行焊件功能中的焊接结构构件可以设计出各种焊件框架，也可以执行【焊件】工具栏中的剪裁和延伸特征功能设计各种焊接箱体、支架类零件。在实体焊件设计过程中都能够设计出相应的焊缝，真实地体现了焊接件的焊接方式。设计好实体焊接件后，还可以绘制焊件的工程图，在工程图中生成焊件的切割清单。

8.1 焊接设计概述

8.1.1 焊接工艺

焊接是将零件的连接处加热熔化，或者加热加压熔化（用或不用填充材料），使连接处熔合为一体的制造工艺，焊接属于不可拆连接。

焊接图纸是焊接加工时要求的一种图纸。焊接图应将焊接件的结构和焊接有关的技术参数表达清楚。国家标准中规定了焊缝的种类、画法、符号、尺寸标注方法以及焊缝标注方法。

常用的焊接方法有电弧焊、电阻焊、气焊和钎焊等，其中以电弧焊应用最广。

（1）焊缝

常见的焊接接头形式有对接、搭接和 T 形接等。焊缝又有对接焊缝、点焊缝和角焊缝等，如图 8-1 所示。

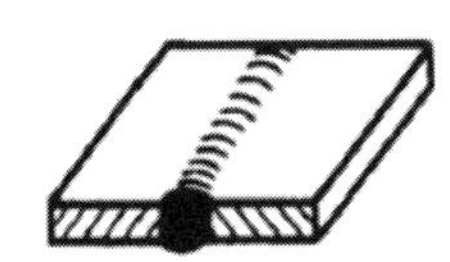
(a) 对接接头、对接焊缝

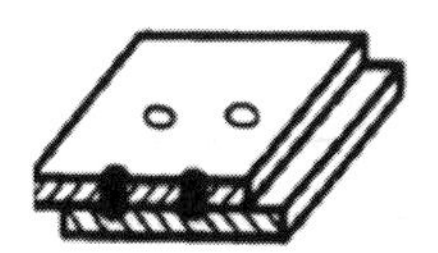
(b) 搭接接头、点焊缝

(c) T形接头、角焊缝

图 8-1　常见的焊缝接头及焊缝形式

在技术图纸中，一般采用 GB/T 324—2008《焊缝符号表示法》规定的焊缝，也可按制图标准中规定的图纸画法简易地绘制焊缝。

（2）焊缝符号及其标注

为了简化图纸上的焊缝，一般通过标注焊缝符号来表示焊缝。焊缝符号通常由基本符号与指引线组成。必要时还可以加上辅助符号、补充符号。

① 基本符号。基本符号是表示焊缝横截面形状的符号，近似于焊缝横截面的形状。常见焊缝基本符号如表 8-1 所示，线宽为标注字符高度的 1/10，若字高为 3.5mm，则符号线宽为 0.35mm。

表 8-1　常用焊缝基本符号

焊缝名称	焊缝形式	符号	焊缝名称	焊缝形式	符号
V 形		V	I 形		‖
单边 V 形		V	电焊		○
带钝边 V 形		Y	角焊		◺
U 形		Y	堆焊		⌓⌓

② 辅助符号。焊缝的辅助符号如表 8-2 所示，它是表示焊缝表面形状的符号，有平面、凸起、凹陷等形式。

表 8-2　焊缝的辅助符号

名称	示意图	符号	说明
平面符号		—	焊缝表面平齐（一般通过加工达到）
凹陷符号		◡	焊缝表面凹陷
凸起符号		◠	焊缝表面凸起

③ 补充符号。补充符号是为了补充说明焊缝的范围等特征而采用的符号，如表 8-3 所示。

表 8-3　焊缝补充符号

名称	示意图	符号	说明
带垫板符号		▭	表明焊缝底部有垫板
三面焊缝符号		⊏	标示三面带有焊缝
周围焊缝符号		○	标示四周有焊缝
现场焊接符号		⚑	标示在现场进行焊接

④ 焊缝标注

a．指引线及焊缝基本符号的标注。标注焊缝所用的指引线采用细实线绘制，一般由带箭头的指引线（称为箭头线）和两条基准线（其中一条为实线，另一条为虚线，基准线一般与图纸标题栏的长边平行）表示，必要时可以加上尾部（90°夹角的两条细实线），如图 8-2 所示。

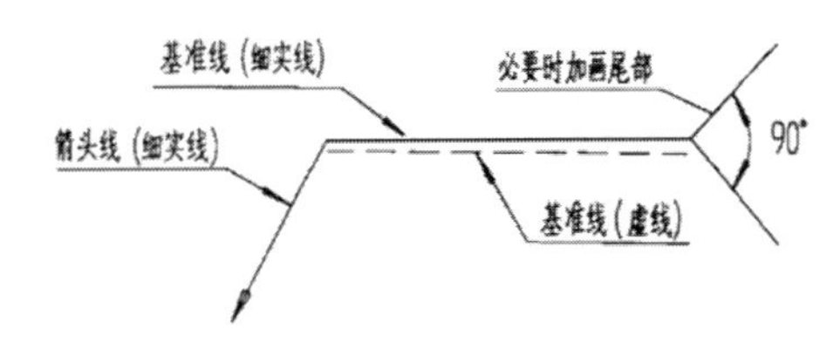

图 8-2　焊缝的完整标注

b．箭头线直接指向焊缝时（图 8-3），可以指在焊缝的正面或反面，如图 8-3 中（a）、（b）所示。但在标注单边 V 形焊缝、带钝边的单边 V 形焊缝、带钝边 J 形焊缝时，箭头线应指向带有坡口一侧的工件，如图 8-3 中（c）、（d）所示。

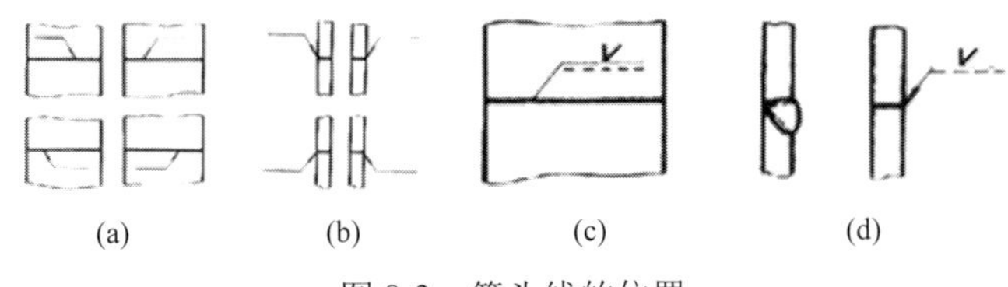

图 8-3　箭头线的位置

c．当箭头直接指向焊缝时，焊缝基本符号应标注在基准线的实线侧，如图 8-4 中 U 形焊缝符号、图 8-5 中上方的角焊缝符号；当箭头线指向焊缝的另一侧时，基本符号应标注在基准线的虚线侧，如图 8-4 中 V 形焊缝符号、图 8-5 中下方的角焊缝符号。

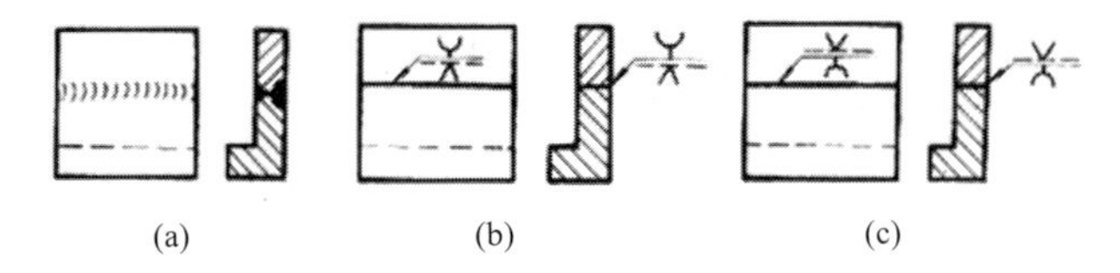

图 8-4　基本符号相对于基准线的位置（U、V 形组合焊缝实例）

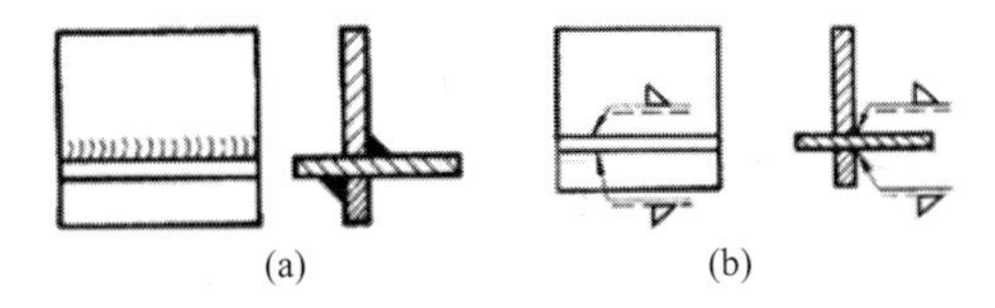

图 8-5　基本符号相对于基准线的位置（双角焊缝实例）

d．标注对称焊缝及双面焊缝时，可以加虚线，如图 8-6 所示。

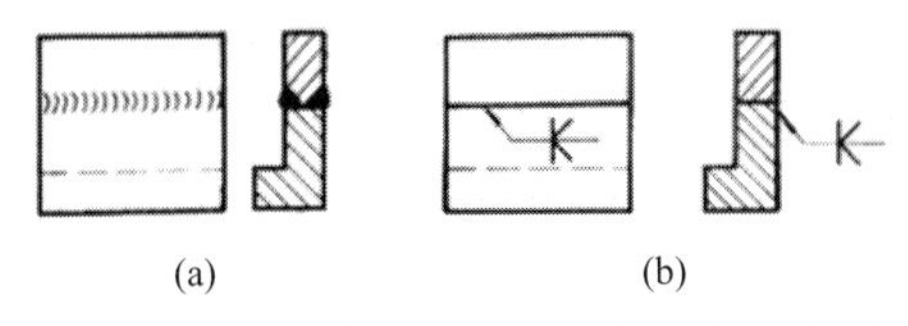

图 8-6　双面焊缝的标注（单边 V 焊缝实例）

8.1.2 焊接技术要求

（1）焊件的一般要求

焊件的一般要求如下。

① 焊件的制造应符合设计图纸、工艺文件和通用标准的要求。

② 用于制造焊接件的原材料（钢板、型钢和钢管）的钢号、规格、尺寸应符合设计图纸要求；若不符合要求，应根据工厂材料替换使用要求进行替换。

③ 用于焊件的材料（钢板、型钢、铸钢、焊条、焊丝等）购进时，应有质量证明书，并按材料标准规定检验合格后，才能入库使用。

④ 严禁使用牌号不明、未经验收的材料。对于无牌号、无质证书的原材料和焊材，必须进行检验和鉴定，其成分和性能符合要求时才能使用。

⑤ 焊工须经过专门培训，考核合格后，方能从事焊接工作。

⑥ 焊接前应清除焊接区域的表面污物，如铁锈、氧化皮、油污、油漆等，且清理区域离焊缝边缘不小于 10mm。

⑦ 对于结构件图纸焊缝注明不清或未标注处，均要求双面施焊；若无法双面施焊，可采用单面焊。焊脚大小，以两相邻零件较薄件的厚度决定：单面焊按较薄件厚度的 0.8 计算；双面焊按较薄件厚度的 0.6 计算。

⑧ 由于来料情况，需要对长尺寸零件进行对接时，要求对焊缝进行超声波探伤，执行 GB 11245 Ⅱ级标准合格，并出具报告。

⑨ 露天焊接时，若遇阴雨雾天等恶劣环境而未加保护措施，须停止焊接作业。

（2）焊件通用技术要求

不同行业对焊接的技术要求也有差异，某标准的焊件通用技术要求如下。

① 焊接结构件的长度尺寸公差和形位公差需用符号标注，焊件的直线度、平面度和平行度公差，焊件结构件的尺寸公差与形位公差等级选用需满足相应标准。

② 角度偏差的公差尺寸以短边为基准边，其长度从图纸标明的基准点算起。

③ 进行喷丸处理的焊接件，为了防止钢丸钻入焊缝，必须焊接内焊缝，并尽量避免内室和内腔，如果结构上必须有内室和内腔，则必须进行酸洗，以便达到表面除锈质量等级。

④ 由平炉钢制造的低碳钢结构件，可在任何温度下进行焊接，但为了避免焊接过程产生裂纹及脆性断裂，厚度较大的焊接件，焊削必须根据工艺要求，进行预热和缓冷，板厚超过 30mm 的重要焊接结构，焊后应立即消除内应力，消除内应力时应采用 550～600℃回火，或 200℃局部低温回火。

⑤ 普通低合金结构制造的焊件，必须按照焊接零件的碳当量和合金元素含量、零件的厚度、钢结构件的用途和要求进行焊前预热和焊后处理。

⑥ 焊缝射线探伤应符合 GB 3323—2005《金属熔化焊焊接接头射线照相》的规定，要进行力学性能试验的焊接，应在图纸或技术要求中注明，焊缝的力学性能试验种类、试样尺寸按 GB 2649—1989《焊接接头机械性能试验取样方法》和 GB 2656—1981《焊缝金属和焊接接头的疲劳试验法》的规定，试样板焊后与工件经过相同的热处理，并事先经过外观无损探伤检查。

⑦ 焊件要进行密封性检验和耐压试验时，应按本标准要求进行。对耐压试验有要求时，应在图纸或订货要求中注明试验压力和试压时间。

8.1.3 焊件的结构设计

焊件的结构设计包含焊接结构材料的选择、焊接结构的工艺性和焊接接头的形式与坡口，下面将分别介绍它们。

（1）焊接结构材料的选择

在满足结构使用要求的条件下，尽量选择焊接性能较好的材料。一般碳的质量分数小于0.25%的碳素钢和碳的质量分数小于 0.20%的低合金都具有良好的焊接性，应尽量采用；碳的质量分数大于 0.50%的碳素钢和碳的质量分数大于 0.40%的合金钢焊接性不好，应尽量避免采用。同一构件焊接时应尽量选用同种金属材料。

（2）焊接结构的工艺性

① 焊接结构应尽量选用型材或冲压件。设计焊接结构时应尽量采用工字钢、槽钢、角钢和钢管等成形材料以减少焊缝、简化工艺。

② 合理布置焊缝

a．焊缝布置应尽量分散，且不宜过长。焊缝之间的距离应大于板厚的 3 倍，且不小于100mm。

b．焊缝的位置应尽量对称布置，否则会由于焊缝不在中心引起弯曲变形。

c．焊缝的布置不得交叉。

d．应尽量减少构件或焊接接头部件的应力集中，避免尖角焊缝。

e．焊缝应避开最大应力和应力集中的部件。

f．焊缝设计应远离加工表面。

g．焊缝布置应满足焊接时运条角度的需要。

（3）焊接接头的形式与坡口

① 焊接接头形式。常见的焊接接头形式有对接、搭接、角接和 T 形接头，见图 8-1。这四种接头形式中，对接接头节省材料，容易保证质量，应力分布均匀，应用最为广泛，但焊前准备及装配质量要求较高；搭接接头两焊件不在同一平面上，浪费金属且受力时将产生附加应力，适于薄板焊件；角接接头在构成直角连接时采用，一般只起连接作用而不承受工作载荷；T 形接头是结构非直线连接中应用最广泛的连接形式。在结构焊接时具体采用哪种形式焊接接头，主要根据焊件结构形状、使用要求、焊件厚度进行选择；另外还应考虑坡口加工难易程度、焊接方法的种类等其他因素的要求。

② 坡口。坡口形式的选择根据设计或工艺需要，在焊件的待焊部位加工并装配成一定几何形状的沟槽称为坡口。各种沟槽的形式参见 GB/T 3375－1994《焊接术语》。用焊条电弧焊焊接板厚在 6mm 以下的对接焊缝时，一般可用 I 形坡口直接焊接，但当焊接厚度大于 3mm 的构件时，需开坡口。板厚在 6～26mm 时，常开单面坡口；板厚在 12～60mm 时，常开双面坡口。单面坡口的可焊性较好，但焊条消耗量大，且焊后易产生角变形；双面坡口受热均匀，变形较小，焊条消耗量也小，但必须两面施焊，有时受构件结构限制，不易实施。埋弧焊的接头形式与焊条电弧焊基本相同，但由于埋弧焊选用的电流大、熔深大，所以在板厚小于 12mm 时可直接采用 I 形坡口单面施焊，板厚小于 24mm 时可直接采用 I 形坡口双面施焊，焊更厚构件时需开坡口。

8.1.4 SolidWorks 焊件设计概述

通过焊接技术将多个零件焊接在一起的零件称为焊件。焊件实际上是一个装配体，但是焊件在材料明细表中是作为单独的零件来处理的，所以在建模过程中仍然将焊件作为多实体零件来建模。由于焊件具有方便灵活、价格便宜，材料的利用率高、设计及操作方便等特点，焊件应用于很多行业日常生活中也十分常见，图 8-7 所示为常见的几种焊件。

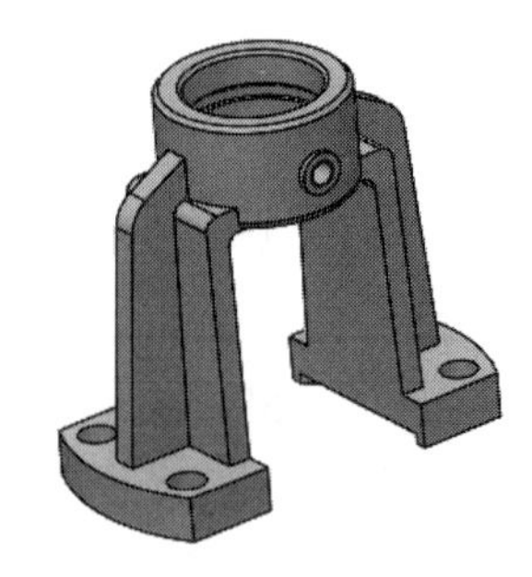

图 8-7　常见的几种焊件

在多实体零件中创建一个焊件特征，零件即被标识为焊件，形成焊件零件的设计环境。Solid Works 的焊件功能可完成以下任务。

① 创建结构构件、角撑板、顶端盖和圆角焊缝。

② 利用特殊的工具对结构构件进行剪裁和延伸。

③ 管理切割清单并在工程图中建立切割清单。

使用 SolidWorks 软件创建焊件的一般过程如下。

① 新建零件文件，进入零件建模环境。

② 绘制 2D 或 3D 草图对焊件的框架进行布局。

③ 根据布局框架草图建立结构构件。

④ 对结构构件进行剪裁或延伸。

⑤ 对结构构件进行分组管理，并创建子焊件。

⑥ 创建焊件切割清单。

⑦ 创建焊件工程图。

8.2 焊件特征工具的应用

在 SolidWorks 软件系统中，焊件功能主要提供了焊件特征工具、结构构件特征工具、角撑板特征工具、顶端盖特征工具、圆角焊缝特征工具、剪裁/延伸特征工具，在【焊件】工具栏中还包括拉伸凸台/基体、拉伸切除、倒角、异型孔向导和参考几何体等特征工具，其使用方法与常见实体设计相同。本节主要介绍焊件所特有的特征工具使用方法。

8.2.1 焊件特征工具与命令

SolidWorks 中焊件设计主要通过焊接技术将型材连接，达到设计所需的组件的目的。

（1）显示焊件工具栏

通过以下 3 种方法可以调出焊件工具栏。

① 下拉菜单中勾选。选择【工具】|【自定义】菜单命令，在弹出的【自定义】对话框中勾选【焊件】复选框，如图 8-8 所示。勾选【焊件】复选框后，【焊件】工具栏便悬浮在 SolidWorks 界面，用户可将其拖动到界面的顶部、底部、左侧或右侧，将其嵌入软件界面中。

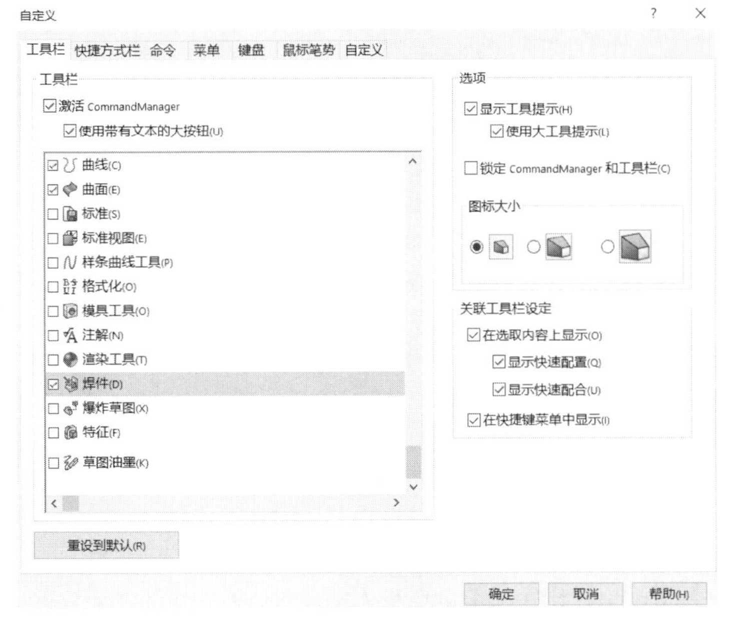

图 8-8 【自定义】对话框

② 右击工具栏勾选。将光标移至 SolidWorks 工具栏区域任意位置，单击鼠标右键，在弹出的快捷菜单中选择【焊件】命令，如图 8-9 所示。同上种方法一样，选择【焊件】命令后，【焊件】工具栏便悬浮在 SolidWorks 界面，用户可将其拖动到界面的顶部、底部、左侧或右侧，将其嵌入软件界面中。

③ 功能面板右击勾选。SolidWorks 的功能面板区域集成了常用命令模块，同时用户也可以根据自己的需要增删功能模块。将光标移至 SolidWorks 功能面板区域，使用鼠标右键单击，在弹出的快捷菜单中勾选【焊件】复选框，如图 8-10 所示。

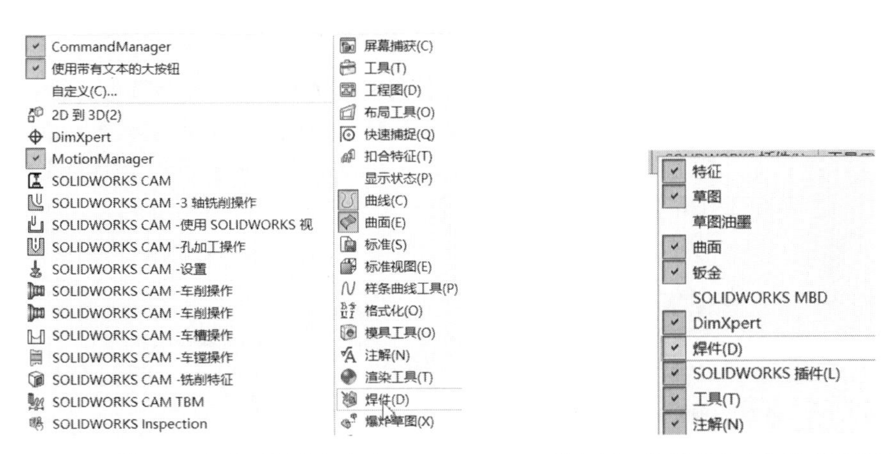

图 8-9 勾选【焊件】命令　　　　图 8-10 快捷菜单中勾选【焊件】复选框

勾选【焊件】复选框后，功能面板区域添加【焊件】模块，单击【焊件】标签，即可将焊件的功能模块命令展开，如图 8-11 所示。

（2）焊件工具栏介绍

【焊件】工具栏上包含焊件特有的工具和其他一些通用工具，如 3D 草图、倒角、拉伸、异型孔等。【焊件】工具栏如图 8-12 所示。

图 8-11　功能面板上显示【焊件】

焊件(D)

图 8-12　【焊件】工具栏

【焊件】工具栏中各按钮功能介绍如下。

【3D 草图】：新建 3D 草图，或编辑一个现有的 3D 草图。

【焊件】：生成一焊件特征以激活焊件环境。

【结构构件】：通过沿用户定义的路径扫描定义的轮廓来生成一结构构件特征。

【剪裁/延伸】：使用相邻结构构件和剪裁工具来剪裁或延伸结构构件。

【拉伸凸台/基体】：以一个或两个方向拉伸一草图或绘制的草图轮廓生成一实体。

【顶端盖】：使用开环结构构件上的端面生成一顶盖特征。

【角撑板】：在两个平面之间添加一角撑板特征。

【焊缝】：生成两个实体之间焊接路径的简化表述。

【拉伸切除】：以一个或两个方向拉伸所绘制的轮廓切除一实体。

【异型孔向导】：用预先定义的剖面插入孔。

【倒角】：沿边线、一串切边或顶点生成一倾斜的边线。

【参考几何体】：添加一参考几何体。

在【焊接】工具栏中的【拉伸凸台/基体】、【拉伸切除】、【倒角】、【异型孔向导】和【参考几何体】等通用特征工具，使用方法与前几章讲过的实体建模完全相同，不再重复叙述。

（3）下拉菜单简介

焊件设计的命令主要分布在【插入】下拉菜单的【焊件】子菜单中，如图 8-13 所示。

8.2.2 焊件

焊件是焊接零件设计的起点，无论何时添加【焊件】特征，该特征均作为用户建立的第一个特征，在 Feature Manager 设计树中【焊件】特征将在其他特征的上面。软件还在 Configuration Manager 中生成两个默认配置：父配置默认<按加工>和派生配置默认<按焊接>。

单击【焊件】工具栏上的【焊件】按钮，或者单击【焊件】选项卡上的【焊件】按钮，或选择下拉菜单【插入】|【焊件】|【焊件】命令，在 Feature Manager 设计树中添加【焊件】特征，如图 8-14 所示。

图 8-13　【焊件】子菜单

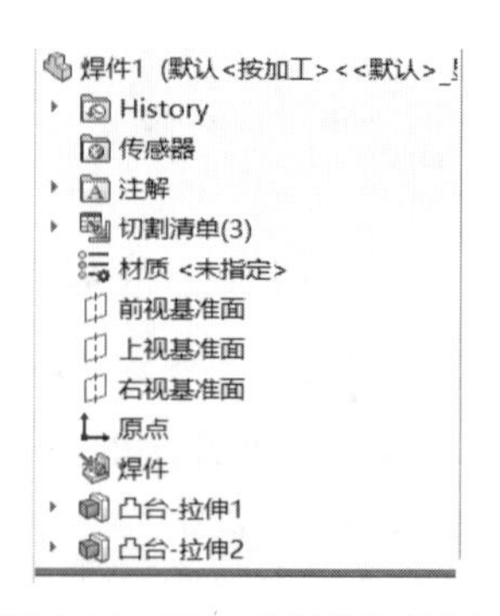

图 8-14　添加【焊件】特征

8.2.3 结构构件

结构构件

SolidWorks 软件焊件模块为用户提供了多种焊接结构的特征库，通过设计选用可以实现快速创建角铁、方形管、矩形管等焊接结构件。特征库中的焊接结构件根据形状和尺寸的差异分为 ANSI 英寸标准和 ISO 标准两个标准。

使用焊件结构构件生成焊件，首先需要绘制焊件结构的框架草图。

（1）焊件框架草图创建

焊件框架草图创建需要根据所设计的焊接件的结构来选择使用 2D 草图、3D 草图或 2D 草图与 3D 草图的组合，下面分别介绍这 3 种方式创建焊件框架草图。

① 2D 草图创建。2D 草图创建方法与前边讲过的实体草图绘制一样，其步骤如下。

a．启动 SolidWorks 软件，新建一个零件文件，并将其保存。

b．依次执行【插入】|【草图绘制】命令，选择系统提供的 3 个基准面中的一个作为绘图平面后，进入草绘环境。

c．使用草图工具栏中的直线、圆、矩形等草图命令创建草图实体。

d．草图实体绘制完毕后，单击【确定】按钮，退出草图环境。

e．单击保存，将草图保存到指定目录。

② 3D 草图创建。2D 草图绘制与 3D 草图绘制主要差异：3D 草图是在三维空间内创建草图实体，2D 是在平面上创建。3D 草图创建步骤如下。

a．启动 SolidWorks 软件，新建一个零件文件，并将其保存。

b．依次执行【插入】|【3D 草图】命令，选择系统提供的 3 个基准面中的一个作为绘图平面。

c．使用草图工具栏中的直线、圆、矩形等草图命令创建草图实体。

d．若有必要，在 3D 草图环境中按下键盘上的 Tab 键切换 3D 草图绘制的绘图平面。

e．草图实体绘制完毕后，单击【确定】按钮，退出草图环境。

f．单击保存，将草图保存到之前指定的目录中。

③ 2D 草图与 3D 草图组合创建。3D 草图上多个关键草图实体添加几何关系后，修改起来不及 2D 草图容易，而 2D 草图受绘图平面的限制，不能任意跳转绘图平面，将 2D 草图与 3D 草图结合起来往往可用将二者的优势结合，创建出既方便修改，又能在空间中任意布局的组合草图。

（2）创建结构构件

使用【结构构件】命令，可以使多个带基准面的 2D 草图或 3D 草图或 2D 和 3D 相组合的草图，生成焊件。

创建结构构件，其操作步骤如下。

① 启动 SolidWorks 2018 软件，新建一个零件文件，并将其保存，命令为“结构构件 1.SLDPRT”。

② 绘制如图 8-15 所示的 3D 草图。

③ 单击【焊件】工具栏上的【结构构件】按钮，或者单击【焊件】选项卡上的【结构构件】按钮，或选择下拉菜单【插入】|【焊件】|【结构构件】命令，系统弹出如图 8-16 所示的【结构构件】属性管理器。

④【标准】下拉列表中选择【iso】，【Type】下拉列表中选择【方形管】，【大小】下拉列表中选择【20×20×2】。

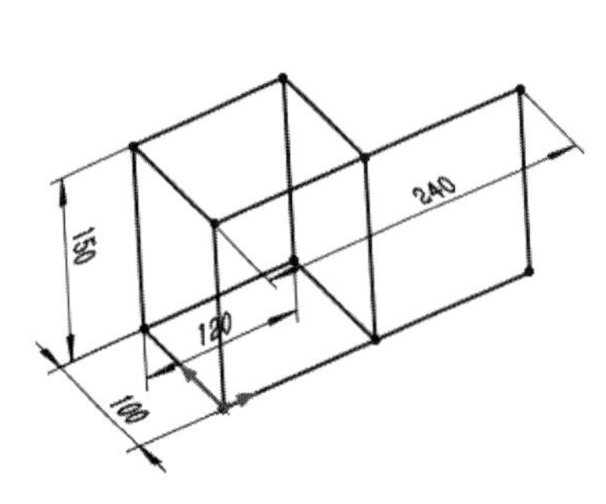

图 8-15 绘制的 3D 草图

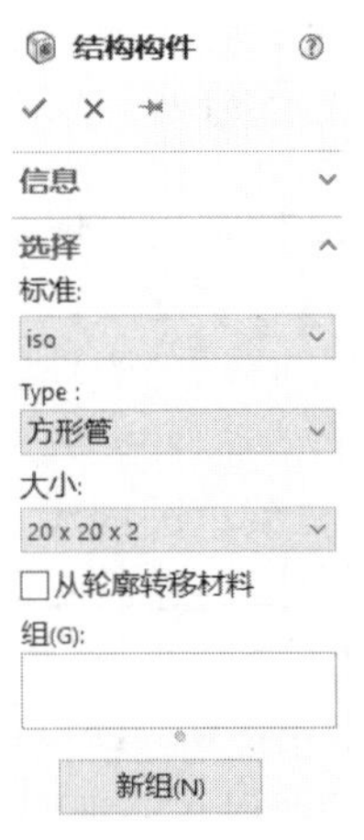

图 8-16 【结构构件】属性管理器

【标准】：包含两个文件夹（ansi 英寸和 iso）。在【结构构件】属性管理器中，每个标准文件夹的名称在标准中作为选择出现。在选择标准后，其每个【Type】子文件夹的名称在类型中出现。

【Type】：确定焊件的形状。选择不同的【标准】，其类型的下拉列表中的选项将不同，选择【ansi 英寸】，其类型的下拉列表中的选项有 C 槽、S 截面、方形管、管道、角铁和矩形管；选择【iso】，其类型的下拉列表中的选项有 C 槽、SB 横梁、方形管、管道、角铁和矩形管。

【大小】：确定焊件的形状大小，选择不同的类型，其大小的下拉列表中的选项将不同。

⑤ 同时在【组】选择框中单击草图中的线条，绘图区域预览出焊件，如图 8-17 所示。勾选【应用边角处理】复选框和【允许突出】复选框，其中有两个边角需要处理，单击边角 2 处的点，如图 8-18 所示，系统弹出如图 8-19 所示的【边角处理】对话框。单击【终端对接 1】按钮，再单击【确定】按钮✓，系统返回【结构构件】属性管理器并处理好边角 2。

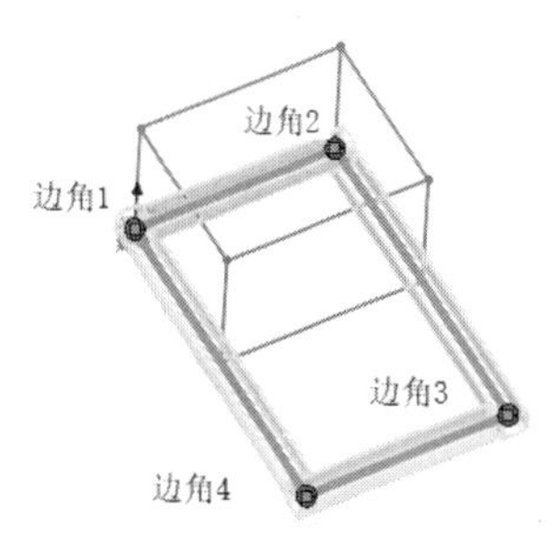

图 8-17 焊件预览

图 8-18 边角处理

【组】：结构构件包含一个或多个组，它们可以被视为一个单位。组中的线段可以是平行的或相邻的。

【应用边角处理】：勾选此复选框，将边角处理按钮激活，包括【终端斜接】、【终端对接 1】和【终端对接 2】等三个按钮。

【路径线段】：在此选择框中显示选择好的边线。

⑥ 采用步骤⑤相同的方法处理边角 4，结果如图 8-20 所示。

⑦ 单击【新组】按钮，选取如果 8-21 所示的线条，预览如图 8-21 所示。

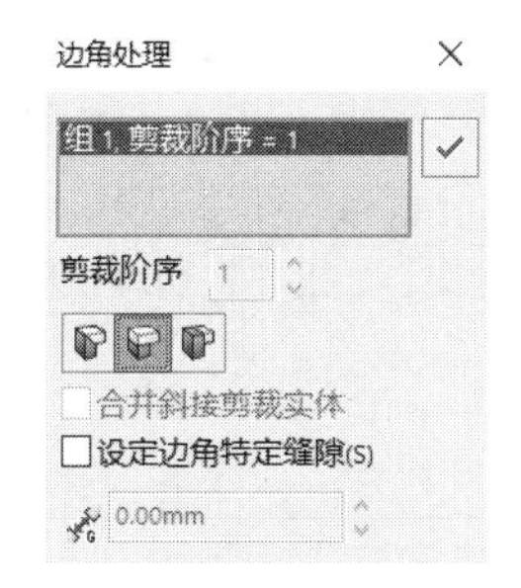

图 8-19 【边角处理】对话框

图 8-20 焊件预览结果（1）

【新组】：单击【新组】按钮可以在组中新增加一个组。

⑧ 单击【新组】按钮，选取如图 8-22 所示的线条，预览如图 8-22 所示。采用与步骤⑤相同的方法处理边角 2 和边角 4。

图 8-21 焊件预览结果（2）

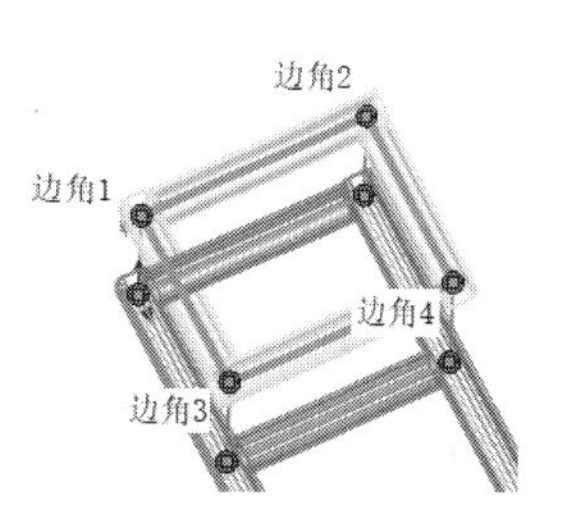

图 8-22 【组】的边线（1）

⑨ 单击【新组】按钮，选取如图 8-23 所示的线条，预览如图 8-23 所示。

⑩ 单击【确定】按钮✓，并隐藏 3D 草图，结果如图 8-24 所示。

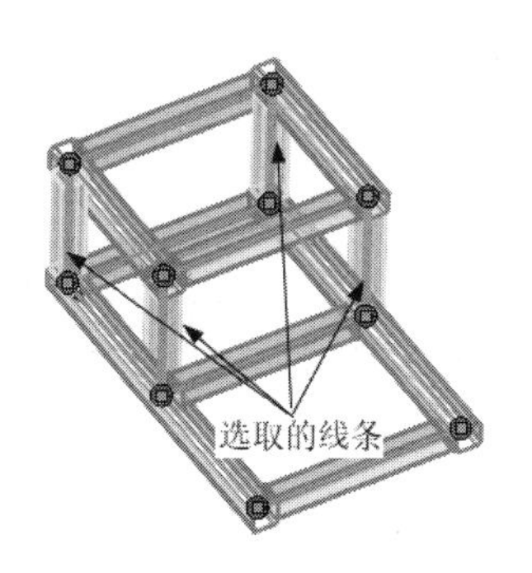

图 8-23 【组】的边线（2）

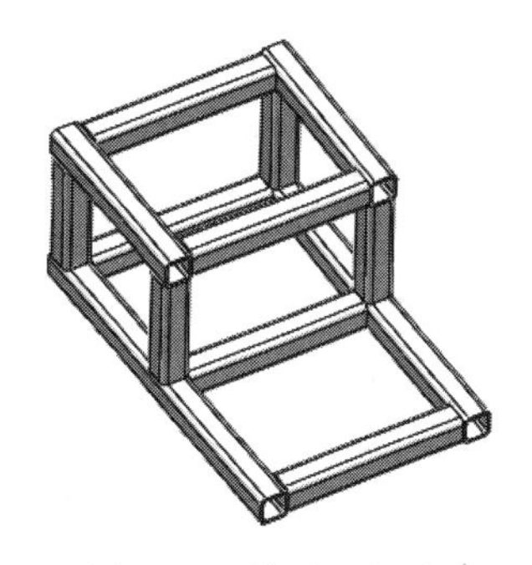

图 8-24 修改后的结果

【同一组中连接的线段之间的缝隙】：通过输入值或单击上、下微调按钮，来设置连接线段之间的缝隙。

（3）应用边角处理

生成焊件时，用户可在【结构焊件】属性管理器中勾选【应用边角处理】复选框或者取消勾选实现对边角处理。

① 不做边角处理。取消勾选【结构焊件】属性管理器中已经勾选【应用边角处理】复选框，焊件则不做边角处理，如图 8-25 所示。

② 边角处理。勾选【结构焊件】属性管理器中【应用边角处理】复选框，对焊件进行边角处理。焊件的边角处理包括终端斜接，如图 8-26 所示；终端对接 1，如图 8-27 所示；终端对接 2，如图 8-28 所示。而终端对接 1 和终端对接 2 又包含【连接线段之间的简单切除】［图 8-27（a）、图 8-28（a）］和【连接线段之间的封顶切除】［图 8-27（b）、图 8-28（b）］两种边角切除方式。

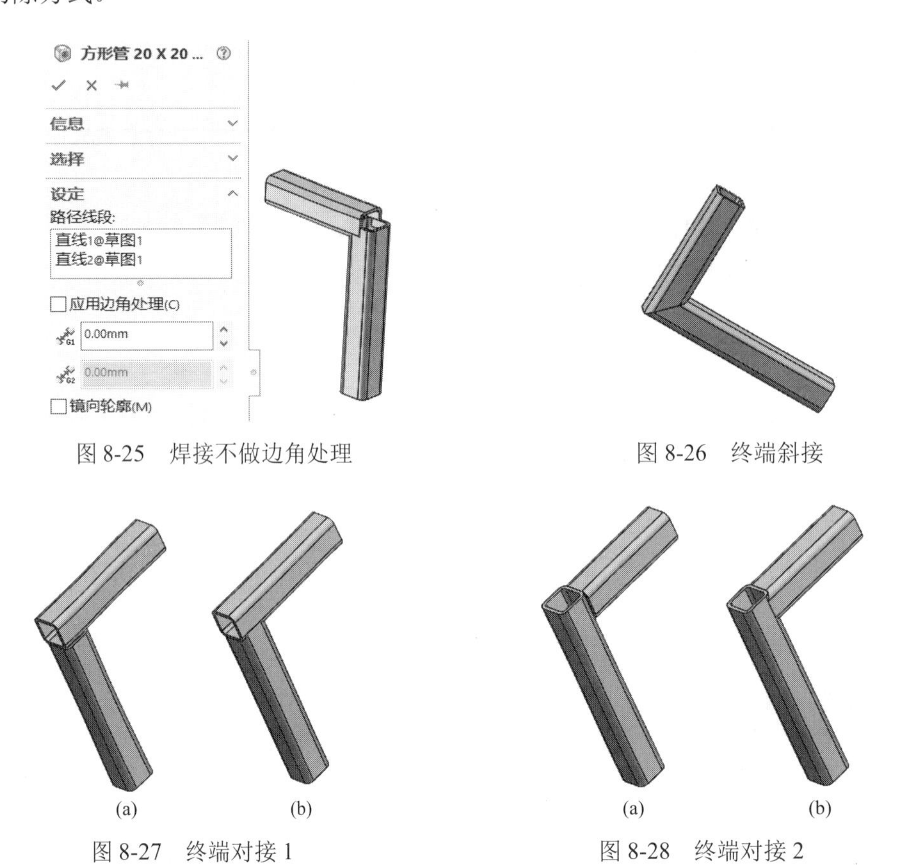

图 8-25　焊接不做边角处理

图 8-26　终端斜接

(a)　(b)

图 8-27　终端对接 1

(a)　(b)

图 8-28　终端对接 2

（4）更改旋转角度

在【旋转角度】微调框中输入旋转的角度值，结构件将按照指定的角度值旋转。如输入旋转角度值“45”，则结构件将旋转 45°，旋转前后对比如图 8-29 所示。

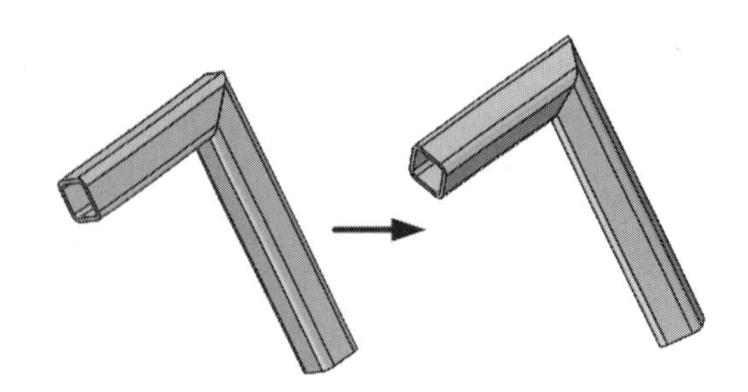

图 8-29　方形管旋转 45°前后对照

（5）更改穿透点

焊件中结构构件生成是由草图拉伸而来，而穿透点则是在结构构件中应用到焊件草图时，结构构件的截面轮廓草图中用于与焊件草图线段想重合的关键点，系统默认的穿透点是结构构件的截面轮廓草图的原点。

要更改穿透点，则单击【找出轮廓】按钮，系统自动放大结构构件的截面轮廓草图，并且显示出可以使用的穿透点，用户单击光标可以选择更改不同的穿透点。可以更改相邻结构构件之间的穿透点。默认穿透点为草图原点，如图 8-30 所示。

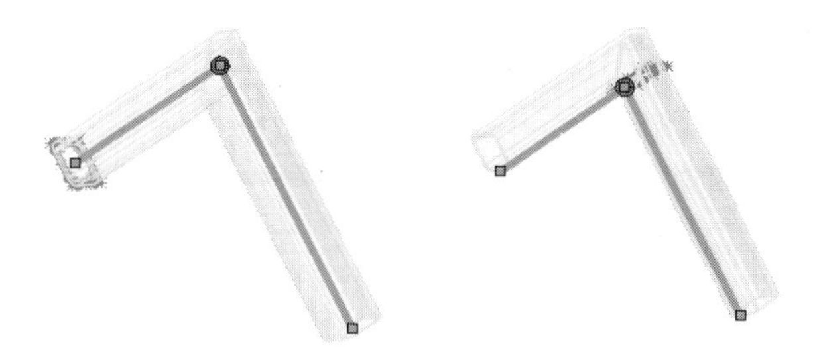

图 8-30　改变方形管穿透点

生成自定义结构构件轮廓

8.2.4 生成自定义结构构件轮廓

SolidWorks 特征库中可供选择使用的结构构件种类、大小毕竟是有限的。当特征库中结构构件不满足设计需求时，设计者可以自己的实际情况来制定结构构件的截面轮廓，再将设计好的结构构件的截面轮廓保存到特征库中，以便于以后的设计使用。

在此以生成大小为 60×40×4 的方形管轮廓为例，讲述生成自定义结构构件轮廓的操作步骤。

（1）绘制结构构件轮廓

① 启动 SolidWorks 软件，新建一个零件文件。其步骤为：单击【新建】命令，在弹出的【新建 SOLIDWORKS 文件】对话框中选择【零件】，进入零件模式下。

② 单击草图工具栏中的【草图绘制】按钮，选取“前视基准面”作为绘图平面。单击【中心矩形】按钮，以坐标为原点绘制中心矩形，标注水平边长为 60mm，短边为 40mm，并添加矩形的两条对边相等的几何关系。

③ 创建圆角。单击【草图】工具栏中的【圆角】按钮，在弹出的【绘制圆角】属性管理器中选择正方形的 4 个顶点，并输入圆角的半径为“8.00mm”，完成正方形圆角的创建。

④ 单击【等距实体】按钮，在弹出的【等距实体】属性管理器中勾选【添加尺寸】【反向】【选择链】，输入生成等距实体的距离为 4mm，生成草图实体，如图 8-31 所示。

⑤ 单击【退出草图】按钮，退出当前轮廓草图环境。

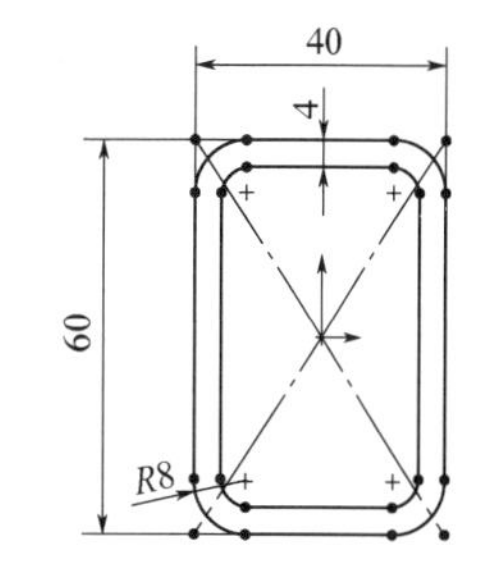

图 8-31　绘制的草图

（2）保存自定义构件轮廓

将自定义结构构件轮廓草图保存在系统文件夹，步骤如下。

① 选择【文件】|【另存为】菜单命令，保存自定义结构构件轮廓。

② 系统焊件结构构件轮廓草图文件的保存路径：安装目录\SOLIDWORKSCorp\SOLIDWORKS\lang\chinese-simplified\weldment profiles\（焊件轮廓）文件夹中的子文件夹中。打开 weldment profiles\iso\中的 square tube 文件夹，单击【保存】按钮，将自定义的结构构件轮廓草图保存在方形管目录下，命名为“60×40×4”，文件类型为*.sldlfp，如图 8-32 所示。这时系统弹出如图 8-33 所示的【SOLIDWORKS】提示对话框，单击【否】按钮。

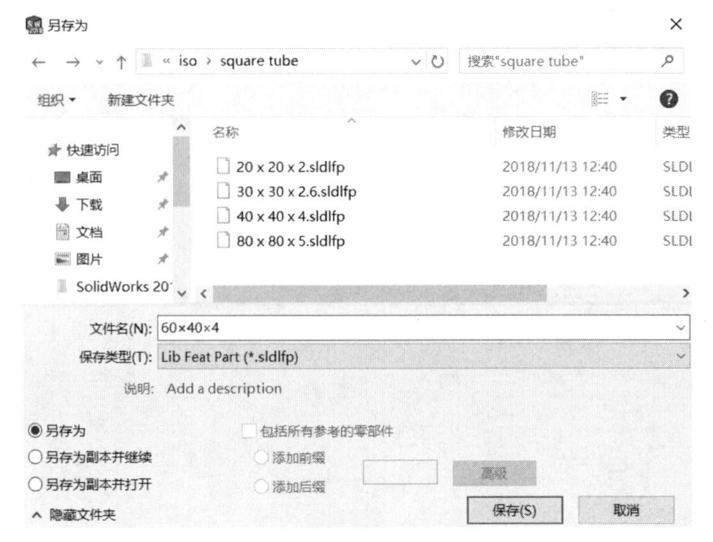

图 8-32 【另存为】对话框

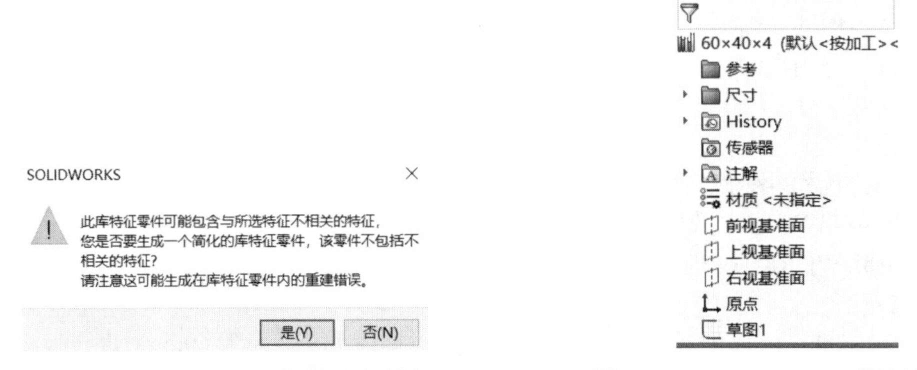

图 8-33 【SOLIDWORKS】提示对话框　　　图 8-34 Feature Manager 设计树（1）

③ 保存后，Feature Manager 设计树发生变化，如图 8-34 所示。

④ 在 Feature Manager 设计树中，选择【草图 1】，单击鼠标右键，在弹出的快捷菜单中选择【添加到库】命令，如图 8-35 所示。这时 Feature Manager 设计树发生变化，草图 1 上添加了一个图标L，如图 8-36 所示。

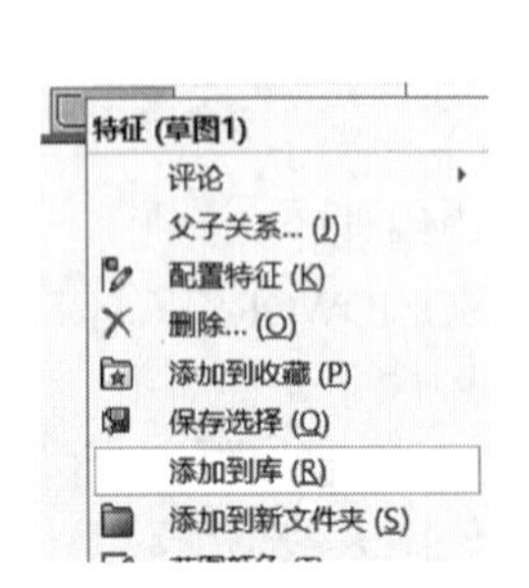

图 8-35 【添加到库】命令

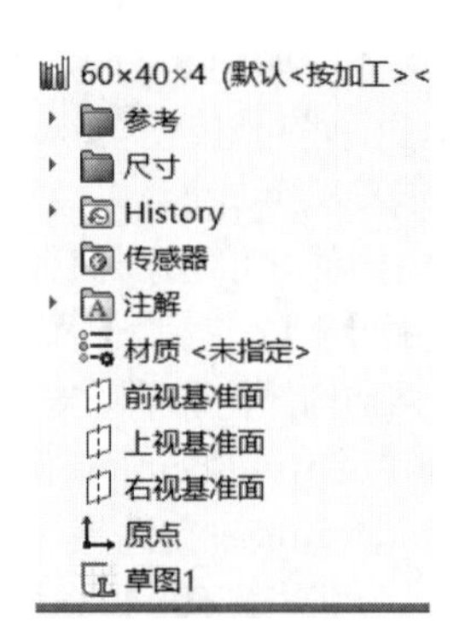

图 8-36 Feature Manager 设计树（2）

⑤ 将自定义结构构件轮廓草图保存在设置的文件夹中。

⑥ 除将自定义保存在系统对应的文件夹中外，用户还可以将其保存在自定义的位置，这个位置需要用户指定其为系统轮廓文件的位置。

选择【工具】|【选项】菜单命令，系统弹出如图 8-37 所示的【系统选项】对话框。进入【系统选项】选项卡，选择【文件位置】选项，在【显示下项的文件夹】下拉列表中选择【焊件轮廓】选项，单击【添加】按钮，系统弹出【选择文件夹】对话框，用户可以选择新的文件夹位置即可。用户指定新的文件位置为系统焊件轮廓文件的位置后，只需将自定义的结构构件轮廓文件保存在自定义文件夹中，其格式依然为*.sldflp。

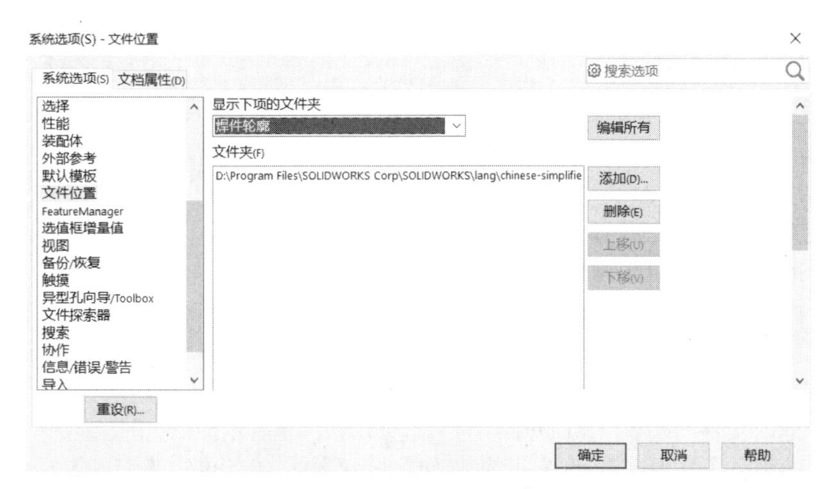

图 8-37 【系统选项】对话框

（3）用自定义构件轮廓生成结构焊件

利用前边自定义的结构构件轮廓文件“60×40×4. sldflp”完成如图 8-38 所示的焊件的创建。

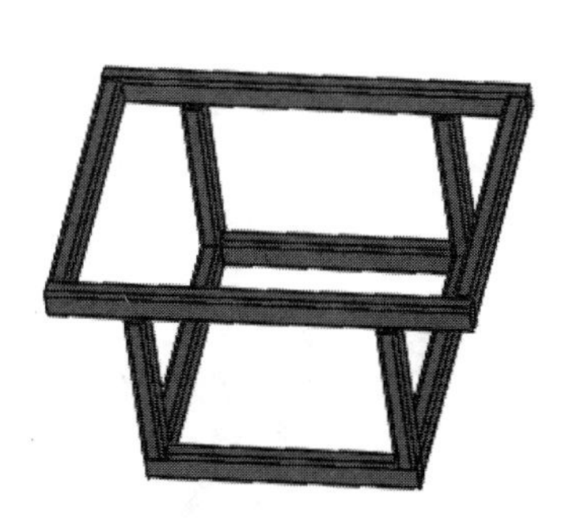

图 8-38 焊件模型

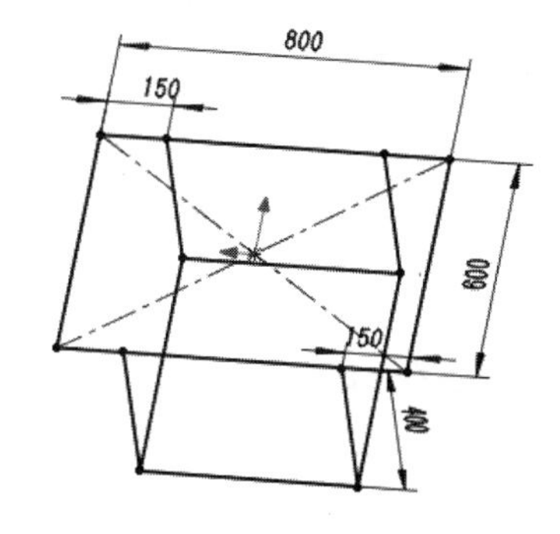

图 8-39 绘制的 3D 草图

在使用结构构件命令之前，需先完成焊件框架的 3D 草图的创建。创建焊件步骤如下。

① 完成焊件框架草图，绘制如图 8-39 所示 3D 草图。

② 单击【确定草图】按钮，接受草图修改并退出草图环境。

③ 单击【焊件】特征工具栏中的【结构构件】按钮，或选择【插入】|【焊件】|【结构构件】菜单命令，系统弹出【结构构件】属性管理器。【标准】下拉列表中选择【iso】,【Type】下拉列表中选择【方形管】,【大小】下拉列表中选择已经包含之前添加的自定义结构构件轮

廓文件【60×40×4】。

④ 在【组】选择框中单击草图中上面大的矩形的 4 条边线，进行边角处理；单击【新组】按钮，选取草图中下面小的矩形 4 条直线段，进行边角处理；单击【新组】按钮，选取草图中竖直的 4 条直线段。绘图区域预览出焊件，单击【确认】按钮✓，完成焊件创建。

⑤ 隐藏所有类型。在菜单栏选择【视图】|【隐藏/显示】|【隐藏所有类型】菜单命令，将草图、基准轴、坐标等隐藏，使实体效果更佳干净、整洁，如图 8-38 所示。

8.2.5 剪裁/延伸

在创建焊件时，可以利用“剪裁/延伸”工具来剪裁或延伸结构构件，使其在焊件零件中的正确对接。

如果结构构件作为单独的特征插入的话，系统会自动进行剪裁。但是，一般结构构件都是通过多步操作插入的，这就需要对这些插入的结构构件和现有的结构构件进行剪裁，把干涉的实体剪掉或缝隙延伸。

【剪裁/延伸】适用于以下情形。

① 一个或者多个相对于结构构件与另一个实体汇合。

② 两个处于拐角处汇合的结构构件。

③ 结构构件的两端。

要完成【剪裁/延伸】操作，其操作步骤如下。

① 打开练习文件“剪裁 1.SLDPRT”，模型如图 8-40 所示。

② 单击【焊件】工具栏上的【剪裁/延伸】按钮，或者单击【焊件】选项卡上的【剪裁/延伸】按钮，或选择下拉菜单【插入】|【焊件】|【剪裁/延伸】命令，系统弹出如图 8-41 所示的【剪裁/延伸】属性管理器。

图 8-40 焊接剪裁前模型

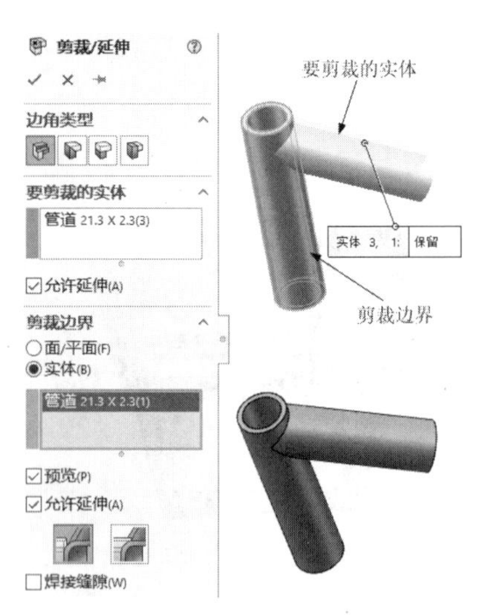

图 8-41 【剪裁/延伸】属性管理器及剪裁后的模型

【剪裁/延伸】属性管理器中各选项区的选项、按钮的含义如下。

【边角类型】：确定剪裁/延伸后焊接件的相接处的形状，其提供了 4 种不同的【边角类型】，分别为【终端剪裁】、【终端斜接】、【终端对接 1】和【终端对接 2】。选择不同的类型，生成不同的结果，如图 8-42 所示。

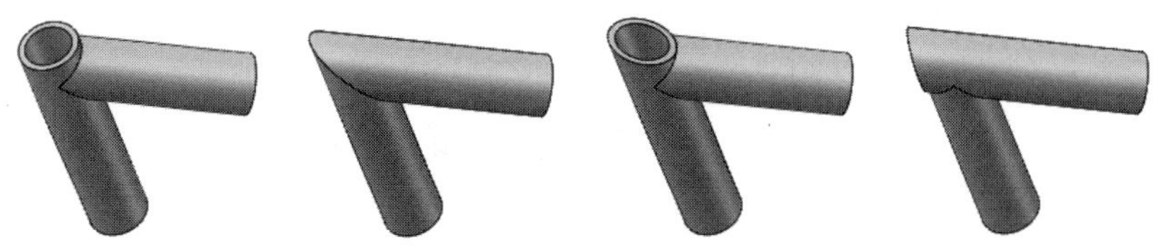

【终端剪裁】类型　　【终端斜接】类型　　【终端对接1】类型　　【终端对接2】类型

图 8-42　4 种不同类型的边角类型

【要剪裁的实体】：在此选择框中显示在焊接件上选取好的需要剪裁的实体。

【剪裁边界】：在此选择框中显示在焊接件上选取好的剪裁边界。

【预览】：勾选此复选框，在图形区域内将显示剪裁/延伸后的结果，反之则不显示。

【切除类型】：确定剪裁/延伸后的焊接件剪裁出的结果，其下有两种不同类型的切除类型，分别为【实体之间的简单切除】和【实体之间的封顶切除】。选择不同的切除类型，其结果将不同。

③【边角类型】选项组中选择【终端剪裁】类型，在【要剪裁的实体】选项组选取如图 8-41 所示的实体，在【剪裁边界】选项组选取如图 8-41 所示的实体，勾选【预览】和【允许延伸】复选框，并选择【切除类型】为【实体之间的简单切除】，单击【确定】按钮，完成结构焊件的剪裁/延伸，结果如图 8-41 所示。

8.2.6 顶端盖

有些结构构件的端面要求是封闭的轮廓，在实际工程中需要添加端盖将其封闭。在焊件设计中，这种情况可以用顶端盖命令来实现该功能。

顶端盖特征用于敞开的结构构件的封闭，其操作步骤如下。

① 打开练习文件“顶端盖.SLDPRT”，模型如图 8-43 所示。

② 单击【焊件】工具栏上的【顶端盖】按钮，或者单击【焊件】选项卡上的【顶端盖】按钮，或选择下拉菜单【插入】|【焊件】|【顶端盖】命令，系统弹出如图 8-44 所示的【顶端盖】属性管理器。

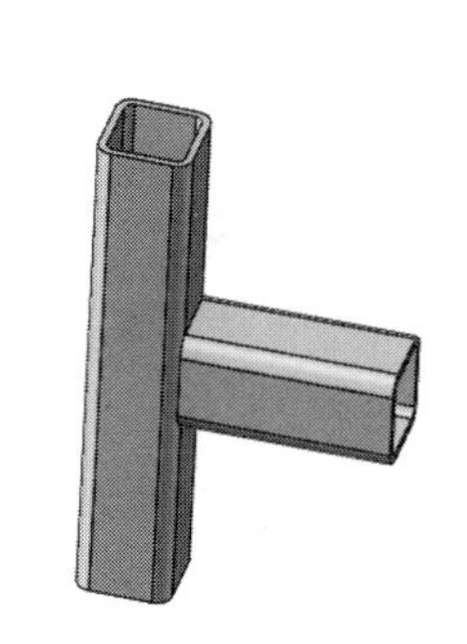

图 8-43　顶端盖前模型

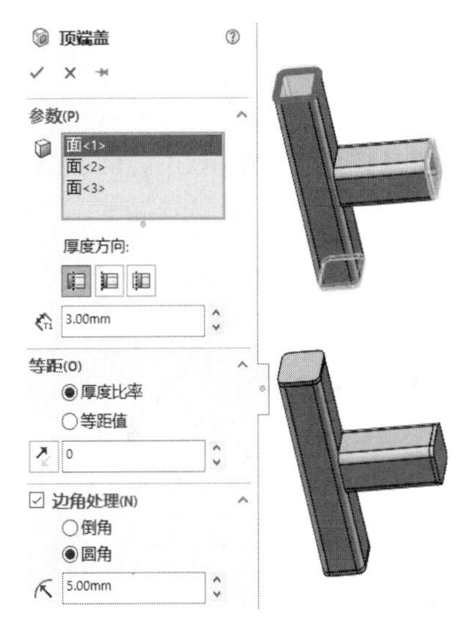

图 8-44　【顶端盖】属性管理器及顶端盖后的模型

【顶端盖】属性管理器中各选项组的选项、按钮的含义如下。

【面】：在此选择框中将显示选择好的需要闭合的结构构件的敞开的面。

【厚度方向】：确定顶端盖的方向，其下有三个不同的按钮供选择，分别为【向外】、【向内】和【内部】。选择不同的类型，生成的顶端盖方向将不同，如图 8-45 所示。

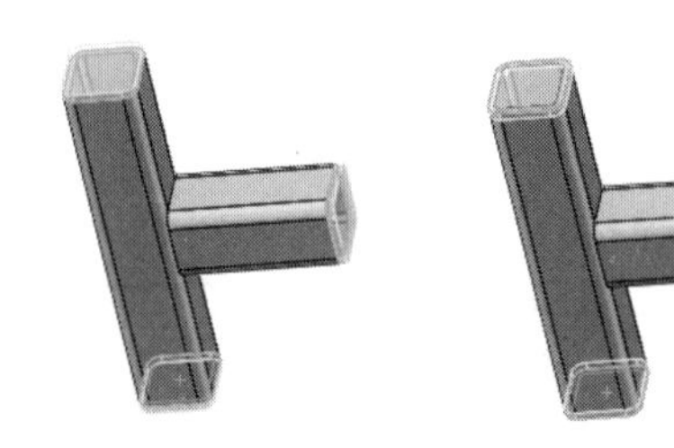

向外方向的顶端盖预览　向内方向的顶端盖预览　内部方向的顶端盖预览

图 8-45　三种顶端盖的厚度方向

【厚度】：通过输入值或单击上、下微调按钮，来设置顶端盖的厚度。

【厚度比率】：选中此单选按钮，通过输入值或单击上、下微调按钮，来设置顶端盖与厚度的比率。

【等距值】：通过输入值或单击上、下微调按钮，来设置顶端盖的外沿到结构构件的外沿距离。

【边角处理】：处理顶端盖的边角，它有【倒角】和【圆角】两个单选按钮，当选择【倒角】时，可以通过【倒角距离】微调框中输入倒角值；当选择【圆角】时，可以通过【圆角半径】微调框中输入倒角值。

③ 选取如图 8-44 所示的需要闭合的结构构件的敞开的面。

④【厚度】微调框中输入“3.00mm”；在【等距】选项组中选择【厚度比率】单选按钮，【厚度比率】微调框中输入“0”；在【边角处理】选项组中选择【圆角】单选按钮，【圆角半径】微调框中输入“5.00mm”，如图 8-44 所示。

⑤ 单击【确定】按钮，完成结构焊件的顶端盖操作，结果如图 8-44 所示。

8.2.7 角撑板

焊接结构中，使用角撑板工具可以加固两个交叉带平面的结构构件之间的区域生成焊接筋板，焊件中的角撑板有两种形式可供选择，分别如图 8-46 和图 8-47 所示。

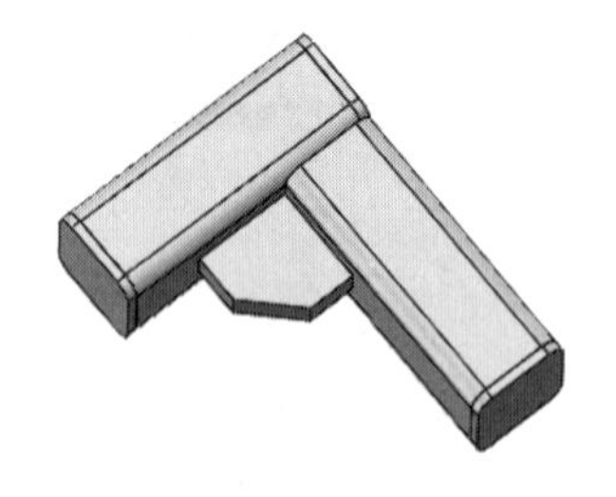

图 8-46 【多边形】角撑板

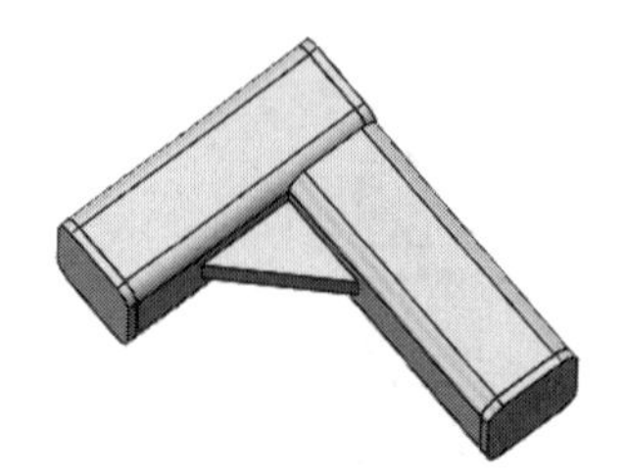

图 8-47 【三角形】角撑板

(1)【多边形】角撑板

创建多边形焊件角撑板的主要操作步骤如下。

① 打开练习文件“角撑板.SLDPRT”。

② 单击【焊件】工具栏上的【角撑板】按钮，或者单击【焊件】选项卡上的【角撑板】按钮，或选择下拉菜单【插入】|【焊件】|【角撑板】命令，系统弹出如图 8-48 所示的【角撑板】属性管理器。

【角撑板】属性管理器中各选项组的选项、按钮的含义如下。

【支撑面】：在此选择框中将显示选择好的需要添加角撑板的面。

【反转轮廓 d1 和 d2 参数】：单击此按钮可以改变 d1 和 d2 的所在面。

【轮廓】：确定角撑板的轮廓形状，其下有两种不同选项可供选择：【多边形轮廓】和【三角形轮廓】。选择不同的轮廓，生成的角撑板形状将不同，如图 8-46 和图 8-47 所示。

【轮廓边距】：通过输入值或单击上、下微调按钮，来设置轮廓的长度。【多边形轮廓】选项下有 4 个【轮廓边距】，【三角形轮廓】选项下有 2 个【轮廓边距】。

【轮廓角度】：通过输入值或单击上、下微调按钮，来设置轮廓的倾斜角度。轮廓角度只有在【多边形轮廓】选项下才有，而在【三角形轮廓】选项下则没有。

【倒角】：单击此按钮，在生成的角撑板的尖角处将生成一个倒角，如图 8-49 所示。

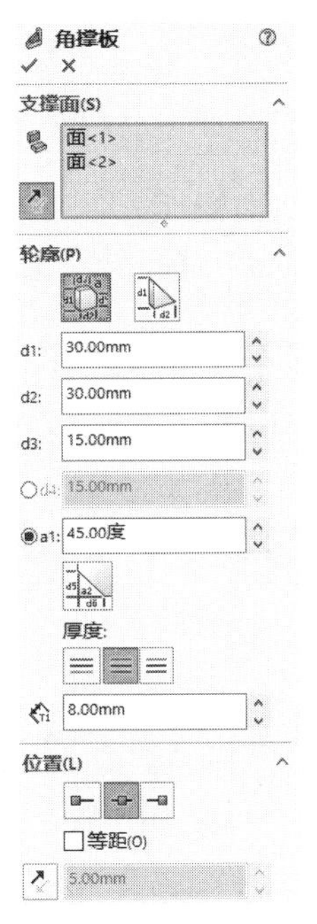

图 8-48 【角撑板】属性管理器

图 8-49 单击【倒角】按钮生成的角撑板

【厚度】：确定角撑板厚度相对生成结构构件草图的位置，其下有 3 种不同类型供选择，【内边】、【两边】和【外边】。选择不同的类型，生成角撑板厚度的位置将不同，如图 8-50 所示。

【角撑板厚度】：通过输入值或单击上、下微调按钮，来设置角撑板的厚度。

【位置】：确定角撑板的位置，其下有 3 种不同类型供选择，【轮廓定位于起点】、【轮廓定位于中点】和【轮廓定位于端点】。选择不同的类型，生成角撑板的位置将不同，如图 8-51 所示。

【等距】：勾选此复选框，将激活等距值，通过输入值或单击上、下微调按钮，来设置等距的距离。

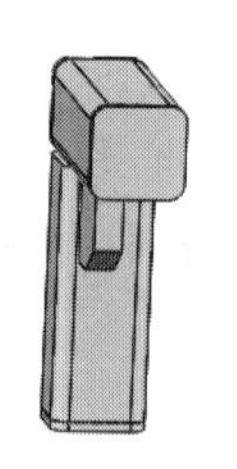
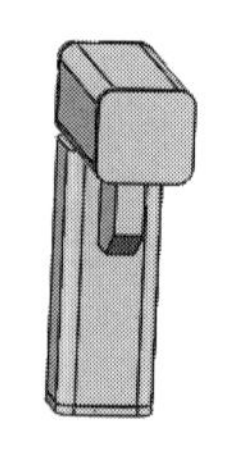
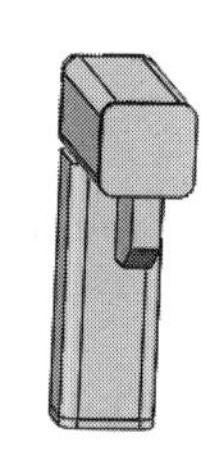

【厚度】选【内边】　【厚度】选【两边】　【厚度】选【外边】

图 8-50　3 种类型的厚度位置

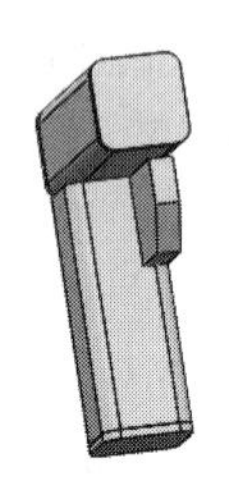
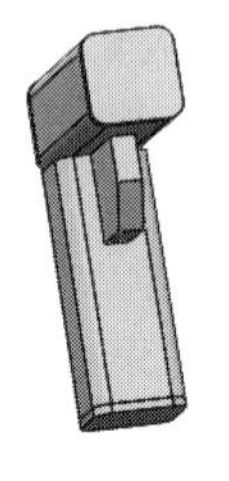
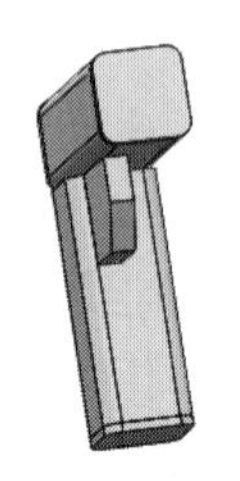

轮廓定位于起点　轮廓定位于中点　轮廓定位于端点

图 8-51　3 种角撑板的位置

【反向等距方向】：单击此按钮可以改变等距的方向。

③ 在焊接件上选取需要添加角撑板的面，从两个交叉结构构件选取相邻平面作为支撑面，选好需要添加角撑板的面后，在图形区显示角撑板预览。单击【反转轮廓 d1 和 d2 参数】按钮，用于交换【轮廓距离 d1】和【轮廓距离 d2】的数值。

④【轮廓】选项组中选择【多边形轮廓】，并设置参数值如下：输入 d1、d2、d3、a1 的值分别为 30mm、30 mm、15 mm、45.00 度；【厚度】选择【两边】，角撑板厚度为“8.00mm”。

⑤【位置】选项组中选择【轮廓定位于中点】。

⑥ 设置完成后，单击【确定】按钮✓，完成多边形角撑板的创建，如图 8-48 所示。

（2）【三角形】角撑板

创建三角形焊件角撑板的主要操作步骤如下。

① 打开练习文件“角撑板.SLDPRT”。

② 单击【焊件】工具栏上的【角撑板】按钮，或者单击【焊件】选项卡上的【角撑板】按钮，或选择下拉菜单【插入】|【焊件】|【角撑板】命令，系统弹出如图 8-52 所示的【角撑板】属性管理器。

③【轮廓】选项组中选择【三角形轮廓】，并设置参数值如下：输入 d1、d2 的值分别为 30mm、30mm。

④【厚度】选择【两边】，角撑板厚度为“6.00mm”。

⑤【位置】选项组中选择【轮廓定位于中点】。

⑥ 设置完成后，单击【确定】按钮✓，完成多边形角撑板的创建，如图 8-52 所示。

8.2.8 圆角焊缝

使用【圆角焊缝】特征工具可以在任何交叉的焊接件实体之间添加全长、间歇或交错圆角焊缝。

① 全长。整条焊缝连续焊接。

② 间歇。焊缝的焊点采取间隔焊接，在另一面的焊点与箭头边的焊点成对应形式，即

在另一面上的焊点与箭头边的焊点对应。

③ 交错。焊缝的焊点采取间隔焊接，同时在另一面上的焊点与箭头边的焊点成交错形式，即在另一面上的焊点与箭头边的间隔对应。

生成圆角焊缝，其操作步骤如下。

① 打开练习文件“圆角焊缝.SLDPRT”。

② 单击【焊件】工具栏上的【圆角焊缝】按钮，或者单击【焊件】选项卡上的【圆角焊缝】按钮，或选择下拉菜单【插入】|【焊件】|【圆角焊缝】命令，系统弹出如图 8-53 所示的【圆角焊缝】属性管理器。

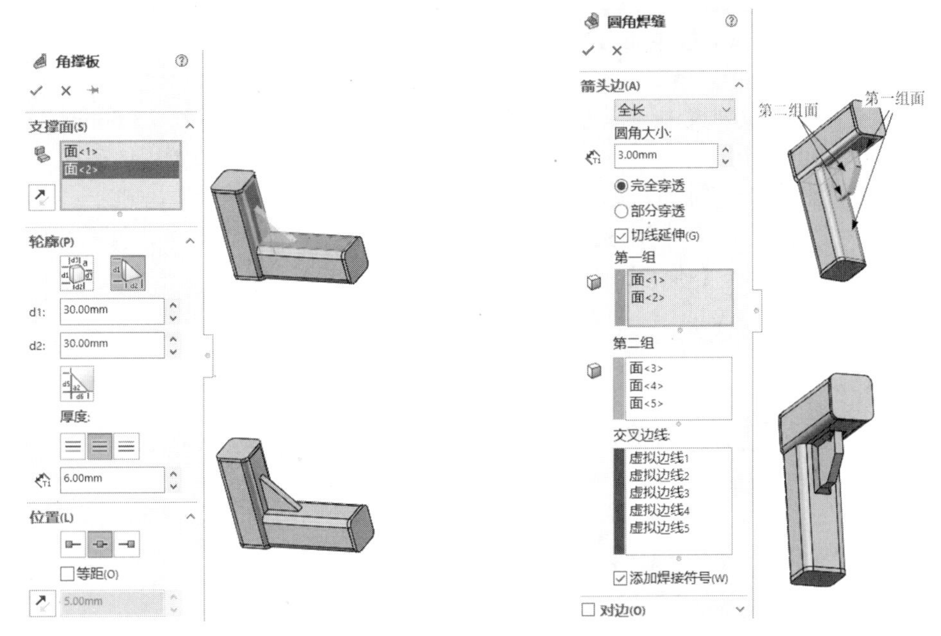

图 8-52 【角撑板】属性管理器及角撑板后的模型　　图 8-53 【圆角焊缝】属性管理器及圆角焊缝后的模型

【圆角焊缝】属性管理器中各选项组的选项、按钮的含义如下。

【箭头边】：下拉列表有 3 个选项，分别为【全长】【间歇】和【交错】，3 种形式如图 8-54 所示。

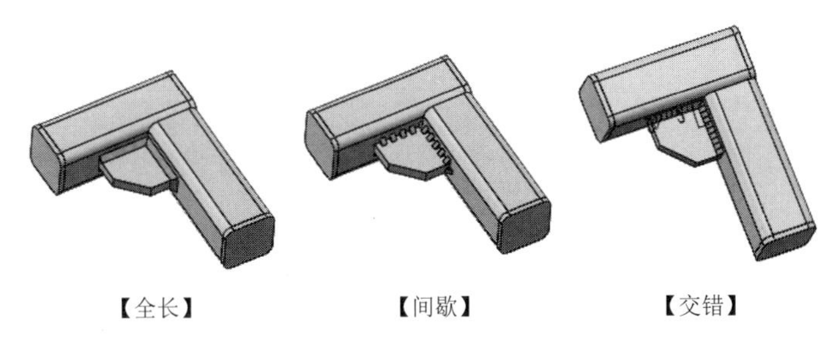

图 8-54　3 种不同类型的圆角焊缝

【圆角大小】：圆角焊缝的长度。

【焊缝长度】：每个焊缝段的长度，只用于【间歇】或【交错】类型。

【节距】：每个焊缝起点之间的距离，只用于【间歇】或【交错】类型。

【切线延伸】：勾选此复选框，切线将延伸，反之则不延伸。

【第一组】：在此选择框中将显示选择好需要添加圆角焊缝的第一个面。

【第二组】：在此选择框中将显示选择好需要添加圆角焊缝的第二个面。

【交叉边线】：第一组面与第二组面之间相交的边线。

③ 设置相关选项和参数，【焊缝大小】微调框中输入“3.00mm”，选中【完全穿透】单选按钮，如图 8-53 所示。

④ 设置完成后，单击【确定】按钮✓，结果如图 8-53 所示。

【交错】圆角焊缝实例操作步骤如下。

① 打开练习文件“圆角焊缝.SLDPRT”。

② 单击【焊件】工具栏上的【圆角焊缝】按钮，或者单击【焊件】选项卡上的【圆角焊缝】按钮，或选择下拉菜单【插入】|【焊件】|【圆角焊缝】命令，系统弹出【圆角焊缝】属性管理器。

③【焊缝类型】下拉列表中选择【交错】,【圆角大小】微调框中输入“3.00mm”、【焊缝长度】中输入“3.00mm”、【节距】为“3.00mm”；在第一组面中选取角撑板的表面、第二组面区域中选取结构构件的相邻面，如图 8-55 所示。

④ 勾选【对边】复选框，同步骤②类似，设置角撑板另一侧焊缝参数，如图 8-55 所示。

⑤ 设置完成后，单击【确定】按钮✓，完成【交错】焊缝的创建。

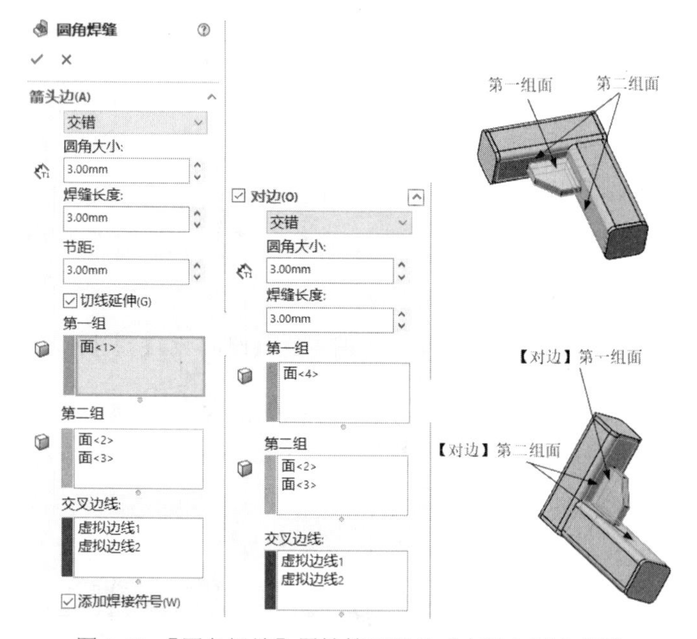

图 8-55 【圆角焊缝】属性管理器及【交错】圆角焊缝

8.2.9 生成子焊件

生成子焊件是将复杂模型分段为更容易管理的实体。子焊件包括列举在切割清单文件夹中的任何实体，包括结构构件、顶端盖、角撑板、圆角焊缝，以及使用剪裁/延伸工具所剪裁的结构构件。

对于大型焊接零件，为了方便图纸设计处理和运输需求，往往需要对其进行拆分，将其分割成若干单独的小焊件。这些被分割的小焊件称为子焊件。

子焊件可以单独保存，从而将子焊件中所有实体保存为一个独立的多实体文件，因而方便为子焊件创建工程图。创建子焊件的操作步骤如下。

① 启动 SolidWorks 软件后，打开一个焊接零件。

② 在 Feature Manager（特征管理器）设计树中单击【切割清单】前的‣按钮，将切割清单展开。

③ 借助键盘的 Ctrl 和 Shift 键，在切割清单文件夹下选择一组【结构构件】，或者在设计树中单击方形管等特征，所选实体在图形区域中高亮显示。用户也可以直接在图形区域选中待生成子焊件的结构特征。

④ 选中待生成子焊件的结构特征后，单击鼠标右键，在弹出的快捷菜单中选择【生成子焊件】命令，如图 8-56 所示。

⑤ 利用现有实体生成新零件。选择保存的实体，单击鼠标右键，在弹出的快捷菜单中选择【插入到新零件】命令，可以将某些结构构件（实体）保存为单独的零件文件。生成的新零件与源焊件保持外部参考的关系，对焊件的任意修改都会反映到保存的零件中。选择【子焊件 1】文件夹，单击鼠标右键，在弹出的快捷菜单中选择【插入到新零件】命令，如图 8-57 所示。

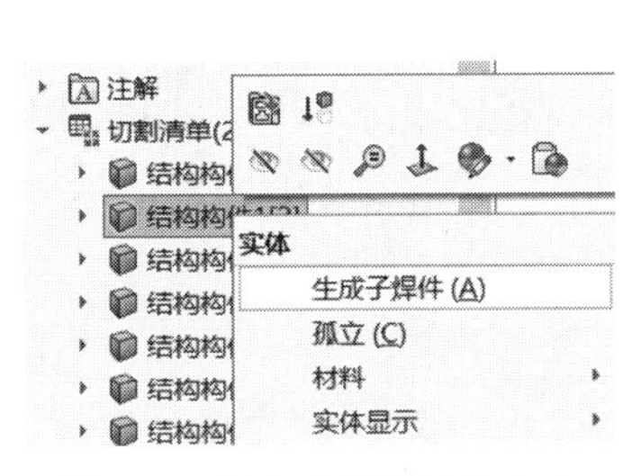

图 8-56 【生成子焊件】命令

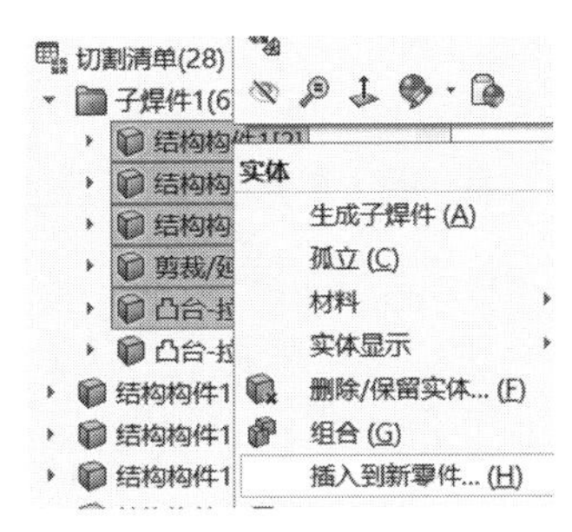

图 8-57 【插入到新零件】命令

⑥ 一般情况下，第一次选择【插入到新零件】命令时，系统弹出如图 8-58 所示的【SOLIDWORKS】提示对话框，单击【确定】按钮；系统弹出如图 8-59 所示的【插入到新零件】属性管理器。

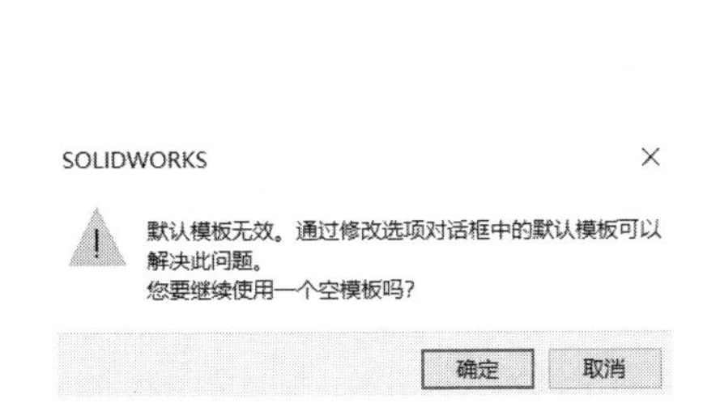

图 8-58 【SOLIDWORKS】提示对话框（1）

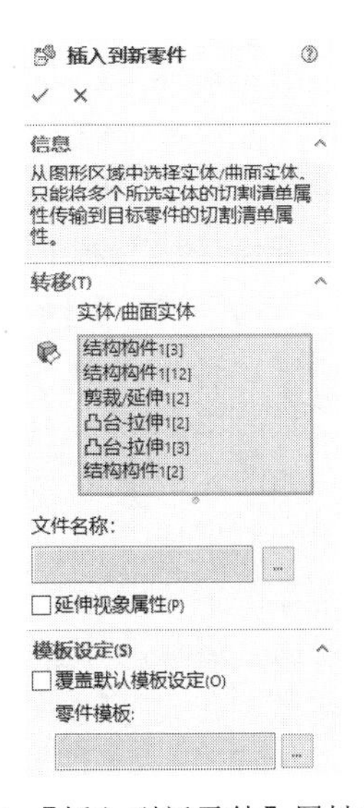

图 8-59 【插入到新零件】属性管理器

【插入到新零件】属性管理器中各选项组的选项、按钮的含义如下。

【文件名称】：输入新的文件名和文件路径。

...按钮：单击该按钮，系统弹出【另存为】对话框。此时，用户可以为待保存的子焊件输入新的名称和新文件保存的路径。

【模板设定】：【模板设定】选项用于设置新建的文件模板，勾选【覆盖默认模板设定】复选框，表示选择默认模板；取消勾选【覆盖默认模板设定】复选框，单击...按钮可以寻找新的模板文件。

⑦ 设置完成后，单击【确定】按钮✓，系统弹出如图 8-60 所示的【SOLIDWORKS】提示对话框。单击【是】按钮，生成新的文件模型，如图 8-61 所示。

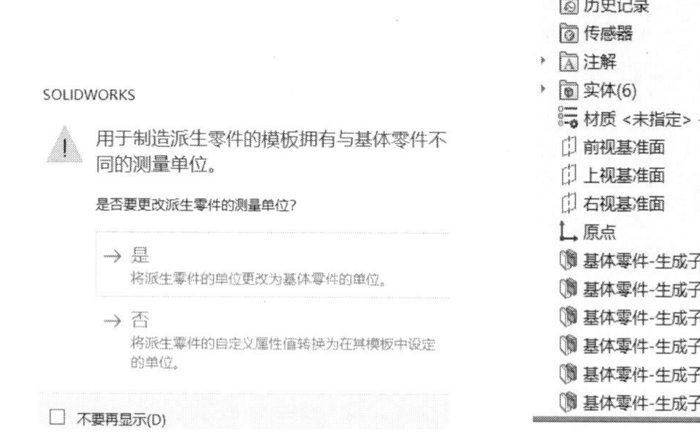

图 8-60 【SOLIDWORKS】提示对话框（2）　　图 8-61 生成新的文件模型和 Feature Manager 设计树

同理，还可以生成其他子焊件零件，也可将焊件中的子焊件保存为多实体的零件。若在切割清单中选择多个构件，或选择子焊件，则零件将保存为多实体零件。

8.2.10 焊件切割清单

焊件的切割清单与装配体的材料明细表类似，不同之处在于切割清单存在于多实体零件中。切割清单中，系统自动将相似项目分组到一个文件夹中，这个文件夹称为【切割清单】项目。在进行焊件设计过程中，当第一个焊件特征插入零件中时，实体文件夹重新命名为切割清单，以表示要包括在切割清单中的项目。

（1）生成焊件【切割清单】

生成焊件【切割清单】操作步骤如下。

在设计树中选择【切割清单】，单击鼠标右键，在弹出的快捷菜单中选择【自动切割清单自动创建切割清单】命令，如图 8-62 所示，则焊件的【切割清单】将会自动生成，并出现在设计树中，如图 8-63 所示。

（2）更新切割清单

当用户对焊接零件进行编辑、添加特征等操作后，切割清单图标会自动变成待更新样式。此时，需要对切割清单进行更新。

更新的步骤：在设计树中选择【切割清单】，单击鼠标右键，在弹出的快捷菜单中选择【更新】命令，即可完成【切割清单】的更新。焊件切割清单生成完成后，可将其插入工程图中。

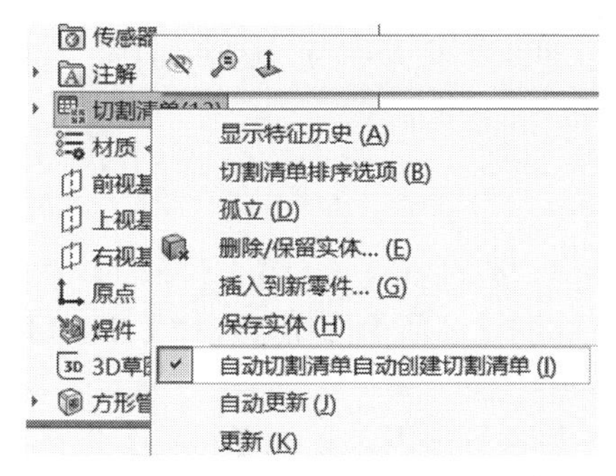

图 8-62 【自动切割清单自动创建切割清单】命令

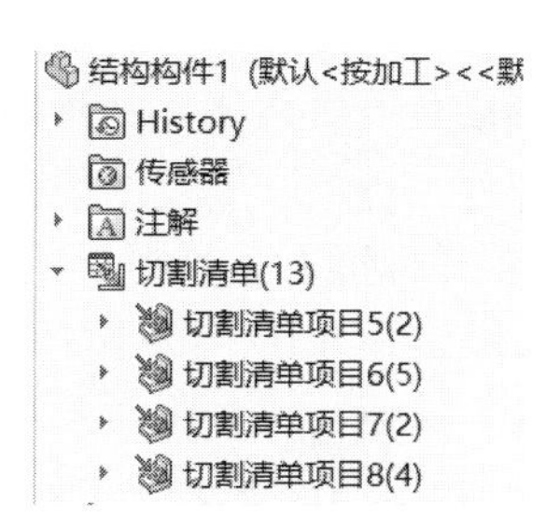

图 8-63 生成的切割清单

8.2.11 自定义焊件切割清单属性

用户在设计工程中可以自定义焊件切割清单属性，在 Feature Manager 设计树中选择相应的切割清单项目，单击鼠标右键，在弹出的快捷菜单中选择【属性】命令，如图 8-64 所示，系统弹出如图 8-65 所示的【切割清单属性】对话框。在对话框中可以对其每一项内容进行自定义，定义好后单击对话框中的【确定】按钮。

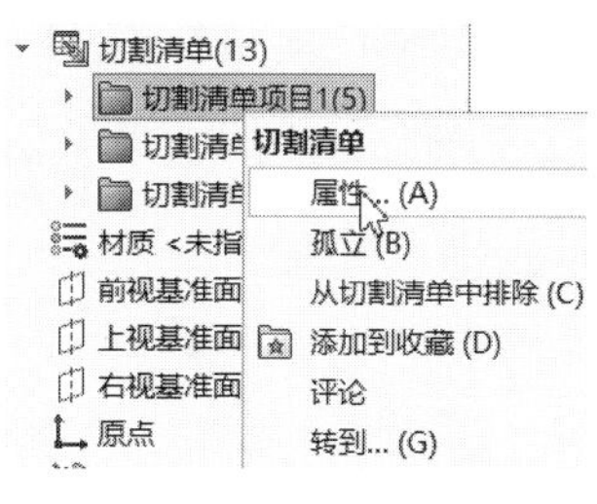

图 8-64 切割清单项目属性

切割清单属性

切割清单摘要 属性摘要 切割清单表格

材料明细表数量: 长度 编辑清单(E)

删除(D) 从切割清单中排除(X)

切割清单项目1
切割清单项目2
切割清单项目3
切割清单项目4

	属性名称	类型	数值 / 文字表达	评估的值
1	长度	文字	"LENGTH@@@切割清单项目1@结构构件1.SLDPRT"	260
2	角度1	文字	"ANGLE1@@@切割清单项目1@结构构件1.SLDPRT"	0.00
3	角度2	文字	"ANGLE2@@@切割清单项目1@结构构件1.SLDPRT"	0.00
4	说明	文字	TUBE, SQUARE "V_leg@方形管 20 X 20 X 2(4)@结构构件1.SLD	TUBE, SQUARE 20 X 20 X 2
5	MATERIAL	文字	"SW-Material@@@切割清单项目1@结构构件1.SLDPRT"	材质 <未指定>
6	QUANTITY	文字	"QUANTITY@@@切割清单项目1@结构构件1.SLDPRT"	2
7	TOTAL LENGTH	文字	"TOTAL LENGTH@@@切割清单项目1@结构构件1.SLDPRT"	1770
8	材料	文字	Q235	Q235
9	<键入新属性>			

确定 取消 帮助(H)

图 8-65 【切割清单属性】对话框

8.3 焊件工程图

焊件由多个焊接在一起的零件组成，类似一个装配体。但材料明细表中仍然把它作为单独的零件处理，因此可以将焊接零件作为一个多实体零件来建模。

8.3.1 创建焊件工程图

创建焊件工程图大致分为创建焊件工程图一般视图、创建焊件切割清单表格和添加焊件零件序号等，其他诸如尺寸标注、公差标注、添加技术要求等与一般零部件工程图相同，在此不再叙述。

（1）创建焊件工程图一般视图

创建焊件工程图一般视图操作步骤如下。

① 单击【标准】工具栏上的【新建】按钮，或选择【文件】|【新建】菜单命令，系统弹出的【新建 SOLIDWORKS 文件】对话框。单击【高级】按钮，选择【gb-a3】模板文件，单击【确定】按钮，进入工程图环境中。

② 系统弹出如图 8-66 所示的【模型视图】属性管理器。单击【浏览】按钮，系统弹出【打开】对话框。选择焊件零件，单击【打开】按钮。

③ 这时【模型视图】属性管理器变成如图 8-67 所示情形。按照图 8-67 设置相关选项和参数，其他选项和参数采用默认值，在合适位置单击放置，并分别向右和向下拉出其投影视图，并生成轴测图，如图 8-68 所示。

图 8-66 【模型视图】属性管理器（1）

图 8-67 【模型视图】属性管理器（2）

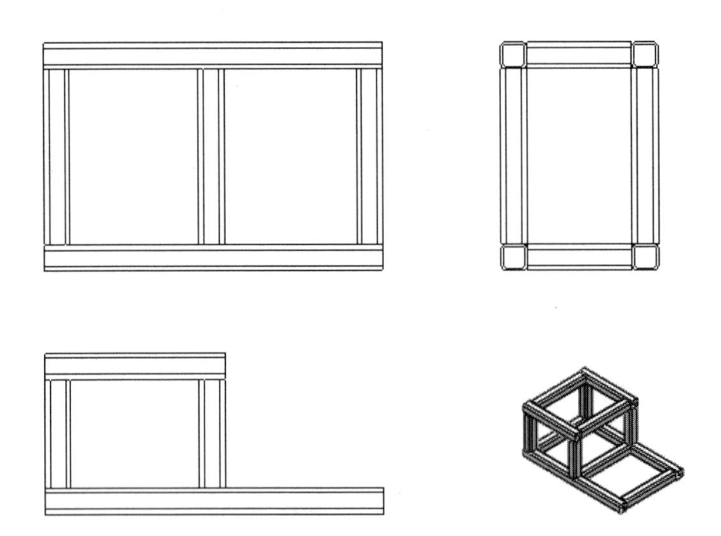

图 8-68 生成的轴测图

（2）添加焊件符号

焊件符号为焊件所特有，在 SolidWorks 中为焊件工程图添加焊接符号操作步骤如下。

① 单击【注释】工具栏上的【焊接符号】按钮，或者单击【注释】选项卡上的【焊接符号】按钮，或选择下拉菜单【插入】|【注释】|【焊接符号】命令，系统弹出如图 8-69 所示的【焊接符号】属性管理器和如图 8-70 所示的【属性】对话框。

② 在图形区选取待添加焊接符号对象（面、边线或草图线段）后，箭头尖端便粘接在所选对象上，然后移动光标在合适位置放置焊接符号文字部分。

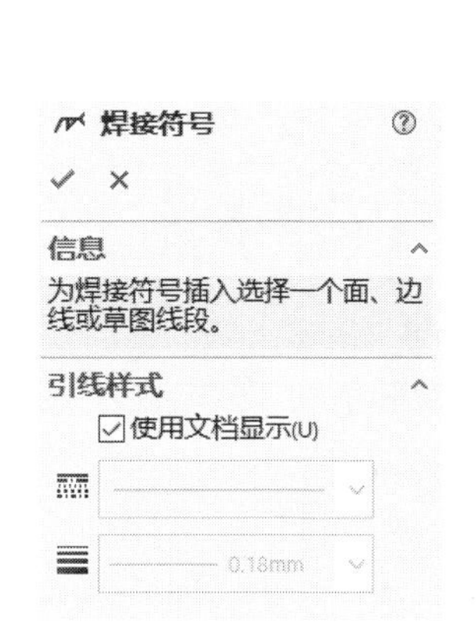

图 8-69 【焊接符号】属性管理器

图 8-70 【属性】对话框

8.3.2 创建焊件切割清单表格

其实焊件的工程图与其他零件的工程图大同小异，差异在于焊件有“焊件切割清单”。创建焊件工程图前，先为其做好准备工作是有必要的。

创建焊件切割清单表格的操作步骤如下。

① 单击【注释】工具栏上的【焊接切割清单】按钮，或者单击【注释】选项卡上的【焊件切割清单】按钮，或选择下拉菜单【插入】|【表格】|【焊件切割清单】命令，系统弹出如图 8-71 所示的【焊件切割清单】属性管理器。

② 选择工程视图为生成焊件切割清单指定模型后，【焊件切割清单】属性管理器变成如图 8-72 所示情形。单击【确定】按钮，即可在图形区预览出焊件切割清单表格，且随光标的移动而移动。在合适位置单击将切割清单放置，即可完成默认焊件清单的添加，如图 8-73 所示。

放置焊件切割清单表格在图形区域后，可以单击选中后将其移至标题栏附近，并拖动表格使其与标题栏边界结合到一起。

【焊件切割清单】属性管理器中各选项组的选项、按钮的含义如下。

【表格模板】：单击【浏览模板】按钮，系统弹出【打开】对话框，可以选择表格模板文件。

【表格位置】：确定表格在工程图中的位置，其下包括【恒定边角】和【附加到定位点】，在【恒定边角】下有 4 种不同类型的选项：【左上】、【右上】、【左下】和【右下】。

焊件切割清单

×

信息

选择一工程视图为生成焊件切割清单指定模型。

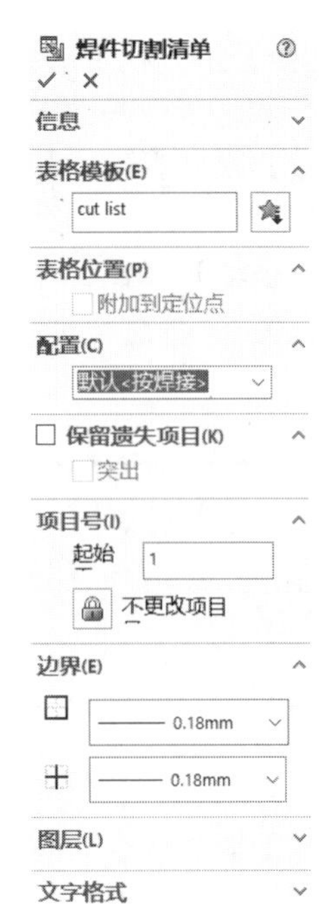

图 8-71 【焊件切割清单】属性管理器（1）　　图 8-72 【焊件切割清单】属性管理器（2）

ITEM NO.	QTY.	DESCRIPTION	LENGTH
1	2		
2	5		
3	2		
4	4		

图 8-73 焊件切割清单

【附加到定位点】：将指定的边角附加到表格的定位点，如果不勾选此复选框，可以在图形区域中单击来放置切割清单。

【保留遗失项目】：如果切割清单项目在【切割清单】生成以后已从焊件中被删除，勾选【保留遗失项目】复选框可以将项目在表格中保持列举。如果遗失的项目被保留，选择【删除线】，用内画线格式为遗失的项目显示文字。

【起始】：切割清单以该文本框中显示的数字开始编号。

【不更改项目】：单击可以使项目号在列被分类或重新组序时保留在其行内。

【边界】：通过选择【边界厚度】下拉列表中的线厚来确定框边界线条的厚度。

【图层】在其选项组中将显示所有的图层。

8.3.3 添加焊件零件序号

（1）手动添加焊件零件序号

手动添加焊件零件序号操作步骤如下。

① 单击【注释】工具栏上的【零件序号】按钮，或者单击【注释】选项卡上的【零件序号】按钮，或选择下拉菜单【插入】|【注释】|【零件序号】命令，系统弹出如图 8-74 所示的【零件序号】属性管理器。

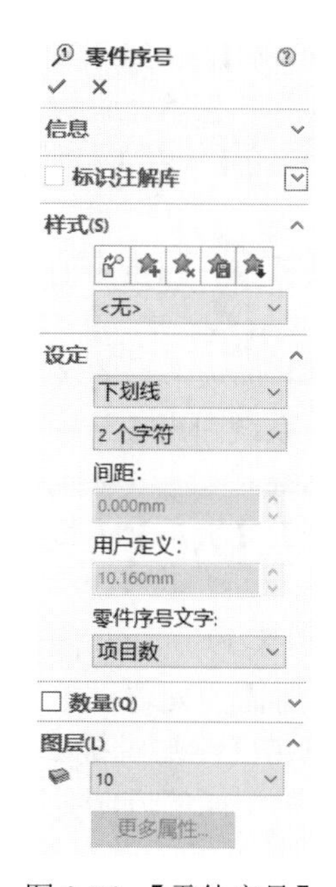

图 8-74 【零件序号】属性管理器

② 在弹出的【零件序号】属性管理器中设置零件序号的样式及其他各个参数，也可以采用系统默认。

③ 在图形区中将光标指向待标注零件序号的视图中的某个焊件结构，系统提示该结构构件的信息，单击将其选中即可出现箭头，然后移动光标至合适位置单击放置注释，如图 8-75 所示。

（2）自动添加焊件零件序号

自动添加焊件零件序号操作步骤如下。

① 单击【注释】工具栏上的【自动零件序号】按钮，或者单击【注释】选项卡上的【自动零件序号】按钮，或选择下拉菜单【插入】|【注释】|【自动零件序号】命令，系统弹出如图 8-76 所示的【自动零件序号】属性管理器。

【自动零件序号】属性管理器相关选项和参数详解如下。

【零件序号布局】：包括【阵列类型】和【引线附加点】。

零件序号【阵列类型】有 6 种：【布局零件序号到上】【布局零件序号到下】【布局零件序号到左】【布局零件序号到右】【布局零件序号到方形】和【布局零件序号到圆形】。

【引线附加点】：包括【边线】和【面】单选选项。

② 设置完成后，单击【确定】按钮。

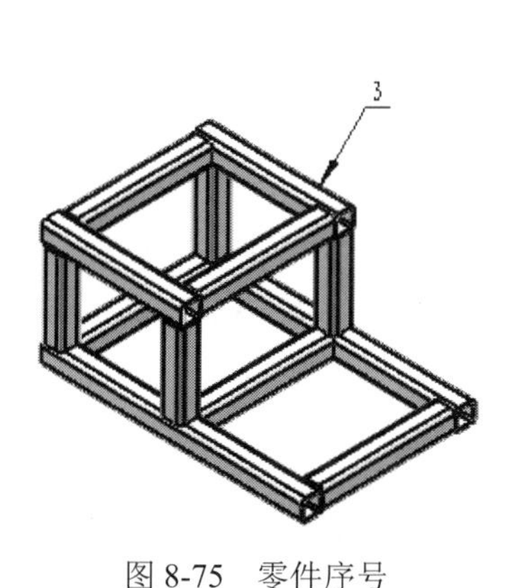

图 8-75 零件序号

图 8-76 【自动零件序号】属性管理器

8.4 工程应用综合实例

工程应用综合实例 1

8.4.1 实例 1

工程应用综合实例 1 的模型如图 8-77 所示，下面详细介绍该实例建模的操作步骤。

① 启动 SolidWorks 2018 软件。单击工具栏中的【新建】按钮，系统弹出【新建

SOLIDWORKS 文件】对话框，在【模板】选项卡中选择【零件】选项，单击【确定】按钮。

② 单击【标准】工具栏中的【保存】按钮，弹出【另存为】对话框，选择合适的保存位置，在【文件名】文本框中输入名称为“工程应用综合实例 1”，即可单击【保存】按钮，进行保存。

③ 选择【插入】|【3D 草图】菜单命令或者单击【草图】工具栏中的【3D 草图】按钮，进入 3D 草图绘制状态，绘制如图 8-78 所示的 3D 草图。

④ 单击【焊件】工具栏上的【结构构件】按钮，或者单击【焊件】选项卡上的【结构构件】按钮，或选择下拉菜单【插入】|【焊件】|【结构构件】命令，系统弹出【结构构件】属性管理器。

⑤【标准】下拉列表中选择【iso】,【Type】下拉列表中选择【方形管】,【大小】下拉列表中选择【80×80×5】。

⑥ 在绘图区选取如图 8-79 所示的直线，绘图区域预览出焊件，如图 8-79 所示，同时勾选【应用边角处理】复选框和【允许突出】复选框，其中右边两个边角需要处理，单击边角 2 处的点，系统弹出如图 8-80 所示的【边角处理】属性管理器，单击【终端对接 2】按钮，单击【确定】按钮，系统返回【结构构件】属性管理器。采用相同的方法处理边角 4。

图 8-77 工程应用综合实例 1 模型

图 8-78 绘制的 3D 草图

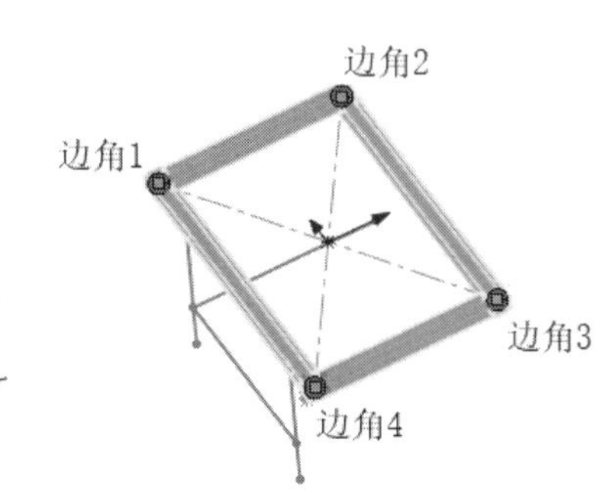

图 8-79 焊件预览结果（1）

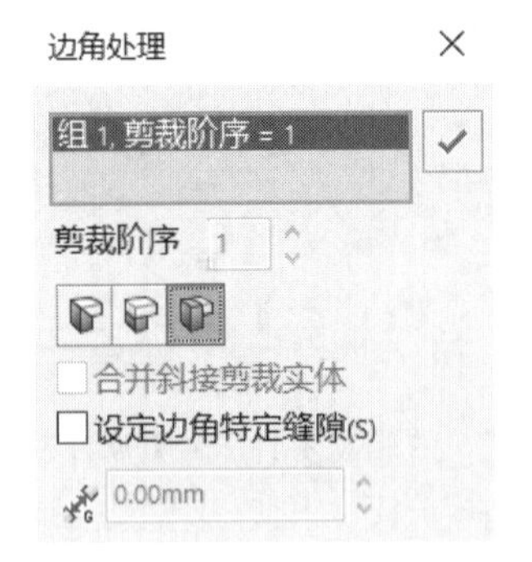

图 8-80 【边角处理】属性管理器（1）

图 8-81 焊件预览结果（2）

⑦ 单击【新组】按钮，选取如图 8-81 所示的线条，预览如图 8-81 所示；单击边角 5 处的点，系统弹出如图 8-82 所示的【边角处理】属性管理器，选择【组 2，剪裁阶序=2】，单击【确定】按钮，系统返回【结构构件】属性管理器。采用相同的方法处理边角 6。

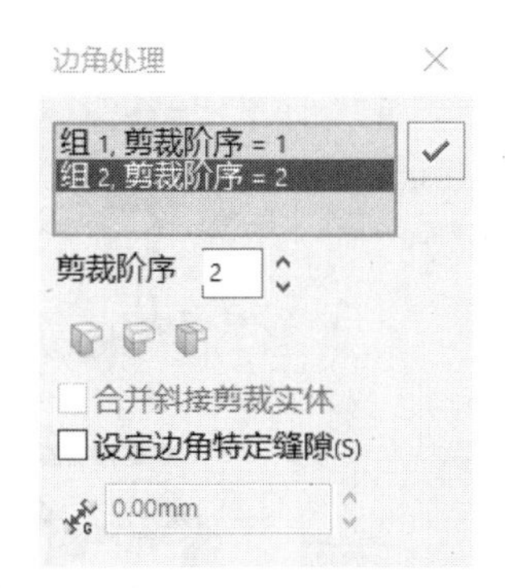

图 8-82 【边角处理】属性管理器（2）

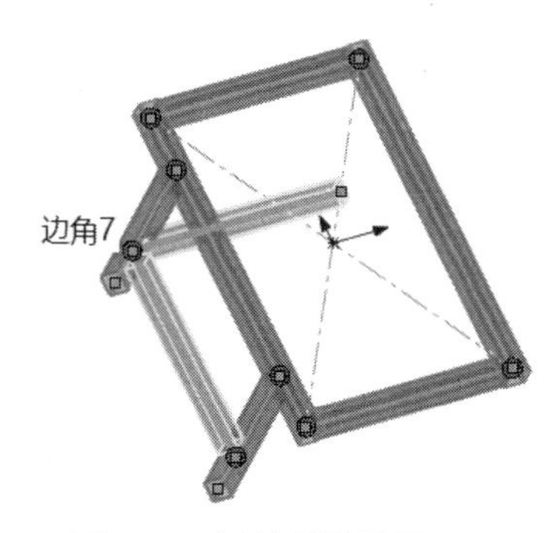

图 8-83 焊件预览结果（3）

⑧ 单击【新组】按钮，选取如果 8-83 所示的线条，预览如图 8-83 所示；单击边角 7 处的点，系统弹出如图 8-84 所示的【边角处理】属性管理器，选择【组 2，剪裁阶序=2】，单击【确定】按钮✓，系统返回【结构构件】属性管理器。

⑨ 此时，【结构构件】属性管理器如图 8-85 所示，单击【确定】按钮✓，结果如图 8-85 所示。

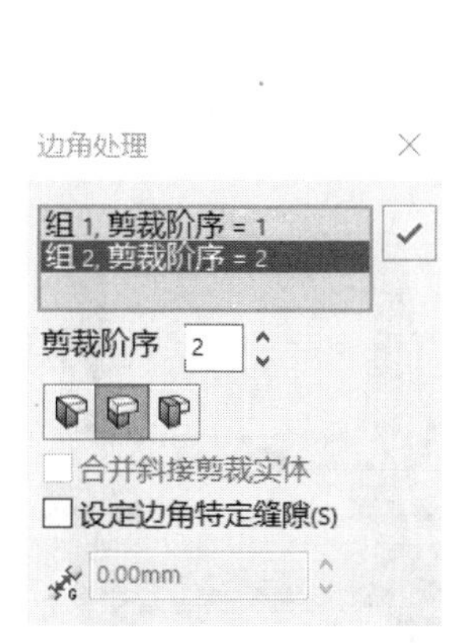

图 8-84 【边角处理】属性管理器（3）

图 8-85 【结构构件】属性管理器及结果

⑩ 在【特征管理器设计树】中选择“3D 草图 1”，单击鼠标右键，在弹出的快捷菜单中单击【隐藏】按钮，如图 8-86 所示。

⑪ 选择【插入】|【阵列/镜向】|【镜向】菜单命令或者单击【特征】工具栏中的【镜向】按钮，系统弹出如图 8-87 所示的【镜向】属性管理器。在【镜向面/基准面】中选取如图 8-87 所示的“上视基准面”；在【要镜向的实体】中选取如图 8-87 所示的实体；单击【确定】按钮✓，结果如图 8-87 所示。

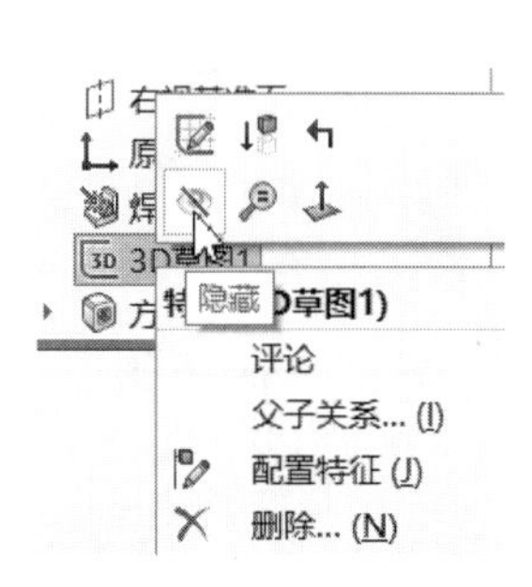

图 8-86　隐藏 3D 草图

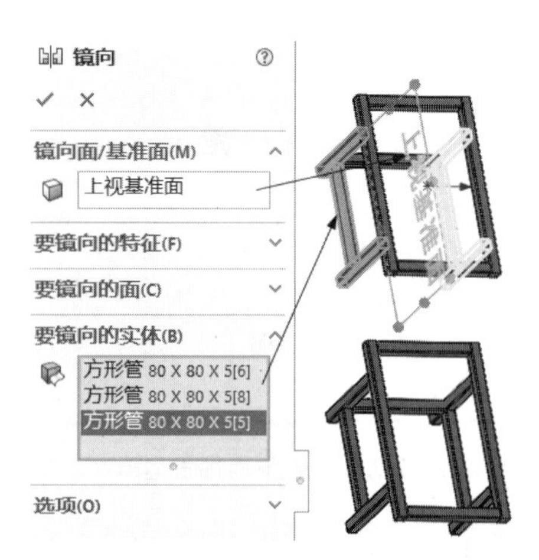

图 8-87 【镜向】属性管理器及结果

⑫ 单击【焊件】工具栏上的【剪裁/延伸】按钮，或者单击【焊件】选项卡上的【剪裁/延伸】按钮，或选择下拉菜单【插入】|【焊件】|【剪裁/延伸】命令，系统弹出如图 8-88 所示的【剪裁/延伸】属性管理器。在【边角类型】选项组中单击【终端剪裁】按钮，【要剪裁的实体】选取如图 8-88 所示的实体，【剪裁边界】选取如图 8-88 所示的实体，其他参数和选项采用默认值，单击【确定】按钮✓，结果如图 8-88 所示。

⑬ 将步骤⑫产生的实体进行镜向，采用的操作方法与步骤⑪基本相同，镜向面选择“右视基准面”，结果如图 8-89 所示。

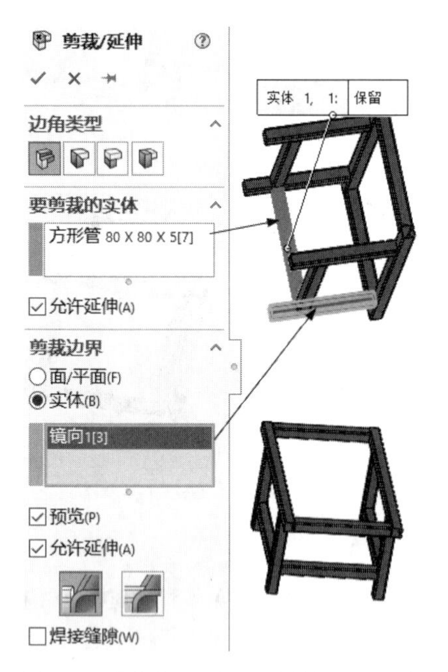

图 8-88 【剪裁/延伸】属性管理器及结果

图 8-89　镜向后的结果

⑭ 单击【焊件】工具栏上的【顶端盖】按钮，或者单击【焊件】选项卡上的【顶端盖】按钮，或选择下拉菜单【插入】|【焊件】|【顶端盖】命令，系统弹出如图 8-90 所示的【顶端盖】属性管理器。在【面】选择框中依次选取如图 8-90 所示的端面，【厚度方向】选项组中单击【向内】按钮，【厚度】微调框中输入“5.00mm”；选中【厚度比率】单选按

钮，【厚度比率】微调框中输入“0.5”；【边角处理】选项组中选择【圆角】单选按钮，在【圆角半径】微调框中输入“10.00mm”，单击【确定】按钮，结果如图 8-90 所示。

⑮ 单击【焊件】工具栏上的【角撑板】按钮，或者单击【焊件】选项卡上的【角撑板】按钮，或选择下拉菜单【插入】|【焊件】|【角撑板】命令，系统弹出如图 8-91 所示的【角撑板】属性管理器。【支撑面】选择框中选择如图 8-91 所示的表面；在【轮廓】选项组中单击【多边形轮廓】按钮，【轮廓距离 1】微调框中输入“80.00mm”，【轮廓距离 2】微调框中输入“80.00mm”，【轮廓距离 3】微调框中输入“30.00mm”，【轮廓角度】微调框中输入“45.00 度”；【厚度】选项组中单击【两边】按钮，【角撑板厚度】微调框中输入“20.00mm”；【位置】选项组中单击【轮廓定位于中点】按钮；单击【确定】按钮，结果如图 8-91 所示。

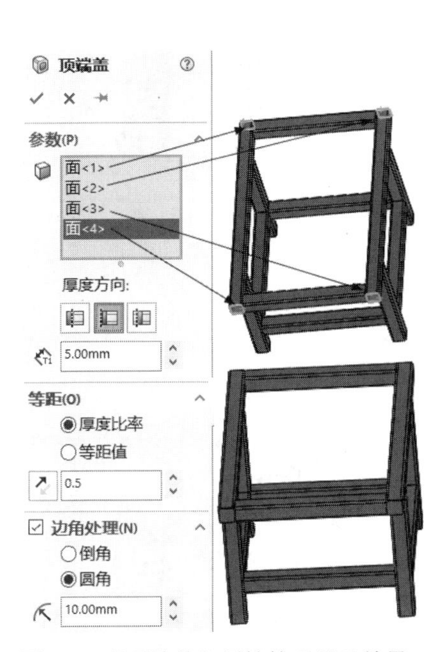

图 8-90 【顶端盖】属性管理器及结果

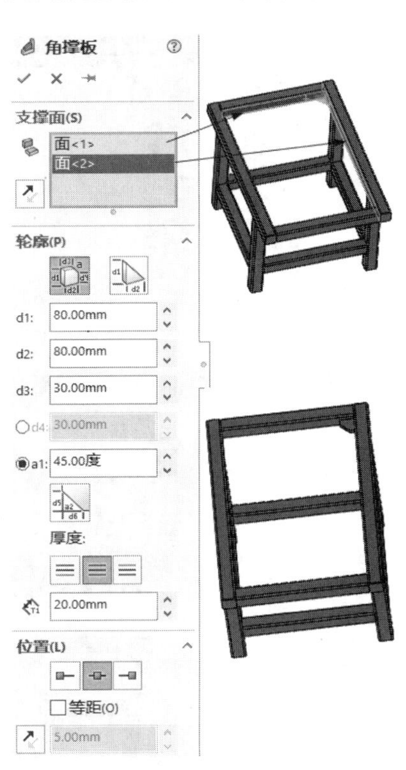

图 8-91 【角撑板】属性管理器及结果

⑯ 采用与步骤⑮相同的方法创建其他三个角撑板，结果如图 8-92 所示。

⑰ 采用与步骤⑪相同的方法，将步骤⑮和步骤⑯创建的角撑板镜向，结果如图 8-93 所示。

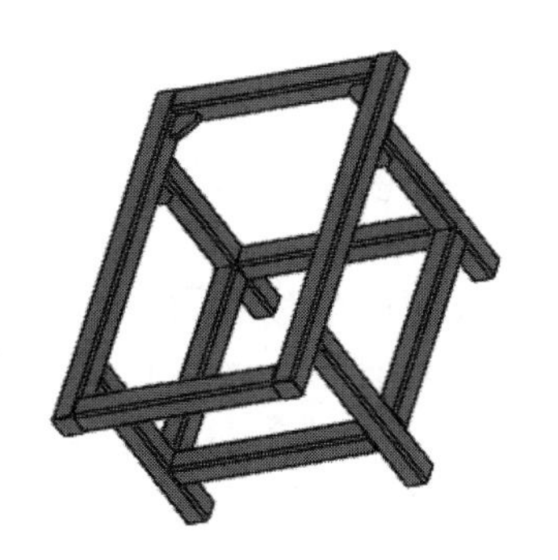

图 8-92 创建角撑板后的模型

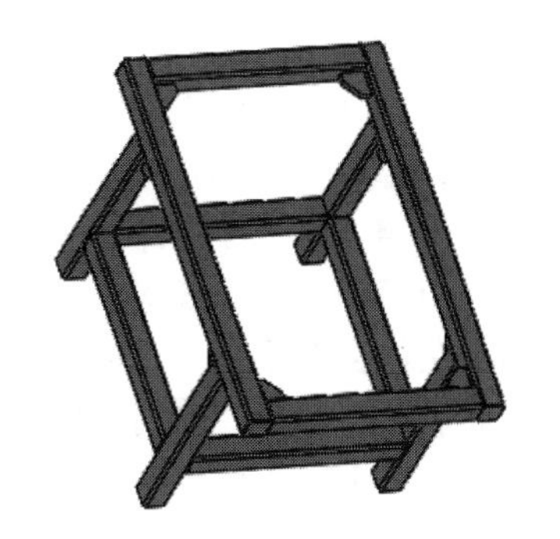

图 8-93 镜向后的模型

⑱ 单击【特征】工具栏上的【拉伸凸台/基体】按钮，系统弹出【拉伸】属性管理器，选取“前视基准面”，系统进入草图环境，单击【标准视图】工具栏中的【正视于】按钮，绘制如图 8-94 所示的草图，单击按钮，退出草图环境，系统返回如图 8-95 所示的【凸台-拉伸】属性管理器。在【开始条件】下拉列表中选择【等距】选项，【输入等距值】微调框中输入“700.00mm”；在【终止条件】下拉列表中选择【给定深度】选项，在【深度】微调框内输入“20.00mm”，单击【确定】按钮，结果如图 8-95 所示。

⑲ 采用与步骤⑪相同的方法，将步骤⑱拉伸的实体镜向，结果如图 8-77 所示。

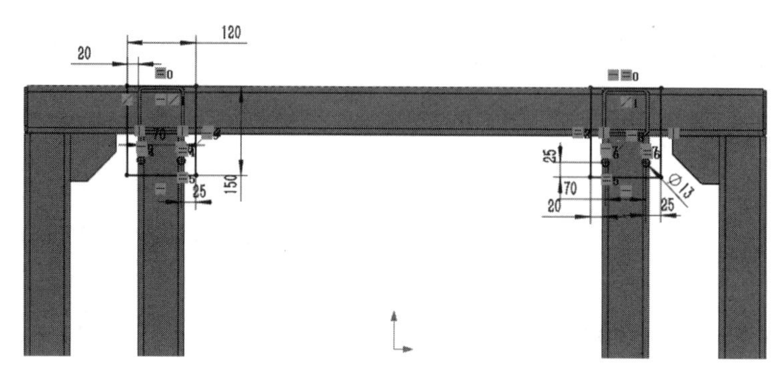

图 8-94 绘制的草图

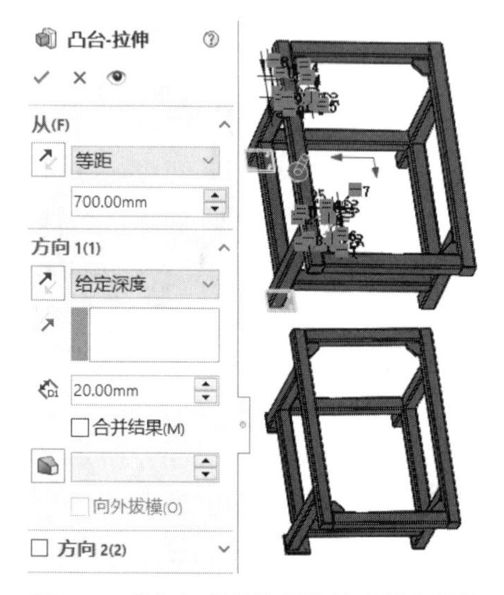

图 8-95 【凸台-拉伸】属性管理器及结果

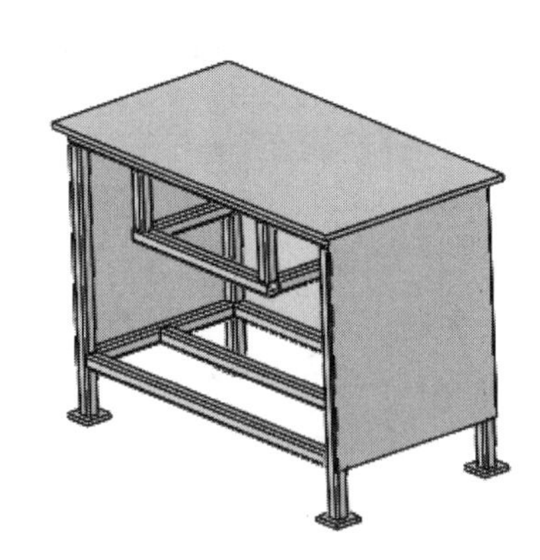

图 8-96 工程应用综合实例 2 模型

8.4.2 实例 2

工程应用综合
实例 2

工程应用综合实例 2 的模型如图 8-96 所示，该实例为焊接和钣金综合应用的实例。下面详细介绍该实例建模的操作步骤。

① 启动 SolidWorks 2018 软件。单击工具栏中的【新建】按钮，系统弹出【新建 SOLIDWORKS 文件】对话框，在【模板】选项卡中选择【零件】选项，单击【确定】按钮。

② 单击【标准】工具栏中的【保存】按钮，弹出【另存为】对话框，选择合适的保存位置，在【文件名】文本框中输入名称为“工程应用综合实例 2”，即可单击【保存】按钮，进行保存。

③ 选择【插入】|【3D 草图】菜单命令或者单击【草图】工具栏中的【3D 草图】按钮，进入 3D 草图绘制状态，绘制如图 8-97 所示的 3D 草图。

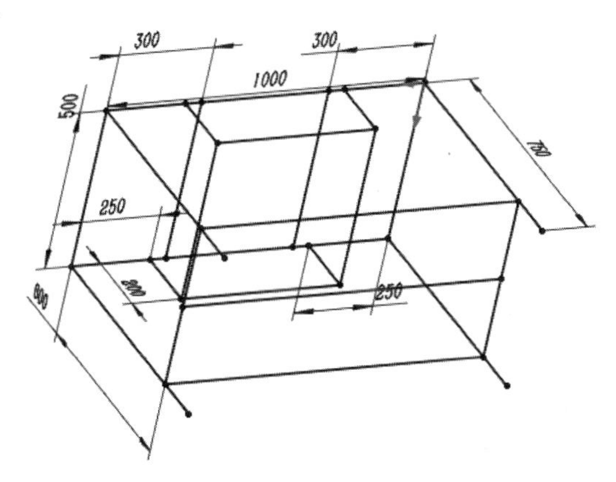

图 8-97　绘制的 3D 草图

④ 单击【焊件】工具栏上的【结构构件】按钮，系统弹出【结构构件】属性管理器。【标准】下拉列表中选择【iso】,【Type】下拉列表中选择【方形管】,【大小】下拉列表中选择【40×40×4】。

⑤ 在绘图区选取如图 8-98 所示的直线，绘图区域预览出焊件，如图 8-98 所示，同时勾选【应用边角处理】复选框和【允许突出】复选框，其中右边两个边角需要处理，单击边角 2 处的点，系统弹出【边角处理】属性管理器，单击【终端对接 2】按钮，单击【确定】按钮，系统返回【结构构件】属性管理器。采用相同的方法处理边角 4。

⑥ 单击【新组】按钮，选取如果 8-99 所示的线条，预览如图 8-99 所示。

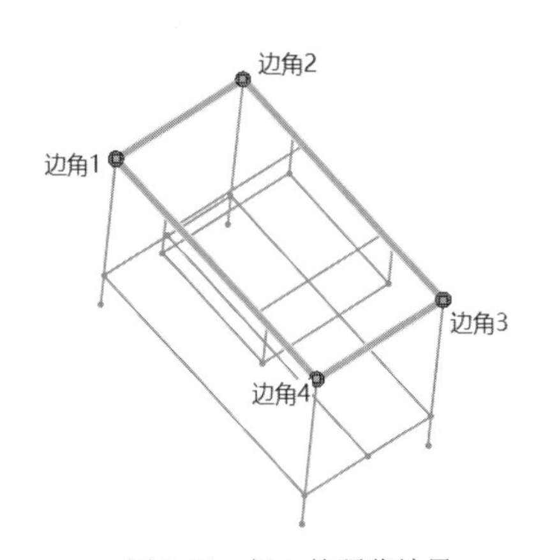

图 8-98　组 1 的预览结果

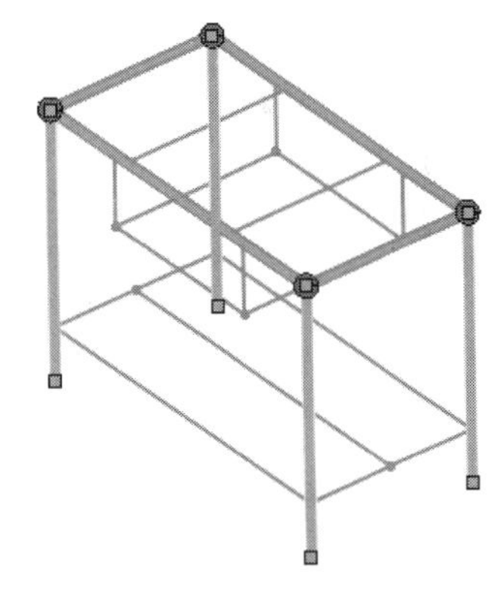

图 8-99　组 2 的预览结果

⑦ 单击【新组】按钮，选取如果 8-100 所示的线条，预览如图 8-100 所示。

⑧ 单击【新组】按钮，选取如果 8-101 所示的线条，预览如图 8-101 所示。

⑨ 单击【新组】按钮，选取如果 8-102 所示的线条，预览如图 8-102 所示。

⑩ 单击【新组】按钮，选取如果 8-103 所示的线条，预览如图 8-103 所示；单击边角 6 处的点，系统弹出【边角处理】对话框，单击【终端对接 2】按钮，单击【确定】按钮，系统返回【结构构件】属性管理器。采用相同的方法处理边角 8。

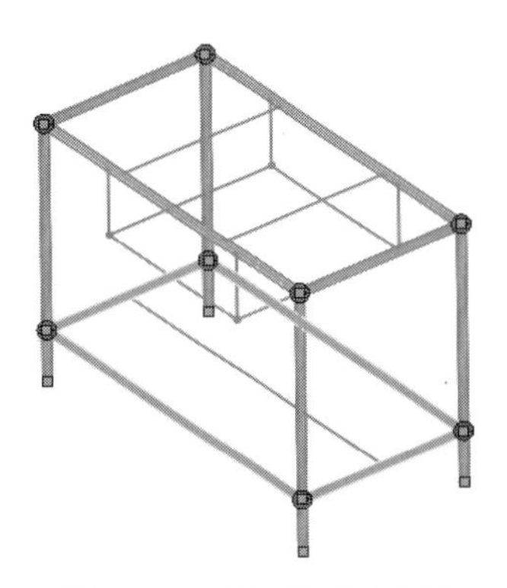

图 8-100　组 3 的预览结果

图 8-101　组 4 的预览结果

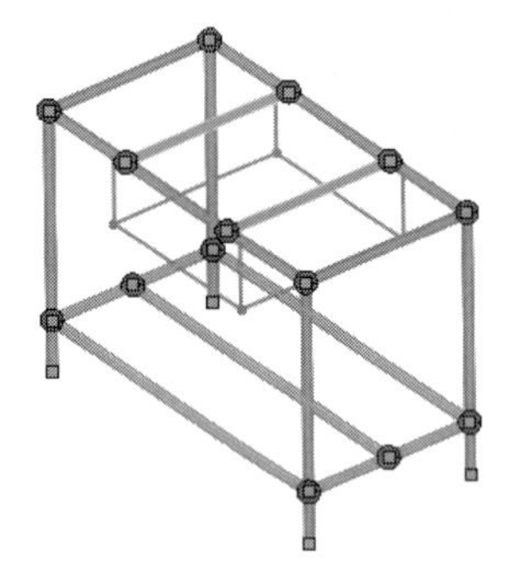

图 8-102　组 5 的预览结果

图 8-103　组 6 的预览结果

⑪ 单击【新组】按钮，选取如果 8-104 所示的线条，预览如图 8-104 所示。

⑫ 此时，【结构构件】属性管理器如图 8-105 所示，单击【确定】按钮✓，结果如图 8-105 所示。

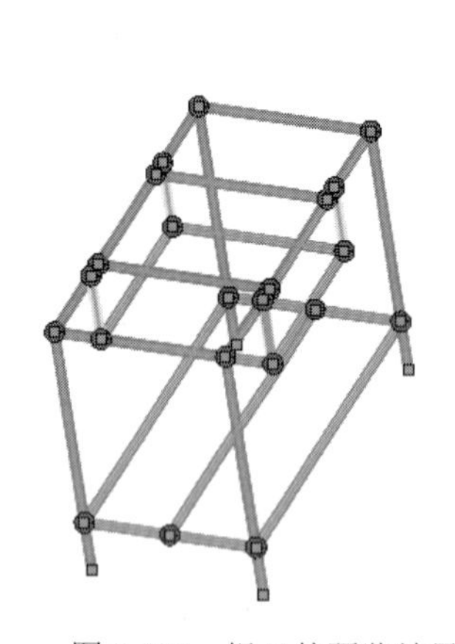

图 8-104　组 7 的预览结果

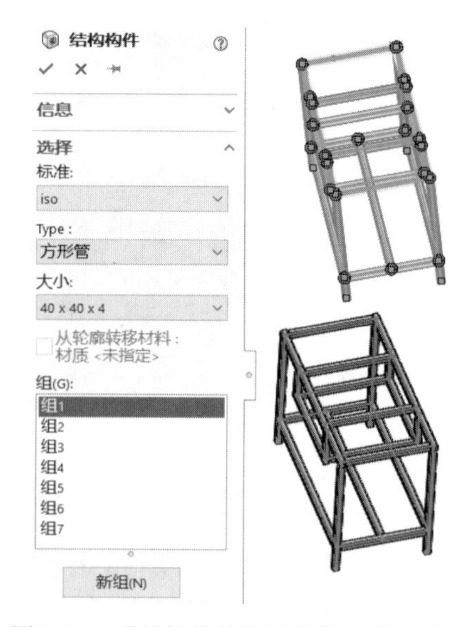

图 8-105 【结构构件】属性管理器及结果

⑬ 单击【特征】工具栏上的【拉伸凸台/基体】按钮，系统弹出【拉伸】属性管理器，选取“前视基准面”，系统进入草图环境，单击【标准视图】工具栏中的【正视于】按钮，

绘制如图 8-106 所示的草图，单击按钮，退出草图环境，系统返回如图 8-107 所示的【凸台-拉伸】属性管理器。在【开始条件】下拉列表中选择【等距】选项，【输入等距值】微调框中输入“20.00mm”；在【终止条件】下拉列表中选择【给定深度】选项，在【深度】微调框中输入“15.00mm”，单击【确定】按钮，结果如图 8-107 所示。

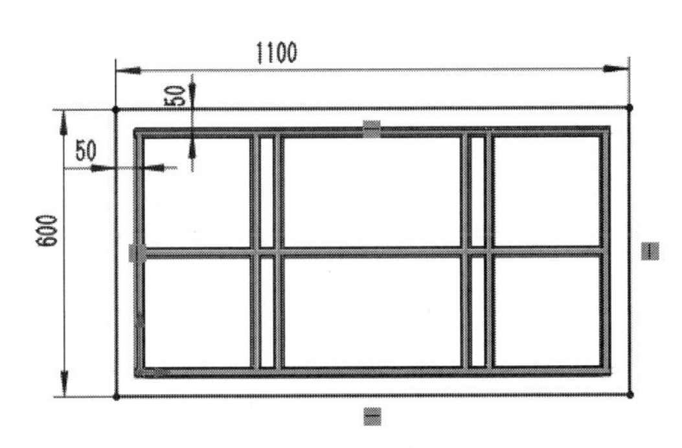

图 8-106　绘制的草图（1）

⑭ 在【特征管理器设计树】中选择“3D 草图 1”，单击鼠标右键，在弹出的快捷菜单中单击【隐藏】按钮。

⑮ 单击【特征】工具栏上的【拉伸凸台/基体】按钮，系统弹出【拉伸】属性管理器，选取“前视基准面”，系统进入草图环境，单击【标准视图】工具栏中的【正视于】按钮，绘制如图 8-108 所示的草图，单击按钮，退出草图环境，系统返回如图 8-109 所示的【凸台-拉伸】属性管理器。在【开始条件】下拉列表中选择【等距】选项，单击【反向】按钮，【输入等距值】微调框中输入“750.00mm”；在【终止条件】下拉列表中选择【给定深度】选项，单击【反向】按钮，在【深度】微调框中输入“12.00mm”，单击【确定】按钮，结果如图 8-109 所示。

图 8-107 【凸台-拉伸】属性管理器及结果（1）

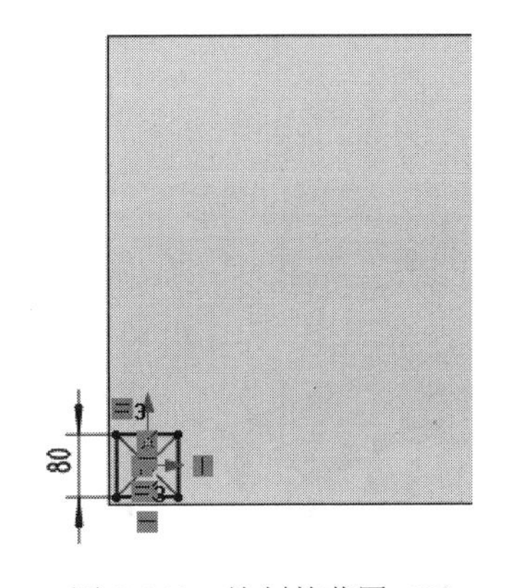

图 8-108　绘制的草图（2）

⑯ 单击【特征】工具栏中的【线性阵列】按钮，系统弹出如图 8-110 所示的【线性阵列】属性管理器。【方向 1】选取如图 8-110 所示的实体边缘，在【间距】微调框中输入

“1000.00mm”，【实例数】微调框中输入“2”；【方向 2】选取如图 8-110 所示的实体边缘，在【间距】微调框中输入“500.00mm”，【实例数】微调框中输入“2”；选择步骤⑮创建的拉伸特征，单击【确定】按钮✓，结果如图 8-110 所示。

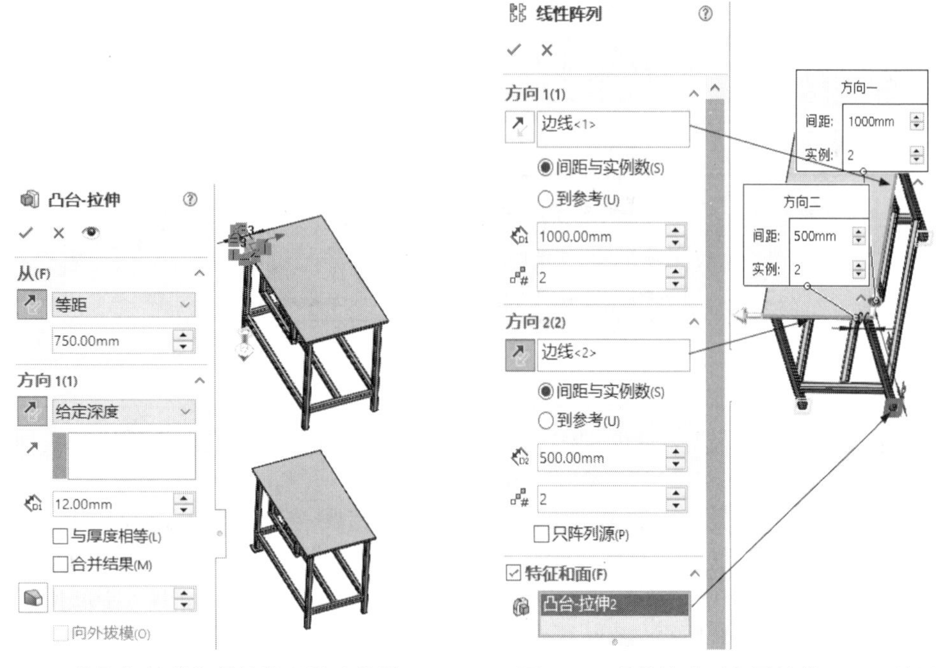

图 8-109 【凸台-拉伸】属性管理器及结果（2）　　图 8-110 【线性阵列】属性管理器及结果

⑰ 单击【钣金】工具栏上的【基体-法兰/薄片】按钮，在绘图区选取如图 8-111 所示的实体表面，系统进入草图环境，单击【标准视图】工具栏中的【正视于】按钮，绘制如图 8-112 所示的草图，单击按钮，退出草图环境，系统弹出如图 8-113 所示的【基体法兰】属性管理器。在【厚度】微调框中输入“1.50mm”，勾选【反向】复选框，单击【确定】按钮✓，结果如图 8-113 所示。

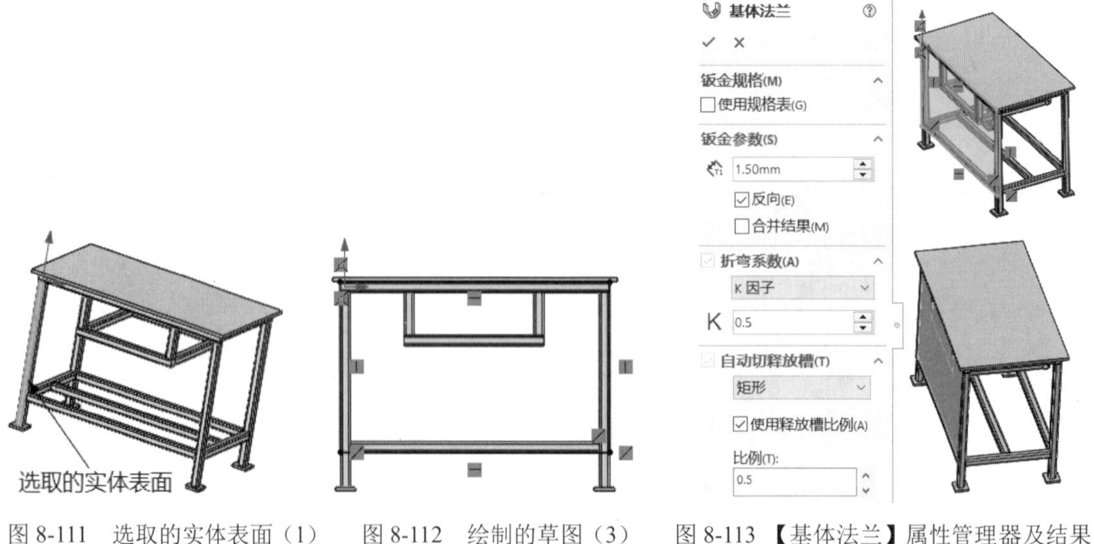

图 8-111　选取的实体表面（1）　图 8-112　绘制的草图（3）　图 8-113 【基体法兰】属性管理器及结果

⑱ 单击【钣金】工具栏上的【基体-法兰/薄片】按钮，在绘图区选取如图 8-114 所示的实体表面，系统进入草图环境，单击【标准视图】工具栏中的【正视于】按钮，绘制如图 8-115 所示的草图，单击按钮，退出草图环境，系统弹出【基体法兰】属性管理器。在【厚度】微调框内输入“1.50mm”，勾选【反向】复选框，单击【确定】按钮，结果如图 8-116 所示。

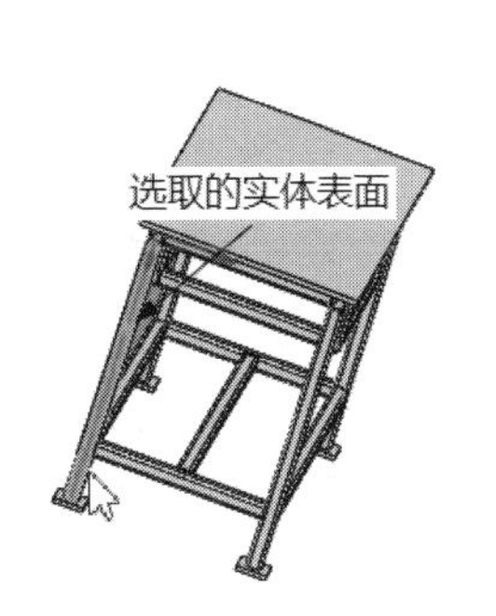

图 8-114　选取的实体表面（2）

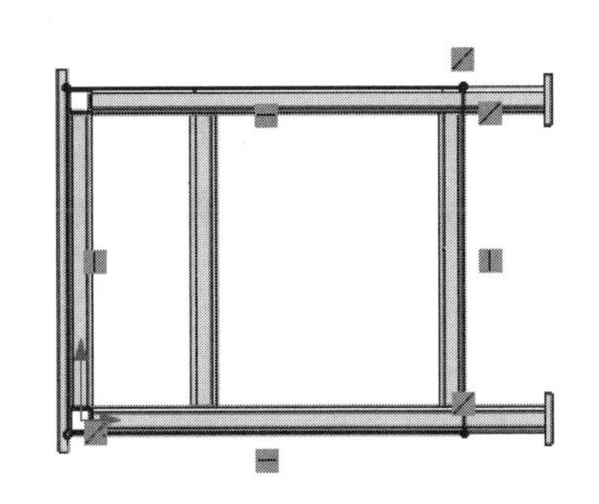

图 8-115　绘制的草图（4）

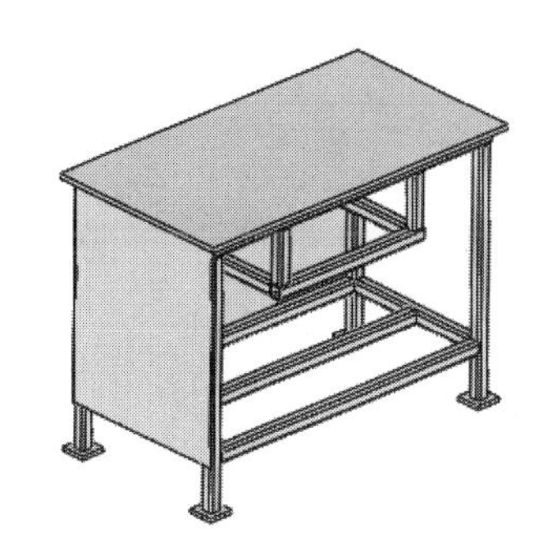

图 8-116　修改后的模型

⑲ 采用步骤⑰相同的方法创建另一边的钣金挡板，该挡板也可以采用步骤⑰创建的钣金模型进行镜向得到，结果如图 8-96 所示。

8.5 上机练习

① 在 SolidWorks 中创建如图 8-117 所示的三维模型，零件截面为 ISO 标准，型号为 sb 横梁，大小为 80×6。

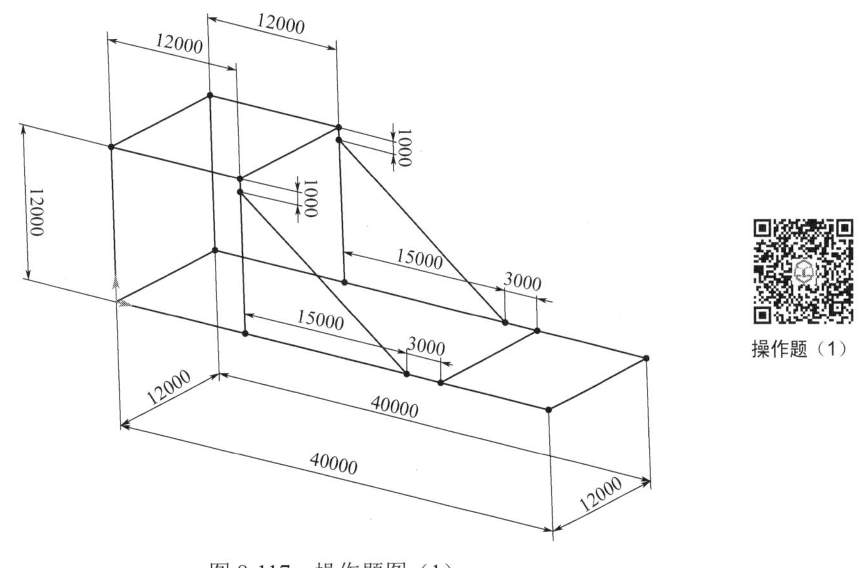

图 8-117　操作题图（1）

操作题（1）

② 在 SolidWorks 中创建如图 8-118 所示的三维模型，零件截面为 ISO 标准，型号为矩形管，大小为 60×10×3.2。

③ 新建 SolidWorks 文件，绘制如图 8-119 所示的草图，并生成结构构件轮廓。

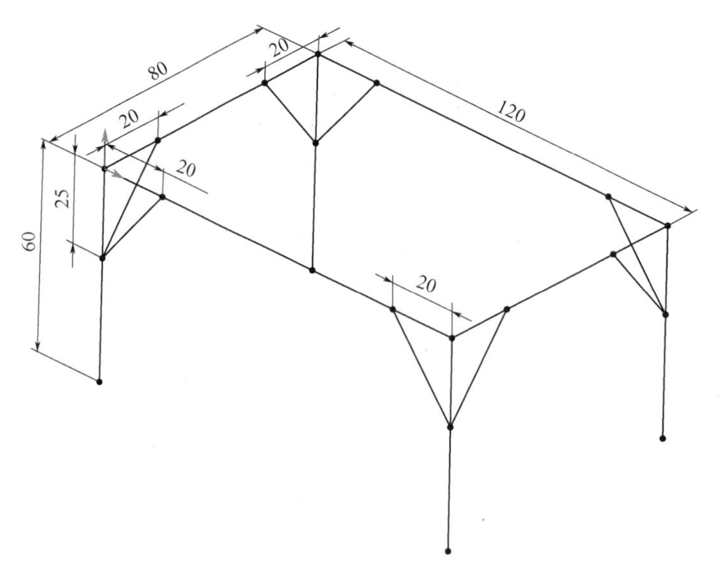

图 8-118　操作题图（2）

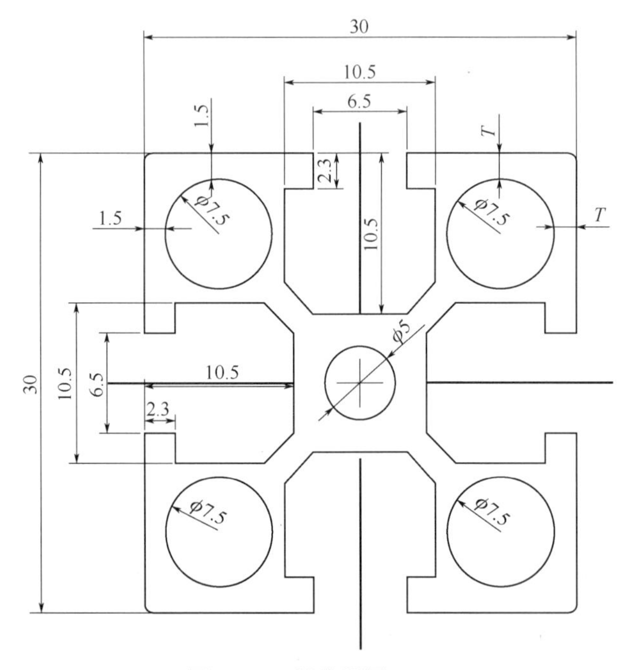

图 8-119　操作题图（3）

第9章 装配体

在 SolidWorks 中进行自底向上的装配体设计，可以使用多种不同的方法将零件插入装配体文件中并利用丰富的装配约束关系对零件进行定位。SolidWorks 提供了非常简单、方便地控制零件或子装配的方法，并且可以对装配体进行静态或动态的干涉检查。SolidWorks 也支持自顶向下的装配设计。

9.1 装配体文件操作

装配体的设计方法有自上而下设计和自下而上设计两种设计方法，也可以将两种方法结合起来。无论采用哪种方法，其目的都是配合这些零部件，生成装配体或子装配体。

9.1.1 装配体概述

装配体是由许多零部件组合生成的复杂体，其扩展名为.sldasm。装配体的零部件可以包括独立的零件和其他装配体（称为子装配体）。对于大多数的操作，两种零部件的行为方式是相同的。零部件被链接到装配体文件，当零部件被修改以后，相应的装配体文件也被修改。

装配体是由若干个零件所组成的部件。它表达的是部件（或机器）的工作原理和装配关系，在进行设计、装配、检验、安装和维修过程中都是非常重要的。

当一个零部件（单个零件或子装配体）放入装配体中时，这个零部件文件会与装配体文件链接。对零部件文件所进行的任何改变都会更新装配体。

装配体文件中保存了两方面的内容：一是进入装配体中各零件的路径；二是各零件之间的配合关系。一个零件放入装配体中时，这个零件文件会与装配体文件产生链接的关系。在打开装配体文件时，SolidWorks 2018 要根据各零件的存放路径找出零件，并将其调入装配体环境，所以装配体文件不能单独存在，要和零件文件一起存在才有意义。

在打开装配体文件时，系统会自动查找组成装配体的零部件，其查找顺序是：内存—当前文件夹—最后一次保存位置。如果在这些位置都没有找到相应的零部件，系统会弹出找不到零件对话框，提示用户自己进行查找。此时，用户可以有两种选择：选择【是】，浏览至该文件的位置打开即可。在对装配体进行保存后，系统会记住该零件新的路径。选择【否】，则会忽略该零件，在打开的装配体绘图区中缺失该零件,但在设计树中仍有该零件的名称，且呈灰色显示。

装配体设计有自下而上设计方法和自上而下设计方法两种方法。

（1）自下而上设计方法

自下而上设计法是比较传统的方法。在自下而上设计中，先生成零件并将之插入装配体，然后根据设计要求配合零件。当使用以前生成的零件时，自下而上的设计方案是首选方法。

自下而上设计法的另一个优点是因为零部件是独立设计的，与自上而下设计法相比，它们的相互关系及重建行为更为简单。使用自下而上设计法可以使用户专注于单个零件的设计工作。当不需要建立控制零件大小和尺寸的参考关系时（相对于其他零件），此方法较为适用。

（2）自上而下设计方法

自上而下设计法从装配体中开始设计工作，这是两种设计方法的不同之处。设计时可以使用一个零件的几何体来帮助定义另一个零件，或生成组装零件后才添加的加工特征。也可以将布局草图作为设计的开端，定义固定的零件位置、基准面等，然后参考这些定义来设计零件。

例如，可以将一个零件插入装配体中，然后根据此零件生成一个夹具。使用自上而下设计法在关联中生成夹具，这样您可参考模型的几何体，通过与原零件建立几何关系来控制夹具的尺寸。如果改变了零件的尺寸，夹具会自动更新。

9.1.2 装配设计的基本概念

在 SolidWorks 装配环境中，既可以操作装配体中的独立零件，也可以操作各级子装配体。在以子装配体为操作对象时，子装配体将被视作一个整体，其大多数操作与独立零件并无本质区别。

装配既然要表达产品零部件之间的配合关系，必然存在着参照与被参照的关系。对于静态装配而言，参照的概念并不是很突出，但是如果两个零件之间存在运动关系，就必须明确装配过程中的参照零件。在装配设计中有一个基本概念——【地】零件，即相对于基准坐标系静态不动的零件。一般将装配体中起支撑作用的零件或子装配体作为【地】零件，即位置固定的零件，不可以进行移动或转动的操作。

装配环境下另一个重要概念就是——【约束】。当零件被调入装配体中时，除第一个调入的之外，其他都没有添加约束，位置处于任意的【浮动】状态。在装配环境中，处于【浮动】状态的零件可以分别沿三个坐标轴移动，也可以分别绕三个坐标轴转动，即共有六个自由度。

当给零件添加装配关系后，可消除零件的某些自由度，限制了零件的某些运动，此种情况称为不完全约束。当添加的配合关系将零件的六个自由度都消除时，称为完全约束，零件将处于【固定】状态，同【地】零件一样，无法进行拖动操作。SolidWorks 默认第一个调入装配环境中的零件为【地】零件。

9.1.3 创建装配体

进入装配体环境有两种方法：第一种是新建文件时，在弹出的【新建 SOLIDWORKS 文件】对话框中选择【装配体】模板，单击【确定】按钮，即可新建一个装配体；第二种是在零件环境中，选择菜单栏【文件】|【从零件制作装配体】命令，切换到装配体环境。

（1）新建装配文件

当新建一个装配体文件或打开一个装配体文件时，即进入 SolidWorks 装配界面，其界面和零件模式的界面相似，装配体界面同样具有菜单栏、工具栏、设计树、控制区和零部件显示区。在左侧的控制区中列出了组成该装配体的所有零部件。在设计树最底端还有一个配合的文件夹，包含了所有零部件之间的配合关系。由于 SolidWorks 提供了用户自己定制界面的功能，书中范例界面可能与读者实际应用有所不同，但大部分界面应是一致的。

装配环境与零件环境的不同之处在于装配环境下的零件空间位置存在参考与被参考的关系，体现为【固定零件】和【浮动零件】。在装配环境中选择零件，通过右键快捷菜单，可以设置零件为【固定】或者【浮动】。在 SolidWorks 装配体设计时，需要对零件添加配合关系，限制零件的自由度，以使零件符合工程实际的装配要求。

新建装配体文件可以采用下面的方法。

① 选择【文件】|【新建】菜单命令或者单击【标准】工具栏中的【新建】按钮，系统弹出如图 9-1 所示的【新建 SOLIDWORKS 文件】对话框。

② 在【新建 SOLIDWORKS 文件】对话框中内选择装配体【gb_assembly】，如图 9-1 所示。单击【确定】按钮后即进入装配体制作界面，弹出如图 9-2 所示的【开始装配体】属性管理器。

图 9-1 【新建 SOLIDWORKS 文件】对话框

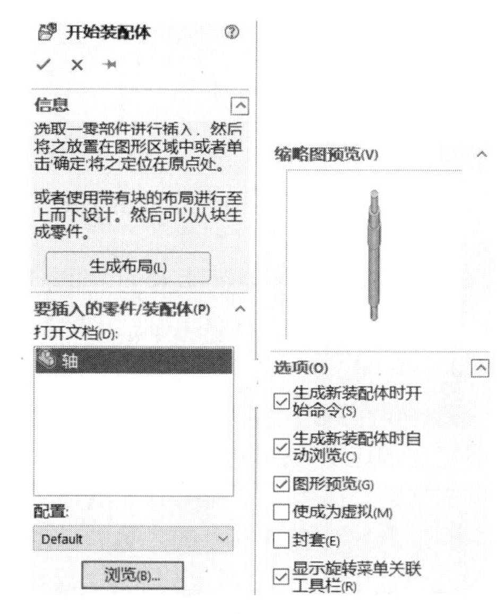

图 9-2 【开始装配体】属性管理器

③ 单击【开始装配体】属性管理器中的【要插入的零件/装配体】选项组中的【浏览】按钮，系统弹出【打开】对话框。

④ 选择一个零件作为装配体的基准零件，单击【打开】按钮，然后在窗口中合适的位置单击空白界截面以放置零件。

⑤ 在装配体编辑窗口，基准零件会自动调整视图为【等轴测】，即可得到如图 9-3 所示导入零件后的界面。

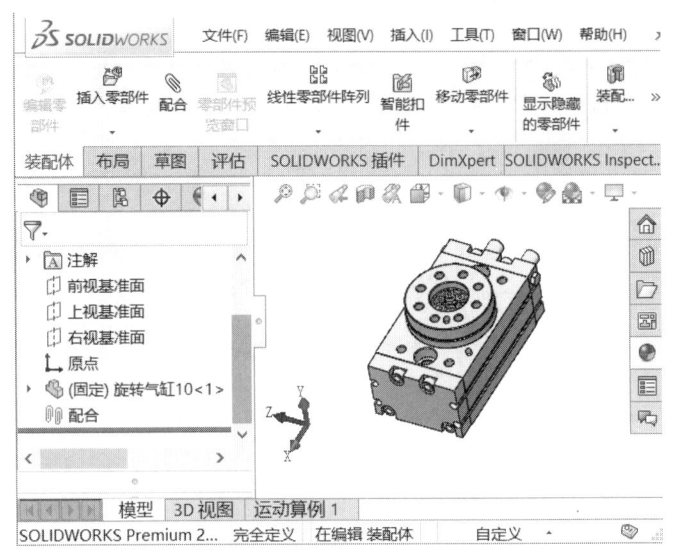

图 9-3　导入零件后的界面

装配体制作界面与零件的制作界面基本相同，特征管理器中出现一个配合组，在工具栏中出现如图 9-4 所示的【装配体】工具栏，对【装配体】工具栏的操作同前边介绍的工具栏操作相同。

图 9-4 【装配体】工具栏

⑥ 将一个零部件（单个零件或子装配体）放入装配体中时，这个零部件文件会与装配体文件链接。此时零部件出现在装配体中，零部件的数据还保存在原零部件文件中。

（2）【装配体】工具栏

SolidWorks 2018 的装配体操作界面与零件造型操作界面很相似，其主要区别在于装配体工具栏和特征管理器两个方面。【装配体】工具栏列出了常用的装配体命令按钮。凡是下部带小箭头的命令按钮表明单击小箭头可将其展开，下面包含有同类别的命令按钮。

【装配体】工具栏中常用以下命令按钮。

①【插入零部件】按钮。通过这个【插入零部件】按钮，可以向装配体中调入已有的零件或子装配体，这个按钮和菜单栏【插入】|【零部件】的命令功能一样。

②【显示隐藏的零部件】按钮。切换零部件的隐藏和显示状态。

③【编辑零部件】按钮。当选中一个零件，并且单击该按钮后，【编辑零部件】按钮处于被按下状态，被选中的零件处于编辑状态。这种状态和单独编辑零件时基本相同。被编

辑零件的颜色发生变化，设计树中该零件的所有特征也发生颜色变化。这种变化后的颜色可以通过系统选项的颜色设置重新设置。需要注意的是，单击【编辑零部件】按钮后，只能编辑零件实体，对其他内容无法编辑。再次单击该按钮退出零件编辑。

④【配合】按钮。用于确定两个零件之间的相互位置，即添加几何约束，使其定位。在一个装配体中插入零部件后，需要考虑该零件和别的零件是什么装配关系，这就需要添加零件间的约束关系。标准配合下有角度、重合、同轴心、距离、平行、垂直和相切配合。在选取需要的点、线、面时经常需要改变零件的位置显示，此时一般与【视图】工具栏，特别是其中的【旋转视图】和【平移】两个按钮配合使用。

⑤【移动零部件】按钮。利用移动零件和旋转零件功能，可以任意移动处于浮动状态的零件。如果该零件被部分约束，则在被约束的自由度方向上是无法运动的。利用此功能，在装配中可以检查哪些零件是被完全约束的。单击【移动部零件】下的小黑三角，可出现【旋转零件】按钮。

⑥【智能扣件】按钮。使用 SolidWorks Toolbox 标准件库将标准件添加到装配体。

⑦【爆炸视图】按钮。在 SolidWorks 中可以为装配体建立多种类型的爆炸视图，这些爆炸视图分别存在于装配体文件的不同配置中。注意在 SolidWorks 中，一个配置只能添加一个爆炸关系，每个爆炸视图包括一个或多个爆炸步骤。

⑧【爆炸直线草图】按钮。添加或编辑显示爆炸的零部件之间的几何关系的 3D 草图。

⑨【干涉检查】按钮。在一个复杂的装配体中，如果仅仅凭借视觉来检查零部件之间是否有干涉的情况是很困难而且不精确的。通过这个按钮可以利用软件来快速判断零件之间是否出现干涉、发生几处干涉和干涉的体积大小。

⑩【替换零部件】按钮。装配体及其零件在设计周期中可以进行多次修改，尤其是在多用户环境下，可以由几个用户处理单个的零件或子装配体。更新装配体是一种更加有效的方法。可以用子装配体替换零件，或反之。可以同时替换一个、多个或所有部件实体。

（3）装配体设计树

装配体设计树在装配体窗口显示以下项目：装配体名称、光源和注解文件夹、装配体基准面和原点、零部件（零件或子装配体）、配合组与配合关系、装配体特征（切除或孔）和零部件阵列、在关联装配体中生成的零件特征等。

单击零部件名称前的【+】号，可以展开或折叠每个零部件以查看其中的细节。如要折叠设计树中所有的项目，可双击其顶部的装配体图标。

在一个装配体中可多次使用相同的零件，每个零件之后都有一个后缀<*n*>，*n* 表示装配体中同一种零件的数量。每添加一个相同零件到装配体中，数目 *n* 都会增加 1。

任何一个零件都有一个前缀标记，此前缀标记表明了该零件与其他零件之间关系的信息，前缀标记有以下几种类型。

① 无前缀。表明对此零件添加了【配合】命令，处于完全约束状态，不可进行拖动。

② 【固定】。表明此零件位置固定，不能移动和转动。出现【固定】的前缀有两种情况：一是第一个调入装配体中的零件；二是在零件处于【浮动】或不完全约束的状态下右击零件，在弹出的快捷菜单中选择【固定】命令。

③ 【−】。表明对此零件没有添加配合约束，或所添加的配合不足以完全消除零件的六个自由度，零件处于“浮动”或不完全约束的状态，可以进行拖动操作。

④ 【+】。表明对此零件添加了过多的配合约束，处于过定位状态，应删除一些不必要的配合。

在某些情况下，在设计树中显示零部件，用户可能想强调设计的结构或层次关系，而不是草图或是特征的细节。此外，用户也可能想强调装配体的设计而不是零部件的所有特征。以下查看装配体的方法只影响设计树中显示细节的级别，装配体本身并不受影响。

如要只显示层次关系，在设计树中使用鼠标右键单击装配体的名称，然后选择【只显示层次关系】选项，则只会显示零部件（零件和装配体），细节则不会显示。

9.1.4 插入装配零部件

当将一个零部件（单个零件或子装配体）放入装配体中时，这个零部件文件会与装配体文件链接。虽然零部件出现在装配体中，但零部件的数据还保持在源零部件文件中。对零部件文件所进行的任何改变都会更新装配体。

制作装配体需要按照装配的过程，依次插入相关零件，这里有多种方法可以将零部件添加到一个新的或现有的装配体中。

① 使用【插入零部件】属性管理器。

② 从任何窗格中的文件探索器拖动。

③ 从一个打开的文件窗口中拖动。

④ 从资源管理器中拖动。

⑤ 从 Internet Explorer 中拖动超文本链接。

⑥ 在装配体中拖动以增加现有零部件的实例。

⑦ 从任何窗格中的设计库中拖动。

⑧ 使用插入智能扣件来添加螺栓、螺钉、螺母、销钉以及垫圈。

下面介绍其中的两种常用方法。

① 第一种方法操作步骤如下。

a．导入一个装配体中的固定件。

b．选择【插入】|【零部件】|【现有零件/装配体】菜单命令或者单击【装配体】工具栏中的【插入零部件】按钮，系统弹出如图 9-5 所示的【插入零部件】属性管理器。

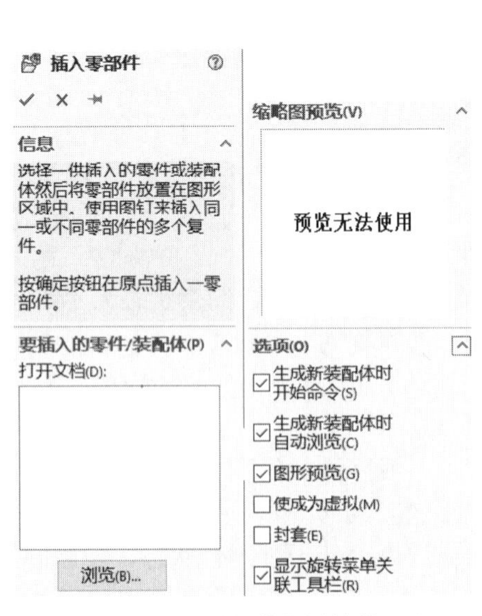

图 9-5 【插入零部件】属性管理器

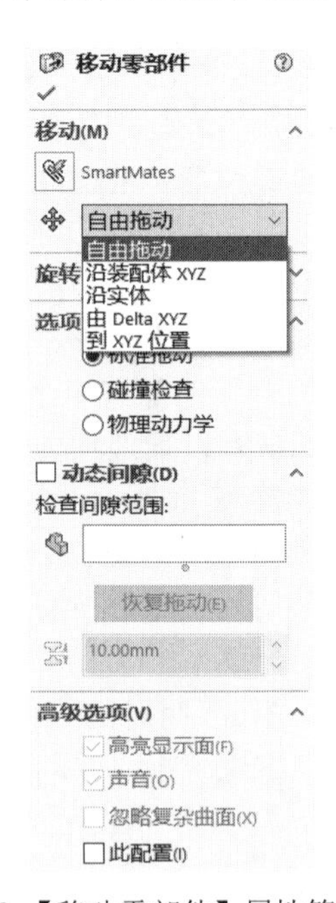

图 9-6 【移动零部件】属性管理器

c．在【插入零部件】属性管理器中选择【浏览】按钮，系统弹出【打开】对话框，在该对话框中选择要插入的零件，在对话框右上方可以对零件形成预览。

d．打开零件后，鼠标箭头旁会出现一个零件图标。一般固定件放置在原点，在原点处单击插入该零件，此时特征管理器中的该零件前面会自动加有【(固定)】标志，表明其已定位。

e．按照装配的过程，用同样的方法导入其他零件，其他零件可放置在任意点。

f．此时使用【装配体】工具栏的【移动零部件】按钮将之放置到合适的位置。

② 另外一种方法为从资源管理器拖放来添加零部件，其操作方法如下。

a．打开一个装配体。

b．打开 Windows 下的资源管理器，使它显示在最上层，而不被任何窗口所遮挡，浏览到包含所需零部件的文件夹。

c．找到有关零件所在的目录，从资源管理器窗口中拖动文件图标到 SolidWorks 的显示窗口的任意处。

d．此时零部件预览会出现在图形窗口中，然后将其放置在装配体窗口的图形区域。

e．如果零部件具有多种配置，就会出现选择配置对话框。选择需要插入的配置，然后单击【确定】按钮。

f．用同样的方法导入其他零件，在装配图中的所有零件上都显示了各自的原点。

g．如果想要隐藏原点，可以通过选择【视图】|【原点】菜单命令，将所有的原点隐藏。

9.1.5 移动零部件和旋转零部件

当零部件插入装配体后，如果在零件名前有【-】的符号，表示该零件可以被移动、可以被旋转。

（1）移动零部件操作

① 单击【装配体】工具栏上的【移动零部件】按钮，系统弹出如图 9-6 所示的【移动零部件】属性管理器。

② 这时光标的形状变为，选中要移动的零部件，就可以移动零部件到需要的位置，具体方法有以下几种。

【自由拖动】：选择零部件并沿任何方向拖动。

【沿装配体 XYZ】：选择零部件并沿装配体的 X、Y 或 Z 方向拖动。图形区域中显示坐标系以帮助确定方向。若要选择沿其拖动的轴，拖动前在轴附近单击。

【沿实体】：选择实体，然后选择零部件并沿该实体拖动。如果实体是一条直线、边线或轴，所移动的零部件具有一个自由度。如果实体是一个基准面或平面，所移动的零部件具有两个自由度。

【由 Delta XYZ】：在属性管理器中输入 X、Y 或 Z 值，然后单击应用。零部件按照指定的数值移动。

【到 XYZ 位置】：选择零部件的一点，在属性管理器中输入 X、Y 或 Z 坐标，然后单击应用。零部件的点移动到指定的坐标。如果选择的项目不是顶点或点，则零部件的原点会被置于所指定的坐标处。

③ 单击【确定】按钮或者再次单击【装配体】工具栏上的【移动零部件】按钮完成零部件的移动。

（2）旋转零部件操作

① 单击【装配体】工具栏上的【旋转零部件】按钮，系统弹出如图 9-7 所示的【旋

转零部件】属性管理器。

② 这时光标的形状变为，选中需要旋转的零部件，就可以旋转零部件到需要的位置，具体方法有以下几种。

【自由拖动】：选择零部件可绕零件的体心为旋转中心做自由旋转。

【对于实体】：选取一条直线、边线或轴，然后围绕所选实体旋转零部件。

【由 Delta XYZ】：在属性管理器中输入 X、Y 或 Z 值，然后单击应用。零部件按照指定角度值绕装配体的轴旋转。

③ 单击【确定】按钮✓或者再次单击【装配体】工具栏上的【选准零部件】按钮完成零部件的旋转。

9.1.6 删除装配零件

如果想要从装配体中删除零部件，可以按下面的步骤进行。

① 在装配体的图形区域或特征管理设计树中单击想要删除的零部件。

② 按键盘中的 Delete 键，或选择【编辑】|【删除】菜单命令，或单击鼠标右键，在弹出快捷菜单中选择【删除】命令，此时系统弹出如图 9-8 所示的【确认删除】对话框。

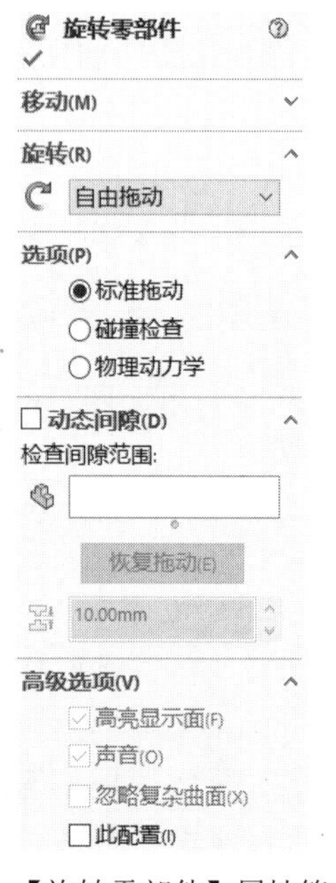

图 9-7 【旋转零部件】属性管理器

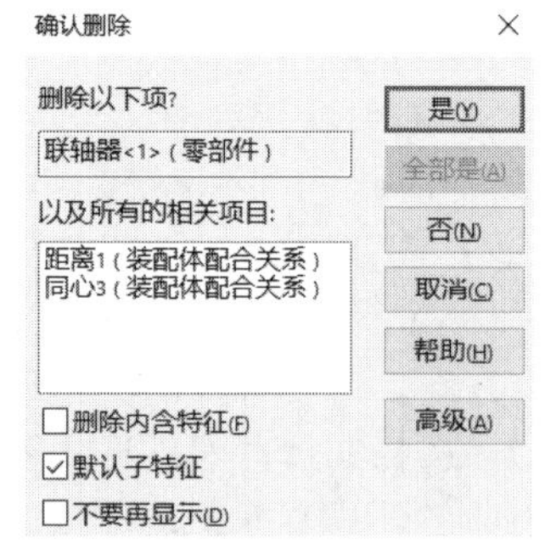

图 9-8 【确认删除】对话框

③ 单击对话框中【是】按钮以确认删除。此零部件及其所有相关项目（配合、零部件阵列、爆炸步骤等）都会被删除。

9.2 零部件配合

调入装配环境中的每个零部件在空间坐标系都有 3 个平移和 3 个旋转共 6 个自由度，通过添加相应的约束可以消除零部件的自由度。为装配体中的零部件添加约束的过程就是消除其自由度的过程。

9.2.1 添加配合关系

（1）添加配合的基本步骤

配合是建立零部件之间的关系，添加配合关系的步骤如下。

① 选择【插入】|【配合】菜单命令或者单击【装配体】工具栏中的【配合】按钮，系统弹出如图 9-9 所示的【配合】属性管理器。

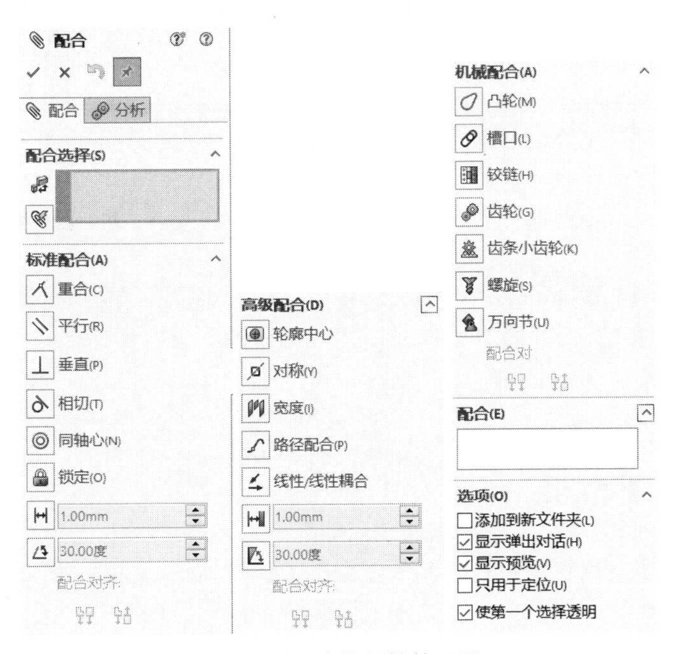

图 9-9 【配合】属性管理器

② 单击【配合选择】选项组中按钮右侧的选择框，激活【要配合的实体】，在图形区选取需配合的实体。

③ 选择符合设计要求的配合方式。

④ 单击【确定】按钮，生成添加配合。

（2）【配合选择】选项组

选取想要配合在一起的面、边线、基准面等，被选择的选项出现在其后的选项面板中。使用时可以参阅所列举的配合类型之一。

（3）【标准配合】选项组

【标准配合】选项组中有【重合】【平行】【垂直】【相切】【同轴心】【距离】【锁定】和【角度】配合等。所有配合类型会始终显示在特征管理设计树中，但只有适用于当前选择的配合才可供使用。使用时根据需要可以切换配合对齐。各种配合方式含义如下。

【重合】：用于使所选对象之间实现重合。

【平行】：用于使所选对象之间实现平行。

【垂直】：用于使所选对象之间实现 90° 相互垂直定位。

【相切】：用于使所选对象之间实现相切。

【同轴心】：用于使所选对象之间实现同轴。

【锁定】：用于将两个零件实现锁定，即使两个零件之间位置固定，但与其他的零件之间可以相互运动。

【距离】：用于使所选对象之间实现距离定位。

【角度】：用于使所选对象之间实现角度定位。

【同向对齐】：以所选面的法向或轴向的相同方向来放置零部件。

【反向对齐】：以所选面的法向或轴向的相反方向来放置零部件。

（4）【高级配合】选项组

【高级配合】选项组中有【轮廓中心】【对称】【宽度】【路径配合】【线性/线性耦合】和【限制配合】等，可以根据需要切换配合对齐。各种配合方式含义如下。

【轮廓中心】：配合到中心可自动将零部件类型彼此按中心对齐（如矩形和圆形轮廓）并完全定义零部件。

【对称】：用于使某零件的一个平面（一零件平面或建立的基准面）与另外一个零件的凹槽中心面重合，实现对称配合。

【宽度】：用于使某零件的一个凸台中心面与另外一个零件的凹槽中心面重合，实现宽度配合。

【路径配合】：用于使零件上所选的点约束到路径。可以在装配体中选择一个或多个实体来定义路径，且可以定义零部件在沿路径经过时的纵倾、偏转和摇摆。

【线性/线性耦合】：用于实现在一个零部件的平移和另一个零部件的平移之间建立几何关系。

【限制配合】：用于实现零件之间的距离配合和角度配合在一定数值范围内变化。

（5）【机械配合】选项组

【机械配合】专门用于常用机械零件之间的配合。各种配合方式含义如下。

【凸轮】：用于实现凸轮与推杆之间的配合，且遵守凸轮与推杆的运动规律。

【槽口】：用户可将螺栓配合到直通槽或圆弧槽，也可将槽配合到槽。可以选择轴、圆柱面或槽创建槽口配合。

【铰链】：用于将两个零部件之间的移动限制在一定的旋转自由度内。

【齿轮】：用于齿轮之间的配合，实现齿轮之间的定比传动。

【齿条小齿轮】：用于齿轮与齿条之间的配合，实现齿轮与齿条之间的定比传动。

【螺旋】：用于螺杆与螺母之间的配合，实现螺杆与螺母之间的定比传动，即当螺杆旋转一周时，螺母轴向移动一个螺距的距离。

【万向节】：用于实现交错轴之间的传动，即一根轴可以驱动轴线在同一平面内且与之呈一定角度的另外一根轴。

SolidWorks 中可以利用多种实体或参考几何体来建立零件间的配合关系。添加配合关系后，可以在未受约束的自由度内拖动零部件，查看整个结构的行为。在进行配合操作之前，最好将零件调整到绘图区合适的位置。

（6）【配合】选项组

【配合】选择框包含特征管理设计树打开时添加的所有配合，或正在编辑的所有配合。当【配合】选择框中有多个配合时，可以选择其中一个进行编辑。

要同时编辑多个配合，要在特征管理器中选择多个配合，然后用鼠标右键单击并选择编辑特征，所有配合即会出现在【配合】选择框中。

（7）【选项】选项组

【添加到新文件夹】复选框：选择该复选框后，新的配合会出现在特征管理器中的配合组文件夹中。清除该复选框后，新的配合会出现在配合组中。

【显示弹出对话】复选框：选择该复选框后，当添加标准配合时会出现配合弹出工具栏。

清除该复选框后，需要在特征管理设计树中添加标准配合。

【显示预览】复选框：选择该复选框后，在为有效配合选择了足够对象后便会出现配合预览。

【只用于定位】复选框：选择该复选框后，零部件会移至配合指定的位置，但不会将配合添加到特征管理器中。

9.2.2 常用配合方法

下面来介绍建立装配体文件时常用的几种配合方法，这些配合方法都出现在【配合】属性管理器中。

【重合】配合：该配合会将所选取的面、边线及基准面（它们之间相互组合或与单一顶组合）重合在一条无限长的直线上或将两个点重合，定位两个顶点使它们彼此接触，【重合】配合效果如图 9-10 所示。

两个圆锥之间的配合必须使用同样半角的圆锥。拉伸指的是拉伸实体或曲面特征的单一面，不可使用拔模拉伸。

【平行】配合：所选的项目会保持相同的方向，并且互相保持相同的距离。

【垂直】配合：该配合会将所选项目以 90° 相互垂直配合，例如两个所选的面垂直配合，配合效果如图 9-11 所示。

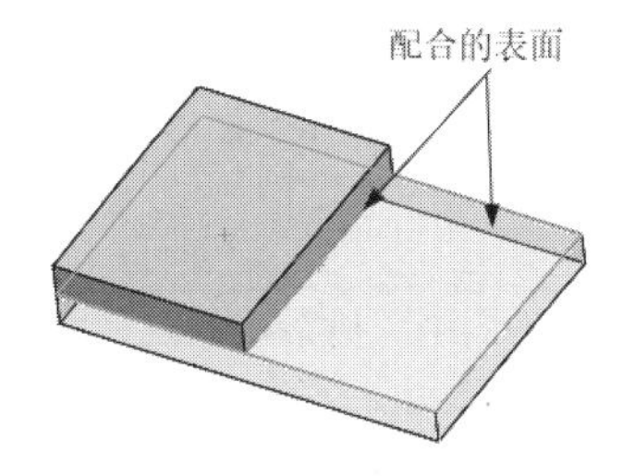

图 9-10 【重合】配合效果

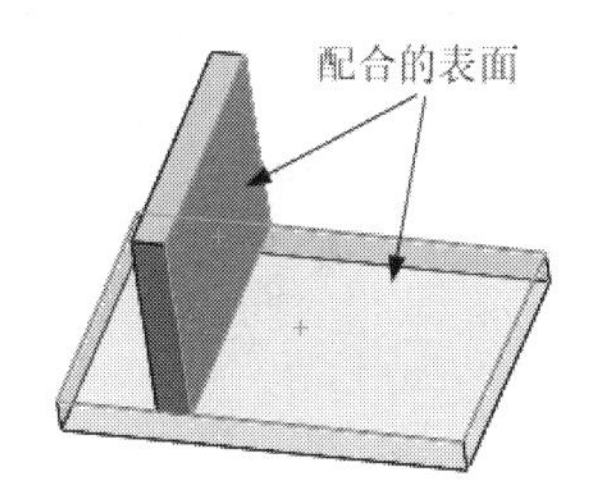

图 9-11 【垂直】配合效果

在【平行】配合与【垂直】配合中，圆柱指的是圆柱的轴。拉伸指的是一拉伸实体或曲面特征的单一面，不允许以拔模拉伸。

【相切】配合：所选的项目会保持相切（至少有一选择项目必须为圆柱面、圆锥面或球面），例如滑轮轴的圆柱面和滑轮的平面相切配合，如图 9-12 所示。

【同轴心】配合：该配合会将所选的项目位于同一中心点上，【同轴心】配合效果如图 9-13 所示。

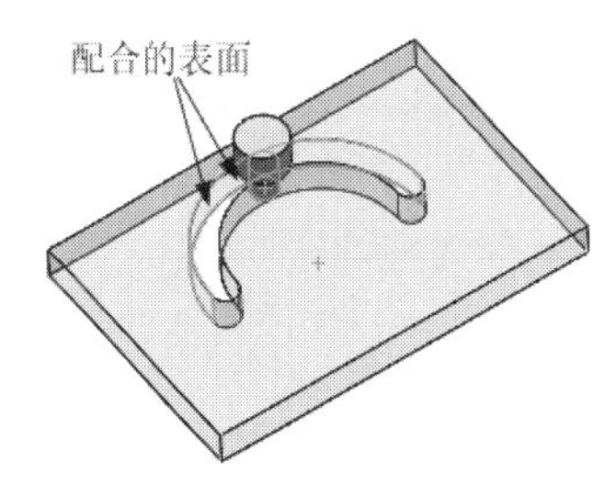

图 9-12 【相切】配合效果

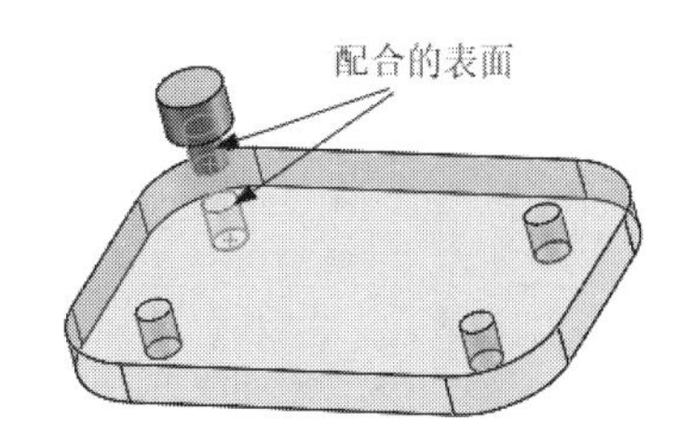

图 9-13 【同轴心】配合效果

【距离】配合：所选的项目之间会保持指定的距离。单击此按钮，利用输入的数据确定配合件的距离。在这里直线也可指轴。配合时必须在【配合】属性管理器的【距离】微调框中输入距离值。默认值为所选实体之间的当前距离。两个圆锥之间的配合必须使用同样半角的圆锥。

【角度】配合：【角度】配合会将所选项目以指定的角度配合。单击此按钮，则可输入一定的角度以便确定配合的角度。圆柱指的是圆柱的轴。拉伸指的是拉伸实体或曲面特征的单一面。不可使用拔模拉伸。必须在【配合】属性管理器的【角度】微调框中输入角度值。默认值为所选实体之间的当前角度。

9.2.3 装配体实例——气动手抓的装配

气动手抓的装配

本实例将利用已经生成的零件图装配生成如图 9-14 所示的装配体，本实例主要说明如何将零件插入装配体中，然后对其进行精确装配。

在本实例中，装配完成后的特征树如图 9-15 所示，其装配的操作步骤如下。

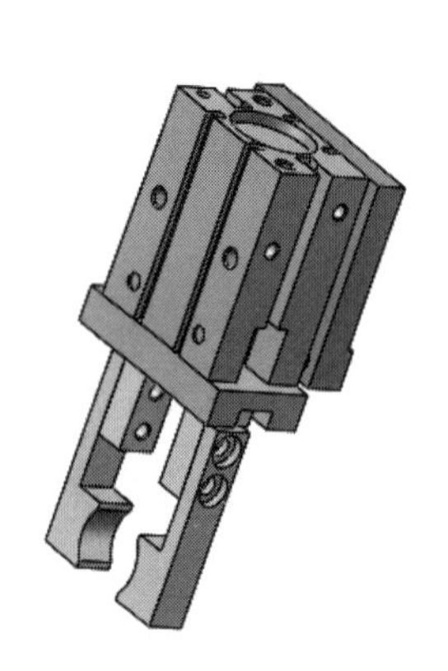

图 9-14　要生成的装配体

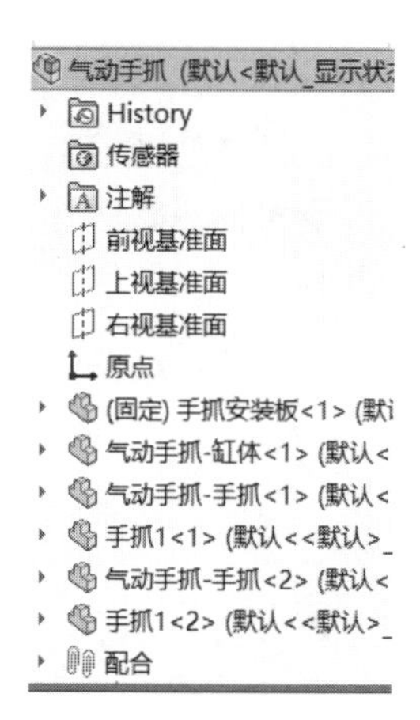

图 9-15　装配完成后的特征树

① 进入 SolidWorks，选择【文件】|【打开】菜单命令，系统弹出如图 9-16 所示的【打开】对话框，选择“手抓安装板”文件，单击【打开】按钮，打开 SolidWorks 文件。

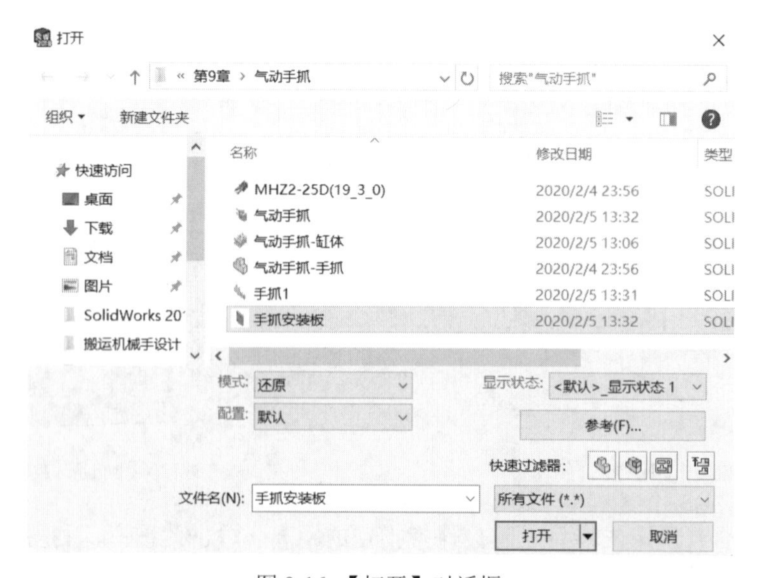

图 9-16 【打开】对话框

② 选择【文件】|【从零件制作装配体】菜单命令或者单击【标准】工具栏中的【从零件/装配体制作装配体】按钮，系统弹出如图 9-17 所示的【新建 SOLIDWORKS 文件】对话框，单击【确定】按钮，进入一个新装配体文件。

图 9-17 【新建 SOLIDWORKS 文件】对话框

③ 此时系统弹出【开始装配体】属性管理器，单击【确定】按钮✔，系统进入装配环境。

④ 单击【装配体】工具栏上的【插入零部件】按钮，系统弹出如图 9-18 所示的【插入零部件】属性管理器和【打开】对话框。在练习文件目录中选择“气动手抓-缸体”零件，单击【打开】按钮。

⑤ 此时在图形窗口中放置零件，位置如图 9-19 所示。

图 9-18 【插入零部件】属性管理器

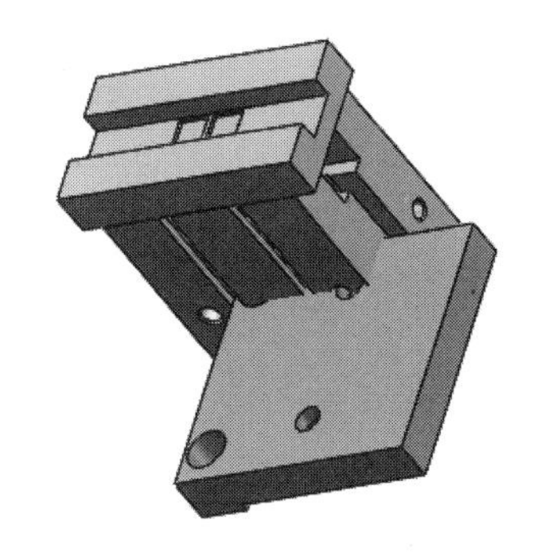

图 9-19 放置零件

⑥ 单击【装配体】工具栏上的【配合】按钮，系统弹出如图 9-9 所示的【配合】属性管理器。选择【标准配合】选项组中的【重合】，选取如图 9-20 所示的两个表面，单击【确定】按钮✔，完成重合配合；选择【标准配合】选项组中的【同轴心】◎，然后选取如图 9-21 所示的两个圆柱面，单击【确定】按钮✔完成配合。选择【标准配合】选项组中的【同轴心】◎，然后选取如图 9-22 所示的两个圆柱面，单击【确定】按钮✔完成配合。结果如图 9-23 所示。单击【关闭】按钮✖，退出此阶段的零件配合。

⑦ 单击【装配体】工具栏上的【插入零部件】按钮，系统弹出【插入零部件】属性管理器。单击【浏览】按钮，系统弹出【打开】对话框。在练习文件目录中选择“气动手抓-手抓”零件，单击【打开】按钮。在图形窗口中放置零件，位置如图 9-24 所示。

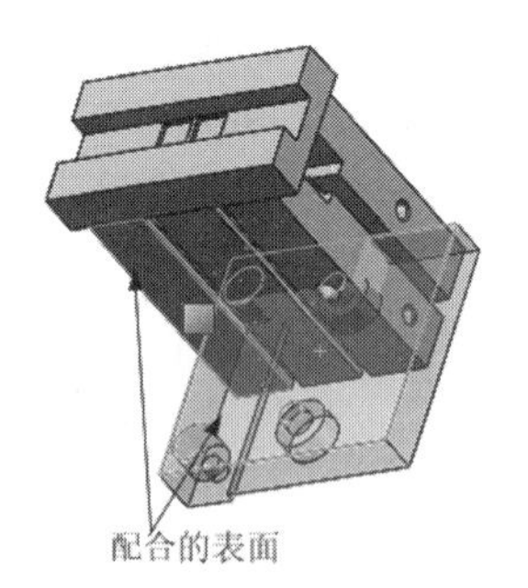

图 9-20　选取的两个表面（1）

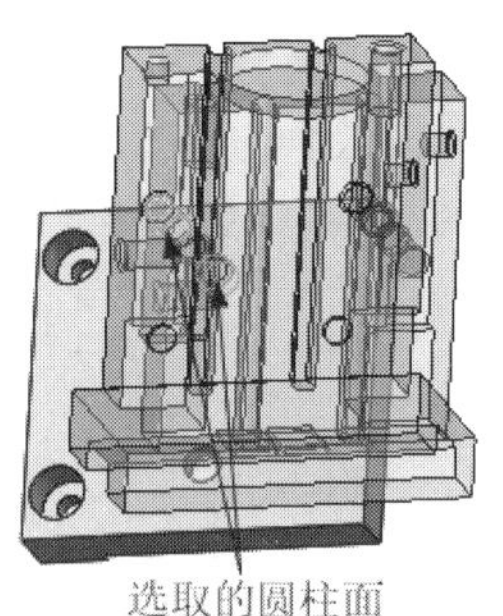

图 9-21　选取的两个圆柱面（1）

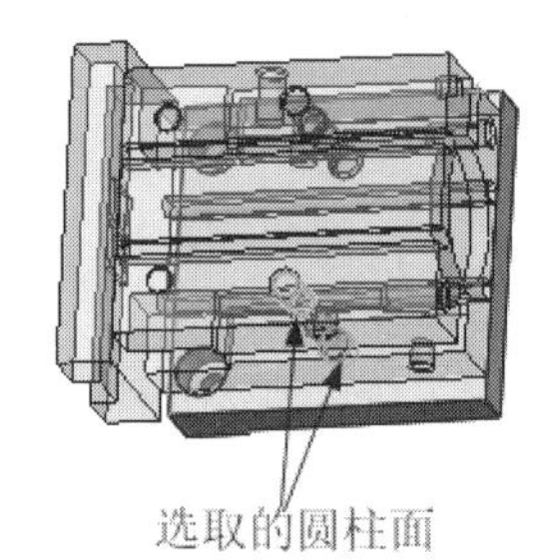

图 9-22　选取的两个圆柱面（2）

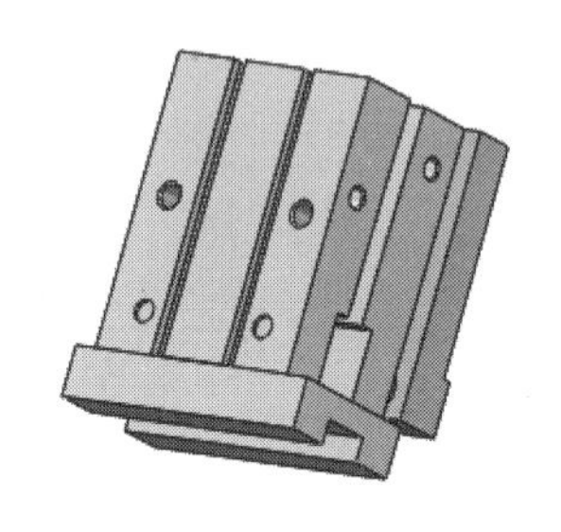
图 9-23　完成配合后的结果（1）

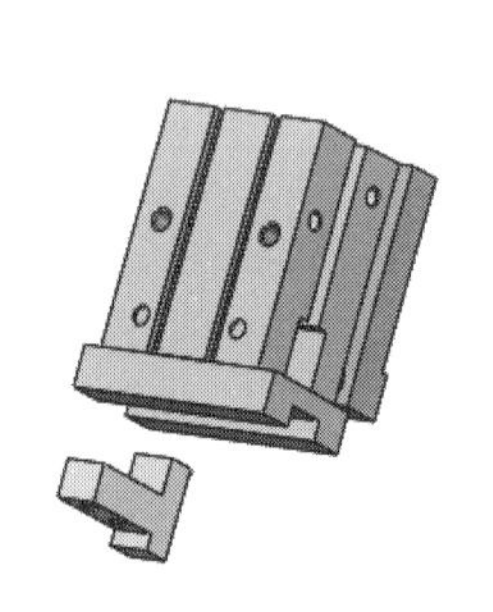
图 9-24　放置零件（1）

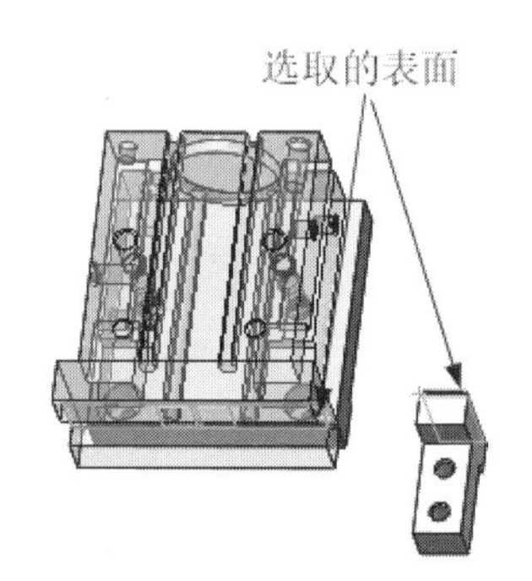

图 9-25　选取的配合表面（1）

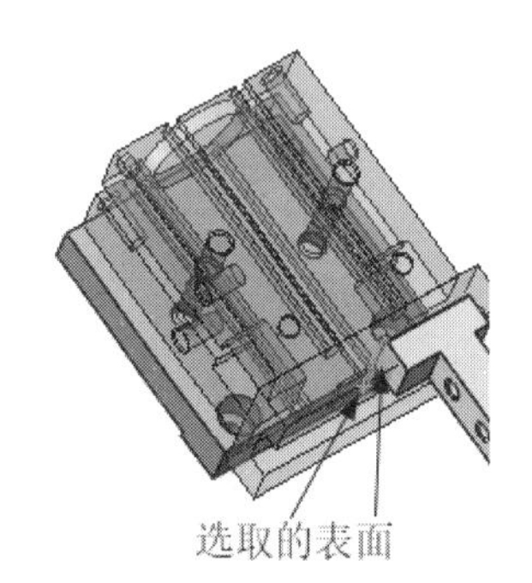

图 9-26　选取的配合表面（2）

⑧ 单击【装配体】工具栏上的【配合】按钮，系统弹出【配合】属性管理器。选择【标准配合】选项组中的【重合】，选取如图 9-25 所示的两个表面，单击【确定】按钮完成重合配合；选取如图 9-26 所示的两个表面，单击【确定】按钮完成重合配合；选取如图 9-27 所示的两个表面，单击【确定】按钮完成重合配合；结果如图 9-28 所示。单击【关闭】按钮，退出此阶段的零件配合。

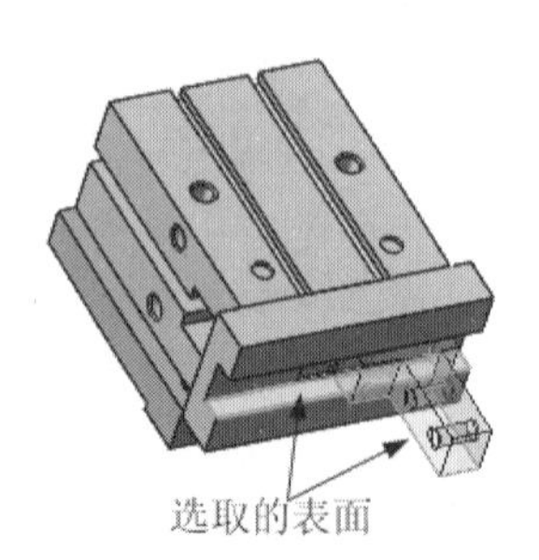

图 9-27　选取的两个表面（2）

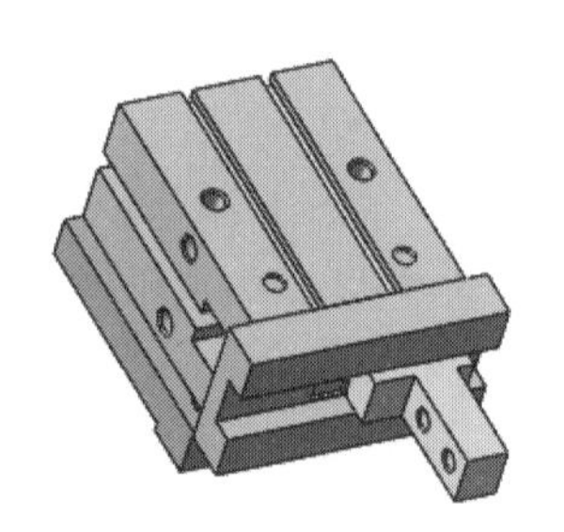
图 9-28　完成配合后的结果（2）

⑨ 单击【装配体】工具栏上的【插入零部件】按钮，系统弹出【插入零部件】属性管理器。单击【浏览】按钮，系统弹出【打开】对话框。在练习文件目录中选择“手抓 1”零件，单击【打开】按钮。在图形窗口中放置零件，位置如图 9-29 所示。

⑩ 单击【装配体】工具栏上的【配合】按钮，系统弹出【配合】属性管理器。选择【标准配合】选项组中的【重合】，选取如图 9-30 所示的表面，单击【确定】按钮完成配合。选择【标准配合】选项组中的【同轴心】，然后选取如图 9-31 所示的两个圆柱面，单击【确定】按钮完成配合。选择【标准配合】选项组中的【同轴心】，然后选取如图 9-32 所示的两个圆柱面，单击【确定】按钮完成配合。结果如图 9-33 所示。单击【关闭】按钮，退出此阶段的零件配合。

⑪ 采用与步骤⑦和⑧相同的方式装配另一个“气动手抓-手抓”零件，结果如图 9-34 所示。

⑫ 采用与步骤⑨和⑩相同的方式装配另一个“手抓 1”零件，结果如图 9-14 所示。

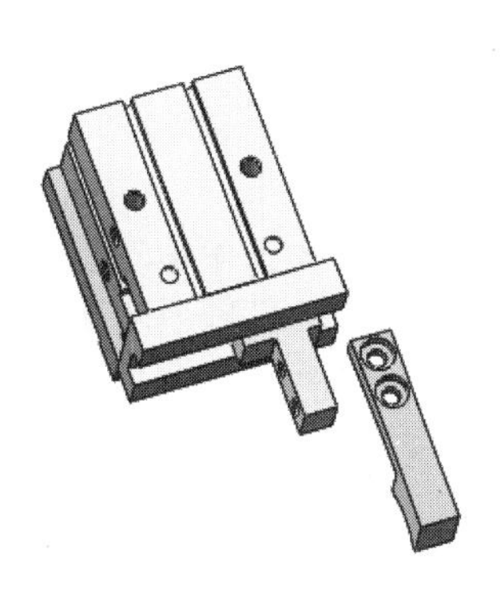

图 9-29　放置零件（2）

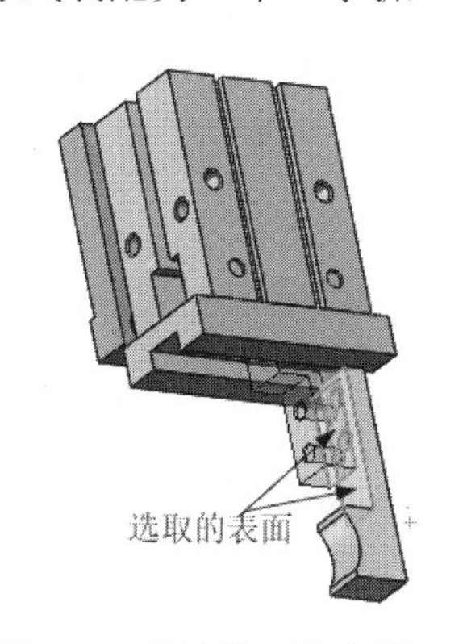

图 9-30　选取的两个表面（3）

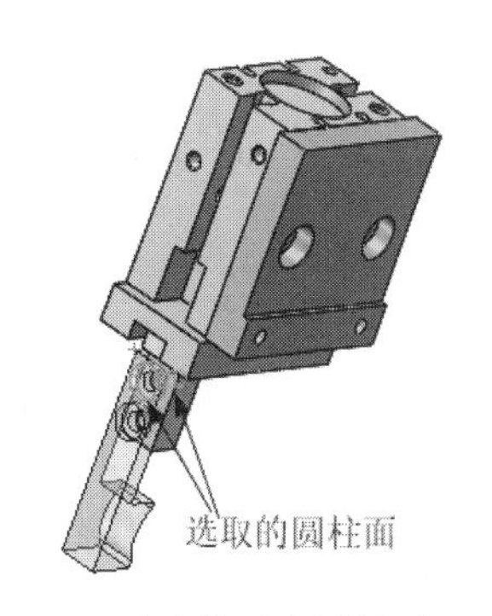

图 9-31　选取的两个圆柱面（3）

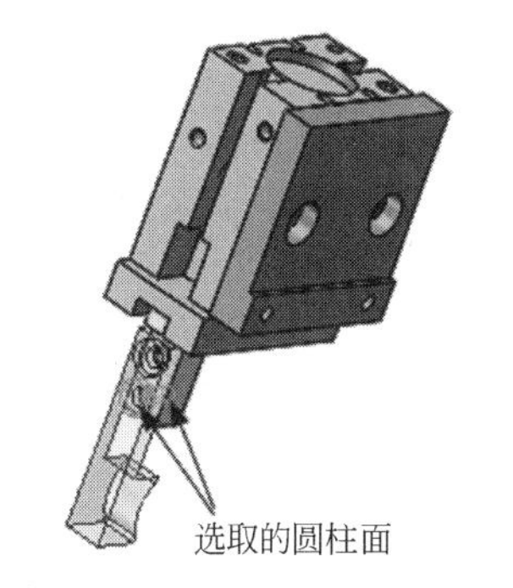

图 9-32　选取的两个圆柱面（4）

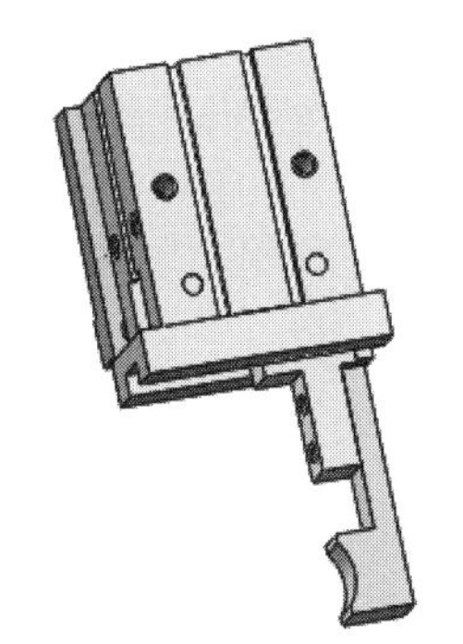

图 9-33　完成配合后的结果（3）

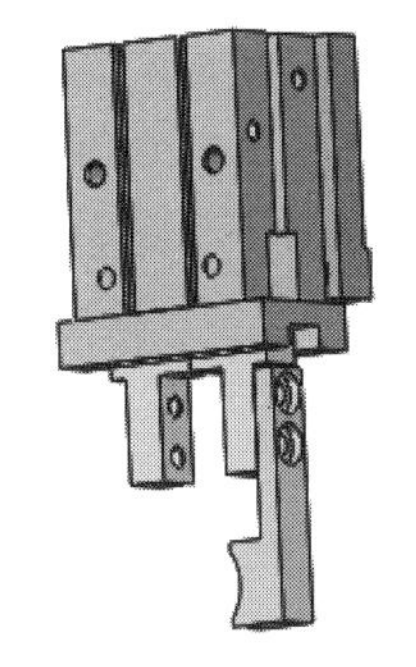

图 9-34　装配后的结果

9.3 装配中的零部件操作

装配中的零部件操作包括利用复制、镜向或阵列等方法生成重复零件。在装配体中修改已有的零部件；通过隐藏/显示零部件的功能简化复杂的装配。

9.3.1 零部件的复制

与其他 Windows 软件相同，SolidWorks 可以复制已经在装配体文件中存在的零部件。按住 Ctrl 键，在特征管理设计树中，选择需复制零部件的文件名，并拖动零件至绘图区中需要的位置后，释放鼠标左键，即可实现零部件的复制，此时，可以看到在特征管理设计树中添加一个相同的零部件，在零件名后存在一个引用次数的注释，如图 9-35 所示。

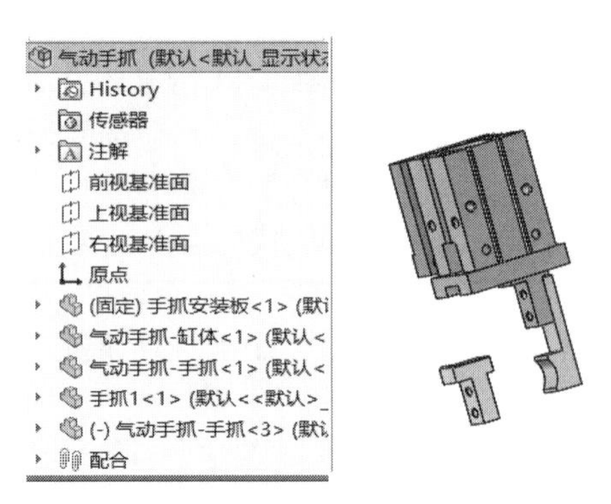

图 9-35 零部件的复制

9.3.2 圆周零部件阵列

用户可以在装配体中生成一零部件的圆周阵列。生成圆周零部件阵列的操作步骤如下。

① 选择【插入】|【圆周零部件阵列】菜单命令或者单击【装配体】工具栏中的【圆周零部件阵列】按钮，系统弹出如图 9-36 所示的【圆周阵列】属性管理器。

② 为阵列轴选取一基准轴或线性边线。阵列绕此轴旋转。

③ 在【角度】微调框中输入角度。此为实例中心之间的圆周数值。

④ 在【实例数】微调框中输入阵列的个数。此为包括源零部件的实例总数。

⑤ 选中【等间距】复选框并将角度设定为 360°。可将数值更改到一不同角度。实例会沿总角度均等放置。

⑥ 在要阵列的零部件中单击，然后选择源零部件。

⑦ 若想跳过实例，在要跳过的实例中单击，然后在图形区域选择实例的预览。

⑧ 单击【确定】按钮，完成零部件的圆周阵列，圆周阵列的效果如图 9-36 所示。

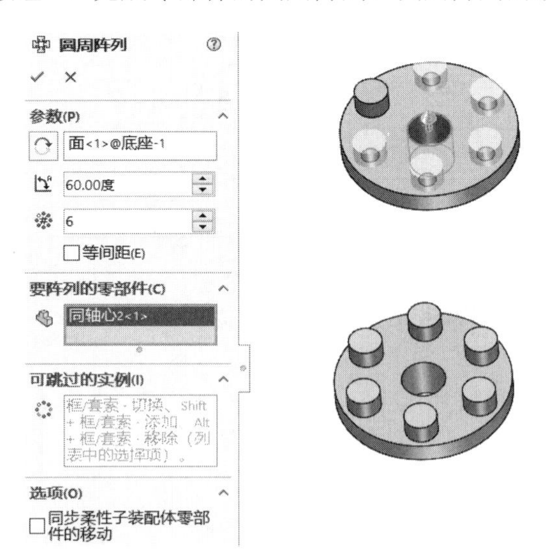

图 9-36 【圆周阵列】属性管理器和圆周阵列的效果

9.3.3 线性零部件阵列

可以一个或两个方向在装配体中生成零部件线性阵列。生成零部件线性阵列的操作步骤如下。

① 选择【插入】|【线性零部件阵列】菜单命令或者单击【装配体】工具栏中的【线性零部件阵列】按钮，系统弹出如图 9-37 所示的【线性阵列】属性管理器。

② 在【方向 1】选项组中，需要为【阵列方向】选择一线性边线或线性尺寸。为【阵列间距】输入一数值。此为实例中心之间的数值。为【阵列实例数】输入一数值。此为包括源零部件的实例总数。

③ 定义【方向 2】为重复双向阵列，【方向 2】选项组与【方向 1】选项组参数相同。

④ 在【要阵列的零部件】中单击，然后选择源零部件。

⑤ 若想跳过实例，在【可跳过的实例】中单击，然后在图形区域选择实例的预览。

⑥ 当光标位于图形区域中的预览上且形状将变为时，单击鼠标左键。

⑦ 单击【确定】按钮，完成零部件的线性阵列，线性阵列的效果如图 9-37 所示。

图 9-37 【线性阵列】属性管理器和线性阵列的效果

9.3.4 零部件阵列驱动阵列

根据一个现有阵列来生成一零部件阵列。生成零部件阵列驱动阵列的操作步骤如下。

① 选择【插入】|【阵列驱动零部件阵列】菜单命令或者单击【装配体】工具栏中的【零部件特征驱动阵列】按钮，系统弹出如图 9-38 所示的【阵列驱动】属性管理器。

② 单击【要阵列的零部件】选项组中按钮右侧的选择框，然后选取源零部件。

③ 单击【驱动特征或零部件】选项组中按钮右侧的选择框，然后选择驱动阵列。选择驱动特征时，可以在特征管理设计树中选择，也可以在模型上选取，但是条件是模型上必须要有阵列特征。

④ 若想跳过实例，在【可跳过的实例】中单击，然后在图形区域选取实例的预览。

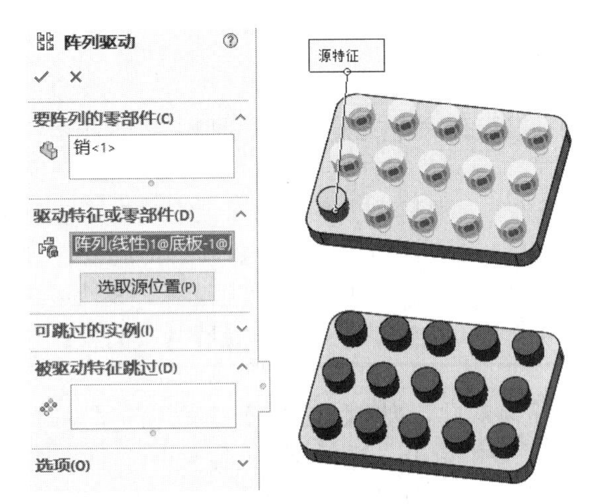

图 9-38 【阵列驱动】属性管理器和阵列驱动阵列的效果

⑤ 单击【确定】按钮✓，完成零部件的特征驱动阵列，特征驱动阵列的效果如图 9-38 所示。

9.3.5 镜向零部件

在同一装配文件中，有相同且对称的零部件，可以使用镜向零部件的操作来完成，镜向后的零部件即可作为源零部件的复制，也可作为另外的零部件。

零部件镜向的操作步骤如下。

① 选择【插入】|【镜向零部件】菜单命令或者单击【装配体】工具栏中的【镜向零部件】按钮，系统弹出如图 9-39 所示的【镜向零部件】属性管理器。

② 激活【镜向基准面】选择框，选择镜向基准面或者平面。

③ 激活【要镜向的零部件】选择框，选择一个或多个需镜向或复制的零部件。其零件名将出现在该选择框中。

④ 单击【下一步】按钮，进入下一步状态，如图 9-40 所示。

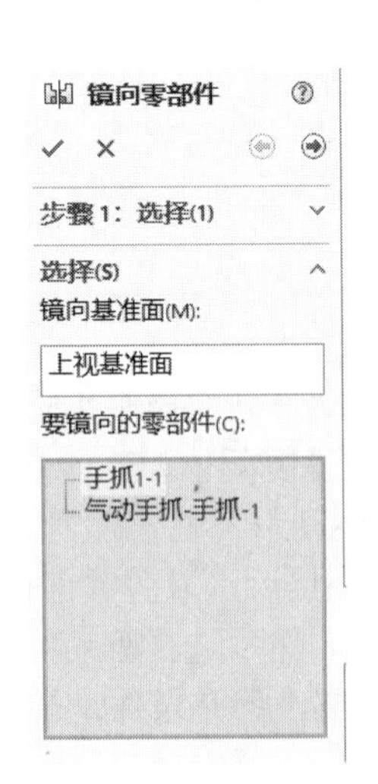

图 9-39 【镜向零部件】属性管理器（1）

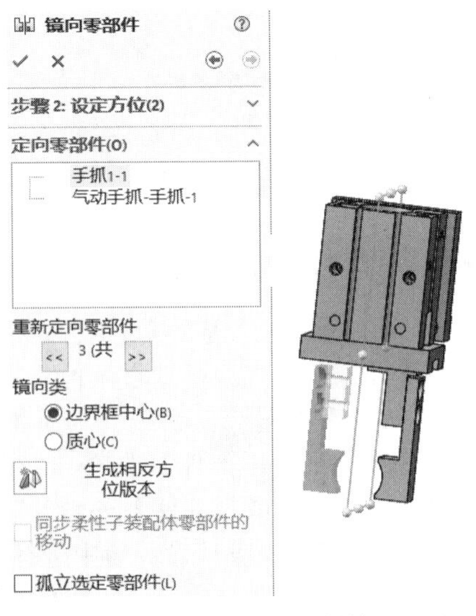

图 9-40 【镜向零部件】属性管理器（2）

⑤ 确定是否要生成相反方位版本，如果需要，单击【生成相反方位版本】按钮，表示零部件被镜向，镜向的零部件的几何体发生变化，生成一个真实的镜向零部件。

⑥ 单击【确定】按钮，完成镜向零部件。

镜向后的新零件必须重新添加装配的限制条件，但与原来被镜向的零部件已经产生了对称共享。

9.3.6 编辑零部件

在装配过程中，可能会发现零件模型间存在数据冲突。SolidWorks 提供的零件模型在零件环境、装配环境和工程图环境的数据共享。

① 在特征管理设计树中选择需要编辑的零件，单击鼠标右键，在弹出的快捷菜单中单击【编辑】按钮，此时，其他零部件将呈现透明状。

② 单击该零件前的符号，选择该零件需编辑的特征，根据需要编辑即可。

③ 完成编辑，单击【装配体】工具栏上的【编辑零部件】按钮，结束【编辑零部件】命令。或者单击绘图区右上角的按钮。

9.3.7 显示/隐藏零部件

为了方便装配体装配和在装配体中编辑零部件，可以将影响视线的零部件隐藏起来。

（1）隐藏零部件

在特征管理设计树中选择需要隐藏的零件，单击鼠标右键，在弹出的快捷菜单中单击【隐藏零部件】按钮，并且在特征管理设计树中零部件将呈现透明状。

（2）显示零部件

在特征管理设计树中选择需要隐藏的零件，单击鼠标右键，在弹出的快捷菜单中单击【显示零部件】按钮。

9.3.8 压缩零部件

为了减少工作时装入和计算的数据量，更有效地使用系统资源，可以根据某段时间内的工作范围，指定合适的零部件为压缩状态，装配体的显示和重建会更快。

（1）压缩零部件

在特征管理设计树中选择需要隐藏的零件，单击鼠标右键，在弹出的快捷菜单中单击【压缩】按钮，完成压缩。

（2）解除压缩

在特征管理设计树中选择需要隐藏的零件，单击鼠标右键，在弹出的快捷菜单中单击【解除压缩】按钮，完成解除压缩。

9.4 零件间的干涉检查

在一个复杂的装配体中，如果想用视觉来检查零部件之间是否有干涉的情况是件困难的事。在 SolidWorks 中利用检查命令可以发现装配体中零部件之间的干涉。零件装配好以后，要进行装配体的干涉检查。

而利用干涉检查以后便可以进行以下操作。

① 确定零部件之间是否干涉。

② 显示干涉的真实体积为上色体积。

③ 更改干涉和不干涉零部件的显示设定，以更好看到干涉。

④ 选择忽略想排除的干涉，如紧密配合、螺纹扣件的干涉等。

⑤ 选择将实体之间的干涉包括在多实体零件内。

⑥ 选择将子装配体看成单一零部件，这样子装配体零部件之间的干涉将不被曝出。

⑦ 将重合干涉和标准干涉区分开来。

9.4.1 干涉检查

选择【工具】|【评估】|【干涉检查】菜单命令或者单击【装配】工具栏中的【干涉检查】按钮，系统弹出如图 9-41 所示的【干涉检查】属性管理器，下面先来介绍该设计树中各选项的含义。

（1）【所选零部件】选项组

显示为干涉检查所选择的零部件。根据默认，除非预选了其他零部件，否则顶层装配体出现。当检查一个装配体的干涉情况时，其所有零部件将被检查。

【计算】按钮：单击【计算】按钮可检查零件之间是否发生干涉。其结果显示在如图 9-41 所示的【结果】选项组中。

（2）【结果】选项组

显示检测到的干涉。每个干涉的体积出现在每个列举项的右边，当在结果下选择一干涉时，干涉将在图形区域中以红色高亮显示。

【忽略】和【解除忽略】按钮：单击该按钮可使所选干涉在忽略和解除忽略模式之间转换。如果干涉设定到【忽略】，则会在以后的干涉计算中保持忽略。

【零部件视图】复选框：选择该复选框后，按零部件名称而不按干涉号显示干涉。

（3）【选项】选项组

【选项】选项组如图 9-41 所示，其各选项的含义如下。

【视重合为干涉】复选框：将重合实体报告为干涉。

【显示忽略的干涉】复选框：选择以在结果清单中以灰色图标显示忽略的干涉。当此选项被消除选择时，忽略的干涉将不列举。

【视子装配体为零部件】复选框：当被消除选择时，子装配体被看成为单一零部件，这样子装配体的零部件之间的干涉将不报出。

【包括多体零件干涉】复选框：选择以报告多实体零件中实体之间的干涉。

【使干涉零件透明】复选框：选择以透明模式显示所选干涉的零部件。

【生成扣件文件夹】复选框：将扣件（如螺母和螺栓）之间的干涉隔离为在结果下的单独文件夹。

（4）【非干涉零部件】选项组

【非干涉零部件】选项组如图 9-41 所示。以所选模式显示非干涉的零部件，包括【线架图】【隐藏】【透明】和【使用当前项】4 个选项。

（5）干涉检查的基本步骤

在移动或旋转零部件时可以检查其与其他零部件之间的冲突。软件可以检查与整个装配体或所选的零部件组之间的碰撞。

如果要检查含有装配错误的装配体，可以采用下面的步骤。

① 选择【文件】|【打开】菜单命令，打开一幅装配体文件。

② 选择【工具】|【干涉检查】菜单命令或者单击【装配】工具栏中的【干涉检查】按钮，系统弹出如图 9-41 所示的【干涉检查】属性管理器。

③ 在【所选零部件】项目中系统默认窗口内的整个装配体，单击【计算】按钮，则进行干涉检查，在干涉信息中列出发生干涉情况的干涉零件。

④ 单击清单中的一个项目时，相关的干涉体会在图形区域中被高亮显示，还会列出相关零部件的名称，如图 9-42 所示。

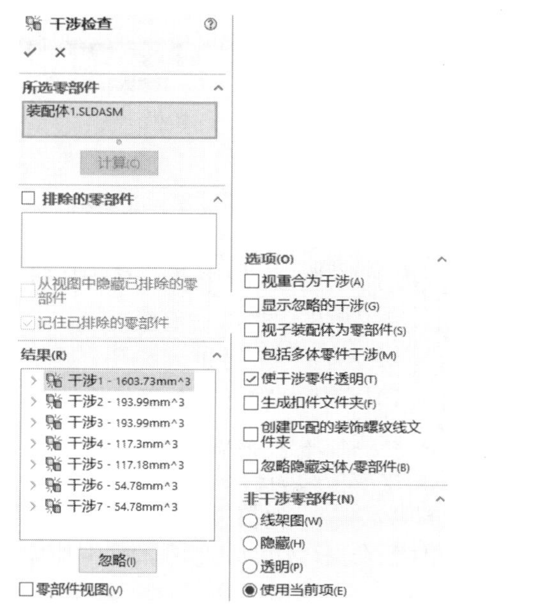

图 9-41 【干涉检查】属性管理器

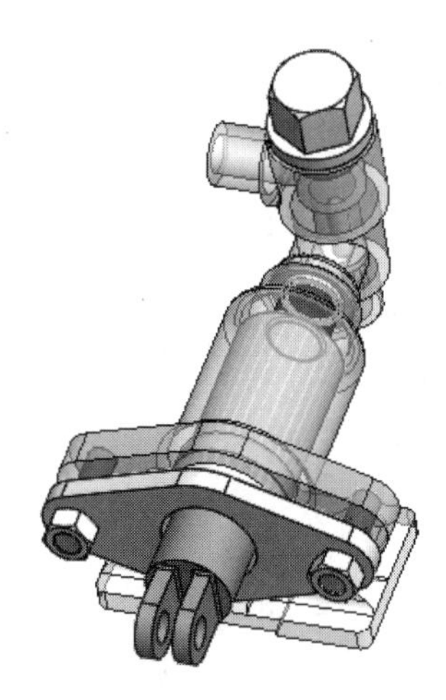
图 9-42 干涉检查的结果

⑤ 单击【确定】按钮，即可完成对干涉体的干涉检查。

因为检查干涉对设计工作非常重要，所以在每次移动或旋转一个零部件后都要进行干涉检查。

9.4.2 利用物理动力学

物理动力学是碰撞检查中的一个选项，允许以现实的方式查看装配体零部件的移动。启用物理动力学后，当拖动一个零部件时，此零部件就会向其接触的零部件施加一个力。结果，就会在接触的零部件所允许的自由度范围内移动和旋转接触的零部件。如果想要使用物理动力学移动零部件，可以采用下面的步骤。

① 选择【工具】|【零部件】|【移动】或【旋转】菜单命令，或者单击【装配体】工具栏中的【移动零部件】按钮或【旋转零部件】按钮，系统弹出如图 9-43 所示的【移动零部件】属性管理器或者如图 9-44 所示的【旋转零部件】属性管理器。

② 在【移动零部件】属性管理器或者【旋转零部件】属性管理器中的【选项】选项组中选择【物理动力学】单选按钮。

③ 移动【灵敏度】滑杆来更改物资动力检查碰撞所使用的频度。将滑杆移到右边来增加灵敏度。当设定到最高灵敏度时，软件每 0.02mm（以模型单位）就检查一次碰撞。当设定到最低灵敏度时，检查间隔为 20mm。

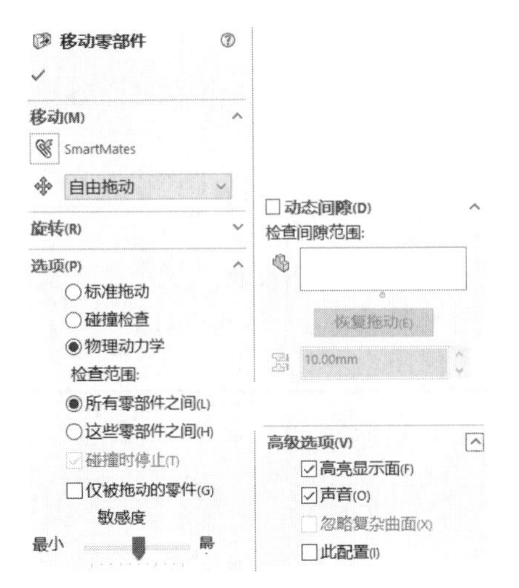

图 9-43 【移动零部件】属性管理器

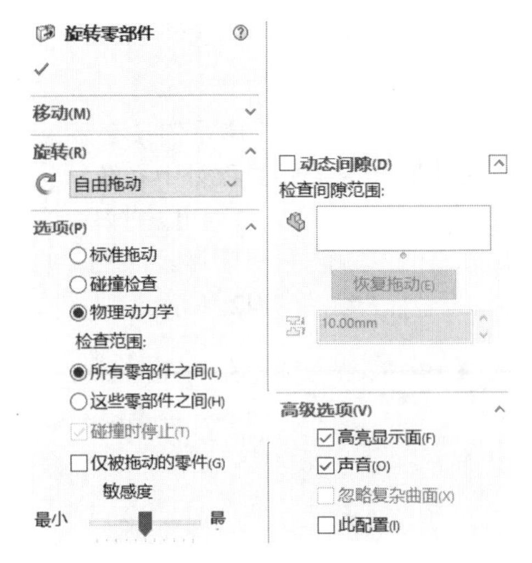

图 9-44 【旋转零部件】属性管理器

只将最高灵敏度设定用于很小的零部件，或用于在碰撞区域中具有复杂几何体的零部件。当您检查大型零部件之间的碰撞时，如使用最高灵敏度，拖动将很慢。只使用您所需的灵敏度设定来观阅装配体中的运动。

④ 根据需要，指定参与碰撞的零部件。选中【这些零部件之间】单选按钮，为【供碰撞检查的零部件】选择零部件，单击【恢复拖动】按钮。在碰撞检查中选择具体的零部件可提高物资动力的性能。只选择与正在测试的运动直接涉及的那些零部件。

⑤ 选择【仅被拖动的零件】来检查只与选择移动的零部件的碰撞。当消除选择时，您所选择要移动的零部件以及任何由于与所选零部件配合而移动的其他零部件将都检查。

⑥ 在图形区域中拖动零部件。

当物理动力学检测到一碰撞时，将在碰撞的零件之间添加一相触力并允许拖动继续。只要两个零件相触，力将保留。当两个零件不再相触时，力被移除。

⑦ 单击【确定】按钮✓，即可完成所有的操作。

9.5 装配体的爆炸视图

为了便于直观地观察装配体之间零件与零件之间的关系，经常需要分离装配体中的零部件，以形象地分析它们之间的相互关系。装配体的爆炸视图可以分离其中的零部件，以便查看这个装配体。

装配体爆炸后，不能给装配体添加配合，一个爆炸视图包括一个或多个爆炸步骤，每一个爆炸视图保存在所生成的装配体配置中，每一个配置都可以有一个爆炸视图。

9.5.1 爆炸属性

选择【插入】|【爆炸视图】菜单命令或者单击【装配】工具栏中的【爆炸视图】按钮，系统弹出如图 9-45 所示的【爆炸】属性管理器。

下面就来介绍【爆炸】属性管理器中各选项的含义。

（1）【爆炸步骤】选项组

【爆炸步骤】选项组显示现有的爆炸步骤。

【爆炸步骤】：爆炸到单一位置的一个或多个所选零部件。

(2)【设定】选项组

【爆炸步骤的零部件】选择框：显示当前爆炸步骤所选的零部件。

【爆炸方向】按钮：显示当前爆炸步骤所选的方向。可以单击【反向】按钮改变方向。

【爆炸距离】微调框：显示当前爆炸步骤零部件移动的距离。

【应用】按钮：单击以预览对爆炸步骤的更改。

【完成】按钮：单击以完成新的或已更改的爆炸步骤。

(3)【选项】选项组

【拖动时自动调整零部件间距】复选框：沿轴心自动均匀地分布零部件组的间距。

【调整零部件链之间的间距】选项：调整拖动后自动调整零部件间距放置的零部件之间的距离。

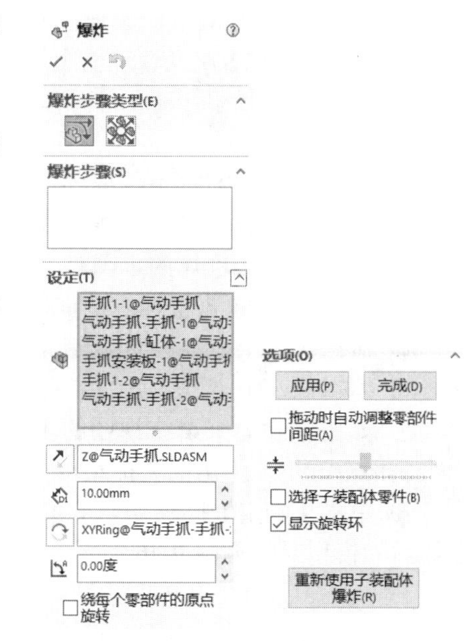

图 9-45 【爆炸】属性管理器

【选择子装配体零件】复选框：选择此复选框可以选择子装配体的单个零部件。清除此复选框可以选择整个子装配体。

(4)【重新使用子装配体爆炸】按钮

单击该按钮表示使用先前在所选子装配体中定义的爆炸步骤。

9.5.2 添加爆炸

如果要对装配体添加爆炸，可以采用下面的操作步骤。

① 打开要爆炸的装配体文件，单击【装配】工具栏中的【爆炸视图】按钮，系统弹出如图 9-45 所示的【爆炸】属性管理器。

② 在图形区域或弹出的特征管理器中，选择一个或多个零部件以将其包含在第一个爆炸步骤中。此时操纵杆出现在图形区域中，在【爆炸】属性管理器中，零部件出现在设定下的爆炸步骤的零部件中。

③ 将鼠标指针移到指向零部件爆炸方向的操纵杆控标上。

④ 拖动操纵杆控标来爆炸零部件，爆炸步骤出现在【爆炸步骤】下。

⑤ 在设定完成的情况下，单击【完成】按钮，【爆炸】属性管理器中的内容清除，而且为下一爆炸步骤做准备。

⑥ 根据需要生成更多爆炸步骤，为每一个零部件或一组零部件，重复这些步骤，在定义每一步骤后，单击【完成】按钮。

⑦ 当对此爆炸视图满意时，单击【确定】按钮✔，即可完成爆炸操作。

9.5.3 编辑爆炸

如果对生成的爆炸图并不满意，可以对其进行修改，具体的操作步骤如下。

① 在【爆炸】属性管理器中的【爆炸步骤】下，选择所要编辑的爆炸步骤，单击鼠标右键，在弹出的快捷菜单中选择【编辑步骤】命令。此时在视图中，【爆炸步骤】中的要爆炸

的零部件为绿色高亮显示，爆炸方向及拖动控标绿色三角形出现。

② 可在【爆炸】属性管理器中编辑相应的参数，或拖动绿色控标来改变距离参数，直到零部件达到所想要的位置为止。

③ 改变要爆炸的零部件或要爆炸的方向，单击相对应的方框，然后选择或取消选择所要的项目。

④ 如要清除所爆炸的零部件并重新选择，则在图形区域选择该零件后单击鼠标右键，再选择清除选项。

⑤ 撤销对上一个步骤的编辑，单击【撤销】按钮。

⑥ 编辑每一个步骤之后，单击【应用】按钮。

⑦ 如要删除一个爆炸视图的步骤，则在操作步骤下单击鼠标右键，在弹出的快捷菜单中选择【删除】命令。

⑧ 单击【确定】按钮✔，即可完成爆炸视图的修改，爆炸后的模型显示如图 9-46 所示。

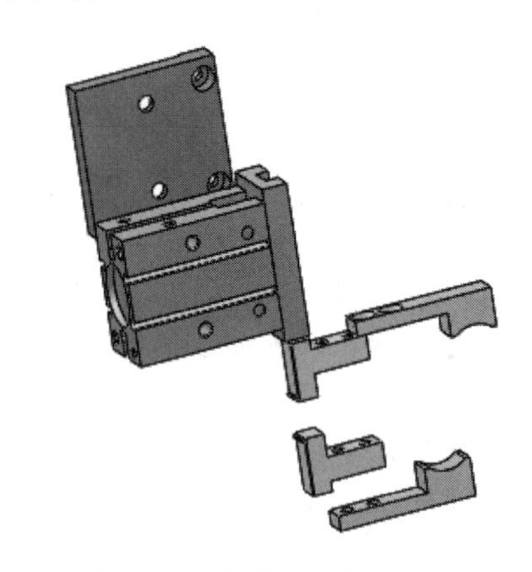

图 9-46　爆炸后的模型显示

9.6 工程应用综合实例

工程应用综合实例 1

9.6.1 实例 1

本实例将利用已经生成的零件图装配生成如图 9-47 所示的装配体，本实例主要说明如何将零件插入装配体中，然后对其进行精确装配。

在本实例中，装配完成后的特征树如图 9-48 所示，其装配的操作步骤如下。

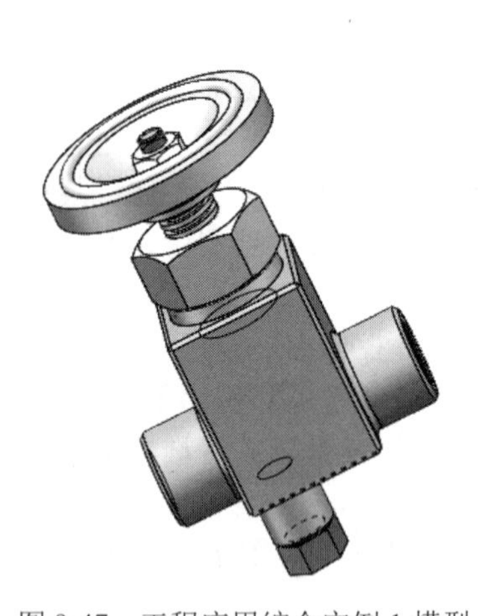

图 9-47　工程应用综合实例 1 模型

截止阀 (默认<默认_显示状态-1
History
传感器
注解
前视基准面
上视基准面
右视基准面
原点
(固定) 阀体<1> (默认<<默认
(-) 密封垫片<1> (默认<<默认
(-) 阀杆<1> (默认<<默认>_
(-) 密封圈<1> (默认<<默认
(-) 填料盒<1> (默认<<默认
(-) 手轮<1> (默认<<默认>_
(-) 螺母<1> (默认<<默认>_
(-) 泄压螺钉<1> (默认<<默认
配合
局部线性阵列1

图 9-48　装配完成后的特征树

① 进入 SolidWorks 2018，选择【文件】|【新建】菜单命令，系统弹出如图 9-49 所示的【新建 SOLIDWORKS 文件】对话框，选择【gb_ assembly】文件，单击【确定】按钮。

② 系统进入装配环境并弹出如图 9-50 所示的【打开】对话框和如图 9-51 所示的【开始装配体】属性管理器，选择练习文件夹（截止阀文件夹）中的“阀体”文件，单击【打开】按钮。

图 9-49 【新建 SOLIDWORKS 文件】对话框

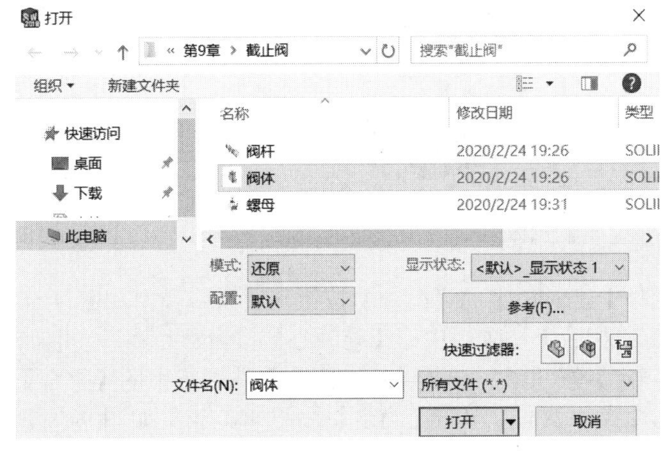

图 9-50 【打开】对话框

③ 系统关闭【打开】对话框，【开始装配体】属性管理器如图 9-52 所示，【打开文档】列表框中显示“阀体”零件，绘图区显示“阀体”模型，模型跟着鼠标指针一起移动，单击【确定】按钮✔，装配好第一个零件。

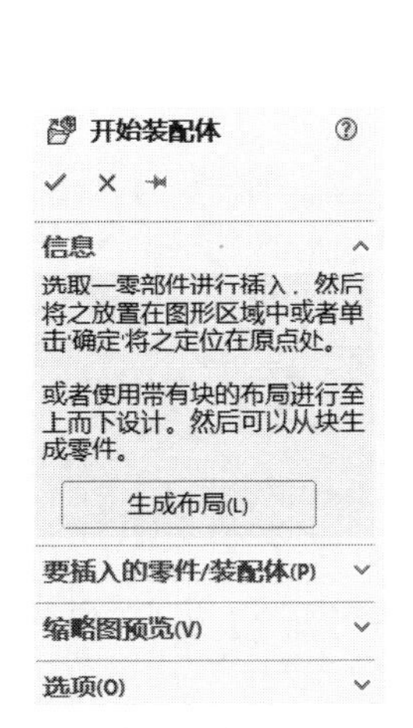

图 9-51 【开始装配体】属性管理器

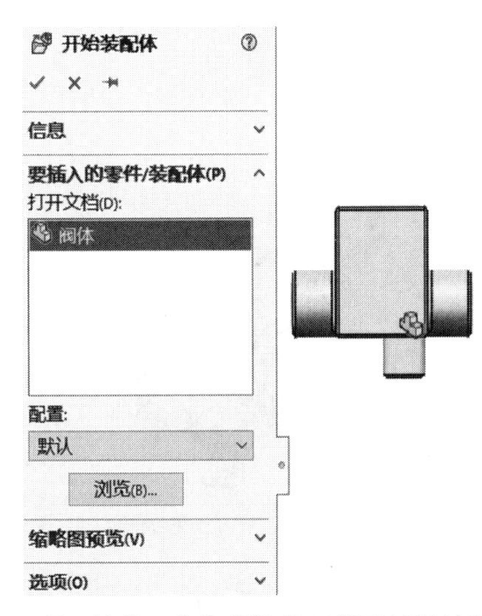

图 9-52 【开始装配体】属性管理器及“阀体”模型

④ 选择【文件】|【保存】或【另存为】菜单命令，或单击【标准】工具栏上的【保存】按钮，系统弹出【另存为】对话框。在【文件名】文本框中输入名称为“截止阀”，单击【保存】按钮，即可进行保存，结果如图 9-53 所示。

⑤ 单击【装配体】工具栏上的【插入零部件】按钮，系统弹出如图 9-54 所示的【插入零部件】属性管理器。单击【浏览】按钮，系统弹出【打开】对话框。在练习文件目录中选择“密封垫片”零件，单击【打开】按钮。此时在图形窗口中放置零件，位置如图 9-55 所示。

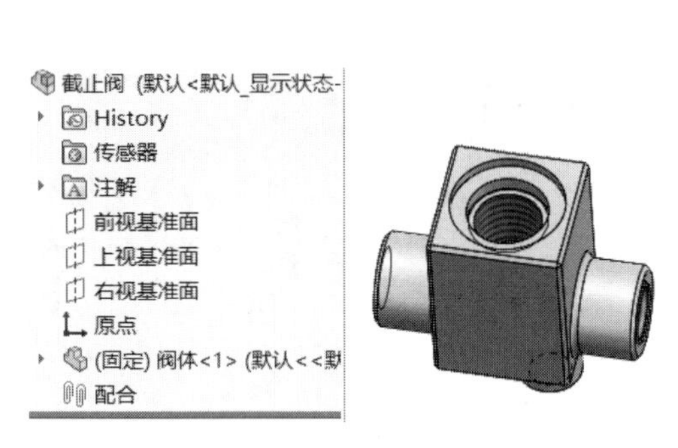

图 9-53　装配阀体

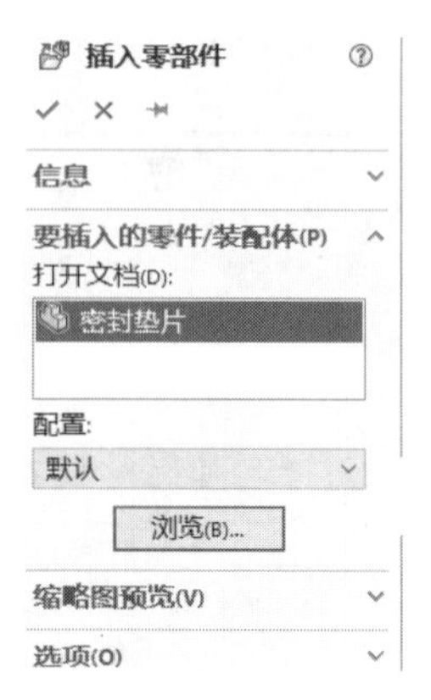

图 9-54 【插入零部件】属性管理器

⑥ 单击【装配体】工具栏上的【配合】按钮，系统弹出如图 9-56 所示的【配合】属性管理器。单击【标准配合】选项组中的【同轴心】按钮，然后选取如图 9-57 所示的两个内圆柱面，单击【确定】按钮；单击【标准配合】选项组中的【重合】按钮，然后选取如图 9-58 所示的两个实体表面，单击【确定】按钮，结果如图 9-59 所示。单击【关闭】按钮×，退出此阶段的零件配合。

图 9-55　放置零件

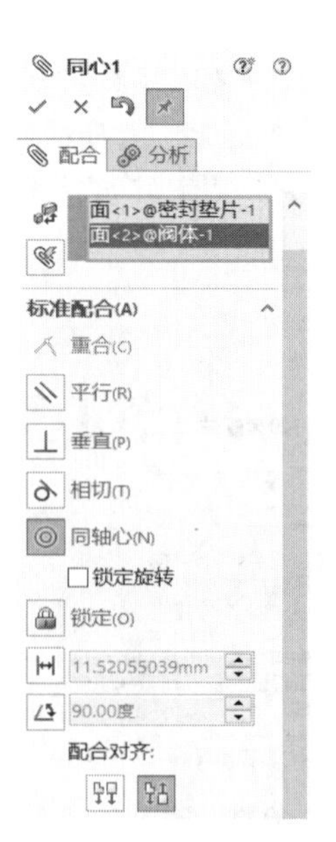

图 9-56 【配合】属性管理器

⑦ 采用与步骤⑤相同的方法插入“阀杆”和“密封圈”零件，这两个零件在绘图区随意放置，结果如图 9-60 所示。

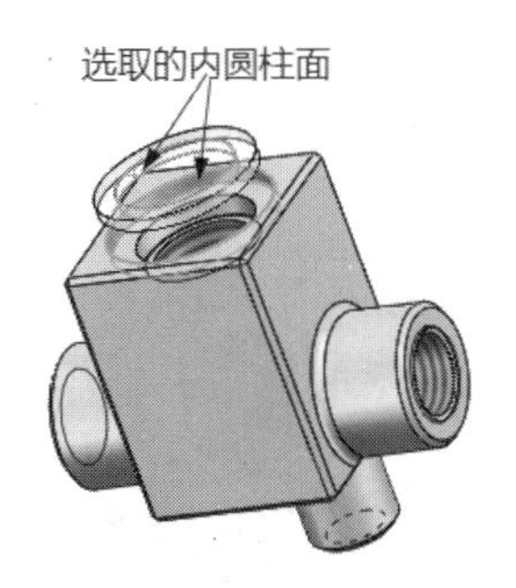

图 9-57　选取的内圆柱面

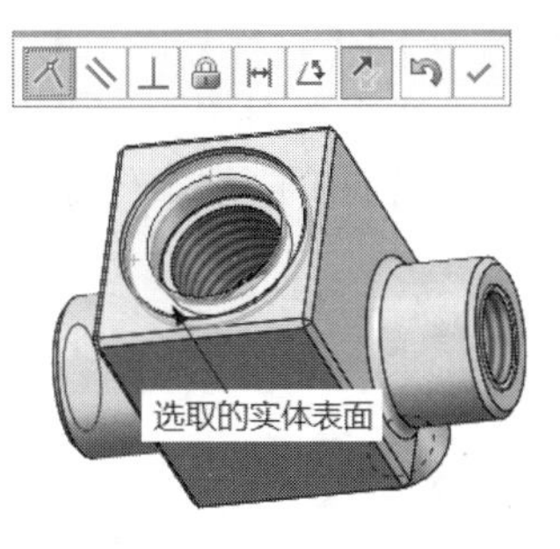

图 9-58　选取的实体表面（1）

图 9-59　配合封面垫片后的模型

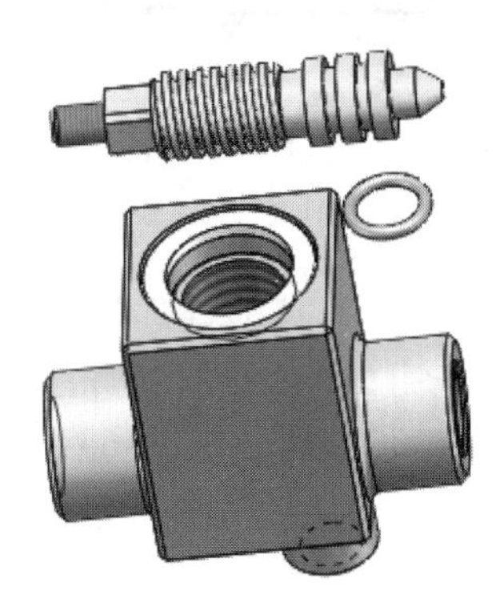

图 9-60　放置两个零件

⑧ 单击【装配体】工具栏上的【配合】按钮，系统弹出【配合】属性管理器。单击【标准配合】选项组中的【重合】按钮，然后将绘图区左上方的【模型树（设计树）】中的【阀杆】和【密封圈】展开，然后在【阀杆】下选择【上视基准面】，【密封圈】下选择【前视基准面】，如图 9-61 所示，单击【确定】按钮；采用相同的方法使【阀杆】下的【前视基准

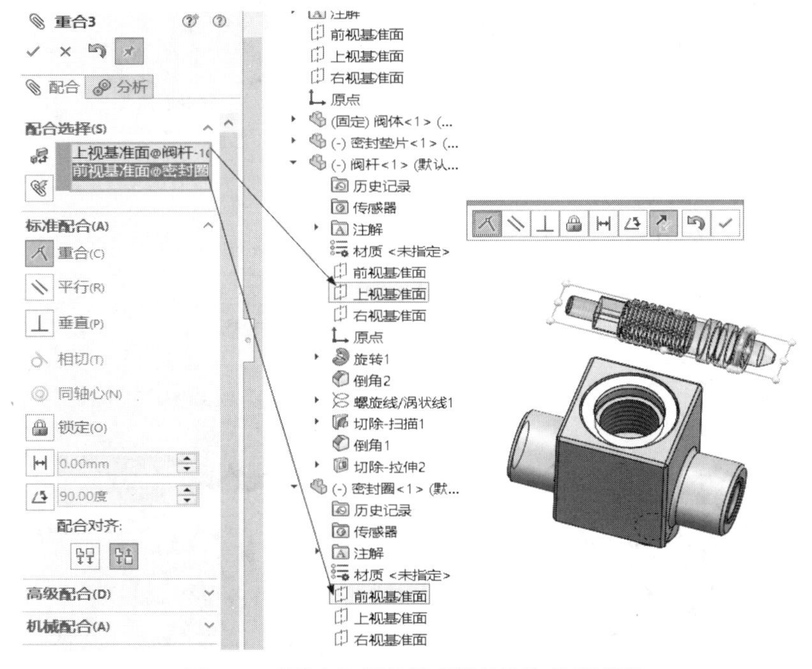

图 9-61　【配合】属性管理器及选取的基准面

面】与【密封圈】下的【右视基准面】重合；单击【标准配合】选项组中的【相切】按钮，然后选取如图 9-62 所示的两个实体表面，单击【确定】按钮✓，结果如图 9-63 所示。单击【关闭】按钮×，退出此阶段的零件配合。

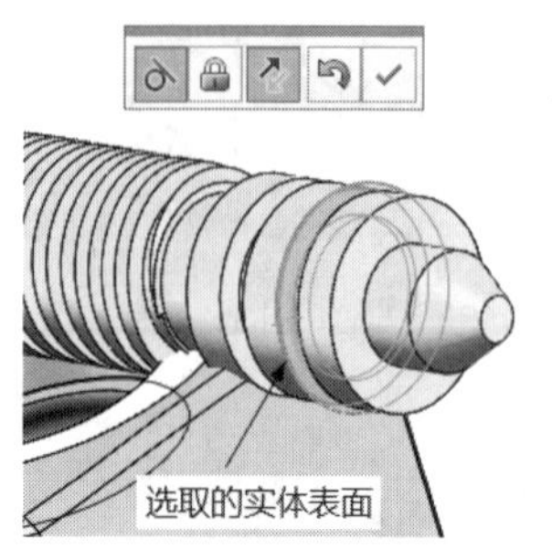

图 9-62 选取的实体表面（2）

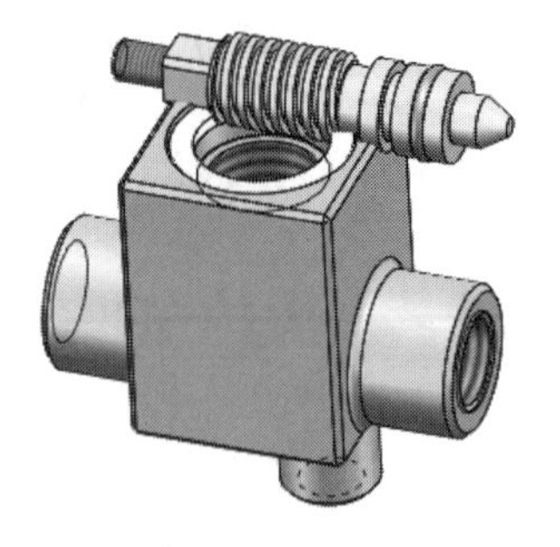

图 9-63 步骤⑧后的结果

⑨ 选择【插入】|【线性零部件阵列】菜单命令或者单击【装配体】工具栏中的【线性零部件阵列】按钮，系统弹出如图 9-64 所示的【线性阵列】属性管理器。【方向 1】选项组中的【阵列方向】选取如图 9-64 所示的实体边缘，在【间距】微调框中输入“10.00mm”，【实例数】微调框中输入“2”，【要阵列的零部件】选择密封圈，单击【确定】按钮✓，结果如图 9-64 所示。

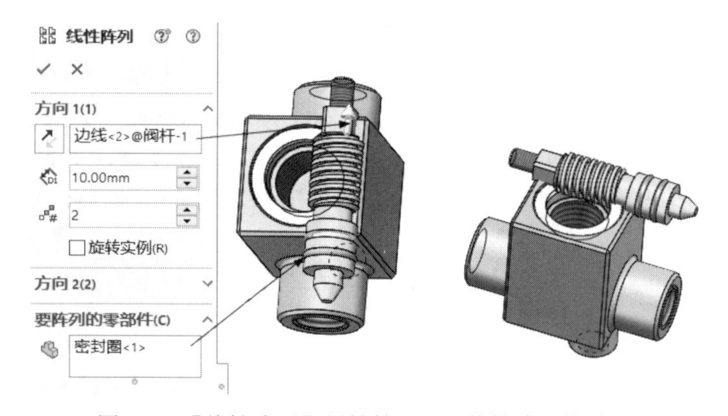

图 9-64 【线性阵列】属性管理器和线性阵列的效果

⑩ 采用与步骤⑤相同的方法插入“填料盒”零件，该零件在绘图区随意放置，结果如图 9-65 所示。

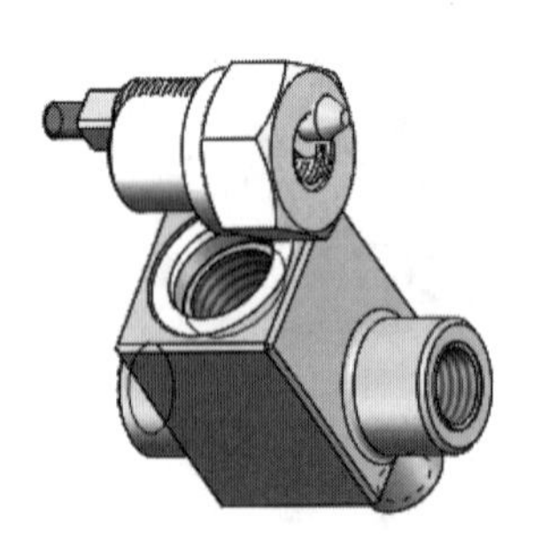

图 9-65 插入填料盒

图 9-66 选取的圆柱面（1）

⑪ 单击【装配体】工具栏上的【配合】按钮，系统弹出【配合】属性管理器。单击【标准配合】选项组中的【同轴心】按钮◎，然后选取如图 9-66 所示的两个圆柱面，单击【反向配合对齐】按钮，再单击【确定】按钮✓；单击【标准配合】选项组中的【重合】按钮，然后选取如图 9-67 所示的两个实体表面，单击【确定】按钮✓；单击【标准配合】选项组中的【同轴心】按钮◎，然后选取如图 9-68 所示的两个圆柱面，单击【反向配合对齐】按钮，再单击【确定】按钮✓；单击【标准配合】选项组中的【距离】按钮，在【距离】微调框中输入“28.00mm”，然后选取如图 9-69 所示的两个实体表面，单击【确定】按钮✓；结果如图 9-70 所示。【关闭】按钮×，退出此阶段的零件配合。

⑫ 采用与步骤⑤相同的方法插入“手轮”和“螺母”零件，这两个零件在绘图区随意放置，结果如图 9-71 所示。

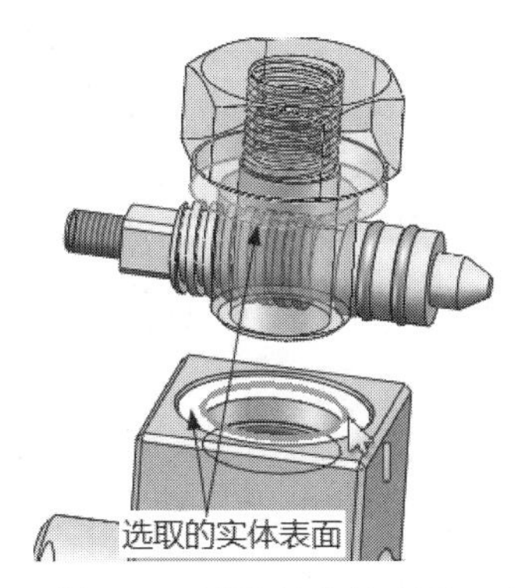

图 9-67 选取的实体表面（3）

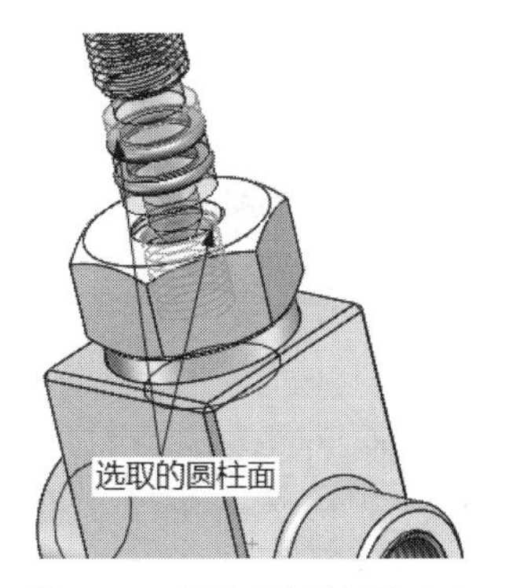

图 9-68 选取的圆柱面（2）

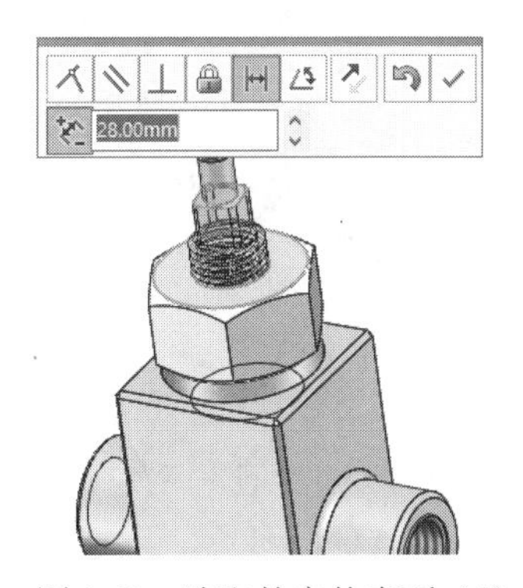

图 9-69 选取的实体表面（4）

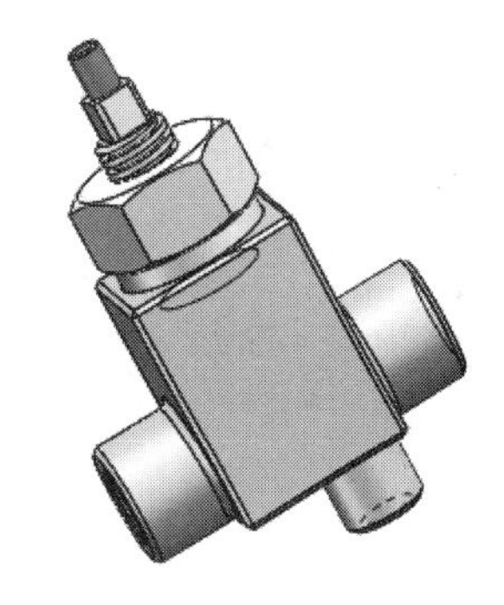

图 9-70 步骤⑪后的结果

图 9-71 插入两个零件

图 9-72 选取的圆柱面（3）

⑬ 单击【装配体】工具栏上的【配合】按钮，系统弹出【配合】属性管理器。单击【标准配合】选项组中的【同轴心】按钮◎，然后选取如图 9-72 所示的两个圆柱面，单击【确定】按钮✔；单击【标准配合】选项组中的【重合】按钮，然后选取如图 9-73 所示的两个实体表面，单击【确定】按钮✔；单击【标准配合】选项组中的【重合】按钮，然后选取如图 9-74 所示的两个实体表面，单击【确定】按钮✔；单击【标准配合】选项组中的【同轴心】按钮◎，然后选取如图 9-75 所示的两个圆柱面，再单击【确定】按钮✔；单击【标准配合】选项组中的【重合】按钮，然后选取如图 9-76 所示的两个实体表面，单击【确定】按钮✔；结果如图 9-77 所示。【关闭】按钮×，退出此阶段的零件配合。

⑭ 采用与步骤⑤相同的方法插入“泄压螺钉”零件，该零件在绘图区随意放置，结果如图 9-78 所示。

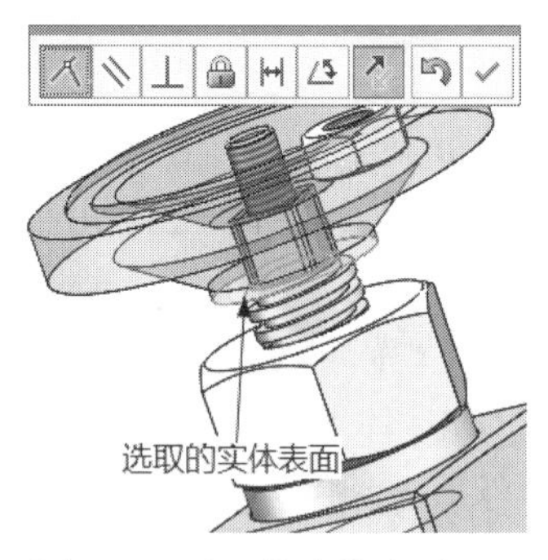

图 9-73　选取的实体表面（5）

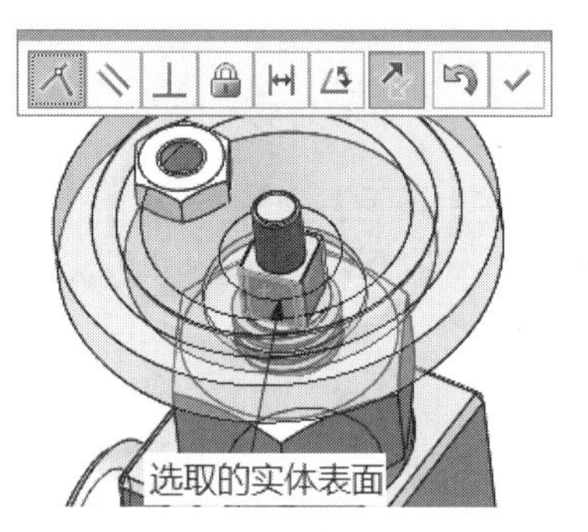

图 9-74　选取的实体表面（6）

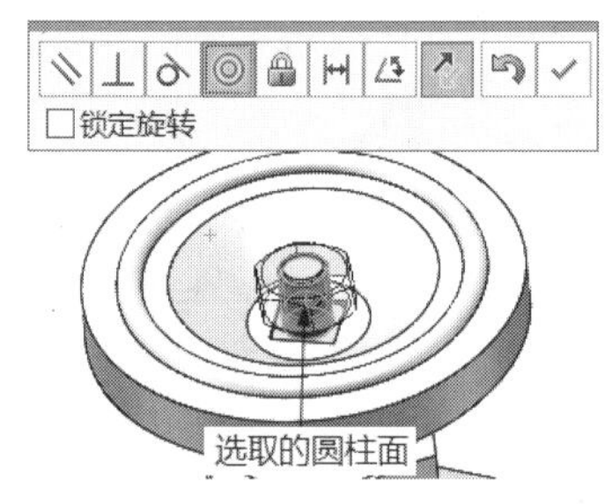

图 9-75　选取的圆柱面（4）

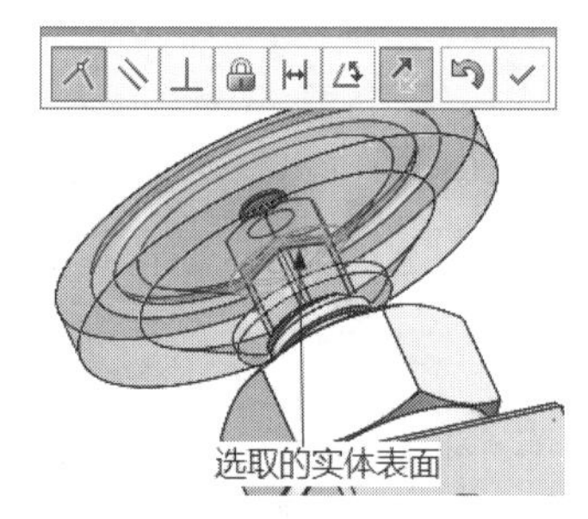

图 9-76　选取的实体表面（7）

图 9-77　步骤⑬后的结果

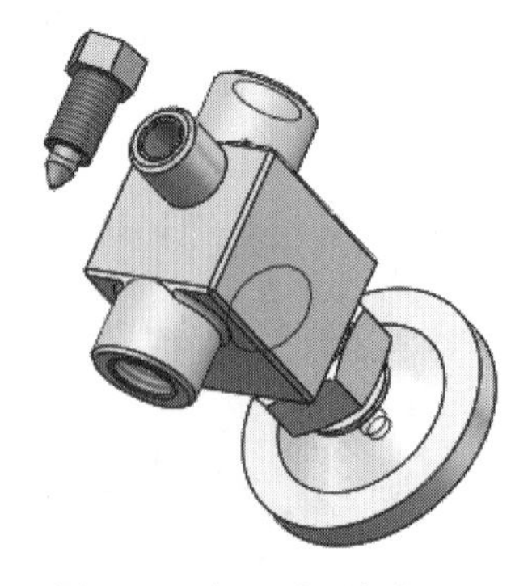

图 9-78　插入泄压螺钉

⑮ 单击【装配体】工具栏上的【配合】按钮，系统弹出【配合】属性管理器。单击【标准配合】选项组中的【同轴心】按钮◎，然后选取如图 9-79 所示的两个圆柱面，再单击【确

定】按钮✔；单击【标准配合】选项组中的【重合】按钮⋌，然后选取如图 9-80 所示的两个实体表面，单击【确定】按钮✔；结果如图 9-47 所示。

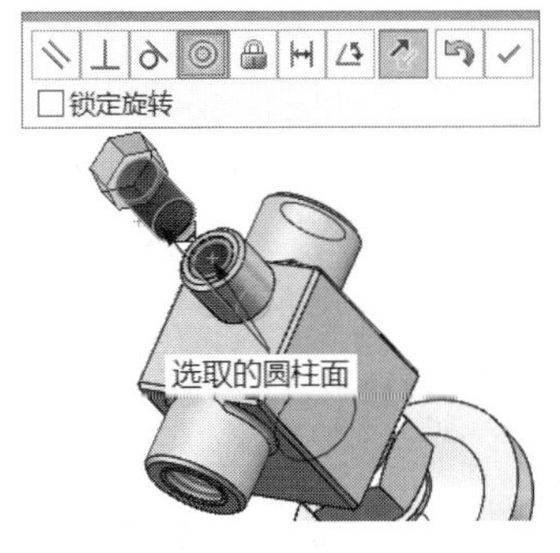

图 9-79　选取的圆柱面（5）

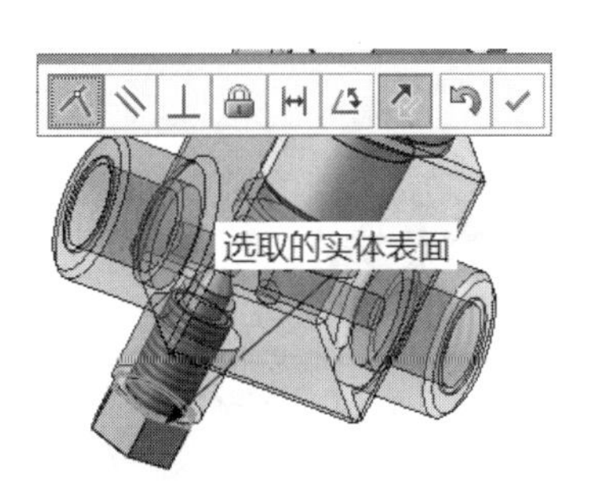

图 9-80　选取的实体表面（8）

9.6.2 实例 2

本实例将利用已经生成的零件图装配生成如图 9-81 所示的装配体，该装配体主要是设计一个搬运机械手，有部分子装配已经装配好了，部分子装配体（气动手抓）的装配过程在 9.2.3 节有详细的讲解。该实例有部分零件只有外形，没有安装孔的特征，因此在装配体创建完后在装配中编辑零件并保存。

在本实例中，装配完成后的特征树如图 9-82 所示，新建装配体采用另一种方法，其装配的操作步骤如下。

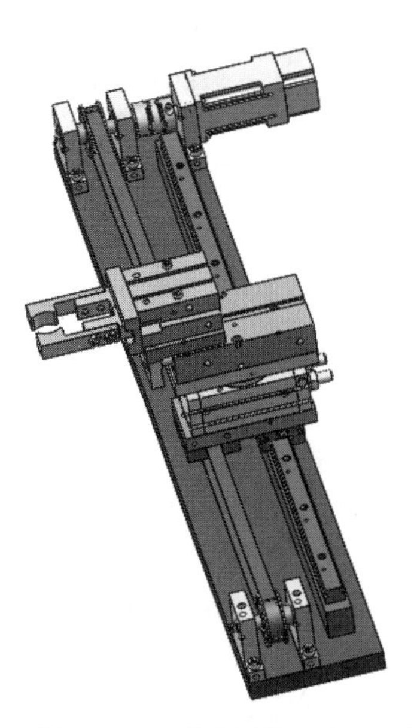

图 9-81　工程应用综合实例 2 模型

搬运机械手 (默认<默认_显示状
History
传感器
注解
前视基准面
上视基准面
右视基准面
原点
(固定) 底座<1> -> (默认<<
主动轮机构组装<1> (默认<
同步带600<1> (默认<<默认
从动轮机构组装<1> (默认<
直线导轨垫<1> -> (默认<<
直线导轨<1> (默认<默认_显
旋转缸组装<1> (默认<默认
伸缩气缸安装板<1>->? (默
伸出气缸20-50<1> (默认<
(-) GB_FASTENER_SCREWS
气动手抓<1> (默认<默认_显
(-) GB_FASTENER_SCREWS
(-) GB_FASTENER_SCREWS
(-) GB_FASTENER_SCREWS
(-) GB_FASTENER_SCREWS
配合
局部线性阵列1
派生线性阵列1
派生线性阵列2
局部线性阵列2
局部线性阵列3
局部线性阵列4

图 9-82　装配完成后的特征树

① 进入 SolidWorks 2018，选择【文件】|【打开】菜单命令，系统弹出【打开】对话框，选择“底座”文件，单击【打开】按钮，“底座”模型如图 9-83 所示。

② 选择【文件】|【从零件制作装配体】菜单命令（图 9-84），系统弹出如图 9-85 所示的【新建 SOLIDWORKS 文件】对话框。选择【gb_ assembly】文件，单击【确定】按钮，系统弹出如图 9-86 所示的【开始装配体】属性管理器。单击【确定】按钮✔，系统进入装配环境。

图 9-83 “底座”模型

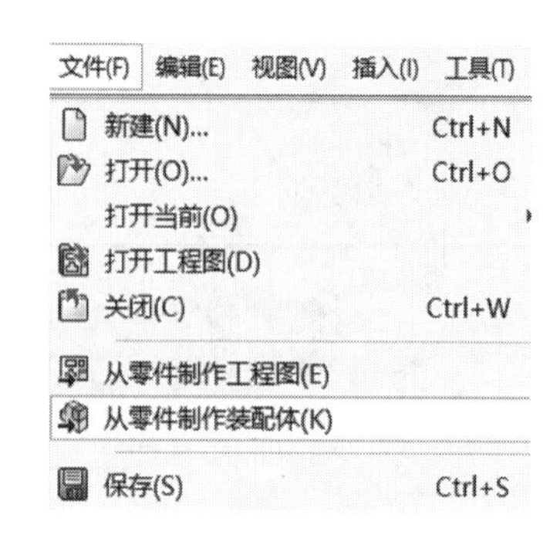

图 9-84 【从零件制作装配体】菜单命令

③ 选择【文件】|【保存】或【另存为】菜单命令，或单击【标准】工具栏上的【保存】按钮，系统弹出【另存为】对话框。在【文件名】文本框中输入名称为“搬运机械手”，单击【保存】按钮，保存后的结果如图 9-87 所示。

图 9-85 【新建 SOLIDWORKS 文件】对话框

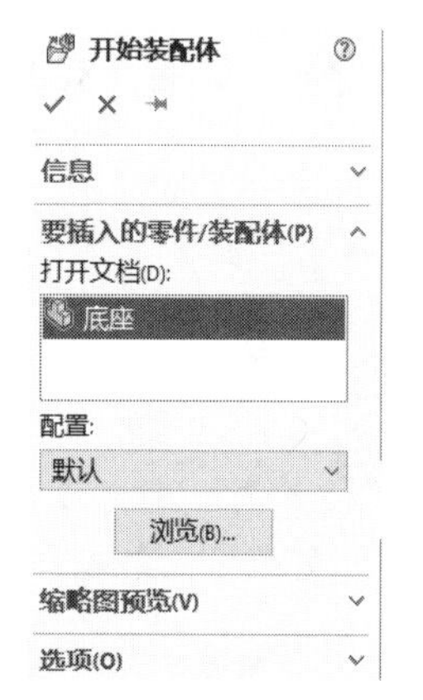

图 9-86 【开始装配体】属性管理器

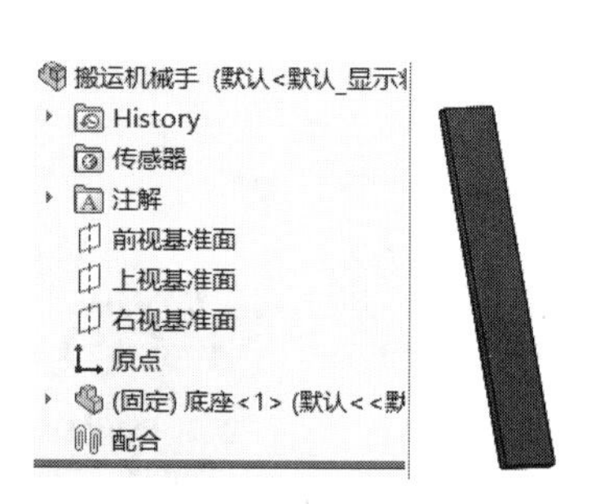

图 9-87 生成装配体

④ 单击【装配体】工具栏上的【插入零部件】按钮，系统弹出如图 9-88 所示的【插入零部件】属性管理器。单击【浏览】按钮，系统弹出【打开】对话框。在练习文件目录中选择“主动轮机构组装”装配体，单击【打开】按钮。此时在图形窗口中放置零件，位置如图 9-89 所示。

⑤ 单击【装配体】工具栏上的【配合】按钮，系统弹出如图 9-90 所示的【配合】属性管理器。单击【标准配合】选项组中的【重合】按钮，然后选取如图 9-91 所示的两个实体表面，单击【反向对齐】按钮，单击【确定】按钮✔；单击【标准配合】选项组中的【重合】按钮，然后选取如图 9-92 所示的两个实体表面，单击【确定】按钮✔；按钮【标准配合】选项组中的【重合】按钮，然后选取如图 9-93 所示的两个实体表面，单击【确定】按钮✔；结果如图 9-94 所示。【关闭】按钮×，退出此阶段的零件配合。

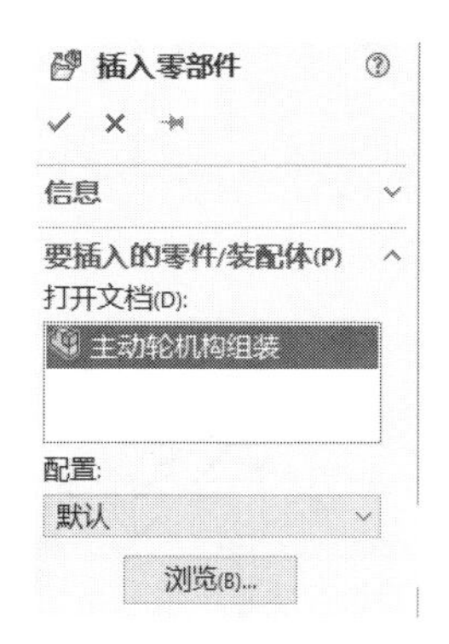

图 9-88 【插入零部件】属性管理器

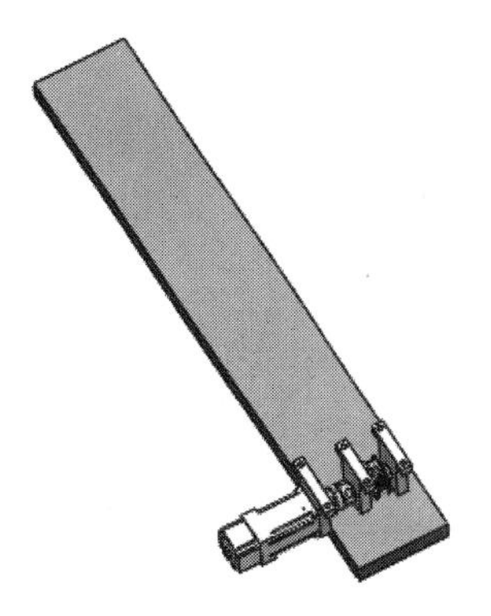

图 9-89 放置子装配体

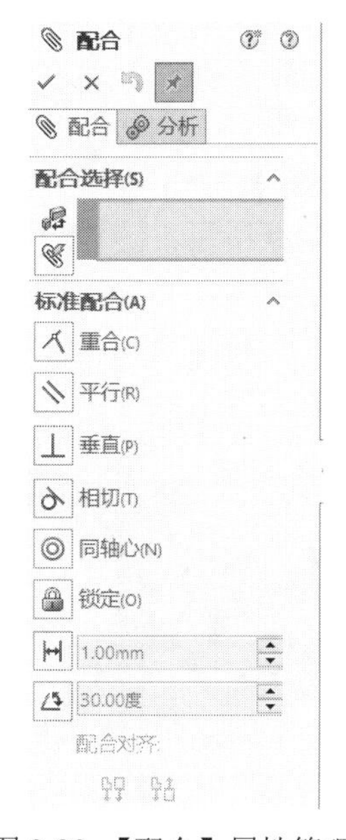

图 9-90 【配合】属性管理器

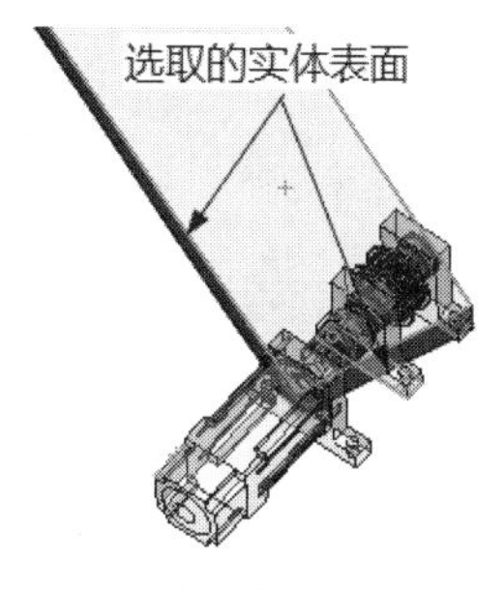

图 9-91 选取的实体表面（1）

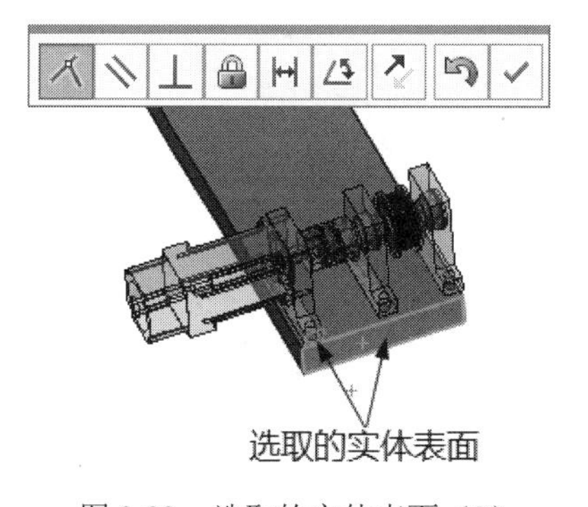

图 9-92 选取的实体表面（2）

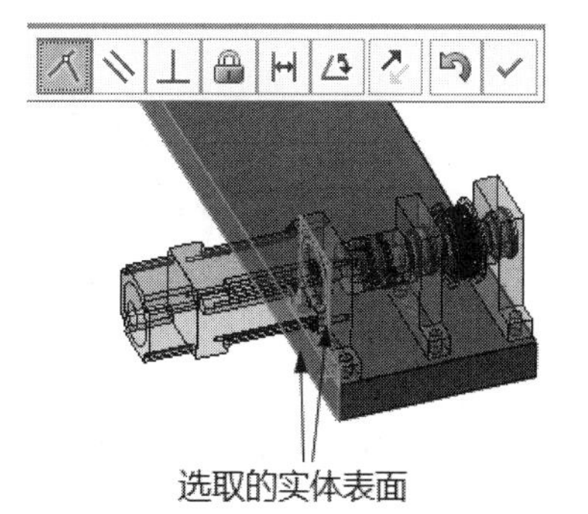

图 9-93 选取的实体表面（3）

⑥ 采用与步骤④相同的方法插入“同步带 600”零件，该零件在绘图区随意放置，结果如图 9-95 所示。

图 9-94　装配子装配体后的模型

图 9-95　放置零件（1）

⑦ 单击【装配体】工具栏上的【配合】按钮，系统弹出【配合】属性管理器。单击【标准配合】选项组中的【同轴心】按钮◎，然后选取如图 9-96 所示的两个圆柱面，单击【确定】按钮✓；单击【高级配合】选项组中的【宽度】按钮，【宽度选择】选取如图 9-97 所示的“同步带 600”上的两个面，【薄片选择】选择如图 9-98 所示的“同步带带轮-主”上的两个面，单击【确定】按钮✓；单击【标准配合】选项组中的【平行】按钮，然后选取如图 9-99 所示的两个实体表面，单击【确定】按钮✓；结果如图 9-100 所示。【关闭】按钮×，退出此阶段的零件配合。

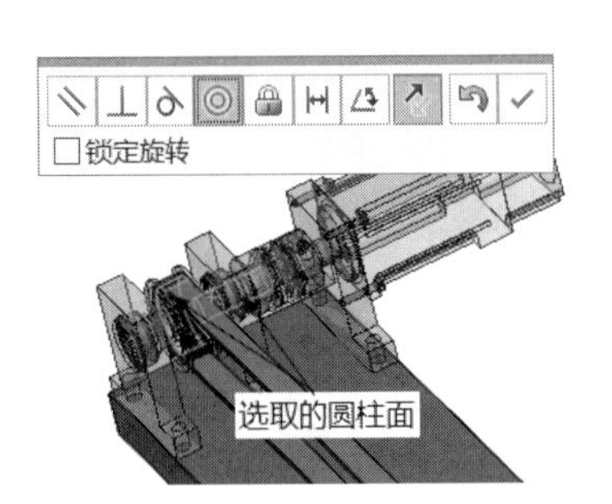

图 9-96　选取的圆柱面

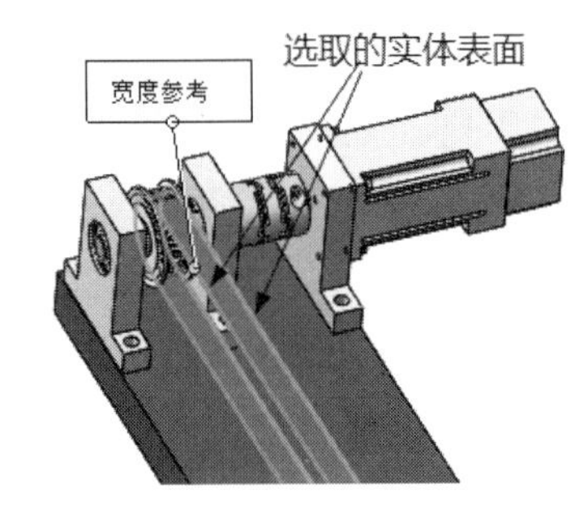

图 9-97　选取的实体表面（4）

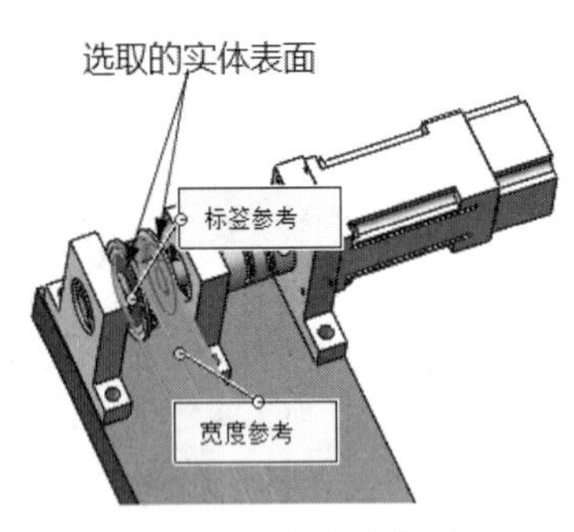

图 9-98　选取的实体表面（5）

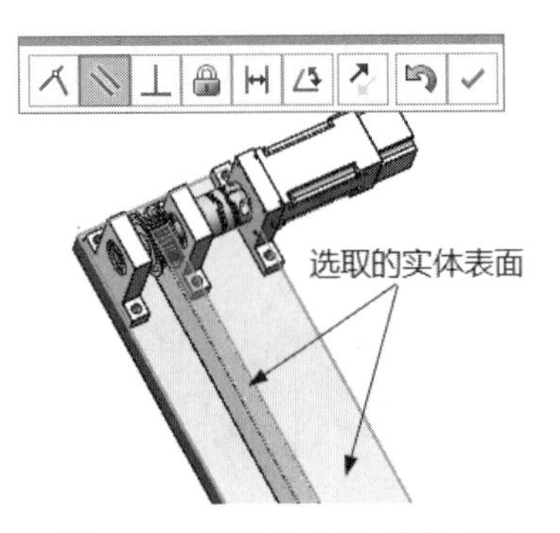

图 9-99　选取的实体表面（6）

⑧ 采用与步骤④相同的方法插入“从动轮机构组装”装配体，该装配体在绘图区随意放置，结果如图 9-101 所示。

⑨ 单击【装配体】工具栏上的【配合】按钮，系统弹出【配合】属性管理器。采用与步骤⑦相似的方法配合，这里不再详述，结果如图 9-102 所示。

图 9-100　装配零件后的模型

图 9-101　放置子装配体

⑩ 采用与步骤④相同的方法插入“直线导轨垫”零件，该零件在绘图区随意放置，结果如图 9-103 所示。

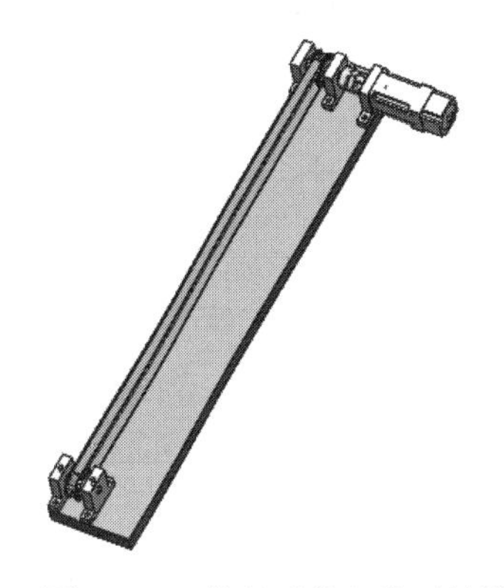

图 9-102　装配子装配体后的模型

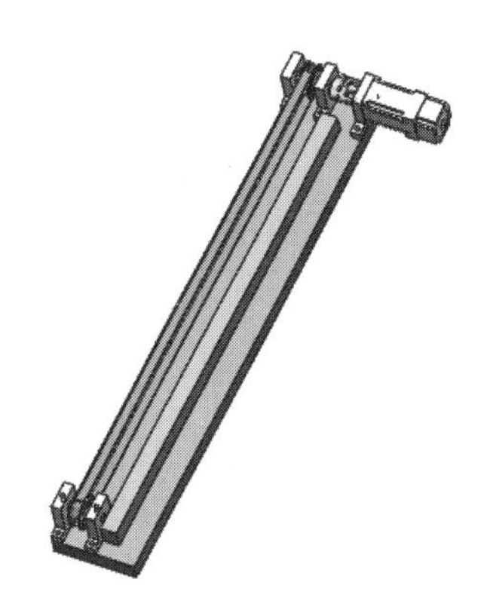

图 9-103　放置零件（2）

⑪ 单击【装配体】工具栏上的【配合】按钮，系统弹出【配合】属性管理器。单击【标准配合】选项组中的【重合】按钮，然后选取如图 9-104 所示的两个实体表面，单击【确定】按钮；单击【标准配合】选项组中的【距离】按钮，在【距离】微调框中输入“15.00mm”，然后选取如图 9-105 所示的两个实体表面，单击【确定】按钮；单击【标准配合】选项组中的【距离】按钮，在【距离】微调框中输入“30.00mm”，然后选取如图 9-106 所示的两个实体表面，单击【确定】按钮；结果如图 9-107 所示。【关闭】按钮×，退出此阶段的零件配合。

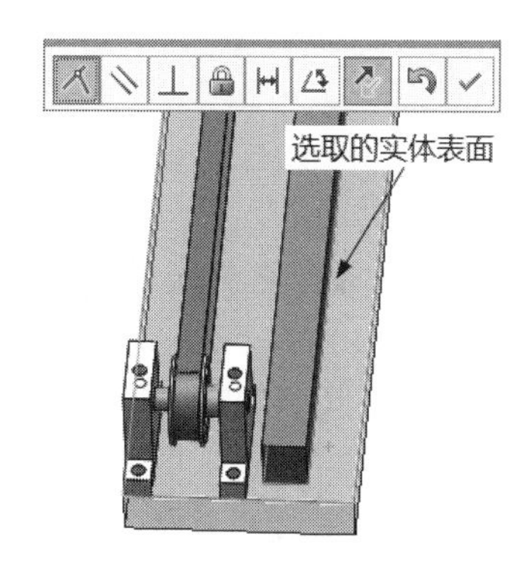

图 9-104　选取的实体表面（7）

图 9-105　选取的实体表面（8）

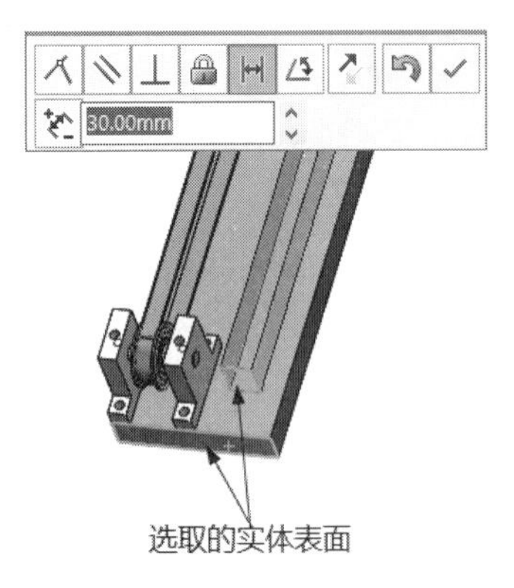

图 9-106　选取的实体表面（9）

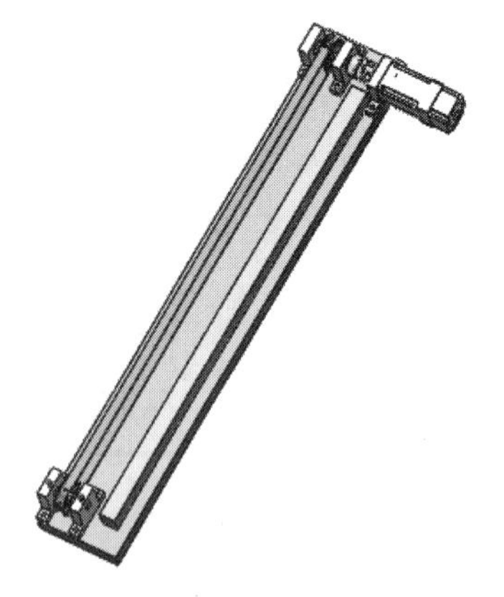

图 9-107　装配直线导轨垫后的模型

⑫ 采用与步骤④相同的方法插入“直线导轨”装配体，该装配体在绘图区随意放置，结果如图 9-108 所示。

图 9-108　放置零件（3）

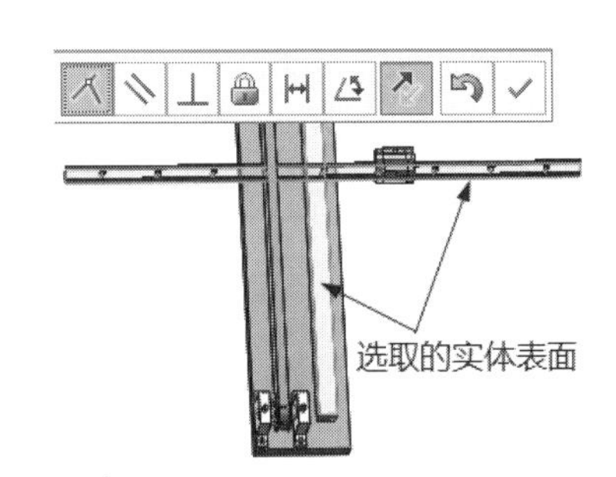

图 9-109　选取的实体表面（10）

⑬ 单击【装配体】工具栏上的【配合】按钮，系统弹出【配合】属性管理器。单击【标准配合】选项组中的【重合】按钮，然后选取如图 9-109 所示的两个实体表面，单击【确定】按钮；单击【高级配合】选项组中的【宽度】按钮，【宽度选择】选取如图 9-110 所示的“直线导轨垫”上的两个面，【薄片选择】选取如图 9-110 所示的“直线导轨”上的两个面，单击【确定】按钮；单击【标准配合】选项组中的【距离】按钮，在【距离】微调框中输入“10.00mm”，然后选取如图 9-111 所示的两个实体表面，单击【确定】按钮；结果如图 9-112 所示。【关闭】按钮×，退出此阶段的零件配合。

⑭ 采用与步骤④相同的方法插入“旋转缸组装”装配体，该装配体在绘图区随意放置，结果如图 9-113 所示。

⑮ 单击【装配体】工具栏上的【配合】按钮，系统弹出【配合】属性管理器。采用与步骤⑬相似的方法配合，这里不再详述，结果如图 9-114 所示。

⑯ 采用与前面讲解装配零件或子装配体相似的方法装配“伸缩气缸安装板”零件，结果如图 9-115 所示。

注意：后面的零件和子装配的装配过程与前面讲述的装配过程基本相似，后面不再详述。

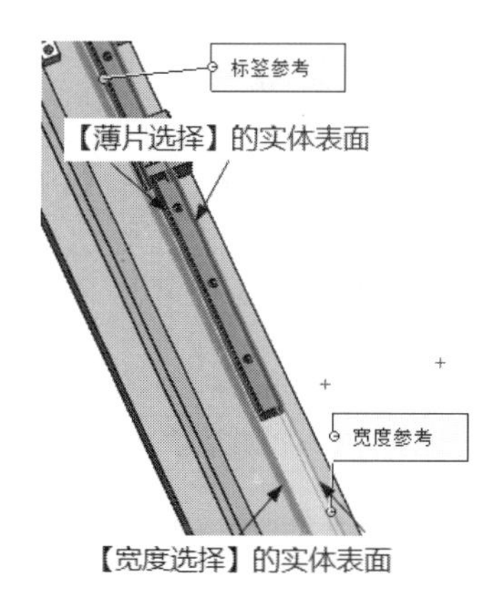

图 9-110　选取的实体表面（11）

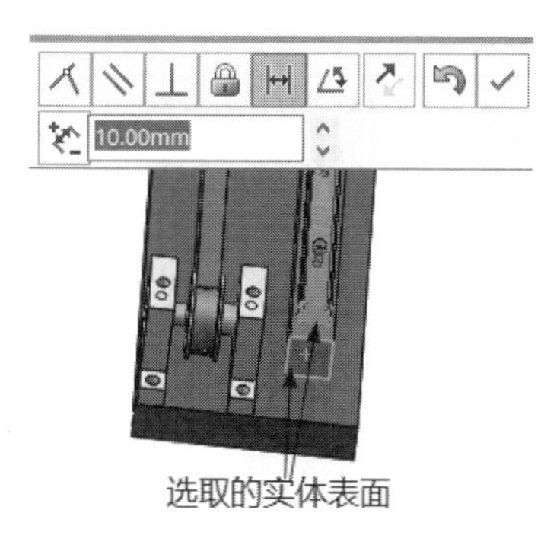

图 9-111　选取的实体表面（12）

图 9-112　装配直线导轨后的模型

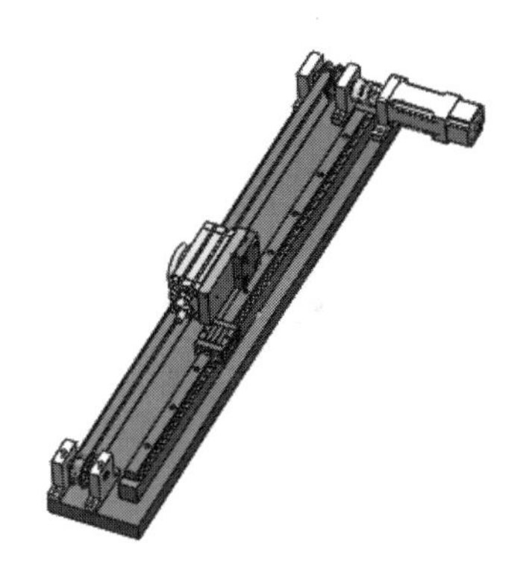

图 9-113　放置装配体

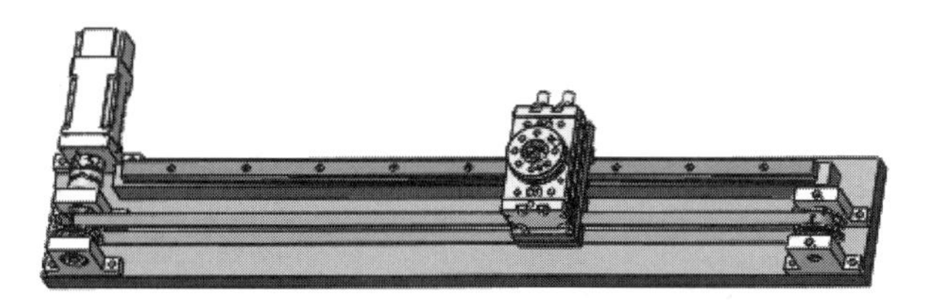

图 9-114　装配旋转缸组装后的模型

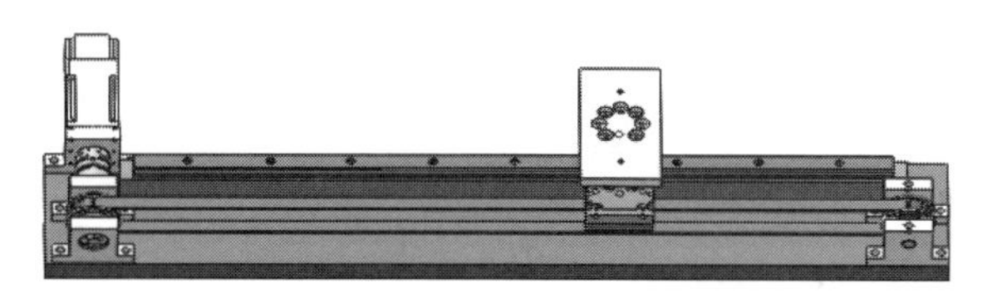

图 9-115　装配伸缩气缸安装板后的模型

⑰ 装配“伸出气缸 20-50”装配体，结果如图 9-116 所示。

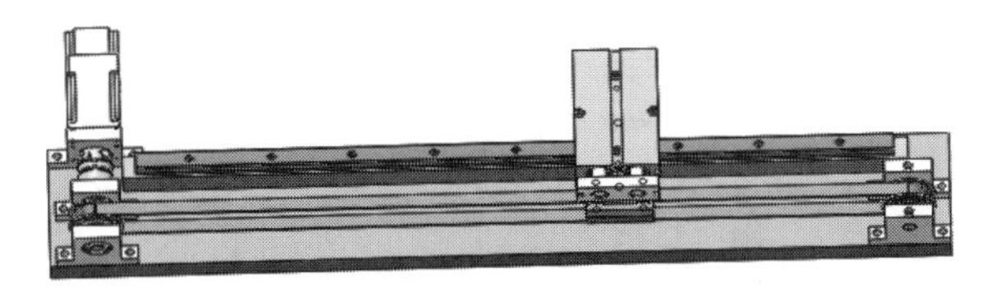

图 9-116　装配伸出气缸 20-50 后的模型

⑱ 单击窗口右边的【设计库】按钮，选择【Toolbox】选项，单击【现在插入】超链接，如图 9-117 所示，【Toolbox】展开后如图 9-118 所示。双击【GB】文件夹，然后依顺序双击【screws】|【凹头螺钉】选项，最后选择一个型号的螺柱，本实例选择【内六角圆柱头螺钉 GB/T 70.1—2000】选项，如图 9-119 所示，然后往绘图区域拖，系统弹出如图 9-120 所示的【配置零部件】属性管理器。【大小】下拉列表中选择【M4】,【长度】下拉列表中选择【25】，单击【确定】按钮✔。

图 9-117　设计库

图 9-118　设计库中的【Toolbox】

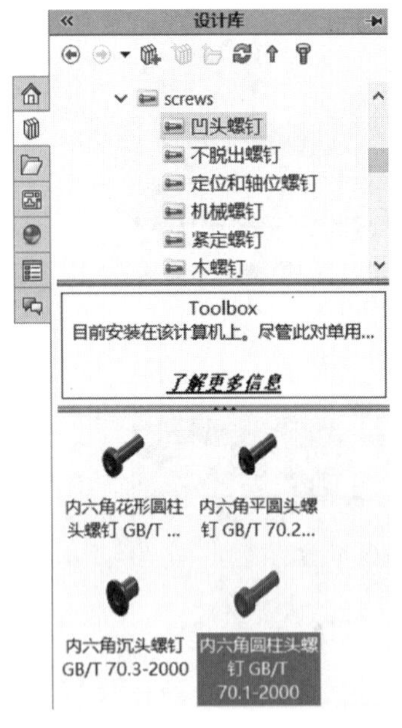

图 9-119　选择螺钉型号

图 9-120　【配置零部件】属性管理器

⑲ 添加配合关系（参照前面的详细讲解，这里不再讲述），结果如图 9-121 所示。

⑳ 单击【装配体】工具栏中的【线性零部件阵列】按钮，系统弹出如图 9-122 所示的【线性阵列】属性管理器。【方向 1】选项组中的【阵列方向】选取如图 9-122 所示的实体边

缘，【间距】微调框中输入“70.00mm”，【实例数】微调框中输入“2”，【要阵列的零部件】选择 M4 螺钉，单击【确定】按钮✔。

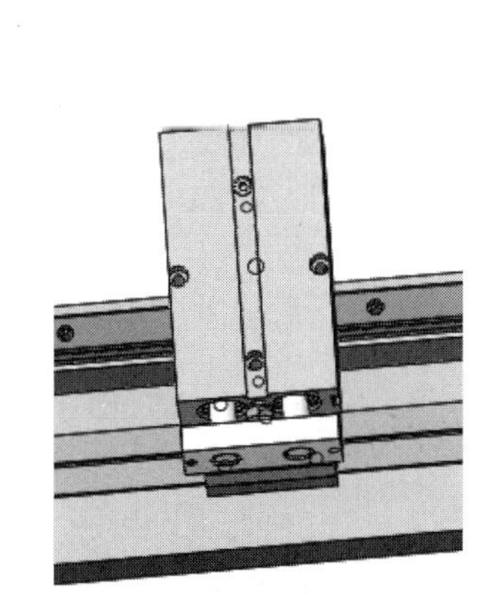

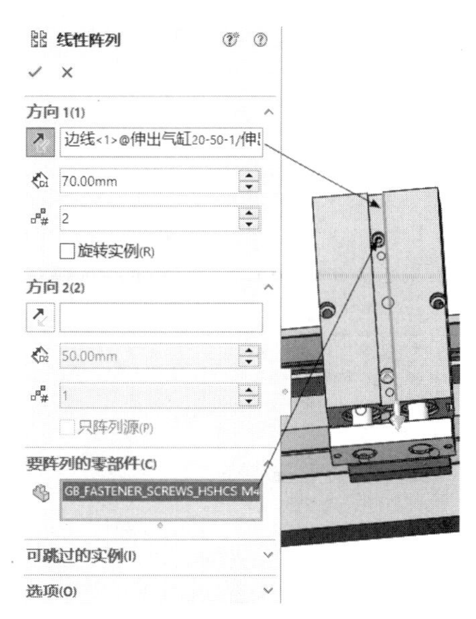

图 9-121　装配 M4 螺钉后的模型　　　　图 9-122　【线性阵列】属性管理器

㉑ 装配“气动手抓”装配体，结果如图 9-123 所示。

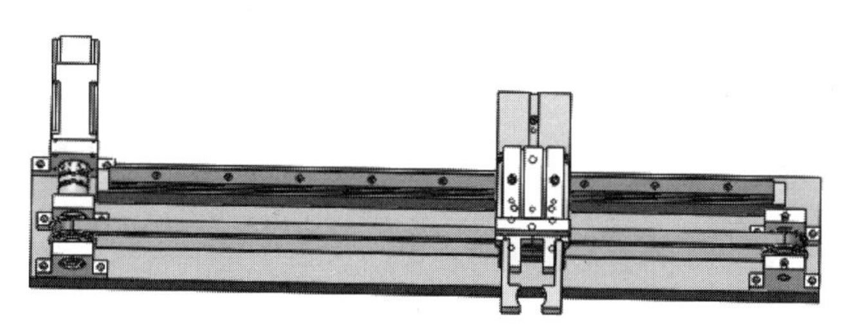

图 9-123　装配气动手抓后的模型

㉒ 本实例中的部分零件并不完善，需要编辑和修改，通过该实例的操作过程，讲解在装配体中编辑零件，添加特征。在【特征管理器设计树】中选择“直线导轨垫”零件，单击鼠标右键，在弹出的快捷菜单中单击【编辑】按钮，如图 9-124 所示。

㉓ 单击【特征】工具栏中的【异型向导孔】按钮，系统弹出如图 9-125 所示的【孔规格】属性管理器。参照图 9-125 设置各个选项和参数。单击【孔类型】选项组中的【直螺纹孔】按钮，【标准】下拉列表中选择【GB】，【类型】下拉列表中选择【底部螺纹孔】，【大小】下拉列表中选择【M3】，【终止条件】下拉列表中选择【完全贯穿】。然后进入【位置】选项卡，再选取如图 9-126 所示的实体表面，系统进入草图环境，单击【标准视图】工具栏中的【正视于】按钮，螺纹孔的位置如图 9-127 所示，孔中心与直线导轨上的沉头孔中心重合，单击【确定】按钮✔。

㉔ 单击【特征】工具栏中的【线性阵列】按钮，系统弹出如图 9-128 所示的【线性阵列】属性管理器。【方向 1】选取如图 9-128 所示的实体边缘，【间距】微调框中输入“60.00mm”，【实例数】微调框中输入“9”；【方向 2】选取如图 9-128 所示的实体边缘；选择步骤㉓创建的螺纹孔，单击【确定】按钮✔，结果如图 9-128 所示。

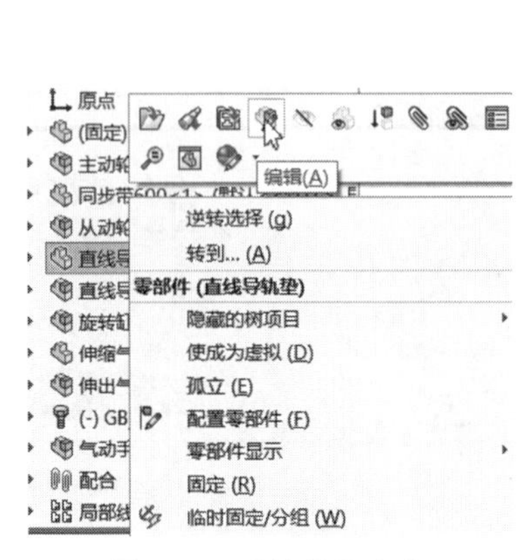

图 9-124 【编辑】命令

图 9-125 【孔规格】属性管理器

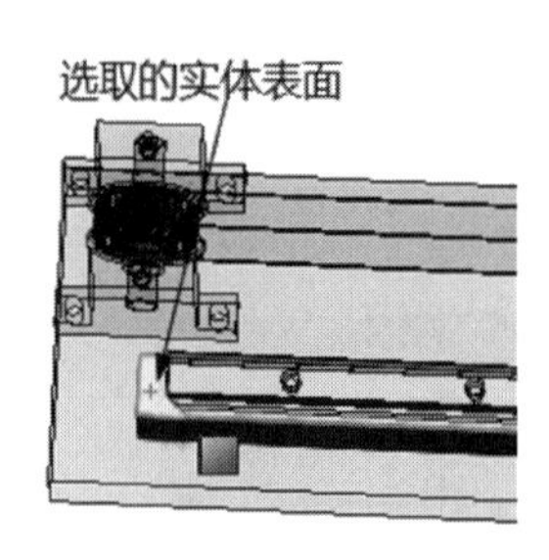

图 9-126 选取的实体表面（13）

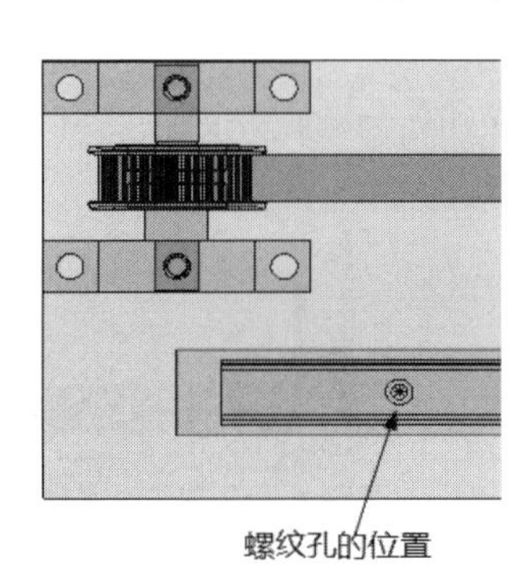

图 9-127 螺纹孔的位置（1）

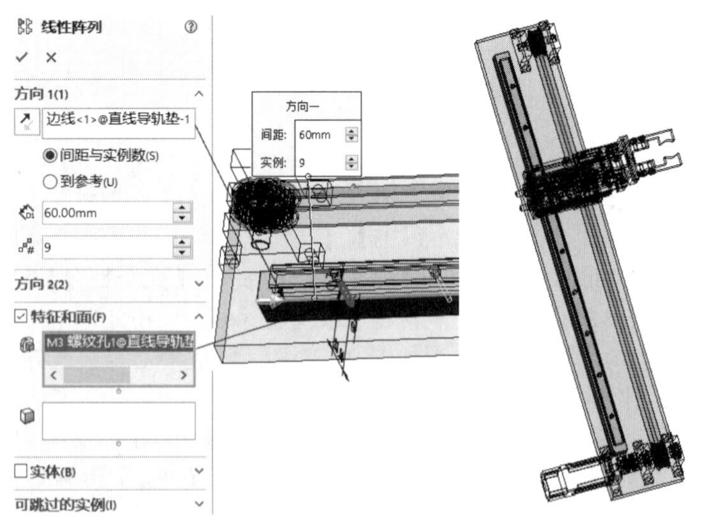

图 9-128 【线性阵列】属性管理器及结果

㉕ 在【特征管理器设计树】中选择“底座”零件，单击鼠标右键，在弹出的快捷菜单中单击【编辑】按钮。

㉖ 单击【特征】工具栏中的【异型向导孔】按钮，系统弹出【孔规格】属性管理器。单击【孔类型】选项组中的【直螺纹孔】按钮，【标准】下拉列表中选择【GB】，【类型】下拉列表中选择【底部螺纹孔】，【大小】下拉列表中选择【M5】，【终止条件】下拉列表中选择【完全贯穿】。然后进入【位置】选项卡，再选取如图 9-129 所示的模型表面，系统进入草图环境，单击【标准视图】工具栏中的【正视于】按钮，螺纹孔的位置如图 9-130 所示，一共创建 10 个螺纹孔，孔中心分别与轴承座和电机安装板上的安装孔中心重合，单击【确定】按钮，结果如图 9-131 所示。

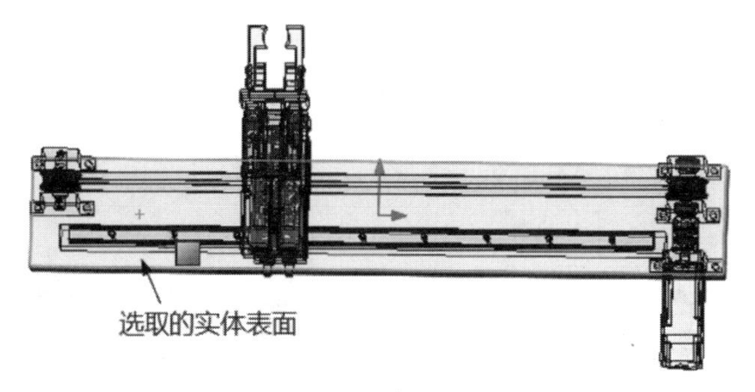

图 9-129　选取的实体表面（14）

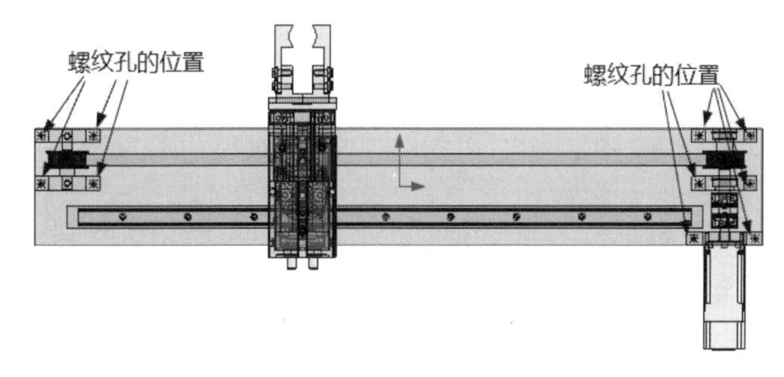

图 9-130　螺纹孔的位置（2）

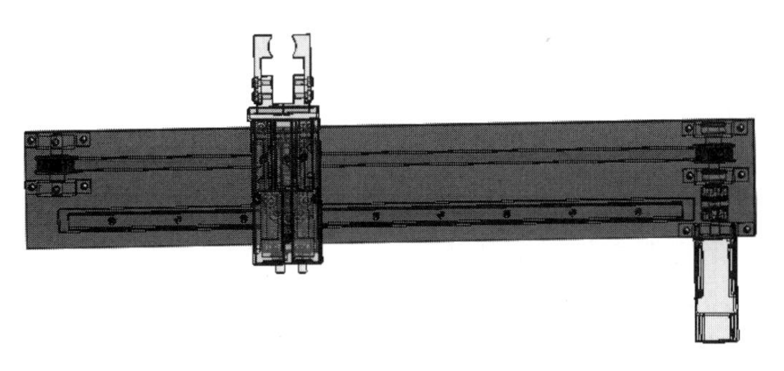

图 9-131　创建螺纹孔后的模型

㉗ 采用与步骤㉖相同的方法创建 9 个 M3 的沉头孔。单击【孔类型】选项组中的【柱形沉头孔】按钮，【标准】下拉列表中选择【GB】，【类型】下拉列表中选择【内六角圆柱头螺钉 GB/T 70.1—200】，【大小】下拉列表中选择【M3】；勾选【显示自定义大小】复选框，【通孔直径】微调框中输入“3.50mm”，【柱形沉头孔直径】微调框中输入“7.00mm”，【柱形

沉头孔深度】微调框中输入“6.00mm”，【终止条件】下拉列表中选择【完全贯穿】。沉头孔的放置面如图 9-132 所示；沉头孔的位置如图 9-133 所示，沉头孔中心与直线导轨垫上的 9 个 M3 的螺纹孔的中心重合；结果如图 9-134 所示。

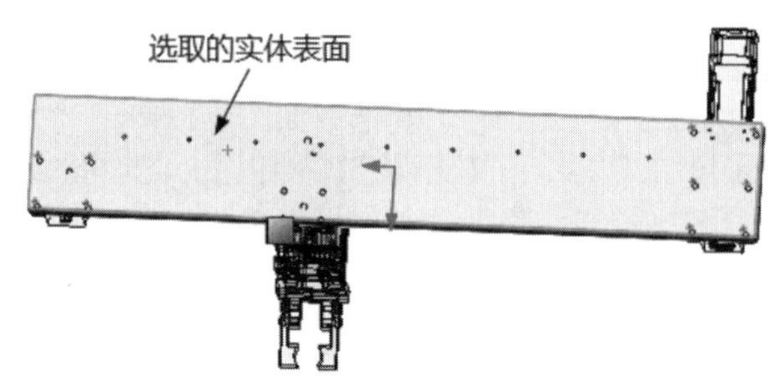

图 9-132　选取的实体表面（15）

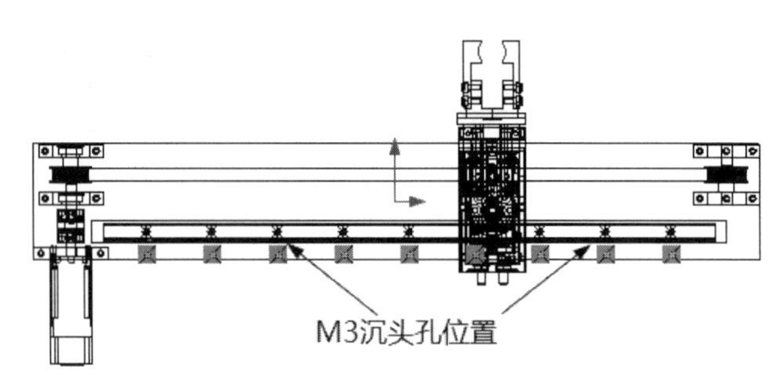

图 9-133　沉头孔的位置

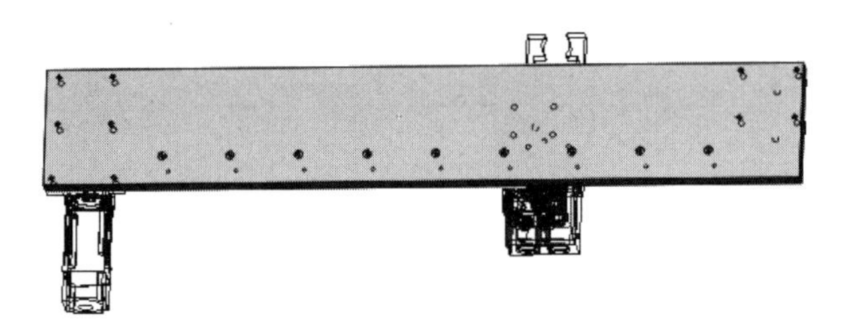

图 9-134　创建沉头孔后的模型

㉘ 在【特征管理器设计树】中选择总装配体“搬运机械手”，单击鼠标右键，在弹出的快捷菜单中单击【编辑】按钮；或者单击绘图区右上角的按钮，进入装配环境。

㉙ 采用与步骤⑱相同的方法从设计库中装配 M3 长 20 的内六角圆柱头螺钉，添加配合关系（参照前面的详细讲解，这里不再讲述），结果如图 9-135 所示。

㉚ 选择【插入】|【阵列驱动零部件阵列】菜单命令或者单击【装配体】工具栏中的【零部件特征驱动阵列】按钮，系统弹出【阵列驱动】属性管理器。单击【要阵列的零部件】选项组中按钮右侧的选择框，然后选择步骤㉙装配 M3 螺钉为要阵列的零部件；单击【驱动特征】选项组中按钮右侧的选择框，选择如图 9-136 所示的阵列，此时【阵列驱动】属性管理器如图 9-137 所示，单击【确定】按钮✔，结果如图 9-138 所示。

㉛ 采用与步骤㉙和㉚相同的方法装配另一个面上的 M3 长 30 的内六角圆柱头螺钉，并阵列，结果如图 9-139 所示。

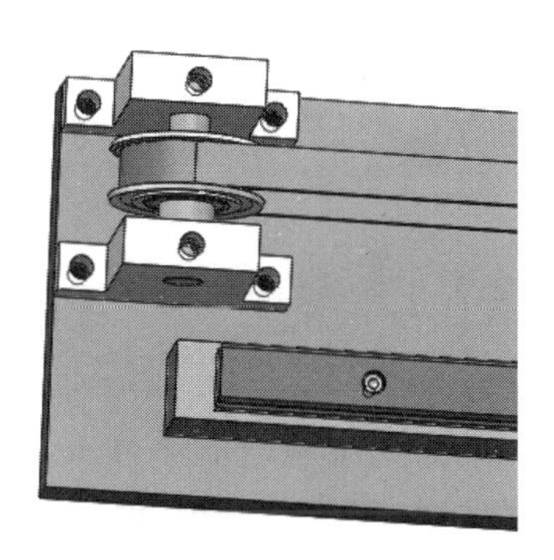

图 9-135　装配 M3 螺钉后的模型

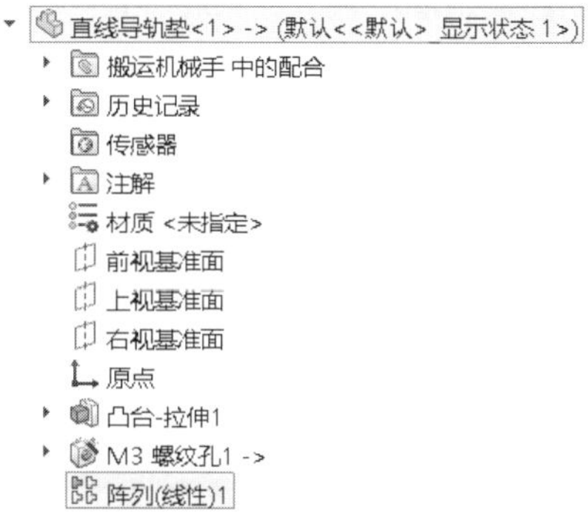

直线导轨垫<1> -> (默认<<默认>_显示状态 1>)
搬运机械手 中的配合
历史记录
传感器
注解
材质 <未指定>
前视基准面
上视基准面
右视基准面
原点
凸台-拉伸1
M3 螺纹孔1 ->
阵列(线性)1

图 9-136　选择阵列

阵列驱动
要阵列的零部件(C)
GB_FASTENER_SCREWS_HSH
驱动特征或零部件(D)
阵列(线性)1@直线导轨垫
选取源位置(P)
可跳过的实例(I)
被驱动特征跳过(D)
选项(O)

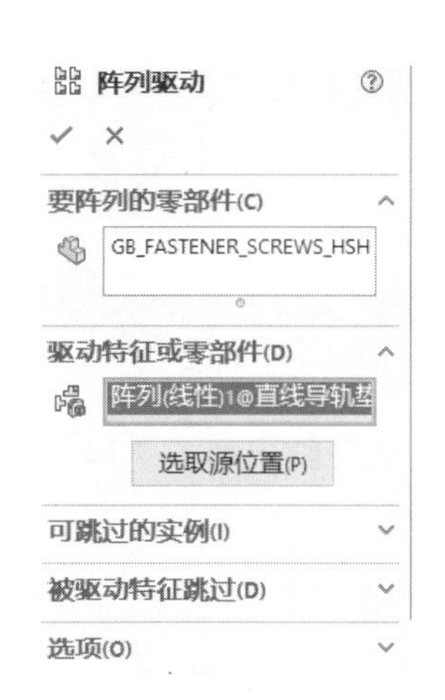

图 9-137 【阵列驱动】属性管理器

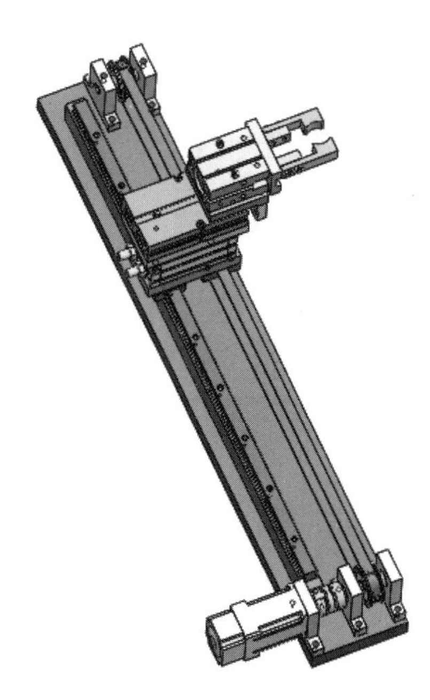

图 9-138　阵列后的模型

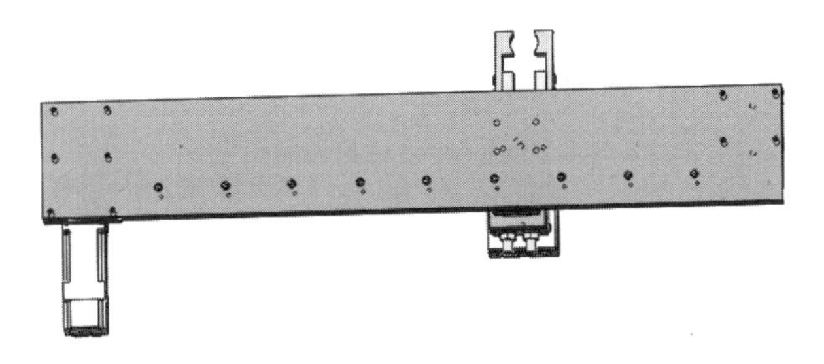

图 9-139　装配 M3 螺钉并阵列后的模型

㉜ 采用与步骤⑱相同的方法从设计库中装配 M5 长 20 的内六角圆柱头螺钉，添加配合关系（参照前面的详细讲解，这里不再讲述），结果如图 9-140 所示。

㉝ 单击【装配体】工具栏中的【线性零部件阵列】按钮，系统弹出如图 9-141 所示的【线性阵列】属性管理器。【方向 1】选项组中的【阵列方向】选取如图 9-141 所示的实体边

缘，【间距】微调框中输入“42.00mm”，【实例数】微调框中输入“2”；【方向 2】选项组中的【阵列方向】选取如图 9-141 所示的实体边缘，【间距】微调框中输入“48.00mm”，【实例数】微调框中输入“2”；【要阵列的零部件】选择 M5 螺钉，单击【确定】按钮✔，结果如图 9-141 所示。

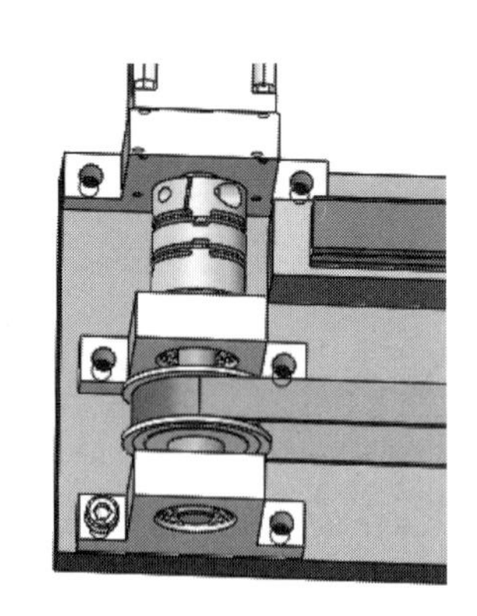

图 9-140　装配 M5 螺钉后的模型

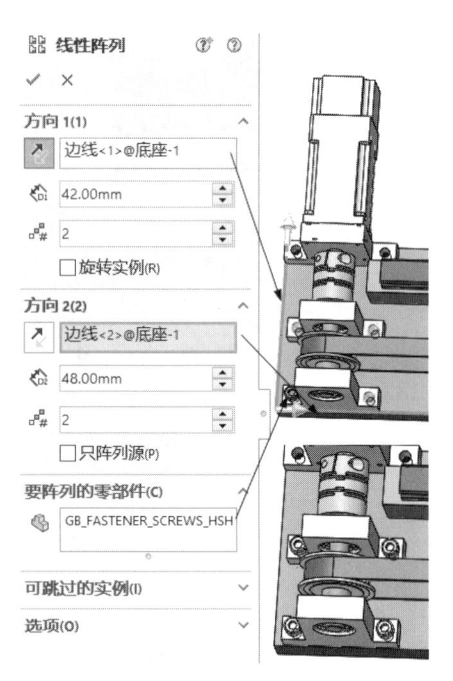

图 9-141　【线性阵列】属性管理器及结果

㉞ 将步骤㉜装配的螺钉和步骤㉝阵列后的螺钉进行阵列，结果如图 9-142 所示。

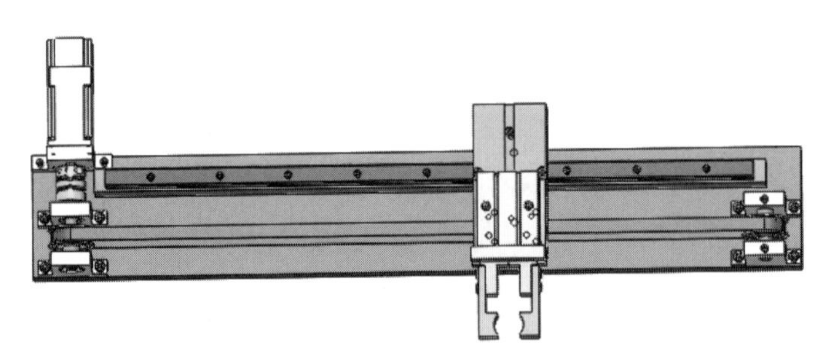

图 9-142　线性阵列后的结果

㉟ 采用与步骤㉜和步骤㉝相同的方法装配电机安装板上的两个 M5 长 20 的螺钉，结果如图 9-81 所示。

9.7　上机练习

① 打开光盘练习文件，装配如图 9-143 所示的“肘夹”装配体。
② 打开光盘练习文件，装配如图 9-144 和图 9-145 所示的“球阀”装配体。

肘夹 (Default<Default_Display Sta
历史记录
Sensors
注解
前视
上视
右视
原点
(固定) dizuo<1> (По умолчани
(-) gan<2> (По умолчанию<<
(-) lianjiejian<6> (По умолчан
(-) shoubingjian<9> (По умол
(-) tao<1> (По умолчанию<<
(-) xiao1<1> (По умолчанию<
(-) xiao2<1> (По умолчанию<
(-) xiao1<2> (По умолчанию<
(-) shoubing<1> (По умолчан
(-) hexagon lobular socket pan
配合
镜向零部件2
局部线性阵列1

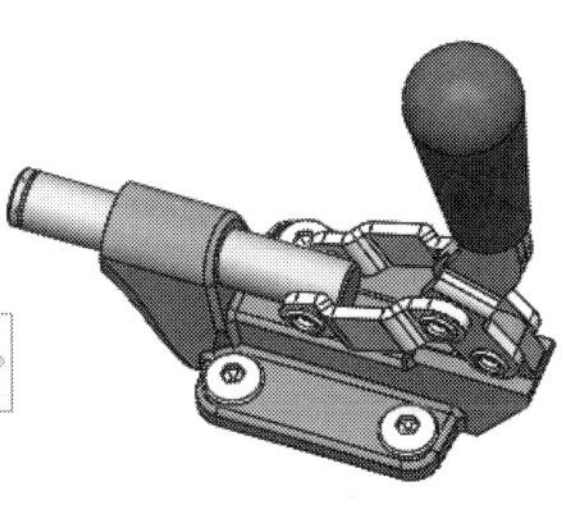

肘夹的装配

图 9-143 “肘夹”装配体

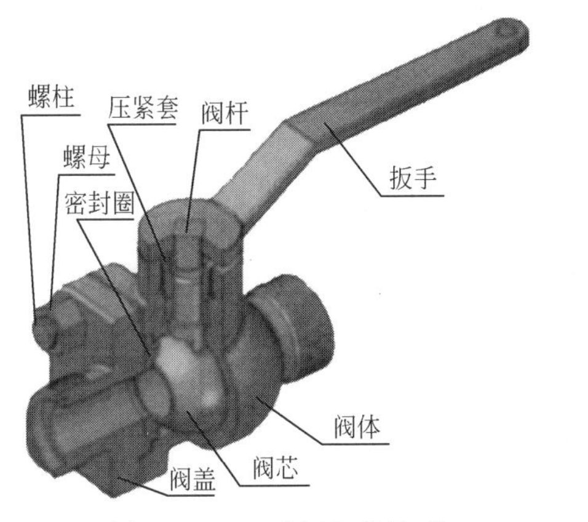

图 9-144 “球阀”的外形

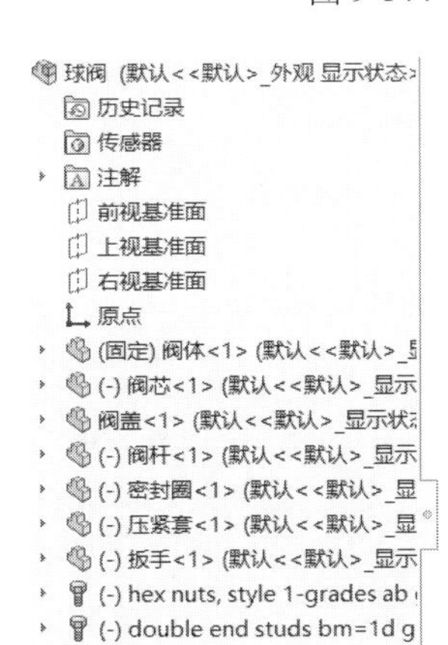

图 9-145 “球阀”装配体

第10章 工程图

在实际中用来指导生产的主要技术文件并不是前面介绍的三维零件图和装配体图，而是二维工程图。SolidWorks 2018 可以使用二维几何绘制生成工程图，也可将三维的零件图或装配体图变成二维的工程图。零件、装配体和工程图是互相链接的文件。对零件或装配体所做的任何更改会导致工程图文件的相应变更。

SolidWorks 最优越的功能是由三维零件图和装配体图建立二维的工程图。本章将要介绍的是如何将三维模型转换成各种二维工程图。

在 SolidWorks 中，利用生成的三维零件图和装配体图，可以直接生成工程图。其后便可对其进行尺寸标注，并标注表面粗糙度符号及公差配合等。

工程图文件的扩展名为.slddrw，新工程图名称是使用所插入的第一个模型的名称，该名称出现在标题栏中。

10.1 工程图概述和基本设置

工程图表达了设计者思想，是加工和制造零部件的依据。工程图是由一组视图、尺寸、技术要求和标题栏及明细表四部分内容组成。

SolidWorks 的工程图文件由相对独立的两部分组成，即图纸格式文件和工程图内容。图纸格式文件包括工程图的图幅大小、标题栏设置、零件明细表定位点等。这些内容在工程图中保持相对稳定。建立工程图文件时，首先要指定图纸的格式。

10.1.1 新建工程图文件

新建工程图和建立零件相同，首先需要选择工程图模板文件。

① 单击【标准】工具栏上的【新建】按钮，系统弹出【新建 SOLIDWORKS 文件】对话框，选择【工程图】，单击【确定】按钮，系统弹出如图 10-1 所示的【模型视图】属性管理器并进入工程图环境。单击【取消】按钮×，退出【模型视图】属性管理器。

② 在特征管理设计树中选择【图纸】，单击鼠标右键，在弹出的快捷菜单中选择【属性】命令，如图 10-2 所示。系统弹出如图 10-3 所示的【图纸属性】对话框。选择一种图纸格式和比例，单击【确定】按钮。

10.1.2 【工程图】工具栏

工程图窗口与零件图、装配体窗口基本相同，也包括特征管理器。工程图的特征管理器中包含其项目层次关系的清单。每张图纸各有一个图标，每张图纸下有图纸格式和每个视图的图标及视图名称。

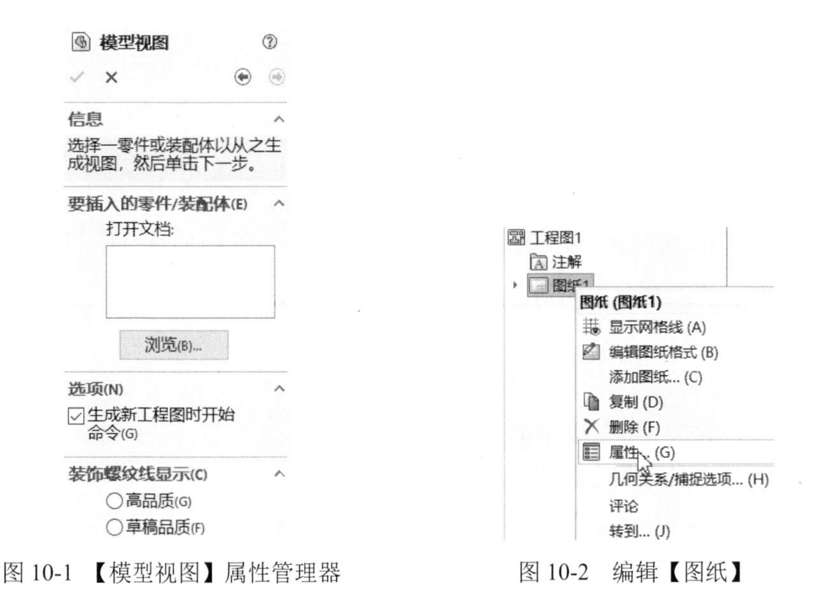

图 10-1 【模型视图】属性管理器　　　　图 10-2 编辑【图纸】

图 10-3 【图纸属性】对话框

项目图标旁边的符号▸表示它包含相关的项目，单击符号▸即可展开所有项目并显示内容。

工程图窗口的顶部和左侧有标尺，用于画图参考。如要打开或关闭标尺的显示，可选择【视图】|【用户界面】|【标尺】菜单命令。

【工程图】工具栏如图 10-4 所示，如要打开或关闭【工程图】工具栏，可选择【视图】|

【工具栏】|【工程图】菜单命令。

工程图(D)

图 10-4 【工程图】工具栏

下面介绍【工程图】工具栏中各选项的含义。

①【模型视图】按钮。当生成新工程图，或将一模型视图插入工程图文件中时，会出现【模型视图】属性管理器，利用它可以在模型文件中为视图选择一方向。

②【投影视图】按钮。投影视图为正交视图，以下列三种视图工具生成。

【标准三视图】：前视视图为模型视图，其他两个视图为投影视图，使用在图纸属性中所指定的第一角或第三角投影法。

【模型视图】：在插入正交模型视图时，出现【投影视图】属性管理器，这样可以从工程图纸上的任何正交视图插入投影的视图。

【投影视图】：从任何正交视图插入投影的视图。

③【辅助视图】按钮。辅助视图类似于投影视图，但它是垂直于现有视图中参考边线的展开视图。

④【剖面视图】按钮。可以用一条剖切线来分割父视图在工程图中生成一个剖面视图。剖面视图可以是直切剖面或者是用阶梯剖切线定义的等距，也可以包括同心圆弧。

⑤【局部视图】按钮。可以在工程图中生成一个局部视图来显示一个视图的某个部分（通常是以放大比例显示）。此局部视图可以是正交视图、3D 视图、剖面视图、裁剪视图、爆炸装配体视图或另一局部视图。

⑥【标准三视图】按钮。【标准三视图】选项能为所显示的零件或装配体同时生成三个默认正交视图。主视图、俯视图及侧视图有固定的对齐关系。俯视图可以竖直移动，侧视图可以水平移动。

⑦【断开的剖视图】按钮。断开的剖视图为现有工程视图的一部分，而不是单独的视图。闭合的轮廓通常是样条曲线，用来定义断开的剖视图。

⑧【断裂视图】按钮。可以在工程图中使用断裂视图（或是中断视图）。断裂视图就可以将工程图视图用较大比例显示在较小的工程图纸上。

⑨【剪裁视图】按钮。除了局部视图、已用于生成局部视图的视图或爆炸视图，可以裁剪任何工程视图。由于没有建立新的视图，裁剪视图可以节省步骤。

⑩【相对视图】按钮。相对视图可以自行定义主视图，解决了零件图视图定向与工程图投射方向的矛盾。

10.1.3 图纸格式设置

当打开一幅新的工程图时，必须选择一种图纸格式。图纸格式可以采用标准图纸格式，也可以自定义和修改图纸格式。标准图纸格式包括至系统属性和自定义属性的链接。

图纸格式有助于生成具有统一格式的工程图。工程图视图格式被视为 OLE 文件，因此能嵌入如位图之类的对象文件中。

（1）图纸格式

图纸格式包括图框、标题栏和明细栏，图纸格式有下面 2 种格式类型，具体说明如下。

① 标准图纸格式。SolidWorks 系统提供了各种标准图纸大小的图纸格式，使用时可以在

【图纸属性】对话框的【标准图纸大小】清单中选择一种。其中A格式相当于A4规格的纸张尺寸，B格式相当于A3规格的纸张尺寸，以此类推。

另外，单击【图纸属性】对话框中的【浏览】按钮，在系统或网络上导览到所需用户模板，然后单击【打开】按钮，亦可加载用户自定义的图纸格式。

② 无图纸格式。选择【图纸属性】对话框的【自定义图纸大小】单选按钮，可以定义无图纸格式，即选择无边框、标题栏的空白图纸，此单选按钮要求指定纸张大小，也可以定义用户自己的格式。

（2）修改图纸设定

纸张大小、图纸格式、绘图比例、投影类型等图纸细节在绘图时或以后都可以随时在图纸设定对话框中更改。

① 修改图纸属性。在特征管理器中单击图纸的图标、工程图图纸的空白区域或工程图窗口底部的图纸标签，单击鼠标右键，然后在弹出的快捷菜单中选择【属性】命令，系统弹出如图10-3所示的【图纸属性】对话框。

【图纸属性】对话框中各选项的含义如下。

a.【图纸属性】选项组。

【名称】：激活图纸的名称，可按需要编辑名称，默认为图纸1、图纸2、图纸3等。

【比例】：为图纸设定比例。注意比例是指图中图形与其实物相应要素的线性尺寸之比。

【投影类型】：为标准三视图投影，选择第一视角或第三视角，国内常用的是第三视角。

【下一视图标号】：指定将使用在下一个剖面视图或局部视图的字母。

【下一基准标号】：指定要用作下一个基准特征符号的英文字母。

b.【图纸格式/大小】选项组。

【标准图纸大小】：选择一标准图纸大小，或单击【浏览】按钮找出自定义图纸格式文件。

【重装】：如果对图纸格式做了更改，单击以返回默认格式。

【显示图纸格式】：显示边界、标题块等。

【自定义图纸大小】：指定一宽度和高度。

c.【使用模型中此处显示的自定义属性值】选项。

如果图纸上显示一个以上模型，且工程图包含链接到模型自定义属性的注释，则选择包含想使用的属性的模型之视图。如果没有另外指定，将使用插入图纸的第一个视图中的模型属性。

② 设定多张工程图纸。任何时候都可以在工程图中添加图纸，选择【插入】|【图纸】菜单命令，或在图纸的空白处单击鼠标右键，在弹出的快捷菜单中选择【添加图纸】命令，即可在文件中新增加一张图纸。新添的图纸默认使用原来图纸的图纸格式。

③ 激活图纸。如果想要激活图纸，可以采用下面的方法之一。

a．在图纸下方单击要激活图纸的图标。

b．单击图纸下方要激活图纸的图标，然后单击鼠标右键，在弹出的快捷菜单中选择【激活】命令。

c．选择特征管理器中的图纸标签或图纸图标，然后单击鼠标右键，在弹出的快捷菜单中选择【激活】命令。

④ 删除图纸。选择特征管理器中的图纸标签或图纸图标，然后单击鼠标右键，在弹出的快捷菜单中选择【删除】命令。要删除激活图纸，还可以在图纸区域任何位置单击鼠标右键，然后在弹出的快捷菜单中选择【删除】命令。系统弹出如图10-5所示的【确认删除】对话框。单击【是】按钮，即可删除图纸。

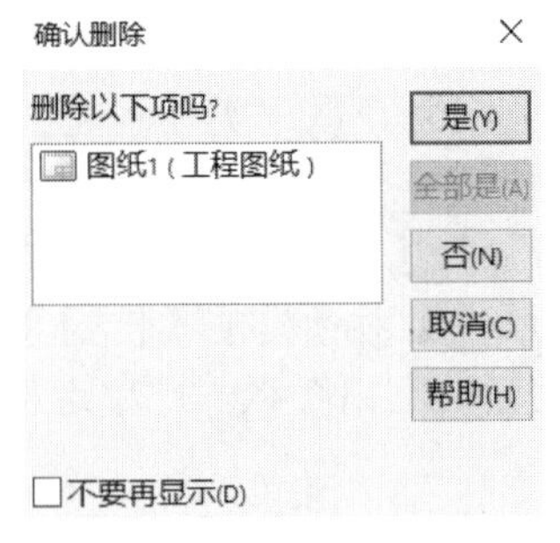

图 10-5 【确认删除】对话框

10.1.4 线型工具栏

【线型】工具栏包括线色、线粗、线型和颜色显示模式等，【线型】工具栏如图 10-6 所示。

【线色】按钮：单击【线色】按钮，出现【设定下一直线颜色】对话框，可从该对话框中的调色板中选择一种颜色。

【线粗】按钮：单击【线粗】按钮，出现如图 10-7 所示的线粗菜单。当鼠标指针移到菜单中某条线时，该线粗细的名称会在状态栏中显示，可从菜单中选择线粗。

【线条样式】按钮：单击【线条样式】按钮，会出现如图 10-8 所示的线型菜单，当将鼠标指针移到菜单中某线条上时，该线型名称会在状态栏中显示。使用时从菜单中选择一种线型。

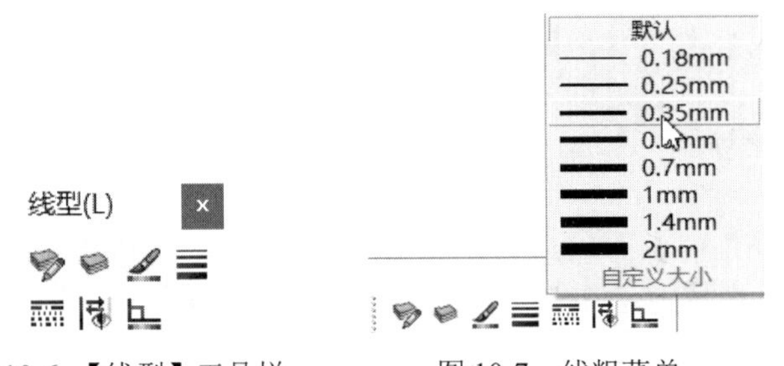

图 10-6 【线型】工具栏　　图 10-7 线粗菜单

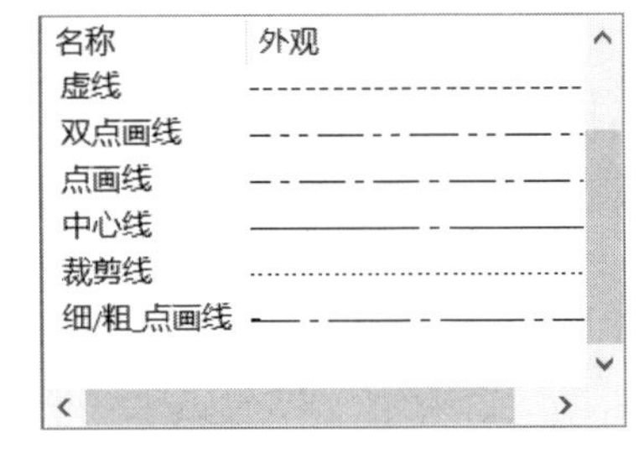

图 10-8 线型菜单

【颜色显示模式】按钮：单击【颜色显示模式】按钮，线色会在所设定的颜色中切换。

在工程图中添加草图实体前，可先单击【线型】工具栏中的线色、线粗、线型按钮，从菜单中选择所需格式，这样添加到工程图中的任何类型的草图实体，均使用指定的线型和线粗，直到重新选择另一种格式。如要改变直线、边线或草图视图的格式，可先选取要更改的直线、边线或草图实体，然后单击【线型】工具栏中的按钮，从菜单中选择格式，新格式将应用到所选视图中。

10.1.5 图层设置

在工程图文件中，可以生成图层，为每个图层上新生成的实体指定颜色、粗细和线性。新实体会自动添加到激活的图层中，也可以隐藏或显示单个图层，另外还可以将实体从一个图层移到另一个图层。

可以将尺寸和注解（包括注释、区域剖面线、块、折断线、装饰螺纹线、局部视图图标、剖面线及表格）移到图层上，它们使用图层指定的颜色。

草图实体使用图层的所有属性。

可以将零件或装配体工程图中的零部件移动到图层。零部件线型包括一个用于为零部件选择命名图层的清单。

如果将.dxf 或.dwg 文件输入一个工程图中，就会自动建立图层。在最初生成.dxf 或.dwg 文件的系统中指定的图层信息（名称、属性和实体位置）也将保留。

如果将带有图层的工程图作为.dxf 或.dwg 文件输出，图层信息将包含在文件中。当在目标系统中打开文件时，实体都位于相同的图层上，并且具有相同的属性，除非使用映射将实体重新导向新的图层。

（1）建立图层

建立图层可以按照如下所示的步骤来操作。

① 在工程图中单击【线型】工具栏中的【图层属性】按钮，系统弹出如图 10-9 所示的【图层】对话框。

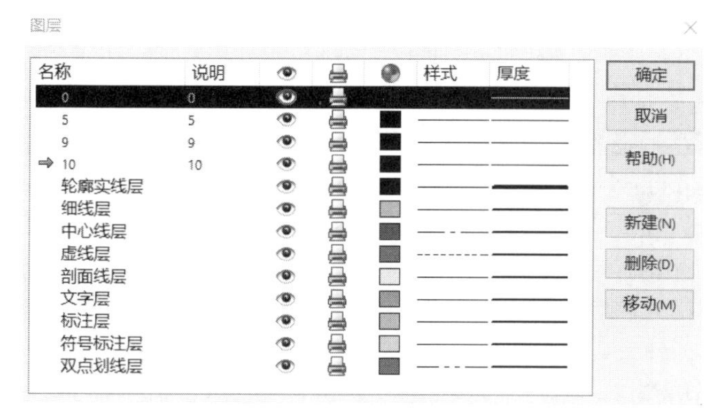

图 10-9 【图层】对话框

② 单击【新建】按钮，然后输入新图层的名称。

③ 更改该图层默认图线的颜色、样式或粗细。

【颜色】：单击颜色下的方框，出现“颜色”对话框，从中选择一种。

【样式】：单击样式下的直线，从菜单中选择一种线条样式。

【厚度】：单击厚度下的直线，从菜单中选择线粗。

④ 单击【确定】按钮，即可为文件新建一个图层。

（2）图层操作

箭头➡指示的图层为激活图层。如果要激活图层，单击图层左侧，则所添加的新实体在激活图层中。

在【图层】对话框中，眼睛是代表打开或关闭图层，当灯泡为黄色时图层可见。

如要隐藏图层，单击该图层的灯泡图标，灯泡变为灰色，单击【确定】按钮完成设定，该图层上的所有图元都将被隐藏。

如要显示图层，双击灯泡变成黄色，即可显示图层中的图元。

如果要删除图层，选择图层名称，然后单击【删除】按钮，即可将其删除。

如果要移动实体到激活的图层，选取工程图中的实体，然后单击【移动】按钮，即可将其移动到激活的图层。

如果要更改图层名称，单击图层名，然后输入所需的新名称，即可更改名称。

10.2 创建视图

工程视图是指在图纸中生成的所有视图，在 SolidWorks 中，用户可根据需要生成各种表达零件模型的视图，如投影视图、剖面视图、局部放大视图、轴测视图等。在生成工程视图之前，应首先生成零部件或装配体的三维模型，然后根据此三维模型考虑和规划视图，如工程图由几个视图组成，是否需要剖视图等，最后再生成工程视图。

10.2.1 标准三视图

标准三视图

利用标准三视图命令将产生零件的三个默认正交视图，其主视图的投射方向为零件或装配体的前视，投影类型按前面章节中修改图纸设定中选定的第一视角或第三视角投影法。

生成标准三视图的方法有标准方法、从文件中生成，下面分别进行介绍。

（1）标准方法

利用标准方法生成标准三视图的操作步骤如下。

① 打开零件或装配体文件，或打开含有所需模型视图的工程图文件。

② 新建工程图文件，并指定所需的图纸格式。

③ 选择【插入】|【工程视图】|【标准三视图】菜单命令或者单击【工程图】工具栏中的【标准三视图】按钮，光标变为形状。

④ 选择模型选择方法有三种。

当零件图文件打开时，生成零件工程图，可单击零件的一个面或图形区域中任何位置，也可以单击设计树中的零件名称。

当装配体文件打开时，如要生成装配体视图，可单击图形区域中的空白区域，也可以单击设计树中的装配体名称。如要生成装配体零部件视图，单击零件的面或在设计树中单击单个零件或子装配体的名称。

当包含模型的工程图打开时，在设计树中单击视图名称或在工程图中单击视图。

⑤ 工程图窗口出现，并且出现标准三视图，如图 10-10 所示。

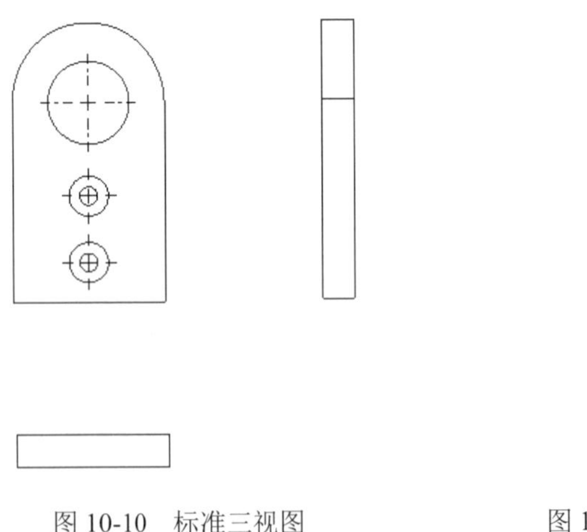

图 10-10 标准三视图

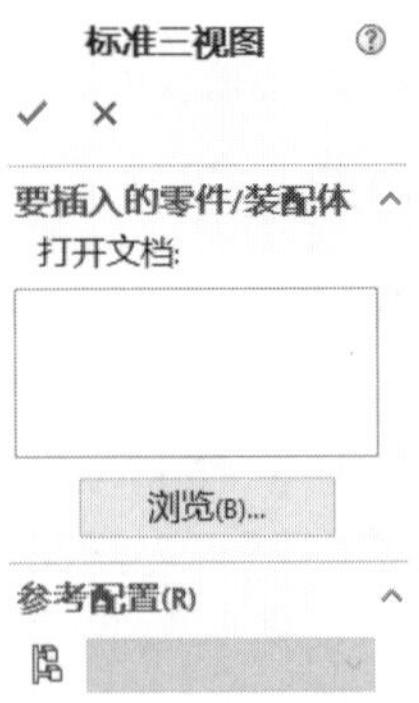

标准三视图

要插入的零件/装配体

打开文档:

浏览(B)...

参考配置(R)

图 10-11 【标准三视图】属性管理器

（2）从文件中生成

另外还可以使用插入文件法来建立三维视图，这样就可以在不打开模型文件时，直接生成它的三视图，具体操作步骤如下。

① 选择【插入】|【工程视图】|【标准三视图】菜单命令或者单击【工程图】工具栏中的【标准三视图】按钮，系统弹出如图 10-11 所示的【标准三视图】属性管理器。光标变为形状。

② 在【标准三视图】属性管理器中单击【浏览】按钮，系统弹出【打开】对话框。

③ 在【打开】对话框中，选择文件放置的位置，并选择要插入的模型文件，然后单击【打开】按钮即可。

10.2.2 模型视图

模型视图是从零件的不同视角方位为视图选择方位名称，利用模型视图可以生成单一视图和多个视图。

新建一个工程图文件，单击【工程图】工具栏上的【模型视图】按钮，在图纸区域选择任意视图，系统弹出如图 10-12 所示的【模型视图】属性管理器，单击【浏览】按钮，系统弹出【打开】对话框，在【打开】对话框中，选择要插入的模型文件，然后单击【打开】按钮，【模型视图】属性管理器变成如图 10-13 所示情形。可以在【方向】选项组中选择需要的视图，在【比例】选项组中设置视图比例，当所有参数设置好后，在绘图区域找一个合适的位置放置视图，然后单击【确定】按钮✓。

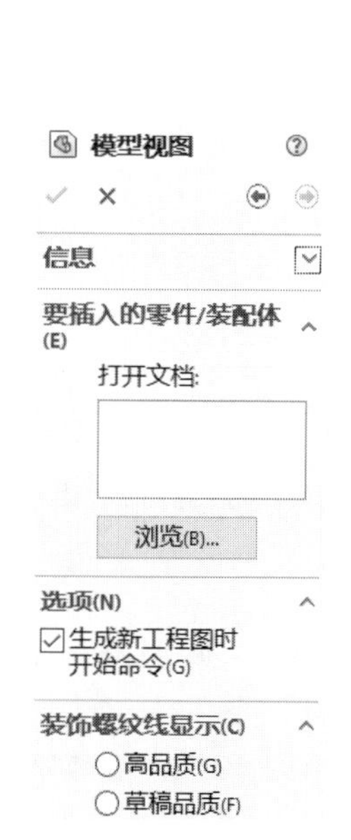

图 10-12 【模型视图】属性管理器（1）

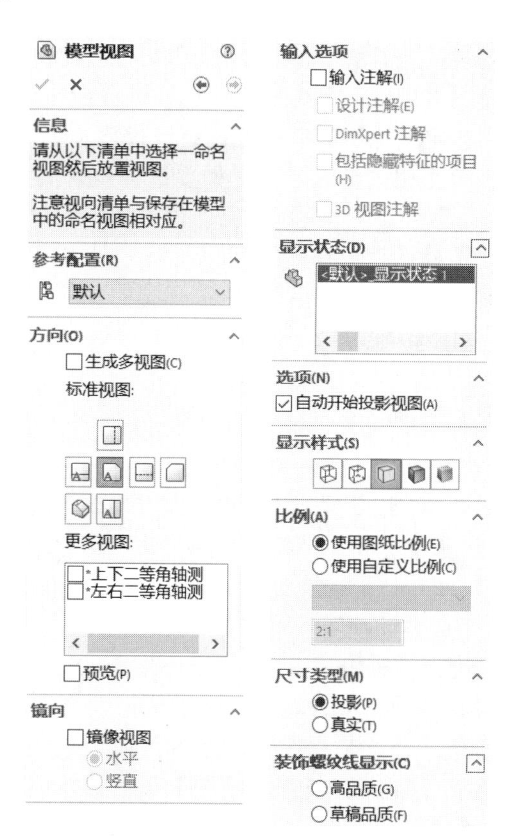

图 10-13 【模型视图】属性管理器（2）

10.2.3 投影视图

投影视图

投影视图是根据已有视图，通过正交投影生成的视图。投影视图的投影法，可在图纸设定对话框中指定使用第一角或第三角投影法。

如果想要生成投影视图，其操作步骤如下。

① 在打开的工程图中选择要生成投影视图的现有视图。

② 选择【插入】|【工程视图】|【投影视图】菜单命令或者单击【工程图】工具栏中的【投影视图】按钮，系统弹出如图 10-14 所示的【投影视图】属性管理器。同时绘图区中光标变为形状，并显示视图预览框。

③ 在设计树中的【箭头】选项组中设置如下参数。

【箭头】复选框：选择该复选框以显示表示投影方向的视图箭头（或 ANSI 绘图标准中的箭头组）。

【标号】文本框：输入要随父视图和投影视图显示的文字。

④ 在【显示样式】选项组中设置如下参数。

【使用父关系样式】复选框：选择该复选框可以消除选择，以选择与父视图不同的样式和品质设定。

【显示样式】：这些显示方式包括如下几种：线架图、隐藏线可见、消除隐藏线、带边线上色和上色。

⑤ 根据需要在【比例】选项组中设置视图的相关比例， 这些使用比例的方式如下。

【使用父关系比例】单选按钮：选择该单选按钮可以应用为父视图所使用的相同比例。如果更改父视图的比例，则所有使用父视图比例的子视图比例将更新。

【使用图纸比例】单选按钮：选择该单选按钮可以应用为工程图图纸所使用的相同比例。

【使用自定义比例】单选按钮：选择该单选按钮可以应用自定义的比例。

⑥ 设置完相关参数之后，如要选择投影的方向，将鼠标指针移动到所选视图的相应一侧。当移动鼠标指针时，可以自动控制视图的对齐。

⑦ 当鼠标指针放在被选视图左边、右边、上面或下面时，得到不同的投影视图。按所需投影方向，将鼠标指针移到所选视图的相应一侧，在合适位置处单击，生成投影视图。生成的投影视图如图 10-15 所示。

10.2.4 辅助视图

辅助视图

辅助视图的用途相当于机械制图中的斜视图，用来表达机件的倾斜结构。其本质类似于投影视图，是垂直于现有视图中参考边线的正投影视图，但参考边线不能水平或竖直，否则生成的就是投影视图。

辅助视图在特征管理设计树中零件的剖面视图或局部视图的实体中不可使用。

（1）生成辅助视图

如果想要生成辅助视图，其操作步骤如下。

① 选取非水平或竖直的参考边线。参考边线可以是零件的边线、侧影轮廓线（转向轮廓线）、轴线或所绘制的直线。如果绘制直线，应先激活工程视图。

② 选择【插入】|【工程视图】菜单命令或者单击【工程图】工具栏中的【辅助视图】按钮，系统弹出如图 10-16 所示的【辅助视图】属性管理器。同时绘图区中光标变为形状，在主视图上选择投影方向，这时光标变为形状，并显示视图预览框。

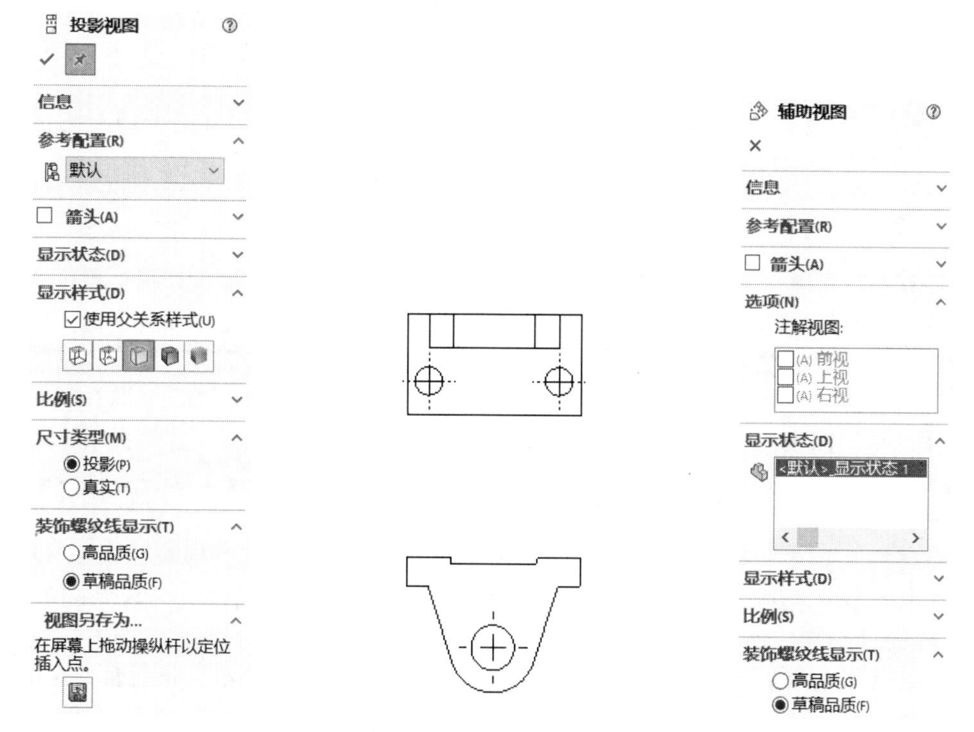

图 10-14 【投影视图】属性管理器　　图 10-15　投影视图　　图 10-16 【辅助视图】属性管理器

③ 在该设计树中设置相关参数，设置方法及其内容与投影视图中的内容相同，这里不再作详细的介绍。

④ 移动鼠标指针，当处于所需位置时，单击以放置视图。如有必要，可编辑视图标号并更改视图的方向。图 10-17 所示为生成的辅助视图——视图 *A*。

如果使用了绘制的直线来生成辅助视图，草图将被吸收，这样就不能无意将之删除。当编辑草图时，还可以删除草图实体。

（2）旋转视图

通过旋转视图，可以将视图绕其中心点转动任意角度，或旋转视图将所选边线设定为水平或竖直方向。视图转动一角度，并将所选边线改成了水平或竖直边线。

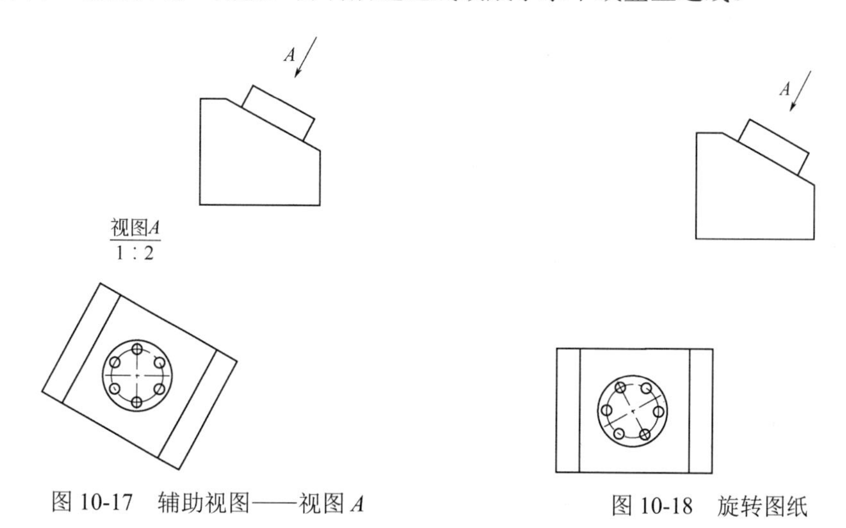

图 10-17　辅助视图——视图 *A*　　图 10-18　旋转图纸

将边线设定为水平或竖直。

① 在工程视图中选取设定的边线。

② 选择【工具】|【对齐工程图视图】|【逆时针水平对齐图纸】菜单命令，图纸自动逆时针旋转一角度，结果如图 10-18 所示。

10.2.5 剖面视图

剖面视图用来表达机件的内部结构，在工程实际中，根据剖切面剖切机件程度的不同分为全剖视图、半剖视图和局部剖视图。剖面视图是通过一条剖切线切割父视图而生成，属于派生视图，可以显示模型内部的形状和尺寸。剖面视图可以是剖切面或者用阶梯剖切线定义的等距剖面视图，并可以生成半剖视图。在之前版本的 SolidWorks 中，生成剖面视图前，必须先在工程视图中绘制出剖切路径草图。从 SolidWorks 2013 开始，软件提供了新的剖面视图界面，使用户不必自行绘制剖切线草图，而直接在【剖面视图】属性管理器中选择剖切样式。

选择【插入】|【工程视图】|【剖面视图】菜单命令或者单击【工程图】工具栏中的【剖面视图】按钮，系统弹出如图 10-19 所示的【剖面视图辅助】属性管理器。图 10-19（a）为选择【剖面视图】选项卡时的属性管理器，在【切割线】选项组选择剖切线的方向。图 10-19（b）为选择【半剖面】选项卡时的属性管理器，在【半剖面】选项组选择剖面的方向。

在图纸区域移动剖切线的预览，如图 10-20 所示，在某一位置单击，系统弹出如图 10-21 所示的【剖切线编辑】工具栏，单击工具栏上的【确定】按钮，生成此位置的剖面视图，同时系统弹出如图 10-22 所示的【剖面视图】属性管理器，在该属性管理器中，部分选项含义如下。

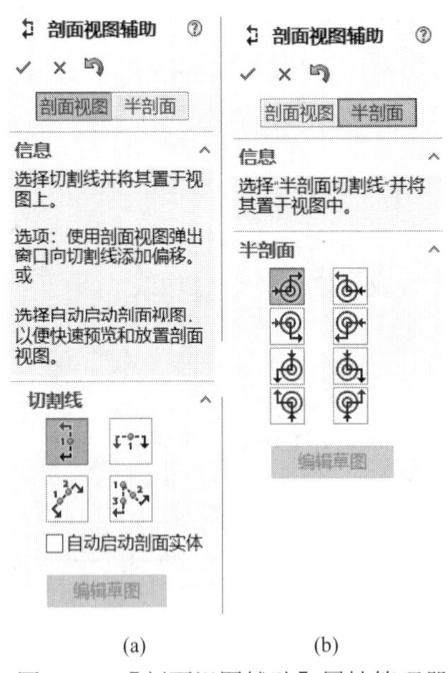

图 10-19 【剖面视图辅助】属性管理器

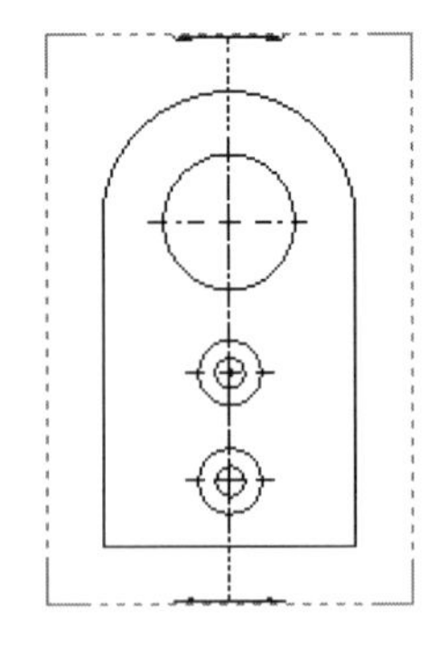

图 10-20 剖切线预览

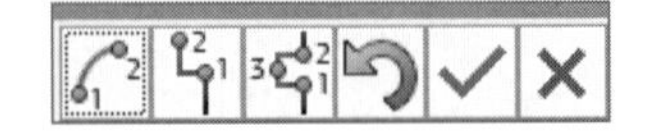

图 10-21 【剖切线编辑】工具栏

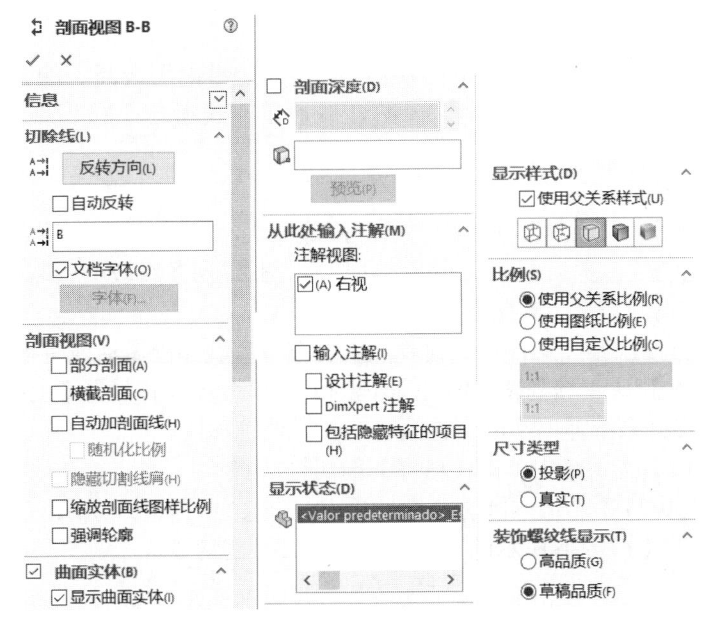

图 10-22 【剖面视图】属性管理器

①【切除线】选项组

【反转方向】按钮：反转剖切的方向。

【标号】文本框：编辑与剖切线或者剖面视图相关的字母。

【字体】按钮：如果剖切线标号选择文件字体以外的字体，则取消勾选【文档字体】复选框，然后单击【字体】按钮，可以为剖切线或者剖面视图的注释文字选择字体。

【自动反转】复选框：当勾选【自动反转】复选框时，剖面视图放在主视图的左方或者右方（上方或者下方），剖视图的结果会不一样；如果取消勾选，则不管放在那里，生成的视图是一样的。

②【剖面视图】选项组

【部分剖面】复选框：当剖切线没有完全切透视图中模型的边框线时，需勾选该复选框，以生成部分剖视图。

【横截剖面】复选框：只有被剖切线切除的曲面出现在剖视图中。

【自动加剖面线】复选框：选择该复选框，系统可以自动添加必要的剖面线。剖面线样式在装配体中的零部件之间交替，或在多实体零件的实体和焊件之间交替。

【剖面视图】属性管理器中的其他参数的设置方法，如同在【投影视图】属性管理器中设置一样，在这里不再赘述。

（1）全剖视图

用剖切面完全地剖开物体所得的剖视图称为全剖视图。生成全剖视图的基本步骤如下。

全剖视图

① 新建或者打开工程图文件，创建视图或者在工程视图中激活现有视图。

② 选择【插入】|【工程视图】|【剖面视图】菜单命令或者单击【工程图】工具栏中的【剖面视图】按钮，系统弹出如图 10-19 所示的【剖面视图辅助】属性管理器。

③ 在图纸区域移动剖切线的预览，在剖切处单击，系统弹出如图 10-21 所示的【剖切线编辑】工具栏。

④ 单击【剖切线编辑】工具栏上的【确定】按钮✔，生成该剖切位置的全剖视图，同时

系统弹出如图 10-22 所示的【剖面视图】属性管理器。

⑤ 移动鼠标指针，会显示视图的预览，而且只能沿剖切线箭头的方向移动。当预览视图位于所需的位置时，单击以放置视图，最后单击【确定】按钮✔，结果如图 10-23 所示。

（2）旋转剖视图

旋转剖视图是用来表达具有回转轴的机件内部形状，与剖面视图所不同的是旋转剖视图的剖切线至少应由两条连续线段组成，且这两条线段具有一个夹角。生成旋转剖视图的基本步骤如下。

① 新建或者打开工程图文件，创建视图或者在工程视图中激活现有视图。

② 选择【插入】|【工程视图】|【剖面视图】菜单命令或者单击【工程图】工具栏中的【剖面视图】按钮，系统弹出【剖面视图辅助】属性管理器。

③ 在【切割线】选项组中单击【对齐】剖切按钮。

④ 选取如图 10-24 所示的大圆圆心为转折点，选取如图 10-25 所示的小圆圆心为第一条剖切线，最后选取如图 10-26 所示的竖直方向为第二条剖切线。

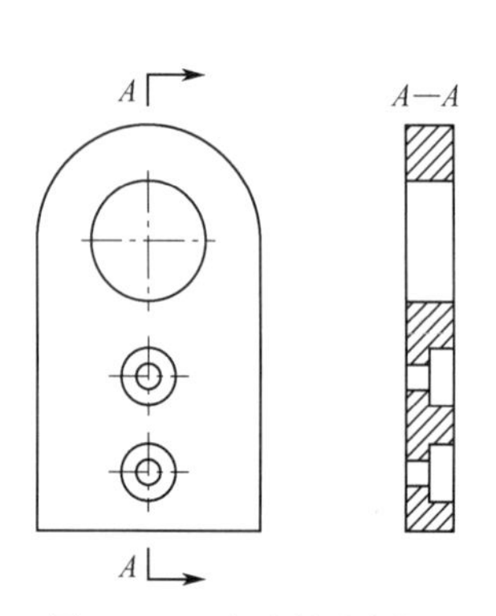

图 10-23　生成的全剖视图

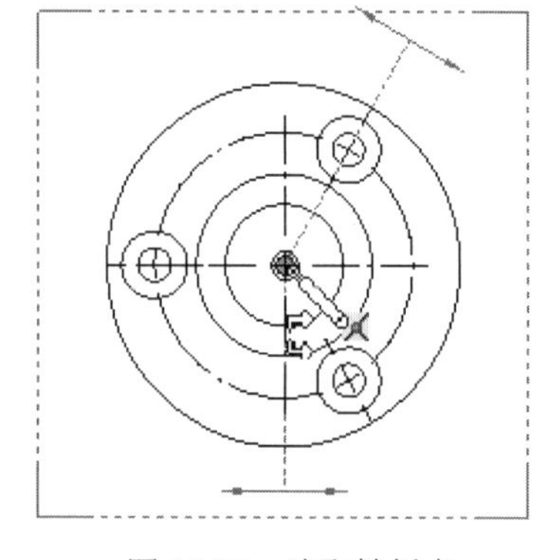

图 10-24　选取转折点

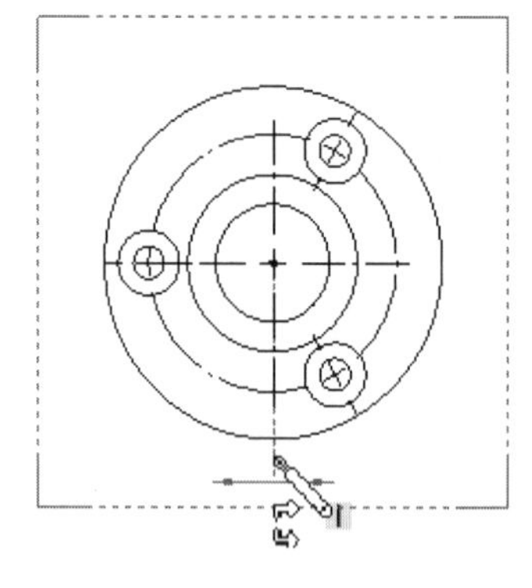

图 10-25　选取第一条剖切线

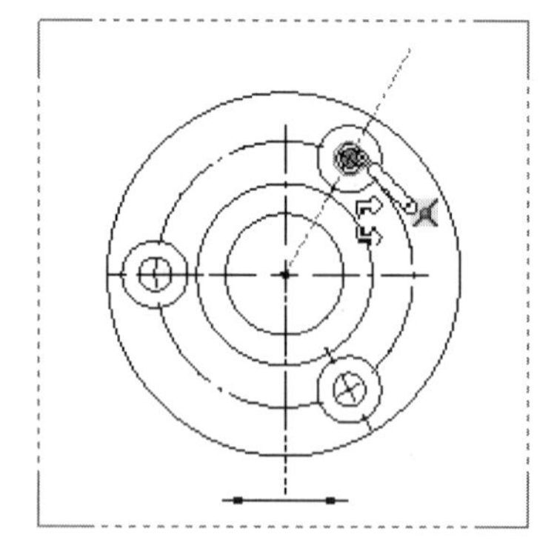

图 10-26　选取第二条剖切线

⑤ 系统弹出【剖切线编辑】工具栏，单击【剖切线编辑】工具栏上的【确定】按钮✔。

⑥ 生成旋转剖视图，同时系统弹出【剖面视图】属性管理器。

⑦ 移动鼠标指针，会显示视图的预览，而且只能沿剖切线箭头的方向移动。当预览视图位于所需的位置时，单击以放置视图，最后单击【确定】按钮✔，结果如图 10-27 所示。

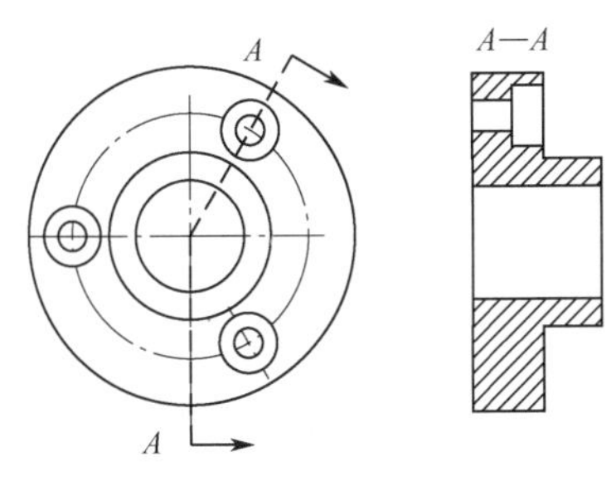

图 10-27　生成的旋转剖视图

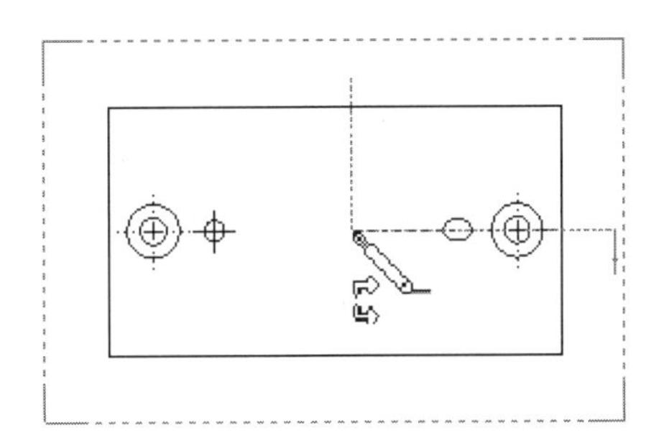

图 10-28　选取的中心

（3）半剖视图

半剖视图

当零件有对称面时，在零件的投影视图中，以对称线为界，一半画成剖视图，另一半画成视图，这种组合的图形称为半剖视图。生成半剖视图的基本步骤如下。

① 新建或者打开工程图文件，创建视图或者在工程视图中激活现有视图。

② 选择【插入】|【工程视图】|【剖面视图】菜单命令或者单击【工程图】工具栏中的【剖面视图】按钮，系统弹出【剖面视图辅助】属性管理器。

③ 进入【剖面视图辅助】属性管理器中的【半剖面】选项卡。

④ 在【半剖面】选项组中单击【右侧向下】按钮。

⑤ 选取如图 10-28 所示中心为半剖视图位置。

⑥ 生成半剖视图，同时系统弹出【剖面视图】属性管理器。

⑦ 移动鼠标指针，会显示视图的预览，而且只能沿剖切线箭头的方向移动。当预览视图位于所需的位置时，单击以放置视图，最后单击【确定】按钮，结果如图 10-29 所示。

10.2.6 局部剖视图

局部剖视图

用剖切面局部地切开零件所得的剖视图称为局部剖视图，使用断开的剖视图功能可以生成局部剖视图。断开的剖视图在工程图中剖切模型的内部细节，断开的剖视图为现有工程视图的一部分，所以需要先生成一投影视图，然后在该视图上生成断开的剖视图。

用闭合的轮廓定义断开的剖视图，通常闭合的轮廓是样条曲线、圆和椭圆等，闭合的轮廓可以通过草图功能事先绘制好，也可以不绘制好，因此生成局部剖视图有两个不同的方法。

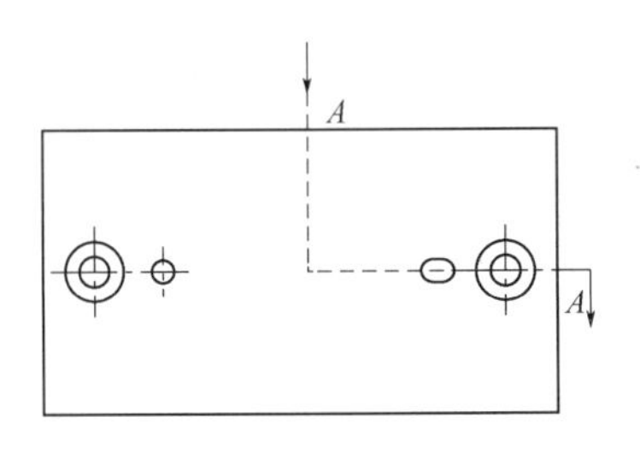

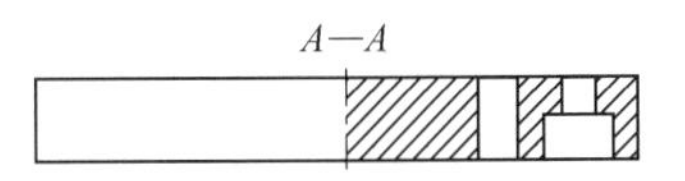

图 10-29　生成的半剖视图

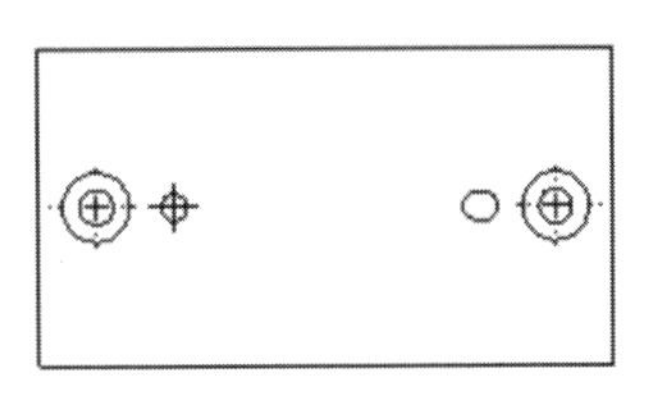

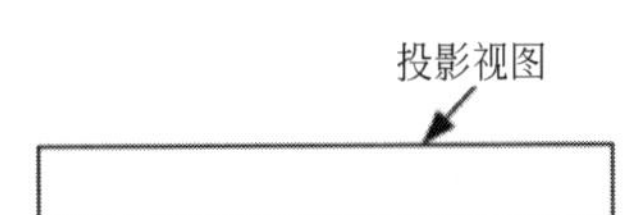

图 10-30　生成的投影视图

生成局部剖视图方法一的基本步骤如下。

① 新建或者打开工程图文件，创建视图或者在工程视图中激活现有视图。

② 选择【插入】|【工程视图】|【投影视图】菜单命令或者单击【工程图】工具栏中的【投影视图】按钮，系统弹出【投影视图】属性管理器，生成如图 10-30 所示的投影视图。

③ 选择【工具】|【草图绘制实体】|【圆】菜单命令，或者单击【草图】工具栏中的【圆】按钮，在投影视图上绘制一个如图 10-31 所示的圆。

④ 选取步骤③绘制的圆，然后选择【插入】|【工程视图】|【断开的剖视图】菜单命令或者单击【工程图】工具栏中的【断开的剖视图】按钮，系统弹出如图 10-32 所示的【断开的剖视图】属性管理器。

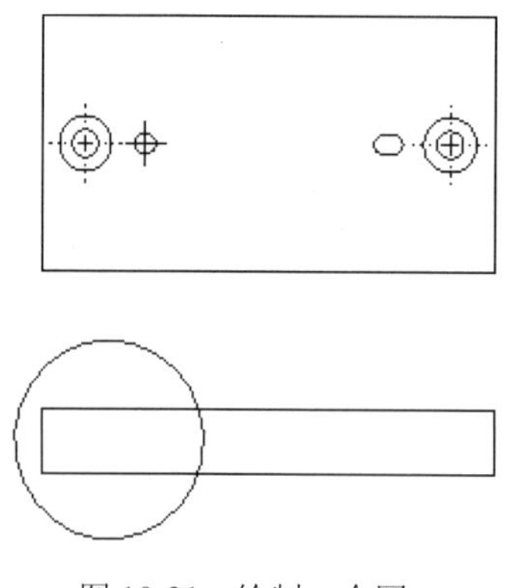

图 10-31 绘制一个圆

图 10-32 【断开的剖视图】属性管理器

⑤ 选取主视图上的圆边缘以确定圆心位置为剖切位置。

⑥ 单击【确定】按钮，生成的局部剖视图如图 10-33 所示。

生成局部剖视图方法二的基本步骤如下。

① 新建或者打开工程图文件，创建视图或者在工程视图中激活现有视图。

② 选择【插入】|【工程视图】|【投影视图】菜单命令或者单击【工程图】工具栏中的【投影视图】按钮，系统弹出【投影视图】属性管理器，生成如图 10-30 所示的投影视图。

③ 选择【插入】|【工程视图】|【断开的剖视图】菜单命令或者单击【工程图】工具栏中的【断开的剖视图】按钮，系统弹出如图 10-32 所示的【断开的剖视图】属性管理器，这时光标变为形状。

④ 绘制一条如图 10-34 所示的封闭轮廓。

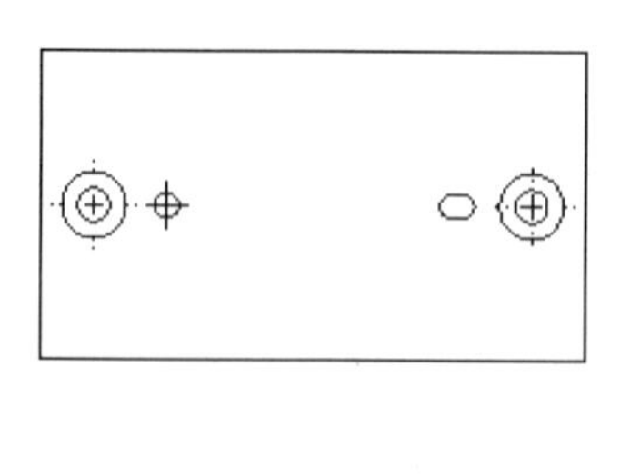

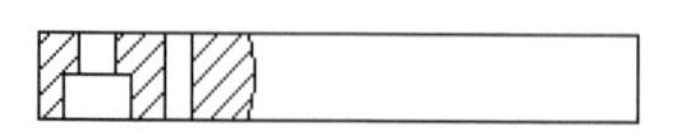

图 10-33 生成的局部剖视图

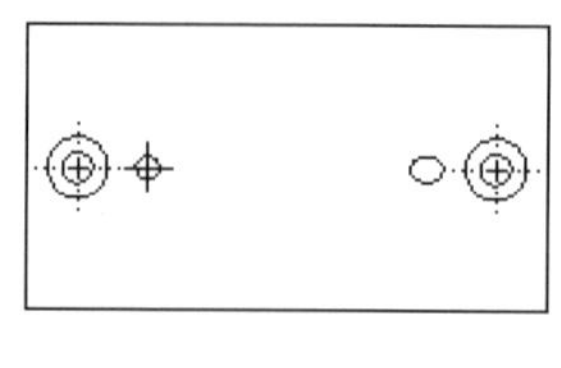

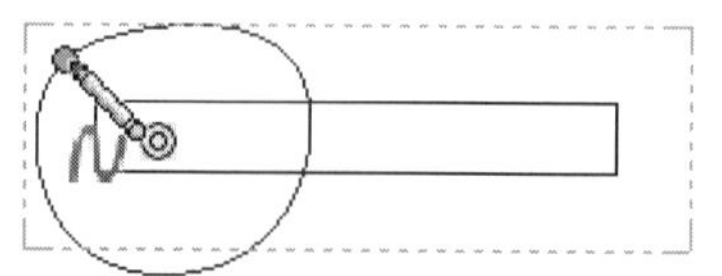

图 10-34 绘制封闭轮廓

⑤ 选取主视图上的圆边缘以确定圆心位置为剖切位置。

⑥ 单击【确定】按钮✔，生成的局部剖视图如图 10-35 所示。

10.2.7 局部视图

局部视图

在实际应用中可以在工程图中生成一种视图来显示一个视图的某个部分。局部视图就是用来显示现有视图某一局部形状的视图，通常是以放大比例显示。

局部视图可以是正交视图、3D 视图、剖面视图、裁剪视图、爆炸装配体视图或另一局部视图。

如果想要生成局部视图，其操作步骤如下。

① 在工程视图中激活现有视图，在要放大的区域，用草图绘制实体工具绘制一个封闭轮廓，选择绘制的封闭轮廓。

② 选择【插入】|【工程视图】|【局部视图】菜单命令或者单击【工程图】工具栏中的【局部视图】按钮，系统弹出如图 10-36 所示的【局部视图】属性管理器。

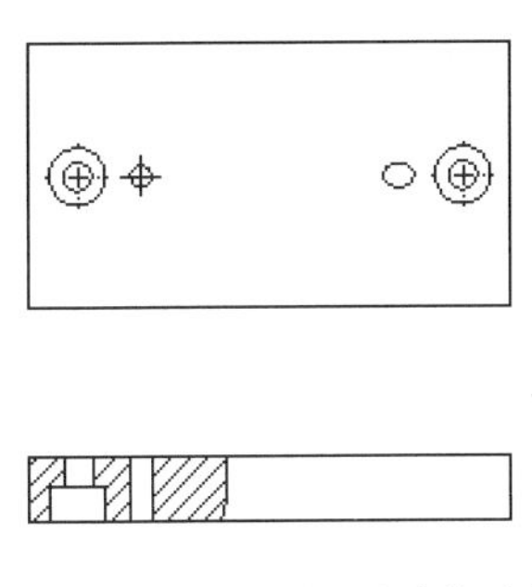

图 10-35 生成的局部剖视图

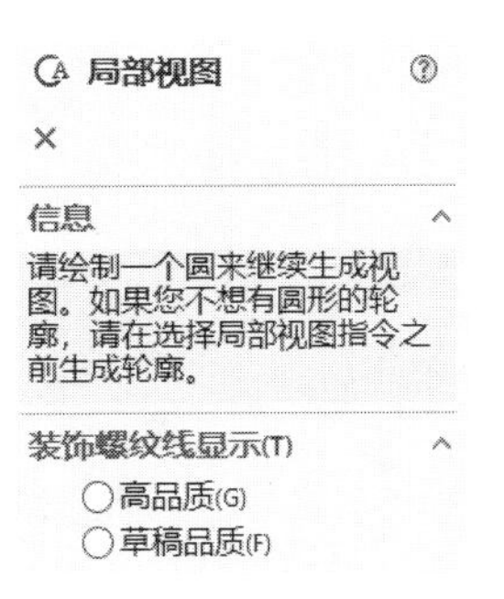

图 10-36 【局部视图】属性管理器（1）

③ 用户也可以不事先绘制封闭轮廓，直接单击【工程图】工具栏中的【局部视图】按钮，系统弹出如图 10-36 所示的【局部视图】属性管理器，这时光标形状变为。绘制一个封闭的轮廓，【局部视图】属性管理器变成如图 10-37 所示情形。

④ 在如图 10-37 所示的【局部视图】属性管理器中的【局部视图图标】选项组中设置相关参数。

【样式】选项：选择一显示样式，然后选取圆轮廓。

【圆】：若草图绘制成圆，有 5 种样式可供使用，即依照标准、断裂圆、带引线、无引线和相连五种。依照标准又有 ISO、JIS、DIN、BSI、ANSI 几种，每种的标注形式也不相同，默认标准样式是 ISO。

【轮廓】：若草图绘制成其他封闭轮廓，如矩形、椭圆等，样式也有依照标准、断裂图、带引线、无引线、相连五种，但如选择断裂圆，封闭轮廓就变成了圆。如要将封闭轮廓改成圆，可选择【圆】单选按钮，则原轮廓被隐藏，而显示出圆。

【标号】选择框：编辑与局部圆或局部视图相关的字母。系统默认会按照注释视图的字母顺序依次以 A、B、C……进行流水编号。注释可以拖到除了圆或轮廓内的任何地方。

【字体】按钮：如果要为局部圆标号选择文件字体以外的字体，消除文件字体，然后单击【字体】按钮。如果更改局部圆名称字体，将出现一对话框，提示是否也想将新的字体应用到局部视图名称。

⑤ 在如图 10-37 所示的【局部视图】属性管理器中的【局部视图】选项组中设置相关参数。

【完整外形】复选框：选择此复选框，局部视图轮廓外形会全部显示。

【钉住位置】复选框：选择此复选框，可以阻止父视图改变大小时，局部视图移动。

【缩放剖面线图样比例】复选框：选择此复选框，可根据局部视图的比例来缩放剖面线图样比例。

⑥ 在工程视图中移动光标，显示视图的预览框。当视图位于所需位置时，单击以放置视图。最终生成的局部视图如图 10-38 所示。

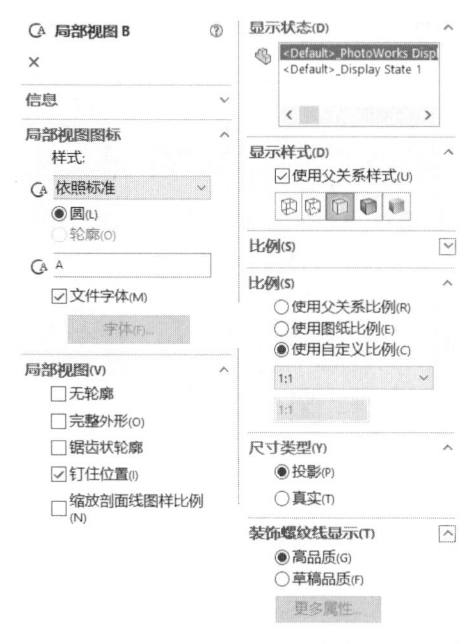

图 10-37 【局部视图】属性管理器（2）

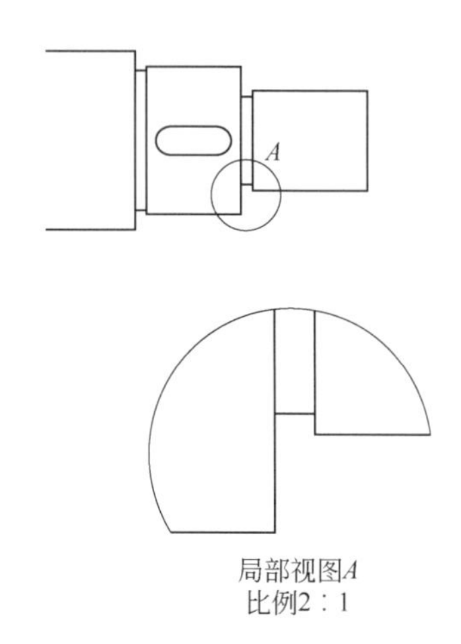

图 10-38 生成的局部视图

10.2.8 断裂视图

断裂视图

当较长的机件（如轴、杆、型材等）沿长度方向的形状一致或按一定规律变化时，可用断裂视图命令将其断开后缩短绘制，而与断裂区域相关的参考尺寸和模型尺寸反映实际的模型数值。

如果想要生成断裂视图，其操作步骤如下。

① 选择工程视图。

② 选择【插入】|【工程视图】|【断裂视图】菜单命令或者单击【工程图】工具栏中的【断裂视图】按钮，系统弹出如图 10-39 所示的【断裂视图】属性管理器。

③ 选取需要生成断裂视图的视图，【断裂视图】属性管理器变成如图 10-40 所示情形。

④ 选取的视图上会出现断裂线，拖动断裂线到所需位置。

⑤ 单击【确定】按钮✓，即可生成如图 10-41 所示的断裂视图。

如果想要修改已生成的断裂视图，可以采用如下几种方法。

要改变折断线的形状，用鼠标右键单击折断线，并且从快捷键菜单中选择一种样式。

要改变断裂的位置，拖动折断线即可。

要改变折断间距的宽度，选择【工具】|【选项】菜单命令，系统弹出【系统选项】对话框，然后在【文件属性】选项卡中的【出详图】选项中设置。在折断线下为间隙输入新的数值即可。欲显示新的间距，恢复断裂视图，然后再断裂视图即可。

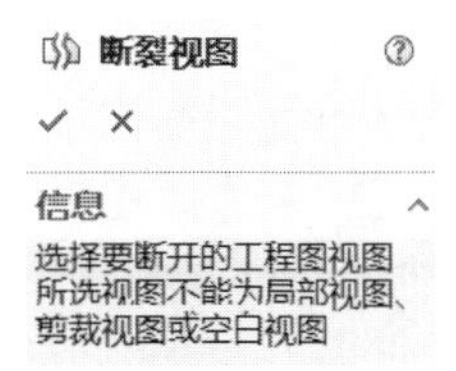

图 10-39 【断裂视图】属性管理器（1）

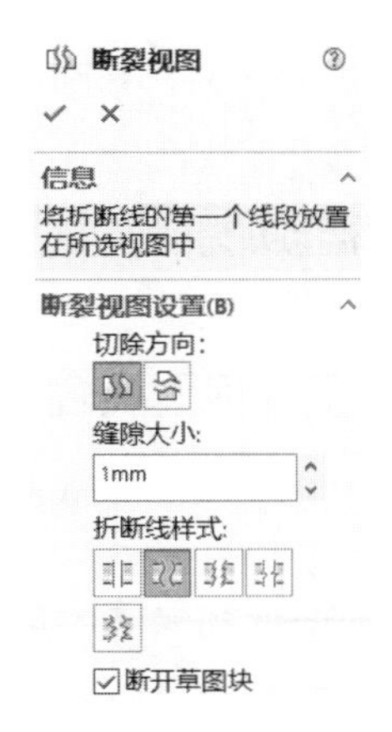

图 10-40 【断裂视图】属性管理器（2）

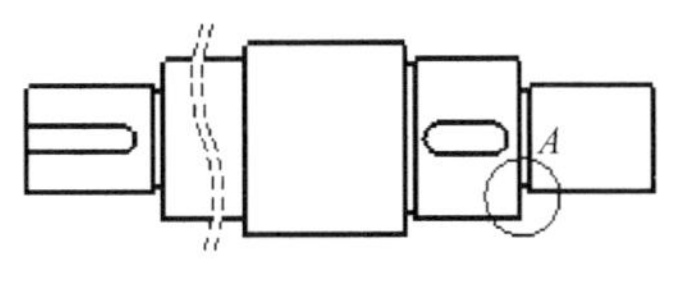

图 10-41 生成的断裂视图

提示：只可以在断裂视图处于断裂状态时选择区域剖面线，但不能选择穿越断裂的区域剖面线。

10.2.9 剪裁视图

剪裁视图是在现有视图中剪去不必要的部分，使得视图所表达的内容既简练又突出重点。

① 打开“剪裁视图.slddrw”，双击辅助视图空白区域，激活该视图。

② 选择【工具】|【草图绘制实体】|【圆】菜单命令，或者单击【草图】工具栏中的【圆】按钮。在 A 向辅助视图中绘制封闭轮廓线，选取所绘制的封闭轮廓，如图 10-42 所示。

③ 选择【插入】|【工程视图】|【剪裁视图】菜单命令或者单击【工程图】工具栏中的【剪裁视图】按钮即可生成剪裁视图，如图 10-43 所示。

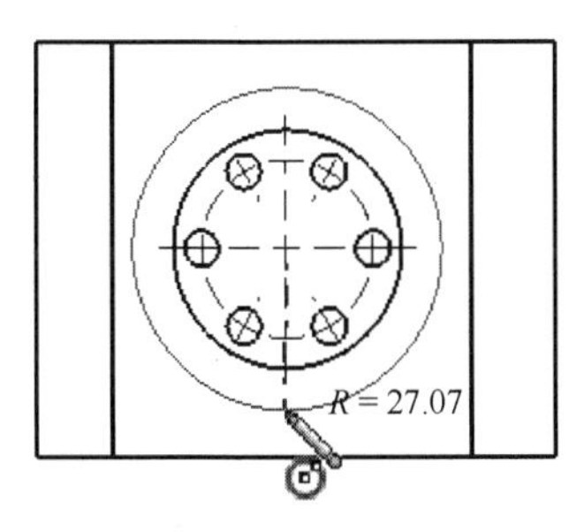

图 10-42 绘制封闭轮廓

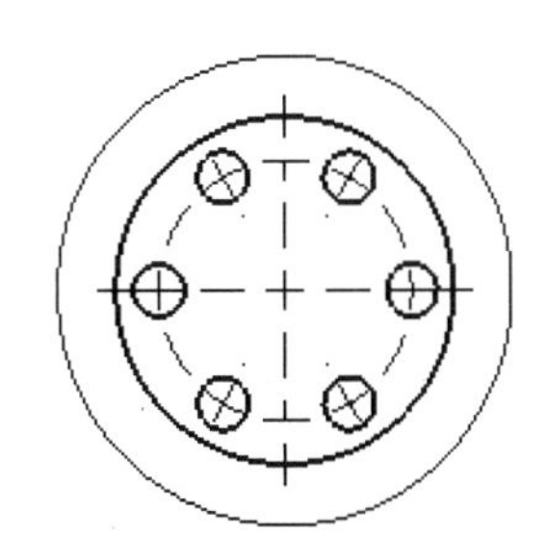

图 10-43 剪裁视图

④ 选择剪裁视图，单击鼠标右键，从弹出的快捷菜单中选择【剪裁视图】|【编辑剪裁视图】命令，剪裁视图进入编辑状态，编辑剪裁轮廓线，单击【标准】工具栏上的【重新建模】按钮，结束编辑。

⑤ 选择剪裁视图，单击鼠标右键，从弹出的快捷菜单中选择【剪裁视图】|【移除剪裁

视图】命令，出现未剪裁视图。选取封闭轮廓圆，按 Delete 键，恢复视图原状。

10.3 编辑视图

10.3.1 工程视图属性

当光标移到工程视图边界的区域，其形状会变成 时，选取某一视图单击鼠标右键，或在特征管理器中选择工程视图名称单击鼠标右键，在弹出的快捷菜单中选择【属性】命令，系统弹出如图 10-44 所示【工程视图属性】对话框。

图 10-44 【工程视图属性】对话框

这里只介绍【工程视图属性】对话框中的【视图属性】选项卡中的内容，它们的含义如下。

①【视图信息】选项组：该选项组显示所选视图的名称和类型（只读）。

②【模型信息】选项组：该选项组显示模型名称和路径（只读）。

③【配置信息】选项组：该选项组下有两个单选按钮。

【使用模型“使用中”或上次保存的配置】单选按钮：该单选按钮为默认值。

【使用命名的配置】单选按钮：在清单中显示模型文件中命名的各种配置名称。如要使用模型的某一配置，先选择【使用命名的配置】单选按钮，再从清单中选择配置。

④【零件序号】选项组。

【将零件号文本链接到指定的表格】复选框：材料明细表自动链接到工程图视图。只要材料明细表存在且保持链接到材料明细表被选择，SolidWorks 软件将使用所选材料明细表来指定零件序号。如果用户附加零件序号到不位于材料明细表配置中的零部件，则零件序号以星号（*）出现。

⑤【折断线与父视图对齐】复选框：如果断裂视图是从另一个断裂视图导出，选择此复

选框来对齐两个视图中折断间距。

10.3.2 工程图规范

制作工程图虽然说可以根据实际情况进行一些变化，但这些变化也是要符合工程制图的标准。现行的标准大都采用国际标准，也就是 ISO 标准，下面就来介绍在 SolidWorks 中如何对工程图进行规范化设置。

选择【工具】|【选项】菜单命令，系统弹出如图 10-45 所示的【系统选项】对话框。

【系统选项】对话框中各选项的含义在前面的章节中已经介绍过，下面仅简单介绍其中的部分选项。

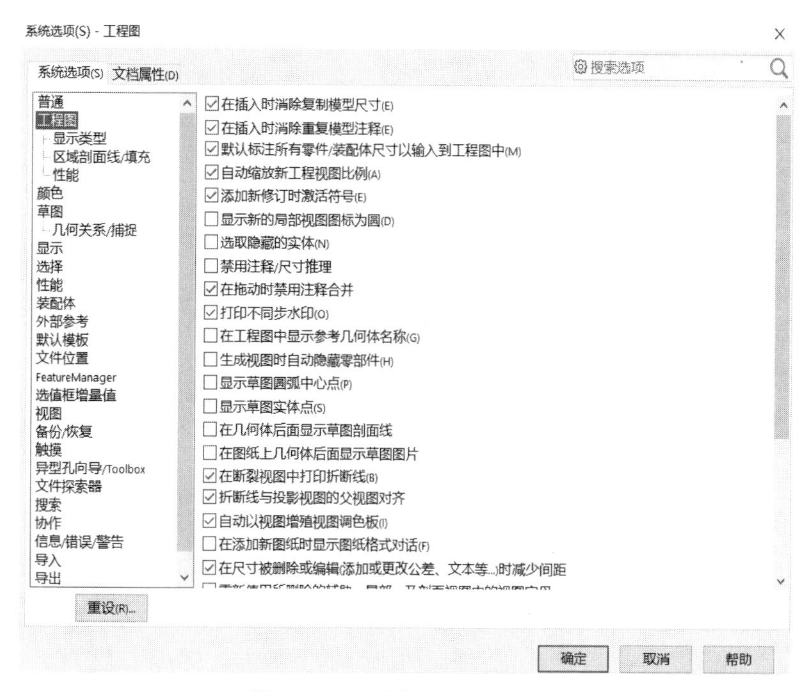

图 10-45 【系统选项】对话框

【在插入时消除复制模型尺寸】复选框：当选择此复选框时（默认值），复制尺寸在模型尺寸被插入时不插入工程图。

【默认标注所有零件/装配体尺寸以输入到工程图中】复选框：当被选择时，则指定将插入尺寸自动放置于距视图中的几何体适当距离处。

【自动缩放新工程视图比例】复选框：新工程视图会调整比例以适合图纸的大小，而不考虑所选的图纸大小。

【拖动工程视图时显示内容】复选框：选择此复选框时，将在拖动视图时显示模型。未选择此复选框时，则拖动时只显示视图边界。

【选取隐藏的实体】复选框：当被选择时，可以选取隐藏（移除）的切边和边线（已经手动隐藏的）。当鼠标指针经过隐藏的边线时，边线将会以双点画线显示。

【在工程图中显示参考几何体名称】复选框：如果被选择，当参考几何实体被输入工程图中时，它们的名称将显示。

【生成视图时自动隐藏零部件】复选框：如被选择，装配体的任何在新的工程视图中不可见的零部件将隐藏并列举在【工程视图】属性对话框中的【隐藏/显示零部件】标签上。零部件出现，所有零部件信息被装入。零部件名称在特征管理器设计树中透明。

【显示草图圆弧中心点】复选框：如被选择，草图圆弧中心点在工程图中显示。

10.3.3 选择与移动视图

选取某一视图，被选取的视图边框呈虚线，如图 10-46 所示，视图的属性出现在相应视图的属性管理器设计树中。要想退出选择，单击此视图以外的区域即可。选取视图还可以在特征管理器中直接单击视图名称。

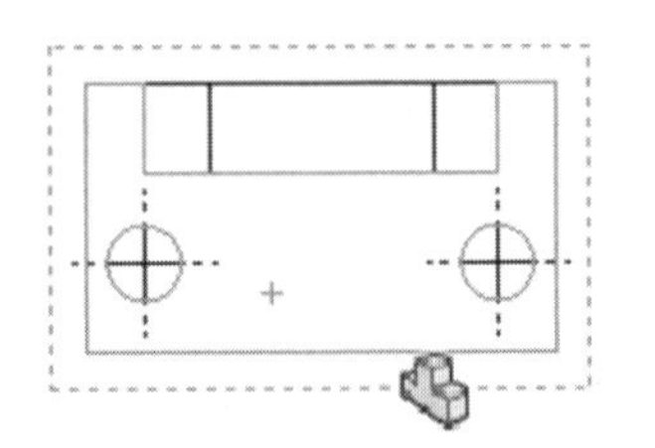

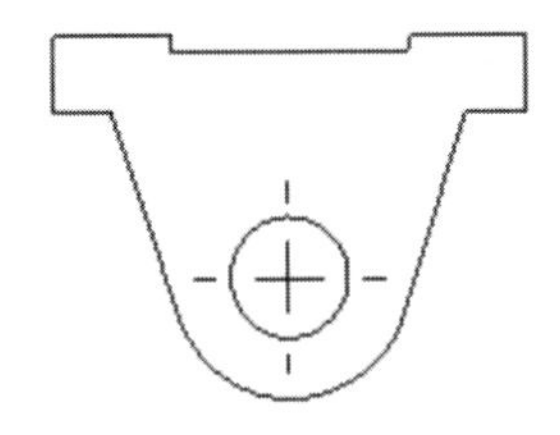

图 10-46　选择视图效果

视图边界的大小是根据视图中模型的大小、形状和方向自动计算出来的。扩大视图边界可以使得选择或激活视图方便些，视图边界和所包含的视图可以重叠。

如果要改变视图边界的大小，可以采用下面的操作步骤。

① 选取想要改变视图边界大小的视图。

② 将光标指向边框线上的拖动控标（即小方格）。

③ 当光标显示为调整大小形状时，按照需要拖动控标来调整边界的大小，但不能使视图边界小于视图中显示的模型。

如果想要移动视图，可以采用下面的两种方法之一。

① 按住 Alt 键，然后将光标放置在视图中的任何地方并拖动视图。

② 将光标移到视图边界上以高亮显示边界，或选取将要移动的视图，当移动光标出现形状时，将视图拖动到所需要的位置。

在移动视图时，应该遵循下面的原则。

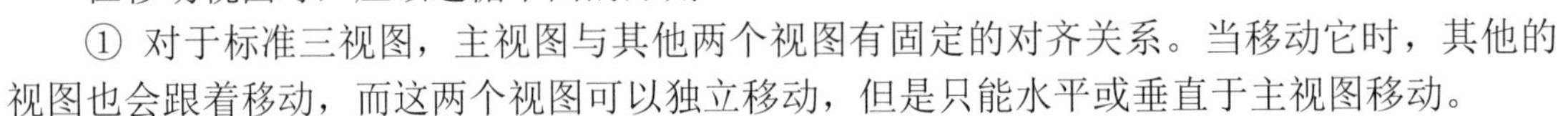

① 对于标准三视图，主视图与其他两个视图有固定的对齐关系。当移动它时，其他的视图也会跟着移动，而这两个视图可以独立移动，但是只能水平或垂直于主视图移动。

② 辅助视图、投影视图、剖面视图和旋转剖视图与生成它们的母视图对齐，并只能沿投影的方向移动。

③ 断裂视图遵循断裂之前的视图对齐状态。剪裁视图和交替位置视图保留原视图的对齐。

④ 命名视图、局部视图、相对视图和空白视图可以在图纸上自由移动，不与任何其他视图对齐。

⑤ 子视图相对于父视图而移动。若想保留视图之间的确切位置，在拖动时按 Shift 键。

10.3.4 视图锁焦

如要固定视图的激活状态，不随光标的移动而变化，此时就需要将视图锁定。

将视图锁定时，首先选取某一视图，单击鼠标右键，然后在弹出的快捷菜单中选择【视图锁焦】命令，如图 10-47 所示，激活的俯视图被锁定。被锁定的视图边界显示粉红色，如图 10-48 所示。

这时在图纸上作草图实体，例如在工程图中绘制了一个圆，不论此实体离俯视图的距离有多远，都属于该视图上的草图实体。因此视图锁焦确保了要添加的项目属于所选视图。

如要回到动态激活模式，在活视图边界内的空白区，单击鼠标右键，然后在弹出的快捷菜单中选择【解除视图锁焦】命令。

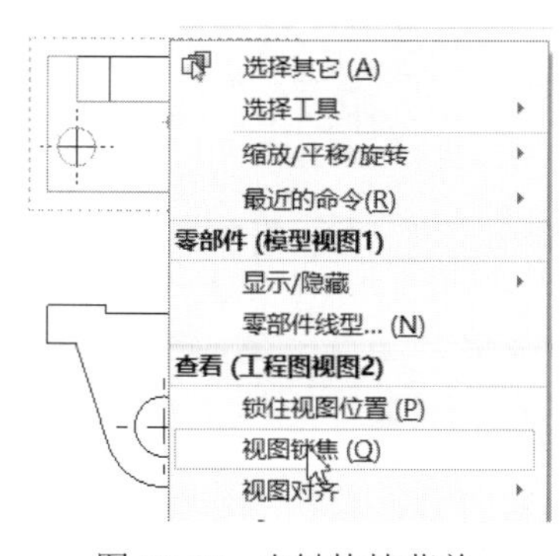

图 10-47　右键快捷菜单

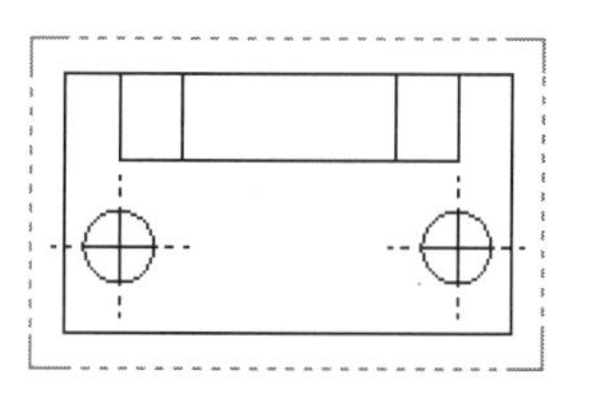
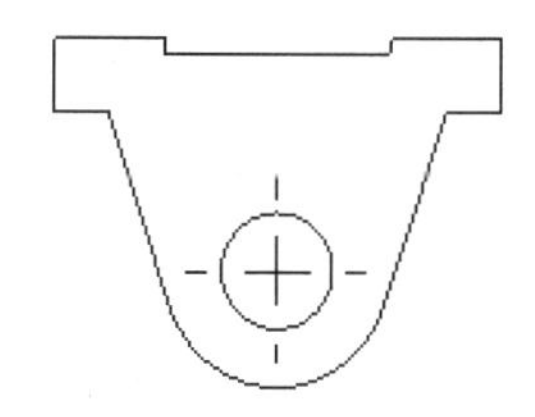

图 10-48　被锁定的视图

10.3.5 更新视图

如果想在激活的工程图中更新视图，需要指定自动更新视图模式。用户可以通过设定选项来指定视图是否在打开工程图时更新。值得注意的是，不能激活或编辑需要更新的工程视图。更新视图有如下三种方式。

① 更改当前工程图中的更新模式。在特征管理设计树顶部的工程图图标上单击鼠标右键，然后在弹出的快捷菜单中选择或取消选择【自动更新视图】命令，如图 10-49 所示。

② 手动更新工程视图。在特征管理设计树顶部的工程图图标上单击鼠标右键，在弹出的快捷菜单中清除选择【自动更新视图】命令，然后单击【编辑】|【更新所有视图】命令。

③ 在打开工程图时自动更新。选择【工具】|【选项】菜单命令，系统弹出【系统选项】对话框，单击【系统选项】选项卡中的【工程图】，然后选择【工程图时允许自动更新】选项。

10.3.6 对齐视图

（1）解除对齐关系

对于已对齐的视图，只能沿投影方向移动，但也可以解除对齐关系，独立移动视图。要解除视图的对齐关系可以采用下面的步骤。

① 选取某一对齐的视图，单击鼠标右键，系统弹出如图 10-50 所示的快捷菜单。

② 选择【视图对齐】|【解除对齐关系】菜单命令，或选择【工具】|【视图对齐】|【解除对齐关系】菜单命令，现在俯视图可以独立移动了，解除视图对齐关系可以任意地移动。

③ 如要再回到原来的对齐关系，选取解除对齐关系的视图，单击鼠标右键，然后从弹出的快捷菜单中选择【视图对齐】|【默认对齐】命令，或选择【工具】|【对齐工程图视图】|【默认对齐】菜单命令，视图重回对齐状态。

（2）对齐视图

对于默认为未对齐的视图，或解除了对齐关系的视图，可以更改对齐关系，使一个视图与另一个视图对齐的操作步骤如下。

选取需要对齐的视图，单击鼠标右键，从快捷菜单中选择【视图对齐】|【原点水平对齐】或【原点竖直对齐】命令。

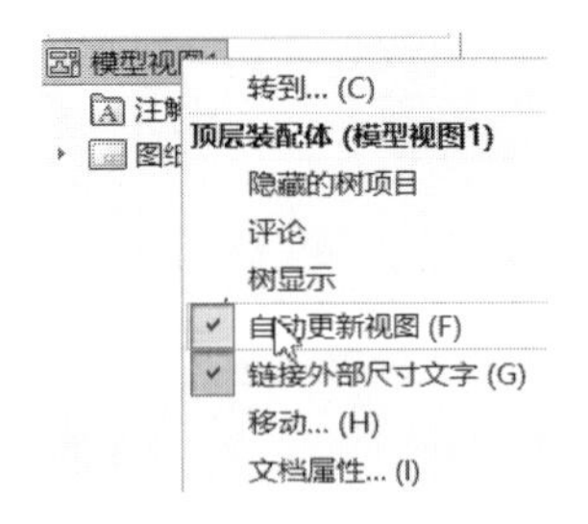

图 10-49　选择或取消选择【自动更新视图】命令

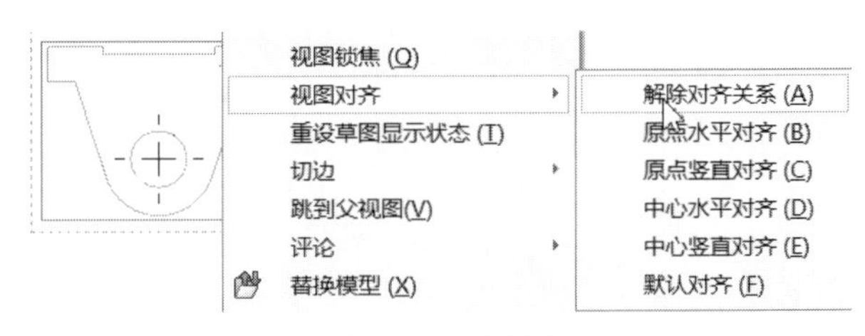

图 10-50　快捷菜单

10.3.7 隐藏和显示视图

工程图中的视图可以被隐藏或显示，隐藏视图的操作步骤如下。

① 选取要隐藏的视图，然后单击鼠标右键或单击特征管理器中视图的名称。

② 从弹出的快捷菜单中选择【隐藏】命令。如果该视图有从属视图（如局部、剖面视图等），则出现对话框，询问是否也要隐藏从属视图。

③ 视图被隐藏后，当光标经过隐藏的视图时，形状变为，并且视图边界高亮显示。

④ 如果要查看图纸中隐藏视图的位置但不显示它们，选择【视图】|【被隐藏视图】菜单命令。

⑤ 要再次显示视图，选择被隐藏的视图，单击鼠标右键，从弹出的快捷菜单中选择【显示】命令。当要显示的隐藏视图有从属视图，则出现对话框，询问是否也要显示从属视图。

10.4 工程图尺寸标注

利用 SolidWorks 生成工程图之后，要对工程图添加相关的注解。对于一张完整的工程图而言，图纸除具有尺寸标注之外，还应包括与图纸相配合的技术指标等注解，如形位公差、表面粗糙度和技术要求等。

在 SolidWorks 文件中，既可以在零件文件中添加注解，也可以在装配体文件中添加注解，注解的行为方式与尺寸相似。SolidWorks 工程图中的尺寸标注是与模型相关联的，在模型中更改尺寸和在工程图中更改尺寸具有相同的效果。

建立特征时标注的尺寸和由特征定义的尺寸（如拉伸特征的深度尺寸、阵列特征的间距等）可以直接插入工程图中。在工程图中可以使用标注尺寸工具添加其他尺寸，但这些尺寸是参考尺寸，是从动的。也就是说，在工程图中标注的尺寸是受模型驱动的。

10.4.1 设置尺寸选项

工程视图中尺寸的规格尽量根据我国国标（GB）标注。在标注尺寸前，先要设置尺寸选项。设置尺寸选项的操作步骤如下。

① 选择【工具】|【选项】菜单命令，系统弹出【系统选项】对话框。单击打开【文件属性】选项卡。

② 单击【尺寸】选项，设置尺寸线、尺寸界线和箭头样式。

③ 单击【注解】选项，单击【字体】按钮，系统弹出如图 10-51 所示的【选择字体】对话框。设置文字字体，单击【确定】按钮。

④ 有些选项按照国标标准设置，有些选项设置可采用系统默认值，设置完成后，单击【确定】按钮。

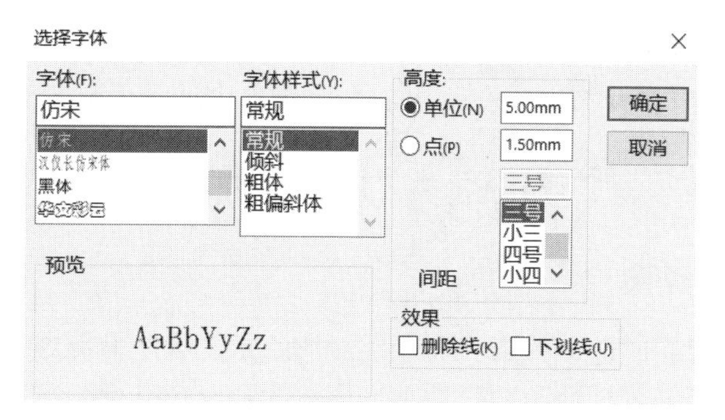

图 10-51 【选择字体】对话框

10.4.2 插入模型项目

在工程图中标注尺寸，一般先将生成每个零件特征时的尺寸插入各个工程视图中，然后通过编辑、添加尺寸，使标注的尺寸达到正确、完整、清晰和合理的要求。插入的模型尺寸属于驱动尺寸，能通过编辑参考尺寸的数值来更改模型。

（1）插入模型尺寸

打开 SolidWorks 工程图文件，选择需要插入模型尺寸的视图，单击【注解】工具栏上的【模型项目】按钮，系统弹出如图 10-52 所示的【模型项目】属性管理器。单击【来源/目标】选项组，在【来源】下拉列表中选择【整个模型】或者【所选特征】选项，选中【将项目输入到所有视图】复选框；在【尺寸】选项组中选中【消除重复】复选框，单击【确定】按钮✓。

（2）调整尺寸

调整尺寸操作步骤如下。

① 双击需要修改的尺寸，系统弹出如图 10-53 所示的【修改】对话框。在【修改】对话框中输入新的尺寸值，可修改尺寸。

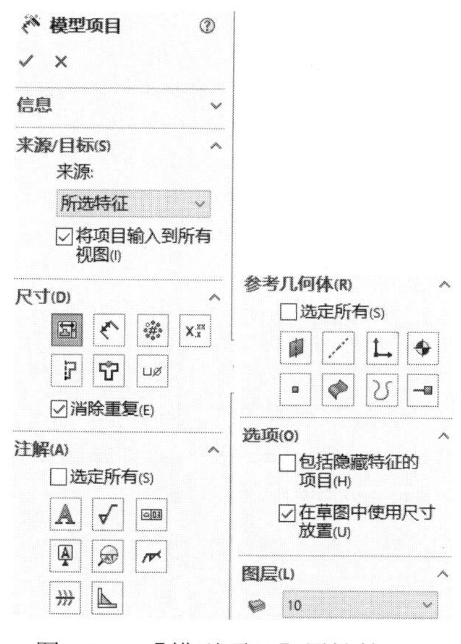

图 10-52 【模型项目】属性管理器

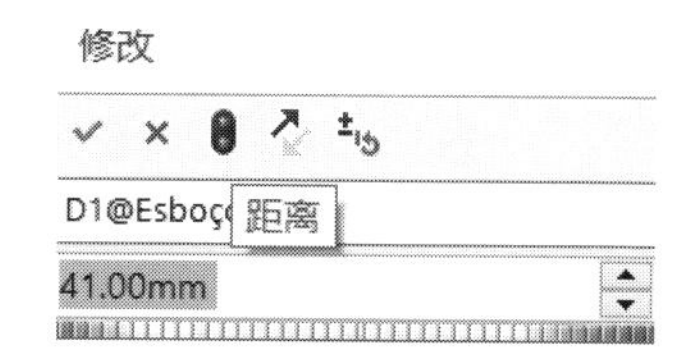

图 10-53 【修改】对话框

② 在工程视图中拖动尺寸文本，可以移动尺寸位置，调整到合适位置。

③ 在拖动尺寸时按住 Shift 键，可将尺寸从一个视图移动到另一个视图中。

④ 在拖动尺寸时按住 Ctrl 键，可将尺寸从一个视图复制到另一个视图中。

⑤ 选择尺寸，单击鼠标右键，在弹出的快捷菜单中选择【显示选项】下的相关命令，更改显示方式。

⑥ 选择需要删除的尺寸，按 Del 键即可删除指定尺寸。

10.4.3 标注从动尺寸

如果说视图是工程图的骨架，那么尺寸及注解就是工程图的灵魂，尺寸及注解的好坏及准确性直接决定着生产的可行性和准确性，下面来介绍 SolidWorks 在标注尺寸及注解方面的各种功能。

（1）模型尺寸与参考尺寸

在尺寸标注之前，先介绍一下模型尺寸和参考尺寸的概念。

① 模型尺寸。模型尺寸是指用户在建立三维模型时产生的尺寸，这些尺寸都可以导入工程图当中。一旦模型有变动，工程图当中的模型尺寸也会相应地变动，而在工程图中修改模型尺寸时也会在模型中体现出来，也就是“尺寸驱动”的意思。

② 参考尺寸。参考尺寸是用户在建立工程图之后插入工程图文档中的，并非从模型中导入的，是“从动尺寸”，因而其数值是不能随意更改的。但值得注意的是，当模型尺寸改变时，可能会引起参考尺寸的改变。

（2）尺寸的标注

用户可以通过鼠标右键单击工具栏的空白处，在弹出的快捷菜单中选择【尺寸/几何关系】命令来调出【尺寸/几何关系】工具栏。下面介绍【尺寸/几何关系】工具栏常用的几种标注方法，如图 10-54 所示。

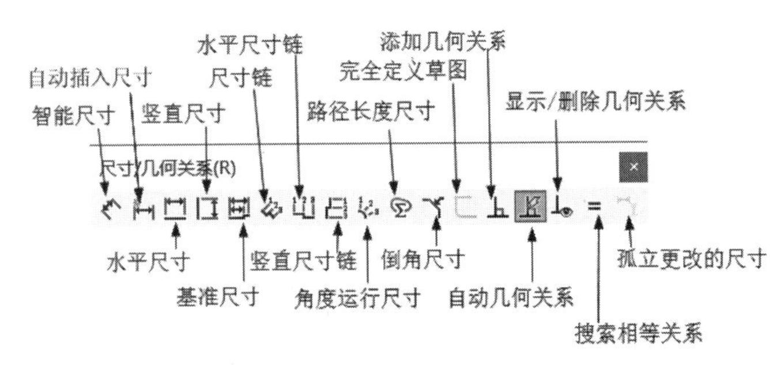

图 10-54 【尺寸/几何关系】工具栏

① 智能尺寸。可以捕捉到各种可能的尺寸形式，包括水平尺寸和竖直尺寸，如长度、角度、直径和半径等。

② 水平尺寸。只捕捉需要标注的实体或者草图水平方向的尺寸。

③ 竖直尺寸。只捕捉需要标注的实体或者草图竖直方向的尺寸。

④ 基准尺寸。在工程图中所选的参考实体间标注参考尺寸。

⑤ 尺寸链。在所选实体上以同一基准生成同一方向（水平、竖直或者斜向）的一系列尺寸。

⑥ 水平尺寸链。只捕捉水平方向的尺寸链。

⑦ 竖直尺寸链。只捕捉竖直方向的尺寸链。

⑧ 路径长度尺寸。创建路径长度的尺寸。

⑨ 倒角尺寸。在工程图中对实体的倒角尺寸进行标注，它有 4 种形式，可以在尺寸

属性对话框中设置。

打开“标注从动尺寸.slddrw”文件，单击【尺寸/几何关系】工具栏上的【智能尺寸】按钮，选择边线标注从动尺寸，如图 10-55 所示。在选择边线时，如果可以选择一条边，就选择需要标注的边线；如需要标注的边线不好选择，则可以选择该边垂直的两端边线。

（3）添加直径符号

单击需添加直径符号的尺寸，系统弹出如图 10-56 所示的【尺寸】属性管理器，在【标注尺寸文字】选项组中，单击【直径】按钮⌀，添加直径符号，如图 10-56 所示。

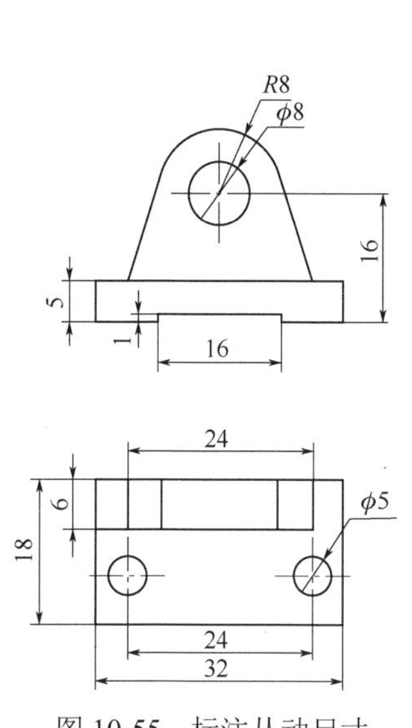

图 10-55　标注从动尺寸

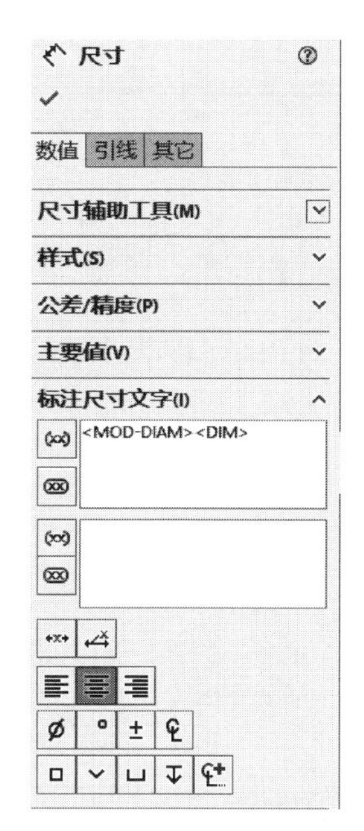

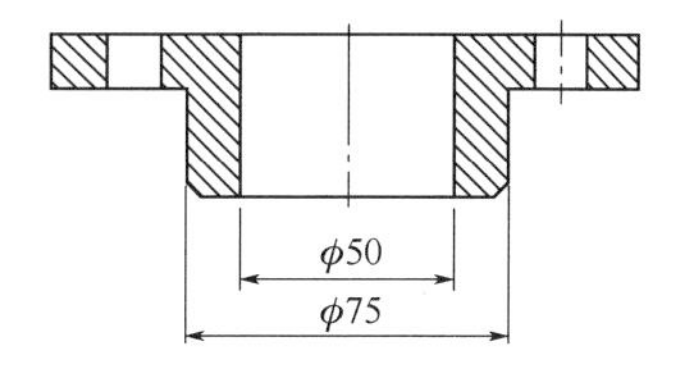

图 10-56 【尺寸】属性管理器和添加直径符号

10.4.4 标注尺寸公差

标注尺寸公差

在【尺寸】属性管理器中设置尺寸公差，并可在图纸中预览尺寸和公差。

（1）双边公差

打开“公差.slddrw”文件，选中“φ8”尺寸，系统弹出【尺寸】属性管理器。单击【公差/精度】选项组，在【公差类型】下拉列表中选择【双边】选项，在【上限】文本框内输入“0.021mm”，在【下限】文本框内输入“+0.008mm”，【单位精度】下拉列表中选择【.123】，如图 10-57 所示，单击【确定】按钮✔。

（2）对称公差

打开“公差.slddrw”文件，选择两个孔的中心距尺寸“24”，系统弹出【尺寸】属性管理器。单击【公差/精度】选项组，在【公差类型】下拉列表中选择【对称】选项，在【最大变量】文本框内输入“0.05mm”，【单位精度】下拉列表中选择【.12】，如图 10-58 所示，单击【确定】按钮✔。

（3）与公差套合

打开“公差. slddrw”文件，选中“φ5”尺寸，系统弹出【尺寸】属性管理器，单击【公差/精度】选项组，在【公差类型】下拉列表中选择【套合】选项，【分类】下拉列表中选择【过渡】选项，【孔套合】下拉列表中选择【H8】选项，【轴套合】下拉列表中选择【k7】选项，单击【以直线显示层叠】按钮$\frac{H7}{g6}$，如图 10-59 所示，单击【确定】按钮✔。

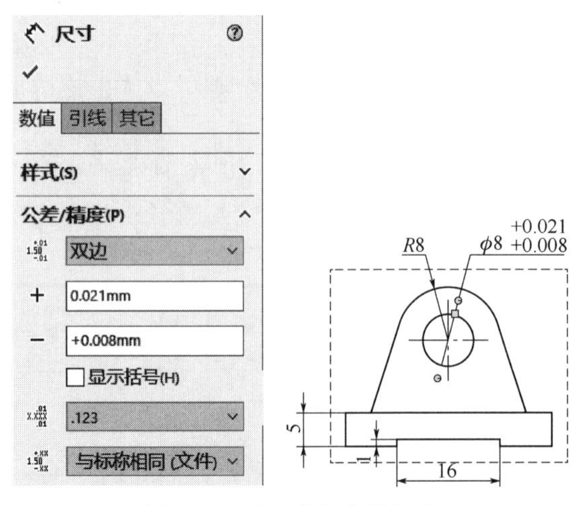

图 10-57 【双边】公差标注

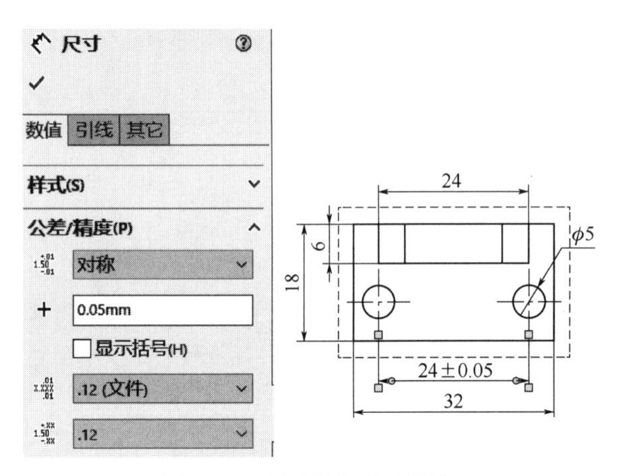

图 10-58 【对称】公差标注

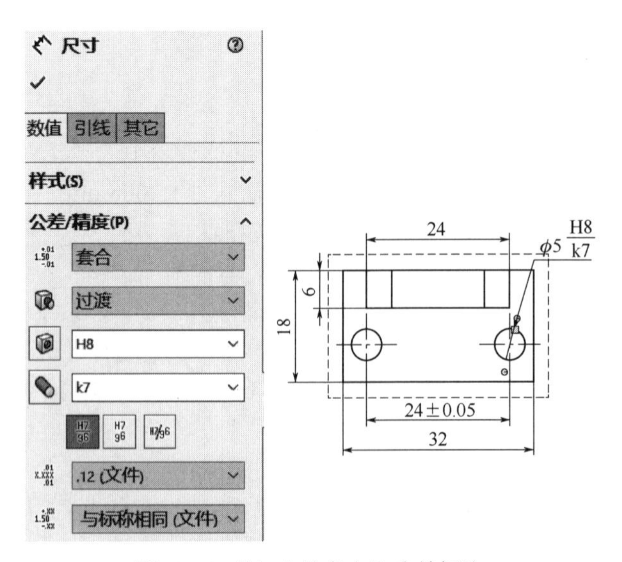

图 10-59 【与公差套合】公差标注

10.5 工程图注释

注释可以包含简单的文字、符号、参数文字或超文本链接。引线可能是直线、折弯线、或多转折引线。

10.5.1 注释属性

将注释插入，或编辑现有注释、零件序号注释、块定义以及修订符号时，离不开【注释】属性管理器，下面就来简单介绍该属性管理器各选项的含义。

选择【插入】|【注释】|【注释】菜单命令，或单击【注解】工具栏上的【注释】按钮，系统弹出如图 10-60 所示的【注释】属性管理器。

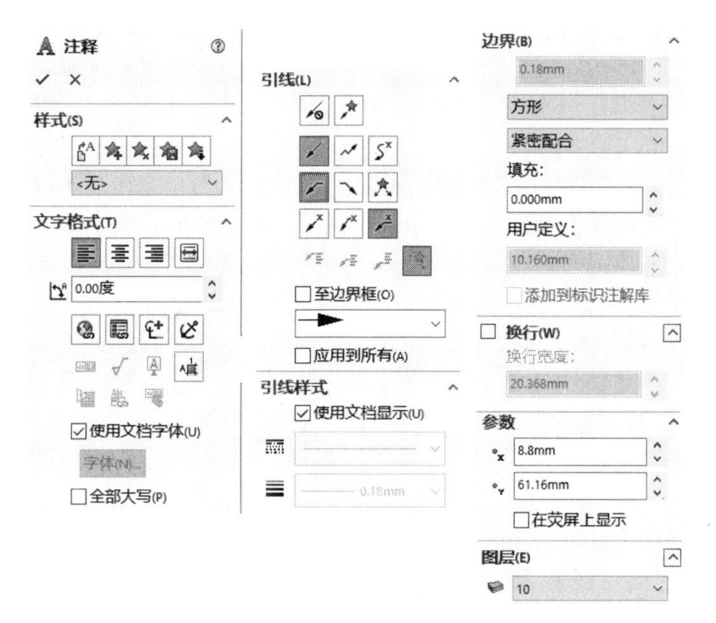

图 10-60 【注释】属性管理器

注释可为自由浮动或固定，也可带有一条指向某项（面、边线或顶点）的引线而放置。下面来介绍【注释】属性管理器中各选项的含义。

（1）【样式】选项组

注释有以下两种常用的类型。

带文字：如果在注释中输入文本并将其另存为常用注释，该文本便会随注释属性保存。当生成新注释时，选择该常用注释，并将注释放在图形区域中，注释便会与该文本一起出现。

不带文字：如果生成不带文本的注释并将其另存为常用注释，则只保存注释属性。

【将默认属性应用到所选注释】按钮：该按钮表示将默认类型应用到所选注释。

【添加或更新样式】按钮：该按钮表示将常用类型添加到文件中。单击【添加或更新样式】按钮，系统弹出【输入新名称或选择现有名称】对话框，在对话框中，输入新的名称，然后单击【确定】按钮，即可将常用类型添加到文件中。

【删除样式】按钮：该按钮表示将常用类型删除。从设定当前常用尺寸清单中选择一样式，单击【删除样式】按钮，即可将常用类型删除。

【保存样式】按钮：该按钮表示保存一常用类型。在设定当前常用尺寸中显示一常用类型，单击【保存样式】按钮。

【装入样式】按钮：该按钮表示装入常用类型。在【打开】对话框中浏览到合适的文件夹，然后选择一个或多个文件。装入的常用尺寸出现在设定当前常用尺寸清单中。

(2)【文字格式】选项组

文字对齐格式：左对齐，将文字往左对齐；居中，将文字往中间对齐；右对齐，将文字往右对齐。

【角度】微调框：该微调框表示可以输入角度数值控制文字的输入角度。正的角度逆时针旋转注释。

【插入超文本链接】按钮：单击该按钮表示在注释中包括超文本链接。

【连接到属性】按钮：单击该按钮表示将注释连接到文件属性。

【添加符号】按钮：该按钮表示将鼠标指针放置在想使符号出现的注释文本框中，然后单击添加符号。符号的名称显示在文本框中，但实际符号显示在注释之中。

【锁定/解除锁定注释】按钮：将注释固定到位，当编辑注释时，可以调整边界框，但不能移动注释本身。

【插入形位公差】按钮：该按钮表示在注释中插入形位公差符号。

【插入表面粗糙度符号】按钮：该按钮表示在注释中插入表面粗糙度符号。

【插入基准特征】按钮：该按钮表示在注释中插入基准特征符号。

【使用文档字体】复选框：当该复选框被选择时，文件样式遵循在【系统选项】对话框中的【文件属性】选项卡中的【注释】中指定的字体。

【字体】按钮：当【使用文档字体】复选框被消除选择时，单击【字体】按钮，可以打开选择字体对话框，然后选择一新的字体样式、大小及效果。

(3)【引线】选项组

引线样式是用来定义注释箭头和引线类型的。

单击【引线】、【多转折引线】、【无引线】或【自动引线】样式确定是否选择引线。如果选择【自动引线】样式，自动引线在附加注释到实体时插入引线。

选择【引线靠左】、【引线向右】或【引线最近】，确定引线的位置。

单击【直引线】、【折弯引线】或【下划线引线】确定引线样式，可在生成注释时从快捷菜单中添加多转折引线。

从【箭头样式】下拉列表中选择一箭头样式。

【应用到所有】复选框：选择该复选框时，将更改应用到所选注释的所有箭头。如果所选注释有多条引线，而自动引线没有被选择，可以给每个单独引线使用不同的箭头样式。

(4)【引线样式】选项组

引线样式是用来定义引线类型和大小。

【样式】：指定边界（包揽文字的几何形状）的形状。

【大小】：指定文字是否紧密配合，或固定的字符数。

10.5.2 生成注释

如果想要生成注释，其操作步骤如下。

① 单击【注解】工具栏中的【注释】按钮，或选择【插入】|【注解】|【注释】菜单

命令，此时的光标变为形状，系统弹出【注释】属性管理器。

② 在【注释】属性管理器中设置相应的选项。

③ 用鼠标指针在绘图区适当位置拖动即生成文字输入框，在文字输入框中输入相应的文字。

④ 单击【确定】按钮，即可完成生成注释的操作。

10.5.3 编辑注释

如果对于生成的注释不能满足需要，就需要对注释进行编辑。编辑注释主要有下面几种方法。

移动注释：光标指向注释，当光标形状变为时，拖动注释到新的位置。

复制注释：选择注释，在拖动注释的同时，按住 Ctrl 键即可复制注释。

如果要编辑注释中的属性，可以右击注释，从快捷菜单中选择属性，即可在【注释】属性管理器中修改各选项。

如要将注释修改成的多引线注释，其操作步骤如下。

① 选择注释上的箭头，再拖动引线时按住 Ctrl 键，当预览引线处在所需位置，释放 Ctrl 键，完成复制引线（图 10-61），复制的引线如图 10-61（a）所示。

② 单击复制的引线，引线变成如图 10-61（b）所示情形。

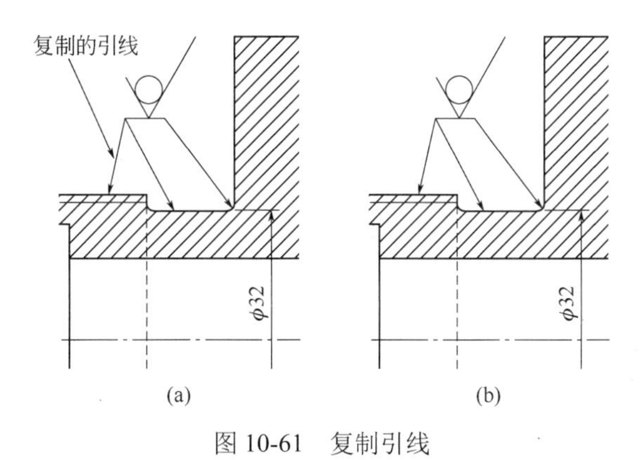

图 10-61　复制引线

为了便于美观整齐，经常需要对其进行注释。如果想要对齐注释，其操作步骤如下。

① 选择【视图】|【工具栏】|【对齐】菜单命令，会出现如图 10-62 所示的【对齐】工具栏。

② 选择需对齐的所有注释。

③ 单击【对齐】工具栏上的工具按钮，或选择菜单栏中的【工具】|【对齐】中的相关命令，再从菜单中选择对齐工具。

图 10-63 所示为单击【上对齐】按钮前后的对齐效果预览。

【对齐】工具栏提供对齐工具用于对齐尺寸和注解，如注释、形位公差符号等。下面介绍【对齐】工具栏中各按钮的含义。

【分组】：单击该按钮可以将注解分组，这样在将之拖动时它们可一起移动。

【解除组】按钮：单击该按钮可以删除注解组，这样在将之拖动时它们可自由移动。

【左对齐】：单击该按钮可以将注解与组中最左的注解对齐。

【右对齐】：单击该按钮可以将注解与组中最右注解的对齐。

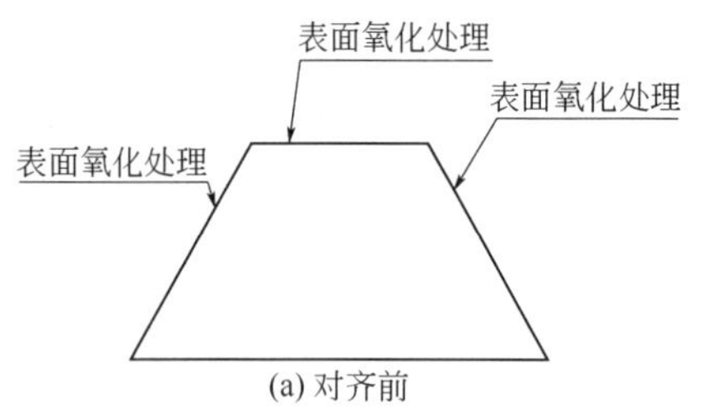

(a) 对齐前

图 10-62 【对齐】工具栏

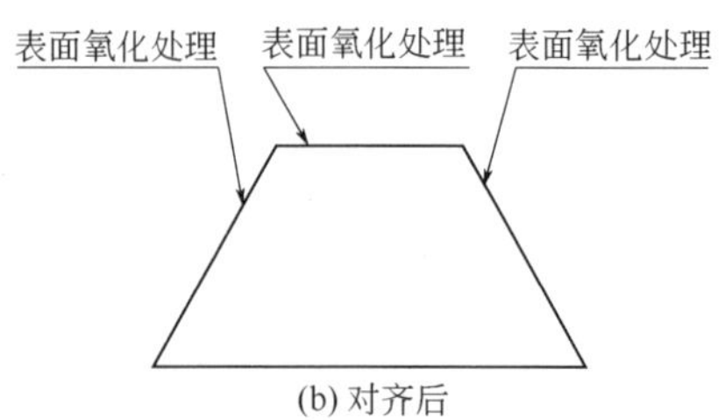

(b) 对齐后

图 10-63 上对齐效果预览

【上对齐】：单击该按钮可以将注解与组中最上注解的对齐。
【下对齐】：单击该按钮可以将注解与组中最下注解的对齐。
【水平对齐】：单击该按钮可以将注解与最左注解的中心对齐。
【竖直对齐】：单击该按钮可以将注解最上注解的中心对齐。
【水平均匀等距】：单击该按钮可以将注解从最左到最右注解均匀对齐。
【竖直均匀等距】：单击该按钮可以将注解在最上和最下注解中竖直均匀对齐。
【水平紧密等距】：单击该按钮可以将注解与最左注解的中心紧密对齐。
【竖直紧密等距】：单击该按钮可以将注解与最上注解的中心紧密对齐。

10.5.4 表面结构符号

使用表面结构符号表示零件表面加工的程度。可以按照 GB/T 131—2006《产品几何技术规范（GPS）技术产品文件中表面结构的表示法》的要求设定零件表面结构，包括基本符号、去除材料、不去除材料等。在 SolidWorks 中的零件、装配体或者工程图文件中选取面，即可为其添加表面结构符号。在 SolidWorks 中，表面结构符号是通过【表面粗糙度符号】功能来标注。

（1）表面粗糙度属性

单击【注解】工具栏上的【表面粗糙度的符号】按钮，或选择【插入】|【注释】|【表面粗糙度的符号】菜单命令，系统弹出如图 10-64 所示的【表面粗糙度】属性管理器，其内容含义如下。

①【样式】选项组。该部分的内容与【注释】属性管理器中的相同，这里不再赘述。

②【符号】选项组。从【符号】选项组中选择一种表面粗糙度符号。表面粗糙度符号框格内显示所选的表面粗糙度符号以及各参数。【符号】选项组中各选项按钮的含义如下。

【基本】按钮：该按钮表示基本加工表面粗糙度。
【要求切削加工】按钮：该按钮表示要求切削加工。
【禁止切削加工】按钮：该按钮表示禁止切削加工。
【当地】按钮：该按钮表示要求当地加工。
【全周】按钮：该按钮表示要求全周加工。
【JIS 基本】按钮：该按钮表示 JIS 基本加工表面粗糙度。

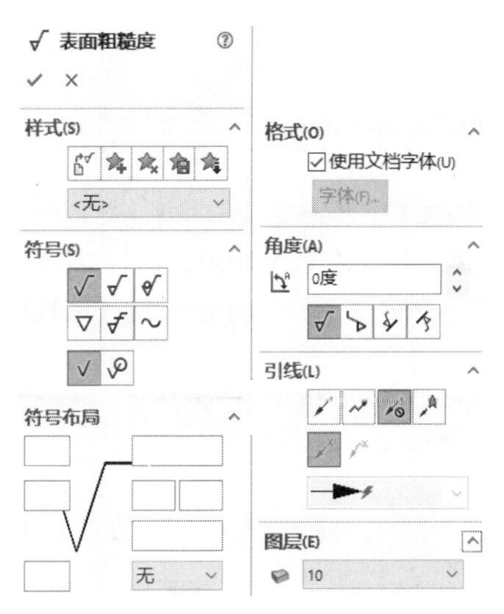

图 10-64 【表面粗糙度】属性管理器

【需要 JIS 切削加工】按钮：该按钮表示 JIS 要求切削加工。

【禁止 JIS 切削加工】按钮：该按钮表示 JIS 禁止切削加工。

如果选择 JIS 基本或 JIS 要求切削加工，则有数种曲面纹理可供使用。

③【符号布局】选项组。对于 ANSI 符号及使用 ISO 相关标准的符号如图 10-65 所示。对于表面粗糙度参数的标注如图 10-66 所示。

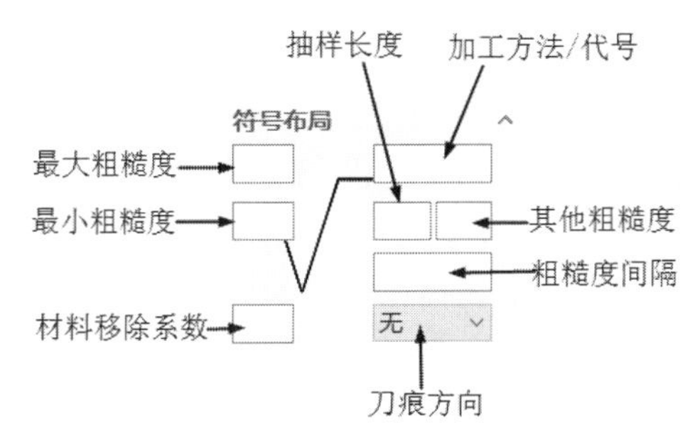

图 10-65 【符号布局】选项组

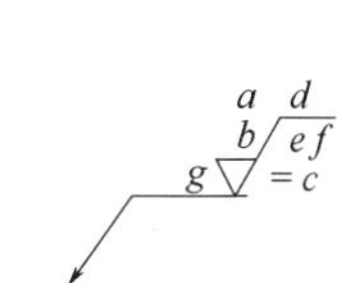

图 10-66 表面粗糙度参数的标注

表面粗糙度参数最大值和最小值分别标注在图中的 *a*、*b* 处。表面质地的最高与最低点之间的间距标注在图中的 *c* 处。图中的 *d* 处标注加工或热处理方法代号，*e* 处标注样件长度（即取样长度）。*f* 为其他粗糙度值。指定加工余量，标注在图中的 *g* 处。

④【格式】选项组

【使用文档字体】复选框：若要为符号和文字指定不同的字体，取消勾选【使用文档字体】复选框，然后单击【字体】按钮。

⑤【角度】选项组

【角度】微调框：为符号设定旋转角度。正的角度逆时针旋转注释。

设定旋转方式：表示竖立，表示旋转 90°，表示垂直，表示垂直（反转）。

⑥【引线】选项组。【引线】选项组包括始终显示引线、多转折引线、无引线、自动引线、直引线、折弯引线和箭头样式。

⑦【图层】选项组。选择图层名称，可以将符号移动到该图层上。选择图层时，可以在

带命名图层的工程图中选择图层。

（2）插入表面粗糙度符号

表面粗糙度符号可以用来标注粗糙度高度参数代号及其数值，单位为微米。如果要插入表面粗糙度符号，其操作步骤如下。

① 单击【注解】工具栏上的【表面粗糙度符号】按钮，或者选择【插入】|【注解】|【表面粗糙度符号】菜单命令。还可以在图形区域单击鼠标右键，在弹出的快捷菜单中选择【注解】|【表面粗糙度】命令。系统弹出如图 10-64 所示的【表面粗糙度】属性管理器。

② 在【表面粗糙度】属性管理器中设置所需参数和选项。

③ 当表面粗糙度符号预览在图形中处于所需边线时，单击以放置符号。

④ 根据需要单击多次以放置多个相同符号。图 10-67 所示为使用表面粗糙度命令生成的注解。

（3）编辑表面粗糙度符号

当需要修改表面粗糙度中的内容时，可以从表面粗糙度中编辑现有符号的各项内容，操作步骤如下。

① 选择需要编辑的表面粗糙度符号，光标形状变为，系统弹出【表面粗糙度】属性管理器。

② 在【表面粗糙度】属性管理器中更改各选项或参数值。

③ 单击【确定】按钮，即可完成对表面粗糙度内容的修改。

如果要移动表面粗糙度符号，可以采用下面的方法。

① 带有引线或未指定边线或面的表面粗糙度符号，可拖动到工程图的任何位置。

② 指定边线标准的表面粗糙度符号，只能沿模型拖动，当拖离边线时将自动生成一条细线延伸线。

用户可以将带有引线的表面粗糙度符号拖到任意位置。如果将没有引线的符号附加到一条边线，然后将它拖离模型边线，则将生成一条延伸线。

提示：用标注多引线注释的方法，可以生成多引线表面粗糙度。

10.5.5 基准特征

工程图中离不开基准特征符号，基准特征符号可以附加于以下项目：零件或装配体中的模型平面或参考基准面；工程视图中显示为边线（而非侧影轮廓线）的表面或者剖面视图表面；形位公差符号框；注释等。

（1）插入基准特征

如果要插入基准特征符号，其操作步骤如下。

① 单击【注解】工具栏上的【基准特征】按钮，或者选择【插入】|【注解】|【基准特征】菜单命令。

② 此时系统弹出如图 10-68 所示的【基准特征】属性管理器。根据需要设置各项内容。

③ 在【标号设定】选项组中的【标号】中设定文字出现在基准特征框中的起始标号。

④ 设定【使用文件样式】复选框。选择该复选框时，文件样式遵循在【系统选项】对话框中的【文档属性】选项卡中的【注释】中指定的字体。

每个框样式都有一组不同的附加样式，如表 10-1 所示。

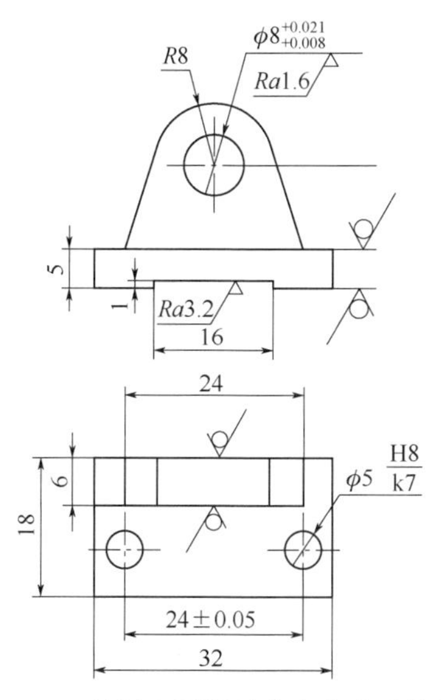

图 10-67　使用表面粗糙度命令生成的注解

图 10-68　【基准特征】属性管理器

表 10-1　附加样式

方形		圆形	
	实三角形		垂直
	带肩角的实三角形		竖直
	虚三角形		水平
	带肩角的虚三角形		

⑤ 在图形区域，当预览处于应标注的位置时，单击以放置基准特征符号。

⑥ 单击【确定】按钮✓，完成基准特征符号的标注。

（2）编辑基准特征

① 从【基准特征】属性管理器中编辑。从【基准特征】属性管理器中编辑符号，基本操作步骤如下。

a．单击要编辑的基准特征，系统弹出【基准特征】属性管理器。

b．在【基准特征】属性管理器中更改各选项。

c．单击【确定】按钮✓，即可完成对基准特征编辑。

② 移动符号。选择需要移动的基准特征，光标形状变为时，可拖动基准符号沿基准边线移动。如果基准特征符号拖离基准边线，则会自动添加延伸线。

10.5.6 形位公差

形位公差符号可以放置于工程图、零件、装配体或草图中的任何地方，可以显示引线或不显示引线，并可以附加符号于尺寸线上的任何地方。

形位公差符号的属性对话框可根据所选的符号而提供各种选择。当然只有那些适合于所选符号的特性才可以使用。

如果想要生成形位公差符号，可以采用下面的步骤。

① 单击【注解】工具栏上的【形位公差】按钮，或者选择【插入】|【注解】|【形位公差】菜单命令，系统弹出如图 10-69 所示的【形位公差】属性管理器和如图 10-70 所示的【属性】对话框。

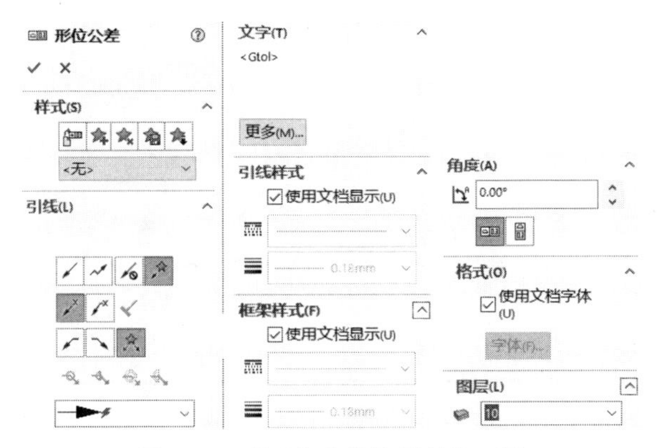

图 10-69 【形位公差】属性管理器

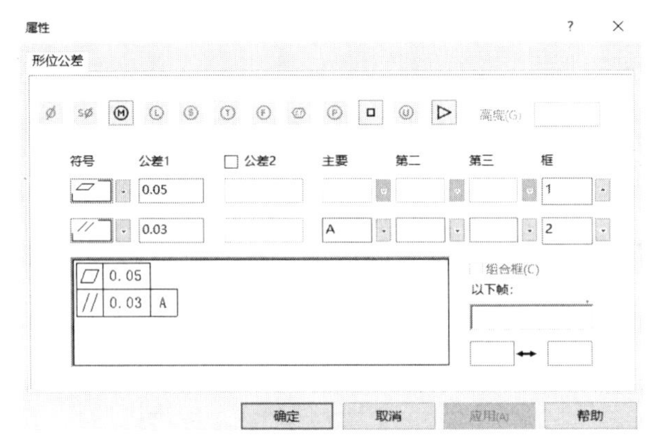

图 10-70 【属性】对话框

② 在形位公差【属性】对话框中，选择形位公差项目符号（平面度▱、垂直度⊥、平行度//等）。

③ 在相应的【公差 1】和【公差 2】文本框中输入公差值。

④ 当预览处于被标注位置时，单击以放置形位公差符号。根据需要单击多次以放置多个相同符号。

⑤ 单击【确定】按钮✔，完成标注。

图 10-71 所示为生成的形位公差命令注解。

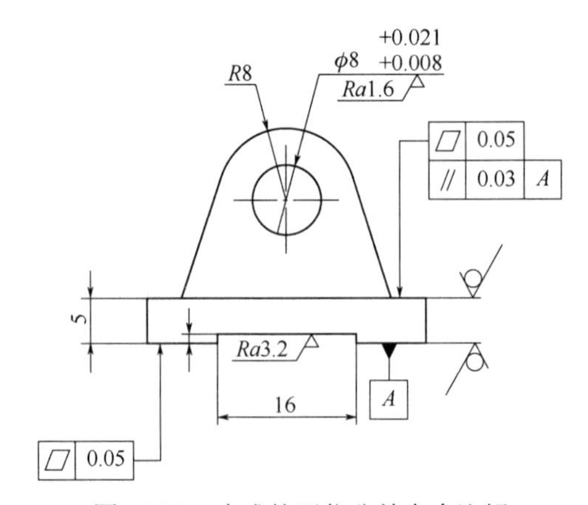

图 10-71 生成的形位公差命令注解

在形位公差【属性】对话框中，其各选项的含义如下。

【材料条件】选项：利用该选项可以选择要插入的材料条件，【材料条件】中各符号的含义如表 10-2 所示。

表 10-2 【材料条件】中各符号的含义

符号	含义	符号	含义	符号	含义
Ø	直径	Ⓛ	最小材质条件	Ⓕ	自由状态
Ⓢ	无论特征大小如何	ST	统计	Ⓜ	最大材质条件
Ⓟ	投影公差	SØ	球性直径	Ⓣ	基准面

【符号】选项：利用该选项可以选择要插入的符号（平面度▱、垂直度⊥、平行度//等）。

【公差】选项：利用该选项可以为公差 1 和公差 2 输入公差值。

【主要】【第二】【第三】选项：利用该选项可以为主要、第二及第三基准输入基准名称与材料条件符号。

【框】选项：利用该选项可以在形位公差符号中生成额外框。

【组合框】复选框：利用该复选框可以输入数值和材料条件符号。

10.5.7 中心符号线

在工程图中的圆或圆弧上经常需要将中心符号线放置在其中心上。中心符号线可用于尺寸标注的参考体。

标注圆的中心符号线，操作步骤如下。

① 单击【注解】工具栏上的【中心符号线】按钮⊕，或者选择【插入】|【注解】|【中心符号线】菜单命令，系统弹出如图 10-72 所示的【中心符号线】属性管理器，同时光标形状变为⊕。

在该属性管理器中可以控制中心符号线的属性，可用的属性根据所选择的中心符号线类型而变。

② 在【手工插入选项】选项组中设置中心符号线的类型，各中心符号线的含义如下。

【单一中心符号线】-+-：单击该按钮可以将中心符号线插入一单一圆或圆弧。可以用来更改中心符号线的显示属性及旋转角度。

【线性中心符号线】：单击该按钮可以将中心符号线插入圆或圆弧的线性阵列。可以为线性阵列选择连接线和显示属性。

【圆形中心符号线】⊕：单击该按钮可以将中心符号线插入圆或圆弧的圆周阵列。可以为圆周阵列选择圆周线、径向线、基体中心符号及显示属性。

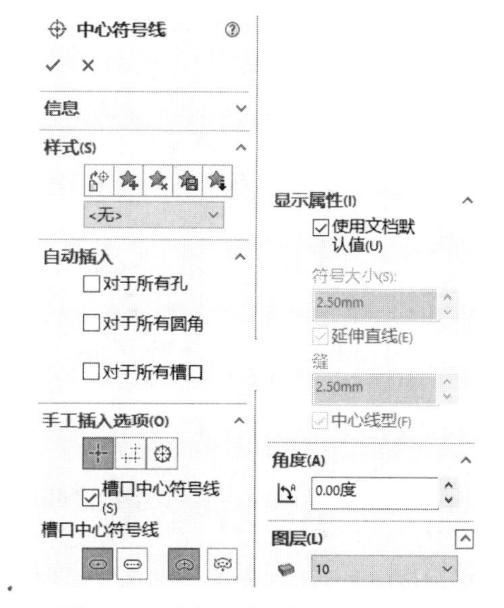

图 10-72 【中心符号线】属性管理器

③ 在【显示属性】选项组中设置中心符号线的显示属性，如图 10-72 所示。

【使用文档默认值】复选框：消除选择该复选框可以更改以下在【工具】|【选项】|【文档属性】|【出详图】中所设定的属性。

【符号大小】：输入数值。

【延伸直线】：显示延伸的轴线，在中心符号线和延伸直线之间有一缝隙。

【中心线型】：以中心线型显示中心符号线。

④ 在【角度】选项组中设置符号线的角度。如果中心符号线因为视图被旋转而旋转，旋转角度将在此出现。如果需要，输入新的数值。不能为线性阵列或圆周阵列中心符号线所用。

⑤ 在工程图中单击圆或圆弧，中心符号线按照设计树中设计的属性自动显示在图形中。

⑥ 使用鼠标右键单击图形区域，从弹出的快捷菜单中选择其他命令，或再次单击⊕按钮，结束中心符号线标注。

图 10-73 所示为使用中心符号线命令生成的注释。

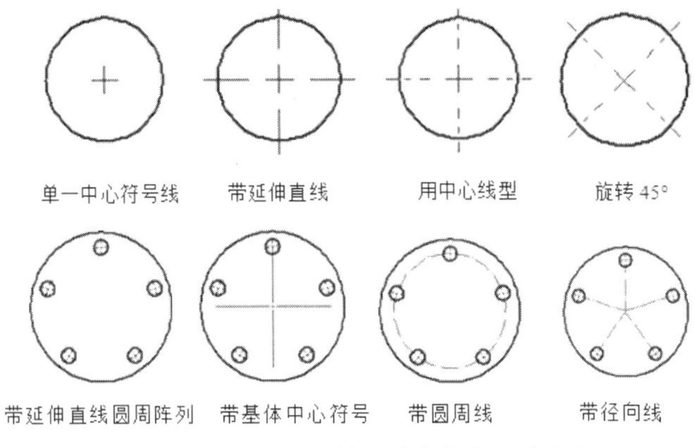

图 10-73 使用中心符号线命令生成的注释

10.6 工程应用综合实例

10.6.1 实例 1

工程应用综合实例 1

图 10-74 所示为轴类零件的模型，创建轴类零件的工程图操作步骤如下。

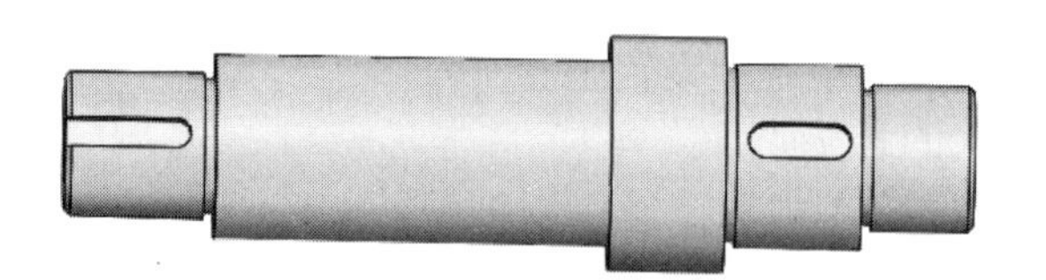

图 10-74 轴类零件的模型

① 启动 SolidWorks 2018 软件。单击工具栏中的【新建】按钮，系统弹出【新建 SOLIDWORKS 文件】对话框。单击【高级】按钮，【新建 SOLIDWORKS 文件】对话框变为如图 10-75 所示的高级版，进入【模板】选项卡，然后选择【gb_a3】文件，单击【确定】按钮。

② 系统进入工程图环境并弹出如图 10-76 所示的【模型视图】属性管理器，单击【浏览】按钮，系统弹出【打开】对话框。选择练习文件的文件夹，找到并选择“轴”零件，单击【打开】按钮，【模型视图】属性管理器变成如图 10-77 所示情形。在【方向】选项组中的【标准视图】中单击【前视】按钮；选中【比例】选项组中的【使用自定义比例】单选按钮，【比例】选择【1:1】，在绘图区找一个合适的位置，单击鼠标左键将视图放置在图纸中，结果如图 10-78 所示。

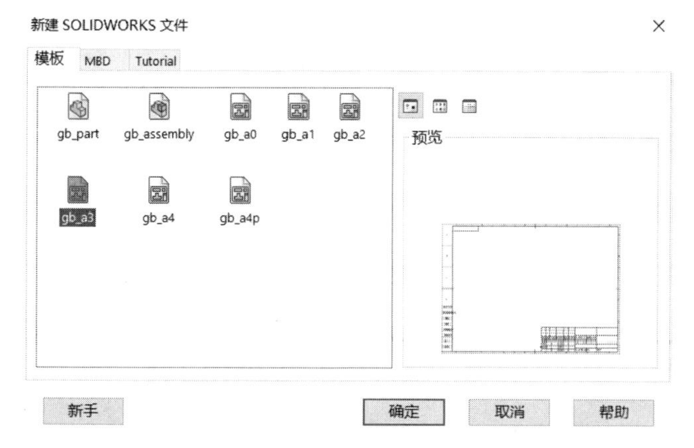

图 10-75 【新建 SOLIDWORKS 文件】对话框

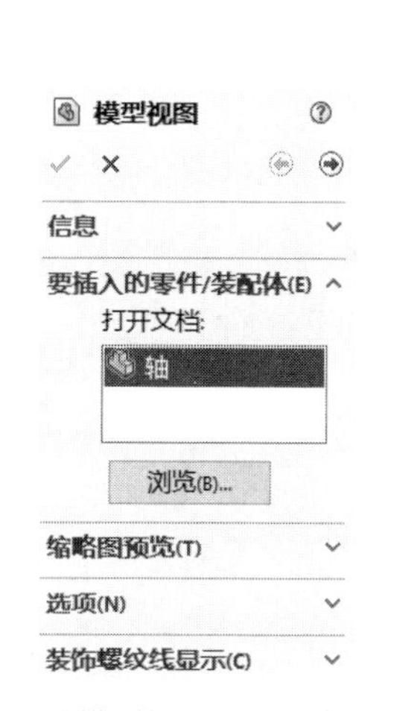

图 10-76 【模型视图】属性管理器（1）

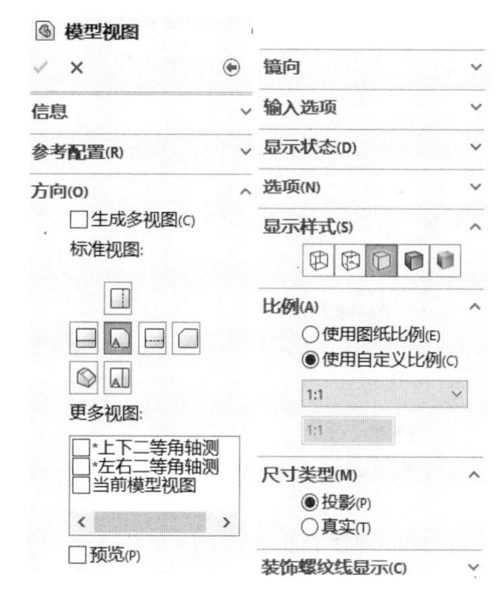

图 10-77 【模型视图】属性管理器（2）

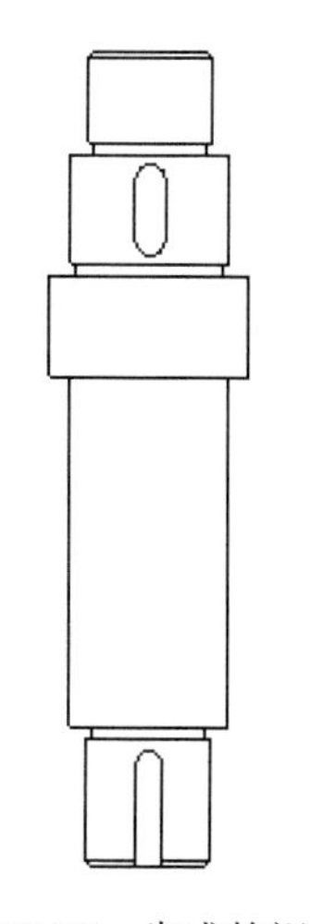

图 10-78 生成的视图

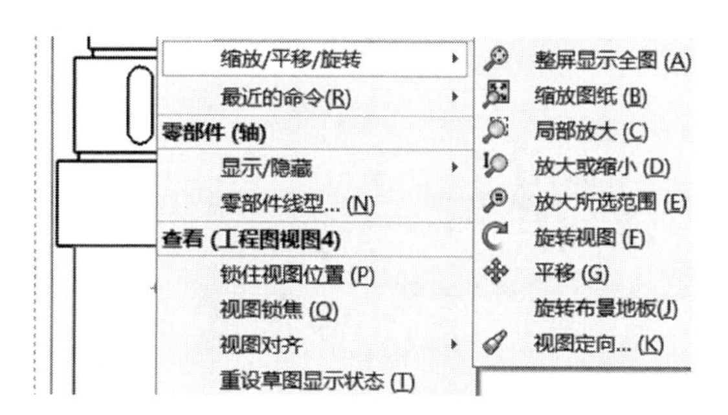

图 10-79 【旋转视图】命令

③ 选取步骤②生成的视图，单击鼠标右键，在弹出快捷菜单中选择【缩放/平移/旋转】|【旋转视图】命令，如图 10-79 所示。系统弹出如图 10-80 所示的【旋转工程视图】对话框，在【工程视图角度】文本框中输入“−90 度”，单击【应用】按钮，再单击【关闭】按钮，然后将旋转后的视图移至合适的位置，结果如图 10-81 所示。

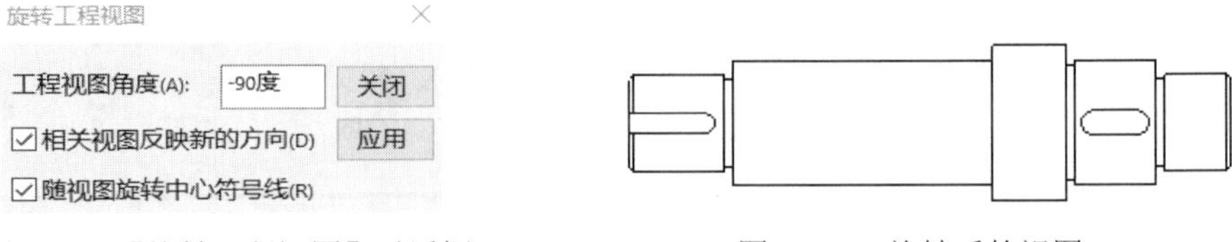

图 10-80 【旋转工程视图】对话框　　图 10-81　旋转后的视图

④ 生成中心线。选择【插入】|【注释】|【中心线】菜单命令或者单击【注释】工具栏中的【中心线】按钮，系统弹出如图 10-82 所示的【中心线】属性管理器。【自动插入】选项组中勾选【选择视图】复选框，然后在绘图区选择如图 10-81 所示的视图，生成的中心线如图 10-83 所示，单击【确定】按钮✔，退出【中心线】属性管理器。

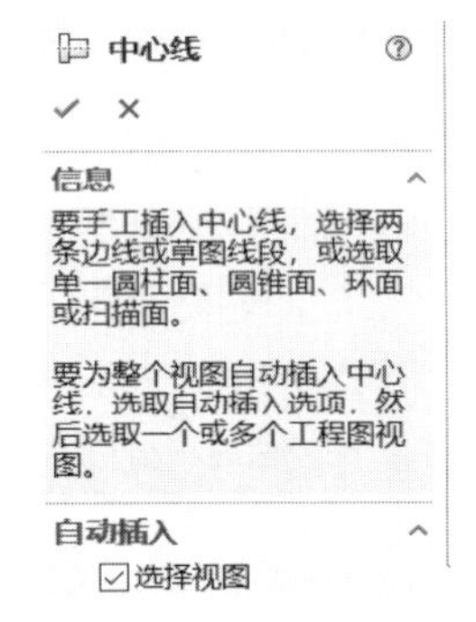

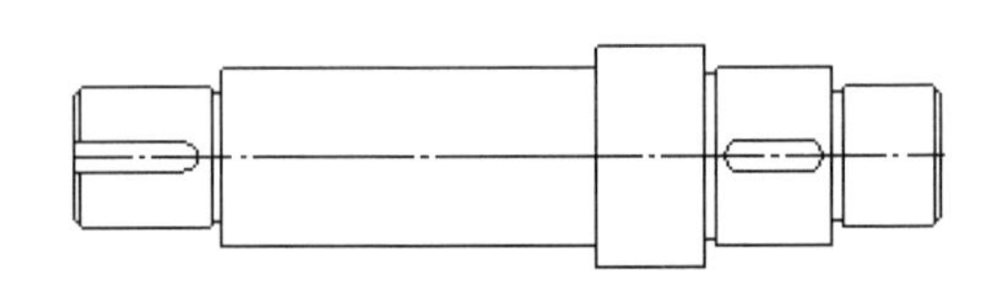

图 10-82 【中心线】属性管理器　　图 10-83　生成的中心线

⑤ 选择【插入】|【工程视图】|【剖面视图】菜单命令或者单击【工程图】工具栏中的【剖面视图】按钮，系统弹出如图 10-84 所示的【剖面视图辅助】属性管理器。单击【切割线】选项组中的【竖直】按钮，在图纸区域移动剖切线的预览，在如图 10-85 所示的位置单击，系统弹出【剖切线编辑】工具栏，单击工具栏上的【确定】按钮✔，然后把生成的剖视图放置在视图的左侧，系统弹出【剖面视图】属性管理器，单击【确定】按钮✔，结果如图 10-86 所示。

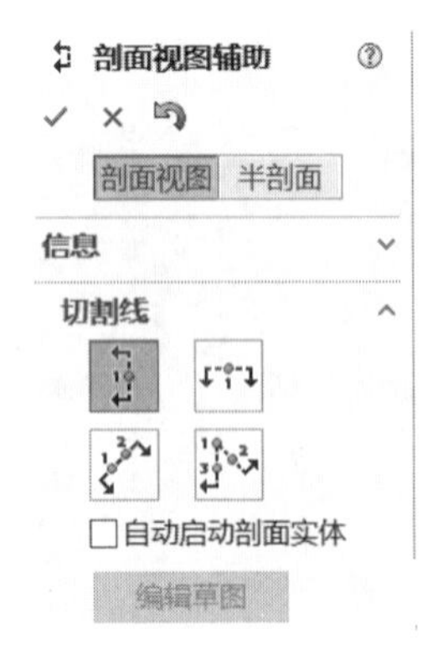

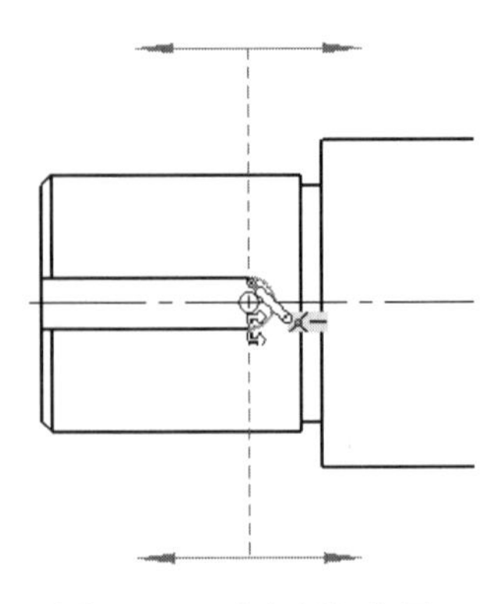

图 10-84 【剖面视图辅助】属性管理器　　图 10-85　确定剖切位置

⑥ 采用与步骤⑤相似的方法创建另一个剖视图，结果如图 10-87 所示。

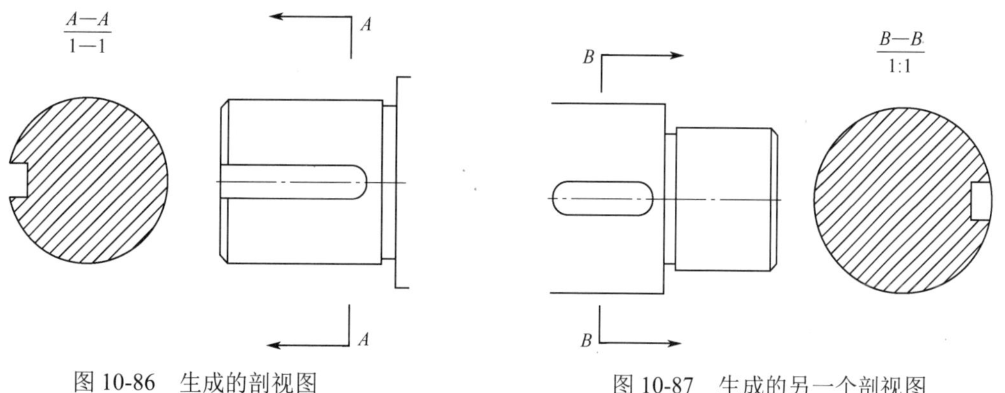

图 10-86 生成的剖视图

图 10-87 生成的另一个剖视图

⑦ 把 *A—A* 剖视图移至主视图的下方。选取 *A—A* 剖视图，单击鼠标右键，在弹出的快捷菜单中选择【视图对齐】|【解除对齐关系】命令，如图 10-88 所示，这样剖面视图就与主视图解除了对齐关系，然后将剖面视图移动到主视图下方。

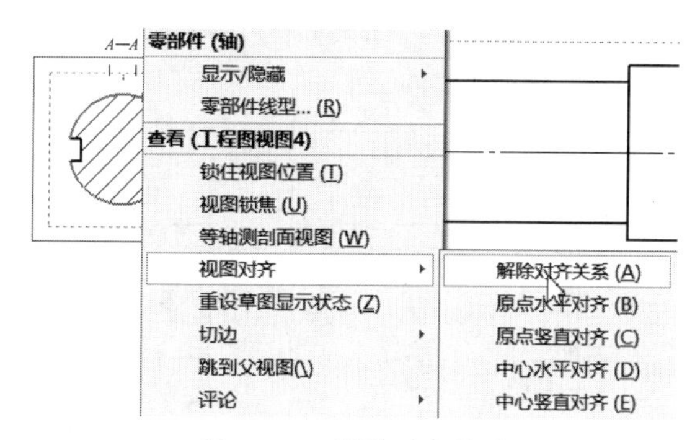

图 10-88 解除对齐关系

⑧ 采用与步骤⑦相同的方法将 *B—B* 剖视图移至主视图的下方，结果如图 10-89 所示。

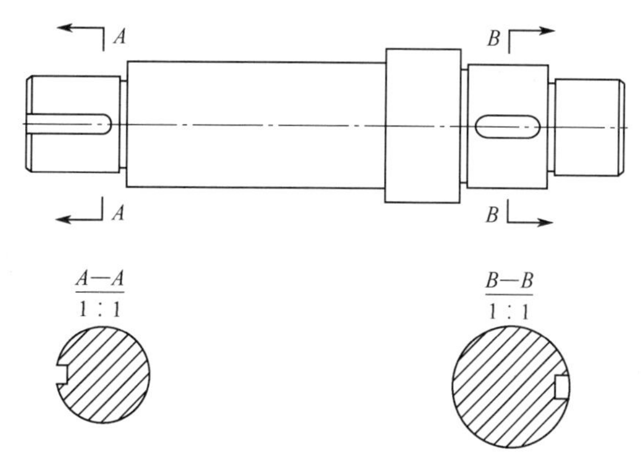

图 10-89 剖视图移至主视图的下方

⑨ 生成中心线。选择【插入】|【注释】|【中心符号线】菜单命令或者单击【注释】工具栏中的【中心符号线】按钮，系统弹出【中心符号线】属性管理器。选取 *A—A* 剖视图的外圆边缘线，单击【确定】按钮。

⑩ 采用与步骤⑨相似的方法在 *A—A* 剖视图上生成中心线，结果如图 10-90 所示。

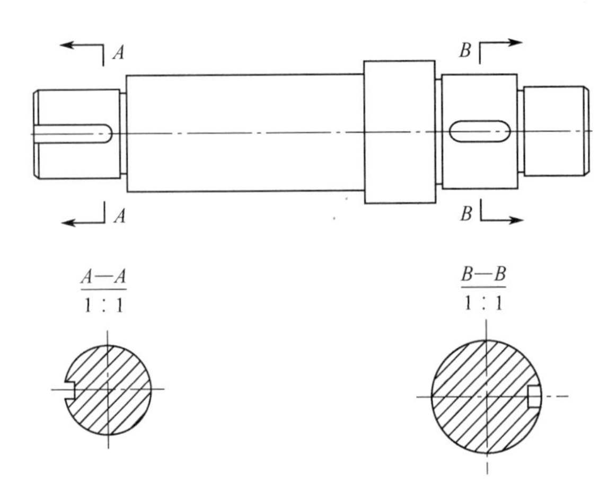

图 10-90 移动剖视图 *A—A* 并生成中心线

⑪ 选择【工具】|【标注尺寸】|【智能尺寸】菜单命令，或者选择【注解】工具栏中的【智能尺寸】按钮，标注视图中的尺寸，结果如图 10-91 所示。

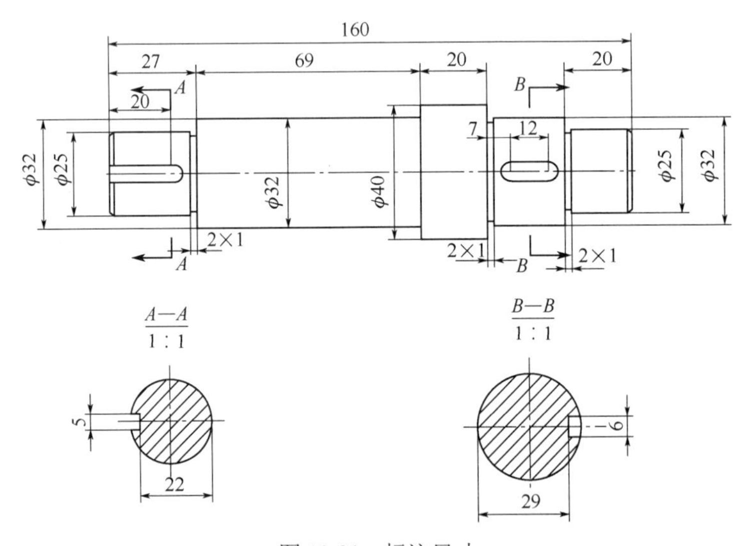

图 10-91 标注尺寸

⑫ 选择需标注公差的尺寸添加公差，在绘图区选取左边的尺寸 ϕ25，系统弹出如图 10-92 所示的【尺寸】属性管理器。【公差类型】下拉列表中选择【与公差套合】，【类型】下拉列表中选择【用户定义】，【轴套合】下拉列表中选择【h6】，勾选【显示括号】复选框，【公差精度】下拉列表中选择【.123】，单击【确定】按钮✔。

⑬ 在绘图区选取 *A—A* 剖视图上键槽宽度尺寸 5，系统弹出如图 10-93 所示的【尺寸】属性管理器。【公差类型】下拉列表中选择【双边】，【最大变量】文本框中输入“0.000mm”，【最小变量】文本框中输入“−0.036mm”，其他选项和参数参照图 10-93 所示设置，设置完成后，单击【确定】按钮✔。

⑭ 参照步骤⑫和步骤⑬标注其他尺寸的公差，结果如图 10-94 所示。

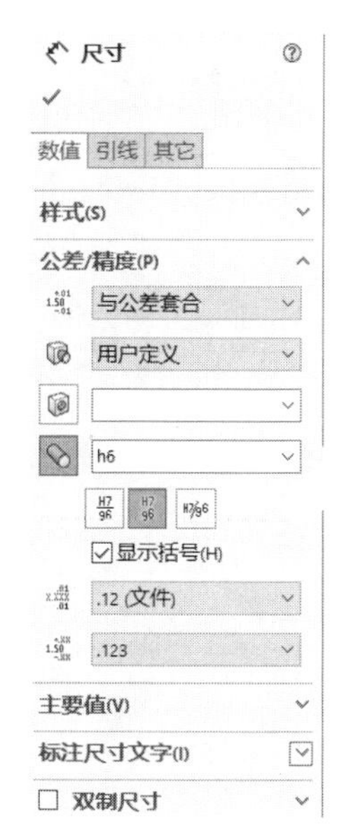

图 10-92 【尺寸】属性管理器（1）

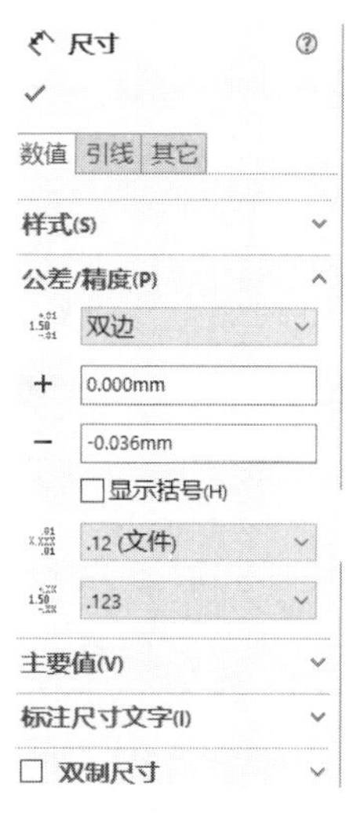

图 10-93 【尺寸】属性管理器（2）

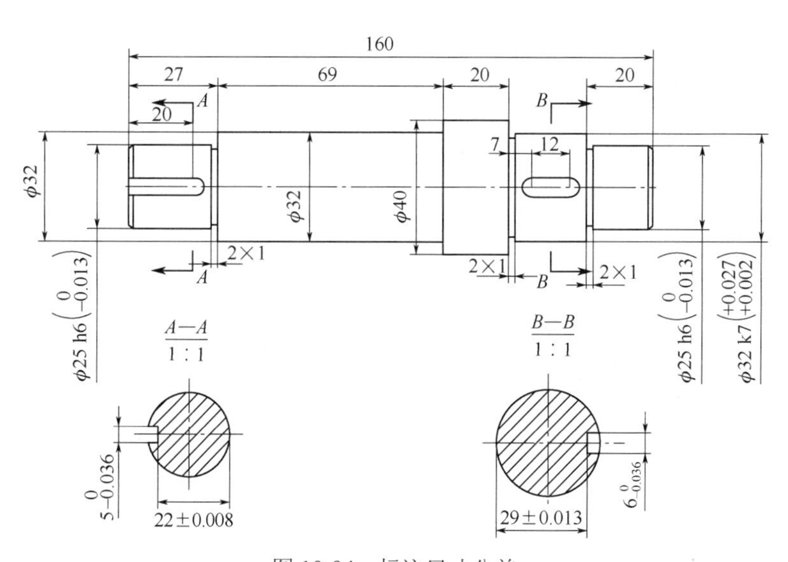

图 10-94 标注尺寸公差

⑮ 单击【注解】工具栏上的【表面粗糙度的符号】按钮√，或选择【插入】|【注释】|【表面粗糙度的符号】菜单命令，系统弹出如图 10-95 所示的【表面粗糙度】属性管理器。单击【要求切削加工】按钮√，输入【最小粗糙度】值，如图 10-95 所示，然后放置在需要标注的地方，标注表面粗糙度的结果如图 10-96 所示。

⑯ 单击【注解】工具栏上的【基准特征】按钮A，或者选择【插入】|【注解】|【基准特征】菜单命令。系统弹出如图 10-97 所示的【基准特征】属性管理器。在【标号设定】选项组中的【标号】A中设定文字出现在基准特征框中的起始标号。勾选【使用文件样式】复选框，选择【方形】，选择要标注的基准位置，单击【确定】按钮✔，结果如图 10-98 所示。

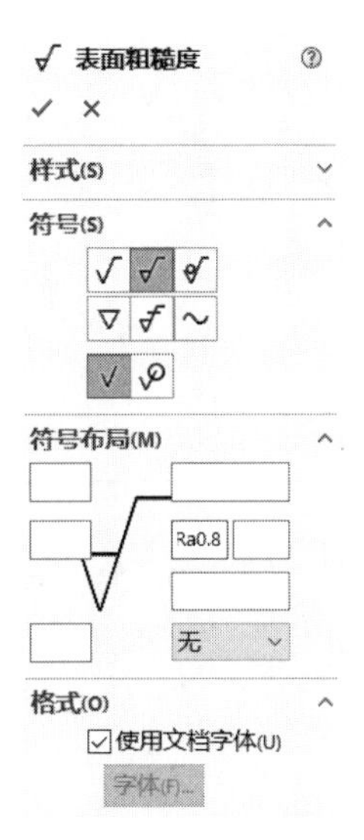

图 10-95 【表面粗糙度】属性管理器

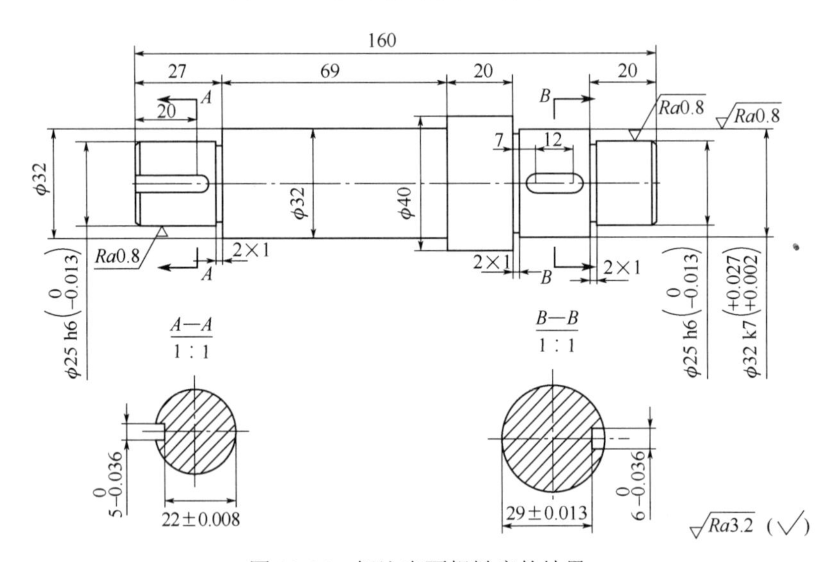

图 10-96 标注表面粗糙度的结果

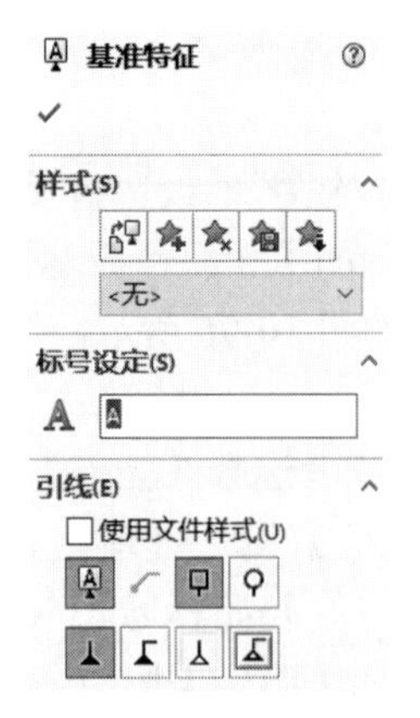

图 10-97 【基准特征】属性管理器

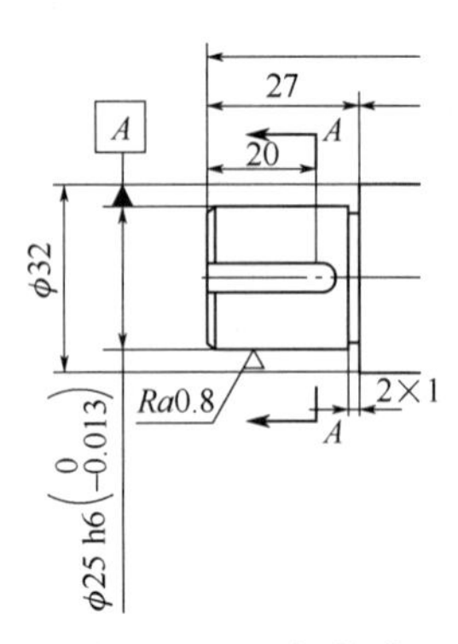

图 10-98 添加基准

⑰ 单击【注解】工具栏上的【形位公差】按钮，或者选择【插入】|【注解】|【形位公差】菜单命令，系统弹出如图 10-99 所示的【形位公差】属性管理器和如图 10-100 所示的【属性】对话框。设置形位公差内容，在图纸区域单击放置形位公差，单击【确定】按钮✔，添加形位公差后的结果如图 10-101 所示。

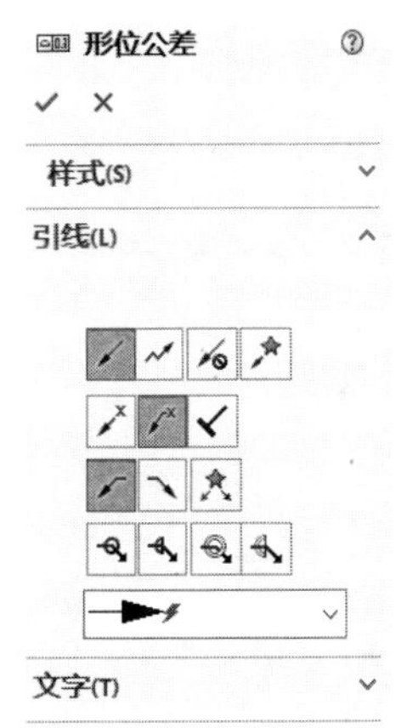

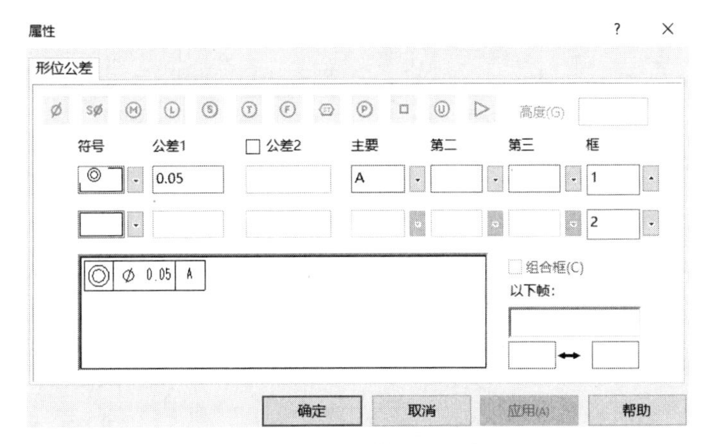

图 10-99 【形位公差】属性管理器

图 10-100 【属性】对话框

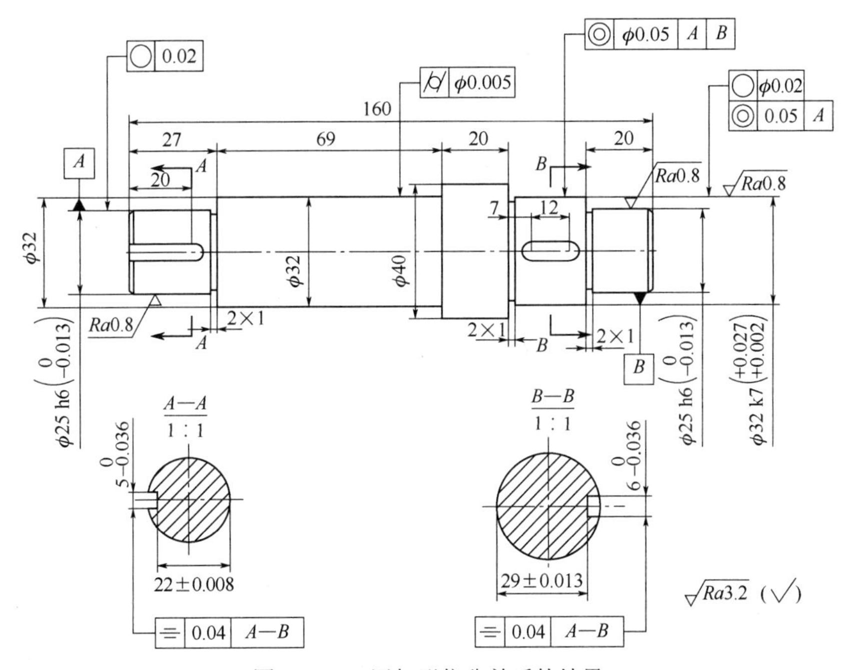

图 10-101 添加形位公差后的结果

⑱ 选择【插入】|【注释】|【注释】菜单命令，或单击【注解】工具栏上的【注释】按钮**A**，系统弹出【注释】属性管理器。单击图纸区域，输入注释内文字，按 Enter 键，在现有的注释下加入新的一行，单击【确定】按钮✔，完成技术要求。

⑲ 至此完成工程图绘制，结果如图 10-102 所示。

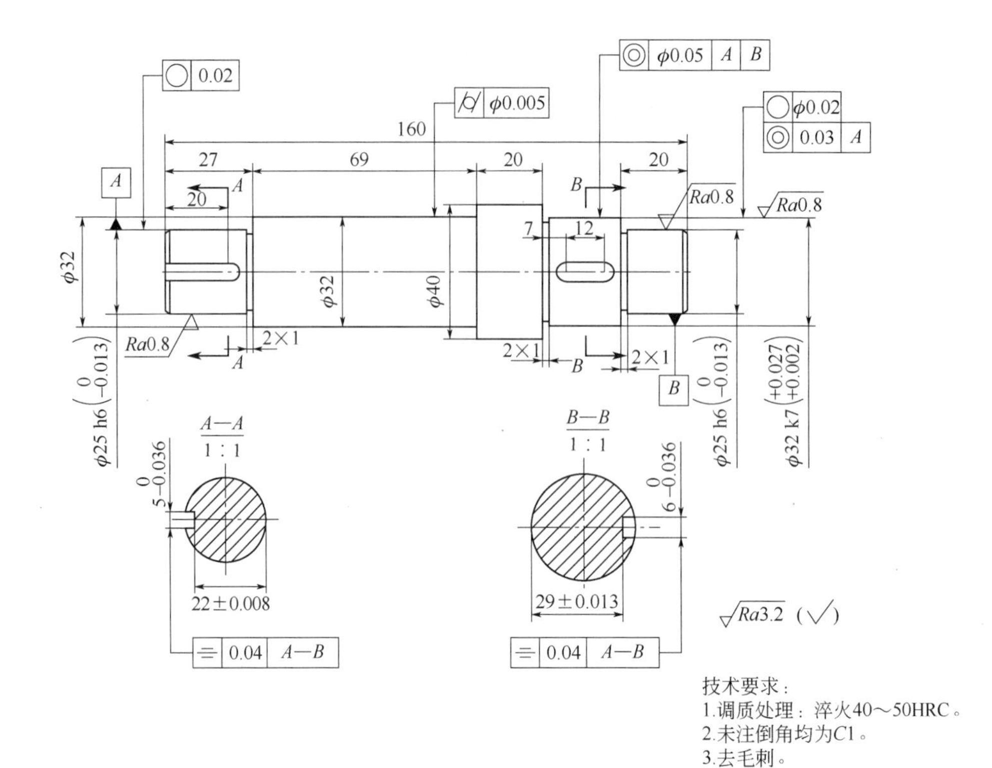

图 10-102　轴类零件工程图

10.6.2 实例 2

轴承座的模型如图 10-103 所示，创建轴承座的工程图操作步骤如下。

① 启动 SolidWorks 2018 软件。单击工具栏中的【新建】按钮，系统弹出【新建 SOLIDWORKS 文件】对话框。单击【高级】按钮，进入【模板】选项卡，然后选择【gb_a3】文件，单击【确定】按钮。

② 系统进入工程图环境并弹出【模型视图】属性管理器，单击【浏览】按钮，系统弹出【打开】对话框。选择练习文件的文件夹，找到并选择“轴承座”零件，单击【打开】按钮，在【模型视图】属性管理器中的【方向】选项组中的【标准视图】单击【上视】按钮；在绘图区找到一个合适的位置，单击鼠标左键将视图放置在图纸中，结果如图 10-104 所示。单击【确定】按钮，退出【模型视图】属性管理器。

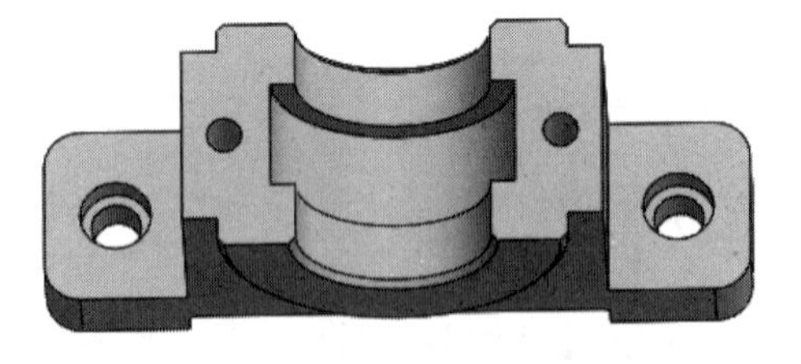

图 10-103　轴承座的模型

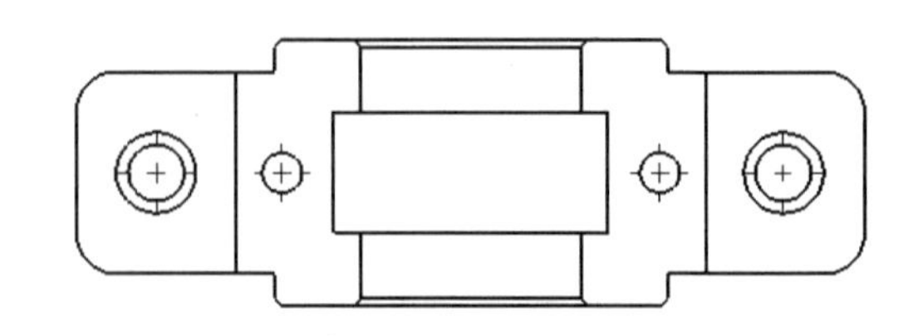

图 10-104　生成的视图

③ 选择【文件】|【保存】或【另存为】菜单命令，或单击【标准】工具栏上的【保存】按钮，系统弹出【另存为】对话框。在【文件名】文本框中输入名称为“轴承座”，单击【保存】按钮。

图 10-105 【文档属性】对话框

④ 选择【工具】|【选项】菜单命令系统弹出【系统选项】对话框。单击【文档属性】标签，【系统选项】对话框变为如图 10-105 所示的【文档属性】对话框。单击列表中的【注解】，然后单击【字体】按钮，系统弹出如图 10-106 所示的【选择字体】对话框。按照图 10-106 所示设置各项参数，单击【确定】按钮，系统返回【文档属性】对话框。单击列表中的【尺寸】，以相同的方式设置字体。单击列表中的【尺寸】前的⊞图标，将【尺寸】展开，然后按照国标设置各种标注尺寸的标准，单击【确定】按钮。

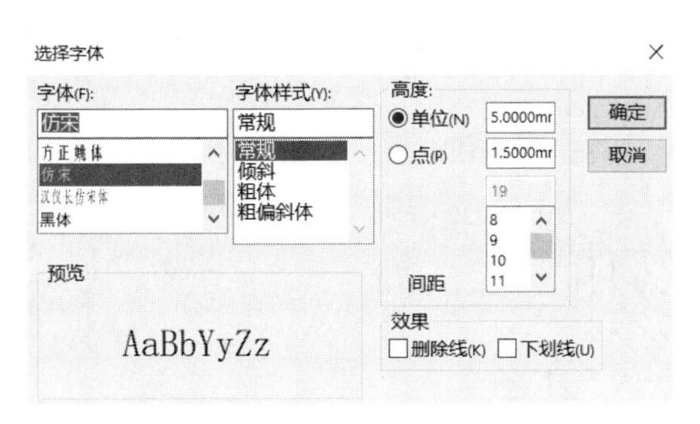

图 10-106 【选择字体】对话框

⑤ 选择【插入】|【工程视图】|【剖面视图】菜单命令或者单击【工程图】工具栏中的【剖面视图】按钮，系统弹出如图 10-107 所示的【剖面视图辅助】属性管理器。单击【半剖面】选项卡，单击【半剖面】选项组中的【右侧向上】按钮，选取如图 10-108 所示中心为半剖视图位置，此时生成半剖视图，同时系统弹出【剖面视图】属性管理器。移动鼠标指针，会显示视图的预览，而且只能沿剖切线箭头的方向移动。当预览视图位于所需的位置时，单击鼠标左键以放置视图。单击【剖面视图】属性管理器中的【确定】按钮✔，结果如图 10-109 所示。

⑥ 移动剖切线上的符号 *A* 的位置。在绘图区选取剖切线上的符号 *A*，按住鼠标左键不动，然后移动鼠标指针，在合适的位置松开鼠标左键，即可放置新的位置，如图 10-110 所示，采用相同的方式移动另一个字母 *A*，结果如图 10-111 所示。

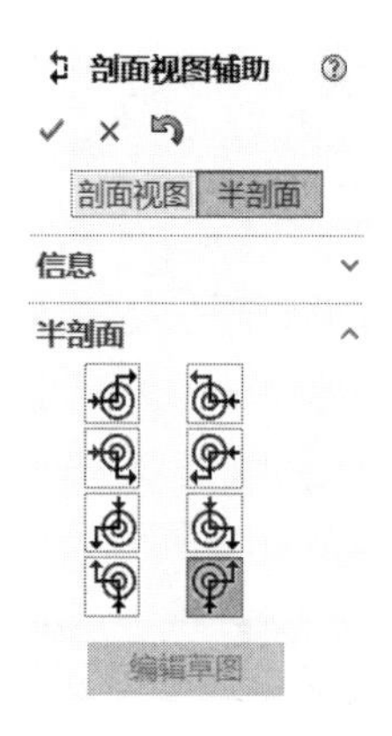

图 10-107 【剖面视图辅助】属性管理器

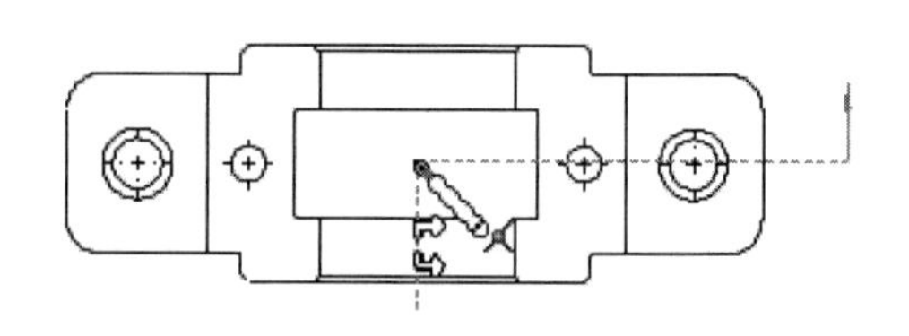

图 10-108 生成半剖视图的位置

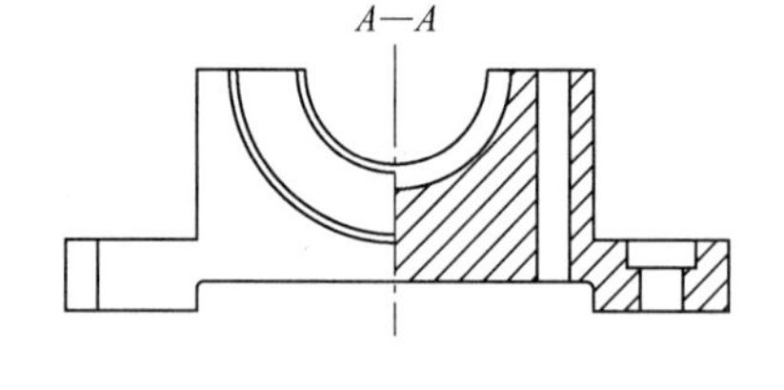

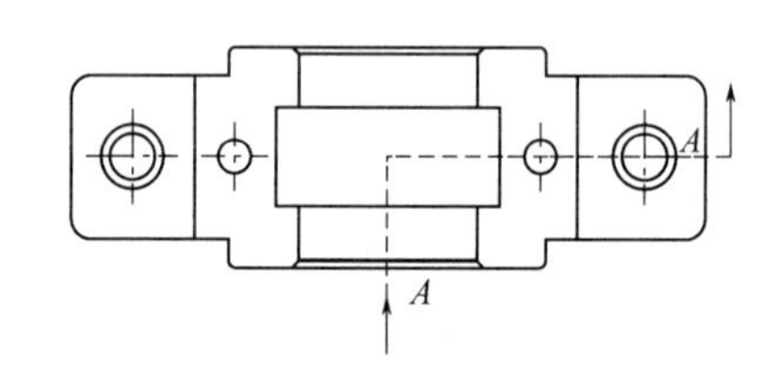

图 10-109 生成的半剖视图

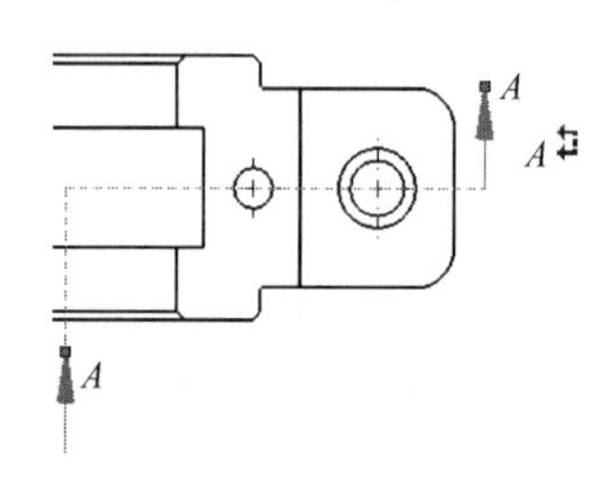

图 10-110 移动符号 *A*

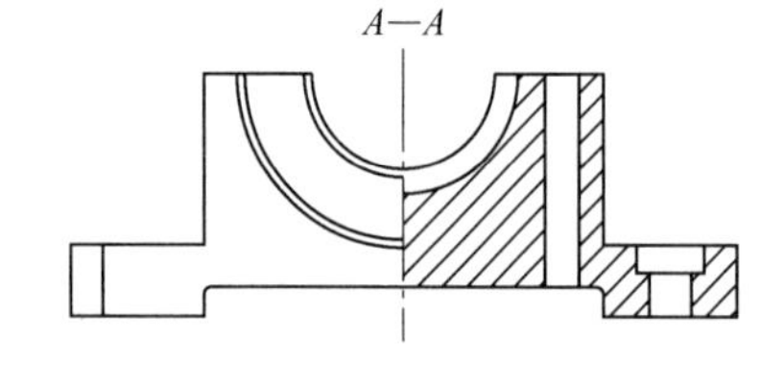

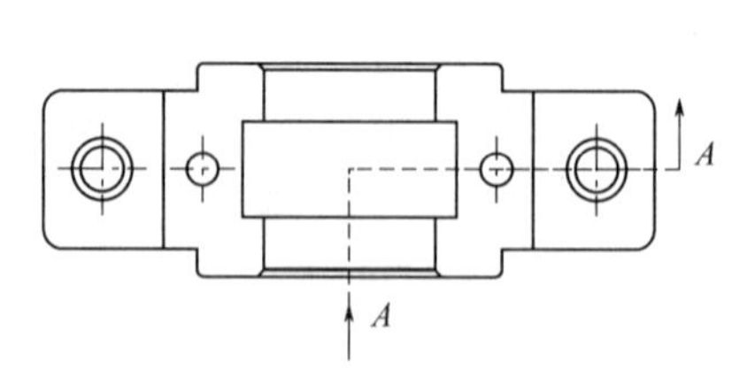

图 10-111 符号 *A* 移动后的位置

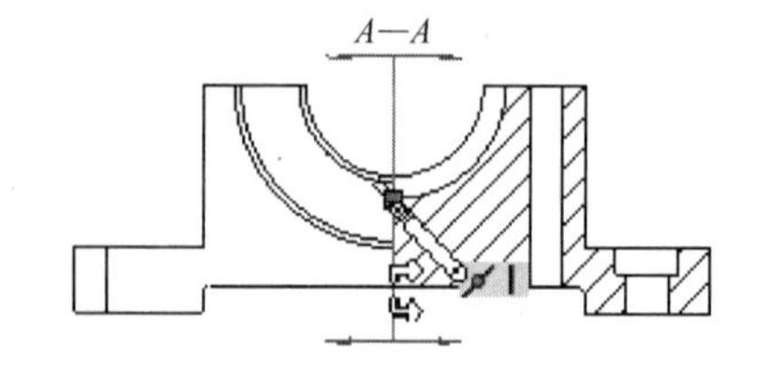

图 10-112 剖切位置

⑦ 单击【工程图】工具栏中的【剖面视图】按钮，系统弹出【剖面视图辅助】属性管理器。单击【切割线】选项组中的【竖直】按钮，在图纸区域移动剖切线进行预览，在如

图 10-112 所示的位置单击，系统弹出【剖切线编辑】工具栏，单击工具栏上的【确定】按钮✔，单击【剖面视图辅助】属性管理器中的【反转方向】按钮，然后把生成的剖视图放置在视图的右侧，系统弹出【剖面视图】属性管理器，单击【确定】按钮✔，结果如图 10-113 所示。

⑧ 选择【工具】|【标注尺寸】|【智能尺寸】菜单命令，或者单击【注解】工具栏中的【智能尺寸】按钮，标注视图中的尺寸，结果如图 10-113 所示。

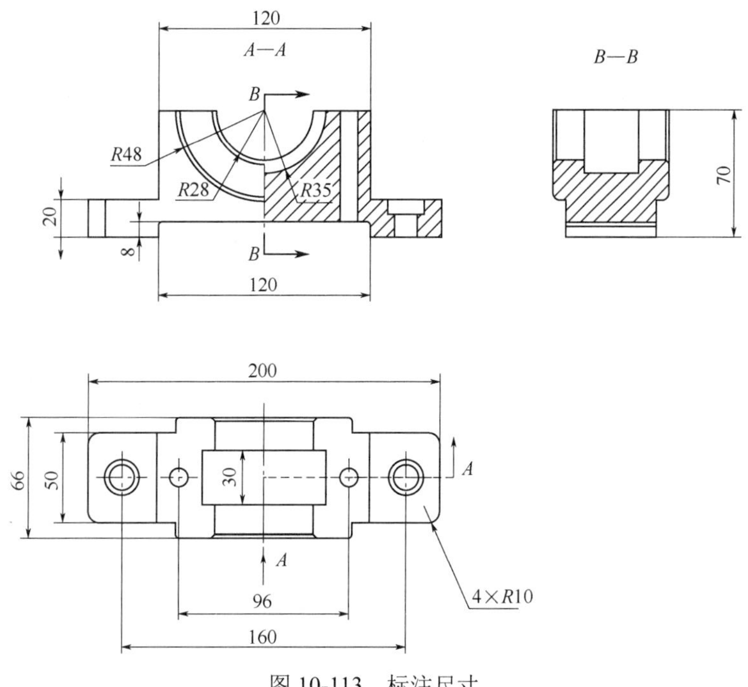

图 10-113　标注尺寸

⑨ 选择【工具】|【插入】|【孔标注】菜单命令，或者单击【注解】工具栏中的【孔标注】按钮⌴⌀，选取如图 10-114 所示的沉头孔，在绘图区寻找一个合适位置放置，结果如图 10-115 所示。

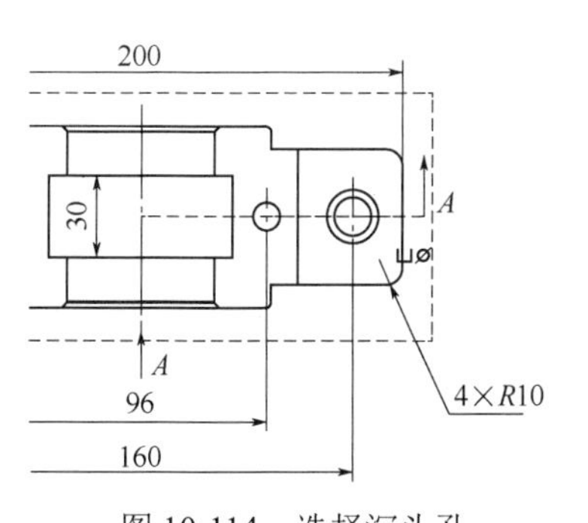

图 10-114　选择沉头孔

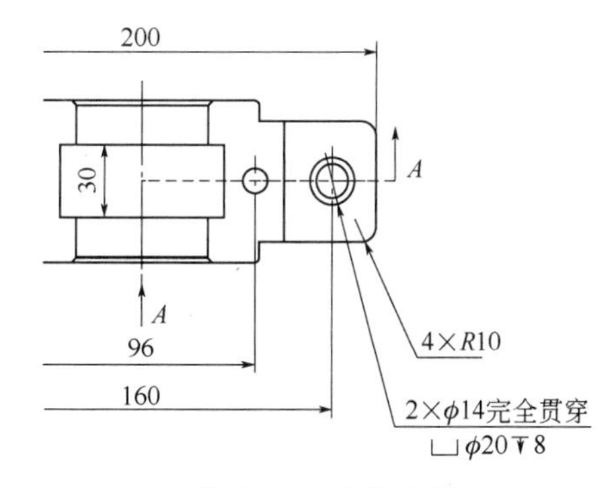

图 10-115　标注沉头孔

⑩ 采用与步骤⑧相同的方法标注两个通孔的尺寸，结果如图 10-116 所示。

⑪ 在俯视图中选取尺寸 96，系统弹出如图 10-117 所示的【尺寸】属性管理器。【公差类型】下拉列表中选择【对称】，【最大变量】文本框中输入“0.01”，单击【确定】按钮✔。

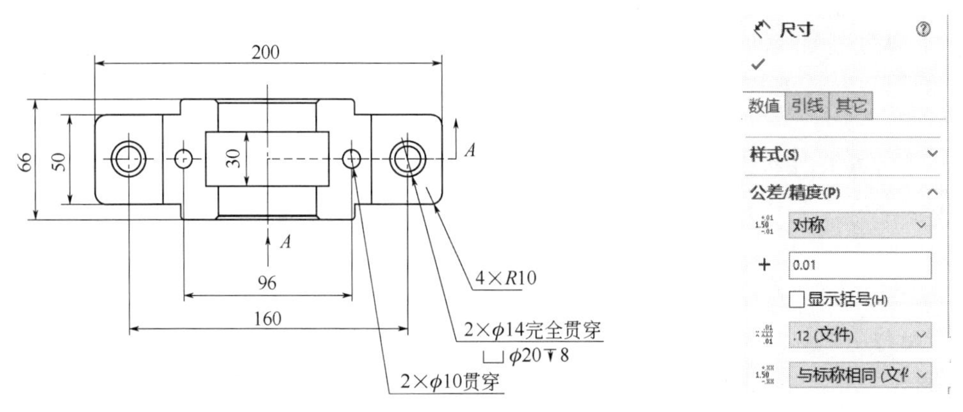

图 10-116　标注孔尺寸　　　　图 10-117 【尺寸】属性管理器（1）

⑫ 在主视图上选取半径尺寸 *R*28，系统弹出如图 10-118 所示的【尺寸】属性管理器。【公差类型】下拉列表中选择【套合】，【孔套合】下拉列表中选择【H7】，单击【线性显示】按钮 H7/g6，然后单击【确定】按钮✔。

⑬ 采用与步骤⑪和步骤⑫相同或者相似的方法标注其他尺寸的公差，结果如图 10-119 所示。

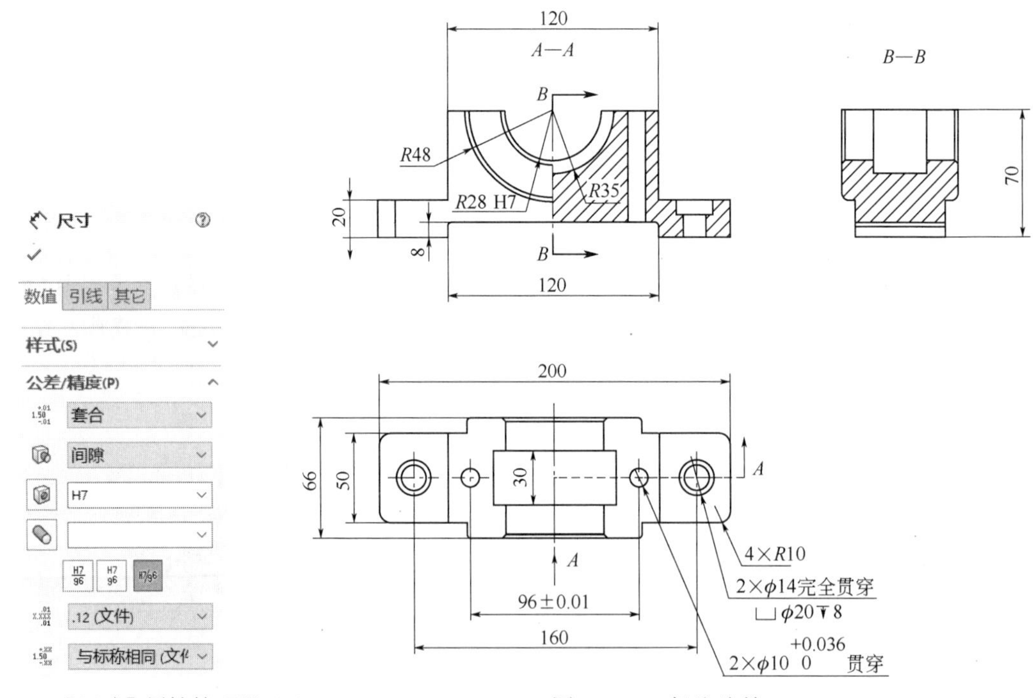

图 10-118 【尺寸】属性管理器（2）　　　　图 10-119　标注公差

⑭ 单击【注解】工具栏上的【表面粗糙度的符号】按钮√，系统弹出【表面粗糙度】属性管理器。选择【要求切削加工】按钮√，输入【最小粗糙度】值，然后放置在需要标注的地方，标注表面粗糙度的结果如图 10-120 所示。

⑮ 采用与步骤⑭相同的方法标注其他地方的表面粗糙度，结果如图 10-121 所示。

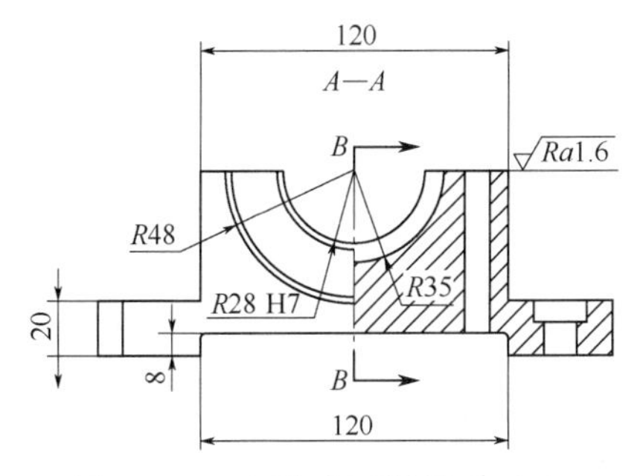

图 10-120　标注表面粗糙度（1）

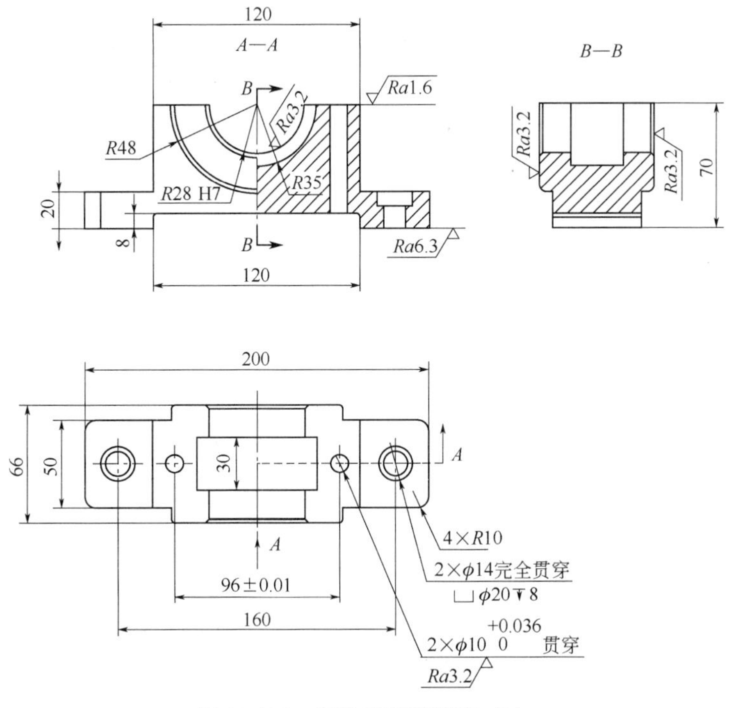

图 10-121　标注表面粗糙度（2）

⑯ 单击【注解】工具栏上的【基准特征】按钮，系统弹出【基准特征】属性管理器。在【标号设定】选项组中的【标号】中设定文字出现在基准特征框中的起始标号。勾选【使用文件样式】复选框，选择【方形】，选择要标注的基准位置，单击【确定】按钮，结果如图 10-122 所示。

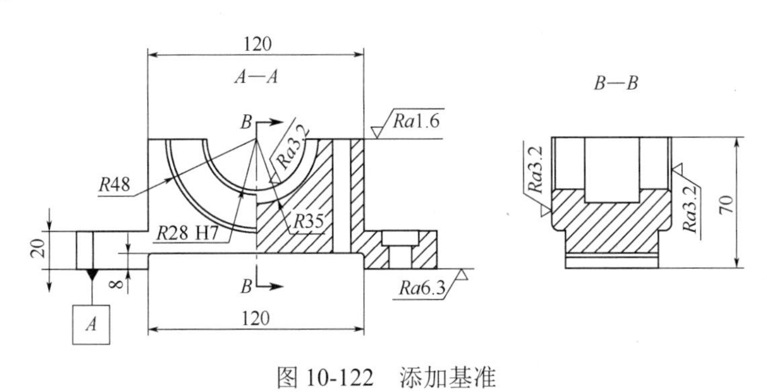

图 10-122　添加基准

⑰ 单击【注解】工具栏上的【形位公差】按钮，系统弹出【形位公差】属性管理器和【属性】对话框。设置形位公差内容，在图纸区域单击放置形位公差，单击【确定】按钮✔，添加形位公差后的结果如图 10-123 所示。

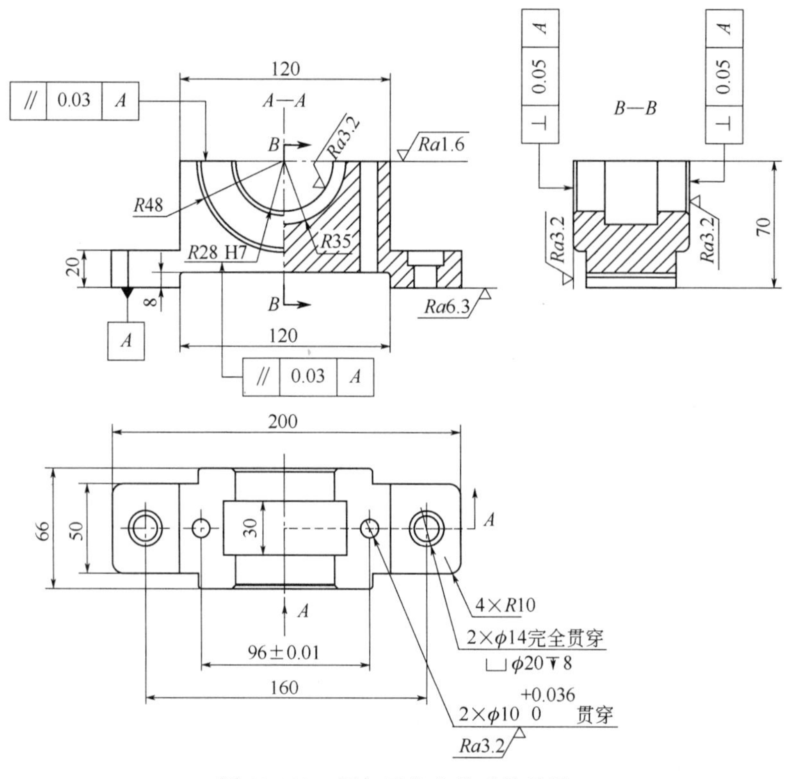

图 10-123　添加形位公差后的结果

⑱ 选择【插入】|【注释】|【注释】菜单命令，或单击【注解】工具栏上的【注释】按钮，系统弹出【注释】属性管理器。单击图纸区域，输入注释内文字，按 Enter 键，在现有的注释下加入新的一行，单击【确定】按钮✔，完成技术要求，结果如图 10-124 所示。

⑲ 通过【注释】功能设置标题栏中的相关内容，完成后保存工程图文件。

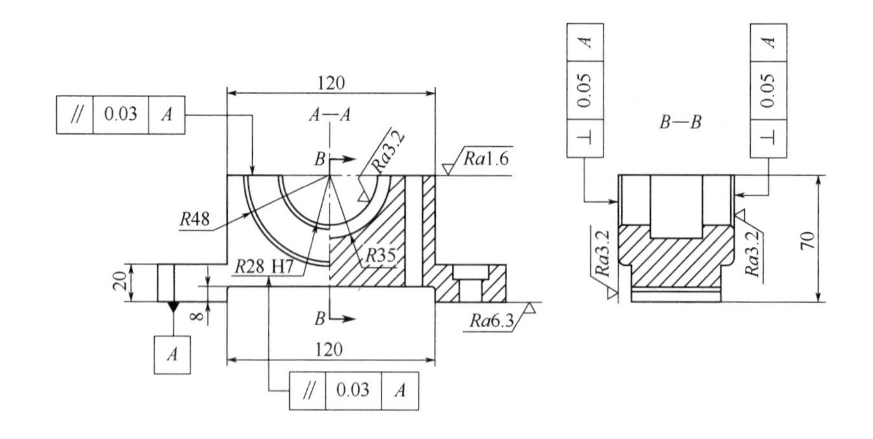

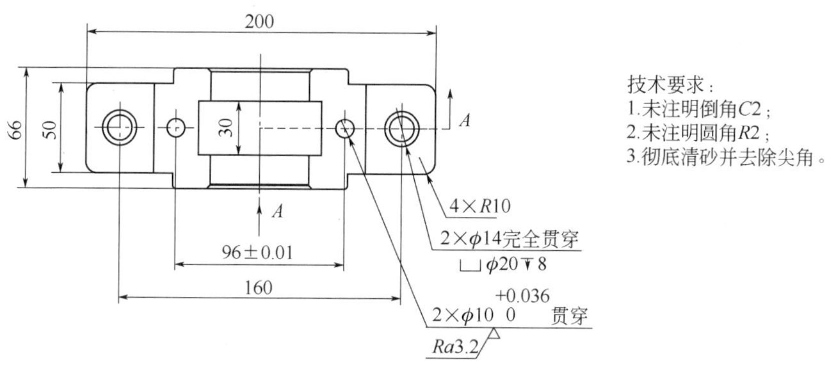

图 10-124　轴承座的二维工程图

10.7 上机练习

在 SolidWorks 中创建如图 10-125～图 10-129 所示的零件三维模型，并按图要求生成二维工程图。

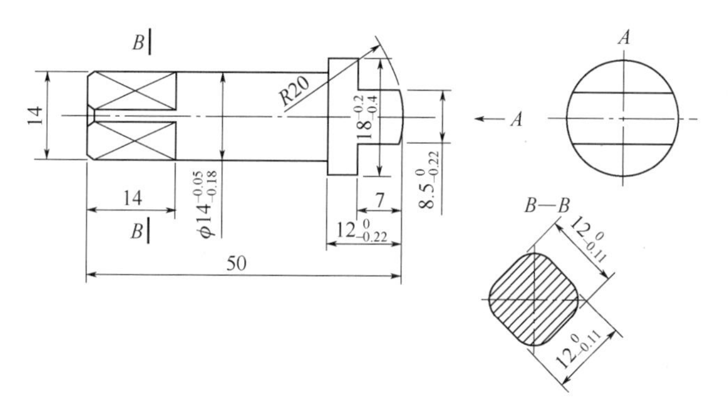

图 10-125　操作题图（1）

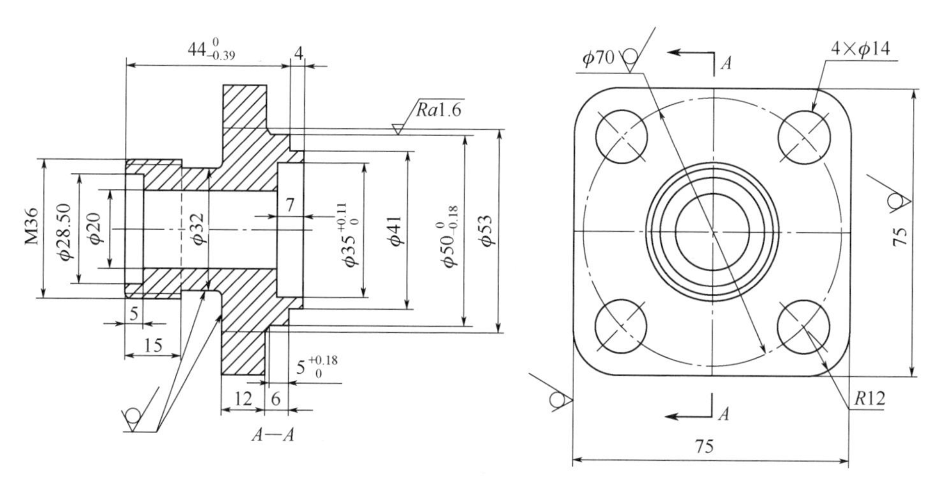

图 10-126　操作题图（2）

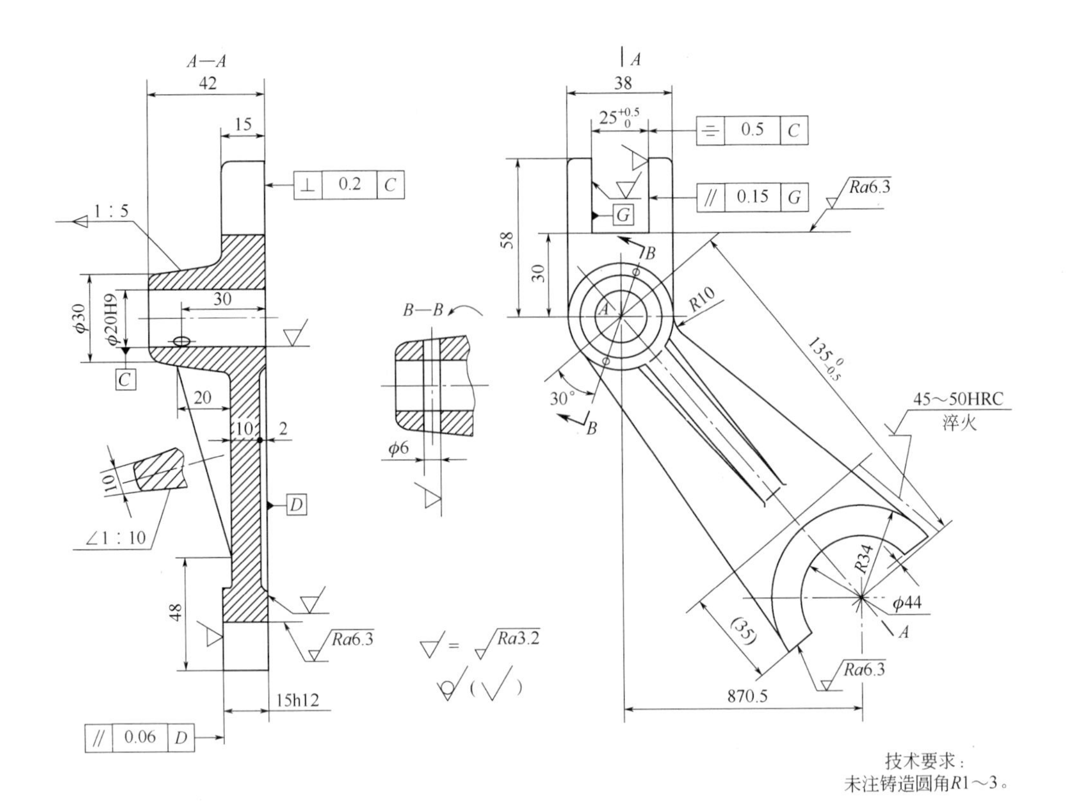

图 10-127　操作题图（3）

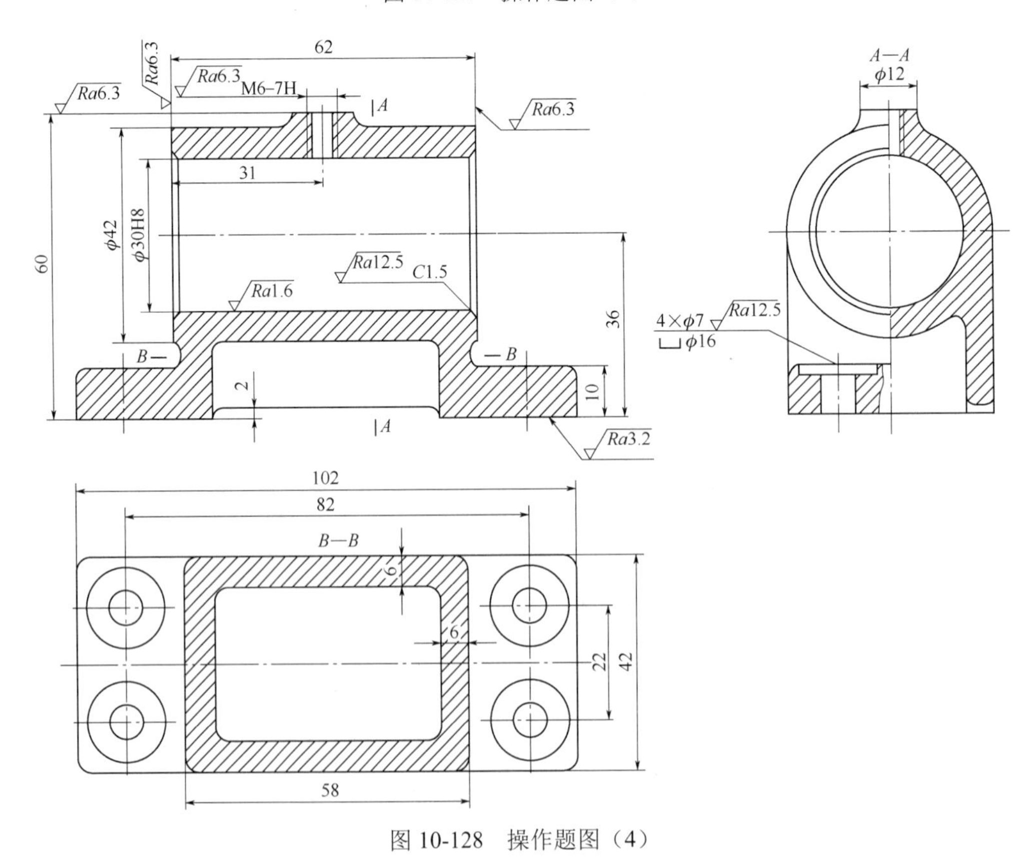

图 10-128　操作题图（4）

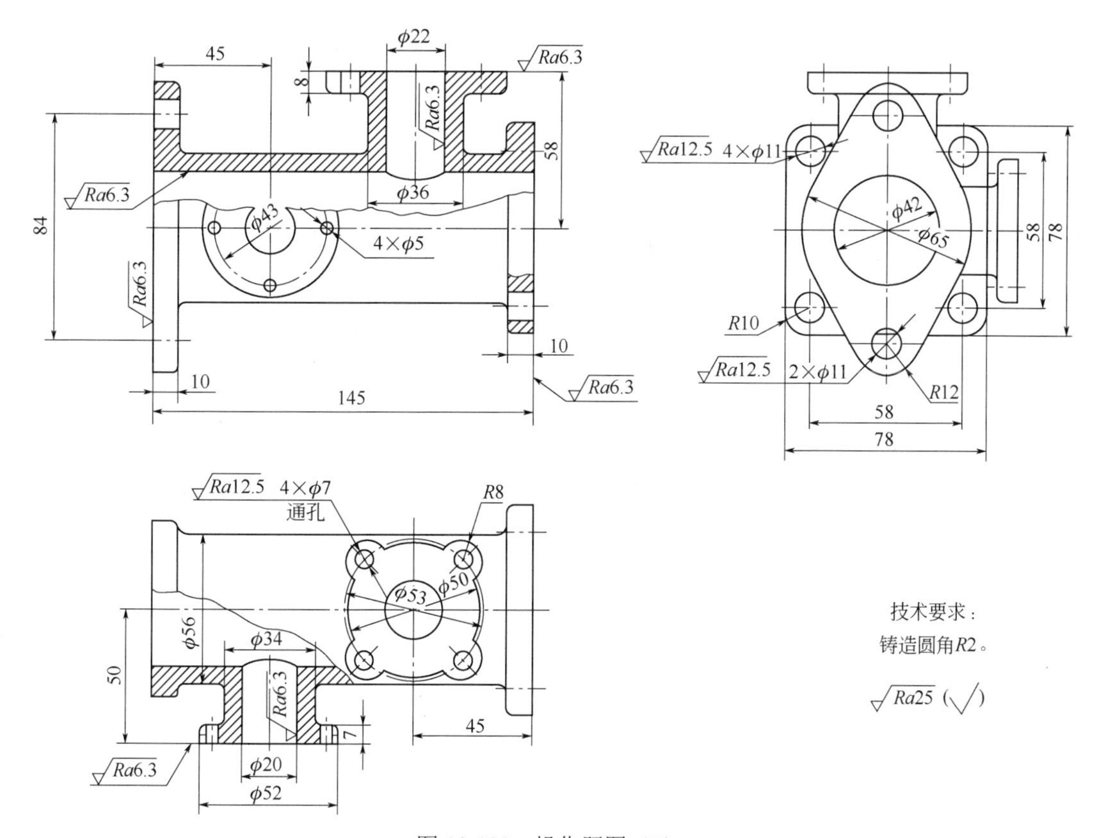

图 10-129 操作题图（5）

第11章　高级草图

高级草图主要讲解 AutoCAD 文档转入并转为草图、草图布局和草图块等功能。草图块功能将引申出布局草图的功能。高级草图与高级装配会有应用上的关联性，是一个重要的主题。

本章通过工程实例的讲解介绍了高级草图的功能及应用技巧。为了更加方便读者学习，本章内容做成电子版，读者可以通过扫描二维码学习相关内容。

电子版内容如下：

11.1　SolidWorks 的“2D 转 3D”功能

　11.1.1　转入 AutoCAD 图形文件来创建模型

　11.1.2　从 2D 到 3D

11.2　草图工具中其他高级功能

　11.2.1　面部曲线

　11.2.2　交叉曲线

11.3　块的制作

　11.3.1　创建、编辑和插入块

　11.3.2　爆炸块

　11.3.3　布局草图

11.4　上机练习

教 学 视 频

转入 AutoCAD 图形文件来创建模型

创建和插入块

草图布局

第12章 高级装配设计

机械类产品通常由支撑、传动和核心功能等几部分构成，通过零部件之间的静态配合和运动连接共同完成产品的整体功能。产品的最终结果是一个装配体，设计的目的是得到结构最合理的装配体。装配体中包含了许多零件，如果单独设计每个零件，最终结果可能需要进行大量修改。如果在设计中能够充分参考已有零件，可以使设计更接近装配的结构，也就是说在装配的状态下进行设计工作。

在现代设计中，装配已不再局限于单纯表达零件之间的配合关系，而是拓展到更多的应用，如运动分析、干涉检查、自顶向下设计等诸多方面。在现代 CAD 应用中，装配环境已成为产品综合性能验证的基础环境。装配是将多个机械零件按技术要求连接或固定起来，以保持正确的相对位置和相互关系，成为具有特定功能和一定性能指标的产品或机构装置。

本章主要讲述高级装配方法的使用，如高级配合、机械配合和“自顶向下”的设计方法功能，可大大提高装配体的装配速度，并大大提高设计的灵活性和零部件之间配合的准确性。

12.1 高级配合

使用高级配合关系完成特定需求，如凸轮配合、齿轮配合、限制配合、宽带配合和对称配合，SolidWorks 2018 提供了如表 12-1 所示的高级配合。

表 12-1 高级配合说明

按钮	配合名称	功能说明
	轮廓中心	配合到中心可自动将零部件类型彼此按中心对齐（如矩形和圆形轮廓）并完全定义零部件
	对称	用于使某零件的一个平面（一零件平面或建立的基准面）与另外一个零件的凹槽中心面重合，实现对称配合
	宽度	用于使某零件的一个凸台中心面与另外一个零件的凹槽中心面重合，实现宽度配合
	路径配合	用于使零件上所选的点约束到路径
	线性/线性耦合	在某个零部件和其他零部件的平移之间创建关系
	距离约束	用于实现零件之间的距离配合在一定数值范围内变化
	角度约束	用于实现零件之间的角度配合在一定数值范围内变化

12.1.1 轮廓中心配合应用

轮廓中心配合应用

轮廓中心配合会自动将几何轮廓的中心相互对齐并完全定义零部件。

下面介绍轮廓中心配合的操作过程。

① 启动 SolidWorks 2018，打开文件夹中的 12\轮廓中心\“轮廓中心.SLDASM”文件。

② 选择【插入】|【配合】菜单命令或者单击【装配体】工具栏中的【配合】按钮，系统弹出如图 12-1 所示的【配合】属性管理器。

③ 单击【高级配合】选项组中的【轮廓中心】按钮，然后选取如图 12-2 所示的两个实体表面，单击【确定】按钮，结果如图 12-3 所示。

④ 保存并关闭文件。

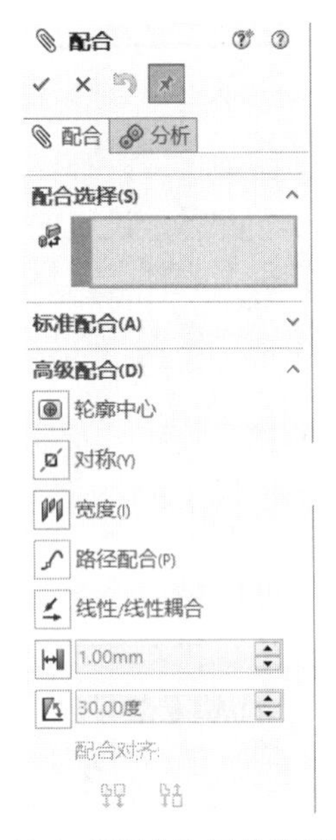

图 12-1 【配合】属性管理器

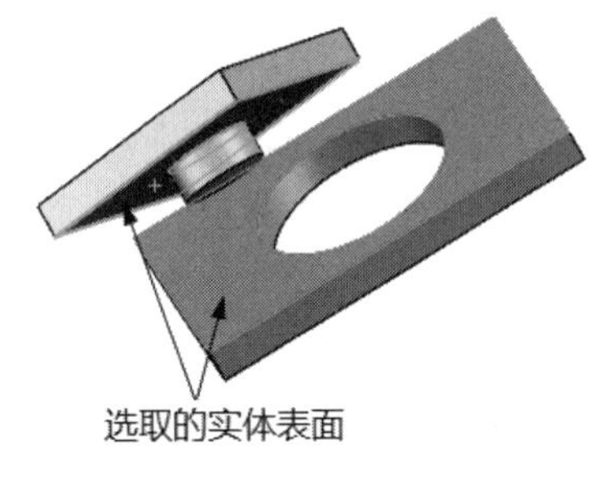

图 12-2 选取的实体表面

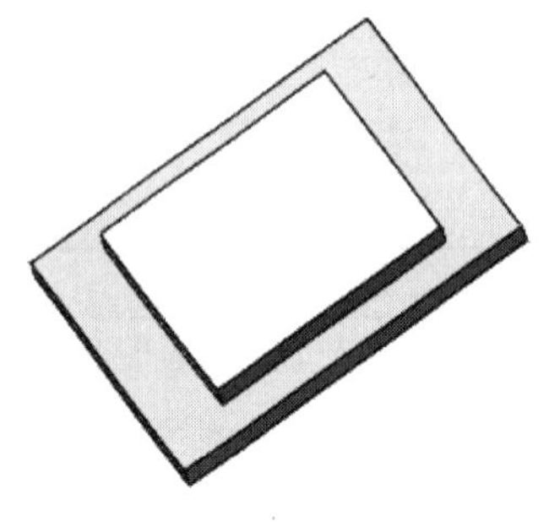

图 12-3 轮廓中心配合后的结果

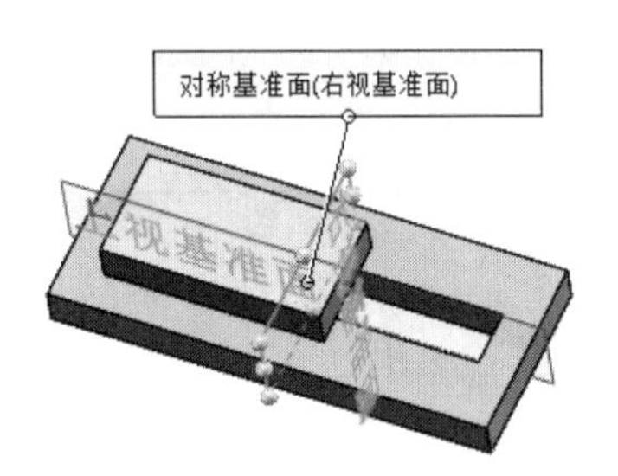

图 12-4 选取“右视基准面”

12.1.2 对称配合应用

对称配合应用

对称配合是将两个相似实体相对于基准面或零部件表面强制对称约束，配合的实体可以是点、线或面，也可以是半径相等的圆柱面或球面。下面介绍对称配合的操作过程。

① 启动 SolidWorks 2018，打开文件夹中的 12\对称\“对称.SLDASM”文件。

② 选择【插入】|【配合】菜单命令或者单击【装配体】工具栏中的【配合】按钮，系统弹出如图 12-1 所示的【配合】属性管理器。

③ 单击【高级配合】选项组中的【对称】按钮，选取如图 12-4 所示的“右视基准面”，然后选取如图 12-5 所示的两个需要对称的实体表面，单击【确定】按钮✔，结果如图 12-6 所示。

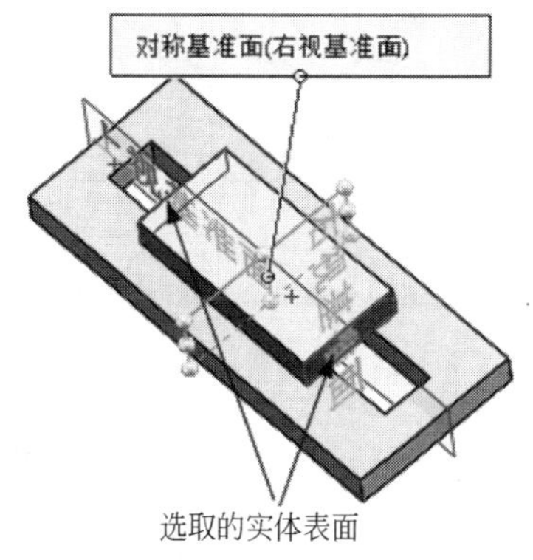

图 12-5　选取的实体表面

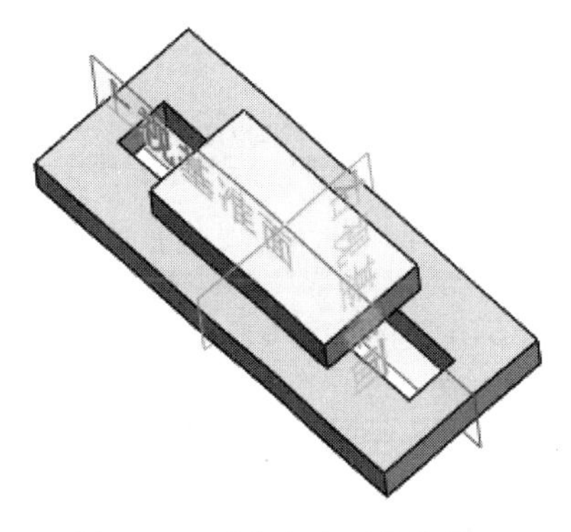

图 12-6　对称配合后的结果

④ 保存并关闭文件。

对称配合只是将配合实体相对于配合基准面对称，而不会镜向零部件。

12.1.3 宽度配合应用

宽度配合应用

宽度配合是将某个零件置于任意两个平面的中心，其中，配合的参照可以是零件的两个面、一个圆柱面或一根轴线。下面介绍宽度配合的操作过程。

① 启动 SolidWorks 2018，打开文件夹中的 12\宽度\“宽度.SLDASM”文件。

② 选择【插入】|【配合】菜单命令或者单击【装配体】工具栏中的【配合】按钮，系统弹出如图 12-7 所示的【配合】属性管理器。

③ 单击【高级配合】选项组中的【宽度】按钮；在如图 12-7 所示的【宽度选择】选择框中选取如图 12-8 所示的两个实体表面；在如图 12-7 所示的【薄片选择】选择框中选取如图 12-9 所示的两个实体表面；单击【确定】按钮✔，结果如图 12-10 所示。

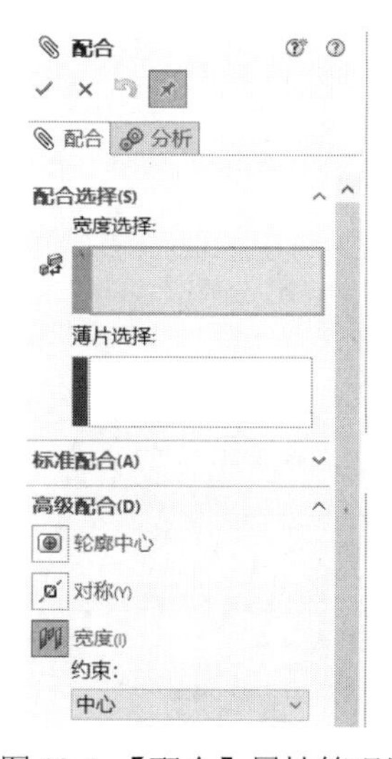

图 12-7 【配合】属性管理器

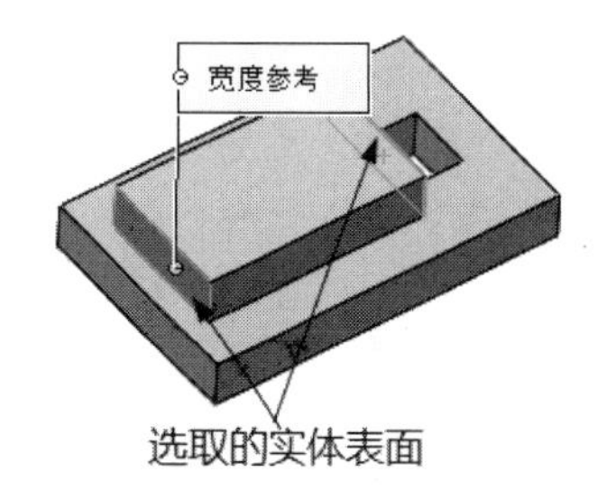

图 12-8　选取的实体表面（1）

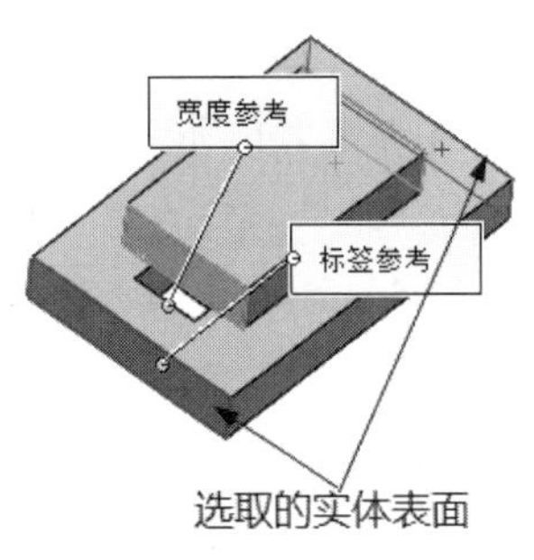

图 12-9　选取的实体表面（2）

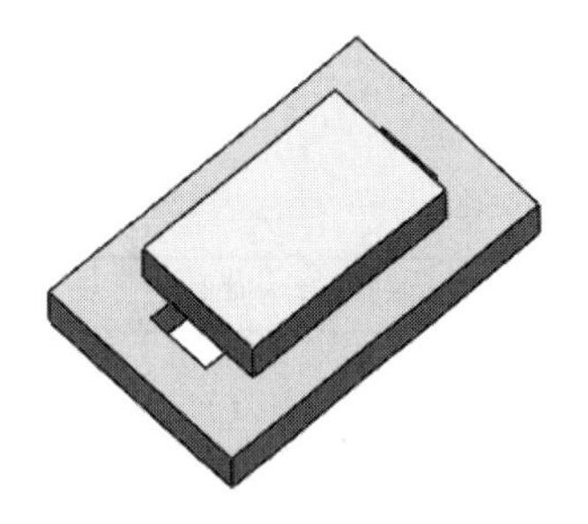

图 12-10　选取的实体表面（3）

④ 保存并关闭文件。

12.1.4 路径配合应用

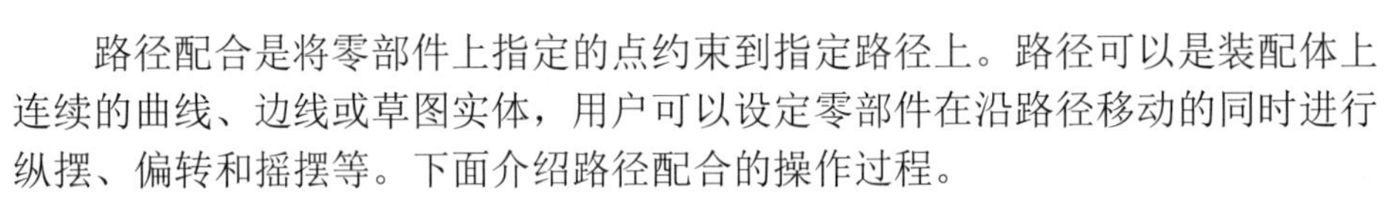

路径配合是将零部件上指定的点约束到指定路径上。路径可以是装配体上连续的曲线、边线或草图实体，用户可以设定零部件在沿路径移动的同时进行纵摆、偏转和摇摆等。下面介绍路径配合的操作过程。

① 启动 SolidWorks 2018，打开文件夹中的 12\路径\“路径.SLDASM”文件。

② 选择【插入】|【配合】菜单命令或者单击【装配体】工具栏中的【配合】按钮，系统弹出如图 12-11 所示的【配合】属性管理器。

③ 单击【高级配合】选项组中的【路径配合】按钮；在【零部件顶点】选择框中选取如图 12-12 所示的基准点；在【路径选择】选择框中选取如图 12-13 所示的草图直线，单击【SelectionManager】按钮，系统弹出如图 12-14 所示的快捷工具条，依次选取草图中其他几何要素，如图 12-15 所示，单击快捷工具条上的【确定】按钮，系统返回【配合】属性管理器。

图 12-11 【配合】属性管理器

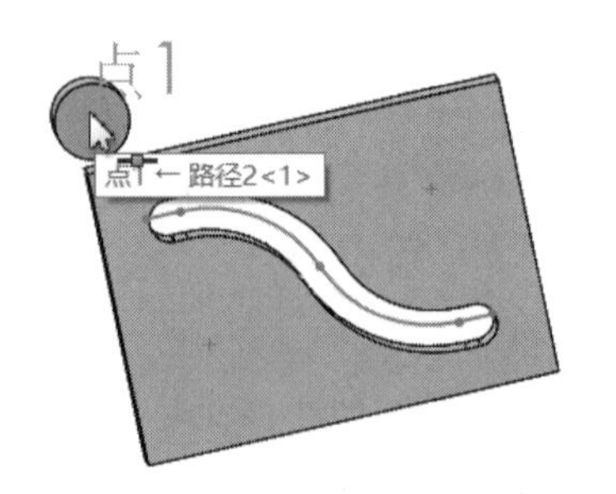

图 12-12　选取的基准点

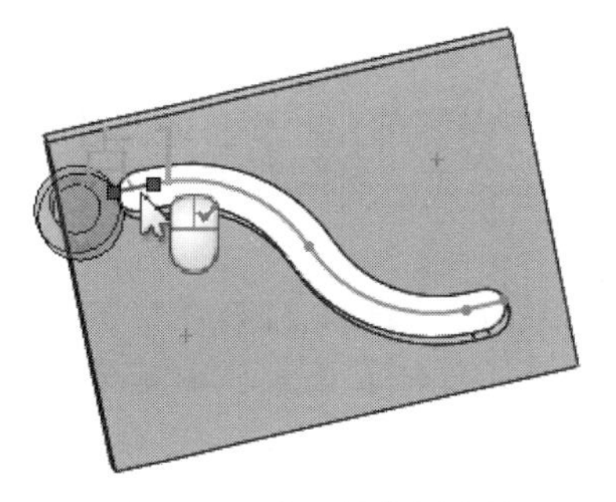

图 12-13　选取的草图直线

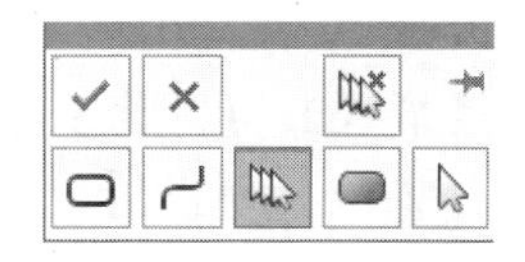

图 12-14　快捷工具条

④ 设置【路径约束】选项。【路径约束】下拉列表中有【自由】【沿路径距离】和【沿路径的百分比】三个选项，用于定义路径的约束类型。

【自由】：零部件可沿路径自由移动。

【沿路径距离】：零部件的顶点将固定在路径一定距离的点上，该距离为沿路径的距离，距离值需要用户在【离目标的距离】微调框中输入。

【沿路径的百分比】：零部件的顶点将固定在指定的百分比点上，在【离目标的距离百分比】微调框中输入百分比值。

⑤ 设置【俯仰/偏航控制】选项。【俯仰/偏航控制】下拉列表中有【自由】和【随路径变化】两个选项，用于控制俯仰/偏航的类型。

【自由】：零部件可沿所选路径绕零部件定点摆动。

【随路径变化】：以零部件顶点为原点的坐标轴与路径约束相切，用户可以在【X】【Y】和【Z】单选框中指定坐标轴，只需选中其中的一个即可，【反转】复选框可以反转坐标轴方向。

⑥ 设置【滚转控制】选项。【滚转控制】下拉列表中有【自由】和【上向量】两个选项，用于定义控制滚转的类型。

【自由】：零部件可绕零部件顶点在所选路径两边滚转。

【上向量】：在零部件上指定的坐标轴与上向量方向保持一致；用户可以在【上向量】选择框中选取线性边缘或平面来定义上向量；当选取平面时，上向量方向垂直于平面；当选取实体边缘时，上向量方向沿所选实体边缘；用户可以在【X】【Y】和【Z】中指定坐标轴，只需选中其中的一个即可，【反转】复选框可以反转坐标轴方向。

⑦ 设置完成后，单击【配合】属性管理器中的【确定】按钮✔，结果如图 12-16 所示。

⑧ 保存并关闭文件。

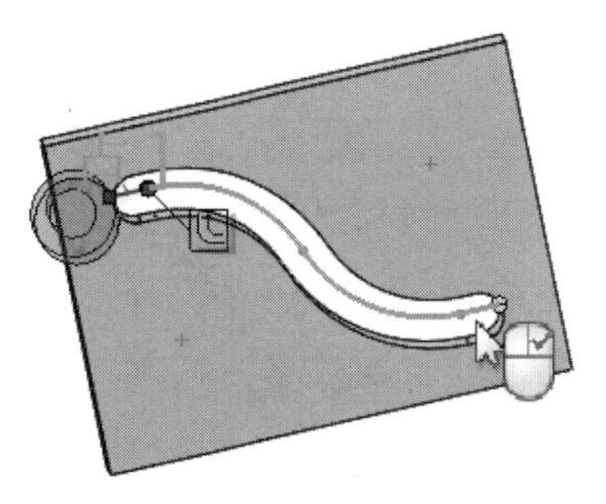

图 12-15　选取的草图

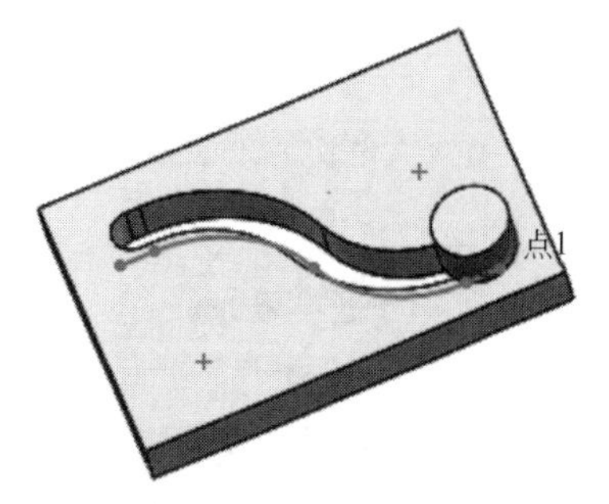

图 12-16　路径配合后的结果

12.1.5 线性/线性耦合配合应用

线性配合应用

线性/线性耦合配合是在一个零部件的平移和另一个零部件的平移之间建立比率关系，即当一个零部件平移时，另一个零部件也会成比例地平移。下面介绍线性/线性耦合配合的操作过程。

① 启动 SolidWorks 2018，打开文件夹中的 12\线性\“线性.SLDASM”文件。

② 选择【插入】|【配合】菜单命令或者单击【装配体】工具栏中的【配合】按钮，系统弹出如图 12-17 所示的【配合】属性管理器。

③ 单击【高级配合】选项组中的【线性/线性耦合】按钮，在【配合选择】中上方【要配合的实体】选择框中选取如图 12-18 所示的实体表面；在【配合选择】中下方【要配合的实体】选择框中选取如图 12-19 所示的实体表面；在【比率】文本框中依次输入“3.00mm”和“1.00mm”，其他选项采用默认值，单击【确定】按钮✓。

④ 保存并关闭文件。

此时，当沿配合面的法向拖动其中一个零部件时，另一个零部件将沿其配合面的法向按设定的速度比率移动，其比率数值与配合实体的选取顺序相对应，如图 12-20 所示。如果勾选【反转】复选框，则两个零部件将沿反的方向平移。

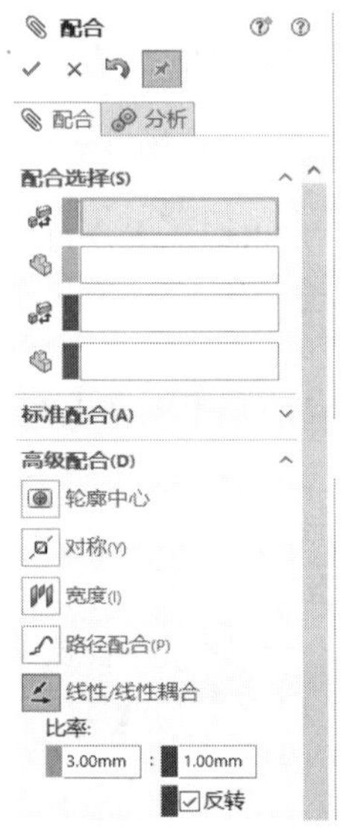

图 12-17 【配合】属性管理器

图 12-18 选取的实体表面（1）

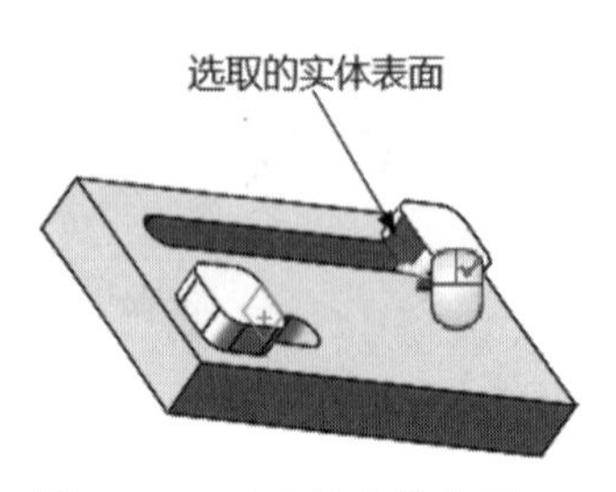

图 12-19 选取的实体表面（2）

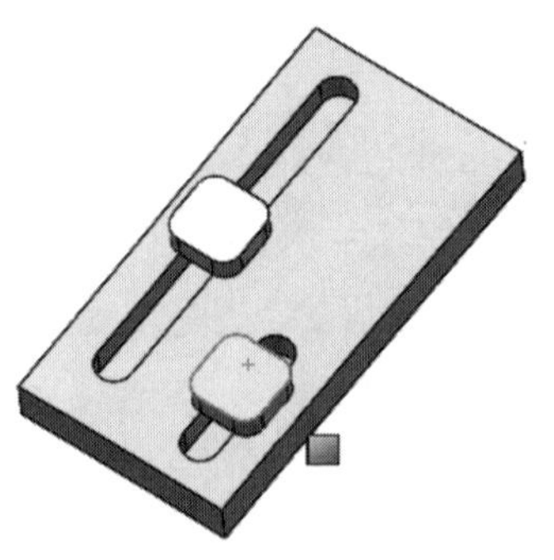

图 12-20 移动效果

12.1.6 限制配合应用

限制配合应用

限制配合是限制零部件在指定的距离或角度范围内移动，可通过指定距离或角度的最大值和最小值来确定零部件的移动范围。下面介绍限制配合的操作过程。

（1）限制距离配合

① 启动 SolidWorks 2018，打开文件夹中的 12\限制距离\“限制距离.SLDASM”文件。

② 选择【插入】|【配合】菜单命令或者单击【装配体】工具栏中的【配合】按钮，系统弹出【配合】属性管理器。

③ 单击【高级配合】选项组中的【距离】按钮；选取如图 12-21 所示的两个实体表面，在【距离】【最大值】和【最小值】微调框中输入相应的数值，其他选项采用默认值，单击【确定】按钮。

④ 保存并关闭文件。

拖动未固定零部件来查看零部件的移动范围，结果如图 12-22 所示。在【距离】微调框中输入当前零件的距离位置，勾选【反转】复选框可反转尺寸方向。

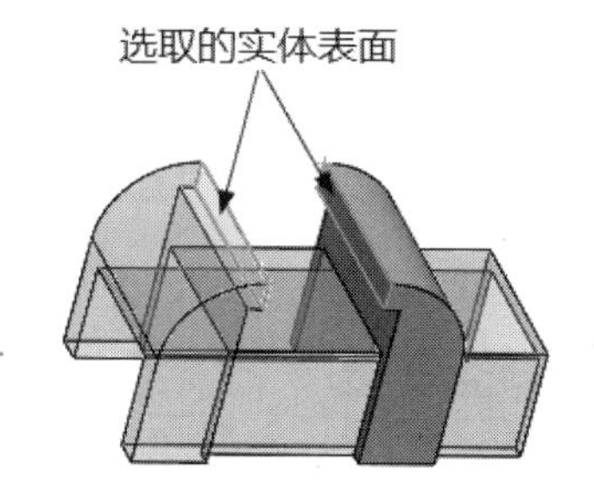

图 12-21　选取的实体表面（1）

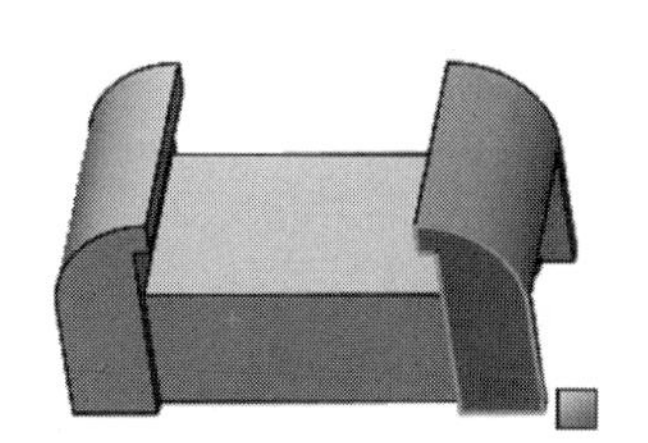

图 12-22　拖动零件效果（1）

（2）限制角度配合

① 启动 SolidWorks 2018，打开文件夹中的 12\限制角度\“限制角度.SLDASM”文件。

② 选择【插入】|【配合】菜单命令或者单击【装配体】工具栏中的【配合】按钮，系统弹出【配合】属性管理器。

③ 单击【高级配合】选项组中的【角度】按钮，选取如图 12-23 所示的两个实体表面，在【角度】【最大值】和【最小值】微调框中输入相应的数值，其他选项采用默认值，单击【确定】按钮。

④ 保存并关闭文件。

拖动未固定零部件来查看零部件的移动范围，结果如图 12-24 所示。在【角度】微调框中输入当前零件的角度位置，勾选【反转】复选框可反转角度方向。

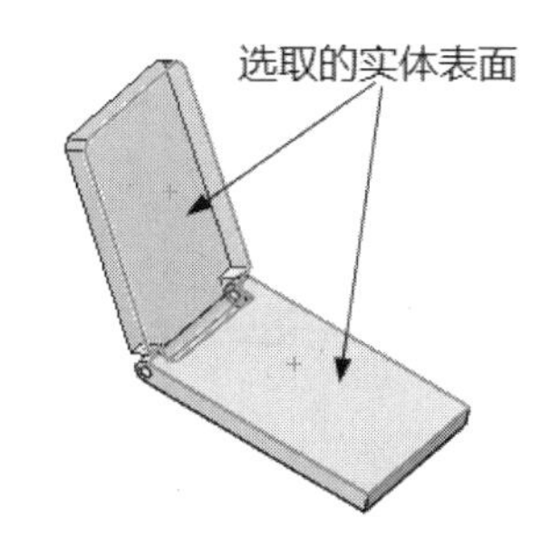

图 12-23　选取的实体表面（2）

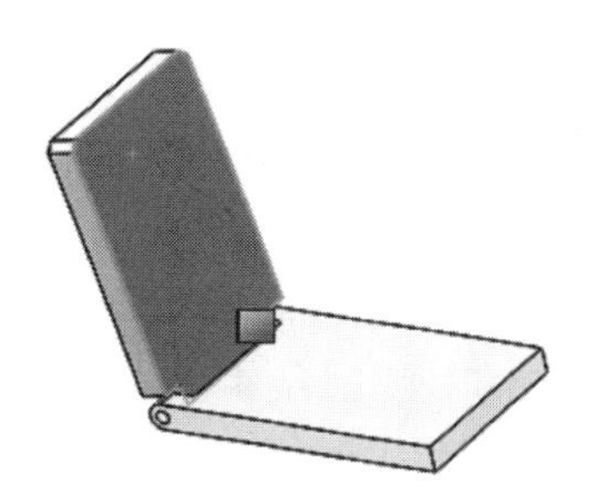

图 12-24　拖动零件效果（2）

12.1.7 多配合应用

多配合应用

多配合是在同一装配操作中，将多个零部件与一个零件或装配体进行配合，但多配合仅能为零件添加标准配合。下面介绍多配合的操作过程。

① 启动 SolidWorks 2018，打开文件夹中的 12\多配合\“多配合.SLDASM”文件。

② 选择【插入】|【配合】菜单命令或者单击【装配体】工具栏中的【配合】按钮，系统弹出【配合】属性管理器。

③ 单击【配合选择】选项组中的【多配合】按钮，【配合】属性管理器如图 12-25 所示。

④ 选取如图 12-26 所示的实体表面作为要配合的面，然后分别选取如图 12-27 所示的零件套筒 1 内圆柱面和零件套筒 2 内圆柱面作为零部件参考，单击【确定】按钮，结果如图 12-28 所示。

⑤ 保存并关闭文件。

图 12-25 【配合】属性管理器

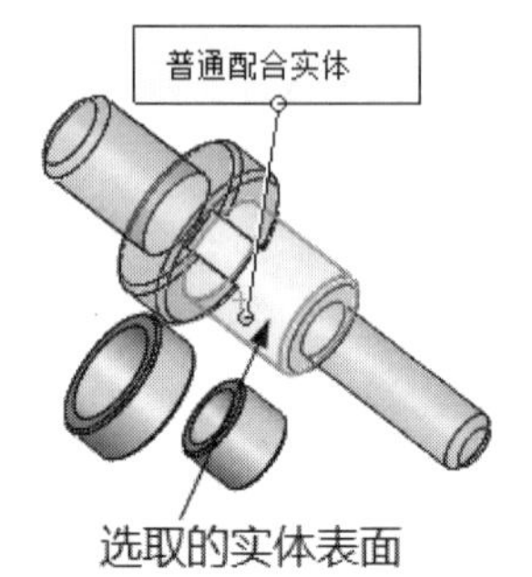

图 12-26 选取的实体表面

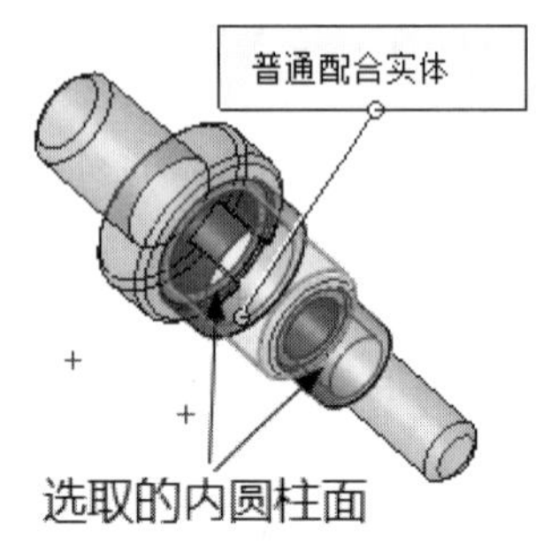

图 12-27 选取的内圆柱面

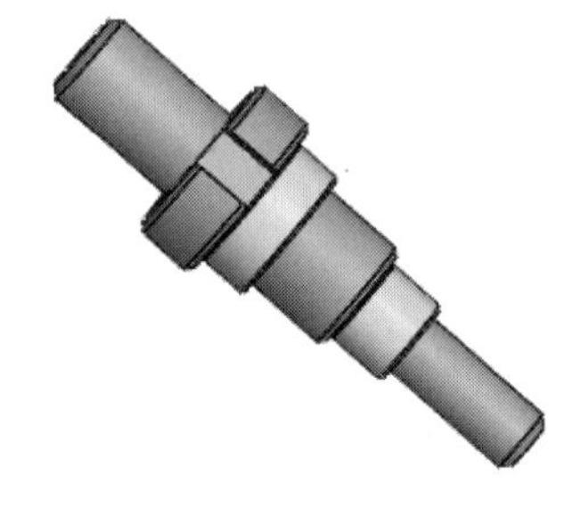

图 12-28 多配合结果

12.1.8 配合参考应用

配合参考就是在零部件设定的一个或多个配合参考供装配体环境中自动配合所用。当把带有配合参考的零部件插入装配体时，系统会自动查找具有相同配合类型的零部件进行配合。下面介绍添加和使用配合参考的操作过程。

（1）添加第一个配合参考

① 启动 SolidWorks 2018，打开文件夹中的 12\配合参考\“轴.SLDPRT”文件。

② 选择【插入】|【参考几何体】|【配合参考】菜单命令或者单击【参考几何体】工具栏中的【配合参考】按钮，系统弹出如图 12-29 所示的【配合参考】属性管理器。

③ 添加参考实体。参照图 12-29 所示，依次选取【主要参考实体】【第二参考实体】和【第三参考实体】，并设置【配合参考类型】和【配合参考对齐】。

④ 单击【确定】按钮✓，保存并关闭文件。

（2）添加第二个配合参考

① 启动 SolidWorks 2018，打开文件夹中的 12\配合参考\“键.SLDPRT”文件。

② 选择【插入】|【参考几何体】|【配合参考】菜单命令或者单击【参考几何体】工具栏中的【配合参考】按钮，系统弹出如图 12-30 所示的【配合参考】属性管理器。

③ 添加参考实体。参照图 12-30 所示，依次选取【主要参考实体】【第二参考实体】和【第三参考实体】，并设置【配合参考类型】和【配合参考对齐】。

④ 单击【确定】按钮✓，保存并关闭文件。

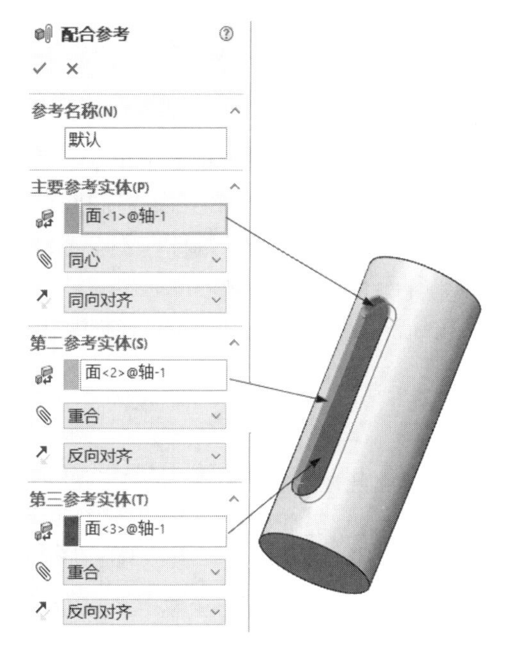

图 12-29 【配合参考】属性管理器（1）

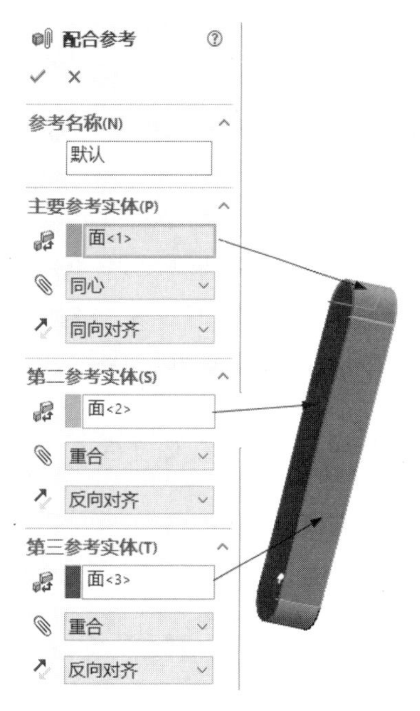

图 12-30 【配合参考】属性管理器（2）

（3）创建装配体文件

① 新建一个装配体文件，进入装配环境。

② 插入第一个零件。单击【开始装配体】属性管理器中的【浏览】按钮，系统弹出【打开】对话框。选择练习文件夹中的 12\配合参考\“轴.SLDPRT”文件，单击【确定】按钮✓。

③ 插入第二个零件。单击【插入零部件】属性管理器中的【浏览】按钮，系统弹出【打开】对话框。选择文件夹中的 12\配合参考\“键.SLDPRT”文件，将零件“键”拖动到第一个零件“轴”上时，会自动配合，单击鼠标左键，完成第二个零件“键”的装配，结果如图 12-31 所示。

④ 保存并关闭装配体文件。

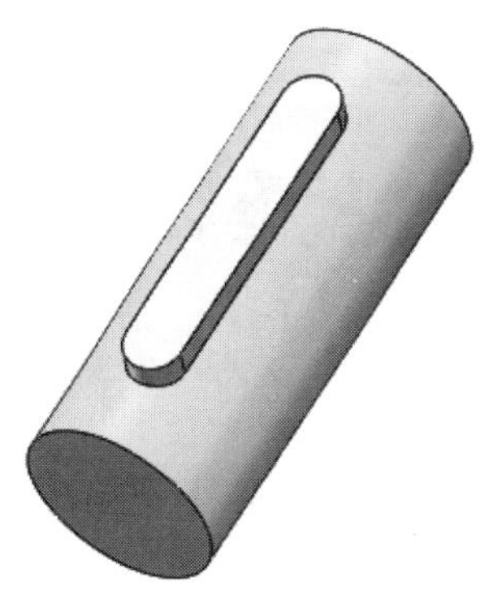

图 12-31 完成键的装配

12.1.9 智能配合应用

通过智能配合功能，用户不使用配合命令就可以创建常用的配合，使装配更加快捷。当同时打开一个装配体对话框和一个零件对话框时，可以将零件多次直接拖动到装配体属性管理器中，并且系统会自动捕捉到一个常用的配合类型；当一个装配体属性管理器中有两个或多个零部件时，在按住 Alt 键的同时拖动一个零部件到另一个零部件，系统也会自动捕捉到一个常用的配合类型；当一个装配体对话框中有两个或多个零部件时，单击【装配体】工具栏中的【移动零部件】按钮，系统弹出【移动零部件】属性管理器，单击【SmartMates】按钮，双击一个零部件，此时零部件会透明显示，然后选择要与其配合的另一个零部件参照即可。下面介绍智能配合的操作过程。

① 新建一个装配体文件，进入装配体环境。

② 插入第一个零件。单击【开始装配体】属性管理器中的【浏览】按钮，系统弹出【打开】对话框。选择练习文件夹中的 12\智能配合\“安装版.SLDPRT”文件，单击【确定】按钮。

③ 打开零件模型。打开练习文件夹中的 12\智能配合\“螺钉.SLDPRT”文件。

④ 插入第二个零件并添加同轴心配合。选择【窗口】|【纵向平铺】菜单命令，将装配体文件和零件文件纵向平铺工作界面，按住 Alt 键，在零件截面中单击螺钉的圆柱面并拖动至装配体文件中，这时鼠标指针显示为，如图 12-32 所示，松开鼠标左键，系统弹出如图 12-33 所示的快捷工具条，该快捷工具条已默认配合类型为同轴心配合，单击工具条中的【反转配合对齐】按钮，最后单击【确定】按钮，完成同轴心配合，结果如图 12-34 所示。

⑤ 保存并关闭装配体文件。

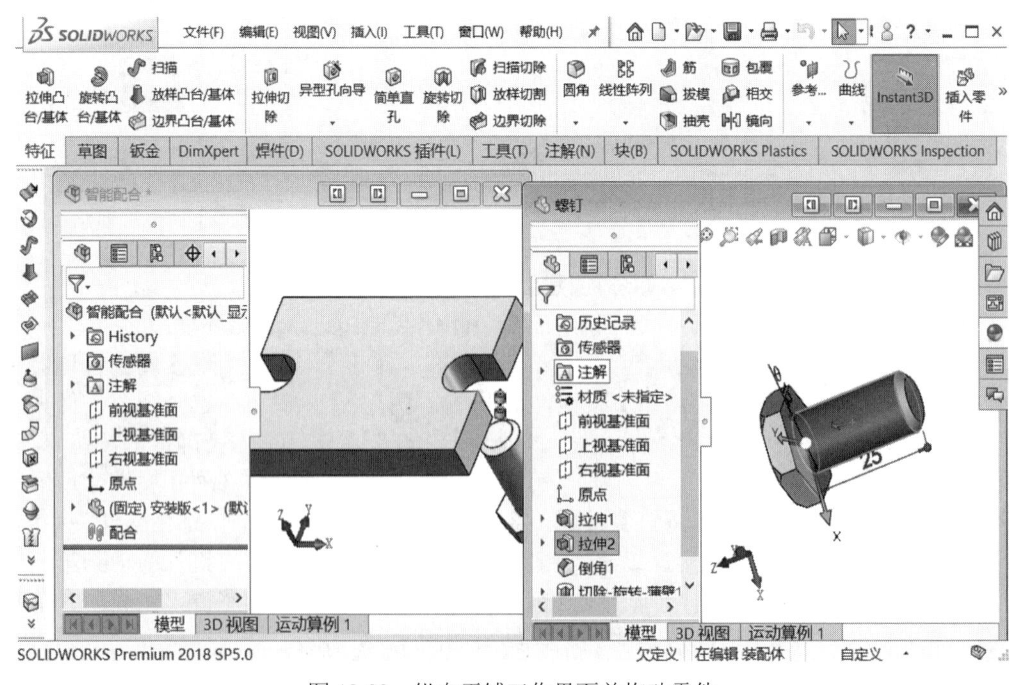

图 12-32 纵向平铺工作界面并拖动零件

图 12-33　快捷工具条

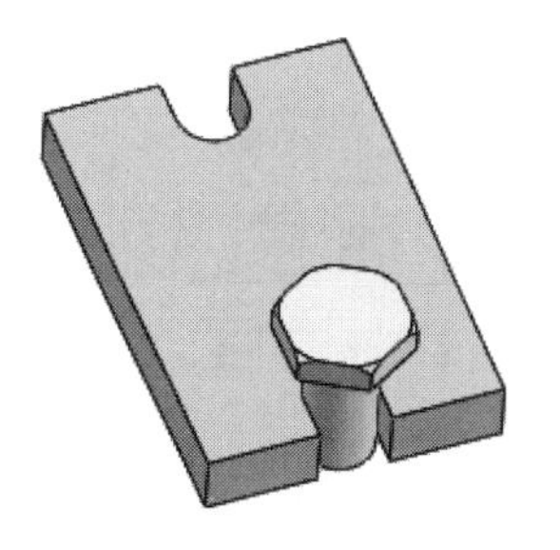

图 12-34　同轴心配合

12.2 机构中的高级机械配合

除高级配合外，SolidWorks 还提供了机械配合，其中有凸轮、槽口、铰链、齿轮、齿条小齿轮、螺旋和万向节等配合，详细说明如表 12-2 所示。

表 12-2　机械配合说明

按钮图标	配合名称	功能说明
	凸轮	用于实现凸轮与推杆之间的配合，且遵守凸轮与推杆的运动规律。让一个圆柱、平面或点与一系列的相切拉伸面重合或相切
	槽口	用户可将螺栓配合到直通槽或圆弧槽，也可将槽配合到槽。可以选择轴、圆柱面或槽创建槽口配合
	铰链	用于将两个零部件之间的移动限制在一定的旋转自由度内。将两个零部件间的移动约束为一个旋转自由度
	齿轮	用于齿轮之间的配合，实现齿轮之间的定比传动。让两个零部件绕所选的轴座相对旋转运动
	齿条小齿轮	用于齿轮与齿条之间的配合，实现齿轮与齿条之间的定比传动
	螺旋	用于螺杆与螺母之间的配合，实现螺杆与螺母之间的定比传动，即当螺杆旋转一周时，螺母轴向移动一个螺距的距离
	万向节	用于实现交错轴之间的传动，即一根轴可以驱动轴线在同一平面内且与之呈一定角度的另外一根轴

12.2.1 凸轮配合应用

凸轮配合应用

凸轮运动机构通过两个关键元件（凸轮和滑滚）进行定义，需要注意的是凸轮和滑滚这两个元件必须有真实的形状和尺寸。凸轮配合为一相切或重合配合类型。允许将圆柱、基准面或点与一系列相切的拉伸曲面相配合。凸轮轮廓为采用直线、圆弧以及样条曲线制作，保持相切并形成一闭合的环。下面介绍凸轮配合的操作过程。

① 启动 SolidWorks 2018，打开文件夹中的 12\凸轮配合\“凸轮配合.SLDASM”文件。

② 选择【插入】|【配合】菜单命令或者单击【装配体】工具栏中的【配合】按钮，系统弹出【配合】属性管理器。

③ 单击【机械配合】选项组中的【凸轮配合】按钮，【配合】属性管理器如图 12-35 所示。

④ 选取如图 12-36 所示的实体表面作为凸轮槽，然后选取如图 12-37 所示的内圆柱面作为凸轮推杆，单击【确定】按钮，结果如图 12-38 所示。

⑤ 保存并关闭文件。

图 12-35 【配合】属性管理器

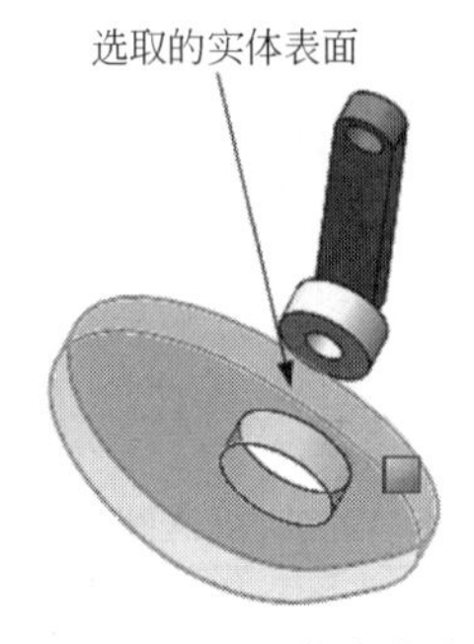

图 12-36 选取的实体表面

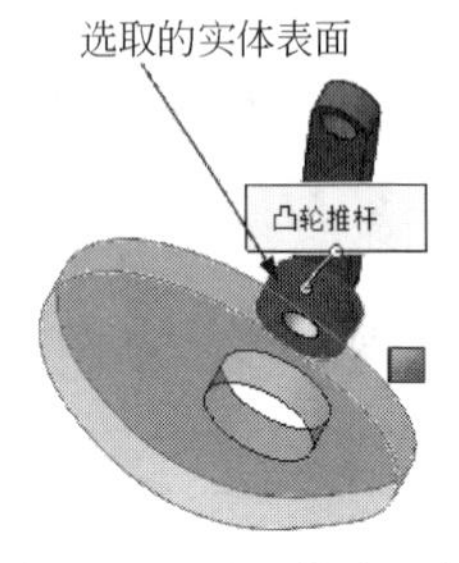

图 12-37 选取的内圆柱面

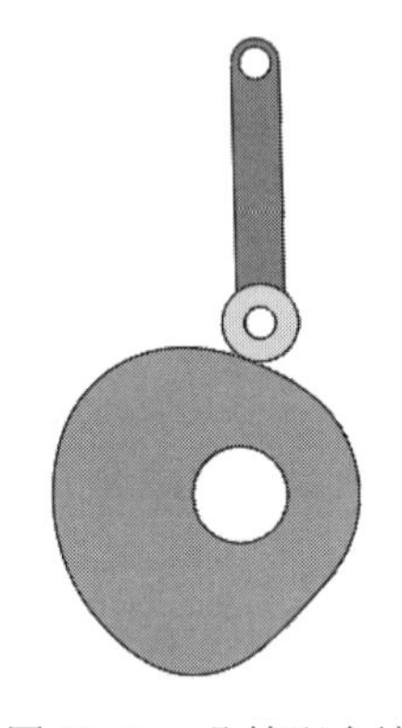

图 12-38 凸轮配合结果

图 12-39 【旋转零部件】属性管理器

单击【装配体】工具栏上的【旋转零部件】按钮，系统弹出如图 12-39 所示的【旋转零部件】属性管理器，选择【自由拖动】选项，光标变成形状，在【选项】选项组中选择【标准拖动】单选按钮，按住鼠标转动，观察移动情况。

12.2.2 槽口配合应用

槽口配合可将螺栓配合到直通槽或圆弧槽，也可将槽口配合到槽。用户可以选择轴、圆柱面或槽创建槽口配合。下面介绍槽口配合的操作过程。

① 启动 SolidWorks 2018，打开文件夹中的 12\凸轮配合\“凸轮配合.SLDASM”文件。

② 选择【插入】|【配合】菜单命令或者单击【装配体】工具栏中的【配合】按钮，系统弹出【配合】属性管理器。

③ 单击【机械配合】选项组中的【槽口】按钮，选取如图 12-40 所示的实体表面，然后选取如图 12-41 所示的实体表面，单击【确定】按钮，结果如图 12-42 所示。

④ 保存并关闭文件。

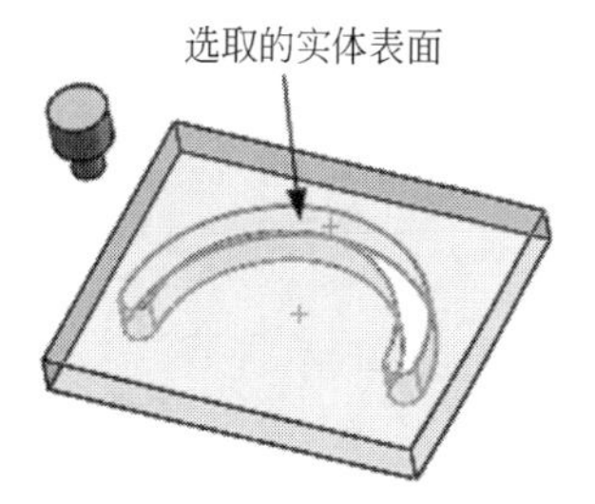

图 12-40　选取的实体表面（1）

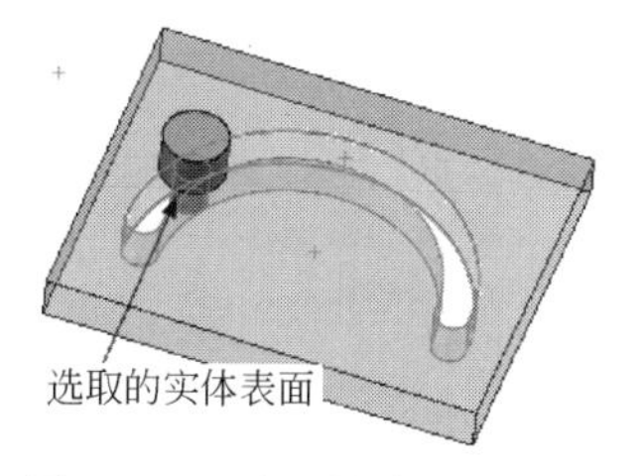

图 12-41　选取的实体表面（2）

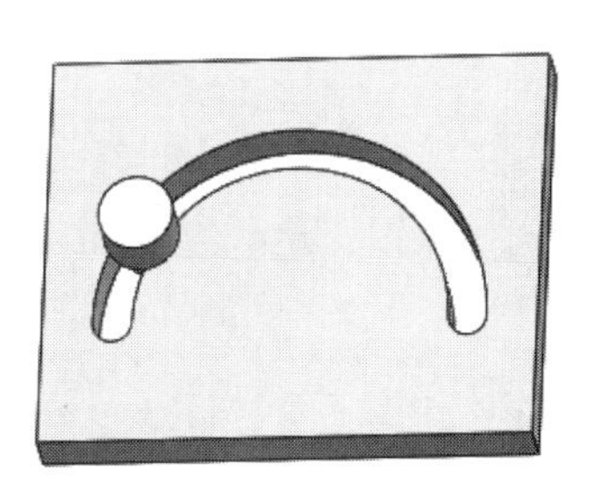

图 12-42　槽口配合结果

12.2.3 铰链配合应用

铰链配合应用

铰链配合将两个零部件之间的移动限制在一定的旋转范围内，其效果相当于同时添加同心配合和重合配合，此外还可以限制两个零部件之间的移动角度，只需应用一个配合（如果没有铰链配合，则需应用两个配合）。如果运行分析（例如 Simulation 或 Motion 进行分析），则反作用力和结果会与铰链配合相关联，而不是与某个特定的同心配合或重合配合相关联。下面介绍铰链配合的操作过程。

① 启动 SolidWorks 2018，打开文件夹中的 12\铰链配合\“铰链配合.SLDASM”文件。

② 选择【插入】|【配合】菜单命令或者单击【装配体】工具栏中的【配合】按钮，系统弹出【配合】属性管理器。

③ 单击【机械配合】选项组中的【槽口】按钮，【配合】属性管理器如图 12-43 所示。

④ 在【配合选择】中上方【同轴心选择】选择框中选取如图 12-44 所示的两个实体表面；在【配合选择】中下方【重合选择】选择框中选取如图 12-45 所示的两个实体表面；其他选项采用默认值，单击【确定】按钮 ✔，结果如图 12-46 所示。

⑤ 保存并关闭文件。

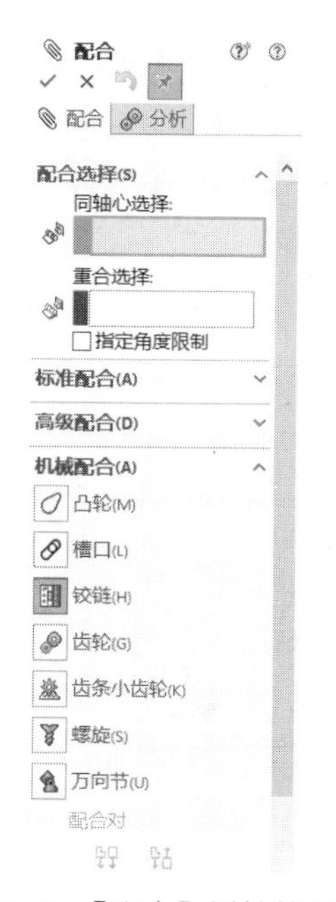

图 12-43 【配合】属性管理器

图 12-44　选取的实体表面（1）

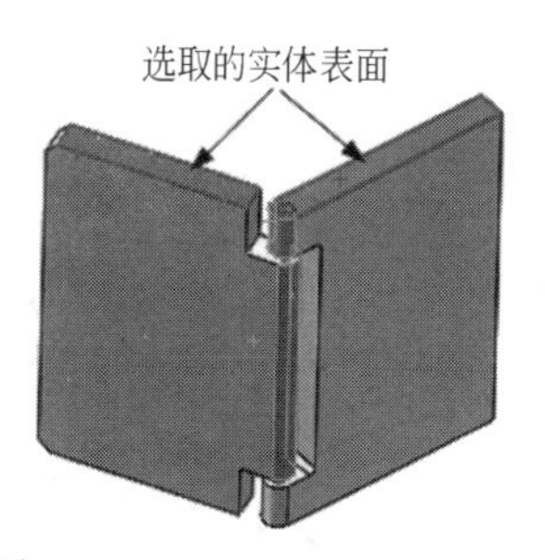

图 12-45　选取的实体表面（2）

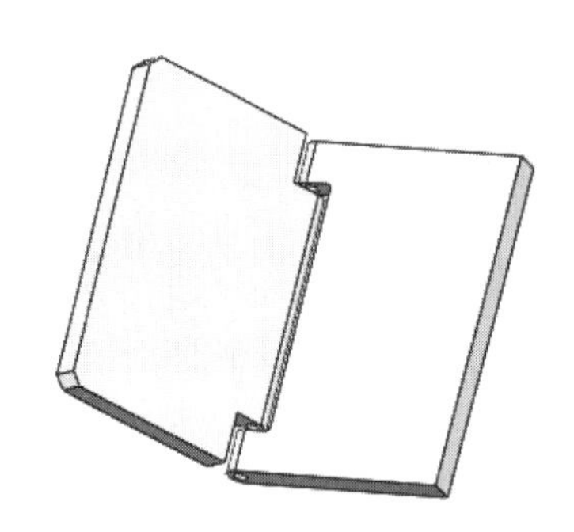

图 12-46　铰链配合结果

图 12-47 【配合】属性管理器

12.2.4 齿轮配合应用

齿轮运动机构通过两个元件进行定义，需要注意的是两个元件上并不一定需要真实的齿形，齿轮机构的传动比是通过两个分度圆的直径来决定的。齿轮配合会强迫两个零部件绕所选轴相对旋转。齿轮配合的有效旋转轴包括圆柱面、圆锥面、轴和线性边线。下面介绍齿轮配合的操作过程。

① 启动 SolidWorks 2018，打开文件夹中的 12\齿轮配合\“齿轮配合.SLDASM”文件。

② 选择【插入】|【配合】菜单命令或者单击【装配体】工具栏中的【配合】按钮，系统弹出【配合】属性管理器。

③ 单击【机械配合】选项组中的【齿轮】按钮，【配合】属性管理器如图 12-47 所示。

④ 选取如图 12-48 所示的草图实体圆，然后选取如图 12-49 所示的草图实体圆，单击【确定】按钮✔。

⑤ 保存并关闭文件。

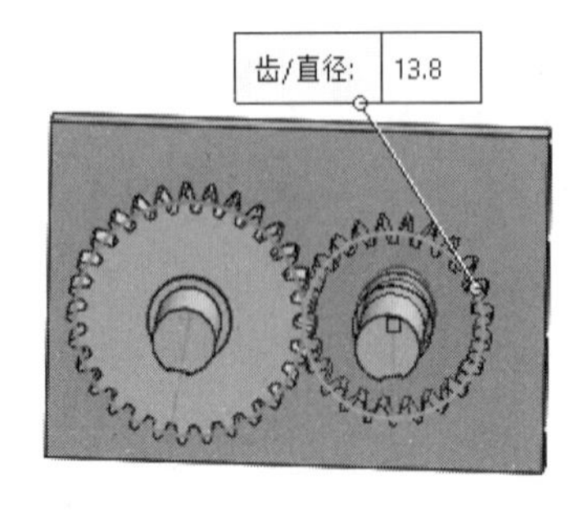

图 12-48　选取的草图实体圆（1）

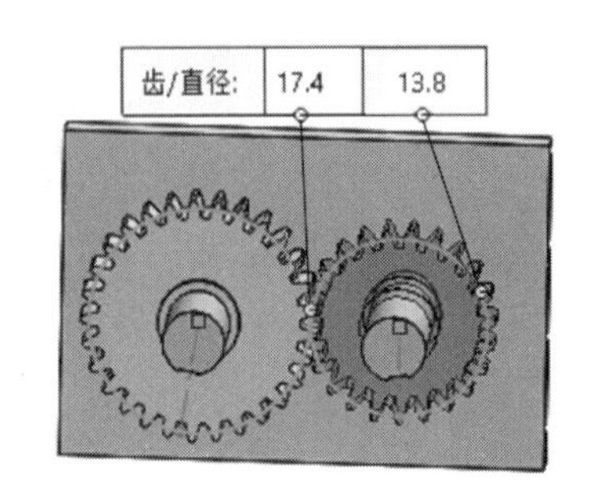

图 12-49　选取的草图实体圆（2）

12.2.5 齿轮小齿条配合应用

齿轮小齿条配合

齿轮与小齿条是常见的运动机构。通过齿条和小齿轮配合，某个零部件（齿条）的线性平移会引起另一零部件（小齿轮）做圆周旋转，反之亦然。用户可以配合任何两个零部件以进行此类相对运动，这些零部件不需要有轮齿。与其他配合类型类似，齿条和小齿轮配合无法避免零部件之间的干涉或碰撞。下面介绍齿轮小齿条的操作过程。

① 启动 SolidWorks 2018，打开文件夹中的 12\齿轮小齿条\“齿轮小齿条.SLDASM”文件。

② 选择【插入】|【配合】菜单命令或者单击【装配体】工具栏中的【配合】按钮，系统弹出【配合】属性管理器。

③ 单击【机械配合】选项组中的【齿轮小齿条】按钮，【配合】属性管理器如图 12-50 所示。

④ 选取如图 12-51 所示的齿条零件上的实体边缘，然后选取如图 12-52 所示的齿轮零件上的实体边缘，单击【确定】按钮✔。

⑤ 保存并关闭文件。

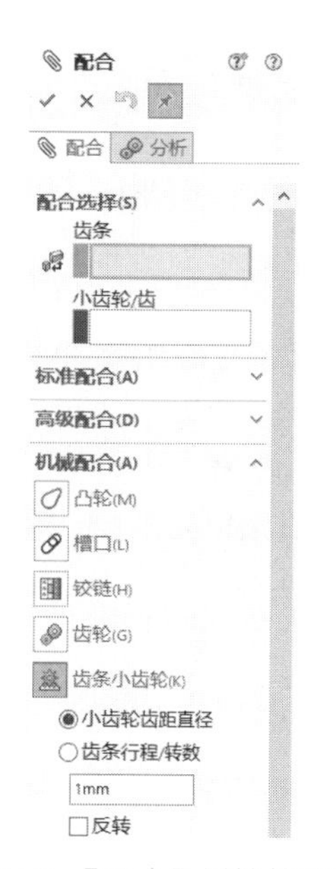

图 12-50 【配合】属性管理器

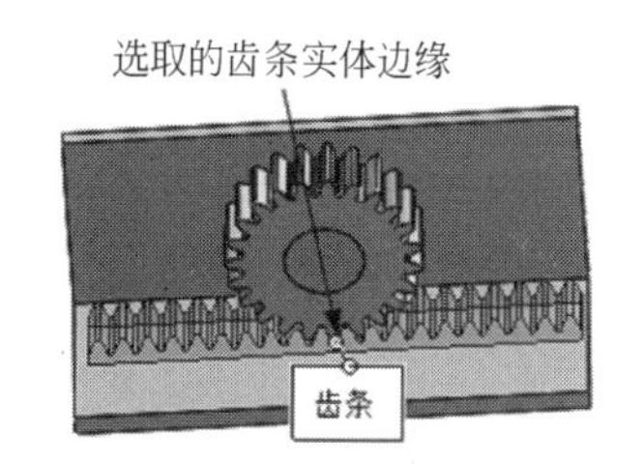

图 12-51 选取的齿条零件上的实体边缘

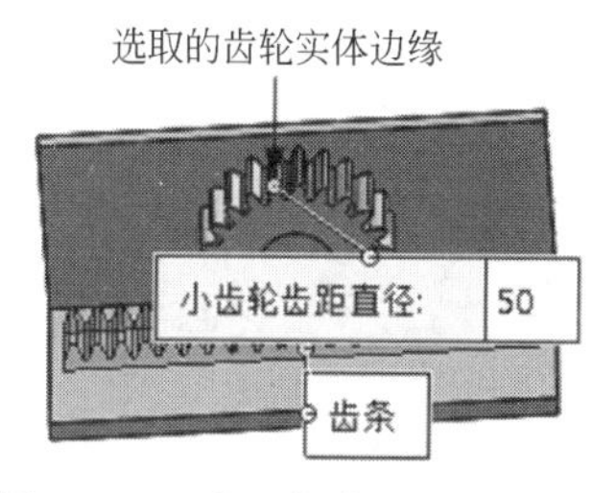

图 12-52 选取的齿轮零件上的实体边缘

12.3 SolidWorks 自顶向下设计

12.3.1 自顶向下设计的装配概述

在大型装备中，产品构造的复杂性带来了装配的困难。为了解决这些问题，自顶向下建模方法应运而生。自顶向下是一种由最顶层的产品结构传递设计规范到所有相关子系统的一种设计方法学。通过自顶向下技术的运用，能够有效传递设计规范给各个子装配，从而更方便高效地对整个装配流程进行管理。

自顶向下（Top-Down）装配建模方法与自底向上方法相反，它是从整体外观（或总装配）开始，然后到子装配，再到零件的建模方式。如图 12-53 所示，在装配关系的最上端是顶级设计意图，接下来是次级设计意图（子装配），继承于顶级设计意图，然后每一级装配分别参考各自的设计意图，展开系统设计和详细设计。

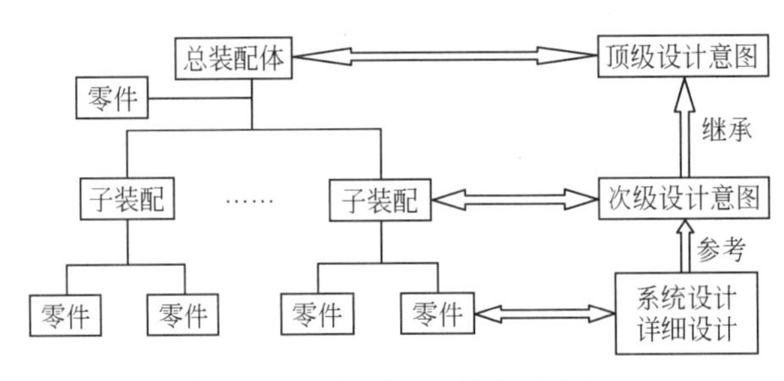

图 12-53　自顶向下的装配建模

自顶向下的建模方法有许多优点，它既可以管理大型装配，又能有效掌握设计意图，使组织结构明确，更能在设计团队间迅速传递设计信息，达到信息共享的目的。但要发挥自顶向下建模方法的优点，就需要设计者既要有雄厚的专业背景知识，又要非常熟练地掌握 CAD 系统。因此，该方法适合经验丰富的工程设计人员使用。

自顶向下的装配技术在产品装配建模中的应用是一次巨大的改革，使人们在进行复杂产品装配设计时有了高效的工具。这一工具使得整个规划流程显得方便易行，也为有效的管理奠定了基础。

自顶向下设计是由整体到局部的设计方法，其主要思路是，先创建一个反映装配体整体构架的基础模型（一级控件），然后根据基础模型确定零件的位置和结构。此方法适用于相互配合复杂、相互影响的配合关系较多、多数零部件外形尺寸未确定的装配体。

自顶向下的装配体设计方法是一个很广泛的课题，本小节主要介绍自顶向下设计技术中比较常用的几种情况：关联特征设计、关联零件设计、布局草图设计和从多实体生成装配体的设计。

12.3.2 关联特征

关联特征是在装配体中利用某一零部件的特征，通过绘制草图、转换实体引用或等距实体等方法来生成另外一个零件的特征草图，然后通过特征命令生成该零件的特征（即关联特征），此时两零件的特征之间存在对应关系，如位置、尺寸及形状。当其中一个零件的特征变化时，另外一个零件的特征也将跟着改变。关联特征是一种带有外部参考的特征。

下面以图 12-54 所示的“步进电机安装”机构为例，来说明关联特征的操作步骤。如果是用“自底向上”的设计方法，“电机固定座”与“步进电机”和“电机托板”上的孔是没有任何关系的，若要修改这几个零件上孔的尺寸，就要经过多次修改才能完成，且位置尺寸需要一定的换算。应用“Top-Down”装配体设计方法中的关联特征设计就可以减少不必要的

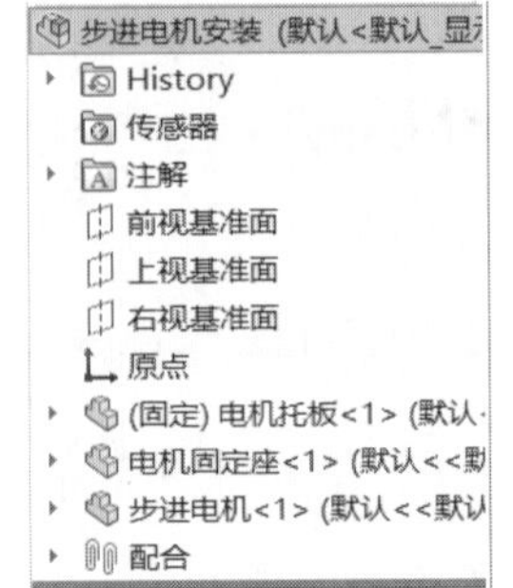

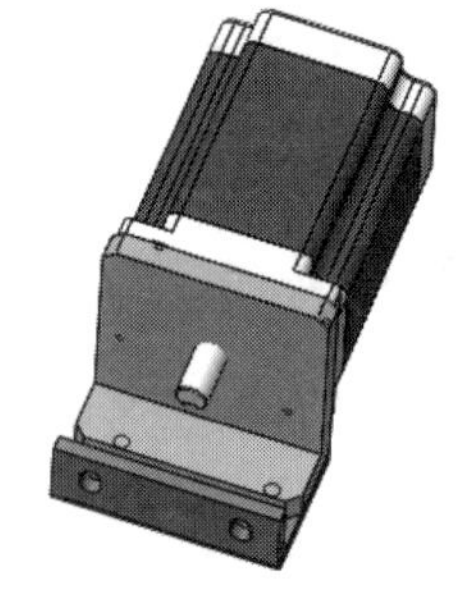

图 12-54　步进电机安装模型

操作。

下面介绍“电机固定座”零件上添加相关特征的操作过程。

① 启动 SolidWorks 2018，打开文件夹中的 12\步进电机安装\“步进电机安装.SLDASM”文件。

② 在【特征管理器设计树】中选择“电机固定座”零件，单击鼠标右键，在弹出的快捷菜单中单击【编辑】按钮，如图 12-55 所示。

③ 单击【特征】工具栏中的【异型向导孔】按钮，系统弹出如图 12-56 所示的【孔规格】属性管理器。参照如图 12-56 设置各个选项和参数。单击【孔类型】选项组中的【柱形沉头孔】按钮，【标准】下拉列表选择【GB】选项，【类型】下拉列表选择【内六角圆柱头螺钉】选项；【大小】下拉列表选择【M6】选项，勾选【显示自定义大小】复选框，【通孔直径】微调框中输入“6.500mm”，【柱形沉头孔直径】微调框中输入“11.000mm”，【柱形沉头孔深度】微调框中输入“6.000mm”，【终止条件】下拉列表选择【完全贯穿】。然后进入【位置】选项卡，再选取如图 12-57 所示的模型表面，系统进入草图环境，单击【标准视图】工具栏中的【正视于】按钮，沉头孔的位置如图 12-58 所示，孔中心与电机托板上的 M6 螺纹孔中心重合，单击【确定】按钮，结果如图 12-59 所示。

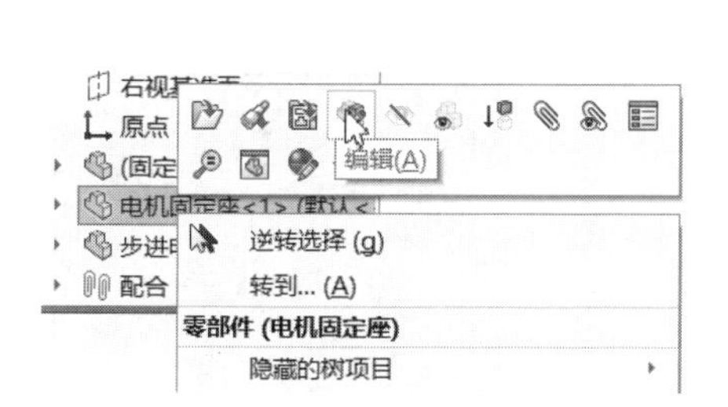

图 12-55 【编辑】按钮

图 12-56 【孔规格】属性管理器

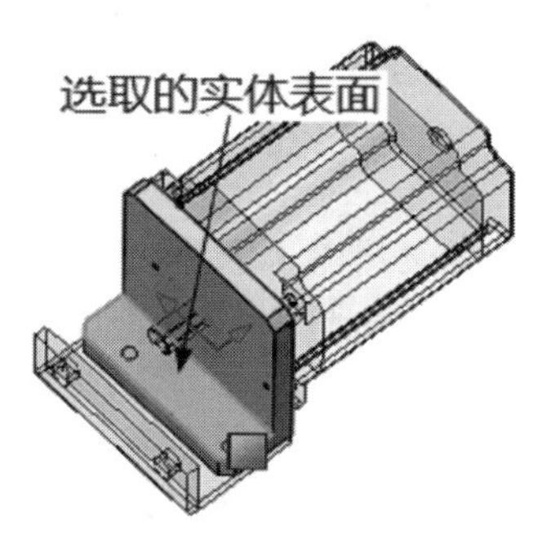

图 12-57 选取的实体表面（1）

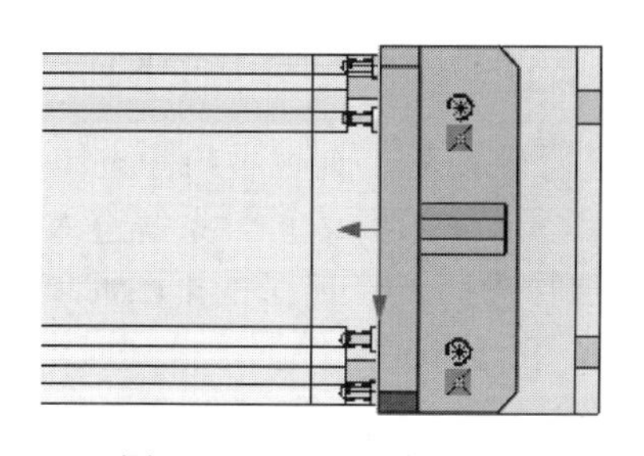
图 12-58 沉头孔的位置

④ 此时在【特征管理器设计树】下的“打孔尺寸（%根据）内六角圆柱头螺钉的类型 1”后有【外部参考】图标->，表明该特征是一关联特征，如图 12-60 所示。

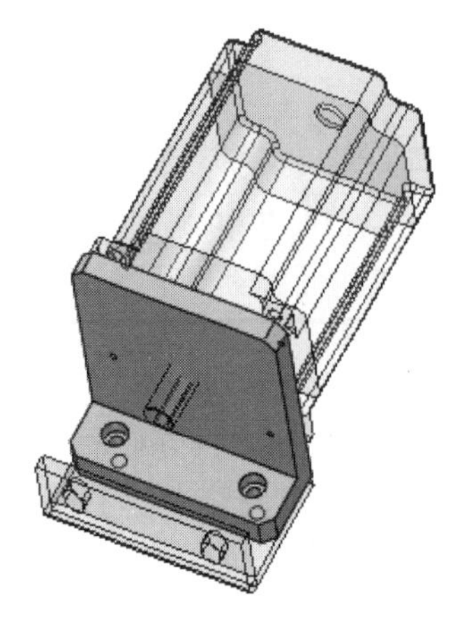

图 12-59　添加沉头孔后的模型

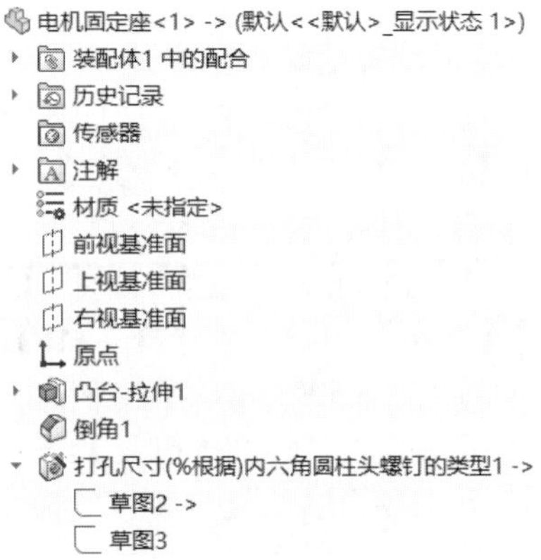

电机固定座<1> -> (默认<<默认>_显示状态 1>)
装配体1 中的配合
历史记录
传感器
注解
材质 <未指定>
前视基准面
上视基准面
右视基准面
原点
凸台-拉伸1
倒角1
打孔尺寸(%根据)内六角圆柱头螺钉的类型1 ->
草图2 ->
草图3

图 12-60　特征管理器设计树

⑤ 单击【特征】工具栏中的【异型向导孔】按钮，系统弹出【孔规格】属性管理器。单击【孔类型】选项组中的【直螺纹孔】按钮，【标准】下拉列表选择【GB】选项，【类型】下拉列表选择【底部螺纹孔】选项，【大小】下拉列表选择【M5】选项，【终止条件】下拉列表选择【完全贯穿】选项。然后单击【位置】选项卡，再选取如图 12-61 所示的模型表面，系统进入草图环境，单击【标准视图】工具栏中的【正视于】按钮，螺纹孔的位置如图 12-62 所示，孔中心与直线导轨上的沉头孔中心重合，单击【确定】按钮✔，结果如图 12-63 所示。

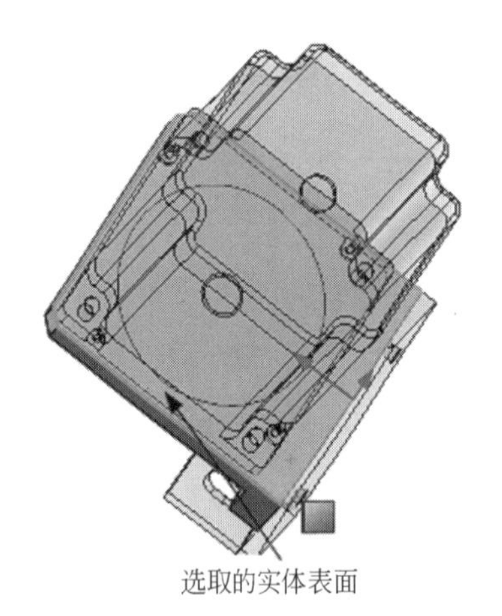

图 12-61　选取的实体表面（2）

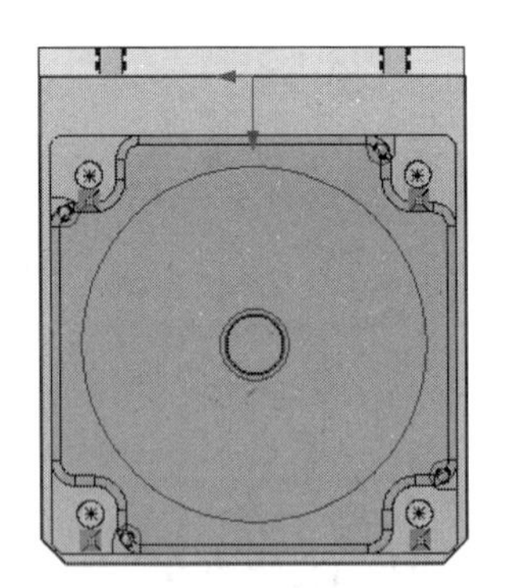

图 12-62　螺纹孔的位置

⑥ 单击【特征】工具栏中的【拉伸切除】按钮，系统弹出【拉伸】属性管理器。选取如图 12-61 所示的实体表面，系统进入草图环境，单击【标准视图】工具栏中的【正视于】按钮。绘制如图 12-64 所示的草图，单击按钮，退出草图环境，系统返回【切除-拉伸】属性管理器，在【开始条件】下拉列表中选择【草图基准面】选项，在【终止条件】下拉列表中选择【给定深度】选项，【深度】微调框中输入“2mm”，单击【确定】按钮✔，结果如图 12-65 所示。

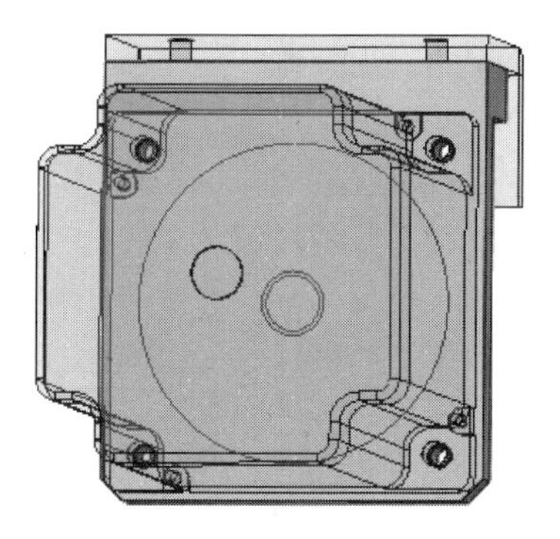

图 12-63　添加螺纹孔后的模型

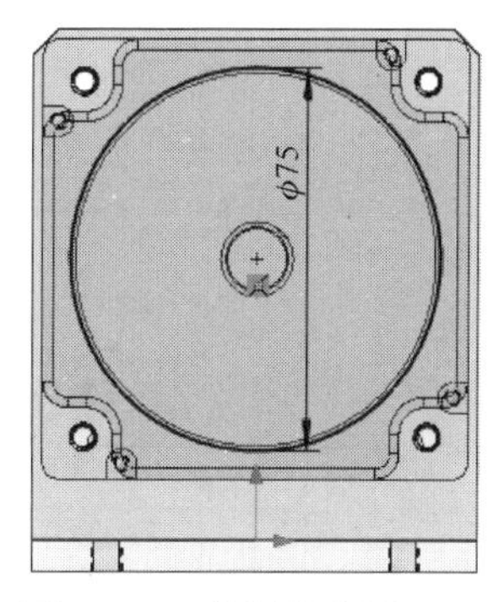

图 12-64　绘制的草图（1）

⑦ 单击【特征】工具栏中的【拉伸切除】按钮，系统弹出【拉伸】属性管理器。选取如图 12-61 所示的表面，系统进入草图环境，单击【标准视图】工具栏中的【正视于】按钮。绘制如图 12-66 所示的草图，单击按钮，退出草图环境，系统返回【切除-拉伸】属性管理器，在【开始条件】下拉列表中选择【草图基准面】选项，在【终止条件】下拉列表中选择【完全贯穿】选项，单击【确定】按钮，结果如图 12-67 所示。

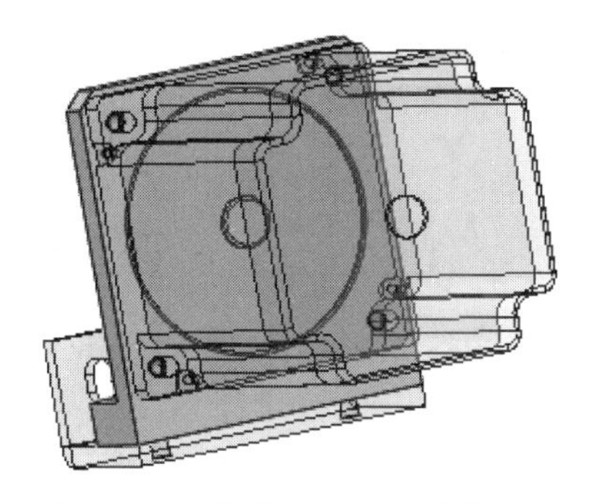

图 12-65　拉伸切除后的模型（1）

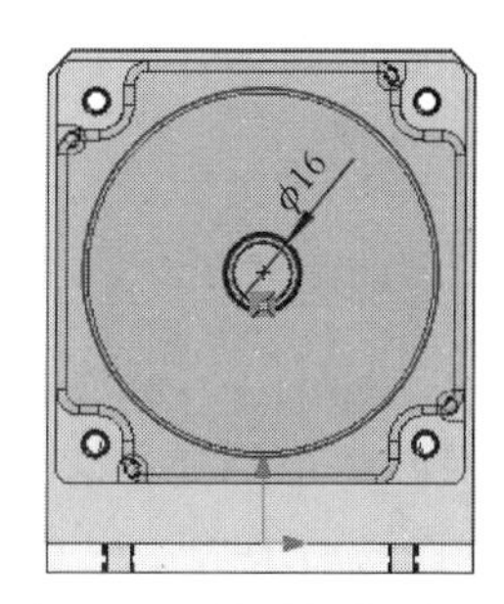

图 12-66　绘制的草图（2）

⑧ 退出编辑“电机固定座”状态，完成“步进电机安装”的设计，如图 12-68 所示。完成装配后，在【特征管理器设计树】选择“电机固定座”，单击鼠标右键，在弹出的快捷菜单中选择【列举外部参考】命令，此时系统弹出如图 12-69 所示的【此项的外部参考】对话框，在该对话框中可以查看零件具有的外部参考。

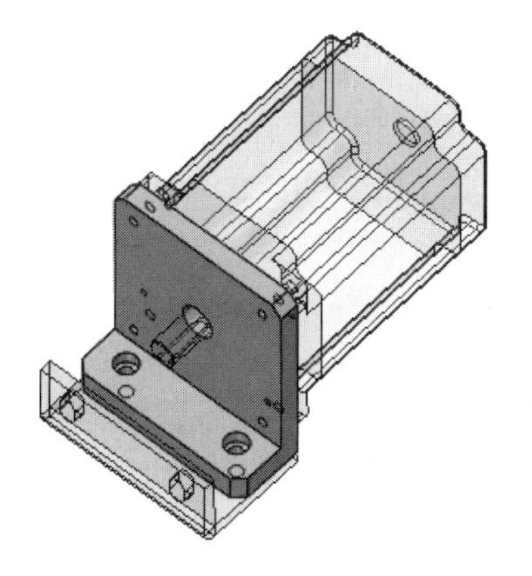

图 12-67　拉伸切除后的模型（2）

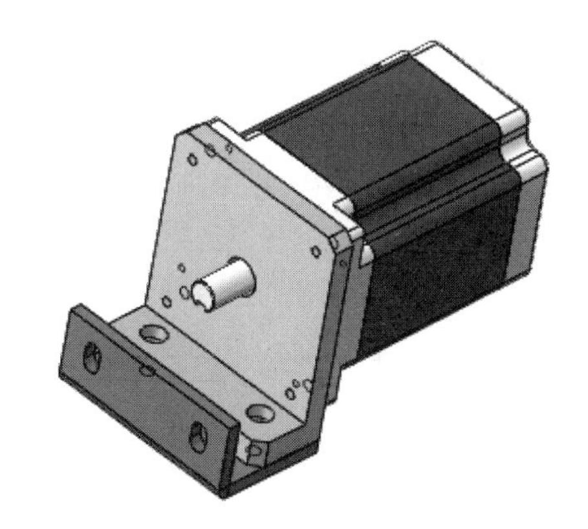

图 12-68　电机固定座模型

图 12-69 【此项的外部参考】对话框

在装配体中，“电机固定座”与“步进电机”和“电机托板”的孔之间存在关联关系，只要改变“步进电机”上孔和轴的位置，或者改变“电机托板”上孔的位置，“电机固定座”上孔的位置也将随之改变。在装配体中编辑零件生成关联特征过程中，可以设置装配体的透明度，以便于选择参考几何体。用户也可以选择不同的装配体显示样式，这样也可方便地选择需要的参考几何体。

12.3.3 关联零件

在装配体环境中设计新零件即设计关联零件，这是 SolidWorks “Top-Down” 设计的一种常见的方法。在以下的几种情况下可以利用关联零件的设计方法设计零件。

① 新零件的形状需要参考其他零件，如草图形状或拉伸的终止条件等。

② 新零件的尺寸需要参考整个装配体模型，保证零件在装配体中结构的合理性。

③ 插入装配体中的零件不容易添加配合关系时，可以在装配体环境下设计该零件。

④ 需要参考其他零件定位的零件的设计。

在装配体环境中设计新零件时，新零件作为装配体的一个零件显示在特征设计树中，新零件的前视基准面与所选的面重合，系统自动切换到编辑新零件的状态下。下面以“联动轴设计”装配体为例，在两个底座之间添加一联动轴。

① 启动 SolidWorks 2018，打开文件夹中的 12\关联零件\“联动轴设计.SLDASM”文件。

② 选择【插入】|【零部件】|【新零件】菜单命令或者单击【装配体】工具栏中的【新零件】按钮，系统弹出如图 12-70 所示的提示对话框。单击【取消】按钮，系统弹出如图 12-71 所示的提示对话框，单击【确定】按钮，系统弹出【新建 SOLIDWORKS 文件】对话框，选择【gb_part】模板文件，单击【确定】按钮。

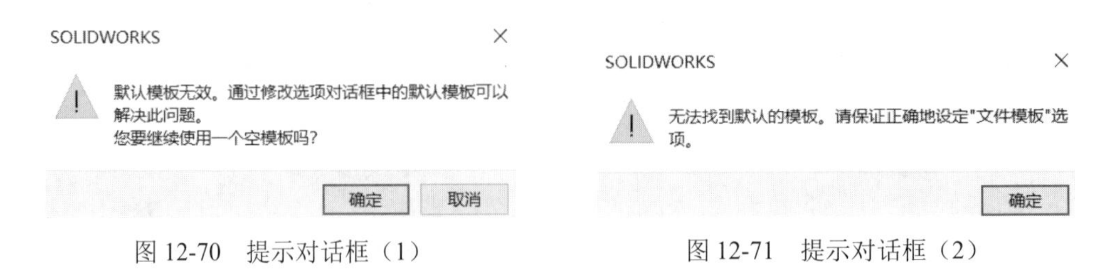

图 12-70 提示对话框（1） 图 12-71 提示对话框（2）

③ 特征设计树中出现【零件 2^联动轴设计】文件，光标变为形状。此时可以在图形区中选择新零件的草图绘制基准面，本实例选择“C-SB6201ZZ<1>”文件中的“右视基准面”，该基准面就默认成为新零件的前视基准面。若不选取面，直接单击鼠标左键，那么系统将默认新零件的前视基准面与装配体的前视基准面相同。

④ 选取基准面后，系统自动切换到新零件的编辑状态，同时进入绘制新零件的第一个特征草图的状态，单击【标准视图】工具栏中的【正视于】按钮，草图绘制平面处于正视位置。通过常用草图工具栏上的【转换实体引用】命令绘制草图，绘制如图 12-72 所示的草图，旋转草图生成新零件的第一个特征，结果如图 12-73 所示。

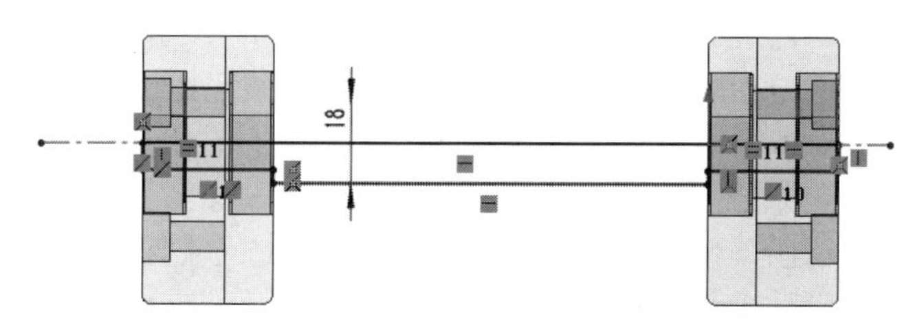

图 12-72　绘制的草图

⑤ 为新零件添加其他特征，如果倒角和退刀槽等，完成新零件所有特征的建立。

⑥ 选择【特征管理器设计树】中的新零件，单击鼠标右键，在系统弹出的快捷菜单中选择【保存零件（在外部文件中)】命令，如图 12-74 所示，系统弹出如图 12-75 所示的【另存为】对话框。慢双击文件名可以修改新零件的名称，指定新零件保存的位置，如图 12-76 所示，单击【确定】按钮完成保存。

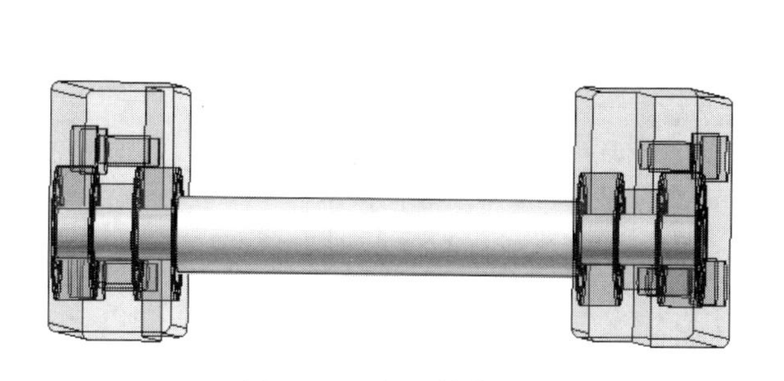

图 12-73　新零件特征

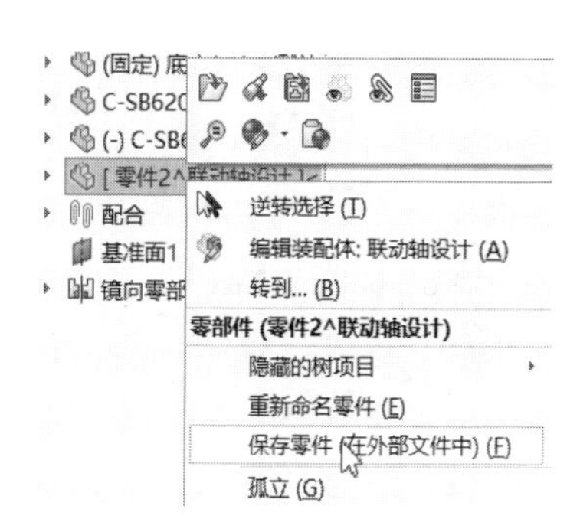

图 12-74　保存新零件

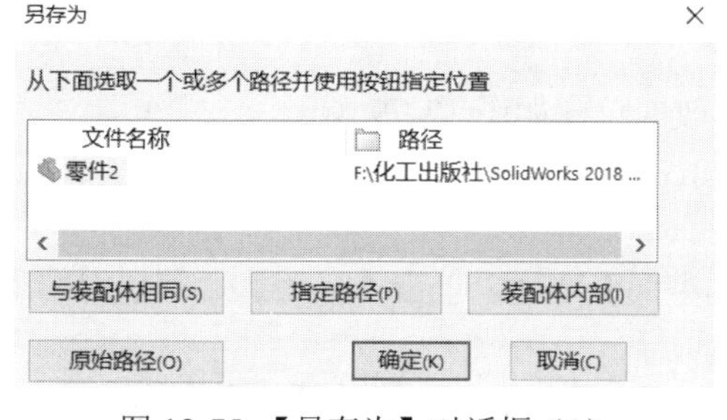

图 12-75 【另存为】对话框（1）

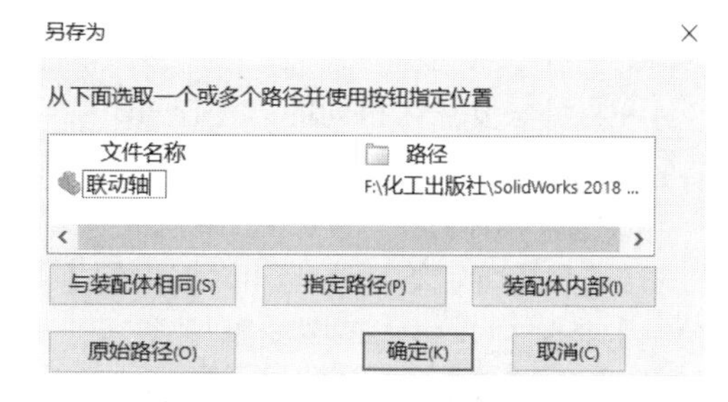

图 12-76 【另存为】对话框（2）

在装配体环境中设计的新零件（即“联动轴”）为一关联零件，它有外部参考，在特征设计树中“联动轴”文件后有【外部参考】图标->。它的旋转特征草图都参考了“C-SB6201ZZ”

内孔的尺寸，当“C-SB6201ZZ”孔的直径改变时，“联动轴”的尺寸也将发生改变。

在装配体环境中设计新零件和在零件模式下一样，常用特征工具栏都可用，新零件有自己的零件文件，它可以独立于装配体进行修改。但是，在装配体环境中，设计新零件的优点是可以看到并参考周围零件的几何特征。

12.3.4 “自顶向下”的装配绘图设计

（1）使用块功能进行设计

在前 11 章节中，本书已经完整地讲解了和块有关的所有命令功能。但是对 SolidWorks 来说，因为这个部分和后面要讲述的“自顶向下”（Top-Down）的高级装配概念有关，所以通过支座设计过程讲解这方面的应用，下面介绍“支座”装配体设计操作过程。

① 启动 SolidWorks 2018 软件，单击【标准】工具栏上的【新建】按钮，或选择【文件】|【新建】菜单命令，系统弹出的【新建 SOLIDWORKS 文件】对话框。选择零件，单击【确定】按钮，系统进入建模环境。单击【标准】工具栏上的【保存】按钮，系统弹出的【另存为】对话框。选好新建文件的放置路径目录，【文件名】文本框中输入“支座”，单击【保存】按钮。

② 选择【特征管理器设计树】中的【前视基准面】选项，单击【草图】工具栏中的【草图绘制】按钮，进入草图绘制模式，绘制如图 12-77 所示的草图。

③ 单击【块】工具栏中的【制作块】按钮，或者选择【工具】|【块】|【制作】菜单命令，或者单击【块】选项卡上的【制作块】按钮，系统弹出如图 12-78 所示的【制作块】属性管理器。在【块实体】选择框中选取如图 12-78 所示的草图中的长方形，【插入点】设置如图 12-78 所示，单击【确定】按钮✓，完成块 1-1 的制作。

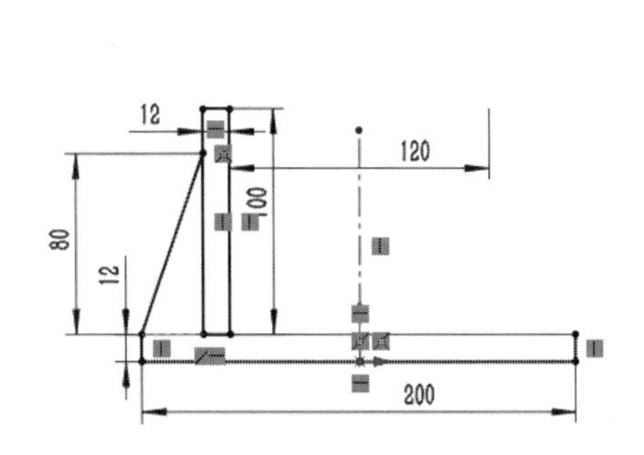

图 12-77　绘制的草图（1）

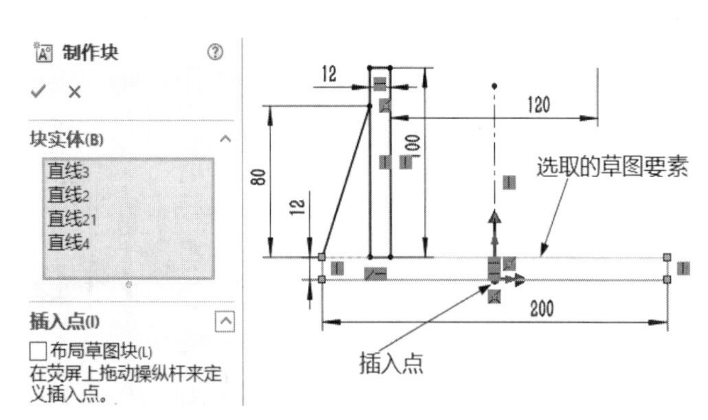

图 12-78　【制作块】属性管理器及选取的草图

④ 采用与步骤③相同的方法制作块 2-1，选取的草图如图 12-79 所示。

⑤ 采用与步骤③相同的方法制作块 3-1，选取的草图如图 12-80 所示。

⑥ 隐藏草图 1。

⑦ 选择【特征管理器设计树】中的【上视基准面】选项，单击【草图】工具栏中的【草图绘制】按钮，进入草图绘制模式。

⑧ 单击【块】工具栏中的【插入块】按钮，或者选择【工具】|【块】|【插入】菜单命令，或者单击【块】选项卡上的【插入块】按钮，系统弹出如图 12-81 所示的【插入块】属性管理器。在【打开块】选择框中选择【块 1】，绘图区显示块 1 的形状，移动鼠标指针，块 1 会在绘图区移动，在绘图区在一个合适的位置单击鼠标左键放置块 1，完成块 1 的插入。

这时系统并没有退出【插入块】属性管理器，可以采用相同的方法插入【块 2】和【块 3】，单击【确定】按钮✓，结果如图 12-82 所示。

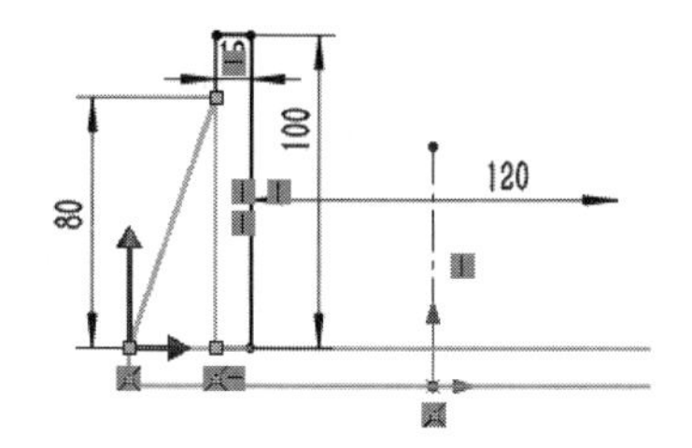

图 12-79　块 2-1 草图要素和插入点

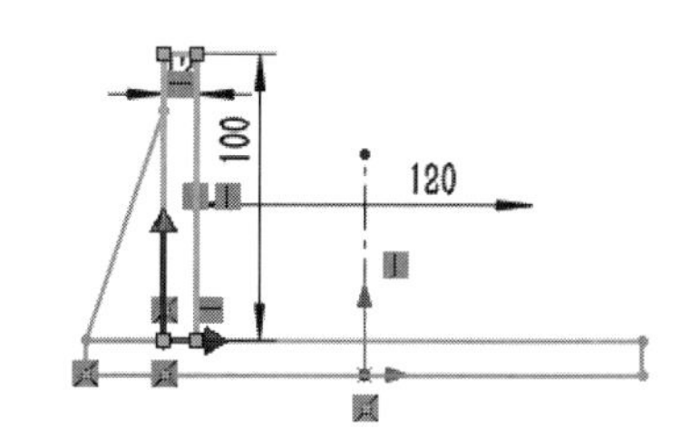

图 12-80　块 3-1 草图要素和插入点

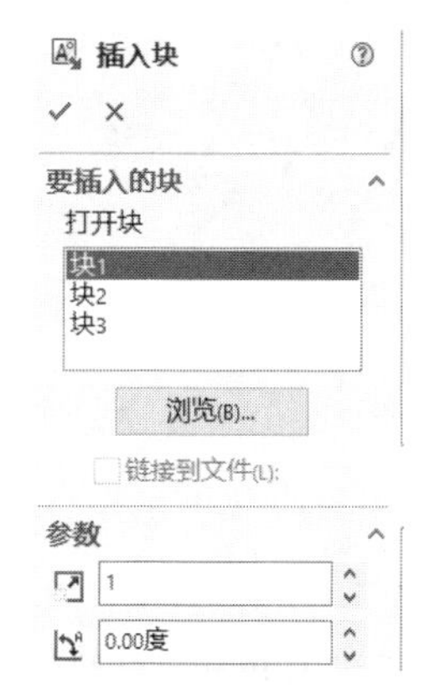

图 12-81　【插入块】属性管理器

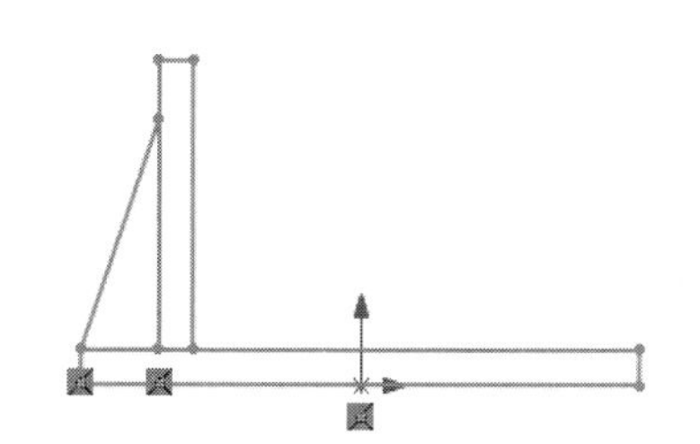

图 12-82　插入块后的草图

⑨ 单击【特征】工具栏中的【拉伸凸台/基体】按钮，或者选择【插入】|【凸台/基体】|【拉伸】菜单命令，或者单击【特征】选项卡上的【拉伸凸台/基体】按钮，系统弹出如图 12-83 所示的【凸台-拉伸】属性管理器。然后在绘图区选取如图 12-83 所示的拉伸区域，在【开始条件】下拉列表中选择【草图基准面】选项，在【终止条件】下拉列表中选择【两侧对称】选项，在【深度】微调框内输入“100.00mm”，单击【确定】按钮✓，结果如图 12-83 所示。

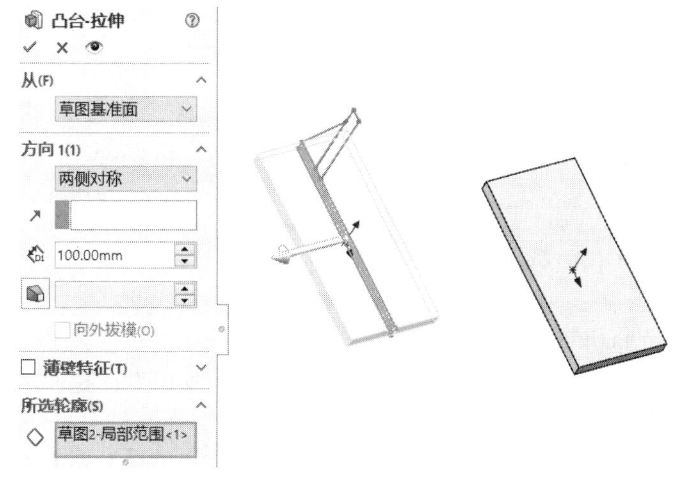

图 12-83　【凸台-拉伸】属性管理器及拉伸所得模型（1）

⑩ 单击【特征】工具栏中的【拉伸凸台/基体】按钮，或者单击【特征】选项卡上的【拉伸凸台/基体】按钮，系统弹出如图 12-84 所示的【凸台-拉伸】属性管理器。然后在绘图区选取如图 12-84 所示的拉伸区域，在【开始条件】下拉列表中选择【草图基准面】选项，在【终止条件】下拉列表中选择【两侧对称】选项，在【深度】微调框内输入“100.00mm”，取消勾选【合并结果】复选框，单击【确定】按钮，结果如图 12-84 所示。

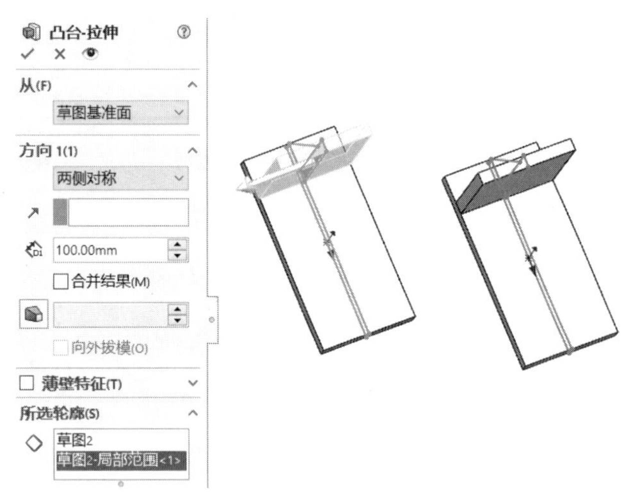

图 12-84 【凸台-拉伸】属性管理器及拉伸所得模型（2）

⑪ 采用与步骤⑩相同的方式创建另一个模型，拉伸深度为 12mm，隐藏草图 2，结果如图 12-85 所示。

⑫ 参照 3.3 节相关内容在各零件上添加相应的孔特征。

⑬ 参照 11.3.1 节中的相关内容，生成装配体，结果如图 12-86 所示。

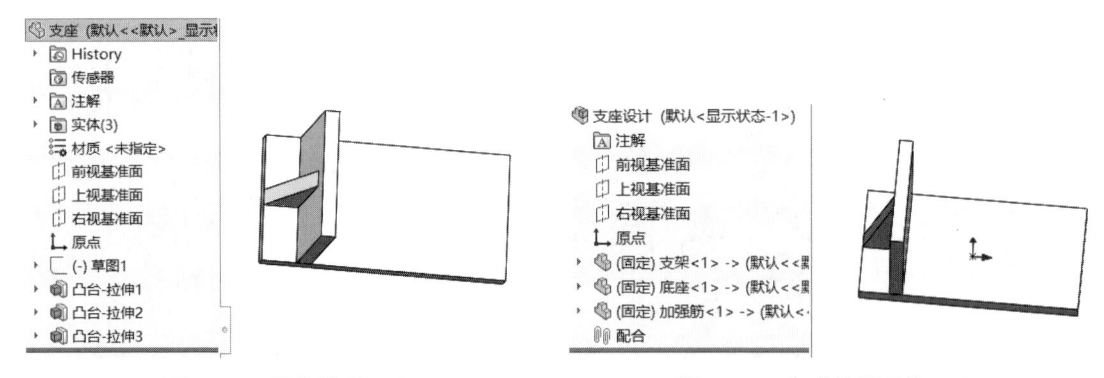

图 12-85 最终模型（1）　　图 12-86 生成的装配体（1）

⑭ 参照第 11 章和第 12 章相关内容，将“支架”和“加强筋”零件进行镜向，完成“支座”装配体设计。

（2）使用直接拉伸功能进行设计

本书已经完整地讲解了使用块功能完成设计，也可以使用直接拉伸功能实现“支座”装配体设计，下面介绍“支座”装配体设计操作过程。

① 启动 SolidWorks 2018 软件，单击【标准】工具栏上的【新建】按钮，系统弹出的【新建 SOLIDWORKS 文件】对话框。选择零件，单击【确定】按钮，系统进入建模环境。

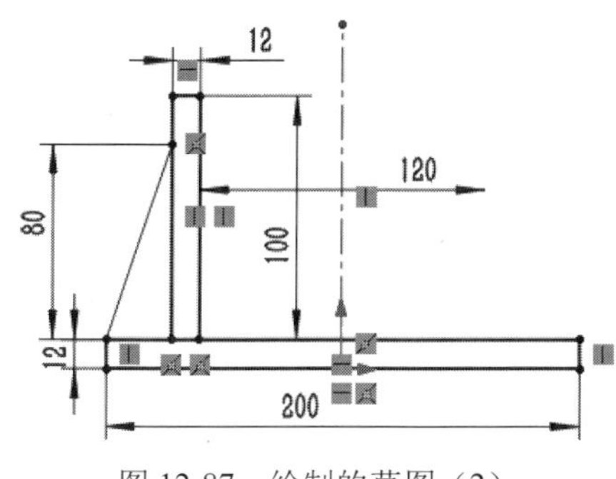

图 12-87　绘制的草图（2）

单击【标准】工具栏上的【保存】按钮，系统弹出的【另存为】对话框。选好新建文件的放置路径目录，在【文件名】文本框中输入“支座”，单击【保存】按钮。

② 选择【特征管理器设计树】中的【前视基准面】选项，单击【草图】工具栏中的【草图绘制】按钮，进入草图绘制模式，绘制如图 12-87 所示的草图。

③ 单击【特征】工具栏中的【拉伸凸台/基体】按钮，或者单击【特征】选项卡上的【拉伸凸台/基体】按钮，系统弹出【凸台-拉伸】属性管理器。然后在绘图区选取如图 12-88 所示的拉伸区域，在【开始条件】下拉列表中选择【草图基准面】选项，在【终止条件】下拉列表中选择【两侧对称】选项，在【深度】微调框内输入“100.00mm”，单击【确定】按钮，结果如图 12-88 所示。

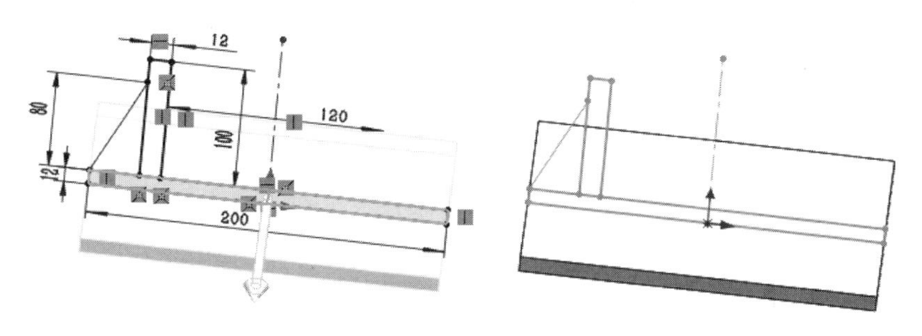

图 12-88　拉伸区域（1）

④ 单击【特征】工具栏中的【拉伸凸台/基体】按钮，或者单击【特征】选项卡上的【拉伸凸台/基体】按钮，系统弹出【凸台-拉伸】属性管理器。然后在绘图区选取如图 12-89 所示的拉伸区域，在【开始条件】下拉列表中选择【草图基准面】选项，在【终止条件】下拉列表中选择【两侧对称】选项，在【深度】微调框内输入“100.00mm”，取消勾选【合并结果】复选框，单击【确定】按钮，结果如图 12-89 所示。

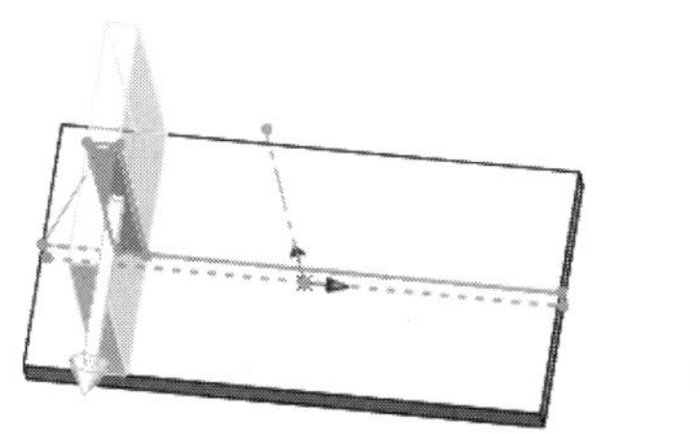
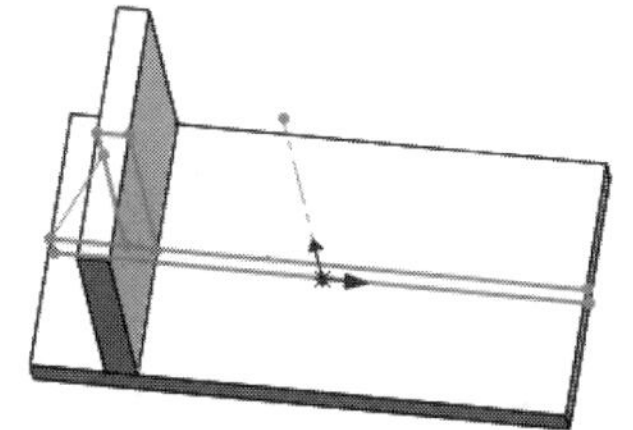
图 12-89　拉伸区域（2）

⑤ 采用与步骤④相同的方式创建另一个模型，拉伸深度为 12mm，隐藏草图 1，结果如图 12-90 所示。

⑥ 后面的操作与使用块功能进行设计的操作步骤基本一致，这里不再详述。

（3）使用分割功能进行设计

本书已经完整地讲解了使用块功能完成设计，也可以使用分割功能实现“支座”装配体设计，下面介绍“支座”装配体设计操作过程。

① 启动 SolidWorks 2018 软件，单击【标准】工具栏上的【新建】按钮，系统弹出【新建 SOLIDWORKS 文件】对话框。选择零件，单击【确定】按钮，系统进入建模环境。单击【标准】工具栏上的【保存】按钮，系统弹出的【另存为】对话框。选好新建文件的放置路径目录，在【文件名】文本框中输入“支座”，单击【保存】按钮。

② 选择【特征管理器设计树】中的【前视基准面】选项，单击【草图】工具栏中的【草图绘制】按钮，进入草图绘制模式，绘制如图 12-91 所示的草图。

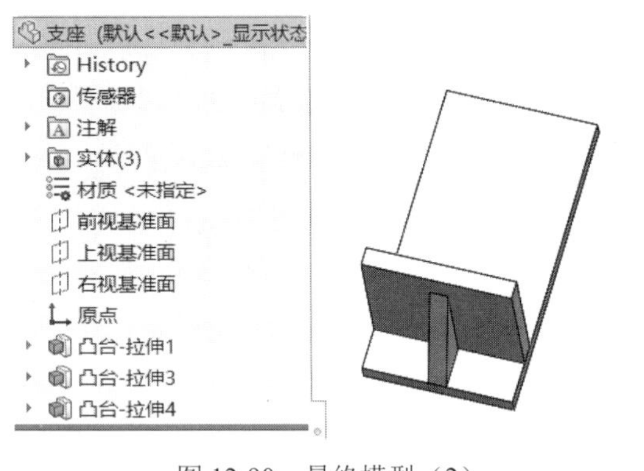

图 12-90 最终模型（2）

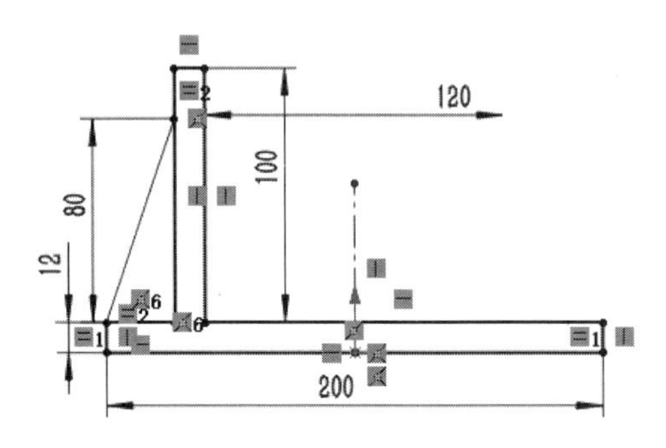

图 12-91 绘制的草图（3）

③ 单击【特征】工具栏中的【拉伸凸台/基体】按钮，或者单击【特征】选项卡上的【拉伸凸台/基体】按钮，系统弹出【凸台-拉伸】属性管理器。然后在绘图区选取如图 12-92 所示的拉伸区域，在【开始条件】下拉列表中选择【草图基准面】选项，在【终止条件】下拉列表中选择【两侧对称】选项，在【深度】微调框内输入“100.00mm”，单击【确定】按钮✔，结果如图 12-92 所示。

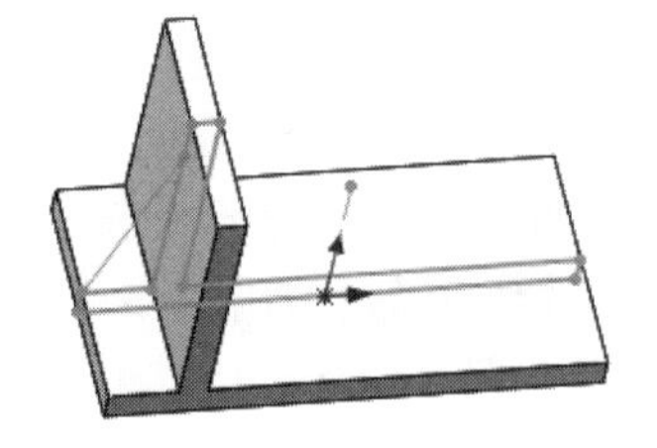

图 12-92 拉伸区域（3）

④ 单击【特征】工具栏中的【拉伸凸台/基体】按钮，或者单击【特征】选项卡上的【拉伸凸台/基体】按钮，系统弹出【凸台-拉伸】属性管理器。然后在绘图区选取如图 12-93 所示的拉伸区域，在【开始条件】下拉列表中选择【草图基准面】选项，在【终止条件】下拉列表中选择【两侧对称】选项，在【深度】微调框内输入“12.00mm”，取消勾选【合并结果】，单击【确定】按钮✔，结果如图 12-93 所示。

这部分的模型如果使用【筋】特征创建，分割过程中需要分割两次。

⑤ 单击【特征】工具栏中的【分割】按钮，或者选择【插入】|【特征】|【分割】菜单命令，或者单击【特征】选项卡上的【分割】按钮，系统弹出如图 12-70 所示的提示对话框。单击【取消】按钮，系统弹出如图 12-71 所示的提示对话框，单击【确定】按钮，系统弹出【新建 SOLIDWORKS 文件】对话框，选择【gb_part】模板文件，单击【确定】按钮。

系统再次弹出如图 12-70 所示的提示对话框。单击【取消】按钮，系统弹出如图 12-71 所示的提示对话框，单击【确定】按钮，系统弹出【新建 SOLIDWORKS 文件】对话框，选择【gb_assembly】模板文件，单击【确定】按钮，系统弹出如图 12-94 所示的【分割】属性管理器。

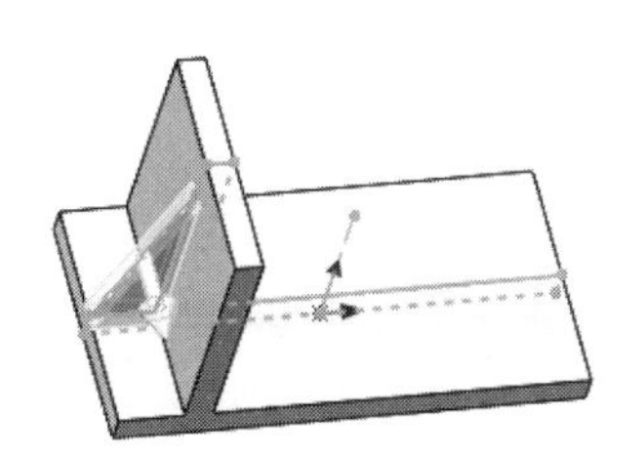
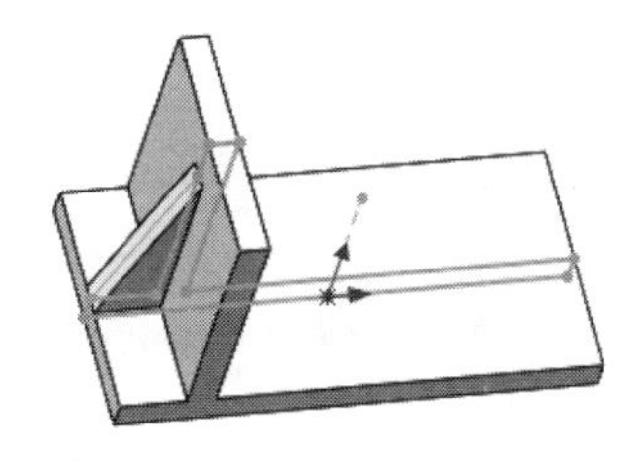

图 12-93　拉伸区域（4）

⑥ 选取如图 12-95 所示的实体表面作为【剪裁工具】，在【目标实体】选项组中选中【所有实体】单选按钮，单击【切割实体】按钮，此时实体被切割，【分割】属性管理器如图 12-96 所示。

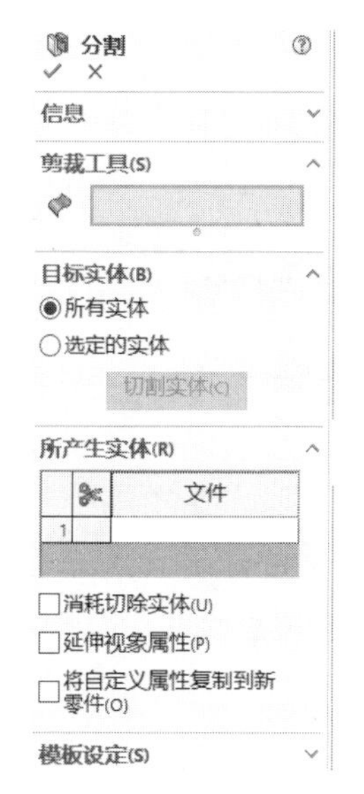

图 12-94 【分割】属性管理器

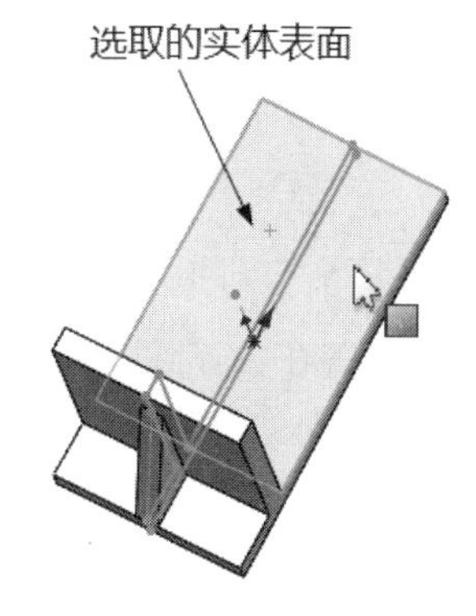

图 12-95　选取的实体表面

⑦ 勾选【所产生实体】选项下 1、2 和 3 后的黑框，双击 1 中对应的文件，系统弹出【另存为】对话框，设置新零件的名称和保存的路径，本实例输入文件名为“加强筋”，单击【保存】按钮；双击 2 中对应的文件，系统弹出【另存为】对话框，输入文件名为“支架”，单击【保存】按钮；双击 3 中对应的文件，系统弹出【另存为】对话框，输入文件名为“底座”，单击【保存】按钮；单击【确定】按钮✓，系统弹出如图 12-97 所示的【SOLIDWORKS】提示对话框，连续多次单击【是】按钮，生成单个零件模型。

⑧ 生成装配体。选择【特征管理器设计树】中的【保存实体 1】，再选择【插入】|【特征】|【生成装配体】菜单命令，系统弹出【生成装配体】属性管理器。单击【浏览】按钮，在弹出【另存为】对话框设置保存路径和装配体名称，单击【确定】按钮✓，完成生成装配体操作，如图 12-98 所示。

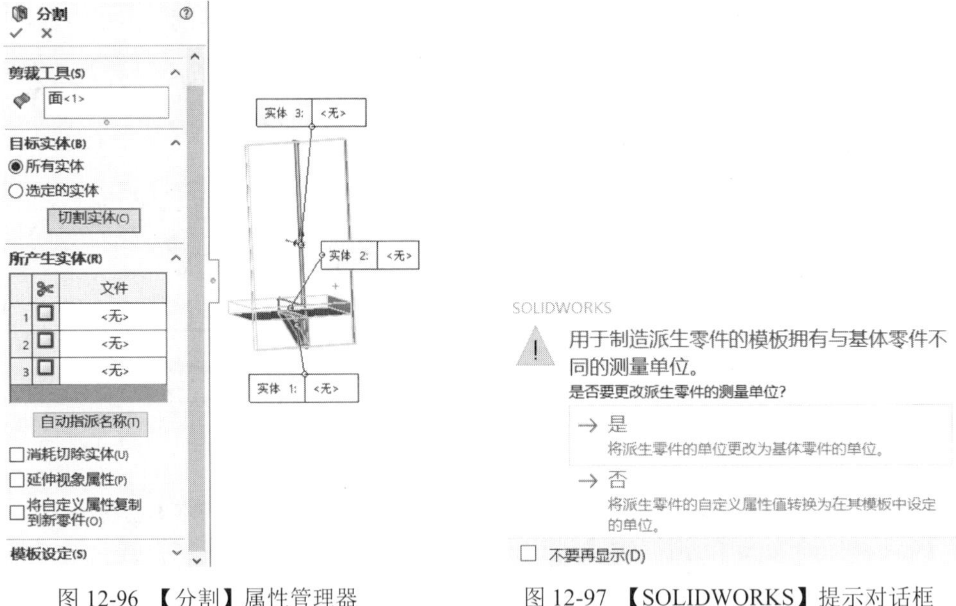

图 12-96 【分割】属性管理器　　图 12-97 【SOLIDWORKS】提示对话框

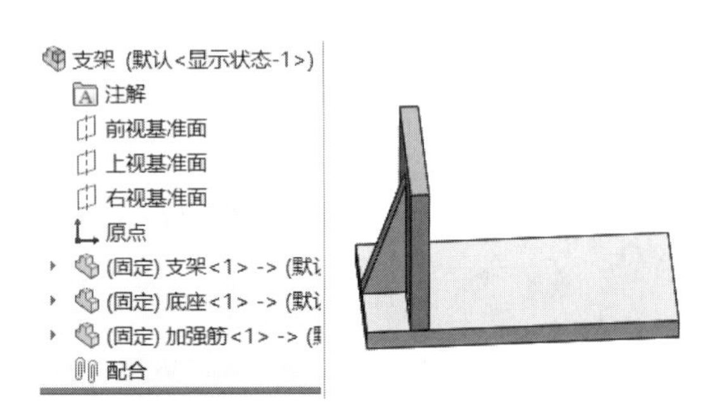

图 12-98 生成的装配体（2）

⑨ 参照相关内容在各零件上添加相应的孔特征，这里不再详述。

⑩ 参照本书第 11 章和第 12 章相关内容，将“支架”和“加强筋”零件进行镜向，完成“支座”装配体设计。

12.3.5 “皮带/链”工具

利用装配体中的“皮带/链”工具可以实现“自顶向下”设计，本书通过一个实例来讲解这方面的应用。下面介绍“皮带/链”工具应用的操作过程。

① 启动 SolidWorks 2018 软件，单击【标准】工具栏上的【新建】按钮，系统弹出【新建 SOLIDWORKS 文件】对话框。选择零件，单击【确定】按钮，系统进入建模环境。

② 选择【特征管理器设计树】中的【前视基准面】选项，单击【草图】工具栏中的【草图绘制】按钮，进入草图绘制模式，绘制如图 12-99 所示的草图。

③ 选择【工具】|【块】|【制作】菜单命令，系统弹出【制作块】属性管理器。【块实体】选择框中选择直径为 230 的圆，【插入点】在圆的圆心，单击【确定】按钮✓，完成块 1-1 的制作。依次将其他两个圆制成块（插入点在圆心）。

④ 将这些块另存为文件，以形成独立的块文件。在【特征管理器设计树】中选择【块 1-1】，单击鼠标右键，在弹出的快捷菜单中选择【保存块】命令（图 12-100），系统弹出【另

存为】对话框，选好新建文件的放置路径目录，在【文件名】文本框中输入“大轮”，单击【保存】按钮。

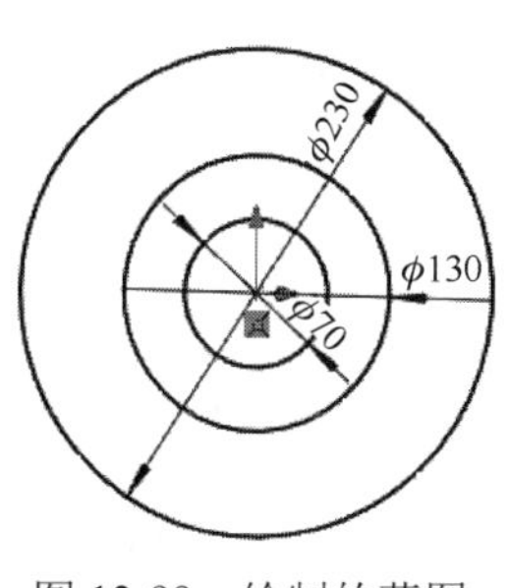

图 12-99　绘制的草图

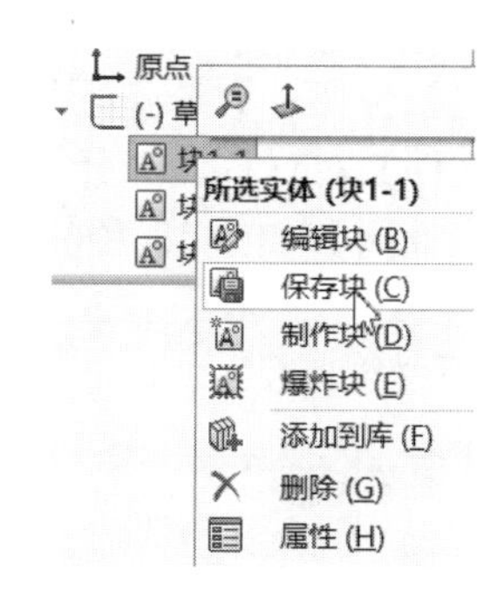

图 12-100 【保存块】命令

⑤ 采用与步骤④相同的方法保存其他两个块，块 2-1 保存为“小轮”，块 3-1 保存为“张紧轮”。

⑥ 关闭“皮带链”文件，新建一个装配体文件，系统弹出如图 12-101 所示的【开始装配体】属性管理器。单击【生成布局】按钮，进入草图布局工作环境。

⑦ 单击【块】工具栏中的【插入块】按钮，或者选择【工具】|【块】|【插入】菜单命令，或者单击【布局】选项卡上的【插入块】按钮，系统弹出如图 12-102 所示的【插入块】属性管理器。单击【浏览】按钮，选择步骤④创建的块“大轮”文件，在绘制图放置合适的位置，本实例块的插入点与坐标原点重合，结果如图 12-103 所示。

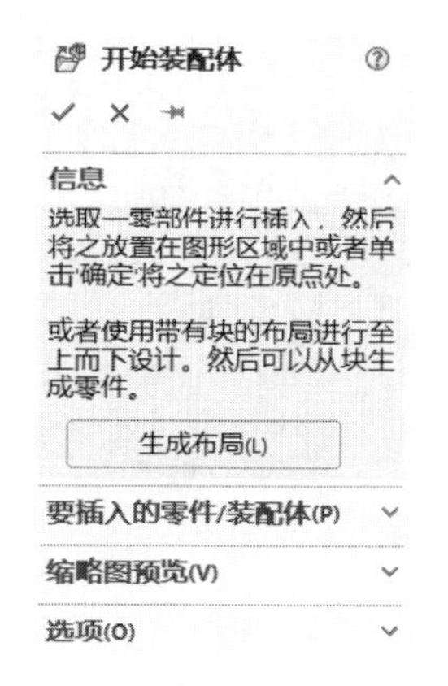

图 12-101 【开始装配体】属性管理器

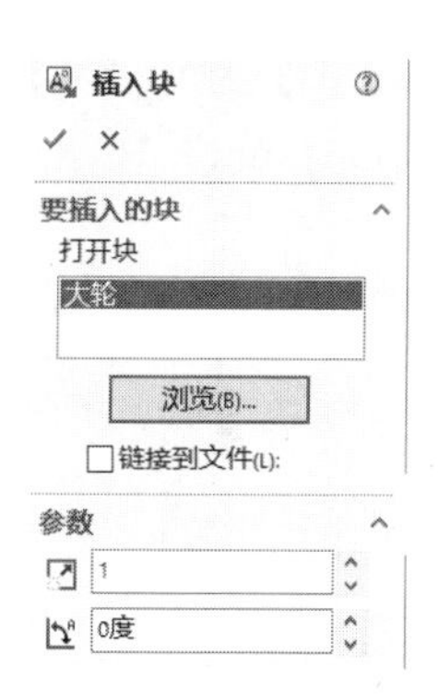

图 12-102 【插入块】属性管理器

⑧ 采用与步骤⑦相同的方法插入其他两个块文件，并添加几何关系和标注尺寸，结果如图 12-104 所示。

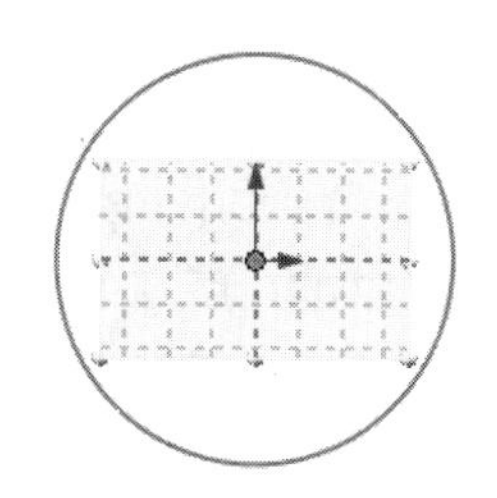

图 12-103　插入块“大轮”文件

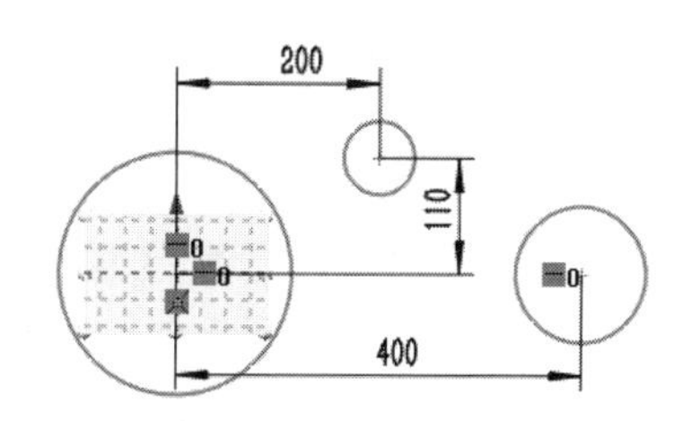

图 12-104　插入三个块文件并添加几何关系和尺寸

⑨ 从块制作零件。选择【插入】|【零部件】|【从块插入零件】菜单命令，或者单击【布局】选项卡上的【从块制作零件】按钮，系统弹出如图 12-105 所示的【从块制作零件】属性管理器。在绘图区选取“大轮”块文件中的圆，单击【确定】按钮✓，系统弹出提示对话框。单击【取消】按钮，系统弹出新的提示对话框，单击【确定】按钮，系统弹出【新建 SOLIDWORKS 文件】对话框，选择【gb_part】模板文件，单击【确定】按钮。新建文件后的【特征管理器设计树】如图 12-106 所示。

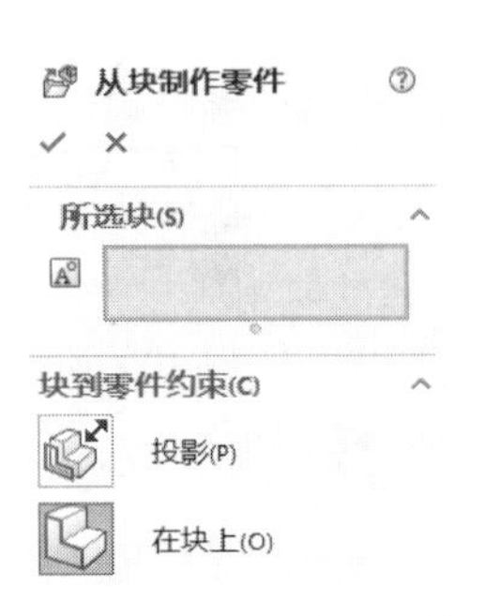

图 12-105 【从块制作零件】属性管理器

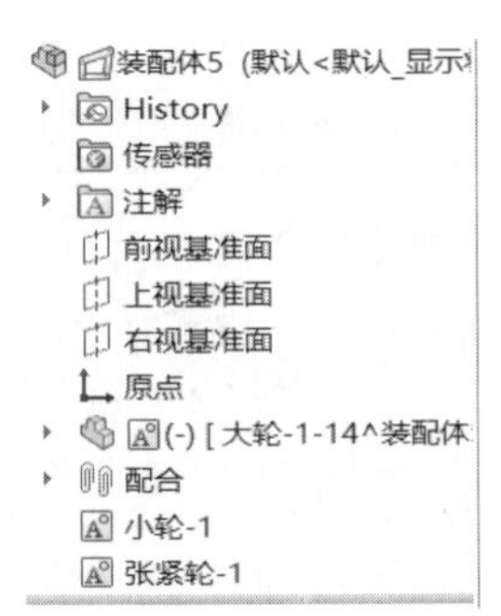

图 12-106 【特征管理器设计树】(1)

⑩ 采用与步骤⑨相同的方法制作其他零个零件，完成后【特征管理器设计树】如图 12-107 所示。

⑪ 将由布局草图转换过来的零件特征拉伸为实体。在【特征管理器设计树】中选择“大轮-1-14”零件，单击鼠标右键，在弹出的快捷菜单中选择“编辑”按钮，系统进入该零件的建模环境。选择“大轮-1-14”零件中的草图 1，单击【特征】工具栏中的【拉伸凸台/基体】按钮，系统弹出如图 12-108 所示的【凸台-拉伸】属性管理器。在【开始条件】下拉列表中选择【草图基准面】选项，在【终止条件】下拉列表中选择【两侧对称】选项，在【深度】微调框内输入“60.00mm”，单击【确定】按钮✓，结果如图 12-108 所示。

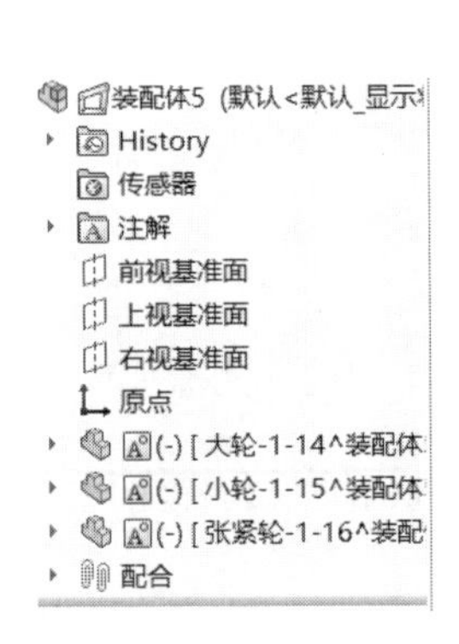

图 12-107 【特征管理器设计树】(2)

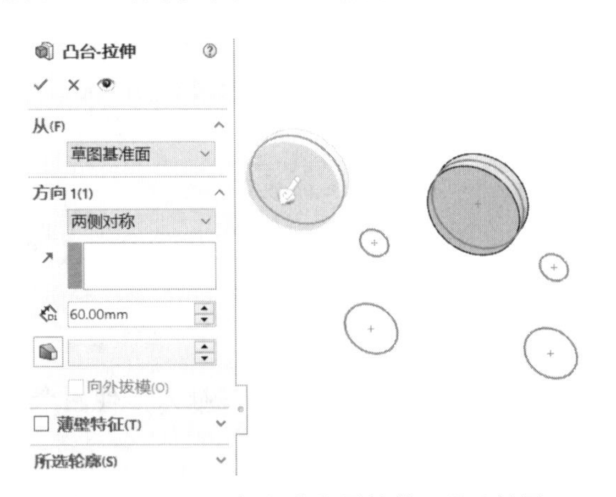

图 12-108 【凸台-拉伸】属性管理器及结果

⑫ 采用与步骤⑪相同的方法创建其他两个零件的模型，结果如图 12-109 所示。

⑬ 单击【标准】工具栏上的【保存】按钮，系统弹出如图 12-110 所示的【保存修改的文档】对话框。单击【保存所有】按钮，系统弹出【另存为】对话框。选好新建文件的放置路径目录，在【文件名】文本框中输入“皮带链装配体”，单击【保存】按钮。系统弹出如图 12-111 所示的【另存为】对话框。选中【外部保存】单选按钮，单击【确定】按钮。

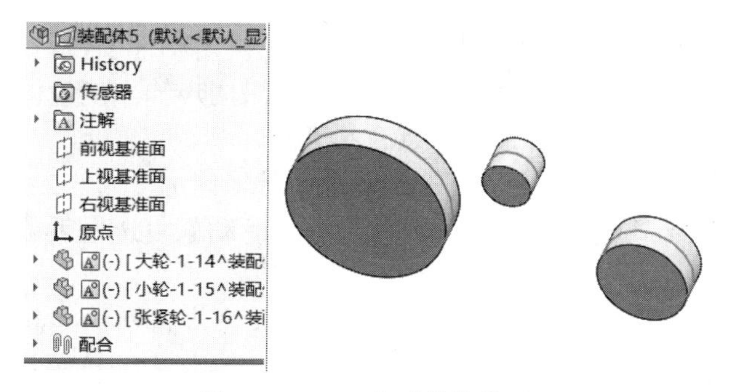

图 12-109　三个零件的模型

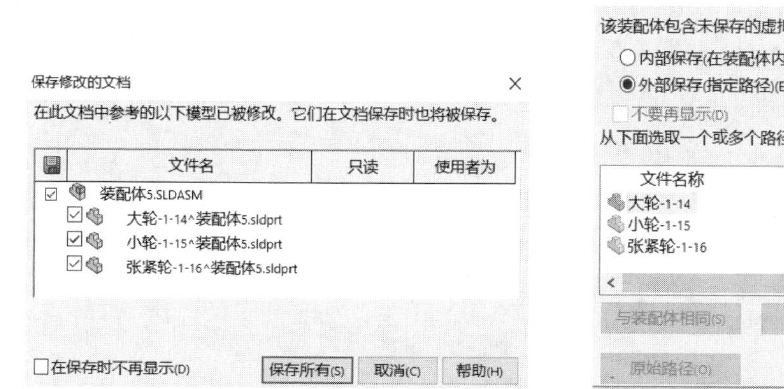

图 12-110　【保存修改的文档】对话框

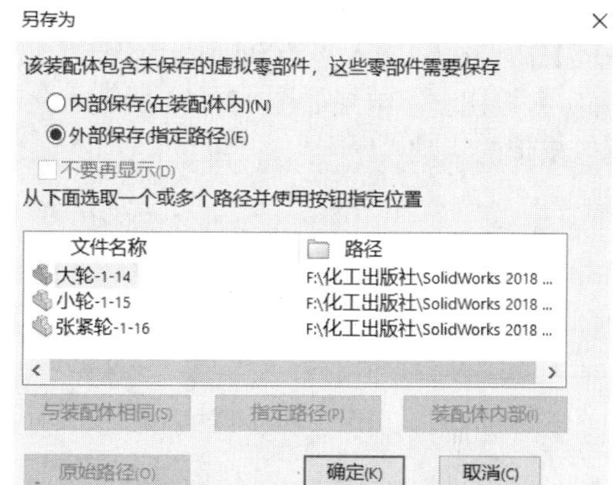

图 12-111　【另存为】对话框

⑭ 选择【插入】|【装配体特征】|【皮带/链】菜单命令，或者单击【装配体】选项卡上的【皮带/链】按钮，系统弹出如图 12-112 所示的【皮带】属性管理器。

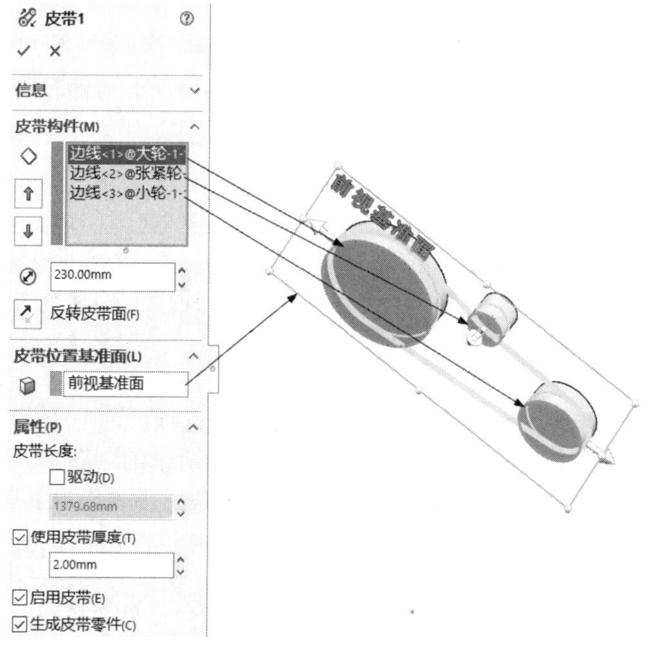

图 12-112　【皮带】属性管理器

【所选滑轮的直径】⊘：用于计算皮带长度，以及决定相邻皮带轮之间相对选择的数量。根据默认值，将于此显示所选皮带轮的测量直径。如果用户输入测量值，那么用户输入的值将会以粗体显示。如果需要恢复测量值，则输入“0”。

【反转皮带面】按钮：用于将皮带反转至所选皮带轮的另一边。

【皮带长度】：显示计算出来的皮带长度。选中【驱动】复选框后可以指定皮带长度，以调整皮带轮的位置。

【生成皮带零件】复选框：选择是否要自动生成包含皮带草图的新零件，并将零件加入装配体。如果用户变更装配体中的皮带轮位置，则皮带零件中的草图将会自动更新。

⑮ 如图 12-112 所示，在绘图区依次选取“大轮”“小轮”和“张紧轮”模型的边缘，在【皮带位置基准面】选项组中选择【前视基准面】；勾选【使用皮带厚度】复选框，在【皮带厚度】微调框中输入“2.00mm”；勾选【启用皮带】和【生成皮带零件】两个复选框，单击【确定】按钮✔，结果如图 12-113 所示。此时，拖动代表皮带轮的任一圆，其他轮会做滚动，模拟皮带的运动。

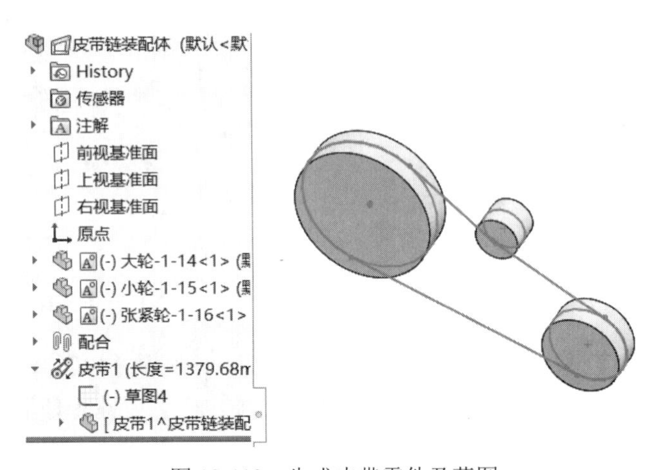

图 12-113　生成皮带零件及草图

⑯ 在三个模型中添加其他特征，这里不再详述，添加完成后保存所有文件。

12.3.6 “牵引”约束条件

“牵引”约束条件和 “装配体”工具栏里的“皮带/链”工具，可让用户利用布局草图来生成多齿轮组、缆线与皮带轮和链轮系统等机构。下面通过一个实例讲解这方面的应用。

① 启动 SolidWorks 2018 软件，单击【标准】工具栏上的【新建】按钮，系统弹出的【新建 SOLIDWORKS 文件】对话框。选择零件，单击【确定】按钮，系统进入建模环境。

② 选择【特征管理器设计树】中的【前视基准面】选项，单击【草图】工具栏中的【草图绘制】按钮，进入草图绘制模式，绘制如图 12-114 所示的草图。

③ 选择【工具】|【块】|【制作】菜单命令，系统弹出【制作块】属性管理器。分别创建块 1、块 2 和块 3，如图 12-115 所示。

④ 在【特征管理器设计树】中选择【块 1-1】，单击鼠标右键，在弹出的快捷菜单中选择【保存块】命令，系统弹出【另存为】对话框，选好新建文件的放置路径目录并输入名称，名称分别为“块 1”“块 2”和“块 3”。

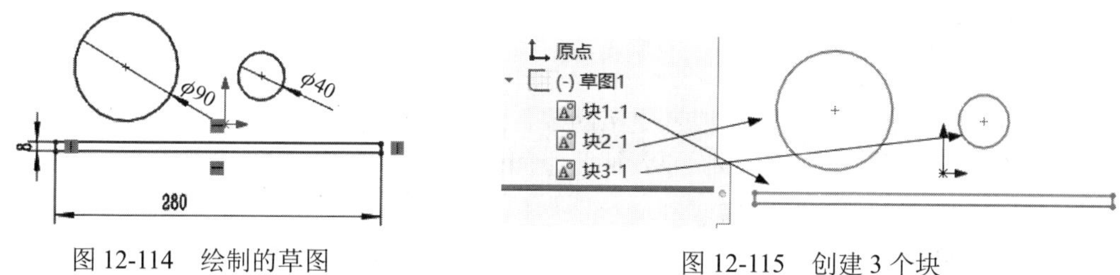

图 12-114　绘制的草图

图 12-115　创建 3 个块

⑤ 新建一个装配体文件，系统弹出【开始装配体】属性管理器。单击【生成布局】按钮，进入草图布局工作环境。

⑥ 单击【块】工具栏中的【插入块】按钮，系统弹出【插入块】属性管理器。分别插入块，并添加几何关系，有 4 个接触的地方【相切】并【牵引】，结果如图 12-116 所示。

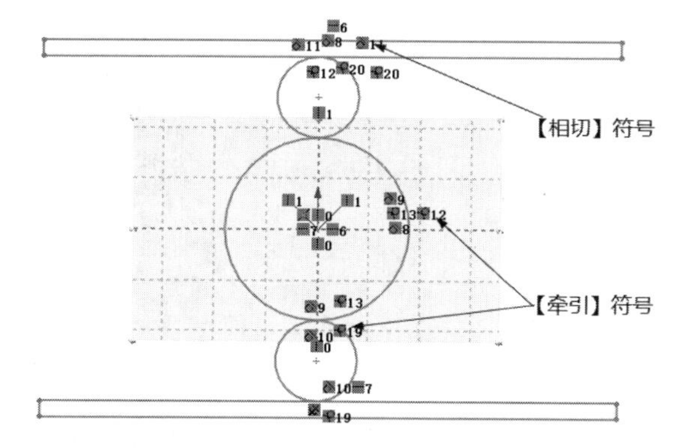

图 12-116　插入块并设置块间的约束关系

⑦ 离开“布局”模式后，按图 12-117 所示的操作来以圆形动作拖拉中间的大圆，就可以让上、下长方形机构动态地平行移动。

⑧ 此时，如果用户满意此机构，就可以将这几个布局草图转换为实体。首先，参照相关内容，先将各布局草图转换成零件，这里不再详述。

⑨ 参照相关内容，创建模型，这里不再详述。

⑩ 在 3 个模型中添加其他特征，这里不再详述，添加完成后保存所有文件。

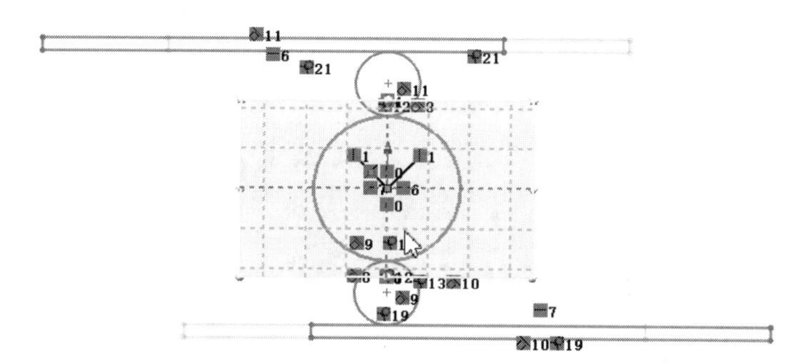

图 12-117　简单的动态机构仿真操作

12.4 连接重组零件与封套

本节主要讲解两个与装配体文件有关的高级编辑功能，以及连接重组零件和封套。

12.4.1 连接重组零件

在装配体中，用户可以将两个或者更多的零件连接在一起，重新组合成一个模型，以生成一个新零件，连接重组操作会移除伸入彼此空间的曲面，并且将零件合并为一个实体。

下面介绍连接重组的操作过程。

① 启动 SolidWorks 2018 软件，单击【标准】工具栏上的【打开】按钮，系统弹出【打开】对话框。选择练习文件夹\连接重组\连接重组.SLDASM 装配体文件。

② 选择【插入】|【零部件】|【新零件】菜单命令，或者单击【装配体】选项卡上的【新零件】按钮，如图 12-118 所示，系统弹出提示对话框。单击【取消】按钮，系统弹出新的提示对话框，单击【确定】按钮，系统弹出【新建 SOLIDWORKS 文件】对话框，选择【gb_part】模板文件，单击【确定】按钮。新建文件后的【特征管理器设计树】如图 12-119 所示。

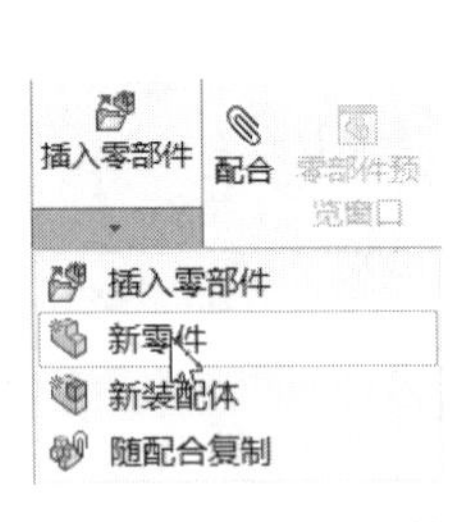

图 12-118　新建零件

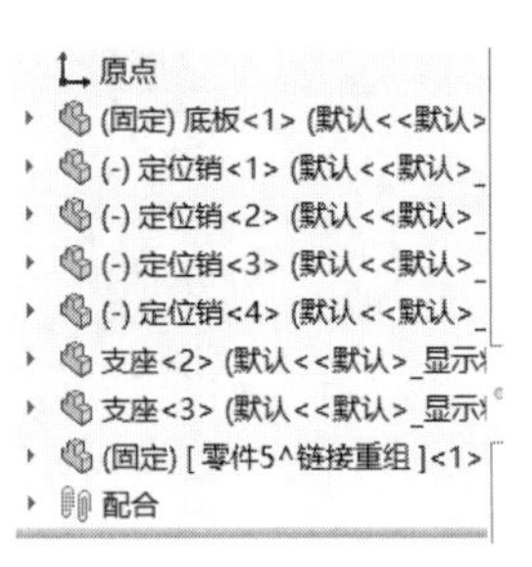

图 12-119 【特征管理器设计树】(1)

③ 修改新建零件的名称。慢双击文件名可以修改新零件的名称，输入新的名称，此时【特征管理器设计树】如图 12-120 所示。

④ 在【特征管理器设计树】中选择新零件“重组零件”，单击鼠标右键，在弹出的快捷菜单中单击【编辑】按钮，系统进入该零件的建模环境。

⑤ 选择【插入】|【特征】|【连接重组】菜单命令，或者单击【特征】选项卡上的【连接】按钮，系统弹出如图 12-121 所示的【连接】属性管理器。在【特征管理器设计树】中或者绘图区依次选取要连接的零件，本实例是选择所有零件，此时【连接】属性管理器如图 12-122 所示。单击【确定】按钮✓，结果如图 12-123 所示。

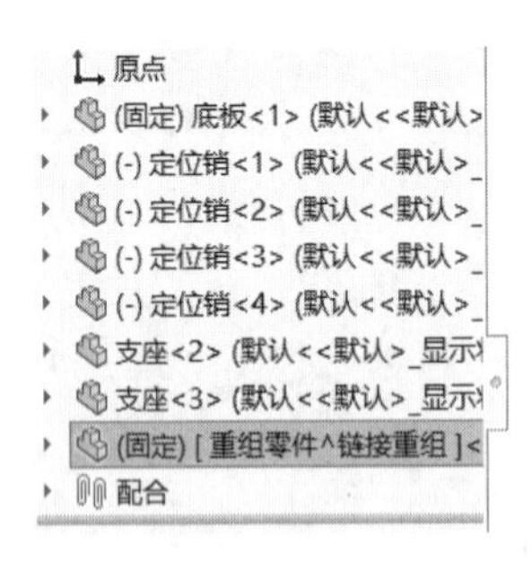

图 12-120　特征管理器设计树（2）

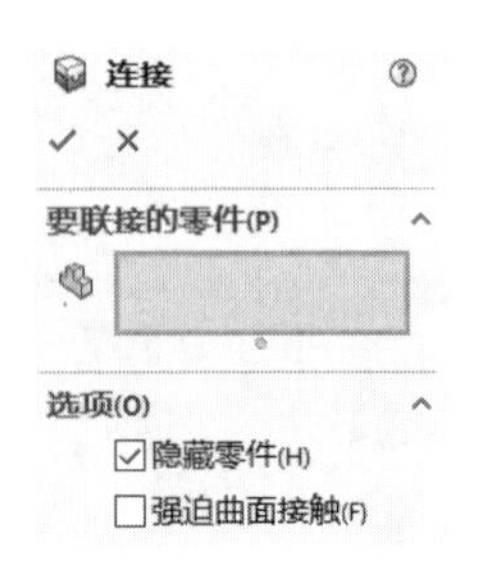

图 12-121 【连接】属性管理器（1）

⑥ 退出新零件编辑状态，进入装配体工作环境。

⑦ 单击【标准】工具栏上的【保存】按钮，系统弹出【保存修改的文档】对话框。单击【保存所有】按钮，系统弹出【另存为】对话框，单击【确定】按钮。

⑧ 打开新零件“重组零件.sldprt”，生成的模型如图 12-124 所示。

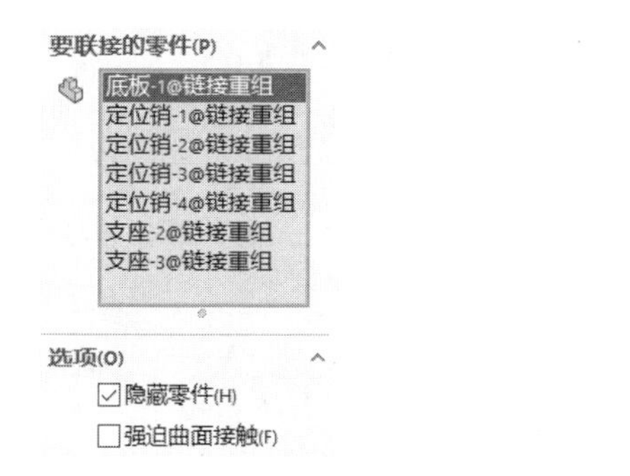

图 12-122 【连接】属性管理器（2）

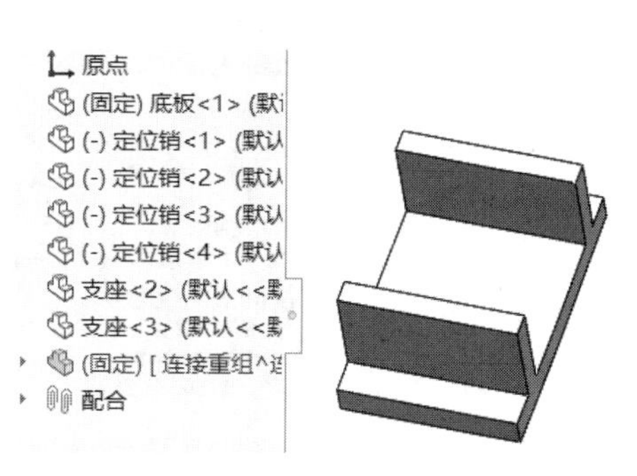

图 12-123 生成的新模型

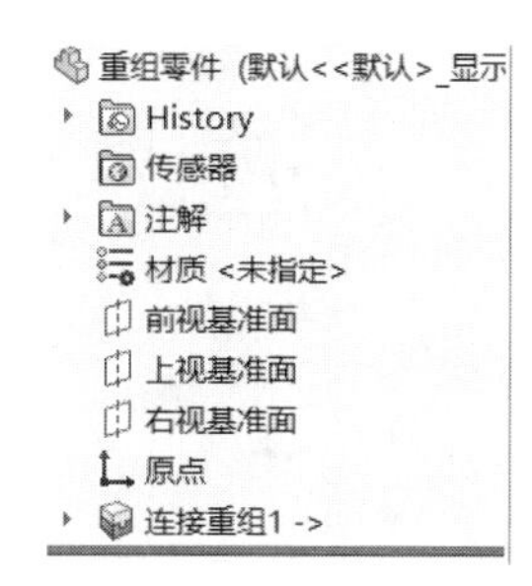

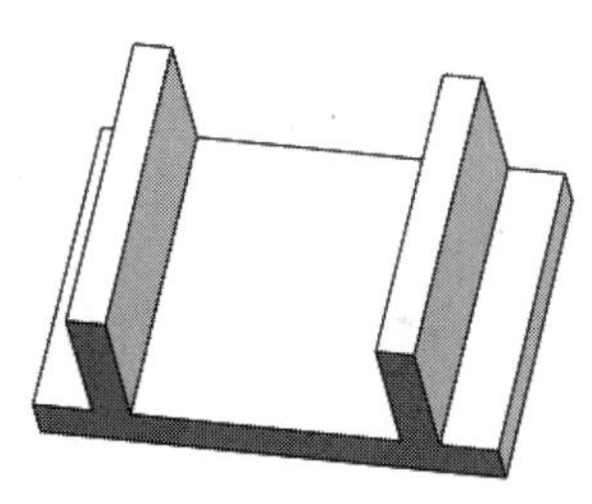

图 12-124 重组零件模型

12.4.2 封套零件

封套零件是一种存在于装配体中的特殊零件，它是一种参照零件，在整体装配体操作中会忽略它。此功能允许用户根据零件相对于封套的位置（内部、外部或贯穿）来选择零件。

可以使用封套来快速更改装配体里的零件显示情况，还可以使用封套（单独使用或与文件属性配合使用）来选择零件，以进行其他（如复制或删除等）编辑操作。

封套零件必须为一实体（不能是薄壳）。这是因为使用封套进行选择时，是以装配体零件和封套零件之间的干涉为基础，而非以封套零件边界内所包含的零件为基础的。

当使用着色检视模式时，封套零件将以透明的浅蓝色来显示。完成后的封套特征会加入其配置管理器中。同时，特征管理器中也会标识封套零件。

（1）新建装配体封套

下面介绍新建装配体封套的操作过程。

① 启动 SolidWorks 2018 软件，单击【标准】工具栏上的【打开】按钮，系统弹出【打开】对话框。选择练习文件夹\封套零件\新建装配体封套\封套 1.SLDASM 装配体文件。

② 选择【插入】|【零部件】|【新零件】菜单命令，或者单击【装配体】选项卡上的【新零件】按钮，系统弹出提示对话框。单击【取消】按钮，系统弹出新的提示对话框，单击【确定】按钮，系统弹出【新建 SOLIDWORKS 文件】对话框，选择【gb_part】模板文件，单击【确定】按钮，在图形区任意位置单击来放置新零件。

③ 在【特征管理器设计树】中选择新零件“零件 1”，单击鼠标右键，在弹出的快捷菜单中单击【零部件属性】按钮，系统弹出如图 12-125 所示的【零部件属性】对话框。勾选【封套】复选框，单击【确定】按钮。

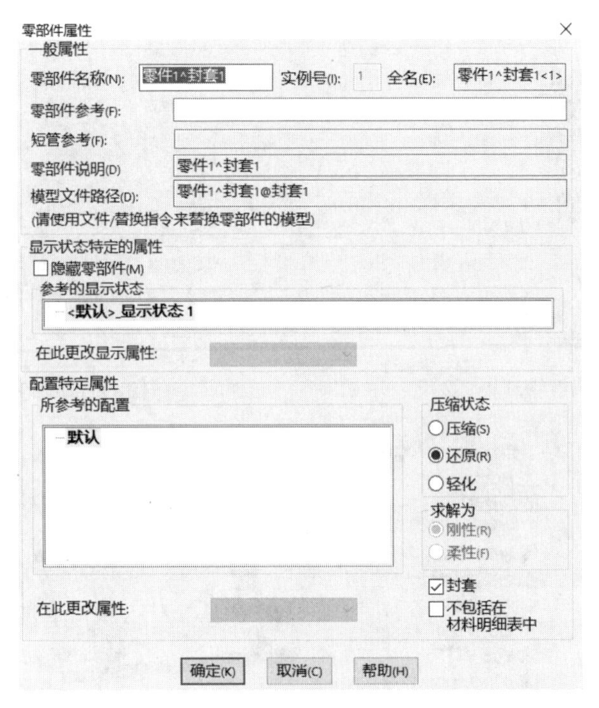

图 12-125 【零部件属性】对话框

④ 在【特征管理器设计树】中选择新零件“零件 1”，单击鼠标右键，在弹出的快捷菜单中单击【编辑】按钮，系统进入该零件的建模环境。

⑤ 单击【特征】工具栏中的【旋转凸台/基体】按钮，在【特征管理器设计树】中选择【上视基准面】，系统进入草图环境，绘制如图 12-126 所示的草图，单击按钮，退出草图环境，系统返回如图 12-127 所示的【旋转】属性管理器，单击【确定】按钮✓，结果如图 12-127 所示。

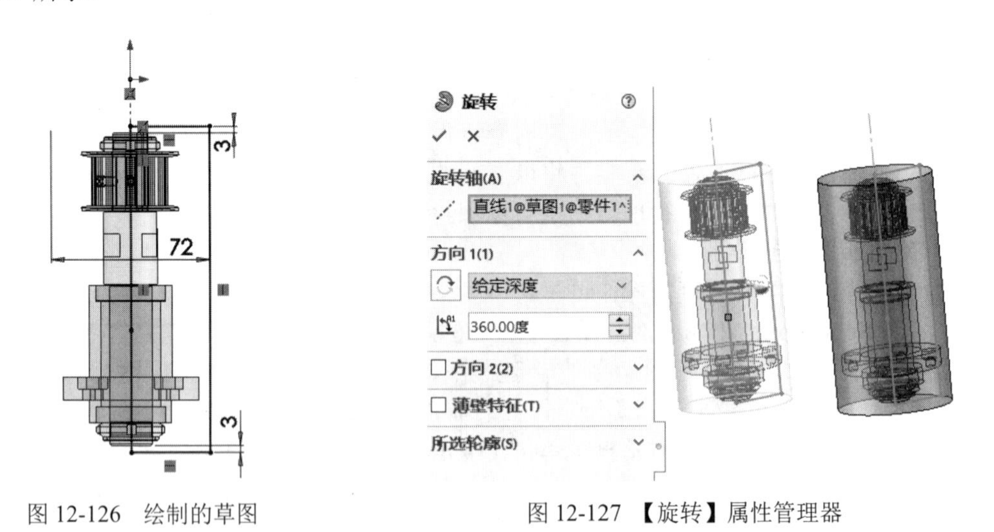

图 12-126 绘制的草图

图 12-127 【旋转】属性管理器

⑥ 单击绘图区右上角的按钮，退出编辑零部件环境。

⑦ 修改新建零件的名称。慢双击文件名可以修改新零件的名称，输入新的名称如“封套”，此时【特征管理器设计树】如图 12-128 所示。

⑧ 在【特征管理器设计树】中选择新零件“封套”，单击鼠标右键，在弹出的快捷菜单中选择【打开零件】按钮，打开模型文件，可以【另存为】命令保存该零件，保存后关闭该零件。

⑨ 保存装配体文件。

（2）从文件中引入装配体封套

下面介绍从文件中引入装配体封套的操作过程。

① 启动 SolidWorks 2018 软件，单击【标准】工具栏上的【打开】按钮，系统弹出【打开】对话框。选择练习文件夹\封套零件\从文件中引入装配体封套\封套 1.SLDASM 装配体文件。

② 单击【装配体】工具栏上的【插入零部件】按钮，系统弹出【插入零部件】属性管理器，如图 12-129 所示。单击【浏览】按钮，系统弹出【打开】对话框。在练习文件目录中选择“封套”零件，单击【打开】按钮，系统返回【插入零部件】属性管理器。勾选【选项】选项组中的【封套】复选框，在图形窗口中放置零件，位置如图 12-130 所示。

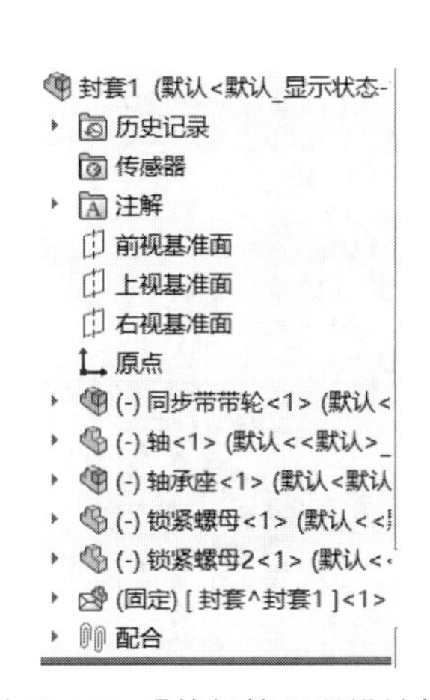

图 12-128 【特征管理器设计树】

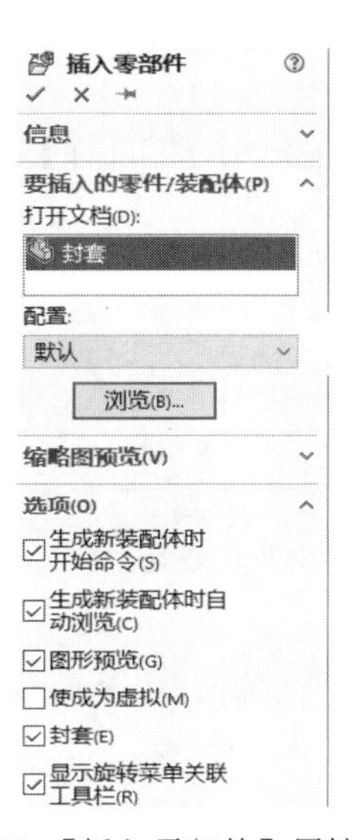

图 12-129 【插入零部件】属性管理器

③ 单击【装配体】工具栏上的【配合】按钮，系统弹出【配合】属性管理器。单击【标准配合】选项组中的【同轴心】按钮◎，然后选取“封套”和“轴”零件的外圆柱面，单击【确定】按钮✓；单击【高级配合】选项组中的【宽度】按钮，在【宽度选择】选取“封套”零件上的两个端面，在【薄片选择】选取“轴”零件上的两个端面；单击【确定】按钮✓，结果如图 12-131 所示。单击【关闭】按钮×，退出此阶段的零件配合。

图 12-130 插入封套零件

图 12-131 配合后的装配体

④ 保存装配体文件。

(3) 使用封套选择零部件

下面介绍从使用封套选择零部件的操作过程。

① 启动 SolidWorks 2018 软件，单击【标准】工具栏上的【打开】按钮，系统弹出【打开】对话框。选择练习文件夹\封套零件\使用封套选择零部件\封套 1.SLDASM 装配体文件。

② 在【特征管理器设计树】中选择零件“封套”，单击鼠标右键，在弹出的快捷菜单中选择【封套】|【使用封套进行选择】菜单命令，系统弹出如图 12-132 所示的【应用封套】对话框。勾选【封套内部】复选框，单击【确定】按钮，被选中的零部件如图 12-133 所示。

【应用封套】对话框中各选项的功能说明如下。

【封套内部】复选框：选取整体位于封套内部的零部件。

【封套外部】复选框：选取整体位于封套外部的零部件，包括只有一个面与封套边界相连的零部件。

【与封套交叉】复选框：选取部分位于封套内部的零部件，包括两个面与封套边界相连且位于封套内部的零部件。

【只在顶层装配体选择零部件】复选框：用封套选取零部件时，将子装配体视为单一实体。

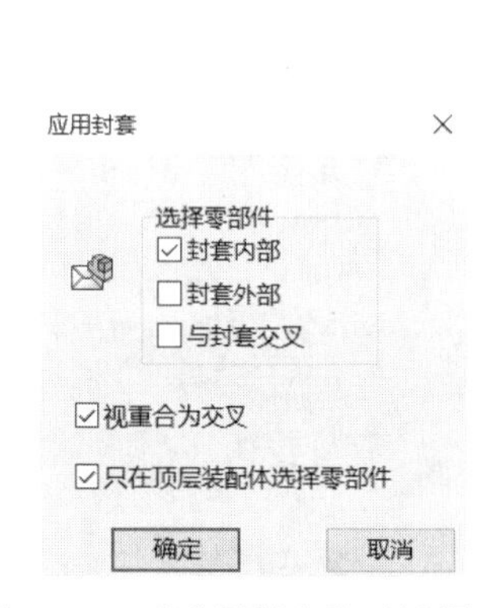

图 12-132 【应用封套】对话框（1）

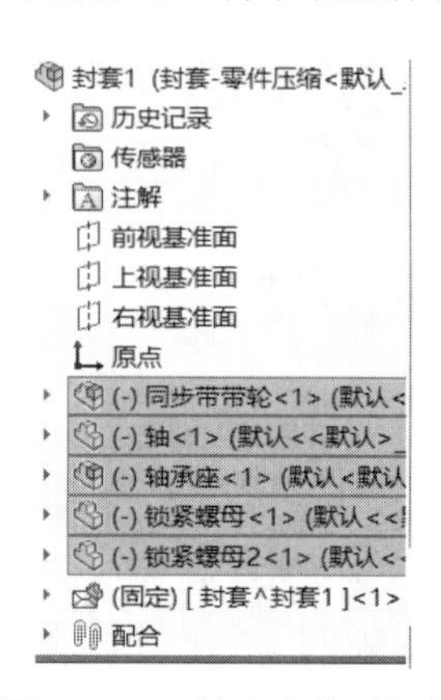

图 12-133 被选中的零部件

③ 压缩零部件。选择【编辑】|【压缩】|【此配置】菜单命令，压缩选中的零部件，压缩后结果如图 12-134 所示。

④ 保存并关闭装配体文件。

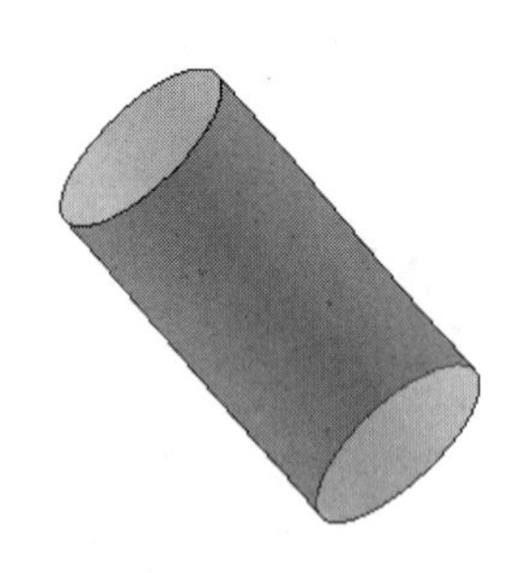

图 12-134 压缩零部件

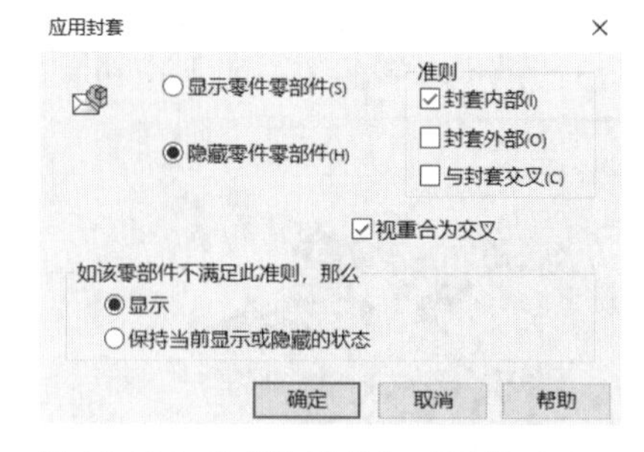

图 12-135 【应用封套】对话框（2）

(4) 使用封套显示/隐藏零部件

下面介绍使用封套显示/隐藏零部件的操作过程。

① 启动 SolidWorks 2018 软件，单击【标准】工具栏上的【打开】按钮，系统弹出【打开】对话框。选择练习文件夹\封套零件\使用封套显示隐藏零部件\封套 1.SLDASM 装配体文件。

② 在【特征管理器设计树】中选择零件“封套”，单击鼠标右键，在弹出的快捷菜单中选择【封套】|【使用封套显示/隐藏零部件】菜单命令，系统弹出如图 12-135 所示的【应用封套】对话框。选中【隐藏零件零部件】单选按钮和【封套内部】复选框，单击【确定】按钮，隐藏封套内部的零部件，结果如图 12-136 所示。

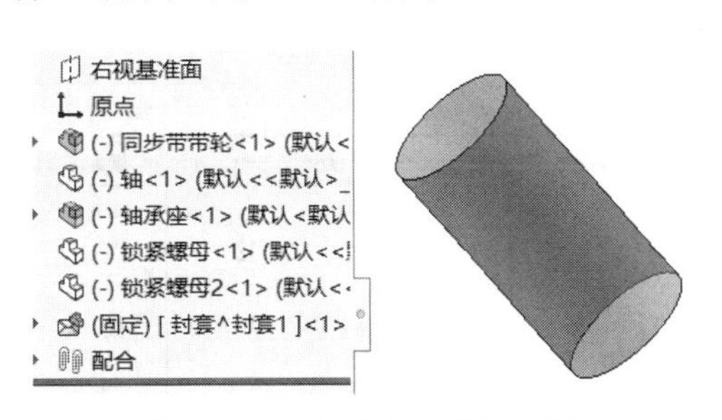

图 12-136 封套内零件被隐藏

③ 保存并关闭装配体文件。

12.5 上机练习

① 使用块的方式草绘出如图 12-137 所示的带轮机构，同时可以让底下的平板做水平运动。

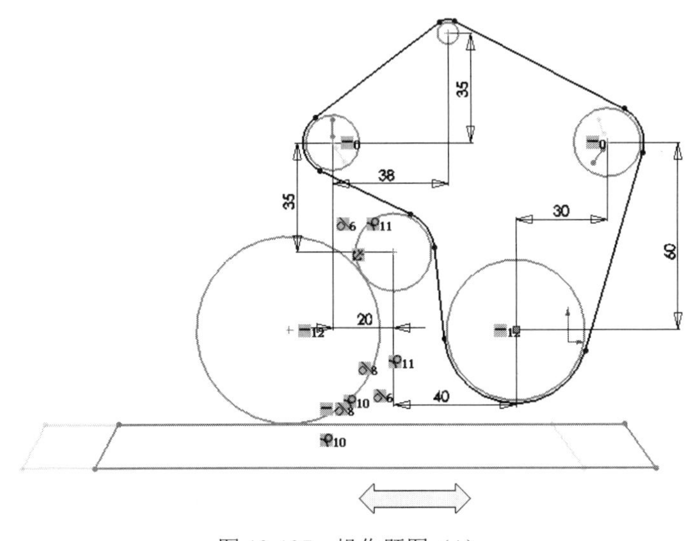

图 12-137 操作题图（1）

② 打开练习文件夹\12\上料系统\上料系统.SLDASM 装配体文件，模型如图 12-138 所示，完成模型中多个零件的安装孔的设计。

③ 打开练习文件夹\12\上机操作题 3\上机操作题 3.SLDPRT 文件，文件中只有一个如图 12-139 所示的草图，采用自顶向下设计方法按照图 12-139 所示设计一个装配体，装配体中还有 1 个底板、1 个底座和 2 个支撑板等 4 个零件，并添加安装孔。

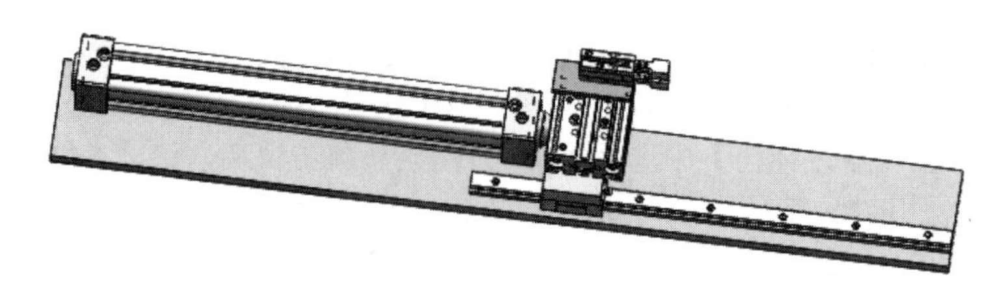

图 12-138　操作题图（2）

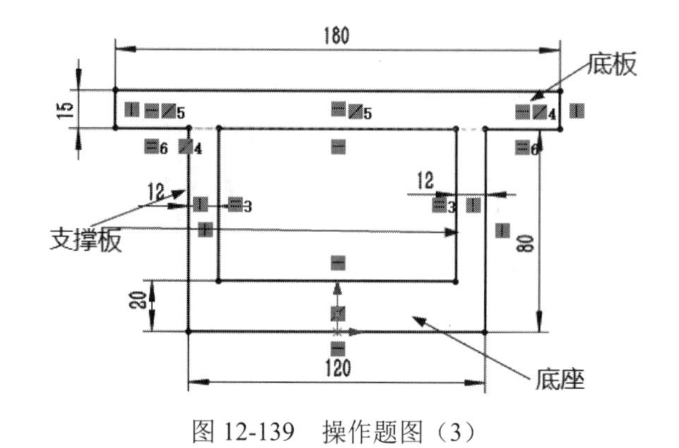

图 12-139　操作题图（3）

第13章　渲染与输出

渲染是三维制作中的收尾阶段，在进行了建模、设计材质、添加灯光或制作一段动画后，需要进行渲染，才能生成丰富多彩的图像或动画。

本章将详细介绍插件 PhotoView 360 的模型渲染设计功能以及渲染的基本知识，以典型实例来讲解如何渲染。通过本章的学习，用户能够掌握渲染基本的步骤方法。为了更加方便读者学习，本章内容做成电子版，读者可以通过扫描二维码学习相关内容。

电子版内容如下：

参考文献

[1] 二代龙震工作室. SolidWorks 2011 高级设计[M]. 北京：清华大学出版社，2011.
[2] 张云杰，李玉庆. SolidWorks 2013 中文版基础教程[M]. 北京：清华大学出版社，2014.
[3] 黄成. SolidWorks 2010 完全自学一本通[M]. 北京：电子工业出版社，2011.
[4] 辛文彤，李志尊. SolidWorks 2012 中文版入门到精通[M]. 北京：人民邮电出版社，2012.
[5] 郑贞平，胡俊平. SolidWorks 2012 基础与实例教程[M]. 北京：机械工业出版社，2017.